粉末高温合金论文集
——钢铁研究总院粉末高温合金40年

粉末高温合金论文集编写组　编

北　京
冶金工业出版社
2017

内 容 简 介

本书集中反映了钢铁研究总院 40 年来在粉末高温合金方面的研究成果。全书由 3 部分组成：第一部分是期刊发表的学术论文；第二部分是会议论文和论文集收录的论文；第三部分是附录，罗列了相关研究人员指导的研究生毕业论文题目、发表的论文题目及有关著作名称等。

本书可作为从事粉末高温合金研究和开发的科技工作者以及高等院校相关专业师生的参考书。

图书在版编目(CIP)数据

粉末高温合金论文集：钢铁研究总院粉末高温合金40年/粉末高温合金论文集编写组编. —北京：冶金工业出版社，2017.8
ISBN 978-7-5024-7538-3

Ⅰ.①粉… Ⅱ.①粉… Ⅲ.①耐热合金—文集
Ⅳ.①TG132.3-53

中国版本图书馆 CIP 数据核字(2017)第 171542 号

出 版 人　谭学余

地　　址　北京市东城区嵩祝院北巷 39 号　邮编 100009　电话　(010)64027926
网　　址　www.cnmip.com.cn　电子信箱　yjcbs@cnmip.com.cn
责任编辑　俞跃春　贾怡雯　美术编辑　吕欣童　版式设计　孙跃红
责任校对　李　娜　责任印制　李玉山

ISBN 978-7-5024-7538-3

冶金工业出版社出版发行；各地新华书店经销；固安华明印业有限公司印刷
2017 年 8 月第 1 版，2017 年 8 月第 1 次印刷
787mm×1092mm　1/16；56 印张；1357 千字；883 页
298.00 元

冶金工业出版社　投稿电话　(010)64027932　投稿信箱　tougao@cnmip.com.cn
冶金工业出版社营销中心　电话　(010)64044283　传真　(010)64027893
冶金书店　地址　北京市东四西大街 46 号(100010)　电话　(010)65289081(兼传真)
冶金工业出版社天猫旗舰店　yjgycbs.tmall.com

(本书如有印装质量问题，本社营销中心负责退换)

前　言

用粉末冶金方法来生产高温合金，是20世纪60年代产生的新技术。粉末高温合金改善了多组元高温合金的化学成分偏析，具有晶粒细小、组织均匀以及性能一致性好的显著优点。粉末高温合金涡轮盘力学性能优异，具有显著的长寿命和高可靠性特征。从20世纪80年代开始，粉末高温合金开始批量在军用航空发动机上获得应用，并随后在民用航空发动机上获得推广。粉末高温合金的应用已经成为先进航空发动机的重要标志。为了在我国开辟粉末高温合金这一新的研究领域，1977年钢铁研究总院成立了研究课题组，从德国Heraeus公司引进了雾化制粉、粉末筛分、静电去除夹杂以及脱气装套等设备，并自行设计一台$\phi690mm$的热等静压机和500T的等温锻造机，开始研究FGH4095合金。在"六五"期间，粉末高温合金纳入了国家科研规划，在1981年成立了冶金工业部和航空工业部的联合研制组，有钢铁研究总院、北京航空材料研究所（现北京航空材料研究院）、北京钢铁学院（现北京科技大学）和北京航空学院（现北京航空航天大学）参加，共同研制FGH4095合金。

在40年的发展过程中，钢铁研究总院始终以型号需求为导向，开展粉末高温合金的研制和生产，在1995年建成的国内第一条粉末高温合金中试生产线的基础上，于2006年建成国内第一条粉末高温合金生产线，并于2015年建成第二条粉末高温合金生产线。经过三代人的努力，钢铁研究总院在粉末高温合金领域取得了丰硕的成果，研制成功FGH4095、FGH4096、FGH4097、FGH4098和FGH4091等牌号的粉末高温合金，制备的盘、轴、环等粉末高温合金制件满足了多个型号发动机的研制和生产需求。其中，FGH4095挡板是国内第一种获得应用的粉末高温合金制件，已批量用于多个型号的发动机；FGH4096挡板已应用于某型号发动机，并形成了批量生产能力；FGH4097盘、轴和环等制件已应用于多个型号发动机，并形成了批量生产能力；FGH4091合金+K418B合金制备的双合金盘已经应用于某飞机辅助动力装置，并形成了批量生产能力。最近几年，立足于未来需求，课题组自主开展了FGH4102、FGH4013和FGH4104等新型粉末高温合金的研制，并取得可喜的进展。

粉末高温合金属于关键结构材料，制备工艺复杂，技术门槛高。在国际上开展粉末高温合金研究的国家有十余个，但是真正掌握关键技术并应用于生产的国家仅仅有美国、英国、法国、俄罗斯和中国。鉴于粉末高温合金的重要性和复杂性，钢铁研究总院历来重视粉末高温合金的研究。在各级领导的关怀和大力支持下，钢铁研究总院始终有一支稳定的粉末高温合金研发队伍，这支队伍以国家任务为己任，敢于担当，紧密围绕研究和生产中出现的问题，扎实地开展研究工作，公开发表了大量学术论文，涵盖了粉末高温合金合金设计、制备工艺、装备、组织与性能分析以及理化检验等多个方面，为国内粉末高温合金的研究和发展提供了重要的技术支持。

本论文集梳理了1977~2016年期间，钢铁研究总院的技术人员公开发表的粉末高温合金领域的相关文章。本论文集由三个部分组成：第一部分是期刊发表的学术论文（68篇）；第二部分是会议论文和论文集收录的论文（40篇）；第三部分是附录，罗列了本论文集未录入全文的期刊发表的论文、会议论文和论文集收录的论文的标题，研究生在读期间发表的论文标题，研究生毕业论文标题以及出站博士后报告标题。对原论文发现的印刷等错误进行了修正，文后参考文献保持原样。

在出版本论文集的过程中，张义文教授倾注了大量的心血，刘建涛高工做了大量细致的工作，课题组博士生侯琼，硕士生瞿宗宏和邢鹏宇以及刘小林和孙志坤工程师参加了部分论文的录入和校对工作，课题组多位同志对文集的编排提出了宝贵意见,对此表示衷心感谢!

本论文集是对钢铁研究总院40年来公开发表的粉末高温合金领域学术论文的一次汇总,凝聚了三代"粉末盘人"的心血和智慧,是他们刻苦钻研和辛勤劳动的见证。希望本论文集的出版对促进我国粉末高温合金研究、生产和工程应用起到积极的作用。

在本论文集文章的搜集和整理过程中,难免有疏漏和不周之处,恳请读者谅解。

《粉末高温合金论文集》编写组
2017年6月28日于钢铁研究总院

目　　录

第一部分　期刊发表的学术论文

1.1　综述 ·· 3

燃气涡轮发动机应用的粉末高温合金 ·· 3
俄罗斯粉末冶金高温合金 ·· 13
俄罗斯粉末高温合金涡轮盘的生产工艺 ·· 17
我国粉末高温合金的研究现状 ·· 28
粉末高温合金的研究与发展 ·· 35
热等静压技术新进展 ··· 54
俄罗斯粉末冶金高温合金研制新进展 ·· 66
粉末高温合金研究进展 ··· 78
俄罗斯新型粉末高温合金研制进展 ·· 96

1.2　组织与性能研究 ·· 114

热挤压粉末 IN100 合金的超塑性 ·· 114
IN-100 粉末热等静压初步研究 ·· 122
IN100 高温合金粉末在加热过程中的相转变和原始颗粒边界问题 ························ 128
热等静压及其加锻造和热挤压粉末高温合金 FGH95 的组织和性能 ························ 138
FGH95 粉末冶金高温合金的超塑性 ·· 144
氩气雾化镍基高温合金粉末的 SEM 观察与俄歇分析 ······································ 149
FGH95 粉冶高温合金涡轮盘锻造工艺研究 ·· 154
等离子旋转电极法所制取的镍基高温合金粉末中异常颗粒的研究 ························ 159
高温合金粉末内部孔洞的研究概况 ·· 166
固溶温度对 FGH95 粉末高温合金性能的影响 ··· 172
不同粒度的镍基高温合金粉末及其对 PM 成形件组织性能影响的研究 ···················· 177
不同 HIP 温度下镍基粉末高温合金的组织形貌 ··· 183
Effect of Powder Particle Size on Microstructure and Mechanical Property of Ni-based PM
　Superalloy Product ·· 190
镍基粉末高温合金中的夹杂物 ·· 196
夹杂物在 PM 镍基高温合金中的变形行为及对低周疲劳性能的影响 ······················ 204
FGH95 粉末高温合金原始颗粒边界及其对性能的影响 ···································· 212

俄罗斯 EP741NP 粉末高温合金的研究 ··················· 219
"黑粉"对 PM 镍基粉末高温合金组织性能的影响 ·················· 227
FGH96 合金锻造盘坯热处理过程中的晶粒长大行为 ·················· 233
FGH96 合金动态再结晶行为的研究 ···················· 241
FGH97 粉末冶金高温合金热处理工艺和组织性能的研究 ·················· 249
FGH96 合金的热塑性变形行为和工艺 ···················· 257
Microstructures and Mechanical Properties of As-HIP PM Superalloy FGH98 ·················· 265
时效制度对粉末冶金高温合金 FGH95 组织和性能的影响 ·················· 271
粉末冶金高温合金 FGH97 的低周疲劳断裂特征 ·················· 279
FGH96 合金双性能盘的组织与力学性能 ···················· 290
热等静压冷却速度对粉末冶金高温合金组织及性能的影响 ·················· 297
Microstructure Characterization and Mechanical Properties of FGH95
　　Turbine Blade Retainers ···················· 306
FGH97 合金的显微组织研究 ···················· 314
热处理工艺对一种镍基 PM 高温合金组织性能的影响 ·················· 321
铪对 FGH97 合金平衡相影响的评估 ···················· 332
等离子旋转电极雾化工艺制备 FGH96 合金粉末颗粒的组织 ·················· 345
Hf 在粉末冶金镍基高温合金中相间分配及对析出相的影响 ·················· 354
金属包套与镍基粉末冶金高温合金之间连接区的研究 ·················· 366
预处理过程中 FGH96 合金粉末中的碳化物演变 ·················· 374
Hf 含量对 FGH97 合金 γ/γ′晶格错配度的影响 ·················· 383
Hf 含量对镍基粉末高温合金中 γ′相形态的影响 ·················· 392
FGH96 合金粉末颗粒的俄歇分析与预热处理 ···················· 403
FGH95 合金长期时效过程中二次 γ′相的"反粗化"行为 ·················· 415
颗粒间断裂在一种 PM 镍基高温合金低周疲劳断口上的特征 ·················· 423
微量元素 Hf 消除 FGH96 合金中原始粉末颗粒边界组织机制的探讨 ·················· 436
制粉方式对粉末高温合金 FGH98 热变形特性的影响 ·················· 446
700℃长时时效对 FGH97 合金组织与力学性能的影响 ·················· 456
热诱导孔洞对粉末冶金高温合金性能的影响 ·················· 465
镍基粉末高温合金中微量元素 Hf 的作用 ···················· 471
微量元素 Hf 对镍基粉末高温合金 FGH97 显微组织的影响 ·················· 485
拓扑密堆 μ 相对含 Hf 的镍基粉末高温合金组织和性能的影响 ·················· 496
Hf 在 FGH4097 粉末高温合金中相间分配行为 ·················· 510
预变形对 FGH97 粉末高温合金热处理组织的影响 ·················· 524

1.3 工艺研究 ···················· 530

用等离子旋转电极法制取镍基高温合金粉末 ···················· 530
用两种方法制造的镍基高温合金粉末 ···················· 537
静电分离去除高温合金粉末中陶瓷夹杂的研究 ·················· 544

PREP 制取高温合金粉末的特点 ··· 549
镍基高温合金粉末筛分工艺的研究 ··· 555
优化等离子旋转电极工艺提高 FGH95 合金粉末的收得率 ················ 560
特殊用途球形镍基高温合金粉末生产工艺研究 ······························ 565
PREP 工艺参数对 FGH95 高温合金粉末特性的影响 ······················· 570
用等离子旋转电极工艺生产高氮钢 ·· 577
静电分离去除高温合金粉末中非金属夹杂物 ································· 585

第二部分　会议论文和论文集收录的论文

2.1　综述 ·· 599
高温合金粉末的热等静压 ·· 599
我国粉末冶金高温合金研究成果及进展 ······································ 603
粉末高温合金产业发展状况 ·· 613
粉末冶金高温合金的现状及发展趋势 ·· 622

2.2　组织与性能研究 ··· 641
热等静压温度对 PREP 粉末高温合金组织和性能的影响 ················· 641
镍基粉末高温合金中缺陷的分析研究 ·· 646
镍基粉末高温合金中的缺陷及其控制 ·· 653
PREP 高温合金粉末中的孔洞 ··· 661
The Effect of Cooling Media on Properties of FGH95 PM Superalloy
　　Manufactured with PREP ··· 666
FGH96 粉末高温合金的组织演变 ·· 670
用等离子旋转电极工艺制取人体植入物表面
　　多孔涂层用球型 Co-Cr-Mo 和 Ti-6Al-4V 合金粉末 ················· 675
The Effect of HIP Temperature on Microstructure and Property of PM Superalloy ········ 683
一种消除粉末高温合金中 PPB 的方法 ·· 689
Microstructure of Nickel-base PM Superalloy at Different HIP Temperature ············· 697
粉末冶金高温合金的组织和性能研究 ·· 704
晶粒度对 FGH4096 合金性能的影响 ·· 712
FGH4096 合金在控制冷却过程中 γ′相析出行为的研究 ··················· 718
粉末冶金高温合金中粉末颗粒间断裂的形貌特征 ·························· 727
一种粉末冶金镍基高温合金中的缺陷分析 ··································· 734
Effect of Cooling Rate after Hot Isostatic Processing on PM Superalloy ················ 739
时效处理对 FGH4096 合金的显微组织和拉伸性能的影响 ················ 748
第三代粉末冶金高温合金 FGH4098 的热力学行为研究 ··················· 754
Zr 含量对 FGH4096 合金组织和性能的影响 ································· 759

长时效后 FGH4097 合金的组织稳定性与力学性能 ················ 765
不同淬火冷却方式对 PM FGH4097 合金组织和性能的影响 ············ 771
Hf 含量对 FGH4097 粉末冶金高温合金 PPB 的影响 ················ 776
FGH4097 合金大型盘件的组织性能研究 ························· 782
异种镍基高温合金热等静压扩散连接性研究 ····················· 789
Microstructure and Properties of Powder Metallurgy Superalloys ········ 795
Evaluation of Mechanical Properties of a Superalloy Disk with a Dual Microstructure ······ 804
Microstructure and Mechanical Properties of FGH97 PM Superalloy ······ 811
Discussion on the Mechanism of Micro-Element Hf Eliminating PPBs
  in Powder Metallurgy Superalloy ························· 819
Effects of High Temperature Treatments on PPBs in a PM Superalloy ····· 829
微量元素 Hf 对 FGH4097 粉末高温合金力学性能的影响 ············· 835

2.3 工艺研究 ·· 841

静电分离去除高温合金粉末中陶瓷夹杂物的研究 ················· 841
用等离子旋转电极法制取镍基高温合金粉末工艺的研究 ············ 846
等离子旋转电极制粉工艺 ·································· 853
用等离子旋转电极法生产球形金属粉末的工艺研究 ··············· 857
粉末涡轮盘温度梯度热处理工装设计研究 ····················· 862
FGH4096 合金盘件双组织热处理的数值模拟及试验验证 ············ 868

第三部分　附　　录

附录1　本文集未录入全文的期刊发表的论文标题 ················· 875
附录2　本文集未录入全文的会议论文和论文集收录的论文标题 ······· 878
附录3　研究生在读期间发表的论文标题 ······················· 880
附录4　研究生毕业论文标题 ······························· 881
附录5　出站博士后报告标题 ······························· 882
附录6　著作 ·· 883

第一部分　期刊发表的学术论文

QIKAN FABIAO DE XUESHU LUNWEN

1.1 综　　述

燃气涡轮发动机应用的粉末高温合金

李 力

1　引言

现代喷气推进技术的不断发展，对高温合金的工作温度及性能的要求日益提高，一般的变形和铸造合金已难以满足要求，其原因是由于合金化程度不断提高，造成了铸锭偏析严重、加工性能差和成形困难。而采用粉末冶金工艺，由于粉末颗粒细小，凝固速度快，合金成分均匀，无宏观偏析，性能稳定，允许进一步提高合金化程度，而且合金晶粒细小，加工性能好，金属利用率高，成本低，这就是粉末高温合金得以迅速发展的重要原因。目前粉末高温合金的生产工艺已经成熟，质量能满足飞机发动机转动部件的要求，已大量生产使用。这种合金可用来制造压气机盘、涡轮盘和涡轮轴套等部件。产量逐年增加。据报道美国1979年估计生产粉末高温合金涡轮部件450多吨[1]，20世纪80年代中期每年用量将超过2000多吨[2]。其用途不断扩大，最初粉末高温合金只用于军用飞机作为高推重比发动机盘件的材料。近年来由于节约金属和降低成本的要求，一些民用飞机发动机也逐渐采用粉末高温合金取代铸锻合金。此外，地面燃气轮机工业也对它产生了很大的兴趣。因此粉末高温合金是一个具有发展前途、富有生命力的领域，研究工作活跃，工艺在不断创新和改进，对材料的组织性能以及与工艺有关的基础理论都正在深入地开展研究。

2　粉末高温合金的应用概况

在粉末高温合金领域中，美国研究得最早，处于领先地位。它为发展先进涡轮发动机的材料，制定了一项 MATE（Materials For Advanced Turbine Engine Programme）计划。美国国家宇航局研究中心根据该项计划于20世纪60年代开始研制粉末高温合金，并与发动机制造厂、金属生产和加工厂签订合同，共同研制。

美国 Pratt Whitney 飞机公司首先于1972年研制成功粉末 IN100 合金，作成 F100 发动机的压气机盘和涡轮盘等十一个部件，装在 F15 和 F16 飞机上，经历了上万小时的飞行试验，没有发生任何故障[3]，现已大量生产。该公司又于1976年完成了 JT8D-17R 发动机粉末 Astroloy 合金涡轮盘的研制，以取代原来的铸锻 Waspaloy 合金，其目标是减少金属消耗55kg(30%),最终产品成本降低20%。合金性能已满足要求。在通过JT8D-17R发动机地面试车后已生产使用[4]。JT9D发动机涡轮盘也采用了粉末Astroloy合金。近年该公司又研制成功一种新合金——粉末MERL76涡轮盘,计划用在JT10D发动机上,其目标是降低成本,减轻零件重量,提高轮缘使用温度20℃。盘件性能已达到要求,目前正交付旋转试验和地面试车。

美国通用电气公司于1972年开始研制粉末René95合金盘件,首先成功地用在军用直升飞机的T-700发动机上。1978年又完成了F404发动机压气机盘、涡轮盘和涡轮轴套的研制,均采用直接热等静压粉末René95合金。F404发动机装在最新的强击机F/A-18型飞机上。据报道1979年提交给海军第一批产品,1980年交24台,估计20世纪90年代总生产量为7000台[5]。近年来通用电气公司还完成了另外两项工程,即热等静压粉末René95高压涡轮轴套,用在CF6发动机上取代普通锻造的Inconel718合金,可以减少金属消耗50%,降低成本40%[4];CFM-56涡轮风扇发动机的5~9级压气机盘也采用粉末René95合金代替普通铸锻的René95合金。CF6及CFM-56均为民用发动机。

美国应用粉末高温合金的情况列于表1。英国的Rolls-Royce公司与Henry Wiggin公司合作,研制成功APK-1粉末合金涡轮盘,用在RB211发动机上。西德MTU公司研制成功MV1460粉末合金涡轮盘,在RB199发动机上通过了地面试车。

表1 美国粉末高温合金的应用情况

公司名称	发动机	部件	应用合金	1979年用量/kg
GE	T700	6	René95	45000
	F404	12	René95	45000
	CFM56	12	René95	180000
	CF6		René95	
	MISC			45000
PWA	JT8D-17	1	LC Astroloy	23000
	F100	11	IN100	180000
	JT9D(Dev)	2		9000
	MISC			23000
Air Reseach	TRUCK(Dev)	2		450
	TFE 731	1		450
	IGT	1		2250

3 工艺和性能

研制成功的粉末高温合金牌号有十余种,目前比较成熟和应用较广的有IN100、René95、Astroloy和APK-1等。合金的化学成分列于表2。

表2　粉末高温合金的化学成分（质量分数）[6]　　　　　　　　（%）

合金	C	Cr	Mo	Fe	Co	Al	Ti	B	Cb	V	Hf	W	Zr	Ni
IN100	0.1	10.0	3.5	1.0	14.0	5.5	1.0	0.01	—	1.0	—	—	0.05	余
René95	0.1	14.0	3.5	—	8.0	3.5	—	0.01	3.5	—	—	3.6	0.05	余
Astroloy	0.05	15.0	5.0	—	18.0			0.03						余
MERL76	0.025	12.5	3.0	—	18.5	1.4		0.02	1.4		0.4	—	0.06	余
AF-115	0.05	10.5	2.8	—	15.0	1.8		0.02	1.8		0.8	5.9	0.05	余
APK-1	0.02	14.8	5.0	—	17.0			0.02					0.04	余

粉末高温合金所采用的生产工艺流程是：

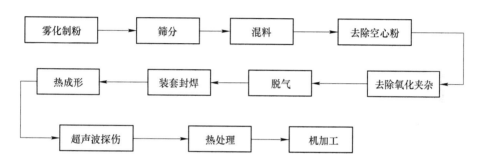

下面分别叙述几种粉末高温合金的工艺和性能。

3.1　IN100合金

Pratt Whitney公司曾对粉末IN100合金进行过大量的研究工作，研究了不同制粉工艺和成形工艺对合金组织和性能的影响[7,8]。目前大量采用的是氩气雾化粉末，粒度为-100目（150μm），用热挤压工艺获得超塑性坯料，然后超塑性锻造涡轮盘件。最大的用途是F100发动机的压气机盘和涡轮盘，盘件直径为420~480mm。锻至超声波检验形，加工余量为1.5~2.5mm。生产工艺先进，质量稳定。美国Wyman-Gordon公司用此工艺已生产了数千个盘件。

热挤压工艺可以分两步进行：先镦实，然后挤压，也可以直接挤压。前者的力学性能较好，尤其缺口塑性好。压实温度选择1010℃，挤压温度为1080℃，可以避免形成PPB（原始粉末颗粒边界），粉末表面MC型碳化物是在高于1093℃形成的[8]。挤压比大于6∶1。一般认为热挤压工艺可以使粉末剪切变形，有助于破碎粉末颗粒表面的碳化物和氧化物膜，增进粉末之间的扩散和固结，消除PPB。挤材的晶粒细小（小于10μm），具有超塑性。热等静压粉末IN100盘件工艺也在研制中。

合金的热处理制度是：1122℃，2h，油冷+871℃，40min，空冷+982℃，45min，空冷+650℃，24h，空冷+760℃，4h，空冷[6]。晶粒度为ASTM 13级。

对挤压+超塑性锻造和热等静压+超塑性锻造两种不同工艺制造的粉末IN100合金涡轮盘的性能进行了对比，其数据列于表3。从表中可以看出，两种工艺所得的合金性能是相似的。

表3 两种工艺的粉末IN100合金涡轮盘的性能

工艺	拉伸性能				
	试验温度/℃	$\sigma_{0.2}$/kg·mm^{-2}	σ_b/kg·mm^{-2}	δ/%	ψ/%
挤压+超塑性锻	室温	112~113	162~163	24.2~27.8	17.6~28.5
	704	106.5~110	128~131.9	17.2~19.3	18.6~21.7
HIP+超塑性锻	室温	110~113.4	162.3~163.1	25~27.8	24.6~30.2
	704	105.4~107.6	128~130.5	16.5~22.1	21.7~23.6

工艺	持久性能				蠕变性能			
	t/℃	σ/kg·mm^{-2}	寿命/h	δ/%	t/℃	σ/kg·mm^{-2}	0.1%/h	0.2%/h
挤压+超塑性锻	732	66.8	30.1~43.1	10.3~15.9	704	56.2	87~117	119.5~149
HIP+超塑性锻	732	66.8	25.5~37.0	11~16.6	704	56.2	91~140.5	125~193.5

3.2 René95合金

合金成分是在变形René95合金的基础上略加调整，适当降低碳、铬含量，以防止形成PPB。母合金采用真空感应炉熔炼，制粉工艺可用氩气雾化、旋转电极雾化或真空雾化。早期采用-60目（-250μm）粉，粒度较粗，发现大颗粒夹杂较多，容易引起疲劳裂纹而降低合金性能。为改进质量，采取的措施是降低粉末粒度，改用-150目（-106μm）粉，氧化物夹杂和空心粉问题均显著改善[6]。该合金采用热等静压成形工艺及热等静压+热模锻工艺。GE公司和Crucible、Cartech公司合作研究过热等静压工艺参数、粉末粒度和热处理制度对合金组织和性能的影响[10]。确定了最佳热等静压工艺参数为1120℃，1050kg/cm^2，大于2h。

F404发动机的涡轮盘、压气机盘和涡轮轴套均采用直接热等静压工艺，压到超声波检验形状，加工余量为2.5~5mm，采用金属包套，盘件尺寸达ϕ480mm。CF6发动机的高压涡轮轴套则采用陶瓷模直接热等静压，而CFM-56发动机的压气机盘采用的是热等静压+热模锻的工艺。

盘件的热处理建议在低于γ′溶解的温度进行固溶处理，油淬或盐浴淬，然后多级时效。根据用途不同，所采用的热处理制度也不同，对性能的要求也不一样。

（1）热等静压涡轮轴套。1120℃，1h，816℃盐浴淬火或空冷+870℃，1h，空冷+650℃，16h，空冷[4]。

（2）热等静压+热模锻压气机盘。1095℃，1h，油淬+760℃，16h，空冷[4]。

（3）热等静压或热等静压+等温锻造涡轮盘。1120℃，1h，油淬+870℃，1h，空冷+650℃，24h，空冷[6]。

不同工艺的粉末René95合金的性能列于表4和表5。从表4和表5数据看出，该合金在650℃以下具有很高的拉伸强度和持久强度。热等静压+等温锻造或热模锻的持久强度、蠕变性能和低周疲劳性能都比直接热等静压的有所提高。据文献报道，该合金具有较高的强度，但有缺口敏感性，而且在650℃以上，其性能下降较快。

表4　不同工艺和部件的粉末René95合金的性能（1）[4,6]

工艺和部件		$t/℃$	拉伸性能				持久性能 650℃，105kg/mm²	
			$\sigma_{0.2}$ /kg·cm⁻²	σ_b /kg·cm⁻²	$\delta/\%$	$\psi/\%$	h	$\delta/\%$
热等静压 涡轮轴套	性能指标	20	105	130	10	12	25	2
		650	88	102	8	10		
	实际性能	20	124	170	16	15	70	2
		650	114	154	16	17		
热等静压+锻 造压气机盘	性能指标	20	126	162	10	12	25	2
		650	117	145	8	10		
	实际性能	20	120	160	18	23	278	2
		650	114	151	14	13		
热等静压 涡轮盘	性能指标	20	126	162	10	12	25	2
		650	117	145	8	16		
	实际性能	20	126	168	18	20	28.4~29.5	4.7~5.4
		650	112	152	14	13		
热等静压+等 温锻造涡轮盘	实际性能	20	126	169	18	18	37.7~62	3.4~6.1
		650	115	148	19	11		

表5　不同工艺和部件的粉末René95合金的性能（2）

工艺	蠕变性能（100h）			低周疲劳性能		
	$t/℃$	应力/kg·mm⁻²	总变形/%	控制应变	$t/℃$	至断裂的循环数
热等静压	593	105.5	0.143~0.161	0.78	538	$(1.8~3.2)×10^4$
				0.66	538	$(6.8~12)×10^4$
热等静压+ 等温锻造	593	105.5	0.054~0.098	0.78	538	$(5.8~6.6)×10^4$
				0.66	538	$(1.1~2.2)×10^5$

3.3　Astroloy合金

Astroloy原为铸锻合金，作涡轮盘用，由于变形困难，容易产生裂纹，后来采用粉末冶金工艺。Pratt Whitney飞机公司曾用热等静压+锻造工艺生产涡轮盘，用在TF-30发动机上，最近又用直接热等静压工艺制造涡轮盘，用在JT8D-17R发动机上，盘子直径为470mm。热等静压温度为1190℃或1215℃。盘件的热处理制度采用：1120℃，4h，空冷+871℃，8h，空冷+982℃，4h，空冷+650℃，24h，空冷+760℃，8h，空冷[4]。

合金的性能列于表6。数据说明，热等静压+锻造的拉伸强度和持久性能均比直接热等静压的有很大的提高。热等静压盘件的性能还与断面尺寸有关，薄断面部位的性能高于厚断面的。

表6 粉末Astroloy合金的性能[6]

取样部位		拉伸性能				
		$t/℃$	$\sigma_{0.2}/kg·mm^{-2}$	$\sigma_b/kg·mm^{-2}$	$\delta/\%$	$\psi/\%$
性能指标		室温	84	127	15	11
		538	77	113	15	18
热等静压 JT8D盘	薄断面	室温	98.4	140.6		
	厚断面		94.9	137.1		
	薄断面	538	88.7	130		
	厚断面		87.8	126.5		
热等静压+锻造盘		室温	104~106	147~150	22~23	25~29
		760	91~97	106~112	25~28	34~42

取样部位		持久性能			蠕变性能			
		$t/℃$	$\sigma/kg·mm^{-2}$	τ/h	$\delta/\%$	$t/℃$	$\sigma/kg·mm^{-2}$	$\delta/\%(100h)$	$0.1\%/h$
性能指标		732	56.3	23	8	704	52	0.1	100
热等静压 JT8D盘	薄断面	732	63.2	130		704	56.2		120
	厚断面	732	63.2	115		704	56.2		105
热等静压+锻造盘		760	59.8	25~60	12~15	704	56.2		0.075~0.094

3.4 MERL76合金

MERL76是由Pratt Whitney公司与国家宇航局材料研究中心研制成功的最新的粉末高温合金。它是将IN100合金的成分加以调整,添加了铌和少量铪,降低了碳,以避免形成PPB并强化了合金,去除了钒,以提高抗腐蚀性。

采用氩气雾化或溶氢真空雾化制粉和直接热等静压工艺,盘件直径为660mm,重318kg,将用在JT10D发动机上[11]。

文献[11]指出,不同的热等静压温度可以控制晶粒尺寸。当低于γ′相溶解温度18℃热等静压时,晶粒度为ASTM~12级,高于12℃时为6~8级,低于9℃时为8~10级。γ′相的溶解温度为1190℃。热等静压工艺参数选择为1182℃,可以改善缺口持久寿命并保留较高的拉伸性能。

热处理采用低于γ′溶解温度固溶处理,快速冷却和多级时效处理:1163℃,2h,油冷+871℃,0.67h,空冷+990℃,0.75h,空冷+650℃,16h,空冷+760℃,16h,空冷。合金的性能列于表7。

表7 粉末MERL76合金的性能[6]

	拉伸性能					持久性能			
	$t/℃$	$\sigma_{0.2}/kg·mm^{-2}$	$\sigma_b/kg·mm^{-2}$	$\delta/\%$	$\psi/\%$	$t/℃$	$\sigma/kg·mm^{-2}$	τ/h	$\delta/\%$
性能指标	室温	105	151	15	15	732	68.3	23	5
	704	103	120	12	12				

续表7

	拉伸性能				持久性能			
	t/℃	$\sigma_{0.2}$ /kg·mm^{-2}	σ_b /kg·mm^{-2}	δ/%	ψ/%	t/℃	σ /kg·mm^{-2}	τ/h	δ/%
HIP+超塑性锻	室温	120~123	170~172	18.6~23	17.6~26.5				
	621	115~117	147~155	18~19.3	14.6~19.7				

3.5 APK-1合金

APK-1是英国Henry Wiggin公司研制成功的。合金成分基本与Astroloy合金相同，只是更进一步降低了碳含量，以消除PPB。

用氩气雾化制粉，粒度小于100目。直径小（小于100mm）而长的坯料采用热挤压工艺，挤压机为5000t。大坯料以及形状复杂的盘件则用直接热等静压工艺和热等静压+锻造或等温锻造工艺[12]。最佳热等静压温度为1150℃[13,14]。

合金的热处理制度为：1080~1110℃，4h，油冷+650℃，24h，空冷+760℃，8h，空冷。合金的性能列于表8。

表8 APK-1合金的性能

状态	拉伸性能					持久性能			低周疲劳性能		
	t/℃	$\sigma_{0.2}$ /kg·mm^{-2}	σ_b /kg·mm^{-2}	δ/%	ψ/%	t/℃	σ /kg·mm^{-2}	τ/h	t/℃	σ /kg·mm^{-2}	至断裂的循环数
热等静压	室温	108.1	147.4	23	24	760	60.2	50	600	110.2	6300
	650	99.1	135.7	19.6	18.5						
热等静压+锻造	室温	111.6	156.8	26	31	760	60.2	50	600	110.2	>100000
	650	102.4	137.7	32.6	30.8						

4 质量控制

涡轮部件是发动机的关键部件，质量控制已愈来愈受到人们的重视。为确保涡轮部件质量的绝对可靠和稳定，必须建立严格的质量控制规范，制定检验方法和标准，对每个工艺环节进行监督和验收。首先要控制预合金粉的质量，这是至关重要的。按照标准仔细检验预合金粉的成分、气体含量、粒度和夹杂以及其他物理性能。要求氧含量小于100×10^{-6}，氮含量小于50×10^{-6}，氩含量小于2×10^{-6}。注意防止粉末的污染。包套要进行严格的清洗和检漏。稳定地控制热等静压工艺参数以及对预成形坯或盘件的超声波探伤都是十分重要的。最后对最终产品的性能、质量和缺陷进行检验和控制。

粉末高温合金的缺陷和普通铸锻高温合金的缺陷有所不同，它主要是由粉末冶金工艺带来的，其类型有氧化物夹杂、异金属夹杂、热诱导孔洞和原始颗粒边界（PPB）等。表9列出了这些缺陷对合金性能不同程度的有害影响，需要从工艺上采取措施予以消除。

表9 缺陷对热等静压 René95 性能的影响[4]

缺陷类型	拉伸性能		持久性能		低周疲劳
	缺陷类型	强度	塑性	寿命	塑性
氧化物	↓	↓	↓	↓	↓
M2 钢	○	—	—	↓	↓
Astroloy	○	—	—	—	↓
热诱导孔洞>0.2%	—	—	—	—	↓

注：↓严重降低，— 稍许降低，○无明显影响。

氧化物夹杂将严重降低合金的机械性能。西德 Betz 曾研究过氧化物夹杂的尺寸及其存在的部位对材料性能的影响[16]。结果指出，尺寸大的和愈接近部件表面的夹杂危害愈大。应注意控制母合金的清洁度和预合金粉的清洁度。在粉末处理线上采用静电分离器去除预合金粉中的夹杂。用水浮选法检验氧化物夹杂的尺寸和数量，已建立了检验标准。例如 René95 合金粉清洁度的标准是[17]：1kg 粉中尺寸大于 75μm 的氧化物夹杂数量不得多于 3 颗粒，总数不得超过 20 颗粒。

热诱导孔洞是由不溶解于合金的残留氩气引起的，在热成形后的热处理过程中，氩气膨胀，以致在产品中形成不连续的孔洞。它使合金的性能下降，尤其是降低低周疲劳性能[18]。合金中氩的来源有三：首先是在氩气雾化制粉时，一些粉末颗粒内部包覆着氩的气泡，形成了空心粉；第二是粉末脱气不完全，形成粉末表面的吸附氩；第三是如果包套有细微泄漏，在热等静压过程中，高压氩会压入套中。因此，针对上述氩的来源，采取了各种措施以消除氩害[19]：用喷吹分级设备去除空心粉，加强热动态真空脱气；对包套进行氦检漏等。热诱导孔洞的评级是测定试样高温加热前后密度的变化，也可用定量金相法测定热诱导孔洞所占的面积分量。生产厂和使用厂都制定了评级标准。

原始颗粒边界（PPB）的形成是在热等静压或挤压前的加热过程中，预合金粉末颗粒表面析出了一层 MC 型碳化物，或由于氧化而形成了碳-氮-氧化物膜，阻碍粉末之间的扩散固结，从而降低合金的性能。热等静压坯料的断口研究发现，断裂经常沿 PPB 发生。对 PPB 形成的机理以及消除的措施已展开了研究[20,21]。提出的措施有：（1）采用粉末预热处理，使 $M_{23}C_6$ 优先在树枝间析出，避免在颗粒表面析出稳定的 MC 型碳化物；（2）调整热等静压工艺，先在较低温度（~950℃）保温，然后再升高到 HIP 温度压实；（3）调整合金成分，降低碳含量或加入铌、铪等强碳化物形成元素；（4）采用热塑加工工艺[22]，可以破碎颗粒表面的氧化物膜，而且在低于 MC 型碳化物形成的温度下进行热等静压，消除了 PPB；（5）避免合金粉与塑料、橡胶或其他有机物接触，因为有机物也是形成 PPB 的因素。

合金中的异金属夹杂主要来自雾化和处理不同成分的合金粉，因此在更换合金时，务必清洗干净雾化制粉设备和粉末处理设备，加强生产管理。英国 Henry Wiggin 公司规定了专用雾化设备生产 APK-1 合金粉[23]。

5 发展动向

近十年来粉末高温合金取得了迅速的发展，工艺已经成熟，在燃气涡轮发动机上得到了广泛的应用,为高温合金材料开辟了一个新领域。今后的发展方向是继续探索新工艺、研制适于粉末冶金的新合金,进一步节约战略金属元素以及深入研究粉末高温合金的组织和性能。当前受到重视和大力开展的研究工作有以下几项。

(1) 快速凝固制粉技术:由于粉末冷却速度快,达到 $10^6℃/s$,因此进一步减少了偏析,合金的成分和组织更加均匀,从而改善了合金的性能。同时也扩大了合金的固溶度范围,允许进一步提高合金化程度,创制强度更高的新合金。例如快速凝固粉末 Ni-Al-Mo 合金具有更高的温度潜力,其性能比最近发展的单晶合金还要优越。

(2) 直接热等静压接近净尺寸盘件工艺:为了进一步节约金属消耗,减少机加工量,降低成本,这项工艺受到很大的重视,并在努力实现。其关键是精确掌握金属的收缩率,合理设计包套的尺寸和形状以及采用自动跟踪零件外形的超声波探伤设备。

(3) 热塑加工工艺:将预合金粉先进行冷加工,使之储存应变能,因而允许在较低的流变应力和较低的温度下进行固结和成形,获得再结晶的超细晶粒组织。这种工艺可以利用粒度较粗的粉,因而提高了合金粉的利用率。

(4) 双重性能盘工艺:涡轮盘不同部位承受的温度和负荷不同,对材料性能的要求也不同。利用粉末冶金工艺可以制造由不同合金或不同晶粒组织组成的盘件或整体涡轮,使之具有双重性能,以提高盘件的温度潜力。例如美国底特律内燃机厂研制成功一种双重性能盘[24],它是将精密铸造的 MAR-M246 合金叶片环件和粉末 PA101 合金盘用热等静压工艺固结在一起。此外,热等静压粉末高温合金预成形坯经过热机械加工,或温度梯度退火——定向再结晶热处理[25],都可以使盘件外缘和叶片获得粗晶或定向结晶的组织,而盘子中心仍保留细晶组织。这种工艺已用于挤压和超塑性锻造的 IN100 和 AF2-1DA 合金,制造汽车用的整体叶轮转子。

总之,粉末高温合金领域中的新工艺不断涌现,估计今后在工艺和材料方面还将有大的发展。

参 考 文 献

[1] J. K. Tien 等;"Science Front of PM Superalloys", A Metal Powder Report Conference, 1980, Vol. 1, 16.
[2] Paul Loewenstein;"Superclean Superalloy Powders", 同 [1], 7.
[3] D. J. Erans 等;《The 5th National SAMPEL Conference》, 1973, 428.
[4] R. E. Dreshfield;"Application of Superalloy Powder Metallurgy for Aircraft Engines", International Powder Metallurgy Conference, 1980, Seminar.
[5] 《Metal Powder Report》, 1980, Vol. 35, No 11, 507.
[6] James E. Coyne 等;"Superalloy Turbine Components", 同 [1], 11.
[7] J. M. Larson;《Mod. Dev. in PM》, Vol. 8, 537.
[8] L. N. Moskowitz 等; AD 749697.
[9] M. M. Allen 等;《1975 National PM Conference Proceeding》, 243-256.
[10] J. L. Bartos 等;《Superalloys—Metallurgy and Manufacture》, 1976, 495.
[11] R. D. Eng 等;《Superalloys 1980》, 491.
[12] 《Metal Powder Report》, 1980, 35, No 1, 24.
[13] C. H. Symonds 等;"The Properties and Structures of AS-HIP and HIP plus Forged Nimonic Alloy API", 同 [1], 17.

[14] G. A. HACK;同［1］,20.
[15] 《Superalloys By Powder Atomisation》, Henry Wiggin & Comp. Limited, 1978.
[16] W. Betz 等;"Living With Defect in PM Superalloy Materials",同［1］,19.
[17] J. E. Coyne 等;"Superalloy Powder Engine Components: Controls Employed to Assure High Quality Hardware",同［1］,24.
[18] R. L. Dreshfield;《PMI》, 1980, 12, No 2, 83-87.
[19] T. E. Miles;《Rapid Solidification Processing》, 1977, 347.
[20] M. Dahlen 等;《International PM Conference 1980》.
[21] 美国专利, No 3890816.
[22] J. M. Larson;《Superalloys—Metallurgy and Manufacture》, 1976, 483.
[23] F. A. Thompson 等;"Structure and Properties of a Gas Turbine Disk Alloy Processed From Prealloyed Powder", PM Conference, 1987.
[24] B. A. Ewing;《Superalloys 1980》, 169.
[25] D. M. Carlson;《Superalloys 1980》, 501.

(原文发表在《国外金属材料》, 1981(9): 23-31.)

俄罗斯粉末冶金高温合金

张义文

摘　要　简述了俄罗斯粉末冶金高温合金的发展状况,介绍了已使用和新一代粉末冶金高温合金的成分、性能和主要用途。
关键词　粉末冶金　高温合金　俄罗斯

Powder Metallurgy Superalloy in Russia

Zhang Yiwen

Abstract: The development situation of PM superalloy in Russia was summarized. The composition, properties and main applications of PM superalloy were introduced. The composition and property characteristics of newly-developed PM Superalloy were illustrated.
Keywords: powder metallurgy, superalloy, Russia

粉末冶金高温合金是随着航空发动机向着大功率、高推重比的发展而产生的一种新型高温材料,主要用于制造航空发动机压气机盘、涡轮盘和轴承等承受高温大载荷部件。目前,世界上只有美国、俄罗斯、英国、法国和德国等少数几个国家掌握了粉末冶金高温合金部件的生产技术。

在俄罗斯,高温合金粉末冶金被称为镍基热强合金颗粒冶金。颗粒冶金的基本思想产生于 1963 年。1965 年底,在这种思想指导下开发出镍基热强合金。1973 年,全俄轻合金研究院建立了镍基热强合金颗粒冶金的综合科学研究部。经过 20 多年的发展,目前采用等离子旋转电极制取高温合金粉末和直接热等静压工艺,已经生产了约 500 种规格、4 万多件航空发动机的粉末盘和轴[1-3]。

1　使用中的粉末冶金高温合金

ЭП741 合金是高合金化、高 γ′ 相 (55%) 强化的用于制造涡轮盘的铸锻高温合金。考虑到高温合金粉末冶金工艺特点,在铸锻合金 ЭП741 的基础上,通过稍微调整化学成分、改变热处理工艺,研制出俄罗斯历史上第一种粉末冶金高温合金 ЭП741[4],其成分(质量分数)列于表 1。其后,经过合金成分的完善、优化和提高 γ′ 相形成元素 (Ti、Al 和 Nb) 的含量,研制出性能更高、专门用于制造航空机涡轮部件的新型粉末冶金高温合金 ЭП741НП,随后又研制出高强度 ЭП962П 和高强耐热 ЭП975П 两种粉末冶金高温合金(成分见表 1)。1974～1975 年间,制造出第一批用于 МиГ-29 和 МиГ-31 歼击机发动机 РД-33 的 ЭП741НП 合金盘件。从 1980 年开始,用 ЭП741НП 粉末冶金高温合金批量生产航空发动机涡轮盘[1]。目前，ЭП741НП是用于制造航空发动机重要部件用得最多的粉末冶金高温合金，主要用于制造发动机РД-33压气机的轴和φ850mm的盘件；大型远程客机Ил-96-300、Ту-204、运输机Ил-76、Ил-75МФ的发动机ПС-90А的盘件；短程客机Ил-114和直升机Оборотель发动机ТВ7-117С的盘件。而ЭП975П合金主要用于制造发动机НК-44的φ150~1200mm盘件。

表1 粉末冶金镍基高温合金主要化学成分（质量分数）
Table 1 Main compositions of nickel-base PM superalloys (mass fraction) (%)

合金	C	Cr	Co	Al	Ti	W	Mo	Nb	Hf	B	Zr
ЭП741П	0.060	9.20	16.00	4.80	1.50	7.70	2.60	1.40	—	0.020	0.025
ЭП741НП	0.040	9.00	16.20	5.00	1.80	5.30	3.80	2.60	0.25	0.015	0.015
ЭП962П	0.070	13.50	9.00	3.80	2.70	3.20	4.30	3.50	0.55	0.015	—
ЭП975П	0.075	8.00	10.00	6.00	2.00	8.50	2.90	2.50	—	0.020	—
ЭИ698П	0.050	14.50	—	1.60	2.55	—	3.00	2.00	—	0.005	—
ЭП962НП	0.040	9.00	16.00	3.80	3.70	5.30	3.80	1.80	0.40	0.015	0.015

为了提高粉末冶金高温合金在650℃以下的强度，在ЭП741П合金基础上，通过改变热处理工艺（即增加二次时效以消除二次碳化物在晶界上的大量析出），研制出ЭП741НП改型粉末冶金高温合金ЭП741НПУ，其热处理工艺见表2，合金力学性能列于表3[3,5]。

表2 ЭП741НП与ЭП741НПУ粉末冶金高温合金的热处理工艺
Table 2 Heat treatment procedures of ЭП741НП and ЭП741НПУ PM superalloys

合金	固溶处理	时效
ЭП741НП	1210℃，8h，炉冷到1160℃，AC	870℃，32h，AC
ЭП741НПУ	1210℃，3h，AC	910℃，16h，AC+750℃，32h，AC

表3 粉末冶金高温合金的力学性能
Table 3 Mechanical properties of PM superalloys

合金	σ_b/MPa	$\sigma_{0.2}$/MPa	δ/%	ψ/%	$\sigma_{100h}^{650℃}$/MPa	$\sigma_{100h}^{750℃}$/MPa
ЭП741П	1250	800	13	15	900	600
ЭП741НП	1300	850	13	15	950	650
ЭП741НПУ	1400	950	13	15	1000	700
ЭП962П	1500	1100	10	12	1050	650
ЭП975П	1300	900	13	15	1050	720
ЭИ689П	1250	800	15	20	720	—
ЭИ698МП	1300	880	26	26	—	—
АЖК	1356	865	11	13	780	—
ЭП962НП	1550	1150	10	12	1100	750

近年来，俄罗斯将高温合金粉末冶金工艺用于中等合金化高温合金，研制出粉末冶金高温合金 ЭИ698П，拓宽了高温合金粉末冶金工艺的研究领域，并充分发挥其优越性——高性能、低成本。与铸锻 ЭИ698 合金相比，ЭИ698П 合金的强度提高 15%~18%、塑性提高 40%~60%、持久强度提高 5 倍（见表 4），而其成本降低 22%~30%。用 ЭИ698П 合金生产的 ПС90ГП 发动机的 ϕ150~1250mm 涡轮盘，于 1995 年底完成了台架试车，1996 年 2 月获得批量生产许可证[6,7]。与此同时，还研制出用于航空发动机焊接部件的粉末冶金高温合金 ЭИ968МП 和 АЖК，其力学性能见表 3[8]。

表 4 ЭИ698П 与 ЭИ698ВД 高温合金的力学性能

Table 4 Comparison of mechanical properties between ЭИ698П and ЭИ698ВД superalloys

合金	σ_b/MPa	$\sigma_{0.2}$/MPa	δ/%	ψ/%	$\tau_{720MPa}^{650℃}$/h	备注
ЭИ698П	1344~1385	891~951	20.4~25.2	26.0~33.2	>300	实测
ЭИ698ВД	1180	740	14	16	50	技术条件

2 新一代粉末冶金高温合金

现有的粉末冶金高温合金，如 ЭП741П、ЭП962П 和 ЭП975П，已无法满足航空发动机日益发展的需要。ЭП962П 合金虽具有高的室温强度（$\sigma_b \geq 1500$MPa），但当温度高于 700℃时，其持久强度急剧下降。而 ЭП975П 合金在 750℃时持久强度很高（$\sigma_{100}^{750℃} \geq 720$MPa），但又不能保证强度的要求，并且倾向于形成 TCP（拓扑密堆）相，致使塑性指标降低。此外，该合金单相区很窄，热等静压难以控制。ЭП741НП 合金虽具有很高的综合力学性能和工艺性能，但是不能达到更高的力学性能要求（$\sigma_b \geq 1550$MPa 和 $\sigma_{100}^{750℃} \geq 740$Ma）。借助于回归分析，在 ЭП741НП 合金基础上，通过调整合金成分，研制出新一代粉末冶金高温合金 ЭП962НП。回归分析结果表明，随着钛含量增加，该合金的室温强度和持久强度提高，但当钛含量增加到 4%时，将导致组织中 η 相（Ni_3Ti）析出和组织脆化。因此，最佳情况是钛含量提高 2%，（Al+Nb）含量降低 2%，以保持 γ′相形成元素含量为 9.3%的水平（见表 1）；合金元素铝的作用主要是形成 γ′相，同时也强化基体，当其含量降低时必然需用其他强化基体的元素来补充合金化，用铪可实现此目的（铪含量一般增加到 0.4%）。

新一代粉末冶金高温合金 ЭП962НП 具有像 ЭП962П 一样高的强度，像 ЭП975П 一样高的热强性，而塑性指标与 ЭП741НП 相当[4]（见表 3），具有比 ЭП741НП 更高的 γ′相完全溶解温度[9]（见表 5）。这样，在淬火过程中就可以采用快速冷却（油冷）和双级时效（870℃和 760℃），以尽可能完全地表现出合金强度特性，在保证 750℃持久强度为 750MPa（$\sigma_{100}^{750℃} = 750$MPa）时，$\sigma_b \geq 1550$MPa。热等静压工艺同 ЭП741НП 一样在单相区进行，得到完全再结晶的组织。晶粒度为 30~40μm，大 γ′相尺寸约 250nm，小 γ′相尺寸约 10nm，碳化物除了少量分布在晶界上以外，大部分均匀地分布在晶内。ЭП962НП 主要用于生产 ДП282 型发动机盘件[9]。

表5 ЭП962НП 和 ЭП741НП 粉末冶金高温合金的相组成和临界点
Table 5 Phase composition and critical point of ЭП962НП and ЭП741НП PM superalloys

合金	含量（质量分数）/%		临界点/℃	
	γ'	碳化物	$T_{\gamma'}$	T_s
ЭП741НП	60	0.35	1180	1270
ЭП962НП	57	0.29	1200	1250

注：$T_{\gamma'}$ 为 γ 相完全溶解温度，T_s 为合金的熔点。

参 考 文 献

[1] Фаткуллин О Х. Технология Лёгких Сплавов, 1995, (6): 5.

[2] Гарибов Г С. Авиационная Пpомышлеппость, 1995, (9-10): 15.

[3] Фаткуллин О Х, Буславский Л С. Технология Лёгких Сплавов, 1995, (7-8): 19.

[4] Фаткуллин О Х. Технология Лёгких Сплавов, 1996, (5): 44.

[5] Аношкин Н Ф, и др. Разработка процессов получения изделий из гранулируемых жаропрочных сплавов на основе никеля горячим изостатическим прессованием. См. Металловедение и обработка титановых и жаропрочных сплавов [Сб Статей]. М. ВИЛС, 1991. 313.

[6] Гарибов Г С. Технология Лёгких Сплавов, 1995, (6): 7.

[7] Гарибов Г С, и др. Технология Лёгких Сплавов, 1996, (3): 59.

[8] Кистз Н В, и др. Технология Лёгких Сплавов, 1995, (6): 27.

[9] Фаткуллин О Х, и др. Технология Лёгких Сплавов, 1995, (6): 19-21.

（原文发表在《钢铁研究学报》，1998，10(3)：74-76.）

俄罗斯粉末高温合金涡轮盘的生产工艺

张 莹

(钢铁研究总院5室,北京 100081)

摘 要 介绍了俄罗斯粉末高温合金涡轮盘的生产工艺,存在的问题和改进措施以及新合金、新工艺。目的是借鉴国外的先进技术以发展我国的粉末高温合金。

关键词 粉末冶金 高温合金涡轮盘 生产工艺

Production Technology of Powder Metallurgy Superalloy Turbine Disk in Russia

Zhang Ying

(Central Iron & Steel Research Institute, Beijing 100081, China)

Abstract: The production technology of powder metallurgy superalloy turbine disk in Russia was introduced. The existential questions, improvements measures and the new superalloy, new technology were represented. They are useful for development of powder metallurgy superalloy in China.

Keywords: powder metallurgy, superalloy turbine disk, production technology

随着航空器、火箭、地面燃气轮机对材料要求的不断提高,近20多年来俄罗斯的粉末冶金工业有了较大的发展。目前,镍基粉末高温合金结构材料基本保证了飞机发动机涡轮盘、轴及其他零部件的需要,并建立了一套比较完整的生产粉末高温合金的设备及工艺。了解和研究这些情况对发展我国的粉末高温合金将起到一定的借鉴作用。

1 常用的生产工艺

粉末高温合金涡轮盘生产的整个工艺流程展示如下:

真空感应冶炼母合金→母合金棒的加工→等离子旋转电极制粉→筛分→静电分离去除夹杂→粉末脱气、装套、封焊→热等静压→热处理→机械加工→成品检验

1.1 母合金的冶炼和加工

母合金采用真空感应法冶炼,浇铸成棒状。取样进行化学分析,成分合格后,机械加工成 $\phi75mm \times 900mm$、表面光滑的圆棒。

1.2 制粉

在俄罗斯生产镍基高温合金粉末主要有三种方法:气体雾化法,旋转电极法,离心雾

化法。目前主要使用等离子旋转电极法（PREP）。

等离子旋转电极制粉设备母合金装炉量为1400kg。在机械传动装置的作用下，母合金圆棒逐根沿轴向被推进密封的雾化室。在雾化室中，与合金棒相对安装并可沿轴向前后移动的等离子枪产生等离子流，使高速旋转的合金棒料端部熔化。在离心力的作用下，薄层液态金属雾化成极小的液滴飞射出去，在惰性气体介质中以约1×10^4℃/s的速度冷却，靠表面张力的作用液滴凝固成球形粉末颗粒。

等离子旋转电极制粉的主要工艺参数及其作用如下：

（1）电极棒转速——控制粉末的粒度，可以通过调节转速得到所需粒度的粉末；

（2）惰性气体介质——其纯度和配比直接影响等离子弧的稳定性和粉末中的气体含量；

（3）等离子枪功率——对保证成品粉收得率，提高生产效率起着决定的作用。

等离子旋转电极制得粉末的主要特征为：

（1）具有较窄的粒度分布。电极棒转速高时，细粉多，成品粉收得率较高。图1表示了电极棒转速和粉末粒度分布关系[1]；

（2）球形度好，表面光滑洁净，氧含量低于0.006%，物理性能良好，图2表示PREP工艺所制粉末的形貌。

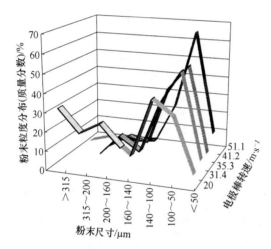

图1　电极棒转速和粉末粒度分布关系

Fig. 1　Dependence of the distribution of particle size and the rotational race of electrode

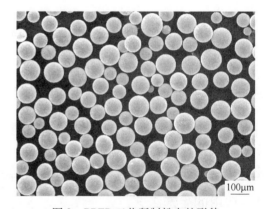

图2　PREP工艺所制粉末的形貌

Fig. 2　Surface morphology of powder particle by PREP

1.3　粉末的筛分

目前俄罗斯做粉末盘的粉末粒度为50~140μm，必须通过筛分将原粉中的大颗粒粉末、夹杂物及部分母合金中不熔的粒子和细小弥散，且氧含量大于0.01%的粉末与成品粉分开。

所用的筛分机的主体是一个不锈钢密封室。在惰性气体的保护下，分上、中、下三层的振动筛将粗、中、细三种粒度范围的粉末分开，流入各自的接粉罐内。

筛分的主要工艺参数如下：

(1) 惰性气体介质——为防止粉末在处理过程中被氧化，使用高纯的氩或氩+氦混合气体作为介质，工作压力为0.13MPa；

(2) 筛分效率——一般控制在30~60kg/h。为了保证粉末筛分的速度和质量，要求振动筛的振幅控制在0.1~2.0mm，振动频率50Hz。筛分速度的快慢与原粉的粒度有关，原粉的粒度细时，应相对降低筛分速度并适当加大振幅，以防筛网堵塞。经过筛分，粉末中的非金属夹杂物平均去除50%[2]。

1.4 静电分离去除非金属夹杂物

由于电极棒浇注过程中的过滤问题尚未完全解决，不能完全去除溶渣、陶瓷，而且在粉末处理各道工序中还会带进一些非金属夹杂物，所以必须通过静电分离去除非金属夹杂物。

静电分离装置如图3所示。密封的工作室内有三级旋转滚筒（作为沉淀极）、电晕极和清理刷子。在惰性气体保护下，被处理的粉末通过振动给料器均匀地撒到电晕极和沉淀极之间的电场中。由于高压电晕的作用粉末粒子获得电荷，并被吸到接地的沉淀极表面。导电性能好的金属粉末一旦与沉淀极接触就释放电荷，在离心力的作用下，从滚筒上掉到下一级进行处理。导电性能差的非金属夹杂物不容易失去电荷，附着在沉淀极表面，由清理刷将其刷入废粉罐内。

由文献[3]中的计算公式 $d_{max} = \dfrac{\left(1 + 2\dfrac{\varepsilon - 1}{\varepsilon + 2}\right) E^2 \mu(R) \left[1 + \left(1 + 2\dfrac{\varepsilon - 1}{\varepsilon + 2}\right) \mu(R)\right]}{2.3 \times 10^{-3} \pi^3 r D n^2}$ 得

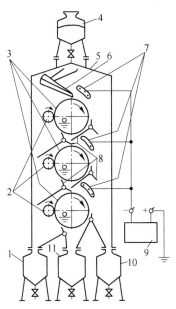

图3 静电分离去除夹杂装置简图

Fig. 3 Illustration of electrostatic separation equipment

1—夹杂物接收罐；2—清理刷；3—沉淀极；4—粉罐；5—工作室；6—下粉口；7—电晕极；
8—挡料器；9—高压整流器；10—洁净粉罐；11—中间粉罐

知,静电分离出的夹杂物尺寸 d_{max} 与沉淀极转速 n、粒子的介电常数 ε、电场强度 E、粒子阻力函数 $\mu(R)$、粒子的密度 π、粒子和电极之间的阻力 γ 以及沉淀极的直径 D 都有着直接的关系。静电分离的主要工艺参数如下:

(1) 高纯的惰性气体介质;

(2) 沉淀极转速——直接影响着分离的质量。转速太慢,停留在沉淀极表面的非金属夹杂物会因为所带电荷的充分释放而掉入成品粉中。转速太快,一些在电场中带电不足的非金属夹杂物在离心力的作用下也会被甩入成品粉中;

(3) 电晕极电压——对分离非金属夹杂物的效果起着主要的作用。在电压接近最大值时,使撒落在沉淀极上的粉层达到最薄状态,这时分离去除非金属夹杂物的效果最佳。

静电分离的生产效率为 100kg/h。经筛分和静电分离处理后粉末中的夹杂物将由每千克 114 个减为每千克少于 20 个[1]。表 1 列出了 100g 粉末中被处理前后的夹杂物情况。

表 1　100g 粉末中夹杂物数量

Table 1　Quantity of inclusions in 100g powder particle

粉末尺寸/μm	雾化后	筛分后	静电分离后	
			50~200μm	50~140μm
50~100	4	3	1	<1
100~150	4	3	1	<1
150~200	2	2	1	0
200~250	1	<1	—	0
250	<1	<1	—	0
合计	12	10	3	<2

1.5　粉末的脱气、装套和封焊

粉末在制取、处理及运输过程当中一直与惰性气体接触,粉末间隙和表面残留的惰性气体以及包套内壁的大气将不利于热等静压,并对盘件的组织性能造成很大的影响。所以,在热等静压前对粉末进行脱气,然后再装套、封焊是一项很重要的工序。

俄罗斯制造的脱气、装套、封焊装置如图 4 所示,此装置的特点是在密封的真空室内连续完成上述 3 道工序:即在不低于 1.33×10^{-2} Pa 真空度下升温到 400℃,使粉末在流动状态和装入包套后都得到充分脱气,吸附在包套内壁和粉末表面及间隙的气体完全排出。振动装置使流入包套的粉末得到密实,最后用电子束焊密封包套口。

每炉同时可装一至两个包套。包套材料为 20 号碳素钢或 12X18H10T 不锈钢,由氩弧焊接而成。包套在使用前必须经过检漏、高温真空退火和清洗。

粉末脱气、装套和封焊的主要参数除真空度和温度外,粉流速度也不可忽略。流速过快,粉末得不到充分脱气;流速过慢,工序拖延时间太长,并且会因进入每个包套的粉流速度不均匀而造成粉末粒度偏析,致使振实后包套中各区域的密度不均匀。这将严重影响热等静压后成形件的形状和质量,甚至会造成盘件报废。

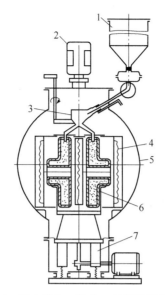

图 4　粉末脱气、装套、封焊装置简图

Fig. 4　Illustration of decontamination, charge and hermetization equipment

1—运输粉罐；2—电子束焊枪；3—下粉漏斗；4—发热体；5—真空室；6—包套；7—振动装置

1.6　热等静压

目前，俄罗斯的粉末高温合金涡轮盘是采用直接热等静压成形工艺。在高温高压（氩气）下将装在包套中密封好的粉末通过扩散焊联结方式密实成一个盘坯。

热等静压的主要工艺参数是压制温度、单位压力和设定温度下的保压时间，这些参数直接影响着成形件的组织和性能。由统计学得出的线性方程[4]描述了热等静压温度（t）、单位压力（p）和保压时间（τ）与成形件力学性能和晶粒尺寸（λ）的关系：

$$\sigma_b = 1312.4 - 27.1t + 10.3p - 7.8\tau \quad (1)$$

$$\tau_{600}^{750} = 103.7 + 28.0p + 31.2\tau \quad (2)$$

$$\lambda = 65.5 + 20t + 9.5\tau \quad (3)$$

分析式（1）~式（3）得出，提高热等静压温度和保压时间可加速粉末接触面的扩散，有利于再结晶。但随着晶粒长大，抗拉强度下降；延长保压时间，可提高光滑试样的持久寿命，但易出现晶粒的不均匀现象。提高单位压力，促进了粉末的扩散，使抗拉强度和持久寿命都有所增加。

所以，选择热等静压参数必须综合考虑粉末高温合金盘件的密度及组织性能的最佳匹配。例如ЭП741НП合金粉末涡轮盘的热等静压温度选择在稍高于γ′溶解温度，使其获得完全再结晶，晶粒通过原始颗粒边界生长，密度接近100%[4]。工艺制度为：预压——$t=(1030±20)$℃，$p=127$MPa，$\tau=1$h，终压——$t=(1200±15)$℃，$p=147$MPa，$\tau=1$h。

1.7　热处理

粉末高温合金涡轮盘的热处理工艺是根据合金化学成分及对强度、抗低周疲劳性能以及750℃下高温强度的综合要求而制定的。通过热处理消除晶内偏析，获得最佳的晶粒尺寸，使起强化作用的γ′相和碳化物相的分散度有一个最佳的配比关系[4]，这都是在制定工艺时必须考虑的问题。

1.7.1 固溶温度

固溶温度是决定粉末高温合金涡轮盘组织的关键因素。温度太低，不能完成再结晶，一次γ′相增多，减弱了时效强化作用；温度太高，晶粒长大，影响盘件的持久强度，特别是由于晶粒长大不均匀造成缺口敏感性[4]。将固溶温度设在稍高于γ′完全溶解温度，保温若干小时，然后炉冷到低于γ′完全溶解温度20~40℃的（γ+γ′）两相区进行淬火。这时将获得大小不同的两种γ′相：即在淬火冷却过程中从过饱和固溶体中析出尺寸约200nm的细小γ′相和那些在热等静压或退火炉冷过程中析出的粗大γ′相。这些尺寸约1000nm的粗大γ′相，在最后固溶加热温度下来不及回溶，冷却后分布在晶内或晶界，它们起着束缚晶粒长大的作用。如将固溶温度升高，能减少大γ′相的数量，增加小γ′相的弥散度，使盘件的强度提高，但塑性降低[5]。

1.7.2 冷却介质

目前，俄罗斯对镍基粉末高温合金涡轮盘固溶处理的冷却方式主要为空冷。将固溶温度定在（γ+γ′）两相区，空冷后能获得最佳的标准温度下的低周疲劳强度和750℃下的高温强度[5]。如需要获得650℃以下的最佳强度可以采取其他冷却介质。为降低淬火残余应力，可采用（$MgCl_2$+KCl）混合盐、强碱等热介质，工作温度为500~700℃[6]。

1.7.3 时效条件

时效温度和时间的选择应主要考虑有利于γ′强化相的析出和力学性能的提高，同时防止在晶界析出碳化物[5]。

ЭП741НП涡轮盘热处理工艺参数为如下：固溶处理1210℃×8h炉冷到1160℃，AC；时效处理870℃×32 h，AC。为减少淬火残余应力，采用带包套热处理，然后扒皮。主要力学性能列于表2。

表2 ϕ550mm 的 ЭП741НП 粉末涡轮盘的主要力学性能
Table 2 Mechanics property of ϕ 550mm EP741NP turbine disk

取样部位	室温拉伸性能				750℃，680MPa 持久寿命/h		a_k/J·cm^{-2}	650℃1000MPa下的持久寿命/h（光滑试样）
	σ_b/MPa	$\sigma_{0.2}$/MPa	δ/%	ψ/%	光滑试样	缺口试样		
轮毂	1417	967	19.4	20.8	152	208	40	>500
轮辐	1395	957	19.3	21.1	161	209	40	>500
轮缘	1413	960	20.5	22.4	202	227	40	>500

2 存在的问题和改进方法

用粉末冶金方法制造涡轮盘最大的难点是解决夹杂物、孔洞、原始颗粒边界（PPB）问题。而如何在保证产品质量基础上提高生产效率同样是一个不可忽略的问题。俄罗斯根据自己的工艺特点和主要存在的问题，进行了有关方面的研究工作，提出了改进措施。

2.1 孔洞

粉末高温合金盘件中出现孔洞的主要原因是热等静压后在随后的热处理加热过程中那些不溶于基体的惰性气体膨胀、聚集而形成。这种微小的孔洞对盘件的性能，特别是缺口持久寿命带来较大的影响[5]。例如，ЭП741 合金盘件中出现体积百分比为 0.34% 的孔洞，其在 750 ℃、588.6MPa 下的持久寿命由 150h 降至 7.99h。

粉末高温合金盘件出现孔洞的另一原因是空心粉所致。尽管 PREP 法制得粉末的空心粉数量要比氩气雾化（AA）少得多，但仍然有空心粉存在。等离子旋转电极制粉形成空心主要有 3 种情况：

（1）电极棒转速高。在电极棒转速提高，雾化端熔化的液态金属线速度随之增大的情况下，小尺寸的液滴极易卷入惰性气体而产生空心粉。表 3 列出了空心粉和电极棒转速的关系。

表 3 电极棒转速和空心粉特性的关系
Table 3 Dependence of the rotational rate of electrode and properties for hollow powder particle

电极棒转速/m·s^{-1}	粉末平均尺寸/μm	孔洞平均尺寸/μm	1000 颗粉末中空心粉数量/个	孔洞所占体积分数/%
19.6	331	109.2	0	0
31.4	154	50.8	1	0.011
41.2	140	46.2	10	0.11
47.9	129	42.6	15	0.16

可见，随着电极棒转速的提高，粉末尺寸变小，空心粉数量增多，因而孔洞的体积分数增大。

（2）等离子束破坏液滴。在气体介质中进行雾化时，高速喷射的等离子束破坏了熔化的母合金液滴，使气体进入内部形成空洞。由文献［7］中的公式 $W_k = \rho_2 dv^2/\sigma$ 得知，等离子束破坏液滴的能量与气流密度 ρ_2、被破坏的液滴直径 d、气流速度 v、液滴表面张力 σ 有关。

（3）液滴与已凝固的小颗粒粉末相碰撞。为避免上述现象发生，导致产生空心粉，必须调配好等离子枪功率、喷嘴直径、等离子弧电压、电流、惰性气体压力、等离子枪与电极棒的间距、电极棒转速等制粉工艺参数。

粉末的脱气是消除粉末盘中形成气孔隐患的重要工序。特别是大尺寸的粉末盘件装套时，粉末必须采取流动脱气。根据粉末的粒度设计下粉漏斗口直径，下粉量不大于 50kg/h，脱气温度保持在 400℃，并且真空度不低于 1.33×10^{-2}Pa。

此外，为减少粉末被污染，制粉和粉末处理使用的惰性气体必须经过净化处理，使其氧和水的含量小于 0.0004%。包套在使用前除需真空退火外，一定要仔细检漏，以防止热等静压时发生气体渗入。

2.2 PPB 问题

PPB 是指在热等静压过程中，在粉末原始颗粒边界形成断续的 MC 型碳化物网。它们主要出现在富集有 Mg、Al 氧化物的粉末表面，由复杂的 Ti、Nb 碳氧化物和氧化物质点组成。这些相的存在不仅破坏粉末间的结合，而且直接影响粉末盘件的强度、塑性和疲劳寿命[5]。

目前解决 PPB 的方法有：(1) 降低合金中的碳含量，控制在 0.02%~0.08%；(2) 严格检查粉末生产和处理工艺，避免氧含量超标；(3) 在装套前对粉末进行高温真空预处理，提高粉末内组织的均匀性；(4) 装套时对粉末进行 400℃ 真空脱气处理，去除表面吸附的氧，使其含量小于 0.005%；(5) 合理选择热等静压制度[4,5]。

2.3 去除夹杂物

2.3.1 改进母合金冶炼工艺

从某种程度上说，粉末盘中的夹杂物主要取决于母合金的质量。采用真空感应+真空电弧重熔双联冶炼代替真空感应冶炼之后，夹杂物数量减少了 80%[8]。

此外，在浇注母合金时可通过泡沫陶瓷过滤器将合金液中的溶渣过滤掉。试验证明，加了过滤器后粉末中夹杂物的尺寸和数量明显的下降。每公斤原始粉末中夹杂物由 316 个减少到 78 个[9]。

另外，为了使母合金获得最佳铸态组织，采取高温熔化处理工艺。例如，ЭП741НП 合金经过 1750℃ 高温熔化处理后，母合金中的碳化物呈弥散均匀分布状态，并提高了化学成分的均匀性，氮含量将由 0.007% 降低到 0.004%[10]。

2.3.2 减小粉末的使用粒度

粉末中的夹杂尺寸基本与粉末粒度一致，因此可以通过提高电极棒转速来减小粉末和夹杂物的尺寸。另一方面，可通过增加筛网的密度筛去大尺寸粉末和夹杂物。过去，ЭП741НП 成品粉粒度范围为 50~200μm，现普遍使用 50~140μm 的粉末。

如何将粉末使用粒度减到小于 100μm 或 50μm，而且又不降低成品粉的收得率，尚有待研究和解决[11]。

2.4 改进制粉工艺

为提高制粉的生产效率，保证粉末的质量，同时又不影响设备的使用寿命，对电极棒的尺寸、等离子枪的功率等工艺参数进行了研究，提出了改进措施[12]。

2.4.1 增加电极棒直径

在改进冶炼工艺保证电极棒质量的基础上，用不同直径电极棒按不同的制粉工艺参数（见表4）进行了试验。

表4 不同直径电极棒的制粉工艺
Table 4 Pulverization technology of electrodes with different diameter

制粉工艺	电极棒直径/mm			
	75	85	95	100
电极棒转速/r·min^{-1}	8700	7700~7900	6800~7100	6400~6700
电极棒和等离子枪偏心矩/mm	23	26	29	32
等离子弧电流/A	1400~1500	1600~1700	1800~1900	1900~2000

续表4

制粉工艺	电极棒直径/mm			
	75	85	95	100
等离子弧电压/V	46~48	47~49	47~50	48~50
等离子枪功率/kW	65~70	75~80	85~90	90~95
雾化速度/kg·min^{-1}	1.3~1.4	1.4~1.5	1.5~1.6	1.5~1.6

试验结果表明，虽然电极棒直径及制粉工艺参数都不同，但所获得的粉末粒度分布及各粒度范围的粉末所占质量百分数基本一致的，即50~63μm占5%~9%；63~100μm占16%~28%；100~160μm占40%~41%；160~200μm占21%~34%；200~315μm占2%~4%；大于315μm占少量。由此得出：在对粉末粒度要求不变的情况下，增大电极棒直径和等离子枪功率，不仅能提高雾化速度，而且可以降低电极棒转速，从而减少机械零件的磨损，延长设备使用寿命。

2.4.2 提高等离子枪功率

等离子枪功率对生产的粉末粒度有直接的影响，由图5试验结果得知，通过增大等离子枪的功率可以提高成品粉的收得率。

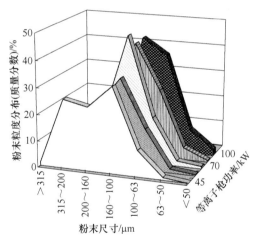

图5 粉末粒度分布与等离子枪功率的关系

Fig. 5 Dependence of powder particle size and power of plasma gun

3 新合金、新工艺

随着粉末涡轮盘工作条件的不断提高，对所使用的合金提出了更高的标准，俄罗斯的镍基粉末高温合金在ЭП741П、ЭП741НП、ЭП962П、ЭП975П基础上又发展了ЭП962НП。与ЭП741НП相比，ЭП962НП合金的γ′相和碳化物含量稍低，γ′溶解温度略高，熔点稍低。根据该合金的特点，固溶处理可以采用快冷（油冷）和双级时效（870℃和760℃），以尽可能完全表现出合金的强度特征，即在保证750℃，100h，持久强度为750MPa（σ_{100}^{750}=750MPa）时 $\sigma_b \geq$ 1550MPa[13]。可见ЭП962НП合金将为提高粉末高温合金涡轮盘的综合性能开辟出更宽广的道路。

直接热等静压成形工艺是俄罗斯生产粉末高温合金涡轮盘的工艺特色。近几年，在此基础上又有了新的发展[14]，通过计算机模拟设计出与盘件相近的外形尺寸和所采用的热等静压工艺参数，使粉末或粉末与铸件复合的盘件一次成形。这种先进工艺的主要优点是，能使复杂形状的盘件直接热等静压成形，既省去了机加工工序，又节约了合金材料。

4 结语

用粉末冶金工艺生产高温合金涡轮盘是航空技术发展的必然趋势。俄罗斯采用等离子旋转电极法制粉+直接热等静压成形工艺生产粉末涡轮盘已进入比较成熟的发展阶段。用此工艺生产的粉末涡轮盘已超过了25000个，涡轮盘的短寿命工作时间已达到1500h，长寿命工作时间大于10000h[11]。目前，我国已从俄罗斯引进了粉末涡轮盘生产线，而且已能批量生产用于高推比发动机的涡轮盘挡板。通过借鉴先进国家的生产技术，一定能设计出自己的粉末高温合金涡轮盘生产工艺。

参 考 文 献

[1] 张莹，陈生大，李世魁. 用等离子旋转电极法制取镍基高温合金粉末工艺的研究 [J]. 金属学报，1999，35（增刊2）：S343-S347.

[2] Кошелев В Я, Колубева Е А, Дурманова Г Я. Рассев Гранул Жаропрочных Никелевых Сплавов на Виброситах [A]. Металлургия Гранул [C]. Москва：ВИЛС, 1993(6)：239-246.

[3] Мешалин В. С, Кошелев В Я, Сафронов В П. Очистка Массы Гранул Жаропрочных Никемевых Сплавов от Неметаллических Включений Электростатической Сепарацией [A]. Металлургия гранул [C]. Москва：ВИЛС, 1993(6)：246-251.

[4] Белов А Ф, Аношкин Н Ф, Фаткуллин О Х. Структура и Свойства Гранулируемых Никелевых Сплавов [M] Москва：Металлургия, 1984.

[5] Ерёминко В И, Аношкин Н Ф, Фаткуллин О Х. Структура и Механические Свойства Жаропрочных Гранулируемых НикелевыхСплавов [J]. Металоведение и Термическая Обработка Металлов, 1991, (12)：8-12.

[6] 张莹. 淬火制度对ЭП962型镍基高温合金残余应力和机械性能的影响 [J]. 国外金属热处理，1994，15（1）：48-51.

[7] Гарибов Г С, Каринский В Н, Кондратьев В И. Образование Газовой Внутригранульной Пористости Жаропрочных Никелевых Сплавов [A]. Металлургия гранул [C]. Москва：ВИЛС, 1989(5)：153 -158.

[8] Морозов В А, Шипилов В С, Гусельников . А Н, идр. Влияние Вакумно-дугового Переплава при Получении Литой Заготовки для Распыления на Качество Гранул [A]. Тезисы Доклад II Всесоюжная Конференция по Металлургии гранул [C]. Москва：ВИЛС, 1987：222-223.

[9] Офицеров А А, Конов И А, Шмарлин А В, идр. Повышение Чистоты по Неметалическими Включениями Жаропрочных Никелевых Сплавов Путем Фильтрации через Пеногерамические Фильтры [A]. Металлутия гранул [C]. Москва：ВИЛС, 1993(6)：228-234.

[10] Фаткуллин ОХ, Офицеров АА, ЕромоленкоТ Н. Высокотемпературной Обработки Расплава на Свойства Жаропро - чныхГранулируемых НикелевыхСплавов [A]. Металлургия Гранул [C]. Москва：ВИЛС, 1993(6)：221-227.

[11] Саморов В Н, Кратт Е П, Селиверстов Д Г. Новая Технология формования Деталей Сложной

Конфикурации из Порошковых Материалов [J]. Кузнечно-штамповочное Производство 1998 (4): 3-7.

[12] Гарибов Г С, Кондатъев В И, Кариский ВН. Иследование и Разработка Технологических Параметров Плазменной Плавки Вращающейся Заготовки при Пройзвойстве Гранул Жаропрочных Никелевых Сплавов Размером Менее Сплавов 200 МКМ [A]. Тезисы Доклад Ⅱ Всесоюжная Конференция по Металлургии Гранул [C]. Москва: ВИЛС, 1987: 205-208.

[13] 张义文. 俄罗斯粉末冶金高温合金 [J]. 钢铁研究学报, 1998, 10(3): 74-76.

[14] АНОШКИН Н Ф. Повышение Качества и Совершенствование Технологии Производства Изделий из Гранулируемых Жаропрочных Никелевых и Титановых Сплавов [A]. Металлургия Гранул [C]. Москва: ВИЛС, 1993 (6): 15-29.

(原文发表在《钢铁研究学报》, 2000, 12(6): 63-69.)

我国粉末高温合金的研究现状

张义文　杨士仲　李力　李世魁　张莹　张凤戈　国为民　冯涤

（钢铁研究总院，北京　100081）

摘　要　简要回顾了我国粉末高温合金的发展历史，概述了FGH95粉末涡轮盘、挡板的生产工艺和研究进展情况，分析了粉末高温合金中存在的缺陷以及质量控制，介绍了粉末高温合金今后的研究方向。

关键词　粉末冶金　高温合金　缺陷　生产工艺　质量控制

Current Status of Research on PM Superalloy in China

Zhang Yiwen, Yang Shizhong, Li Li, Li Shikui, Zhang Ying, Zhang Fengge, Guo Weimin, Feng Di

(Central Iron & Steel Research Institute, Beijing 100081, China)

Abstract: The history of PM superalloy development in China is simply reviwed. In particular progress in research on PM FGH95 turbine disk and turbine disk ring are summarized. Defects in PM superalloy and quality control are analyzed. The research trend of PM superalloy in the future is introduced in the paper.

Keywords: powder metallurgy, superalloy, defects, production process, quality control

0　概况

现代高性能航空发动机的发展对高温合金的使用温度和性能的要求越来越高，采用传统的铸锭冶金工艺，由于冷却速度慢，铸锭中某些元素和第二相偏析严重，热加工性能差，生产高合金化高温合金大型的零件很困难，并且组织不均匀，性能不稳定。如果铸锭尺寸降到微米级，即以颗粒凝固，冷却速度可达到 $10^3 \sim 10^4 K/s$[1]，从而使成分均匀，无宏观偏析，而且晶粒细小，改善了合金的热加工性能，提高了合金的拉伸强度和抗疲劳性能。

于是在20世纪60年代产生了高温合金粉末冶金技术。粉末高温合金主要用于制造先进航空发动机的压气机盘、涡轮盘、涡轮轴以及涡轮盘挡板等高温承力转动部件，目前还推广用于地面燃气涡轮发动机的涡轮盘等重要部件。

为了在我国开辟粉末高温合金这一新领域以及跟踪世界的发展，1977年钢铁研究总院设立了研究课题，从德国 Heraeus 引进了 65kg 氩气雾化制粉装置以及粉末处理等设备，并自行设计和制造了一台国内最大的直径为 ϕ690mm 的热等静压机，配备了一台 500T 的等温锻造机，于 1980 年底基本上建成了一条粉末高温合金研制生产线。先后研究了 FGH100 和 FGH95 两个牌号的粉末高温合金。

"六五"期间，粉末高温合金的研制纳入了国家科研规划。为了集中科研力量和加速研制进度，1981 年由冶金部和航空部成立了由钢铁研究总院、北京航空材料研究所、北京钢铁学院和北京航空学院等单位参加的联合研制课题组，共同研制 FGH95 粉末高温合金。

"六五"期间，在氩气雾化制粉等工艺以及组织性能方面进行了大量的研究工作，于 1984 年底在 12000T 的水压机上，成功地包套模锻出某发动机用 FGH95 粉末涡轮盘（粉末粒度小于 100μm），盘件的主要性能基本上达到了美国同类合金 René95 的技术条件的要求。"六五"期间存在的主要问题是氩气雾化制粉装置中的坩埚、漏嘴以及喷嘴等耐火材料，在制粉过程中给合金带入了较多的陶瓷夹杂，致使合金性能不太稳定。

为配合我国某新型高推重比航空发动机的研制，FGH95 粉末高温合金的研制作为"八五"、"九五"国家重点军工配套科研计划专题重新立项。为了克服氩气雾化制粉工艺的缺点，解决粉末质量问题，在国家上级主管部门的大力支持下，借前苏联解体的时机，1994 年从俄罗斯引进了世界上最先进的制备高纯洁度粉末的等离子旋转电极工艺（PREP）制粉设备，之后又陆续从俄罗斯引进了与其配套的生产高温合金粉末的关键设备，并从荷兰引进了大型超声波水浸探伤仪等设备。建立了一条较完整的高温合金粉末生产线，具有年生产粉末 250T 的能力，整个设备能力不仅满足了科研的需要，而且还可以进行批量的试生产。与粉末生产线相配套的 ϕ1250mm 大型热等静压机也正在引进安装之中。

"八五"期间，在等离子旋转电极（PREP）制粉工艺、粉末性能测试、粉末处理工艺、粉末包套的设计、热等静压（HIP）工艺、包套锻造工艺、热处理工艺、合金组织性能等方面做了大量的研究工作。摸索并确定了盘坯的成形工艺，初步确定了盘件的热处理工艺，攻克了包套锻造开裂以及淬火裂纹等关键问题。1995 年在西南铝加工厂的 30000T 水压机上，使用粒度为 50~150μm 的 PREP 粉末，采用包套模锻工艺成功地模锻出某新型高推重比发动机用 FGH95 粉末涡轮盘，其主要性能基本上达到了暂定技术条件的要求。

探伤结果表明，与"六五"期间相比，盘件中夹杂大大减少了，1997 年以后涡轮盘使用粒度为 50~100μm 的 PREP 粉末，与"八五"相比，"九五"期间盘件中夹杂的数量和尺寸又有了明显改善。

"八五"和"九五"期间，使用粒度为 50~150μm 的 PREP 粉末，还成功地研制出 FGH95 粉末涡轮盘挡板环形件，并且在某新型高推重比发动机上得到了使用。

粉末涡轮盘的制造采用 PREP 粉末+HIP 成形+包套模锻工艺，粉末涡轮盘挡板的制造采用 PREP 粉末+直接 HIP 成形工艺，其制造工艺过程如图 1 所示。

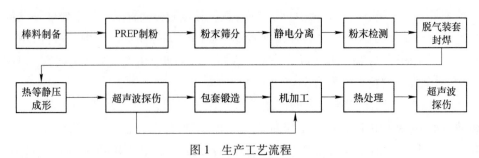

图 1 生产工艺流程

Fig. 1 Production process

1 PREP 制粉及特点

FGH95 合金采用真空感应冶炼工艺，浇注成 φ53mm×880mm 的圆棒，最终得到 φ50mm×710mm 母合金棒料。为了去除表面吸附的水分和污垢，经机加工、磨削加工后进行真空热处理。

等离子弧将高速旋转的棒料端面熔化，在离心力的作用下，熔化的液态金属薄膜从棒料端面甩出去，由于表面张力的作用，在 Ar 气和 He 气的混合惰性气体中，液滴以很高的速度冷却，凝固成球形粉末颗粒。

镍基高温合金粉末粒度与棒料直径和转速之间的关系可由关系式（1）表示：[2]

$$d = \frac{1.42 \times 10^7}{n} \frac{1}{\sqrt{D}} \tag{1}$$

式中，d 为粉末颗粒的直径，μm；D 为棒料直径，mm；n 为棒料转速，r/min。

与氩气雾化（AA）制粉工艺相比，PREP 制粉工艺的特点是：(1) 在粉末形成过程中，液态金属不与耐火材料接触，不会带入陶瓷夹杂，因此 PREP 粉末纯洁度高，非金属夹杂物的含量低，与真空感应冶炼母合金棒料中的相当（$10^6 \sim 10^7$ 个粉末颗粒中非金属夹杂不超过 1 个），氧含量低（质量分数小于等于 0.007%）；(2) 粉末颗粒球形度高，表面光滑洁净（见图2），片状粉和空心粉少；(3) 粉末流动性好，易于填充复杂形状的包套，特别适用直接 HIP 成形工艺制造近终形产品；(4) 粉末粒度分布范围窄；(5) 由关系

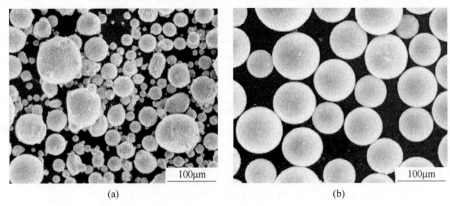

(a)　　　　　　　　　　(b)

图 2 粉末形貌

Fig. 2 Powder morphology

(a) AA 粉末×200；(b) PREP 粉末×200

式（1）可知，在棒料直径一定时，粉末粒度仅由棒料转速所决定；（6）除了制取高纯的高温合金粉末外，特别适合制取易氧化的钛合金以及稀土金属及合金粉末。

研究结果表明，PREP 工艺制取粒度为 50~100μm 和 50~150μm 的 FGH95 粉末的最佳工艺参数为：棒料转速控制在 10000~15000r/min 左右，等离子弧电流强度控制在 800~1500A 左右，棒料端面与等离子枪的距离控制在 8~15mm 左右。

2 HIP 成形及锻造

PREP 全粉经过筛分得到所需粒度的成品粉末，再经过静电分离去除陶瓷夹杂，将粉末进行脱气、装套和包套封焊，最后对包套 HIP 固结成形，得到 HIP 锭坯。研究结果表明[3]，对于 FGH95 高温合金，欲得到合适的组织和性能平衡，HIP 制度为：温度 1160~1180℃，保温保压时间为 3~5h，压力大于 100MPa。

锻造工艺参数研究结果表明[4]，FGH95 合金的最佳变形温度为 1050~1150℃，变形温度范围非常窄，只有 100℃，HIP 锭的最大允许变形量为 45%，变形速率对合金的变形抗力和塑性影响很大，变形速率低，变形抗力降低，塑性提高。这表明 FGH95 是一种难变形合金，不能采用常规的锻造工艺，必须采用慢速变形和保温措施。针对这种情况，选用了等温锻造和水压机包套锻造两种工艺进行试验。在 500T 水压机和 500T 等温锻造机上试锻出了直径为 φ150mm 的亚尺寸盘件，盘件表面质量良好。

研究了变形温度、变形速率和晶粒度对该合金塑性的影响，结果表明，在晶粒度小于 10μm，变形温度为 950~1100℃，变形速率为 10^{-1}~10^{-2}min^{-1} 的条件下，FGH95 合金具有超塑性，最大延伸率达 726%。

等温锻造能保证锻件在整个变形过程中处于最佳变形温度和最佳塑性状态，对难变形的 FGH95 合金来说，最为合适。在我国目前没有大型等温锻造设备的条件下，只有采用水压机包套锻造大型涡轮盘。

在试锻了大量亚尺寸盘的基础上，开始研究全尺寸涡轮盘。在 30000T 水压机上进行全尺寸涡轮盘锻造，工艺过程分镦粗和模锻两步完成，加热温度为 1120℃，保证终锻温度不低于 1050℃，每火变形量不超过 45%。镦粗和模锻均采用了良好的包套保温措施，保证 HIP 锭在整个压制过程中处于最佳变形温度范围内。

3 热处理、组织及力学性能

盘件和挡板经机加工去除包套，然后进行热处理。固溶处理后，为了获得不同尺寸的 γ′相，进行两级时效处理，其热处理制度为：1120~1140℃，1~3h，600℃，盐淬+870℃，1~2h，AC（空冷）+650℃，24h，AC。挡板组织均匀，为等轴晶组织，主要由 γ 相基体、γ′[Ni$_3$(Ti、Al)]强化相以及少量的 M$_{23}$C$_6$ 碳化物组成，晶粒度为 6~8 级。挡板性能满足了技术条件的要求。盘件的低倍组织均匀，无缺陷，不同部位的组织一致，盘件为等轴晶组织，晶粒细小，晶粒度为 10~12 级，基体为 γ 相，晶内弥散分布着大小不同的 γ′相，晶界有微量的 M$_{23}$C$_6$ 碳化物。盘件的主要性能基本达到了暂定技术条件的要求。

4 粉末高温合金中的缺陷

粉末高温合金的缺陷与传统的铸锻高温合金有所不同，它主要是由工艺过程带来的，其类型有陶瓷夹杂、热诱导孔洞和原始颗粒边界（PPB）。缺陷的存在降低了合金的力学性能和使用寿命。

4.1 粉末中的气体和 PPB 现象

粉末中的气体有氧气、氮气、惰性气体以及氢气，其中氧气对粉末的质量影响最大。氧在粉末中有两种存在方式，一是溶于金属体内，二是在粉末颗粒表面形成氧化膜。如果氧含量高，粉末密实后在粉末颗粒边界形成"网"，称为原始粉末颗粒边界（PPB）。PPB 是在 HIP 加热过程中，粉末表面析出 MC 型碳化物，由于氧化而形成的不连续复杂的氧化物和氧碳化合物颗粒。PPB 的存在阻碍了粉末颗粒间的扩散过程和冶金结合，导致了沿颗粒间断裂。

为了降低粉末中的氧含量和消除密实材料中的 PPB，可以采取以下措施：（1）使用比较纯的原材料，降低氧含量；（2）在制粉过程中使用高纯的惰性气体（降低惰性气体中氧和水汽的含量）；（3）粉末的处理（筛分和静电分离）、保存和运输在高纯的惰性气体中进行；（4）粉末真空热脱气；（5）包套进行严格的清洗和检漏；（6）粉末预处理；（7）制定合理的热等静压工艺。

4.2 陶瓷夹杂

研究表明，粉末中的夹杂主要是陶瓷夹杂和熔渣，陶瓷夹杂主要是由母合金棒料中陶瓷夹杂遗传带来的，熔渣主要是由 PREP 制粉过程和母合金棒料带来的。盘坯中的夹杂类型与粉末中的夹杂基本一致，但夹杂的形状是不规则的，呈扁平状，这表明盘件中的夹杂在锻造过程中发生了变形，沿盘件的轴向变扁了。

粉末中非金属夹杂物的尺寸由成品粉末粒度决定，所以要减少杂夹物尺寸，必须降低粉末粒度。采取的措施是制粉时提高棒料转速得到细粉和对雾化粉末进行筛分处理。粉末筛分的目的，一是得到所需要的成品粉末，二是在筛分过程中可以去除部分大尺寸夹杂物，降低夹杂物总量。通常夹杂物的最大尺寸不超过筛孔大小，但是与球形粉末不同，夹杂物具有不规则的几何形状（针状和盘状等），因此针状夹杂物的最大尺寸大于筛孔尺寸。

降低粉末中夹杂物数量的办法是对筛分后的粉末进行静电分离处理，这是工业生产中有效的方法。静电分离是利用电晕放电现象以及金属粉末和非金属夹杂物电性质不同而进行的，根据放电时间的不同就可以分开预先在旋转金属辊筒上带电的金属和非金属夹杂物颗粒。

静电分离去除粉末中的夹杂是有限的，不能达到完全去除。因此，对 PREP 制粉而言，解决夹杂的根本措施是制备高纯净度的母合金棒料和使用超细粉末。

4.3 热诱导孔洞

热诱导孔洞是由不溶于合金的氩气、氦气（对 PREP 制粉）引起的。在工件热成形和热处理过程中，这些残留气体膨胀，形成不连续的孔洞。孔洞使合金的性能下降，尤其是降低了低周疲劳性。合金中残留的惰性气体来源有三：首先是氩气雾化制粉时，一些粉末颗粒内部包含着氩气、氦气泡，形成了空心粉；第二是粉末脱气不完全，粉末表面存在着吸附的氩气和氦气；第三是在 HIP 过程中，包套微漏，高压氩气会渗透到包套中。

研究结果表明，PREP 粉末中孔洞的形成主要取决于棒料转速、雾化室混合惰性气体的压力、混合惰性气体的组成等因素，其主要影响因素是棒料转速。棒料转速低时，未观察到孔洞，随着棒料转速的提高，空心粉量增多。增加混合惰性气体中氩气含量，可以使空心粉量减少。降低雾化室内混合惰性气体的压力，可使空心粉量减少。

5 质量控制

粉末高温合金涡轮盘和涡轮盘挡板等是航空发动机的关键部件，对其进行质量控制是极为重要的。必须建立严格的质量控制规范，制定检验方法和标准。粉末冶金工艺过程复杂，要求对每个工艺环节必须进行严格控制。制备高纯粉末是首要条件，首先要制备高质量的棒料，即保证低的氧和夹杂含量；其次，要控制 PREP 制粉参数，既要保证成品粉末高的收得率，又要尽量减少空心粉的含量。粉末处理要在完全惰性气氛条件下进行，保证粉末中氧含量（质量分数）小于 0.007%，避免粉末在 HIP 加热过程中形成 PPB。严格控制粉末热脱气工艺参数，保证完全去除粉末间隙的气体及其表面吸附气体。

粉末质量检测主要从制粉和粉末处理过程中直接取样，采用粉末检测仪对夹杂含量和气体含量进行评估，同时对粉末的成分以及物理、工艺性能进行检测。

超声波探伤是粉末涡轮盘和挡板质量控制的重要环节。其质量控制主要是对 HIP 成形、锻造、热处理等工序后的坯料进行超声波探伤检测。盘件采用水浸探伤法，挡板采用接触探伤法。超声波探伤主要从以下两个方面进行。一是声速的测量，声速的变化较好地反映了材料致密性的变化，若声速较低，则说明材料是非致密的，存在空洞。二是缺陷检查，根据技术条件的要求，检查是否有超标的缺陷（尺寸、数量）存在。

6 新一代粉末高温合金的研制

我国研制的 FGH95 合金，美国相应的牌号为 René95，属于第一代粉末高温合金，其特点是室温强度非常高，但抗裂纹扩展能力较低，使用温度为 650℃，用于推比 8 航空发动机的涡轮盘。为了提高合金的抗裂纹扩展能力、使用温度，以及提高发动机的安全性、可靠性，美国在 René95 合金的基础上，根据损伤容限和概率设计原理，于 1988 年研制成功了称之为第二代粉末高温合金 René88DT。该合金的抗裂纹扩展能力比 René95 合金提高了一倍，使用温度由 650℃提高到 750℃。为满足我国高推重比航空发动机的设计要求和跟踪世界涡轮盘材料的发展，我国也开展了第二代粉末高温合金的研究工作。"九五"期间，对合金成分确定、粉末的特性、HIP 工艺参数、包套锻造工艺参数、热处理工艺、合金组织和性能进行了研究，取得了阶段性的进展。

7 几点体会和建议

（1）FGH95 粉末高温合金大型涡轮盘的锻造成功充分说明，在现阶段国内没有大型等温锻造设备的条件下，走 PREP 制粉+HIP 成形+包套锻造的工艺路线，制造大型粉末涡轮盘件是可行的。只要严格控制工艺参数，就能锻造出表面无裂纹和形状完好的涡轮盘。

（2）我国粉末涡轮盘的制造工艺与美国、俄罗斯不同，不能完全照搬他们的技术标准。我们认为对目前我国粉末涡轮盘暂行技术条件，应在自己研究工作的基础上，制定出适合我国工艺特色的技术条件，逐步提高粉末涡轮盘的质量，这样才能使我国粉末涡轮盘迈出使用的第一步。

（3）粉末涡轮盘的研制是一项涉及多学科、多领域的系统工程，需要上级主管部门加强指导和协调，以及设计部门、材料研究部门和应用研究部门密切协作、配合和沟通，这是至关重要的。

（4）粉末涡轮盘的研制是航空发动机上水平上台阶的项目，研制工作难度大，任务重，资金投入大，需要国家给予大力的支持，推进粉末盘的发展。

参 考 文 献

[1] 张莹，陈生大，李世魁. 金属学报，1999，35(Suppl 2)：S343.
[2] 张义文，张莹，等. 粉末冶金技术，2001，19(1)：12.
[3] 张义文，等. 稀有金属，1999，23(增刊)：60.
[4] 杨士仲，李力. 航空材料，1987：2：17.

（原文发表在《材料导报》，2002，16(5)：1-4.）

粉末高温合金的研究与发展

张义文[1]　上官永恒[2]

(1. 钢铁研究总院高温材料研究所，北京　100081；
2. 北京有色金属研究总院，北京　100088)

摘　要　概述了粉末高温合金、工艺、应用和最新研究成果，论述了粉末高温合金中存在的缺陷以及减弱和消除这些缺陷所采取的措施，探讨了粉末高温合金今后的发展方向。
关键词　粉末高温合金　涡轮盘　缺陷　工艺

Research and Development in PM Superalloy

Zhang Yiwen[1], Shangguan Yongheng[2]

(1. High Temperature Materials Research Institute, CISRI, Beijing 100081, China；
2. Beijing General Institute of Nonferrous Metal, Beijing 100088, China)

Abstract: The process, applications as well as results of recent researches of PM superalloys are summarized. The defects of PM superalloys and the methods for eliminating them are introduced. Meanwhile, the future development of PM superalloys is discussed.
Keywords: PM superalloy, turbine disk, defects, process

粉末高温合金是用粉末冶金工艺生产的高温合金。粉末高温合金的研究始于20世纪60年代初。粉末高温合金解决了传统的铸锻高温合金由于合金化程度的提高，铸锭偏析严重，热加工性能差，成形困难等问题，是现代高推重比航空发动机涡轮盘等关键部件的必选材料。

美国、俄罗斯、英国、法国、德国、加拿大、瑞典、中国、日本、意大利以及印度等国家在粉末高温合金方面开展了研究工作，但是只有美国、俄罗斯、英国、法国、德国等国家掌握了工业生产工艺[1]。目前只有美国、俄罗斯、法国、英国能研发粉末高温合金并建立了自己的合金牌号。

粉末高温合金主要用于制造航空发动机的涡轮盘、压气机盘、鼓筒轴、封严盘、封严环、导风轮以及涡轮盘叶片挡板等高温承力转动部件。经过近四十年的发展，研制并应用了以René95为代表的第一代和以René88DT为代表的第二代粉末高温合金。目前先进的航空发动机普遍采用了IN100、René95、LC Astroloy、MERL76、AP1、U720、ЭП741НП、RR1000、René88DT、N18等粉末涡轮盘和压气机盘。英、法、德等国也将粉末盘用于先进的飞机发动机上。美国于1997年将双性能粉末盘用于第四代高性能发动机。此外，粉末盘还用于航天火箭发动机以及地面燃气、燃气涡轮动力装置。

粉末高温合金需要解决的两大难题是消除缺陷和降低成本，这也是影响粉末高温合金广泛应用的主要因素。

本文主要综述了国内外粉末高温合金的发展状况、近年来的研究进展和未来的发展动向，希望能对我国粉末高温合金的发展起到借鉴和指导作用。

美国于20世纪60年代初制定了一项先进涡轮发动机材料研究计划（简称MATE计划），美国国家宇航局研究中心根据该项计划与发动机制造厂、金属生产和制造厂签订了合同，共同研制粉末高温合金。

美国P&WA公司首先于1972年，采用氩气雾化（AA）制粉+热挤压（HEX）+等温锻造（ITF）工艺（称为Gaterezing工艺）研制成功了IN100粉末高温合金，用作F100发动机的压气机盘和涡轮盘等11个部件，装在F15和F16飞机上。该公司又于1976年采用直接热等静压（As-HIP）工艺研制出了LC Astroloy（低碳Astroloy）粉末涡轮盘，以取代原来的Waspaloy合金变形涡轮盘，1977年用于JT8D-17R和TF-30发动机上。1979年该公司又研制成功了MERL76粉末涡轮盘，用于JT9D、JT10D（PW2073）等发动机，其中JT9D-17R发动机于1983年装配在B747-300飞机上。美国GEAE公司于1972年采用AA制粉+As-HIP工艺研制成功了René95粉末涡轮盘，于1973年首先用于军用直升机的T-700发动机上，采用As-HIP工艺于1978年又完成了F404发动机的压气机盘、涡轮盘和鼓筒轴的研制，装配在TF/A-18飞机上，之后As-HIP René95粉末盘应用于CF6-80C2、CFM56和F101发动机上。1980年一架装有F404发动机的TF/A-18飞机由于低压涡轮盘破裂失事后，对René95粉末盘的制造工艺进行了调整，采用HIP+ITF或HEX+ITF工艺，调整后的René95粉末盘用于F404、F101和F110发动机上。T-700发动机上的René95合金零件至今仍全部采用As-HIP工艺生产，使用中未出现任何问题。美国Special Metals公司研制的U720粉末盘也已在发动机上使用。

为了提高发动机的安全可靠性和使用寿命，GEAE公司根据空军的要求，采用AA制粉+HEX+ITF工艺，于1988年研制出了René88DT粉末盘，用于GE80E1、CFM56-5C2和GE90发动机上，其中GE90发动机首先装配在波音777民航机上。美国在军机和民机上都在使用René88DT粉末盘。

美国从20世纪70年代末开始对双性能粉末盘开展了大量的研究工作，于1997年将双性能粉末盘用在了第四代战斗机F22的发动机F119上。

俄罗斯粉末高温合金的研究始于20世纪60年代末。全俄轻合金研究院（ВИЛС）于1973年建立了粉末高温合金研发实验室，开始研制粉末盘，其生产工艺为等离子旋转电极工艺（PREP）制粉+As-HIP成形。于1974年研制出了第一个φ560mm的ЖС6У和ЭП741П粉末涡轮盘，并于1975年生产出了第一个工业批生产的大尺寸军机用ЖС6У和ЭП741П合金粉末涡轮盘和压气机盘，并提供给了用户。ВИЛС从1981年开始工业批生产和提供军机用ЭП741НП粉末盘和轴，从1984年开始批生产民机用粉末盘。20世纪80年代以后又研制出ЭП962П、ЭП975П、ЭИ698П和ЭП962НП粉末高温合金。在航空、航天上使用最多的是ЭП741НП合金，主要用于制造航空发动机的各类盘件、轴和环形件等，包括涡轮盘、压气机盘、鼓筒机轴、封严环、旋转导风轮、封严篦齿盘、封严篦齿环、封严圈、支撑环、导流板以及喷嘴等，盘件尺寸为φ400~600mm，使用的航空发动机主要有Д30Ф6、РД-33、ПС90А、АЛ-31Ф、АЛ-31ФП等。ЭП741НП合金还用于制造运载液体火箭发动机的氧化剂泵叶轮和涡轮叶轮（带轴）等，叶轮尺寸为 $\phi300\sim450$mm，使用的发动机有 РД170、РД180、РД190 等。截至 2000 年俄罗斯生产并提供给了约 500 种规格，近 5 万件粉末盘和轴，在二十年间粉末盘没有发生任何事故[2]。ЭП741НП 粉末合金已被列入美国航空材料手册，被推荐为用做各类宇航，包括民用发动机关键部件的材料。从八十年代初开始，采用 As-HIP 工艺对双性能粉末盘开展了研究工作，但未实际应用。

20 世纪 90 年代初俄罗斯又研制出中等合金化的 ЭИ698П 粉末高温合金，拓宽了粉末高温合金的领域。ЭИ698П 合金主要用于地面燃气传输动力装置 ГТУ-10、ГТУ-12、ГТУ-16、ГТЭ-25 的盘件，其尺寸为 $\phi500\sim700$mm。

英国 Wiggin Alloys 公司（原为 Henry Wiggin 公司）在 1975 年装备了一条具有年产 1000t 高温合金粉末的生产线，配备了热等静压机和等温锻造机。Wiggin Alloys 公司与 Rolls Royce 公司合作研制成功了 AP1（原为 APK-1）粉末高温合金涡轮盘，用在 RB211 发动机上。德国 MTU 公司的 RB199 发动机使用了 AP1 粉末高温合金涡轮盘。法国研制出 N18 粉末高温合金涡轮盘，用在 M88 发动机上。

日本神户制钢公司于 1984 年建立了一条粉末高温合金生产线，具有年产 100t 粉末的能力，还装备了热等静压机和等温锻造机，对 IN100、MERL76、René95、AF115 等粉末高温合金以及双性能粉末盘开展了研究工作，但未得到实际应用。

我国粉末高温合金的研究始于 1977 年。当时钢铁研究总院（CISRI）从德国 Heraeus 引进了氩气雾化制粉装置以及粉末处理等设备，并自行设计和制造了一台国内最大的直径为 $\phi690$mm 的热等静压机，配备了一台 500t 的等温锻造机，于 1980 年底基本上建成了一条粉末高温合金研制生产线。采用 AA 制粉+HIP 成形+包套模锻工艺，于 1984 年底研制出 $\phi420$mm 涡轮盘。从"八五"开始 CISRI 陆续从俄罗斯引进了先进的等离子旋转电极工艺（PREP）制粉设备以及粉末处理、大型真空退火炉等仪器设备，从荷兰引进了大型超声波水浸探伤设备，已安装在 CISRI 涿州基地并正常使用。目前，CISRI 已经基本具备了镍基高温合金粉末生产、处理以及包套压实成形所需的基础设备。

"八五"期间，在 PREP 制粉工艺、粉末性能测试、粉末处理工艺、粉末包套的设计、热等静压工艺、包套锻造工艺、热处理工艺、合金组织性能等方面做了大量的研究工作，摸索并确定了盘坯的成形工艺，初步确定了盘件的热处理工艺，攻克了包套锻造开裂以及淬火裂纹等关键问题。1995 年 4 月在西南铝加工厂的 30000t 水压机上，使用粒度为 $50\sim150\mu$m 的 PREP 粉末，采用 HIP 成形+包套锻造工艺，成功地研制出某新型高推重比发动机用直径为 $\phi630$mm 的 FGH95 粉末涡轮盘，其主要性能基本上达到了暂定技术条件的要求。

"八五"和"九五"期间，使用粒度为 $50\sim150\mu$m 的 PREP 粉末，还成功地研制出 FGH95 粉末涡轮盘挡板，并且在某新型高推重比发动机上得到了使用。

1 合金研究

1.1 第一代粉末高温合金

以 René95 为代表的第一代粉末高温合金是在变形盘件合金或铸造叶片合金的基础上略加调整，适当降低碳含量以及添加了 MC 型强碳化物形成元素 Nb、Hf 等，以防止形成 PPB 发展而来的。其特点是 γ' 相含量高（一般大于 45%），一般在低于 γ' 相固溶温度以下固溶处理，晶粒细小，抗拉强度高，使用温度为 650℃。第一代典型的粉末高温合金的主要特性见表1。

表1 第一代几种典型粉末高温合金的特性

合金	γ′含量（质量分数）/%	γ′完全固溶温度/℃	固相线温度/℃	密度/g·cm^{-3}
IN100	61	1185	1260	7.88
MERL76	64	1190	1200	7.83
LC Astroloy(AP1)	45	1145	1220	8.02
René95	50	1160	1260	8.30
U720	—	1140	1245	8.10
ЭП741НП	60	1180	1260	8.35

René95粉末高温合金是GEAE公司在变形René95合金的基础上降低碳含量研制而成的，该合金是目前650℃下抗拉强度最高的粉末高温合金，GEAE公司还研制出了高蠕变性能的AF115合金。IN100是P&WA公司研制的粉末高温合金，该合金原为用于叶片的铸造合金，碳含量高达0.18%，在粉末颗粒表面形成PPB，必须进行HEX。HEX可以使粉末发生剪切变形，有利于破碎粉末颗粒表面的碳化物和氧化物膜，促进粉末之间的扩散和固结，消除PPB。MERL76合金是由P&WA公司的材料工程和研究实验室（MERL）研制的高强粉末高温合金。它是将IN100合金的成分加以调整，添加了Nb和少量的Hf，降低了C，以避免形成PPB，提高了塑性并强化了合金，去除了V以提高抗腐蚀性能。AP1合金（APK-1）是英国Wiggin Alloy公司研制成功的粉末高温合金，其成分基本与Astroloy合金相同，只是更进一步降低了碳含量（与LC Astroloy相同），以消除PPB。ЭП741НП合金是俄罗斯ВИЛС在变形合金ЭП741的基础上，通过稍微调整化学成分、提高γ′相形成元素（Ti、Al和Nb）的含量、改变热处理工艺，研制出的粉末高温合金。在此基础上，通过增加二次时效以消除二次碳化物在晶界上的大量析出，研制出了ЭП741НП改型的粉末高温合金ЭП741НПУ。

1.2 第二代粉末高温合金

第二代粉末高温合金是在第一代粉末高温合金的基础上研制而成的，其特点是晶粒粗大，抗拉强度较第一代低，但具有较高的蠕变强度、裂纹扩展抗力以及损伤容限，最高使用温度为700~750℃。目前有美国研制的René88DT合金、法国研制的N18合金以及英国研制的RR1000合金，并都得到了实际应用。

根据1982年USAF提出的ENSIP要求，需要提高疲劳抗力和使用温度，降低成本和提高发动机的寿命、安全可靠性，美国GEAE公司于1983年开始研制新型合金。GEAE公司根据损伤容限设计原则，在René95合金的基础上，降低了Al、Ti、Nb含量，从而降低了γ′相含量；提高了W、Mo、Co含量，加强了固溶强化效果，弥补了由于γ′相含量低引起的强度下降；增加了Cr含量，提高了抗氧化性，于1988年研制成功称之为第二代的粉末高温合金，被命名为René88DT(DT-Damage Tolerant损伤容限)。René88DT合金的化学成分和特性分别见表2和表3。René88DT合金具有良好的蠕变、拉伸和损伤容限的综合性能，与第一代René95合金相比，该合金的拉伸强度虽然降低了10%，但疲劳裂纹扩展速率却降低了50%（见图1），使用温度由650℃提高到750℃。René88DT合金用于制造高压涡轮盘和封严环等，采用热压+HEX+ITF 工艺，挤压比为 7∶1。René88DT 粉末盘首先用于 PW4084 和 GE90 发动机上，装配在 B777 民航机上。目前，美国在军用和民用发动机上大量使用 René88DT 粉末盘。

表 2 第二代粉末高温合金的主要化学成分（质量分数） (%)

合金	C	Cr	Co	W	Mo	Al	Ti	Nb	B	Zr	Hf	Ta	(Al+Ti+Nb+Ta+Hf)
René88DT	0.03	16.0	13.0	4.0	4.0	2.0	3.7	0.7	0.015	0.05	—	—	6.4
N18	0.02	11.5	15.7	—	6.3	4.35	4.35	—	0.015	0.03	0.5	—	9.2
RR1000	0.027	14.5	15.0	—	4.5	3.0	4.0	—	0.015	0.06	0.75	1.5	9.25

表 3 第二代粉末高温合金的特性

合金	γ′含量（质量分数）/%	γ′完全固溶温度/℃	固相线温度/℃	密度/g·cm^{-3}	使用温度/℃
René88DT	42	1130	1250	8.36	750
N18	55	1190	1210	8.00	700
RR1000	46	1160	—	—	750

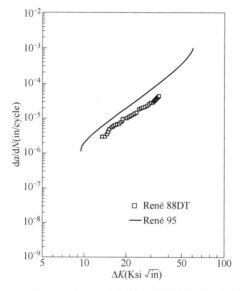

图 1 René88DT 与 René95 合金疲劳裂纹扩展速率的比较

（650℃，20cyc/min，115KSI，$R=0.05$mm）

N18 是法国专门为 M88 发动机设计的第二代粉末高温合金。1980 年建立了研究计划，SNECMA 联合 ONERA 和 EMP，在 Astroloy 合金的基础上，通过调整成分，提高了 γ′相含量，其抗拉强度较 Astroloy 高，裂纹扩展速率低，长时使用温度为 700℃，短时使用温度为 750℃。使用 AA 粉末，粒度为-200 目（小于 75μm），采用 HEX+ITF 工艺，用于 M88 发动机的高压涡轮盘和压气机盘。

英国 RR 公司于 20 世纪 90 年代初开始研制第二代粉末高温合金 RR1000，最高使用温度为 750℃。

为满足我国高推重比航空发动机的设计要求和跟踪世界涡轮盘材料的发展，我国也开展了第二代粉末高温合金 FGH96 的研究工作。"九五"期间，对合金成分确定、粉末的特性、HIP 工艺参数、锻造工艺参数、热处理工艺、合金组织和性能进行了研究，取得了阶段性的进展。表 4 给出了第二代粉末高温合金的应用情况。

表 4 第二代粉末高温合金的应用

国家、公司	合金	部件	发动机	推重比	生产工艺	使用情况
美国 GEAE	René88DT	涡轮盘等	CF6-80E1	6.8	HEX+ITF	民机 A330、B767 使用
		涡轮盘等	CFM56-5C2	5.5	HEX+ITF	民机 A340 使用
		涡轮盘等	GE90	—	HEX+ITF	民机 B777、A330 使用
法国 SNECMA	N18	涡轮盘等	M88	10	HEX+ITF	军机"阵风"使用
中国 CISRI+BIAM	FGH96	涡轮盘等	某发动机	10	HIP+ITF	在研

2 粉末盘生产工艺的发展

粉末盘的生产可以采用多种不同的工艺，但总的要求是在惰性气氛下制备和处理粉末，采用热成形工艺使粉末固结密实。在选择生产工艺路线时，主要依据零件形状和使用寿命的要求、生产成本、工艺技术水平以及现有条件等综合因素而确定。目前美国等西方国家采用 AA 粉末+HEX+ITF 工艺生产压气机盘和涡轮盘等，采用 AA 粉末+As-HIP 成形工艺生产小型涡轮盘、鼓筒轴、涡轮盘挡板以及封严环等。俄罗斯采用 PREP 粉末+As-HIP 工艺生产发动机的压气机盘、涡轮盘、鼓筒轴以及封严环等高温承力转动件。

2.1 粉末制备工艺

粉末的制备是粉末高温合金生产过程中最重要的环节，粉末的质量直接影响零件的性能，所以在粉末制备工艺方面开展了大量的研究工作，试验了多种工艺方法。目前在实际生产中主要采用 AA 工艺、PREP(REP) 工艺和溶氢雾化（SHA）工艺，三种制粉工艺特性比较见表 5，粉末形貌见图 2。

表 5 三种制粉工艺特性比较

生产工艺	AA	PREP(REP)	SHA
粉末形状及特征	粉末主要为球形，空心粉较多	粉末为球形，表面光洁，空心粉少	粉末形状最不规则，呈球形和片状，表面粗糙，有疏松
粉末粒度	粒度分布范围宽，平均粒度较细	粒度分布范围窄，平均粒度较粗，一般大于 50μm	粒度分布范围宽，平均粒度较粗
粉末纯度	纯度较差，有坩埚等污染	纯度较高，基本保持母合金棒料的水平，无坩埚污染	纯度较差，有坩埚污染
氧含量	氧含量较高	氧含量较低，与母合金棒料相当，小于 70×10^{-6}	氧含量较高
粒度控制因素	喷嘴设计，氩气压力，金属流大小	主要是棒料的转速和直径	金属溶液过热温度，导管孔径，真空室压力
生产效率	最高	最低	中等

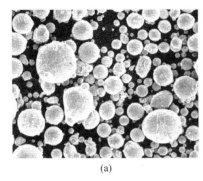 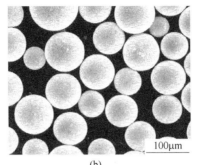 

图 2　AA 粉末、PREP 粉末和 SHA 粉末形貌
(a) AA 粉末；(b) PREP 粉末；(c) SHA 粉末

俄罗斯和我国采用 PREP 制粉工艺，美国等国家主要采用 AA 制粉工艺生产高温合金粉末。

2.2 成形工艺

因为粉末是球形的以及在冷态下粉末本身的硬度和强度很高，在室温下实际上是很难压制成形的。因此采用热成形工艺，主要有 HIP、热压、热模锻、ITF 和 HEX。除此之外，粉末高温合金的固结成形工艺还有真空烧结、压力烧结、金属注射成形（MIM）以及喷射成形（Osprey）工艺。由于存在孔洞等缺陷，目前 Osprey 工艺在制造粉末盘上还没得到应用。根据不同机种的要求，盘件制造工艺分别为 As-HIP、HIP+热模锻、HIP+ITF、HEX+ITF、热压成形+HEX+ITF、HIP+HEX+ITF。不同工艺生产的盘件对室温和高温拉伸强度影响不大，但经锻造后的持久强度、低周疲劳寿命（LCF）得到了改善。

美国早期采用-60 目（小于 250μm）粉末，由于粉末粒度较粗，大颗粒夹杂物较多，容易引起疲劳裂纹而降低合金的性能，之后降低了粉末粒度。采用-150 目（小于 100μm）AA 粉末+As-HIP 成形工艺生产直升机涡轮盘以及鼓筒轴、涡轮盘挡板、封严环等。目前使用-270 目（小于 53μm）或-325 目（小于 45μm）AA 粉末，夹杂物和空心粉问题得到了显著改善[3]，采用 HEX+ITF 工艺制造粉末盘。

目前，俄罗斯使用 50~140μmPREP 粉末，全部采用 As-HIP 成形工艺制造粉末盘等部件。我国采用 As-HIP 成形工艺制造小型粉末盘和涡轮盘挡板，采用 HIP+包套锻造工艺生产粉末盘。表 6 给出了盘件不同生产工艺的比较。

表 6　盘件不同生产工艺的比较

工艺	优点	缺点	组织特点	应用
As-HIP	适应性强，工艺最简单，成本最低	危险性大，不能完全消除缺陷	接近理论密度，各向同性	美国、俄罗斯现在使用
HIP 成形+热模锻	工艺较简单，成本较低	变形不均匀，存在部分缺陷	组织细化	美国等国家以前使用
HIP 成形+ITF	变形均匀，工艺较简单	存在部分缺陷	组织细化	美国等国家使用

续表6

工艺	优点	缺点	组织特点	应用
HEX+ITF	变形均匀，消除缺陷	工艺较复杂，成本较高	组织细化	美国等国家使用
热压成形+HEX+ITF	变形均匀，消除缺陷	工艺复杂，成本高	组织均匀细化	美国等国家现在使用
HIP 成形+HEX+ITF	变形均匀，消除缺陷	工艺最复杂，成本最高	组织均匀细化	美国等国家现在使用

3 新合金、新工艺的研究及应用

3.1 新合金的研究

美国在第二代粉末高温合金 René88DT 的基础上，研发出了 CH-59A、CH99、C498 合金，在 AF115 合金的基础上研发出了 Alloy10、ME3 等合金。法国在 N18 的基础上研发出了 NR3、NR4、NR6 等合金，这些合金被称为第三代粉末高温合金（成分见表7）。其特点是在高于 γ′ 相完全固溶温度固溶处理，抗拉强度高于第二代，比第一代略低，裂纹扩展速率比第二代合金还低（见图3），使用温度为 750℃。

表7 第三代粉末高温合金的主要化学成分（质量分数） （%）

合金	C	Cr	Co	W	Mo	Al	Ti	Nb	Ta	B	Zr	Hf	(Al+Ti+Nb+Ta+Hf)
C498	0.04	12.0	20.0	—	4.0	4.0	4.0	—	4.0	0.06	0.20	—	12.0
Alloy10	0.04	11.0	15.0	5.7	2.5	3.8	3.8	1.8	0.9	0.03	0.10	—	10.3
NR3	0.024	11.8	14.65	—	3.3	3.65	5.5	—	—	0.013	0.024	0.03	9.2

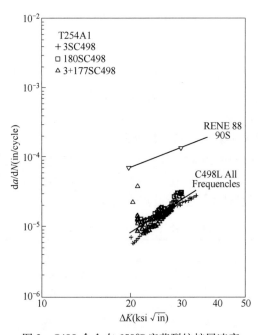

图3 C498 合金在 650℃ 疲劳裂纹扩展速率

俄罗斯在 ЭП741НП 合金基础上，通过调整合金成分，研制出新一代粉末高温合金

ЭП962НП。ЭП962НП 具有像 ЭП962П 一样高的强度，像 ЭП975П 一样的热强性，而塑性指标与 ЭП741НП 相当，具有比 ЭП741НП 更高的 γ′ 相完全溶解温度（见表8）。ЭП962НП 合金准备尝试生产 ДП282 发动机用直径为 φ250mm 的盘件[4]。

表8 ЭП962НП 和 ЭП741НП 粉末高温合金的相组成和临界点

合金	γ′含量/%	碳化物含量/%	$T_{γ'}$/℃	T_s/℃
ЭП741НП	60	0.35	1180	1270
ЭП962НП	57	0.29	1200	1250

注：$T_{γ'}$ 为 γ′ 相完全溶解温度，T_s 为合金的熔点。

3.2 SS-HIP 成形工艺

在接近合金固相线温度（亚固相线）下 HIP(SS-HIP) 成形，虽然晶粒有所长大，但是消除了细粉在 HIP 过程中形成的 PPB。SS-HIP 成形坯能保证锻造所需的塑性，这样就可以直接等温锻造（ITF），省去 HEX 工序，简化了工艺，降低了成本[5]。

3.3 双性能粉末盘的制造工艺

涡轮盘在工作过程中不同部位承受的温度和应力载荷不同。轮毂承受高应力和较低温度，轮缘承受较低应力和较高温度。这就要求轮缘部分在高温下具有高的持久、蠕变强度和损伤容限，轮毂部分在较低温度下具有高的屈服强度和低周疲劳性能，这就是双性能涡轮盘。

美国虽然于1977年实施了双性能粉末盘的研究计划，但是直到1997年才应用到发动机上。英国、俄罗斯、日本以及中国等国家也开展了双性能粉末盘的研究工作，尚处于研究阶段，没得到实际应用。

双性能盘包括单一合金双重组织和双合金双重组织两大类型，其制造工艺包括以下工艺或其组合：（1）热机械处理（TMP）；（2）As-HIP 成形；（3）HIP 或扩散连接；（4）超塑性锻造；（5）锻造增强连接（FEB）；（6）梯度（双重）热处理。

3.3.1 双合金双性能粉末盘

双合金双性能粉末盘用两种合金制造而成，要求轮缘部分合金具有良好的高温性能，毂部分合金具有高的屈服强度。美国在双合金双性能粉末盘方面开展了大量的研究工作，见表9[6,7]。

表9 双合金双性能粉末盘

轮缘	René95	LC Astroloy	AF115	PA101	LC Astroloy	LC Astroloy	AF115	KM4	René88DT	Mar-M247
轮毂	René95	MERL76	René95	MERL76	MERL76	René95	IN100	SR3	HK44	U720

俄罗斯采用 HIP 扩散连接工艺制造双合金双性能粉末盘[8]。日本采用 HIP 成形+超塑性锻造工艺制造双合金双性能粉末盘。比如轮毂采用 TMP-3 合金，轮缘采用 AF115 合金，轮毂和轮缘分别 HIP 成形，然后两部分同时进行超塑性锻造，得到 φ400mm 的双性能粉末盘。

轮毂和轮缘两部分的连接是双合金双性能粉末盘制造技术的关键，也是影响应用的主要原因。

3.3.2 单合金双重组织双性能粉末盘

采用一种合金使盘件的轮缘部分获得粗晶组织，轮毂部分获得细晶组织，获得了双重组织，使盘件具有双重性能。

美国对 AF115、U720、DTP IN100、Alloy10 以及 ME3 等单合金双性能粉末盘的研究结果见表10[5,9]。

表10 单合金双性能粉末盘

公司	合金	工艺
GEAE	AF115	选择性热机械处理工艺；HIP 成形后，轮毂部分锻造获得细晶组织，轮缘部分不锻造仍然保持热等静压态粗晶组织，热处理后获得了双重组织
SM	U720	梯度热处理工艺；在亚固相线下 HIP（SS-HIP）成形后，ITF 获得细晶组织，再进行梯度热处理，轮毂部分在 γ' 完全固溶温度以下28℃，轮缘部分在 γ' 完全固溶温度以上28℃同时固溶处理，轮毂部分获得细晶组织，轮缘部分获得粗晶组织
P&WA	DTP IN100	双重热处理工艺；HEX+ITF 后轮毂和轮缘两部分同时固溶处理，轮毂部分温度低于轮缘部分，轮毂部分获得细晶组织，轮缘部分获得粗晶组织
Wyman-Gordon	Alloy10	双显微组织热处理（DMHT）；HIP+HEX+ITF 获得细晶组织，轮毂部分在低于 γ' 完全固溶温度以下固溶处理，轮缘部分在高于 γ' 完全固溶温度以上固溶处理，轮毂部分获得细晶组织，轮缘部分获得粗晶组织

美国 P&WA 公司用 DTP IN100（DTP-双重热处理双性能）合金，采用双重热处理工艺制造出了双性能粉末盘，于1997年装配在第四代战斗机 F22 的 F119 发动机上。

CISRI 拟采用特殊的热处理工艺制造单合金双性能粉末盘。HIP+F 获得具有均匀细晶组织的盘坯，然后进行特殊热处理，使盘坯的轮缘部分获得粗晶组织，轮毂部分仍然保持锻造态所具有的细晶组织。

此外，美国对小型涡轮发动机上使用的双性能粉末涡轮进行了研究。涡轮通常采用精密铸造工艺制造，其优点是比较经济。小型燃气涡轮发动机采用双性能粉末涡轮，可以提高使用温度和寿命。表11给出了叶片和盘采用 HIP 扩散连接工艺制造的几种双性能粉末涡轮[10]。

表11 几种双性能粉末涡轮

叶片	盘
DSC-103 合金	HIP 成形 PA101 粉末盘
DS MAR-M247 合金叶片环	HIP 成形 PA101 粉末盘
SC MAR-M247 合金	HIP 成形 René95 粉末盘
IN713LC 合金	HIP 成形 LC Astroloy 粉末盘

4 缺陷

粉末高温合金的缺陷与传统的铸锻高温合金的缺陷有所不同，它主要是由粉末冶金工艺过程带来的，其类型有热诱导孔洞（TIP）、原始颗粒边界（PPB）、夹杂物和异金属等。

4.1 热诱导孔洞

热诱导孔洞是由不溶于合金的残留氩气或氦气所引起的。在热成形加热或热处理过程中，这些残留气体膨胀，形成了不连续的孔洞。如果冷却后没有施加其他变形工艺，孔洞将滞留在合金中。合金中 TIP 来源：首先是雾化制粉过程中，惰性气体被包覆在粉末颗粒内部形成了空心粉；第二是粉末脱气不完全，粉末颗粒表面存在着吸附的氩气或氦气；第三是包套有细微泄漏，在热等静压过程中，高压的氩气会压入包套中，在热处理过程中聚集膨胀。热诱导孔洞成为合金的裂纹源，导致合金拉伸强度和屈服强度下降，尤其是低周疲劳性能严重降低[11-15]。

在 AA 制粉过程中，惰性气体压力、金属熔液流速以及喷嘴形状等因素影响空心粉的形成。俄罗斯对 PREP 粉末中孔洞的形成机理以及影响因素做了大量的研究工作[14,16,17]，结果表明，在 PREP 制粉过程中，棒料在高速旋转时，沿棒料端面流动的熔膜包裹着气体，当熔膜从棒料端面飞溅出去成为小液滴时，液滴凝固后在粉末颗粒内部形成了孔洞。粉末内部孔洞的数量取决于制粉制度，棒料转速、雾化室内混合惰性气体的压力以及混合惰性气体的组成是影响孔洞形成的主要因素。随着棒料转速的提高，空心粉增多；在同一转速下细粉中空心粉少于粗粉；雾化室内混合惰性气体压力降低，空心粉量减少；混合惰性气体中氩气含量提高，空心粉量减少。孔洞的大小由粉末粒度决定并且呈线性关系，孔洞的平均直径约为粉末直径的 1/3。PREP 粉末中空心粉数量小于 1%，粉末中孔洞体积不超过 4×10^{-2}%，而在密实材料中不超过 1×10^{-3}%。在粉末粒度为 $50\sim140\mu m$ 的粉末盘中存在的单独孔洞不允许超过 1×10^{-2} mm^2，孔洞总量不允许超过 5×10^{-4}%，在这样的控制条件下，孔洞对使用性能没有负面的影响。

美国 Crucible 公司进行了孔洞对合金力学性能影响的研究，用合金在 1200℃ 加热 4h 引起的密度变化来度量 TIP 的量值，并确定了合金密度变化不大于 0.3% 作为 TIP 的容限和检验标准。

因此，针对上述热诱导孔洞的来源，主要采取以下措施降低或消除热诱导孔洞：（1）制定合理的制粉工艺参数，降低空心粉含量；（2）对包套认真检漏，确保包套不产生微漏；（3）加强粉末热动态真空脱气，减少粉末颗粒间隙惰性气体含量。

4.2 原始颗粒边界

原始颗粒边界（PPB）来源于制粉、粉末处理等工艺过程。粉末在快速凝固时，MC型碳化物优先在颗粒表面形核，其成分取决于合金的成分，但通常富集 Ti。在 HIP 处理过程中碳化物的成分、组织发生变化，但位置不变，在粉末颗粒边界形成连续 MC 型碳化物。这样粉末在 HIP 过程中与粉末内部迁移的 C 一起在粉末颗粒边界产生了（Ti、Nb）$C_{1-x}O_x$ 和大 γ' 的聚集，形成了原始颗粒边界（PPB）。PPB 阻碍了粉末颗粒之间的扩散和冶金结合，并且一旦形成很难在随后的热处理过程中消除，构成了断裂源，降低了合金的塑性和疲劳寿命。

国内外学者在 PPB 形成机理以及消除措施方面做了大量的研究工作[5,18-20]。结果表明，有效地减弱或消除 PPB 的方法包括：（1）调整合金化学成分，降低碳含量，加入 Hf、

Nb 等强碳化物形成元素；(2) 采用粉末预热处理工艺，将松散粉末先在较低的 $M_{23}C_6$ 型碳化物稳定温度范围内进行预热处理，在颗粒内部树枝间形成 $M_{23}C_6$ 型碳化物，再升至较高的 MC 型碳化物稳定温度范围进行 HIP 压实，以减少直接 HIP 时在粉末颗粒表面析出稳定的 MC 型碳化物；(3) 采用两步法 HIP 工艺，在加热过程中先在较低温度下（低于1050℃）保温，然后再升高到 HIP 温度压实；(4) 在略低于固相线的高温下进行 HIP 处理（SS-HIP），然后再进行热变形获得所需晶粒组织；(5) 采用热塑性加工工艺，可以破碎颗粒表面氧化物膜，而且在低于 MC 型碳化物形成温度下进行 HIP；(6) 采用热挤压工艺可以破碎 PPB；(7) 避免粉末与有机物接触，以免形成"反应缺陷"-PPB；(8) 在略低于固相线的高温下固溶处理（SS-ST）。

美国 Ingesten 等人在总结和归纳的基础上，提出了 PPB 评级方法[18]，分为四级，第四级最为严重。

4.3 夹杂物

夹杂物严重降低合金的力学性能和使用寿命，尤其是低周疲劳寿命（LCF）和塑性，因此国内外学者进行了大量的研究工作。

4.3.1 母合金中夹杂物

在 PREP 制粉工艺中，母合金棒料中夹杂物主要是熔渣和陶瓷。CISRI 的研究表明，母合金棒料中夹杂物为 Al_2O_3、SiO_2、CaO、MgO 等陶瓷氧化物，熔渣的主要成分为 O、Al、Ca、Ti、Cr、C，为氧化物和少量碳化物组成的混合物。

俄罗斯 ВИЛС 建立了棒料中非金属夹杂物及其他缺陷的检验标准。对母合金棒料中的缺陷（熔渣、氧化膜和氮化物）进行了分级，与 Willian Metals 方法相同。根据数量和尺寸每一种缺陷分为三级。缺陷等级的评定方法是，用金相显微镜观察显微组织，放大倍数为 200 倍，在 5 根棒料上分别取样，每根取 2 个试样，取自棒料底部的中心和边缘，总计 10 个试样。

4.3.2 粉末中夹杂物

AA 制粉过程中夹杂物的种类有有机夹杂物、无机夹杂物和异金属等三种。细小稳定的氧化物来自熔炼过程的脱氧剂，粗大稳定的氧化物来自炉衬和漏包的耐火材料，粗大可还原性氧化物来自熔炼过程，氧化皮、焊渣来自粉末处理和包套；有机夹杂物来自粉末处理线的真空密封件、真空泵油和塑料和橡皮管等；异金属来自前批雾化和处理的粉末[21]。

CISRI 的研究表明，PREP 粉末中的夹杂主要是陶瓷夹杂、熔渣、异金属和有机物。陶瓷夹杂主要是由母合金棒料中陶瓷夹杂遗传带来的，熔渣主要是由 PREP 制粉过程和母合金棒料带来的，其成分和类型与棒料中相同，有机类主要成分为 C、O、Ca、Al，异金属很难发现。

俄罗斯 ВИЛС 研究结果表明，PREP 粉末中熔渣和陶瓷颗粒在夹杂总量中分别占 53% 和 47%，异金属来源于棒料支撑辊的磨损和等离子枪的铜阳极烧损。

4.3.3 合金中的夹杂物

合金中夹杂物可分为无机物、有机物和异金属三大类，无机类包括分散陶瓷块和聚集陶瓷块。CISRI 的研究结果表明，陶瓷夹杂物出现的几率最高，有机物出现的几率很低，异金属几乎观察不到。HIP 态和 HIP+F（锻造）态合金中夹杂物类型与粉末中的基本一致，HIP 态合金中夹杂物形状基本没发生变化。HIP+F 合金中陶瓷块断裂，但形貌变化不大，有机物和聚集陶瓷块形状变为不规则，呈扁平状，这表明夹杂物在锻造过程中发生了变形，沿垂直与锻造方向上变扁，尺寸扁大，但绝大多数小于 400μm（粉末粒度小于 100μm），这一结果与国外基本一致。

4.3.4 人工掺夹杂物的研究

由于粉末中夹杂物的绝对数量很少，一般10亿个粉末颗粒中只有几个夹杂物，所以夹杂物被检测出的几率非常低。一般用人工掺夹杂物的方法进行研究和评估夹杂物的类型、尺寸、位置对性能的影响以及在合金中的行为变化，在这方面国外学者做了大量的实验研究工作[22-28]。总结如下：（1）夹杂物在合金中是随机分布的，其处于合金的表面或亚表面的可能性依赖于夹杂物的尺寸。夹杂物尺寸越大，处于表面或亚表面的可能性越大，对合金的 LCF 寿命影响越大；（2）夹杂物是低周疲劳的裂纹源；（3）夹杂物明显降低了塑性和 LCF 寿命，而且易形成淬火裂纹；（4）HIP 后夹杂物基本不改变形貌或略微球形化，有机物附近存在严重的 PPB；（5）锻造后有机物改变了形貌，被压扁拉长了，锻造后 PPB 得到了改善，减少和分散了，有的聚集的陶瓷夹杂物也分散了，但对不连续的细小陶瓷影响不大；（6）对含有细小夹杂物的材料，锻造能改善 LCF 寿命，而对尺寸大的夹杂物则不仅不能改善，甚至更加有害，可能引起锻造裂纹；（7）HIP+HEX 和 HEX+F 能消除 PPB，HIP+HEX 的 LCF 寿命比 HIP 好得多，而且提高了塑性。

表12给出了国外在一些粉末高温合金中人工掺夹杂物的研究状况。

表12 国外人工掺夹杂物的研究状况

国家	合金	粉末粒度/μm	夹杂物	类型	数量	尺寸/μm	工艺	性能测试
美国 GEAE	René95	<250	纯 Al_2O_3+纯 SiO_2	无机类	70 颗/lb	150~250、510~840	HIP	拉伸，持久，LCF
						840~1190、1190~1700	HIP	拉伸，持久，LCF
			LC Astroloy	异金属	0.1/%	<250	HIP	拉伸，持久，LCF
			M2 钢	异金属	0.1/%	<250	HIP	拉伸，持久，LCF
	René95	<100	纯 Al_2O_3	无机类	1000 颗/lb	<250	HIP，HIP+F	拉伸，LCF
			丁腈橡胶	有机类	500 颗/lb	<250	HIP+HEX	LCF
	René95	<100	纯 Al_2O_3	无机类	1000 颗/lb	180~250	HIP+ITF	拉伸，LCF
			丁腈橡胶	有机类	3500 颗/lb	<250	HIP+ITF	拉伸，LCF
			真空油	有机类	1mL/lb	—	HIP+ITF	拉伸，LCF
	René95	<100	丁腈橡胶	有机类	3500 颗/lb	<250	HIP，HEX，HEX+ITF	拉伸，LCF
			铁锈	无机类	—	—	HIP，HEX，HEX+ITF	拉伸，LCF
	René95	<106	7 种耐火材料	无机类	$1.3×10^5$ 颗/kg	90~106	HIP	LCF

续表 12

国家	合金	粉末粒度/μm	夹杂物	类型	数量	尺寸/μm	工艺	性能测试
			毛纤维	有机类	249 颗/kg	<127	HIP	LCF
			丁腈橡胶	有机类	240 颗/kg	<203	HIP	LCF
			氟橡胶	有机类	220 颗/kg	<254	HIP	LCF
			红硅树脂	有机类	220 颗/kg	<254	HIP	LCF
			白硅树脂	有机类	220 颗/kg	<254	HIP	LCF
			聚四氟乙烯	有机类	242 颗/kg	<254	HIP	LCF
	René88DT	<53	纯 Al_2O_3、纯 MgO	无机类	680 颗/kg	45~53	HEX+ITF	LCF
					36 颗/kg	150~180	HEX+ITF	LCF
美国 PWA	LC Astroloy	<30	纯 Al_2O_3	无机类	$(4~40)\times10^{-4}\%$	75~150	HIP	LCF
			纯 SiO_2	无机类	$(2~20)\times10^{-4}\%$	75~150	HIP	LCF
	MERL76	<45	纯 Al_2O_3、纯 MgO	无机类	$5\times10^{-4}\%$ (质量分数)	<250, <510, <760, <1020	HIP	LCF、FCGR
美国 SM	U720	<53	纯 Al_2O_3	无机类	—	<50, <150	HIP+HIP+ITF	LCF
英国 WA、IA	AP1	<150	硅酸铝	无机类	0.1889g/kg	125~150	HIP, HIP+ITF	拉伸, LCF, FCGR
		<45	硅酸铝	无机类	0.1889g/kg	38~45	HIP, HIP+ITF	拉伸, LCF, CGR
德国 MTU	APK-1	<150	$Al_2O_3+SiO_2$、Cr_2O_3	无机类	25~100 颗/cm³	100~400	HIP	LCF
	AP1	<150	橡胶粉	有机类	10mg/kg	<150	HIP, HIP+ITF	LCF
					70mg/kg	<500	HIP, HIP+ITF	LCF

CISRI 在粒度为 50~100μm 的 FGH95 合金粉末中，人工掺入 5 种氧化物和 4 种有机物，尺寸为 50~500μm 5 种，每 1kg 粉末中掺入 2000 颗，进行了 HIP、HIP+F 工艺试验。结果表明，HIP 态合金中 Al_2O_3、SiO_2、MgO 等保持原貌，无反应区。硅酸铝和焊渣类与合金发生了反应，其周围存在贫 γ′ 区，扩大了影响范围。有机类与粉末表面的 Al、Ti、O 等元素发生反应，形成了"反应 PPB"。HIP+F 态合金中 Al_2O_3、SiO_2、MgO 形态基本保持不变，但出现裂纹或破碎和分散，漏包材料、焊渣以及有机类尺寸明显变大、变扁，HIP 过程形成的 PPB 没有完全消失。尺寸小于 500μm 的有机类夹杂物对盘件径向 LCF 影响较小，对轴向影响较大；尺寸越大，离试样表面越近，对 LCF 寿命的影响越大。SICRI 的研究结果与国外基本一致。

4.3.5 减少夹杂物的措施（PREP 制粉工艺）

（1）制备纯净的母合金棒料。1）在真空感应熔炼过程中，ВИЛС 采用挡渣和泡沫陶瓷过滤器。ВИЛ 的研究表明，使用孔径为 1~3mm 的（$Al_2O_3+ZrO_2$）泡沫陶瓷过滤器使棒坯中的夹杂由 316 颗/kg 降到 78 颗/kg，粒度为 50~200μm 粉末中的夹杂降到 71 颗/kg。
2）采用钢液熔体高温处理技术能提高棒料的纯洁度和使组织细化均匀。熔体高温处理使棒料中碳化物分布均匀，（γ+γ′）共晶分布均匀、尺寸减小，粉末组织细化、显微硬度提高，细粉收得率提高，50~200μm 粉末中 50~100μm 粉末比例提高了近 25%。3）ВИЛС 还研究了冶炼工艺对棒料中非金属夹杂的影响。结果表明，与真空感应熔炼相比，真空感应+真空自耗重熔对去除夹杂没有效果，真空感应+电渣重熔和真空感应+电子束重熔对去除夹杂有明显效果，减少 60% 以上。4）CISRI 引入真空感应熔炼+电渣快速重熔（ESRR）双联工艺制备母合金棒料新技术。ESRR 可以有效地去除非金属夹杂物，降低气体含量。

（2）气体净化。制粉过程中惰性气体中的氧和水分与粉末表面富集的 Ti、Zr、Al 易形成氧化膜，应尽量降低惰性气体中的氧、水分和杂质含量，使用净化后的高纯惰性气体，氧和水分含量（质量分数）应控制在小于 $4×10^{-6}$。

（3）粉末静电处理。要降低粉末中夹杂物数量，解决办法是对筛分后的粉末进行静电分离（ESS）处理，这是工业生产中有效的方法。俄罗斯 ВИЛС 研究结果指出，对于粒度为 50~140μm 的粉末，非金属夹杂物的去除率为 84.5%。

CISRI 研究表明，ESS 处理对于粒度小于 200μm 的 Al_2O_3 颗粒去除效果明显，去除率大于 76%，对于粒度范围为 100~150μm 的 Al_2O_3 颗粒的去除效果最佳，去除率达 83.3%[29]。

（4）使用细粉因为夹杂物的最大尺寸是由粉末粒度决定的，所以要减少夹杂物尺寸，必须降低粉末粒度，这也是目前解决夹杂物问题的最有效的办法。比如，美国使用的 AA 粉，粒度由最初的-60 目（小于 250μm）降到-150 目（小于 150μm），现在使用粒度为-270 目（小于 50μm）和-325 目（小于 40μm）的细粉。俄罗斯使用的 PREP 粉，粒度由 400μm 降到 315μm、200μm，正在使用粒度为 50~140μm 粉末，准备使用粒度为 50~100μm 的粉末[10,11]。根据零件使用条件的要求，我国目前使用粒度为 50~150μm 和 50~100μm 的两种粒度的粉末。

CISRI 还研究出了去除粉末中夹杂物的新工艺，在原有静电处理的基础上，进一步降低了粉末中夹杂物含量，取得了明显的效果。

对 PREP 工艺有效地解决夹杂物的根本措施是：第一，从源头着手，制备高纯净的母合金棒料；第二，使用细粉，因为夹杂物的最大尺寸是由粉末粒度决定的，通过降低粉末粒度，减小夹杂物的尺寸和数量。

5 盘件检验

粉末盘的全面检验包括化学成分、力学性能、显微组织及断口、低倍、荧光以及超声检验等[1]。俄罗斯早期 ПС-90A 民用发动机，粉末粒度为 50~200μm，盘件荧光检验表面缺陷和致密度，允许尺寸小于 0.2mm 的非金属夹杂物不多于 3 个，低倍组织中不允许有肉眼可见的孔洞和裂纹，粗晶不应超过 2mm，显微组织中允许个别 PPB 和颗粒内部显微孔洞，在 $2.5cm^2$ 试样上不允许存在多于 6 个孔洞聚集体或 5 级单个孔洞，不允许有残余显微孔洞、热诱导孔洞以及网状颗粒边界。

先进发动机的设计具有高温、高压、高转速、轻重量（"三高一轻"）的特点，从单纯追求高性能转变为致力于"四高"指标：高性能、高耐久性、高可靠性、高维修性。无损检测是高可靠性的重要保证。

美国等西方国家对盘件超声探伤采用水浸法。俄罗斯采用接触法，早期超声检测标准是，轮缘及轮辐为 0.8mm 当量平底孔反射，轮毂为 1.2mm 当量平底孔反射。从 1994 年 4 月 1 日起使用粉末粒度为 50~140μm，采用相应为 0.4mm/0.8mm 的超声检测标准，与目前美国和欧洲的相当（φ0.4mm 平底孔），使用的聚焦探头的频率为 5MHz 或 10MHz。目前限制探测灵敏度的主要因素是组织比较粗大。俄罗斯已建立了超声信号特征与组织及性能的统计关系，可以很好的分析晶粒度、异常晶粒组织、粉末尺寸以及孔洞含量等组织异常现象，预测材料性能。

我国 As-HIP 部件超声探伤采用接触法，探头频率为 10MHz。夹杂物的检测：能检测出大于 200μm 的夹杂物，小于 200μm 的检测概率很低。粉末粒度为 50~150μm，大于 200μm 的可能性很小，很难检测出来。孔洞检测：孔洞的存在造成密度和弹性模量降低，在超声特性上表现为声速下降。一般常用声速值来评价材料中的孔洞。CISRI 研究表明，FGH95 合金的声速与密度之间存在着很好的对应关系，As-HIP 部件正常声速值在 6000m/s 左右，当声速值低于 5850m/s 时，则认为材料是非致密的，没完全压实。锻件采用水浸探伤法。锻造后夹杂物发生了破碎和变形，由体型缺陷变成了垂直与锻造方向的面型缺陷。锻态晶粒细小，组织均匀，在探伤中由材料引起的噪声非常低，可以采用高频率探头对锻件中的细小缺陷进行超声检测。CISRI 研究表明，采用 25 MHz 聚焦探头完全可以将锻件中尺寸大于 50μm 的夹杂检测出来，其中尺寸大于 100μm 的夹杂检出概率较高（大于 90%）。

若缺陷为无机物，当量尺寸与实际尺寸对应得较好；若缺陷为有机物，当量尺寸与实际尺寸有一定的出入。水浸探伤系统可以很好地对粉末盘进行超声检测、无损评价和质量控制。

6 发展方向

粉末高温合金经历了 20 世纪 70 年代和 80 年代的两个快速发展阶段，生产工艺已经成熟，在航空发动机上得到了大量使用。进入 90 年代以后，在合金的设计、研发以及新工艺应用方面都取得了重大进展，第二代粉末盘和双性能盘得到了应用。为了提高盘件的使用温度、安全可靠行、使用寿命以及发动机的推重比，为了使粉末高温合金得到推广使用，今后的发展方向包括：研制新合金，开发和推广使用新工艺；使用双性能粉末盘；研发超纯净粉末的制备技术；加强粉末盘的寿命预测；降低成本。

6.1 第三代粉末高温合金的应用研究

美、法等国开展了第三代粉末高温合金的研究，目前尚处于实验室研究阶段，需要对合金成分进行优化、组织和性能进行全面研究以及工艺试验的应用研究。第三代粉末高温合金的研究将为 21 世纪的推重比 12~15 以及 20 的航空发动机的研发做技术储备。

6.2 双性能粉末盘的使用

双性能粉末盘的特点是符合涡轮盘工况特点，充分发挥材料性能潜力，优化涡轮盘结构设计，减轻盘件的重量，提高发动机的推重比。所以使用双性能粉末盘是研制高推重比航空发动机必备的关键技术之一，比如第三代粉末高温合金 Alloy10 和 ME3 采用 DMHT 工艺用于制造双性能粉末盘。今后需要加强研究和完善双性能粉末盘制造工艺，降低成本，推广应用。

6.3 低成本工艺的研究与应用

6.3.1 As-HIP 近净尺寸成形工艺

采用 As-HIP 近净尺寸成形工艺制造粉末盘，可以简化工艺，降低成本。As-HIP 成形的技术关键是包套的设计和制定合适的 HIP 工艺，以消除 PPB。截至 1997 年美国仅 As-HIP 成形的粉末盘就生产并提供了 10 万多件，俄罗斯采用 As-HIP 工艺制造的 ПC90A 用 ЭП741НП 粉末盘的价格仅是相同尺寸的 René88DT 粉末盘的 $1/8 \sim 1/12$[3]。这说明 As-HIP 工艺有很大的应用前景，是今后制造粉末盘的主要方向之一。

6.3.2 SS-HIP+ITF 成形工艺

在接近合金固相线温度（亚固相线）下 HIP(SS-HIP) 成形，虽然晶粒有所长大，但是消除了细粉在 HIP 过程中形成的 PPB。SS-HIP 成形坯能保证锻造所需的塑性，这样就可以直接 ITF，省去 HEX，简化了工序，降低了成本，是具有实用价值和前途的粉末盘的制造工艺。

6.4 加强寿命预测方法研究

为了提高发动机的安全可靠行，必须提高粉末盘寿命预测的准确性。由于夹杂物的存在导致了粉末高温合金低周疲劳失效机制的特殊性，需要开发新的寿命预测方法。美国 GEAE 公司在 1997 年正式公开了粉末高温合金的 LCF 的预测方法，目前还处于研究之中。夹杂物的尺寸及位置对 LCF 的影响明显，现在从理论上还无法根据载荷形式、夹杂物特征准确地预测合金的 LCF，需要进一步加强 LCF 与夹杂物特性的关系理论研究。

6.5 无损检测技术

加强定量关系的研究，比如晶粒尺寸与杂波之间的定量关系。对于粗晶组织虽然有文献报道[5]，可以采用多区探伤的方法，多个水浸聚焦探头可以提高检测精度，但还需要加强应用研究。进一步开发和应用自动跟踪零件外形的超声探伤技术。

7 结束语

（1）经过近四十年的发展，粉末高温合金的生产工艺、检测技术以及质量控制已经成熟和稳定。美国等西方国家采用 AA 粉末+HEX+ITF 工艺制造粉末盘，粉末粒度为-270 目（小于 $50\mu m$）或-325 目（小于 $40\mu m$）。俄罗斯采用 PREP 粉末+As-HIP 工艺制造粉末盘，粉末粒度为 $50 \sim 140\mu m$。

（2）第二代粉末盘已在军、民机上大量使用。美国采用双重热处理工艺制造的 DTP IN100 双性能粉末盘已用在第四代战斗机 F22 的 F119 发动机上，未来高性能发动机将采用双性能粉末盘。目前正在研发第三代粉末高温合金，其性能特点是，抗拉强度介于第一代和第二代之间，裂纹扩展速率比第二代合金 René88DT 还低。SS-HIP 工艺解决了 PPB 问题，省去了 HEX，可以直接 ITF 粉末盘，简化了工序，降低了成本，该工艺已用于制造小型盘件，有待于推广应用。

（3）FGH95 粉末高温合金大型涡轮盘的锻造成功充分说明了，在现阶段我国没有大型挤压机和等温锻造设备的条件下，走 PREP 制粉+HIP 成形+包套锻造的工艺路线，制造大型粉末涡轮盘件是可行的。

（4）我国粉末涡轮盘的制造工艺与美国、俄罗斯不同，不能完全照搬他们的技术标准。我们认为对目前我国粉末涡轮盘暂行技术条件，应在自己研究工作的基础上，在满足发动机实际需求的前提下，制定出适合我国工艺特色的技术条件，逐步提高粉末涡轮盘的质量，这样才能使我国粉末涡轮盘迈出使用的第一步。

参 考 文 献

[1] Аношкин Н Ф, Мушенкова Г А, Сафронов В П и др. Тенденции развития металлургии гранул жаропрочных никелевых сплавов за рубежом［A］. Металлургия Гранул（1） ［C］. Белов А Ф. М.：ВИЛС. 1983, 453.

[2] Гарибов Г С. Металлургия гранул в авиадвигателестроении［J］. ТЛС, 2001,（5-6）：138-148.

[3] Гарибов Г С. Современный уровень развития порошковой металлургии жаропрочных никелевых сплавов［J］. ТЛС, 2000,（6）：58-69.

[4] Фаткуллин О Х, Ерёменко В И, Гриц Н М и др. Новый гранулируемый жаропрочный никелевый сплав, обеспечивающий высокие эксплуатационные характеристики в интервале рабочих температур 650-750℃［J］. ТЛС, 1998,（5-6）：63-65.

[5] Pierron X, Banik A, Maurer G E. Sub–Solidus HIP Process for PM Superalloy Conventional Billet Conversion［A］. Superalloys 2000［C］. Pollock T M, Kissing R D, Green K A, et al. TMS. 2000, 630.

[6] Mourer D P, Raymond E, Ganesh S, et al. Dual Alloy Disk Development［A］. Superalloys 1996［C］. Kissing R D, Deye D J, Anton D L, et al. TMS. 1996, 782.

[7] Simpso T M, Preoe A R. HIP Bonding of Multiple Alloys for Advanced Disk Applications［A］. Advanced Technologies for Superalloy［C］. Chang K M, Srivastava S K, Furrer D V, et al. MMS. 2000, 350.

[8] Белов А Ф, Гарибов Г С. Современная технология произвоства конструкционных материалов для машинострое-ния［A］. Металловедение и Обработка Титановых и Жаропрочных Сплавов［C］. Белов А Ф. М.：ВИЛС. 1991, 463.

[9] Carlson D M. PM AF115 Dual Property Disk Process Development［A］. Superalloys 1980［C］. TMS. 708.

[10] Moll J H, Schwertz H H, Chandhok V K. PM Dual Property Wheels for Small Engines［J］. MPR, 1983, 38(10)：547-554.

[11] Shahid B, Plippe T, Stephen D A. Low Cycle Fatigue of As-HIP and HIP+Forged René95［J］. Metallurgical Transaction A, 1979, 10A(10)：1481-1490.

[12] Miner R V, Dreshfield R L. Effects of fine porosity on the fatigue behavier of a powder metallurgy superalloy ［J］. Metallurgical Transations, 1981, 12A(2)：261-267.

[13] Dreshfield R L, Miner R V. Effects of Thermall Induced porosity on an as–HIP powder metallurgy superalloy［J］. PMI, 1980, 12(2)：83-87.

[14] Аношкин Н Ф, Фаткуллин О Х, Буславский Л С и др. Разработка процессов получения зделий из гранулируемых жаропрочных сплавов на основе никеля горячим изостатическим прессованием［A］. Металловедение и Обра- ботка Титановых и Жаропрочных Сплавов［C］. Белов А Ф. М.：ВИЛС. 1991, 463.

[15] Терновой Ю Ф, Ципунов А Г. Образование Пор в Распыленном Порошке［J］. ПМ, 1985,（8）：

10-15.

[16] Аношкин Н Ф, Мусиенко В Т, Кошелев В Я. Основные Закономерности Процессов Получения Гранул Методом Распыления Вращающейся Заготовки и их Обработки в Инертной Атмосфере [A]. Проблемы Металлургии лёгк- их и Специальных Сплавов [C]. Белов А Ф. М.: ВИЛС. 1991, 530.

[17] Мусиенко В Т, Кошелев В Я. Проблемы Получени Гранул Жаропрочных Никелевых Сплавов для Изготовления Узлов Газотурбинных Силовых Установок [A]. Металловедение и Обработка Титановых и Жаропрочных Сплав- ов [C]. Белов А Ф. М.: ВИЛС. 1991, 463.

[18] Ingesten N G, Warren R, Winberg L. The nature and origin of previous particle boundary precipitates in PM superalloys [A]. High Temperature Alloy for Gas Tubine 1982 [C]. Brunetand R, Coutsouradis D, Gibbons T B, et al. London: D Reidel Publishing Company. 1982, 1079.

[19] Marquez C, Esperance G, Koul A K. Prior particle boundary precipitation in Ni-base superalloys [J]. International Journal of Powder Metallurgy. 1989, 25(4): 301-308.

[20] Белов А Ф, Аношкин Н Ф, Фаткуллин О Н и др. Особенности легирования жаропрочных сплавов, получаемых методом металлургии гранул [A]. Жаропрочные и жаростойские стали и сплавы на никелевой основе [C]. Банных О А. М.: наука. 1984, 244.

[21] Bridges P J, Eggar J W. Non-metallic inclusions in nickel based superalloy NIMONIC Alloy AP-1 produced by the powder route; A review of their effect on properties, and the production methods used to minimize the amount present [A]. PM Arospace Materials (1) [C]. England: MPR Publishing Services Ltd. 1984, 22-1-22-24.

[22] Jablonski D A. The Effect of Ceramic Inclusions on the Low Cycle Fatigue Life of Low Carbon Astroloy Subjected to Hot Isostatic Pressing [J]. Mat. Sience and Eng. 1981, (48): 189-198.

[23] Chang R D, Krueger D D, Sprague R A. Superalloy powder processing, properties and turbine disk applications [A]. Superalloys 1984 [C]. Gell M, Kortovich C S, Bricknell R H, et al. Pennsylvania: The Metallurgical Society of AIME. 1984, 826.

[24] Koening G W. Effect of organic defects on the fatigue behaviour of PM nickel base alloy [A]. PM Arospace Materials (1) [C]. England: MPR Publishing Services Ltd. 1984, 22-1-22-24.

[25] Shamblen C E, Chang R D. Effect of inclusions on LCF life of HIP plus heat treated powder metal René95 [J]. Metallurgical Transaction B, 1985, 16B(12), 775-784.

[26] Track W, Betz W. Effects of Defects on Fatigue Properties of PM Disk Alloys [A]. Modern Developments in Powder Metallurgy (14) [C]. Hausner H H, Antes H W, Smith G D. Washington: MPIF and APMI. 1981, 595.

[27] Law C C, Blackburn M J. Effects of Ceramic Inclusion on Fatigue Properties of A Powder Metallurgical Nickel-Base Superalloy [A]. Modern Developments in Powder Metallurgy (14) [C]. Hausner H H, Antes H W, Smith G D. Washington: MPIF and APMI. 1981, 595.

[28] Hur E S, Roth P G. The Influence of Inclusions on Low Fatigue Life in a PM Nickel-Base Disk Superalloy [A]. Superalloys 1996 [C]. Kissing R D, Deye D J, Anton D L, et al. TMS. 1996, 782.

[29] 张义文,陈生大. 静电分离去除高温合金粉末中陶瓷夹杂的研究 [J]. 粉末冶金工业, 2000, 10(4), 23-26.

(原文发表在《粉末冶金工业》, 2004, 14(6): 30-43.)

热等静压技术新进展

张义文

(钢铁研究总院高温材料研究所,北京 100081)

摘 要 目前热等静压技术已广泛应用于航空、航天、能源、运输、电工、电子、化工和冶金等行业,用于生产高质量产品和制备新型材料。为了探讨和交流各国在热等静压设备、工艺研究及应用的发展动态,从1987年开始召开国际热等静压会议。2008年5月在美国加利福尼亚召开了第九届国际热等静压会议,本文就此次会议所报道的热等静压技术、应用及发展情况进行了概述,特别是对美国和俄罗斯热等静压技术作了介绍。

关键词 热等静压 粉末冶金 粉末冶金高温合金 近净成形 选择性净成形

Developments in HIP Technology

Zhang Yiwen

(High Temperature Materials Research Institure, CISRI, Beijing 100081, China)

Abstract: Hot Isostatic Pressing (HIP) technology is applied widely in industries presently, including aviation, aerospace, energy, transportation, electrical, electronic, chemical and metallurgical industry etc, it is used for fabricating high-quality products and preparing new materials. First International Conference on Hot Isostatic Pressing was held in 1987 initially to exchange experience in HIP equipments, process science and applications. Proceeding of the Ninth International Conference on HIP was convened in California USA, May 2008. Reports on HIP technology, applications and development particularly introduced HIP technology in USA and Russian presented at this conference is introduced.

Keywords: HIP, PM, PM superalloy, NNS(near net shape), SNS(selectively net shape)

第一届国际热等静压会议于1987年在瑞典召开,从1993年在比利时召开的第四届开始,每三年召开一届国际热等静压会议。2008年5月6~9日在美国加利福尼亚州的亨廷顿海滩市召开了第九届国际热等静压会议(HIP'08)。有来自美国、英国、法国、德国、比利时、瑞士、瑞典、俄罗斯、日本、中国、韩国、伊朗、澳大利亚和巴西等15个国家和地区的125名代表参加。中国的代表有中国钢研科技集团公司的张德明、张义文和中科院金属研究所的杨锐3人。本次会议由Kittyhawk Products、Synertech PM Inc. 和 LNT PM Inc. 三家公司联合承办。由Kittyhawk Products的Dennis Poor和Denise Poor、Synertech PM的Charles Barre和Anthony Makielski以及LNT的Victor Samarov担任组委会委员,Dennis

Poor 担任组委会主席。本次会议决定下届国际热等静压会议将于 2011 年在日本举行。

会议分为粉末冶金热等静压工艺进展，先进材料和制件，等静压设备、市场和工业，抗磨损和腐蚀，航天和能源，热等静压模拟和基本现象，热等静压设备安全问题，测试、装备及应用等 8 个专题，共计提交论文 37 篇，各国和地区提交论文数见表 1。

表1 各国和地区提交论文数

国家	日本	美国	俄罗斯	英国	瑞士	瑞典	法国	德国	比利时	中国	中国台湾	伊朗
论文数	9	8	5	3	3	3	1	1	1	1	1	1

英国材料、矿物和采矿研究所的 B. A. Rickinson 和美国 Crucible 公司的 William Bill Eisen 分别作了"热等静压-近距离审视"和"热等静压粉末冶金在宇航中的复苏"大会主题演讲。本文就第九届国际热等静压会议所报道的热等静压技术和应用的新进展作一概述。

1 HIP 扩散黏结技术

传统包覆轧辊采用焊接工艺制造。UltrClad 公司提出了采用粉末冶金热等静压（HIP-PM）包覆技术制造包覆轧辊，并在 1993 年就被 J. McGeever 证明可以降低制造成本。HIP-PM 包覆技术可以使轧辊获得较高的耐磨性和高韧性，使轧辊的寿命提高 5~6 倍。包覆工艺过程：在低合金钢轴的工作面上焊接一个低碳钢包套，在真空条件下把混入碳化物的工具钢粉末装入包套中并封焊（见图 1），之后放入热等静压机中进行压制。在 HIP 处理过程中，工具钢粉末达到了充足密实，形成了耐磨层，并与轴面实现了扩散黏结，机加工后得到了包覆轧辊（见图 2）。1996 年 Crucible Materials Corporation 申请了 HIP-PM 组件真空装料方法专利（美国专利 5849244）。Carpenter Technologies Inc 也提供了相似的包覆工艺。

图 1 包覆轧辊粉末真空装套和封焊

图 2 HIP 后的包套和机加工后的包覆轧辊

利用 HIP 扩散黏结技术生产粒子加速器零件，包括高频减震器（HOM）、μ 粒子靶（用于产生 μ 粒子）和故障观察箱。三个组件的加工过程大体相同：粉末装套、真空封焊、去套、机加工（见图 3、图 4）。在 HOM 生产过程中，纯铁粉末烧结与纯铁黏结到铜主体上两个过程同时进行，实现粉-固黏结。生产 μ 粒子靶时，HIP 使铜架和不锈钢之间实现固-固黏结。

图3 高频减震器

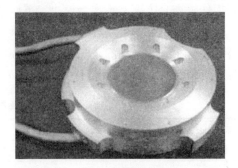
图4 μ粒子靶

典型中等马力电动机转子芯是由冲压钢片组、铜棒、整流子环和一个钢轴装配而成。新的加工方法是采用粉末金属芯片与组件中其他部件预先组合，然后再进行 HIP 扩散黏结。复合转子芯由一个锻造的 403 不锈钢轴和一个内部有铜棒（通过冶金黏结）的 Fe-P 粉末金属外环（代替冲压钢片）组成。加工过程中 HIP 完成三个功能：（1）使金属粉末芯片完全压实；（2）通过扩散黏结各个铁芯片，使其成为连续的结构；（3）铜棒、钢轴与铁芯片通过扩散黏结。由于组合中材料差别大，所以 HIP 温度控制在铜熔点以下。此加工可以得到密实的结构和各组元良好的扩散黏结，机加工后的转子见图5。

HIP 复合转子芯有以下优点：（1）降低转子线棒和连接环的温度，并且得到良好的结构配合；（2）具有较多的设计选择，因为粉末与压实工具的形状具有一致性；（3）具有降低转子生产费用的潜力；（4）与实心转子相比，通过选择优良的芯部材料可以得到良好的性能；（5）与由钢片组的转子相比可减少磁隙。

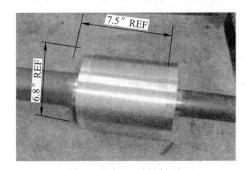
图5 机加工后的转子

2 HIP 成形新技术

用雾化法制备金属粉末，采用 HIP 直接成形技术可以用来生产形状复杂的制件。与传统技术相比有以下优点：纯净度高，材料无宏观偏析，组织均匀，各向同性，易于进行超声检测，易于进行近净形设计，加工成本低，生产周期短。

2.1 NNS-PM-HIP 技术

粉末冶金热等静压近净成形技术（NNS-PM-HIP）主要应用于制造燃气涡轮、蒸发器、离心选矿器、深海及海上部件以及刀具。与传统技术相比，有以下优点：易于生产形状复杂的制件，纯净度高，夹杂少，各向同性，易于进行超声检测，加工成本低。NNS-PM-HIP 技术关键是近净形包套设计，包套尺寸一般比最终制件尺寸大 10%，以补偿 HIP 后包套收缩。生产过程包括：将粉末装入钢套中，抽真空封焊包套，HIP 压制，热处理，酸蚀或车削加工去除包套，最终机加工，无损检测。

蒸汽室为带复杂槽的筒形部件。传统加工工艺包括盘坯锻造、热处理、车削和钻槽加工。传统加工方法成本较高。采用 NNS-PM-HIP 技术，利用 CAD 设计近净形包套，制造的蒸汽室见图 6。

图 6 12Cr 合金钢蒸汽室及包套

具有抗腐蚀高机械性能的双相不锈钢或高强度奥氏体钢用于深海和海上管道生产，这些材料合金化高，易发生偏析，热加工易产生裂纹。采用 NNS-PM-HIP 技术制造的制件见图 7。

图 7 粉末不锈钢制件

2.2 SNS-PM-HIP 技术

粉末冶金热等静压选择性净成形技术［SNS(Selectively Net Shape)-PM-HIP］主要应用于制造火箭发动机制件。SNS-PM-HIP 技术利用固态金属代替液态金属来"铸造"复杂形状制件，可以降低加工成本，制件的性能高于铸件，与锻件相当甚至高于锻件，并且避免焊缝，可以提高疲劳寿命。此项技术已应用于生产大型复杂形状组件。只有受车削加工限制的部件才采用 SNS-PM-HIP 技术生产。生产过程包括：将工装和粉末装入包套中，抽真空封焊包套，HIP 压制，热处理，机加工去除包套，酸蚀去除工装，最终机加工。SNS-PM-HIP 技术关键是工装和包套设计。

钛合金具有轻质高强的特点，广泛应用于航空、航天及其他重要领域的零件上。火箭发动机叶轮采用传统的铸造工艺生产，其盘和叶轮采用不同材料以满足不同的性能要求。采用 SNS-PM-HIP 技术可以用粉末钛合金生产整体叶轮。用计算机模拟设计工装和包套，包套保证叶轮尺寸，工装保证叶片的形状和尺寸要求。

美国 Pratt & Whitney Rocketdyne 公司采用 SNS-PM-HIP 技术制造的粉末钛合金叶轮用装粉包套和工装以及机加工后的叶轮见图 8、图 9。

图 8 HIP 前的装粉包套和工装

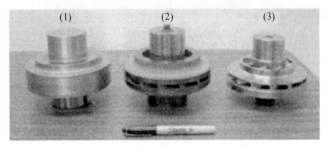

图 9 HIP 后的叶轮

(1) 去除包套后；(2) 酸蚀去除工装后；(3) 最终机加工后叶轮

俄罗斯轻合金研究院（VILS）也开展了 SNS-PM-HIP 技术研究，制造的粉末钛合金叶轮和压气机盘轴支撑架见图 10、图 11。

图 10 粉末钛合金叶轮

(a) ϕ360mmVT25U 粉末钛合金离心叶轮；(b) ϕ270mmVT3-1/VT8 粉末钛合金叶轮

图 11 VT25U 粉末钛合金压气机盘轴支撑架

3 采用 HIP 技术制备新材料

3.1 纳米碳化物强化复合材料

在钛合金粉末基体中加入碳化物、硼化物、氮化物及其他强化颗粒，是一种提高钛合金力学性能的有效方法。最近用粉末冶金技术开发了一种纳米碳化物颗粒强化的钛合金复合材料。在 UT1-0 钛合金粉末基体中加入碳同位素纳米颗粒，通过 HIP 压制成形制成钛合金复合材料。试验结果表明，复合材料由复合前的脆性和韧性复合断裂转变为韧性断裂，晶界分布明显，相分布均匀。

3.2 预合金化的 Ti-B 合金

HIP 预合金化粉末合金具有偏析小、组织均匀、晶粒细小和性能高等优点。近 20 多年来，已经通过各种方法生产了预制合金化钛合金粉末，其优势和不同生产方法已经在许多文献中报道过。在 Ti-6Al-4V 合金中加入 1%（质量分数）的 B，采用真空感应熔炼合金，用惰性气体雾化得到预合金粉末。在粉末颗粒内部析出高硼相，形成较好排列的 TiB 沉淀，具有强化作用。粉末在 1000℃ 下 HIP 密实后得到了优良的细小晶粒组织，与 Ti-6Al-4V 合金相比，韧性没有降低，强度提高了 25%，并且保证了足够的加工性能。HIP 坯料经轧制后得到尺寸为 5mm×450mm×900mm 的板材（见图 12、图 13）。

图 12　HIP 态 Ti-6Al-4V-1B 坯料

图 13　轧制后的 Ti-6Al-4V-1B 板材

4 粉末高温合金

高合金化镍基高温合金铸锭偏析严重，热加工性能差，很难变形，传统铸锻造技术很难保证大尺寸零件性能的均匀性，采用粉末冶金工艺解决了此类问题。快速凝固预合金粉末+HIP 固结技术为高合金化镍基高温合金材料的生产开辟了新的方向。粉末冶金高温合金广泛应用于航空燃气涡轮发动机、火箭发动机和地面燃机等关键部件。

4.1 HIP+HEX 固结工艺

目前生产的粉末高温合金制件大部分采用在等温锻造（ITF）之前热挤压（HEX）固结。粉末高温合金挤压坯料具有细小的晶粒和均匀的组织，与铸造锭坯相比，挤压坯料在锻造过程中具有更低的变形抗力，同时获得更大的塑性。最近材料科学家正在考虑在挤压之前进行 HIP 固结。

在挤压前采用 HIP 固结粉末，主要考虑到，在挤压固结前过长的加热时间有可能会使粉末颗粒表面吸附更多的氧而形成氧化物，并且这种氧化物在粉末固结前还会长大。如果在挤压前采用 HIP 固结，可以显著减少粉末的加热时间，最大限度地减少粉末表面氧的吸附。在挤压前采用 HIP 固结的确会增加成本和工艺工序，但是 HIP 固结锭坯使材料利用率提高，明显降低了单位质量成品的挤压成本。对于质量超过 2t 或者直径大于 400mm 的大尺寸锭坯而言，HIP 固结的单位质量成品要比大尺寸挤压固结的成本低得多。考虑到设计和制造挤压设备需要高昂的资金投入，为了最大限度减少涡轮制件采购成本，当前的航空制件生产商应当考虑尽可能最大限度的采用直接热等静压（As-HIP）制件。

4.2 As-HIP 成形技术

据美国 Crucible 材料公司的 Brian McTiernan 介绍，目前全世界范围内在役航空发动机使用 As-HIP 粉末高温合金部件超过 20 万件。20 世纪 70 年代后期首先在 T700 发动机上大规模使用 As-HIP René95 部件，目前已超过 4 万件。F100、F110 和 CFM56 发动机都在使用 As-HIP René95 挡板（见图 14）。As-HIP René95 成为 F110 和 CFM56 发动机叶片安装底架选择的合金。

越来越多的 As-HIP 制件被用于飞机辅助动力装置（APU）的涡轮盘。典型的商用飞机往往配备 2 台 APU，APU 的使用不仅能控制导航系统，同时还会给飞机的诸如取暖、通风、空调等提供动力。APU 上述的这些功能目前尚不能被电池动力和燃料启动机所代替。为了节约燃料和减轻质量，典型的军用飞机只装备 1 台 APU。在过去的 20 年当中，商用飞机遵循了上述 APU 的发展潮流，更轻质量的 APU、更好的空间利用率以及更少的能量消耗使得商用飞机从中获益匪浅。

美国 Honeywell（以前为 Allied-Signal）公司从 1979 年开始研发用于 APU 的双合金叶盘，这种叶盘的轮毂部位使用具有细晶组织的 As-HIP 的 LC Astroloy 合金，而叶盘的外缘使用具有粗晶组织和优良蠕变性能的 MAR-M247 或 IN713LC 铸造叶片环，用 HIP 将两部分黏结成整体叶盘。这种双合金叶盘已经使用了 10 多年。目前美国的 APU 使用了 As-HIP 的 LC Astroloy 和 U720 小型带轴的涡轮盘和调节环（见图 15）。带轴的涡轮盘减少了盘和轴的焊缝连接。与通常使用的 IN718 和 Waspaloy 涡轮盘相比，LC Astroloy 和 U720 粉末冶金涡轮盘性能更高，可以使 APU 的涡轮盘在更高的使用温度和转速下工作[1]。

图 14　As-HIP René95 挡板

图 15　As-HIP 粉末高温合金部件

据Crucible公司的William Bill Eisen介绍,1980年美国F-18战斗机在英国法恩巴勒航展失事之后,GE公司将F404发动机用粉末高温合金的粉末粒度由小于250μm(-60目)改为小于100μm(-150目),盘件生产工艺改为HEX+ITF,T700发动机用粉末冶金高温合金部件的生产工艺仍然为As-HIP,到1993年早期也改为HEX+ITF。目前民用飞机发动机用粉末高温合金大都使用小于50μm(-270目)粉末,但As-HIP René95挡板仍然使用小于100μm(-150目)粉末(见表2~表4)。截至2007年12月31日,在役的CFM56发动机总数达到了17532台,装备飞机7150架。在APU和某些小型发动机上使用多种As-HIP粉末部件。HEX+ITF仍然是生产大型涡轮盘的主流工艺,但是用HIP+锻造工艺制造大型部件正在引起人们的兴趣[2]。

表2　1981年以前粉末盘生产工艺

发动机	As-HIP工艺［粉末粒度小于250μm(-60目)］
CFM56	9个部件
F404	7个部件
T700	6个部件（4个冷却板+2个盘件）

表3　1981~1993年粉末盘生产工艺

发动机	As-HIP工艺［粉末粒度小于100μm(-150目)］	HEX+ITF工艺［粉末粒度小于100μm(-150目)］
CFM56	2个挡板	7个部件
F404	3个部件（2个挡板+1个轴）	4个部件
T700	6个部件（4个冷却板+2个盘）	—

表4　1993年初以后粉末盘生产工艺

发动机	As-HIP工艺［粉末粒度小于100μm(-150目)］	HEX+ITF工艺［粉末粒度小于50μm(-270目)］
CFM56	2个挡板	7个部件
F404	3个部件（2个挡板+1个轴）	4个部件
T700	—	6个部件（4个冷却板+2个盘）（粉末粒度-150目）

俄罗斯研制了VV750P和VV751P两种新型粉末高温合金。采用等离子旋转电极法(PREP)+HIP工艺制造盘件,粉末粒度为50~100μm,最大盘坯尺寸为$\phi 600mm \times 135mm$,质量为280kg(见图16)。

图16　VV750P和VV751P粉末盘

从表5、表6可以看出,与目前使用的EP741NP粉末冶金高温合金相比,新型粉末冶金高温合金VV750P和VV751P提高了室温拉伸强度、持久强度和低周疲劳性能,室温拉伸塑性和冲击性能有所降低。目前盘件实测的缺口持久寿命不够稳定，这两种新型粉末高温合金处在研制阶段，尚没有得到使用。

表5　室温拉伸和冲击性能[3-5]

合金	σ_b/MPa	$\sigma_{0.2}$/MPa	δ/%	ψ/%	A_{ku2}/J	使用的发动机
EP741NP	1350	850	15.0	17.0	32	RD-33
	1450	1000	15.0	17.0	32	AL-31F
	1450	1020	15.0	17.0	32	PS90A、PS90A2
VV750P	1550	1150	13.0	13.0	24	—
VV751P	1600	1200	13.0	13.0	24	—

表6　持久和低周疲劳性能[3-5]

合金	持久		低周疲劳（f=1Hz）	使用的发动机
	$\sigma_{100h}^{650℃}$/MPa	$\sigma_{100h}^{750℃}$/MPa	周次	
EP741NP	950	650	$N_{980MPa}^{650℃}=3.5×10^3$	RD-33
	1020	750	$N_{980MPa}^{650℃}=5×10^3$	AL-31F
	1020	—	$N_{1000MPa}^{650℃}=1×10^4$	PS90A、PS90A2
VV750P	1100	750	$N_{1100MPa}^{650℃}=1×10^4$	—
VV751P	1100	700	$N_{1120MPa}^{650℃}=1×10^4$	—

注：RD-33、AL-31F 发动机用 EP741NP 合金粉末粒度为 50~140μm，PS90A 和 PS90A2 用 EP741NP 合金粉末粒度为 50~100μm。

考虑到发动机减轻质量方面的因素，将粉末高温合金应用到航空发动机是人们的初衷。对于地面燃机而言，在一定的燃油消耗下，控制质量不是非常重要的一个因素，因此在地面燃机中使用粉末高温合金并不多见。美国发电功率高达 10MW 的地面燃机涡轮盘往往采用铁镍基合金，如 IN718 合金和 IN706 合金来制备，初始的锭坯的质量甚至重达 10~15t 不等。对于大截面的铸锭，需要多次镦粗和锻造才能获得均匀细小的组织，锻造后工件的质量损失达 35%。上述工艺制备的地面燃机用的涡轮盘和调节垫片的在最终机加工后的直径尺寸高达 3m。随着锭坯尺寸增加，偏析和热裂的倾向也在增加，这两个问题并不是不能解决，但是会导致成本的急剧增加和产品报废风险的增大。

使用 HIP 粉末高温合金锭坯，减少了涡轮盘的热加工工序，提高了材料的利用率，降低了原材料的成本。粉末冶金工艺同时也减小了因熔炼带来的难熔的夹杂尺寸，细晶组织同时使得强度和塑性都得到提高。对于 IN706 合金，采用粉末冶金工艺使合金的疲劳寿命提高了 3~5 倍。细晶组织也使盘件在超声波探伤时夹杂和组织不均匀等缺陷更容易被发现。粉末冶金的上述优点显著地降低了这些高附加值产品报废的风险，同时提高了产品的可靠程度。

所有上述因素使盘件的强度增加的结果是增加了涡轮的转速和燃气温度。这可以增加卡诺循环的效率，同时降低燃料消耗。随着天然气价格的不断上涨，大型燃机中的燃料消耗成本问题变得日益突出。上述的这些观念在以前被提出，但是这还并不足以让粉末冶金制件完全替代常规的铸锻涡轮盘。然而，随着原材料价格不断上涨，人们再次考虑应用粉末冶金工艺。当冶金专家和设计专家们最终充分利用了粉末冶金工艺的优点，而且设计出只能通过粉末冶金工艺来制备的具有更高强度和疲劳抗力的合金时，地面燃机的涡轮设计将会再一次与航空发动机的设计相媲美，而且在地面燃机发电工业中也会实现和航空发动机一样的获益。

除地面燃机之外，下一个可能广泛使用粉末高温合金制件的是舰船用发动机。然而，地面燃机用的粉末冶金高温合金锭坯尺寸太大，而不能使用挤压机来固结，因此，HIP 工业可以在将来提供这种大锭坯的固结服务，而且可能会提供比现在最大尺寸还要大的用于锻造的锭坯。

俄罗斯采用 As-HIP 技术为 GTU-W、GTU-12、GTU-16 地面涡轮装置生产了 EI698P 粉末镍基高温合金大尺寸盘件。与铸锻 EI698VD 相比，EI698P 的强度和塑性提高了 10%~15%，EI698P 粉末冶金盘降低了成本。生产直径 500mm 盘时，EI698P 粉末盘与铸锻 EI698VD 盘生产费用相当，生产直径 700mm 盘时，粉末盘费用降低 30%[6]。

5　HIP 致密化处理

HIP 致密化处理的目的是闭合材料内部孔隙和疏松等缺陷，提高材料的性能。精铸件的晶粒粗大，存在孔洞和疏松等缺陷。既要保证晶粒细小，又要减少疏松，单靠铸造工艺本身是难以解决的，目前广泛采用 HIP 处理技术解决这一问题。

HIP 致密化处理的应用主要包括：消除烧结材料内部孔隙；消除铝合金铸件、钛合金铸件、高温合金铸件内部孔隙和疏松（见图 17~图 19）。

图 17　汽车发动机铝合金箱体

图 18　航空发动机用钛合金铸件　　图 19　航空发动机用铸造高温合金涡轮叶片

6 降低 HIP 产品生产成本的技术进展

为了降低热等静压产品的生产成本，Avure 公司的热等静压设备在快速冷却、炉子设计、装卸选择、支持系统和过程控制优化等方面近些年取得了很大进展。Avure 公司由于采用了新的热等静压系统技术和可靠的热等静压设备，在过去的 15 年内使热等静压产品的生产成本降低了 65%。主要采取了两个技术措施：一是引进了先进的均匀的快速冷却（URC）系统，使生产周期减半；二是通过调谐技术处理和定期检修，使热等静压系统的可靠性从 80% 提高到 95%。URC 是降低 HIP 产品成本的主要因素。

在直径 800mm，长 2500mm 的热等静压机中，不使用 URC 系统年处理粉末 900t，运转成本为 1.5 欧元/kg。而当其他参数相同时，使用 URC 系统年处理粉末 1800t，运转成本为 0.9 欧元/kg，成本降低 40%。在更大型的热等静压机中，如果每 12~16h 处理粉末 20~40t，成本低至 0.3 欧元/kg。

Avure 公司通过标准化及专用热等静压系统降低 HIP 生产费用。专用热等静压系统包括：冷加载-热卸载系统把停留时间降到最低，URC 系统把不能热卸载材料的周期降到最低、URC 结合热等静压和热处理过程（淬火），钼钢加热炉与钼加热炉相比降低成本，所有温度范围内不同材料加热炉自然对流和强制对流，纤维强化的石墨超高温加热炉在有效区内得到最小的压力，复杂过程控制系统用来自由监控热等静压运转参数和安全操作，按下总控键就能进行生产。

Avure 公司还开发了绿色热等静压机，主要致力于能量循环利用，用储水池把热量收集起来，30%~40% 热量可以重新利用，节约 10%~15% 的成本。

7 结束语

第一台热等静压机自 1955 年在美国巴特尔（Battelle）研究所建造以来，已有 50 余年的历史了，热等静压设备和工艺日益改善，应用领域不断扩大，目前热等静压技术已广泛应用于航空、航天、能源、运输、电工、电子、化工和冶金等行业。采用热等静压技术不仅使原有产品的质量大幅度提高，而且还能制造出用冶炼工艺难以生产或无法生产的高质量产品，同时热等静压技术也是制备新型材料的重要手段。

热等静压在处理钛合金、铝合金及高温合金铸件，生产高质量的粉末高温合金部件和贱射靶材方面有着重要的应用，并且需求量逐渐增大，而在硬金属、优质陶瓷、医疗器械、MIM 组件及燃料电池材料方面需求速度较慢甚至不再增长。

纵览热等静压市场，仍有较大的需求，新热等静压设备的需求主要依靠飞机及其他能源部件的推动。设备高可靠性和大型化，产品生产低成本和高效化，生产管理专业化，是热等静压技术发展的方向。目前在大型热等静压设备中均采用了 URC 技术，URC 是降低 HIP 产品成本和提高生产效率的主要因素。越来越大的飞机用铸件及其他部件要求直径达 2.5m 或者 3m 的大型热等静压设备。Avure 公司拥有目前世界上尺寸最大的直径为 2m 的热等静压机，该公司有能力制造直径达 3m 的热等静压机。

参 考 文 献

[1] Brian McTiernam. Applications for Large Scale Pre-alloyed HIP PM Materials [A]. Mashi S J. Proceeding

of the 2008 International Conference on Hot Isostatic Pressing(HIP'08) [C]. Huntington Beach, California, USA, 2008: 3-12.

[2] Eisen W B. The Recovery of HIP PM in Aerospace From the 1980 Farnborough Air Show Through 2001 [R]. The 2008 International Conference on Hot Isostatic Pressing(HIP'08). Huntington Beach, California, USA, May 6-9, 2008.

[3] Буславский Л С, Гарибов Г С, Зиновьев В А. Усовершенствование Гранулируемого Никелевого Сплава ЭП741НП с Целью Повышения Механических и Эксплуатационных Характеристик [J]. ТЛС, 1997(2): 24-26.

[4] Garibov G S, Vostrikov A V. New Russian PM Nickel-Based Superalloys for Gas Turbine Engines [A]. Mashi S J. Proceeding of the 2008 International Conference on Hot Isostatic Pressing (HIP'08) [C]. Huntington Beach, California, USA, 2008: 197-199.

[5] Garibov G S, Vostrikov A V. All-Russia Institute of Light Alloys Department of PM Superalloys [R]. The 2008 International Conference on Hot Isostatic Pressing(HIP'08). Huntington Beach, California, USA, May 6-9, 2008.

[6] Kazberovitch A M, Garibov G S, Katukov S A. Hot Isostatic Pressing for Production of PM Ni-Based Superalloy Discs for Gas Turbines [A]. Mashi S J. Proceeding of the 2008 International Conference on Hot Isostatic Pressing(HIP'08) [C]. Huntington Beach, California, USA, 2008: 209-211.

(原文发表在《粉末冶金工业》, 2009, 19(4): 32-40.)

俄罗斯粉末冶金高温合金研制新进展

张义文 迟 悦

(钢铁研究总院高温材料研究所,北京 100081)

摘 要 介绍了俄罗斯近几年用于ПС90А2、АИ222和Д27航空发动机的ЭП741НП粉末高温合金盘件的性能及使用情况,以及ЭП962НП和为第5代以及第5代半(俄罗斯划分)航空发动机设计的ВВП系列(ВВ750П、ВВ751П、ВВ752П、ВВ753П)粉末高温合金的研制最新进展。俄罗斯采用等离子旋转电极工艺(PREP)制粉+直接热等静压(As-HIP)成形制造粉末高温合金盘件。使用粒度小于100μm的粉末,为ПС90А2发动机研制的4个ЭП741НП合金盘件,其性能优于АЛ-31Ф发动机上使用的ЭП741НП合金盘件性能。为АИ222航空发动机研制的3个ЭП741НП合金盘件以及为Д27航空发动机研制的4个ЭП741НП合金盘件,其性能达到了技术文件的要求。俄罗斯装配АИ222-15С发动机的Як-130教练机通过了飞行试验,并已交付使用。ВВП系列粉末高温合金的拉伸强度、650℃下的持久强度以及低周疲劳性能均优于ЭП741НП合金,但韧性比ЭП741НП合金低。ВВ752П和ВВ753П合金盘件目前处于试制阶段,用于航空发动机涡轮和压气机的ВВ751П、ВВ750П合金盘件已开始工业试验批生产。

关键词 粉末冶金高温合金 俄罗斯 航空发动机 涡轮盘 ЭП741НП合金 ЭП962НП合金 ВВП系列合金

Recent Developments of Powder Metallurgy Superalloy in Russia

Zhang Yiwen, Chi Yue

(High Temperature Materials Research Institute, CISRI, Beijing 100081, China)

Abstract: The properties and service conditions of powder metallurgy (PM) superalloy ЭП741НП for ПС90А2, АИ222 and Д27 engines, and recent developments of PM superalloy ЭП962НП and ВВП series (ВВ750П, ВВ751П, ВВ752П and ВВ753П) designed for the fifth generation and fifth-and-one-half generation of aircraft engine (Russia division) were introduced. The PM superalloy discs are produced by directly hot isostatic pressing powders atomized by plasma rotating electrode process (PREP). Four components made of ЭП741НП with the powder size of less than 100μm are obtained, their properties are superior to that of ЭП741НП components applied in АЛ-31Ф engine. Three ЭП741НП components applied in АИ222 engines and four ЭП741НП components applied in Д27 engines reached the corresponding specification requirements. The training plane Як-130 assembled АИ222-15С engine passed the flight test and put into service. Tensile strength, stress rupture strength at 650℃ and LCF properties of ВВП series PM superalloys are superior to those of ЭП741НП superalloy, but toughness is inferior to that of ЭП741НП. The discs of ВВ752П and ВВ753П superalloys are presently in trial manufacturing stage, while the discs of ВВ751П and ВВ750П superalloys for turbines and compressors have been in commercial batch production stage.

Keywords: PM superalloy, Russia, aircraft engine, turbine disc, ЭП741НП superalloy, ЭП962НП superalloy, ВВП series superalloys

粉末冶金高温合金主要用于制造航空发动机的涡轮盘、压气机盘和鼓筒轴等高温承力转动部件。美国和俄罗斯在粉末冶金高温合金的研发、生产及应用处于领先地位。俄罗斯于1965年开始研发粉末冶金高温合金，1973年全俄轻合金研究院（ВИЛС）建立了粉末高温合金研发实验室，开始研制粉末冶金高温合金盘件。ВИЛС从1981年开始工业批生产和提供军机用ЭП741НП涡轮盘和轴，从1984年开始批生产民机用ЭП741НП涡轮盘[1,2]。其生产工艺不同于美国等西方国家，为等离子旋转电极工艺（PREP）制粉+直接热等静压（As-HIP）成形。

20世纪80年代研制出ЭП962П和ЭП975П粉末高温合金，90年代初研制出ЭП962НП粉末高温合金[3]，进入21世纪又研制出ВВП系列粉末高温合金。俄罗斯粉末高温合金的发展经历了三个阶段：截至1992年为第一阶段，此阶段为快速增长时期，其中1989年产量最高，为2183件；从1993年至2000年为第二阶段，此阶段为"停滞"时期。1991年前苏联解体后，用于МиГ-29战斗机的РД-33发动机的产量急剧下降，因此粉末盘的产量也随之大幅度下滑，从1993年到2000年粉末盘的生产几乎处于停滞状态，但从2001年粉末盘的生产开始回升；从2001年至今为第三阶段，此阶段为恢复发展时期（图1）[4]。俄罗斯粉末高温合金已在РД-33系列和АЛ-31Ф系列等多种型号的军用和民用航空发动机上得到应用，其中使用最多的是ЭП741НП合金。30多年间粉末盘没有发生任何事故。

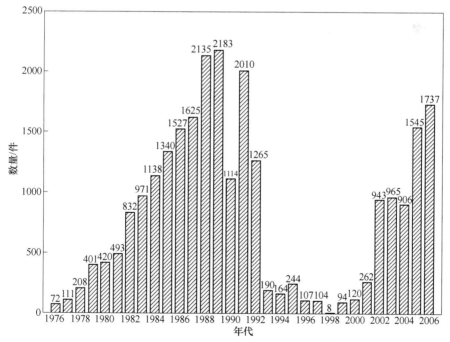

图1 俄罗斯粉末高温合金盘和轴的产量[4]

本文对ЭП741НП高温合金的最新应用以及ЭП962НП和ВВП系列高温合金的研制进展作一介绍。

1　ЭП741НП合金新应用

俄罗斯在РД-33和АЛ-31Ф高性能航空发动机上大量使用了ЭП741НП合金盘件。这里主要介绍近几年ЭП741НП合金盘件在ПС90А2、АИ222以及Д27发动机上试验及使用情况。

使用粒度小于100μm的粉末，工业试制批生产了32件远程客机发动机ПС90А2用ЭП741НП合金盘。1台ПС90А2发动机用4个ЭП741НП合金盘件，盘坯及其尺寸如图2和表1所示。盘坯性能达到了技术条件（ТУоп 1-809-1123-2002）的要求，性能数据见表2[4]。

图2　ПС90А2发动机用ЭП741НП合金盘坯

ПС90А2发动机完成了台架试验，从2007年开始飞行试验。

表1　ПС90А2发动机用ЭП741НП合金盘坯尺寸[4]

盘坯名称	高压涡轮盘	低压涡轮盘	高压盘的导风轮和后封严环	中间盘
盘坯代号	ДП591	ДП592	ДП593	ДП594
盘坯尺寸/mm	ϕ550.5×101	ϕ550.5×129	ϕ534×53	ϕ541×80

表2　ПС90А2发动机用ЭП741НП合金盘坯性能[4]

室温性能					持久	低周疲劳 (f=1Hz)	备次
σ_b/MPa	$\sigma_{0.2}$/MPa	δ/%	ψ/%	A_{kcu2}/J	$\tau^{650℃}_{1020MPa}$/h	$N^{650℃}_{1000MPa}$/周次	
1450	1020	16.0	18.0	32.0	100	5000	技术条件保证的
1505	1062	25.6	26.7	47.2	341	73148	实测（平均值）

几年前已开始在АИ222和Д27发动机上试验ЭП741НП合金盘件。1台АИ222发动机用3个ЭП741НП合金盘件，包括高压涡轮盘、低压涡轮盘和箆齿盘。1台Д27发动机用4个ЭП741НП合金盘件，包括高压涡轮盘、低压涡轮盘、导流盘和改型压气机的离心环[5]。

2002~2006年期间，ВИЛС出厂检验和乌克兰《Прогресс》发动机设计局入厂复验的ЭП741НП合金盘坯的室温力学性能和650℃下的持久性能数据见表3[5]。《Прогресс》发动机设计局入厂复验的ЭП741НП合金盘坯650℃下的低周疲劳性能数据见表4[5]。

表3　ЭП741НП合金盘坯室温性能和持久性能[5]

发动机	盘坯	σ_b/MPa	$\sigma_{0.2}$/MPa	δ/%	ψ/%	A_{kcu2}/J	$\tau^{650℃}_{1020MPa}$/h
	高涡盘	1462~1538	1020~1088	20.0~26.8	22.2~28.6	41.0~55.0	
АИ 222-25	低涡盘	1471~1537	1041~1091	22.0~27.0	21.0~29.5	44.0~55.2	≥100
	箆齿盘	1462~1543	1020~1120	20.8~26.0	21.3~29.7	46.0~56.0	

续表 3

发动机	盘坯	σ_b/MPa	$\sigma_{0.2}$/MPa	δ/%	ψ/%	A_{kcu2}/J	$\tau_{1020MPa}^{650℃}$/h
Д27	高涡盘	1495~1513	1065~1059	22.4~24.2	20.0~24.6	46.4~47.2	≥100
	低涡盘	1465~1499	1020~1064	22.6~28.0	20.4~26.6	48.8~57.6	
	导流盘	1485~1499	1011~1064	24.0~24.8	16.9~17.8	49.6~52.8	

表 4 ЭП741НП 合金盘坯低周疲劳性能 (f=0.1Hz)[5]

发动机	盘坯	取样部位	试样数量/根	$N_{1020MPa}^{650℃}$/周次	备注
АИ 222-25	高涡盘	试样环	14	5024~5576	卸载
	低涡盘	试样环	5	5000	卸载
	篦齿盘	试样环	17	5000~5558	卸载
Д27	高涡盘	试样环	1	25315	拉断
	低涡盘	试样环	2	35569~43462	拉断
	导流盘	试样环	1	29684	拉断

表 3 中的拉伸、冲击和持久性能均符合技术文件的要求，且数据一致性较高。表 4 中的低周疲劳寿命（拉断）是技术文件规定的 5~8 倍。

俄罗斯装配 АИ222-15С 发动机（使用 3 个 ЭП741НП 合金制件）的 Як-130 教练机通过了飞行试验，并已交付使用[4]。

近些年 ВИЛС 研究了粉末粒度（包括 50~200μm、50~140μm、小于 100μm、小于 70μm）对 ЭП741НП 合金性能的影响。结果表明：采用细粉材料的低周疲劳寿命得到大幅度提高，粉末粒度由 50~200μm 降至小于 70μm，材料的低周疲劳寿命由约 $1×10^4$ 周次提高到 $1×10^5$ 周次，提高了近 9 倍（试验条件：温度 650℃，应力 1000MPa，频率 1Hz）。650℃ 下 100h 的持久强度达到 1050MPa。粉末粒度决定夹杂物尺寸，虽然粉末粒度显著影响持久强度，但 250μm 以下夹杂物对持久强度影响表现不明显[4]。

2 ЭП962НП 合金

2.1 合金成分

在 ЭП741НП 合金基础上，通过提高 Ti 含量以提高合金的室温强度和持久强度；降低 Al、Nb 含量，γ′ 相形成元素总量基本保持不变或略有降低，γ′ 相含量略有降低，由 ЭП741НП 合金的 60%（质量分数，下同）降为 57%；Hf 含量由 0.25% 提高至 0.4%，有助于消除原始粉末颗粒边界（PPB）和缺口敏感性；增加 Ti、Hf 含量提高了 γ′ 相固溶温度约 15℃，强化了合金。ЭП962НП 合金的成分以及相组成和临界点见表 5 和表 6[2,3,6]。

表 5 ЭП962НП 合金的主要成分（质量分数）[2,3] （%）

合金	C	Co	Cr	W	Mo	Al	Ti	Nb	Hf	Zr	B
ЭП962НП	0.04	16.2	9.0	5.3	3.8	3.8	3.7	1.8	0.4	0.015	0.015
ЭП741НП	0.04	15.8	9.0	5.6	3.8	5.0	1.8	2.6	0.25	0.015	0.015

表6　ЭП962НП合金的相组成和临界点[6]

合金	合金元素含量（质量分数）/%		相含量（质量分数）/%		临界点/℃	
	$\sum$(Al+Ti+Nb)	Hf	γ'	碳化物	$T_{\gamma'}$	T_s
ЭП962НП	9.3	0.4	57	0.29	1200	1250
ЭП741НП	9.4	0.25	60	0.35	1185	1270

注：$T_{\gamma'}$为γ'相的固溶温度；T_s为合金的熔点。

2.2 工艺参数和组织

ЭП962НП合金采用PREP制粉+As-HIP工艺成形，在γ'相固溶温度以上HIP处理，HIP温度为1210℃。采用高温固溶处理+淬火+两级时效的热处理工艺。高温固溶处理的目的是使晶粒组织均匀，获得粗晶组织，消除PPB现象，使合金具有良好的高温强度，固溶温度与HIP温度基本一致。在淬火过程中可以采用空冷（AC）或油冷（OQ），然后进行两级时效，热处理（HT）工艺参数为1210℃，4h，AC（OQ）+870℃，8h，AC+760℃，16h，AC[7]。

经HIP+HT处理后，合金组织主要由γ基体、γ'相和少量的碳化物、硼化物组成。晶粒度为30~40μm，大γ'相尺寸约0.25μm，小γ'相尺寸约10nm，碳化物均匀地分布在晶内，少量二次碳化物沿晶界分布[7]。

2.3 力学性能

在不同介质中淬火后ЭП962НП合金实验盘坯性能如表7所示[6]。由表7可知，快冷（油淬）后合金具有较高的拉伸强度，塑性和韧性有所降低；无论是空冷还是油淬合金均表现为无缺口敏感性。直径为ϕ300mm的盘坯经过1210℃，4h，OQ+870℃，8h，AC+760℃，16h，AC热处理后的力学性能见表8[6]。由表8可知，ЭП962НП合金盘坯具有良好的综合性能，与ЭП741НП合金相比，在750℃以下ЭП962НП合金具有较高的拉伸强度，在高温（650~750℃）下具有较高的持久强度。ЭП962НП合金盘坯保证的力学性能见表9[6,8]。

表7　在不同介质中淬火后ЭП962НП合金的力学性能[6]

淬火介质	室温性能					$\tau^{650℃}_{1120MPa}$/h		$\tau^{750℃}_{750MPa}$/h	
	σ_b/MPa	$\sigma_{0.2}$/MPa	δ/%	ψ/%	A_{kcu2}/J	光滑	缺口	光滑	缺口
空气	1530~1570	1030~1090	20~23	18~22	37.6~40.8	80~110	>200	160~180	180~220
油	1580~1620	1150~1200	12~15	13~19	24.0~28.0	100~120	>200	130~140	140~190

表8　ЭП962НП合金盘坯的力学性能[6]

T/℃	合金	σ_b/MPa	$\sigma_{0.2}$/MPa	δ/%	ψ/%	σ_{100h}/MPa
20	ЭП962НП	1580	1150	14	17	—
	ЭП741НП	1420	960	18	20	—
650	ЭП962НП	1500	1130	11	12	1100~1120
	ЭП741НП	1220	920	15	22	1030

续表8

$T/℃$	合金	σ_b/MPa	$\sigma_{0.2}$/MPa	δ/%	ψ/%	σ_{100h}/MPa
750	ЭП962НП	1460	1120	12	14	750
	ЭП741НП	1120	900	20	24	700

表9 ЭП962НП 合金盘坯保证的力学性能[6,8]

室温性能					持久		低周疲劳（f=1Hz）
σ_b/MPa	$\sigma_{0.2}$/MPa	δ/%	ψ/%	A_{kcu2}/J	$\sigma_{100h}^{650℃}$/MPa	$\sigma_{100h}^{750℃}$/MPa	$\sigma_{N=10^4}^{650℃}$/MPa
1550	1150	10	12	24	1100	750	1100

3 ВВП 系列合金

为满足第4代改型、第5代以及第5代半（俄罗斯划分）航空发动机用高性能盘件的需求[9]，本世纪初 ВИЛС 研发了 ВВ750П、ВВ751П、ВВ752П 以及 ВВ753П 粉末高温合金，采用 PREP 制粉+As-HIP 工艺成形。研制目标为[9,10]：工作温度在700℃以下室温强度 $\sigma_b \geqslant$ 1600MPa、$\sigma_{0.2} \geqslant$ 1200MPa 的高强型合金，工作温度在750℃或更高条件下 $\sigma_{100h}^{650℃}$ = 1140MPa、$\sigma_{100h}^{750℃}$ =750MPa 的高热强型合金。

3.1 ВВ750П 合金

3.1.1 设计思想

在 ЭП741НП 合金成分基础上，通过提高 C、Cr、W 含量，降低 Co、Mo 含量，提高固溶强化效果，通过提高 Ti 含量，降低 Al、Nb 含量，使 Al:Ti 变为1:1；在 γ′ 相形成元素 Al、Ti、Nb、Hf 总量基本保持不变的条件下，提高 γ′ 相固溶温度，提高持久强度[11]。ВВ750П 合金成分见表10[12-16]。

表10 ВВП 系列合金成分（质量分数）[12-16] (%)

合金	C	Co	Cr	W	Mo	Al	Ti	Nb	Hf	Zr	B	其他
ВВ750П	0.06	15.0	10.0	5.8	3.3	3.7	3.7	1.8	0.25	0.01	0.015	微量 Mg
ВВ751П	0.06	15.0	11.0	3.0	4.5	4.0	2.8	3.3	0.1	—	0.015	0.6V，微量 Mg, Ce, La, Sc
ВВ752П	0.10	14.0	11.0	5.0	3.0	4.0	2.8	3.4	0.1	0.01	0.015	微量 Mg, Ce
ЭП741НП	0.04	15.8	9.0	5.6	3.8	5.0	1.8	2.6	0.25	0.015	0.015	微量 Mg, Ce

3.1.2 工艺参数及组织[9,11]

将粉末粒度小于100μm的粉末装入碳钢包套，在高于 γ′ 相固溶温度以上单相区进行 HIP 处理。HIP 后机加工扒皮，然后进行热处理。采用高温固溶处理+淬火+两级时效的热处理工艺，在 γ′ 相固溶温度以上 30~50℃ 固溶，炉冷至 γ′ 相固溶温度以下 20℃，然后直接空冷；在 γ′ 相析出温度区间进行一次时效和在二次碳化物形成温度区间进行二次时效，一次时效温度高于 800℃，二次时效温度低于 800℃，两级时效时间均为16h。

经 HIP+HT 处理后，合金组织主要由 γ 基体、γ′ 相和少量的碳化物、硼化物组成，晶粒度约为 40μm，得到单一尺寸 γ′ 相，其尺寸为 0.21~0.29μm，γ′ 含量约为 57%（质量分数)。

3.1.3 力学性能

与ЭП741НП合金相比,在不明显损失塑性的前提下 BB750П 合金的拉伸强度提高 7%~13%,持久强度提高 10%~12%,并且表现为缺口韧性。在 650℃ 下低周疲劳和裂纹扩展抗力优于ЭП741НП合金。BB750П 合金的力学性能见表 11[9,17]。

表 11 BBП 系列合金力学性能[9,17]

合金	室温性能					持久		低周疲劳 ($f=1Hz$)	备注
	σ_b/MPa	$\sigma_{0.2}$/MPa	δ/%	ψ/%	A_{kcu2}/J	$\sigma_{100h}^{650℃}$	$\sigma_{100h}^{750℃}$	$\sigma_{N=10^4}^{650℃}$/MPa	
BB750П	1550	1150	16.0	16.0	28	1140	750	1100	保证
BB751П	1600	1200	14.0	14.0	20	1110	620	1120	保证
BB752П	1650	1220	13.0	13.0	20	1140	610	1160	达到
BB753П	1600	1150	16.0	16.0	28	1140	800	1120	期待
ЭП741НП	1450	1020	15.0	17.0	32	1020	680	1000($N=5000$周次)	保证

注:表中所列合金的粉末粒度均为小于 $100\mu m$。

BB750П 合金的两种盘坯如图 3 所示,其中 BB750П 合金盘坯 2 重约 200kg。对两种盘坯进行解剖分析,在盘坯 1 的轮缘和轮毂各切取 1 个试样环,在盘坯 2 的轮缘(试样环 1 和 2)和轮毂(试样环 3 和 4)各切取 2 个试样环,盘坯 2 解剖图如图 4 所示。BB750П 合金盘坯 2 解剖力学性能见表 12、表 13[11]。由表 12、表 13 可知,盘坯各部位性能分散性非常小。

图 3 BB750П 合金盘坯
(a) 盘坯 1;(b) 盘坯 2

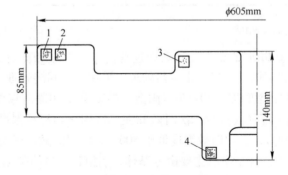

图 4 BB750П 合金盘坯 2 解剖图

表 12　BB750П 盘坯解剖室温力学性能[11]

盘件类型	取样部位		σ_b/MPa	$\sigma_{0.2}$/MPa	δ/%	ψ/%	A_{kcu2}/J
盘坯 1	轮缘		1565	1127	19.3	17.7	35.2
	轮毂		1561	1121	20.1	18.4	35.2
盘坯 2	轮缘	环 1	1545	1133	15.6	19.0	28.0
		环 2	1555	1132	17.4	19.0	31.2
	轮毂	环 3	1546	1113	18.4	20.0	36.8
		环 4	1559	1138	18.4	19.0	30.4

表 13　BB750П 盘坯解剖高温力学性能[11]

盘件类型	取样部位		持久寿命						低周疲劳 (f=1Hz)
			$\tau^{620℃}_{1200MPa}$/h	$\tau^{620℃}_{1300MPa}$/h	$\tau^{650℃}_{1100MPa}$/h	$\tau^{650℃}_{1150MPa}$/h	$\tau^{750℃}_{750MPa}$/h	$\tau^{750℃}_{750MPa}$/h	$N^{650℃}_{1100MPa}$/周次
			光滑试样	缺口试样	光滑试样	缺口试样	光滑试样	缺口试样	
盘坯 1	轮缘		—	—	303	>500	134	276	13200
	轮毂		176	>400	153	>750	163	282	14350
盘坯 2	轮缘	环 1	198	>400	236	>500	133	100	10040
		环 2	188	>400	155	>500	119	186	19500
	轮毂	环 3	—	—	161	>500	138	142	—
		环 4	—	—	258	>540	116	301	—

研究结果表明，BB750П 合金的拉伸强度，650℃下的低周疲劳性能以及 750℃以下持久强度均高于 ЭП741НП 合金[9]。

3.2　BB751П 合金

3.2.1　设计思想[18]

为弥补 ЭП741НП 合金拉伸强度的不足，选择了 3 种成分的合金。第一种以变形合金 ЭК151ИД 作为原型合金；第二种是在 ЭК151ИД 基础上，提高 Al 含量，增加 γ′相含量，调整微量元素的含量；第三种是含 Hf 的合金，加入强碳化物形成元素 Hf，以消除 PPB，提高合金的韧性和塑性。研制目标为：$\sigma_b \geq 1580$MPa、$\sigma^{650℃}_{100h} \geq 1100$MPa。

3.2.2　合金研制[18]

首先采用 PREP 制粉+As-HIP 成形工艺将 3 种成分的合金制成尺寸为 ϕ300mm×95mm 的模拟盘坯，用于评价 3 种成分的合金。结果表明，第一种和第二种合金的组织中都存在较明显的 PPB。PPB 的存在导致了冲击断口部分沿颗粒间断裂，降低了冲击韧性（表 14）。增加 Al 含量（第二种合金）提高了合金的拉伸强度和持久强度，650℃下的持久强度由 1080MPa 提高到 1100MPa（表 15）。加入强碳化物形成元素 Hf 的第三种合金中形成了稳定的 MC 型碳化物，这种含 Hf 的 MC 型碳化物在合金基体中溶解度很低，阻碍了碳化物沿原始粉末颗粒边界的形成，碳化物在合金中均匀分布，消除了 PPB。冲击断口特征发生了改变，由部分沿颗粒间断裂变为沿晶粒间断裂，提高了冲击韧性，冲击功值由 18.4J 提高到 25.6J。

然后选择第三种合金用相同的工艺制成直径为ϕ600mm、质量为180kg的全尺寸盘坯，用于全面研究合金的组织和性能。最后试制批生产第三种合金（命名为BB751П）不同形状的盘坯，其尺寸为ϕ560~640mm，质量为125~270kg。BB751П合金成分见表10。

表14 模拟盘坯室温性能[18]

合金	σ_b/MPa	$\sigma_{0.2}$/MPa	δ/%	ψ/%	A_{kcu2}/J
1	1584~1591①	1158~1169	15.9~17.2	15.0~17.6	16.0~20.8
	1589②	1163	16.7	16.3	19.2
2	1614~1652	1188~1211	15.2~16.4	15.5~17.3	16.8~20.0
	1630	1203	15.6	16.6	18.4
3	1650~1673	1192~1225	16.0~16.3	15.3~16.3	23.2~26.4
	1659	1206	16.1	16.0	25.6

①最小值~最大值；②平均值。

表15 模拟盘坯持久和低周疲劳性能[18]

合金	持久		低周疲劳（f=1Hz）
	$\tau^{650℃}$/h(光滑试样)	$\tau^{650℃}$/h(缺口试样)	$N^{650℃}_{1100MPa}$/周次
	σ=1080MPa		
1	93~108①	101~136	5400~8720
	94②	122	7300
	σ=1100MPa		
2	107~178	126~246	16310~43260
	121	207	29430
	σ=1100MPa		
3	153~244	229~463	21710~52630
	183	385	43500

①最小值~最大值；②平均值。

3.2.3 工艺参数及组织

粉末粒度小于100μm，接近固相线温度进行HIP处理。经HIP+HT处理后，合金组织主要由γ基体、γ'相和少量的碳化物、硼化物组成，晶粒度为20~30μm，得到单一尺寸γ'相，尺寸约为0.24μm[9,17,18]。

3.2.4 力学性能

BB751П合金试制批盘坯如图5所示。不同形状、尺寸和质量盘坯的力学性能如表16所示。BB751П合金试制批盘坯的力学性能与模拟盘坯基本一致[18]。由表16可知，质量不超过200kg的盘坯，其抗拉强度和屈服强度分别达到了1600MPa和1200MPa，650℃下持久强度和低周疲劳抗力达到了1100MPa。BB751П合金保证的力学性能如表11所示。

质量超过200kg的BB751П合金盘坯，可以在热处理制度允许范围内提高冷却速度[18]，在固溶后冷却速率不得低于60℃/min的条件下屈服强度大于1200MPa[9]。

图 5 BB751П 合金盘坯

表 16 BB751П 合金试制批盘坯力学性能[18]

盘坯质量/kg	室温性能					持久（复合试样）	低周疲劳 (f=1Hz)
	σ_b/MPa	$\sigma_{0.2}$/MPa	δ/%	ψ/%	A_{kcu2}/J	$\tau_{1100MPa}^{650℃}$/h	$N_{1100MPa}^{650℃}$/周次
125	1644	1243	16.0	16.7	28.0	177	24490
	1628	1238	15.2	16.3	23.2	251	17050
150	1586	1208	15.2	13.0	21.6	161	15270
	1620	1223	15.2	13.3	20.0	156	41230
180	1620	1221	15.2	16.3	22.4	117	41010
	1603	1243	13.6	15.6	21.6	111	59400
200	1608	1218	16.0	19.3	22.4	126	60060
	1626	1210	18.0	19.3	24.0	108	44640
270	1613	1203	16.0	16.0	24.8	70	15780
	1609	1213	14.5	15.7	24.0	105	18143

此外，还研制了尺寸为 ϕ676mm×140mm、质量达 280kg 的 BB751П 合金盘坯，其力学性能见表 17[17]。

表 17 BB751П 合金盘坯的力学性能[17]

室温性能					持久	低周疲劳 (f=1Hz)
σ_b/MPa	$\sigma_{0.2}$/MPa	δ/%	ψ/%	A_{kcu2}/J	$\tau_{1100MPa}^{650℃}$/h	$N_{1100MPa}^{650℃}$/周次
1617	1213	16.0	16.0	24.8	105	16770
1619	1213	16.0	16.0	24.0	105	12140

研究结果表明，BB751П 合金的拉伸强度、650℃下的低周疲劳性能以及650℃以下持久强度方面均高于ЭП741НП合金[9]，并且BB751П合金的拉伸强度高于BB750П合金。

3.3 BB752П 和 BB753П 合金[9]

在 BB750П 和 BB751П 合金研制的基础上，研制了 BB752П 和 BB753П 合金。在 BB751П 合金的基础上，通过提高 C 含量增加碳化物含量，提高 W 含量增加固溶强化，以及降低晶粒尺寸，研制出 BB752П 合金，得到更高的强度和更好的低周疲劳性能。BB752П 合金的成分和性能分别见表 10 和表 11。BB752П 合金全尺寸盘坯重 60kg。在 BB750П 合金的基础上，通过添加 Re、Ta、Ru 等难熔元素强化基体和 γ' 相以及增加 γ' 相数量，研制出 ВВ753П 合金，达到提高拉伸强度和持久强度的目的。ВВ753П 合金的成分尚未公开，期望达到的性能如表 11 所示。

4　结束语

（1）使用粒度小于 100μm 的粉末，为 ПС90А2 航空发动机研制的 4 个 ЭП741НП 合金盘件，已进入工业试制批生产阶段，其性能优于 АЛ-31Ф 发动机上使用的 ЭП741НП 合金盘件性能。ПС90А2 发动机完成了台架试验，从 2007 年开始飞行试验。

（2）为 АИ222 航空发动机研制的 3 个 ЭП741НП 合金盘件以及为 Д27 航空发动机研制的 4 个 ЭП741НП 合金盘件，其性能达到了技术文件的要求，且数据一致性较高。俄罗斯装配 АИ222-15С 发动机的 Як-130 教练机通过了飞行试验，并已交付使用。

（3）在 ЭП741НП 合金基础上，通过提高 Ti、Hf 含量，降低 Al、Nb 含量，研制的 ЭП962НП 合金具有良好的综合性能，性能优于 ЭП741НП 合金。

（4）ВВП 系列粉末高温合金的拉伸强度、650℃ 下的持久强度以及低周疲劳性能均优于 ЭП741НП 合金，但韧性比 ЭП741НП 合金低。

（5）ВВ750П 属于高热强型合金，持久强度比 ЭП741НП 合金高 10%～12%，拉伸强度比 ЭП741НП 合金高 7%～13%。ВВ750П 合金盘件用于工作温度达 750℃ 或更高温度的新一代发动机。ВВ751П 属于高强型合金。ВВ751П 合金盘件用于工作温度为 650℃ 的发动机。ВВ750П、ВВ751П 合金盘件性能可满足第 5 代以及第 5 代半航空燃气涡轮发动机的设计要求。

（6）ВВ752П 和 ВВ753П 分别属于高强型合金和高热强型合金，ВВ752П 和 ВВ753П 合金盘件目前处于试制阶段。俄罗斯已开始工业试验批生产和提供航空发动机涡轮和压气机用 ВВ751П、ВВ750П 合金盘件。

参　考　文　献

[1] 张义文，上官永恒．粉末高温合金的研究与发展［J］．粉末冶金工业，2004，14(6)：30-43.

[2] 张义文．俄罗斯粉末冶金高温合金［J］．钢铁研究学报，1998，10(3)：74-76.

[3] Фаткуллин О Х, Буславский Л С, Бондарёв Б И. Сплав на основе никеля: Россия, 2009244 [P]. 1994-03-15.

[4] Гарибов Г С. Металлургия гранул-основа создания перспективных авиационнх двигателей [J]. Технология Лёгких Сплавов, 2007, (1): 66-78.

[5] Кравченко И Ф, Замковой В Е, Шереметьев А В, и др. Применение дисков из гранул сплава ЭП741НП в новых двигателях ЗМКБ ⟪Прогресс⟫ [J]. Технология Лёгких Сплавов, 2006, (4): 81-85.

[6] Бондарёв Б И, Фаткуллин О Х, Ерёменко В И, и др. Развитие жаропрочных никелевых сплавов для дисков газовых турбин [J]. Технология Лёгких Сплавов, 1999, (3): 49-53.

[7] Фаткуллин О Х, Ерёменко В И, Власова О Н, и др. Повышение механических свойств гранулируемых жаропрочных никелевых сплавов за счёт легирования и обработки давлением [J]. Технология Лёгких Сплавов, 2001, (5-6): 149-155.

[8] Фаткуллин О Х, Гарибов Г С, Некрасов В А, и др. Разработка перспективных технологий для жаропрочных никелевых сплавов [J]. Технология Лёгких Сплавов, 1999, (3): 53-61.

[9] Гарибов Г С, Востриков А В, Гриц Н М, и др. Разработка новых гранулированных жаропрочных никелевых сплавов для производства дисков и валов авиационных двигателей [J]. Технология Лёгких Сплавов, 2010, (2): 34-43.

[10] Гарибов Г С, Гриц Н М, Востриков А В, и др. Эволюция технологии, структуры и механических свойств гранулируемых жаропрочных никелевых сплавов, изготовленных методом ГИП [J]. Технология Лёгких Сплавов, 2010, (3): 31-35.

[11] Гарибов Г С, Гриц Н М, Востриков А В, и др. Крупногабаритные диски из гранул нового высокожаропрочного сплава ВВ750П для перспективных ГТД [J]. Технология Лёгких Сплавов, 2008, (1): 31-36.

[12] Ерёменко В И, Гриц Н М, Федоренко Е А, и др. Жаропрочный порошковой сплав на основе никеля: Россия, 2294393[P]. 2007-02-27.

[13] Гарибов Г С, Востриков А В, Гриц Н М, и др. Жаропрочный порошковой сплав на основе никеля: Россия, 2348726[P]. 2009-03-10.

[14] Гарибов Г С, Востриков А В, Гриц Н М, и др. Жаропрочный порошковой никелевый сплав: Россия, 2371495[P]. 2009-10-27.

[15] Сплавы никелевые жаропрочные гранулируемые. Марки. ГОСТ Р 52802-2007[S]. 2008-07-01.

[16] Сплавы никелевые жаропрочные гранулируемые. Марки. Изменение №1 к ГОСТ Р 52802-2007 [S]. 2010-03-01.

[17] Гарибов Г С, Востриков А В. Новые материалы из гранул для дисков перспективных газотурбинных двигателей [J]. Технология Лёгких Сплавов, 2008, (3): 60-64.

[18] Гарибов Г С, Гриц Н М, Востриков А В, и др. Создание нового высокопрочного сплава ВВ751П для перспективных газотурбинных двигателей [J]. Технология Лёгких Сплавов, 2009, (1): 34-39.

（原文发表在《粉末冶金工业》，2012，22(5)：37-45.）

粉末高温合金研究进展

张义文 刘建涛

(钢铁研究总院高温材料研究所,北京 100081)

摘要 粉末高温合金是制造高性能航空发动机涡轮盘等转动部件的关键材料。针对国外粉末高温合金的研究历史和现状,结合粉末高温合金的制备工艺流程,重点介绍了美国和俄罗斯粉末高温合金的发展现状,对比分析了不同粉末制备工艺、粉末固结工艺、盘件成形工艺的特点,总结了粉末高温合金中存在缺陷的原因及控制方法。针对我国粉末高温合金的研究历史和现状,总结了国内粉末高温领域所取得的进展。对国内外粉末高温合金在航空发动机上的应用进行了总结。对超纯净度细粉制备、直接热等静压近终成形、双性能粉末涡轮盘制备工艺等高性能粉末高温合金的关键技术及发展方向进行了展望。针对国内对粉末高温合金的需求现状,指出了国内粉末高温合金研制和生产过程中存在的问题并给出了相应的解决思路。

关键词 粉末高温合金 涡轮盘 制备工艺 双性能盘

Development in Powder Metallurgy Superalloy

Zhang Yiwen, Liu Jiantao

(High Temperature Materials Research Institute,
Central Iron & Steel Research Institute, Beijing 100081, China)

Abstract: PM superalloy is key structural materials applied for turbine disc of high thrust-weight ratio aeroengine. PM superalloy development in America and Russia is mainly summarized. According to manufacturing process of PM superalloy, different process routes including powder atomization, powder consolidation and disc forming are compared, defects and corresponding controlling methods in PM superalloy are analyzed. The domestic development of PM superalloy is also summarized. PM superalloy applied for aeroengine is summarized. According to developing trend of PM superalloy, the key technologies such as ultra fine and clean powder atomization, near net shape forming by HIP, dual microstructure heat treatment (DHMT) are prospected in developing high-performance PM superalloy. According to current development condition of PM superalloy in china, existed problems and corresponding developing direction are pointed out.

Keywords: PM superalloy, turbine disc, manufacturing process, dual property disc

1 前言

粉末高温合金(Powder Metallurgy Superalloy)是采用粉末冶金工艺生产的高温合金。

在制粉过程中粉末颗粒是由微量液体快速凝固形成，成分偏析被限制在粉末颗粒尺寸以内，消除了常规铸造中的宏观偏析，同时快速凝固后的粉末具有组织均匀和晶粒细小的突出优点，显著提高了合金的力学性能和热工艺性能。粉末高温合金是现代高性能航空发动机涡轮盘等关键部件的必选材料，粉末涡轮盘的使用是先进航空发动机的重要标志。

20世纪60年代初，随着快速凝固气雾化粉末制备技术的兴起，于1965年发展了高纯预合金粉末制备技术[1]。美国P&WA(Pratt & Whitney Aircraft)公司首先将Astroloy合金制成预合金粉末，成功地锻造出力学性能相当或略高于铸锻高温合金Waspaloy的盘件，开创了粉末高温合金盘件用于航空发动机的先河[2]。P&WA公司于1972年将IN100粉末高温合金制备的压气机盘和涡轮盘等11个部件用于F100发动机，装配在F15和F16飞机上[3,4]，从此粉末高温合金进入了实际应用阶段。

俄罗斯用粉末冶金工艺制造高温合金的思想始于1965年底，全俄轻合金研究院(VILS)于1973年建立了粉末高温合金科研部，开始研制粉末高温合金[5]。1974年三季度VILS研制出第一个ϕ560mm的ЖС6УП和ЭП741П粉末涡轮盘，1975年8月VILS生产并交付了第一批6个军机用ЖС6УП和ЭП741П合金试验涡轮盘[6,7]。俄罗斯从1981年开始工业批生产和提供军机用EP741NP涡轮盘和轴，从1984年开始批生产民机用EP741NP涡轮盘[8,9]。截至2006年，俄罗斯生产并交付了EP741NP合金盘和轴等50000余件，在30多年的使用过程中，没有发生过事故[10]。

目前在粉末高温合金领域，美国、俄罗斯、英国、法国、德国、加拿大、瑞典、中国、日本、意大利以及印度等国家均开展了研究工作，美国、俄罗斯、英国、法国、德国和中国等国家掌握了工业生产工艺，其中仅有美国、俄罗斯、法国和英国能独立研发粉末高温合金并建立了自己的合金牌号[9]。

2 粉末高温合金的发展

2.1 美国和欧洲粉末高温合金的发展

美国和欧洲等国根据粉末高温合金的问世年代和性能特征，将粉末高温合金划分为四代：20世纪70年代以René95为代表的第一代粉末高温合金，特点是高的强度（高γ'相含量），最高使用温度650℃；20世纪80年代René88DT为代表的第二代粉末高温合金，特点是强度比第一代略低（γ'相含量降低），裂纹扩展抗力高，最高使用温度750℃；20世纪90年代末以René104(ME3)为代表的第三代粉末高温合金，特点是强度和第一代粉末高温合金相当（高γ'相含量），裂纹扩展抗力更高，长时间使用温度750℃，短时间可达到800℃；目前在研的是第四代粉末高温合金，目标使用温度850℃左右。从总体上，粉末高温合金具备"三高一低"的特点，即高的使用温度、高的强度、高的组织稳定性、低的疲劳裂纹扩展速率[11]。

1972年，美国GEAE(General Electric Aircraft Engine)公司在变形René95合金的基础上，降低C和Cr含量研制成René95粉末高温合金，以替代变形涡轮盘合金IN718。1982年，GEAE公司根据损伤容限设计原则，在René95合金的基础上，通过合金成分调整和生产工艺改进，于1988年研制成功称之为第二代的粉末高温合金René88DT(DT: Damage Tolerant 损伤容限)。René88DT合金具有良好的蠕变、拉伸和抗损伤容限性能，与第一代

René95合金相比，该合金的拉伸强度虽然降低了10%，但是疲劳裂纹扩展速率降低了50%，使用温度由650℃提高到750℃[12]。

美国于20世纪90年代开始新一代航空发动机的研制，新一代航空发动机要求具有超音速巡航的能力，其压气机、高压涡轮等部件需在高温/高应力下长时间工作，其热时寿命（Hot Hour Time）是现役三代发动机的20~30倍[13]。由于第一、二代粉末高温合金都无法满足如此高的要求，于是研制了具有高强度/高损伤容限，耐高温，持久性能好，使用温度700~750℃的第三代粉末高温合金。典型的第三代粉末高温合金有Honeywell开发的Alloy10，NASA/GE/P&WA合作开发的René104(ME3)，NASA开发的LSHR和Rolls-Royce开发的RR1000。René104合金具有耐温能力强、使用寿命长（是现有盘材料的30倍）、固溶温度低和可加工性好等特点，适用于制造大型燃气涡轮发动机涡轮盘，该合金于2004年10月被美国《研究与开发》杂志评为"最佳100个科技产品奖"之一[14]。法国在N18基础上研发的NR3、NR6、N19等合金也属于第三代粉末高温合金。美欧研发的粉末高温合金成分及合金特性如表1所示。

2.2 俄罗斯粉末高温合金的发展

在粉末高温合金研究和生产领域，俄罗斯是除美国之外的又一强国。俄罗斯几乎是和美国同时开展粉末高温合金的研究，在多年的研究当中，始终坚持自己的特色，并取得了巨大的成功。与美国、欧洲相比，俄罗斯的粉末高温合金牌号要少得多，同时，对粉末高温合金的划分没有代的概念。

在俄罗斯的系列粉末高温合金中，EP741NP是应用最为广泛的粉末高温合金，该合金具有优异的高温综合力学性能，最高使用温度750℃。EP741NP粉末高温合金制件采用等离子旋转电极制粉（Plasma Rotating Electrode Process，PREP）+直接热等静压成形（Hot Isostatic Pressing，HIP）工艺制备，可广泛用于航空发动机的涡轮盘、轴等关键热端部件，成功应用于米格-29、米格-31、苏-27、图-204等飞机。俄罗斯在20世纪80年代以后又研制出EP962P、EP975P和EP962NP等粉末高温合金，使用温度为750℃以上。最近几年，俄罗斯新研制了ВВП系列（ВВ750П、ВВ751П、ВВ752П、ВВ753П）粉末高温合金，使用温度为650~750℃，与目前正在使用的EP741NP合金相比，ВВП系列合金的室温强度、持久强度、低周疲劳性能更高，目前尚处于研究阶段，尚未获得使用[15]。俄罗斯研发的粉末高温合金成分及合金特性如表2所示。

2.3 我国粉末高温合金的发展[9,16,17]

我国粉末高温合金的研究起步于20世纪70年代后期，在后续的发展过程中，根据国家型号需求，陆续开展了FGH95合金、FGH96合金、FGH97合金、FGH98合金和FGH91合金的研制，我国粉末高温合金的成分及特性如表3所示。

FGH95是目前强度最高的粉末高温合金，最高使用温度650℃，主要用于制备发动机的涡轮盘挡板以及直升机用涡轮盘和导流盘等小尺寸盘件。FGH95是我国第一个获得应用的粉末高温合金，采用PREP制粉+HIP工艺研制的FGH95挡板已用于某型号发动机，采用PREP制粉+HIP工艺研制的FGH95盘件已经在某型号直升机上通过试验验证，并已经完成生产定型。

表 1 美国、欧洲粉末高温合金的成分及合金特性

Table 1 Characteristcs of PM superalloy in America and Europe

Generation	Alloy	Nationality	Mass fraction(Ni bal)/%												Physical parameters		
			C	Co	Cr	W	Mo	Al	Ti	Nb	B	Zr	Hf	其他	$w(\gamma')$/%	$T_{\gamma'}$/℃	ρ/g·cm^{-3}
1st	PA101	USA	0.15	9.0	12.5	4.0	2.0	3.5	4.0	—	0.015	0.10	1.0	4.0Ta	55	1193	8.33
	AF115	USA	0.05	15.0	10.5	6.0	2.8	3.8	3.9	1.8	0.02	0.05	0.8	—	55	1185	7.90
	IN100	USA	0.08	18.5	12.5	—	3.4	5.5	4.5	—	0.02	0.05	—	0.75 V	61	1160	8.26
	René95	USA	0.06	8.0	13.0	3.5	3.5	3.5	2.5	3.5	0.01	0.05	—	—	50	1145	8.02
	Astroloy	USA	0.04	17.0	15.0	—	5.0	4.0	3.5	—	0.025	0.04	—	—	45	1145	8.0
	LC Astroloy	USA	0.03	17.0	15.0	—	5.0	4.0	3.5	—	0.02	0.04	—	—	45	1190	7.95
	MERL76	USA	0.02	18.5	12.4	—	3.2	5.0	4.3	1.4	0.02	0.06	0.4	—	64	1150	8.10
	U720	USA	0.035	14.7	18.0	1.25	3.0	2.5	5.0	—	0.033	0.03	—	—	45	1140	
	AP1	G.B	0.03	17.0	15.0	—	5.0	4.0	3.5	—	0.025	0.04	—	—	50	1135	8.26
2ed	René88DT	USA	0.03	13.0	16.0	4.0	4.0	2.0	3.7	0.7	0.015	0.05	—	—	37	1150	8.10
	U720Li	USA	0.025	15.0	16.6	1.25	3.0	2.5	5.0	—	0.012	0.03	—	—	45	1195	8.00
	N18	France	0.02	15.5	11.5	—	6.5	4.3	4.3	—	0.015	0.03	0.5	—	55	1160	8.30
3rd	René104	USA	0.04	20.0	13.1	1.9	3.8	3.7	3.5	1.2	0.03	0.05	—	2.3Ta	51	1180	
	Alloy10	USA	0.04	15.0	11.0	5.7	2.5	3.8	1.8	1.8	0.03	0.10	—	0.9Ta	55	1160	
	LSHR	USA	0.03	21.3	12.9	4.3	2.7	3.4	3.6	1.4	0.03	0.05	—	1.7Ta	60	1175	
	NF3	USA	0.03	18.0	10.5	3.0	2.9	3.6	3.6	2.0	0.03	0.05	—	2.5Ta	55	1175	
	CH98	USA	0.05	17.9	11.6	—	2.9	3.9	4.0	—	0.03	0.05	—	2.9Ta	58	1170	
	KM4	USA	0.03	18.3	12.0	—	4.0	3.8	4.9	1.9	0.03	0.04	0.2	—	56	1170	
	SR3	USA	0.03	11.9	12.8	—	5.1	2.6	4.9	0.015	0.03	0.03	0.75	1.5Ta	49	1160	8.31
	RR1000	G.B	0.03	15.0	14.5	—	4.5	3.0	4.0	—	0.02	0.06	0.25	—	46	1145	8.05
	N19	G.B	0.015	12.2	13.3	3.0	4.6	2.9	3.6	1.5	0.01	0.05	0.3	—	43	1205	8.29
	NR3	France	0.02	14.9	12.5	—	3.55	3.6	5.5	—	0.01	0.03	0.3	—	53	1175	
	NR6	France	0.02	15.3	13.9	3.7	2.2	2.9	4.6	—	0.01	0.03	—	—	45		

Notes: $w(\gamma')$—Content of γ'(mass fraction), $T_{\gamma'}$—Solution temperature of γ'(℃), ρ—density (g·cm^{-3})。

表 2 俄罗斯粉末高温合金的成分及特性
Table 2 Characteristics of PM superalloy in Russia

Alloy	Mass fraction(Ni bal)/%													Physical parameters		
	C	Co	Cr	W	Mo	Al	Ti	Nb	B	Zr	Hf	其他	$w(\gamma')$/%	T_γ/℃	ρ/g·cm^{-3}
EP962P	0.04	9.8	12.5	3.2	4.3	3.7	2.4	3.4	0.012	—	0.55	0.34V	50	1160	8.28
EP975P	0.06	12.0	10.0	10.0	3.5	7.0	3.0	3.5	—	—	0.7	—	60	1230	8.47
EP741NP	0.04	16.0	9.0	5.5	3.9	5.0	1.8	2.6	0.015	0.015	0.3	0.01Ce	60	1180	8.35
EP962NP	0.04	16.2	9.0	5.3	3.8	3.8	3.7	1.8	0.015	0.015	0.4	—	57	1200	8.28
VV750P	0.055	15.0	10.0	5.8	3.3	3.7	3.7	1.8	0.015	0.01	0.25	0.02Mg	57		
VV751P	0.06	15.0	11.0	3.0	4.5	3.95	2.8	3.25	0.015	—	0.05	0.02La 0.01Mg			
VV752P	0.09	14.0	11.0	5.1	3.1	4.1	3.0	3.45	0.005~ 0.05	0.001~ 0.05	0.05~ 0.2	0.001~ 0.05Mg			

表 3 中国粉末高温合金的成分及特性
Table 3 Characteristics of PM superalloy in China

Alloy	Mass fraction(Ni bal)/%													Physical parameters		
	C	Co	Cr	W	Mo	Al	Ti	Nb	B	Zr	Hf	其他	$w(\gamma')$/%	T_γ/℃	ρ/g·cm^{-3}
FGH91	0.03	17.0	15.0	—	5.0	4.0	3.5	—	0.02	0.04	—	—	45	1145	8.00
FGH95	0.055	8.47	12.2	3.42	3.61	3.51	2.55	3.4	0.01	0.05	—	—	50	1160	8.27
FGH96	0.03	13.0	15.8	4.14	4.33	2.26	3.88	0.82	0.01	0.032	—	—	37	1135	8.32
FGH97	0.04	15.8	9.1	5.6	3.9	5.1	1.8	2.6	0.014	0.014	0.3	0.008Ce	60	1180	8.30
FGH98	0.05	20.6	13.0	2.1	3.8	3.4	3.7	0.9	0.025	0.05	—	2.4Ta	50	1160	8.26
FGH98 I	0.05	20.6	13.0	3.8	2.7	3.5	3.5	1.5	0.03	0.05	0.2	1.6Ta	55	1165	
FGH99	0.03	20.0	13.0	4.3	2.9	3.6	3.5	1.5	0.03	0.05	0.35	1.5Ta			

FGH96 的强度比 FGH95 合金略低,但裂纹扩展速率更低,使用温度为 750℃,是用于制备先进发动机涡轮盘等热端部件的关键材料。FGH96 涡轮盘件(PREP/AA 制粉+HIP 制坯+锻造成形工艺)与 FGH96 合金挡板(PREP 制粉+HIP 成形工艺)正在进行考核验证。

FGH97 合金具有高持久强度、高蠕变抗力、低裂纹扩展速率等优点,使用温度为 750℃,是用于制备先进发动机涡轮盘、轴、环类件等热端部件的关键材料,采用 PREP 制粉+HIP 成形工艺制备。FGH97 粉末涡轮盘件已经在某发动机上获得应用,目前已进入批量供货阶段。

FGH91 合金具强度和塑性配比好、加工性能好等优点,使用温度为 650℃。采用固态连接技术,将 FGH91 合金盘(PREP 制粉+HIP 成形)与 K418B 合金叶片环复合起来,研制出了某发动机用双合金整体叶盘。

针对国内发动机需求,国内开展了第三代粉末高温合金的研制工作,研制的合金包括钢铁研究总院的 FGH98 合金、北京科技大学与钢铁研究总院合作研制的 FGH98 I、北京航空材料研究院的 FGH99 合金。与美国相比,国内第三代粉末高温合金研制工作尚属于起步阶段。

表 4 和表 5 为我国研制的几种粉末高温合金拉伸性能和持久性能比较(制备工艺:PREP 粉末+HIP 成形+热处理)。

表 4 FGH91,FGH95,FGH96,FGH97,FGH98 合金的室温拉伸性能
Table 4 Tensile properties at RT of FGH91, FGH95, FGH96, FGH97, FGH98 PM superalloys

Alloy	σ_b/MPa	$\sigma_{0.2}$/MPa	δ/%	Ψ/%
FGH91	1410	1000	23	22
FGH95	1590	1210	17	19
FGH96	1510	1080	20	23
FGH97	1510	1080	21	22
FGH98	1590	1150	19	20

表 5 FGH91,FGH95,FGH96,FGH97,FGH98 合金的持久性能
Table 5 Stress rupture properties of FGH91, FGH95, FGH96, FGH97, FGH98 PM superalloys

Alloy	T/℃	Stress/MPa	Life/h	δ/%	Remarks
FGH91	760	586	56	17	smooth and notch combined species($R=0.14$mm)
FGH95	650	1035	180	3	smooth species
FGH96	650	970	197	8	smooth species
FGH97	650	980	771	5	smooth and notch combined species($R=0.15$mm)
FGH98	650	1035	236	3	smooth species

3 粉末高温合金盘件的制备工艺

经过 40 余年的发展,粉末高温合金盘件制备工艺已经非产成熟,已经获得大量应用的盘件生产工艺主要有 2 种:以美国为代表的 AA 制粉+热挤压(Hot Extrusion,HEX)+等温锻造(Isothermal Forging,ITF)和以俄罗斯为代表的 PREP 制粉+直接热等静压(HIP)成形工艺。

目前,美国等西方国家采用 AA 制粉+HIP 成形工艺生产环形件、轴和直升机用小型

盘件，采用 AA 制粉+HEX+ITF 工艺生产大型盘件；俄罗斯采用 PREP 制粉+HIP 工艺生产盘件、轴和环形件。我国由于缺少大型挤压机和封闭的等温锻造设备，结合国内的装备特点，盘件的制备工艺有 2 种：采用 PREP 制粉+HIP 工艺生产盘件、轴和环形件；采用 AA 制粉+HIP+ITF 工艺生产盘件。

3.1 粉末制备工艺

目前在实际生产中主要有氩气雾化法（AA）和等离子旋转电极雾化法（PREP），原理如图 1 所示。

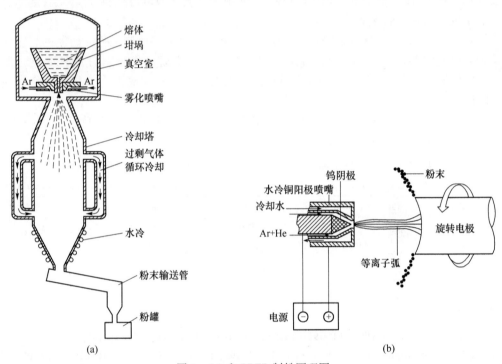

图 1 AA 和 PREP 制粉原理图

Fig. 1 Schematic of AA and PREP for powder making

(a) AA 法；(b) PREP 法

在 AA 工艺制粉过程中，真空熔炼的母合金，在雾化设备的真空室中重熔，熔液经漏嘴流下，用高压氩气将其雾化成粉末。在 PREP 工艺制粉过程中，用等离子弧连续熔化高速旋转的棒料，旋转棒料端面上被熔化的液滴在离心力作用下飞出形成粉末。

在高温合金粉末工业生产中，美国和西方国家主要使用 AA 法，俄罗斯使用 PREP 法，我国使用 PREP 法和 AA 法。两种制粉方法特性比较[9]见表 6。

表 6 两种制粉方法特性

Table 6 Characteristics of AA and PREP Powder atomization process

Atomization process	AA	PREP
Character of powder	Mainly spheroidal; More hollow powder content	Completely spheroidal; Smooth and clean surface; Trace hollow powder content

续表6

Atomization process	AA	PREP
Size distribution	Wide size distribution	Narrow size distribution
Degree of purity	Contamination from crucible and nozzle; Higher inclusion content	No contamination from crucible and nozzle; Lower inclusion content
Oxygen content	High oxygen content ($>150\times10^{-6}$)	Less oxygen content ($<70\times10^{-6}$)
Powder size controlling parameters	Nozzle design; Argon air pressure; Molten metal flow speed	Rod diameter size; Rod rotating speed
Production efficiency	High	Lower than AA process

美国在20世纪70年代使用的AA粉末粒度为~250μm(不大于250μm),1980年美国的F-18战机在英国法恩巴勒航展失事后,粉末粒度由~250μm变为~100μm(不大于100μm),从20世纪90年代起,粉末粒度进一步细化,目前为~53μm(不大于53μm)和~45μm(不大于45μm)2种粒度[18]。俄罗斯使用的PREP粉末粒度及质量变化如下[7,19]:1981年粉末盘使用的粉末粒度为70~315μm,氧含量不大于0.01%(质量分数),粉末中夹杂物没有限制;从1982年使用的粉末粒度为70~200μm,氧含量不大于0.007%(质量分数),每千克粉末中夹杂物的控制标准为不多于100颗;从1986年使用的粉末粒度为50~140μm,氧含量不大于0.007%(质量分数),每千克粉末中夹杂物的控制标准为不多于50颗;从1988年使用的粉末粒度为50~140μm,氧含量不大于0.007%(质量分数),每千克粉末中夹杂物的控制标准为不多于20颗。

目前国内使用的PREP粉末主要有50~100μm和50~150μm 2种,其中50~100μm的粉末中夹杂标准为10颗/kg,50~150μm的粉末中夹杂标准为20颗/kg;国内使用的AA粉末粒度为~75μm(不大于75μm)。

3.2 粉末固结(consolidation)工艺

由于高温合金粉末往往含有Cr、Ti、Al等难烧结元素,同时这些元素在烧结温度下容易氧化,这造成了高温合金粉末不能采用通常的直接烧结工艺来成形。对于粉末高温合金来说,往往要求在高温高压的环境下成形。目前常用的有真空热压成形(Vacuum Hot Pressing)、热等静压成形(Hot Isostatic Pressing)、电火花烧结(Spark Sintering)、挤压(Extrusion)、锻造(Forging)等成形方法。在上述粉末固结工艺中,粉末涡轮盘用得最多的是热等静压成形和热挤压。表7为高温合金粉末不同固结工艺的特点对比[20]。

表7 不同高温合金粉末固结工艺的特点
Table 7 Characteristics of different powder consolidation process

Consolidation process	Advantages	Disadvantages	Microstructure character
Vacuum Hot Pressing	Simple, no powder contamination	High cost, shape limitation	Not full densification, uniform microstructure
Hot Isostatic Pressing	No shape limitation, low cost	Additional process is required	Full densification, isotropic structure, relatively coarse grain size
Extrusion	Grain refining completely, sound hot working character	Higher cost than HIP, shape limitation	Full densification, fine DRX grain, sound mechanical properties along extrusion direction

续表7

Consolidation process	Advantages	Disadvantages	Microstructure character
Forging	Simple, low cost	Non-uniform deformation	Full densification, fine DRX grain, anisotropic structure

在上述粉末固结工艺中,热等静压和热挤压是主要的密实工艺。这两种工艺都是在一定的温度和压力下的粉末热塑性变形和再结晶过程,但是热挤压工艺的粉末变形量和变形速率更大。

3.3 盘件成形工艺

盘件成形工艺主要有直接热等静压成形和锻造成形,对于直接热等静压成形生产的粉末盘件,粉末固结和盘件成形是在同一 HIP 工序中完成的。俄罗斯粉末高温合金的主导成形工艺是直接热等静压(As-HIP)成形,在热等静压过程中材料收缩和应力状态的研究及包套的计算机模拟辅助设计等方面都居世界前列,经过40余年的发展,HIP 成形工艺日趋完善。与俄罗斯相比,美国粉末盘件的成形工艺种类更为丰富,包括 As-HIP 成形、热模锻、ITF(等温锻)等工艺。我国的粉末高温合金盘件采用直接热等静压成形和锻造成形2种工艺制备。FGH97 粉末盘件的制备工艺流程与俄罗斯 EP741NP 合金完全相同,采用直接热等静压工艺成形。

4 粉末高温合金中的缺陷及消除

与传统的铸/锻工艺相比,粉末冶金工艺消除了宏观偏析,改善了合金的组织,提高了盘件性能。但是,由于其独特的工艺步骤而带来了一些不可避免的缺陷,粉末高温合金中的主要缺陷有原始颗粒边界(Prior Particle Boundary, PPB)、热诱导空洞(Thermal Induced Pole, TIP)和夹杂(Inclusion)。

4.1 原始颗粒边界(PPB)

PPB 是粉末高温合金的主要缺陷之一,关于 PPB 的形成,有很多论述,普遍认为 PPB 的形成离不开粉末颗粒表面、碳、氧三个因素,即原始颗粒边界上碳和氧的共存和相互作用[21]。PPB 是在粉末制备和随后的热等静压过程中形成的,制粉期间,粉末在冷却过程中会出现不同程度的元素偏析,同时还会生成一定数量的氧化物质点[22]。热等静压期间,快凝粉末颗粒中的亚稳相组织向稳态转变,粉末表面富集的元素会形成稳定的第二相颗粒,表面存在的氧化物质点一般会加速这一过程的进行,在粉末颗粒边界处迅速析出大量第二相颗粒,严重时可形成一层连续网膜,勾勒出了粉末的边界,最终使合金锭坯中保留有原始的粉末颗粒形貌,表现为所谓的原始颗粒边界(PPB),PPB 的组成主要是 γ' 相、碳化物和氧化物。PPB 阻碍了粉末颗粒间的扩散和冶金结合,并且一旦形成就很难在随后的热处理过程中消除。严重的 PPB 会显著降低合金的塑性和疲劳寿命,甚至造成制件在使用过程中发生断裂等恶性事故。国内外学者在 PPB 形成机理以及消除措施等方面做了大量的研究工作,有效减弱或消除 PPB 的方法总结如下[23-26]:(1)调整合金化学成分,降低 C 和 Ti 含量,加入 Hf、Nb、Ta 等强碳化物形成元素。(2)采用粉末预热处理工艺，将松散粉末先在较低的 $M_{23}C_6$ 型碳化物稳定温度范围内进行预热处理，在颗粒内部树枝间形成 $M_{23}C_6$ 型碳化物，再升至较高的 MC 型碳化物稳定温度范围进行 HIP 压实，以减少 HIP 时在粉末颗粒表面析出稳定的 MC 型碳化物。(3) 采用两步法 HIP 工艺，在加热过程中先在较低温度下保温，然后再升高到 HIP 温度压实。(4) 在略低于固相线的高温下进行 HIP 处理（SS-HIP），然后再进行热变形获得所需晶粒组织。(5) 采用热挤压工艺破碎 PPB。(6) 避免粉末与有机物接触，以免形成"反应缺陷"PPB。(7) 在略低于固相线的高温下固溶处理（SS-ST）。

4.2 热诱导孔洞（TIP）

热诱导孔洞是由不溶于合金的残留氩气或氦气所引起的。在热处理过程中，残留气体膨胀，形成了不连续的孔洞。如果冷却后没有施加其他变形工艺，孔洞将滞留在合金中。合金中 TIP 来源：首先是雾化制粉过程中，惰性气体被包覆在粉末颗粒内部形成了空心粉；第二是粉末脱气不完全，粉末颗粒表面吸附有氩气或氦气；第三是包套有细微泄漏，在热等静压过程中，高压的氩气会压入包套内。热诱导孔洞易成为合金的裂纹源，导致合金拉伸强度和屈服强度下降，尤其是低周疲劳性能严重降低[27-31]。通过工艺控制，热诱导孔洞问题已经解决。

4.3 夹杂（Inclusion）

非金属夹杂（Non-Metallics）是影响盘件寿命的主要因素，按照目前的粉末高温合金制备工艺，完全去除夹杂是不可能的[18]。

夹杂物主要是陶瓷夹杂、熔渣、异金属和有机物，夹杂物来源于母合金、粉末制备和处理过程。在夹杂物方面国外学者做了大量的研究工作[32-39]，总结如下：(1) 夹杂物是低周疲劳（LCF）的裂纹源，明显降低合金的塑性和 LCF 寿命。(2) 夹杂物在合金中是随机分布的，其处于合金的表面或亚表面的可能性依赖于夹杂物的尺寸，夹杂物尺寸越大，处于表面或亚表面的可能性越大，对合金的 LCF 寿命影响越大。(3) 易形成淬火裂纹。(4) HIP 后夹杂物基本不改变形貌或略微球形化。(5) 有机物夹杂附近存在严重的 PPB，锻造后有机物夹杂形状发生了改变，被压扁拉长，PPB 得到破碎和分散。(6) 锻造有助于分散聚集的陶瓷夹杂，但对不连续的细小陶瓷夹杂影响不大。对含有细小夹杂物的材料，锻造后能改善 LCF 寿命，而对含有尺寸较大夹杂物的材料，锻造可能会产生裂纹。

减少粉末中夹杂物的有效措施是：(1) 研发高纯净粉末制备和处理技术，从源头降低夹杂的含量。(2) 使用细粉，减小夹杂物的尺寸和数量。

5 粉末高温合金的应用

粉末高温合金具有优异力学性能，粉末高温合金制件具有长寿命和高可靠性的突出优点，是高性能航空发动机的关键材料。目前先进的航空发动机普遍使用了 IN100、René95、LC Astroloy、MERL76、AP1、U720、EP741NP、René88DT、N18 和 RR1000 等粉末盘件、环形件和轴类件。粉末高温合金不仅在军用高性能发动机上获得普遍应用，在民用发动机上也获得了大量的应用，粉末高温合金的应用见表 8 所示。

表 8 粉末高温合金的应用
Table 8 Application of PM superalloy in aeroengine

Company	Engine	Thrust-weight ratio	Alloy	Components and Number	Process	Application
GEAE	T700	—	René95	Disc. etc, 6 parts	As–HIP	AH–64
	F101	7.7	René95	Disc. etc, 4 parts	HIP+ITF	B–1A, B–1B
	F110	7.3~9.5	René95	Disc. etc	HEX+ITF	F–14, F–15, F–16
	F404	7.5	René95	Disc. etc, 7parts	HIP+ITF	F/A–18, F–117A
	CF6–80C2	—	René95	Disc. etc	HIP+ITF	A300, B747. etc
	CFM56	—	René95	Disc. etc, 9parts	HIP+ITF	B737、A300、A320. etc
	F414	9~10	René88DT	Disc. etc	HIP+ITF	F/A–18E/F
	CF6–80E1	—	René88DT	Disc. etc	HEX+ITF	A330、B767. etc
	CFM56–5C2	—	René88DT	Disc. etc	HEX+ITF	A340
	GE90	—	René88DT	Disc. etc, 6 parts	HIP+ITF	B777、A330
	GEnx	—	René88DT/René104	Disc. etc	HEX+ITF	B787
P&WA	F100	7.4~9.5	IN100	Disc, 11 parts	HEX+Gatorizing	F–15, F–16
	TF30	5.0	LC Astroloy	Disc, 1 part	As–HIP	F–14, F–111
	JT8D–17R	—	LC Astroloy	Disc, 1 part	As–HIP	B727
	JT9D–7R4G	—	MERL76	Disc, 2parts	HIP+ITF	B747、B767、A300. etc
	PW2037	—	MERL76	Disc, 5 parts	HIP+ITF	B757
	PW4084	—	MERL76	Disc. etc	HIP+ITF	B777
	F119	10	DTP IN100	Disc, 2parts	HEX+Gatorizing	F–22
GEAE 和 P&WA	GP7200	—	René104	Disc. etc	HEX+Gatorizing	A380、B787
RR	RB199	8.0	AP–1	Disc. etc	HIP+ITF	"Tornado"
	RB211	—	AP–1	Disc. etc	HIP+ITF	B747、B757、B767. etc
	Trent 882	—	Waspaloy	Disc. etc	HIP+ITF	B777
	Trent 900	—	U720	Disc. etc	HIP+ITF	A380

续表 8

Company	Engine	Thrust-weight ratio	Alloy	Components and Number	Process	Application
RR	Trent 1000	—	RR1000	Disc. etc	HEX+ITF	B787
SNECMA	M88-II	8.0	N18	Disc. etc	HEX+ITF	"Rafale Air"
SNECMA	M88-III	9.0	N18	Disc. etc	HEX+ITF	"Rafale Air"
Euro Jet	EJ200	10	U720	Disc. etc	HIP+ITF	EF-2000
IAE	V2500	—	MERL76	Disc., 5 parts	HIP+ITF	A320, MD-90
ПДК (Russia)	D-30F6	6.4	EP741P	Disc. etc, 21 parts	As-HIP	MiG-31
ПДК (Russia)	D-30KP	—	EP741NP	Disc. etc, 4 parts	As-HIP	IL-76. etc
ПДК (Russia)	PS-90A	—	EP741NP	Disc. etc, 4 parts	As-HIP	IL-96, IL-76, TU-204. etc
ВПК "МАПО" (Russia)	RD-33	7.8	EP741NP	Disc. etc, 9 parts	As-HIP	MiG-29
ВПК "МАПО" (Russia)	TV7-117	—	EP741NP	Disc. etc, 4 parts	As-HIP	IL-114
НПО "Сатурн" (Russia)	AL-31F	7.2	EP741NP	Disc. etc, 13 parts	As-HIP	SU-27, SU-30
НПО "Сатурн" (Russia)	AL-31FP	8.2	EP741NP	Disc. etc, 13 parts	As-HIP	SU-30, SU-35
China	—	—	FGH95	Disc. etc, 4 parts	As-HIP	Helicopter
China	—	—	FGH95	Disc. etc, 2parts	As-HIP	Fighter
China	—	—	FGH97	Disc. etc, 9 parts	As-HIP	Fighter
China	—	—	FGH97	Disc. etc, 2parts	As-HIP	Fighter
China	—	—	FGH96	Disc. etc, 6 parts	As-HIP	Fighter
China	—	—	FGH96	Disc. etc, 2 parts	HIP+ITF	Fighter

Notes: HIP—Hot Isostatic Pressing, ITF—Isothermal Forging, HEX—Hot Extrusion, ПДК—Пермский Двигателестроительный Комплекс, ВПК "МАПО" —Военно-Промышленный Комплекс "МАПО", НПО "Сатурн" —Научно-Производственное Объединение "Сатурн".

粉末高温合金不仅大量用于先进涡扇航空发动机的主动力装置，而且在飞机辅助动力装置（auxiliary power unit，APU）、涡桨、涡轴发动上也获得广泛应用。与采用单一高温合金铸造的整体涡轮相比，采用HIP工艺将粉末高温合金（盘件部位）和铸造合金（叶片部位）连接起来制备的双合金整体叶盘可实现盘件材料与叶片材料的最佳组合。双合金整体涡轮可显著降低盘件重量，提高涡轮使用温度，提升涡轮整体性能，延长涡轮使用寿命[40]。

6 粉末高温合金的发展趋势

6.1 制粉工艺向超纯净、细粉方向发展

粉末高温合金中陶瓷夹杂缺陷数量、尺寸和位置是影响粉末盘使用安全性可靠性的重要因素。为了提高盘件的可靠性，要求盘件中的夹杂数量尽可能少，尺寸尽可能小。

采用"双联"、"三联"冶炼工艺及冷壁坩埚熔炼使夹杂含量大大降低，母合金纯净度得到显著改善。美国目前用于挤压的AA粉末粒度为~53μm（不大于53μm）或~45μm（不大于45μm）。俄罗斯目前大量使用的PREP粉末粒度为50~140μm，为了进一步降低粉末中的夹杂尺寸，俄罗斯也在考虑采用更细的粉末，并开展了相关的试验研究[10]。

6.2 双性能盘将得到推广和应用

高性能发动机用涡轮盘，盘心部位承受低温高应力，需要细晶组织以保证足够的强度和疲劳抗力，而边缘部位则承受高温低应力，需要粗晶以保证足够的蠕变和持久性能[41]。目前，采用同一种合金制备出轮缘和轮毂部位具有不同显微组织的双组织双性能盘成为大家关注的热点，这种盘件避免了因异种金属之间的连接而可能造成的安全隐患，完全符合高性能发动机的工况要求，整个盘件安全系数高。

美国Pratt & Whitney公司对DTP IN100合金，采用双重热处理工艺制造出了双性能粉末盘，并于1997年装配到第四代战机F22的F119型发动机上。俄罗斯、英国、法国、日本、中国等国也相继对双性能粉末盘展开研究，目前尚未见应用的报道。

目前，制造双性能粉末盘的工艺主要有美国P&W公司开发的DPHT（Dual Properties Heat Treatment）和NASA开发的DMHT（Dual Microstructure Heat Treatment）[42,43]。

钢铁研究总院采用HIP制坯+细晶锻造+梯度热处理工艺路线，在国内率先研制出φ450mm的FGH96双性能盘件。显微组织和性能测试表明（如图2，表9和表10所示），盘件具有显著的双组织双性能特征[44,45]。表9为双性能盘不同部位（轮缘（Rim）、辐板（web）、轮毂（bore）部位）取样的拉伸性能。表10是对过渡区域进行拉伸性能测试的结果，拉伸试样取样方向为直径方向，拉伸试样在长度方向上贯穿了过渡区域的晶粒组织。

表9与表10的性能数据表明：在温度一定条件下，轮毂部位的拉伸强度（抗拉强度与屈服强度）值最高，辐板次之，轮缘最低，塑性（伸长率与断面收缩率）则差异不大。在相同的温度下，过渡区域在直径方向的拉伸强度介于轮毂和轮缘部位切向的拉伸强度之间，塑性参数中的延伸率均高于10%，这表明FGH96双性能盘件具有显著的双性能特征，而且过渡区域没有力学性能突变。

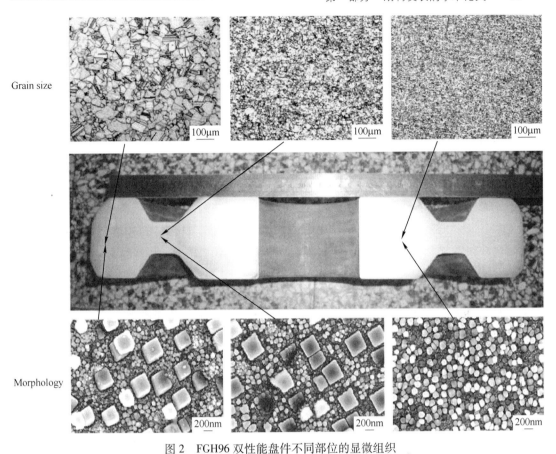

图 2 FGH96 双性能盘件不同部位的显微组织

Fig. 2 Microstructure in different region for FGH96 superalloy dual property disc

表 9 不同温度下盘件不同部位的弦向拉伸性能比较

Table 9 Tensile test result at different temperature of FGH96 dual property disc
(Specimen used for tensile test is taken from different region in tangential direction)

Sampling location	$T/℃$	σ_b/MPa	$\sigma_{0.2}$/MPa	δ/%	Ψ/%
Rim	20	1480	1040	23.0	28.5
Web	20	1570	1150	21.5	29.0
Bore	20	1610	1210	22.5	30.5
Rim	650	1420	975	21.0	21.5
Web	650	1440	1050	16.0	17.5
Bore	650	1460	1090	17.0	21.0
Rim	750	1140	915	11.0	14.5
Web	750	1140	1010	13.0	15.5
Bore	750	1160	1040	13.0	16.0

表 10 不同温度下盘件辐板部位的径向拉伸性能比较

Table 10 Tensile test result at different temperature of FGH96 dual property disc
(Specimen used for tensile test is taken from web region in radial direction)

$T/℃$	σ_b/MPa	$\sigma_{0.2}$/MPa	δ/%	Ψ/%
20	1520	1090	18.0	26.5

续表 10

$T/℃$	σ_b/MPa	$\sigma_{0.2}$/MPa	δ/%	Ψ/%
650	1440	1000	11.0	18.5
750	1140	915	13.0	14.5

6.3 高性价比 As-HIP 近净成形盘件制备工艺将获得更广泛的应用

高性价比的粉末高温合金制件始终是发动机生产商的追求。以 GE 公司 René95 的 F101 压气机盘为例[46]，通常铸锻工艺（C/W）的投料比为 19∶1，HIP+锻造的为 6.6∶1，而直接 HIP 成形的为 3.6∶1。显然，直接热等静压成形工艺的材料利用率最高，在保证盘件质量的前提下，该工艺具有显著的性价比优势。据美国 Crucible 材料公司的 Brian McTiernan 介绍，目前全世界范围内在役的美国航空发动机使用 As-HIP 粉末高温合金部件超过 20 万件[47]。

As-HIP 近净成形工艺在俄罗斯的粉末高温合金领域取得了巨大的成功，40 多年以来俄罗斯粉末盘件的生产一直采用该工艺。美国 As-HIP 工艺制备的粉末盘件也占据着重要的地位。由于该工艺在成本控制方面具有先天的优势，可以预见，As-HIP 工艺是今后粉末盘的主要制备工艺流程之一。

6.4 计算机辅助技术和数值模拟将大量应用于粉末高温合金的研制和生产

传统的"炒菜式"的合金设计已经被计算机辅助设计手段所替代，借助相关的热力学相图软件（如 Thermal-Calc），可显著加快合金的研制进度，如 RR1000 合金是国际上第一个完全采用相图计算进行合金设计的粉末冶金高温合金[48]。粉末涡轮盘制备过程中的工艺环节多，为了降低成本和加快研制进度，在包套设计、热等静压成形、挤压、锻造、热处理等关键工艺环节大量借用数值模拟已经成为一种趋势。

7 结语

（1）粉末涡轮盘不仅在高性能军用发动机上获得了普遍应用，而且在先进民用发动机领域获得了大量应用。美欧等西方国家多采用 AA 粉末+HEX+ITF 工艺制备粉末盘，粉末粒度不大于 53μm 或不大于 45μm；俄罗斯采用 PREP 粉末+As-HIP 工艺制造粉末盘，粉末粒度为 50~140μm。

（2）数值模拟与验证技术的应用提高了粉末盘的质量和研究进度。采用具有高强高损伤容限的第三代粉末高温合金，制备出双组织/双性能粉末盘是未来盘件制造技术的主要发展方向。

（3）我国在粉末高温合金领域取得了很大的进步，部分粉末高温合金制件已获得应用，但是与美欧、俄罗斯等航空强国相比，差距仍然巨大。随着我国大飞机专项的实施以及发动机专项的即将实施，国内的粉末高温合金将迎来一个大发展的时代。结合国家需求和国内已有的工作基础，我国应该在以下 2 个方面重点攻关，力争取得突破：（1）粉末制备方面：进一步提高 AA 细粉（不大于 53μm 或不大于 45μm）收得率；采用 ϕ75mm 合金棒料制粉，提高 50~100μm 的 PREP 粉末收得率，降低成本；（2）加大关键设备投入，建立大型挤压机和等温锻造设备。在美国欧洲等国家,挤压开坯前的粉末锭坯质量超过3t,开坯用的挤压机吨位为万吨级别(美国采用35000t的垂直挤压机),挤压后的坯料切段后在等温锻造机上超塑性成形。国内虽已建成了可用于黑色金属挤压的万吨级挤压机(主要用于大尺寸厚壁管材挤压),但是目前尚不具备粉末高温合金大尺寸棒材的挤压开坯能力。同样地,型腔带有惰性气体保护的大型等温锻造设备国内也不具备。关键装备的缺乏已经成为挤压+等温锻造工艺路线粉末涡轮盘研制和生产的瓶颈。

参 考 文 献

[1] Tracey V A, Cutler C P. High-temperature alloys from powders [J]. *Powder Metallurgy*, 1981, 24(1): 32-40.

[2] Allen M M, Athey R L, Moore J B. Application of powder metallurgy to superalloy forgings [J]. *Metals Engineering Quarterly*, 1970, 10(1): 20-30.

[3] Allen M M, Athey R L, Moore J B. Nickel-base superalloy powder metallurgy state-of-the-art [C] // Smith G D. *Progress in Powder Metallurgy*. Princeton: MPIF, 1975, 31: 243-268.

[4] Anon. PM Superalloys are of the Ground and Flying [J]. *The International Journal of Powder Metallurgy & Powder Technology*, 1979, 15(1): 6-7.

[5] Фаткуллин О Х. Вступительное слово [J]. *Технология Лёгких Сплавов*, 1995, (6): 5-7.

[6] Гарибов Г С. Современный уровень развития порошковой металлургии жаропрочных никелевых сплавов [J]. *Технология Лёгких Сплавов*, 2000, (6): 58-69.

[7] Гарибов Г С. Металлургия гранул—путь повышения качества ГТД и эффективного использования металла [J]. *Газотурбинные Технологии*, 2004, (5): 22-27.

[8] Zhang Yiwen (张义文). 俄罗斯粉末冶金高温合金 [J]. *Journal of Iron and Steel Research*(钢铁研究学报), 1998, 10(3): 74-76.

[9] Zhang Yiwen (张义文), Shangguan Yongheng (上官永恒). 粉末高温合金的研究与发展 [J]. *Powder Metallurgy Industry* (粉末冶金工业), 2004, 14(6): 30-43.

[10] Гарибов Г С. Металлургия Гранул-основа создания перспективных авиационных двигателей [J]. *Технология Лёгких Сплавов*, 2007, (1): 66-78.

[11] Hu Benfu(胡本芙), Tian Gaofeng(田高蜂), Jia Chengchang(贾成厂)等. 涡轮盘用高性能粉末高温合金的优化设计探讨 [J]. *Powder Metallurgy Technology* (粉末冶金技术), 2009, 27(4): 292-299.

[12] Krueger D D, Kissinger R D, Menzies R G. Development and intorduction of a damage tolerant high temperatuer nickel-base disc alloy, Rene88DT [C] //Antolovich S D, Stusrud R W, Mackay R A, et al. *Superalloys* 1992, Pennsylvania: TMS, 1992: 277-286.

[13] Jia Jian(贾建), TaoYu(陶宇), Zhang Yiwen(张义文)等. 第三代粉末高温合金René104的研究进展 [J]. *Powder Metallurgy Industry* (粉末冶金工业), 2009, 17(3): 36-43.

[14] Sun Guanghua(孙广华). 美国为涡轮盘研制出新一代粉末高温合金 [J]. *Aero Engine*(航空发动机), 2006, 32(4): 48.

[15] 张义文,迟悦. 俄罗斯粉末冶金高温合金研制新进展 [J]. *Powder Metallurgy Industry*(粉末冶金工业), 2012, 22(5): 37-45.

[16] Shi Changxu(师昌绪), Lu Da(陆达), Rong Ke(荣科). *Forty years Development of Superalloy in China* (中国高温合金四十年) [M]. Beijing: Chinese Science and Technology Press, 1996: 65-72.

[17] Shi Changxu(师昌绪), Zhong Zengyong(仲增墉). *Fifty years Development of Superalloy in China*(中国高温合金五十年)[M]. Beijing: Metallurgical Industry Press, 2006: 110-125.

[18] Willam B E. PM superalloys: a current perspective [J]. *The International Journal of Powder Metallurgy*, 1997, 33(8): 62-66.

[19] ОГТ. СТП 809-116-88 *Гранулы Жаропрочных Никелевых Сплавов* [S]. Москва: ВИЛС, 1988.

[20] Gessinger G. H, Bomford M J. Powder Metallurgy of Superalloys [J]. *International Metallurgical Reviews*, 1974, 19(2): 51-76.

[21] (Li Huiying)李慧英, (Hu Benfu)胡本芙, (Zhang Shouhua)章守华. 原粉末颗粒边界碳化物的研究 [J]. *Acta Metall Sinica*(金属学报), 1987, 23(2): B90-B93.

[22] Dahlén M, Ingesten N G, Fischmeister H. Parameters influencing particle boundary precipitation in superalloy powders [C] //Hausner H H, Antes H W, Smith G D. *Modern Developments in Powder Metallurgy*. Princeton: MPIF-APMI, 1980, 14: 3-14.

[23] Pierron X, Banik A, Maurer G E. Sub-solidus HIP process for PM superalloy conventional billet conversion [C] // Pollock T M, Kissinger R D, Bowman, et al. *Superalloys* 2000. Pennsylvania: TMS, 2000, 59-68.

[24] Ingesten N G, Warren R, Winberg L. The nature and origin of previous particle boundary precipitates in PM superalloys [C] // Brunetand R, Coutsouradis D, Gibbons T B, et al. *High Temperature Alloy for Gas Turbine*. Holland: D. Reidel Publishing Company, 1982, 1013-1029.

[25] Marquez C, Esperance G, Koul A K. Prior particle boundary precipitation in Ni-base superalloys [J]. *International Journal of Powder Metallurgy*, 1989, 25 (4): 301-308.

[26] Белов А Ф, Аношкин Н Ф, Фаткуллин О Н и др. Особенности легирования жаропрочных сплавов, получаемых методом металлургии гранул [M] // Банных О А. *Жаропрочные и Жаростойские Стали и Сплавы на Никелевой Основе*. Москва: Наука, 1984, 31-34.

[27] Shahid B, Plippe T, Stephen D A. Low cycle fatigue of As-HIP and HIP+forged René95 [J]. *Metallurgical Transaction A*, 1979, 10(10): 1481-1490.

[28] Miner R V, Dreshfield R L. Effects of fine porosity on the fatigue behavier of a powder metallurgy superalloy [J]. *Metallurgical Transations A*, 1981, 12(2): 261-267.

[29] Dreshfield R L, Miner R V. Effects of thermal induced porosity on an As-HIP powder metallurgy superalloy [J]. *Powder Metallurgy International*, 1980, 12(2): 83-87.

[30] Аношкин Н Ф, Фаткуллин О Х, Буславский ЛС и др. Разработка процессов получения изделий из гранулируемых жаропрочных сплавов на основе никеля горячим изостатическим прессованием [M] // Белов А Ф. *Металловедение и Обработка Титановых и Жаропрочных Сплавов*. Москва: ВИЛС, 1991, 313-323.

[31] Терновой Ю Ф, Ципунов А Г. Образование Пор в Распыленном Порошке [J]. *Порошковая Металлургия*, 1985, (8): 10-15.

[32] Bridges P J, Eggar J W. Non-metallic inclusions in nickel based superalloy NIMONIC alloy AP-1 produced by the powder route; A review of their effect on properties, and the production methods used to minimize the amount present [C] // *PM Aerospace Materials*. Berne: MPR Publishing Services Ltd. 1984, Vol. 1, 22-1-22-24.

[33] Jablonski D A. The effect of ceramic inclusions on the low cycle fatigue life of low carbon Astroloy subjected to hot isostatic pressing [J]. *Materials Science and Engineering*, 1981, 48(2): 189-198.

[34] Chang R D, Krueger D D, Sprague R A. Superalloy powder processing, properties and turbine disc applications [C] //Gell M, Kortovic C S, Bricknell R H, et al. *Superalloys* 1984. Pennsylvania: The Metallurgical Society of AIME, 1984, 245-273.

[35] Konig G W. Effect of organic defects on the fatigue behaviour of PM nickel base alloy [C] // *PM Aero-*

space Materials. Berne: MPR Publishing Services Ltd. 1984, Vol. 1, 23-1-23-19.

[36] Shamblen C E, Chang R D. Effect of inclusions on LCF life of HIP plus heat treated powder metal René95 [J]. *Metallurgical Transaction B*, 1985, 16(12): 775-784.

[37] Track W, Betz W. Effects of defects on fatigue properties of PM disc alloys [C] // Hausner H H, Antes H W, Smith G D. *Modern Developments in Powder Metallurgy*. Washington: MPIF-APMI. 1982, Vol. 14, 15-25.

[38] Law C C, Blackburn M J. Effects of ceramic inclusion on fatigue properties of a powder metallurgical nickel-base superalloy [C] // Hausner H H, Antes H W, Smith G D. *Modern Developments in Powder Metallurgy*. Washington: MPIF-APMI. 1982, Vol. 14, 93-114.

[39] Hur E S, Roth P G. The influence of inclusions on low fatigue life in a PM nickel-base disc superalloy [C] //Kissinger R D, Deye D J, Anton D L, et al. *Superalloys* 1996. Pennsylvania: TMS, 1996, 359-368.

[40] Moll J H, Schwertz H H, Chandhok V K. PM dual property wheels for small Engines [J]. *Metal Powder Report*, 1983, 38(10): 547-552.

[41] Mourer D P, Raymond E, Ganesh S, et al. Dual alloy disc development [C] //Kissing R D, Deby D J, Anton D L, et al. *Superalloys* 1996. Pennsylvania: TMS, 1996, 637-643.

[42] Mathey G F. *Method of making superalloy turbine discs having graded coarse and fine grains*: US, 5312497 [P]. 1994-05-17.

[43] Gayda J, Furrer D. Dual-microstructure heat treatment [J]. *Advanced Materials & Processes*, 2003, 161(7): 36-40.

[44] Liu Jiantao(刘建涛). *Study on Hot Working Process of Powder Metallurgy FGH96 Superalloy for Dual Microstructure Turbine Disc* (FGH96合金双性能粉末涡轮盘制备热加工工艺研究) [R]. Beijing: University of Science & Technology Beijing, 2008.

[45] Liu Jiantao(刘建涛), TaoYu(陶宇), Zhang Yiwen(张义文) 等. FGH96合金双性能盘的组织与力学性能研究 [J]. *Transactions of Materials and Heat treatment* (材料热处理学报), 2010, 31(5): 71-75.

[46] Bartos J L, Mathur P S. Development of Hot Isostatically Pressed(As-HIP) Powder metallurgy René95 turbine hardwares [C] //Kear B H, Muzyka D R, Tien J K, Wlodek S T. Superalloys: metallurgy and manufacture. Louisiana: Claitor's Publishing Division, 1976: 495-508.

[47] Tiernan B M. Application for Large Scale Prealloyed HIP PM Materials [C] //Mashl S J. Proceeding of the 2008 International Conference on Hot Isostatic Pressing. California: IHC, 2008: 3-12.

[48] Small C J, Saunders N. the Application of CALPHAD Techniques in the Development of a New Gas-Turbine Disc Alloy [J]. *Mrs Bulletin*, 1999, 24(4): 22-26.

(原文发表在《中国材料进展》，2013，32(1)：1-11.)

俄罗斯新型粉末高温合金研制进展

张义文[1,2]　迟悦[1,2]　刘建涛[1,2]

(1. 钢铁研究总院高温材料研究所，北京　100081；
2. 高温合金新材料北京市重点试验室，北京　100081)

摘　要　介绍了俄罗斯为第5代、第5代半（俄罗斯划分）航空发动机研制的新型ВВП系（ВВ750П、ВВ751П、ВВ752П、ВВ753П）粉末高温合金的最新进展。俄罗斯采用等离子旋转电极法（PREP）制粉+直接热等静压（As-HIP）成形工艺制造粉末高温合金盘件。ВВП系粉末高温合金的拉伸强度、650℃下的持久强度以及低周疲劳性能均优于ЭП741НП合金，但塑性、韧性比ЭП741НП合金低。ВВП系合金盘件性能满足第5代、第5代半航空发动机的设计要求。其中，ВВ751П和ВВ752П属于高强型合金，可用于工作温度为650~700℃的盘件等；ВВ750П和ВВ753П属于高热强型合金，可用于工作温度在750℃以上的盘件等。俄罗斯已开始工业试制批量生产和提供航空发动机涡轮和压气机用ВВ750П合金盘件；ВВ751П合金盘件等用于发动机ПД14和РД-133；ВВ752П和ВВ753П合金盘件处于试制阶段。

关键词　粉末高温合金　ВВП系合金　新型高温合金　涡轮盘　航空发动机　俄罗斯

Recent Development of New Type Powder Metallurgy Superalloys in Russia

Zhang Yiwen[1,2], Chi Yue[1,2], Liu Jiantao[1,2]

(1. High Temperature Materials Research Institute, Central Iron and
Steel Research Institute, Beijing 100081, China;
2. Beijing Key Laboratory of Advanced High Temperature Materials, Beijing 100081, China)

Abstract: The latest development of new type ВВП series (ВВ750П, ВВ751П, ВВ752П and ВВ753П) powder metallurgy (PM) superalloy designed for the fifth generation and fifth-and-one-half generation of aircraft engine (Russia division) were introduced. The PM superalloy discs are produced by directly hot isostatic pressing powders atomized by plasma rotating electrode process (PREP). The mechanical properties of ВВП series PM superalloys, such as tensile strength, endurance strength at 650℃ and low cycle fatigue life are superior to those of ЭП741НП PM superalloy, while the plasticity and toughness of ВВП series PM superalloys are inferior to those of ЭП741НП PM superalloy. ВВП series PM superalloys components such as turbine discs meet the design requirements of the fifth generation and fifth-and-one-half generation of aircraft engine in Russia. The ВВ751П and ВВ752П superalloys has sound strength, and can be used as hot section components, such as turbine disc, which working at 650-700 ℃. The ВВ750П and ВВ753П PM superalloys has sound strength at higher temperature, and can be used as hot section components, such as turbine disc, which working above 750 ℃. In Russia, ВВ750П superalloys discs for turbine and compressor are in industrial batch production stage, ВВ751П superalloys discs have been applied in ПД14 and РД-133 engines, while the discs of ВВ752П and ВВ753П superalloys are presently in trial manufacturing stage.

Keywords：PM superalloy, ВВП series alloy, new type superalloy, turbine disc, aero-engine, Russia

俄罗斯第1个在航空发动机上使用的粉末高温合金是ЭП741НП。该合金是俄罗斯全俄轻合金研究院（ВИЛС）专门为航空发动机用盘件研制的。粉末高温合金盘件的生产工艺为等离子旋转电极工艺（PREP）制粉+直接热等静压（As-HIP）成形。ВИЛС从1981年开始工业批生产和提供军机发动机РД-33试验用ЭП741НП合金盘和轴，1984年开始生产民机发动机用ЭП741НП合金盘件，从1986年开始提供民机发动机ПС-90А试验用ЭП741НП合金盘件。1999年ЭП741НП合金盘和轴开始应用于АЛ-31Ф发动机[1-5]。截至2007年，俄罗斯生产并交付了ЭП741НП合金盘和轴等6万余件[6]。

俄罗斯第4代改型、第5代以及第5代半（俄罗斯划分）军用航空发动机对盘件合金提出了更高的要求。现有的ЭП962П和ЭП741НП合金不能完全满足这种要求，需要研制综合力学性能更高的合金。为此，从2004年ВИЛС开始研制ВВП系新型粉末高温合金[7,8]。研制目标为[8,9]：(1) 工作温度在700℃以下，室温抗拉强度$\sigma_b \geq$1600MPa、室温屈服强度$\sigma_{0.2} \geq$1200MPa的高强型合金；(2) 工作温度在750℃以上，持久强度$\sigma_{100h}^{650℃}$=1140MPa、$\sigma_{100h}^{750℃}$=750MPa的高热强型合金。ВВП系粉末高温合金采用PREP制粉+As-HIP工艺成形，化学成分如表1所示[10-16]。

表1 ВВП系合金的化学成分（质量分数） （%）

合金	C	Co	Cr	W	Mo	Al	Ti	Nb	Hf	B	Zr	其他
ВВ750П	0.06	15.0	10.0	5.8	3.3	3.7	3.7	1.8	0.3	0.015	0.01	Mg 微量
ВВ751П	0.06	15.0	11.0	3.0	4.5	4.0	2.8	3.3	0.1	0.015	—	V、Mg、Ce、La、Sc 微量
ВВ752П	0.10	14.0	11.0	5.0	3.0	4.0	2.8	3.4	0.15	0.015	0.01	Mg、Ce 微量
ВВ753П	0.09	15.0	10.0	6.0	2.5	3.8	3.8	1.8	0.2	0.02	0.02	Ta、Re、Mg 微量
ЭП741НП	0.04	15.8	9.0	5.6	3.8	5.0	1.8	2.6	0.3	0.015	0.015	Mg、Ce 微量

1 ВВ751П合金

研制目标为：室温抗拉强度$R_m \geq$1600MPa，室温屈服强度$R_{p0.2} \geq$1200MPa，持久强度$\sigma_{100h}^{650℃} \geq$1100MPa，低周疲劳强度$\sigma_{N=10^4}^{650℃} \geq$1100MPa[17]。

1.1 工艺参数及组织

粉末粒度不大于100μm(-150目)，在单相区HIP，热处理制度为在单相区HIP，HIP制度为在1180~1190℃（γ′相完全固溶温度以上5~10℃）保温2h，热处理制度为：在单相区1185~1195℃固溶处理4h，以40℃/min冷却，随后在760~780℃、700℃两级时效，保温16h，空冷（AC）[18,19]。

热处理后，合金组织主要由基体γ相、γ′相和少量的碳化物、硼化物组成，晶粒度为

20~30μm，γ′相的平均尺寸约为0.24μm，γ′相含量约为55%，γ′相的完全固溶温度为1170~1185℃[8,18-21]，均匀细小的γ′相和碳化物弥散分布在合金基体中。

1.2 力学性能

BB751П合金盘坯保证的力学性能如表2所示[22-24]，BB751П合金的力学性能如表3所示[6,8,25,26]。由表3可知，BB751П合金的室温拉伸强度、650℃下持久强度和低周疲劳性能均优于ЭП741НП合金和ЭП962П合金；与ЭП741НП合金相比，在不明显损失塑性的前提下，BB751П合金的室温拉伸强度提高约10%~18%，650℃下持久强度提高约9%；与ЭП962П合金相比，BB751П合金的室温拉伸强度提高约3%~7%，650℃下持久强度提高约6%，塑性和韧性相当。BB751П合金表现为缺口韧性，其持久强度曲线如图1所示。

表2 BB751П合金盘坯保证的力学性能

合金	室温性能					持久性能	低周疲劳性能 ($f=1$Hz)
	R_m/MPa	$R_{p0.2}$/MPa	A/%	Z/%	KU_2/J	$\sigma_{100h}^{650℃}$/MPa	$\sigma_{N=10^4}^{650℃}$/MPa
BB751П	1600	1200	12.0	13.0	20.0	1100	1120

表3 BBП系合金、ЭП741НП和ЭП962П合金的力学性能

合金	室温性能					持久性能		低周疲劳性能 ($f=1$Hz)
	R_m/MPa	$R_{p0.2}$/MPa	A/%	Z/%	KU_2/J	$\sigma_{100h}^{650℃}$/MPa	$\sigma_{100h}^{750℃}$/MPa	$\sigma_{N=2\times10^4}^{650℃}$/MPa
BB750П	1520	1120	13.0	13.0	28	1140	750	1100
BB751П	1600	1200	13.0	14.0	20	1110	620	1120
BB752П	1650	1220	13.0	13.0	20	1150	640	1120
BB753П	1600	1150	13.0	15.0	28	1160	800	1120
ЭП741НП	1450	1020	16.0	17.0	32	1020	680	1000（$N=5\times10^3$周次）
ЭП962П	1550	1120	12.0	14.0	20	1050	—	1100（$N=1\times10^4$周次）

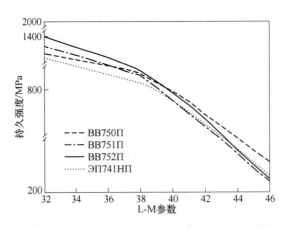

图1 BB750П、BB751П和BB752П合金的持久强度曲线

1.3 合金研制

选择3种合金进行试验。第1种是以变形合金ЭК151作为基础合金；第2种是在

ЭК151合金的基础上通过提高 Al 含量和调整微量元素含量的新合金；第 3 种是含 Hf 的新合金，加入强碳化物形成元素 Hf，防止碳化物在原始粉末颗粒边界上形成，提高合金的韧性和塑性[20]。

首先，将 3 种合金制成尺寸为 $\phi300mm\times95mm$ 的模拟盘坯[20]，用于评价其性能。3 种合金模拟盘坯的力学性能如表 4、表 5 所示[20]。结果表明，第 1 种和第 2 种合金中存在原始粉末颗粒边界组织，原始粉末颗粒边界组织的存在导致冲击断口部分沿粉末颗粒间断裂，降低冲击韧性（表 4）；增加 Al 含量（第 2 种合金）提高了合金的拉伸强度和持久强度，650℃下的持久强度由 1080MPa 提高到 1100MPa（表 5）；在加入强碳化物形成元素 Hf 的第 3 种合金中，形成了在合金基体中溶解度很低的含 Hf 的稳定的 MC 型碳化物，阻碍了碳化物沿原始粉末颗粒边界的形成，碳化物在合金中均匀分布，消除了原始粉末颗粒边界组织。第 3 种合金的冲击断口特征发生了改变，由沿粉末颗粒间断裂变为穿晶断裂，冲击吸收功提高到 25.6J（表 4）。

表 4　3 种合金模拟盘坯室温力学性能

合金	R_m/MPa	$R_{p0.2}$/MPa	A/%	Z/%	KU_2/J
1	1584~1591①	1158~1169	15.9~17.2	15.0~17.6	16.0~20.8
	1589②	1163	16.7	16.3	19.2
2	1614~1652	1188~1211	15.2~16.4	15.5~17.3	16.8~20.0
	1630	1203	15.6	16.6	18.4
3	1650~1673	1192~1225	16.0~16.3	15.3~16.3	23.2~26.4
	1659	1206	16.1	16.0	25.6

①最小值~最大值；②平均值。

表 5　3 种合金模拟盘坯持久性能和低周疲劳性能

合金	持久性能		低周疲劳性能（$f=1Hz$）
	$\tau_{}^{650℃}$/h(光滑试样)	$\tau_{}^{650℃}$/h(缺口试样)	$N_{1100MPa}^{650℃}$/周次
1①	83~108②	101~136	5400~8720
	94③	122	7300
2	107~178	126~246	16310~43260
	121	207	29430
3	153~244	229~463	21710~52630
	183	385	43500

①第 1 种合金的加载应力为 1080MPa，其余 2 种合金的加载应力为 1100MPa；②最小值~最大值；③平均值。

选择第 3 种合金（命名为 BB751П）用相同的工艺制成直径为 600mm、质量为 180kg 的全尺寸盘坯[20]，用于全面研究合金的组织和性能。

最后，试制 BB751П 不同形状的盘坯，其直径为 $\phi560\sim640mm$，质量为 125~270kg（图 2）[20,24]。不同形状、尺寸和质量的 BB751П 合金试制批盘坯的力学性能如表 6 所示[20]。由表 6 可知，质量不超过 200kg 的试制批盘坯，其抗拉强度和屈服强度分别达到了 1600MPa 和 1200MPa，650℃下持久强度和低周疲劳强度达到了 1100MPa。BB751П 合金试制批盘坯的力学性能与模拟盘坯基本一致（表4～表6）。对于质量超过200kg的BB751Π合金盘坯，为了得到高的稳定的力学性能，要求在热处理制度允许范围内比较高的冷却速度[20]。尺寸为φ676mm×140mm、质量达280kg的BB751Π合金盘坯的力学性能如表7所示[6]。

图2　BB751Π合金盘坯

表6　BB751Π合金试制批盘坯的力学性能

盘坯质量/kg	室温拉伸性能					持久性能（复合试样）	低周疲劳性能（f=1Hz）
	R_m/MPa	$R_{p0.2}$/MPa	A/%	Z/%	KU_2/J	$\tau_{1100MPa}^{650℃}$/h	$N_{1100MPa}^{650℃}$/周次
125	1644	1243	16.0	16.7	28.0	177	24490
	1628	1238	15.2	16.3	23.2	251	17050
150	1586	1208	15.2	13.0	21.6	161	15270
	1620	1223	15.2	13.3	20.0	156	41230
180	1620	1221	15.2	16.3	22.4	117	41010
	1603	1243	13.6	15.6	21.6	111	59400
200	1608	1218	16.0	19.3	22.4	126	60060
	1626	1210	18.0	19.3	24.0	108	44640
270	1613	1203	16.0	16.0	24.8	70	15780
	1609	1213	14.5	15.7	24.0	105	18143

表7　BB751Π合金大尺寸盘坯的力学性能

室温拉伸性能					持久性能	低周疲劳性能（f=1Hz）
R_m/MPa	$R_{p0.2}$/MPa	A/%	Z/%	KU_2/J	$\tau_{1100MPa}^{650℃}$/h	$N_{1100MPa}^{650℃}$/周次
1617	1213	16.0	16.0	24.8	105	16770
1619	1213	16.0	16.0	24.0	105	12140

研究固溶温度对BB751Π合金全尺寸盘坯性能的影响，其目的是降低盘坯的废品率。按照制定的热处理制度，开展了在γ′相完全固溶温度附近固溶处理同一尺寸和质量盘坯的

性能对比试验。表8给出了不同固溶温度热处理的4个BB751П合金全尺寸盘坯（质量约100kg）的力学性能结果[24]。可见，在单相区固溶处理，BB751П合金全尺寸盘坯的力学性能达到技术条件的要求。

表8 不同固溶温度处理的BB751П合金全尺寸盘坯力学性能及晶粒尺寸

固溶条件	室温拉伸性能					持久性能		低周疲劳性能 ($f=1Hz$)	平均晶粒尺寸/μm
	R_m/MPa	$R_{p0.2}$/MPa	A/%	Z/%	KU_2/J	$\tau_{1000MPa}^{650℃}$/h (光滑试样)	$\tau_{1000MPa}^{650℃}$/h (缺口试样)	$N_{1120MPa}^{650℃}$/周次	
技术条件要求	≥1600	≥1200	≥12	≥13	≥20	≥100	≥100	≥10000	
两相区固溶	1632	1181	19.2	17.8	25.6	84	110	26700	26
	1615	1188	18.4	16.0	25.6	90	106	8520	26
	1608	1157	19.6	17.8	29.6	43	120	28100	27
	1632	1162	21.2	19.6	29.6	65	135	5230	27
单相区固溶	1615	1223	14.8	13.5	20.0	553	173	55440	30
	1640	1213	16.0	14.5	20.8	555	175	26640	30
	1648	1232	18.4	18.3	23.2	122	289	26820	32
	1629	1218	18.4	19.3	26.4	119	174	16920	32

研究固溶保温时间对BB751П合金盘坯力学性能的影响。在BB751П合金模拟盘坯（尺寸为$\phi610mm\times151mm$，质量约235kg）上放置6只热电偶（图3）[27]，热电偶2和4处在同一直径上。为确定固溶保温时间，盘坯在真空炉中热处理，真空度为$(1\sim6)\times10^{-3}$Pa。试验结果表明，在盘坯加热到1200℃过程中，盘坯表面与中心部位温差约60℃，盘坯达到均温需要在1200℃保温2h。根据生产经验，BB751П合金盘坯固溶保温时间定为4h。为验证固溶保温4h选择的正确性，将两件BB751П合金模拟盘坯放置在厢式电炉中进行单相区固溶处理，保温时间分别为4h和8h，然后空冷和两级时效。结果表明，2个盘坯的组织没有发现本质的差别，固溶保温时间为4h和8h的盘坯的晶粒度分别为36μm和40μm，力学性能也没有差别（表9）[27]。这表明固溶保温4h是可行的。如果固溶保温时间低于4h，会导致盘件的组织和性能不均匀。

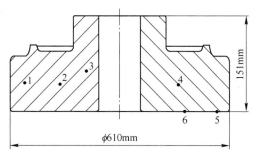

图3 用于研究加热和冷却速率的大尺寸BB751П合金模拟盘坯热电偶放置示意图

表9 在单相区固溶不同保温时间热处理的BB751П合金模拟盘坯的力学性能

固溶保温时间/h	室温拉伸性能					持久性能		低周疲劳性能 ($f=1Hz$)	平均晶粒尺寸/μm
	R_m/MPa	$R_{p0.2}$/MPa	A/%	Z/%	KU_2/J	$\tau_{1100MPa}^{650℃}$/h（光滑试样）	$\tau_{1100MPa}^{650℃}$/h（缺口试样）	$N_{1120MPa}^{650℃}$/周次	
8	1611	1213	16.0	19.0	26.4	105	124	32140	40
	1600	1203	18.5	21.0	27.2			33420	
4	1602	1210	16.0	16.0	20.0	185	221	32930	36
	1605	1200	15.0	16.5	23.2			25990	

研究固溶冷却速率对BB751П合金盘坯力学性能的影响。为确定固溶冷却速率，盘坯在真空炉中热处理，通入氩气冷却，氩气压力为1个大气压。1个大气压氩气的冷却能力接近于空气的冷却能力。BB751П合金大尺寸模拟盘坯中冷却速率分布如图4所示[27]。可见，盘坯表面的冷却速率大约为70℃/min，中心部位的冷却速率大约为20℃/min。由于模拟盘坯各部位冷却速率不同，中心部位的γ'相较表面的粗大，中心部位和表面γ'相的尺寸分别为0.24μm和0.18μm。这导致中心部位的抗拉强度和屈服强度平均降低20~40MPa。根据ВИЛС所使用的工艺，用类似盘坯在空气中快速冷却试验。结果表明，从盘坯表面的导热速率大约为60℃/min。不同固溶冷却速率下BB751П合金的室温屈服强度、BB751П合金盘坯的力学性能如图5、表10所示[8]。由图5、表10可知，为了使室温屈服强度高于1200MPa，固溶冷却速率不低于60℃/min是提高盘坯拉伸强度和低周疲劳性能的主要手段之一[27]。为保证盘坯中心部位的冷却速率不低于60℃/min，中心部位的冷却要比表面强1.5~2.0倍。

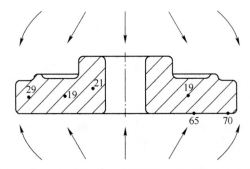

图4 BB751П合金大尺寸模拟盘坯中冷却速率分布
（图中的数字表示冷却速率，单位为℃/min）

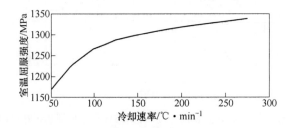

图5 BB751П合金的室温屈服强度与固溶冷却速率的关系

表 10　在不同固溶冷却速率下 BB751П 合金盘坯的力学性能

冷却方式	冷却速率/℃·min^{-1}	$R_{p0.2}$/MPa	$\sigma_{100h}^{650℃}$/MPa
在氩气中冷却（盘坯）	47	1180	1100
用工业风扇吹风冷却（盘坯）	~60	1200	1110
空冷（试样）	~100	1250	1120
油冷（试样）	>180	1340	1150

由于 BBП 系合金具有相似的合金化体系和组织，以及相近的 γ′相含量和完全固溶温度，BB751П 合金固溶保温时间及固溶冷却速率的试验结果也可以应用于高热强合金 BB750П、BB753П 以及高强合金 BB752П 等其他合金[27]。

从 2009 年到 2011 年底，ВИЛС 共计生产并交付了 70 余件 BB751П 合金盘坯，质量从 35kg 到 150kg 不等。在工业试制过程中，发现强度不稳定，在重复检验时强度指标不合格。在试制批前 30 件盘坯生产中，HIP 温度选择在 γ′相完全固溶温度附近，室温抗拉强度 R_m 和屈服强度 $R_{p0.2}$ 的-3σ 比检验标准低 30~40MPa。对于试制批后 40 余件盘坯，随着 γ′相完全固溶温度的提高，HIP 温度、固溶温度也做了相应的提高，合金的平均晶粒尺寸增大了 6~10μm，这是允许的。结果表明，合金性能得到了提高，强度平均值提高了 5%，性能数据的分散性得到了减小。固溶温度在单相区的下限附近（高于 γ′相完全固溶温度），考虑到热处理炉控温精度为±10℃，可能出现固溶加热温度不足，导致拉伸强度、持久强度和低周疲劳性能降低。如果盘坯在热处理时与标准热处理相比出现不大的偏差，但在检验时盘坯性能出现下降，需进行重复热处理，以提高盘坯的力学性能。试验结果表明，BB751П 合金盘坯的重复热处理，消除了粗大 γ′相，略微增大了平均晶粒尺寸，没有加大晶粒尺寸的分散性，也没有降低强度性能，并且可有效地提高成品率[22]。

航空发动机设计部门非常重视材料力学性能的稳定性。不仅要求提高合金的实际性能，而且要保证置信区间边界值-3σ 高于技术条件。在制定 BB751П 合金大型盘坯生产工艺时，要考虑上述要求，并采取相应的措施，以保证力学性能的稳定性[24]。

不同熔炼炉合金 γ′相完全固溶温度的变化会造成两种不希望的情况：（1）在 γ′相完全固溶温度以上的固溶温度超过要求的温度，会造成晶粒长大，导致拉伸强度降低；（2）固溶加热温度不够，会出现粗大 γ′相，也导致拉伸强度降低[24]。

为了稳定和重复 BB751П 合金盘坯力学性能，必须保证在与 γ′相完全固溶温度相适应的温度下加热合金。由于不同熔炼炉合金的 γ′相完全固溶温度的变化在 5~10℃之间，因此，要求按照每一熔炼炉合金的实际 γ′相完全固溶温度制定固溶处理制度；同时，必须考虑热处理炉控温精度，以保证热处理工艺制度的实施。在 BB751П 合金盘坯生产工艺中，明确规定测定每一熔炼炉合金的临界点（γ′相完全固溶温度、合金初熔温度）以及确定固溶温度。通过优化热处理工艺，BB751П 合金盘坯具有较高的组织稳定性，不同批次 BB751П 合金盘坯的晶粒度波动范围非常窄，不超过 10μm，轮毂和轮缘处 γ′相的尺寸不超过 0.06μm，不存在粗大的 γ′相，碳化物分布一致。BB751П 合金盘坯屈服强度的平均值提高了 25~50MPa，减小了波动[22,24]。

盘坯批生产的热处理制度硬性规定在工艺文件的条款中。在不同熔炼炉合金中，化学成分会有波动，γ′相完全固溶温度也会不同。即使不同熔炼炉合金的化学成分偏差不大，会出现盘坯的力学性能不稳定。这样，部分力学性能指标在检验时可能不符合技术条件的要求，必须进行重复检验[24]。在BB751П合金盘坯热处理工艺文件中增加了重复热处理[22]。

1.4 实际应用

ВИЛС在2005~2008年研制出了BB751П合金，并获得许可证[8,22]。BB751П合金盘件可用于工作温度为650℃的第5代、第5代半航空发动机的盘件[8,28]。目前，BB751П合金用于发动机ПД14的盘件及发动机РД-133的涡轮盘、压气机盘和轴[5,21,28]。用于发动机ПД14的BB751П合金盘坯（最大直径ϕ850mm，最大质量达350kg）如图6所示[5]。用于先进航空发动机的BB751П合金压气机盘和二级高压涡轮盘如图7所示[22,28]。从2009年到2012年底，ВИЛС共计交付航空厂100余件BB751П合金盘坯[24]。

图6 用于发动机ПД14的BB751П合金盘坯

(a) (b)

图7 先进航空发动机用BB751П合金盘
(a) 压气机盘；(b) 二级高压涡轮盘

2 BB752П合金

高强BB751П合金室温拉伸强度达到了$R_m \geq 1600\text{MPa}$、$R_{p0.2} \geq 1200\text{MPa}$的水平，但是，650℃的持久性能和低周疲劳性能没有完全满足设计要求。为此，需要研制一种新合金，研制目标为：在保证高拉伸强度的前提下，在工作温度650℃下持久强度和低周疲劳强度不低于1140MPa的合金[17]。

2.1 工艺参数及组织

粉末粒度不大于$100\mu m$(-150目)。在单相区HIP，热处理制度为：单相区固溶处理+两级时效。热处理后，合金中不存在原始粉末颗粒边界组织，具有细小均匀的再结晶组织，晶粒尺寸为 22~24μm，γ′相的平均尺寸为 0.24μm[8,17,25]。均匀细小的 γ′相和碳化物弥散分布在合金基体中。与 BB751П 合金相比，BB752П 合金的 γ′相数量提高了约 10%，γ′相完全固溶温度提高了约 20℃[17]。BB752П 合金的化学成分如表 1 所示。

2.2 力学性能

BB752П 合金保证的力学性能如表 11 所示[8,23]。对比表 11 与表 2 可知，与 BB751П 合金相比，BB752П 合金的室温抗拉强度和屈服强度分别提高了 50MPa 和 20MPa，650℃的持久强度提高了 40MPa，650℃的低周疲劳强度提高了 60MPa。BB752П 合金的力学性能如表 3 所示，BB752П 合金的持久强度曲线如图 1 所示。由表 3 可知，BB752П 合金的室温拉伸强度、650℃的持久强度和低周疲劳性能均高于 ЭП741НП 合金和 ЭП962П 合金；与 ЭП741НП 合金相比，在不明显损失塑性的前提下，BB752П 合金的室温拉伸强度提高约 14%~20%，650℃的持久强度提高约 13%；与 ЭП962П 合金相比，BB752П 合金的室温拉伸强度提高约 6%~9%，650℃的持久强度提高近 10%，塑性和韧性相当。BB752П 合金并且表现为缺口韧性。

表 11 BB752П 合金保证的力学性能

室温性能					持久性能	低周疲劳性能 ($f=1Hz$)
R_m/MPa	$R_{p0.2}$/MPa	A/%	Z/%	KU_2/J	$\sigma_{100h}^{650℃}$/MPa	$\sigma_{N=10^4}^{650℃}$/MPa
1650	1220	13.0	13.0	20.0	1140	1180

2.3 合金研制

2009 年 ВИЛС 在 BB751П 合金的基础上开始研制 BB752П 合金[21]。通过提高 C 含量（C 的质量分数提高到 0.07%~0.12%），增加碳化物含量，阻止 TCP 相析出；提高 W、Mo 含量，总量提高 1%，增加固溶强化。由于 C 与 Nb、Ti 形成（Nb,Ti）C，消耗合金中部分 Nb 和 Ti，为了保证高的强度，γ′相数量基本保持不变，必须提高 γ′相形成元素的含量，因此，Al、Nb、Ti 总量增加约 0.8%（质量分数）。同时，为了消除原始粉末颗粒边界组织和提高碳化物的数量，Hf 含量提高 50%（质量分数）。希望采取提高 γ′相数量、补充碳化物强化以及减小晶粒尺寸等措施，达到合金设计要求[8,17,21,25]。

为了获得室温拉伸强度与 650℃持久强度和低周疲劳性能的良好匹配，进行了时效制度研究。HIP 后带包套的 BB752П 合金试验盘，直径为 φ400mm，质量为 60kg，扒皮后的盘坯在单相区固溶后快速冷却，在同一盘坯上取料进行四种时效制度（两级时效）试验。热处理制度 1 为固溶处理+BB751П 合金的标准时效制度，热处理制度 2 为固溶处理+一级低温时效+二级高温时效，热处理制度 3 为固溶处理+一级高温时效+二级低温时效，热处理制度 4 为固溶处理+一级高温时效+二级低温时效，一级时效温度高于制度 3[8,17]。

单相区固溶处理+两级低温时效的热处理制度 1 作为 BB752П 合金的基本热处理制度，保证合金中的析出相均匀弥散分布，从而保证合金具有室温拉伸强度与 650℃持久强度良好的匹配；热处理制度 3 和 4 的高温时效，促使第二相析出，导致晶界碳化物和 γ′相粗化。

不同热处理制度的 BB752Π 合金盘坯的力学性能如表 12、表 13 所示[17]。BB752Π 合金的热处理制度，既保证了高的拉伸强度（$R_m \geq 1620$MPa、$R_{p0.2} \geq 1220$MPa），又保证了高的持久强度（$\sigma_{100h}^{650℃} \geq 1140$MPa）、无缺口敏感以及高的低周疲劳强度（$\sigma_{N=10^4}^{650℃} \geq 1180$MPa）[17]。

表 12　BB752Π 合金盘坯的室温力学性能

热处理制度	R_m/MPa	$R_{p0.2}$/MPa	A/%	Z/%	KU_2/J
1	1624~1648①	1236~1257	16.8~17.2	14.9~15.2	21.6~25.6
	1640②	1240	16.9	15.0	25.3
2	1625~1631	1178~1233	17.6~18.2	16.3~18.5	18.4~22.4
	1627	1215	17.9	17.5	21.2
3	1623~1684	1228~1281	14.4~18.4	13.3~18.5	18.4~25.6
	1641	1239	16.1	15.9	22.9
4	1639~1652	1195~1204	17.2~19.2	17.8~19.4	18.4~26.4
	1643	1198	18.4	18.9	23.7

①最小值~最大值；②平均值。

表 13　BB752Π 合金盘坯的高温力学性能

热处理制度	持久寿命		低周疲劳寿命（$f=1$Hz）
	光滑试样 $\tau_{1140\text{MPa}}^{650℃}$/h	缺口试样 $\tau_{1140\text{MPa}}^{650℃}$/h	$N_{1180\text{MPa}}^{650℃}$/周次
1	126~217①	714~997	26380
	183②	841	
2	137~335	61~96	33720
	201	67	
3	39~73	54~355	29690
	62	263	
4	144~327	19~124	16170
	276	70	

①最小值~最大值；②平均值。

BB752Π 合金盘件可用于工作温度为 700℃ 的第 5 代、第 5 代半航空发动机的盘件[28]。

3　BB750Π 合金

研制目标为：高温持久性能优于 BB751Π、BB752Π 合金，持久强度 $\sigma_{100h}^{750℃} = 750$MPa[6]。

3.1　工艺参数及组织

使用的粉末粒度不大于 $100\mu m$（-150 目），在单相区 HIP，热处理采用单相区固溶处理+两级时效。文献 [7, 8] 报道，热处理制度为：在 γ′ 相完全固溶温度以上 10℃ 固溶，炉冷至 γ′ 相完全固溶温度以下 20℃，然后空冷；一级时效温度高于 800℃，二级时效温度低于 800℃，两级时效保温时间为 16h。专利 [19, 29] 报道，HIP 制度为在 1210℃（γ′ 相完全固溶温度以上 5℃）保温 4h，热处理制度为：1215℃（γ′ 相完全固溶温度以上

10℃），8h，以30℃/min冷却+870℃、760℃两级时效，保温16h，空冷。

热处理后，合金组织主要由基体γ相、γ′相和少量的碳化物、硼化物组成，晶粒度约为40μm，γ′相平均尺寸为0.29μm，γ′相含量为57%~59%，γ′相完全固溶温度为1190~1205℃[7,8,19,21,29,30]。BB750П合金的化学成分如表1所示。

3.2 力学性能

BB750П合金的力学性能如表3所示，BB750П合金的持久强度曲线如图1所示。在650℃、120MPa·$\sqrt{m}$应力强度因子范围条件下，BB750П和ЭП741НП合金的疲劳裂纹扩展速率分别为$5.8×10^{-4}$ mm/周次和$6.1×10^{-4}$ mm/周次[7]。可见，BB750П合金的室温拉伸强度、650℃低周疲劳性能以及750℃以下持久强度均高于ЭП741НП合金，750℃持久强度高于BB751П合金和BB752П合金，650℃疲劳裂纹扩展速率低于ЭП741НП合金；与ЭП741НП合金相比，在不明显损失塑性和韧性的前提下，BB750П合金的室温拉伸强度提高近5%~10%，650℃和750℃的持久强度分别提高约12%和10%。图8给出了BB750П、ЭП962П合金的拉伸强度与温度的关系[7]。可见，BB750П合金的室温拉伸强度与ЭП962П合金相当，到750℃，BB750П合金的拉伸强度仍然保持很高的水平，而ЭП962П合金的拉伸强度急剧下降。BB750П合金的650℃持久强度比ЭП962П合金高约9%，BB750П合金表现为缺口韧性。

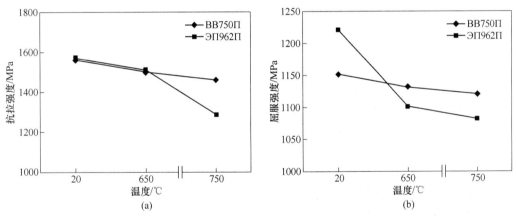

图8　BB750П、ЭП962П合金的拉伸强度与温度的关系
（a）抗拉强度；（b）屈服强度

3.3 合金研制

在ЭП741НП合金成分的基础上，通过提高C、Cr、W含量，降低Co、Mo含量，提高固溶强化效果，通过提高Ti含量，降低Al、Nb含量，使Al∶Ti变为1∶1（质量比）；在γ′相形成元素Al、Ti、Nb、Hf总量基本保持不变的条件下，提高γ′相完全固溶温度。在不明显损失塑性的前提下，得到比较高的拉伸强度和持久强度，应力集中不敏感，裂纹扩展抗力保持ЭП741НП合金的水平[7]。

ЭП962П合金含有约50%的γ′相（质量分数），合金强度高、塑性和韧性低。ЭП975П合金含有约64%（质量分数）的γ′相，在750℃时具有很高的持久强度（$\sigma_{100h}^{750℃}$ =740MPa）。

由于合金化程度高，ЭП975П 合金有形成 TCP 相的倾向，降低合金的塑性。鉴于 ЭП962П 和 ЭП975П 合金的不足，在 ЭП741НП 合金的基础上，提高力学性能，包括：抗拉强度达到 ЭП962П 合金的水平，在保持高塑性、不存在应力集中敏感性以及 ЭП741НП 合金高工艺性的条件下，750℃持久强度达到 ЭП975П 合金的水平[30]。为此，为了保持 ЭП741НП 合金所含有的 γ′相含量接近 60%、宽的单相区、抑制 ЭП975П 合金形成 TCP 相倾向，以及提高 ЭП962П 合金固有的低塑性，需要完善 ЭП741НП 合金的化学成分。在回归力学性能、γ′相完全固溶温度、γ′相含量以及其他组织参数与主要合金元素含量关系的基础上，进行了 ЭП741НП 合金化学成分的优化，包括：在不改变 γ′相形成元素 Al、Ti、Nb 总量的前提下，调整了 γ′相形成元素的含量关系，提高 Ti 含量，降低 Al、Nb 含量及 Ti 与 Al、Nb 的比值。这样，在 BB750П 合金中建立了与高强合金 ЭП962П 相一致的 Ti：Al 关系，与高强合金 ЭП741П 和 ЭП975П 相似的 γ′相含量，即在 BB750П 合金中考虑到了 ЭП962П 和 ЭП975П 合金中保证高的拉伸强度和持久强度的元素的基本关系。得到的 BB750П 合金成分，保证了宽的单相区（50℃）、比较高的 γ′相的质量分数（59%）和 γ′相完全固溶温度（比 ЭП741НП 合金的高 20℃）[30]。

HIP 制度研究结果表明[8]：在两相区 HIP，存在树枝晶组织、晶粒尺寸不均匀以及大量晶界与原始粉末颗粒边界重合，表现为塑性低和缺口敏感；在单相区 HIP，完全消除了树枝晶组织，形成了均匀的晶粒组织；在单相区接近 γ′相完全固溶温度 HIP，得到较细的晶粒组织。固溶温度研究结果表明[8]：从两相区固溶后冷却，存在粗大的 γ′相，降低合金的力学性能；从单相区固溶后冷却，得到均匀细小的 γ′相，合金获得最优的力学性能水平，从合金固相线或固相线以上温度固溶后冷却，导致出现共晶组织。

BB750П 合金的两种盘坯如图 9 所示[7]。用盘坯 1［图 9(a)］进行摸索热处理制度试验。为了在盘坯的不同部位得到均匀组织，采用分级热处理工艺。分级热处理可以减弱尺寸因素的影响，即由于在沿盘坯不同截面冷速不同所引起的组织不均匀性。分级热处理包括：在单相区加热，炉冷至 γ′相完全固溶温度以下 20℃，不保温，然后空冷；分级淬火后，进行不同时效制度试验。结果表明，为了得到高的室温拉伸强度和 650℃、750℃持久强度，必须保证组织中 γ′相尺寸不小于 0.20μm 和二次碳化物析出。由两级时效（保温时间为 16h）保证得到该组织，在时效过程中形成二次碳化物和弥散 γ′相[7]。对经过固溶和时效处理的盘坯 1 进行解剖分析，在盘坯 1 的轮缘和轮毂各切取 1 个试样环。结果表明：盘坯的轮毂和轮缘部位组织和性能是一致的，γ′相尺寸变化不大，从轮缘的 0.21μm 到轮

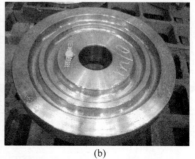

(a)　　　　　　　　　　　(b)

图 9　BB750П 合金盘坯

(a) 盘坯 1；(b) 盘坯 2

毂的0.24μm。BB750Π合金盘坯1解剖力学性能如表14、表15所示[7]。可知，盘坯各部位性能分散性非常小。

表14　BB750Π盘坯解剖室温力学性能

盘件类型	取样部位		R_m/MPa	$R_{p0.2}$/MPa	A/%	Z/%	KU_2/J
盘坯1	轮缘		1565	1127	19.3	17.7	35.2
	轮毂		1561	1121	20.1	18.4	35.2
盘坯2	轮缘	环1	1545	1133	15.6	19.0	28.0
		环2	1555	1132	17.4	19.0	31.2
	轮毂	环3	1546	1113	18.4	20.0	36.8
		环4	1559	1138	18.4	19.0	30.4

表15　BB750Π盘坯解剖高温力学性能

盘件类型	取样部位		持久寿命/h						低周疲劳寿命 (f=1Hz)
			$\tau^{620℃}_{1300MPa}$（光滑试样）	$\tau^{620℃}_{1300MPa}$（缺口试样）	$\tau^{650℃}_{1100MPa}$（光滑试样）	$\tau^{650℃}_{1150MPa}$（缺口试样）	$\tau^{750℃}_{750MPa}$（光滑试样）	$\tau^{750℃}_{750MPa}$（缺口试样）	$N^{650℃}_{1100MPa}$/周次
盘坯1	轮缘				303	>500	134	276	13200
	轮毂		176	>400	153	>750	163	282	14350
盘坯2	轮缘	环1	198	>400	236	>500	133	100	10040
		环2	188	>400	155	>500	119	186	19500
	轮毂	环3			161	>500	138	142	
		环4			258	>540	116	301	

用此热处理制度对盘坯2[质量约200kg，图9(b)]进行热处理试验。对热处理后的盘坯2进行解剖分析，切取4个试样环：轮缘2个（试样环1和2），轮毂2个（试样环3和4），如图10所示[7]。结果表明，分级淬火保证盘坯沿不同截面形成均匀的组织。在冷速最高部位（试样环1）和冷速最低部位（试样环3），γ'相尺寸的变化从0.22μm到0.29μm。在轮毂部位γ'相的尺寸稍微增大，使屈服强度略有降低（20MPa）（表14），没有明显改变650℃和750℃的持久寿命（表15）。

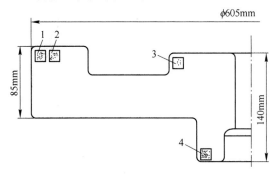

图10　BB750Π合金盘坯2试样环切取示意图
1~4—试样环

为了获得盘坯 1 和 2 结构强度计算所需的数据，进行了 620℃、1200MPa 的持久强度试验。结果表明，盘坯 1 和 2 具有较高的持久寿命（表 15）。在 620℃和 650℃下，在盘坯整个截面上应力集中不敏感。620℃和 650℃缺口试样最小应力分别比光滑试样高 100MPa 和 50MPa（表 15）。大尺寸复杂形状的 BB750П 合金盘坯在 620~750℃工作温度范围内的持久强度比 ЭП741НП 合金盘坯高 10%[7]。

为了评价工艺稳定性和决定工业试生产及批产，用全尺寸盘坯进行全面组织和性能研究。所有全尺寸盘坯的显微组织比较分析结果表明，不同批次盘坯的晶粒度波动范围非常窄，不超过 10μm，γ′相的尺寸不超过 0.06μm，碳化物的析出特征一致。不同批次盘坯的全面研究结果表明，制定的热等静压工艺和热处理工艺能保证盘坯具有稳定的组织和力学性能[8]。

BB750П 合金满足第 5 代、第 5 代半航空发动机对 750℃盘件材料的要求[7,8]。2011 年初，BB750П 合金在 ВИАМ 完成了取证[21]。

4　BB753П 合金

研制目标为：拉伸强度、持久强度和低周疲劳强度高于 BB750П 合金。在 BB750П 合金的基础上，适当降低 Mo 含量和提高 W 含量，添加适量的 Ta、Re 等难熔元素，保证适当的 γ/γ′错配度，强化基体、γ′相以及增加 γ′相含量[8,21]，达到提高综合性能的目的。BB753П 合金的化学成分如表 1 所示。

粉末粒度不大于 100μm（-150 目），在单相区 HIP，热处理采用单相区固溶处理+两级时效。HIP 制度为在 1210℃（γ′相完全固溶温度以上 5℃）保温 4h；热处理制度为：1215℃（γ′相完全固溶温度以上 10℃）固溶 8h，以 30℃/min 冷却+870℃、760℃两级时效，保温 16h[29]。热处理后，合金组织主要由基体 γ 相、γ′相和少量的碳化物、硼化物组成，晶粒度为 40μm，γ′相的尺寸平均约为 0.29μm，γ′相质量分数为 60%~62%，γ′相完全固溶温度为 1205℃[8,21,29]。

BB753П 合金的性能如表 3 所示。可见，BB753П 合金的室温拉伸强度、650℃低周疲劳性能以及 750℃以下持久强度均高于 ЭП741НП 合金和 BB750П 合金；与 ЭП741НП 合金相比，在不明显损失塑性和韧性的前提下，BB753П 合金的室温抗拉强度提高约 10%~13%，650℃和 750℃的持久强度分别提高约 14%和 18%；与 BB750П 合金相比，BB753П 合金的室温拉伸强度提高约 3%~5%，650℃和 750℃的持久强度分别提高约 2%和 7%，塑性和韧性保持不变。BB753П 合金表现为缺口韧性。BB753П 合金在 850℃下 100h 的持久强度达到 450~500MPa[21]。

BB753П 可用于工作温度高于 750℃的第 5 代和第 5 代半航空发动机的盘件等[28]。

5　结束语

从 2004 年至今，ВИЛС 在新型粉末高温合金盘和轴方面开展了大量的理论和实际研究工作，概括如下。

（1）BB751П 和 BB752П 属于高强型合金，BB751П 和 BB752П 合金分别可用于工作温度为 650℃和 700℃的第 5 代和第 5 代半航空发动机的盘件等。BB750П 和 BB753П 属于高热强型合金，分别可用于工作温度为750℃和高于750℃的第5代和第5代半航空发动机的盘件等。

（2）要得到优良的力学性能，必须保证以下组织特征：对于高强型合金，晶粒度约为30μm、γ′相的平均尺寸约为0.24μm；对于高热强型合金，晶粒度约为40μm、γ′相的平均尺寸约为0.29μm。为了得到室温屈服强度大于1200MPa，固溶冷却速率不得低于60℃/min。

（3）合金中加入强碳化物形成元素Hf，促进消除粉末高温合金中原始粉末颗粒边界组织，提高合金的塑性和韧性。

（4）ВВП系粉末高温合金的拉伸强度、650℃的持久强度以及低周疲劳性能均优于ЭП741НП合金，但塑性、韧性比ЭП741НП合金低。ВВП系合金盘件性能满足第5代、第5代半航空发动机的设计要求。

（5）ВВ751П合金盘件等用于发动机ПД14和РД-133。从2009年到2012年底，共计交付航空厂100余件ВВ751П合金盘坯。俄罗斯已开始工业试制批生产和提供航空发动机涡轮和压气机用ВВ750П合金盘件。ВВ752П和ВВ753П合金盘件目前处于试制阶段。

参 考 文 献

[1] Гарибов Г С. Крупногабаритные диски и валы из новых российских гранулируемых жаропрочных никелевых сплавов для двигателей военных и гражданских самолётов [J]. Технология Лёгких Сплавов, 1997, (2): 23-28, 54-56.

[2] Гарибов Г С. Технология производства материалов газовых турбин ⅩⅩⅠ века [J]. Технология Лёгких Сплавов, 1998, (5-6): 107-122.

[3] Гарибов Г С. Металлургия гранул в авиадвигателестроении [J]. Технология Лёгких Сплавов, 2001, (5-6): 138-148.

[4] Гарибов Г С, Чепкин В М. Прогресс в технологии производства теталей ГТД методом металлургии гранул - основа успешного развития авиадвигателестроения [J]. Кузнечно - Штамповочное Производство, 2002, (7): 18-22, 27.

[5] Гарибов Г С, Гриц Н М, Волков А М, и др. Металловедческие аспекты производсдва заготовок дисков из гранулируемых жаропрочных никелевых сплавов методом ГИП [J]. Технология Лёгких Сплавов, 2014, (3): 54-58.

[6] Гарибов Г С, Востриков А В. Новые материалы из гранул для дисков перспективных газотурбинных двигателей [J]. Технология Лёгких Сплавов, 2008, (3): 60-64.

[7] Гарибов Г С, Гриц Н М, Востриков А В, и др. Крупногабаритные диски из гранул нового высокожаропрочного сплава ВВ750П для перспективных ГТД [J]. Технология Лёгких Сплавов, 2008, (1): 31-36.

[8] Гарибов Г С, Востриков А В, Гриц Н М, и др. Разработка новых гранулированных жаропрочных никелевых сплавов для производства дисков и валов авиационных двигателей [J]. Технология Лёгких Сплавов, 2010, (2): 34-43.

[9] Гарибов Г С, Гриц Н М, Востриков А В, и др. Эволюция технологии, структуры и механических свойств гранулируемых жаропрочных никелевых сплавов, изготовленных методом ГИП [J]. Технология Лёгких Сплавов, 2010, (3): 31-35.

[10] Сплавы никелевые жаропрочные гранулируемые. Марки. ГОСТ Р 52802-2007 [S]. 2008-07-01.

[11] Изменение №1 к ГОСТ Р 52802-2007 Сплавы никелевые жаропрочные гранулируемые. Марки [S]. 2010-03-01.

[12] Ерёменко В И, Гриц Н М, Федоренко Е А, и др. Жаропрочный порошковый сплав на основе никеля: Россия, 2294393 [P]. 2007-02-27.

[13] Гарибов Г С, Востриков А В, Гриц Н М, и др. Жаропрочный порошковый сплав на основе никеля: Россия, 2348726 [P]. 2009-03-10.

[14] Гарибов Г С, Востриков А В, Гриц Н М, и др. Порошковый жаропрочный никелевый сплав: Россия, 2368683 [P]. 2009-09-27.

[15] Гарибов Г С, Востриков А В, Гриц Н М, и др. Жаропрочный порошковой никелевый сплав: Россия, 2371495 [P]. 2009-10-27.

[16] Гарибов Г С, Гриц Н М, Иноземцев А А, и др. Жаропрочный порошковый сплав на основе никеля: Россия, 2410457 [P]. 2011-01-27.

[17] Гарибов Г С, Гриц Н М, Востриков А В, и др. Разработка и исследование нового гранулируемого высокопрочного жаропрочного никелевого сплава ВВ752П для перспективных изделий авиационной техники [J]. Технология Лёгких Сплавов, 2011, (1): 7-11.

[18] Гарибов Г С, Гриц Н М, Александровна Ф Е, и др. Способ получения изделия из сплава типа ВВ751П с высокой прочностью и жаропрочностью: Россия, 2453398 [P]. 2012-06-20.

[19] Гарибов Г С, Гриц Н М, Казберович А М, и др. Способ получения изделий из сложнолегированных порошковых жаропрочных никелевых сплавов: Россия, 2516267 [P]. 2014-05-20.

[20] Гарибов Г С, Гриц Н М, Востриков А В, и др. Создание нового высокопрочного сплава ВВ751П для перспективных газотурбинных двигателей [J]. Технология Лёгких Сплавов, 2009, (1): 34-39.

[21] Гарибов Г С, Гриц Н М. Пути создания новых высокожаропрочных гранулируемых сплавов для перспективных авиадвигателей [J]. Технология Лёгких Сплавов, 2012, (3): 35-43.

[22] Гарибов Г С, Гриц Н М, Востриков А В, и др. Освоение перспективного высокопрочного гранулируемого никелевого сплава для турбинных дисков авиационных двигателей новог поколения [J]. Технология Лёгких Сплавов, 2012, (3): 64-69.

[23] Гарибов Г С, Гриц Н М, Востриков А В, и др. Повышение характеристик прочности и сопротивления МЦУ гранулируемых жаропрочных никелевых сплавов за счёт снижения крупности гранул [J]. Технология Лёгких Сплавов, 2012, (3): 56-63.

[24] Волков А М, Гарибов Г С. Влияние температурных режимов закалки на структуру и механические свойства дискового гранулируемого жаропрочного никелевого сплава [J]. Технология Лёгких Сплавов, 2013, (2): 51-56.

[25] Гарибов Г С. Новые наноструктурированные гранулированные материалы для газотурбинных технологий [J]. Технология Лёгких Сплавов, 2014, (2): 53-56.

[26] Бочарова А А, Гриц Н М, Казберович А М. Заготовки биметаллических дисков с функционально-градиентныи свойствами из перспективых гранулируемых жаропрочных никелевых сплавов [J]. Технология Лёгких Сплавов, 2013, (4): 135-143.

[27] Волков А М, Гарибов Г С, Гриц Н М, и др. Исследование процессов нагрева и охлаждения при закалке крупногабаритных заготовок дисков из гранул жаропрочных никелевых сплавов [J]. Технология Лёгких Сплавов, 2013, (3): 66-72.

[28] Шмотин Ю Н, Старков Р Ю, Логунов А В и др. Перспективые материалы и технологии производства дисков турбин [J]. Технология Лёгких Сплавов, 2013, (4): 132-134.

[29] Гарибов Г С, Гриц Н М, Востриков А В, и др. Способ получения изделий из сложнолегированных жаропрочных никелевых сплавов: Россия, 2457924 [P]. 2012-08-10.

[30] Качанов Е Б. Структурное состояние новых гранулируемых жаропрочных никелевых сплавов и его влияние на механические свойства [J]. Технология Лёгких Сплавов, 2006, (4): 12-19.

(原文发表在《粉末冶金工业》, 2015, 25(4): 1-14.)

1.2 组织与性能研究

热挤压粉末 IN100 合金的超塑性

李 力　强劲熙　杨士仲

摘　要　本工作采用氩气雾化 IN100 合金粉，经真空脱气，装入不锈钢套，封焊后，进行热挤压。挤压棒材具有良好的超塑性，在温度为1040℃应变速率为 $10^{-2} \sim 10^{-3}$/min 时，拉伸试样的延伸率可达 824%~1090%，流动应力仅为 $1.0 \sim 1.5 \text{kgf/mm}^2$（1kgf＝9.8N）。本文研究了挤压工艺参数对合金超塑性和机械性能的影响，探索了最佳超塑性的温度范围，研究了超塑性合金的组织特点以及经热处理后的组织变化。试验结果说明热挤压粉末 IN100 合金的室温和700℃的抗张性能以及持久性能均优于铸造 IN100 合金。

Superplasticity in Hot Extruded PM IN100 Superalloy

Li Li, Qiang Jinxi, Yang Shizhong

Abstract: In this work the argon atomized powders of superalloy IN100 were utilized. Powders thermo-degassed under vacuum were filled into stainless steel containers, which were consolidated by hot extrusion after sealing. Effects of parameters of extrusion on the superplasticity and other mechanical properties of the alloy were investigated. The result has shown that hot extruded PM IN100 alloy exhibits excellent superplasticity. The elongation of tensile samples can be over 1000% at 1040℃ and strain rate of $10^{-2} \sim 10^{-3}$/min, and its flow stress is only about $1.0 \sim 2.5 \text{ kgf/mm}^2$ (1kgf＝9.8N). The characteristic ultrafine microstructure of superplastic alloy as well as its varieties of structures and properties after heat treatment were described. The mechanical properties and creep rupture properties of PM IN100 are better than those of as-cast material.

1　引言

超塑性是金属材料在一定条件下呈现的无缩颈大延伸特性。金属材料呈现超塑性的条件是：具有超细晶粒组织；在一定的温度（0.7熔点以上）和适当的应变速率（$10^{-2} \sim 10^{-3}$/min）下变形。

超塑性变形不同于一般塑性变形，它和无定形黏性流动相似，具有下列特征：

（1）变形抗力急剧减小。

（2）塑性指标明显增大。

（3）拉伸试验时试样不产生缩颈。

（4）流动应力 σ 对变形速率 $\dot{\varepsilon}$ 非常敏感。通常用 $\sigma = K\dot{\varepsilon}^m$ 关系式来描述，式中 σ 为流动应力，K 为材料的强度常数，$\dot{\varepsilon}$ 为应变速率，m 为应变速率敏感性指数。对于一般金属材料，$m < 0.3$，对于超塑性材料，$0.3 < m \leqslant 1$。m 值的物理意义是代表金属材料的均匀变形能力，或者说是代表抗局部缩颈的能力，m 值越大，材料的塑性就越好。

许多国家对超塑性进行了研究，发现了铁基、镍基和钛基合金等很多具有超塑性的材料，并且将超塑性应用于零件的成形，成为行之有效的压力加工的新工艺，例如美国用超塑性锻造工艺制成了飞机发动机涡轮盘，甚至整体涡轮。粉末涡轮盘，不但成分偏析小，机械性能高，而且成形性好，成本低。

我们为研制粉末 IN100 合金涡轮盘，对制备超塑性坯料工艺进行了研究。本文论述了粉末 IN100 合金的热挤压工艺、性能水平和组织特点，探讨了挤压比对合金性能的影响。

2 超塑性坯料的制备工艺

研究所用的 IN100 合金化学成分为：$w(C) = 0.075\%$，$w(Co) = 15\%$，$w(Cr) = 10\%$，$w(Mo) = 3.2\%$，$w(Al) = 5.5\%$，$w(Ti) = 4.9\%$，$w(V) = 1\%$，$w(Zr) = 0.06\%$，$w(B) = 0.015\%$，其余为 Ni。

所用工艺流程是：制粉—筛分—装套—脱气—焊封—挤压。

本试验采用了氩气雾化粉末，粒度为 40~325 目，氧含量为 100ppm 左右。粉末装在尺寸为 ϕ83mm×200mm 的不锈钢套内，加热到 350~400℃，进行真空脱气，真空度达 10^{-5} 毛数量级。脱气完毕后，将钢套焊封。在 600t 立式挤压机上进行挤压。挤压工艺由两步组成，先在挤压筒中镦粗压实，而后再挤压成棒材。镦粗的加热温度为 1200℃，挤压的加热温度为 1150℃。挤压速度为 80mm/s。用玻璃粉作润滑剂。以 6:1、9:1、12:1 三种挤压比做试验，最大的挤压力是 100kgf/mm² (1kgf=9.8N)。将挤压所得棒材进行超塑性力学特性、常规力学性能和显微组织的研究。

3 合金的超塑性力学特性

合金的超塑性是通过测定应变速率敏感性指数 m 值和拉伸试验的延伸率来确定的。

3.1 应变速率敏感性指数 m 值的测定

采用了 Backofen 提出的拉伸速度突变法[1]测定 m 值。试样直径为 5mm，标距长度为 30mm，拉伸速率为 $10^{-2} \sim 10^{-3}$/min。测得热挤压粉末 IN100 合金在 1040℃ 的 m 值为 0.5~0.7，说明合金具有良好的超塑性。

3.2 最佳超塑性温度

在 1000~1080℃ 温度范围内进行了超塑性拉伸试验。拉伸速度为 1mm/min，试样工作长度为25mm，相应的开始应变速率为$4×10^{-2}$/min。测定了流动应力和延伸率。试验结果见表1，拉伸试样实物见图1。

表1 温度对热挤压粉末IN100合金超塑性的影响

试验温度/℃	延伸率/%	流动应力/kgf·mm^{-2}(1kgf=9.8N)
1000	454	—
1020	1044	1.52
1040	1012	1.31
1060	676	0.71
1080	540	0.45

从表1看出，最佳超塑性温度范围为1020~1040℃，延伸率超过1000%，流动应力很低，只有1.5kgf/mm^2(1kgf=9.8N)。随温度升高到1080℃，合金的流动应力虽不断下降，但塑性也在下降，这说明最好的塑性并不意味着流动应力最低。因此在选择超塑性成形温度时，要兼顾塑性和流动应力，以保证加工材料有好的成形性。

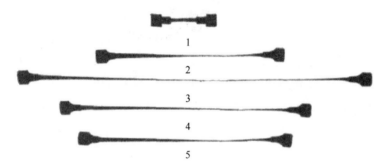

图1 热挤压粉末IN100合金在不同温度下的超塑性拉伸试样
1—原始试样；2—1000℃；3—1020℃；4—1060℃；5—1080℃

图2为1040℃的流动应力-应变速率曲线。

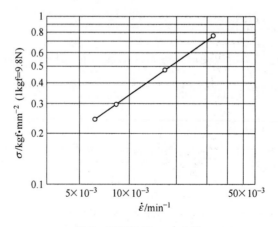

图2 1040℃的σ-$\dot{\varepsilon}$曲线

4 合金的显微组织

热挤压粉末 IN100 合金具有超细晶粒的组织,晶粒度小于 10μm,如图 3(a) 所示。图 3(b) 是电子显微镜观察的组织照片,可以看出,合金基体上分布着大小不同尺寸的 γ′ 相,大 γ′ 相约有 1.5~5μm,是在挤压前的加热过程中长大的,细小 γ′ 相约有 2000Å,是在空冷过程中析出的。X 光背反射试验结果说明,挤压棒材已是再结晶的组织。

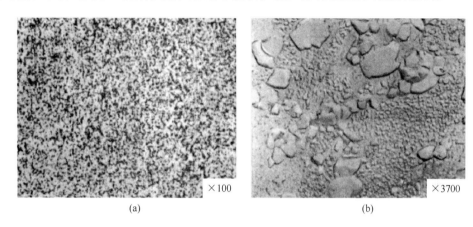

图 3　热挤压粉末 IN100 合金棒材的组织
(a) 晶粒度;(b) 大小 γ′ 相的分布

观察 1040℃ 超塑性拉伸后试样纵断面的金相组织,发现晶粒并不沿应力方向拉长,仍保持等轴晶粒 [图 4(a)],这说明超塑性变形机理和一般塑性变形不同,它的形变主要靠晶界滑移和晶粒扭转来实现[2],形变机理有待深入研究。

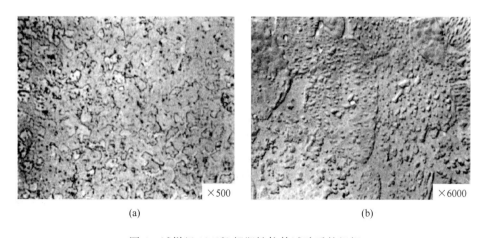

图 4　试样经 1040℃ 超塑性拉伸试验后的组织
(a) 纵断面放大 500 倍;(b) 纵断面放大 6000 倍

超塑性变形过程中晶粒略有长大,由于是在低于 γ′ 相溶解温度下进行变形,γ′ 相的存在阻碍了晶粒明显长大,因而在长时间形变过程能保持超塑性。

挤压材试样在 1180~1240℃ 范围内经不同温度固溶处理 4h，金相组织研究说明，γ′相的固溶温度为 1230℃，晶粒长大十分缓慢（图5）。

图5　合金经固溶处理后的组织
（a）1180℃，4h，空冷；（b）1240℃，4h，空冷

挤压材的拉伸性能列于表2，它具有很高的抗张强度（$\sigma_b > 167 \text{kgf/mm}^2$）和屈服强度（$\sigma_{0.2} > 132 \text{kgf/mm}^2$）（$1\text{kgf} = 9.8\text{N}$）。

5　热处理后的组织和性能

挤压材的热处理制度采用：1240℃，4h，空冷 +1080℃，4h，空冷 + 850℃，10h，空冷 +760℃，8h，空冷。热处理后的显微组织见图6。晶粒度为 ASTM6 级，有少量 MC 碳化物沿挤压方向呈带状分布，弥散的 γ′ 相在晶内析出，晶界上析出颗粒状碳化物，经电子衍射鉴定为 $M_{23}C_6$。此外，组织中还存在少量热诱导孔洞，其数量经图像分析仪测定，约占面积的 0.15%~0.3%。热诱导孔洞主要来自于氩气雾化制粉工艺，空心粉较多（包有氩气），以及脱气不完善所致，文献［3］论述了它对性能的不利影响。

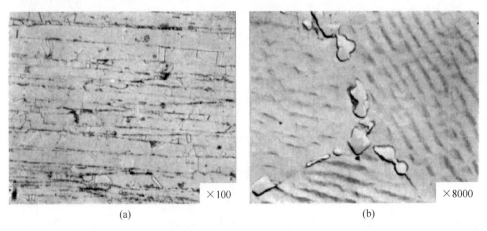

图6　热挤压粉末 IN100 合金热处理后的组织
（a）100 倍；（b）8000 倍

合金经热处理后的室温和700℃拉伸性能，以及700℃、76kgf/mm²（1kgf=9.8N）的持久性能数据列于表3。结果表明，热挤压粉末IN100合金的上述性能均优于铸造IN100合金，尤其是屈服强度和塑性的提高更为显著。

观察了持久试样断口附近的显微组织，裂纹主要沿晶界发生，少量裂纹沿原始粉末颗粒边界发展。

用扫描电镜观察了室温拉伸试样的断口组织，属于韧性断口，没有发现沿原始颗粒边界断裂的现象，说明粉末颗粒间的结合强度很高，材料塑性很好。

6 挤压比对合金组织和性能的影响

进行了三种挤压比（6∶1，9∶1，12∶1）的试验，挤压材尺寸依次分别为φ35mm，φ28mm，φ25mm。其显微组织示于图7。可以看出，挤压比小的（6∶1，9∶1）合金棒材仍保留一部分原始粉末未再结晶的组织，挤压比稍大者（12∶1），组织均匀，再结晶完全。用X射线背反射试验也证明了上述挤压比对再结晶程度的影响。

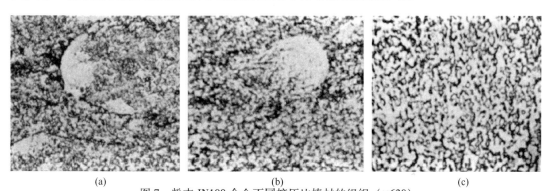

图7 粉末IN100合金不同挤压比棒材的组织（×630）
(a) 挤压比：6∶1；(b) 挤压比：9∶1；(c) 挤压比：12∶1

1040℃的拉伸试验结果说明，三种挤压比的棒材均具有超塑性，见表4。挤压比大（12∶1）的超塑性最好，延伸率达到1000%以上。挤压比小的延伸率也达到了800%以上。

不同挤压比的合金经热处理前后的拉伸性能和持久性能数据列于表2和表3。表3数据说明三种挤压比的粉末IN100合金的室温拉伸、700拉伸和700℃持久性能均优于铸造IN100合金，而且挤压比大的室温拉伸强度较高，三种挤压比合金的其他性能均处于同一水平。

表2 热挤压粉末IN100合金的室温拉伸性能（未经热处理）

锭号	挤压比	拉伸		性能	
		σ_b/kgf·mm⁻²	$\sigma_{0.2}$/kgf·mm⁻²	δ%	ψ%
E4	6∶1	170.1	150.3	10.3	10.9
E3	9∶1	181.4	152.8	13.5	10.9
E5	12∶1	171.8	132.7	29.1	23.7
E1	12∶1	167.6	135.0	20.4	18.2

注：1kgf=9.8N。

表3 热挤压粉末 IN100 合金经热处理后的性能

(热处理：1240℃，4h，空冷+1080℃，4h，空冷+850℃，10h，空冷+760℃，8h，空冷)

锭号	挤压比	t/℃	拉伸性能				持久性能			
			σ_b /kgf·mm^{-2}	$\sigma_{0.2}$ /kgf·mm^{-2}	δ/%	ψ/%	t/℃	σ /kgf·mm^{-2}	τ/h	δ/%
E4	6:1	室温	139.0	96.8	29.4	23.2	700	76	142:20	6.9
		700	117.7	90.3	20.6	25.0			105:30	6.2
E3	9:1	室温	137.0	93.1	26.2	22.9	700	76	118:10	6.5
		700	114.1	89.1	24.1	32.8			121:55	9.0
			114.5	88.3	24.2	31.6				
E5	12:1	室温	148.2	93.7	28.7	21.5	700	76	126:45	6.40
			144.3	100.5	31.4	24.4				
		700	118.5	90.4	24.3	34.7				
			117.6	90.0	18.5	21.5				
E1	12:1	室温	146.3	99.6	37.6	28.2	700	76	201:45	10.7
		700	113.0	89.5	31.0	38.9				
			112.9	89.8	32.4	34.3				
铸造 IN100		室温	99/103	77/79	11/12	18/19	700	76	100	
		700	102	78/80	12/14	18/22	730	68.2	100	

注：1kgf=9.8N。

表4 不同挤压比对超塑性的影响

挤压比	试验温度/℃	延伸率/%	流动应力/kgf·mm^{-2}
6:1	1040	932	1.32
9:1	1040	824	1.0
12:1	1040	1054	1.0

注：1kgf=9.8N。

7 结论

(1) 热挤压粉末 IN100 合金的工艺是成功的，挤压材具有良好的超塑性，在1040℃、应变速率为 $4×10^{-2} \sim 10^{-3}$/min 时，其延伸率达到1000%以上，流动应力小于 1.5kgf/mm^2。

(2) 合金最佳超塑性温度范围为 1020~1040℃。

(3) 合金超塑性形变后，仍保持等轴晶粒，晶粒略有长大。

(4) 挤压比为 6:1，9:1，12:1 时，合金均具有超塑性。经热处理后，其室温和 700℃拉伸性能以及 700℃持久性能均优于铸造 IN100 合金，而挤压比为 12:1 的合金的超塑性和室温拉伸强度更为优越。

参 考 文 献

[1] W. A. Backofen et al., Trans, of ASM, 57(1964), 980-989.
[2] 一机部机械院机电研究所，北京市有色金属研究所超塑性课题组，锻压技术，1977，No 3，16；No 4，10.
[3] K. L. Dreshdied et al., PMI, 12 (1980), No 2, 83-87.

（原文发表在《钢铁研究总院学报》，1981，1(1)：59-63.）

IN-100粉末热等静压初步研究

李世魁　张英才　俞淑廷

1　引言

为了制得低成本高性能的航空发动机涡轮盘,近年来世界上各有关国家都在高温合金粉末成形工艺上寻找适用可行的工艺途径。其中,热等静压成形（HIP）及 HIP 加锻造或挤压等工艺为当前美国和西欧等有关国家主要的研究方向,并取得了可喜的研究成果[1,2]。为了发展我国的航空事业,在我院自制的 ϕ500 热等静压设备上,用 Ar 雾化的 IN-100 开展了 HIP 成形的研究工作。初步进行了金属包套的封焊、HIP 成形的工艺参数的选择、HIP 过程中的中温处理和粉末中的碳、氧含量对 HIP 状态坯料力学性能的影响以及 HIP 后断口形貌的分析等工作,取得了以下结果。

2　热等静压成形

2.1　实验用粉末

在 HIP 包套研究过程中,主要用 9 号、12 号、14 号、180 号粉末,其有关数据见表1。

表1　实验用粉的主要技术数据

粉号	雾化气体	母材含碳量（质量分数）/%	粉末氧含量/10^{-6}	粒度/目	备注
9 号	Ar		210①	-60	在本院设备上雾化
12 号	Ar	0.072	94①	-60	在本院设备上雾化
14 号	Ar	0.086	88①	-60	在本院设备上雾化
179 号	Ar	0.067			在德国雾化
180 号	Ar	0.13	108		在德国雾化

①本院分析数据。

2.2　粉末包套

为了使粉末在 HIP 压制后得到一定的密度和所需的形状,必须排除粉末中的气体和水汽,并且要防止压力介质（Ar）进入粉末间隙中,所以用 HIP 成形粉末时必须要用包套。如果没有密封性良好的包套或包套出现漏气情况,则粉末中的气体无法抽空,高压介质 Ar 也将进入粉末间隙,粉末就不可能成形。粉末 HIP 成形包套材料,可以选用金属包套或玻璃包套,我们选用了金属包套。

金属包套是当前最常用的一种包套方法,主要它具有在高温高压下承受可塑性变形后仍能保证包套气密性的能力，同时加工焊接也比较容易。所用金属包套的厚度要根据承受的负荷和热压成的尺寸来加以确定。直径大而高的大型压件，为了使包套不致损坏，一般选用较厚的包套材料。金属包套壁厚与坯料直径的关系见图1[3]。但是，采用金属包套存在包套材料对粉末的污染问题，以 B_9 为例说明碳钢包套对粉末颗粒的污染情况。在扫描电镜上对 B_9 热压坯 A、B、C、D 各点（见图2）附近的铁含量测定结果见表2。

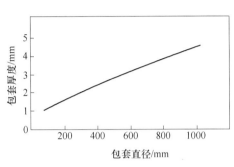

图1　金属包套厚度与直径的关系　　　　图2　B_9 样品铁元素测定点分布图

表2　包套附近热压坯铁含量测定值

元素 \ 位置 测值	A	B	C	D	B_9 母材
$w(Fe)/\%$	42.971	3.515	0.696	0.111	0.44

由表2看出，在包套边界处其粉末颗粒严重污染，如铁质量分数由原来母材的0.44%增到42.971%（A点值），随测定点往包套中心的移动，铁质量分数逐渐下落，当距包套约100~150μm 后，铁质量分数降到与基体相同水平。所以得知铁对颗粒的污染厚度大约为100~150μm。

为了使包套容易剥离和减少包套材料对粉末的污染，当用低碳钢包套时，内壁涂了一层 Al_2O_3，其效果是明显的，见图3~图5。

至于包套的封焊，一般可以采用电弧焊，氩弧焊和气焊三种方法。

图3　包套内壁涂 Al_2O_3 后剥离情况

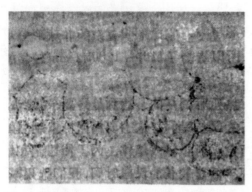
图 4　低碳钢包套对颗粒的污染图（未涂 Al_2O_3）

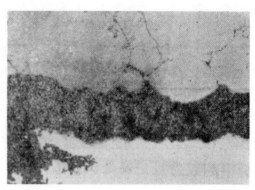
图 5　低碳钢包套涂 Al_2O_3 后清除了污染

2.3　热压前的准备工作

封焊好的包套需经严格检漏后才能装粉，并按下列程序进行操作：装粉，振实，加热抽真空，封焊抽气口后送 HIP。装粉时一定要在真空或保护气氛下完成，并按要求其振实密度达到 65% 以上，以避免过度的压缩变形造成毛坯尺寸的失控。为了保证封口区的封焊质量，一定要严格控制装粉量。

2.4　HIP 工艺参数的选择

HIP 的特点是将粉末同时进行压制和烧结的过程。它的主要工艺参数是温度、压力和保温保压的时间。

粉末高温合金的 HIP 成形温度主要根据该高温合金粉末的 γ′ 溶解温度及所希望的坯料晶粒度来确定。我们所选用的 IN-100 粉末的 HIP 成形温度为 1180~1220℃。

热压压力的选择要根据粉末的形状、成分和粒度组成等情况来确定，由于氩气雾化为球形粉末，它比形状复杂的非球形粉难变形，所以选择了 1100~1200kg/cm² 较高的成形压力。

热压时间指的是达到最终要求温度、压力下的保持时间。这主要根据粉末制品的尺寸而定。对于较大部件，为了使压制和烧结充分，需要较长的保温时间，我们选用 2.5~3h 的热压时间。

3　HIP 过程中的中温处理对压坯力学性能的影响

文献 [1] 提出，中温处理（950~1050℃），可使 MC 型碳化物分解而倾向形成复杂立方的 $M_{23}C_6$，而不连续的 $M_{23}C_6$ 有抑制晶粒边界滑动和改善蠕变性能。我们的结果表明，中温处理对压坯的瞬时力学性能有一定的改善作用，试验结果见表 3。

表 3　中温处理对热压坯件室温力学性能的影响（950~1050℃/1.5h）

样品	HIP 制度	σ_b/kg·mm^{-2}	σ_s/kg·mm^{-2}	δ(伸长率)/%	Ψ（收缩率)/%
B_8	无中温度处理	113.9	85.2	10.1	13.5
B_{33}	有中温度处理	117.3~123.0	88.2~88.7	11.6~13.8	12.0~18.0

4 粉中碳、氧含量对力学性能的影响

粉中的氧含量主要是在雾化、存放和装套操作中带入。在 HIP 成形条件下,要最大限度地控制雾化条件,使颗粒表面形成小于 15~30nm 厚的氧化膜[1]。氧化膜过厚会对以后热成形带来困难,并对力学性能带来严重影响。不同氧含量的粉末经热压后其力学性能差别较大,其实验数据见表 4。

表 4 粉末氧含量对室温力学性能的影响

编号	粉末氧含量/10^{-6}	σ_b/kg·mm^{-2}	σ_s/kg·mm^{-2}	δ/%	Ψ/%
9 号	210①	82.3~87.7		1.6~2.4	6.3~7.5
10 号	94①	107.8~122.8	83.6~84	8.4~13.8	9.0~12.3
11 号	88①	122.3~135.8	84.1~84.6		11.2~16.5

①本院分析数据。

由表 4 看出,随粉末氧含量的增加,其力学性能明显下降。同时表 5 指出,每一种 HIP 工艺制度对应着两种碳含量,凡含碳量为 0.13%(质量分数)的试样,其中 σ_b、δ、Ψ 均高于含碳量为 0.067%(质量分数)的试样。但两种碳含量对 σ_s 影响不大。

表 5 粉末碳含量对其室温力学性能的影响

编号	碳质量分数/%	σ_b/kg·mm^{-2}	σ_s/kg·mm^{-2}	δ/%	Ψ/%	HIP 制度①
B_6	0.13	116.7~118.2	86.0~86.5	10.6~10.9	10.5~12	A
B_9	0.067	97~107.3	87.1~87.5	5.8~8.2	7.0~9.4	A
B_{21}	0.13	101.7~110.9	81.9~82.3	6.6	10.5	B
B_3	0.067	98.3~99.3	82.4~82.9	5.9~7.5	6.30~9.3	B
B_{33}	0.13	117.3~129.0	88.2~88.7	11.6~13.8	12.0~18.0	C
B_{34}	0.067	107.1~111.4	89.1~91.3	9.0~9.9	11.2~11.6	C

①A、B、C 为三种不同的 HIP 制度。

5 断口形貌分析

从 HIP 后压坯试样的 SEM 断口照片与力学性能的对应关系可以看出,凡力学性能较高的样品,其拉伸断口为穿颗粒断裂,如图 6 所示。凡力学性能较低的样品,其拉伸断口为沿颗粒界面断裂,如图 7 所示。IN-100 粉末经 HIP 后,其原始颗粒边界明显可见,如

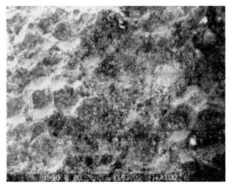

图 6 室温拉伸 SEM 断口

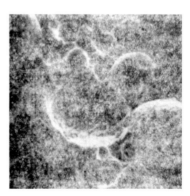

图 7 室温拉伸 SEM 断口

图 8 所示。颗粒边界析出物经测定为富 Ti 富 V 区，Al 含量也有一定提高。经电子探针定点分析表明，边界 Ti、C 相对含量高于颗粒中心区。其结果分别见表 6 和表 7。

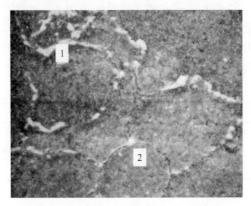

图 8 B_{19} 腐蚀后 SEM 照片（×2500）

表 6 试样颗粒边界析出物的成分测定

试样	元素 含量 （质量分数）/%	Ni	Co	Cr	V	Ti	Al	Mo
B_{19}-A		55.806	12.468	6.544	2.424	12.304	7.638	2.818
-B		53.273	11.394	6.209	3.133	17.50	5.294	3.193
B_{33}-C		50.833	12.854	9.566	2.395	12.203	7.065	5.080
母材		余	14.98	10.10	0.76	4.72	5.25	3.03

表 7 B_8 颗粒边界 Ti 及 C 电子探针定点分析

部位	元素 计算 结果 1/10sec	Ti	C	定点部位示意图
A		3317	205	
B		2193	85	
C		4112	133	

6 结论

（1）HIP 过程中的中温处理对瞬时力学性能有一定的改善。

（2）随着粉末氧含量的增加，其力学性能明显下降。

（3）在同一种 HIP 制度下，凡含碳量为 0.13%（质量分数）的试样，其 σ_b、δ、Ψ 均高于含碳量为 0.067%（质量分数）的试样。但两种含碳量对 σ_s 影响不大。

（4）HIP 后其拉伸断口，凡沿颗粒断裂，对应着较低的力学性能，凡穿颗粒断裂，对应着较高的力学性能。经 SEM 和电子探针测定得知，颗粒边界析出物为富 Ti 富 V 区，且边界 Al、C 含量高于颗粒中心区。

参 考 文 献

[1] J. S. Benjamin and J. M. Larson. Powder Metallurgy Techniques Applied to Superalloys, Journal of Aircraft, Vol. 14, No. 7, 1977, 613-623.
[2] L. N. Moskowitz, R. M. Pelloux and N. J. Grant. Properties of IN-100 Processed by Powder Metallurgy, AD 748-159.
[3] 冶金钢铁研究院（内部资料）热等静压机及应用.

(原文发表在《粉末冶金工业》, 1982, (2): 18-21.)

IN100 高温合金粉末在加热过程中的相转变和原始颗粒边界问题

冯涤 李力

摘 要 本文对三种不同含碳量的 IN100 粉末高温合金进行了研究。指出氩气雾化粉末是"糊状凝固"的十多个枝晶构成的球体，粉末晶粒度和粒度在一定温度范围内存在指数关系。粉末枝晶和表面存在凝固偏析。粉末在加热过程中存在 $MC+\gamma \rightarrow M_{23}C_6+\gamma'$ 碳化物转变。加热过程促进了 Ti、Cr、Mo、Al 元素在晶界和表面的偏聚，这种偏聚和富 Mo 的一次 MC 相的溶解是造成 PPB 沉淀的主要原因。采用 1100℃ 预热等静压抑制溶质元素表面偏析和富 Mo 一次 MC 相的溶解可以改善压件 PPB 的结构和性能。

Phase Transformation During Heating and PPB Problems in PM Superalloy IN100

Feng Di, Li Li

Abstract: The investigation is directed to the morphologies, solidification structures and phase transformation of argon atomized powder IN100 during heating and the problems of PPB in PM compacts have also been studied. Results show that most of argon atomized powder IN100 are spherical in shape, which are made of poly-dendritic crystals solidified in a "mushy" manner. There is an exponent relationship between grain size and particle size in a certain temperature range. In the interdendritic space and on the powder surface solidification segregation exists, during heating the powder, carbide transformation $MC+\gamma \rightarrow M_{23}C_6+\gamma'$ occurs. The segregation of elements Ti, Cr, Mo, Al at grain boundaries and PPB are promoted by heating, and the segregation increases with increasing carbon contents in the alloy. The dissolution of primary molybdenum-rich MC during heating process is the main cause for PPB carbide precipitation. When the pre-HIPing is adopted at 1100℃, the structure and properties of PPB can be improved.

1 引言

采用粉末冶金工艺制作高温合金部件有许多优越性[1]，但在粉末高温合金部件中常碰到损害材料性能的原始颗粒边界问题，简称 PPB 问题。一般认为 PPB 问题是粉末在加热固结过程中 MC 型碳化物在颗粒边界沉淀所造成的[2-4]。近年来围绕 PPB 问题对粉末表面成分和沉淀相进行了一些研究，不同研究者有不同的实验结果和观点[5-9]。至今原始状态粉末表面成分对 PPB 问题的影响并没有搞清楚。粉末在加热过程中碳化物相的转变对

PPB 结构的影响也还不太清楚[10]。本实验对三种不同含碳量的 IN100 粉末高温合金从氩气雾化的原始粉末出发,观察和研究粉末凝固过程溶质元素的偏聚和第二相的分布。了解粉末加热过程组织和结构的变化,和粉末表面状况联系起来研究固结过程 PPB 形貌,结构变化,搞清 PPB 问题形成原因和控制因素,为选择适当的工艺制度提供理论依据。

2 实验方法

2.1 原料

实验选用三种不同含碳量的 IN100 合金氩气雾化粉末,粉末粒径为 10~250μm,其化学成分列于表1。

表1 实验用 IN100 合金化学成分(质量分数) (%)

编号	C	Co	Cr	Mo	Al	Ti	V	B	Zr	Ni	O
I	0.020	15.19	9.81	3.20	5.48	5.22	0.95	0.015	0.05	余	0.005
II	0.072	15.00	9.78	3.24	5.39	5.02	0.92	0.016	0.048	余	0.005
III	0.144	14.85	10.00	3.20	4.88	4.87	0.96	0.017	0.05	余	0.007

2.2 粉末真空热处理和成形工艺

为了研究合金粉末在不同温度下组织结构的变化,将粉末置于小瓷舟中利用真空退火炉进行不同制度热处理。为了研究固结过程对原粉末颗粒边界析出的影响,分别采用了模压和热等静压成形工艺。表2中列出了热处理和成形工艺参数。

表2 粉末热处理、模压、热等静压实验参数

粉末热处理参数		模压工艺条件			热等静压工艺条件		
编号	热处理条件	编号	预热条件	模压压力 /kgf·mm^{-2}	编号	温度和保压时间	压力 /kgf·mm^{-2}
0	原始态						
1	800℃,4h 空冷	D$_1$	950℃,3h	15	H$_1$	950℃,3h+ 1220℃,2h	12
2	900℃,4h 空冷						
3	950℃,4h 空冷	D$_2$	1100℃,3h	15	H$_2$	1100℃,3h+ 1220℃,2h	12
4	1000℃,4h 空冷						
5	1050℃,4h 空冷	D$_3$	1200℃,0,7h	20	H$_3$	1220℃,3h	12.2
6	1100℃,4h 空冷						
7	1150℃,4h 空冷	D$_4$	1220℃,2h	20	H$_4$	1240℃,3h	12.5
8	1200℃,4h 空冷						

注:1kgf=9.8N。

2.3 研究手段和方法

采用光学显微镜、扫描和透射电镜观察粉末组织和形貌。用差热分析的方法研究粉末在加热过程中和热效应有关的各种反应。并采用 X 光衍射和化学相分析法确定粉末中的相

结构、组成和析出量。

采用 EDAX 能谱仪配合扫描和透射电镜对粉末表面成分、粉末和压块中析出相等进行定量成分分析。

3 粉末形貌和凝固结构

3.1 粉末形貌

雾化过程中，液滴在高速氩气喷吹下互相撞击，破碎液滴以卫星状附着在已凝固粉末上，或成为片状薄层包覆在粉末表面。粉末呈球形，表面由于凝固收缩粗糙不平。由图 1 可以同时看到典型的表面凝固形成的树枝结晶和内部优先凝固所形成的胞状和树枝状结晶。内部优先凝固会在粉末表面造成较大的缩孔。高速氩气喷吹液滴也造成许多空心粉末。

粉末中凝固组织绝大部分为树枝状结晶和树枝状结晶到胞状结晶间的过渡组织。树枝间有不规则块状多面体和骨架状析出物。从金相照片上可以明显地看到溶质原子凝固偏析造成的晶间和枝晶间的择优腐蚀。

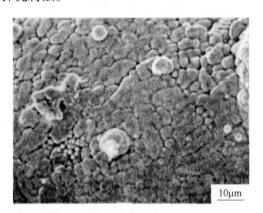

图 1　IN100 合金氩气雾化粉末形貌局部扫描

3.2 粉末凝固过程和结构

氩气雾化 IN100 合金粉末是带有大量缩孔、气孔和第二相的多晶体。粉末凝固缩孔产生在凝固后期，粉末中均匀分布的疏松和气孔，散乱分布在整个粉末剖面上的枝晶，说明凝固开始时粉末内部多处同时形核。结晶初期形成相互隔离微区域，产生"糊状凝固"。溶质元素按凝固界面的局部平衡条件在残余液相中迅速富集，促使第二相析出和长大，并随固液界面推移至晶界和枝晶间。

粉末中二次树枝臂间距和晶粒度是粉末凝固结构的重要参数。测量了 Ⅰ-0 和 Ⅱ-0 号中粒径为 100μm 粉末的二次臂间距约为 3μm，这和 T. E. Miles 等[11]测量结果是一致的。Ⅲ-0 号高碳粉末同样粒径粉末的二次臂间距为 2.67μm，这可能和合金中含碳量较高有关[12]。粉末中二次树枝臂间距标志了凝固偏析尺寸。通过扩散实现成分均匀化的时间和偏析距离平方成正比。雾化粉末的偏析尺寸比常规铸件小几十倍，扩散均匀化时间可快 1000 倍左右。粉末中枝晶结构很容易通过均匀化热处理来消除，但粉末晶界存在着平衡偏析和第二相，无法通过均匀化来消除。因此粉末晶粒度会影响成形和烧结过程。我们将经均匀化处理的粉末筛分。测量了晶粒度和粉末粒度间关系,在一定范围内得到了类似于二次树枝臂间距和冷却速度之间对应的指数关系:$\overline{D}_g = C\overline{D}_p^n$,其中$\overline{D}_g$为平均晶粒直径,$\overline{D}_p$为平均颗粒直径,$C$、$n$为常数。Ⅰ和Ⅲ号粉末测量结果一致:$C = 2.5$,$n = 0.22$。这表明含碳量对晶粒度无显著影响。测量中发现一些粉末中存在个别大晶粒。直径小于30μm的粉末,在一个粉末中往往只存在两三个晶粒、甚至出现单晶,不再符合以上关系。

3.3 粉末凝固过程中的成分偏析和沉淀相

粉末中的成分偏析可以分为平衡偏析和凝固偏析。这里主要讨论非平衡结晶引起的凝固偏析。利用能谱仪配合扫描电镜对枝干和枝晶间隙成分进行了定量分析,结果表明Ti、Cr为树枝状正偏析元素。V、Mo、Al为树枝状负偏析元素。溶质元素在粉末的表面偏析和树枝间偏析基本一致。即原始状态粉末也存在表面偏析,这种偏析也主要是凝固偏析的结果。

由图2可以见到在粉末树枝晶间析出有大量沉淀相。随合金含碳量降低、析出物数量减少。采用电解萃取方法,提取出粉末中的沉淀相进行了X射线衍射分析,结果表明沉淀相中存在γ、γ'、MC和少量σ相。晶间沉淀相估计为MC,MC+γ和γ+γ'共晶相。利用透射电镜配合能谱仪对图2中Ⅲ-0粉末萃取相成分进行了定量分析,发现萃取相中存在富Ti、Mo元素的MC相。定量化学相分析给出了Ⅲ-0号粉末主要析出相组成和占合金的重量百分数为:γ'相组成为$(Ni_{0.89}Co_{0.07}Cr_{0.04})_3(Al_{0.55}Ti_{0.28}Cr_{0.18}Mo_{0.03})$析出量为10.38%(质量分数);MC相组成为$(Ti_{0.68}Mo_{0.22}Cr_{0.10})C$,析出量为0.63%(质量分数)。

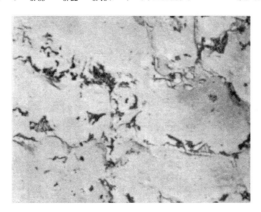

图2 Ⅲ-0号粉末剖面萃取相

4 粉末在加热过程中的转变

4.1 差热实验

粉末在加热过程中产生的各种与热效应有关的反应可以通过差热曲线反映出来。图3是三种不同含碳量IN100合金粉末加热升温过程的差热曲线。表3中列出了曲线中的吸热峰峰值和峰值对应的反应。它是根据粉末在加热过程中组织结构的变化和相分析的结果标定的。从差热曲线可以明显看出,随合金含碳量降低MC+γ→$M_{23}C_6$+γ'碳化物转变温度降低,$M_{23}C_6$和γ'相溶解温度也降低。1100℃以上低碳合金粉末中,不再出现与碳化物反应有关的峰值。

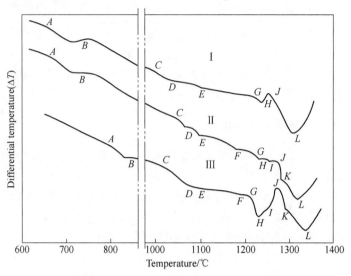

图 3 IN100 合金氩气雾化粉末升温过程差热曲线

表 3 不同含碳量 IN100 氩气雾化粉末升温差热曲线峰值温度和对应的相变反应 （℃）

粉末加热过程的反应	转变点	粉末类别		
		Ⅰ [$w(C) = 0.02\%$]	Ⅱ [$w(C) = 0.07\%$]	Ⅲ [$w(C) = 0.14\%$]
$MC+\gamma \rightarrow M_{23}C_6+\gamma'$ 反应开始	A	652	640	793
$MC+\gamma \rightarrow M_{23}C_6+\gamma'$ 反应峰值	B	704	710	835
$M_{23}C_6$ 溶解开始	C	970	1052	1000
$M_{23}C_6$ 溶解峰值	D	1050	1075	1070
γ' 相析出温度	E	1115	1100	1100
γ' 相内析出未知相温度	F		1165	1165
γ' 相开始溶解	G	1210	1215	1215
γ' 相溶解峰值	H	1236	1235	1227
MC 相聚集长大	I		1250	1244
初始熔化温度	J	1250	1264	1265
MC 碳化物溶解温度	K		1285	1285
熔化温度	L	1305	1315	1342

4.2 粉末在加热过程中金相组织的变化

将不同含碳量的三种粉末进行了不同制度的热处理，采用背散射电子扫描观察不同制度处理后粉末中组织结构的变化。粉末经950℃，4h 热处理后枝晶开始均匀化，凝固过程析出物开始部分溶解，Cr、Mo 元素在晶界富集，γ'相尺寸开始长大。经过1050℃，4h 热处理，枝晶间析出物已基本溶解，γ'相进一步长大，晶间看不到白色块状 $M_{23}C_6$ 相，这个处理温度是和 $M_{23}C_6$ 相溶解峰值（差热曲线 D 峰）相对应的。粉末经1100°C 4h 热处理后金相形貌发生较大改变,如图 4(a) 所示。晶内 γ' 相小而密集,晶界出现粗大白色沉淀相,经能谱仪和电子衍射鉴定结果表明这些析出物是富 Cr、Mo 的 $M_{23}C_6$ 相。低碳 I 号粉末中不再出现晶界沉淀相。三种含碳粉末差热曲线在 1100℃ 都出现峰值。可以认为这个峰值和 γ' 相大量析出有关。1150℃,4h 处理后的粉末中已见不到大块 $M_{23}C_6$ 白色沉淀物。γ' 相长大,含 Cr,Mo 元素的碳化物已经溶解,如图 4(b) 所示。粉末经过 1220℃,3h 处理后的组织,晶界 γ' 相优先长大,Al、Ti 元素在晶界偏聚。合金中小 γ' 相开始溶解,大 γ' 相继续长大。粉末经 1240℃ 热处理后 γ' 相全部固溶。

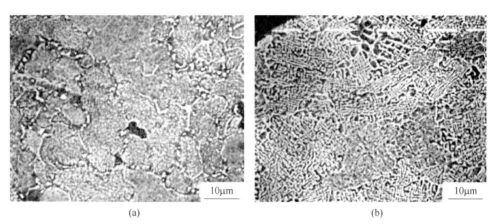

图 4　IN100 合金氩气雾化粉末不同热处理后的组织结构
(a) 1100℃,4h,空冷;(b) 1150℃,4h,空冷

4.3　粉末加热过程中相的分析

对不同制度热处理后的粉末试样进行电解提取沉淀相。对沉淀相进行 X 射线衍射分析。分析结果列于表 4。原始状态粉末中存在 σ 相,热处理后 σ 相消失。800~900℃ 出现 $M_{23}C_6$ 相,1050℃ 处理后 $M_{23}C_6$ 相溶解,1100℃ 处理后在 Ⅱ、Ⅲ 号粉末中出现 $M_{23}C_6$ 相,这和金相观察结果是一致的。低碳含量 I 号粉末经 1050℃ 处理后碳化物基本溶解,经 1150℃ 处理后在萃取相中又见到 MC 碳化物,这是碳化物在表面析出的结果。图 5 是 Ⅲ 号粉末中 MC 碳化物相中 Mo 含量随热处理温度的变化。1100℃ 以前相成分基本不变。1150℃ 处理后 MC 相中 Mo 含量迅速下降,到 1220℃ 基本上转变为纯 TiC。

表 4　IN100 合金粉末加热过程中的析出相（X 光分析）

热处理制度	样品编号	析出相	样品编号	析出相	样品编号	析出相
原始状态	I-0	γ', MC, σ			Ⅲ-0	γ', MC, σ
800℃, 4h			Ⅱ-1	γ', MC, $M_{23}C_6$	Ⅲ-1	γ', MC, $M_{23}C_6$
900℃, 4h	I-2	γ', MC, $M_{23}C_6$	Ⅱ-2	γ', MC, $M_{23}C_6$	Ⅲ-2	γ', MC
1050℃, 4h	I-5	γ'	Ⅱ-5	γ', MC	Ⅲ-5	γ', MC
1100℃, 4h	I-6	γ'	Ⅱ-6	γ', MC, $M_{23}C_6$	Ⅲ-6	γ', MC, $M_{23}C_6$
1150℃, 4h	I-7	γ', MC	Ⅱ-7	γ', MC	Ⅲ-7	γ', MC
1220℃, 4h	I-8	γ', MC	Ⅱ-8	γ', MC	Ⅲ-8	γ', MC, $M_{23}C_6$

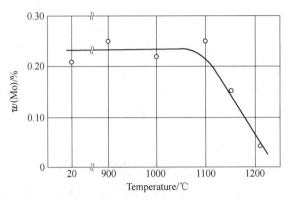

图 5　Ⅲ号粉末中 MC 碳化物中 Mo 含量随热处理温度的变化

4.4　粉末在加热过程中的表面偏析

Ⅰ、Ⅲ号粉末经不同温度热处理后表面主要成分的变化示于图 6。不同温度处理后Ⅰ、Ⅲ号粉末表面偏聚状况基本一致，主要偏析元素为 Cr、Ti、Mo。经 1050℃ 处理后出现较大的表面偏析，碳含量高的Ⅲ号合金偏析较碳含量低的Ⅰ号合金严重。1100℃ 处理后表面偏析相对被抑制，这和 γ′ 相析出状态有关，热处理温度进一步升高，Cr、Ti、Mo 元素偏聚又开始增加。Ⅰ、Ⅲ号粉末中 Cr、Ti、Mo 元素偏析量间的差距也继续加大，这说明表面偏析与合金中碳元素含量和表面碳化物的形成密切相关。低于 1150℃ 热处理的粉末表面未见到明显的析出物，而在Ⅲ-8 号粉末（1220℃，3h 热处理）表面看到了包覆整个粉末表面的碳化物层。

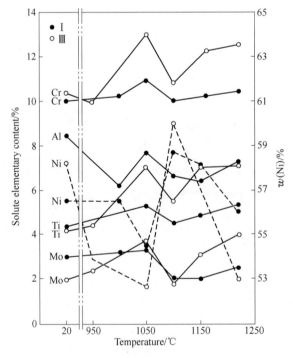

图 6　IN100 合金氩气雾化粉末经不同热处理后表面成分的变化

5 粉末压块中的 PPB 问题

5.1 PPB 沉淀的形成和消除

对Ⅱ、Ⅲ号粉末分别采用了不同制度进行模压，其中 D_1、D_2 制度由于压制温度太低粉末间只部分黏结，未能得到足够强度的压坯。采用 D_3、D_4 制度的压块，PPB 都出现了明显的析出物。图 7 是Ⅲ-D_4 压块二次电子图像，同时进行了 Ti 元素能谱扫描，可以看到 PPB 存在明显的富 Ti 沉淀，相分析指出这种沉淀主要是 TiC。试样经过 1220℃，4h 热处理后，PPB 处 Ti 峰值更加尖锐，粉末内部大部分碳化物溶解，残留碳化物聚集长大。图 8 是该试样背散射扫描图像，利用原子序数的背散射效应可以清楚地鉴别出 PPB 上的 TiC 和围绕 TiC 的粗大的 γ′相。PPB 处 TiC 中含 Mo 量很低，这种碳化物是粉末加热过程中形成的。在 PPB 层中存在 Cr、Ti、Mo 元素的富集，这和松散粉末热处理过程中元素在表面富集的情况是一致的。粉末烧结过程的体扩散会加速这种偏聚。粉末加热过程溶质元素在自由表面的平衡偏聚是产生 PPB 沉淀的决定性因素。PPB 沉淀一经形成则难以消除，一方面 TiC 溶解温度已经超过合金初熔温度。另一方面粉末颗粒烧结后的 PPB 相当于高角晶界，本身就是 C 及其他溶质元素的偏聚位置，PPB 不但存在碳化物沉淀同时也聚集了粗大的 γ′相。这种 γ′相的溶解温度约为 1235℃。

 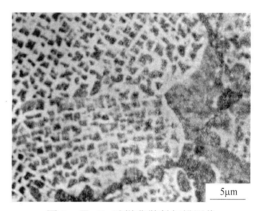

图 7　Ⅲ-D_4 压块二次电子扫描图像和 Ti 元素能谱线扫描 1220℃，4h　　图 8　Ⅲ-D_4 试样背散射扫描图像

5.2 PPB 结构和压块性能

研究表明粉末自由表面溶质元素的偏聚和一次 MC 相的溶解是形成 PPB 沉淀的主要原因。低碳合金中也存在 Al、Ti 元素的表面偏聚，高温处理也会在粉末表面析出碳化物造成 PPB。根据粉末在加热过程中转变的研究结果，对Ⅰ、Ⅱ号粉末选用了几种不同的成形工艺，测量了压块的室温性能，并对压块金相组织和断口形貌进行了研究。表 5 列出了不同压制工艺压块的室温力学性能。Ⅱ-D_1-H_3 压块采用了 950℃模压后又经 1220℃ 2h 热等静压的工艺。低温模压只造成粉末微弱的变形。压块的组织和性能结果相当于常规热等静压件。压块中存在严重的 PPB 碳化物沉淀。拉伸试样断口也以颗粒间断裂为主。Ⅰ-H_4 压块采用了 1240℃高温热等静压。虽然是低碳合金由于粉末暴露在高温条件下，造成了强烈

的溶质元素的偏析,导致粉末表面析出碳化物相,影响粉末间烧结,降低了颗粒间结合强度。在压块中可以看到 PPB 的碳化物沉淀,拉伸试样断口为典型的颗粒间断裂 [图 9 (a)]。表 5 中数据表明 Ⅱ-D_2-H_3,Ⅰ-D_2-H_3 和 Ⅰ-H_2 压块的室温强度和塑性均较好。其工艺的共同特点是采用了 1100℃ 预压制。Ⅱ-D_2-H_3 压块采用了 1100℃ 预模压,由于模压只是部分致密化未能抑制高温等静压时碳化物在 PPB 析出,但模压前 1100℃ 预热,溶质元素表面偏析使 PPB 处 γ' 相迅速长大并促进粉末间烧结,得到了 γ' 相包围碳化物的 PPB 结构,改善了材料强度和塑性。拉伸试样断口变为穿晶型 [图 9(b)]。采用同样工艺的 Ⅰ-D_2-H_3 压块也得到了同样的组织。Ⅰ-H_2 压块选取了最理想的工艺制度。粉末在 1100℃ 预热等压可以抑制溶质元素偏聚和一次 MC 相的分解,增进粉末间烧结。在进一步高温热等静压前粉末间已基本烧结,消除了粉末自由表面,不再产生 PPB 的溶质富集和沉淀。γ' 相分布较均匀,压块获得较好的性能。显然采用两段热等静压制的工艺制度可以改善 PPB 结构,提高压块的室温拉伸性能。

表 5 不同压制工艺压块的室温力学性能

编号	成形工艺	室温拉伸性能			注
		σ_b/kgf·mm^{-2}	$\sigma_{0.2}$/kgf·mm^{-2}	δ/%	
Ⅲ	铸态	103.0	86.5	9.0	标准 IN100 合金
Ⅱ	HIP1220℃,3h	112.2	87.2	11.0	中碳Ⅱ号合金
Ⅱ-D_1-H_3	D950℃,3h+HIP1220℃,2h	123.4	86.7	10.6	中碳Ⅱ号合金
Ⅱ-D_2-H_3	D1100℃,3h+HIP1220℃,2h	139.0	96.8	17.0	中碳Ⅱ号合金
Ⅰ-D_2-H_3	D1100℃,3h+HIP1220℃,2h	144.9	91.2	22.9	低碳Ⅰ号合金
Ⅰ-H_4	HIP1240℃,3h	126.8	93.0	11.3	低碳Ⅰ号合金
Ⅰ-H_2	HIP1100℃,3h+HIP1220℃,2h	148.9	96.7	17.5	低碳Ⅰ号合金

注:1kgf=9.8N。

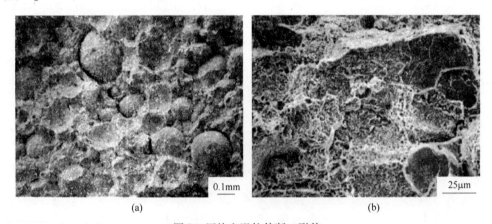

图 9 压块室温拉伸断口形貌
(a) Ⅰ-H_4 压块;(b) Ⅱ-D_2-H_3 压块

6 结论

(1) 氩气雾化 IN100 合金粉末是"糊状凝固"的多个枝晶构成的球体,表面和枝晶间存在凝固偏析。

（2）粉末在加热过程中存在 MC+γ→$M_{23}C_6$+γ′碳化物转变。1100℃以上富 Mo 的一次碳化物相（Ti，Mo）C 溶解，在粉末表面析出 TiC 相。

（3）粉末在加热过程中 Ti、Al、Mo 元素在晶界和表面的平衡偏聚，富 Mo 的一次 MC 相和 $M_{23}C_6$ 相的溶解是形成 PPB 碳化物沉淀的主要原因。

（4）采用 1100℃预热等静压，可以抑制碳化物溶解和溶质元素在粉末表面的偏聚，改善粉末间的烧结性能。

化学室李定秀同志协助进行了相分析，粉末室艾宝仁同志协助进行了差热分析，表示感谢。

参 考 文 献

[1] R. L. Dreshflcld and D. V. Miner. Met. Powder Rep., 35(1980), 516-520.
[2] J. M. Larson. Proceedings of the 1973 International Powder Metallurgy Conference, Ed. H. H. Hausner, W. E. Smith, MPIF &APMI, 1974, 537-566.
[3] K. H. Kear, Proceedings of the 1970 International Powder Metallurgy Conference, Ed. H. H. Hausner, MPIF& APMI, 1971, 85.
[4] W. Wallace et al.. Canada Metallurgy Quarterly, 13(1974), 423.
[5] M. Dahlen and M. Fischmeistcr. Proceedings of 4th International Symposium on Superalloys, Ed. J. K. Tien, ASM, 1980, 449.
[6] C. Aubinc et al.. Proceedings of 4th International Symposium on Supcralloys, Ed. J. K. Tien, ASM, 1980, 345.
[7] M. T. Podob. Proceedings of the 1976 International Powder Metallurgy Conference, Ed. H. H. Hausner, P. V. Taubcnblat, MPIF & APMI, 1977, 25-44.
[8] B. H. Kear and A. F. Giamci. Battellc Institute Materials Science Colloquis, 10th, 1975, Ed. R. I. Jaffee, B. A. Wilcox, 1977, 461-485.
[9] P. N. Ross and B. H. Kear. Proceedings of the conference, Organized Jointly by the Materials Science Group of the University of Sussex and the Metal Society, Ed. B. Cantor, the MetalSociety, 1978, 102.
[10] J. A Dominque. Proceedings of 4ch International Symposium on Superalloys, Ed. J. K. Tien, ASM 1980, 335.
[11] T. E. Miles and J. F. Rhodes. Proceedings of the International Confernsion Rapid Solidification Processing, 1977, Nov. 13-16, Reston, Virginia, U. S. A, 347.
[12] P. R. Holldat et al.. Proceedings of the International Confernsion Rapid Solidification Processing, 1977, Nov. 13 -16, Reston, Virginia, U. S. A., 247.

（原文发表在《钢铁研究总院学报》，1983，3(4)：565-573.）

热等静压及其加锻造和热挤压粉末高温合金 FGH95 的组织和性能

李 力 杨士仲 强劲熙

摘 要 本工作的目的在于研究不同成形工艺对粉末高温合金 FGH95 组织和性能的影响,以确定合适的成形工艺。采用了氩气雾化的 FGH95 合金粉,用热等静压（HIP）及其加锻造和热挤压三种工艺使之致密化。对各种压坯的显微组织和机械性能进行了研究。扫描电镜和透射电镜的研究结果说明经过锻造或挤压的合金,其显微组织有明显的改善。热等静压合金的断口是沿粉末颗粒间断裂的,这是由于显微组织中存在着原始颗粒边界（PPB）,降低了合金的力学性能。在热等静压加锻造或热挤压的合金中,由于消除了原始颗粒边界,断口是穿晶断裂的,因而改善了合金的强度和塑性。采用热挤压或热等静压加锻造成形工艺比较有效。

Microstructures and Properties of HIP, HIP Plus Forged and Extruded PM Superalloy FGH95

Li Li, Yang Shizhong, Qiang Jinxi

Abstract: The purpose of this work was to study the effects of various consolidation processes on the microstructures and properties of a PM nickel-base superalloy FGH95, thus determining optimum manufacturing process. The argon atomized powder of FGH95 was consolidated by three different techniques: HIP, HIP+forge and hot extrusion. The microstructures and mechanical properties of all the consolidated billets have been studied. SEM and TEM examination shows beneficial microstructure changes resulting from forging and extrusion. The fracture surface exhibits interparticle failure for HIP'ed compact owing to the formation of p.p.b, which impairs mechanical properties- However, in the case of HIP+forge or extrusion the p.p.b. has been eliminated, thus exhibiting transgranular ductile failure. The beneficial effects of forging and extrusion on the mechanical properties are shown in this report.

1 前言

粉末高温合金涡轮盘具有晶粒细小,组织均匀,无宏观偏析以及屈服强度高,低周疲劳性能好等优点,可以满足先进的高推重比发动机的要求。

粉末高温合金的成形方法有:热等静压,热挤压,锻造等,或用这几种方法组合而成的其他方法。在美国,粉末 IN100 合金涡轮盘是用热挤压加超塑性锻造工艺制造的。为进一步降低成本,后来,又发展了直接热等静压技术,大量的粉末 René95 涡轮盘是用这种工艺制造的。但用直接热等静压方法制造的涡轮盘不够可靠,曾发生过几起事故。例如,

F-18飞机的坠毁与直接热等静压涡轮盘的断裂有关[1-3]。这些事故致使在发动机上停止使用直接热等静压的粉末高温合金盘件。当然，用热静压技术来提供坯料，然后再进行其他方法的加工，完全是可以的。

粉末高温合金中存在的主要问题是原始颗粒边界，陶瓷夹杂，内部孔洞等问题。通过生产超纯净粉末，精心的制套以及去除夹杂等技术，这些问题可部分地得到解决。此外，通过加工变形，也是有效的。剧烈变形可以破碎粉末原始颗粒边界和粉末表面的氧化膜，从而增进颗粒间的结合，同时可以封闭内部孔洞，破碎夹杂，这样就达到了改善组织，提高性能，增加零件可靠性的目的。

本文的目的是评价各种成形工艺对粉末高温合金FGH95组织和性能的影响。

2 试验料和试验过程

本工作采用的原料是氩气雾化的FGH95合金粉末，其化学成分列于表1。-80目或-150目粉末经筛分后装套，在400℃进行真空脱气，而后焊封。最后用热等静压、热等静压加锻造和热挤压三种不同工艺成形，其工艺参数如下。

表1 FGH95合金粉末的化学成分（质量分数） （%）

Cr	Co	W	Mo	Nb	Al	Ti	C	B	Zr	Ni	气体含量/ppm		
											O_2	N_2	H_2
13	8	3.5	3.5	3.5	3.5	2.5	0.06	0.01	0.05	余	<100	<50	<10

热等静压工艺：经脱气和焊封的粉末锭子，在1200kg/cm²和1120℃等静压3h。压坯尺寸为φ90mm×90mm。

热等静压加锻造工艺：热等静压坯去掉套子后，包上硅酸铝纤维，再重新包套，在1120℃加热2h，锻两火；总变形量有两种：40%和70%。

热挤压工艺：挤压套子尺寸为φ80mm×200mm，壁厚6mm。经脱气并焊封的粉末锭子，在1120℃加热2h，先在挤压筒中镦粗压实，取出后在1120℃重新加热，随后挤压成材。挤压比为6∶1、9∶1和12∶1三种。

上述各工艺制备的材料，用如下制度热处理：
（1120~1140℃）×1h，油冷+（870℃×1h），空冷，+（650℃×24h），空冷。

用光学显微镜和透射电镜研究不同材料的显微组织。检验了不同材料的室温拉伸，650℃拉伸和650℃，105.5kg/mm²的持久性能。用扫描电镜和俄歇谱仪观察和分析断口组织。

3 试验结果和讨论

3.1 显微组织

（1）热等静压合金的显微组织。热等静压FGH95合金的显微组织示于图1（a）。大部分颗粒仍保留着氩气雾化粉末固有的枝晶组织，没有明显的塑性变形。γ′相的形状和尺寸从复型电镜照片图1(b)可以清楚地看见。大γ′相沿原始颗粒边界和晶界析出，方形和细小球形相分布在晶内。除 γ′ 外,还有少量碳化物,分布在原始颗粒边界和晶界上。

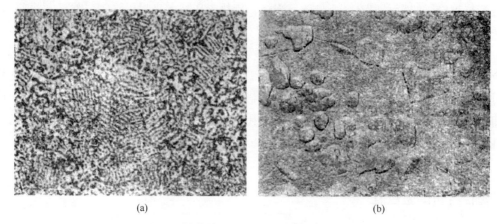

图 1　热等静压 FGH95 合金的显微组织
(a) 放大 500 倍;(b) 放大 6000 倍

(2) 热等静压加锻造合金的显微组织。热等静压加锻造 FGH95 合金的显微组织示于图 2。大多数粉末颗粒已经变形,而且随着变形量的增加,更多的枝晶组织被消除,只有少数颗粒保留着枝晶组织。经热处理后,呈再结晶的细晶组织,晶粒尺寸约为 10μm。电镜组织与图 1(b) 相似,大 γ′ 相位于晶界,小 γ′ 相分布在晶内,有少量碳化物。

(3) 热挤压合金的显微组织。热挤压 FGH95 合金的显微组织示于图 3。全部粉末颗粒都已变形,得到了均匀的等轴细晶组织。晶粒度与挤压比有关,当挤压比增至 12∶1 时,晶粒尺寸最小,是 5μm。枝晶组织和原始颗粒边界完全消失。γ′ 相的形貌和尺寸以及碳化物的分布,均与热等静压加锻造合金相似。

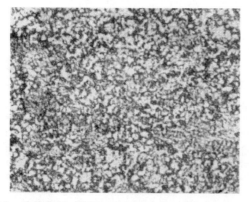 

图 2　热等静压+锻造 FGH95 合金的显微组织 (×500)　　图 3　热挤压 FGH95 合金的显微组织 (×500)

3.2　断口表面的观察和分析

不同材料室温拉伸试样的断口形貌示于图 4。热等静压材料的断口表面平整光滑,主要沿颗粒间断裂。这显然与原始颗粒边界的存在有关,从图 4(b) 可清楚地看到。用俄歇谱仪分析了断口上颗粒表面的成分。试样在俄歇谱仪的高真空下打断后,立刻进行分析。

试验指出，颗粒表面的氧和碳含量都很高，如图5所示。试验结果说明，在粉末颗粒表面上形成了一层氧化物-碳化物薄膜，在热等静压过程中，这层薄膜使颗粒间的烧结和结合都不够完全和充分，形成了网状的颗粒边界。可以预料，这种网状组织将成为断裂的通道而损害机械性能。

热等静压加锻造和挤压材料的断口，呈杯锥状，有明显的剪切唇区，有大量的韧窝组织，是穿晶断裂，由图4(c)~图4(f)可清楚地看出。

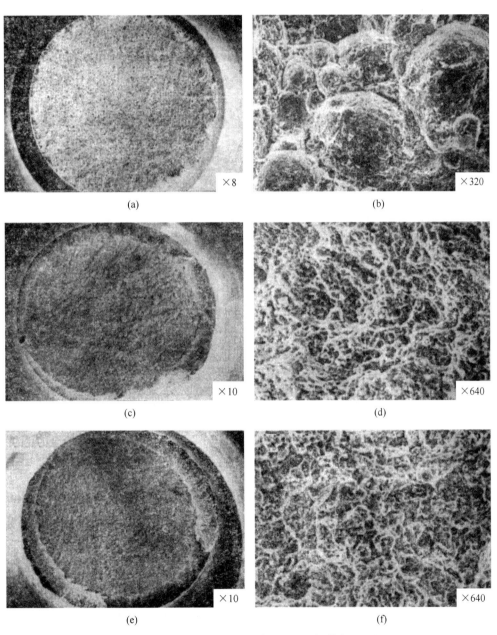

图 4　不同成形工艺 FGH95 合金的室温拉伸断口组织
(a),(b) 热等静压；(c),(d) 热等静压加锻造；(e),(f) 热挤压

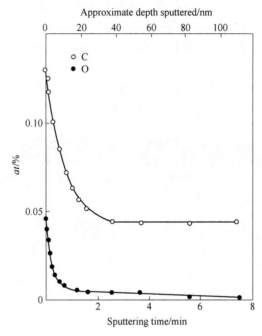

图 5 俄歇电子分析热等静压 FGH95 合金断口表面沿深度的氧、碳含量变化

3.3 力学性能

不同材料的室温拉伸、650℃拉伸和650℃，105.5kg/mm² 持久试验结果列于表2。

正如所料，热等静压加锻造和热挤压 FGH95 合金的室温和 650℃拉伸性能比直接热等静压的高得多，尤其是拉伸强度和塑性。

关于热挤压材料的 650℃的持久性能最为优越，达到 190h 以上。热等静压材料的持久寿命波动较大，而且塑性也较差。

表 2 热等静压、热等静压加锻造和热挤压 FGH95 合金的性能

成形工艺	粉末粒度	室温拉伸				650℃拉伸				650℃，105.5 kg/mm² 持久	
		σ_b /kg·mm^{-2}	$\sigma_{0.2}$ /kg·mm^{-2}	δ/%	ψ/%	σ_b /kg·mm^{-2}	$\sigma_{0.2}$ /kg·mm^{-2}	δ/%	ψ/%	τ	δ/%
热等静压	-150目	148.7	131.2	8.8	7.1	148.8	120.7	7.3	7.5	87h17min	0.8
		155.6	134.2	7.8	10.1	146.2	121.8	5.3	6.7	105h40min	
		161.7	136.0	8.0	11.6	142.6	—			21h50min	2.4
		170.6	134.5	13.1	14.7	147.3	117.9	6.48	13.2	85h50min	2.56
热等静压+锻造	-80目	169.9	141.7	9.7	12.4	160.0	133.8	14.2	14.6	64min	4.48
		178.0	149.9	11.8	12.8	156.9	131.5	12.4	13.1	105min	3.44
	-150目	177.8		16.7	19.3	158.0	131.6	9.92	11.2	60h50min	5.52
		175.6	146.3	19.1	20.8	155.2	131.6	9.84	10.5	46min	2.60

续表 2

成形工艺		粉末粒度	室温拉伸				650℃拉伸				650℃, 105.5 kg/mm² 持久	
			σ_b /kg·mm^{-2}	$\sigma_{0.2}$ /kg·mm^{-2}	δ/%	ψ/%	σ_b /kg·mm^{-2}	$\sigma_{0.2}$ /kg·mm^{-2}	δ/%	ψ/%	τ	δ/%
热挤压		−80+320目	177.0	143.4	14.6	20.8	164	—	18.8	15.4	190h55min	
挤压比	6:1		178.7	145.2	15.4	23.2	167.2	120.8	17.6	15.0	243h55min	6.72
	9:1		178.2	145.4	14.6	21.5	160.8	199.6	18.4	10.0	237h15min	3.76
	12:1		178.4	146.4	13.7	20.5	165.6	120.2	16.0	15.0	362h50min	3.84
			180.6	147.7	15.9	25.4	168.2	124.2	14.4	15.0	213h45min	3.44

4 结语

热等静压FGH95合金中存在的原始颗粒边界引起材料沿颗粒间断裂，对强度和塑性均有不利的影响。用热挤压或热等静压加锻造工艺成形的FGH95合金，具有较好的显微组织和力学性能。这是由于挤压或锻造过程中产生的剧烈的剪切变形破碎了原始颗粒边界，从而增强了颗粒间的结合。为了改进粉末高温合金FGH95的性能和提高零件的可靠性，除了要提高粉末的纯洁度防止污染外，采用热挤压或热等静压加锻造成形工艺，能得到令人满意的结果。

参 考 文 献

[1] E. C. James and H. Wilford. High Temperature Alloys for Gas Turbines, Proceedings of a Conference Held in Liege, Belgium, Oct. 1982, p. 846.
[2] E. C. Harry, Met, Progr., 123(1983), No7, 27.
[3] Anonymous. Aviation Week and Space Technology, September 15, 1980, p: 20.

（原文发表在《钢铁研究总院学报》，1985，5(4)：411-415.）

FGH95粉末冶金高温合金的超塑性

杨士仲　李力

（钢铁研究总院）

摘　要　FGH95粉末冶金高温合金，是制造航空发动机涡轮盘的材料。本文研究了FGH95的超塑性行为，介绍了获得超塑性材料的工艺方法。结果表明，当晶粒度小于$10\mu m$，温度为$950 \sim 1100℃$，应变速率为$10^{-1} \sim 10^{-2}$/min时，该合金具有良好的超塑性，最大延伸率可达726%。

Superplasticity of Superalloy FGH95 by PM

Yang Shizhong, Li Li

(Central Iron & Steel Research Institute)

Abstract: PM superalloy FGH95 is used for aircraft engine turbine discs. In this paper the superplastic behavior of the alloy is studied and the technology for obtaining superplasticity is described. The results show that: with grain size less than $10\mu m$, temperature $950 \sim 1100℃$ and the strain rate $10^{-1} \sim 10^{-2}$/min, the alloy exhibits good superplasticity. The maximum elongation of 726% was achieved.

　　超塑性锻造，变形抗力低，可节省能源；塑性好，能一次锻成形状复杂的零件，能使化学成分复杂采用传统方法很难变形或根本不能变形的合金成形，而且所成形的零件接近净尺寸，机加工余量小，减少金属消耗。

　　当今，超塑性锻造已发展成为一种新的压力加工方法，成功地用在IN100粉冶高温合金涡轮盘和钛合金零件的成形上。

　　FGH95粉冶高温合金，用于制造航空发动机涡轮盘，是一个难变形合金，变形温度范围很窄，用传统的方法锻造，须用耐火纤维包裹，再包金属套，才能锻成涡轮盘。一旦锻造操作稍有迟缓，或包裹得不够严实，便可能产生裂纹，而且变形所需的设备吨位也大。若该合金具有超塑性，可采用超塑性锻造，既简化了工艺，又提高了成材率。为此，我们对FGH95合金超塑性进行了研究。

　　本文详细地介绍了FGH95粉冶高温合金超塑性材料的制备工艺和超塑性力学特性，为超塑性锻造提供了技术依据。

1　超塑性试料的制备工艺

　　采用氩气雾化的FGH95合金粉末，其化学成分见表1。粉末粒度是-80+320目。粉末经静电去除夹杂后,真空下装入 φ80mm×200mm 不锈钢套,在 400℃ 脱气,而后焊封。用 600t 挤压机进行挤压。挤压分两步进行,第一步先镦粗压实,第二步挤压成材。挤压加热温度是 1120℃。为获得不同晶粒度,研究晶粒度对超塑性的影响,采用了 6∶1,9∶1,12∶1 三种不同的挤压比。为进一步细化晶粒,将一部分挤材又在较低的温度下进行了大变形量轧制。挤压和轧制的具体工艺参数分别见表 2 和表 3。

表 1　FGH95 合金粉末的化学成分（质量分数）　　　　　　　　（%）

C	Co	Cr	W	Mo	Nb	Ti	Al	B	Zr	Mn	Fe	O	Ni
0.062	7.95	13.58	3.47	3.56	3.60	2.62	3.47	0.0079	0.054	0.002	0.04	0.0089	余

表 2　挤压工艺参数

锭号	锭子直径/mm	挤材直径/mm	挤压比	加热温度/℃	出炉-挤压时间/s	挤压速度/mm·s^{-1}
1	85	33	6∶1	1120	12	100
2	85	28	9∶1	1120	12	100
3	85	25	12∶1	1120	12	100
4	85	25	12∶1	1120	8	100

表 3　轧制工艺参数

坯料	加热温度/℃	出炉-轧制时间/s	轧制道次	变形量/%
2 号挤材	1070	4	1	54

2　试验结果

2.1　金相组织

不同挤压比材料的金相组织示于图 1。可以看出,挤压比对晶粒度有明显的影响。挤压比为 6∶1 和 9∶1 时,晶粒度略粗大些,而且大小不均匀,为 10~20μm,见图 1(a)、(b),挤压比为 12∶1 时,晶粒细小,为 4~7μm,见图 1(c)。图 1(d) 是 2 号挤材经轧制后的金相组织,晶粒进一步细化到 2μm。

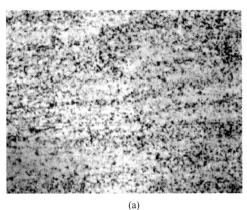

(a)

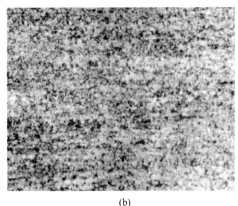

(b)

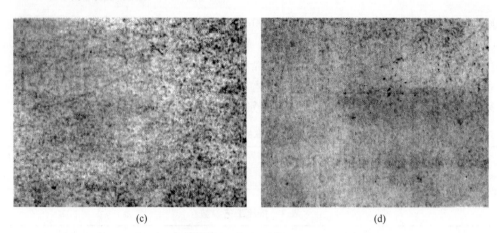

图1 不同变形量FGH95合金的组织（×100）

（a）挤材 挤压比6∶1；（b）挤材 挤压比9∶1；（c）挤材 挤压比12∶1；（d）挤+轧材 挤压比9∶1 轧制变形54%

挤材的金相组织中，已不存在原始粉末的枝晶组织和原始颗粒边界，而这些组织在直接热等静压成形的材料中，是大量存在的[1]。

2.2 常规力学性能

不同挤压比的材料，经1120℃，1h，O.C.+876℃，1h，A.C.+650℃，24h，A.C.热处理后，室温、650℃拉伸和650℃持久性能良好，均超过技术条件，如图2所示。

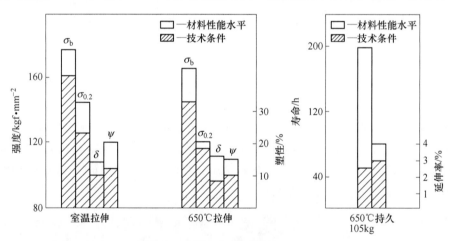

图2 FGH95合金挤材的常规力学性能（1kgf=9.8N）

2.3 超塑性力学特性

变形温度、应变速率和晶粒度对FGH95合金超塑性的影响如图3~图6所示。

从图3看出，FGH95合金在950~1100℃温度范围内具有超塑性，产生超塑性的温度范围较宽，而以1100℃时的超塑性为最佳。

图4表明，合金的晶粒度对其超塑性有明显的影响。只有晶粒度小于10μm时，才出现超塑性，并且晶粒越细，超塑性越高。晶粒度为4~7μm时，延伸率为377%，晶粒度为2μm时，延伸率提高到726%。

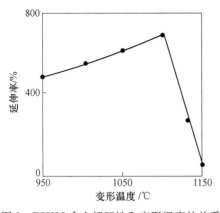

图 3　FGH95 合金超塑性和变形温度的关系
($\dot{\varepsilon} = 6 \times 10^{-2} \mathrm{min}^{-1}$)

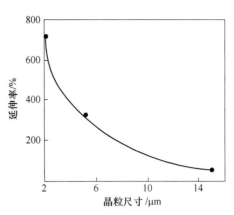

图 4　FGH95 合金超塑性和晶粒度的关系
($\dot{\varepsilon} = 6 \times 10^{-2} \mathrm{min}^{-1}$；$t = 1050℃$)

图 5 指出，合金的超塑性对应变速率敏感，，以 $6 \times 10^{-1}/\mathrm{min}$ 和 $3 \times 10^{-2}/\mathrm{min}$ 不同的拉伸速度在相同的拉伸温度 1050℃ 下进行试验，结果延伸率不同，后者比前者高出 200% 以上。由此可见，适当地减慢变形速度，可以发挥合金的超塑性潜力。同时，从图 6 也可看到，由于应变速率的降低，合金的变形抗力也在大幅度地降低，由 $3.73 \mathrm{kgf/mm^2}$ 降低到 $0.86 \mathrm{kgf/mm^2}$（$1\mathrm{kgf} = 9.8\mathrm{N}$）。因此，超塑性锻造设备吨位可比一般模锻设备小得多。

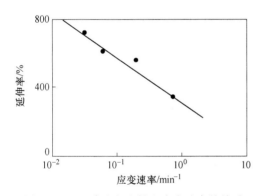

图 5　FGH95 合金超塑性和应变速率的关系
($t = 1050℃$)

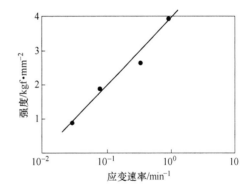

图 6　FGH95 合金变形抗力和应变速率的关系
($t = 1050℃$，$1\mathrm{kgf} = 9.8\mathrm{N}$)

3　讨论

要获得具有超塑性的 FGH95 粉冶高温合金材料，必须创造超细的晶粒组织。从再结晶的原理来分析，再结晶的晶粒数是原始组织，变形温度和变形量的函数。这些工艺参数需要合理地配合，在热能和变形能的作用下，使合金得到刚好产生再结晶所需的能量；形成的晶核数越多，则晶粒越细。为获得最细的晶粒组织，采用较低温度和大变形量进行压力加工为好。

作者曾对 IN100 粉冶高温合金的超塑性进行了研究[2]。结果表明，IN100 合金的超塑性较高，最大延伸率可达 1054%。其原因估计是由于它的 γ′ 相含量大和 γ′ 相固溶温度高，这些 γ′ 相有效地细化了晶粒和限制了晶粒长大。

4 结论

(1) FGH95 粉冶高温合金具有超塑性，可超塑性锻造成形。产生超塑性的温度范围是 950~1100℃，应变速率范围是 $10^{-1} \sim 10^{-2}/\min$，最大延伸率可达 726%。

(2) 晶粒度对超塑性有明显的影响，只有晶粒度小于 $10\mu m$ 的超细晶粒组织才有超塑性。晶粒越细，超塑性越高。

(3) 合理地选配热加工工艺参数，是获得超细晶粒组织的关键因素。

参 考 文 献

[1] Li Li, et al. PM Aerospace Materials (Proc. Conf.) Berne, Switzerland. Nov. 12-14, 1984, 24.
[2] 李力，等. 钢铁研究学报，1981(1)，59-63.

（原文发表在《钢铁》，1986，21(1)：34-37.）

氩气雾化镍基高温合金粉末的 SEM 观察与俄歇分析

张英才

摘 要 本文介绍了用扫描电子显微镜和俄歇电子谱仪观察和分析雾化态和热等静压态高温合金粉末颗粒的表面。结果表明，雾化态粉末颗粒表面可以分为三种类型：树枝状、胞状和光滑表面，在雾化态的粉末颗粒表面上富集了碳、氧、硫，而在 HIP 态粉末颗粒表面上富集的氧高于雾化态。

Study of Argon Atomized Ni-base Superalloy Powder Particles Using SEM and AES

Zhang Yingcai

Abstract: An investigation of the surface of Ni-base superalloy powder particles in both as-atomized and as HIP'ed conditions has been presented in the paper. Scanning electron microscope(SEM) and Auger electron spectrometer (AES) were used to analyze the morphology and constituent of the powders. It is observed that the surface morphology of atomized powder particles can be divided into three groups: dendritic, cellular and smooth surface. The results showed that the contents of carbon, oxygen and sulfur on the surface of the atomized powder particles were enhanced and oxygen content on the surface of the HIP'ed powder particles is higher than that on the surface of atomized powder particles.

1 前言

镍基高温合金粉末是采用氩气雾化方法制取，它是由高压氩气流作用在熔化的金属上物理分散成颗粒。高压气体射向熔化金属时被分散的液体是多边形的，但由于熔化液滴的表面张力很高，所以在液滴凝固之前就已变为球形了，因此氩气雾化粉末均为大小不同的球形颗粒。雾化后的粉末颗粒表面极易氧化污染，过厚的氧化膜会对粉末的成形性及成形后的力学性能带来不利影响。这样就要求雾化后的粉末氧含量必须小于 $100×10^{-6}$ 时才有实用的可能，而且粉末粒度大小和分布及粉中的氧化物夹杂必须同时达到标准要求。因此，研究一个粉末颗粒的表面和表层结构及颗粒污染是提高粉末质量必不可少的工作。

2 雾化态粉末的 SEM 观察与俄歇分析

雾化态粉末在 SEM 下观察均为大小不等的球形颗粒，颗粒的冷却速度和颗粒分布随颗粒直径而变化[1]。颗粒直径一般在 15~300μm 间变化，而 30~150μm 的粉末占绝大多数，对应的冷却速度为 10^3~10^4℃/s[1,2]，粒度分布在 100μm 处出现峰值，即雾化后的粒度在 100μm 左右的粉末占绝大多数。

在 SEM 下同时还看到了卫星粉和包层粉。当液滴在高速氩气喷吹下互相碰撞时，较小颗粒便粘在较大颗粒上而形成卫星粉（见图 1）。当粘上的小液滴破碎后便构成带包层的颗粒（见图 2）。在雾化过程中，液滴中如果夹进氩气，凝固后夹进的氩气便聚集在一起从而形成空心粉，有些空心是偏离球心的，而且空心的数量不止一个。空心粉的存在对粉末的成形很不利，它是压坯热诱导孔洞（TIP）的主要根源。以这种方式残存的氩气用一般的脱气方法是去不掉的，只好控制雾化工艺，尽管减少空心粉的数量。

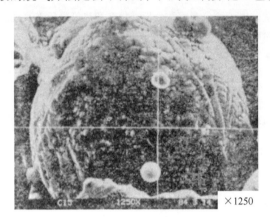
图 1　雾化卫星粉 SEM 照片

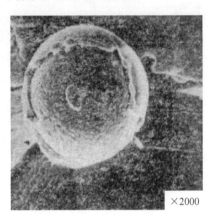
图 2　雾化包层粉 SEM 照片

氩气雾化 René95 粉末的颗粒表面经 SEM 观察得知，其颗粒表面的凝固状态可分为三种类型，即树枝状结构（见图 3）、胞状结构和光滑表面结构（见图 4）。

一般固溶体合金凝固界面的组织变化是随凝固条件即平均溶质浓度（C_0）和凝固速度（R）而改变的，这种变化见文献［3］。如果熔液中含溶质较少，凝固界面为光滑无组织表面，随着溶质浓度的增大，凝固界面呈六边形无规律的胞状；如果溶质浓度再进一步增大，就变为树枝状。凝固界面组织的这种变化，是伴随着凝固界面溶质偏析的数量所决定的，而溶质数量是与凝固速度有关。对于相同的溶质浓度，凝固速度越大，由光滑→胞状→树枝状的组织变化越容易。

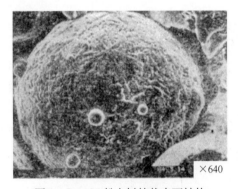
图 3　René95 粉末树枝状表面结构

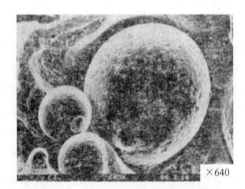
图 4　René95 粉末胞状和光滑表面结构

氩气雾化粉末绝大部分为树枝晶结构，树枝晶界有第二相沉淀和凝固缩孔。晶粒尺寸和树枝晶间距是粉末颗粒的结构参数，减小树枝晶间距可使第二相细化分布均匀，减少成分偏析。

对各种铸态合金的二次树枝晶间距和冷却速度的关系为[4]：
$$d = b(\varepsilon)^{-n}$$
式中，d 为二次树枝晶间距；b 为常数；n 一般为 $1/3 \sim 1/2$ 的常数；ε 为局部冷却速度。因此通过测量颗粒的二次树枝晶间距 d，就可估算出颗粒的冷却速度 ε，从而这批粉末的粒度范围也就可以估算出来。

对氩气雾化 René95 粉末用 PHI550 俄歇谱仪选用 $15 \sim 30$ Å/min 的溅射速度，对颗粒表面溅射分析。对于 C_3 粉，选用 30 Å/min 的溅射速度。溅射结果得知氧、硫在颗粒表层有 15Å 左右的富集（见图5）。对 C_{32} 粉，选用 15 Å/min 的溅射速度，溅射结果示于图6，从中可看出，碳、氧在颗粒表面富集；而 Al、Ti、Co、Cr 在颗粒表面贫化；但溅射 40Å 以后上述各元素曲线变化平缓。

通过上述二批 René95 粉末颗粒的溅射分析得知颗粒表面有 $15 \sim 40$ Å 的 C、O_2、S 污染层。

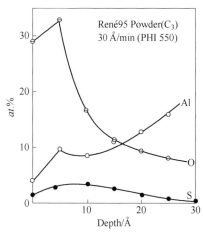 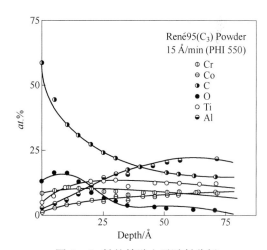

图 5　C_3 粉的俄歇电子溅射分析　　　　图 6　C_{32} 粉的俄歇电子溅射分析

3　粉末 HIP 坯的 SEM 观察和俄歇分析

René95 粉（C_3）经不同 HIP 制度成形后的室温拉伸断口的 SEM 观察形貌可分为压合态和未压合态两种类型，这两种断口对应的力学性能见表1。压合态断口对应着较高的力学性能，断口上基本看不到球形颗粒外形，颗粒间紧密地压合，很少有未压合的颗粒间隙。未压合态断口对应着较低的力学性能，只能测得一个 σ_b，其他力学性能无法测得。其拉伸断口上球形颗粒明显可见，并有大量未压合的颗粒间隙。

表 1　René95 粉经不同 HIP 制度成形后室温力学性能

样品号	粉末	σ_b/MN·m^{-2}	σ_2/MN·m^{-2}	δ/%	ψ/%	断口状态
R_{95}-11-3	C_3(-80目)	$1441 \sim 1491$	$1024 \sim 1030$	$16 \sim 18.8$	$15.7 \sim 19$	压合态
R_{95}-6-3	C_3(-80+325目)	$900 \sim 954$				未压合态

René95 粉末 HIP 后的 R_{6-3} 样品断口采用 PHI595 俄歇谱仪观察分析。样品在高真空下破断，对一直径为 80μm 的颗粒以 100Å/min 的溅射速度对颗粒进行分析，溅射结果见图 7。对于雾化态粉末颗粒溅射 30Å 深以后，其氧含量就下降到 5%（原子）以下（见图 6）。但对 HIP 态粉末颗粒，溅射 10Å 深以后，其氧含量还在 5%（原子）以上（见图 7）。这说明 HIP 后颗粒内部氧含量增加了。这一溅射分析结果与气体分析结果是一致的。如 C_3 粉（-80 目）在 HIP 前氧含量为 49~58ppm，而 HIP 后的压坯，其氧含量高达 208ppm，其氢和氮含量也比雾化态粉末提高 3~6 倍。出现这种现象是因为在 HIP 过程中，任何残留的氧将很容易引起颗粒表面氧化，粉末在 HIP 前的各道工序，如果控制不严都将是氧的来源。如在装套过程中粉末暴露于大气；装粉后脱气不充分及粉末中氧化物夹杂含量过高等，这些都是氧的来源。这一观察分析结果提醒我们，雾化粉末平时必须在真空或惰性气体中保存；装套前的粉末要经过严格的动态脱气；并且包套的检漏和封焊要绝对可靠；粉末中的氧化物夹杂数量要达到标准要求；氧化物夹杂超过标准的粉末再去 HIP 是没有实际意义的。

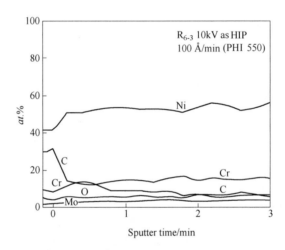

图 7　HIP 态 R_{6-3} 样品断口颗粒溅射分析结果

4　结论

（1）氢气雾化镍基高温合金粉末经 SEM 观察均为大小不等的球形颗粒，并观察到卫星粉和包层粉。一部分颗粒冷凝后氩气聚集形成空心粉。

（2）雾化态粉末颗粒表面经 SEM 观察，表面有树枝状、胞状及光滑表面三种组织结构，而树枝状结构占多数。

（3）雾化态粉末颗粒经俄歇谱仪溅射分析得知，其表面有 15~40Å 厚的碳、氧、硫污染层。

（4）René95 粉末 HIP 态试样断口形貌分为颗粒间隙压合态和未压合态两种，前者对应着较高的力学性能。粉末经 HIP 压实后的 H_2、N_2、O_2 含量均高于雾化态粉末。

参 考 文 献

[1] R. Mehrabian, B. H. Kear and M. Cohen. Rapid Solidification Processing Principles and Technologies, US, 1977, p. 347.
[2] J. E. Smugereaky. Metall. Trans. A. 13A(1982), p. 1535.
[3] 大野笃美. 金属凝固学 [M]. 唐彦斌, 张正德译, 机械工业出版社, 1983, p. 36.
[4] P. A. Joly, R. Mehbrabian. J. Mater. Sci. 9(1974), p. 1449.

(原文发表在《钢铁研究学报》, 1986, 6(2): 43-46.)

FGH95粉冶高温合金涡轮盘锻造工艺研究

杨仕仲　李力

（钢铁研究总院）

摘要　研究指出，FGH95合金难变形，不能采用一般的锻造工艺，必须采取慢速变形和保温措施。采用等温锻造最合适。在目前我国还没有大型等温锻造机的情况下，采用水压机包套锻造，只要保证终锻温度，严格控制变形量，可以锻出质量合格的盘件。盘件性能已达到美国同类合金René95的技术指标。

1　前言

粉冶高温合金组织均匀、晶粒细小、疲劳性能好、屈服强度高，是制造航空发动机涡轮盘的理想材料。美国已有十多年的生产和使用经验，由军用现在扩大到民用。英、德、日、法等国也正在研究。

FGH95（美国称René95）合金是一种镍基粉冶涡轮盘合金，含较多的W、Mo、Nb、Al、Ti等合金元素，由于合金化程度高，变形很困难。美国原来采用直接热等静压技术制造涡轮盘，1980年，这种盘件曾发生断裂事故。

直接热等静压成形的涡轮盘，其组织存在大量的PPB（原始颗粒边界），降低粉末间的结合强度。压力加工可以破碎PPB，并改善夹杂物的形态和分布，从而提高材料的性能，增加盘件的安全可靠性[1]。为寻求合理的成形工艺，进行了锻造工艺的研究。

2　研究用料

采用真空熔炼氩气雾化的合金粉末。粉末粒度为-150目，化学成分：$w(C)=0.05\%$，$w(Cr)=13\%$，$w(Co)=8\%$，$w(W)=3.5\%$，$w(Mo)=3.5\%$，$w(Nb)=3.5\%$，$w(Al)=3.5\%$，$w(Ti)=2.5\%$，$w(Zr)=0.05\%$，$w(B)=0.01\%$，其余为Ni。粉末装套经加热脱气处理，再经1120℃，117.6MPa，3h热等静压成形。热等静压锭经扒皮、超声波探伤后，作为研究的原材料使用。

3　锻造工艺参数的研究

3.1　合金的热加工性能

用高温拉伸试验机、FTMP-6型静压试验机和Gleeble热模拟试验机，对热等静压锭和锻造饼坯的最佳变形温度范围、最大变形量以及变形速度对变形抗力和塑性的影响进行了研究，结果见图1~图4。研究表明：（1）FGH95合金的最佳变形温度范围是1050~1150℃；（2）热等静压锭的最大允许变形量是45%，饼坯还可高些，但仍很难变形；（3）变形速度对 FGH95 合金的变形抗力和塑性影响很大，慢速变形时，变形抗力降低，塑性提高。

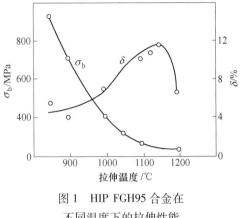

图 1　HIP FGH95 合金在不同温度下的拉伸性能

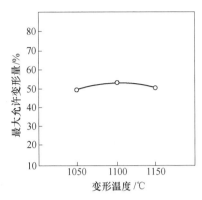

图 2　HIP FGH95 合金在不同温度下的最大允许变形量

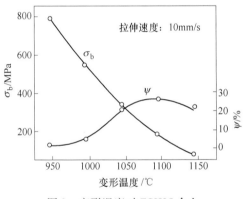

图 3　变形温度对 FGH95 合金锻坯热加工性能的影响

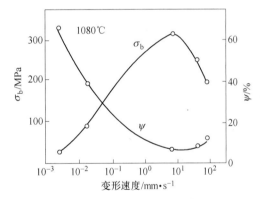

图 4　变形速率对 FGH95 合金锻坯热加工性能的影响

3.2　锻造加热温度的影响

锻造加热温度对 FGH95 合金显微组织和力学性能影响的研究结果见图 5。合金在 1080~1140℃ 加热，组织均匀，晶粒细小，各项力学性能都达到技术条件的要求。而在 1160℃ 加热，由于大部分 γ′ 溶解，晶粒长大，持久强度提高，但屈服强度明显降低。

3.3　锻造变形量的影响

锻造变形量对 FGH95 合金显微组织和力学性能影响的研究结果见图 6。热等静压锭锻造变形后，破碎了 PPB 和铸态的枝晶组织。随着变形量的增加，PPB 和枝晶组织减少。锻造变形量从 42% 增加到 77%，枝晶组织从 1.99% 减少到 0.39%。由于组织的改善，锻造合金的拉伸强度、屈服强度和塑性都比热等静压状态的合金明显提高。持久性能略有降低的原因，是由于变形再结晶后晶粒细化。

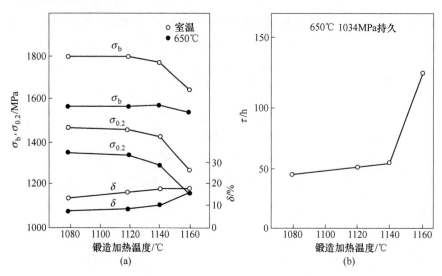

图 5 锻造加热温度对 FGH95 合金拉伸性能和持久性能的影响
(a) 拉伸性能；(b) 持久性能

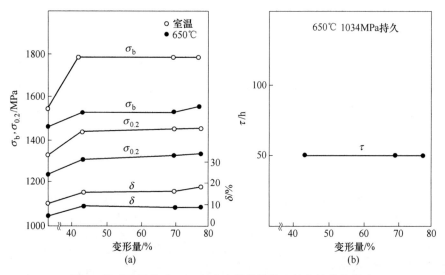

图 6 锻造变形量对 FGH95 合金拉伸性能和持久性能的影响
(a) 拉伸性能；(b) 持久性能

4 亚尺寸盘的锻造

由锻造工艺参数研究结果得知，FGH95 合金是一个难变形合金，不能采用常规的锻造工艺，必须采取慢速变形和保温措施。针对这种情况，选用等温锻造和水压机包套锻造两种工艺进行试验，在 500t 压机上试锻了直径为 150mm 的亚尺寸盘。这两种工艺都锻出了表面完好性能合格的盘件。

等温锻造：加热温度 1050℃，变形速度 3.6mm/min，变形量达 55%。盘件质量良好。

水压机包套锻造：热等静压锭包以软钢套，套子和锭子之间填充耐火纤维，起保温作用。当套子包得严实、操作速度快、保证终锻温度不低于 1050℃、每火变形量不超过 45%

时，盘件质量良好。

等温锻造能保证锻件在整个变形过程中都处于最佳变形温度，而且能慢速变形，对 FGH95 合金来说，最为合适。但目前我国没有大型等温锻造机，所以只能选择水压机包套锻造工艺。

5 全尺寸盘的锻造

在试锻了大量亚尺寸盘的基础上，开始全尺寸盘的锻造。锻造由镦饼和模锻两步完成。

5.1 镦饼

直径 200mm、长 300mm 的热等静压锭，经超声波探伤后，包以耐火纤维和软钢套。

镦饼用两火进行，加热温度均为 1120℃。每火变形量为 38%，总变形量为 62%。锻完去套后，饼材表面质量很好，无裂纹。

5.2 模锻涡轮盘

将饼材重新包套并填充耐火纤维。加热温度 1120℃，一火锻成。不同部位的变形量为 35%~61%。

因局部变形量大，变形条件恶劣，如操作迟缓，或套子破裂，会因锻造温度低而出现裂纹。锻造裂纹沿套子裂口处产生。

5.3 全尺寸涡轮盘的金相组织和力学性能

全尺寸涡轮盘的低倍和显微组织均匀，无宏观偏析。从中心至边缘的晶粒度没有差别，晶粒尺寸很小，为 6~10μm。枝晶组织很少，盘子中心为 0.061%，边缘为 0.26%；盘子的力学性能见图 7，已达到美国同类合金 René95 的技术指标。

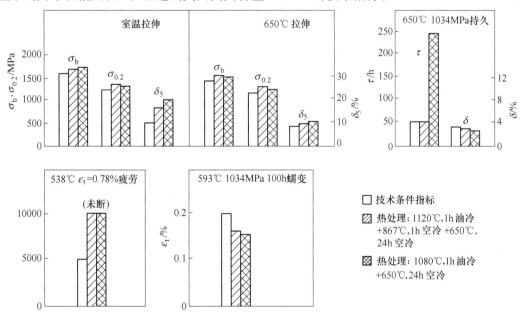

图 7　FGH95 合金涡轮盘的力学性能

FGH95 合金是我国当前性能最高的涡轮盘材料。

6 结论

（1）FGH95 粉冶高温合金变形温度窄、塑性差，是难变形合金，必须采用慢速变形和保温措施。

（2）等温锻造对 FGH95 合金最为适宜，用水压机包套锻造，只要采取必要措施将套子包严实、操作迅速，也可锻出质量良好的盘件。

（3）热等静压锭经锻造变形，基本上能消除原始颗粒边界和枝晶组织。锻造合金的显微组织和力学性能，都明显优于热等静压状态的合金。

（强劲熙和王恩辉同志参加了部分工作）

参 考 文 献

［1］李力，等.《钢铁研究总院学报》，1985，Vol. 15，411-415.
［2］《FGH95 粉冶高温合金涡轮盘的组织和性能》，联合研制组内部报告，1986，1.

（原文发表在《航空材料》，1987，7(2)：17-20.）

等离子旋转电极法所制取的镍基高温合金粉末中异常颗粒的研究

张莹[1] 董毅[2] 张义文[1] 林清英[2]

（1. 钢铁研究总院高温材料研究所，北京 100081；
2. 钢铁研究总院测试研究所，北京 100081）

摘　要　归纳了用等离子旋转电极法（PREP）制造的镍基高温合金粉末成品粉中常见的异常粉末颗粒类型；分析了异常颗粒产生的原因并提出了消除和控制的方法。

关键词　等离子旋转电极法　镍基高温合金粉末　异常颗粒

Investigation on the Abnormal Particles in Nickel-based Superalloy Powder by PREP

Zhang Ying[1], Dong Yi[2], Zhang Yiwen[1], Lin Qingying[2]

(1. High Temperature Materials Institute, Central Iron & Steel Research Institute, Beijing 100081, China; 2. Institute of Detector, Central Iron & Steel Research Institute, Beijing 100081, China)

Abstract: In this paper, the types of abnormal particles in final product of nickel-based superalloy powder by PREP were generalized, the causes to produce the abnormal particles were analyzed and the measures to eliminate and control these abnormal particles were suggested.

Keywords: plasma rotation electrode process, Ni-based superalloy powder, abnormal particle

用等离子旋转电极法（PREP）制取的粉末具有粒度分布集中，光亮、洁净，枝晶细小，偏析少，氧含量低及物理性能良好等特点[1]。采用该工艺生产的镍基高温合金粉末已被用于制造高推重比飞机发动机涡轮盘和挡板等重要部件。因此，镍基高温合金粉末的质量检验和粉末特征研究十分重要。

笔者在对 PREP 法制取的镍基高温合金粉末进行检验时发现有一些异常的粉末，其形貌种类有锅巴状粘连粉、粘连团粉、包裹式粉、葫芦状双连粉以及断裂粉等。关于镍基高温合金粉末的黏结形式的研究，国内曾有过报道，但是，对于与成品粉尺寸相接近的异常颗粒，则未见有深入系统的研究报道。这些粉末颗粒数量虽少，但危害极大。为了了解这些异常粉末的性质，我们对其进行了比较细致的研究和分析。

1 实验方法

将 PREP 法制得的镍基高温合金粉末经筛分和静电分离去除夹杂物,获得粒度为 50~100μm 的成品粉并从中取样。用粉末检测仪观察、判断粉末形态,在实体显微镜下挑出异常黑粉,通过扫描电镜(SEM)和俄歇电子能谱仪(AES)进行观察和分析。

2 实验结果和分析

将挑出的异常颗粒作了分类,并逐类加以分析。

2.1 包裹式粉末

在检测中经常会见到在 50 倍实体显微镜下呈半黑半亮的粉末,用扫描电镜观察则可以清楚看到,球状粉末外包着一层金属薄膜,有的是整个包裹[图1(a)],有的是部分包裹[图1(b)]。粉末球体上枝晶清晰可见[图1(c)],外面的金属薄膜由于凝固时冷却速度快,枝晶来不及析出长大,在扫描电镜下难以观察到枝晶形貌。能谱(EDS)半定量分析结果见表1。

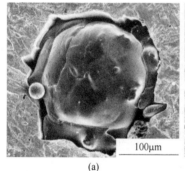
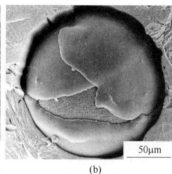
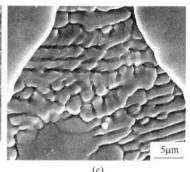

(a)   (b)   (c)

图 1 包裹式粉末形貌

(a) ×300;(b) ×450;(c) ×3500

表 1 包裹式粉末光面和枝晶成分对比(质量分数) (%)

化学成分	Al	Ti	Cr	Mn	Fe	Co	Ni	Nb	Mo	W	O
光面	2.52	2.77	12.27	0.12	—	8.83	63.16	3.28	3.69	2.87	0.46
枝晶	3.99	2.46	12.49	0.16	0.354	8.65	61.20	2.61	3.55	4.15	0.39

由表1可知,粉末球体和外面的金属薄膜均属同一合金成分。这种包裹式粉末是在雾化过程中熔融的金属小液滴在离心力的作用下被甩到已结晶凝固的粉球上而形成。液滴在已凝固的粉球上铺开的程度与液滴的质量和离心力的大小有关。

2.2 表面氧含量高的粉体

经检测统计分析,这种粉分为两类。

(1)表面氧化的黑粉。这类粉数量极少,其形貌有单个的,也有两球黏接和团块状粉,表面呈黑暗色,无光泽。将氧化粉末和正常粉末通过扫描电镜能谱作对比分析,结果如表 2 所示。

表 2　正常粉和氧化粉成分对比(质量分数)　　　　　　　　　(%)

化学成分	O	Al	Si	Cr	Ni	尺寸/μm
正常粉	0.136	2.531	0.572	12.669	61.917	90
单粒氧化粉	5.820	5.781	1.332	14.270	53.038	90
双连氧化粉	7.433	6.659	0.832	12.955	52.918	150
堆团细粉	4.158	6.472	1.257	12.713	56.147	180
氧化粉块	4.536	7.635	1.146	15.894	55.069	260

从表 2 可以看出这类黑粉与母合金成分基本一致,其表面 O 和 Al、Si、Cr 含量偏高。对批量粉中的个别被氧化粉进行分析后认为,是母合金棒中的缩孔残存气体 O 在雾化过程中释放出来污染了熔融态的金属液滴,O 与富集表面的 Al、Cr 等元素生成氧化物和氧碳化物[2]。由于细粉的比表面大,因而造成细团粉中粉末的表面氧含量高。

(2) 表面氧和其他合金元素含量较高的粉末。这类粉表面不光洁,有疤结和粘连物,枝晶不清晰,色泽发暗。图 2(b) 为单个黑粉,用扫描电镜能谱半定量分析,结果如下:$w(O)$ 为 5.892%、$w(Al)$ 为 44.355%、$w(Ti)$ 为 20.369%,经分析属于熔渣类杂质。

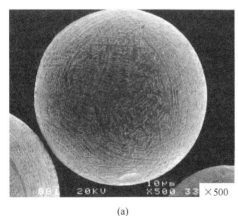
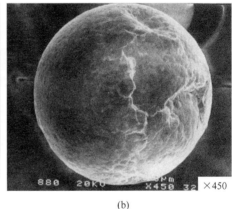

(a)　　　　　　　　　　　　　　　(b)

图 2　正常粉和熔渣黑粉形貌
(a) 正常粉;(b) 熔渣黑粉

图 3 为大颗粒粉上黏聚一堆细粉的形貌。细粉上所粘的杂质中,C、O、Cr 含量较高,属于熔渣类。

图 4 是以团粉形式出现的黑粉,粉球之间 C、O、S、Ca 杂质含量高,是制粉和粉处理系统中的有机杂质使之粘连在一起。

图 5 为双连黑粉形貌。据扫描电镜能谱分析(能谱图略),粉末上除局部粘连熔渣类杂质 [$w(Mo)$ 为 22.82%,$w(Nb)$ 为 8.26%,$w(Al)$ 为 11.6%,$w(O)$ 为 3.43%,$w(Si)$ 为 4.35%] 外,表面污染处有较高含量的 C、Ca、S、O,估计是有机类杂质。图 6 为该类型颗粒与正常粉末表面的俄歇能谱的对比,图 7 是通过俄歇能谱测出的溅射时间和峰高比曲

线。可以看出，当溅射时间为 5min 时，峰高比曲线趋于平缓，正常粉中的 O、C、S 值已很低，而异常粉中的 O、C、S、Ca 值依旧很高，由此可比较出粉末被污染的程度。

在检测统计中还发现一类粉粘杂质，扫描电镜能谱分析（图略）：$w(O)$ 为 37.107%，$w(Al)$ 为 33.244%，$w(Si)$ 为 21.802%，属于陶瓷类杂质。估计是浇注母合金时被使用的耐火材料、漏包污染所带入的杂质。

对以上四种形貌的粉末的分析可知，它们属于黏连熔渣、陶瓷和有机杂质的异常颗粒。

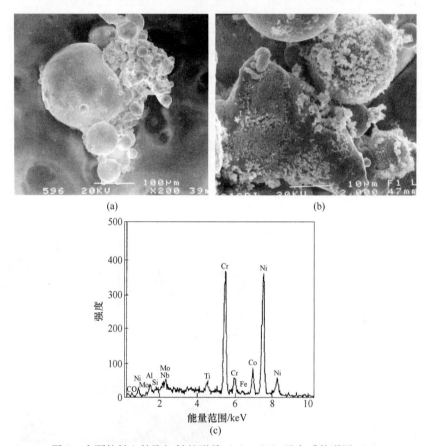

图 3 大颗粒粉上粘聚细粉的形貌 (a)，(b) 及杂质能谱图 (c)

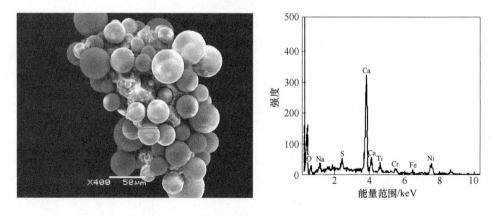

图 4 C、S、O、Ca 杂质含量高的团粉形貌以及表面能谱

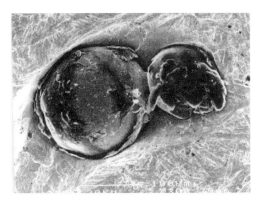

图 5 双连黑粉形貌

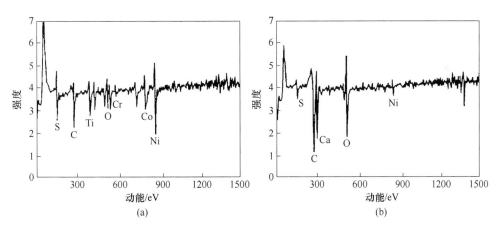

图 6 FGH95 粉末表面俄歇能谱
(a) 正常粉末；(b) 异常粉末

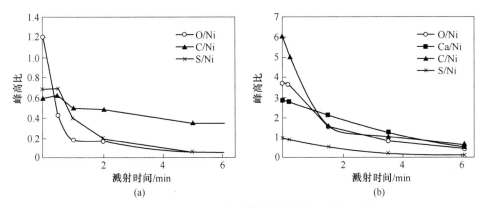

图 7 FGH95 粉末表面俄歇能谱溅射时间-峰高比曲线
(a) 正常粉末；(b) 异常粉末

2.3 粉黏异金属夹杂物

在对成品粉的检测过程中，除发现上述的粉黏熔渣、陶瓷、有机杂质外，还存在黏异金属夹杂物的颗粒。例如黏铜、铁等异金属。分析铜的来源：等离子枪使用的是铜喷嘴，在开始起弧时由于电流、电压控制不稳定，造成喷嘴表面铜熔化而溅射到熔融的母合金液滴上。图8是典型的粉黏夹杂物形貌及其能谱。分析其中异金属铁的来源，有可能是制粉设备中由不锈钢制造的压紧辊轴和鼓轮在制粉过程中与高速旋转的母合金长期摩擦，不可避免地会掉下钢渣，在母合金雾化时与熔融态的金属液滴粘连在一起。

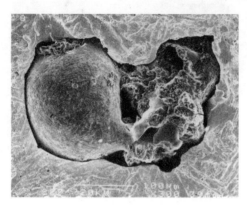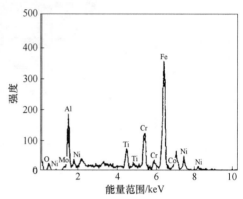

图 8　粉黏夹杂形貌及其能谱

3　结果讨论

综上结果的分析可知，用PREP法制造的镍基高温合金成品粉中存在的异常黑色颗粒主要分为包裹式粉、氧化粉、粉黏熔渣、陶瓷、异金属夹杂物、有机杂质等几类。

包裹式粉在形成时不可避免地会卷入惰性气体而残留在粉末球和表面壳体的夹层之中。在以后的热等静压和热处理过程中，这些残存的惰性气体将导致成形件中形成孔洞和PPB（原始颗粒边界），对制品的组织和性能带来极大的影响[1]。为避免和减少这类粉末的产生，必须调配好等离子枪功率、喷嘴直径、等离子弧电压和电流、惰性气体压力、等离子枪和电极棒间距、电极棒转速等工艺参数。

氧化粉和被有机杂质污染的粉末表面生成的碳化物和碳氧化物是成形件中产生PPB的根源。它们破坏和减弱粉末间结合，导致材料的高脆性和低的强热性[2]。为杜绝这类异常粉的产生，首先必须保证母合金的质量，不允许料棒中有缩孔存在。此外要降低制粉设备的漏气率，必须保证真空度达到0.133Pa后，快速充入高纯的混合惰性气体介质，其中的氧、氢杂质含量要小于0.0004%（质量分数）。要防止汽油挥发物、真空油、橡胶等有机物进入制粉系统内污染粉末。

黏有熔渣、陶瓷和异金属夹杂物的粉末颗粒无法通过静电分离予以去除。这些夹杂物的存在将严重地影响成形件的低周疲劳性能以及低周和蠕变下的抗裂纹扩展性[3]，甚至造成报废。减少这些异常颗粒可以采取的主要手段有：改进母合金的冶炼工艺，将真空感应冶炼工艺改为真空感应+电渣重熔双联工艺，浇注时加上高质量的陶瓷过滤器，以尽可能减少母合金棒中熔渣和陶瓷数量；在开始雾化时要调配好等离子枪起弧电压、电流及惰性气体介质压力等参数，以防铜喷嘴熔化；鼓轮和压紧辊轴最好使用和母合金料棒同样的材料，雾化室的内壁务必抛光磨平，不能有毛刺，以防异金属夹杂物进入粉末。

4 结论

PREP法生产的镍基高温合金成品粉末中存在着一些不能用静电分离法去除的包裹式粉、氧化粉,以及黏连熔渣、陶瓷、异金属、有机杂质的粉末。这些异常颗粒的存在将严重地影响粉末的质量和成形件的组织性能,甚至使产品报废。为避免和尽可能减少这些颗粒,应采取以下措施加以控制。

(1) 改进母合金冶炼工艺,提高母合金棒质量,减少其中的熔渣和陶瓷杂质,并且不允许有缩孔;

(2) 调配好制粉的工艺参数,以避免铜喷嘴熔化,减少包裹式粉末的产生;

(3) 保证制粉设备的真空度和惰性气体介质的高纯度,以防粉末被氧化;

(4) 建议采用和母合金相同的合金材料制造鼓轮和压紧辊轴,雾化室壁面须磨光,以防异金属进入粉中;

(5) 防止系统中的真空油、橡胶、汽油挥发物等有机杂质污染粉末;

(6) 降低成品粉粒度,筛去大尺寸的异常颗粒。

参 考 文 献

[1] 张莹 陈生大 李世魁. 用等离子旋转电极法制取镍基高温合金粉末工艺的研究[J]. 金属学报, 1999, 35 (Supp. 2):s343-s347.

[2] Белов А Ф, Аношкин Н Ф, Фаткуллин О Х. Структура и Свойства Гранулируемых Никелевых Сплавов [М]. Москва: Металлургия 1984:43-51.

[3] Ерёменко В И, Аношкин Н Ф, Фаткуллин О Х. Структураи Механические Свойства Жаропрочных Гранулируемых Никелевых Сплавов [J]. Металоведение и Термическая Обработка Металлов, 1991 (12):8-12.

(原文发表在《粉末冶金工业》, 2000, 10(6):7-13.)

高温合金粉末内部孔洞的研究概况

张义文

(钢铁研究总院高温材料研究所，北京 100081)

摘　要　阐述了等离子旋转电极工艺（PREP）制取的镍基高温合金粉末内部孔洞的形成机理，分析了导致孔洞形成的因素，提出了降低粉末内部孔洞应采取的措施。研究结果表明：孔洞的尺寸随着粉末粒度的下降而减小。在相同雾化制粉工艺参数条件下，粗粉中孔洞的数量多于细粉。随着棒料转速的提高，空心粉数量增加。此外，雾化室内混合惰性气体压力降低或混合惰性气体中氩气含量提高，均能使空心粉数量降低。

关键词　PREP 制粉工艺　高温合金粉末　孔洞

Investigation of Porosity in Superalloy Powder

Zhang Yiwen

(Central Iron & Steel Research Institute, Beijing 100081, China)

Abstract: The formation mechanism of porosity in Ni-base superalloy powder produced with PREP was stated. Some factors of porosity forming were analyzed. And some quality control techniques for decreasing porosity amount were presented. It was showed that the porosity size decreases with decreasing powder size. With the same atomized parameters, the porosity amount in large size powder is more than that in small size powder. The porosity powder amount increases with increasing rotating speed of rod. The amount of porosity powder can be decreased by decreasing pressure of inner gas mixture in atomizing chamber and increasing argon content in inner gas mixture.

Keywords: PREP, superalloy powder, porosity

孔洞是粉末高温合金的主要缺陷之一。粉末高温合金密实材料中孔洞很多来源于粉末内部孔洞。大量孔洞的存在导致合金拉伸强度和屈服强度下降，尤其使缺口持久寿命和疲劳性能明显恶化[1-4]。

工业生产中广泛采用氩气雾化工艺（AA）和等离子旋转电极工艺（PREP）来制备镍基高温合金粉末。AA 工艺的优点在于细粉收得率高，其主要缺点之一是大量粉末内部含有闭合的、充满氩气的孔洞。含有孔洞的粉末称为空心粉。而 PREP 工艺的优点之一是空心粉少。

本文作者对 PREP 工艺制取的镍基高温合金粉末内部孔洞的形成机理以及影响因素进行了简要的综述。

1 实验方法

实验用 PREP 制粉设备的主要工艺技术参数为：雾化室直径 2m，雾化室内混合惰性气体（He+Ar）的工作压力为 0.11~0.15MPa，棒料直径 75mm，其最大转速 $n=15000$r/min，等离子弧最大电流 3000A，电压 50V，粉末粒度 50~800μm。

将粉末筛分成若干个粒度范围，然后镶嵌在树脂中进行压实、磨光和抛光，最后用金相显微镜观察粉末内部孔洞的数量和尺寸。放大倍数为 80~110 倍，观察粉末的数量为 1000 个，在个别情况下为 3000~4000 个[5,6]。

2 孔洞形成机理

粉末内部孔洞是在制粉时被不溶于金属的惰性气体充满所形成的。粉末密实成形（热等静压或热挤压固结成形）后，粉末中孔洞变小，但在热处理时，由于气体膨胀，孔洞变大。这样在密实材料中产生了热诱导孔洞，粉末内部孔洞成为制品中的孔洞。

观察后发现，用上述方法制备的粉末中的孔洞具有规则的几何形状，通常存在于粉末的中心，某些位于粉末的边缘（见图 1）。在个别粉末中出现单个孔洞的集聚[6]。

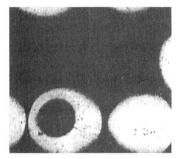

图 1　粉末中的孔洞

Fig. 1　Photograph of porosity in powder

分析可见，PREP 粉末的形成过程可分为 4 个阶段（见图 2）：（1）在棒料端面形成"冠"；（2）形成球形"露头"；（3）形成液滴；（4）液滴球形化并形成粉末颗粒。利用等离子弧将高速旋转的棒料端面熔化，形成熔体薄膜，在离心力的作用下，熔膜趋向棒料端面的边缘。在熔体层与固液底层之间摩擦力以及离心力的作用下，熔体流沿螺旋线运动[图 3(a)]。由于表面张力的作用，液膜流向棒料端面边缘时，在端面形成了"冠"。离心力越小，"冠"的半径越大。随着熔体不断地进入"冠"中，在搅拌和表面张力的作用下，液"冠"的某些部位开始聚集成球形"露头"[图 3(b)]。当"露头"中金属的质量增加到其离心力超过表面张力时，"露头"便从"冠"中飞射出去，形成了小液滴。在惰性气体中，液滴以很高的速度冷却，凝固成

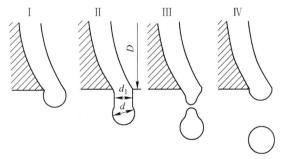

图 2　粉末形成过程示意图

Fig. 2　Schematic of powder forming process

d—液滴的直径；d_1—"露头"的直径；D—棒料直径

球形粉末颗粒。棒料转速越高，棒料端面熔膜越薄，"露头"也就越小，形成的粉末粒度也减小[7]。

棒料高速旋转时，在"冠"的中心形成了负压区，使液态金属薄膜在沿棒料端面流动时由其包裹的气体带到"冠"的内部，并积聚在负压区的中心，这样从"冠"中飞射出去的"露头"所形成的液滴内便包裹着气体，液滴凝固后在粉末内部就会形成孔洞[5]。

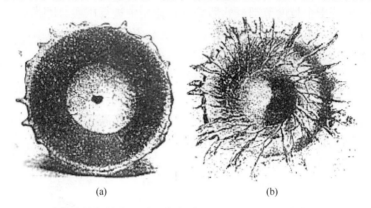

(a)　　　　　　　　　　(b)

图3　熔体流沿螺旋线运动和棒料端面"冠"以及"露头"的照片

Fig. 3　Photograph of the melt-flow moving in spiral, liquid cover and embryonic droplets

(a) 熔体流沿螺旋线运动；(b) 棒料端面"冠"以及"露头"

3　导致孔洞形成的影响因素

为了弄清孔洞的形成机理，研究了以下制粉工艺参数对孔洞的影响[8-10]：(1) 棒料转速；(2) 雾化室内混合惰性气体的压力；(3) 混合惰性气体的组成；(4) 雾化中心到等离子枪喷嘴的距离；(5) 坯料旋转轴与等离心枪轴的偏距；(6) 等离子弧的电流强度；(7) 等离子气体的消耗量。研究结果表明：前3个工艺参数是导致孔洞形成的主要因素，其中棒料转速是影响孔洞形成的主要因素。

3.1　棒料转速

当棒料转速低于8000r/min时，未观察到孔洞。当棒料转速提高到9500~12000r/min时，1000个粉末中空心粉的数量增加到10~20个。棒料转速越高，负压区的压力越小，气体扩散到"冠"中的数量越大，因此空心粉的数量越多。图4给出了不同粉末粒度下空心粉数量与棒料转速的关系[9]，从中可以得知，在同一转速下，细粉中空心粉数量少于粗粉中空心粉的数量。

3.2　混合惰性气体压力

图5给出了雾化室内混合惰性气体压力对孔洞的影响[6]。由图5可以看出，降低混合惰性气体压力可以使孔洞减少。这是因为混合惰性气体压力降低时，气体扩散到"冠"中的数量减少，因而空心粉数量减少。另外，当混合惰性气体压力低时，孔洞内气体的压力也低，有利于粉末密实后在热处理过程中减小孔洞的尺寸[5]。

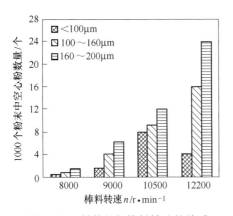
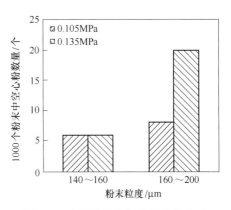

图 4 空心粉数量与棒料转速的关系

Fig. 4 Dependence of hollow powder amount on the rotating speed of electrode rod

图 5 空心粉数量与气体压力的关系

Fig. 5 Dependence of hollow powder amount on gas pressure

3.3 混合惰性气体的组成

图 6 给出了棒料转速 $n=10500$r/min 时，氦气与氩气的混合比例对孔洞形成的影响[6]。由图 6 可以看出，混合惰性气体中氩气含量的提高使空心粉数量减少[5,6]。原因有两个：第一个原因是氦气的黏度为 $1.3×10^{-3}$Pa·s，氩气的黏度为 $2.2×10^{-3}$Pa·s，氩气的黏度大于氦气，所以提高氩气含量使得混合惰性气体的整体滞度增大，于是减小了气体被沿棒料端面流动的液态金属薄膜所吸附的可能性；第二个原因是氦气的热导率为 0.143W/(m·K)，氩气的热导率为 0.016W/(m·K)，氩气的热导率比氦气的小，所以氩气含量的提高降低了混合惰性气体的热导率，从而延长了金属液滴在液态的滞留时间，使被液态金属薄膜包裹的气体有更多的机会从金属液滴中逸出。

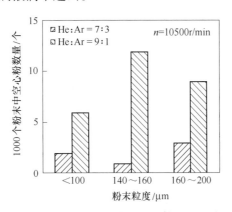

图 6 空心粉数量与混合惰性气体组成的关系

Fig. 6 Dependence of hollow powder amount on inner gas ratio in mixture

3.4 孔洞的尺寸

图 7 给出了在不同棒料转速下孔洞直径与粉末粒度的关系[9]。由图 7 可以得出，孔

的尺寸实际上与棒料转速无关,而是取决于粉末的粒度,即随着粉末粒度的降低而减小。孔洞的平均直径为粉末直径的33%～35%,孔洞的平均体积约为粉末的3%～6%[11]。

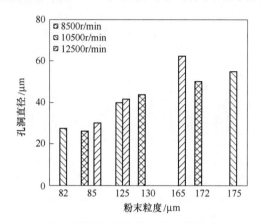

图7　孔洞直径与粉末粒度的关系
Fig. 7　Dependence of porosity diameter on powder size

4　减少孔洞的措施

从上述影响孔洞形成的因素可以得知,适当控制制粉工艺参数是减少孔洞的有效措施。降低棒料转速,孔洞减少,但是粗粉含量高,细粉收得率低,孔洞尺寸也相应增大。相反,提高棒料转速,孔洞增多,但是细粉收得率高,孔洞尺寸也相应减小。在实际应用中从综合因素考虑应使用粒度小于 $150\mu m$ 或小于 $100\mu m$ 的细粉。从成本方面考虑,细粉收得率高是有利的。提高混合惰性气体中的氩气含量可使孔洞减少,但是降低了粉末的凝固速度,使得粉末的凝固组织变得粗大。

在实际生产中,通过控制以下工艺参数可减少粉末中的孔洞:(1)棒料转速控制在11000～14000r/min范围内;(2)混合惰性气体中氦气与氩气的混合比例保持在7∶3;(3)雾化室内混合惰性气体的压力为0.11～0.12MPa。

5　结语

(1)棒料高速旋转时,沿棒料端面流动的熔膜包裹着气体,这种熔膜从棒料端面飞溅出去成为小液滴,凝固后就在粉末内部形成孔洞。

(2)棒料转速、雾化室内混合惰性气体的压力以及混合惰性气体的组成是影响孔洞形成的主要因素。随着棒料转速的提高,空心粉数量增多,在同一转速下,细粉中空心粉的数量少于粗粉中空心粉的数量。雾化室内混合惰性气体压力降低,空心粉数量减少。混合惰性气体中氩气含量高时,空心粉数量也减少。

(3)孔洞的大小由粉末粒度决定。孔洞平均直径为粉末直径的33%～35%,孔洞的平均体积为粉末的3%～6%。

(4)适当控制制粉工艺参数是减少粉末颗粒内部形成孔洞的有效措施。

参 考 文 献

[1] Белов А Ф, Аношкин Н Ф и Фаткуллин О Н. Структура и Свойства Гранулируемых Никелевых

Сплавов [M]. М: Металлургия, 1984, 70-71.

[2] Dreshfied R L, Miner R V Jr. Effect of Thermally Induced Porosity on an as-HIP Powder Metallurgy Superalloy [J]. Powder Metallurgy International, 1980, 12(2): 83-87.

[3] Аношкин Н Ф и др. Разработка Процессов Получения Изделий из Гранулируемых Жаропрочных Сплавов на Основе Никеля Горячим Изостатическим Прессованием [A]. Металловедение и Обработка Титановых и Жаропрочных Сплавов [C]. М.: ВИЛС, 1991, 313-323.

[4] Терновой Ю Ф, Ципунов А Г. Образование Пор в Распыленном Порошке [J]. ПМ, 1985, (8): 10-15.

[5] Кошелев В Я, Мусиенко В Т. Микропористость Порошков, Полученных Центробежным Распылением [J]. ПМ, 1991, (12): 1-7.

[6] Мусиенко В Т и др. О Пористости Гранул Никелевых Жаропрочных Сплавов, Получаемых Центробежным Распыле-нием Вращающейся Заготовки [J]. ТЛС, 1989, (9): 70-75.

[7] Мусиенко В Т. Некоторые Закономерности Формирования Гранул при Центробежном Распылении Вращающейся Заготовки [J]. ПМ, 1979, (8): 1-7.

[8] Мусиенко В Т, Кошелев В Я. Проблемы Получени Ганул Жаропрочных Никелевых Сплавов для Изготовления Узлов Газотурбинных Силовых Установок [A]. Металловедение и Обработка Титановых и Жаропрочных Сплавов [C]. М: ВИЛС, 1991, 300-312.

[9] Аношкин Н Ф, Мусиенко В Т, Кошелев В Я. Основные Закономерности Процессов Получения Гранул Методом Распыления Вращающейся Заготовки и их Обработки в Инертной Атмосфере [A]. Проблемы Металлургии Легких и Специальных Сплавов [C]. М.: ВИЛС, 1991, 470-485.

[10] Аношкин Н Ф. Повышение Качества и Совершенствование Технологии Произвоства Изделий из Гранулируемых Жаропрочных Никелевых и Титановых Сплавов [A]. Металлургия Гранул [C]. М.: ВИЛС, 1993, 15-19.

[11] Мусиенко В Т, Кошелев В Я. Микропористость Гранул и Механических Свойств Компактного Материала из Них [J]. ТЛС, 1989 (12): 38-43.

(原文发表在《钢铁研究学报》,2002,14(3): 73-76.)

固溶温度对 FGH95 粉末高温合金性能的影响

张义文 张莹 张凤戈 杨士仲

(钢铁研究总院高温材料研究所，北京 100081)

摘 要 采用等离子旋转电极工艺(PREP)制取镍基高温合金 FGH95 粉末。粉末经过筛分、静电分离去除非金属夹杂和在 400℃、1.33×10^{-2} Pa 压力条件下真空脱气，然后装入不锈钢包套中，在 1180℃热等静压(HIP)固结处理。试样经过 1120~1180℃固溶、540℃盐浴淬火和两级时效处理。研究了固溶处理温度对 FGH95 粉末高温合金室温和 650℃的拉伸以及 650℃光滑持久性能的影响。结果表明：在 1120~1180℃固溶处理，晶粒度没有变化。随着固溶温度的升高，室温和 650℃的性能变化规律相同，即强度增加，塑性降低，持久寿命升高，在 1160℃以上固溶处理，抗拉强度变化不大，持久寿命开始下降。

关键词 等离子旋转电极工艺(PREP 工艺) 粉末高温合金 显微组织 力学性能

The Effect of Solution Temperature on Properties of FGH95 PM Superalloy Manufactured by PREP

Zhang Yiwen, Zhang Ying, Zhang Fengge, Yang Shizhong

(High Temperature Materials Institute, Central Iron & Steel Research Institute, Beijing 100081, China)

Abstract: The FGH95 powder was produced with the plasma rotating electrode process (PREP). After treating with vibrating screen and static separator, the powder was encased into a stainless steel capsule under 1.33×10^{-2} Pa and 400℃. The consolidation was achieved by hot isostatic processing (HIP) at 1180℃. The temperature of solid-solution treatment for samples is under 1120~1180℃. Then the samples were quenched into salt-bath and aged two times. The effects of solution temperature on the microstructure and mechanical properties of the PREP FGH95 powder superalloy were investigated. The experimental results showed that the grain size was the same after solution temperature under 1120~1180℃. The tensile strength and the rupture life increase with increasing the solution temperature at room temperature and 650℃. The ductility decreases when the solution temperature is higher than 1160℃, the tensile strength has no great change, but the rupture life begins to decrease.

Keywords: PREP, PM superalloy, microstructure, mechanical properties

粉末高温合金具有无宏观偏析、晶粒细小、热加工性能好等优点，是制造先进航空发动机高温承力转动部件的理想材料。粉末高温合金主要用于制造航空发动机的压气机盘、涡轮盘、涡轮盘挡板以及涡轮轴等部件。

FGH95是一种高合金化的沉淀型粉末镍基高温合金,沉淀强化是靠Al、Ti、Nb等合金元素与Ni结合形成稳定的有序的$\gamma'[Ni_3(Al、Ti、Nb)]$相实现的,其强化效果取决于γ'相的含量及尺寸配比。γ'相沉淀特征主要取决于固溶处理温度、冷却速度和时效温度等因素。本文研究了固溶温度对FGH95粉末高温合金显微组织和性能的影响。

1 实验材料和方法

实验用FGH95镍基高温合金经真空感应熔炼浇铸成棒坯,经机加工和磨光后得到$\phi 50mm \times 700mm$圆棒,采用等离子旋转电极工艺(PREP)制取预合金粉末,化学成分见表1。粉末经过筛分,使用粒度范围为$50\sim 150\mu m$的粉末再用静电分离法去除非金属夹杂,然后在400℃和1.33×10^{-2}Pa压力条件下真空脱气,最后把粉末装入$\phi 70mm \times 90mm$不锈钢圆筒包套中。包套封焊后进行热等静压(HIP)固结处理。HIP工艺参数为:温度1180℃,压力150MPa,时间3h。将HIP锭加工成尺寸为$16mm \times 16mm \times 70mm$的试样进行热处理。

表1 FGH95粉末高温合金的化学成分(质量分数)

Table 1 Chemical compositions (mass fraction) for FGH95 PM superalloy (%)

合金元素	C	Co	Cr	Al	Ti	W	Mo	Nb	Zr	B
含量	0.06	8.55	12.69	3.46	2.69	3.36	3.58	3.45	0.05	0.01

为了获得强度、塑性以及在650℃,1035MPa条件下持久性能的最佳配合,选择在双相区和单相区(FGH95合金的γ'相完全固溶温度$T_{\gamma'}=1160$℃)固溶处理,固溶温度分别为1120℃、1140℃、1160℃和1180℃。为了在650℃以下获得高的抗拉强度,固溶处理后在540℃氯盐介质中进行淬火和两级时效处理。具体热处理工艺见表2。

表2 FGH95粉末高温合金的热处理工艺

Table 2 Heat treatment process of FGH95 PM superalloy

工艺编号	热处理工艺
No.1	1120℃×1h,540℃氯盐淬火+870℃×1h,AC(空冷)+650℃×24h,AC
No.2	1140℃×1h,540℃氯盐淬火+870℃×1h,AC+650℃×24h,AC
No.3	1160℃×1h,540℃氯盐淬火+870℃×1h,AC+650℃×24h,AC
No.4	1180℃×1h,540℃氯盐淬火+870℃×1h,AC+650℃×24h,AC

用金相显微镜和透射电镜(TEM)观察了组织变化,测试了室温和650℃的拉伸性能以及650℃、1035MPa下的光滑持久性能。

2 实验结果与分析

图1给出了固溶温度对力学性能的影响。可以看出,随着固溶温度的升高,拉伸塑性逐渐降低,室温和650℃的强度逐渐升高。低于$T_{\gamma'}$固溶处理,随着固溶温度的升高,持久寿命提高,高于$T_{\gamma'}$固溶处理,随着固溶温度的升高,室温和650℃的强度略有增加,持久寿命降低,持久塑性增加,在$T_{\gamma'}$固溶处理,持久寿命最高,持久塑性较低。

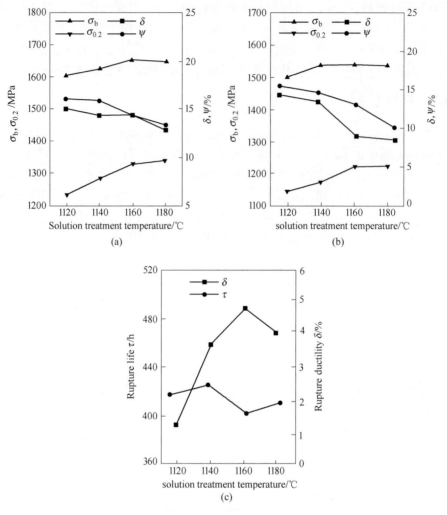

图 1 固溶温度对力学性能的影响

Fig. 1 Effect of solution temperature on properties

(a) 室温拉伸；(b) 650℃拉伸；(c) 持久性能

(a) room temperature tensile; (b) 650℃ tensile; (c) stress rupture

从显微组织（见图2）可以看出，低于 $T_{\gamma'}$ 固溶处理，存在两种不同尺寸的 γ′相，晶界上大尺寸的 γ′相（1~2.5μm）是 HIP 处理时在缓慢冷却过程中形成的，固溶处理时未完全溶入 γ 相基体，与 γ 相基体不共格，称为一次 γ′相 [图2(a)]。晶内细小的 γ′相（0.05~0.1μm）是在淬火冷却过程中从 γ 固溶体中析出的，与 γ 相基体保持共格，称为二次 γ′相 [图2(b)、(c)]。随着固溶温度的升高，大尺寸一次 γ′相减少，二次 γ′相增多，尺寸变大。在高于 $T_{\gamma'}$ 温度时，一次 γ′相完全溶解，组织中只存在细小的与 γ 基体共格的二次 γ′相。

在 1180℃ HIP 固结形成完全再结晶组织，晶粒度级别为 6~8 级（见图3）。由图4可以看出，在 1120~1180℃ 固溶处理后，晶粒度没有变化。可以认为，强度的提高主要是与 γ 基体共格的二次 γ′相的贡献。

材料塑性变形时,运动位错切割有序的 γ′ 相,强化效果可用下式描述[1]:

$$\Delta\tau = \frac{1.1}{\sqrt{\alpha}} \frac{\sigma_s^{3/2}}{Gb^2} f^{1/2} r^{1/2}$$

式中,σ_s 为 γ′ 相与 γ 基体的界面能;G 为 γ′ 相的切变模量;b 为位错柏氏矢量的模;f 为 γ′ 相的体积分数;r 为 γ′ 相颗粒半径;α 为位错线张力的函数;$\Delta\tau$ 为临界分切应力的增值。

低于 $T_{\gamma'}$ 固溶处理时,随着固溶温度的升高,二次 γ′ 相增多,尺寸变大,由上式可知,$\Delta\tau$ 值增加,即屈服强度提高,塑性从而降低。高于 $T_{\gamma'}$ 固溶处理时,一次 γ′ 相完全溶解,在淬火冷却过程中从 γ 固溶体中析出的二次 γ′ 相体积分数保持不变(FGH95 合金中 γ′ 相总量一定,质量分数为 50%),仅仅是尺寸变大,所以强度增加幅度较小 [图 1(a)、(b)]。

持久强度和持久塑性与 γ′ 相的数量、尺寸匹配等综合因素有关,规律较复杂,需要进一步深入研究。

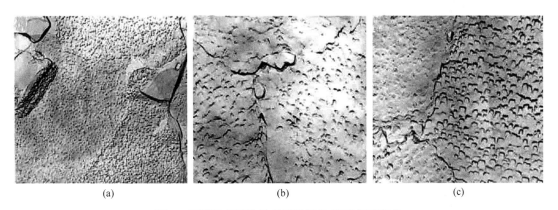

图 2　不同温度固溶处理后组织的 TEM 复型照片
Fig. 2　TEM replica photograph of structure of solution treatment
(a) 1120℃ (×8000); (b) 1160℃ (×17000); (c) 1180℃ (×17000)

图 3　1180℃ HIP 组织 (×200)
Fig. 3　HIPed structure at 1180℃

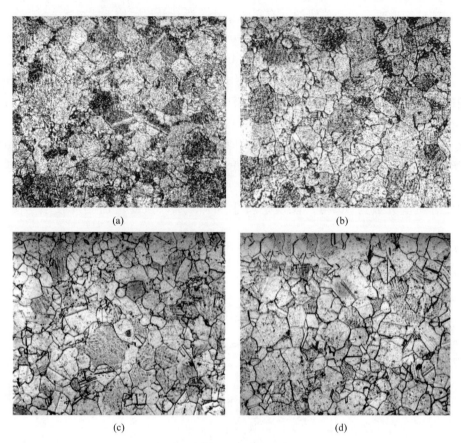

图 4 不同温度固溶处理后的组织（×200）

Fig. 4 Structure after solution treatment

(a) 1120 ℃；(b) 1140℃；(c) 1160℃；(d) 1180℃

3 结论

（1）FGH95 粉末高温合金，在 1180℃ HIP 固结后的组织为完全再结晶组织，晶粒度级别为 6~8 级。在 1120~1180℃ 固溶后，晶粒度变化不大。

（2）随着固溶温度的升高，淬火冷却过程中析出的二次 γ′ 相增多，尺寸变大，室温和 650℃ 的强度增加，塑性降低，γ′ 相的强化符合位错切割颗粒机理。

（3）在低于 γ′ 相完全固溶温度（1160℃）进行固溶处理时，随着固溶温度的升高，持久强度提高；在高于 γ′ 相完全固溶温度固溶处理时，持久强度降低，持久塑性增加。在 γ′ 相完全固溶温度固溶处理，持久强度最高，持久塑性最低。

参 考 文 献

[1] 刘国勋. 金属学原理 [M]. 北京：冶金工业出版社，1980：291~294.

（原文发表在《材料热处理学报》，2002，23(9)：72-74.）

不同粒度的镍基高温合金粉末及其对 PM 成形件组织性能影响的研究

张莹 张义文 张凤戈 陶宇 冯涤

(北京钢铁研究总院高温材料研究所,北京 100081)

摘 要 研究了用 PREP 法制造的不同粒度范围的 FGH95 合金粉末的物理特征及其 HIP 成形件的组织性能。结果表明,使用 50~100μm 和 50~150μm 粒度范围的粉末是降低成本、简化工序、保证产品质量的最佳选择。

关键词 粉末粒度 粉末高温合金 组织性能

Study on Ni-base Superalloy Powder with Different Particle Size and Powder Size Effect on Microstructures and Mechanical Properties of PM Products

Zhang Ying, Zhang Yiwen, Zhang Fengge, Tao Yu, Feng Di

(High Temperature Materials Research Institute, Central Iron & Steel Research Institute, Beijing 100081, China)

Abstract: The physical characteristics of FGH95 alloy powders with different particle sizes produced by the Plasma Rotation Electrode Process(PREP) and the microstructures and mechanical properties of their HIP-ed products were researched. The result indicated that the optimum selection would be to use powder with particle sizes of 50~100μm or 50~150μm, which can reduce production costs, simplify processing and guarantee PM product quality.

Keywords: powder particle size, PM superalloy, structure, property

用等离子旋转电极法(PREP)制造的合金粉末具有表面光亮洁净、气体含量低、粒度分布集中、物理性能良好等特征,采用该工艺生产的镍基高温合金粉末已被应用于制造高推重比飞机发动机零部件和其他产品。目前,我们生产的不同粒度镍基高温合金粉末的收得率由图 1 所示。

为达到降低成本、简化工序又保证产品质量的目的,本试验以 FGH95 合金为例,对上述各种粒度的粉末及其 PM 成形件的组织性能进行深入细致的研究。

1 试验方法

1.1 粉末处理及测试

将用 PREP 法制取的 FGH95 合金粉末进行筛分和静电分离去除夹杂物,对不同粒度

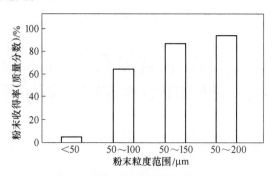

图 1 不同粒度范围粉末的收得率

的粉末（<50μm、50~100μm、50~150μm、50~200μm）进行夹杂物检测、气体含量分析和物理性能测试。

1.2 粉末的热成形

在 УЗГК 脱气、装套、封焊设备中将不同粒度的粉末分别装入尺寸为 φ80mm×110mm 的包套并封焊后，转入热等静压机中密实成形，HIP 制度为 1030~1170℃，120~140MPa。

1.3 热处理、超声波无损检测

热处理工艺为：1140℃固溶+870℃和650℃二级时效。

超声波探伤采用 USIP-11 型探伤仪，频率 5MHz，10MHz 平探头。

1.4 金相观察及力学性能测试

A、B、C、D 分别代表<50μm、50~100μm、50~150μm、50~200μm 粒度范围的粉末及其 PM 成形试样的编号。

2 试验结果及分析

2.1 粉末的主要特征

不同粒度粉末中的气体含量及夹杂物数量、流动性及松装密度如表1所示。

表 1 不同粒度粉末特征的比较

编号	粉末粒度 /μm	气体含量（质量分数）/%		
		O	N	H
A	<50	0.024	0.0037	0.0010
B	50~100	0.005	0.0020	0.00023
C	50~150	0.004	0.0014	0.00024
D	50~200	0.003	0.0022	0.00023

编号	1kg 粉末中的夹杂物/个				流动性 /s·(50g)$^{-1}$	松装密度 /g·cm^{-3}
	陶瓷	熔渣	团粉、有机物	合计		
A	5	64	13	82	12.0	4.70

续表1

编号	1kg 粉末中的夹杂物/个				流动性 /s·(50g)$^{-1}$	松装密度 /g·cm^{-3}
	陶瓷	熔渣	团粉、有机物	合计		
B	1	13	6	20	12.5	4.82
C	1	10	7	18	12.9	4.84
D	0	8	8	16	13.1	4.86

由表1可知,粉末粒度越细,其比表面越大,因此造成气体含量越高。且小于50μm细粉中的夹杂物数量最多。上述几种粒度范围粉末的流动性及松装密度差别很小,但可以看出,粉末的粒度越细其流动性越好,粉末粒度范围越宽,松装密度值越大。

2.2 热等静压(HIP)和热处理(HT)后成形件的组织形貌及超声波探伤结果

由金相观察(图2、图3)得知,不同粒度粉末在稍高于γ′溶解温度下热等静压成形后为再结晶和少量枝晶组织。粉末尺寸越小、粒度范围越窄,HIP 成形后,所获得的再结晶晶粒越细。由此看出,成形件的晶粒度与粉末的粗细及其晶粒尺寸有关,而粉末的晶粒尺寸取决于最初雾化冷却过程中的过冷度。形成小尺寸粉末的液滴过冷度大,所以形成的晶粒尺寸小,反之,大尺寸液滴的过冷度小,形成的晶粒尺寸就大[1]。A 试样中存在较多的 PPB (粉末原始颗粒边界),这是由于小尺寸的粉末中 C、O 含量较高,在热等静压过程中与富集粉体表面的 Mg、Al、Ti 等合金元素生成复杂的碳氧化物和碳化物,影响了粉末间的结合,形成了网状的 PPB[2]。

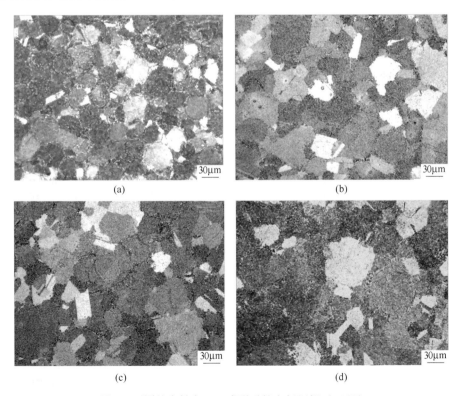

图2 不同粒度粉末 HIP 成形后的金相组织 (×100)

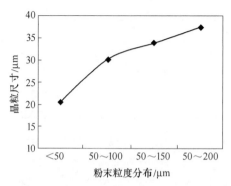

图 3 粉末粒度和成形件晶粒度的关系

经热处理（低于 γ′ 相完全溶解温度以下固溶处理）后，B、C 试样中组织比较均匀，而 A 试样中仍存在严重的 PPB，D 试样中晶粒大小不均匀，多数大晶粒中存在残留枝晶。从图 4 看出，经 HIP+HT 后成形件中被小尺寸的粉末占据的区域完成了再结晶，而许多大尺寸的粉末所占据的区域则保留着枝晶的形貌。在 HIP 加热过程中粉末内伴随着弥散析出的 γ′ 相回溶，组织开始均匀化。这时小尺寸粉末占据的区域经过较大的变形发生再结晶。结晶速度和塑性变形程度加快了均匀化和第二相的溶解[3]。而大尺寸粉末中则相反，由于结晶速度较慢，阻碍了 γ′ 相的均匀化和回溶，因而在合金中形成了较多的残留枝晶组织。在 γ+γ′ 两相区热处理，使在 HIP 中析出的一次 γ′ 相大多回溶，晶内弥散分布着固溶和时效中析出的二次和三次 γ′ 相，组织更加均匀化，但不能改变 PPB 和残留枝晶组织。

超声波探伤未发现缺陷信号，杂波水平未见异常。

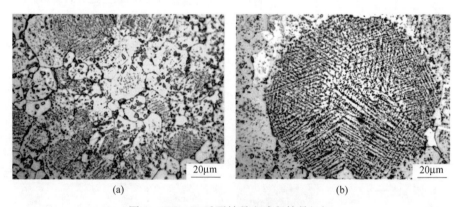

图 4 HIP+HT 后再结晶和残留枝晶组织
（a）再结晶；（b）残留枝晶

2.3 主要力学性能

表 2 列出不同粒度粉末经 HIP+HT 后成形件的主要力学性能。由于晶粒越细，单位体积内的晶界面积越大，对位错运动的阻力也越大，因而合金的强度越高。然而由于严重的 PPB 破坏了粉末间结合，导致细晶粒成形件强度、塑性、持久性能不稳定。图 5 为 A 试样沿颗粒边界脆性断裂断口。图 6 为 D 试样的光滑持久断口形貌，由于残留枝晶的存在，使断口上形成平台。残留枝晶对塑性和韧性的影响不仅取于平台的严重程度，也取决于残留

枝晶与拉伸方向的夹角。当夹角接近45°时，塑性指标降低最明显[4]。表中 B、C 试样及与其粒度范围一致的各批产品经过上述 HIP+HT 工艺制度后的主要力学性能，均已达到 A 级技术标准。

表2 HIP+HT 后的主要力学性能

编号	室温拉伸				650℃拉伸				光滑持久650℃，1034MPa	
	σ_b/MPa	$\sigma_{0.2}$/MPa	δ/%	ψ/%	σ_b/MPa	$\sigma_{0.2}$/MPa	δ/%	ψ/%	τ/h	δ/%
A-1	1620	1280	14	18	600	—	—	—	138:58′	5.36
A-2	500	—		—	485	—	—	—	加力中断	
B①	1608	1232	16	18	1520	1129	13	17	194	4.7
C①	1612	1255	13	17	1517	1134	11	13	186	3.5
D-1	440	—	—	5.5	405	—	0.8	3.5	63:10′	2.4
D-2	1520	1190		18	1486	1120	13	15	157:33′	6.9
标准	≥1520	≥1170	≥10	≥12	≥1360	≥1110	≥8	≥10	≥50	≥3

①为 BC 试样及 10 批与其粒度相同粉末成形产品的性能平均值。

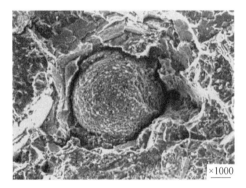

图5 沿颗粒边界脆性断口

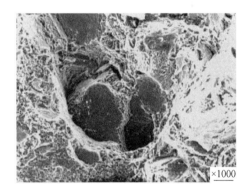

图6 平台断口

3 讨论

由试验结果可知，小于 50μm 的粉末晶粒细小，有利于再结晶，但由于小粉末颗粒比表面大，因而气体含量高，易形成 PPB，影响了粉末间结合。细粉中夹杂物的尺寸相对较小，但数量最多。严重的 PPB 和较多的夹杂物将对成形件的性能带来极大的威胁。按当前 PREP 设备的条件，生产小于 50μm 粉末的收得率很低，只占成品粉的 5%，并且必须将粉末进行真空预处理，改进 HIP 工艺并通过随后的挤压或锻造变形等手段消除和碎化 PPB 和夹杂物，其工序复杂、造价高。

50~200μm 粒度范围粉末收得率高，但成形后晶粒大小不均匀，且残留枝晶多，对成形件的性能带来较大影响。可以通过提高 HIP 或固溶温度来消除或减少残留枝晶，但势必使晶粒长大。或者通过锻造等工序来破碎大晶粒和残留枝晶，使其得到均匀的组织。

50~100μm 和 50~150μm 粒度范围粉末收得率较高，经过 HIP+HT 后组织均匀，PPB 和残留枝晶很少，超声波探伤合格，其主要力学性能都已达标。由此看来，采用该粒度范围粉末制造直接热等静压成形的产品既简化工序、降低成本又能保证质量。

4 结论

用 PREP 法生产小于 50μm 以下的镍高温合金粉末收得率低，氧含量高，夹杂物数量多，易形成 PPB 等缺陷。50~200μm 的粉末产量高，但成形件中残留枝晶多，给性能带来影响。采用 50~100μm 和 50~150μm 粉末生产直接热等静压成形的产品是最佳的选择方案。

参 考 文 献

[1] Белов А Ф, Аношкин Н Ф, Фаткуллин О Х. Структура и Свойства Гранулируемых Никелевых Сплавов [M]. Москва Металлургия，1984.

[2] 张莹. 俄罗斯粉末高温合金涡轮盘生产工艺 [J]. 钢铁研究学报，2000，12(3): 63-69.

[3] Ерёменко В И, Аношкин Н Ф, Фаткуллин О Х. Структура и Механические Свойства Жаропрчных Гранулируемых Никелевых Сплавов [J]. Металоведение и Термическая Обработка Металлов，1991 (12): 8-12.

[4] 钢铁研究总院. 合金钢断口分析金相图谱 [M]. 北京：科学出版社，1979.

（原文发表在《兵器材料科学与工程》，2002，25(6)：34-36.）

不同 HIP 温度下镍基粉末高温合金的组织形貌

张莹　张义文　陶宇　张凤戈　高玲　冯涤

（钢铁研究总院高温材料研究所，北京　100081）

摘　要　研究了镍基高温合金粉末在不同热等静压温度下成形的组织形貌，分析讨论了析出相对晶粒度和形成 PPB、残留枝晶的影响，以及消除 PPB、残留枝晶所采取的措施。

关键词　粉末冶金　镍基粉末高温合金　热等静压　组织形貌　析出相

Microstructure of Ni-Base PM Superalloy at Different HIP Temperatures

Zhang Ying, Zhang Yiwen, Tao Yu, Zhang Fengge, Gao Ling, Feng Di

(Central Iron and Steel Research Institute, Beijing 100081, China)

Abstract: The HIP-ed microstructure of Ni-base powder superalloy at different temperature has been studied. Effect of precipitates on size grains and PPB, remnant dendrite, as well as the measures to eliminate abnormal microstructure have been discussed.

Keywords: powder metallurgy, Ni-base PM superalloy, hot isostatic pressing, microstructure, precipitate

1　前言

粉末高温合金是当今世界上应用于先进飞机发动机的一种新型材料。随着飞机发动机工作条件的提高，需要提高所使用合金材料的抗裂纹扩展能力，工作温度由 650℃ 提高到 750℃，并且适当降低强度。为满足航空技术发展的需要，使应用合金材料的组织性能达到最佳匹配水平，有必要对各工艺过程的组织转变进行深入细致的研究。热等静压（HIP）是粉末高温合金成形的重要阶段，HIP 制度的选择对其组织性能起着关键的作用，本文主要研究了不同 HIP 温度下成形的镍基高温合金的组织形貌以及析出相的变化，并针对消除 PPB、残留枝晶，改善组织进行了探讨。

2　实验方法

在特制设备中将用 PREP 法制取的 50~100μm 洁净的镍基高温合金粉末进行真空脱气，装入 φ90mm×130mm 的包套中，然后用电子束封焊。根据差热法和金相分析，该合金的 γ′ 相完全溶解温度为 1130~1140℃[1]。本次实验将 HIP 温度设定在 1100~1190℃。将不同HIP制度成形的坯料加工成金相和电镜试样进行观察分析。将不同HIP制度成形的坯料加工成金相试样，经过1150℃×1h水淬处理后进行观察分析。

3 实验结果与及讨论

3.1 组织形貌

该合金粉末经1110℃、1130℃、1150℃和1190℃温度下热等静压成形后的组织形貌如图1所示。

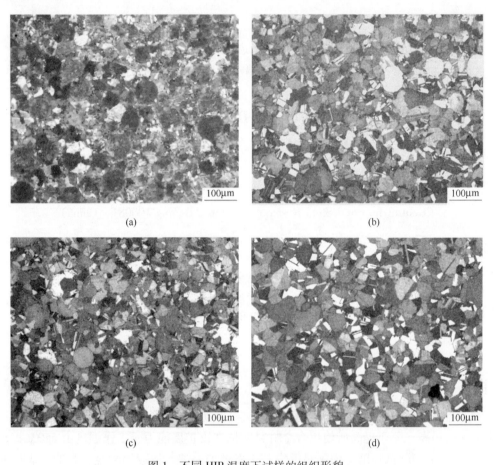

图1 不同HIP温度下试样的组织形貌
Fig. 1 Microstructure of HIP-ed samples at different temperatures
(a) 1110℃；(b) 1130℃；(c) 1150℃；(d) 1190℃

由试验结果分析，在γ'相完全溶解温度以下热等静压，获得部分再结晶组织。在1100~1110℃热等静压，小尺寸粉末占据的区域发生了再结晶，约占视场的30%，多数区域保持粉末原始枝晶形貌。在热等静压加热升温中粉末内发生了γ'相析出和回溶的变化过程[2]。这时小尺寸粉末经过较大的变形首先发生再结晶，结晶速度和塑性变形程度加快了均匀化和第2相的溶解。而大尺寸粉末由于结晶速度较慢，阻碍了碳化物、γ'相的均匀化和回溶。随着HIP温度的升高，再结晶量不断增多，枝晶逐渐消失，组织趋于均匀化。

在 γ′相完全溶解温度以上 1150℃ 热等静压，再结晶基本完成，在 1170~1190℃ 热等静压再结晶更为完全。HIP 温度的升高，显著加快了粉末接触面上的扩散，不仅有利于粉体内的再结晶，而且还有利于合金整体的再结晶，提高了粉末边界的强度[3]。由实验结果分析，在 1170~1190℃ 下热等静压所获得的组织较为理想。

3.2 γ′相

γ′相的形态、尺寸和分布与 HIP 温度有着密切的关系。在 γ′相完全溶解温度以下和 γ′相完全溶解温度以上热等静压，γ′相的形成条件截然不同[4]。

在 γ′完全溶解温度以下热等静压，得到的是热等静压升温中析出且未完全溶解，在冷却中又长大的初始 γ′相和冷却中析出的一次 γ′相。通过电镜观察（图2），在 γ′完全溶解温度以下热等静压形成的未完全再结晶区观察到沿着枝晶方向排列的大小 γ′相，即在升温过程中枝干上析出长大的 γ′相和冷却时枝晶间析出的小 γ′相相间排列。随着温度的升高，析出的初始 γ′相长大，随之又逐渐回溶，枝晶逐步消失，组织均匀化。在 1100~1130℃ 再结晶区析出的 γ′相主要是多边形（200~400nm）。HIP 温度升高后，析出的 γ′相主要为方

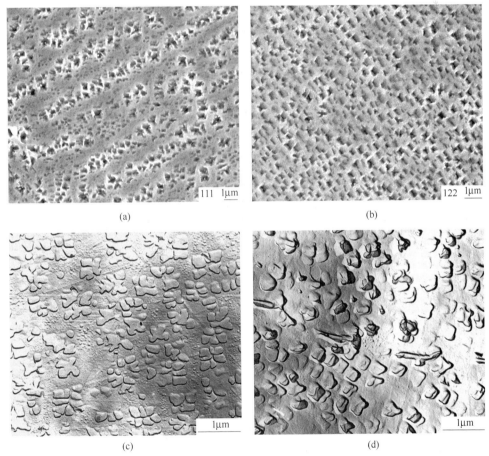

图 2　γ′相的电镜观察

Fig. 2　SEM(a), (b) and TEM(c), (d) images of γ′phase

(a) 未完全再结晶区；(b) 再结晶区；(c) 花朵状 γ′相；(d) 方形和条状 γ′相

形（300~400nm），并连接形成花朵形，尺寸为400~700nm。尽管1150℃已超过了测定的γ′相完全溶解温度，但在该温度下得到的花朵状γ′相尺寸最大。这是由于在热等静压过程中γ′相的稳定性有所提高的缘故[3]。冷却中析出的一次圆形的γ′相尺寸为100~150nm，细小的为15~30nm，晶界上长条状γ′相尺寸为500~3000nm。

在γ′相完全溶解温度以上热等静压，升温过程中析出的初始γ′相完全溶解以后，一次γ′相从高温缓慢析出并长大。在1170~1190℃ HIP 主要得到方形、多边形γ′相，尺寸为300~400nm。圆形γ′相的尺寸为100~150nm，细小的γ′相尺寸为30~40nm，晶界上长条状γ′相尺寸为1000nm左右。

3.3 晶粒度与PPB

从实验结果看，在1100~1190℃温度区间热等静压，所得到的再结晶晶粒尺寸变化不大，在ASTM 7~8级之间。这是由于在γ′相完全溶解温度下热等静压，晶粒尺寸受原始颗粒边界（PPB）上大γ′相和碳化物的约束。在γ′相完全溶解温度以上热等静压，随着γ′相回溶，晶粒稍有增大，但PPB依然存在，由于碳化物在颗粒边界的钉扎，阻碍着晶粒长大[1]。

为了弄清PPB的实质，本实验将热等静压态的试样在稍高于γ′相完全溶解温度以上进行固溶处理，以去除掩盖在颗粒边界的γ′相。由实验结果得知（图3、图6），颗粒边界的析出物主要是含钛、铌的 MC 类型碳化物（$a = 0.434 \sim 0.438$nm）以及少量 M_6C（$a = 1.118$nm）和 M_3B_2（$a = 0.580$nm，$c = 0.313$nm），呈断续状分布，尺寸一般小于500nm。在1100~1190℃温度区间热等静压，随着温度升高碳化物的分解，PPB 有所缓解，但从图3电镜观察的结果看，碳化物的类型和尺寸没有明显的区别。

碳化物造成的PPB界面的存在将会使PPB附近局部区域的微观断裂性能恶化。PPB颗粒与基体界面由于位错塞积引起的应力增量可表示为 $\Delta\sigma \propto \varepsilon \cdot \rho/\lambda$（$\varepsilon$ 为外加应变，ρ 为粒子直径，λ 为粒子间距）[5]，ρ/λ 可作为PPB的特征参数。颗粒边界碳化物的析出程度不仅与合金的化学成分有关，也与制备工艺有关。为了达到降低 ρ/λ 值，控制 PPB 的目的，实验采取了二级加热的 HIP 制度，使 PPB 得到了明显的改善（图4），晶粒也随之长大。这一结果可以解释为：粉末表面的氧以氧化物的形式出现将会促进碳化物的析出[3]。在γ′相完全溶解温度以下 $M_{23}C_6$ 形成温度进行预热处理，将促使 $M_{23}C_6$ 形成并长大。升温到γ′完全溶解温度以上热等静压时，使 $M_{23}C_6$ 来不及溶解，不会在边界上析出MC碳化物而形成PPB[6]。文献[4]报道，为消除PPB，可采取在固相线以下热等静压的工艺制度，然后通过锻造工艺调整细化晶粒。

3.4 残留枝晶

如图5所示，在γ′相完全溶解温度以上热等静压，甚至在1190℃热等静压仍有个别粉末球保留"残留枝晶"的形貌。其形成原因与化学成分的偏析有关，一方面是高含量的碳和铌、钛形成稳定的 MC 碳化物，另一方面是难熔合金元素使γ′相完全溶解温度提高[7]。由图6及表1所示的残留枝晶、颗粒边界与基体主要成分能谱分析得出，残留枝晶和颗粒边界上的钛、铌和碳含量偏高，钨含量稍高。残留枝晶可以通过热等静压后的锻造工艺进行破碎[8]。

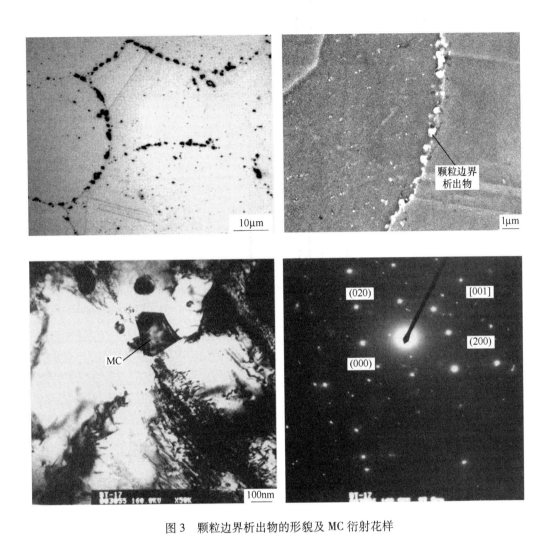

图 3 颗粒边界析出物的形貌及 MC 衍射花样

Fig. 3 Micrographs and MC diffraction pattern of precipitates on the previous particle boundary

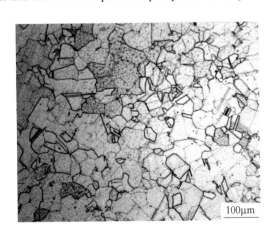

图 4 二级加热 HIP+固溶水淬后试样的组织形貌

Fig. 4 Microstructure of sample after two stage HIP plus heat treatment

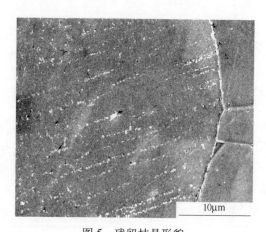

图 5 残留枝晶形貌

Fig. 5 SEM of remnant dendrite

表1 残留枝晶、颗粒边界与基体主要成分（质量分数）能谱分析结果

Table 1 Principal compositions (mass fraction) of remnant dendrite, PPB and matrix

(%)

	Al	Tl	Cr	Co	Ni	Nb	Mo	W
残留枝晶	0.93	6.65	16.36	11.83	53.86	2.78	3.53	4.06
颗粒边界	0.76	9.37	15.90	11.79	49.75	3.84	4.10	4.49
基体	0.63	3.91	16.49	14.04	57.13	0.41	3.65	3.75

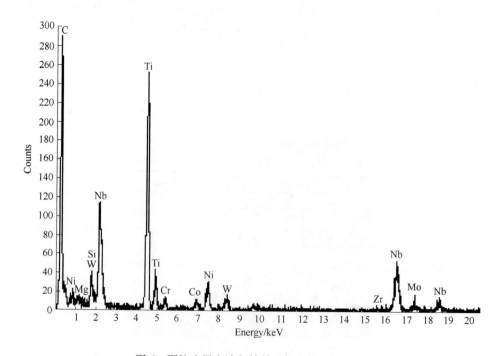

图6 颗粒边界和残留枝晶上析出物的能谱图

Fig. 6 Energy spectrum of precipitates on previous particle boundary and remnant dendrite

4 结论

(1) 该合金在γ′相完全溶解温度以上的1170~1190℃热等静压，可以获得比较理想的再结晶组织。

(2) γ′强化相的形貌、尺寸和分布主要决定于HIP温度。在颗粒边界上析出的γ′相以及碳化物对晶粒度有影响。

(3) 在1100~1190℃热等静压，主要有含钛、铌的MC型碳化物及少量M_6C和M_3B_2析出在原始颗粒边界，随着HIP温度升高PPB有所缓解，但碳化物的类型和尺寸没有明显的区别。通过二级加热HIP可以减少PPB析出物。

(4) 在γ′相完全溶解温度以上热等静压后存在的残留枝晶主要是由碳和铌、钛形成稳定的MC碳化物造成，可通过HIP后的锻造等工艺予以破碎。

参 考 文 献

[1] 张莹, 张义文, 陶宇, 等. 材料工程, 2002, (增刊): 62-64.
[2] 张莹, 张义文, 张凤戈, 等. 兵器材料科学与工程, 2002, 25(6): 34-36.
[3] Белов А Ф, Аношкин Н Ф, Фаткуллин О Х. Структура и Свойства Гранулируемых Никелевых Сплавов, Москва: Металлургия, 1984.
[4] Pierron X, Banik A, Maurer G E. Sub-Solidus. Superalloys, 2000: 425-433.
[5] 杨万宏, 毛健, 俞克兰. 金属学报, 1995, 31 (增刊): 266-269.
[6] Marquez C, Esperance G L, Koul A K. The International Journal of Powder Metallugy, 1989, 25(4): 301-308.
[7] Виноградова Н И, Маханек Г В, Николаева Н В. Устойчивость литой структуры граниируемых сплавов на никелевой основе при термомеханических обработках, Металлургия Гранул. Москва: ВИЛС. 1989: 297-304.
[8] 胡本芙, 高庆, 李慧英, 等. 金属学报, 1999, 35 (增刊): S363-370.

(原文发表在《钢铁研究学报》, 2003, 15(7): 523-527.)

Effect of Powder Particle Size on Microstructure and Mechanical Property of Ni-based PM Superalloy Product

Zhang Ying, Zhang Yiwen, Zhang Fengge, Tao Yu, Chen Xichun

(Central Iron and Steel Research Institute, Beijing 100081, China)

Abstract: The physical characteristics of Ni-based superalloy powder with different particle sizes produced by plasma rotation electrode process (PREP) and the microstructure and mechanical properties of PM superalloy products were investigated. The experimental results show that the optimum powder particle sizes should be in the range of 50~100μm or 50~150μm, which can reduce production cost, simplify process and guarantee PM product quality.

Keywords: powder particle distribution, PM superalloy, microstructure, property

The powder particle produced by the plasma rotation electrode process (PREP) has smoother and cleaner surfaces, lower gas content, narrower distribution of particle size, and better physical properties. It has been used to make the parts of advanced aircraft engines and other products. The current yield of the Ni-based superalloy powder with different size distribution is shown in Fig. 1.

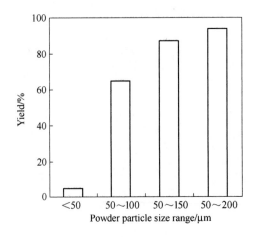

Fig. 1　Yield of powder with different particle size

In order to reduce cost, simplify process and guarantee products quality, it is necessary thoroughly to study physical characteristics, microstructure and properties of the powders with various particle sizes and their PM products.

1 Experimental Material and Procedure

1.1 Powder treatment and test

The chemical composition of the material investigated (mass fraction) is: $w(Cr) = 12.98\%$, $w(Co) = 7.96\%$, $w(Mo) = 3.56\%$, $w(Nb) = 3.48\%$, $w(Al) = 3.52\%$, $w(W) = 3.53\%$, $w(Ti) = 2.61\%$, $w(C) = 0.054\%$, $w(Zr) = 0.05\%$ and Ni balance.

Superalloy powders made by PREP were sieved and electrostaticly separated to remove the inclusions. The powders with different particle sizes ($<50\mu m$, $50 \sim 100\mu m$, $50 \sim 150\mu m$ and $50 \sim 200\mu m$) were inspected for several items such as gas content and the physical properties.

1.2 Heat forming of powder

In the special equipment for degassing, encapsulating and sealing, the powder with different particle sizes was charged in the capsules with size of $\phi 80mm \times 120mm$, sealed, and then put into the hot isostatic pressing (HIP) equipment for consolidation.

HIP consolidation condition is $1030 \sim 1170^\circ C$, $120 \sim 140MPa$.

1.3 Heat treatment, microstructure observation and mechanical property test

The heat treatment (HT) process condition is ($1140^\circ C$ quenching) + ($800 \sim 900^\circ C \times 1.5h$, AC + $650^\circ C \times 18 \sim 24h$, AC).

The samples A, B, C, D are the powders with particle size of less than $50\mu m$, $50 \sim 100\mu m$, $50 \sim 150\mu m$ and $50 \sim 200\mu m$ and their PM products, respectively.

2 Results and Analysis

2.1 Main characteristics of powder

The gas content, the number of inclusions, flowability and apparent density of powders with different particle sizes are shown in Table 1.

Table1 Characteristics of powder with different particle sizes

No.	Powder size /μm	Gas content (mass fraction)/%			Inclusion in 1kg powder				Flowability /s·(50g)$^{-1}$	Apparent density /g·cm^{-3}
		O	N	H	Ceramic	Dross	Agglomerating particle Organic matter	Sum		
A	<50	0.024	0.0037	0.0010	5	64	13	82	12.0	4.70
B	50-100	0.005	0.0020	0.00023	1	13	6	20	12.5	4.82
C	50-150	0.004	0.0014	0.00024	1	10	7	18	12.9	4.84
D	50-200	0.003	0.0022	0.00023	0	8	8	16	13.1	4.86

As shown in Table 1, the finer the powder particle sizes are, the bigger the specific surface area is, which results in the higher gas content and the more number of inclusions in powder with the particle sizes of less than 50μm. However, the differences of the flowability and apparent density between several kinds of powder particles are little. Obviously, the finer the sizes are, the better flowability the powder particles have. The wider range of powder particle size is, the greater value the apparent density has.

2.2 Microstructure of compacts after HIP and HT

It is known from the metallographic observation there are recrystallized structure and small amount of remnant dendrite in the compacts formed with powder of various particle sizes by HIP at the temperature more above γ′ phase solvus temperature. The smaller the powder sizes are and the narrower the particle size range is, the smaller the recrystallized grain of the compacts after HIP is (Fig. 2). It can be seen that the grain size of PM products relates to the particle size and grain size of the powder. Also, the grain size of the powder particle depends on the degree of supercooling during the initial atomization cooling. The degree of supercooling of the droplet formed small-size powder is large, and the grain size is small. However, the supercooling degree of the big-size drop is small, and the size of grain obtained is large [1]. With the dissolving of the dispersion precipitiated γ′ phase in heating process of HIP, the structure begins to homogenize. The recrystallization happens in the field of smaller-sized powder undergone greater deformation. The speed of crystallization and the degree of plastic deformation promote the homogenization and the dissolution of the second phase[2]. On the contrary, the speed of crystallization in the field of larger-sized powder is slower and the homogenization is hindered, so the structure with more remnant dendrite is formed in the compacts. The experiment result shows, that there is higher content of carbon and oxygen on the surface of smaller-sized powder particle. During HIP, the complicated oxycarbide and carbide are formed with manganese, aluminum, titanium and other alloying elements enriched on the surface of powder particles, which influence the combination between powder particles and can form cellular prior particle boundary(PPB)[3].

When the HT is performed within the γ+γ′ phase temperature range, most of primary γ′ phases precipitated by HIP are dissolved. There are an amount of big primary γ′ phases situated at the recrystallizing grain boundary, and the secondary and tertiary γ′ phases precipitated during solution and ageing treatments are distributed in grains. But the structure of "PPB" and remnant dendrite cannot be eliminated. With the HT (the solution treatment is conducted below the γ′ phase solvus temperature), the sample B and C have a homogeneous texture, and there is still serious PPB in sample A. While in sample D, the grain size is off-gauge, and most of larger grains coexist with remnant dendrites(see Fig. 3).

2.3 Main mechanical properties

The main mechanical properties of the compacts produced using powders with different particle sizes are listed in Table 2. The finer the grain is, the bigger the crystal boundary area in unit volume and the resistance to the dislocation motion are. Thus the alloy has higher strength. However, serious PPB destroys the combination between the particles and results in the instability of the

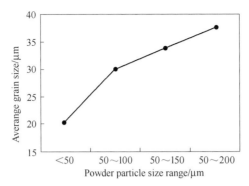

Fig. 2　Effect of powder particle size on grain size of as-HIPed compact

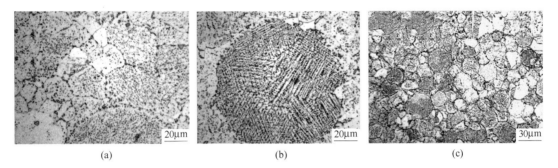

Fig. 3　Morphology of recrystallizing, remnant dendritic, and PPB
(a) recrystallizing; (b) remnant dendritic; (c) PPB

strength, ductility and stress rupture life of fine grain compact. Fig. 4 shows the brittle fracture along particle boundary of sample A. Fig. 5 shows the fracture of stress rupture life with big dock due to the remnant dendrite of the sample D. The influence of remnant dendrite on plasticity and tenacity depends upon not only the dock severity, but also the angle included between remnant dendrite and stretching direction. When the angle is close to 45°, the most remarkable decrease in plasticity value occurs [4]. The result shows that all of main mechanical properties of samples B, C and every batch of PM products using the corresponding particle size by above-mentioned HIP+HT, have met technical criterion level A.

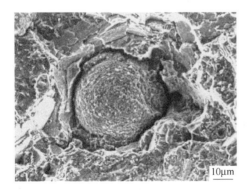

Fig. 4　Brittle fracture along particle boundary

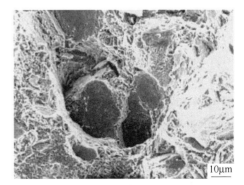

Fig. 5　Fracture with docks

Table 2 Main mechanical properties of the compacts by HIP+HT

No.	Tensile stretch at room temperature				Tensile stretch at 650℃				Stress rupture life of smooth sample 650℃, 1035MPa	
	σ_b/MPa	$\sigma_{0.2}$/MPa	δ/%	ψ/%	σ_b/MPa	$\sigma_{0.2}$/MPa	δ/%	ψ/%	τ/h	δ/%
A-1	1620	1280	14	18	600	—	—	—	138:58′	5.36
A-2	500	—	—	—	485	—	—	—	Breakdown	
B[①]	1608	1232	16	18	1520	1129	13	17	>194	4.7
C[①]	1612	1255	13	17	1517	1185	11	13	>120	3.0
D-1	440	—	—	5.5	405	—	0.8	3.5	63:10′	2.4
D-2	1520	1190	—	18	1486	1120	13	15	157:33′	6.9
Standard	≥1520	≥1170	≥10	≥12	≥1360	≥1110	≥8	≥10	≥50	≥3

①Performance average value of sample B and C and 10 batches of compacted products using powder of the same particle size.

3 Discussion

It can be known from the test results that the fine grain powder with the particle size of about 50μm is good for recrystallization. However, because the specific surface area of fine powder particle is large, the gas content is high. It is easy to form PPB and can affect the combination among the powder particles. The inclusion size in the fine powder is relatively small, but the inclusion number is largest. Serious PPB and more inclusions will be a great menace to the properties of the compacts. Under the current condition of PREP equipment, the yield of about 50μm powder is very low, only 5% of end powder product. Moreover, the powder has to be pretreated by vacuum heat treatment. Furthermore, the PPB and the inclusions must be eliminated and fragmented by improving HIP, increasing HIP temperature and subsequent extruding or forging deformation. Its working procedure is rather complex and the cost is high.

Although the yield of the powder with the particle size in the range of 50~200μm is high, the grain size is off-gauge, and there is a lot of remnant dendrite in the HIP-ed compacts. It will influence the properties of the compacts. If the remnant dendrite is removed or reduced by improving the HIP or solution temperature, the grain must grow up. Alternatively, the large grain and remnant dendrite can be smashed by forging or other processing to make the structure homogeneous.

The yield of the powder with particle size range of 50~100μm and 50~150μm is high. After HIP+HT, the structure of the compacts is homogeneous, and PPB and remnant dendrite are tiny. Ultrasonic inspections on size and its main mechanical properties come up to standard. From this point of view, manufacturing the products by HIP using the powder with these particle size ranges can simplify the process, reduce the cost and guarantee the quality.

4 Conclusion

The yield of Ni-based superalloy powder (less than 50μm) produced by PREP is low, and the oxygen content as well as the inclusion number is large, so it is easy to form PPB. Using the powder of 50~200μm can increase yield, but there is more remnant dendrite in the compacted products, which can influence mechanical properties. The best scheme is to make the products by direct HIP using the powder sizes of 50~100μm and 50~150μm.

References

[1] Belov A F. Anoshkin N F. Fatkullin O H. Structure and Property of Nickel-Based Powder Superalloy [M]. Moscow Metallurgy, 1984.
[2] Elumink V I. Anoshkin N F. Fatkullin O H. Structure and Mechanical Properties of Nickel-Based Powder Superalloy [J]. Metallography and Heat Treatment of Metal, 1991(12): 8-12.
[3] Zhang Ying. Production Technology of Powder Metallurgy Superalloy Turbine Disk in Russia [J]. Journal of Iron and Steel Research, 2000, 12(3): 63-69 (in Chinese).
[4] CISRI, Metallurgical Atlas Alloy Steel Fracture Analyses [M]. Beijing: Science Press, 1979. (in Chinese).

(原文发表在《Journal of Iron and Steel Research, International》2003, 10(3): 71-74.)

镍基粉末高温合金中的夹杂物

张莹 张义文 宋璞生 张凤戈 陶宇 陈希春 杨仕仲

(钢铁研究总院高温材料研究所，北京 100081)

摘 要 介绍了用等离子旋转电极法（PREP）制造的镍基高温合金粉末中的夹杂物及其对热等静压（HIP）和热等静压+锻造（HIP+HF）成形件组织性能的影响。通过掺夹杂物试验结果，系统阐述了尺寸为 50~500μm 的不同类型夹杂物在 HIP 和 HIP+HF 态的形貌及其对镍基粉末高温合金低周疲劳寿命的影响。提出了去除和控制夹杂物的有效措施。

关键词 粉末冶金 高温合金 夹杂物 低周疲劳寿命

Inclusion in PM Nickel Based Superalloy

Zhang Ying, Zhang Yiwen, Song Pusheng, Zhang Fengge,
Tao Yu, Chen Xichun, Yang Shizhong

(Central Iron and Steel Research Institute, Beijing 100081, China)

Abstract: The inclusion in the nickel based superalloy powder made by plasma rotation electrode process(PREP) and their effects on the microstructure and mechanical properties of the PM products were introduced. The morphology of different kinds of inclusions with the size 50~500μm, the interaction of inclusion with the matrix during forming process, and the influence of inclusion on Low cycle fatigue life(LCF) were discussed using the seeding method. The effective measures of eliminating and controlling inclusion are suggested.

Keywords: PM, superalloy, inclusion, LCF

粉末冶金技术应用于生产高温合金是该合金生产工艺的重要发展。然而，粉末冶金工艺中最大的弊病之一——夹杂物问题也同时困扰着粉末高温合金的生产，影响着产品的质量。世界上发达国家自 20 世纪 60 年代末研制粉末高温合金以来，便致力于夹杂物的研究[1-4]。我国从 20 世纪 70 年代末开始研制粉末高温合金，从未间断过对夹杂物问题的探讨，并取得了较大的进展。本文主要研究了近十年来用等离子旋转电极法（PREP）生产的粉末及其 PM 合金中的夹杂物。

1 粉末中的夹杂物

鉴于 PREP 法的制粉特点是粉末粒度分布比较集中，夹杂物尺寸取决于粉末的粒度范围[5]。经过筛分和静电分离处理后多数夹杂物可予以去除，但部分熔渣以及粉黏不同类型夹杂物[6]尚无有效的去除方法。

1.1 夹杂物的形态、类型和尺寸

粉中夹杂物的形态主要分为两种：独立存在的夹杂物和粉黏夹杂物。按来源可分为：（1）由母合金带入的陶瓷、熔渣；（2）由制粉和粉末处理系统带入的异金属或有机类夹杂物。成品粉中夹杂物的宽度一般小于筛网孔径的对角线。

1.2 夹杂物的数量

粉末中夹杂物的数量与每炉批母合金的质量、惰性气体介质的纯度、制粉和粉末处理时的工艺参数及整个系统的洁净度有着密切的关系。对十几炉批[7]PREP 制得的镍基高温合金原始粉末进行检测所得结果列于表1。

表 1　原始粉末中的夹杂物
Table 1　Inclusions in original powder

夹杂物尺寸/μm	夹杂物类型/个·kg^{-1}		夹杂物总量/个·kg^{-1}
	陶瓷	熔渣	
50～100	25	14	
100～150	17	21	
150～200	9	15	114
200～250	2	7	
250～300	1	2	
>300	—	1	

目前，钢铁研究总院用PREP法制造的粒度为 50～100μm 和 50～150μm 的镍基高温合金成品粉末中夹杂物数量少于 20 个/kg。定量分析（数量百分比）结果如图1所示。

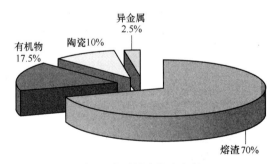

图 1　成品粉中的夹杂物
Fig. 1　Inclusions in finished product powder

2 夹杂物对组织性能的影响

2.1 （热等静压+热处理）成形件中的夹杂物

2.1.1 超声波探伤和金相观察结果

采用 ϕ0.8mm 平底孔、10MHz 平探头，用接触法对［热等静压（HIP）+热处理

(HT)］成形件进行探伤，未发现超标的缺陷。对成形件取样进行组织检测，发现有极少量尺寸小于100μm的夹杂物。其中熔渣类有贫γ′区，其范围比夹杂物尺寸大1~2倍［见图2(a)］，而铝+硅或铝含量高的陶瓷类夹杂物无反应区。

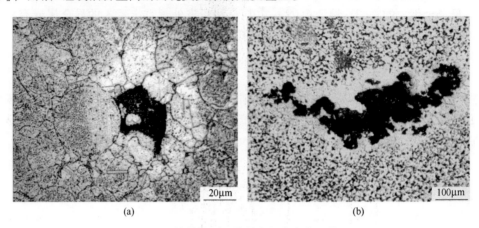

图2 热等静压和锻件中的夹杂物形貌

Fig. 2 Inclusion in the HIP-ed product HIP+HF product

(a) 热等静压；(b) 锻件

2.1.2 夹杂物对性能的影响

对16炉批产品进行室温、高温拉伸、光滑持久、蠕变、缺口周期持久等性能测试，结果表明，其性能均达到技术标准中的A级或B级。还发现，合金中存在小于100μm的夹杂物对上述性能无影响，但低周疲劳寿命对夹杂物极为敏感。试样在538℃，应变量 ε 为 0.0078~0.0002 的条件下进行低周疲劳寿命测试，尽管疲劳周期 N 都超过了5000周，但最终断裂的疲劳源仍是夹杂物（见表2）。

表2 夹杂物对热等静压成形件低周疲劳寿命的影响

Table 2 Effect of inclusions on LCF of the HIP-ed product

夹杂物主要组成	尺寸/μm×μm	夹杂物离断口表面的距离/μm	N/周
Al, Si, O	30×50	60	6888
Al, Si, O	15×10/40×50	近表面/400	6107
Mg, Al, Ti, O	90×120	表面	5563
Al, C, O	90×110	10	6803
Al, C, O	50×90	15	8123
Al, Zr, O	35×25	表面	9984
标准			>5000

注：t=538℃，ε=0.0078~0.0002。

2.2 (热等静压+锻造+热处理) 成形件中的夹杂物

2.2.1 超声波探伤和金相观察结果

采用 φ0.4mm 平底孔、10MHz 探头进行超声波水浸探伤，探测（热等静压+锻造+热处理）成形件的内部缺陷。在盘件的横截面上探伤定位，然后解剖分析，发现：夹杂物尺寸一般在200~600μm范围，多为破碎状，存在贫γ′区［见图2(b)］，也有长条状，而且沿晶界蔓延。其类型分为三种：（1）氧、铝、硅含量高的陶瓷类；（2）氧、铝、钙、钛、铬等含量高的熔渣类；（3）碳、氧、钙、铝含量高的有机类。其中熔渣类夹杂物占多数，与HIP态合金及粉末的检测结果一致，但夹杂物尺寸有所增大。

2.2.2 夹杂物对锻件低周疲劳寿命的影响

各种文献[2-4]和试验结果都证明合金的疲劳寿命对夹杂物最敏感。由文献［8］中公式 $i = k \cdot K_f^3$ 得知夹杂物尺寸 i 与合金的强度降低因子 K_f 的立方成正比。影响疲劳寿命的夹杂物的临界尺寸取决于其在试样中的位置。夹杂物的尺寸越大，离表面越近，对疲劳寿命的影响越大。合金经锻造变形发生了再结晶，其中的夹杂物随之压扁、断裂或破碎。在锻件横截面上夹杂物的尺寸和影响范围增大。因此，锻件轴向上夹杂物面积普遍大于径向上的夹杂物面积。所以，锻件轴向试样的低周疲劳寿命明显低于径向试样（见表3）。

表3 夹杂物对锻件低周疲劳（538℃，$\varepsilon = 0.0078 \sim 0.0002$）寿命的影响

Table 3 Effect of inclusions on LCF (538℃, $\varepsilon = 0.0078 \sim 0.0002$) of axial and radial samples

轴向取样								
夹杂物尺寸/μm×μm	距离/μm	N/周	夹杂物尺寸/μm×μm	距离/μm	N/周	夹杂物尺寸/μm×μm	距离/μm	N/周
1000×800	近表面	190	300×250	1000	4503	50×130	表面	4195
550×600	900	1933	80×50	表面	5186	70×80	表面	3446
300×200	1100	2140	200×200	1500	6862	50×60	表面	5712
800×500	2226	2140	100×80	100	12004	50×50	表面	5072
150×100	表面	2933	200×150	近表面	5092	100		3892
100×100	表面	3069	140×40	表面	3792	40×80	表面	4741
200×40	表面	3369	250×300	中心	4058	100×100	表面	3622
150×100	200	3471	150×250	近表面	2537			
100×100	表面	3885	220×300	中心	4123			
径向取样					
夹杂物尺寸(探伤)/μm	N/周	夹杂物尺寸(探伤)/μm	N/周	夹杂物尺寸(探伤)/μm	N/周
250	>23668	250	6395	200	>12590
250	7404	250	14637	400	>14568
200	12820	250	20000	200	>12753
300	9309	300	>27601	250	>16926
200	5175	250	>22515	200	>8923
300	>26294	300	>21601		
250	6165	250	>21961		

3 掺夹杂物的试验研究

为深入系统地了解各类夹杂物对粉末高温合金组织性能的影响，本试验将实际粉末冶金工艺中各环节可能产生的夹杂物进行了分类：（1）有机类——真空橡胶、聚四氟乙烯和漆片；（2）无机物——镁砂、SiO_2、Al_2O_3、硅酸铝和焊渣。将以上两类夹杂物破碎成不同粒度，同一类型和粒度的夹杂物分别按比例掺入洁净的粒度为 50~100μm 的 FGH95 合金粉末中。待夹杂物和粉末充分混合，经脱气、装套、封焊后进行热等静压、锻造和热处理。

3.1 热等静压和(热等静压+锻造)后的金相组织

具有较高熔点的 SiO_2、Al_2O_3 和 MgO 在 HIP 后的合金中仍保持原始形貌，未发现明显的反应区。而硅酸铝和焊渣类周围存在贫 γ′区。有机夹杂物在 HIP 过程中发生分解扩散，并与粉末表面的铝、钛、氧等元素发生反应，形成原始颗粒边界（PPB），部分残渣分布在粉末颗粒之间，阻碍着粉末的压实。

粉末高温合金中非金属夹杂物的变形行为较为复杂，不仅取决于夹杂物的类型，而且与夹杂物的成分及变形温度密切相关[9]。FGH95 合金在 1140℃经 64% 变形量锻造后，其中 SiO_2、Al_2O_3 和 MgO 夹杂物本体出现裂纹或断裂分散。硅酸铝和焊渣类夹杂物的尺寸明显增大或拉长。除 Al_2O_3 和 MgO 之外，其他无机夹杂物与基体发生化学反应后，出现了明显的贫 γ′区［见图(3a)］，夹杂物的影响范围扩大。锻造变形后，未分解的有机夹杂物明显拉长，在 HIP 过程中产生的 PPB 没有完全消失［见图 3(b)］。

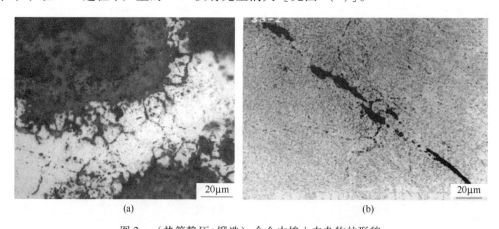

图 3 （热等静压+锻造）合金中掺入夹杂物的形貌
Fig. 3 Morphology of the seeded inclusions in HIPed+forged product
（a）无机类；（b）有机类

3.2 低周疲劳性能测试结果

在锻件径向上取样进行低周疲劳试验，由表 4 所示的试验结果得知，掺入尺寸为 50~500μm 有机夹杂物，试样在疲劳断裂或未断裂、室温下拉断的断口上未见明显的夹杂物和 PPB，裂纹源区碳和氧的含量普遍高，径向试样的低周疲劳寿命 N_f 全部大于 5000 周次。

在掺入无机夹杂物的试样断口疲劳源区清楚地看到氧、铝、硅和镁等元素含量高的夹杂物（见图 4）由于是沿锻造盘坯的径向取样，所以断口上夹杂物尺寸普遍小于掺入的夹杂物的尺寸。

表 4 掺夹杂物对粉末高温合金锻件低周疲劳寿命的影响
Table 4　Effect of seeded inclusions on LCF of PM product

掺入夹杂物		N/周	备注	掺入夹杂物		N/周	断口上的夹杂物	
类型	尺寸/μm			类型	尺寸/μm		尺寸/μm×μm	距试样表面距离/μm
有机物	50~150	>5000	断口上未见明显夹杂物	无机物	50~150	>11812		
		>31748				>20778		
						12321	90×20	80
有机物	150~300	7930		无机物	100~150	>10529		
		>6000				>6000		
		8797				>19430		
有机物	300~500	>6000		无机物	150~250	>6000		
		7891				8004	70×100	表面
		7336				>10501		
白橡胶	225	12460		无机物	250~350	3853	90×190	表面
		7892				15200		
		13539				10851		
未掺夹杂物		13794		无机物	350~500	4493	200×200	30
		35374				3428	140×240	表面

注：$t=538℃$，$\varepsilon=0.0078 \sim 0.0002$。

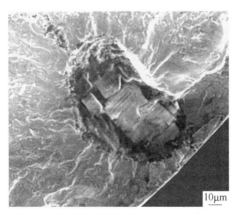

图 4　掺夹杂物的粉末高温合金锻件的低周疲劳断口
Fig. 4　Seeded inclusion in the fracture of LCF

夹杂物对性能的影响不仅取决于其化学性质，更与夹杂物的可变形性、膨胀系数及弹性模量等物理特性有着密切的关系。这些因素使夹杂物在合金中产生应力集中，在较低的应力作用下夹杂物周围发生局部的塑性变形。随着试验周次的增加，这种局部塑性变形受到夹杂物的阻碍，迫使夹杂物与基体界面受阻突起。本次试验只按有机和无机两种类型分别将夹杂物掺入合金粉末,所以不能判断哪种夹杂物更不利于疲劳寿命。但可以得出如下结论:掺入小于 500μm 的有机夹杂物对径向试样的疲劳寿命影响不大。夹杂物尺寸越大,离试样表面越近,则应力集中越严重,越容易导致产生疲劳裂纹而断裂。

4 去除夹杂物所采取的措施

4.1 改进母合金的冶炼工艺

陶瓷和熔渣主要来自母合金,从成品粉的检测结果看,熔渣类夹杂物多于陶瓷类,且难以去除。要减少熔渣类夹杂物,必须从源头抓起。这方面国外有许多先进技术可以借鉴[7,11],比如采用电渣快速重熔工艺制造母合金棒料可有效地去除非金属夹杂物并降低气体含量。目前,我国正在开展这方面的工作并取得了初步的成效。

4.2 改进制粉和粉末处理工艺

(1) 提高惰性气体的纯净度。(2) 为防止带入异金属,必须调整好制粉工艺参数,避免等离子枪起弧时铜喷嘴熔化污染粉末;建议采用和母合金相同的合金材料制造制粉设备的鼓轮和压紧辊轴;工作室内壁必须抛光和磨平;更换制粉合金时,必须按操作规程要求彻底洗炉。(3) 调整静电分离去除夹杂物的工艺参数。(4) 据文献 [11] 报道,采用气动和摩擦电净化粉末,可以去除非金属夹杂物并降低氧含量。作者采用流态化静电工艺去除夹杂物和短流程筛分工艺处理粉末,达到了减少夹杂物数量和控制其尺寸的效果。(5) 提高细粉收得率,减小成品粉的粒度。

4.3 防止有机夹杂质污染粉末

杜绝在制粉和粉末处理和运输系统中有真空油、橡胶、汽油挥发物等有机杂质污染粉末。被真空油轻微污染的粉末可以通过高温真空热处理[12]使有机物分解、挥发,但必须考虑到真空度、温度、保温时间和粉末铺开厚度等各种参数。

5 结语

(1) 用 PREP 法制造的粉末中夹杂物主要是母合金带入的陶瓷、熔渣及由制粉、粉末处理系统带入的有机杂质和异金属。成品粉中的夹杂物数量少于 20 个/kg。

(2) 用 50~100μm 和 50~150μm 粉末直接热等静压成形产品的主要力学性能已达到了 A 级或 B 级标准。但是,夹杂物的存在将降低合金的疲劳寿命。

(3) 在(热等静压+锻造)的解剖盘件中,夹杂物对径向试样的低周疲劳性能没有影响,对轴向试样的低周疲劳性能有一定影响。

(4) 掺入夹杂物的试验结果表明,经过热等静压、锻造和热处理,尺寸为 50~500μm 的有机物发生了分解、扩散、变形,PPB 没有完全消除,但对径向试样的低周疲劳性能影响不大;50~500μm 无机类夹杂物被破碎。夹杂物尺寸越大,离表面越近,对低周疲劳寿命影响越大。

(5) 粉末中的夹杂物主要来源于母合金,只有从源头抓起,改进冶炼工艺,提高母合金质量,才能从根本上减少夹杂物的数量。同时,还应采用其他去除夹杂物的措施。

参 考 文 献

［1］ Chang D R, Krueger D D, Sprague R A. Superalloy Powder Processing, Properties and Turbine Disk Applications［A］. Maurice Gell, Charies S K, Rodger H B, et al, eds. Superalloys1984［C］. USA：Minerals, Metals. & Materials Society, 1984, 245-273.
［2］ Shamblen C E, Chang D R. Effect of Inclusion on LCF Life of HIP Plus Heat Treated Powder Metal René95［J］. Metallurgical Transactions 1985, 16B(8)：775-784.
［3］ Файнброн А С, Перцовский Н З. Особенности Зарождения Разрушения Гранулируемого Никелевого Сплавого Сплава ЭП741НП при Испытаниях на Малоцикловую Усталость［J］. Металловедение и Термическая Обработка Металлов, 1993(6)：32-34.
［4］ Eric S H, Paul G R. The Influence of Inclusions on Low Cycle Fatigue Life in a PM Nickel-Base Disk Superalloy［A］. Kissinger R D, Deye D J, Anton D L, et al, eds. Superalloy 1996［C］. USA：Minerals, Metals. & Materials Society, 1996：359-368.
［5］ 张莹, 陈生大, 李世魁. 用等离子旋转电极法制取镍基高温合金粉末工艺的研究［J］. 金属学报, 1999, 35（增刊2）：343-347.
［6］ 张莹, 董毅, 张义文等. 用等离子旋转电极法制取的镍基高温合金粉末中异常颗粒的研究［J］. 粉末冶金工业, 2000, 10（6）：7-13.
［7］ 张莹. 用两种方法制造的镍基高温合金粉末［J］. 粉末冶金技术, 2000, 18（增刊）：1-5.
［8］ 董履仁, 刘新华. 钢中大型非金属夹杂物［M］. 北京：冶金工业出版社, 1991：14-23.
［9］ 张德堂. 钢中非金属夹杂物鉴别［M］. 北京：国防工业出版社, 1991：255-297.
［10］ 张莹. 俄罗斯粉末高温涡轮盘的生产工艺［J］. 钢铁研究学报, 2000, 12(6)：63-69.
［11］ Терновой Ю Ф, Рывкин Ю А. Газодинамическая Трибоэректрическая и Ионная Очистка Порошков Жаропрочных Сплавов Металлургия Гранул［A］. Металлургия Гранул［C］. Москва：ВИЛС 1989：201-207.
［12］ Белов А Ф, Аношкин Н Ф, Фаткуллин О Х. Структура и Свойства Гранулируемых Никелевых Сплавов［M］. Москва：Металлургия, 1984.

（原文发表在《钢铁研究学报》, 2003, 15(6)：71-76.）

夹杂物在 PM 镍基高温合金中的变形行为及对低周疲劳性能的影响

张莹 张义文 宋璞生

(钢铁研究总院高温材料研究所,北京 100081)

摘 要 通过在 50~100μm 粒度范围 FGH95 合金粉末中预先加入夹杂物的方法,系统研究了 50~500μm 有机和无机不同类型的夹杂物,经过热等静压和热等静压加锻造后的形态变化,及其与合金基体的相互作用特点,以及对 PM 盘件径向试样低周疲劳寿命的影响。

关键词 PM 粉末高温合金 夹杂物 低周疲劳寿命

Study on Deformation of Inclusions in PM Ni-Based Superalloy and Their Influence on LCF

Zhang Ying, Zhang Yiwen, Song Pusheng

(High Temperature Materials Research Institute,
Central Iron & Steel Research Institute, Beijing 100081, China)

Abstract: By adding different inorganic and organic inclusions of 50~500μm in size in the alloy the interaction between inclusions and the matrix of FGH 95 during forming process and influence of inclusions on low cycle fatigue(LCF) life were studied.

Keywords: PM Superalloy, inclusion, LCF life

粉末冶金技术应用于生产高温合金,如何解决夹杂物问题、提高产品的质量是备受关注的热门话题。20 世纪 60 年代末,世界上发达国家自研制粉末高温合金以来,便致力于夹杂物的研究[1-4]。我国从 20 世纪 70 年代末开始研制粉末高温合金,在此期间从未间断过对夹杂物问题的探讨,在研究的基础上寻求解决的方法,并取得了较大的进展。为研究不同种类夹杂物经热等静压及锻造变形的变化及其对 PM 高温合金低周疲劳性能的影响,本试验采用了在粉末中预先加入不同种类、尺寸夹杂物的研究方法。

1 试验方法

将实际粉末冶金工艺中各环节可能带进的夹杂物分为两类,如表 1 所示。

表1 掺入夹杂物的类型及主要化学成分

类型	名称	质量分数/%										
		O	Al	Si	Mg	Ti	Ca	Mn	Cr	C	H	F
无机	（1）坩埚材料	24.40			51.90							
	（2）SiO$_2$	49.40		46.56								
	（3）Al$_2$O$_3$	45.90	48.50									
	（4）漏包材料	45.30	25.00	20.00		微量						
	（5）焊渣	未知	1.56	5.51	0.28	23.70	13.10	5.45	6.26			
有机	（1）黑真空橡胶	14.00	0.29	0.51	0.49		12.40	0.01		56.20	4.45	
	（2）白真空橡胶	13.78	0.17	0.10	0.079	0.10	11.90	0.01		52.2	6.10	
	（3）聚四氟乙烯				0.004					23.90	<0.30	余
	（4）漆片	25.52	0.31	1.49	0.69	10.2	2.12	0.5	0.5		3.89	

将以上两类夹杂物破碎成 50~150μm、100~150μm、150~250μm、250~350μm、350~500μm等不同尺寸。将同一类型和尺寸的夹杂物分别以 2000 颗/kg(有机类，每种 500 颗/kg，无机类，每种 400 颗/kg)的比例掺入洁净的粒度为 50~100μm 的 FGH95 合金粉末中。夹杂物和粉末充分混合，经脱气、装套、封焊后进行热等静压、锻造和热处理。热等静压工艺是 1150~1180℃，130MPa×2~5h，锻造镦粗变形量 64%，热处理制度是 1150~1180℃×2~5h，AC+800~900℃×8h，AC+600~700℃×24h，AC。低周疲劳试样是在经过热等静压、锻造和热处理，厚度为 12mm 的圆坯上截取（由图 1 所示），试样的工作部位直径 φ5mm，长度 26mm，试验条件为 538℃，应变量 ε=0.0078~0.0002。通过金相显微镜、图像分析仪、扫描电镜等仪器对不同状态下的组织形态及低周疲劳试样断口进行观察。

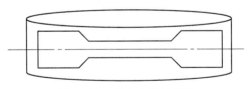

图 1 锻坯径向取样示意图

2 试验结果和分析讨论

2.1 热等静压后夹杂物的形貌特点

热等静压后成形件中掺入夹杂物的形貌如图 2 所示。

由于 SiO$_2$、Al$_2$O$_3$ 和 MgO 具有较高的熔点，所以在 HIP 后的合金中形貌未变，与合金基体的界面仍保持其原始形态 [图 2(a)]，周围未发现明显的反应区 [图 2(b)]。而硅酸铝漏包材料和焊渣类由于软化点较低，在 HIP 态合金中的形态特征是由若干粉末颗粒包围成的一个区域 [图 2(c)]，而原始的夹杂物外表面已不存在，夹杂物本体为多孔的烧结物，主体周围出现较多小尺寸（10~50μm）分散的夹杂物，其周围出现反应区[图2(d)]。

有机夹杂物在 HIP 过程中发生分解扩散,C、O 与粉末表面的 Al、Ti、Cr 等元素发生反应,生成氧化物、碳化物、碳氧化物[5],形成了 PPB,部分未能扩散的生成物残渣分布在粉末颗粒之间,阻碍着粉末的密实[图2(e),图3]。掺入的有机夹杂物的尺寸越大,PPB 越明显,残渣越多。

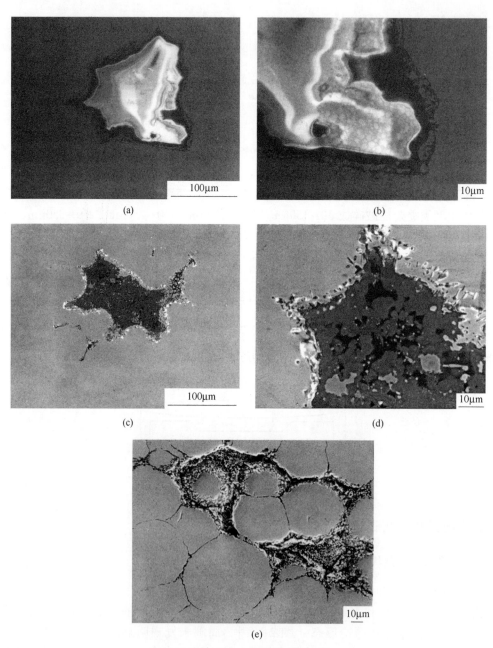

图2 HIP 态合金中的夹杂物形貌
(a),(b) SiO_2,Al_2O_3,镁砂;(c),(d) 焊渣,漏包材料;(e) 黑橡胶

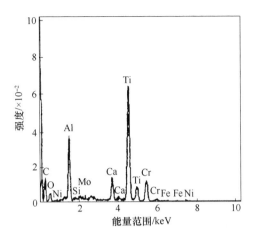

图 3　HIP 态合金中 PPB 能谱

2.2　热等静压+锻造后夹杂物的形貌特征

图 4 为热等静压+64%锻造变形后合金中夹杂物的形态。

合金中非金属夹杂物的变形行为较为复杂，不仅取决于夹杂物的类型，而且与夹杂物的成分及变形温度密切相关[6]。FGH95 合金在 1140℃经 64%变形量锻造后，无机类中

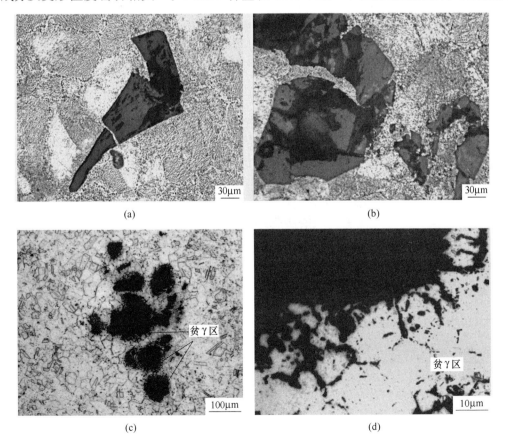

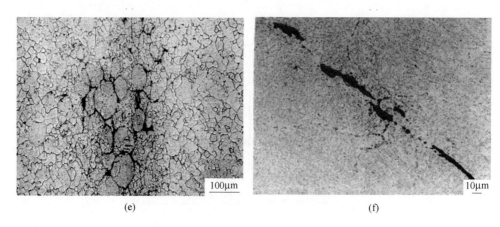

图 4　热等静压+锻造合金中夹杂物的形态
(a), (b) Al_2O_3、MgO；(c), (d) 漏包材料、焊渣；(e), (f) 橡胶、聚四氟乙烯

SiO_2、Al_2O_3 和 MgO 虽然基本保持原态，但夹杂物本体出现裂纹或断裂 [图 4(a), (b)]。漏包材料和焊渣类夹杂物被破碎呈分散状，边缘形成团絮状的不规则边界，尺寸明显增大 [图 4(c)]。除 Al_2O_3 和 MgO 之外，其他无机夹杂物与基体中的 Al 等合金元素发生化学反应，出现了明显的贫 γ′区 [图 4(d)]，宽度 30~70μm，反应区扩大了这些夹杂物的影响范围。在掺入尺寸大于 300μm 有机夹杂物的试样中发现呈流线状拉长的夹杂物，在 HIP 过程中产生的 PPB 没有完全消失 [图 4(e)、(f)]。

2.3　低周疲劳试验

在盘坯的径向取样所做的低周疲劳试验结果如图 5、图 6 和表 2 所示。图 5 为低周疲劳试样断口的形貌，图 6 为断口疲劳源的能谱分析，表 2 表示掺入各类夹杂物后试样的疲劳寿命。

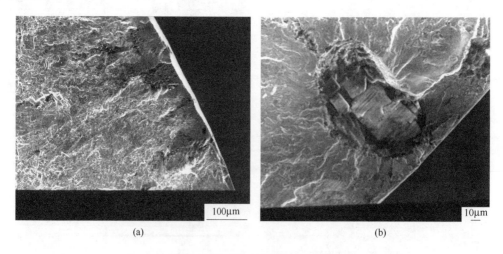

图 5　掺夹杂物的低周疲劳断口
(a) 掺入有机物；(b) 掺入无机物

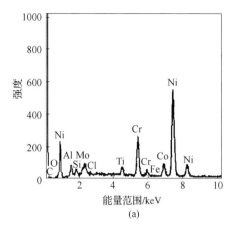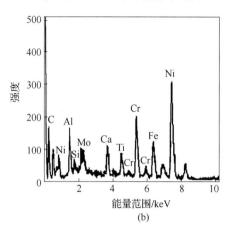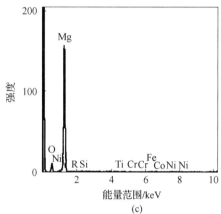

图 6 低周疲劳断口能谱分析

(a) 基体；(b) 掺入有机物疲劳源；(c) 掺入无机物疲劳源

表 2 掺夹杂物对径向试样疲劳寿命的影响

掺入夹杂物 类型/μm	N/周	备注	掺入夹杂物 类型/μm	N/周	断口上夹杂物 尺寸/距试样表面距离/μm
有机物 /50~150	>5000 >31748	断口上未见明显夹杂物	无机物 50~150	>11812 >20778 12321	90×20/80
有机物 /150~300	7930 >6000 8797		无机物 100~150	>10529 >6000 >19430	
有机物 /300~500	>6000 7891 7336		无机物 150~250	>6000 8004 >10501	70×100/表面
白橡胶 /225	12460 7892 13539		无机物 250~350	3853 15200 10851	90×190/表面

续表 2

掺入夹杂物类型/μm	N/周	备注	掺入夹杂物类型/μm	N/周	断口上夹杂物尺寸/距试样表面距离/μm
未掺夹杂物	13794		无机物	4493	200×200/30
	35374		350~500	3428	140×240/表面

由结果得知，掺入 50~500μm 有机夹杂物的径向试样的低周疲劳寿命 N_f 全部大于 5000 周次，在断口上未见明显的夹杂物和 PPB，但裂纹源区 C 和 O 含量普遍高于基体，Mg、Al、Si 和 Ca 稍高。在掺入无机夹杂物的试样断口裂纹源部位能清楚地看到 O、Al、Si 和 Mg 等含量高的夹杂物。由于是沿锻造盘坯的径向取样，所以断口上发现的夹杂物尺寸普遍小于掺入的原始夹杂物尺寸。

夹杂物对力学性能的影响与各类夹杂物的某些物理特性，例如可变形性、膨胀系数及弹性模量等的综合因素有着密切的关系[6]。由于夹杂物与基体之间的热收缩系数和弹性模量不匹配而造成的局部应力升高，以及残余应力的存在，使夹杂物在合金中具有较高的应力集中作用。在进行低周疲劳试验时，在较低应力作用下夹杂物周围发生局部的范性变形，随着试验周次的增加，这种局部的范性变形受到夹杂物的阻碍，迫使夹杂物与基体界面受阻凸起，导致严重的应力集中而产生疲劳断裂。本次试验只按 50~500μm 不同尺寸、分有机和无机两类夹杂物分别掺入合金粉末，所以不能判断哪种夹杂物更不利于疲劳寿命。但可以看出：小于 500μm 的有机夹杂物对径向试样的疲劳寿命影响较小。从掺无机夹杂物的试验结果得出，影响疲劳寿命的夹杂物的临界尺寸取决于其在试样中的位置。夹杂物的尺寸越大，离表面越近，应力集中愈严重，愈容易导致产生疲劳裂纹而断裂。

3 结论

（1）在镍基高温合金粉末中掺入小于 500μm 的有机夹杂物，在热等静压过程中发生分解扩散形成了 PPB，影响合金基体的密实。夹杂物的尺寸越大，PPB 越严重；掺入大于 300μm 有机夹杂物的合金经 64% 锻造变形，其中 PPB 依然存在，并被拉长。

（2）掺入 SiO_2、Al_2O_3 和 MgO 类无机夹杂物的合金粉末，经热等静压后夹杂物形态和尺寸没明显变化；经 64% 变形量锻造后，仍基本保持原态，部分出现裂纹和断裂现象，其周围与基体无反应区。

（3）掺入漏包材料、焊渣类夹杂物的合金粉末，经热等静压后，夹杂物失去了原有边界；再经锻造变形后，夹杂物呈破碎状，在盘坯轴向剖面上尺寸明显增大，有明显的反应区。

（4）夹杂物的化学、物理特性等综合因素决定其对合金性能的影响。夹杂物尺寸愈大，离试样表面愈近，应力愈集中，对疲劳寿命影响愈大。掺入小于 500μm 的有机夹杂物对径向试样合金疲劳寿命影响不大，无机夹杂物有一定的影响。

参 考 文 献

[1] Chang D R, Krueger D D, Sprague R A. Superalloy Powder Processing, Properties and Turbine Disk Applications [A]. Edited by Maurice Gell, Charies S. Kortovich, Rodger H. Bricknell, William B. Kent, John

F. Radavich. Superalloys1984 [C]. USA：The Minerals, Metals. & Materials Society, 1984：245-273.

[2] Shamblen C E, Chang D R. Effect of Inclusion on LCF Life of HIP Plus Heat Treated Powder Metal Rene95 [J]. Metallurgical Transactions B, Volume 16B, December, 1985：775-784.

[3] Файнброн А С, Перцовский Н З. Особенности Зарождения Разружения Гранулируемого Никелевого Сплавого Сплава ЭП741НП при Испытаниях на Малоцикловую Усталость [J]. Металловедение и Термическая Обработка Металлов, 1993, 6：32-34.

[4] Eric S Huron, Paul G Roth. The Influence of Inclusions on Low Cycle Fatigue Life in a PM Nickel-Base Disk Superalloy [A]. Edited by R. D. Kissinger, D. J. Deye, D. L. Anton. Superalloy 1996 [C]. USA：The Minerals, Metals. & Materials Society, 1996：359-368.

[5] 张莹, 张义文, 张凤戈, 等. 镍基粉末高温合金中的缺陷及其控制 [J]. 材料工程, 2001（增刊）：160-164.

[6] 张德堂. 钢中非金属夹杂物鉴别 [M]. 北京：国防工业出版社, 1991：255-297.

（原文发表在《粉末冶金工业》, 2004, 14(2)：1-6.）

FGH95 粉末高温合金原始颗粒边界及其对性能的影响

刘明东[1]　张　莹[1]　刘培英[2]　张义文[1]

(1. 钢铁研究总院，北京　100081；2. 北京航空航天大学，北京　100083)

摘　要　本文针对FGH95合金中的原始颗粒边界的组成及其对合金冲击韧性、拉伸性能和持久性能的影响进行了研究。研究结果表明：该合金的原始颗粒边界组成与粉末的氧含量有很密切的关系。当氧的质量分数低于40×10^{-6}时，原始颗粒边界主要由大尺寸γ'组成，这种原始颗粒边界不会对合金的力学性能产生影响；当氧的质量分数大于70×10^{-6}时，原始颗粒边界主要由MC型碳化物组成，这种原始颗粒边界将对合金的力学性能产生不利影响。

关键词　原始颗粒边界　大尺寸γ'　碳化物

Study on the PPB defect of PM superalloy FGH95

Liu Mingdong[1], Zhang Ying[1], Liu Peiying[2], Zhang Yiwen[1]

(1. Central Iron & Steel Research Institute, Beijing 100081, China;
2. Beijing University of Aeronautics and Astronautics, Beijing 100083, China)

Abstract：The previous particle boundary of PM FGH95 superalloy and it's effect on the mechanical properties were studied. The results indicate that there is a strong relation between the characteristics of previous particle boundary and the oxygen content, when the oxygen content below 40×10^{-6}, previous particle boundary is constituted of big size γ' mostly, when the oxygen beyond 70×10^{-6}, previous particle boundary is constituted of MC carbide mostly, which can decrease mechanical properties of FGH95.

Keywords：previous particle boundary, big size γ', carbide

　　高温合金是航空、航天、动力化工等领域在高温复杂载荷和环境下应用的关键材料。粉末高温合金是新一代高温合金，具有晶粒细小，组织均匀，无宏观偏析，合金化程度高，屈服强度高，疲劳性能好等优点，是制造大推重比先进军用飞机发动机涡轮盘的最佳材料。美国、俄罗斯和欧洲一些先进军用发动机均采用了粉末高温合金涡轮盘。

　　国外在研究粉末高温合金的时候，发现了previous particle boundary（PPB），即在粉末的原始颗粒边界形成断续的网状碳化物，这种碳化物的存在对合金的塑性产生严重影响。在我国生产的粉末高温合金FGH95中，也发现了明显的原始颗粒边界。本文主要针对FGH95的粉末颗粒边界，研究了它的成分，相组成以及其对合金的某些力学性能的影响[9,10]。

1　实验材料和试验方法

　　本实验所用的a、b两种FGH95粉末高温合金粉末均为等离子旋转电极法（PREP

生产,其主要化学组成见表1。粉末的粒度均为50~150μm,粉末经装套、脱气、封焊,然后进行热等静压(HIP)、热处理制成A、B两个锭坯。

表1 FGH95的主要化学成分（质量分数） （%）

C	Cr	Co	Mo	Nb	Ti	Al	W	Ni
0.065	13.00	8.00	3.50	3.50	2.60	3.50	3.50	Bal

HIP工艺参数为:1180℃,127MPa,$t=4h$;

热处理制度为:1140℃×1.5h,盐淬;+870℃×1.5h,空冷;+650℃×24h,空冷。

用光学显微镜,扫描电镜(SEM),透射电镜(TEM)对两种锭坯的原始颗粒边界进行观察和分析,同时,对两种锭坯的冲击韧性、室温拉伸、高温拉伸、持久性能进行测试和分析。

2 试验结果及分析

2.1 原始颗粒边界

从表2中可以看出,两种粉末和锭坯含氧量明显不同;其中b粉末的含氧量高于a粉末,B锭坯的含氧量是A锭坯的三倍。

表2 粉末及锭坯的O含量（质量分数） （×10⁻⁶）

a 粉末	b 粉末	A 锭坯	B 锭坯
0.0045	0.0072	0.0025	0.0075

图1是从两种锭坯切取的试样的微观组织。可以看到明显的原始颗粒边界,合金也发生了明显的再结晶,γ′较均匀地分布在基体上。为了更清楚地观察原始颗粒边界,对两种试样进行了1160℃×1h和1160℃×1h,1180℃×1h固溶处理,使γ′逐渐溶解掉。

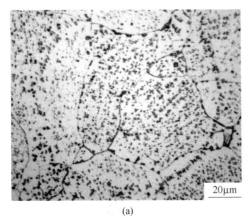
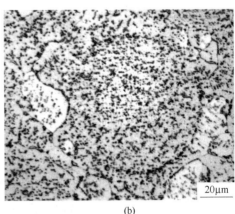

(a)　　　　　　　　　　　　(b)

图1　热处理(HT)后试样的显微组织

(a) A试样;(b) B试样

图2是两种试样在1160℃×1h固溶后的微观组织。可以看出,两种试样的原始颗粒边界是不同的,A试样的原始颗粒边界主要由γ′组成,B试样的原始颗粒边界含有大量的非

γ′相，其中主要是碳化物相。

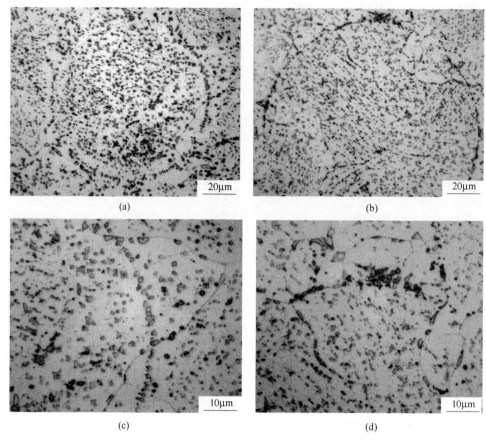

图 2　1160℃×1h 固溶后试样的显微组织
(a),(c) A 试样；(b),(d) B 试样

图 3 是两种试样 1160℃×1h，1180℃×1h 固溶处理后的显微组织。两种试样中的 γ′ 都已全部溶解，只剩下碳化物等相。A 试样中的碳化物分布比较均匀，没有发现明显的原始颗粒边界，B 试样中发现了主要由碳化物组成的明显的原始颗粒边界。

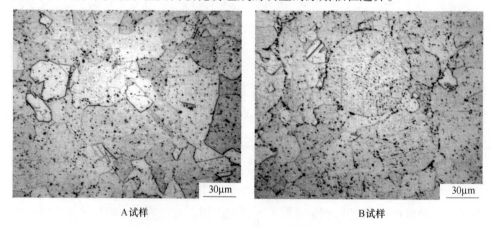

A 试样　　　　　　　　　　　　　　　B 试样

图 3　1180℃×1h 固溶处理后试样的显微组织

图 4 是两种试样的扫描电镜（SEM）照片，通过能谱（EDS）分析，发现 A 试样中的原始颗粒边界的成分与晶粒内部差别不大，B 试样中的原始颗粒边界的碳、氧、钛、铌的含量比基体的高很多，此种碳化物中也可能含有少量的氧化物。图 4 两种锭坯中原始颗粒边界附近的成分如表 3 和表 4 所示。

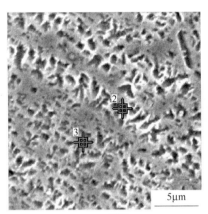 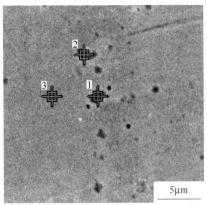

A试样　　　　　　　　　　　　　　B试样

图 4　两种试样的原始颗粒边界 SEM

表 3　A 锭坯原始颗粒边界附近的化学成分（质量分数）　　　　　　　　　　（%）

	C	O	Al	Ti	Cr	Co	Ni	Nb
Pt2（原始颗粒边界）	6.89	0.50	4.10	3.55	7.49	5.38	67.37	0.88
Pt3（基体）	4.51	0.00	2.81	1.92	15.75	8.15	57.91	0.00

表 4　B 锭坯原始颗粒边界附近的化学成分（质量分数）　　　　　　　　　　（%）

	C	O	Al	Ti	Cr	Co	Ni	Nb
Pt1（原始颗粒边界）	7.04	1.51	0.53	16.23	3.93	2.30	14.13	41.92
Pt2（原始颗粒边界）	6.40	1.37	1.35	7.44	7.63	4.10	33.93	19.85
Pt3（基体）	4.37	0.00	2.86	2.83	12.72	7.06	60.42	2.84

图 5 是两种试样的原始颗粒边界的透射电镜形貌和衍射花样。通过对衍射花样的计算，可以判断，A 试样中的原始颗粒边界主要是由 γ' 组成，而 B 试样中的原始颗粒边界主要由 MC 型碳化物组成。

a、b 两种粉末制得后，在空气中暴露的时间是不同的，a 粉末暴露的时间是 10 天，b 粉末暴露的时间为 3 年。在 HIP 过程中，由于在粉末的表面会存在极少量的氧化物，降低了碳化物形成时所需要的形核能，碳化物就会以这些氧化物为核心，在粉末颗粒边界形成大的碳化物[7,9]。a 粉末在由于在空气中暴露的时间短，表面的氧化物不易形成。在 HIP 过程中，随着温度的不断升高，强化相 γ' 开始大量出现，随后在接近和超过 FGH95 合金的 γ' 固溶温度 1160℃ 开始逐步溶解，但是合金 γ' 的成分存在的一定的差异，它的固溶温度有所不同，当温度达到 1180℃ 时，大部分 γ' 已经溶解，但是在原始颗粒边界上形成的

大尺寸 γ′由于成分上的偏析，其核心会继续存在，在热等静压降温的过程中，这种 γ′在原始颗粒边界上会再次长大。

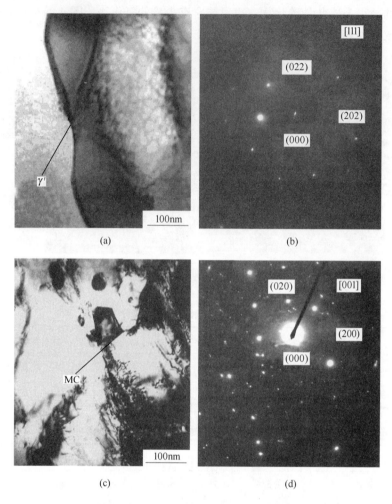

图 5　两种试样的原始颗粒边界形貌和衍射花样 TEM
(a),(b) A 试样；(c),(d) B 试样

2.2　原始颗粒边界对力学性能的影响

图 6 和图 7 表明：A 锭坯的室温、高温冲击韧性，室温、高温抗拉强度、伸长率和 650℃，1035MPa 下的持久时间都比 B 锭坯的高。可见，B 锭坯的碳化物型粉末颗粒边界的存在降低了合金的力学性能。A 锭坯虽然也存在粉末颗粒边界，但是，主要由 γ′组成的粉末颗粒边界的存在对合金的性能不会产生特别的影响，合金的各种性能均达到了要求，其中的碳化物分布分散，不会在原始颗粒边界形成网状，还可以阻止位错的通过，形成位错塞集区，有利于合金强度的提高[5]。B 锭坯的原始颗粒边界的碳化物形成网状，一旦微裂纹在某一碳化物上形成，它就会很快沿着原始颗粒边界扩展开去，形成断裂，使合金力学性能降低。

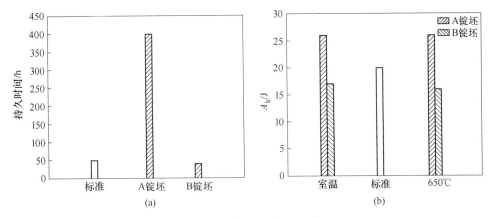

图 6 两种锭坯的冲击韧性和持久性能的比较

（a）A、B 锭坯在 650℃，1035MPa 下的持久性能的比较；（b）A、B 锭坯冲击韧性的比较

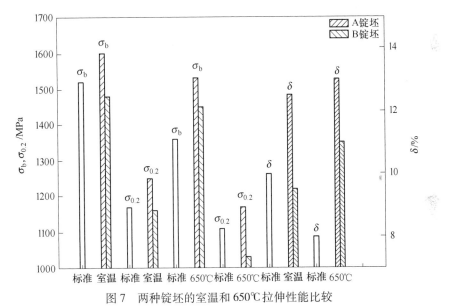

图 7 两种锭坯的室温和 650℃拉伸性能比较

3 结论

（1）随着含氧量的不同，FGH95 粉末高温合金中原始颗粒边界的组成是不同的，当含氧量较低时，合金的原始颗粒边界主要是由大尺寸 γ' 组成，也存在少量的碳化物；当含氧量较高时，合金的原始颗粒边界主要由碳化物组成，也有一定数量的大尺寸 γ'。

（2）不同组成的原始颗粒边界对性能的影响是不同的：主要由大尺寸 γ' 组成的原始颗粒边界不会对合金的性能产生有害的影响，但主要是由碳化物组成的原始颗粒边界的存在会降低合金的冲击、拉伸、持久等力学性能。

参 考 文 献

[1] 张莹，张义文. 不同粒度的镍基高温合金粉末及其对 PM 成形件组织性能影响的研究. 兵器材料科

学与工程, 2002, 25(6): 34-37.
[2] 张莹, 张义文. 镍基粉末高温合金中的缺陷及其控制 [J]. 材料工程, 2001 (增 376): 160-164.
[3] 张莹, 李世魁, 陈生大. 用等离子旋转电极法制取镍基高温合金粉末 [J]. 粉末冶金工业, 1998, 8(6): 17-22.
[4] 胡本芙, 陈焕铭, 李慧英, 宋铎. 等离子旋转电极雾化 FGH95 高温合金原始颗粒中碳化物的研究 [J]. 材料工程, 2003(1): 6-9.
[5] 胡本芙, 陈焕铭, 李慧英, 宋铎. 等离子旋转电极雾化 FGH95 高温合金粉末的预热处理 [J]. 中国有色金属学报, 2003, 13(3): 554-559.
[6] 陈焕铭, 胡本芙, 余泉茂, 等. FGH95 粉末枝晶间合金元素偏析的研究 [J]. 材料工程, 2002(3): 32-35.
[7] Domingue J. A, Boesch W. J, Radavich J. F. Phase relationships in René95 [A]. Proceeding 4th international super-alloys ymposium [C]. 1980, 335-344.
[8] Youdelis W. V, Kwon O. Carbide phases in nickel based superalloy nucleation properties of MC type Carbide [J]. Metal Science, 1983, 17(8): 385-388.
[9] R. D. ENG, D. J. EVANS, Superalloys 1980, TIEN et al ED., ASM, Metals Park, Ohio, Sept, (1980), pp. 491-500.
[10] JMLARSON, Modern development in powder metallurgy, H. HAUSNER et al. ED., MPIF-APMI, Princeton, N. J., (1974) Vol. 8, pp. 537-566.

(原文发表在《粉末冶金工业》, 2006, 16(3): 1-5.)

俄罗斯 EP741NP 粉末高温合金的研究

张莹 张义文 陶宇

（钢铁研究总院高温材料研究所，北京 100081）

摘要 对 EP741NP 合金盘坯进行化学成分和相分析、力学性能测试、组织和断口形貌观察，并做了热处理试验。研究结果表明，合理的化学成分和热处理工艺使直接热等静压成形的 EP741NP 合金粉末涡轮盘在高温下具有较好的综合力学性能。PPB（原始粉末颗粒边界）和夹杂物等缺陷对盘件的性能和使用寿命不利，必须予以消除。

关键词 EP741NP 合金 直接热等静压成形 粉末涡轮盘 热处理工艺

Investigation on Russian PM Superalloy EP741NP

Zhang Ying, Zhang Yiwen, Tao Yu

(High Temperature Materials Research Institute, Central Iron and Steel Research Institute, Beijing 100081, China)

Abstract: An investigation was undertaken to assess the quality of PM superalloy EP741NP disk. The chemical and phase analysis as well as mechanical property test were performed. Different heat treatment were tested. The microstructure and fracture were also observed. Experimental results show that satisfactory comprehensive mechanical properties at high temperature can be obtained through controlling the reasonable chemical composition and heat treatment. The presence of inclusions and developed prior particle boundaries(PPB) damage mechanical properties and service life of HIP disk.

Keywords: EP741NP superalloy, as-HIP, PM disk, heat treatment technology

俄罗斯制造粉末高温合金涡轮盘的主导工艺路线是真空感应冶炼母合金+等离子旋转电极制粉+直接热等静压成形。20 世纪 80 年代，俄罗斯采用该工艺成功地为米格 29、米格 31 战斗机、依尔-96-300、图-204 和依尔-114 民用机、依尔-76MF、依尔-76TD 运输机及其他机种生产了 2000 多个 EP741NP 合金涡轮盘和轴[1]。直接热等静压成形生产涡轮盘的工艺在不断改进中逐渐得到完善。至今，EP741NP 合金仍是俄罗斯生产高水平飞机气涡轮发动机零部件的主要材料[2]。对 EP741NP 合金盘件进行剖析研究，是一件很有实际意义的工作。

1 实验方法

解剖了俄罗斯轻合金研究院 20 世纪 90 年代初提供的直接热等静压成形并经过热处理的全尺寸 EP741NP 合金涡轮盘坯，进行化学成分和相分析、物理性能测试、组织形貌观察、力学性能测试和试样断口的分析。对解剖件和将解剖件进行锻造变形后的盘坯进行超声波探伤。将解剖试样按1210℃×8h，空冷+870℃×32h，空冷（制度1）和1210℃×4h，空冷+910℃×3h，炉冷到750℃×8h，空冷（制度2）两种制度[3]进行热处理后对两者组织形貌进行对比。

2 实验结果

2.1 化学和物理特性测试

EP741NP合金盘坯主要化学成分（质量分数,%）的分析结果为：$w(C)=0.045$，$w(Cr)=9.02$，$w(Mo)=3.76$，$w(W)=4.96$，$w(Al)=4.96$，$w(Ti)=1.74$，$w(Co)=15.69$，$w(Nb)=2.59$，$w(Hf)=0.30$，$w(Mg)=0.0022$，$w(Si)=0.05$，$w(Mn)<0.005$，$w(Ce)<0.005$，$w(Zr)=0.017$，$w(B)=0.012$，$w(Fe)=0.23$，$w(S)=0.002$，$w(P)<0.001$。

在光学显微镜下观察到，解剖件的晶粒度为ASTM 6.0~6.5级，多数为等轴晶粒［图1(a)］。在电镜下观察到，晶内排列着尺寸为500~800nm的方形γ′相和约200nm的小γ′相，晶界的γ′相尺寸较大，一般为1000~3000nm［图1(b)］。图2给出了由X射线衍射分析仪测定出的电化学萃取的试样中不同尺寸γ′相的数量。相分析结果表明，在该合金中γ′相占61%（质量分数），其组成结构式为$(Ni_{0.852}Co_{0.130}Cr_{0.018})_3(Cr_{0.055}Al_{0.618}W_{0.061}Ti_{0.130}Mo_{0.048}Nb_{0.083}Hf_{0.005})$，此外$M_{23}C_6$和Laves相的总质量分数为0.078%，$M_6C$和$M_3B_2$相的总质量分数为0.129%，MC相的总质量分数约0.251%。差热分析测出合金的熔点为1270℃，γ′相的完全溶解温度是1185℃。

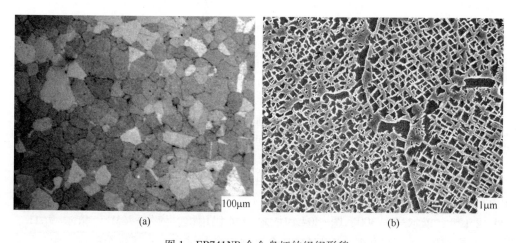

图1 EP741NP合金盘坯的组织形貌

Fig. 1 Microstructure of as-received EP741NP disk

(a) 金相照片；(b) 电镜照片

2.2 力学性能测试

按有关技术条件对解剖的盘坯进行了主要力学性能测试，并与FGH95合金直接热等静压成形盘坯的性能做了比较，见表1和图3。表中ε_p为塑性变形量。

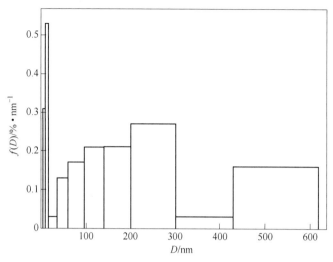

图 2 解剖试样中不同尺寸 γ′ 相数量分布图

Fig. 2　Size distribution histogram of particle γ′ in EP741NP

表 1　EP741NP 盘坯的主要力学性能
Table 1　Mechanical properties of EP741NP disk

拉伸试验					持久试验				
					条件	光滑试样			缺口试样
温度/℃	σ_b/MPa	$\sigma_{0.2}$/MPa	δ/%	ψ/%	温度/℃ /应力/MPa	τ/h	δ/%	ψ/%	$R=0.15$ τ/h
20	1440	950	23	24	650/980	304	9	12	>377
650	1270	930	24	25	750/680	141	7	8	18
750	1120	925	14	19					

蠕变试验				低周疲劳试验				冲击试验	
温度/℃	应力/MPa	τ/h	ε_p/%	温度/℃	频率/Hz	σ_{min}/MPa	σ_{max}/MPa	N_f	温度/℃	冲击韧性/J·cm^{-2}
650	870	100	0.327	650	1	30	980	>5000	20	54
750	560	100	0.466	750	1	30	900	>10000		

从测试结果看，该合金具有较好的综合力学性能。就拉伸性能而言，与 FGH95 合金相比，虽然强度稍低，但塑性很好。然而该盘坯在 750℃，680MPa 的条件下，当持久试样的缺口半径为 0.15mm 时存在缺口敏感；在 650℃，870MPa 和 750℃，560MPa 的试验条件下，蠕变试样的残余变形超标。

2.3　断口观察

断口的形貌见图 4。在冲击、高温拉伸和持久试样的断口上发现局部呈粉末颗粒间断裂，持久试样的断裂源区存在韧窝和向中心伸展的沿晶裂纹，在 650℃ 拉伸断口的裂纹扩展区发现有粒径小于 50μm 的夹杂物，但未对高温拉伸性能造成影响。

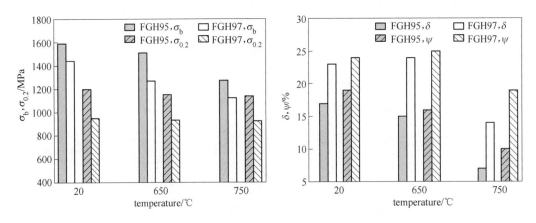

图 3　EP741NP 和 FGH95 合金拉伸性能的比较

Fig. 3　Tensile strength of EP741NP and FGH95 alloy

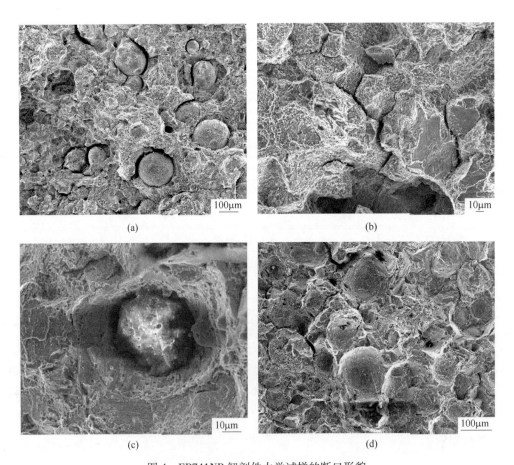

图 4　EP741NP 解剖件力学试样的断口形貌

Fig. 4　Fractograph of EP741NP samples after different mechanical tests

(a) 室温冲击试样；(b) 750℃光滑持久试样；(c) 650℃拉伸断口上的夹杂物；(d) 750℃缺口持久试样

2.4 超声波探伤

将原盘坯和解剖件锻造后的超声波探伤结果进行了比较。原盘坯中有缺陷信号,金相检验发现小尺寸的夹杂物,图5(a)显示了宽30μm,长100μm,含镁、铝的无机夹杂物。经过锻造变形,夹杂物被破碎,试样中发现较多缺陷信号。从图5(b)看到,沿盘坯径向夹杂物的面积明显增大,宽约100μm,长300μm。

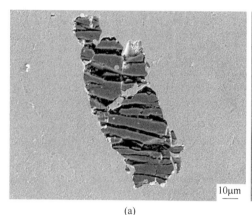
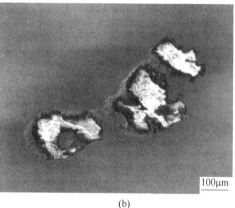

图 5 解剖件中的夹杂物
Fig. 5 Inclusions in EP741NP
(a) 未经锻造;(b) 锻造变形后

2.5 热处理

解剖试样经两种制度热处理后,与原盘坯的组织形貌进行对比观察(图6与图1)。按制度1热处理的试样中析出了两种尺寸(600~1000nm 和 100~200nm)的 γ' 相,晶界上有长 1000~3000nm 的长条形含 W、Cr、Mo 高的 M_6C 相(见表2和图7),制度2热处理的试样中大 γ' 相的尺寸为 400~600nm,并有大量 30~60nm 的 γ' 相弥散分布,晶界有少量小尺寸(100~500nm)的 M_6C 相析出。原解剖件的晶界未发现有长条形析出物。

图 6 经热处理后试样的组织形貌
Fig. 6 Microstructure of EP741NP after heat treatment
(a) 制度1;(b) 制度2

表2 晶界析出的 M_6C 相和基体能谱分析结果（质量分数） (%)
Table 2 Chemical composition of M_6C on grain boundary and matrix

	元素含量		
	Cr	Mo	W
晶界析出的 M_6C 相	11.46	14.11	14.34
基体	9.63	4.80	5.14

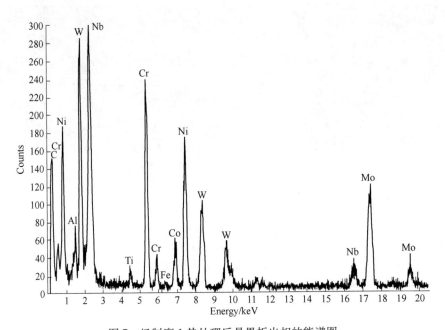

图7 经制度1热处理后晶界析出相的能谱图

Fig. 7 Energy spectrum of precipitates at grain boundary after heat treatment 1

3 讨论

3.1 合金成分对 γ′相和晶界强化的影响

EP741NP 合金是镍基粉末高温合金，其中主要强化相 γ′相的数量、大小、间距和分布直接影响着合金的强化效应。解剖盘件中 γ′相的质量分数为61%，决定了质点的临界尺寸比较大[3]。γ′相的平均尺寸是 500 nm，形貌为立方形，此时 γ′相的尺寸对强化效应的影响较小，而其数量和本质对强化效果起着主要的作用[3]。该合金中加入了铬、钼、钨、铌、钛等难熔合金元素，钴含量的质量分数为15%，以保证获得稳定的高合金化 γ′相。该合金的 γ′相完全溶解的温度为1185℃，决定了它在较高的温度下仍具有强化作用[4]。

该合金中含有硼、锆、镁、铪等微量元素。微量的硼在晶界偏聚，形成局部合金化，改变了晶界状态，减缓了元素在晶界的扩散过程从而强化了晶界。同时，硼化物的析出，减少了晶界大块 MC 碳化物的形成[4,5]。具有大原子半径的镁作为溶质进入基体时，引起较大的晶格畸变，为保持最低的自由能，镁偏聚于晶界，并分布在 M_2B_3、MC 和 M_6C 的相界，起着分散和细化碳化物、硼化物的作用[4,5]，从而改善了高温持久、蠕变强度和塑性。

3.2 PPB 和夹杂物

该盘件解剖试样具有较好的综合力学性能。但 750℃持久试样存在缺口敏感，蠕变试样的残余变形超标。试样断口上明显可见 PPB 造成的颗粒间断裂。所谓 PPB 是在热等静压过程中，在原始粉末颗粒边界形成断续的以 MC 型为主的碳化物及碳氧化物网。这些相的存在不仅破坏粉末颗粒间的结合，而且直接影响合金的强度、塑性和疲劳寿命。

目前 PPB 的解决方法有：（1）将母合金中的碳含量（质量分数）控制在 0.04% 左右；（2）严格控制粉末的生产和处理工艺，保证惰性气体的高纯度；（3）在装套前粉末进行高温真空预处理，提高粉末内组织的均匀性；（4）装套前对粉末进行真空脱气，去除其表面吸附的氧；（5）合理选择热等静压制度，例如采取二级加热的 HIP 工艺；（6）合理控制热处理制度；（7）锻造工艺。

解剖盘件中存在粒径小于 100μm 的无机夹杂物，试验中虽未发现这些小尺寸的夹杂物对技术条件规定的性能指标造成影响，但它们的存在，将对盘件的使用寿命造成致命的威胁。目前，减少夹杂物的手段主要有改进母合金冶炼及制粉和粉末处理工艺，提高细粉收得率，降低成品粉末的使用粒度[6]。

3.3 热处理工艺

本试验采用了俄罗斯文献资料推荐的两种热处理制度。试样在高于 γ' 相完全溶解温度 20~30℃保温 4~8h，以保证获得过饱和的固溶体，并使分布在颗粒原始边界的一次 γ' 相和碳化物回溶。然后制度 1 缓冷到两相区，再出炉，移至空气中冷却，在两个冷却阶段析出两种不同尺寸的 γ' 相。

最佳时效制度的选择必须以考虑合金化和性能的要求为基础。时效过程中，发生 3%~4%（质量分数）的 γ' 相的析出和少量弥散而细小的 γ' 相的聚集。时效温度的上限取决于 γ' 相尺寸对屈服极限的影响，时效温度的升高，时效时间的延长将导致 γ' 相尺寸变大，从而降低屈服极限。时效温度的下限取决于对合金高温塑性的要求。文献[7]报道，该合金中 M_5B_3 的析出温度范围是 800~1000℃，M_6C 在 750~950℃形成。制度 1 经过 870℃的长期时效，在晶界上有大尺寸的 M_6C 相析出，如果形成网状，将对高温塑性不利。

制度 2 是从 1210℃保温后直接空冷然后进行两级时效。在 910℃下经过保温，使在淬火中形成的超细小的 γ' 相聚集。再缓冷到 750℃，促使大量弥散的 γ' 相在大 γ' 相之间析出。在时效过程中，晶界析出细小的 M_6C 和 M_3B_2。制度 2 与制度 1 相比，工艺流程缩短了二分之一，且在小试样和全尺寸盘坯试验中，全面性能超过了按制度 1 热处理的结果[3]。因此制度 2 是较好的工艺路线。

4 结论

（1）被解剖的 EP741NP 合金盘坯中 γ' 相的质量分数为 61%，完全溶解温度为 1185℃。稳定的高合金化 γ' 相是高温强化的保障。合金中的硼、锆、镁、铪等微量元素起到了净化和强化晶界的作用。

（2）在合理搭配合金成分的基础上，热处理工艺的正确选择是该合金具有较好的综合力学性能的保证。制度 2（1210℃×4h，空冷+910℃×3h，炉冷到 750℃×8h，空冷）比制度

1 更有利于改善 EP741NP 盘件的组织和使用性能。

（3）PPB 和夹杂物对盘件的力学性能和使用寿命不利，应予以消除。

参 考 文 献

[1] Гарибов Г. С Крупногабаритные Диски и Валы из Новых Российских Гранулируемых Жаропрочных Никелевых Сплавов для Двигателя Военных и Гражданских Самолётов [J]. Технология лехких сплавов，1997(2)：54-60.

[2] Garibov S. Improvement in Performance Characteristics of As-HIPed PM Superalloy Discs [A]. SF2M Proceedings of the 2005 International Conference on Hot Isostatic Pressing [C] Paris：SF2M，2005：221-233.

[3] Зиновьев В. А Горбунова Т. А Оптимизация Технологии Термической Обработки Заготовок Дисков и Валов из Сплава ЭП741НП [J]. Технология лехких сплавов，1992(3)：38-41.

[4] 黄乾尧，李汉康. 高温合金 [M]. 北京：冶金工业出版社，2000.

[5] 陈国良. 高温合金学 [M]. 北京：冶金工业出版社，1988.

[6] 张莹. 俄罗斯粉末高温合金涡轮盘的生产 [J]. 钢铁研究学报，2000，6(3)：63-69.

[7] Александров В. К. Фаткуллин О. Х. Металоведение и Обработка Титановых и Жаропрочных Сплавов [M]. Москва：Всесоюзный Институт Лёгких Сплавов，1991.

（原文发表在《钢铁研究学报》，2006，18(8)：58-62.）

"黑粉"对PM镍基粉末高温合金组织性能的影响

张莹 刘明东 张义文

(钢铁研究总院高温材料研究所,北京 100081)

摘 要 研究了用等离子旋转电极(PREP)工艺生产的镍基高温合金粉末中发现的"黑粉"及其对PM合金中形成原始颗粒边界(PPB)等异常组织,并在力学试验中造成颗粒间断裂和对性能的影响。分析了"黑粉"形成的原因,提出了控制和防止出现"黑粉"的可行性措施。

关键词 等离子旋转电极工艺 "黑粉" 原始颗粒边界(PPB) 颗粒间断裂

Influence of "Black Powder" on Microstructure and Properties of PM Ni-based Surperalloy

Zhang Ying, Liu Mingdong, Zhang Yiwen

(High Temperature Materials Research Institute, CISRI, Beijing 100081, China)

Abstract: The "black powder" could be found in Ni-based superalloy powder produced by plasma rotation electrode process(PREP). The effects of "black powder" on formation of previous particle boundary(PPB), inter-particle rupture and mechanical properties of PM superalloy were studied. The formation of "black powder" is analyzed and available control methods are proposed.

Keywords: PREP, "black powder", previous particle boundary(PPB), inter-particle rupture

粉末冶金高温合金在俄、美等发达国家已得到了广泛的应用,它不仅被应用于高水平的飞机气涡轮发动机零部件,而且被使用于火箭和船舶等发动机零部件[1]。从20世纪70年代末起,我国开展了粉末高温合金制造航空发动机零部件的应用研究。采用等离子旋转电极(PREP)工艺较之氩气雾化等工艺生产的合金粉末,具有球形度好、表面光洁、粒度分布集中、氧含量低等优点[2]。近十年来我国通过等离子旋转电极制粉+直接热等静压成形工艺研制出飞机发动机的盘、轴等零部件,其性能指标已接近或达到俄、美等国家同类制品的水平,某些产品已应用于新型高推重比发动机上。

随着研制工作的深入,产品的质量标准也提到了不可忽视的高度。粉末的质量是保证粉末冶金产品质量的基础,它直接影响到产品的性能和使用寿命。因此,对粉末的质量加强严格控制,并且进行跟踪,及时发现问题和采取有效措施,这对提高产品质量是一件很有价值的工作。笔者在对采用等离子旋转电极工艺生产的镍基高温合金粉末进行检测中,发现该合金粉末中存在少数表面呈暗黑色、无光泽的异常粉末(统称为"黑粉")。本文针对黑粉的形成原因及其对粉末冶金成形件组织性能的影响、如何加以控制和防范黑粉的生成等问题进行了研讨。

1 试验方法

对用等离子旋转电极（PREP）工艺生产的镍基高温合金粉末进行取样，通过实体显微镜检测，挑出发现的黑粉。同时，从等离子旋转电极制粉设备雾化室的内壁上取样。采用实体显微镜和扫描电镜对从制粉设备内壁取样和从成品粉中检测出的黑粉进行观察分析。对该合金的粉末成形件试样进行组织形貌和力学性能断口观察，并通过扫描电镜能谱来分析黑粉对组织性能的影响。

2 试验结果及分析

2.1 "黑粉"的特征

由图1(a)可见，用PREP工艺制备的正常镍基高温合金粉末呈银灰色，在扫描电镜下球形粉末表面可见清晰的树枝晶和胞状晶结构[图1(a)]。而从制粉工作室内壁上取样[见图1(b)，简称内壁黑粉]观察到的是表面被杂质包裹的黑色粉末，并有较多的尺寸为10μm左右的细黑粉。从成品粉中检测出的"黑粉"多数是表面局部黏黑的粉末[图1

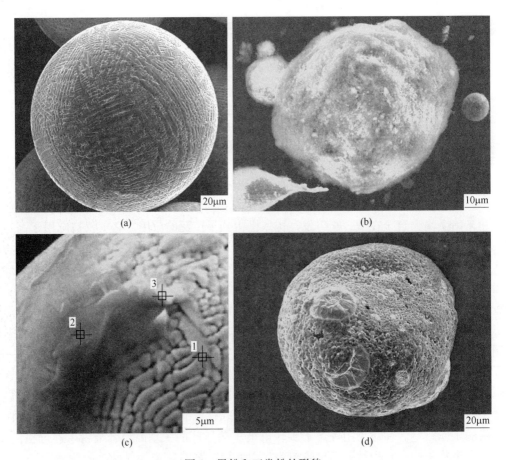

图1 黑粉和正常粉的形貌
(a) 正常粉；(b) 内壁黑粉；(c) 局部黑粉；(d) 完全黑粉

(c)],也有全黑粉末,表面结构异常[图1(d)],称完全黑粉。通过扫描电镜对成品粉粒度范围内的"黑粉"进行能谱分析,主要成分对比如图2所示,局部黏黑粉末点扫结果见表1。

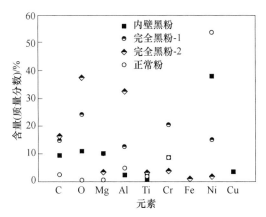

图2 黑粉与正常粉表面的能谱分析成分对比

表1 局部黏黑粉末点扫能谱分析结果

位置	元素含量/%			
	C	O	Ni	Cu
1	2.93	0.81	52.00	—
2	69.71	11.34	9.53	—
3	68.58	13.85	5.33	6.95

由测试结果可以看到,"黑粉"表面C、O含量普遍高,Mg、Al、Cr等元素含量常高于正常粉末,且无规律,个别黑粉表面存在Cu、Fe等异金属元素。

2.2 "黑粉"在PM成形件中的形态

在镍基高温合金粉末的热等静压成形件中发现两种异常的结构形貌如图3和图4所示。图3中,在保持着粉末形态的区域内出现含O、Al高的杂质(3区)。在热等静压过

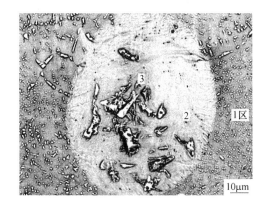

图3 成形件中的异常组织

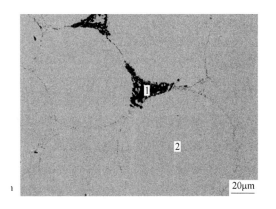

图4 成形件中黑粉聚集的形态

程中,这颗粉上的杂质与基体发生化学反应,使其形成成分异常的区域(图5)。图4显示若干颗聚集的"黑粉",形成PPB以及颗粒交界的夹杂区,严重地影响了合金的密实。如表2所示,该区域颗粒边界上杂质的成分(C、O、Mg、Al)与"黑粉"表面所测结果相吻合(图2)。

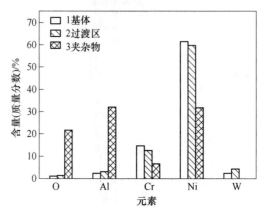

图5　图3中异常区域的扫描能谱成分对比

表2　PPB区域的扫描能谱成分(质量分数)　　　　　　　　　　(%)

位置	C	O	Mg	Al	Ni
1 颗粒边界	5.79	27.45	4.65	30.27	13.02
2 周边基体	1.00	1.11	—	2.73	58.32

2.3　黑粉在试样断口上的形貌及其对性能的影响

图6显示镍基粉末高温合金热等静压成形件的低周疲劳试样断口上特殊的断裂源形貌,清晰地看到位于断口表面的一颗"黑粉"(能谱扫描表面Al质量分数为23.49%),其在热等静压过程中不能与正常粉末密实为整体,而成为断裂源区,影响了该试样的疲劳寿命(在538℃,$\varepsilon=0.02\%\sim0.78\%$,0.33Hz试验条件下,$N_f$约为6181次)。

图7为镍基粉末高温合金热等静压成形件在750℃、680MPa条件下持久强度试样断口

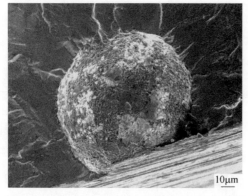

图6　黑粉在低周疲劳断口表面断裂源上的形貌

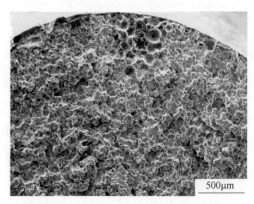

图7　持久试样断口断裂源上的PPB

的形貌。由于该试样中局部区域存在 PPB 而成为断裂源区，并造成缺口敏感，持久性能下降（$\tau=26h$）。

3 讨论

3.1 "黑粉"的危害

由以上试验结果可以看到，"黑粉"表面存在高含量的 Al、Mg、Cr 元素及其 C、O 化物或熔渣类杂质。在 HIP 过程中，由于这些表面被污染的黑粉等异常颗粒的存在，阻碍了周围粉末的密实。往往在成形件的局部区域形成异常的组织以及 PPB 网。在力学试样断口上显示出粉末颗粒间断裂，当局部的 PPB 缺陷造成应力集中成为断裂源区，将导致试样的力学性能下降。粉末表面污染越严重，数量越多，形成 PPB 的范围越大，其对性能影响越严重。

3.2 "黑粉"的形成原因

取决粉末质量好坏的主要因素有：母合金的质量、制粉和粉末处理工艺[3-5]。"黑粉"的产生与上述工序有着直接的关系。

母合金洁净度差，其中的熔渣和缩孔将会直接影响粉末的质量。在制粉雾化过程中母合金电极棒缩孔中残存的渣类及气体将会污染熔融态的金属液滴，这是形成"黑粉"的原因之一。

制粉设备雾化室内壁上和成品粉中的黑粉表面 Al、Mg、Cr 元素的含量均高于正常粉。在镍基高温合金中所含元素熔点从高到低的排列顺序为：C>W>Ta>Mo>Nb>Hf>B>Zr>Ti>Fe>Cr>Ni>Al>Mg。在制粉过程中等离子枪产生的等离子流使与枪相对的母合金电极棒端部达到熔化的温度，此时，在高温和惰性气体气氛下合金中低熔点的 Al、Mg、Cr 元素相对蒸气压较高[6]，极易蒸发，然后附着在雾化室的内壁上或在离心飞射中的粉末表面。当雾化气氛中含有 C、O 时，蒸发的 Al、Mg、Cr 与其生成氧化物和碳氧化物附着在粉末表面而形成"黑粉"。

黑粉表面 C、O 含量高，这与制粉和粉末处理设备内的气氛有关。设备漏气率高，作为工作介质的惰性气体纯度不够，真空泵油挥发扩散进入雾化室等都有可能使 C、O 值超标。个别粉末黏有 Cu 杂质，这是由于等离子枪的铜喷嘴在起弧时熔化所致。

3.3 "黑粉"的控制

"黑粉"在用等离子旋转电极（PREP）工艺生产的镍基高温合金成品粉末中的数量虽然很少，但由于它的存在将会对成形件的组织性能产生一定的影响，所以必须引起高度的重视。提高粉末质量首先要从源头抓起[4]，改进母合金的冶炼工艺，将真空感应冶炼工艺改为真空感应+电渣重熔双联工艺，浇注时加上高质量的过滤器，以提高母合金的纯净度，电极棒中不允许存在缩孔。

为减少制粉过程中 Al、Mg、Cr 元素的蒸发，可采取措施降低冷却温度，调整工作介质氩气和氦气的配比，并使其充分混合。在开始雾化时要调配好等离子枪起弧电压、电流、惰性气体介质压力等参数，以防等离子枪的铜喷嘴熔化；制粉设备内的机械传动鼓轮和压紧辊轴最好使用和母合金料棒同样的材料,雾化室的内壁一定要抛光磨平,不能有毛刺,以防异金属夹杂物进入粉末。

在开始制粉之前,必须降低制粉设备的漏气率,保证真空度达到 0.133Pa 后,快速充入高纯的混合惰性气体介质,其中的氧、氢杂质含量要小于 0.0004%(质量分数)。防止真空油挥发物、橡胶等有机物进入系统内污染粉末。粉末的筛分和静电分离处理都必须在高纯的混合惰性气体介质中进行。

4 结论

(1)等离子旋转电极制粉工艺生产的粉末中存在极少数表面有高含量的 Al、Mg、Cr 元素及其 C、O 化合物或熔渣类杂质的"黑粉"。

(2)"黑粉"导致 PM 件中产生局部的 PPB 等缺陷,在力学性能试验断口上呈颗粒间断裂。其对力学性能的影响与缺陷的尺寸及在试样中的部位有关。

(3)控制"黑粉"的主要工艺措施有:改进母合金冶炼工艺,提高电极棒质量;调整好制粉的工艺参数;采取措施防止真空泵油挥发扩散进入雾化室;降低设备的漏气率,保证惰性气体介质的纯度。

参 考 文 献

[1] Garibov G S. Improvement in Performance Characteristics of as-HIPed PM Superalloy Discs [A]. Proceedings of the 2005 International Conference on Hot Isostatic Pressing [C] Paris:SF2M,2005,221-233.
[2] 张莹,陈生大,李世魁. 用等离子旋转电极法制取镍基高温合金粉末工艺的研究 [J]. 金属学报,1999,35(增刊2):343-347.
[3] Мусиенко В Т, Кошелев В Я. Проблемы получения гранул жаропрочных никелевых сплавов для изготвления газотурбинных силовых установок [A]. Металловедение и обработка титановых и жаропрочных сплавов,Москва:ВИЛС,1991:300-312.
[4] 张莹,董毅,张义文,等. 等离子旋转电极法所制取的镍基高温合金粉末中异常颗粒的研究 [J]. 粉末冶金工业,2000,10(6):7-13.
[5] 张莹,张义文,宋璞生,等. 镍基粉末高温合金中的夹杂物 [J]. 钢铁研究学报,2003,15(6):71-75.
[6] 阎承沛. 真空热处理工艺与设备设计 [M]. 北京:机械工业出版社,1998.

(原文发表在《粉末冶金工业》,2006,16(6):1-5.)

FGH96 合金锻造盘坯热处理过程中的晶粒长大行为

刘建涛[1]　张义文[1]　陶宇[1]　刘国权[2]　胡本芙[2]

（1. 钢铁研究总院高温材料研究所，北京　100081；
2. 北京科技大学材料科学与工程学院，北京　100083）

摘　要　研究了等温锻造后的 FGH96 合金盘坯件在热处理过程中的晶粒长大规律。结果表明，当热处理温度为 980℃时，盘坯轮心部位的晶粒几乎不发生长大，当热处理温度高于 1120℃时，轮缘部位晶粒长大迅速；在单相奥氏体区，晶粒的长大规律满足 Beck 方程，晶粒的生长指数随温度升高而增加；当温度一定，初始晶粒组织越细，晶粒长大速率越快，晶粒生长指数值越高；建立了轮缘部位的晶粒长大动力学方程。

关键词　FGH96 合金　锻造盘坯　晶粒长大

Grain Growth Behavior of FGH96 Powder Metallurgy Superalloys Billet Disc during Heat Treatment

Liu Jiantao[1], Zhang Yiwen[1], Tao Yu[1], Liu Guoquan[2], Hu Benfu[2]

(1. High Temperature Materials Research Institute, Central Iron & Steel Research Institute, Beijing 100081, China; 2. School of Materials Science and Engineering, University of Science & Technology Beijing, Beijing 100083, China)

Abstract: The grain growth behavior of FGH96 PM superalloys billet disc during heat treatments was studied. The results show that grains grow slowly below 1050℃ for the core part of the billet disc, while grains grow rapidly above temperature 1120℃ for the rim part of the billet disc. Grains growth obey the Beck Equation at temperature above γ′ dissolution and grain growth exponent increases with increasing heat treating temperature. The finer the initial grains, the quicker the grains grow rate and the higher the grain growth exponent value. The grains growth kinetics equation is also given.

Keywords: FGH96 powder metallurgy (PM) superalloys, billet disc, grain growth

涡轮盘是航空发动机的关键热端部件，其工作环境异常苛刻，高性能航空发动机的涡轮盘的首选材料为镍基粉末高温合金[1]。涡轮盘最终成型工艺主要是锻造[2,3]，然后再通过热处理来获得所要求的组织。本文研究了 FGH96 镍基粉末高温合金锻造坯样在热处理过程中的晶粒变化规律，该工作对于实际生产工艺的制定具有重要指导意义。

1　试验材料和方法

FGH96 合金是镍基 γ′ 相沉淀强化型粉末高温合金，基体为 γ 固溶体，基体中主要强

化相 γ′的质量分数约占33％，γ′相完全溶解温度为1120~1130℃，除此外还有少量的碳化物相和硼化物相。试验用合金的主要名义成分为（质量分数,%）：16.04Cr、12.70Co、3.98W、2.18Al、3.71Ti、0.03C，余量Ni。母合金采用真空感应熔炼，等离子旋转电极（Plasma Rotating Electrode Process，PREP）方法制粉，粉末经过真空脱气后装入包套并封焊后进行热等静压成形（Hot Isostatic Pressing，HIP），并通过等温锻造（Isothermal Forging，ITF）获得一定的细晶组织。热处理加热在箱式电阻炉内进行。试验参数如下：加热温度分别为 980℃、1050℃、1100℃、1135℃、1150℃；保温时间分别为 15min、30min、60min、90min，试样出炉后迅速水淬以保留其高温组织。金相试样用采用化学浸蚀，晶粒尺寸采用截线法统计。试样取自等温锻造后的轮心和轮缘部位，如图1所示。

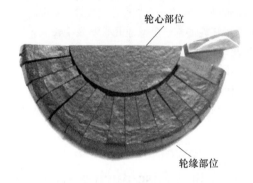

图1 FGH96合金等温锻造后盘坯的取样部位

Fig. 1 The sampling position for FGH96 PM superalloys billet disc after isothermal forging

经等温锻造后，发生了明显的动态再结晶，生成了大量的细晶组织。图2为FGH96合金等温锻后的晶粒组织。图2(a) 为轮缘部位晶粒组织，晶粒尺寸统计结果约为 20~25μm（相当于8级晶粒度）；图2(b) 为轮心处的晶粒组织，其晶粒尺寸统计结果约为10~15μm，（相当于9级晶粒度）。

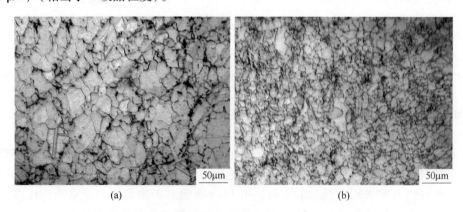

图2 FGH96合金等温锻造后的晶粒组织
(a) 轮缘部位；(b) 轮心部位

Fig. 2 Optical microstructure for different part of billet disc
(a) microstructure for the rim of billet disc；(b) microstructure for the core of billet disc

2 试验结果与分析

2.1 FGH96 合金轮心部位热处理后的晶粒组织

FGH96 合金盘坯轮心部位初始晶粒度为 8~9 级。图 3(a)、(b) 分别是热处理温度 980℃、1050℃保温 60min 时，FGH96 合金轮心部位的显微组织，其晶粒大小为 8 级以上。当加热温度升高到 1100℃时，晶粒发生了一定程度的长大。可见，欲使涡轮盘轮心部位的组织仍然保持细小，轮心部位的热处理温度需低于 γ' 相溶解温度。

图 3 保温时间一定时，FGH96 合金轮心部位晶粒组织随温度的变化

Fig. 3 Optical microstructures of FGH96 PM superalloys for the core of the billet disc after heat treatments for 60 min

(a) 980℃×60min，油冷（Oil cooling）；(b) 1050℃×60min，油冷（Oil cooling）；
(c) 1100℃×60min，油冷（Oil cooling）

2.2 FGH96 合金轮缘部位热处理后的晶粒组织

图 4 为保温时间一定时，FGH96 合金轮缘部位晶粒随温度变化情况。由图 4 可知，当热处理温度高于 γ' 相溶解温度时，FGH96 合金晶粒长大较快，当温度为 $T = 1150℃$ 时，晶

图 4 保温时间一定时，FGH96 合金轮缘部位晶粒组织随温度的变化

Fig. 4 Optical microstructures of FGH96 PM superalloys for the rim of the billet disc after heat treatments for 60 min

(a) 1120℃×60min，油冷（Oil cooling）；(b) 1135℃×60min，油冷（Oil cooling）；
(c) 1150℃×60min，油冷（Oil cooling）

粒尺寸约为 55~60μm（相当于 5 级晶粒度）；由图 5 可知，当热处理温度 T=1150℃时，晶粒尺寸随着时间延长迅速增加，90min 后的晶粒尺寸为 90~100μm。可见，欲使涡轮盘轮缘部位的晶粒长大，热处理温度需高于 γ′相溶解温度。

图 5　FGH96 合金轮缘部位在热处理温度为 1150℃时，保温不同时间后的晶粒组织
Fig. 5　Optical microstructures of FGH96 PM superalloys for the rim of
the billet disc after heat treatments at 1150℃
(a) 1150℃×30min，油冷（Oil cooling）；(b) 1150℃×60min，油冷（Oil cooling）；
(c) 1150℃×90min，油冷（Oil cooling）

2.3　FGH96 合金的晶粒长大规律

2.3.1　FGH96 合金轮心部位晶粒长大规律

盘坯轮心部位的晶粒长大如图 6(a) 所示：当热处理温度为 T=980℃时，晶粒不随着保温时间的延长而发生长大，此时的晶粒为锻造态的细晶组织；当热处理温度为 T=1050℃时，随着保温时间的延长，晶粒发生长大，保温 90min 后的晶粒尺寸约为 22~25μm；随着温度进一步升高到 T=1100℃，随着保温时间延长，晶粒迅速长大，保温 90min 后晶粒尺寸为 35~40μm。这是因为随着温度升高，合金中阻碍晶粒长大的 γ′相因溶解而减少，导致晶粒迅速长大。

2.3.2　FGH96 合金轮缘部位晶粒长大规律

盘坯轮缘部位的晶粒长大如图 6(b) 所示：当热处理温度高于 γ′相完全溶解温度时，晶粒明显长大。这是因为随着阻碍晶粒长大的 γ′相完全溶解，其阻碍作用消除，导致晶粒在短时间内迅速长大。值得指出的是，热处理温度一定时，随着保温时间的增加，FGH96 合金的晶粒缓慢长大，如图 6(b) 所示。这和图 6(a) 中随着温度增加，晶粒长大速率随时间延长而增加是不同的，这进一步表明了合金中的 γ′相对晶粒长大具有阻碍作用。

当热处理温度在 1120~1170℃范围内，FGH96 合金可以认为为单相奥氏体组织，合金的晶粒长大尺寸与时间的关系可用 Beck 方程描述[4]：

$$d - d_0 = \Delta d = kt^n \tag{1}$$

式中，d 为一定时间下的平均晶粒直径，μm；d_0 为原始晶粒直径，μm；k 为常数；t 为时间，s；n 为晶粒生长指数。

采用本文试验数据由式（1）得到 $\ln\Delta d$-$\ln t$ 关系曲线如图 7 所示。可见，在给定的温

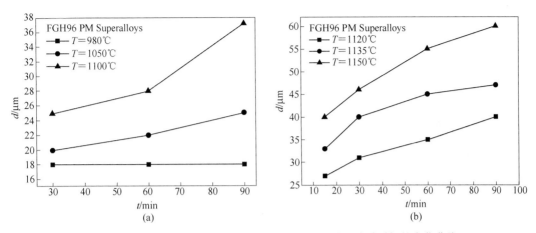

图 6 FGH96 合金轮心（a）和轮缘部位（b）晶粒尺寸随时间的变化曲线

Fig. 6 Curves of Grain size versus time at different temperature for the core (a) and the rim (b) of the billet disc of FGH96 PM superalloys

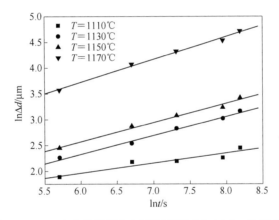

图 7 FGH96 合金轮缘部位在不同温度下 ln∆d-lnt 关系曲线

Fig. 7 Curve of ln∆d versus ln t at different temperature for he rim of the billet disc of FGH96 PM superalloys

度下，ln∆d 与 lnt 之间呈较好的线性关系，该组直线的斜率对应不同温度下的晶粒生长指数如表 1 所示。

表 1 FGH96 合金锻造坯试样的晶粒的长大指数 n

Table 1 Grain growth exponent at different temperature

温度/ ℃	1120	1135	1150
长大指数 n	0.286	0.334	0.365

表 1 表明：当热处理温度在 1120~1150℃ 之间，晶粒生长指数随着热处理温度升高而呈增大趋势，这进一步说明 FGH96 合金在单相奥氏体态时的晶粒长大对温度变化很敏感。值得指出的是，将热模拟后所得到晶粒尺寸为 10μm（晶粒度 10 级）的小试样通过热处理，其晶粒长大规律和本组试验是一致的，相应的晶粒生长指数也随着热处理温度的升高呈增大趋势[5]，但是在热处理温度相同时，本文中的晶粒生长指数要比文献［5］中的晶粒生

长指数要小,原因可能有两方面,除去晶粒统计时所造成的实验误差,其主要原因可能是不同的初始晶粒组织造成的。

热处理温度高于 γ′ 相完全固溶温度时,该合金为单相奥氏体组织。目前预报等温过程中奥氏体晶粒正常长大规律的模型多采用 Sellars 模型和 Anelli 改进模型[6,7],即式(2)和式(3)所示。

$$d^n = d_0^n + At\exp(-Q/RT) \quad (2)$$
$$d - d_0 = Bt^m\exp(-Q/RT) \quad (3)$$

式中,d 和 d_0 分别为最终及原始晶粒直径,μm;t 为保温时间,s;T 为热处理温度,K;R 为气体常数;Q 为晶粒长大激活能;A、n 和 m 为试验常数。

这两个模型在本质上是相同的,本文采用式(3)对热处理温度 T=1120℃、1135℃、1150℃中的数据进行非线性回归得:

$$d = d_0 + 5.215 \times 10^{12} t^{0.360} \exp(-338440/RT) \quad (\text{回归系数 } R>0.98)$$

式中,d 和 d_0 分别为最终及原始晶粒直径,μm,d_0=18μm;t 为保温时间,s;T 为热处理温度,K;R 为气体常数;338400 为晶粒长大激活能,J/mol。

本文中所求得晶粒长大激活能值(Q=338.440kJ/mol),比文献[5]中所求的激活能值(Q=293.391kJ/mol)稍高。除去试验和计算中所带来误差之外,原因可能有两个:一是回归时所采用的温度区间不同(本章所采用数据的温度区间为 T=1120~1150℃,文献[5]中所采用的温度区间为 T=1135~1150℃),在本节的温度区间中,T=1120℃时,可能是未溶解的大 γ′ 相抑制了晶粒长大,二是热处理前的初始晶粒度不同。

3 讨论

高温合金在等温锻造过程中因发生动态再结晶而细化晶粒,在随后的热处理过程中,随着温度的继续升高或保温时间的延长,都会使晶粒继续长大。只要动力学条件容许,即只要温度合适,原子有相当的扩散能力时,晶粒一般都会长大,其结果使晶界减少,总的晶界自由能降低,组织更加稳定。

图 8 为 FGH96 合金晶粒长大随温度变化曲线,温度越高,晶粒长大的速度越快。

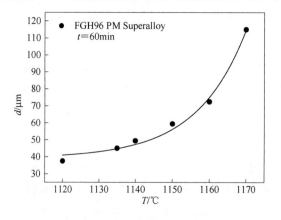

图 8 FGH96 合金轮缘部位晶粒尺寸随温度的变化曲线

Fig. 8 Curves of Grain size versus different temperature for the rim of the billet disc of FGH96 PM superalloys

$$B = M_0 \exp(-Q_{gb}/KT) \tag{4}$$

式中，M_0 为常数；Q_{gb} 为晶界迁移表观激活能。

式（4）表明，晶界迁移与温度 T 成指数关系增加，这表明晶粒尺寸对温度很敏感。

当高温合金中的 γ' 相完全溶解后，合金为多组元的过饱和的固溶体，即为奥氏体态。从热力学和动力学观点分析，晶粒的长大表现为大角度晶界的迁移，加热温度和时间对晶粒长大的影响，实质上是对晶界处原子跨越界面迁移过程的影响。晶粒长大速度 v 和初始晶粒大小 d_0、热处理温度 T 满足如下关系式[8,9]：

$$v = \frac{D_0 \gamma_b}{d_0 KT} \exp(-Q_{gb}/KT) \tag{5}$$

式中，D_0 为指数前因子，常量；Q_{gb} 为扩散激活能。

由式（5）可知，在温度一定时，v 与界面能 γ_b 和晶粒大小 d_0 相关。即初始晶粒尺寸越小，则单位体积内的界面能越高，晶粒长大速度就越快。在温度一定时，晶粒生长指数 n 值的大小反映单位时间内晶粒生长的快慢。比较 FGH96 合金的热模拟试样（晶粒度 10 级）和等温锻造试样（晶粒度 8~9 级）的晶粒生长指数，发现在相同温度下，热模拟试样的晶粒生长指数要高于等温锻造时的指数值[5]。这是由于热模拟试样的初始晶粒尺寸要比等温锻造试样的小，造成热模拟试样的晶粒长大速度更快，相应的晶粒生长指数就更大。可见，在影响晶粒长大规律的因素当中，除了温度、时间外，初始晶粒组织对晶粒长大规律也有重要的影响，在热处理工艺的制定中，这一点应当引起重视。

4 结论

通过对 FGH96 锻造坯样在热处理过程中的晶粒长大规律研究表明：

（1）当热处理温度为 980℃时，盘坯轮心部位的晶粒几乎不发生长大，当热处理温度高于 1120℃时，轮缘部位晶粒长大迅速。

（2）晶粒长大动力学研究表明，在单相奥氏体区，晶粒的长大规律满足 Beck 方程，晶粒的生长指数随温度升高而增加；初始晶粒度不同会对晶粒生长指数产生影响；当温度一定，初始晶粒越细，晶粒长大速率越快，晶粒生长指数值越高。

（3）热处理温度 $T = 1120 \sim 1150$℃时，轮缘部位的晶粒长大规律可用方程：$d = d_0 + 5.215 \times 10^{12} t^{0.360} \exp(-338440/RT)$（$d_0 = 18\mu m$）描述。

参 考 文 献

[1] 胡本芙，章守华. 镍基粉末高温合金 FGH95 涡轮盘材料研究 [J]. 金属热处理学报，1997，18(3)：28~31.

[2] 崔健，刘建宇，李成功，等. PM René95 合金缓冷处理与等温变形研究 [J]. 航空材料学报，1994，14(1)：8~15.

[3] Park N K, Kim I S. Hot forging of nickel-base superalloy [J]. Journal of Materials Processing Technology [J]. 2001, 111: 98~102.

[4] 毛卫民，赵新兵. 金属的再结晶与晶粒长大 [M]. 北京：冶金工业出版社，1994：236.

[5] 刘建涛，刘国权，胡本芙，等. FGH96 合金晶粒长大规律的研究 [J]. 材料热处理学报，2004，25(6)：25~28.

[6] Devadas C. The thermal and metallurgical state of steel strip during hot rolling: part3. Microstructural evolu-

tion [J]. Metallurgical Transactions A, 1991, 22 (A): 335~342.
[7] Raghunathan N, Sheppard T. Microstructural development during annealing of hot rolled Al-Mg alloys [J]. Materials Science and Techonology, 1986, 6: 542-547.
[8] 肖纪美. 合金相与相变 [M]. 北京: 冶金工业出版社, 2004.
[9] 余永宁. 金属学原理 [M]. 北京: 冶金工业出版社, 2000.

(原文发表在《金属热处理》, 2006, 31(6): 40-44.)

FGH96 合金动态再结晶行为的研究

刘建涛[1]　张义文[1]　陶宇[1]　刘国权[2]　胡本芙[2]

(1. 钢铁研究总院高温材料研究所，北京　100081；
2. 北京科技大学材料科学与工程学院，北京　100083)

摘　要　利用 Gleeble-1500 热模拟试验机对 FGH96 合金在不同热变形制度下的动态再结晶行为进行了研究。结果表明：在较高应变速率下（大于等于 $2\times10^{-2}s^{-1}$），合金流变曲线呈明显的动态再结晶特征，低应变速率下（小于等于 $2\times10^{-3}s^{-1}$）呈明显的动态回复特征；变形温度、应变速率和应变量对获得细晶组织都有重要的影响，但应变速率对动态再结晶晶粒大小影响最为显著，动态再结晶晶粒的平均晶粒尺寸大小 $\bar{D}$ 与 Z 参数满足如下关系：$\ln\bar{D}=7.617-0.0134\ln Z$；利用加工硬化率和应变的关系曲线确定了该合金的稳态应变 ε_s，建立了该合金的动态再结晶状态图。

关键词　FGH96 合金　热变形　动态再结晶

Investigation on Dynamic Recrystallization of FGH96 Powder Metallurgy Superalloy

Liu Jiantao[1], Zhang Yiwen[1], Tao Yu[1], Liu Guoquan[2], Hu Benfu[2]

(1. High Temperature Materials Research Institute, Central Iron and Steel Research Institute, Beijing 100081, China; 2. School of Material Science and Engineering, University of Science and Technology Beijing, Beijing 100083, China)

Abstract: The dynamic recrystallization(DRX) behaviour of as-HIP FGH96 PM superalloy at 1070~1170℃ with strain rate at 5×10^{-4} ~ $2\times10^{-1}s^{-1}$ was studied by means of isothermal compression test on a Gleeble-1500 thermal mechanical simulator. The experiment results show that curves of true stress(σ) -true strain(ε) at higher strain rate($\dot{\varepsilon}\geq 2\times10^{-2}s^{-1}$) are the type of dynamic recrystallization and are the type of dynamic recovery at lower stain rate ($\dot{\varepsilon}\leq 2\times10^{-3}s^{-1}$). Although temperature, strain rate and strain are important factors which affect grain refining during hot deformation, grain size during DRX is mainly determined by strain rate to some degree. The grain size($\bar{D}$) and Zener-Hollmon parameter(Z) during DRX process obey the following equation: $\ln\bar{D}=7.617-0.0134\ln Z$. By means of working hardening rate-strain curves deduced from the stress-strain curves, the steady strain(ε_s) is determined, and also the diagram of DRX for FGH96 PM superalloy is given.

Keywords: FGH96 PM superalloy, hot deformation, dynamic recrystallization

涡轮盘是航空发动机的关键热端部件，其工作环境异常苛刻，高性能航空发动机的涡轮盘的首选材料为镍基粉末高温合金[1,2]。热塑性变形是涡轮盘的主要成形工艺之一，热塑性变形的主要目的是通过发生动态再结晶来获得满足使用要求性能晶粒组织。FGH96合金是新一代涡轮盘用镍基粉末高温合金，本文通过热塑性变形实验研究了FGH96合金的动态再结晶行为。

1 实验材料及方法

FGH96合金是镍基γ′相沉淀强化型粉末冶金高温合金，基体为γ固溶体，基体中主要强化相γ′的体积分数约占33%～36%，γ′相完全溶解温度为1120～1130℃，除此外还有少量的碳化物相和硼化物相[3]。该合金的名义成分为$w(Cr)=16.04\%$，$w(Co)=12.70\%$，$w(W)=3.98\%$，$w(Al)=2.18\%$，$w(Ti)=3.71\%$，$w(C)=0.03\%$，基体Ni。

实验用母合金采用真空感应熔炼，等离子旋转电极（Plasma Rotating Electrode Process；PREP）方法制粉，粉末尺寸为50～100μm。粉末经过真空脱气后装入包套并封焊，进行热等静压（HIP），实验用试样采用线切割取自HIP坯料，试样规格为$\phi 8mm\times 15mm$。热压缩实验在Gleeble-1500热模拟机上进行。采用电阻加热法，加热升温速度10℃/s，达到变形温度后保温5min，变形温度区间为1070～1170℃，应变速率为$5\times 10^{-4}\sim 2\times 10^{-1}s^{-1}$，最大应变量1，热压缩变形后水淬，以保留高温态晶粒组织。

2 实验结果及分析

2.1 合金的初始显微组织

图1(a)所示为热压缩前热等静压态的初始显微组织。粒度为50～100μm的粉末在热等静压过程中，由于HIP过程中受不同程度的变形作用，使得粉末颗粒内部及颗粒界面处产生再结晶颗粒，其平均晶粒尺寸30～35μm。图1(b)为热等静压态合金中的γ′相形貌，γ′相呈大、中、小尺寸分布。大尺寸γ′相形貌为蝶形和不规则状，尺寸200～400nm；中等尺寸γ′相为椭球形和球形，尺寸为50～200nm，小尺寸γ′相为球形，尺寸小于50nm。

图1 热等静压态组织
Fig. 1 Microstructure of as-HIP FGH96 PM superalloys

2.2 合金的真应力-真应变曲线

FGH96合金在变形温度为1070～1170℃、应变速率为$5\times 10^{-4}\sim 2\times 10^{-1}s^{-1}$条件下热压缩

的真应力-应变曲线如图2所示。可知,在相同的变形温度下,随着应变速率的降低,应力随之降低;在高应变速率$2\times10^{-1}s^{-1}$和$2\times10^{-2}s^{-1}$热压缩变形时,流变应力曲线呈现典型的动态再结晶特征,变形开始阶段流变应力随应变量的增加而迅速增加,当应变量达到峰值应变时(峰值应力所对应的应变),流变应力开始下降,而且应变速率越大,应力下降速度越快,随着应变量的进一步增加,流变应力变化呈现稳态流变特征;在低应变速率$5\times10^{-4}s^{-1}$和$2\times10^{-3}s^{-1}$下热压缩时,其流变应力在达到峰值应力后逐渐达到一个稳态流动状态,应力值几乎不再随应变的增加而变化,流变应力曲线呈动态回复特征。

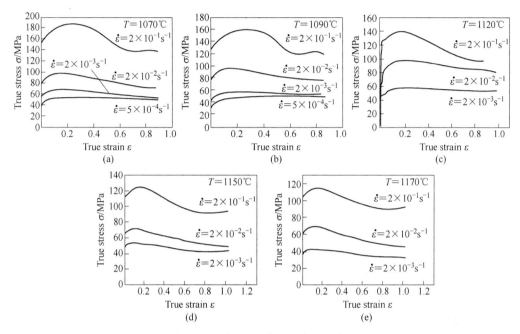

图 2　FGH96 合金在不同温度和应变速率下的真应力-应变曲线

Fig. 2　Curves of true stress(σ)-true strain(ε) for FGH96 PM superalloys at different temperatures and strain rate
(a) 1070℃; (b) 1090℃; (c) 1120℃; (d) 1150℃; (e) 1170℃

2.3　动态再结晶晶粒组织

图 3 和图 4 分别为变形温度为 1070~1170℃时在不同变形速率下热压缩后的显微组织。当变形温度一定时,随着应变速率的提高,动态再结晶晶粒明显细化,特别是应变速率为$2\times10^{-1}s^{-1}$时,再结晶晶粒细化最为明显,如图3(c)和图4(c)所示;当应变速率一定时,再结晶晶粒尺寸随着变形温度的升高而增大。

当变形温度变低于γ′的熔点时,合金为γ+γ′的双相组织,γ′相会对动态再结晶晶粒的长大起到钉扎作用。在温度区间 1070~1090℃,应变速率位于$2\times10^{-2}s^{-1}$~$2\times10^{-1}s^{-1}$区间,应变量为 0.7(即50%的工程变形量)时可以得到晶粒度为10级的均匀等轴细晶组织。

随着热变形温度升到高于γ′相溶解温度后,γ′相的溶解使得合金为过饱和的奥氏体。和低于γ′的熔点以下的热变形相比,动态再结晶的晶粒尺寸细化减缓,统计结果显示当变形温度为1170℃时,即使在应变速率为$2\times10^{-1}s^{-1}$的热压缩条件下,也不能获得晶粒度为10级的均匀等轴的细晶组织。

图 3 变形温度 $T=1070℃$ 时，不同应变速率下的晶粒组织

Fig. 3 Microstructure for different strain rates at 1070℃

(a) $\dot{\varepsilon}=2\times10^{-3}s^{-1}$; (b) $\dot{\varepsilon}=2\times10^{-2}s^{-1}$; (c) $\dot{\varepsilon}=2\times10^{-1}s^{-1}$; $\varepsilon=0.7$

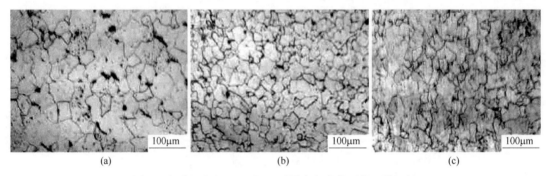

图 4 变形温度 $T=1170℃$，不同应变速率下的显微组织

Fig. 4 Microstructure for different strain rates at 1170℃

(a) $\dot{\varepsilon}=2\times10^{-3}s^{-1}$; (b) $\dot{\varepsilon}=2\times10^{-2}s^{-1}$; (c) $\dot{\varepsilon}=2\times10^{-1}s^{-1}$; $\varepsilon=0.7$

2.4 动态再结晶动力学

2.4.1 动态再结晶起始时间的确定

根据 FGH96 合金的真应力-应变曲线得知，在热变形过程中发生动态再结晶需要一个临界变形量 ε_c，只有当变形量 $\varepsilon>\varepsilon_c$ 时，才能发生动态再结晶。一般近似认为 ε_c 等于峰值应力 σ_p 所对应的应变量 ε_p，即 $\varepsilon_c\approx\varepsilon_p$。因此动态再结晶开始的时间 R_s 定义为[4]：

$$R_s = \frac{\varepsilon_p}{\dot{\varepsilon}} \tag{1}$$

按式（1）求得的动态再结晶开始时间所做的 RTT（Recrystallization Start Time）曲线如图 5 所示。可见在高应变速率下（$2\times10^{-1}s^{-1}$），FGH96 合金发生动态再结晶的开始时间非常短（$R_s<2s$），这表明在高应变速率下，动态再结晶在瞬间内即可发生，应变速率对发生动态再结晶的影响要比变形温度显著得多，考虑到动态再结晶的发生为一个热激活过程，那么此时应变速率对热激活的发生起到决定性的作用；当应变速率降低时，发生动态再结晶所需的时间延长（应变速率为 $2\times10^{-3}s^{-1}$，变形温度为 1070~1170℃，相对应的 $R_s=60.5\sim53.5s$），可见，随着应变速率的降低，变形温度对热激活的作用在加强。从总体来看，在本文所采

用的变形温度和应变速率条件下,应变速率对 FGH96 合金的动态再结晶起到决定性的作用。

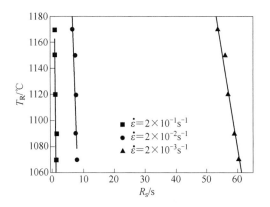

图 5　FGH96 合金的 RRT 曲线
Fig. 5　RTT curves for FGH96 PM superalloy

2.4.2　动态再结晶平均晶粒尺寸 $\overline{D}$ 与参数 Z 关系

动态再结晶晶粒的平均晶粒尺寸大小 $\overline{D}$ 与参数 Z,可以用式(2)描述[5]

$$\overline{D} = KZ^{-n} \tag{2}$$

$$Z = \dot{\varepsilon}\exp(Q_a/RT)$$

式中,Z 为 Zener-hollman 参数,其物理意义为温度补偿应变速率;Q_a 为变形激活能;T 为变形温度;R 为气体常数;K、n 为经验常数。

根据最小二乘法原理对式(2)回归分析得式(3):

$$\ln \overline{D} = 7.617 - 0.0134\ln Z \tag{3}$$

$$(R = 0.964)$$

图 6 所示为 FGH96 合金高温压缩变形时再结晶平均晶粒尺寸 $\overline{D}$ 与 Z 参数值自然对数之间的关系。结果表明,平均晶粒尺寸 $\overline{D}$ 与 Z 参数之间有着较好的线性关系。这说明对 FGH96 合金高温压缩变形时,当变形参数(Z 值)处于发生动态再结晶的条件范围内时,

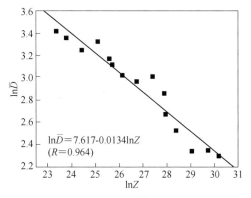

图 6　再结晶晶粒直径 $\overline{D}$ 与 Z 参数的关系
Fig. 6　Relationship between DRX grain size($\overline{D}$) and Zener-Hollmon parameter(Z)

再结晶晶粒组织大小取决于 Z 参数。因此，根据 $\bar{D}$-Z 之间的关系，便可以对 FGH96 合金的晶粒度进行预测和控制。

由晶粒尺寸和所对应的 Z 参数值关系知，随着 Z 值的增加，晶粒尺寸减小。实际上，Z 参数主要通过影响变形储存能的大小而影响动态再结晶稳态晶粒尺寸的，Z 参数增大，变形储存能上升，从而使动态再结晶晶粒得以细化。如果想要获得细晶组织，必须提高 Z 值，即提高应变速率和降低变形温度，这两种方式都会引起变形抗力的增加，但是在过低的变形温度下变形，很可能导致动态再结晶发生不完全或者根本不发生动态再结晶，因此考虑到工程中的实际情况，Z 值的增加应当在发生动态再结晶的温度范围内，采用增加应变速率来获得。实际上，热挤压之所以能够获得完全的动态再结晶细晶组织，正是因为在较高的变形温度区间，采用了大应变速率所致，有资料表明[6]，挤压时的应变速率高达 5~20 s^{-1}。

2.4.3 动态再结晶图的建立

ε_c 和 ε_s 分别为动态再结晶开始和达到稳定状态的应变临界值。目前对于 ε_s 还没有一个明确的测定方法。本文采用加工硬化率-应变（θ-ε）的关系曲线来测定动态再结晶的 ε_s。由式（4）可计算出对应于各应变的加工硬化率 θ 为：

$$\theta = \frac{d\sigma}{d\varepsilon} \approx \frac{\Delta\sigma}{\Delta\varepsilon} \tag{4}$$

图 7 为该合金的加工硬化率-应变（θ-ε）的关系曲线（应变速率为 $2\times10^{-1}s^{-1}$）。

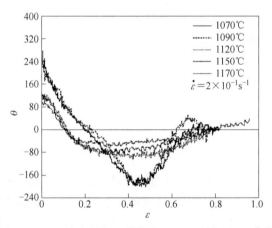

图 7　FGH96 合金的加工硬化率（θ）-应变（ε）曲线
Fig. 7　Curves of working hardening rate(θ) vs. true strain(ε) for FGH96 PM superalloy

由图 7 可知，随着 ε 的增加，θ 迅速达到极大值后又逐渐减小，当 θ 值第一次为 0 时所对应的应变为 ε_p；随着 ε 的进一步增大，θ 值继续减少（为负值）到一个极小值后又增加到 0，此时所对应的应变为 ε_s，利用该图获得动态再结晶过程的稳态应变 ε_s。

图 8 为用 Z 参数表达的动态再结晶图，图 8(a) 中形变温度区间为 1070~1090℃，图 8(b) 中形变温度区间为 1120~1170℃，图中 A、B、C 分别代表未发生动态再结晶区（即加工硬化区）、部分发生动态再结晶区、完全动态再结晶区。可见随着 Z 参数值的增加，发生动态再结晶所需的 ε_c 和 ε_s 均呈增大趋势。在不同的温度区间，ε 随 Z 参数的变化趋势是不同的：图 8(a) 与（b）中的临界应变 ε_c 均和 $\ln Z$ 参数呈线性增加关系，但图（a）

中的拟合直线斜率要小于图（b），这表明在较高温度区间发生动态再结晶所需的临界应变要比较低的温度区间要小。Z 参数与稳态应变 ε_s 的关系表明：图 8（a）中的 ε_s 与 ln$Z$ 参数呈线性增加关系，而图（b）中 ε_s 与 ln$Z$ 参数并不呈线性增加关系，随 ln$Z$ 增加，ε_s 增加趋势变缓，这表明在较高的温度区间，只需要较小的应变量便可以完成动态再结晶，随着温度的增加，Z 参数对完成动态再结晶所需的应变量的影响逐渐减弱。综合图 8(a) 和（b）可见：Zener-Hollomon 参数对 ε_c 的影响较小，但是对 ε_s 影响较大。

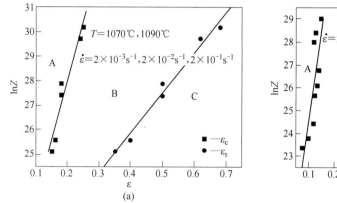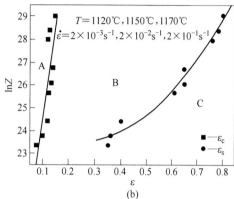

图 8 FGH96 合金的动态再结晶状态图
（a）变形温度区间 1070~1090℃；（b）变形温度区间 1120~1170℃
Fig. 8 Diagram of DRX for FGH96 PM superalloy, the deformation temperature range
（a）1070~1090℃；（b）1120~1170℃

3 结论

（1）热等静压态 FGH96 合金在变形温度区间 1070~1170℃，应变速率 $5×10^{-4} \sim 2×10^{-1} s^{-1}$ 的等温压缩实验表明，在较高应变速率下（大于 $2×10^{-3} s^{-1}$），合金流变曲线成明显的动态再结晶特征，低应变速率下（$5×10^{-4} s^{-1}$）呈现明显的动态回复特征。在上述变形条件下，合金具有较好的热塑性变形能力。

（2）变形温度、应变速率和应变量对获得细晶组织都有重要的影响，但应变速率对动态再结晶晶粒大小影响最为显著，实验表明，要获得晶粒度大于等于 10 级的均匀细晶组织，其热变形参数需为：变形温度 $T = 1070 \sim 1120℃$，应变速率 $\dot{\varepsilon} = 2×10^{-2} s^{-1} \sim 2×10^{-1} s^{-1}$，应变量为 0.6~0.8。动态再结晶晶粒的平均晶粒尺寸大小 $\overline{D}$ 与 Z 参数满足如下关系：

$$\ln \overline{D} = 7.617 - 0.0134 \ln Z$$

$$R = 0.1964$$

（3）利用加工硬化率和应变的关系曲线确定了该合金的稳态应变 ε_s，描绘了该合金的动态再结晶状态图。动态再结晶状态图表明 Z 参数变化对动态再结晶的临界应变量影响较小，对稳态应变量影响较大。

参 考 文 献

[1] 胡本芙，章守华. 镍基粉末高温合金 FGH95 涡轮盘材料研究［J］. 金属热处理学报，1997，18(3)：

28 -31.

HU Ben-fu, ZHANG Shou-hua. Study on nickel base superalloys FGH95 of turbine disc [J]. Transaction of Metal Heat Treatment, 1997, 18(3): 28-31.

［2］张义文. 俄罗斯粉末冶金高温合金［J］. 钢铁研究学报, 1998, 10(3): 74-76.

ZHANG Yi-wen. Development of powder metallurgy superalloys in Russia [J]. Transaction of Iron & Steel Research, 1998, 10(3): 74-76.

［3］刘建涛, 刘国权, 胡本芙, 张义文. FGH96 合金晶粒长大规律的研究［J］. 材料热处理学报, 2004, 25(6): 25-29.

LIU Jian-tao, LIU Guo-quan, HU Ben-fu, ZHANG Yi-wen. Study on the grain growth behavior of FGH96 superalloys [J]. Transaction of Material Heat Treatment, 2004, 25(6): 25-29.

［4］Akben M G, Jonas J J. Effectsof vanadium andmolybdenum addition on high temperature recovery recrystallization and precipitation behaviorof niobium-based microalloys steels [J]. Acta Met, 1983, 31(1): 161-167.

［5］Medina S F, Hernandez C A. Model of the dynamic recrystallization of the austenite in low alloy and microalloyed steels [J]. Acta Mater, 1996, 44(1): 165-171.

［6］Prasad Y V R K, Sasidhara S. Hotworking guide-Acompendium of processing maps [M]. ASM, The Materials Information Society, 1997.

(原文发表在《材料热处理学报》, 2006, 27(5): 46-50.)

FGH97 粉末冶金高温合金热处理工艺和组织性能的研究

张莹　张义文　张娜　贾建

（钢铁研究总院高温材料研究所，北京　100081）

摘　要　对采用两种制度热处理的 FGH97 镍基高温合金进行了组织性能对比。结果表明，固溶淬火和时效温度、保温时间及冷却方式直接影响该合金中 γ′ 强化相、不同类型碳化物等析出相的形貌、尺寸、数量和分布。两种制度热处理后的试样中 γ′ 相和碳化物的不同匹配度，决定其各自具备良好的综合力学性能。制度 I 试样的拉伸和持久塑性和 750℃ 持久性能高于制度 II；制度 II 试样的拉伸强度、650℃ 持久强度以及抗蠕变性和低周疲劳性能高于制度 I。

关键词　FGH97 粉末冶金高温合金　固溶与时效处理　组织形貌　力学性能

Heat Treatment Processes and Microstructure and Properties Research on PM Superalloy FGH97

Zhang Ying, Zhang Yiwen, Zhang Na, Jia Jian

（Central Iron & Steel Research Institute, Beijing 100081, China）

Abstract: The microstructure and mechanical properties of superalloy PM FGH97, taking two kinds of heat treatment processes, were compared the results show that the temperature of solution, quenching and aging, holding time and cooling-down method directly influence morphology, size, quantity and distribution of γ′ phase and carbides in this kind of alloy. The well comprehensive mechanical properties are determined by different matching degree between γ′ phase and carbides in samples of two kinds of heat treatment processes. The ductility of tensile and rupture as well as stress rupture property at 750℃ of the samples took heat treatment I are better than one took heat treatment II. At the same time, the tensile strength, rupture strength at 650℃, properties of creep resistance and LCF of the samples by heat treatment II are superior to that by heat treatment I.

Keywords: FGH97 superalloys PM, solid solution and aging treatment, microstructure and morphology, mechanical properties

EP741NP 合金是俄罗斯用来生产高水平飞机发动机零部件的主要材料，并且被广泛应用于火箭和船舶汽轮发动机零部件，近年来被应用于地面汽轮发动机。从 20 世纪 80 年代至今俄罗斯全俄轻合金研究院采用直接热等静压成形+热处理工艺生产约 5 万件 PM 高温合金涡轮盘、轴、封严环和其他零部件，并成功地应用于军用和民用飞机发动机[1]。

FGH97是我国近十年来研制的与EP741NP牌号相近的合金。本试验主要针对所研制的FGH97合金部件的服役条件提出对其性能的要求，采取不同的热处理工艺，从而获得所需的组织性能展开了研究。

1 实验材料及方法

实验用FGH97合金的主要化学成分如表1所示。

表1 FGH97合金的化学成分（质量分数）
Table 1 Chemical composition（mass fraction）of FGH97 （%）

元素	Cr	Co	Mo	W	Al
质量分数	8.0~10.0	15.0~16.5	3.5~4.2	5.2~5.9	4.8~5.3
元素	Ti	Nb	C	Hf	Ni
质量分数	1.60~2.00	2.40~2.80	0.02~0.06	0.10~0.40	Bal

实验材料主要采用真空感应冶炼母合金棒，应用等离子旋转电极工艺制粉，将50~150μm粒度范围的成品粉末经脱气、装套、封焊后，直接热等静压成形。

在热等静压成形的毛坯制件试样环上截取试样，采取两种热处理制度进行实验。

制度Ⅰ：1200℃×8h/AC+870℃时效。

制度Ⅱ：1200℃×4h/AC+910~700℃三级时效。

将经过热处理的试样在光学显微镜和电子显微镜下进行观察和分析。用电化学提取法提取析出相，并作定量分析。进行力学性能对比试验。

2 实验结果和分析

2.1 金相组织

图1表示两种热处理制度处理后的金相组织，多为等轴晶，制度Ⅱ晶粒度为7.0级，制度Ⅰ试样中有个别大晶粒，晶粒度6.5~7.0级。两种制度均在高于γ′相完全溶解温度-1200℃的单相区进行固溶处理，以便获得过饱和固溶体及适当的晶粒度。制度Ⅰ在1200℃保温8h，制度Ⅱ保温4h，制度Ⅰ试样中存在个别大晶粒，这与淬火加热温度的保温时间有直接的关系。

2.2 碳化物和γ′相

从图2的扫描电镜照片可以看出，经过两种热处理后，试样中γ′相和碳化物形貌、尺寸明显的区别。通过电镜观察、测量、统计得出，制度Ⅰ试样中晶内γ′相多数为田字花瓣形，尺寸为1μm左右，方形、多边形的γ′相约0.5μm，其间隙中析出球状小γ′相0.1~0.5μm左右；晶界为长条1~10μm长的γ′相，周围析出较多球状小γ′相0.1μm左右。晶内析出方形、圆形含Nb、Ti和Hf的MC碳化物（图2、图3），尺寸约0.1~0.5μm；晶界主要析出含W、Mo、Cr为主的长条M_6C（图2、图3），1~2μm左右，及少量MC。少数大尺寸的MC碳化物是热等静压成形时析出，在固溶处理中未能完全溶入基体，时效过程中粗化形成。或是母合金中"遗传"转移所致[2]。

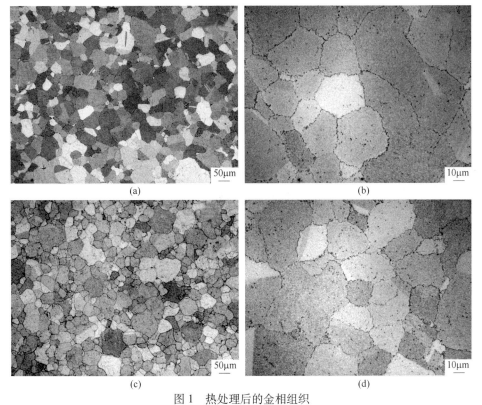

图 1 热处理后的金相组织
(a), (b) 热处理制度 I; (c), (d) 热处理制度 II
Fig. 1 Microstructure after heat treatment
(a), (b) heat treatment I; (c), (d) heat treatment II

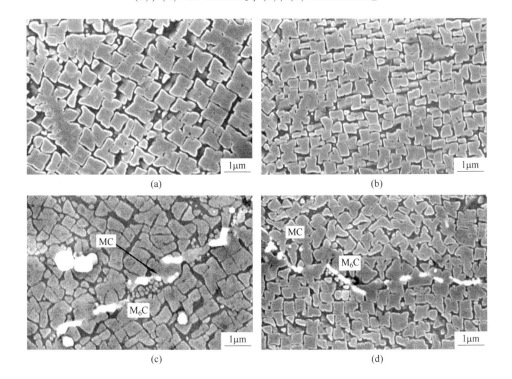

图 2 热处理后的 γ′ 相和碳化物形貌
(a), (c), (e) 热处理制度 I; (b), (d), (f) 热处理制度 II
Fig. 2 Morphologies of γ′ phase and carbide after heat treatment
(a), (c), (e) heat treatment I; (b), (d), (f) heat treatment II

制度 II 试样中晶内 γ′ 相多数为方形和多边形，0.5μm 左右；少量田字花瓣形 0.5~1μm；晶界为长条形，1~3μm 长，周围析出较多球状小 γ′ 相 0.1μm 左右。晶内方形 MC 碳化物，尺寸 0.2μm 左右；晶界长条 M_6C，1μm 左右。

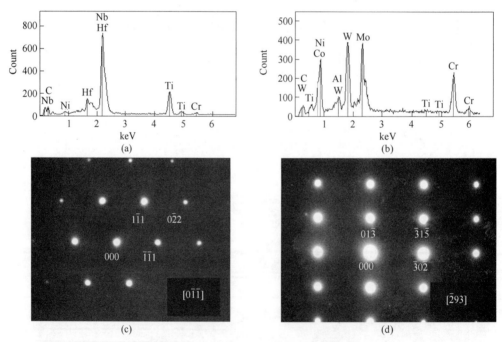

图 3 MC 和 M_6C 的成分能谱和衍射花样标定图
Fig. 3 Composition and diffraction pattern of precipitates MC and M_6C
(a), (c) MC; (b), (d) M_6C

图 4 表示两种热处理制度后，在 10~620nm 区间不同尺寸 γ′ 相的定量分析结果。制度 I 试样中大尺寸的 γ′ 相明显多于制度 II，在 140~620nm 区间，制度 I 试样中 γ′ 相的质量分数为 81.2%，而制度 II 只有 71.7%。制度 II 试样中小尺寸 γ′ 相数量要高于制度 I，在

10~140nm 区间，制度Ⅱ试样中 γ′相的质量分数为 28.3%，制度Ⅰ试样为 18.8%。

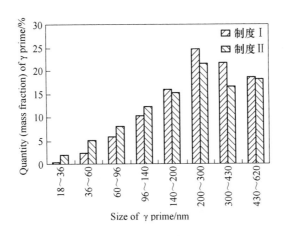

图 4 不同尺寸 γ′相数量对比

Fig. 4 Comparison of amount with different size γ′ phase

相分析结果（表 2）表明，两种热处理制度处理试样中 γ′相和 MC 碳化物的质量百分数区别不大，但制度Ⅰ试样中 M_6C、M_3B_2、$M_{23}C_6$ 含量明显高于制度Ⅱ。由电镜定性分析得知，两种制度试样晶界析出的碳化物主要是 M_6C 和 MC（图 2、图 3）。

表 2 两种热处理制度后 γ′相和碳化物的质量分数

Table2 The quantity of γ′phase and carbides after two kinds of heat treatment (%)

heat treatment	γ′phase	MC	M_6C、M_3B_2、$M_{23}C_6$
process Ⅰ	62.4	0.27	0.40
process Ⅱ	62.3	0.26	0.17

2.3 力学性能

由室温、650℃、750℃拉伸性能结果（图 5）看出，制度Ⅰ试样的拉伸强度低于制度Ⅱ，但塑性高于制度Ⅱ。

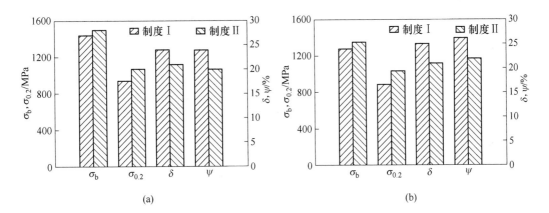

(a)   (b)

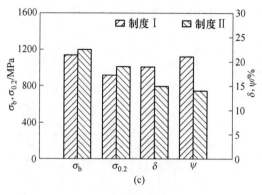

图 5 拉伸性能对比

Fig. 5 Comparison of tensile properties

(a) 20℃；(b) 650℃；(c) 750℃

高温合金材料在使用条件下，蠕变抗力以及持久强度是表征其力学性能的基本强度指标。图6复合持久试样的试验结果表明，在650℃、980MPa试验条件下，两种制度热处理的试样持久寿命均超过了200小时，制度Ⅰ的持久寿命稍低于制度Ⅱ，但塑性要比制度Ⅱ高。在750℃、637MPa试验条件下，制度Ⅰ的持久寿命和塑性要比制度Ⅱ高。

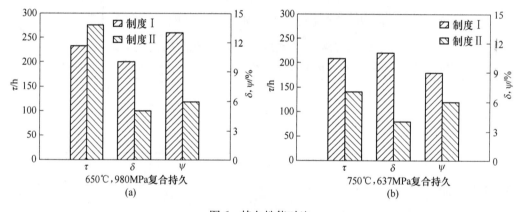

图 6 持久性能对比

Fig. 6 Comparison of stress rupture properties

(a) 650℃；(b) 750℃

图7表示在650℃、870MPa、100h和750℃、560MPa、100h的试验条件下，制度Ⅰ的蠕变残余变形量 ε_p 分别为0.2%和0.6%，而制度Ⅱ分别为0.04%和0.2%，可见制度Ⅱ的抗蠕变性高于制度Ⅰ。

在650℃、980MPa试验条件下进行了低周疲劳试验，制度Ⅰ的平均寿命 N_f 为20000次，而制度Ⅱ的低周疲劳平均寿命 N_f 为38000次，明显高于制度Ⅰ。

3 讨论

以上的试验结果可以看出，固溶和时效处理工艺与FGH97合金的组织性能有直接的关系。

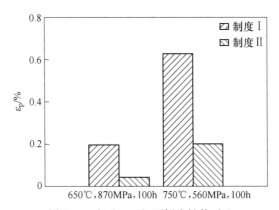

图 7 650℃和 750℃下蠕变性能对比
Fig. 7 Comparison of creep properties at 650℃ and 750℃

该合金的 γ′相完全溶解温度为 1180~1190℃[3,4],将固溶处理的加热温度选择在 1200℃的单相区,其目的是保证最大数量的强化相溶入基体,获得过饱和固溶体及适合的晶粒度。

制度 I 在 1200℃保温 8h 后,炉冷到 γ+γ′双相区,在这个缓冷过程中 γ′相析出并聚集长大,然后再出炉空冷,在淬火冷却中析出小尺寸的 γ′相。制度 I 的固溶冷却方式形成两种尺寸匹配的 γ′相使试样在满足制件拉伸强度基础上获得较好的塑性,并能改善缺口敏感性。

制度 I 设在 870℃进行一级时效,在时效过程中发生 3%~4% γ′强化相析出和少量弥散 γ′相发生凝聚,使 γ′相的最终尺寸得到稳定[5,6]。文献报道,该类合金的 M_6C 碳化物是在 750~910℃温度区间形成[5],在 870℃下 M_6C 充分析出并粗化,在晶界上断续的 M_6C 和 MC 型析出物引起晶界局部迁移,形成弯曲晶界,从而改善室温和高温拉伸塑性,排除了由于应力集中造成缺口敏感影响持久强度和塑性的可能[5,7]。

制度 II 在 1200℃保温 4h 后空冷析出一次 γ′相,然后在不同温度进行三级时效,补充析出不同尺寸的 γ′相,细小的 γ′相分布在大 γ′相之间。900℃以上高温时效使淬火析出的 γ′相发生聚集,同时在晶界析出细长的 M_6C 碳化物,并有少量的 MC 析出,起到了强化晶界的作用。在空冷中析出超细的 γ′相分布在大 γ′相之间,二次和三次低温时效补充析出细小 γ′相。

两种固溶和时效制度获得同样数量的 γ′相和 MC 碳化物,但相比之下高温淬火+三级时效形成相对小的 γ′强化相和晶界碳化物的匹配决定了制度 II 试样的拉伸强度、650℃持久强度以及抗蠕变性和低周疲劳性能高于制度 I。经过高温固溶、双相区淬火+一级时效处理的试样中,相对粗大的 γ′相和碳化物的匹配使其具备较好的拉伸、持久塑性和 750℃持久性能。

4 结论

(1)两种制度热处理的试样中 γ′强化相和 MC 碳化物的数量相近,但制度 I 试样中晶界析出 M_6C 的质量百分数多于制度 II;且制度 I 试样中的 γ′相和碳化物尺寸明显大于制度 II。

（2）FGH97 合金制件的性能与不同热处理产生的 γ' 强化相和碳化物的形貌、尺寸、分布有着直接的关系。两种制度热处理的试样各自具备良好的综合力学性能。

（3）制度Ⅰ试样的拉伸、持久塑性和 750℃ 持久性能高于制度Ⅱ；制度Ⅱ试样的拉伸强度、650℃ 持久强度以及抗蠕变性和低周疲劳性能高于制度Ⅰ。

参 考 文 献

[1] Garibov G S, Improvement in Performance Characteristics of as-HIPed PM Superalloy Discs [A]. Proceedings of The 2005 International Conference on Hot Isostatic Pressing, 2005：221-233.

[2] Белов А Ф, Аношкин Н Ф, Фаткуллин О Х. Структура и Свойства Гранулируемых Никелевых Сплавов [M]. Москва, Металлургия, 1984.

[3] 张莹，张义文，陶宇. 俄罗斯 EP741NP 粉末高温合金的研究 [J]. 钢铁研究学报，2006，8(8)：58-62.

[4] Гриц Н М, Ерёменко В И, Федоренко Е А. Структура механические свойства и термическая стабильность жаропрочного гранулируемого сплава ЭП741НП [J]. Металоведение и Термическая Обработка Металлов. 1991(12)：21-23.

[5] Аношкин Н Ф, Фаткуллин О Ф, Буславский Л С, Ерёменко В И. Разработка процессов получения изделий из гранулируемых жаропрочных сплавов на основе никелея горячим изостатическим прессованием [A]. Металловедение и обработка титановых и жаропрочных сплавов, 1991：313-323.

[6] Ерёменко В И, Аношкин Н Ф, Фаткуллин О Х. Структура и механические свойства жаропрочных гранулируемых никелевых сплавов [J]. Металоведение и Термическая Обработка Металлов, 1991(12)：8-12.

[7] 黄乾尧，李汉康. 高温合金 [M]. 北京：冶金工业出版社，2000.

（原文发表在《航空材料学报》，2008，28(6)：5-9.）

FGH96合金的热塑性变形行为和工艺

刘建涛　陶宇　张义文　张国星

（钢铁研究总院高温材料研究所，北京　100081）

摘　要　通过高温热压缩实验，得到了不同温度和不同应变速率条件下热等静压FGH96合金的真应力-应变曲线，在此基础上，建立了FGH96合金热塑性变形过程中的热加工图。通过对材料微观组织、应力应变响应及热加工图的对比分析，确定了优化的热塑性锻造窗口，提出了FGH96合金细晶盘坯锻造工艺。根据优化的热塑性锻造窗口，利用等温锻造工艺锻造出无开裂的细晶粒盘坯。

关键词　FGH96合金　热加工图　等温锻造　细晶组织

Hot Deformation Behavior and Process of FGH96 Superalloy

Liu Jiantao, Tao Yu, Zhang Yiwen, Zhang Guoxing

(High Temperature Materials Research Institute, Central Iron & Steel Research Institute, Beijing 100081, China)

Abstract: On the basis of hot compressing experimental data of FGH96 superalloy, the true stress-true strain curves under different temperatures and strain rates are established. By using the principles of dynamic materials model (DMM), hot processing map of FGH96 superalloy is established. The isothermal forging processes are optimized, also the hot working processes window for fine grain size of FGH96 superalloy is determined. According to the optimized hot working process, a fine grain pancake without cracking is acquired by isothermal forging processing.

Keywords: FGH96 superalloy, hot processing map, isothermal forging, fine grain microstructure

涡轮盘是航空发动机的关键热端部件，其工作条件异常苛刻。涡轮盘材料必须具备高的持久和瞬时拉伸强度，低的缺口敏感性，高的塑性储备，高的低周疲劳性能和抗裂纹扩展能力，以及良好的组织稳定性和热加工性能。镍基粉末冶金高温合金具备上述的诸多优点，因而成为制备高性能涡轮盘的首选材料[1]。粉末冶金高温合金为高合金化合金，这类合金往往具有高体积含量的γ′相。高体积含量的γ′相在保证涡轮盘高强度的同时，也给盘件制备过程中的热塑性变形带来了困难，具体表现在合金的变形抗力大、热加工窗口范围窄、变形容易开裂等。

FGH96合金是用于制备先进航空发动机涡轮盘的损伤容限型粉末高温合金（相当于

美国René88DT合金)。美国René88DT合金涡轮盘的热塑性变形工艺为热挤压+等温锻造,由于我国没有大型热挤压机,只能通过锻造来对FGH96合金进行热塑性变形。本文在热模拟实验的基础上,建立了FGH96合金的热加工图(Processing Map),对合金的热塑性变形行为进行了研究,为确定合理的锻造工艺提供依据。

1 实验内容

1.1 实验材料及方法

FGH96合金为镍基γ'相沉淀强化型粉末冶金高温合金,基体为γ,主要强化相γ'相体积分数为35%左右,γ'相的完全溶解温度为1130~1140℃。该合金的主要成分(%)为:$w(Cr)=16.00$、$w(Co)=12.70$、$w(W)=4.00$、$w(Al)=2.20$、$w(Ti)=3.70$、$w(C)=0.03$,其中Ni为基体。实验用母合金采用真空感应熔炼,等离子旋转电极(Plasma Rotating Electrode Process,PREP)方法制粉,粉末经过筛分、静电处理后获得50~100μm的成品粉末,经过真空脱气后装入包套并封焊后进行热等静压成形(Hot Isostatic Pressing,HIP)。热等静压态的显微组织如图1所示。其中图1(a)为晶粒组织形貌,图1(b)为HIP态FGH96合金中γ'相与碳化物的形貌,γ'相呈大、中、小尺寸分布,长条状或不规则形状γ'相多位于原始颗粒边界(Prior Particle Boundary,PPB)上,尺寸长度超过1μm;蝶形和椭圆形γ'相分布在晶粒内部,尺寸约为100~400nm;小尺寸的球形γ'相分布在晶粒内部及晶界附近,尺寸小于100nm。PPB上的碳化物为MC型的TiC。热模拟所用试样取自as-HIP锭坯,试样规格为ϕ8mm×15mm,热模拟试验在Gleeble-1500热模拟试验机上进行,采用轴向压缩变形方式,热模拟后的试样沿压缩方向剖开,磨削抛光后腐蚀后进行晶粒组织观察。

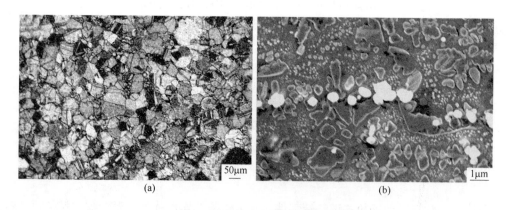

图1 热等静压态的显微组织
Fig. 1 Microstructure of as-HIP FGH96 superalloy

1.2 热加工图原理

动态材料模型(Dynamic Material Model,DMM)由印度学者Prasad于1983年提出[2],由该模型推导出的加工图(Processing Map)已经在大约200多种合金中得到成功应用。

热加工图认为[2,3],变形体(热加工工件)作为一个功率耗散体,在塑性变形过程中,将外界输入变形体的功率消耗在以下两方面:(1)由于塑性变形引起的功率耗散,表现为黏塑性热;(2)通过变形过程中组织变化而耗散的功率。这一过程可以通过式(1)体现出来。

$$P = \sigma\dot{\varepsilon} = \int_0^{\dot{\varepsilon}} \sigma d\dot{\varepsilon} + \int_0^{\sigma} \dot{\varepsilon} d\sigma \quad (1)$$

式(1)中总功率 P 表示为两部分,第一部分叫功率耗散量,用 G 表示,代表塑性应变引起的功率耗散;第二部分叫功率协耗散量,用 J 表示,代表组织变化而耗散的功率。

在一定温度和应变下,热加工工件的应力与应变速率存在如下动态关系:

$$\sigma = K\dot{\varepsilon}^m \quad (2)$$

式中,K 为应变速率为1时的流变应力;m 为应变速率敏感因子。m 的计算式如下:

$$m = \partial(\ln\sigma)/\partial(\ln\dot{\varepsilon}) \quad (3)$$

在材料热塑性变形过程中,材料组织的演变可以用功率耗散特征的参数 η ——功率耗散效率(efficiency of power dissipation)来表示成:

$$\eta = \frac{\Delta J/\Delta P}{(\Delta J/\Delta P)_{\text{line}}} = \frac{m(m+1)}{1/2} = \frac{2m}{m+1} \quad (4)$$

其中 η 是一个关于温度、应变和应变速率的三元变量。在一定应变下,就其与温度和应变速率的关系作图,就可以得到功率耗散图。一般功率耗散图是在 $\dot{\varepsilon} - T$ 平面上绘制功率耗散效率 η 的等值图。在一定温度和应变下的微观组织保持稳定的条件如式(5)所示。

$$\xi(\dot{\varepsilon}) = \frac{\partial \ln(\frac{m}{m+1})}{\partial \ln\dot{\varepsilon}} + m > 0 \quad (5)$$

由式(4)可知,η 是直接与 m 相关的参数,其值与工件热加工过程中显微组织变化有关,可以利用 η 在一定温度和应变速率下的典型值来对这些显微组织的变化微观机制进行解释,并且通过金相显微观察来进一步得到验证,从而在加工图中可以确定与单个微观成形机制相关的特征区域的大致范围。对于金属材料而言,其加工图包含安全区、流变失稳区和危险区。安全区在微观机制上与动态再结晶、动态回复和超塑性有关。在材料安全加工区域内,η 值越大,表明能量耗散状态越低,材料内在可加工性越好。

2 实验结果及分析

2.1 真应力-应变曲线

FGH96 合金在变形温度为1070~1170℃、应变速率为 $5\times10^{-4}s^{-1} \sim 2\times10^{-1}s^{-1}$ 条件下热压缩的真应力-应变曲线如图2所示。可知,在相同的变形温度下,随着应变速率的降低,应力随之降低;在高应变速率 $2\times10^{-1}s^{-1}$ 和 $2\times10^{-2}s^{-1}$ 热压缩变形时,流变应力曲线呈现典型的动态再结晶特征,变形开始阶段流变应力随应变量的增加而迅速增加,当应变量达到峰值应变时(峰值应力所对应的应变),流变应力开始下降,而且应变速率越大,应力下降速度越快,随着应变的进一步增加,流变应力变化呈现稳态流变特征;在低应变速率 $5\times10^{-4}s^{-1}$ 和 $2\times10^{-3}s^{-1}$ 下热压缩时,其流变应力在达到峰值应力后逐渐达到一个稳态流动状态,应力值几乎不再随应变的增加而变化,流变应力曲线呈动态回复特征。

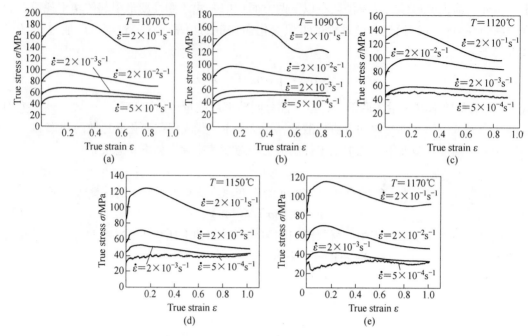

图 2 FGH96 合金的真应力-应变曲线

Fig. 2 Curves of true stress(σ)-true strain(ε) for FGH96 superalloy at different temperatures and strain rate
(a) 1070℃; (b) 1090℃; (c) 1120℃; (d) 1150℃; (e) 1170℃

2.2 热加工图的建立

从 FGH96 合金的真应力-应变曲线中采集在不同应变量的变形温度、应变速率和对应的流变应力值,可以作出不同应变量的加工图,具体作图过程见相关文献[3]。

图 3 所示为 FGH96 合金真应变量为 0.7(相当于 50%变形量)的加工图,图中等值线上的数值代表该状态下的功率耗散效率 η。图 4 是反映功率耗散效率与应变速率和温度的三维关系的立体图,立体图中的突起区域与图 3 中的功率耗散效率极大值对应,低谷区域与功率耗散效率极小值对应。

2.3 热加工图分析

2.3.1 加工图中的峰区

图 3 中包含 peak-1 与 peak-2 共 2 个峰区(η 值局部最大值区域)。峰区 peak-1 区域:温度范围在 1090~1120℃,应变速率范围为 $5\times10^{-3}\sim2\times10^{-2}s^{-1}$,峰值效率为 27%。峰区 peak-2 区域:温度范围在 1150~1170℃,应变速率范围为 $1.5\times10^{-1}\sim2.5\times10^{-1}s^{-1}$,峰值效率为 32%。

峰区 peak-1 的峰值效率为 27%,峰值温度 1090~1120℃,该温度位于 $0.7\sim0.9T_m$ 之间,这是具有中等层错能的镍基合金发生动态再结晶(DRX)过程的典型温度[3,4]。图 5(a)是该峰区内变形试样的显微组织,由其可知该峰区内的显微组织具有以下特点:晶粒

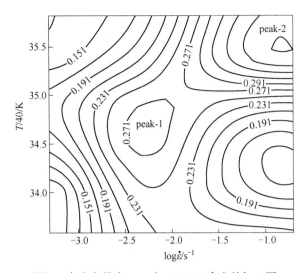

图 3　真应变量为 0.7 时，FGH96 合金的加工图

Fig. 3　Processing map for FGH96 superalloy obtained at strain of 0.7

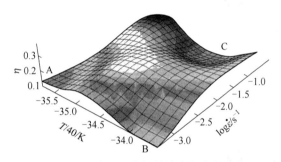

图 4　真应变量为 0.7 时，FGH96 合金功率耗散效率与应变速率和温度的三维关系图示

Fig. 4　Three-dimensional processing map for FGH96 superalloy obtained at strain of 0.7

呈等轴性，尺寸细小且均匀，为典型的动态再结晶组织。该峰区内的流变应力曲线（如图 2 所示）呈现明显的流变软化特征，即在变形初期，流变应力随着应变的增加迅速上升，当应变量达到峰值应变（峰值应力所对应的应变）后，随着应变的增加，流变应力开始下降。这些特点表明，峰区 peak-1 是 FGH96 合金的动态再结晶区域。峰区 peak-2 的峰值效率为 32%，峰值温度为 1150~1170℃，该温度位于镍基合金典型动态再结晶对应温度区间的上限附近[4]。图 5(b) 为该峰区所对应的金相组织，晶粒呈等轴性，该峰区内的流变应力曲线（见图 2）也呈现明显的流变软化特征，可见 peak-2 是 FGH96 合金的另一个动态再结晶区域。

2.3.2　加工图中的加工危险区域

结合图 3 与图 4，不难发现在加工图中存在有 3 个功率耗散效率极小值区域，该区域对应着图 4 中的 A 区域、B 区域、C 区域。在这三个区域，功率耗散效率急剧减小，其中 A 区域所对应的热加工工艺区间为：温度≥1170℃，应变速率≤$5\times10^{-4}s^{-1}$。B 区域所对应热加工工艺区间为：温度≤1070℃，应变速率≤$5\times10^{-4}s^{-1}$。C 区域所对应的热加工工艺区间为：温度≤1070℃，应变速率≥$2\times10^{-1}s^{-1}$。这三个区域的功率耗散效率急剧降低，这表

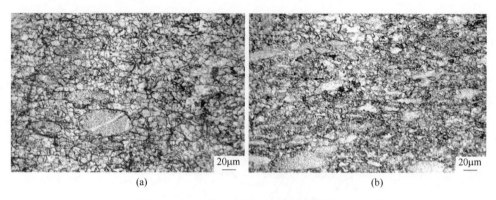

图 5　FGH96 合金在峰区的动态再结晶组织

（a）峰区 peak-1 的动态再结晶组织（1090℃，$2×10^{-2}s^{-1}$，50%）；

（b）峰区 peak-2 的动态再结晶组织（1150℃，$2×10^{-1}s^{-1}$，50%）

Fig. 5　DRX microstructure of FGH96 superaloy at processing maps peak zones

(a) peak-1 zone(1090℃，$2×10^{-2}s^{-1}$，50%)；(b) peak-2 zone(1150℃，$2×10^{-1}s^{-1}$，50%)

明 FGH96 合金在这三个区域的热加工性能急剧恶化。图 6 中的（a）和（b）对应着 A、B 区域的晶粒组织，在 A 与 B 这两个加工区域内的晶粒组织粗大。A 与 B 区域的出现极可能是由于晶粒粗化造成的，由于这两个区域的应变速率低，再结晶形核率低，热塑性变形过程中，动态回复占据主导地位，对应到图 2 的真应力-应变曲线上，这两个区域的应力应变曲线特征为动态回复型的，即在这两个区域没有发生明显的动态再结晶。在 C 区域，由于热塑性温度偏低，在高应变速率下极容易导致变形开裂。

图 6　图 4 中 FGH96 合金在危险区域的显微组织

（a）合金在 A 危险区域的显微组织（1070℃，$5×10^{-4}s^{-1}$，50%）；

（b）合金在 B 危险区域的显微组织（1170℃，$5×10^{-4}s^{-1}$，50%）

Fig. 6　Microstructure of FGH96 superalloy at low efficiency zones in processing maps

(a) zone symbolized A in Fig. 4（1070℃，$5×10^{-4}s^{-1}$，50%）；

(b) zone symbolized B in Fig. 4（1170℃，$5×10^{-4}s^{-1}$，50%）

2.3.3　热塑性锻造窗口确定

一般来说，锻造窗口优先选择动态再结晶区，避开加工危险区和失稳区。这是因为动态再结晶区内的功率耗散效率较高，加工性能好，显微组织易于控制。从 FGH96 合金的热加工图易知,动态再结晶peak-1区域峰值效率对应的应变速率为$2\times10^{-2}s^{-1}$,温度为1100℃;动态再结晶peak-2区域的峰值效率对应的应变速率为$2\times10^{-1}s^{-1}$,温度为1170℃;上述两个区域的最明显差异是应变速率的差异,peak-1区域的应变速率要比peak-2区域的应变速率要低1个数量级。其中peak-1区域所对应的$10^{-2}s^{-1}$数量级是和实际生产过程中液压机的应变速率相对应[5],更为重要的是,选择peak-1热加工工艺条件能获得更细小的晶粒组织。

因此,FGH96合金HIP锭坯的热塑性加工窗口为:变形温度范围在1090~1120℃,应变速率范围为$10^{-2}s^{-1}$数量级,单道次压下变形量控制在50%左右。

2.3.4 讨论

在盘件的锻造过程中,往往希望获得尽可能细小的晶粒组织。在粉末涡轮盘制备过程中,美英法等国家往往通过挤压来获得细晶组织。在没有大型挤压机的情况下,采用多次镦粗工艺也可以获得类似的效果。挤压或镦粗变形的温度常常选定在两相区,这是因为两相区变形高温合金开裂倾向比较小。当合金的变形加热温度在γ'相完全溶解温度以下20℃左右范围时,未溶解的γ'相含量约10%左右,尺寸为0.5~1.2μm,间距足够大,不至于对变形形成障碍,同时γ基体未完全强化,此时锻造效果往往是最好的[6,7]。

FGH96合金是粉末冶金高温合金,属于难变形高温合金(γ'相含量为35%左右),γ'相完全溶解温度为1130℃左右,根据照难变形高温合金的变形特点,细晶锻造温度区间应为1110℃左右,该温度位于加工图优化的热塑性锻造窗口内。

2.3.5 锻造后的细晶盘坯

在上述的热塑性锻造窗口内,对FGH96合金的热等静压锭坯进行了等温锻造。在锻造过程中,通过采用软包套保温,多道次等温锻造成形工艺,最终锻造出变形均匀,轮缘部位无开裂的盘坯(尺寸φ200mm),如图7(a)所示。对锻造后的盘坯取样进行显微组织分析,结果表明,锻造后在整个盘件不同部位均获得了细晶组织(晶粒度≥10级),如图7(b)所示(晶粒组织观察方向为沿锻造方向)。

(a) (b)

图7 锻造后的FGH96合金锭坯及显微组织

(a) 等温锻造后的盘坯;(b) 盘坯的细晶组织

Fig. 7 The as-forged pancake and the corresponding fine grain microstructure of FGH96 superalloy

(a) as-forged pancake; (b) fine grain microstructure of as-forged pancake

3 结论

(1) 建立了FGH96合金热塑性变形过程中的加工图,FGH96合金在热变形时呈现两个动态再结晶峰区。峰区peak-1区域:温度范围在1090~1120℃,应变速率范围为$5\times10^{-3}\sim2\times10^{-2}\mathrm{s}^{-1}$,峰值效率为27%;峰区peak-2区域:温度范围在1150~1170℃,应变速率范围为$1.5\times10^{-1}\sim2.5\times10^{-1}\mathrm{s}^{-1}$,峰值效率为32%。

(2) 根据热加工图,确定了FGH96合金的细晶盘坯锻造工艺:变形温度范围在1090~1120℃,应变速率范围为$10^{-2}\mathrm{s}^{-1}$数量级,单道次压下变形量控制在50%左右。

(3) 采用等温锻造工艺,对FGH96合金进行了等温锻造试验,获得了无开裂的细晶组织盘坯(ϕ200mm)。

参 考 文 献

[1] 胡本芙,章守华. 镍基粉末高温合金FGH95涡轮盘材料研究 [J]. 金属热处理学报,1997,18(3):28-31.

[2] Prasad Y V R K, Seshacharyulu T. Modelling of hot deformation for microstrucural control [J]. Int Mater Reviews, 1998, 43: 243-245.

[3] Prasad Y V R K, Sasidhara S. Hot working guide-A compendium of processing mapsl [M]. ASM, The Materials Information Society, 1997.

[4] Prasad Y V R K. Processing maps: a status report [J]. J Mater Eng Performance, 2003, 12(6): 638-640.

[5] 吕炎. 锻造工艺学 [M]. 北京:机械工业出版社,1995.

[6] 杨万宏. 高温合金涡轮盘的细晶超塑性模锻技术 [J]. 航空制造工程,1998,1:20-23.

[7] Anelli E. Application of mathematical model to hot rolling and controlled cooling of wire rods and bars [J]. ISIJ International, 1992, 32(4): 440-445.

(原文发表在《材料热处理学报》,2009,30(6):103-107.)

Microstructures and Mechanical Properties of As-HIP PM Superalloy FGH98

Jia Jian, Tao Yu, Zhang Yiwen, Zhang Ying

(Central Iron & Steel Research Institute, Beijing, 100081, China)

Abstract: FGH98 is currently researched as a new generation of powder metallurgy(PM)superalloy in China. Microstructures and mechanical properties of as-HIP(subsolvus and supersolvus HIP plus heat treated)FGH98 were evaluated. It presented a more outstanding performance than as-HIP FGH95, FGH96 and FGH97. As-HIP FGH95, FGH96 and FGH97 have been used as blade retainers and turbine disks in aero-engines in China.

Keywords: PM superalloy, FGH98, as-HIP, gamma prime

1 Introduction

Nickel-based powder metallurgy(PM)superalloys have been used in the hot sections of aero-engine for more than fifty years, mainly due to their improved strength, creep resistance, and better low cycle fatigue properties at higher temperatures than conventional cast and wrought superalloys[1-3].

Considering the grain size and composition, one can distinguish PM superalloys into three generations[4-6]. Initially, it was desirable to have high volume fractions of gamma prime and very fine grain size in order to achieve maximum tensile strength at low and intermediate temperatures, such as René95, FGH95, ЭП741НП. Second generation tried to increase the fatigue crack resistance via lower gamma prime volume fractions and intermediate grain size, like René88DT, U720Li, FGH96. FGH97 is equivalent with ЭП741НПу, which is a modification of ЭП741НП. Finally, more recent third generation alloys promote high gamma prime volume fractions with intermediate grain size, benefiting of large amount of strengthening addition elements(for instance Cr, Mo, Co, W, Ta, Ti and Al), such as René104, LSHR, Alloy10, and RR1000 [5]. FGH98 is China's third-generation PM superalloy, with a γ' content of about 50%.

PM superalloys are mainly processed by extrusion plus isothermal forging, or in the as-HIP conditions. At present, FGH98 was evaluated in the as-HIP condition since this type represents the potential for lower cost through elimination of extrusion and forging steps to produce near-net shapes.

2 Material and experimental procedure

The main composition of FGH98 used in this study is: $w(Co)=20.64\%$, $w(Cr)=12.72\%$,

$w(\text{Mo}) = 3.86\%$, $w(\text{W}) = 2.10\%$, $w(\text{Al}) = 3.46\%$, $w(\text{Ti}) = 3.70\%$, $w(\text{Nb}) = 0.9\%$, $w(\text{Ta}) = 2.38\%$, $w(\text{C}) = 0.053\%$. Powders of this composition were produced by plasma rotating electrode process. Once atomized, powders were screened under argon throughout to +50 ~ 150μm, and then processed by electrostatic separation to insure powder cleanliness. Afterwards, the clean powder was loaded into mild steel containers which were then vacuum degassed, sealed and consolidated by HIP.

The γ' solvus temperature of FGH98 was determined by isothermal heat treatment and optical observation, it ranged from 1160℃ to 1170℃. So two different HIP temperatures 1140℃ (subsolvus HIP) and 1180℃ (supersolvus HIP) were selected, the pressure was maintained at 130MPa, the soaking time was 4h. After HIPing, the billets were subsequently supersolvus solutioned at 1180℃ for 1.5h and quenched in a salt bath. They were then aged at 815℃ for 8h.

3 Results and discussion

3.1 Microstructures

Optical micrographs of FGH98 samples after HIP are shown in Fig. 1. They have a mean grain size of ASTM 6-7. When consolidated at 1140℃, the result was an inhomogeneous structure, we can see apparently prior particle boundaries (PPB) and residual dendrites, as is shown in Fig. 1(a). Increasing the HIP temperature to 1180℃ had a significant effect on the extent of recrystallization, it yielded an almost completely recrystallized structure, PPB and residual dendrites could not be observed in Fig. 1(b).

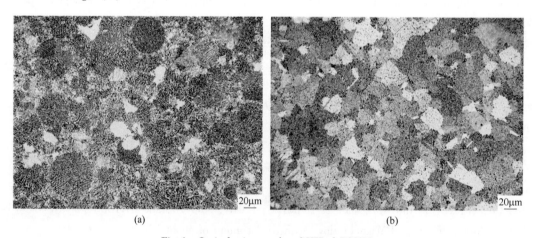

Fig. 1 Optical micrographs of HIPed FGH98
(a) subsolvus HIP; (b) supersolvus HIP

Fig. 2 shows SEM micrographs of γ' precipitates in the HIPed FGH98. When consolidated at 1140℃, γ' precipitates were distributed unevenly and varied in size and shape. As is shown in Fig. 2(b), upon HIP treating at 1180℃ almost all of γ' is taken into solution, final γ' precipitates were distributed quite evenly, mainly existed as butterfly-shape within grains and long strip-shape in grain boundaries.

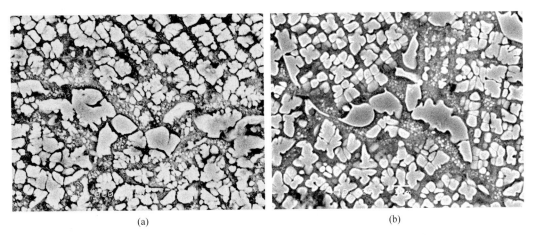

Fig. 2 SEM micrographs of γ′ precipitates in HIPed FGH98
(a) subsolvus HIP; (b) supersolvus HIP

When HIPed FGH98 specimens were heat treated by the same supersolvus solution and ageing treatment, final structures showed no distinct discrepancy. Both of them have an equal average grain size ranging from 30 to 35μm, equivalent to ASTM 7, as is shown in Fig. 3. But the microstructure of supersolvus HIP exhibits more homogeneous.

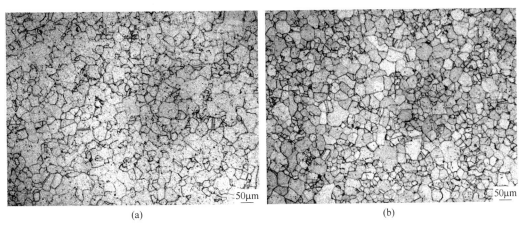

Fig. 3 Typical microstructures of as-HIP FGH98
(a) subsolvus HIP; (b) supersolvus HIP

3.2 Mechanical properties

To determine the effect of HIP treatment temperature on the mechanical properties of as-HIP FGH98, tensile, impact, creep and stress-rupture properties were evaluated for both subsolvus and supersolvus HIP specimens. Furthermore, those properties were compared with other as-HIP PM superalloys FGH95, FGH96 and FGH97, which are processed by their standard as-HIP routes.

Tensile tests were conducted over the temperature ranging from room-temperature to 815℃.

Fig. 4 show the effect of HIP treatment temperature on the tensile properties of as-HIP FGH98. Results indicated that the supersolvus HIP treatment produced the best combination of strength and ductility, it retains excellent strength and ductility up to 815℃. And FGH98 is superior to that of as-HIP FGH95, FGH96 and FGH97.

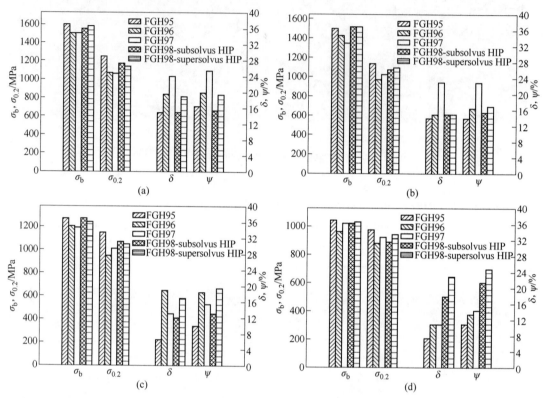

Fig. 4 Comparison of the tensile properties of as-HIP FGH98 with other PM superalloys
(a) room-temperature; (b) 650℃; (c) 750℃; (d) 815℃

Fig. 5 demonstrates that both subsolvus and supersolvus HIP FGH98 have improved impact properties compared with as-HIP FGH95, which are equivalent to FGH96 and FGH97. This implies that they have fine impact properties.

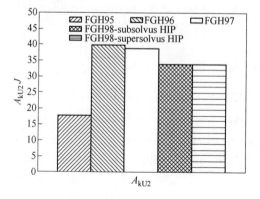

Fig. 5 Comparison of the impact properties of as-HIP FGH98 with other PM superalloys

Creep testing involved the testing of specimen to load at 750℃ in air. The specimen stressed at 450MPa was removed from the testing machines for 100 hours, final plastic deformation are compared in Fig. 6. As is shown in Fig. 7, indicated a significant advantage, slower creep rates, for the supersolvus HIP treatment compared to the subsolvus HIP treatment. It appears that the creep property of as-HIP FGH98 which is HIPed above γ' solvus is comparable to or even better than others.

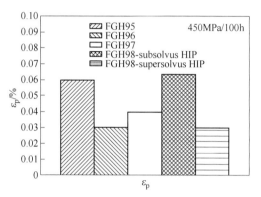

Fig. 6　Comparison of the creep properties at 750℃ of as-HIP FGH98 with other PM superalloys

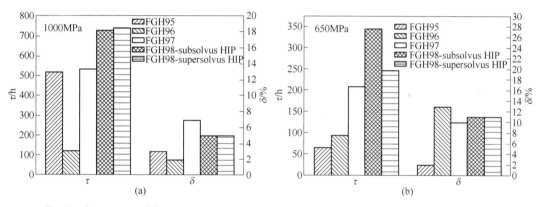

Fig. 7　Comparison of the stress-rupture properties of as-HIP FGH98 with other PM superalloys
(a) 650℃; (b) 750℃

Stress-rupture properties were determined at 650℃ and 750℃. The data for as-HIP FGH98 along with those for FGH95, FGH96 and FGH97 are summarized in Fig. 7. As can be noted, FGH98 shows both a strength and a temperature advantage over others, except stress-rupture elongation percentage which was slightly less than that of FGH97 at 650℃ and FGH96 at 750℃. The effect of HIP temperature on stress-rupture properties was not obvious.

As is seen from the above, although several other alloys showed superior performance for a single property value, FGH98 which is HIPed supersolvus exhibit the best overall balance of properties, the more extensive recrystallization produced at 1180℃ may have been responsible for this advantage in mechanical properties, since the 1180℃ solution treatment was probably not adequate to complete recrystallization of the larger particles in subsolvus(1140℃) HIP compacts. However, application of a higher solution temperature capable of fully recrystallizing the 1140℃

compacts might produce essentially equivalent microstructures and mechanical properties in materials consolidated over a wide temperature range, but that might induce grain growth coarsening. A thorough investigation of this effect was not pursued in this study. In addition, both subsolvus and supersolvus HIP alloys have mechanical properties that were nearly as good as the best alloy in each of the four property categories.

4 Conclusions

As-HIP FGH98 was evaluated for tensile, impact, creep and stress-rupture properties at room- and elevated-temperatures. The results show that the material exhibits predominant properties over a wide temperature range. It presented a more outstanding performance than as-HIP FGH95, FGH96 and FGH97.

The results of the work conducted to date indicate that as-HIP FGH98 may be suited for aero-engine applications. Additional testing is planned to further evaluate the low cycle fatigue behavior and fatigue crack growth resistance of this material to more fully evaluate its potential. There is still some way to go in development work at present to optimize process variables, i. e. HIP conditions and heat-treatment, to attain an optimum balance of tensile and stress-rupture strength and ductility. With these alternatives in mind the approach for manufacturing superalloy as-HIP-produced components is anticipated, it is an accepted economically attractive production route.

5 Acknowledgement

The auther would like to acknowledge the help he has received from Prof. Tao Yu, Zhang Yiwen and Zhang Ying. Without their helpful discussions during the course of this work, this article could not have been written.

References

[1] William Eisen. PM superalloys: past, present, and future [J]. Materials World(UK), 1996, 4(1): 22.
[2] M. R. Winstone, A Partridge, J. W. Brooks. The contribution of advanced high-temperature materials to future aero-engines, [in] proceedings of the Institution of Mechanical Engineers, Part L: Journal of Materials: Design and Applications. 2001, 215(2): 63.
[3] G. H. Gessinger, M. J. Bomford. Powder metallurgy of superalloys [J]. International Metallurgical Reviews, 1974, 19: 51.
[4] J. M. Silva, R. A. Cláudio, A. Sousa e Brito, C. M. Branco, J. Byrne. Characterization of powder metallurgy(PM)nickel base superalloys for aeronautical application [J]. Materials Science Forum. 2006, 514-516: 495.
[5] Jian Jia, Yu Tao, Yi-wen Zhang. Recent development of third generation PM superalloy René104 [J]. Powder Metallurgy Industry. 2007, 17(3): 36. (in Chinese).
[6] Hans Fecht, David Furrer. Processing of nickel-base superalloys for turbine engine disc applications [J]. Advanced Engineering Materials, 2000, 2(2): 777.

(原文发表在《RARE METALS》. 2009, 28(spec. issue): 136-140.)

时效制度对粉末冶金高温合金 FGH95
组织和性能的影响

贾建 陶宇 张义文 张莹

(钢铁研究总院高温材料研究所,北京 100081)

摘 要 研究了淬火处理的 FGH95 合金在不同时效制度下的显微组织和力学性能,并对室温 U 型缺口试样冲击断口进行了对比分析。结果表明:相同固溶淬火处理的 FGH95 合金,经过单级时效(700~800℃/12~24h/AC)和两级时效(800~900℃/1~5h/AC+600~700℃/16~30h/AC)处理后晶粒度相同,γ′相的形貌、尺寸和分布也无明显差异。二者的硬度、室温冲击韧性、室温和 650℃拉伸性能相当;单级时效后 650℃/1035MPa 的光滑持久寿命略高于两级时效,但持久塑性低于两级时效。FGH95 合金可以采用单级时效代替传统的双级时效处理。

关键词 FGH95 粉末冶金高温合金 单级时效 两级时效

Effect of Ageing Heat Treatment on Microstructures and Mechanical Properties of PM Superalloy FGH95

Jia Jian, Tao Yu, Zhang Yiwen, Zhang Ying

(High Temperature Materials Research Institute, Central Iron & Steel Research Institute, Beijing 100081, China)

Abstract: The effect of ageing on microstructures and mechanical properties was evaluated on quenched PM superalloy FGH95, and the U-notched specimen's impact fractures at room temperature were analyzed. The result of present research indicated that when quenched from the same subsolvus solution condition, the final grain size, morphology, size and distribution of ultimate gamma prime were uniform, whether it was aged in single-stage (700~800℃/12~24h/AC) or double-stage (800~900℃/1~5h/AC+600~700℃/16~30h/AC). Hardness, impact toughness, tensile property at room temperature and 650℃ of each ageing were equivalent. Aged in single-stage showed a longer stress-rupture life than that of double-stage at 650℃/1035MPa, except stress-rupture elongation percentage which was slightly less. Single-stage ageing can be applied instead of the conventional double-stage ageing into FGH95.

Keywords: FGH95, PM superalloy, single-stage ageing, double-stage ageing

FGH95 合金是我国研制的能在 650℃下长时间使用的第一代粉末冶金高温合金,具有高的屈服强度、优异的低周疲劳性能,但抗裂纹扩展能力弱,主要用于制造先进航空发动机的压气机盘、涡轮盘、涡轮盘挡板等。FGH95 合金涡轮盘挡板材料已经在研制的新型航空发动机中通过了台架试车、飞行考核及材料研制鉴定，进行了批量生产；直接热等静压成形的FGH95合金涡轮盘和导流盘也通过了盘件结构试验和装机考核，已成功用于先进涡轴发动机[1]。

FGH95合金与美国的粉末冶金高温合金René95相当，析出强化相γ′含量50%（质量分数），γ′相完全溶解温度为1160℃，γ′相的数量、形貌、尺寸和分布对合金的性能具有决定作用，主要通过热处理工艺调整γ′相的匹配从而获得最佳的综合性能[2,3]。René95合金的标准时效处理工艺有单级时效（700~800℃/12~24h/AC）和两级时效（800~900℃/1~5h/AC+600~700℃/16~30h/AC）两种[4-6]，文献［7-11］分别报道了热等静压温度、固溶温度、淬火冷却速度等与双级时效处理后FGH95合金组织和性能的关系，但目前尚未研究FGH95合金单级时效处理后的组织和性能。本文主要研究了单级时效、两级时效处理对经过相同固溶淬火处理的FGH95合金组织和性能的影响，探讨FGH95合金采用单级时效处理的可行性，从而降低生产成本，提高生产效率。

1 实验方法

采用等离子旋转电极（PREP）法制取的FGH95合金粉末，粉末筛分、静电去除夹杂物后装入低碳钢包套，再进行真空脱气、电子束封焊，选用粉末的粒度范围为50~100μm。将封焊好的包套在1180℃/130MPa/3h下热等静压成形（φ82mm×120mm），然后沿锭坯中心纵向剖开得到两个半圆柱体（1#和2#）。首先，1#和2#进行1140℃固溶淬火处理；然后1#做单级时效（700~800℃/12~24h/AC）处理，2#进行两级时效（800~900℃/1~5h/AC+600~700℃/16~30h/AC）处理。对比分析1#和2#热处理前后的组织变化以及时效后的力学性能。

2 实验结果与分析

2.1 显微组织

2.1.1 光学金相组织

利用光学金相显微镜观察1#和2#时效处理后的显微组织，如图1所示。两种时效制度处理后的晶粒度无明显区别，均为7.5~8.5级，组织中都存在少量的粉末原始颗粒边界（PPB）和残余枝晶。

2.1.2 γ′相

通常，镍基粉末冶金高温合金FGH95最终热处理后合金中γ′相可以分为三类：初次γ′相是亚固溶过程中未完全溶解而保留下来的，主要分布于晶界，尺寸稍大；二次γ′相是淬火时析出的，尺寸随淬火冷却速度的增加而减小，一般小于初次γ′相；三次γ′相是在后续时效过程中析出的，尺寸最小。时效温度和时间的不同，使三次γ′相析出的数量、尺寸和形貌有差异，可能导致三次γ′相的择优长大粗化，而对初次γ′相和二次γ′相影响不大。本节主要分析热处理过程中FGH95合金中γ′相的形貌、尺寸和分布变化。

图2为FGH95合金粉末经过1180℃/130MPa/3h热等静压成形后的γ′相形貌。在FGH95合金γ′相完全溶解温度以上的1180℃热等静压时，得到的是在热等静压冷却过程中析出的弥散分布的中等尺寸花朵状γ′和极少数在热等静压过程中未溶解而长大的长块状

γ′，晶界大尺寸 γ′周围还析出了大量细小的球状 γ′。γ′在整个组织中近似于均匀分布，在晶内主要为花朵状，而在晶界呈长块状。

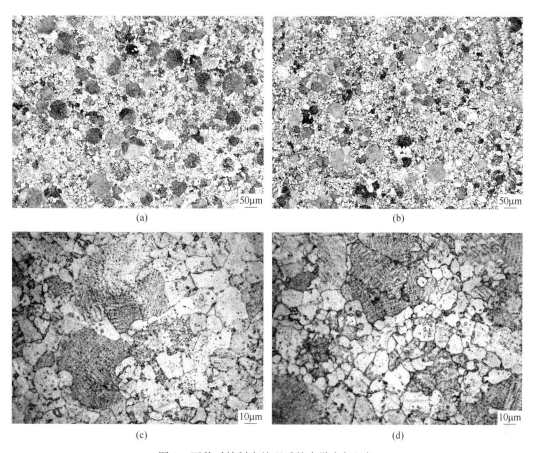

图 1　两种时效制度处理后的光学金相组织
(a), (c) 单级时效；(b), (d) 两级时效

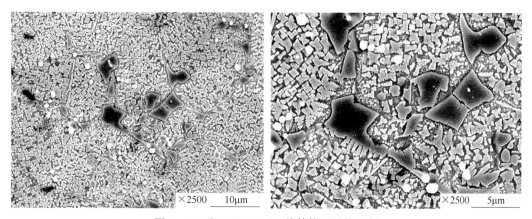

图 2　1180℃/130MPa/3h 热等静压后的 γ′相

FGH95 合金经 1140℃固溶淬火后的 γ′相形貌如图 3 所示，γ′相在整个组织中呈不均匀分布。晶界处存在一定量的大尺寸长条状 γ′，它们是固溶过程中未完全溶解而保留下来

的；晶内有大量不规则立方体形的中等尺寸 γ'，尺寸范围约 $0.25\sim0.45\mu m$，它们是过饱和固溶体盐浴淬火冷却时析出的；淬火冷却时沿晶界还析出了大量球状的小尺寸 γ'，尺寸范围约 $0.1\sim0.15\mu m$，这是因为晶界存在一定量的大尺寸 γ'，造成了 γ' 形成元素在晶界附近区域贫化，从而在淬火冷却时析出了小尺寸的 γ'[12]；部分 γ' 呈树枝晶方向排列，这是由于 HIP 过程中再结晶不完全和元素扩散不太充分，从而保留了粉末颗粒中 γ' 的铸态形貌。此外，还可以看到大量富 Nb、Ti 的 MC 型碳化物在整个组织中呈细小、弥散分布，尺寸范围较宽，约 $0.1\sim2.5\mu m$。

图 3　1140℃固溶淬火后的 γ' 相形貌

2#淬火后再经过 800~900℃/1~5h/AC 时效后的 γ' 相形貌如图 4 所示，可以明显看到组织中又析出了大量密集的小尺寸球状 γ'，尺寸范围约 $0.05\sim0.1\mu m$。

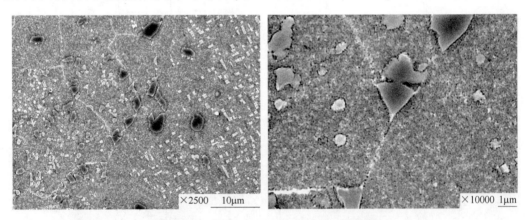

图 4　800~900℃/1~5h/AC 时效后 γ' 相形貌

1#、2#分别经过单级时效和双级时效处理后的 γ' 形貌如图 5 所示。1#经过 700~800℃/12~24h/AC 时效处理后，组织中析出了大量紧密排列的三次球状细小 γ'，尺寸范围约 $0.1\sim0.15\mu m$。而 2#经过 800~900℃/1~5h/AC+600~700℃/16~30h/AC 时效处理后，使 800~900℃/1~5h/AC 时效析出的细小 γ' 再经过 600~700℃/16~30h/AC 时效处理后有所长大，长大到 $0.1\sim0.15\mu m$ 左右。FGH95 合金经过单级时效和双级时效处理后合金中 γ' 的形貌、尺寸和分布无明显差异。

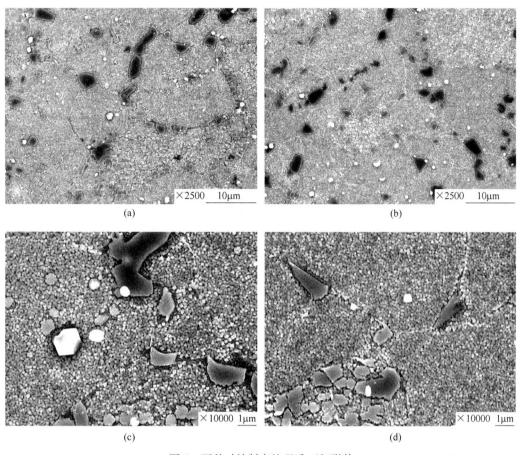

图 5 两种时效制度处理后 γ'相形貌
(a),(c) 单级时效;(b),(d) 两级时效

2.2 力学性能

2.2.1 硬度

室温下分别测定 FGH95 合金经过热等静压、固溶淬火、单级时效和两级时效后的硬度(HRC),见表 1。可知,该合金热等静压成形后再经过固溶淬火、时效处理后硬度逐渐增加,这是由于热处理过程中析出了大量的强化相 γ'。经过单级时效、两级时效后合金最终的硬度相当,表明二者合金中的 γ'相无明显差异。

表 1 FGH95 合金的室温硬度(HRC)

	硬度值(HRC)			硬度平均值
1180℃/130MPa/3h 热等静压后	40.4	40.2	40.7	40.4
1140℃固溶淬火后	42.5	42.3	43.0	42.6
单级时效后	46.5	46.6	47.0	46.7
两级时效后	46.8	46.5	46.6	46.6

2.2.2 室温冲击性能

FGH95 合金单级时效、两级时效处理后室温 U 形缺口试样（55mm×10mm×10mm 试样，缺口深度 2mm）冲击吸收功分别为 30J 和 28J，冲击韧性分别为 37.5J/cm^2、35J/cm^2，表明这两种时效制度处理后合金的冲击韧性相当。它们的冲击宏观断口如图 6 所示。二者宏观断口无明显差异，断面较平整，纤维区和剪切唇区的宏观特征不明显。

图 6　室温冲击宏观断口
（a）单级时效；（b）两级时效

微观断口显示，二者的纤维区和放射区相近，纤维区都有二次裂纹和韧窝，并可见个别沿粉末颗粒产生的二次裂纹，如图 7 所示。二者的放射区均可见少量沿粉末颗粒边界断裂的形貌，放射区有明显的二次裂纹，如图 8 所示。

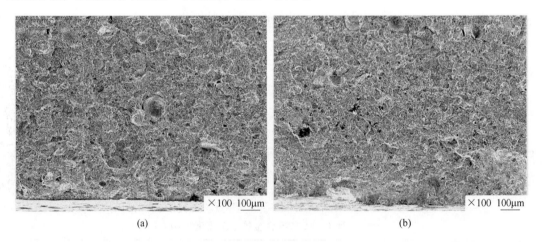

图 7　室温冲击断口纤维区
（a）单级时效；（b）两级时效

2.2.3 拉伸性能

FGH95 合金单级时效、两级时效处理后的拉伸性能，见表 2。可知，室温和 650℃下二者的抗拉强度和拉伸塑性相当。

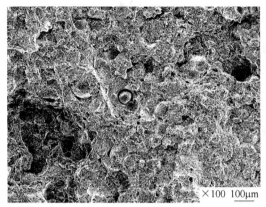 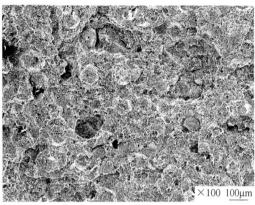

(a) (b)

图 8 室温冲击断口放射区

(a) 单级时效；(b) 两级时效

表 2 FGH95 合金的拉伸性能

	温度	σ_b/MPa	$\sigma_{0.2}$/MPa	δ/%	ψ/%
单级时效	室温	1590	1230	12.0	13.5
	650℃	1530	1130	13	16.0
		1510	1160	10	13.0
两级时效	室温	1630	1280	13.0	15.5
	650℃	1540	1160	11	14.5
		1510	1120	15	17.0

2.2.4 持久性能

FGH95 合金单级时效、两级时效处理后在 650℃/1035MPa 下的光滑持久性能，见表 3。可知，二者均达到了合金标准要求的持久寿命和持久伸长率。单级时效后合金的光滑持久寿命略优于两级时效，但持久塑性稍低于两级时效。

表 3 FGH95 合金的光滑持久性能（650℃/1035MPa）

	τ/h	δ/%	ψ/%	备注
单级时效	132.57	4	6	试验 50h 后，增加 15MPa 应力至 1050MPa，之后每 8h 增加 10MPa 应力。
两级时效	96.93	9	7	

3 结论

（1）单级时效（700~800℃/12~24h/AC）和两级时效（800~900℃/1~5h/AC+600~700℃/16~30h/AC）这两种时效方式，对通过 HIP+热处理工艺路线制备的相同固溶淬火处理的 FGH95 合金组织无显著影响，最终所获得的晶粒度、γ′形貌、尺寸和分布均无明显差异。

（2）经过上述两种时效制度处理后合金的硬度、U形缺口冲击韧性、室温和650℃拉伸性能相当。单级时效处理后在650℃/1035MPa的光滑持久寿命略高于两级时效，但持久塑性稍低于两级时效。

（3）FGH95合金通过HIP+热处理工艺路线制备时，可以采用单级时效代替传统的双级时效处理，从而有助于降低生产成本、提高生产效率。

参 考 文 献

[1] 张义文，陶宇. 我国粉末冶金高温合金研究成果及进展［A］. 师昌绪，仲增墉. 中国高温合金五十年［C］，2006：110-117.

[2] 邹金文，汪武祥. 粉末高温合金研究进展与应用［J］. 航空材料学报，2006，26(3)：244-250.

[3] 毛健，汪武祥，周瑞发. 粉末高温合金盘件的应用和发展［J］. 燃气涡轮试验与研究，1994，1：41-47.

[4] D. R. Chang, D. D. Krueger, R. A. Sprague, "Superalloy powder processing, properties and turbine disk applications," in Superalloys 1984［C］, Proceedings of the Fifth International Symposium on Superalloys, ed. by M. Gell, C. S. Kortovich, R. H. Bricknell et. al. (Warrendale, PA, USA：The Metallurgical Society of AIME, 1984), 245-273.

[5] J. L. Bartos, P. S. Mathur, "Development of hot isostatically pressed (As-HIP) powder metallurgy René95 turbine hardware," in Superalloys：Metallurgy and Manufacture［C］, Proceedings of the Third International Symposium on Superalloys, ed. By B. H. Kear, D. R. Muzyka, J. K. Tien et. al. (Seven Springs, PA, USA：Claitor's Publishing, Baton Rouge, 1976), 495-508.

[6] P. S. Mathur, J. L. Bartos. General Electric Company, Aircraft Engine Group. Development of hot isostatically pressed Rene95 Turbine Parts［R］. AD A043688, 1977.

[7] 呼和. 热等静压和热处理温度对等离子旋转电极FGH95粉末合金组织的影响［A］. 第三届全国机械工程材料青年学术年会，1998：62-65.

[8] 张义文，张莹，张凤戈，等. 固溶温度对FGH95粉末高温合金性能的影响［J］. 材料热处理学报，2002，23(3)：72-74.

[9] 贾成厂，尹法章，胡本芙，等. 热处理制度对粉末高温合金性能的影响［J］. 粉末冶金材料科学与工程，2006，11(3)：176-179.

[10] 邹金文，郭淑平. 热处理对FGH95合金组织的影响［J］. 钢铁研究学报，2003，15(7)：528-532.

[11] 胡本芙，尹法章，贾成厂. 热处理工艺对热挤压变形粉末高温合金FGH95组织与性能的影响［J］. 北京科技大学学报，2006，28(12)：1121-1125.

[12] A. Porter, B. Ralph. The recrystallization of nickel-base superalloys［J］. Journal of Materials Science, 1981，16(3)：707-713.

（原文发表在《粉末冶金工业》，2010，20(1)：25-31.）

粉末冶金高温合金 FGH97 的低周疲劳断裂特征

张莹　张义文　张娜　刘明东　刘建涛

（钢铁研究总院高温材料研究所，北京　100081）

摘　要　研究了粉末冶金镍基高温合金 FGH97 在 650℃，30~980MPa，1Hz 试验条件下的低周疲劳断口的宏观及微观特征，裂纹源的类型及其形貌特征，以及裂纹源的位置、缺陷类型、形状和尺寸对低周疲劳寿命的影响。结果表明，在本次试验条件下该合金的低周疲劳寿命均超过了 5000cyc；统计得出，低周疲劳断口裂纹源在表面的试样占 23%，在亚表面的占 47%，在试样内部的占 30%；裂纹源分平台、粉末颗粒、夹杂物三种类型，其中平台类型约占 5%，粉末颗粒间断裂占 15%，夹杂物占 80%。由统计分析和计算得出，不同类型裂纹源对疲劳寿命的影响程度不同：夹杂物最严重，其次异常粉末颗粒和局部塑性变形。

关键词　FGH97 粉末冶金高温合金　低周疲劳断口　裂纹源类型　低周疲劳寿命

Fracture Character of Low Cycle Fatigue of PM Superalloy FGH97

Zhang Ying, Zhang Yiwen, Zhang Na, Liu Mingdong, Liu Jiantao

(High Temperature Materials Research Institute, Central Iron and Steel Research Institute, Beijing 100081, China)

Abstract: Powder metallurgy (PM) nickel-based superalloy FGH97 has been researched in recent 10 years in China, which is particularly suitable for producing aircraft engine disks and shafts etc. In the range of operating temperature, the resistance to Low Cycle Fatigue (LCF) of PM nickel-based superalloy is one of the most important performances. In this paper the fracture features of LCF on PM nickel-based superalloy FGH97 were investigated. The study focused on macroscopic and microscopic features of LCF fractures under 650℃, 980~30MPa, 1Hz test conditions by optical microscope and SEM. The types and morphologies of failure origin were observed. The Effects of failure origin location and type, shape and size of defects located in fracture on LCF life were discussed. The results show that LCF life of all the specimens of FGH97 is over 5000 cycles under above test conditions. Statistically, 23% of LCF failure origins are on sample surface, 47% near surface and 30% in interior of sample. There are statistically three types of the LCF failure origin in this alloy: 5% grain facet, 15% of powder particle and 80% of inclusion. Based on the statistical analysis and theoretical calculation of the influences of three types of the LCF failure origin on LCF life, it can be concluded that the LCF life can be more severely affected by the inclusion than by the abnormal powder particle and partial plastic deformation.

Keywords: PM superalloy FGH97, fracture of LCF, types of failure origin, LCF life

现代高推比航空发动机的发展对高温合金性能的要求越来越高[1-2]。粉末冶金高温合金以具备晶粒细小、组织均匀、屈服强度高、疲劳性能好等优于其他合金的特点已成为制造先进航空发动机涡轮盘以及航空发动机的压气机盘、涡轮轴和涡轮盘挡板等高温承力转动等零部件的最佳材料[3-7]。

工作温度下的抗低周疲劳性是镍基粉末冶金高温合金的重要使用特征之一。夹杂物对粉末冶金高温合金低周疲劳寿命的影响备受关注[8-11]，然而针对该类合金的低周疲劳断口的形貌特征还没有进行过系统的研究。研究[12-14]表明，由于其独特的生产工艺，粉末冶金高温合金的断裂模式与传统工艺生产的铸造、变形高温合金具有一定的差异。该类合金的低周疲劳的断裂特征尤其是裂纹源的形貌特点与其疲劳寿命具有直接的关系。因此，开展断口的系统化研究，对于改善工艺，提高合金的力学性能具有直接的指导意义。粉末冶金镍基高温合金FGH97是我国近十年来研制的与EP741NP牌号相近的合金[15]，采用该合金粉末直接热等静压成形的航空发动机用盘、轴的质量已基本达到了该类合金的水平。为不断提高产品质量，使航空发动机用粉末冶金高温合金的盘、轴零部件达到完全国产化，有必要对所研制的合金做深入细致的总结。本文研究了该合金近200个低周疲劳试样的断裂特征，对650℃，980MP试验条件下的低周疲劳断口进行了重点分析探讨。

1 实验材料及方法

实验用FGH97合金的主要化学成分（质量分数,%）为 $w(Cr)=9.0$，$w(Co)=15.5$，$w(Mo)=4.0$，$w(W)=5.5$，$w(Al)=4.9$，$w(Ti)=1.8$，$w(Nb)=2.6$，$w(C)=0.04$，$w(Hf)=0.3$，Ni余量，采用真空感应炉熔炼母合金棒，应用等离子旋转电极工艺制粉。将粒度范围为50~150μm的成品合金粉末经脱气、装套、封焊后，直接热等静压成形并热处理后获得材料毛坯。热处理过程为：首先在1200℃固溶处理，再在870℃进行失效。

在100多个环状毛坯件上随机切取并加工成工作部直径为5mm的光滑低周疲劳试样。低周疲劳试样用MTS NEW810试验机在空气中进行，试验温度为650℃，加载应力上限为 $\sigma_{max}=980Mpa$，应力下限为 $\sigma_{min}=30MPa$，加载频率为1Hz。采用LEICA MZ6光学显微镜（OM）和JSM-6480LV型扫描电镜（SEM）观察分析低周疲劳试样断口的形貌及特征。

2 实验结果

2.1 低周疲劳断口的形貌特征

2.1.1 宏观形貌

FGH97合金低周疲劳试样断口宏观形貌如图1(a)~(c)所示。由图可见，每类断口上都存在裂纹源。按裂纹源在断口上的相对位置可分为表面，亚表面（离断口边缘距离$l\leq$1mm）和试样内部；统计结果表明，裂纹源在亚表面的居多，占47%，在表面的试样占23%，在试样内部的占30%。

裂纹源在试样断口上的位置不同，裂纹扩展的方式有所不同。图1(d)描绘了裂纹源位于试样亚表面的断口[图1(b)]形成示意图[13]。如图所示，产生于局部缺陷O处的疲劳裂纹首先在垂直于受力轴的平面上向四周扩展，形成一个圆形疲劳断裂区域I_a；当疲劳裂纹超出试样表面的瞬间I_a区结束，同时在应力状态发生剧烈变化和周围空气介质的影响下[8,13,16]，疲劳裂纹加速扩展，形成疲劳断裂区 I_b；裂纹继续扩展，形成拉伸撕裂区Ⅱ；进一步发展，最终过渡到剪切区Ⅲ。裂纹源位于试样表面时，疲劳裂纹呈扇形向试样内扩展[图1(a)]；裂纹源处于试样内部时，整个疲劳断裂发生和结束的全过程完全没有空气介质的渗入，因此形成以裂纹源为圆心的圆形疲劳断裂区 I_a[图1(c)]。

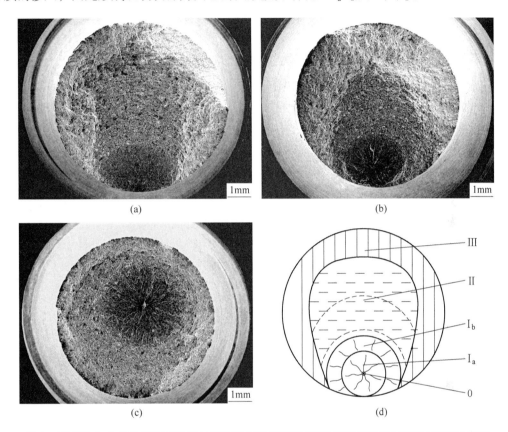

图1 FGH97合金低周疲劳试样断口宏观形貌及裂纹源位于试样亚表面时的断口形成示意图
Fig. 1 Macroscopic morphology of Low Cycle Fatigue(LCF)fractures of FGH97 alloy under 650℃, 980 MPa, 1 Hz when the failure origin at surface, near surface and in interior of a specimens and schematic illustration of a fracture forming when failure origin near surface
(a) at surface; (b) near surface; (c) in interior; (d) schematic illustration of a fracture forming
0—failure origin; I_a, I_b—cracks propagation zone; Ⅱ—tear zone; Ⅲ—shear zone

2.1.2 微观特征

图2示出了FGH97合金低周疲劳断口的微观形貌。图2(a)、(b)和(c)分别表示平台、粉末颗粒、夹杂物3种类型的疲劳源及其周边的微观形态。实验结果表明，裂纹源形态特征虽各不相同，但在裂纹萌生后，疲劳裂纹从扩展至瞬时断裂的微观特征基本一致。疲劳裂纹的扩展主要发生在图1(d)中的Ⅰ区，在裂纹源周围初始裂纹扩展阶段观察到放射状的扩展棱[图2(a)~(c)]。随着裂纹扩展第二阶段[16-17]的开始，在垂直于裂纹起源方向出现纤细的疲劳条纹[图2(d)]，随后可见到宽疲劳条纹[图2(e)]。疲劳条纹的间距与疲劳裂纹扩展速度基本对应。图1(d)中的Ⅱ区是裂纹扩展到瞬断的过渡阶段，

在Ⅰ、Ⅱ两区的交界处发现粗大的疲劳条纹和韧窝混合形貌，并伴随有明显的二次裂纹[图2(e)]。裂纹继续扩展，逐渐过渡到完全拉伸韧窝，图1(d)中剪切唇Ⅲ区为浅韧窝形貌，图2(f)表示Ⅱ区和Ⅲ区交界处的微观形貌。

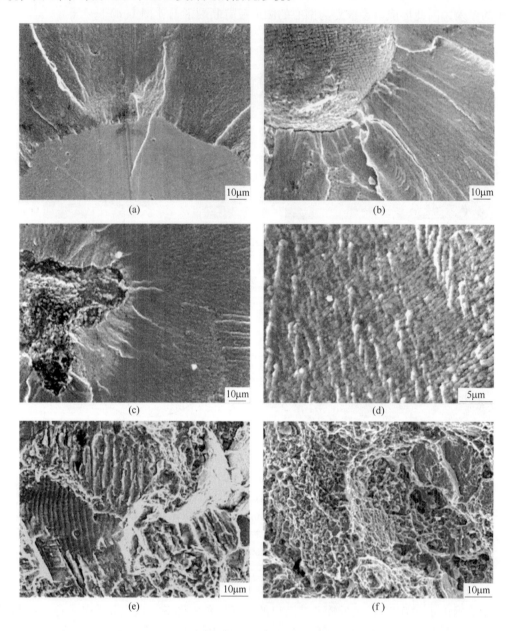

图2　FGH97合金低周疲劳断口的微观形貌

Fig. 2　Microstructures of LCF fractures of FGH97 alloy radial spread edges around failure origins on grain facet(a), powder particle(b) and inclusion(c) in zone I_a, fine fatigue striations in the zone I(d), wide fatigue striations and secondary cracks at the interface between Ⅰ and Ⅱ zones(e) and dimpled structure at the zones interface between Ⅱ and Ⅲ zones(f) [zones of I_a, Ⅰ, Ⅱ and Ⅲ are shown in Fig. 1(d)]

2.2 裂纹源的类型及其形貌特征

每一个断口的裂纹源都有各自的形貌特征,其对疲劳裂纹的萌生、扩展和疲劳寿命的影响各不相同。图 3 示出了不同类型的裂纹源形貌。由图可见,断口上裂纹源的形貌主要分为平台 [图 3(a)和(b)]、夹杂物 [图 3(c)],粉末颗粒 [图 3(d)] 三种类型。

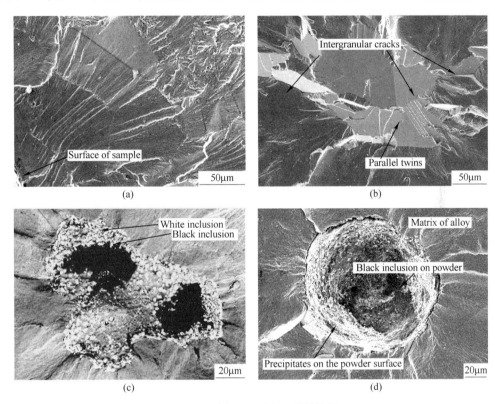

图 3 不同类型的裂纹源形貌特征

Fig. 3 Microstructures of different types failure origins

(a) grain facet on surface; (b) grain facet near surface; (c) inclusion; (d) powder particle

如图 3(a) 所示,平台类型的裂纹源通常位于试样的表面,没有冶金缺陷,该类疲劳源的萌生机制是滑移形核[16,18]。由于 FGH97 是高合金化的固溶强化合金,层错能低,在疲劳试验过程中交变载荷诱发平面滑移[17,19],形成的滑移带在交变应力作用下在试样表面产生"侵入"和"挤出"[16-18],经过一定的循环后滑移局部集中形成驻留滑移带,促进裂纹在表面形核,从而形成了该类疲劳源。由图 3(a) 可见,表面疲劳裂纹在扩展初始阶段沿着滑移面(最大切应力方向[16-18])向试样内部扩展。

图 3(b) 中的平台型裂纹源产生在试样内部,其形貌特征为一个或若干平面并伴随着孪晶和沿晶裂纹。在裂纹源处出现沿晶裂纹,这是由于高温下高温合金的晶界强度低于晶内,在高温低周疲劳条件下位错在晶界塞积,发生明显的位错与晶界的交互作用,造成晶界位错结构及点缺陷密度的变化,增大了晶界变形及形成晶界裂纹的可能[16,17,19,20]。此外,晶粒尺寸对裂纹形核起着明显的作用[17,21]。合金中的大晶粒[15]使自由滑动到晶界处堆积的位错增加,造成应力集中,促使裂纹萌生。在文献 [22] 中报道了在镍基 PM 高温

合金中由大尺寸晶粒形成的该类平台型裂纹源，疲劳裂纹起始按最大切应力方向沿着{111}滑移面扩展，孪晶界促进了初始疲劳裂纹的扩展。

图 4 示出了图 3(c) 和(d) 中不同位置的能谱分析（EDS）结果。结果表明，FGH97 合金中夹杂物萌生的裂纹源多数是混合类型的夹杂物[图 3(c)]，主要是含 C，O，Mg，Al 和 Si 等元素的黑色熔渣和陶瓷类[图 4(a)]，其周围分布着含 O，Hf 和 Ce 为主的白色氧化物粒子和未熔的添加合金元素[图 4(b)]。实验测得 FGH97 合金在 20～900℃ 之间的平均线膨胀系数 α_1 为 $14.6\times10^{-6}℃^{-1}$；弹性模量 E 在 20℃ 下为 222 GPa，750℃ 下为 181GPa。由于裂纹源的夹杂物并非单一的氧化物，有复杂的化学式，所以难以精确地测定其物理性能。文献[23，24]给出了在室温至 1000℃ 常见的氧化物 MgO、Al_2O_3、SiO_2、HfO_2 和莫来石（$3Al_2O_3 2SiO_2$）的平均线膨胀系数分别为 $14.0\times10^{-6}℃^{-1}$，$8.0\times10^{-6}℃^{-1}$，$0.5\times10^{-6}℃^{-1}$，$5.8\times10^{-6}℃^{-1}$ 和 $5.3\times10^{-6}℃^{-1}$；弹性模量分别为 1.96×10^{-3} GPa，363GPa，666GPa，380GPa 和 14.7GPa。

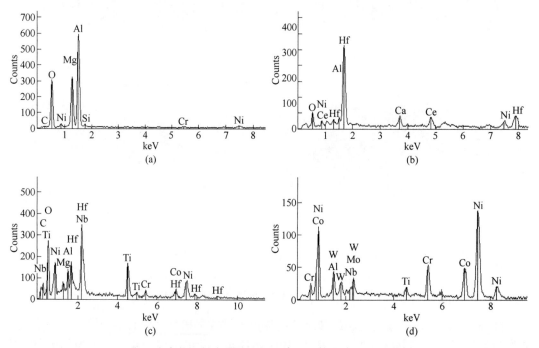

图 4　夹杂物、粉末颗粒表面和合金基体成分的 EDS 分析

Fig. 4　EDS results of the black inclusion(a)and white inclusion(b)in Fig. 3(c), precipitation on powder surface(c) and matrix of alloy(d)in Fig. 3(d)

由上述结果得知，夹杂物和合金基体具有不同的线膨胀系数和弹性模量，在加热过程中夹杂物和合金基体的变形率存在差异，使二者的界面极易萌生裂纹。裂纹源处夹杂物的物理特征取决于其中的主体氧化物，夹杂物的弹性模量、线膨胀系数和基体相差越大，越易形成应力集中[25,26]。在低周疲劳试验过程中，夹杂物与基体脱开或自身疲劳损伤之后，便在原来夹杂物处形成空洞，导致疲劳裂纹生成。

比较图 4(a)、(c) 和 (d) 可知，裂纹源区为粉末颗粒[图 3(d)]的特征是颗粒表面 C、O、Ti、Nb、Hf 和 Mg 等元素含量明显高于基体[因图 3(c) 和(d) 中黑色夹杂物成分相近，只给出了一个结果，见图4(a)]。这类粉末颗粒是制粉过程形成的少数异常"黑粉"[27,28]，在热成形过程中其表面较高的 C 和 O 与基体中的 Ti、Nb 及 Hf 等元素反应生成碳化物和氧化物粒子。也可能是在雾化制粉过程中当合金粉末完全冷却凝固时在其表面黏连了熔渣类夹杂物。粉末表面的杂质越多，与周围基体的密实程度越差，在疲劳试验过程中造成颗粒间断裂[12-14]，成为应力集中的裂纹源。

实验研究统计，其中裂纹源为平台类型占所观察断口约5%，粉末颗粒间断裂形貌占15%，夹杂物占80%。

3 分析讨论

图5为本次试验中FGH97合金低周疲劳寿命的统计分布，结果表明，该合金在650℃、最大应力为980MPa试验条件下的疲劳寿命均在5000cyc以上，其中疲劳寿命为5000~20000cyc的试样占25%，20000至50000cyc的占35%，100000cyc以上的为6%。

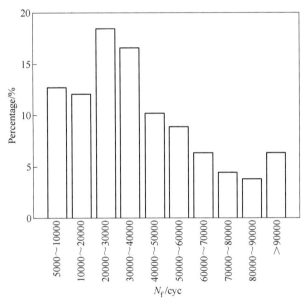

图5　650℃、980MPa、1Hz 实验条件下 FGH97 合金低周疲劳疲劳寿命统计图
Fig. 5　Statistic LCF life of FGH97 alloy under 650℃, 980MPa, 1Hz

试样中裂纹源位置及缺陷的类型、尺寸、形状等因素直接影响其抗疲劳性能。图6表示了在650℃、980MPa试验条件下裂纹源分别在断口表面、亚表面和靠近中心3个位置时的疲劳寿命以及不同尺寸的缺陷对疲劳寿命的影响。由图6可知，裂纹源靠近试样心部的平均疲劳寿命最高（N_f 大于50000cyc），在亚表面的次之（大于35000cyc），在表面的最低（大于10000cyc）。文献[8]报道镍基高温合金在高温低周疲劳下裂纹扩展速度在空气中是真空中的2~4倍，因此表面缺陷萌生的裂纹对疲劳寿命影响最大。相同尺寸的缺陷，裂纹源离断口表面越近，低周疲劳寿命越低。以尺寸为50μm的缺陷为例，缺陷在表面时 N_f 只有20000多 cyc；在亚表面时，N_f 将近50000cyc；当缺陷在心部，N_f 高达120000cyc；同时对比分析得出，裂纹源在同一位置时，缺陷尺寸越大，抗疲劳性能越差。

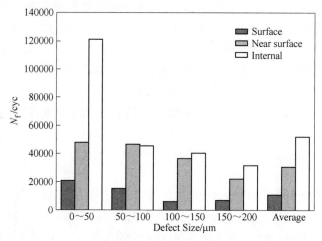

图6 裂纹源缺陷的位置及尺寸对FGH97合金低周疲劳寿命的影响

Fig. 6　Effect of defect location and size on PM FGH97 LCF life

由图6可见，当缺陷尺寸在该合金热等静压成形所使用的粉末粒度范围内（50～150μm）时，裂纹源在亚表面的试样的疲劳寿命要稍高于裂纹源在心部的试样或差别不大。这是由于在该范围内被统计的断口中在亚表面的粉末类型裂纹源多于心部，而心部的夹杂物类型疲劳源多于亚表面。

图7为应力聚集现象示意图，其中图7(a)表示粉末类型裂纹源周围的应力集中状态，图7(b)表示与图7(a)中粉末截面积相等，形状不规则且带有尖角夹杂物类型裂纹源周围的应力集状态。代表应力集中程度的应力集中系数K_t可用以下式[29]表示：

$$K_t = \sigma_{max}/\sigma = \left(1 + 2\sqrt{\frac{a}{\rho}}\right) \tag{1}$$

式中，σ_{max}为缺陷边缘的最大应力；σ为平均应力；a为圆的半径或椭圆的1/2长轴长；ρ为长轴端的曲率半径。

由式（1）计算得出图7(a)所示情况的应力集中系数$K_t=3$，而图7(b)所示情况的应力集中系数$K_t>3$。夹杂物的不规则形状起着尖缺口的作用[25]，应力集中的程度主要与

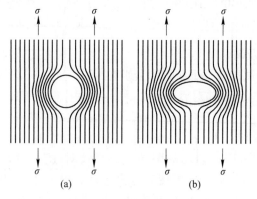

图7　应力聚集现象示意图

Fig. 7　Schematic illustration of stress concentration

(a) round; (b) ellipsoid

尖缺口的曲率半径 ρ 有关，曲率半径 ρ 越小，其应力集中系数 K_t 越大。

由 Paris 公式[16] $[da/dN=c(\Delta K)^n]$ 可得出，疲劳裂纹扩展速率 da/dN 主要受控于裂纹尖端的应力强度因子范围 ΔK。裂纹优先在垂直于拉应力方向的夹杂物尖角处萌生，其裂纹扩展速率要比球状的异常粉末颗粒快。裂纹尖端曲率半径越小，裂纹扩展越快，其疲劳寿命越低。加之夹杂物弹性模量与基体的差异促使应力集中促进裂纹萌生。因而，在尺寸和位置都相同的情况下，粉末颗粒间断裂对试样疲劳寿命的影响程度小于夹杂物裂纹源。实验结果统计，裂纹源区缺陷的尺寸一般在 $100\mu m$ 左右，个别夹杂物尺寸超过 $150\mu m$。裂纹源类型对疲劳寿命的影响程度：夹杂物最严重，其次异常粉末颗粒和局部塑性变形。

4 结论

（1）所研究的 FGH97 粉末冶金高温合金直接热等静压成形件的低周疲劳试验断口上都存在裂纹源，其位置分别在试样的表面、亚表面、中心。裂纹源在试样表面的占 23%，在亚表面的占 47%，在中心部位的占 30%。

（2）该合金的低周疲劳裂纹源有平台、粉末颗粒、夹杂物三种类型；平台类型约占 5%，粉末颗粒间断裂占 15%，夹杂物占 80%。

（3）该合金在 650℃、最大应力为 980MPa 实验条件下的低周疲劳寿命超过了 5000cyc. 裂纹源区缺陷的尺寸一般在 $100\mu m$ 左右，个别夹杂物尺寸超过 $150\mu m$。

（4）裂纹源的位置、尺寸、类型、形状直接影响该试样的抗疲劳性能。裂纹源离断口表面越近，萌生疲劳裂纹的缺陷尺寸越大，对疲劳寿命的影响越大。由统计分析和计算推理得出裂纹源类型对疲劳寿命的影响程度：夹杂物最严重，其次异常粉末颗粒和局部塑性变形。

参 考 文 献

[1] Wang R G, Gao K H. New Technology of Aero Engine, Beijing：Aero Industry Press, 2003：114.
王如根, 高坤华. 航空发动机新技术, 北京：航空工业出版社, 2003：114.

[2] Zhang W. Aero Engine, Beijing：Aero Industry Press, 2008：428.
张伟. 航空发动机, 北京：航空工业出版社, 2008：428.

[3] Garibov G S, Sizova L N, Noznicki Y A, Kolotnykov M E, Buslafski L S. *Technology of Light Alloy*, 2002（4）：106.
Гарибов Г С, Сизова Р Н, Ножницкий Ю А, Колотников М Е, Буславский Л С. Технология Легких Сплавов, 2002(4)：106.

[4] John C H. in Gerard R, ed., Proceedings of The 2005 International Conference on Hot Isostatic Pressing, Paris：SFM Press, 2005：3.

[5] Garibov G S. in Gerard R, ed., Proceedings of The 2005 International Conference on Hot Isostatic Pressing, Paris SFM Press, 2005：86.

[6] Gan Y, Tian Z L, Dong H, et al. China Mater Engineering Canon Vol. 2 Iron and Steel Mater Engineering (1), Beijing：Chemical Industry Press, 2006：785.
干勇, 田志凌, 董翰, 等. 中国材料工程大典第二卷钢铁材料工程（上）, 北京：化学工业出版社, 2006：785.

[7] Brian M T. in Stephen J M ed., Proceedings of The 2008 International Conference on Hot Isostatic Pressing, California: IHC Press, 2008: 3.

[8] Fainblon A C. In: koliagin H I ed., Powder Metallurgy №. 5. Moscow: VILS Press, 1989: 277.
Файнброн А С. Ор: Корягин Н И Металлургия гранул Вып. 5, Москва Россия: ВИЛС, 1989: 277−289.

[9] Shamblen C E, Chang D R. Metall Trans, 1985; 16B: 775.

[10] Huron E S, Roth P G, in Kissinger R D, Deye D J, Anton D L eds., Superalloys 1996, PA: TMS, 1996: 359.

[11] Zhang Y, Zhang Y W, Song P S. Powder Metal Ind, 2004; 14(2): 1.
张莹, 张义文, 宋璞生. 粉末冶金工业, 2004; 14(2): 1.

[12] Belzofski N Z, Fainblon A C, Volonbev N A. Metal, 1982; (6): 14.
Перцовский Н З, Файнброн А С, Воронбьев Н А. Металлы 1982; (6): 146.

[13] Fainblon A C, Berzofsky N Z, Savin V N. Metall and Heat Treat Met, 1993; (6): 32.
Файнброн А С, Перцовский Н З, Савин В Н. Металловедение и Термическая Обработка Металлов, 1993; (6): 32.

[14] Zhang Y, Zhang Y W, Liu M D, Zhang N. Proc 11th Symp on Superalloys, Beijing: Metallurgy Industry Press, 2007: 545.
张莹, 张义文, 刘明东, 张娜. 第十一届高温合金年会论文集, 北京: 冶金工业出版社, 2007: 545.

[15] Zhang Y, Zhang Y W, Zhang N, Jia J. J Aero Mater, 2008; (6): 3.
张莹, 张义文, 张娜, 贾建. 航空材料学报, 2008; (6): 3.

[16] Zhang J S. Material Deformation and Rupture at High Temperature, Beijing: Science Press, 2007: 401.
张俊善. 材料的高温变形与断裂, 北京: 科学出版社, 2007: 401.

[17] Chen G L. Superalloys, Beijing: Metallurgy Industry Press, 1988: 122.
陈国良. 高温合金学, 北京: 冶金工业出版社, 1988: 122.

[18] Cui Y X, Wang C L. Analyse of Metal Fracture Morphology, Harbin: Harbin Industry University Press, 2006: 125.
崔约贤, 王长利, 金属断口分析, 哈尔滨: 哈尔滨工业大学出版社, 2006: 125.

[19] Guo J T. Superalloy Mater (1) Beijing: Science Press, 2008: 494.
郭建亭. 高温合金材料学 (上册), 北京: 科学出版社, 2008: 494.

[20] Huang K Z, Xiao J M. Damnify Failure Mechanism and Macro Mechanics Theory of Mater, Beijing: Tsinghua University Press, 2000: 160.
黄克智, 肖纪美. 材料的损伤断裂机理和宏观力学理论, 北京: 清华大学出版社, 2000: 160−163.

[21] Liu X M. Microstructure and Mechanical Properties of Engineering Mater, Hefei: Technology University China Press, 2003: 145.
刘孝敏. 工程材料的微观结构和力学性能, 合肥: 中国科学技术大学出版社, 2003: 145.

[22] Miao J S, Pollck T M, Jones J W. In Roger C R, Kenneth A G eds., Superalloys 2008 PA: TMS, Press, 2008: 589.

[23] Xu X H, Feng G S. Technology Manual of Fireresisting Mater, Beijing: Metallurgy Industry Press, 2001: 133.
许晓海, 冯改山. 耐火材料技术手册, 北京: 冶金工业出版社, 2001: 133.

[24] Xiong B K, Yang X M, Luo F C, Zhang W. Application of Zr, Hf and Compound, Beijing: Metallurgy Industry Press, 2002: 73.

熊炳昆，杨新民，罗方承，张伟．锆铪及其化合物应用，北京：冶金工业出版社，2002：73.

[25] Lin J Z, Liu S H. Rupture and Fatique of Metal Material, Beijing: China Railway publishing House Press, 1989: 214.

林吉忠，刘淑华．金属材料的断裂与疲劳，北京：中国铁道出版社，1989：214.

[26] Zhang Y, Zhang Y W, Song P S, Zhang F G, Tao Y, Chen X C, Yang S Z. J Iron Steel Res, 2003; 15(6): 71.

张莹，张义文，宋璞生，张凤戈，陶宇，陈希春，杨仕仲．钢铁研究学报，2003；15(6)：71.

[27] Zhang Y, Liu M D, Zhang Y W, Powder Metall Ind, 2006; 16(6): 1.

张莹，刘明东，张义文．粉末冶金工业，2006；16(6)：1.

[28] Zhang Y, Dong Y, Zhang Y W, Lin Q Y. Powder Metall Ind, 2000; 10(6): 7.

张莹，董毅，张义文，林清英．粉末冶金工业，2000；10(6)：7.

[29] Cai Z G, Liu Y K, Wang C Z, Zheng W L. Metal Wear and Rupture, Shanghai: Shanghai Jiaotong University Press, 1985: 180.

蔡泽高，刘以宽，王承忠，郑文龙．金属磨损与断裂，上海：上海交通大学出版社，1985：180.

（原文发表在《金属学报》，2010，46(4)：444-450.）

FGH96合金双性能盘的组织与力学性能

刘建涛　陶宇　张义文　张国星

(钢铁研究总院高温材料研究所，北京　100081)

摘　要　通过对FGH96合金双性能粉末盘的显微组织分析和力学性能测试，结果表明：FGH96合金双性能盘的轮缘部位为5~6级晶粒度的粗晶组织，轮毂部位为10~11级晶粒度的细晶组织，过渡区域晶粒度介于5~11级之间，整个过渡区域晶粒组织过渡平缓，盘件不同区域无异常晶粒长大发生；盘件轮毂部位的γ'相呈细小球状分布，轮缘部位和幅板部位的γ'相则呈中等尺寸的方块状和细小球状分布。FGH96合金双性能盘件不同部位的强度和其显微组织具有良好的一致性，过渡区域的拉伸性能具有很好的强韧配合；整个盘件具有明显的双组织/双性能特征。

关键词　FGH96合金　涡轮盘　双组织　双性能

Microstructure and Mechanical Property of FGH96 Dual Property Disk

Liu Jiantao, Tao Yu, Zhang Yiwen, Zhang GuoXing

(High Temperature Materials Research Institute, Central Iron & Steel Research Institute, Beijing 100081, China)

Abstract: A dual grain structure was successfully obtained in FGH96 superalloy disk by heat treatment, consisting of different grains from bore to rim region. The grain size of rim, bore and middle regions in the disk is ASTM5-6, ASTM10-11, ASTM5-11, respectively. No abnormal grain growth occurrence is obsevred in different regions of dual property disk. The fine spherical γ' phase in bore region and fine spherical and cubic γ' phase in rim and middle regions is dispersively distributed in the FGH96 superalloy Tensile tests show that the different expected properties from bore to rim region in the disk are obtained. Dual microstructure and dual mechanical properties are the characteristics of FGH96 superalloy disk.

Keywords: FGH96 superalloy, turbine disk, dual microstructure, dual property

涡轮盘是航空发动机的关键热端部件，在工作状态下，整个盘件的工作温度从轮缘到轮毂沿着直径方向逐渐降低，受力则是从从轮缘到轮毂沿着直径方向逐渐升高。随着航空发动机推重比的提高，涡轮盘的工作温度越来越高，对涡轮盘的要求也越来越苛刻。基于涡轮盘的工况特点，人们提出了双性能涡轮盘的概念，双性能盘要求盘件的轮毂部位具有高的强度，轮缘部位具有优异的蠕变性能[1-3]。最早的双性能盘采用两种合金制备而成，即轮毂部位选用高强度的合金，而轮缘部位选用抗蠕变的另外一种合金，两种合金采用连接方式（如焊接、热等静压复合）结合起来，这种盘件的最大问题是连接区域往往会成为整个盘件的薄弱环节，这对于强调高度安全性的航空发动机来说是个隐患[2,3]。目前，采用一种合金制备出轮缘和轮毂部位具有不同显微组织的双组织/双性能盘成为大家关注的热点，即在盘件的轮毂部位获得细晶组织来保证高强度，轮缘部位获得粗晶组织来保证良好的蠕变性能，轮缘和轮毂部位之间的过渡区域（幅板位置）要求晶粒组织过渡平缓，这种盘件避免了因异种金属之间的连接而可能造成的安全隐患，完全符合高推重比发动机的工况要求，整个盘件安全系数显著提高。

在双性能盘研究领，美国率先在20世纪80年代起投入巨资进行研发，并最终在1997年前后获得成功应用，俄罗斯、英国、法国、日本等国也相继对双性能粉末盘展开研究，但目前尚未见应用的报道[1]。在借鉴国外双性能盘制备工艺的基础上，钢铁研究总院立足国内现有的装备条件，制备出了FGH96合金双性能涡轮盘盘件，截至目前，还没有看到国内其他相关的双性能盘制备报道。FGH96合金双性能盘制备流程可描述为：粉末制备→热等静压制坯→等温锻造成形→双组织热处理。通过对盘件的组织和力学性能初步分析表明，盘件具有显著的双组织/双性能特征。

1 试验材料及方法

FGH96合金为镍基γ′相沉淀强化型粉末冶金高温合金，基体为γ，主要强化相γ′相体积分数为35%左右，γ′相的完全溶解温度为1130~1140℃[4]。该合金的主要成分（%）为：$w(Cr)=16.00$，$w(Co)=12.70$，$w(W)=4.00$，$w(Al)=2.20$，$w(Ti)=3.70$，$w(C)=0.03$，其中Ni为基体。晶粒组织试样采用化学方法浸蚀，浸蚀剂为：$HCl+H_2O+CuSO_4$，晶粒组织观察在光学显微镜下进行。γ′相形貌试样采用电化学抛光与电化学浸蚀：首先用20%H_2SO_4+80%CH_3OH电解抛光（电压25~30V，时间15~20s），然后用170ml H_3PO_4+10mL H_2SO_4+15g CrO_3电解浸蚀（电压2~5V，时间2~5s），该方法可以清楚显示γ′相，γ′相观察在扫描电镜下进行。

2 试验结果及分析

2.1 双性能盘的显微组织

双性能盘要求盘件的轮毂部位具有均匀的细晶组织，轮缘部位具有粗晶组织，轮毂与轮缘的过渡区域晶粒组织界于粗晶与细晶之间，而且过渡平缓。图1为双性能盘的1/2盘件，剖面经过打磨并腐蚀，低倍腐蚀后的显微组织观察表明：轮缘和轮毂不同部位具有不同的颜色差异，这种颜色差异是轮缘与轮毂部位具有不同显微组织的反映。

对盘件不同部位切取的试样进行显微组织分析，其晶粒组织照片如图2所示。显而易见，盘件上不同部位获得了不同的晶粒组织，轮缘上获得了明显的粗晶组织，相当于晶粒度为5~6级，轮毂部位仍然保持细晶组织，相当于晶粒度为10~11级，幅板部位的晶粒度界于轮缘和轮毂之间。通过对整个端面上不同部位晶粒度评级结果表明，轮缘和轮毂部位之间的过渡区域晶粒组织过渡平缓，无明显分层现象，整个过渡区域晶粒组织没有明显突变。值得指出的是，通过对整个盘件的不同区域显微组织观察，未发现晶粒组织异常长大现象。

图 1 FGH96 合金双性能盘 1/2 解剖件

Fig. 1 Cross sectional photograph of FGH96 superalloy dual property disk

图 2 盘件不同部位的晶粒组织

（a）轮缘部位（晶粒度 5~6 级）；（b）过渡部位（晶粒度 7~8 级）；（c）轮毂部位（晶粒度 10~11 级）

Fig. 2 Optical micrographs showing in different region of FGH96 superalloy dual property disk

(a) grain at rim region(ASTM5~6); (b) grain at web region (ASTM7~8); (c) grain at bore region (ASTM7~8)

FGH96 合金为 γ' 相沉淀强化型高温合金，γ' 相含量约为 35%（质量分数），对于涡轮盘而言，高温下的力学性能不仅仅与晶粒度有关，而且与 γ' 相也有着重要关系。通过对盘件不同部位（轮缘、轮毂、幅板）的 γ′ 相形貌分析，结果表明，在显微组织方面，双性能盘件不仅体现在晶粒度方面的差异，而且体现在 γ′ 相的差异。图 3 为盘件不同部位的 γ′ 相形貌：轮缘部位的 γ′ 相为大、中、小尺寸分布，其中大尺寸 γ′ 相尺寸约为 200~400nm，以方形居多，中等尺寸 γ′ 相尺寸 50~100nm，小尺寸 γ′ 相尺寸小于 50nm；幅板部位的 γ′ 相形貌和轮缘部位相似，所不同的是，在照片视场中，幅板部位的中等尺寸 γ′ 相所占比例要高一些。轮毂部位的 γ′ 相形貌与轮缘和幅板部位存在较大差异，为大量的中等尺寸 γ′ 相和小尺寸 γ′ 相，其中中等尺寸 γ′ 相大小为 50~100nm，小尺寸 γ′ 相尺寸小于 50nm。这种不同区域的晶粒度和 γ′ 相的差异是盘件具有双性能特征的保证。

图 3 盘件不同部位的 γ′ 相形貌
(a) 轮缘部位的 γ′ 相形貌；(b) 过渡部位 γ′ 相形貌；(c) 轮毂部位的 γ′ 相形貌
Fig. 3 Morphology of γ′ in different regions for FGH96 superalloy dual property disk
(a) γ′ at rim region; (b) γ′ at web region; (c) γ′ at bore region

2.2 双性能盘的拉伸力学性能

轮缘和轮毂部位的双组织的特点决定了轮缘和轮毂部位具有双性能特征，为此，分别在盘件的轮缘（Rim）、幅板（web）、轮毂（bore）部位取样并进行力学性能测试。表 1 和表 2 为双性能盘不同部位取样的拉伸性能［拉伸试样及拉伸试验均按照国家标准（GB/T 228—2002）执行］。

表1 不同温度下盘件不同部位的弦向拉伸性能比较
Table 1 Tensile properties of FGH96 dual property disk at different temperature
(Specimen used for tensile test is taken from different region in tangential direction)

Sampling location	Temperature/℃	UTS/MPa	0.2%YS/MPa	Elongation/%	RA/%
Rim	20	1480	1040	23.0	28.5
Web	20	1570	1150	21.5	29.0
Bore	20	1610	1210	22.5	30.5
Rim	650	1420	975	21.0	21.5
Web	650	1440	1050	16.0	17.5
Bore	650	1460	1090	17.0	21.0
Rim	750	1140	915	11.0	14.5
Web	750	1140	1010	13.0	15.5
Bore	750	1160	1040	13.0	16.0

由表1性能数据知，在温度一定条件下，轮毂部位的拉伸强度（抗拉强度与屈服强度）值最高，幅板次之，轮缘最低，塑性（伸长率与断面收缩率）则差异不大。不同部位的拉伸性能表明：无论是在室温还是高温条件下，盘件的强度沿着轮毂—副板—轮缘方向呈现依次降低趋势。

实际上，在双性能盘不同部位力学性能中，人们往往最关心过渡区域的力学性能。对于双性能盘而言，过渡区域的晶粒组织不同于轮毂与轮缘区域，就整个过渡区域来说，其晶粒尺寸沿着盘件直径的方向是不断变化的，沿着直径方向向外，晶粒尺寸逐渐粗大，因此有理由认为，在整个盘件的不同部位中，过渡区域可能是一个薄弱环节。表2是对过渡区域进行拉伸性能测试的结果，拉伸试样取样方向为直径方向，拉伸试样在长度方向上贯穿了过渡区域的晶粒组织。表2与表1的性能数据结果表明：在相同的温度下，过渡区域在直径方向的拉伸强度介于轮毂和轮缘部位切向的拉伸强度之间，塑性参数中的伸长率均高于10%，这表明过渡区域的拉伸性能具有很好的强韧配合，过渡区域没有明显的力学性能突变。

表2 不同温度下盘件幅板部位的径向拉伸性能比较
Table 2 Tensile properties of FGH96 dual property disk at different temperature
(Specimen used for tensile test is taken from web region in radial direction)

Temperature/℃	UTS/MPa	0.2%Y.S/MPa	Elongation/%	RA/%
20	1520	1090	18.0	26.5
650	1440	1000	11.0	18.5
750	1140	915	13.0	14.5

2.3 讨论

FGH96合金双性能盘之所以在盘件不同部位具有不同的力学性能，归根结底是由盘件的显微组织决定的。

根据 Hall-Pitch 关系[5,6]，显然，细晶组织的轮毂部位强度要高于粗晶组织的轮缘部位，不同部位具有不同尺寸的晶粒组织是盘件获得双性能的重要前提。同时，对于 FGH96 合金本身而言，其强化机理同大多数镍基高温合金一样，为固溶强化、γ'相沉淀强化以及晶界强化，其中，通过热处理控制 γ'相的析出是控制力学性能的重要途径。

对于粉末高温合金而言，在高温条件下，其高温强度来自高的 γ'相含量和低的晶格错配度。FGH96 合金中的（Al+Ti+Nb）的质量分数为 8% 左右，室温下强化相 $Ni_3(Ti, Al, Nb)$ 的体积分数约为 40% 左右，即使在 750℃，强化相的体积分数也有 30% 以上[4]。双性能盘的不同部位的 γ'相形貌存在较大差异，轮毂部位（细晶组织）的 γ'相形貌以球状居多，而轮缘部位（粗晶组织）和过渡区域的 γ'相形貌则是以方块状和球形居多。一般情况下，γ'相形貌为球状时，其尺寸较小，为 10~100nm，此时 γ'相和 γ 基体呈共格界面，而 γ'相形貌为方块状时，其尺寸较大，为 100~800nm，甚至更大，此时 γ'相和 γ 基体呈半共格界面。高体积分数的球状的 γ'相作为强化相时，由于 γ'相和 γ 基体的高共格性，容易在 γ'相周围造成高的弹性应力场，这种高强的应力场会起到强化作用。同时这种细小的球形 γ'相由于与基体共格，具有和 γ 基体相同的晶体点阵，所以 γ'相能够被在基体滑移面位移的位错所切割，由于 γ'相为有序相，当位错线切入 γ'相时，便会形成一对超点阵和反相畴界（APB），形成了高的反相畴界能，增强了 γ'相的强化效果。对于双性能盘的中轮毂部位而言，其高体积分数的细小球状 γ'相正好起到了强化的作用。对于轮缘部位而言，其 γ'相的形貌以方块状和球状为主，γ'相的尺寸要较轮毂部位粗大。轮缘部位的方块状 γ'相之间具有较大的间距，此时运动位错和方块 γ'相之间的交互作用采取的是另外一种方式，即，Orowan 绕越机构，这种绕越机制所需要的临界切应力要较切割时要小[7]。考虑到在一定温度下高温合金中的 γ'相体积分数是一定的，因此，不难理解轮缘部位的强度会明显低于轮毂部位的强度。

可见，对于 FGH96 合金双性能盘而言，双性能是通过双组织来获得的。在满足双重晶粒组织的前提下，如何通过热处理来控制盘件不同部位的 γ'相形貌、数量、尺寸等对高温下盘件的性能显得尤为重要。

3 结论

（1）FGH96 合金双性能盘件的显微组织观察表明：盘件的轮缘部位为 5~6 级晶粒度的粗晶组织，轮毂部位为 10~11 级晶粒度的细晶组织，过渡区域晶粒度介于 5~11 级之间，整个过渡区域晶粒组织过渡平缓；盘件轮毂部位的 γ'相呈细小球状分布，轮缘部位和幅板部位的 γ'相则呈中等尺寸的方块状和细小球状分布。盘件不同部位的显微组织差异不仅体现在晶粒度方面，而且体现在 γ'相方面。

（2）FGH96 合金双性能盘件的拉伸性能测试表明：盘件的强度沿着轮毂—幅板（过渡区域）—轮缘方向呈现依次降低趋势，过渡区域在直径方向的拉伸强度介于轮毂和轮缘部位切向的拉伸强度之间，过渡区域的拉伸性能具有很好的强韧配合；整个盘件具有明显的双性能特征。

参 考 文 献

[1] 张义文，陶宇. 粉末高温合金的研究与发展. 新世纪高温合金的研究与发展论文集[C]. 北京：钢

铁研究总院高温材料研究所, 2002, 24-37.

[2] Mourer DP, Raymond E, Ganesh S, et al. Dual alloy disc development. Superalloys 1996 [C]. Kissing RD, Deby DJ, Anton DL, et al. TMS. 1996, 637-643.

[3] Gessinger G H, Bomford M J. Powder metallurgy of superalloys [J]. International Metallurgical Reviews, 1974, 19: 51-76.

[4] 刘建涛. 航空发动机双重组织涡轮盘用 FGH96 合金热加工行为的研究 [D]. 北京: 北京科技大学, 2005.

[5] 肖纪美. 合金相与相变 [M]. 北京: 冶金工业出版社, 2004.

[6] 余永宁. 金属学原理 [M]. 北京: 冶金工业出版社, 2000.

[7] 陈国良. 高温合金学 [M]. 北京: 冶金工业出版社, 1986.

(原文发表在《材料热处理学报》, 2010, 31(5): 71-74.)

热等静压冷却速度对粉末冶金高温合金组织及性能的影响

张义文　刘建涛　贾建　张莹

（钢铁研究总院高温材料研究所，北京　100081）

摘　要　设计了热等静压机冷速的模拟实验。采用两种冷速研究了热等静压（HIP）对粉末高温合金 γ′ 相形貌、尺寸及性能的影响。结果表明，由于 HIP 冷速低，析出的 γ′ 相尺寸大，在冷却过程中 γ′ 相发生了分裂，γ′ 相形貌发展成八瓣状、八瓣树枝状和树枝状；冷速越低，γ′ 相形貌趋向长成树枝状。两种冷速 HIP 处理的试样经热处理后，γ′ 相尺寸和形貌发生了改变，由于热处理冷速快，γ′ 相变为较为规则的细小方形，组织基本相同，力学性能几乎无差别。

关键词　粉末冶金　FGH95 高温合金　热等静压　冷却速度　γ′ 相形貌　力学性能

Effect of Cooling Rates of Hot Isostatic Pressing Process on PM Superalloy

Zhang Yiwen, Liu Jiantao, Jia Jian, Zhang Ying

(High Temperature Materials Research Institute, Central Iron & Steel Research Institute, Beijing 100081, China)

Abstract: The influence of cooling rates on γ′ morphology, size and mechanical property in PM superalloy FGH95 by simulating different cooling rates of HIP process was investigated. The experimental results show that the precipitated γ′ particle size in grain is large because of the slow cooling rate after HIP, the large γ′ particles separate due to low cooling rate. It produces octocube shape, octocube-dendritic and dendritic morphology of γ′. The lower cooling rate is, the more tendency γ′ morphology will change to dendritic shape. After final heat treatment, γ′ size and morphology for two different cooling rates samples have a few changes, γ′ size and morphology become regular small cube particles because of higher cooling rate of heat treatment, the microstructure and mechanical properties make no differences.

Keywords: PM, FGH95 superalloy, HIP, cooling rate, γ′ morphology, mechanical property

粉末冶金高温合金主要用于高性能航空发动机的涡轮盘、压气机盘、鼓筒轴和环形件等热端转动部件。目前粉末冶金高温合金制件批生产工艺路线有两种，一是热压实+热挤压+等温锻造工艺，另一种是直接热等静压（As-HIP）工艺。As-HIP 工艺具有工艺流程短、金属利用率高、成本低、近终成形，可以制造复杂形状部件等优点。对 As-HIP 工艺路线，HIP是决定制件性能的关键工序，因此HIP工艺参数的选择非常重要。HIP工艺参数主要包括升温速度、温度、压力、保温保压时间、降温速度等。对于粉末冶金高温合金升温速度没有特殊要求。有关温度、压力和保温保压时间影响的研究报道很多[1-16]，温度和压力是HIP压制的主要参数，根据组织的需要温度可以选择在γ′相全固溶温度以上或以下，压力要大于合金的屈服强度，一般在100MPa以上，在保证成分和组织均匀的前提下，保温保压时间一般不小于2h。然而降温速度（冷速）的影响尚未见报道。在热等静压处理高温合金精密铸件，消除疏松和气孔等铸造缺陷方面，冷速的影响有些研究报道[17-19]。对于处理铸件，热等静压冷速慢，析出相变得粗大，降低拉伸强度。热等静压机尺寸、结构以及装炉量不同，冷速不同。用不同的热等静压机压制，是否能够保证粉末冶金高温合金制件组织和性能的一致性，尚未见研究报道。因此，本文的研究目的是通过模拟实验研究热等静压机冷却速度对粉末冶金高温合金的组织和性能的影响。

1 实验材料和方法

选用FGH95合金作为实验材料，化学成分如表1所示。FGH95合金是γ′相（$Ni_3[Al, Ti]$）沉淀强化的镍基粉末冶金高温合金，γ′相完全固溶温度为1160℃，γ′相含量为50%（质量分数，以下相同）。采用等离子旋转电极工艺（PREP）制粉，粉末粒度为50~150μm。将压制后的锭坯放入可控温的热处理炉中进行模拟热等静压的冷却过程，模拟制度为：在1180℃保温4h，分别以V_{c1}（平均冷速3.4℃/min）和V_{c2}（平均冷速1.9℃/min）进行控制冷却。V_{c1}和V_{c2}是根据φ1200mm×2600mm和φ690mm×1100mm热等静压机的实际冷却速度（如图1所示）制定的（见表2）。模拟热等静压处理后的实验料再进行热处理，包括亚固溶处理（低于γ′相完全固溶温度）和两级时效，标准热处理制度（HT）为：1130~1150℃，1.5h，580~620℃盐浴淬火+870℃，1.5h，AC（空冷）+650℃，24h，AC。从实验料上切取试样，测试力学性能和用金相显微镜和SEM研究显微组织。

表1 FGH95合金的化学成分（质量分数）（%）

元素	C	Cr	Co	W	Mo	Al	Ti	Nb	Zr	B	Ni
含量	0.06	13.1	8.1	3.6	3.6	3.5	2.6	3.4	0.045	0.01	余

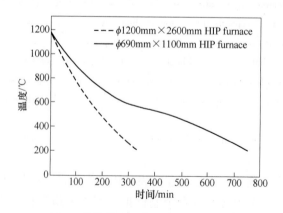

图1 热等静压机实际冷却速度曲线

表 2 模拟热等静压机冷却速度方案

模拟 φ1200mm×2600mm	热等静压机冷速 V_{c1}	模拟 φ690mm×1100mm	热等静压机冷速 V_{c2}
温度/℃	冷速/℃·min^{-1}	温度/℃	冷速/℃·min^{-1}
1180~924	4.26	1180~1004	2.93
924~732	3.2	1004~883	2.02
732~700	2.0	883~781	1.70
700~300	1.0	781~700	1.37
1180~650	3.4(平均)	700~300	1.00
		1180~650	1.9(平均)

2 实验结果及分析

2.1 显微组织

从图 2 可以看出，V_{c1} 和 V_{c2} 两种冷速的 HIP 态晶粒度没有差异，均为 6~7 级（30~40μm）。经过 1180℃保温 4h 处理后 γ′相完全回溶到 γ 基体中，在冷却过程中随着温度降低，γ′相在 γ 基体中的溶解度逐渐减小，γ′相又重新析出。由图 3(a)、(b) 可见，HIP 态组织主要由晶界大尺寸 γ′相和晶内小尺寸 γ′相组成，晶内 γ′相形状不规则，发生了分裂。冷速越低 γ′相形状越复杂。在冷速为 V_{c1} 的试样中，冷却析出的 γ′相形貌主要为八瓣状，见图 3(c)；在冷速为 V_{c2} 的试样中，还出现了类似金属凝固后的树枝晶一样的树枝状 γ′相，冷却析出的 γ′相形貌主要为多瓣状和树枝状，见图 3(d)。在其它高温合金中也观察到了这种形貌的 γ′相[20-27]。

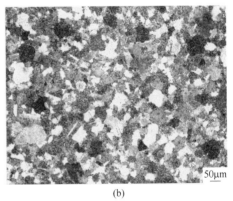

图 2 HIP 态的金相组织
(a) 冷速 V_{c1}；(b) 冷速 V_{c2}

γ′相析出是非均匀形核过程，在晶界上形核功比晶内小，γ′相在晶界上优先形核，在冷却过程中随着温度降低，γ′相在晶内形核。由于晶界上原子的扩散系数大，因此在冷却过程中 γ′相在晶界上长大速率比晶内大，使得晶界上 γ′相的尺寸比晶内大，见图 3(a)、(b)。冷速越小，有利于元素扩散和 γ′相长大，所以冷速为 V_{c2} 的试样中晶界和晶内 γ′相

尺寸比冷速为 V_{c1} 的试样中的大（见图3）。

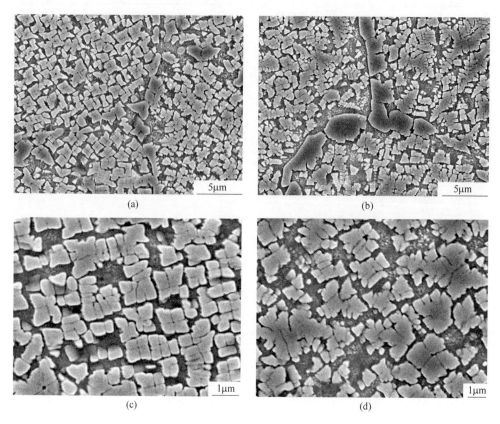

图 3 HIP 态 γ′ 相形貌
(a)、(c) 冷速 V_{c1}；(b)、(d) 冷速 V_{c2}

与 HIP 态相比，热处理（HT）后两种冷速试样的晶粒度没有变化，均为 6~7 级（30~40μm），但 γ′相尺寸和形貌发生了改变，两种冷速的试样中 γ′相尺寸和形貌基本一致。从图 4(a)、(b) 看出，热处理后组织由晶界块状 γ′相和晶内细小 γ′相组成。晶内 γ′相变为较为规则的方形，尺寸为 0.1~0.2μm，见图 4(c) 和 (d)。由于固溶温度低于 γ′相完全固溶温度，所以在晶界上仍然残留未完全溶解的 γ′相，并且在保温过程中发生了长大。两种冷速的试样经热处理后组织、相及其组成基本相同。标准热处理的 FGH95 合金由 γ、γ′、MC 型碳化物和 M_3B_2 型硼化物组成，γ′相的质量分数为 50%，MC 相为 0.46%，M_3B_2 相为 0.005%[28]。

在连续冷却条件下，晶内冷却析出的 γ′相尺寸与冷速的关系可用下式表示[29]：

$$d^n = \frac{A}{V_c} \tag{1}$$

式中，n, A 为常数；d 为 γ′相直径，μm；V_c 为冷速，℃/min。

从公式可以看出，冷速越大，γ′相尺寸越小。在 580~620℃ 盐浴等温淬火，冷却速度（大约 84℃/min）比模拟 HIP 冷速大得多，所以晶内析出的 γ′相尺寸比 HIP 态小，并且模拟两种冷速 HIP 处理+热处理后 γ′相尺寸相当，见图 3(c)、(d) 和图 4(c)、(d)。

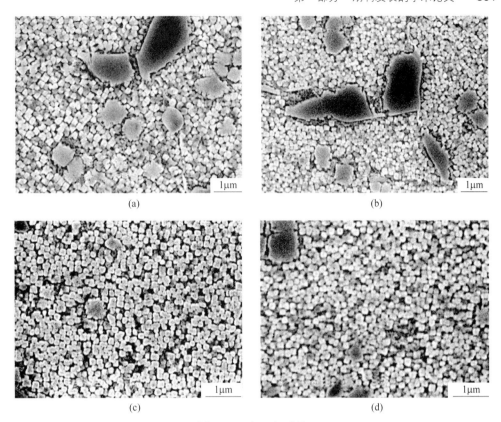

图 4 HT 态 γ′相形貌

(a), (c) 冷速 V_{c1}; (b), (d) 冷速 V_{c2}

2.2 力学性能

不同冷速下 HIP 态 γ′相尺寸和形貌有一定差别，但经过热处理后这种差别很小，γ′相尺寸、数量和分布相当，晶粒度没有变化，这决定了力学性能几乎无差别。γ′相大中小三种尺寸的配合保证了合金具有良好的拉伸强度、高温持久寿命和蠕变性能。室温和 650℃ 拉伸性能如图 5 所示，650℃ 持久性能见表 3，595℃ 蠕变性能见表 4。

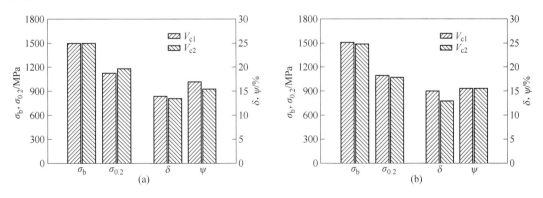

图 5 拉伸性能

(a) 室温；(b) 650℃

表3 650℃持久性能

冷速	σ/MPa	τ/h	δ/%	备注
V_{c1}	1035	72	3.5	超过50h后加载到1050MPa，以后每隔5h加载10MPa，总共加载5次
V_{c2}	1035	67	2.2	超过50h后加载到1050MPa，以后每隔5h加载10MPa，总共加载4次

表4 595℃蠕变性能

冷速	σ/MPa	τ/h	残余塑性变形 ε_p/%
V_{c1}	1035	50	0.11
V_{c2}	1035	50	0.06

3 讨论

根据经典形核理论，界面能和弹性应变能最小值的状态决定了γ′相的稳定形貌。在γ′相含量较高或在γ′相长大到一定尺寸的情况下，γ′相周围弹性应变场互相重叠，考虑到γ′相之间弹性相互作用，可用式（2）来表示单个γ′相长大时体系的能量[23]：

$$E = E_{str} + E_{\gamma'/\gamma} + E_{int} \tag{2}$$

式中 E 为总能量；E_{str} 为γ′相与γ相之间晶格错配引起的弹性应变能，晶格错配度越大，E_{str} 越大；$E_{\gamma'/\gamma}$ 为γ′/γ界面能，γ′相和γ相共格时，$E_{\gamma'/\gamma}$ 最小，γ′相和γ相非共格时，$E_{\gamma'/\gamma}$ 最大；E_{int} 为γ′相之间的弹性交互作用能，为负值，γ′相间距越小，E_{int} 越大。当 E 取得最小值时，γ′相达到了稳定形貌。γ′相尺寸较小时，γ′相的形状受 E_{str} 和 $E_{\gamma'/\gamma}$ 支配，即由晶格错配决定，随着错配增加，γ′相从球形到立方、片状转变。当γ′相长大到一定尺寸时，没完全完成这种转变，就会发生分裂。这种分裂现象可以由分裂后的γ′相颗粒之间的 E_{int} 抵消了由于分裂产生的 $E_{\gamma'/\gamma}$ 的增加来解释，此时 E_{int} 起着决定性作用。

冷速很大时，γ′/γ晶格错配度很小[30]，E_{str} 很小，同时元素扩散被抑制，与γ相共格的γ′相晶核不易长大，γ′相形貌受控于 $E_{\gamma'/\gamma}$，当γ′相为球形时，可使 $E_{\gamma'/\gamma}$ 值最小。冷速低时，γ′/γ晶格错配度增大[30]，E_{str} 增加，同时元素扩散增强，γ′相容易发生长大，随着晶格错配度增大和γ′相的长大，当 $E_{str} > E_{\gamma'/\gamma}$ 时，E_{str} 成为γ′相形貌的主要控制因素，γ′相形貌由球形变为方形，降低了 E_{str} 值。随着冷速降低和γ′相的长大，γ′相的形状发生变化，根据文献[31]和本文实验结果可用图6表示γ′相形貌的演化。

弹性交互作用能引起的γ′相分裂现象不仅是热力学问题，还与动力学有关。当冷速更低时，随着晶格错配度增大和γ′相的长大，E_{str} 更大，为降低总能量 E，γ′相发生分裂。文献[25, 27]中的研究结果表明，在方形γ′相 {100} 晶面上四个边的中间处弹性应变场最强，并且与富集的溶质原子之间的相互作用最强烈，这将成为γ′相发生分裂的起点。在γ′相⟨111⟩晶向具有更高的化学驱动力，长大速度相对较快，而在⟨100⟩晶向由于溶质原子的富集造成相对低的化学驱动力，长大速度较慢，结果γ′相 {100} 晶面变为具有负曲率半径的曲面，导致弹性应变能围绕γ′相⟨100⟩晶向的四个边中心附近的集中分布，而促使附近γ′相发生局部溶解，并逐渐形成凹状沟槽。随着曲率半径的增大，γ相在凹槽沿⟨100⟩方向逐渐浸入γ′相，最终形成蝴蝶状或八瓣状（见图6），弹性应力得到释放。

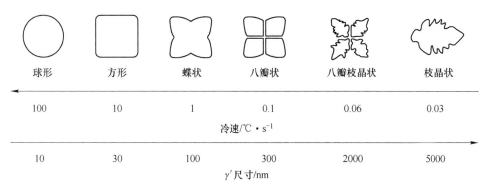

图6 γ′相形貌和尺寸随冷速变化示意图

文献[21]阐述了固态树枝状沉淀相形成需要满足以下四个条件：(1) 各向同性的界面能；(2) 沉淀析出相内具有低的扩散系数；(3) 两相之间具有低的晶格错配；(4) 沉淀相间距要大。FGH95合金的γ′相和γ相都是fcc结构，γ′相和γ相的晶格错配度很小，在冷速低的情况下，过冷度低，形核率低，初始冷却时γ′相析出密度小，上述四个条件基本能满足，γ′相发展成树枝状[见图7(b)]，或八瓣树枝状[见图7(a)]。冷却到低温后FGH95合金的γ′相含量达到了接近50%(质量分数)，由于γ′相之间弹性相互作用能E_{int}的作用，有的树枝状γ′相形成后，在长大过程发生分裂，成为小块状[见图7(b)]，降低了γ′相发展成树枝状的几率。但总的趋势是，随着冷速的降低，γ′相倾向于发展成树枝状。

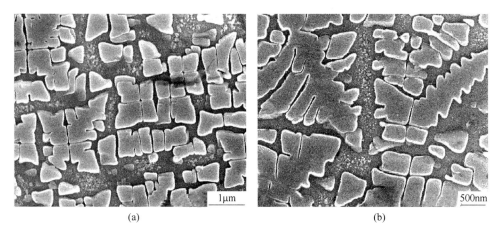

图7 γ′相形貌
(a) 冷速 V_{c1}；(b) 冷速 V_{c2}

4 结论

(1) HIP处理后，FGH95合金的组织由晶界大尺寸γ′相和晶内小尺寸γ′相组成。由于冷速低，晶内冷却析出的γ′相尺寸大，在冷却过程中γ′相发生了分裂，γ′相形貌发展成八瓣状、八瓣树枝状和树枝状；冷速越低，γ′相形貌越趋向长成树枝状。

(2) 与HIP态相比，热处理后γ′相尺寸和形貌发生了改变，在晶界上残留未完全溶

解的 γ′相发生了长大，由于热处理冷速快，晶内 γ′相变为较为规则的细小方形。

（3）不同冷速 HIP 处理的试样经热处理后的组织基本相同，力学性能几乎无差别。

（4）在不同冷速条件下 γ′相形貌的演化是一个很复杂的问题，关于演化机理需要进一步深入探讨。

参 考 文 献

[1] Raisson G, Honnorat Y. PM superalloy for high temperature components [C] //Kear B H, Muzyka D R, Tien J K, et al. Superalloys: Metallurgy and Manufacture. Louisiana: Claitor's Publishing Division, 1976: 473-482.

[2] Bartos J L, Mathur P S. Development of hot isostatically pressed (As-HIP) powder metallurgy René95 turbine hardware [C] //Kear B H, Muzyka D R, Tien J K, et al. Superalloys: Metallurgy and Manufacture. Louisiana: Claitor's Publishing Division, 1976: 495-508.

[3] Podob M T. Effect of heat treatment and slight chemistry variations on the physical metallurgy of hot isostatically pressed Low Carbon Astroloy powder [C] // Hausner H H, Taubenblat P W. Modern Developments in Powder Metallurgy. MPIF and APMI, 1977, 11: 25-44.

[4] Price P E, Widmer R, Runkle J C. Effect of hot isostatic pressing process variables on properties of consolidated superalloy powders [C] //Hausner H H, Taubenblat P W. Modern Developments in Powder Metallurgy. MPIF and APMI. 1977, 11: 45-62.

[5] Blacburn M J, Sprague R A. The production of components by hot isostatic pressing of nickel base superalloy powders [C] //Alexander J D et al. Forging and Properties of Aerospace Materials. London: The Metals Society. 1977: 350-370.

[6] Evans D J, Eng R D. Development of a high strength hot isostatically pressed (HIP) dick alloy, MERL76 [C] //Hausner H H, Antes H W, Smith G D. Modern Developments in Powder Metallurgy. Washington: MPIF and APMI. 1981, 14: 51-63.

[7] Davidson J H, Aubin C. The relationship between structure, properties and processing in powder metallurgy superalloys [C] //Brunetaud R, Coutsouradis D, Gibbons T B, et al. High Temperature Alloys for Gas Turbines. London: D. Reidel Publishing Company, 1982: 853-886.

[8] Prakash T L, et al. Microstructures and mechanical properties of hot isostatically pressed powder metallurgy alloy APK-1 [J]. Metallurgical Transactions A, 1983, 14(4): 733-742.

[9] Thamburaj R, et al. Influence of processing variables on prior particle boundary precipitation and mechanical behaviour in PM superalloy APK1 [J]. Powder Metallurgy, 1984, 27(3): 169-180.

[10] Kissinger R D, Nair S V, Tien, J K. Influence of powder particle size distribution and pressure on the kinetics of hot isostatic pressing (HIP) consolidation of PM superalloy René95 [C] //Maurice Gell, et al. Superalloys 1984. Pennsylvania: The Metallurgical Society of AIME, 1984: 285-294.

[11] Maurer G E, Castledine W, Schweizer F A, et al. Development of HIP consolidated PM superalloys for conventional forging to gas turbine engine components [C] //Kissinger R D, Deye D J, Anton D L, et al. Superalloys 1996. Pennsylvania: TMS, 1996: 645-652.

[12] Pierron X, Banik A, Maurer G E, et al. Sub-solidus HIP process for PM superalloy conventional billet conversion [C] //Pollock T M, Kissinger R D, Bowman, et al. Superalloys 2000. Pennsylvania: TMS, 2000: 425-433.

[13] 王慧芳,俞淑延. 热等静压温度对粉末冶金合金成形态材料的影响的初步研究 [J]. 钢铁研究院报, 1985, 5(3): 281-287.

[14] 张义文,上官永恒,苗玉来. 热等静压温度对 PREP 粉末高温合金组织和性能的影响[J]. 稀有金属,1999,增刊23:60-62.

[15] 王旭青,何峰,罗学军,等. 热等静压温度对 FGH95 粉末高温合金显微组织的影响[J]. 钢铁研究学报,2003,15(7):505-507.

[16] 贾建,陶宇,张义文,等. 热等静压温度对新型粉末冶金高温合金显微组织的影响[J]. 航空材料学报,2008,28(3):20-23.

[17] 呼和,王武祥. 镍基铸造高温合金热等静压处理的研究[J]. 材料开发与应用,1996,11(5):27-32.

[18] 呼和,王武祥. 热等静压处理后冷却速度对细晶 K418 合金力学性能的影响[C]//王声宏,陈宏霞,唐安清. 等静压技术进展. 北京:冶金工业出版社,1996:195-202.

[19] 呼和,王武祥,刘志中. 热等静压(HIP)工艺参数对 K5 合金组织与力学性能影响的研究[J]. 材料工程,1995(6):27-30.

[20] Westbrook J H. Precipitation of Ni_3Al from nickel solid solution as ogdoadically diced cubes [J]. Zeitschrift für Kristallographie, 1958, 110(1): 21-29.

[21] Doherty R D. Role of interfaces in kinetics of internal shape changes [J]. Metal Science, 1982, 16(1): 1-13.

[22] Ricks R A, Porter A J, Ecob R C. The growte of γ' precipitates in nickel-base superalloy[J]. Acta Metallurgica, 1983, 38: 43-53.

[23] Doi M, Miyazaki T, Wakatsuki T. The effect of elastic interaction energy on the morphology of precipitates in nickel-based superalloys [J]. Materials Science and Engineering, 1984, 67: 247-253.

[24] Doi M, Miyazaki T, Wakatsuki T. The Effects of elastic interaction energy on the γ' precipitate morphology of continuously cooled nickel-base alloys [J]. Materials Science and Engineering, 1985, 74(2): 139-145.

[25] Qiu Y Y. Retarded coarsening phenomenon of γ' particles in Ni-based alloy [J]. Acta Materialia, 1996, 44(12): 4969-4980.

[26] Furrer D U, Fecht H J. γ' formation in superalloy U720LI [J]. Scripta Materialia, 1999, 40(11): 1215-1220.

[27] Cha P R, Yeon D H, Chung S H. Phase-field study for the splitting mechanism of coherent misfitting precipitates in anisotropic elastic media [J]. Scripta Materialia, 2005, 52: 1241-1245.

[28] 张义文,陶宇,张莹,等. 粉末冶金高温合金的组织和性能研究[C]//中国金属学会高温材料分会. 动力与能源用高温结构材料. 北京:冶金工业出版社,2007:501-506.

[29] 何蜂,汪武祥,万宏,等. FGH95 合金连续冷却条件下 γ' 相析出过程的研究[J]. 航空材料学报,2000,20(1):22-26.

[30] Mitchell R J, Preuss M, Tin S, et al. The influence of cooling rate from temperatures above the γ' solvus on morphology, mismatch and hardness in advanced polycrystalline nickel-base superalloys [J]. Materials Science and Engineering A, 2008, 473: 158-165.

[31] Mao Jian. Gamma Prime Precipitation modeling and Strength Responses in Powder Metallurgy Superalloys [D]. Morgantown: West Virginia University, 2002: 25.

(原文发表在《粉末冶金工业》,2010,20(6):11-17.)

Microstructure Characterization and Mechanical Properties of FGH95 Turbine Blade Retainers

Tao Yu, Jia Jian, Liu Jiantao

(Central Iron and Steel Research Institute, Beijing 100081, China)

Abstract: FGH95 is a powder metallurgy (PM) processed superalloy, which was developed in the 1980s in China. One of the applications of FGH95 was for high pressure turbine blade retainers. The manufacturing processes used to produce FGH95 blade retainers consisted of atomization by plasma rotating electrode process (PREP), hot isostatic pressing (HIP) at super-solvus temperature and a heat treatment with sub-solvus solution. The material had an equiaxed grain structure (ASTM 6.5~7.5). The γ' precipitates in as-HIP FGH95 showed a tri-model distribution. Carbides in the alloy were type of MC and precipitated at grain boundaries. The prior particle boundaries (PPB) in the material were found to originated mainly from γ' phase. Statistics of the mechanical properties data from batch production of the FGH95 blade retainers were investigated. The as-HIP FGH95 blade retainers showed high strength at room temperature and 650℃, excellent creep resistance and outstanding stress rupture strength at 650℃.

Keywords: FGH95, as-HIP, PM superalloy, blade retainer, microstructure, mechanical property

FGH95 is a powder metallurgy (PM) processed nickel-base superalloy, which was developed in the 1980s in China and has been used for manufacturing the rotor components of aircraft engines for many years. This alloy has a nominal composition (in mass fraction) of Al 3.5%, B 0.01%, C 0.06%, Co 8%, Cr 13%, Mo 3.5%, Nb 3.5%, Ti 2.5%, W 3.5%, Zr 0.05%, and Ni balance[1]. FGH95 high pressure turbine blade retainers were produced by a processing route with hot isostatic pressing plus heat treatment (as-HIP). In powder manufacture, vacuum induction melted rods were atomized by plasma rotating electrode process (PREP). Because of the relatively coarser size (average 100 μm), the PREP powder particles exhibited a dendritic microstructure. To eliminate residual dendrites, which were believed harmful to properties of the as-HIPed material, the HIP temperature was increased from sub-solvus to super-solvus (between 1160℃ and 1210℃)[2]. Subsequent heat treatment included a solution at 1140℃ for 1h followed by a 600℃ salt quench and double aging treatments (870℃ for 1h, air cooled and 650℃ for 24h, air cooled).

For high pressure turbine blade retainers, there are no test rings attached to the parts; therefore, a certain number of parts have to be destructively tested to assure product quality. 7 to 10 pieces of blade retainers, which were cut from the same billet machined from one container, constituted a so-called container lot. Usually, one part in every container lot was cut up and completely evaluated. Typical microstructure of FGH95 blade retainers and the property data from the most recent 50 container lots representing approximately 350 parts and including approximately 800 tests have been analyzed for this presentation.

1 Microstructural Characterization

The etched metallographic section of the alloy exhibited a uniform equiaxed grain microstructure. The coarser PREP powder particles and the super-solvus HIP temperature provided a slightly larger grain size. The average grain sizes of as-HIP FGH 95 ranged from ASTM 6.5 to 7.5. A typical microstructure representative of the material is shown in Fig. 1.

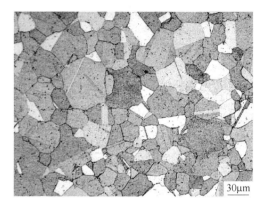

Fig. 1 Typical grain microstructure of as-HIP FGH95

The phase analysis by electrolytic extraction and separation showed that the precipitates of as-HIP FGH95 were γ', MC carbide and trace of M_3B_2 phases. Fig. 2 displays a typical size distribution of γ' precipitates and their morphologies in the material.

A tri-model distribution of γ' precipitates in as-HIP FGH95 was observed. The coarse γ' precipitates exhibited irregular blocky shapes with a size greater than 1μm, and mainly precipitated at the grain boundaries; the largest observed was over 5μm, as shown in Fig. 2 (b). These precipitates formed during HIP cycle with lower cooling rate and further grew up during the sub-solvus solution heat treatment. The medium γ' precipitates, which sizes were between 0.5 and 1μm in diameter, formed intragranularly during the sub-solvus solution heat treatment and quenching. These precipitates grew with their edges approximately aligned along preferred crystallographic planes to produce regularly aligned cubes or octocubes, as exhibited in Fig. 2 (c). The fine γ' precipitates, which sizes were around 0.1 μm, formed later during solution quenching and subsequent lower temperature aging treatments. These very small precipitates were nearly spherical, as shown in Fig. 2 (d). An X-ray diffraction (XRD) analysis for residual extraction of as-HIP FGH 95 showed that the formula of γ' phase was $(Ni_{0.935}Co_{0.049}Fe_{0.001}Cr_{0.015})_3(Cr_{0.046}Al_{0.537}W_{0.029}Ti_{0.227}Mo_{0.028}Nb_{0.134})$. The lattice parameter of the γ' phase was measured at 0.359~0.360 nm. The mass fraction of γ' in as-HIP FGH95 was about 50%.

Fig. 3 shows that the primary MC carbides (white particles) precipitated at grain boundaries.

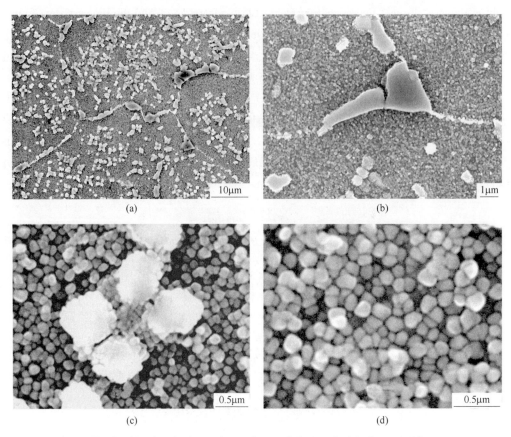

Fig. 2 Size distribution and particle morphologies of γ′ in the material
(a) size distribution of γ′; (b) coarse γ′ particles; (c) medium γ′ particles; (d) fine γ′ particles

The majority of carbides, with sizes about 1 μm, exhibited a cube shape. The formula of MC carbides was decided as $(Cr_{0.019}W_{0.012}Ti_{0.364}Mo_{0.029}Nb_{0.577})C$ by a XRD analysis on the residue extracted from as-HIP FGH 95. The lattice parameter of the MC carbides was determined at 0.441~0.442nm.

Fig. 3 MC carbides in as-HIP FGH95

The prior particle boundaries (PPB) were considered to form as a result of carbon segregation on powder particle surface during consolidation and contamination in outer boundary of powder particles. The PPB precipitates were identified as carbides, nitrides or oxy-carbo-nitrides[3,4]. The PPB particles were also found in as-HIP FGH95, as shown in Fig. 4. It is quite different from what reported in literatures that the majority of PPB precipitates found in as-HIP FGH95 were mainly constituted by γ' phase. Fig. 4 shows a SEM backscatter electron image of a specimen etched electrolytically, by which the γ phase was dissolved so that γ' protruded from the matrix. The PPB particles were indicated by arrowheads.

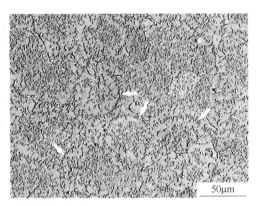

Fig. 4　PPB's found in as-HIP FGH95

Sometimes, PPB particles could also be observed on the fracture surface of impact specimens, as shown in Fig. 5. In a certain extent, it is believed that the PPB particles originated from γ' phase were related to characteristics of the powder particles atomized by PREP. It is well known, that PPB networks resulted from carbides, nitrides or oxy-carbo-nitrides affect the tensile ductility and stress rupture properties of as-HIPed materials adversely[5-7]. But the effects of PPB particles originated from γ' phase on the properties of as-HIPed FGH95 blade retainers are still unclear. More detailed researches are needed to do in the future.

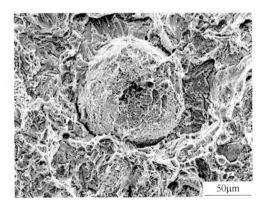

Fig. 5　PPB particle found in the fracture of an impact specimen

2　Mechanical Properties

Mechanical Properties, including tensile, stress rupture, plastic creep, sustained-peak low cycle fatigue (SPLCF) and hardness, were tested in cut-up parts for evaluating product quality of as-HIP FGH95 blade retainers. Tensile tests were conducted at room temperature and 650℃. Stress rupture properties were determined at 650℃ and 1035MPa. Creep specimens were examined at 595℃ and 1035MPa for 50 h. Hardness was measured at room temperature. Statistics on data of tests mentioned above are shown in Table 1. Statistical analyses of these data are exhibited in Fig. 6 to Fig. 9.

Table 1 Statistics on Property Data of as-HIP FGH95 Blade Retainers

	Tested Properties	Max	Mean	Min	Standard Deviation	C. V.[5]/%
R. T.[1] Tensile (total 144 tests)	R_m[2]/MPa	1673	1588	1460	26	1.64
	$R_{p0.2}$[3]/MPa	1286	1230	1130	29	2.36
	A/%	18	14.9	9.5	1.9	12.75
	Z[4]/%	24	16.9	7.3	2.4	14.20
650℃ Tensile (total 191 tests)	R_m/MPa	1575	1500	1360	24	1.60
	$R_{p0.2}$/MPa	1208	1130	1050	30	2.48
	A/%	20	13.3	6	2.2	16.54
	Z/%	23	15.7	10.5	2.2	14.01
650℃/1035MPa Rupture (total 93 tests)	Rupture Life/h	1268	252	76	164	65.08
	A/%	14	3.7	1	1.9	51.35
595℃/1035MPa/50h Creep (total 100 tests)	Creep Elongation/%	0.411	0.077	0.0	0.063	81.82
Hardness (HB) (total 161 tests)		467	438	401	13.7	3.13

[1] Room temperature.
[2] Ultimate tensile strength.
[3] Yield strength.
[4] Reduction of area.
[5] Coefficients of variation.

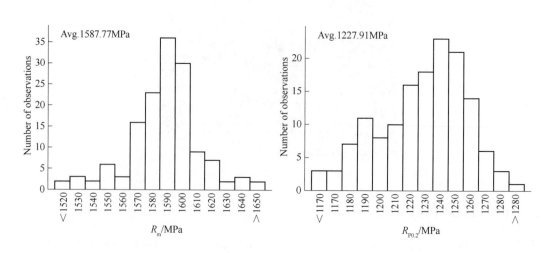

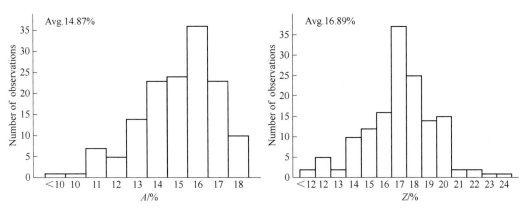

Fig. 6 Statistical analyses of room temperature tensile data for production as-HIP FGH95 blade retainers

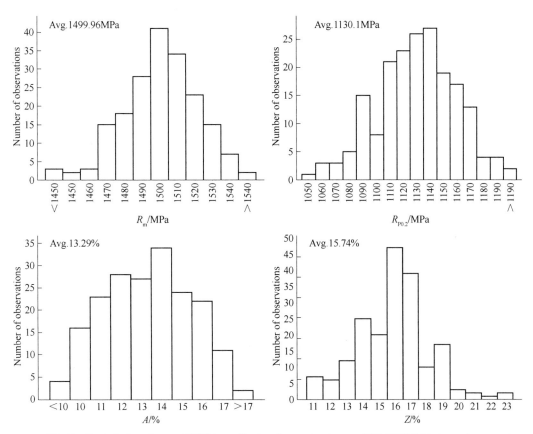

Fig. 7 Statistical analyses of 650℃ tensile data for production as-HIP FGH95 blade retainers

SPLCF testing was performed at 650℃, stress concentration factor $K_t = 2$ with a 10-90-10s loading cycle (min 30MPa to max 1000MPa load in 10 s, hold at 1000MPa for 90s, max to min load in 10s). Amongst the total 185 tests there were only 10 tests in which the specimen's life was less than 300 cycles.

It can be observed that the testing data of ultimate tensile strength, yield strength and hardness showed relative small dispersion, the coefficients of variation (C. V.) for them were below 3.5%.

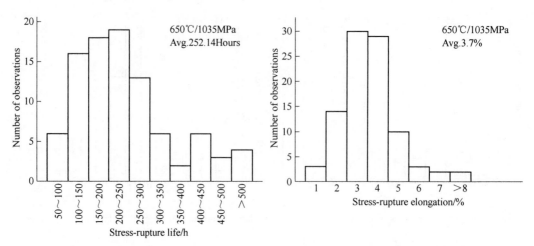

Fig. 8 Statistical analyses of stress rupture data for production as-HIP FGH95 blade retainers

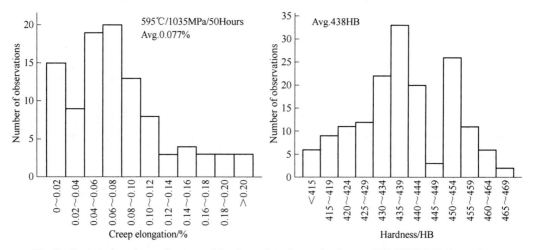

Fig. 9 Statistical analyses of creep and hardness data for production as-HIP FGH95 blade retainers

But the properties of elongation, reduction of area, stress rupture and creep presented considerably scattered for the material. The testing data satisfied approximatively normal distribution. More testing data are needed to be accumulated for exactly describing the statistical distribution type. However it can be still resulted from the statistical analyses that the mechanical properties of as-HIP FGH95 blade retainers were steady and reliable.

3 Summary

FGH95 high pressure turbine blade retainers were produced by PM processing, which included atomization by plasma rotating electrode process (PREP), hot isostatic pressing (HIP) at super-solvus temperature and a heat treatment with sub-solvus solution. The material had an equiaxed grain structure (ASTM 6.5-7.5). The γ' precipitates in as-HIP FGH95 showed a tri-model distribution. Carbides in the alloy were type of MC and precipitated at grain boundaries. The prior particle boundaries (PPB) in the material were found to originated mainly from γ' phase. as-HIP

FGH95 blade retainer displayed high strength at room temperature and 650℃, excellent creep resistance and outstanding stress rupture strength at 650 ℃. Statistics on data of mechanical properties have shown as-HIP FGH95 blade retainers were high quality reliable.

References

[1] Yan Ming-Gao, Liu Bo-cao, Li Jin-gui et al. China Aeronautical Materials Handbook, vol. 5 [M]. Beijing: Standards Press of China, 2001 (in Chinese).
[2] Wang Xuqing, He Feng, Luo Xuejun, et al. Effects of HIP Temperature on Microstructure of FGH 95 [J]. Journal of Iron and Steel Research, 2003, 15(7): 505 (in Chinese).
[3] Thamburaj R, Kroul A K, Wallace W et al. Prior Particle Boundary Precipitation in PM Superalloy [C] // Modern Developments in Powder Metallurgy, Princeton NJ: Metal Powder Industries and the American Powder Metallurgy Institute, 1984: 635.
[4] Yang W H, Mao J, Wang W X et al. Effects of Heat Treatment on Prior Particle Boundary Precipitation in a Powder Metallurgy Nickel Base Superalloy [J]. Advanced Performance Materials, 1995, 2(3): 269.
[5] Bain K R, Gambone M L, Hyzak J M et al. Development of Damage Tolerant Microstructures in UDIMET 720 [C] // Superalloys 1988. Warrendale: The Metallurgical Society of AIME, 1988: 13.
[6] Appa Rao G, Srinivas M and Sarma D S. Effect of Thermomechanical Working on the Microstructure and Mechanical Properties of Hot Isostatically Pressed Superalloy Inconel 718 [J]. Materials Science and Engineering, 2004, 383A(2): 201.
[7] Zhang Ying, Zhang Yiwen, Liu Mingdong, et al. Morphology Characteristic of Inter-particle Rupture in PM Superalloy [C] // High Temperature Structure Materials in Power and Energy Industry. Beijing: Metallurgical Industry Press, 2007: 545 (in Chinese).

(原文发表在《Journal of Iron and Steel Research, International》, 2010, 17(9): 73-78.)

FGH97 合金的显微组织研究

刘建涛　张义文　陶宇　张莹　张国星　迟悦

（钢铁研究总院高温材料研究所，北京　100081）

摘　要　结合 FGH97 合金的制备工艺，采用显微组织观察等手段，对合金的显微组织进行了分析研究与讨论，结论如下：直接热等静压成形的 FGH97 合金的晶粒组织均匀，晶粒度为 6~7 级；合金中的 Hf 元素对减少合金中的 PPB 有着显著作用，同时，Hf 元素会进入 γ′相和碳化物，提高 γ′相的强度和碳化物的稳定性；合金的显微组织具有弯晶特点，这对合金的塑性和韧性非常重要。

关键词　FGH97 合金　显微组织　PPB　Hf 元素

Study on Microstructure of FGH97 PM Superalloy

Liu Jiantao, Zhang Yiwen, Tao Yu, Zhang Ying, Zhang GuoXing, Chi Yue

(High Temperature Materials Research Institute, Central Iron & Steel Research Institute, Beijing 100081, China)

Abstract: Microstructure of FGH97 PM superalloy was investigated and analyzed by means of optical microscopy (OM) and scanning electron microscopy (SEM) according to FGH97 PM superalloy manufacture process. The results indicate that the grain size of As-HIP FGH97 PM superalloy is uniform, and the average grain size is $30 \sim 40 \mu m$. Hafnium is effective on reducing PPB and stabilizing carbides in FGH97 superalloy, Hafnium also partitions to γ′-phase and strengthen γ′-phase. Serration grain boundary is the character of FGH97 superalloy microstructure, which is helpful for plasticity and ductility of FGH97 PM superalloy.

Keywords: FGH97 PM superalloy, microstructure, PPB, Hafnium

1　引言

　　FGH97 合金是我国研制的新一代粉末高温合金，该合金在 650~750℃温度区间具有优异的综合力学性能，可用于制备先进发动的涡轮盘等关键热端部件。与美国普遍采用的挤压+等温锻造+热处理盘件制备工艺不同的是，FGH97 合金盘件制备工艺采用直接热等静压成形+热处理完成，该工艺具有材料利用率高、盘件不同部位的组织均匀性好等特点。本文结合 FGH97 合金的制备工艺流程，对 FGH97 合金的显微组织进行了分析和讨论。

2　试验材料及方法

　　FGH97 合金为镍基 γ′相沉淀强化型粉末冶金高温合金，基体为 γ 相，主要强化相 γ′

的质量分数约占 60% 左右，γ′相完全固溶温度为 1180～1190℃，合金的主要成分如表 1 所示。

表 1　FGH97 合金的主要化学成分（质量分数）
Table 1　Main chemical compositions of FGH97 PM Super alloy (mass fraction) （%）

元素	C	Cr	Co	W	Mo	Al+Ti	Nb+Hf+B+Zr	Ni
含量	0.04	8.8	16.2	5.0	3.8	6.7	3.2	基体

FGH97 合金的主要制备工艺流程如下：母合金冶炼→等离子旋转电极法制备粉末→粉末处理→粉末装套→热等静压成形→热处理。其中，粉末粒度为 50～150μm，粉末装套后经过热等静压成形（Hot Isostatic Pressing，HIP），热静压制度为：T = 1180～1210℃，P > 120MPa，t > 2h。热等静压后锭坯的热处理制度为：1180～1210℃，6～12h，炉冷至 1120～1170℃，AC；850℃～900℃，32h，AC。

FGH97 合金显微组织观察采用光学显微镜和扫描电镜（带能谱），光学金相所用的浸蚀剂组成为：10g $CuSO_4$+50mL HCl+50mL H_2O。扫描电镜试样采用电解抛光后电解浸蚀，电解抛光制度为：20% H_2SO_4+80% CH_3OH 的电解抛光液，电压 25～30V，时间 15～20s。电解浸蚀制度为：170mL H_3PO_4+10mL H_2SO_4+15gCrO_3 的电解浸蚀液，电压 3～5V，时间 3～5s。FGH97 合金相组成采用化学分析法完成。

3　试验结果

3.1　热等静压态 FGH97 合金的显微组织

图 1 为热等静压态（as-HIP）的 FGH97 合金显微组织，图 1(a) 为光学显微镜拍摄的晶粒组织照片，图 1(b) 为扫描电镜拍摄的 γ′相和碳化物照片。显然，热等静压态的晶粒组织为完全再结晶组织，晶粒度为 6～7 级。热等静压态的 γ′相可分两类：一类为不规则形状的大 γ′相（长度大于 1μm），绝大部分位于晶界上；另一类为中小尺寸的 γ′相，主要位于晶粒内部，在晶界上也有少量分布，这两种 γ′相均是在热等静压过程中形成的。图 1(b) 图中的白色粒状组织为碳化物，无论是在晶界还是晶内，碳化物均有分布，碳化物

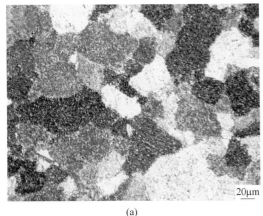
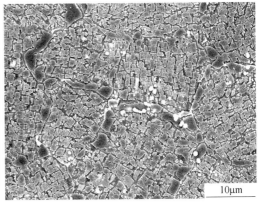

(a)　　　　　　　　　　　　　　(b)

图 1　As-HIP 态的 FGH97 合金显微组织
Fig. 1　Microstructure of as-HIP FGH97 superalloy

的类型以 MC 型为主。

通过热等静压工艺来完成对粉末的固结是获得致密组织的有效手段。理论和实践表明，热等静压后的锭坯能获得完全致密的组织，致密度甚至能达到100%理论密度，除此之外，热等静压后的组织还具有均匀性好的特点[1]。对于 FGH97 合金，热等静压温度高于 γ′相完全溶解温度，在热等静压保温保压过程中，松散的粉末在外界压力的作用下互相挤压变形而发生再结晶，形成了致密的再结晶组织，在高温高压下，合金元素发生了较充分的扩散，极大缓解了粉末制备过程中而产生的粉末颗粒表面与内部的元素偏析，组织均匀性进一步提高。

3.2　热处理态 FGH97 合金的显微组织

图 2 为热处理态（As-HT）的 FGH97 合金显微组织。可见，经过热处理后，晶粒尺寸没有发现明显变化，晶粒度仍然为 6~7 级，如图 2(a) 图所示。热处理后的 γ′相如图 2(b)所示，与热处理前相比，热处理后的 γ′相尺寸总体上呈减小趋势，晶界上的 γ′相尺寸明显减小，晶内的 γ′相尺寸也有所减小，显然，在热处理过程中，发生了 γ′相的溶解和重新析出。同时由图 2(b) 可知，热处理后的晶内和晶界上分布有碳化析出相。

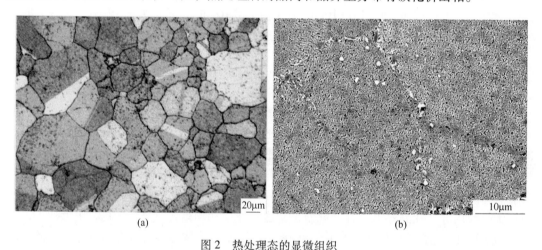

图 2　热处理态的显微组织
Fig. 2　Microstructure of as-HT FGH97 superalloy

4　分析与讨论

4.1　FGH97 合金中的成分组成特点

Al 和 Ti 是镍基高温合金主要强化相 γ′相的主要形成元素，镍基高温合金的强化效果往往随着 γ′相数量的增加而增加，对于高强度的镍基高温合金，γ′相的数量往往都在 50%以上。FGH97 合金中的 Al+Ti 的质量分数为 6.7%，γ′相的质量分数约为 60%。值得指出的是，对于高温合金而言，高温强度不仅取决于 γ′相的数量，还取决于 γ′相的稳定性。合金的 Ti/Al 比（合金组成的 Ti 与 Al 含量的原子百分比）对合金在高温下的稳定性有着重要的影响[3]，高的 Ti/Al 比有助于增加 γ′相反相畴界能，提高合金强度，但是高的 Ti/Al 比也会对高温下 γ′相的高温稳定性造成影响。基于上述原因，与较低温度下使用的合金相反,高温下使用的镍基高温合金的 Ti/Al 比降低。在 FGH97 合金中,Ti/Al 比较低,约为 0.2,这保证了 FGH97 合金高体积含量的 γ' 相的高温稳定性。

钴元素是镍基高温合金的主要强化元素之一,Co 元素会和 Ni 元素形成连续的固溶体,起到固溶强化效果,Co 元素的固溶强化效果主要体现在它能极大的影响合金的持久强度和蠕变速率,研究表明[3]:Co 能显著降低基体的堆垛层错能,使位错易于分解成扩展位错,从而使攀移和交滑移难于进行,这样会大大降低合金的蠕变速率,提高合金的热强性。FGH97 合金中 Co 的质量分数为 16%,对于 FGH97 合金而言,加入大量的 Co 还有一个重要的作用,即增加 γ' 强化相的含量:由于 Co 在 Ni 中可以连续固溶,大量的 Co 的加入会降低 Al 和 Ti 在 Ni 中的溶解,使得更多的 Al 和 Ti 与 Ni 形成 γ' 相,增加了强化相的含量。

FGH97 合金成分组成的一个显著特点是,该合金中含有金属元素 Hf(铪)。最早关于 Hf 元素对高温合金的研究主要集中在铸造高温合金领域,Hf 元素在高温合金(主要是铸造高温合金)作用总结有以下几点[2,4]:(1)Hf 在合金凝固过程中往往在枝晶间偏析,Hf 元素有助于增加合金中的 γ' 相和 $\gamma'-\gamma$ 共晶含量;(2)Hf 是强烈的 MC 型碳化物形成元素,Hf 元素会使初次 MC 型碳化物的形貌从书法状变为不连续块状而在晶界上析出,显著提高了高温合金的裂纹扩展抗力;(3)Hf 元素会进入到 γ' 中,会增加晶界上的方块状 γ' 相的体积分数,有助于形成能够锯齿状晶界;(4)Hf 元素会增加合金中 γ' 相的固溶温度,降低合金的固相线温度;(5)Hf 元素与硫元素有很强的亲和力,这有助于减少晶界脆性。除此之外,对于粉末高温合金,适量添加 Hf 元素对消除 PPB 能起到显著的作用,这一点,对于采用直接热等静压成形工艺的 FGH97 合金非常重要。

PPB 是粉末高温合金的主要缺陷之一,关于 PPB 的形成,有很多论述,普遍认为 PPB 的形成离不开粉末颗粒表面、碳、氧三个因素,即原始颗粒边界上碳和氧的共存和相互作用[5]。PPB 是粉末高温合金容易出现的缺陷之一,PPB 是在粉末制备和随后的热等静压过程中形成的,PPB 的构成为碳氧化物和大 γ' 相,位于粉末颗粒表面。PPB 阻碍了粉末颗粒间的扩散和冶金结合,并且一旦形成就很难在随后的热处理过程中消除。严重的 PPB 会显著降低合金的塑性和疲劳寿命,甚至造成制件在使用过程中发生断裂等恶性事故。国内外学者在 PPB 的形成机理及消除 PPB 方面做了大量的工作,采取了大量的措施,如通过调整合金化学成分,如降低含碳量,添加强碳化物形成元素如 Ta、Hf 可以显著减少 PPB,通过挤压开坯来破碎 PPB 等[6,7]。

由于 HfC 本身非常稳定,其稳定性甚至比 TiC 还要高[2],对于 FGH97 合金,元素 Hf 会进入到碳化物中,形成结构式为 $(Nb_{0.67}Ti_{0.27}Hf_{0.06})$ C 的 MC 型碳化物[8],MC 型碳化物由于含 Hf 而变得更加稳定,更加稳定的 MC 型碳化物更多地在晶内分布,减少了在 PPB 上网状 MC 型碳化物的析出,这一点从图 2(b)可得到验证。同时,由于 Hf 与氧具有很强的亲和力,形成的 HfO_2 消耗了氧,减少了粉末表面氧与 Ti 的反应,有助于减少 PPB[2]。

在高温合金中,Hf 元素主要分布于 γ' 强化相中,其次分布在碳化物和基体中。有资料指出[9]:对于 Ni_3Al(即 γ' 相),当固溶在其中的元素位于 Al 原子位置时强化效果显著,尤其是元素 Zr、Hf、Mo 的作用显著,C. T. Liu 等人对 Ni_3Al(B)的强化效果进行多种元素合金化后认为 Hf 是 B-Ni_3Al 合金的有效强化元素,能有效提高 Ni_3Al 的拉伸强度和蠕变性能。FGH97合金的相分析结果表明，约70%以上的Hf元素位于γ′强化相中，而且位于γ′强化相Al原子位置（γ′相组成为$(Ni_{0.85}Co_{0.13}Cr_{0.02})_3(Al_{0.68}Ti_{0.14}Nb_{0.10}Cr_{0.07}Hf_{0.006})$）[8]，起到对γ′相的进一步强化作用。

4.2 FGH97合金的显微组织特点

FGH97合金的热处理制度为固溶处理+时效处理。固溶处理制度为1180~1210℃，6~12h，炉冷至1120~1170℃，AC。经过固溶处理后，合金中的γ′相完全固溶，此时合金为过饱和固溶体和少量MC型碳化物构成，在随后的炉冷过程中，随着温度降低到γ′相溶解温度以下，γ′相会发生析出，由于冷却速度缓慢，析出的γ′相会在炉冷过程中发生长大，有助于在晶界上形成大尺寸的γ′相。1120~1170℃（该温度位于γ′+γ两相区之间）下的空冷会析出大量的中小尺寸的γ′相和二次碳化物如M_6C和$M_{23}C_6$。850~900℃，32h，AC时效处理可以补充析出少量的细小的γ′相（也称三次γ′相），同时会析出少量的$M_{23}C_6$。对热处理后的FGH97合金进行相分析，分析结果如表2所示[8]。

表2 FGH97合金的相组成
Table 2 Composition of the phases in FGH97 PM superalloy

合金中的相	γ′	MC	$M_{23}C_6+M_6C+M_3B_2$	γ
质量分数/%	64	0.27	0.4	余

图3为FGH97合金热处理后的γ′相和碳化物分布SEM照片，可见，FGH97合金中的晶内γ′相形貌以块状、蝶状居多，晶界上的γ′相形貌以长条状居多，晶内分布有块状的碳化物，晶界上分布有条块状的碳化物。对图3中箭头所指的碳化物能谱分析如图4所示，晶内的块状碳化物为富含Nb、Ti、Hf的MC型碳化物，如图3(a)和图4(a)所示。晶界上的碳化物组成较复杂，其中既有MC型碳化物，同时还有M_6C型碳化物，其中图4(b)能谱所示为富含W、Mo的M_6C的碳化物。至于$M_{23}C_6$型碳化物和M_3B_2型硼化物，目前还没有从能谱分析中观察到，其原因可能有以下两点：一是由于$M_{23}C_6$碳化物和M_3B_2型硼化物本身含量很少（如表2所示），不容易找到；二是由于本文采用的电解腐蚀方法为选择性腐蚀，在腐蚀过程中可能已将$M_{23}C_6$与M_3B_2腐蚀掉了。

FGH97合金的显微组织的另一个特点是，热处理后的晶界具有弯晶特征，如图5所示。这种弯曲的晶界组织对合金的塑性、韧性以及持久性能很有帮助。关于弯晶的形成机理有多种解释，一些文献认为，在一定条件下碳化物在晶界析出形成了弯曲晶界，而另外一些文献则表明，晶界上大γ′相的析出则是形成弯晶的主要原因[10]。FGH97合金为高γ′相含量合金，在热处理过程中，控制冷却时在晶界上γ′相的形核和长大可能是弯曲晶界的关键因素，同时，如前文指出，FGH97合金中的Hf元素在弯曲晶界形成过程中的作用也不能忽略，关于FGH97合金的弯曲晶界形成机理，还有待于进一步研究。

Radavich等人对与FGH97合金类似的EP741NP合金的显微组织及力学性能进行了系统地研究，认为该合金的显微组织非常有特点：显微组织中的γ′相含量很高，尺寸较大，形貌以块状居多，类似于铸造高温合金，这种类型的γ′相非常稳定，对合金的热强性能非常有利。并认为该合金的显微组织特点以及制备工艺特点使得合金可以采用不同的热处理工艺来获得更加优异的力学性能，从而可以在更高温度下获得应用[11,12]。

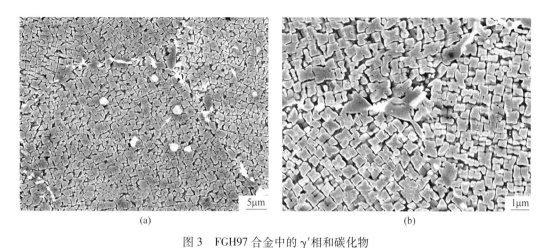

图 3　FGH97 合金中的 γ′ 相和碳化物

Fig. 3　γ′-phase and carbides of as-HT FGH97 superalloy

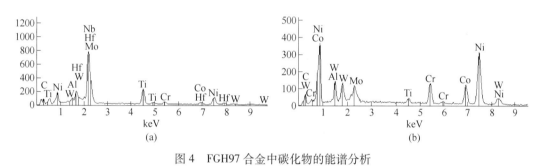

图 4　FGH97 合金中碳化物的能谱分析

Fig. 4　EDAX spectra of Carbides in As-HT FGH97 superalloy

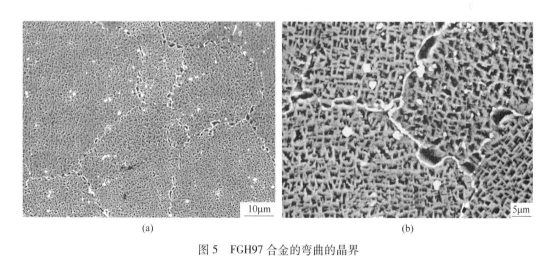

图 5　FGH97 合金的弯曲的晶界

Fig. 5　Serration grain boundary of as-HT FGH97 superalloy

5　结论

（1）FGH97 合金为高 γ′ 相含量的镍基沉淀强化型粉末高温合金，合金中的 γ′ 相含量约为 60%（质量分数）左右，形貌以块状居多，完全溶解温度为 1180~1190℃。碳化物主要为分布于晶内的富含 Nb、Ti、Hf 的 MC 型碳化物和位于晶界上的富含 W、Mo 的 M_6C 型碳化物。

（2）直接热等静压成形的 FGH97 合金的晶粒组织均匀，晶粒度为 6~7 级，合金中的 Hf 元素对减少合金中的 PPB 有着显著作用，同时，Hf 元素会进入 γ′ 相和碳化物，提高 γ′ 相的强度和碳化物的稳定性。

（3）FGH97 合金的显微组织具有明显的弯晶特点，这对合金的塑性和韧性非常重要。

参 考 文 献

[1] G. H. Gessinger, M. J. Bomford, Powder Metallurgy of Superalloys [J]. International Metallurgical Reviews, 1974, 19: 56-57.

[2] G. H. Gessinger, Powder Metallurgy of Superalloys [M]. London, 1984: 70-71.

[3] 陈国良. 高温合金学 [M]. 冶金工业出版社，1988：18-19.

[4] R. T. Hot, W. Wallace. Impurities and trace elements in nickel-base superalloys [J]. International Metals Reviews, March 1976: 16-17.

[5] 李慧英，胡本芙，章守华. 原粉末颗粒边界碳化物的研究 [J]. 金属学报. 1987, 23(2)：B90-B93.
LI Hui-ying, HU Ben-fu, ZHANG Shou-hua, Study on powder particle boundary carbides [J]. Acta Metallurgica Sinica 1987, 23(2): B90-B93.

[6] Ingesten N G, Warren R, Winberg L. The nature and origin of previous particle boundary precipitates in PM superalloys [A]. High Temperature Alloy for Gas Tubine 1982 [C]. Brunetand R, Coutsouradis D, Gibbons T B, et al. London: D Reidel Publishing Company. 1982, 1079-1080.

[7] Marquez C, Esperance G, Koul A K. Prior particle boundary precipitation in Ni-base superalloys [J]. International Journal of Powder Metallurgy. 1989, 25(4): 301-304.

[8] 张义文，陶宇，张莹，等. 粉末冶金高温合金的组织与性能研究 [C]. 动力能源与高温结构材料——第十一届中国高温合金年会论文集. 北京：冶金工业出版社，2007：501-506.

[9] 张永刚，韩雅芳，陈国良，冯涤，等. 金属间化合物结构材料 [M]. 北京：国防工业出版社，2001：573-577.

[10] 仲增墉，马培立，陈淦生. 高合金化镍基变形高温合金中弯曲晶界的初步研究 [J]. 金属学报，1983, 19(3)：A214-A219.
ZHONG Zeng-yong, MA Pei-li, CHEN Gan-sheng. A Study of zigzag grain boundary in high alloyed wrought nickle-base super alloy [J]. Acta Metallurgica Sinica 1983, 19(3): A214-A219.

[11] Radavich J, Furrer D. Assessment of Russian PM Super alloy EP741NP [C]. Superalloys 2004, Pennsylvania: TMS, 2004: 381-390.

[12] Radavich J, Carneiro T, Furrer D. The Effect of Hafnium, niobium and heatreatment on advanced powder metallurgy superaloys [C]. Proceeding of the eleventh international symposium on advanced superalloys-production and application, Shanghai 2007: 114-124.

（原文发表在《材料热处理学报》，2011, 32(3)：47-51.）

热处理工艺对一种镍基 PM 高温合金组织性能的影响

张莹 张义文 孙志坤 贾建

（钢铁研究总院高温材料研究所，北京 100081）

摘 要 研究不同热处理工艺对一种粉末冶金镍基高温合金组织性能的影响。从两种工艺热处理的俄罗斯的该类合金盘件上部分截取试样并进行了组织性能对比分析。结果表明，在 γ′ 相完全溶解温度以上固溶处理后，淬火冷却速度和随后的时效方式直接影响 γ′ 强化相、二次碳、硼化物析出的形貌、尺寸和分布。两种工艺热处理的试样中 γ′ 强化相和碳、硼化物的不同匹配度决定其各自达到最佳的综合力学性能。二者的室温冲击韧性和 650℃，980MPa 条件下的低周疲劳寿命和持久性能水平相当，相比之下，工艺 I 试样的拉伸强度低于工艺 II 试样，但工艺 I 试样的塑性高于工艺 II。

关键词 PM 镍基高温合金盘件 热处理工艺 γ′ 强化相 碳化物 硼化物 力学性能

Effect of Heat Treatment Processes on Microstructure and Properties of a PM Ni-based Superalloy

Zhang Ying, Zhang Yiwen, Sun Zhikun, Jia Jian

(High Temperature Materials Research Institute, Central Iron and Steel Research Institute, Beijing 100081, China)

Abstract: Effects of different heat treatment processes on microstructure and mechanical properties of a nickel-based PM superalloy were studied. The samples were sectioned from discs subject to two kinds of heat treatment process respectively. The results show that after solution heat treatment above γ′ phase completely dissolved temperature, the following quenching cooling rate and aging processes directly influence the morphology, size and distribution of precipitated γ′ phase, secondary carbides and borides in this alloy. The good comprehensive mechanical properties depend on proper combination of γ′ phase, borides and carbides in the alloy subject to these two kinds of heat treatment process. The similar properties of impact toughness at room temperature, low cycle fatigue life (LCF) and stress rupture properties at 650 ℃/980 MPa are obtained for the alloy after the different heat treatments. However, the tensile strength of the alloy treated by process I is lower than that by process II, but its tensile ductility is better for process I compared to process II.

Keywords: Nickel-based PM superalloy disc, heat treatment process, γ′ strengthening phase, boride and carbide, mechanical properties

EP741NP 合金是俄罗斯生产高水平飞机气涡轮发动机盘、轴等零部件的主要材料,并广泛应用于火箭和船舶汽轮发动机零部件,近年来也被用于地面汽轮发动机中的气和油的传送系统[1]。粉末冶金 EP741P 型合金研制于 20 世纪 70 年代,其 γ′ 强化相含量为 55%(质量分数)。在 EP741P 合金的基础上,通过完善优化合金成分,提高 γ′ 相形成元素 Ti、Al、Nb 含量和添加微量元素 Hf,发展了 EP741NP 合金,使 γ′ 强化相含量达到 60% 以上,γ′ 相的完全溶解温度由 1170℃ 提高到 1185℃[2]。根据零部件产品对性能的不同需求,俄罗斯对 EP741NP 合金制定了不同的热处理工艺[3]。常用的两种热处理工艺[3-5]的主要区别是在单相区固溶处理后以不同的冷速淬火,然后进行一级时效和三级时效。本试验将从俄罗斯两种热处理工艺处理的该类型合金盘件上部分截取的试样进行了组织性能分析。为研究俄罗斯的粉末高温合金以及我国在该领域的发展和开拓提供借鉴和参考。

1 试验材料及方法

试验用盘坯是采用等离子旋转电极工艺制粉,直接热等静压成形。本试验用材料从最终经过两种工艺热处理的盘坯上直接截取,编号为工艺Ⅰ、工艺Ⅱ-1、工艺Ⅱ-2。

试验合金的主要化学成分如表 1 所示。

表 1 试验合金的主要化学成分
Table 1 Chemical composition of the test alloy (%)

元素	C	Co	Cr	Mo	W	Al	Ti	Nb	Hf	Ni
质量分数/%	0.03~0.006	15.8	8.8	3.8	5.5	4.9	1.7	2.6	0.3	Bal.

盘坯的热处理工艺为:

工艺Ⅰ——1200℃×8h 后空冷+870℃ 一级时效。

工艺Ⅱ——1200℃×4h 后空冷+(910~700℃) 三级时效。

将从上述两种工艺热处理的盘坯上截取的试样在光学显微镜和电子显微镜下进行观察和分析;用电化学提取法萃取析出相,采用 X 射线衍射和电子探针进行定性和定量分析;进行力学性能试验。

2 试验结果

2.1 显微组织

图 1 表示两种工艺热处理后的显微组织,多为等轴晶,存在少量残留枝晶。由图像分析测得,工艺Ⅰ试样的晶粒度为 6.5 级;工艺Ⅱ试样的晶粒度 6.5~7.0 级。

2.2 析出 γ′ 相

两种工艺热处理试样中的 γ′ 相形貌如图 2 所示。可以看出,两种试样的 γ′ 相形貌、尺寸有明显的区别。通过电镜观察、测量、统计得出,工艺Ⅰ试样中 [图 2(a)] 晶内 γ′ 相多数为十字花瓣形,尺寸为 1~2μm,方形、多边形的 γ′ 约 0.5μm,其间隙中析出球状小 γ′ 相 0.1~0.5μm;晶界为 1~10μm 长的 γ′ 相,周围析出较多球状小 γ′ 相 0.1μm 左右。

工艺Ⅱ试样 [图 2(b)] 中晶内 γ′ 相主要为方形和多边形,0.5μm 左右;十字花瓣形 1μm 左右;晶界为 1~5μm 的长条形,周围析出较多球状小 γ′ 相 0.1μm 左右。

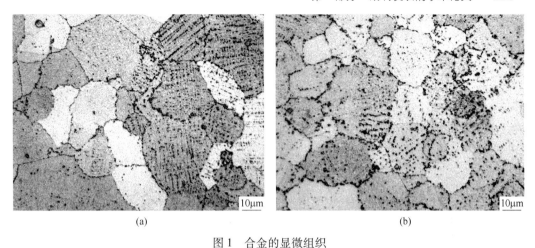

图 1 合金的显微组织
(a) 工艺Ⅰ；(b) 工艺Ⅱ
Fig. 1　Microstructure of the alloy after heat treatment by different processes
(a) process Ⅰ；(b) process Ⅱ

图 2 合金中析出的 γ′相
(a) 工艺Ⅰ；(b) 工艺Ⅱ
Fig. 2　Morphology of γ′phase after heat treatment
(a) process Ⅰ；(b) process Ⅱ

电化学萃取两种工艺热处理试样中尺寸为 1~620nm 的 γ′相的质量分数对比如图 3 所示。由结果得知，工艺Ⅰ试样中大尺寸的 γ′相明显多于工艺Ⅱ。工艺Ⅰ试样中大于 140nm 的 γ′相质量分数为 74.3%，工艺Ⅱ为 66.5%。工艺Ⅱ中的小尺寸 γ′相显然多于工艺Ⅰ。在 1~140nm 范围内，工艺Ⅰ试样中 γ′相的质量分数为 25.7%，而工艺Ⅱ为 33.5%。该结果与电镜所观察的一致。

2.3 碳、硼化物

将电化学萃取富集的析出相进行 X 射线衍射分析，结果（见图 4）表明，该合金盘件中主要析出的碳、硼化物和氧化物分别为 (Nb, Ti)C、M_3B_2 和 HfO_2。两种工艺热处理试样的分析结果基本一致。

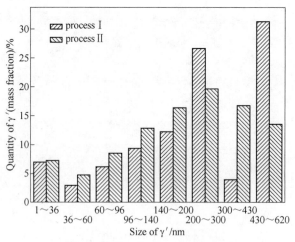

图3 不同尺寸的γ′相数量对比
Fig. 3 Comparison of amount of γ′ phase with different size for the alloy processed by different heat treatment

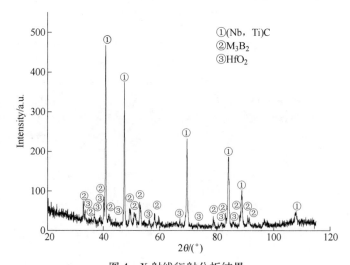

图4 X射线衍射分析结果
Fig. 4 XRD pattern of extracted phases

由化学和相分析结果测出两种工艺热处理试样中碳、硼化物的含量如表2所示。其中MC为(Nb, Ti)C，面心立方晶系，点阵常数 $a_0 = 0.443 \sim 0.444$ nm；M_3B_2 为(Mo, Cr, W)$_3B_2$ 四方晶系，点阵常数 $a_0 = 0.5820$ nm, $c_0 = 0.3143$ nm, $c/a = 0.54$；M_6C 为(Ni, Co)$_3$(Cr, Mo, W)$_3$C，复杂面心立方晶系，点阵常数 $a_0 = 1.110 \sim 1.111$ nm。

表2 合金中的碳、硼和碳化物、硼化物（质量分数）
Table 2 Quantity of C, B and carbide, boride in alloy after two kinds of heat treatment (mass fraction) (%)

No.	C	B	MC	M_3B_2 + M_6C(Trace)	Total of carbide and boride
process I	0.05	0.012	0.251	0.207	0.458
process II-1	0.06	0.017	0.469	0.232	0.701
process II-2	0.03	0.016	0.174	0.116	0.290

从表2的实验数据发现，工艺Ⅱ-1试样的碳、硼含量稍高于工艺Ⅰ试样，其中的碳、硼化物总量多于制度Ⅰ试样。而从另一件碳含量只有0.03%（质量分数），同样经过工艺Ⅱ处理盘件上截取的试样2测得，其中的碳化物明显少于试样1。由此分析，试样中碳、硼化物的数量与合金中碳和硼的含量有关。

扫描电镜观察碳、硼化物的形貌、特征如图5所示。根据EDS能谱及透射电镜衍射花样（图6）和电子探针分析结果可以判断，晶内主要弥散分布着方形、圆形含Nb、Ti和Hf的细小的MC型碳化物[图5(a)、(b)]，但并不均匀，个别区域存在枝晶方向排列的MC[图5(c)]，局部区域有（Nb、Ti、Hf)(C、B)型粗大的碳硼化物聚集[图5(d)]。晶界[图5(a)、(b)]析出的有方、圆形MC型和细长的M_6C型碳化物以及M_3B_2型硼化物，尺寸一般在0.1~2μm范围。相比之下，工艺Ⅰ试样中的碳化物尺寸略比工艺Ⅱ试样中的粗大。

电镜观察分析，每种试样的晶界上均发现粗大、不规则形状的M_3B_2[图5(b)、(e)]和M_6C[图5(a)]，工艺Ⅱ试样中粗大的硼化物相对较多。在含碳量为0.03%（质量分数）的试样中碳化物的数量相对要少，但晶界上常见粗大骨架状和异形球状的硼化物。在含碳量为0.05%~0.06%（质量分数）的试样中还观察到少数沿原始粉末颗粒边界（PPB）析出含C、O、Hf、Nb、Ti的碳氧化物[图5(f)]。

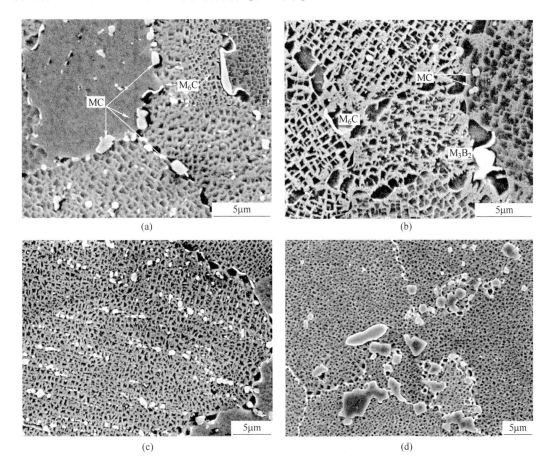

(a)　　　　　　　　　(b)

(c)　　　　　　　　　(d)

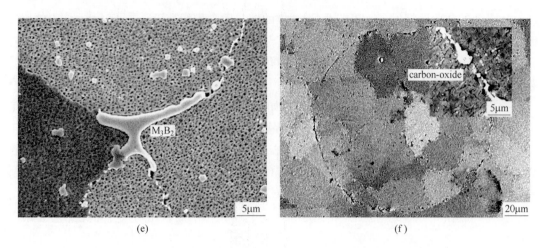

图5 合金中碳、硼化物的形貌
(a) 工艺Ⅰ；(b) 工艺Ⅱ；(c) 沿枝晶方向排列的MC；(d) 局部聚集的碳硼化物；
(e) 晶界上骨架状的硼化物；(f) PPB上的碳氧化物

Fig. 5 SEM micrographs showing morphology of carbide and boride in alloy
(a) process Ⅰ; (b) process Ⅱ; (c) MC distributed along the direction of dendrite; (d) locally segregated M(C、B);
(e) skeleton-like boride in grain boundary; (f) carbon-oxide on the prior particle boundary (PPB)

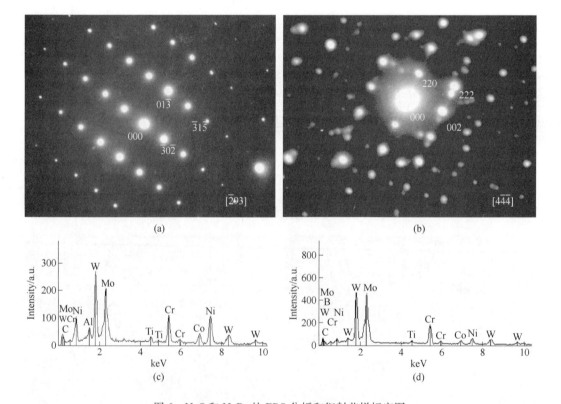

图6 M_6C 和 M_3B_2 的 EDS 分析和衍射花样标定图

Fig 6 EDS analysis results and SAED patterns of precipitates M_6C and M_3B_2
(a), (c) M_6C; (b), (d) M_3B_2

2.4 力学性能

室温冲击性能结果表明,工艺Ⅰ试样的平均冲击值为 $0.70MJ/m^2$,工艺Ⅱ试样为 $0.73MJ/m^2$,二者的冲击韧性水平相当。图 7 为两种工艺热处理试样的室温冲击断口形貌。从缺口边缘的纤维区到裂纹扩展区为韧窝和断裂平面,并伴随有二次裂纹,断口中心区域存在个别颗粒间断裂,但未对其性能造成影响。

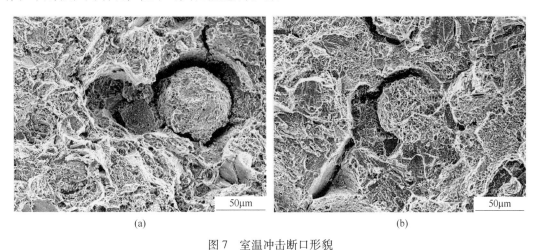

图 7 室温冲击断口形貌
(a) 工艺Ⅰ;(b) 工艺Ⅱ
Fig. 7 Morphology of impact fracture at room temperature for the alloy after hear treatment
(a) processⅠ;(b) processⅡ

图 8 分别为两种工艺热处理盘坯试样在 20℃和 750℃时的拉伸性能结果。分析对比得知,工艺Ⅰ试样的拉伸强度低于工艺Ⅱ试样,但工艺Ⅰ试样的塑性高于工艺Ⅱ。

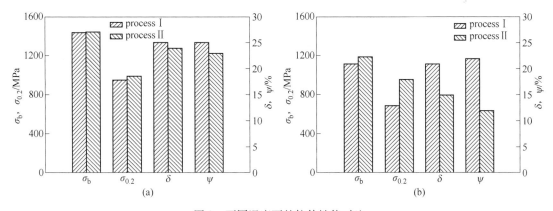

图 8 不同温度下的拉伸性能对比
Fig. 8 Comparison of tensile properties at 20℃ and 750℃ for the alloy after heat treatment by different processes
(a) 20℃;(b) 750℃

在 650℃,980MPa 条件下对光滑试样和缺口半径为 0.15mm 的缺口试样进行了持久性能测试,结果见图 9,两种工艺热处理的试样在 650℃,980MPa 试验条件下,持久寿命都超过了 250h,具有较好的塑性,不存在缺口敏感。工艺Ⅱ试样持久寿命高于工艺Ⅰ试样。

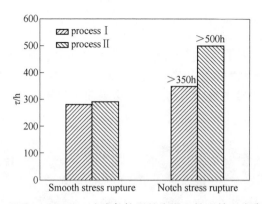

图 9 650℃，980MPa 试验条件下的光滑和缺口持久寿命对比

Fig. 9 Comparison of stress rupture properties at 650℃, 980MPa for the alloy after different heat treatment

在 650℃，980MPa，1Hz 条件下进行低周疲劳性能测试的结果表明，两种工艺热处理试样的疲劳寿命相当。文献［6］研究结果证明，镍基粉末高温合金材料的低周疲劳试验断口上都存在裂纹源，裂纹源的位置、尺寸、类型、形状直接影响该试样的疲劳寿命。本次试验的试样裂纹源在表面时平均疲劳寿命 N_f 大于 8000 周次，在亚表面时平均疲劳寿命 N_f 大于 33000 周次，在中心部位时平均疲劳寿命 N_f 大于 79000 周次。疲劳试验的断口形貌如图 10 所示，裂纹源的尺寸约 150μm，主要为含 C、O、Ce、Hf、Al、Mg 等熔渣类夹杂物和含 Si 的非金属夹杂物。

3 讨论

由实验结果得知，热处理制度直接影响着该合金的 γ′相尺寸和形貌。该合金的 γ′相完全溶解温度为 1185℃，两种热处理工艺均将固溶处理的加热温度选择在 1200℃ 的单相区，以保证最大数量的 γ′强化相溶入基体，获得过饱和固溶体及适合的晶粒度。

工艺 I 在 1200℃ 保温 8h 后冷却到 γ+γ′双相区，在这个过程中 γ′相析出并聚集长大，然后再出炉空冷析出小尺寸的 γ′相。工艺 I 的固溶冷却方式形成两种尺寸匹配的 γ′相。工艺 I 设在 870℃ 进行一级时效，在时效过程中发生 3%~4% 的 γ′强化相析出和少量弥散 γ′相发生凝聚，使 γ′相的最终尺寸得到稳定[7]。

工艺 II 在 1200℃ 保温 4h 固溶后直接空冷析出较小尺寸的一次 γ′相，然后在不同温度进行三级时效，补充析出不同尺寸的 γ′相，细小的 γ′相分布在大 γ′相之间。900℃ 以上高温时效使淬火析出的 γ′相发生聚集，在空冷中析出超细的 γ′相分布在大 γ′相之间，二次和三次低温时效补充析出细小 γ′相。工艺 II 试件中 γ′强化相尺寸相对较小，决定其强度性能高于工艺 I 试件。

镍基粉末高温合金中的"残留枝晶"一般出现在较大尺寸的粉末颗粒内[8]。在热等静压加热的过程中，大尺寸的粉末由于结晶速度缓慢阻碍了弥散析出的 γ′相的回溶和均匀化，在热等静压缓冷过程中形成方向排列的 γ′相。随着 γ′相的析出，其周围不断富集出 Ti、Nb、C 等 MC 型碳化物形成元素；当这些元素达到一定的浓度时，便有 MC 型碳化物析出，伴随 γ′相沿着枝晶方向生长。此外，当粉末枝晶间存在热等静压前生成的 MC 型碳化物偏析时，在热等静压加热（1200℃）过程中这些 MC 型碳化物不能完全回溶，因而保留了沿枝晶方向排列的形貌。

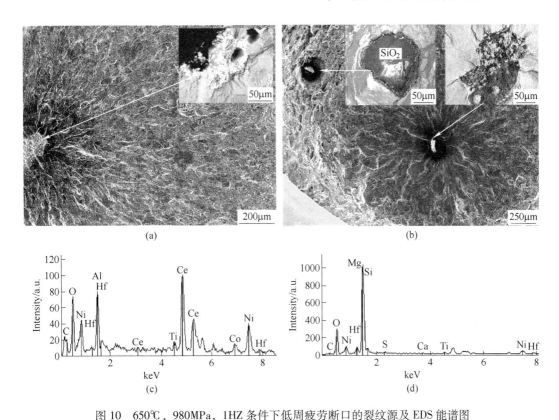

图 10 650℃，980MPa，1HZ 条件下低周疲劳断口的裂纹源及 EDS 能谱图
（a）表面裂纹源；（b）亚表面裂纹源；（c）对应（a）图裂源的能谱；（d）对应（b）图主裂纹源的能谱
Fig. 10 Morphology of failure origins of LCF fractures under 650℃/980MPa, /1HZ and EDS analysis results
（a）failure origins on surface；（b）sub-surface failure origins；
（c）EDS spectrum of（a）；（d）EDS spectrum of main failure origins in（b）

存在于晶内的大尺寸 MC 型一次碳化物与晶界上的 MC 相比具有较高的稳定性[9]。该类型合金中的 MC 碳化物稳定温度高达 1300℃[10]。因此由母合金遗传和热等静压过程形成的大尺寸的碳化物在 1200 ℃温度下固溶处理时有可能未完全回溶而保留下来。晶界上粗大的 M_6C 可能是在热处理过程中随着 γ′相的析出由 MC 型碳化物退化反应（MC+γ → M_6C+γ′）[9]而形成。

二次碳、硼化物的析出取决于热处理工艺制度。工艺 I 试样中的碳化物尺寸普遍略比工艺 II 试样中的粗大，这与固溶处理后淬火冷却方式和时效工艺有关。文献［11］的研究结果表明，对 EP741NP 合金进行了多种方案固溶处理，只有从 γ 相区炉冷的试样中发现沿晶析出大的形状不规则的碳、硼化物。在工艺 I 试样的晶界上不可否认存在固溶后炉冷过程中析出的碳、硼化物。该类型合金中硼化物的析出温度是 800~1000℃，M_6C 主要是在 750~910℃温度区间形成[11]。工艺 I 设在 870℃时效，使 M_3B_2、M_6C 沿晶充分析出并粗化，在晶界上断续的 M_3B_2、M_6C 和 MC 型析出物引起晶界局部迁移，形成弯曲晶界，从而改善室温和高温拉伸塑性，排除了由于应力集中造成缺口敏感影响持久强度和塑性的可能[7,12]。工艺 II 在 900 ℃以上高温时效，在晶界析出 M_3B_2、M_6C，并有少量的 MC 存在，起到了强化晶界的作用。

晶界上粗大异形的硼化物可能是在热等静压冷却过程中形成，经固溶处理未能完全溶入基体。晶界的形状和溶质原子沿晶界的分布决定间隙相易形成沿晶的形状，但晶界间隙相力求具有最小的表面能[7]，因此在随后的时效过程中逐渐向球形发展，多数演变成异形球状。

在试样的组织中发现单个存在的原始颗粒边界（PPB），断口上呈现单个颗粒间断裂。这类 PPB 的产生主要是制粉过程中生成的少数黑粉[13]，在热等静压加热过程中未加压力之前颗粒表面形成了复杂的碳氧化物[14]。

4 结论

（1）该类型合金盘件中的 γ' 强化相的尺寸、形貌及分布取决于热处理的固溶温度、淬火冷却速度以及时效温度和方式。工艺Ⅰ试样中的 γ' 强化相尺寸相对大于工艺Ⅱ。

（2）该类型合金盘件中的主要析出相及碳、硼化物和氧化物有：γ' 相、MC、M_3B_2、M_6C 和 HfO_2。碳、硼化物的数量与盘件的碳、硼含量和热处理制度有关；晶界二次碳、硼化物析出的数量、形貌、尺寸取决于淬火冷却方式和时效温度和方式。

（3）γ' 强化相及碳、硼化物的数量、尺寸、形貌及分布直接影响该合金盘件的力学性能。试样中少量单独存在的原始粉末颗粒边界（PPB），未发现其对性能的影响。从两种工艺热处理的盘坯上取样测得，二者的冲击韧性水平相当；工艺Ⅰ试样的拉伸强度低于工艺Ⅱ试样，但制度Ⅰ试样的塑性高于工艺Ⅱ；在 650℃，980MPa 试验条件下，持久性能不存在缺口敏感，工艺Ⅱ试样持久寿命高于工艺Ⅰ试样。

（4）在 650℃，980MPa，1Hz 条件低周疲劳测试表明，两种工艺热处理试样的疲劳寿命相当。断口上裂纹源的位置、尺寸、类型直接影响该试样的疲劳性能。本次试验的平均疲劳寿命 N_f 在 8000~79000 周次。裂纹源的尺寸小于 150μm，主要为熔渣类和其他非金属夹杂物。

参 考 文 献

[1] Garibov G S. Improvement in performance characteristics of as-HIPed PM superalloy discs [C] //Raisson G. . Proceedings of the 2005 International Conference on Hot Isostatic Pressing, Paris France：SFM press, 2005：221-233.

[2] Yeriomenko V I, Fatkullin O H, Grits N M, et al. EP962NP alloy is a new stage in development of russian PM alloys [C] //Khovanov A N. Proceedings of International Conference on Hot Isostatic Pressing, Moscow Russia：VILS press, 2002：93-99.

[3] Garibov G S, Kazberovich A M, Koshelev V I, et al . Hot isostatic pressing of Ni-base superalloy discs is a main development of new materials for production of critical gas-turbine engine components [C] //Khovanov A N. Proceedings of International Conference on Hot Isostatic Pressing, Moscow Russia：VILS press, 2002：21-31.

[4] Аношкин Н Ф, Фаткуллин О Ф, Буславский Л С, и т д. Разработка процессов получения изделий из гранулируемых жаропрочных сплавов на основе никелея горячим изостатическим прессованием [C] //Белов А Ф. Металловедение и обработка титановых и жаропрочных сплавов [C] Москва：ВИЛС，1991：313-323.

[5] Зиновьев В А, Горбунова Т А, Буславский Л С, и т д. Оптимизация технологии термической обработки заготовок дисков и валов из сплава ЭП741НП [J]. Технология Лёгких Сплавов，1992（3）：38-41.

[6] 张莹,张义文,张娜,等. 粉末冶金高温合金 FGH97 的低周疲劳断裂特征[J]. 金属学报,2010 (4):444-450.
Zhang Ying, Zhang Yi-wen, Zhang Na, et al. Fracture character of low cycle fatigue on PM superalloy FGH97[J]. Acta Metallurgica Sinica, 2010(4):444-450.

[7] 张莹,张义文,张娜,等. FGH97 粉末冶金高温合金热处理工艺和组织性能的研究[J]. 航空材料学报,2008(6):5-9.
Zhang Ying, Zhang Yi-wen, Zhang Na, et al. Heat treatment processes and microstructure and properties research on PM superalloy FGH97[J]. Journal of Aeronautical Materials, 2008(6):5-9.

[8] Zhang Ying, Zhang Yi-wen, Zhang Fen-ge, et al. Effect of powder particle size on microstructure and mechanical properties of Ni-based PM superalloy product[J]. Journal of Iron and Steel Research International, 2003(3):71-74.

[9] 李玉清,刘锦岩. 高温合金晶界间隙相[M]. 北京:冶金工业出版社,1990.

[10] Белов А Ф, Аношкин Н Ф, Фаткуллин О Х. Структура и Свойства Гранулируемых Никелевых Сплавов[M]. Москва:Металлургия,1984.

[11] Перцовский Н З, Семенова Н М, Ерёмико В И, и т д. Влияние режимом термообработки на выделение вторичных карбидов и боридов в жаропрочном никелевом сплаве ЭП741НП[C]// Белов А Ф. Металловедение и обработка титановых и жаропрочных сплавов,Москва:ВИЛС,1991:323-332.

[12] 黄乾尧,李汉康. 高温合金[M]. 北京:冶金工业出版社,2000.

[13] 张莹,刘明东,张义文. "黑粉"对 PM 镍基粉末高温合金组织性能的影响[J]. 粉末冶金工业,2006(6):1-5.
Zhang Ying, Liu Min-dong, Zhang Yi-wen. Influence of "black powder" on microstructure and properties of PM Ni-based powder superalloy[J]. Powder Metall Ind, 2006(6):1-5.

[14] Ерёменко В И, Зиновьев В А, Фаткуллин О Х, и т д. Исследование природы и причин появления границ отдельных гранул в структуре никелевых гранулируемых сплавов[C]. Белов А Ф. Металлургия гранул вып. 3 Москва:ВИЛС,1986:175-182.

(原文发表在《材料热处理学报》,2011,32(7):37-43.)

铪对 FGH97 合金平衡相影响的评估

张义文[1,2] 王福明[1] 胡本芙[3]

(1. 北京科技大学冶金与生态工程学院,北京 100083;
2. 钢铁研究总院高温材料研究所,北京 100081;
3. 北京科技大学材料科学与工程学院,北京 100083)

摘 要 利用材料相图计算与材料性能模拟软件 JMatPro,对粉末高温合金 FGH97 热力学平衡相及相组成进行了计算。研究了不同 Hf 含量对平衡相和相组成的影响,并结合物理化学相分析实验和显微组织观察进行了验证分析,进而揭示 FGH97 合金在 750℃下各相析出和 Hf 在相间分配的规律,认清 Hf 在 FGH97 合金的作用。结果表明:FGH97 合金在 750℃下的平衡相包括 γ、γ'、MC、$M_{23}C_6$、M_3B_2 和 μ 相,Hf 主要存在于 γ' 和 MC 相中,并且随着 Hf 含量的增大,Hf 在 γ' 和 MC 相中分配不同。

关键词 高温合金 铪 热力学计算 平衡相 析出

Estimation of Effects of Hafnium on Equilibrium Phases in FGH97 PM Superalloy

Zhang Yiwen[1,2], Wang Fuming[1], Hu Benfu[3]

(1. School of Metallurgical and Ecological Engineering, University of Science and Technology Beijing, Beijing 100083, China; 2. High Temperature Materials Research Institute, Central Iron and Steel Research Institute, Beijing 100081, China; 3. School of Material Science and Engineering, University of Science and Technology Beijing, Beijing 100083, China)

Abstract: The stable phases and the compositions of FGH97 powder metallurgy (PM) superalloy with different contents of hafnium were calculated by JMatPro software. The effects of hafnium contents on the equilibrium phases and composition were studied. Meanwhile, the stable phases were analyzed and checked by physical and chemical phase analysis and microstructure observations. Then, the behaviors of phases precipitation and character of hafnium partition in different phases were revealed and the effects of hafnium on FGH97 PM superalloy were summarized. The results show that stable phases at 750℃ include γ matrix, γ' phase, MC carbide, $M_{23}C_6$ carbide, M_3B_2 boride and μ phase. Hafnium mainly exists in γ' phase and MC carbide, and increasing hafnium content causes the different distribution of hafnium between γ' phase and MC carbide.

Keywords: Superalloys, hafnium, thermodynamic calculations, equilibrium phases, precipitation

相图热力学计算是探索多元合金体系中平衡相构成的有效途径。热力学计算可以用来预测合金在各个温度的平衡相、亚稳相以及它们的数量、成分、物理性能和力学性能。结合合金热力学计算的数据库，一些商业化的软件（如 Thermo-Calc、JMatPro、PANDAT、FactSage 和 PMLFKT）在国外已经得到有效的使用[1-6]。我国主要使用 Thermo-Calc 软件对镍基高温合金进行热力学平衡相计算，这些研究工作已有报道[7-9]。

FGH97 合金是我国研制的高合金化 γ′相沉淀强化的新型粉末镍基高温合金，具有优异的高温持久和蠕变性能，最高使用温度到达 750℃。与其他同类粉末高温合金相比，在化学成分上该合金突出的特点是含有 Hf。Hf 能够改善粉末高温合金的组织、提高持久寿命和消除缺口敏感性[10-13]，但是 Hf 对 FGH97 合金中析出相及相组成变化的研究还有许多不明之处[13,14]。为此，本文利用 JMatPro 相平衡计算和热力学评估软件计算了 FGH97 合金中可能存在的平衡相，研究了 Hf 含量的变化对 750℃下合金中平衡相的数量和组成的影响，并与实验结果进行了验证分析。

1 实验材料及方法

将 FGH97 合金的成分和温度参数作为 JMatPro 软件的输入条件，通过改变 Hf 含量，计算 750℃下合金中析出相及其组成的变化。FGH97 合金主要成分（质量分数）为：$w(Co) = 15.75\%$，$w(Cr) = 9.0\%$，$w(W) = 5.55\%$，$w(Mo) = 3.85\%$，$w(Al) = 5.05\%$，$w(Ti) = 1.8\%$，$w(Nb) = 2.6\%$，$w(C) = 0.04\%$，$w(B) = 0.012\%$，$w(Zr) = 0.015\%$，还含有少量的 Hf，Ni 余量。粉末冶金高温合金中的 Hf 的质量分数一般不大于 1%[15]，Hf 含量过高对改善组织和消除缺口敏感性作用不大，所以选择 Hf 的质量分数为 0%、0.15%、0.3%、0.6%、0.9%。合金采用等离子旋转电极法制粉+热等静压成形工艺制备，为近似相平衡状态试样采用标准热处理 750℃，5000h 长时效处理。将 1200# 砂纸磨好的试样进行电解抛光和电解腐蚀，用 JSM-6480LV 型扫描电镜（SEM）对组织进行观察，用物理化学相分析方法对相及其含量进行测定，用 STA 449C 型差示扫描量热仪（DSC）测定合金的熔点。

2 结果与分析

2.1 FGH97 合金热力学平衡相与实验结果

经计算得到典型成分（Hf 的质量分数取中间值 0.3%）的 FGH97 合金中平衡相的含量与温度的关系见图 1。从图 1 可以看出，合金在 1351℃以上为液相（L），从 1351℃开始凝固，液相向 γ 相发生转变，在 1322℃从液相中开始析出一次碳化物 MC，到 1281℃合金完全转变为固相。此后，随着温度降低，依次从固相中析出 MB_2、M_3B_2、γ′、M_6C、μ、$M_{23}C_6$、σ 和 Ni_5M 相。合金中各平衡相的存在温度范围、最大量温度见表 1。750℃下平衡相为 γ、γ′、MC、$M_{23}C_6$、M_3B_2 和 μ 相，主要由 γ 和 γ′相组成，与实测结果（相分析无法分离 M_3B_2 相和 μ 相）相吻合（表 2）。

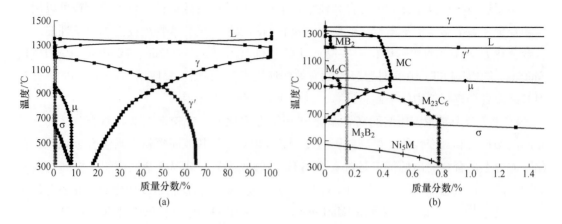

图 1 FGH97 合金中各相析出量与温度的关系
(a) 整体曲线；(b) 局部放大曲线
Fig. 1 Graphs of equilibrium phases at different temperatures calculated in FGH97 superalloy
(a) global graph; (b) amplified graph for a local part

表 1 合金中各平衡相相的存在的温度范围和最大量温度
Table 1 Temperature ranges for the existence of different phases and temperature values for the maximum precipitation of phases in the superalloy

相	L	γ	MC	MB_2	M_3B_2	γ′	M_6C	μ	$M_{23}C_6$	σ	Ni_5M
存在温度范围/℃	1351~1281	1351~	1322~649	1286~1199	1200~	1200~	975~906	972~	907~	644~	469~
最大量温度/℃	—	1281	975	1203	—	—	925	—	—	—	—

表 2 750℃下合金中存在的相及相含量（质量分数）
Table 2 Phases and contents at 750℃ (%)

相	γ	γ′	MC	$M_{23}C_6$	MB_2	M_3B_2	$M_3B_2+\mu$
计算值	31.86	60.68	0.12	0.63	0.15	6.56	6.71
实测值	34.19	64.21	0.21	0.16	—	—	1.23

相分析结果表明，750℃，5000h 长时效处理后典型成分的 FGH97 合金中含有 γ、γ′、MC、$M_{23}C_6$、M_3B_2 和 μ 相，M_3B_2 相微量，主要是 γ 和 γ′相（表 2）。从组织观察可以看出：合金中 γ 相为基体，γ′相主要分布在晶内，少量分布在晶界上 [图 2(a)]；在图 2(b) 中晶内和晶界小块状为 MC 和 $M_{23}C_6$ 型碳化物，μ 相呈针状，分布在晶内，微量的 M_3B_2 型硼化物分布在晶界上[16]。

计算结果表明（见表 3），γ 相富 Ni、Co 和 Cr，γ′相富 Ni、Al、Co、Ti 和 Nb，MC 型碳化物富 C、Hf、Nb 和 Zr，$M_{23}C_6$ 型碳化物富 Cr、Mo、Co 和 Ni，M_3B_2 型硼化物富 Mo 和 Cr，μ 相富 Co、Mo、Cr、Ni 和 W。

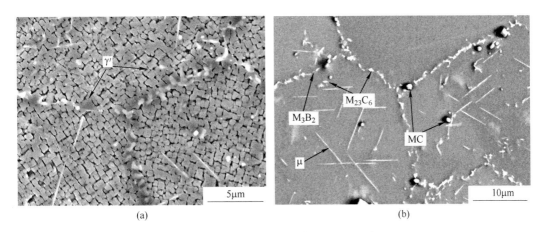

图 2 典型成分的 FGH97 合金的显微组织
(a) γ' 相形貌；(b) 其他析出相形貌
Fig. 2 Microstructures of alloy
(a) γ' phase morphology; (b) other phases morphology

表 3 750℃下各平衡相的成分（摩尔分数）
Table 3 Composition of different phases at 750℃ （%）

相	Ni	Co	Cr	Mo	W	Al	Ti	Nb	Hf	Zr	B	C
γ	43.17	26.61	23.68	2.13	1.54	2.75	0.08	0.05	痕量	0.001	—	—
γ'	65.10	9.20	2.07	0.46	1.22	15.87	3.42	2.54	0.10	0.008	—	—
MC	—	—	0.04	0.08	0.07	—	0.20	8.13	38.37	4.91	—	48.20
$M_{23}C_6$	4.78	5.10	59.50	9.69	0.23	—	—	—	—	—	—	20.69
M_3B_2	0.07	0.18	20.54	38.82	0.39	—	—	—	—	—	40.00	—
μ	17.28	28.21	17.85	26.15	10.49	—	—	0.02	—	—	—	—

从元素在 γ' 相和 γ 相中的含量可知，Co、Cr 和 Mo 主要进入 γ 相中，Ni、Al、Ti、Nb、Hf 和 Zr 主要进入 γ' 相中，计算结果与实测结果总体一致，元素在 γ' 相和 γ 相中的分配比见表 4。

表 4 750℃下元素在 γ' 相和 γ 相中的分配比（摩尔分数比）
Table 4 Partition ratio of alloy elements in γ' phase and γ phase at 750℃ (ratio of mole fraction)

元素	Co	Mo	Cr	W	Ni	Al	Ti	Nb	Hf	Zr
计算值	0.70∶1	0.43∶1	0.18∶1	1∶0.62	1∶0.33	1∶0.09	1∶0.01	1∶0.43	1∶0.01	1∶0.06
实测值	0.72∶1	0.71∶1	0.19∶1	1∶0.52	1∶0.32	1∶0.07	1∶0.02	1∶0.11	1∶0.08	1∶0.60

随着温度的降低，一次 MC 型碳化物稳定性降低，逐渐向 $M_{23}C_6$ 型碳化物转变，MC 型碳化物的量实测值高于计算值（表 2），表明实际 FGH97 合金中 MC 型碳化物的稳定性高于预测结果。μ 相析出量的计算值远高于实测值（表 2），可能是因为缺乏有关评估 μ

相的热力学参数,数据库可能夸大了 μ 相的稳定性[2]。镍基高温合金中低 Cr 高 W、Mo,在摩尔分数 $x(W)+x(Mo)>4\%$ 时,易形成 μ 相[16]。FGH97 合金中 $x(W)+x(Mo)=4.1\%$,因此形成了 μ 相。实际镍基高温合金中 γ′ 相析出速度很快,很容易趋于平衡,碳化物次之,拓扑密排(TCP)相的析出速度最慢[17]。

2.2 Hf 对熔点的影响

高温合金采用真空感应熔炼时,精炼温度和浇注温度是由合金的熔点决定的。随 Hf 含量的增加,初熔温度和熔点降低,凝固温度范围扩大,与文献[18,19]报道一致。Hf 的质量分数从 $w_{Hf}=0$ 提高到 $w_{Hf}=0.9\%$ 时,熔点由 1354℃ 降到 1346℃,初熔温度由 1289℃ 降到 1263℃,凝固温度范围从 65℃ 增大到 83℃。熔点与 DSC 实测数据基本一致,如图 3 所示。

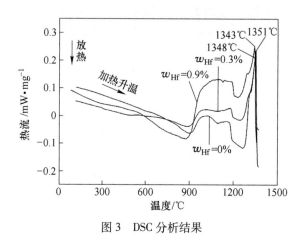

图 3 DSC 分析结果

Fig. 3 DSC curves for the alloy

因此,基于合金熔点的计算认为,合金中加入 Hf 可以适当地降低精炼温度和浇注温度,加入 Hf 使熔点降低和凝固温度范围加大,有增大铸锭成分偏析的倾向。

2.3 Hf 对 γ′ 相的影响

γ′ 相主要由 Ni、Al、Co、Ti 和 Nb 组成,Cr、W 和 Mo 等固溶体强化元素含量很少。随着 Hf 含量的增加,750℃ 下 γ′ 相中 Co、Cr 和 Hf 含量略有增加,Ni、Nb、Mo、W 和 Zr 含量略有下降,Co 和 Cr 可取代部分 Ni,使 Ni 含量降低。加入质量分数 0.15% 的 Hf,使 Al 含量降低[图4(a)],Hf 也可取代部分 Al,同时使 Ti、Nb、Mo、W 和 Zr 含量略有下降[图4(b)]。加入质量分数 0.3% 的 Hf 之后,Al 含量逐渐增加,Ti 含量几乎不变,Hf 还可取代部分 Nb。这些结果表明:Hf 进入 γ′ 相可以使 γ′ 相的组成发生改变,由 (Ni,Co)$_3$(Al,Ti,Nb) 型变为 (Ni,Co)$_3$(Al,Ti,Nb,Hf) 型。

元素形成 γ′ 相的能力可以由元素在 γ′ 相中固溶度的大小来反映,即原子在 γ′ 相中 Ni 和 Al 的亚点阵的占位概率大小来反映,原子占位概率可以从其原子半径和电负性两个方面考虑。Co 原子半径和电负性与 Ni 非常接近,其次是 Cr,其他元素与 Ni 相差较大[20];因此,Co 和 Cr 占据 Ni 的位置,Co 在 γ′ 相中的固溶度大于 Cr,其他元素不能占据 Ni 的位

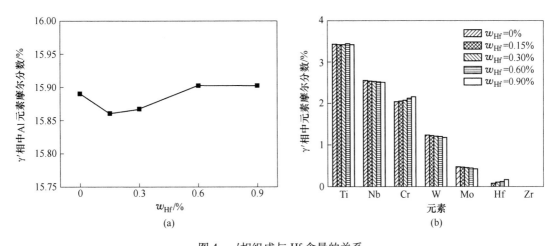

图 4 γ′相组成与 Hf 含量的关系
(a) Al 元素; (b) 其他元素
Fig. 4 Relationships between γ′ phase compositions and hafnium content
(a) Al element; (b) other elements

置而是占据 Al 的位置,由于 Cr 的电负性与 Al 较接近,Cr 也可以占据 Al 的位置。Nb 和 Ti 的原子半径和电负性与 Al 非常接近,其次是 Zr 和 Hf,虽然 W 和 Mo 的原子半径与 Al 较接近,但电负性与 Al 差别较大,因此,W 和 Mo 在 γ′相中固溶度很小。

从图 5 可以看出,γ′相固溶温度和析出量随着 Hf 含量的增加总体均呈上升趋势。当 Hf 的质量分数从 0% 增加到 0.9% 时,γ′相固溶温度从 1199.4℃ 提高到 1201.7℃,同时 750℃ 下 γ′相的析出量从 60.3% 提高到 60.7%。Hf 是较强的 γ′相形成元素,既能促使形成 γ′相,又能强化和稳定 γ′相,所以 Hf 含量的增加提高了 γ′相固溶温度和析出量。一般地,γ′相固溶温度随着 Hf 的数量的增加而升高,γ′相的析出量越高强化效果越明显。

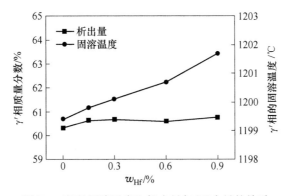

图 5 γ′相的固溶温度和析出量与 Hf 含量的关系
Fig. 5 Relationship of γ′ phase solution temperature and precipitation content with hafnium content

2.4 Hf 对 MC 型碳化物的影响

750℃ 下当 w_{Hf}<0.15% 时,不存在 MC 型碳化物。在 750℃ 下 MC 相含有 Hf、Nb、Zr、

Ti、Mo、W 和 Cr 等元素，主要由 Hf 和 Nb 组成。随着 Hf 含量的增加，MC 相中 Hf 含量增加，Nb 和 Zr 含量降低（图6），Ti、Mo 和 W 含量有下降的趋势，但变化不大，MC 属于（Hf，Nb）C 型。

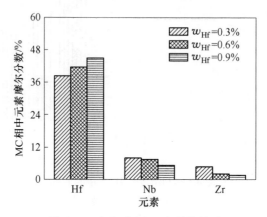

图 6　MC 相组成与 Hf 含量的关系
Fig. 6　Relationship between MC carbide compositions and hafnium content

根据文献 [21] 中 MC 型碳化物标准生成吉布斯自由能与温度的关系式，计算出 750℃ 下标准生成吉布斯自由能，得出 MC 稳定性由强到弱的排列顺序为：HfC（-188.8 kJ·mol^{-1}）> ZrC（-174.9 kJ·mol^{-1}）> TiC（-172.6 kJ·mol^{-1}）> NbC（-134.5 kJ·mol^{-1}）。由于这些碳化物具有相同的 fcc 晶体结构和相近的晶格常数，它们可以完全互溶，因此 FGH97 合金中加入 Hf 后，首先形成 HfC，之后依次形成 ZrC、TiC、NbC。实验也证明，实际 FGH97 合金中 MC 稳定性由强到弱的排列顺序为：HfC > ZrC > TiC > NbC，Mo 和 W 在 MC 中的固溶度很小，因此，随着 Hf 含量的增加，MC 相中 Hf 含量增加，Nb、Zr、Ti、Mo 和 W 的含量逐渐降低。

随着 Hf 含量的增加，MC 相的开始析出温度略有降低，但变化不大，这与文献 [18] 的实验结果一致，终止析出温度急剧降低，即析出温度范围变宽，在 $w_{Hf} > 0.6\%$ 时析出温度范围扩展到了室温（表5）。随着 Hf 含量的增加，MC 最大量析出温度降低，最大量析出量增加。当 Hf 的质量分数从 0.3% 增大到 0.9% 时，750℃ 下 MC 相析出量从 0.12% 增加到 0.64%（图7），其规律与实验结果基本一致（图8，块状为 MC 相）。由此可见，Hf 促进了 MC 析出，并提高了它的稳定性，Hf 对 MC 型碳化物的析出行为影响较大。

表 5　MC 型碳化物析出温度范围、最大量温度和最大析出量
Table 5　Precipitation temperature range, maximum-content temperature and maximum content for MC carbide

Hf 含量（质量分数）/%	0	0.15	0.3	0.6	0.9
析出温度范围/℃	1325~998	1324~810	1322~675	1320~	1319~
最大量析出温度/℃	1017	999	975	824	671
最大析出量（质量分数）/%	0.319	0.388	0.455	0.578	0.650

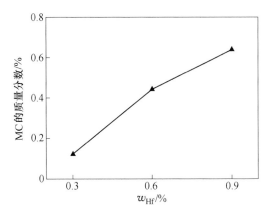

图 7 MC 相的析出量与 Hf 含量的关系

Fig. 7 Relationship between MC carbide precipitation content and hafnium content

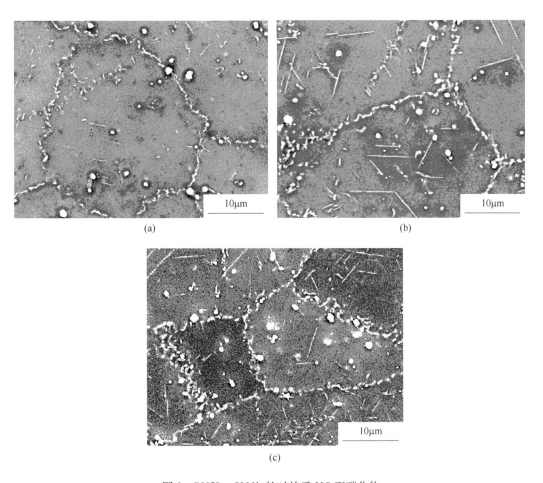

图 8 750℃, 5000h 长时效后 MC 型碳化物

Fig. 8 MC carbides after the aging treatment 750℃ and 5000h

(a) $w_{Hf}=0$; (b) $w_{Hf}=0.3\%$; (c) $w_{Hf}=0.9\%$

2.5 Hf 对 $M_{23}C_6$ 型碳化物和 M_3B_2 型硼化物的影响

从图 9 可以看出：当 $w_{Hf}<0.3\%$ 时，$M_{23}C_6$ 相开始析出温度几乎没有变化，为 905～907℃，当 $w_{Hf}>0.3\%$ 时，$M_{23}C_6$ 的开始析出温度降低，从 $w_{Hf}=0.3\%$ 的 907℃ 降至 $w_{Hf}=0.9\%$ 的 671℃，析出温度范围也变窄。$w_{Hf}<0.15\%$ 时，750℃ 下析出量变化不大，为 0.78%～0.79%。$w_{Hf}>0.15\%$ 时，750℃ 下析出量降低，从 $w_{Hf}=0.15\%$ 的 0.79% 降至 $w_{Hf}=0.6\%$ 的 0.23%，当 $w_{Hf}=0.9\%$ 时，不存在 $M_{23}C_6$。随着 Hf 含量的增加，MC 析出温度的降低（表5）导致了 $M_{23}C_6$ 开始析出温度的降低，因为随着 Hf 含量的增加，MC 的析出量增加（图7），固定了更多的 C，使合金基体中 C 的浓度降低，从而使 $M_{23}C_6$ 析出量减少。

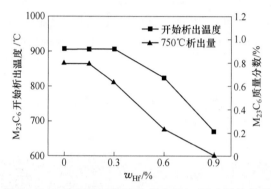

图 9 $M_{23}C_6$ 相的析出温度和析出量与 Hf 含量的关系

Fig. 9 Relationships of $M_{23}C_6$ carbide precipitation temperature and content with the hafnium content

750℃ 下 $M_{23}C_6$ 相含有 Cr、Mo、Co、Ni 和 W 等元素，主要由 Cr 和 Mo 组成。Hf 含量的变化对 $M_{23}C_6$ 的相组成影响不大，随着 Hf 含量的增加，Cr 含量略有升高趋势，其他元素略有降低的趋势，$M_{23}C_6$ 碳化物属于 $(Cr,Mo)_{23}C_6$ 型。

由于 Hf 不进入 M_3B_2 中，因此，Hf 含量的变化对 M_3B_2 的开始析出温度、析出量和相组成没有影响。计算结果表明，750℃ 下 M_3B_2 含有 B、Cr、Mo、Co、Ni 和 W，主要由 Mo 和 Cr 组成，属于 $(Mo,Cr)_3B_2$ 型，其析出量为 0.15%。

2.6 Hf 对 μ 相的影响

750℃ 下 μ 相含有 Co、Mo、Cr、Ni、W 和 Nb 等元素，主要由 Co 和 Mo 组成，即 μ 相属于 Co_7Mo_6 型。从图 10 可以看出，随着 Hf 含量的增加，μ 相开始析出温度升高，由 $w_{Hf}=0$ 的 725℃ 增加到 $w_{Hf}=0.9\%$ 的 991℃，同时 750℃ 下的 μ 相析出量呈线性增加，由 $w_{Hf}=0$ 的 6.24% 增加到 $w_{Hf}=0.9\%$ 的 7.30%，其规律与实验结果基本一致（图 11，晶内针状物为 μ 相）。随着 Hf 含量的增加，μ 相中的 Co 含量几乎没有变化，Cr 和 W 含量略有升高，Mo 和 Ni 含量略有降低。μ 相中虽然没有固溶 Hf，但它通过增加 γ′ 相数量（图5）、减少 γ 相数量来提高 γ 相中 Co、Mo、Cr 和 W 的浓度，间接促进 μ 相形成，提高了 μ 相开始析出温度和析出量。

分布于晶内大量的针状 μ 相会降低合金的塑性和韧性。测试结果表明，750℃，5000h

长时效后室温拉伸伸长率和冲击功分别由时效前（无 μ 相）的 18.5% 和 48J 降到 9.0% 和 16.3J。

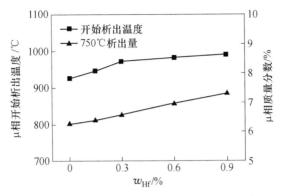

图 10　μ 相的析出温度与析出量与 Hf 含量的关系

Fig. 10　Relationship of μ phase precipitation temperature and content with the hafnium content

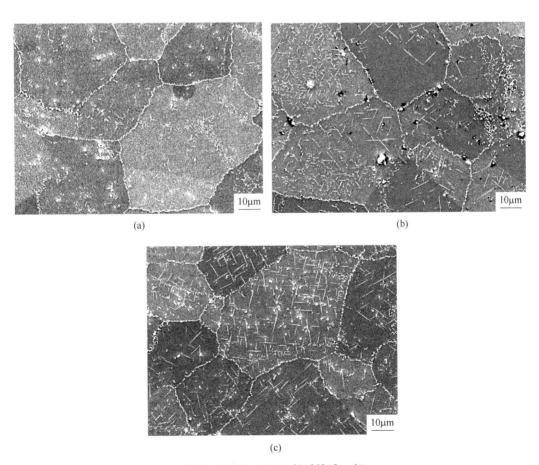

图 11　750℃，5000h 长时效后 μ 相

Fig. 11　μ phase after 750℃，5000h aging treatment

(a) $w_{Hf}=0$；(b) $w_{Hf}=0.3\%$；(c) $w_{Hf}=0.9\%$

2.7 Hf 在 γ′ 相和 MC 相中的分配

计算表明 Hf 主要分布在 γ′ 相和 MC 相中。随着 Hf 含量的增加，Hf 在 γ′ 相和 MC 相中含量增加（图 4 和图 6）。由于 750℃下在 w_{Hf}<0.15%时，不存在 MC 相，因此只能计算 w_{Hf}>0.3%时 Hf 在 γ′ 相和 MC 相中的分配比，即 Hf 在 γ′ 相和 MC 相中占合金的摩尔分数比。从图 12 可以看出，随着 Hf 含量的增加，Hf 在 γ′ 相和 MC 相中的分配比逐渐减小，从 w_{Hf} 从 0.3%增加到 0.6%时，分配比从 2.13∶1 减小到 0.62∶1；w_{Hf} 从 0.6%增加到 0.9%时，Hf 在 γ′ 相和 MC 相中的分配比保持不变；当 w_{Hf}=0.52%时，分配比为 1∶1。即合金中加入 Hf 后，大量的 Hf 首先进入 γ′ 相，随着 Hf 含量的增加，进入 γ′ 相的 Hf 逐渐减少，进入 MC 相的 Hf 逐渐增多，w_{Hf}<0.52%时，Hf 主要分配在 γ′ 相中，w_{Hf}>0.52%时，Hf 主要分配在 MC 相中，当在 w_{Hf}=0.52%下，Hf 在 γ′ 相和 MC 相中等量分配。

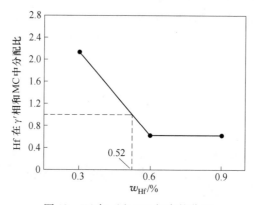

图 12　Hf 在 γ′ 和 MC 相中的分配

Fig. 12　Partition ratio of hafnium in γ′ phase and MC carbide

Hf 在 γ′ 和 MC 相中的分配可以从合金体系能量的角度分析。合金中加入 Hf，一方面，Hf 进入 γ′ 相取代 Al 亚点阵中的 Al 或 Nb（见 2.3 节），由于 Hf 的原子半径比 Al 和 Nb 的大，因此增大了 γ′ 相的晶格常数，加大了 γ′ 相晶格畸变，提高了 γ′/γ 相界面能，使合金体系的能量升高；另一方面，在 MC 型碳化物中，由于 HfC 最稳定，生成 Gibbs 自由能最低（见 2.4 节），因此合金体系的能量降低，抵消了 Hf 进入 γ′ 相引起的能量升高。这种能量的升高和降低相互抵消时，Hf 在 γ′ 相和 MC 相中达到了平衡分配。

合金中加入少量的 Hf 时，1mol 的 Hf 进入 γ′ 相引起的能量升高小于 1mol 的 Hf 进入 MC 相引起的能量降低，因此，进入 MC 相的 Hf 量小于进入 γ′ 相的量，就可以使因 Hf 进入 MC 相引起的能量降低抵消因 Hf 进入 γ′ 相引起的能量升高；但是，随着 Hf 含量的增加，进入 γ′ 相的 Hf 增加，产生 γ′ 相的晶格畸变越大，在 γ′ 相中增加 1mol 的 Hf 引起的能量升高越大，而在 MC 相中增加 1mol 的 Hf 引起的能量降低是基本不变的，因此，需要更多的 Hf 进入 MC 相中，即分配比逐渐降低。当 w_{Hf}=0.52%时，进入 MC 相的 Hf 量等于进入 γ′ 相的量，就可以使能量的增加和降低相抵消。Hf 含量继续增加，进入 MC 相的 Hf 量大于进入 γ′ 相的量，就可以使能量的增加和降低相抵消。在 w_{Hf}>0.6%之后，进入 γ′ 相的 Hf 量与进入 MC 相的量维持一定比例时，就可以使合金体系的能量保持不变。所以添加不同量的 Hf 可引起 Hf 在 γ′ 和 MC 相间分配不同。

3 结论

(1) 通过相计算和实验测试分析确定 FGH97 合金在 750℃ 下热力学平衡相为基体 γ、沉淀强化相 γ'、碳化物 MC 和 $M_{23}C_6$、硼化物 M_3B_2 和 μ 相。

(2) Hf 主要存在 γ' 和 MC 相中,Hf 进入 γ' 和 MC 相可改变 γ' 和 MC 相的组成,进而改变 γ' 和 MC 相的稳定性。Hf 对 γ' 相析出行为影响不明显,对 MC 型碳化物的析出行为影响较大。

(3) 随着 Hf 添加量的增加,Hf 在 γ' 和 MC 相中分配不同,从而导致 Hf 在相间转移。

(4) 随着 Hf 含量的增加,γ' 相析出量增加,同时 μ 相析出量明显增加,综合分析 Hf 的添加量不宜过高。

参 考 文 献

[1] Sundman B, Jansson B, Andersson J O. The thermo-calc databank system. Calphad, 1985, 9(2): 153.

[2] Zhao J C, Henry M F. The thermodynamic prediction of phase stability in multicomponent superalloys. JOM, 2002, 54(1): 37.

[3] Saunders N, Guo Z, Li X, et al. Using JMatPro to model materials properties and behavior. JOM, 2003, (12): 60.

[4] Chen S L, Daniel S, Zhang F, et al. The PANDAT software package and its applications. Calphad, 2002, 26(2): 175.

[5] Bale C W, Chartrand P, Degeterov S A, et al. FactSage ermochemical software and databases. Calphad, 2002, 26(2): 189.

[6] Lukas H L, Henig E Th, Zimmermann B. Optimization of phase diagrams by a least squares method using simultaneously different types of data. Calphad, 1977, 1(3): 225.

[7] Dong J X, Zhang M C, Zeng Y P, et al. Thermodynamic calculation of precipitation phases in a high-Cr GH648 superalloy. Rare Met MaterEng, 2005, 34(1): 51.
董建新,张麦仓,曾燕屏,等. 新型 Ni-Cr 基 GH648 合金成分对热力学平衡相析出行为的影响. 稀有金属材料与工程, 2005, 34(1): 51.

[8] Wu K, Liu G Q, Hu B F, et al. Effect of alloy elements on the precipitation behavior of thermodynamic equilibrium phases in new type nickel-based PM superalloys. J Univ Sci Technol Beijing, 2009, 31(6): 719.
吴凯,刘国权,胡本芙,等. 合金元素对新型镍基粉末高温合金的热力学平衡相析出行为的影响. 北京科技大学学报, 2009, 31(6): 719.

[9] Wang Y, Sun F, Dong X P, et al. Thermodynamic study on equilibrium precipitation phases in a novel Ni-Co base superalloy. Acta Metall Sin, 2010, 46(3): 334.
王衣,孙锋,董显平,等. 新型 Ni-Co 基高温合金中平衡析出相的热力学研究. 金属学报, 2010, 46(3): 334.

[10] Evans D J, Eng R D. Development of a high strength hot isostatically pressed (HIP)disk alloy, MERL76//Hausner H H, Antes H W, Smith G D. Modern Developments in Powder Metallurgy. Washington: MPIF and APMI, 1982, 14: 51.

[11] Larson J M, Volin T E, Larson F G. Effect of hafnium on powder metallurgy Astroloy//Braun J D, Arrowsmith H W, McCall J L. Microstructural Science, Vol. 5. New York: American Elsevier Pub., 1977: 209.

[12] Miner R V. Effects of C and Hf concentration on phase relations and microstructure of a wrought powder-

metallurgy superalloy. Metall Trans A, 1977, 8(2): 259.

[13] Belov A F, Anoshkin N F, Fatkullin O Sh, et al. Alloying characteristics of powder metallurgy superalloys//Bannykh O A. Heat Resistant Steel and Nickel Base High Temperature Alloy. Moscow: The Science Press, 1984: 31.

[14] Radavich J, Furrer D, Carneiro T, et al. The microstructure and mechanical properties of EP741NP powder metallurgy disc material//Reed R C, Green K A, Caron P, et al. Superalloys 2008. Pennsylvania: TMS, 2008: 63.

[15] Davis J R. ASM Specialty Handbook: Nickel, Cobalt, and Their Alloys. Materials Park: ASM International, 2000.

[16] Compiling Group of Metallographic Atlas for High Temperature Alloys. Metallographic Atlas for High Temperature Alloys. Beijing: Metallurgical Industry Press, 1979.
高温合金金相图谱编写组. 高温合金金相图谱. 北京: 冶金工业出版社, 1979.

[17] Chen G L. Superalloys. Beijing: Metallurgical Industry Press, 1988.
陈国良. 高温合金学. 北京: 冶金工业出版社, 1988.

[18] Sutton W H, Green D R. Influence of hafnium on the wetting characteristics of MAR M-200//Kear B H, Muzyka D R, Tien J K, et al. Superalloys: Metallurgy and Manufacture. Louisiana: Claitor's Publishing Division, 1976: 171.

[19] Zhen B L, Zhang S J. The phase composition and the rules of the phase precipitation in Hf-bearing nickel base superalloys. Central Iron Steel Res Inst Tech Bul, 1981, (1): 65.
甄宝林, 张绍津. 加铪镍基合金相的组成和析出规律. 钢铁研究总院学报, 1981, (1): 65.

[20] Yu Y N. Foundation of Material Science. Beijing: Higher Education Press, 2006.
余永宁. 材料科学基础. 北京: 高等教育出版社, 2006.

[21] Samsonov G V, Vinickji I M. Refractory Compound, 2nd ed. Moscow: Metallurgy Industry Press, 1976.

（原文发表在《北京科技大学学报》, 2011, 33(8): 978-985.）

等离子旋转电极雾化工艺制备 FGH96 合金粉末颗粒的组织

刘建涛 张义文

（钢铁研究总院高温材料研究所，北京 100081）

摘 要 采用扫描电镜（SEM）、透射电镜（TEM）等多种手段对等离子旋转电极雾化工艺（PREP）制备的不同粒度 FGH96 合金粉末显微组织进行了分析和讨论，结果表明：200~300μm 的粉末颗粒凝固组织呈现典型的树枝晶特征，-50μm 的粉末颗粒凝固组织呈现典型的胞状晶特征；粉末在快速凝固过程中会析出不同形貌的亚稳碳化物 MC′，不同形貌的 MC′碳化物化学组成和点阵常数具有一定的差异。

关键词 FGH96 合金 等离子旋转电极工艺 粉末颗粒 显微组织 碳化物

Microstructure of FGH96 Super Alloy Powders Atomization by Plasma Rotating Electrode Process

Liu Jiantao, Zhang Yiwen

(High Temperature Materials Research Institute, Central Iron & Steel Research Institute, Beijing 100081, China)

Abstract: Microstructure of FGH96 super alloy powders atomization by plasma rotating electrode process (PREP) were studied by means of SEM and TEM. The results show that solidification microstructure of powder ranged 200~300μm size characterized as dendrite structure and cellular structure of powder ranged -50μm size. MC′ metastable carbide precipitated during quick solidification, MC′ carbide shows different morphologies and is characterized as different compositions and lattice parameters.

Keywords: FGH96 superalloy, PREP, powder particle, microstructure, carbide

20 世纪 60 年代出现的粉末冶金工艺（Powder Metallurgy, PM）解决了传统的铸锻高温合金由于合金化程度的提高，铸锭偏析严重，热加工性能差等问题，成为现代高推重比发动机涡轮盘等关键部件材料的首选工艺。在高温合金粉末制备工艺中，等离子旋转电极雾化工艺（Plasma Rotating Electrode Process, PREP）和氩气雾化工艺（Argon Atomization, AA）是目前已经获得大规模应用的工艺。与 AA 工艺相比，PREP 工艺的最大优势在于粉末制备过程中不需要坩埚和陶瓷喷嘴，避免了粉末制备过程的二次污染。在 PREP 制粉过程中，高速旋转的电极棒料端面被等离子弧熔化，棒料端面上被熔化的液滴在离心力的作用下飞出，在冷却介质（氦气）中快速凝固成细小的球形粉末颗粒，这种工艺制备的粉末具有纯净度高、球形度好、气体含量低、空心粉少等优点[1-4]。PREP制粉+热等静压成形（Hot Isostatic Pressing，HIP）工艺制备的高温合金部件（盘、轴、环等）已经在航空、航天、石化领域获得了广泛的应用[3,4]。

对于粉末高温合金制件而言，高质量粉末的制备非常关键。在粉末制备过程中，由于雾化时不同粒度的粉末冷却速率存在差异，导致粉末颗粒的显微组织、析出相的组成和形貌都存在差异。快速凝固形成的粉末显微组织、化学成分、相组成等对后续的热加工工艺，如热等静压压制，锻造，挤压以及热处理工艺都有着重要的影响[3]。

本文对PREP工艺制备的FGH96合金粉末颗粒的凝固组织进行了研究，并结合PREP工艺制备特点进行了分析和讨论，本文的研究工作对生产高质量的粉末具有重要的指导意义。

1 试验材料及方法

1.1 试验材料

FGH96合金为镍基γ′相沉淀强化型粉末冶金高温合金，基体为γ相，主要强化相γ′的质量分数约占35%左右，合金的主要成分如表1所示。FGH96合金采用真空感应熔炼铸造成棒料，棒料经过机加工后采用PREP工艺制备成粉末，粉末经过筛分处理可获得不同粒度，本文中的粉末粒度为50~300μm。

表1 FGH96合金的主要化学成分（质量分数）
Table 1 Main chemical compositions of FGH96 PM Super alloy (mass fraction) (%)

元素	Cr	Co	W	Mo	Nb	Al	Ti	C	B	Zr	Ni
含量	15.8	13	4.1	4.3	0.80	2.30	3.8	0.03	0.01	0.03	Bal.

1.2 试验方法

粉末颗粒表面的显微组织通过Leica DMR金相显微镜观察。为了更好观察到粉末颗粒内部的显微组织，粉末采用化学沉积镀镍方法固定[5]，固定好的粉末颗粒磨制成金相试样，然后进行化学浸蚀，浸蚀剂组成为：氯化铜（5g）+盐酸（100mL）+乙醇（100mL），浸蚀时间约30s，浸蚀后的试样在LEO-1450扫描电镜（SEM）进行观察。粉末颗粒析出的碳化物通过透射电镜（TEM）观察，TEM试样采用一级碳萃取复型制备，利用JMS-2100透射电子显微镜结合Oxford能谱仪对萃取碳化物进行观察与分析。

2 试验结果与分析

2.1 FGH96合金粉末的表面凝固组织

图1为不同粒度的FGH96合金粉末颗粒表面的显微组织，显然，不同粒度的快速凝固凝固组织存在一定的差异。大尺寸的粉末颗颗粒的凝固组织中以树枝状晶居多，随着粉末颗粒尺寸的减小，凝固组织中的胞状晶数量逐渐增加，如图1所示。

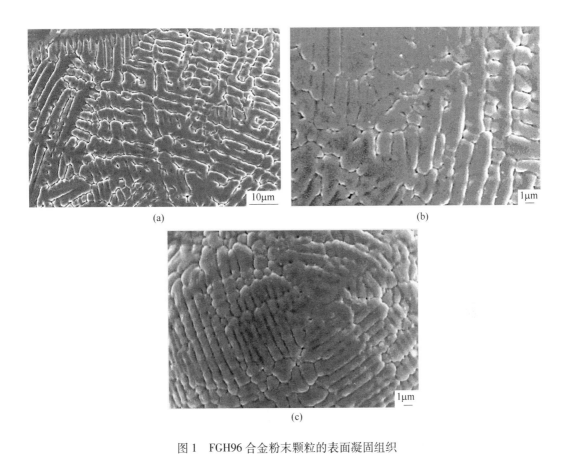

图 1　FGH96 合金粉末颗粒的表面凝固组织

Fig. 1　Surface morphologies of FGH96 powders particles with different sizes

(a)200~300μm；(b)50~150μm；(c)~50μm

2.2　FGH96 合金粉末的内部凝固组织

图 2 为 FGH96 合金粉末颗粒内部的凝固组织形貌，对于相同粒度的粉末颗粒，颗粒内部的凝固组织和表面凝固组织是一致的。大尺寸粉末颗粒中的枝晶组织发达，为显著的一次和二次枝晶组织 [图 2(a)]；小尺寸粉末颗粒内部则呈现出大量的胞状晶组织特征 [图 2(c)]。在中等尺寸的粉末颗粒内部，凝固组织中的树枝晶较大尺寸粉末颗粒减少，枝晶组织变细 [图 2(b)]。显然，随着粉末颗粒尺寸减小，FGH96 合金粉末内部凝固组织由树枝晶为主逐渐转变为以胞状长大晶为主。

随着粉末颗粒尺寸的减小，树枝晶一次轴变细，二次枝晶臂间距减小。采用金相照片和 Image-Pro Plus 6.0 软件对粉末的直径 d 和相应粉末的二次枝晶臂间距 S 进行测量。对二次枝晶臂间距 S 和粉末直径 d 的测量结果进行线性回归，可以得到二次枝晶臂间距 S 与粉末颗粒直径 d 之间的关系式为：$S = 0.01d + 0.386$（$R^2 = 0.953$），如图 3 所示。

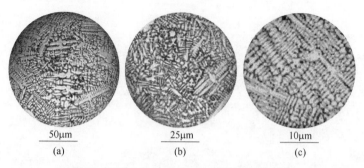

图 2　FGH96 合金粉末颗粒的内部凝固组织

Fig. 2　Cross-sectional microstructure of FGH96 powders particles with different sizes

(a) 200~300μm; (b) 50~150μm; (c) 0~50μm

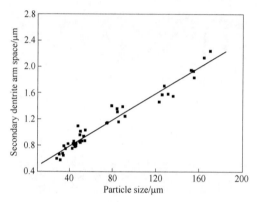

图 3　FGH96 合金二次枝晶臂间距 S 和粉末直径 d 的关系

Fig. 3　Secondary dendrite arm spacing with the diameter of FGH96 powders particles

2.3　FGH96 合金粉末颗粒尺寸与冷却速度

凝固过程中的二次枝晶臂间距 S 与冷却速度 $\dot{T}$ 的关系为[6]：$S = K\dot{T}^{-n}$。根据文献 [7] 对低碳激冷 René95 合金推导得出关系式 $S = 50.04\dot{T}^{-0.38}$ 来估算 FGH96 合金粉末凝固过程中冷速与粉末颗粒直径的关系，关系如图 4 所示。经计算得出 FGH96 合金粉末在凝固过

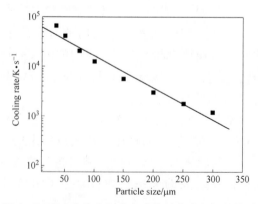

图 4　FGH96 合金冷却速度 $\dot{T}$ 和粉末直径 d 的关系

Fig. 4　Cooling rate with the diameter of FGH96 powders particles

程中的冷速为 $1.2\times10^3\sim4.1\times10^4$ K·s^{-1}，可见，粉末颗粒越小，冷却速度越快，二次枝晶间臂距越小，凝固组织越细。

2.4 FGH96 合金粉末颗粒中的碳化物相

不同的凝固组织直接影响粉末颗粒内合金元素分配和相的形态和类型。Smugeresky 很早就指出，树枝晶状态组织中各类相的析出动力学和胞状晶组织状态有明显差别[8]。TEM 观察发现 FGH96 合金粉末颗粒在快速凝固过程中，大部分 γ′ 相析出被抑制，而碳化物却能在枝晶间和胞壁大量析出。图 5 给出不同粒度的 FGH96 合金粉末颗粒中萃取析出相的形貌。

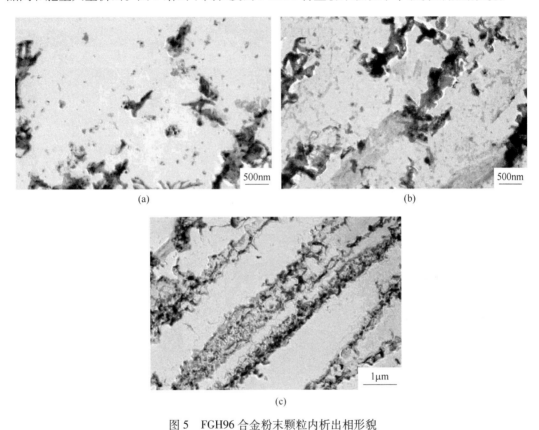

图 5　FGH96 合金粉末颗粒内析出相形貌
Fig. 5　Morphologies of extracted precipitation phases in FGH96 powders
(a) 200～300μm；(b) 50～150μm；(c) ～50μm

采用透射电镜和一级碳萃取复型技术相结合可对不同粒度粉末颗粒的内部析出相的形态、类型和组成成分进行鉴定，见图 6 和表 2。碳化物作为主要析出相，其形貌一定程度上随着粉末颗粒尺寸大小而变化。较大尺寸粉末颗粒碳化物分布在枝晶间，形态有规则块状（Regular）和蝶状（Butterfly）；而在更小尺寸的粉末中出现有蛛网状（Cobweb）。对这些碳化物进行结构分析和成分分析表明，碳化物的类型为 MC 型，但是与最终热处理态的 MC 碳化物相比，这些碳化物中往往富含 Cr、Mo、W 等元素，这在蝶状和花朵状的碳化物中尤其明显，因此，为了与最终热处理态的 MC 碳化物相区别，将快速凝固形成的碳化物称为亚稳态的 MC′ 碳化物[3,9]。

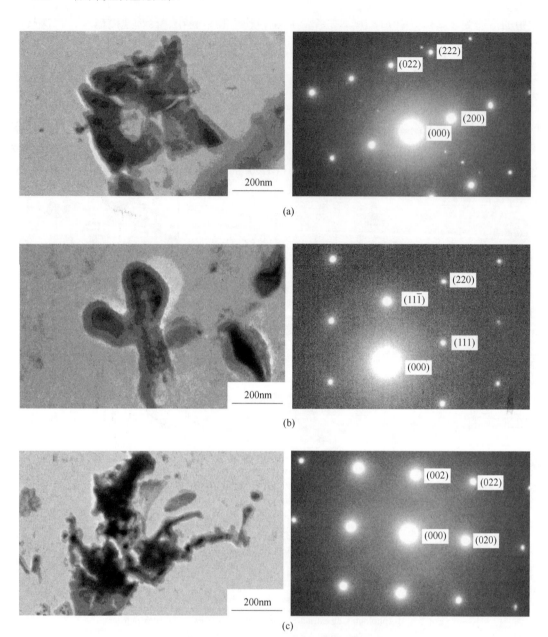

图 6 FGH96 合金粉末颗粒中亚稳碳化物形貌及衍射斑点
(a) 块状；(b) 蝶状；(c) 蛛网状

Fig. 6 Morphologies and diffraction pattern of extracted metastable carbides in FGH96 powders
(a) regular; (b) butterfly; (c) cobweb

由表2中碳化物化学成分的 EDAX 分析可知，在快速凝固过程中，液相中元素的扩散并不能保证固-液界面上溶质平衡的需要，导致非碳化物形成元素 Ni, Co 和 Al 不能及时扩散出去，强碳化物形成元素 Nb, Ti 和 Zr 不能及时扩散补充，碳化物形貌的几何完整度减弱，形态趋于复杂多样。

表2 FGH96合金粉末中萃取MC′碳化物的化学组成和点阵常数
Table 2　Chemical compositions and lattice parameter of extracted MC′ type carbides in FGH96 powders

Morphology	w(Ti+Nb+Zr)/%	w(Cr+Mo+W)/%	w(Ni+Co+Al)/%	Type	Lattice parameter (Å)
Regular	87.27	12.73	trance	MC′	4.330
Butterfly	58.10	34.03	7.88	MC′	4.392
Cobweb	59.96	26.31	6.55	MC′	4.383

2.5　讨论

根据凝固理论，凝固参数 G/R 值[6,8]（G 为凝固过程中固液界面前沿液相中温度梯度，R 为固相的长大速度）将决定凝固过程中晶体长大方式。随着 G/R 值增大，结晶方式从树枝晶过渡到胞状晶，再过渡到平面晶，从树枝晶过渡到胞状晶在本文中已经得到验证。另外，Fernandez研究了定向凝固IN100高温合金中的 G/R 值与碳化物形貌的关系[10]，计算得出当 G/R 值高于 $1.93 \times 10^{-3} ℃·s/\mu m^2$ 时，产生较规则的颗粒状（faceted carbide）MC碳化物，而小于 $1.93 \times 10^{-3} ℃·s/\mu m^2$ 时，多产生草书状（Chinese script-type carbide）的MC碳化物。针对FGH95合金粉末，胡本芙等人通过估算[7]，当粉末颗粒尺寸位于 $50 \sim 200 \mu m$ 时，对应的 G/R 值为 $2.6 \times 10^{-2} ℃·s/\mu m^2 \sim 1.6 \times 10^{-2} ℃·s/\mu m^2$，该值显然要比 $1.93 \times 10^{-3} ℃·s/\mu m^2$ 大得多，如果按照文献[10]所述，则FGH95合金粉末中应该形成规则形态的碳化物，但是实际的结果却是粉末颗粒中的碳化物呈现多样化的特征，因此，胡本芙等人认为[7]，G/R 值不是唯一影响碳化物形态的因素，显然还有其他元素，并认为碳化物的成分差异和快速凝固过程中的结晶条件约束导致碳化物形态的多样化。

实际上，在PREP工艺制备粉末过程中，冷却速率高达 $10^4 K·s^{-1}$，该冷却速率远远高于普通的铸造（如砂型铸造和定向凝固）的冷却速率。在粉末颗粒快速凝固过程中，固溶体的过饱和度加大，固-液界面处的液态薄层很容易形成溶质元素的富集，如果在凝固过程中液相变得溶质富集，凝固温度下降，析出相不能按照平衡条件形成，在种类、成分以及形貌上将变得复杂。

快速凝固的粉末与普通铸锭的最大区别在于由表及里组织上是一致的，而在普通铸锭中，锭坯的表面和芯部的显微组织以及第二相的大小和分布有着明显不同，因此，可以认为快速凝固粉末颗粒消除了普通锭坯中的宏观偏析。但是需要指出的是，快速凝固粉末颗粒中仍然存在枝晶偏析，偏析使得Cr、Al、W、Co等元素富集在枝晶干上，而枝晶间区域则富集Nb、Ti、Mo和Zr等元素，雾化时的熔体小液滴可能首先在表面形核，也可能首先在内部形核，但是不论哪种形核方式，最后凝固的熔体都富集偏析元素，形成MC型碳化物MC′。不同粒度的粉末颗粒在凝固过程中的冷却速率不尽相同，碳化物形成元素偏析程度存在差异，这从表2中不同形貌的MC′碳化物成分差异可得到证实。同时，不同粒度的粉末在凝固过程中，凝固完成的时间存在差异，具有显著树枝晶组织的较大粉末颗粒完成凝固需要时间要长一些，枝晶间熔体中的碳化物能较自由的生长，容易长成规则的颗粒形貌，而具有胞状晶组织的小粉末颗粒完成凝固时间要短一些，碳化物凝固过程受到的约束更大一些，造成碳化物形态的多样化。

针对粉末中碳化物的形貌的多样性现象，Ritter 等人通过对 René95 合金粉末薄晶体的研究[11]，发现在树枝晶枝晶间区域的位错密度要比枝晶干高得多，因此认为可能是先凝固的基体区域所产生的应力导致后凝固的区域（枝晶间区域）形成的 MC 碳化物形态多样化。胡本芙等人通过对 FGH95 合金粉末颗粒的 TEM 观察，也观察到了树枝晶间区域较树枝晶干区域的位错密度要高这一现象[12]。

常规铸造镍基铸造高温合金中的 MC 碳化物往往呈现大的块状、片状、骨架状等形貌[13,14]。快速凝固后的碳化物则具有尺寸细小和形貌不规则的特征。程天一等人通过对 IN-100 合金快速凝固粉末颗粒的研究表明[15]，细小而且不规则的 MC 碳化物虽然呈现花瓣状以及草书状等各种形貌，但是从形貌特征上都具有中心部位较厚，而且向周围辐射的特征，这一点在 PREP 工艺制备的 FGH96 合金粉末也得到反映，见图 6 所示。

综合上述分析，显然，快速凝固粉末颗粒中多样化亚稳态的 MC′碳化物的形成原因及形貌特点非常复杂，针对 FGH96 合金粉末颗粒中 MC′碳化物的形成机理，还有待于更深入的研究。

亚稳态 MC′碳化物形态的多样化是急冷凝固粉末颗粒组织中析出相的特征，亚稳态 MC′碳化物的存在对粉末颗粒预热处理工艺合理工艺参数的制定，对改进和消除热等静压坯料中原始颗粒边界（Prior Particle Boundary，PPB）和残留枝晶，提高热等静压坯料质量具有重要理论和实践意义。

3 结论

（1）PREP 工艺制备的 FGH96 合金粉末显微组织具有多样化的特征，大尺寸的粉末颗颗粒的凝固组织中以树枝状晶居多，随着粉末颗粒尺寸的减小，凝固组织中的胞状晶数量逐渐增加。200～300μm 的粉末颗粒凝固组织呈现典型的树枝晶特征，-50μm 的粉末颗粒凝固组织呈现典型的胞状晶特征；

（2）在 PREP 工艺制备粉末过程中，快速凝固的粉末中会析出不同形貌的 MC′亚稳碳化物，不同形貌的 MC′碳化物化学组成和点阵常数具有一定的差异。

参 考 文 献

[1] Gessinger G H, Bomford M J. Powder metallurgy of superalloy [J]. International Metallurgical Reviews, 1974, 19: 51-76.

[2] Sims C T, Stolof N S, Hagel W C. Superalloys II—High Temperature Materials for Aerospace and Industrial Power [M]. New York: John Wiley & Sons, 1987.

[3] Gessinger G H. Powder Metallurgy of Superally [M]. London: Butterworth, 1984.

[4] 张义文，上官永恒. 粉末高温合金的研究与发展 [J]. 粉末冶金工业，2004，14(6): 30-43.
Zhang Yiwen, Shangguan Yongheng. Research and development in PM superalloy [J] Powder Metallurgy Industry, 2004, 14(6): 30-43.

[5] 胡本芙，李慧英. 一种用于透射电镜观察的化学沉积镍固合金粉末制样方法：中国，02124156.2 [P]. 2002-07-12.

[6] Flemings M C, Solidification Processing [M]. NewYork: McGRAW-Hill, inc, 1974.

[7] 李慧英，胡本芙，章守华. FGH95 与 René95 合金粉末凝固参数和微观组织 [J]. 北京钢铁学院学报：

粉末高温合金专辑, 1987, 2: 1-11.

Li Huiying, Hu Benfu, Zhang Shouhua. Comparison of microstructures and calculated solidification parameters between FGH95 and René95 super alloy powders [J]. Journal of Beijing University of Iron and Steel Technology: Special issue, 1987, 2: 1-11.

[8] Smugeresky J E. Characterization of rapidly solidized Iron-Base superalloy [J]. Metallurgical and Materials Transactions A, 1982, 13: 1535-1547.

[9] Domingue J A, Boeshe W J, Radvich J F. Phases relationship in René95 [C]. Superalloys 1980. Ohio: Metals Park, 1980: 335-344.

[10] Fernandez R, Lecomte J C, Kattamis T Z. Effect of solidification parameters on the growth geometry of MC carbide in IN-100 dendritic monocrystals [J]. MetTrans, 1978, 9A(10): 1381-1385.

[11] Ritter Ann M, Michael F. Precipitation in an as-atomized nickel-based super alloy powder [J]. Journal of Materials Science. 1982, 17(1): 73-80.

[12] 李慧英, 胡本芙, 章守华. 镍基高温合金氩气雾化粉末颗粒中相的研究 [J]. 北京钢铁学院学报: 粉末高温合金专辑, 1987, 2: 29-39.

Li Huiying, HU Benfu, Zhang Shouhua. Precipitation in Ar-atomized nickel-base superalloy powders [J]. Journal of Beijing University of Iron and Steel Technology: Special issue, 1987, 2: 29-39.

[13] Youdelis W V, Kwon O. Carbides phases in nickel base super alloy: nucleation properties of MC type carbide [J]. Metal Science, 1983, 17(8): 385-388.

[14] 黄乾尧, 张绍津, 甄宝林. 镍基铸造高温合金中元素对一次碳化物MC的组成及形态的影响 [J]. 钢铁, 1981, 16(12): 41-47.

Huang Qianyao, Zhang Shaojin, Zhen Baolin. Effects of alloy elements on the composition and morphology of carbide in cast Ni-base super alloy [J]. Iron and Steel, 1981, 16(12): 41-47.

[15] 程天一, 章守华. 快速凝固对Ni基高温合金中碳化物的影响 [J]. 材料研究学报, 1991, 5(2): 100-105.

Cheng Tianyi, Zhang Shouhua. Effects of rapid solidification on carbides in nickel-base super alloy [J]. Materials Science Progress, 1991, 5(2): 100-105.

(原文发表在《材料热处理学报》, 2012, 33(1): 31-36.)

Hf 在粉末冶金镍基高温合金中相间分配及对析出相的影响

张义文[1,2]　王福明[1]　胡本芙[3]

(1. 北京科技大学冶金与生态工程学院，北京　100083；
2. 钢铁研究总院高温材料研究所，北京　100081；
3. 北京科技大学材料科学与工程学院，北京　100083)

摘　要　利用三维原子探针（3DAP）、SEM、TEM 以及相分离方法，研究了 5 种 Hf 含量的 FGH97 粉末高温合金中 Hf 在 γ 基体、γ′相和 MC 相中的分配，以及 Hf 对 γ′和 MC 析出相的数量、组成和形貌的影响。结果表明：Hf 主要进入 γ′相和 MC 型碳化物，γ′相变为（Ni，Co）$_3$（Al，Ti，Nb，Hf），MC 碳化物变为（Nb，Ti，Hf）C。随着合金中 Hf 含量的增加，Hf 进入 γ′相的比例基本不变，进入 MC 相的比例逐渐增大，进入 γ 相的比例逐渐减小，即 Hf 在 γ′和 MC 相的分配比 R_1 逐渐减小，在 γ′和 γ 相的分配比 R_2 逐渐增大，R_1 和 R_2 的平均值分别为 1：0.1 和 1：0.05，这表明 Hf 主要分配在 γ′相中，其次分配在 MC 相中。Hf 促进 γ′相和 MC 相析出，影响 γ′相的尺寸和形貌，对 MC 碳化物的尺寸和形貌的影响并不明显。

关键词　粉末冶金高温合金　FGH97　Hf　γ′相　MC 碳化物　分配

Partition of Hf Among the Phases and Its Effects on Precipitates in PM Ni-based Superalloy FGH97

Zhang Yiwen[1,2], Wang Fuming[1], Hu Benfu[3]

(1. School of Metallurgical and Ecological Engineering, University of Science and Technology Beijing, Beijing 100083; 2. High Temperature Materials Research Institute, Central Iron and Steel Research Institute, Beijing 100081;
3. School of Materials Science and Engineering, University of Science and Technology Beijing, Beijing 100083)

Abstract: The partition behavior of hafnium among different phases in FGH97 PM (powder metallurgy) superalloy and its effects on the precipitation behaviors of MC carbide and γ′ phase were studied by means of 3DAP, SEM, TEM and physiochemical phase analysis. The results showed that element Hf mainly exists in γ′ phase and MC carbide, which makes γ′ composition transform to (Ni, Co)$_3$(Al, Ti, Nb, Hf), also makes MC transform to (Nb, Ti, Hf) C. With Hf addition increasing, the proportion of Hf in γ′ maintains constant, but in MC carbide increases and in γ decreases, which means that partition ratio (R_1) between γ′ phase and MC carbide is decreased, while partition ratio

(R_2) between γ' phase and γ matrix is increased, the average partition ratio between γ' phase and MC carbide is about 1∶0.1, the average partition ratio between γ' phase and γ matrix is about 1∶0.05. Hf is helpful to the precipitation of γ' phase and MC carbide, the morphology and size of γ' phase are influenced more by Hf than these of MC carbide.

Keywords: PM superalloy, FGH97, Hafnium, γ' phase, MC carbide, partition

Hf 加入镍基高温合金可同时提高强度和塑性。人们从 20 世纪 60 年代中期开始在铸造高温合金中加入 Hf 寻求解决涡轮叶片中温强度和塑性偏低的问题。研究[1-4]结果表明，在铸造镍基高温合金中加入约 1.5%（质量分数，下同）的 Hf，提高了合金的中温拉伸强度、塑性、持久寿命和低周疲劳寿命。加入 Hf 提高铸造镍基高温合金的性能是与 Hf 在相间的合理分配，改善析出相的形态，促进强化相的析出密切相关：在铸造镍基高温合金中加入的 Hf 分配在 MC 型碳化物中，增加了 MC 相的数量，汉字草书状一次碳化物 MC 转变成块状，有效地减缓了裂纹的萌生和扩展。Hf 分配在 γ' 相中，增加了 γ'/γ 共晶数量，改变了 γ' 相形态，以及晶界附近的立方形 γ' 相变为树枝状，形成弯曲晶界，从而改善中温强度和塑性、持久寿命以及低周疲劳寿命。粉末镍基高温合金中加入 0.2%~0.5%（质量分数）的 Hf，提高了合金的持久寿命、持久塑性和裂纹扩展抗力，消除了缺口敏感性[5-7]。在镍基粉末高温合金中加入的 Hf 进入 MC 相中，形成富 Hf 的 MC 型碳化物，提高了 MC 碳化物的稳定性，HfC 在粉末颗粒内析出，抑制了碳化物在粉末颗粒表面析出，消除了原始粉末颗粒边界（powder particle boundary, PPB），并通过控制 $M_{23}C_6$、M_6C 与 γ' 相在晶界的分布，提高了合金的持久寿命、蠕变抗力和裂纹扩展抗力，消除了缺口敏感性。Hf 进入 γ' 相中，增加了 γ' 相数量，提高了合金的强度。

上述研究表明，合金中 Hf 的作用主要表现在对析出相的数量和形态影响，因此，弄清 Hf 如何在各相中（γ 基体相、γ' 相和碳化物等微量相）分配是十分必要的。多数文献报道 Hf 主要进入 γ' 相，比如：含有 1.5%Hf 的铸造镍基高温合金中 Hf 约有 90%进入 γ' 相，10%进入 MC 相，而在基体中溶入甚微[8]；在定向凝固铸造镍基高温合金 TRW ⅥA 中加入 0.1%~2%的 Hf，约有 70%~75%进入 γ' 相，剩余的 Hf 进入 MC 相和硼化物[9]。也有的文献报道 Hf 主要进入 γ 基体，比如：在变形镍基高温合金 KHN67MVTJU 中加入 0.35%（质量分数）的 Hf，约有 43%进入基体，29%进入 γ' 相，28%进入 MC 相[10]，在镍基单晶合金中加入 0.05%的 Hf 主要分配在 γ 基体中[11]。粉末高温合金 NASA ⅡB-11 中 Hf 主要分配在 γ' 相中，余下 Hf 大致等量地分配在 MC 相和 γ 基体中[12]。由此可见，不同合金中不同含量的 Hf 在相间分配是不同的，Hf 在相间分配没有统一的规律，这主要与合金中 C 和 Hf 含量有关。上述合金中 C 含量较高，大都在 0.13%（质量分数）以上。目前没有总结出不同含量的 Hf 在合金中相间的分配规律。

关于 Hf 元素作用的研究，已有的工作几乎都集中在铸造合金及定向凝固合金中，这类合金固有的铸造组织不均匀性导致微量元素宏观偏析严重，进而影响微量元素的相间分配。而粉末冶金高温合金是快速凝固合金粉末获得的，无宏观成分偏析，晶粒细小，研究微量元素的相间分配规律更为有利。在粉末冶金高温合金中，为克服 PPB 问题，一般 C

含量很低，而 Hf 含量过高对改善组织和消除缺口敏感性作用不大。目前，在使用的含 Hf 的镍基粉末冶金高温合金中，比如 EP741NP、N18、RR1000 和 FGH97 等，C 质量分数控制在 0.02%～0.05%之间，Hf 质量分数控制在 0.3%～0.75%之间[6,13,14]。Hf 既是强碳化物形成元素，又是 γ′相形成元素，优先参与碳化物的形成，其次溶解在 γ′相中。元素在相间分配是在合金凝固过程和后续热处理过程中进行的，在不同合金体系、不同 C 和 Hf 含量的同一种合金中 Hf 在各相间的分配也不同。因此，在粉末冶金高温合金中 Hf 在相间的分配可能与铸造合金中有所不同。

为此，本文对 Hf 在不同 Hf 含量的镍基粉末冶金高温合金中相间的分配，确定 Hf 在各相中的含量，并计算 Hf 在相中的分配比。利用 3DAP 和 TEM 直接观察了 Hf 在相中的分布。同时，对 Hf 含量对 γ′和 MC 析出相的数量、组成和形貌的影响进行讨论。

1 实验方法

实验材料为不同 Hf 含量的粉末镍基高温合金 FGH97，其主要成分（质量分数,%）为：$w(Co) = 15.75$；$w(Cr) = 9.0$；$w(W) = 5.55$；$w(Mo) = 3.85$；$w(Al) = 5.05$；$w(Ti) = 1.8$；$w(Nb) = 2.6$；$w(C) = 0.04$；$w(B) = 0.012$；$w(Zr) = 0.015$，$w(Hf) = 0～0.89$，Ni 余量。文中采用的 5 种 Hf 含量（质量分数）分别为 0，0.16%，0.30%，0.58%和 0.89%。使用等离子旋转电极法（plasma rotating electrode process，PREP）制备的合金粉末粒度为 50～150μm，采用热等静压（hot isostatic pressing，HIP）固结成形，HIP 温度为 1200℃。将固结成形的试样在 1200℃保温 4h 后空冷，而后进行 3 级时效处理，终时效为在 700℃保温 15～20h 后空冷。采用相分离方法对 5 种 Hf 含量的 FGH97 合金进行相分析，采用恒电流法电解提取第二相 γ′和（MC+M_6C+M_3B_2），然后用电化学法分离 γ′相和微量相（MC+M_6C+M_3B_2），用化学法分离 MC 相和（M_6C+M_3B_2）相，再后用 X 射线衍射（XRD）确定相的类型，最后用化学分析方法定量测定相的组成和含量。用 IMAGO LEAP 3000HR™ 型三维原子探针（3DAP）分析 Hf 在合金中的分布，用 JOEL-2100 型 TEM 对析出相作选区电子衍射（SAD），并使用其附配的能谱仪（EDS）进行成分分析，用 JSM-6480LV 型 SEM 和 ZEISS SUPRA 55 型热场发射扫描电镜（FEG-SEM）观察碳化物和 γ′相形貌，采用 Image-Pro Plus 6.0 软件统计 γ′相的尺寸，用 LEICA MEF 4A 型图像分析仪统计碳化物的尺寸。

2 实验结果

2.1 Hf 在 γ′相和 MC 相中的分配

实验结果表明，5 种 Hf 含量的 FGH97 合金由 γ 基体相、γ′相、MC 型碳化物以及微量的 M_6C 型碳化物和 M_3B_2 型硼化物组成。γ 相、γ′相和 MC 型碳化物为主要组成相，γ′相占 62%左右，MC 型碳化物质量分数约 0.34%，M_6C 型碳化物和 M_3B_2 型硼化物质量分数约 0.21%。由此可见，Hf 含量没有改变 FGH97 合金组成相的种类。图 1 示出了 Hf 质量分数为 0.30%的 FGH97 合金中 γ′相的形貌。可见，FGH97 合金中存在 3 种尺寸的 γ′相：晶

界处大尺寸长条状 γ′ 相为一次 γ′ 相（γ′$_I$）；晶内方形 γ′ 相为二次 γ′ 相（γ′$_{II}$）；主要是在冷却过程中形成的，在二次 γ′$_{II}$ 相之间的细小球状 γ′ 相为三次 γ′ 相（γ′$_{III}$）。

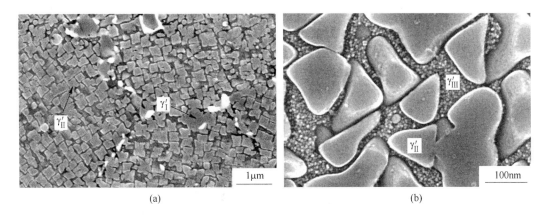

图 1　Hf 质量分数为 0.30% 的 FGH97 合金中 γ′ 相的形貌

Fig. 1　Low (a) and high (b) magnified morphologies of γ′ phase in FGH97 with 0.30%Hf

表 1 给出了不同 Hf 含量的 FGH97 合金中 Hf 在各相中的分配量（Hf 在对应相中的质量占合金的质量分数，下同）及其在 γ′ 与 MC 中的分配比 R_1 和 γ′ 与 γ 相中的分配比 R_2。由表 1 可知，随着 Hf 含量的增加，进入各相的 Hf 量增多，平均有 85.5% 质量分数的 Hf 进入 γ′ 相，有 8.5% 质量分数的 Hf 进入 MC 相，余下的 Hf 进入 γ 基体和（$M_6C+M_3B_2$）相；随着合金中 Hf 含量的增加，Hf 进入 γ′ 相的相对量基本不变，进入 MC 相的比例逐渐增大，进入 γ 相的比例逐渐减小，即 Hf 在 γ′ 和 MC 相的分配比 R_1 逐渐减小，在 γ′ 和 γ 相的分配比 R_2 逐渐增大，R_1 和 R_2 的平均值分别为 1:0.1 和 1:0.05，表明 Hf 主要分配在 γ′ 相中，其次分配在 MC 相中。R_1 和 R_2 的平均值与文献 [8,15] 报道的是一致的。

表 1　Hf 在 FGH97 高温合金各相中的分配量

Table 1　Chemical analysis measured content of Hf partition in different phases

Alloy (Hf content)	$w(\gamma')$	$w(MC)$	$w(\gamma)$	$w(M_6C+M_3B_2)$	R_1	R_2
H2 (0.16)	0.135	0.012	0.011	0.002	1:0.089	1:0.081
H3 (0.30)	0.255	0.024	0.015	0.006	1:0.094	1:0.059
H4 (0.58)	0.505	0.048	0.019	0.008	1:0.095	1:0.038
H5 (0.89)	0.760	0.090	0.027	0.013	1:0.118	1:0.036

Note: R_1 is partition ratio of Hf content in γ′ to it in MC; R_2 is partition ratio of Hf content in γ′ to it in γ.

由于 M_6C 和 M_3B_2 化学和电化学性质非常接近，无法将二者分离，因此还不能判定 Hf 是进入 M_6C 相还是 M_3B_2 相。为此，用 TEM 和 EDS 对 M_6C 进行了分析，结果如图 2 所示。从图 2 中的 SAD 谱（插图）的标定结果可以判定方块状析出物为 M_6C 相，从图 2 所示的

EDS 结果可知，M_6C 相中不含 Hf。结合表 1 可以得出 Hf 存在 M_3B_2 相中，并计算出平均有 4.5%的 Hf 进入 γ 基体，有 1.5%的 Hf 进入 M_3B_2 相。

为进一步分析 MC 相中的 Hf，用 TEM 和 EDS 对 MC 相的成分进行了分析，结果如图 3 所示。从图 3 中的 SAD 谱的标定结果可以判定方块状析出物为 MC 相，从图 3EDS 谱中可知，MC 相中含有 Hf。

FGH97 合金中 γ′相质量分数在 60%以上，由图 1（b）可知，$γ'_{Ⅲ}$ 间距约为 20nm，EPMA 和 TEM 中使用 EDS 的空间分辨率分别为约 1μm 和 30nm，均大于 $γ'_{Ⅲ}$ 间距。为进一步分析 γ′相和基体 γ 中的 Hf，需要使用 3DAP。3DAP 探测的区域大小为 78nm×77nm×227nm，Al、Ti 和 Hf 原子的三维空间分布如图 4 所示。可见，γ′相和基体 γ 中均含有 Hf，Hf 主要存在于 γ′相中，基体 γ 中 Hf 含量很少。

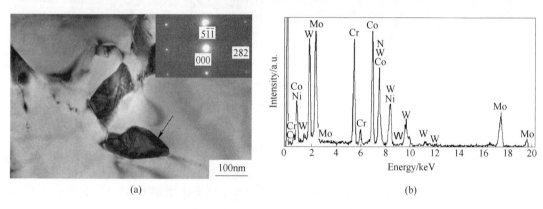

图 2　Hf 含量为 0.89%的 FGH97 合金中 M_6C 相 TEM 像、
[$\bar{1}2\bar{7}$] 晶带轴的 SAD 谱和 EDS 分析结果
Fig. 2　TEM images and indexed SAD pattern of M_6C and its
EDS result in FGH97 alloy with 0.89%Hf

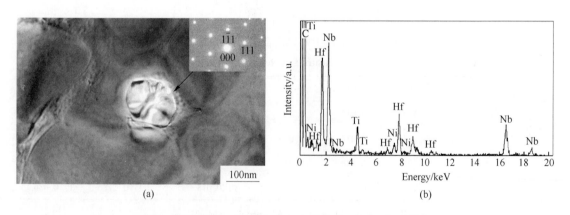

图 3　Hf 含量为 0.89%的 FGH97 合金中 MC 相 TEM 像、
[$\bar{1}01$] 晶带轴的 SAD 谱和 EDS 结果
Fig. 3　TEM image and indexed SAD of MC and its EDS
result in FGH97 alloy with 0.89%Hf

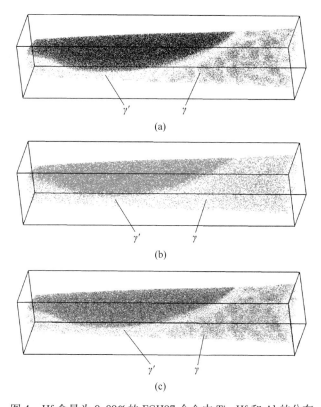

图 4　Hf 含量为 0.89% 的 FGH97 合金中 Ti, Hf 和 Al 的分布
Fig. 4　Distributions of Ti atoms, Hf atoms and Al atoms in FGH97 alloy with 0.89%Hf
(a)Ti;　(b)Hf;　(c)Al

2.2　Hf 对 γ′ 相数量和形态的影响

Hf 含量不改变 $γ'_I$ 和 $γ'_{III}$ 相的形状,对 $γ'_{II}$ 相形貌却有明显的影响。图 5 给出了不同 Hf 含量的 FGH97 合金中 $γ'_{II}$ 相形貌。可见,在不含 Hf 和含 0.16% 质量分数 Hf 含量的 FGH97 合金中 $γ'_{II}$ 相主要为立方状 [图 5(a),(b)];随着合金中 Hf 加入量的增加, $γ'_{II}$ 相发生长大和分裂,在含 0.3% 质量分数 Hf 合金中 $γ'_{II}$ 相主要为八重小立方体状和蝴蝶状 [图 5(c)];Hf 含量为 0.58% 质量分数的合金中 $γ'_{II}$ 相主要为立方状和八重小立方体 [图 5(d)]。Hf 含量为 0.89% 质量分数的合金中 $γ'_{II}$ 相主要为立方状 [图 5(e)]。实验结果表明,随着 Hf 加入量的增加, γ′ 相的量略有增加,其中, $γ'_I$ 相含质量分数量小于 10%, $γ'_{II}$ 相质量分数大于 80%, $γ'_{III}$ 相质量分数大于 10%,3 种 γ′ 相量的比例变化不大, $γ'_{II}$ 相的尺寸变化较大,先增大后减小,在含 0.3% 质量分数 Hf 合金中尺寸最大,5 种 Hf 含量合金中 $γ'_{II}$ 平均尺寸为 0.28~0.51μm, $γ'_I$ 相和 $γ'_{III}$ 相尺寸变化不大, $γ'_I$ 平均尺寸为 1-2μm, $γ'_{III}$ 平均尺寸为 10~20nm。

2.3　Hf 对 γ′ 相化学组成的影响

图 6 示出了 Hf 和 Al 在 γ′ 相中的分配量随 FGH97 合金中 Hf 含量的变化。可见,随着

图 5　不同 Hf 质量分数的 FGH97 中的 γ'_{II} 相形貌

Fig. 5　Morphologies of γ'_{II} phase in FGH97 alloys with different Hf content

(a)0; (b)0.16%; (c)0.30%; (d)0.58%; (e)0.89%

合金中 Hf 含量的增加，分配在 γ' 相中的 Hf 逐渐增加，Hf 置换 Al 量也在增加，分配在 γ' 相中的 Al 含量逐渐减少，其他元素在 γ' 相中的分配量变化不大，γ' 相的化学组成式分别为 $(Ni_{0.852}Co_{0.148})_3(Al_{0.783}Ti_{0.129}Nb_{0.088})$，$(Ni_{0.854}Co_{0.146})_3(Al_{0.781}Ti_{0.129}Nb_{0.088}Hf_{0.002})$，$(Ni_{0.855}Co_{0.145})_3(Al_{0.778}Ti_{0.129}Nb_{0.088}Hf_{0.005})$，$(Ni_{0.856}Co_{0.144})_3(Al_{0.773}Ti_{0.129}Nb_{0.088}Hf_{0.010})$ 和 $(Ni_{0.857}Co_{0.143})_3(Al_{0.767}Ti_{0.129}Nb_{0.088}Hf_{0.016})$。

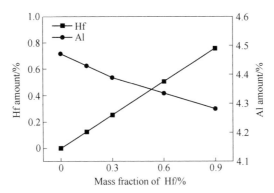

图6 γ′相中 Al 和 Hf 在 γ′相中的分配量随 FGH97 合金中 Hf 含量的变化

Fig. 6 Changes of Al and Hf amount (mass fraction of total alloy) in γ′ phase with Hf content in FGH97 alloy

2.4 Hf 对 MC 型碳化物的影响

图 7 示出了 Hf 质量分数为 0、0.30% 和 0.89% 时合金中 MC 型碳化物的形貌。可见，加入 Hf 没有改变 MC 型碳化物的形貌。颗粒状 MC 弥散分布在晶内和晶界处，晶界上的尺寸较大；随着合金中 Hf 加入量的增加，MC 相形成元素 Nb，Ti 和 Hf 含量的总量增

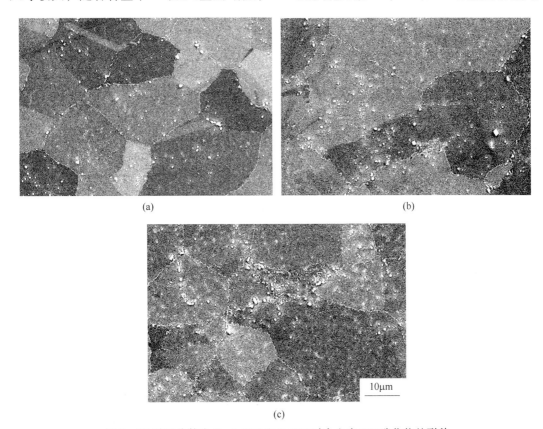

图7 Hf 质量分数为 0，0.30% 和 0.89% 时合金中 MC 碳化物的形貌

Fig. 7 Morphologies of MC phase in FGH97 alloys without Hf and with 0.30% Hf and 0.89% Hf

(a) 0; (b) 0.30%; (c) 0.89%

加,因此 MC 型碳化物的数量增加,由不含 Hf 的 0.264%(质量分数)增加到 Hf 质量分数为 0.89%时的 0.338%;MC 型碳化物尺寸变化不大,其尺寸为 0.88~1.1μm。合金中加入 Hf,MC 型碳化物为含 Nb,Ti 和 Hf 的复合碳化物,随着合金中 Hf 含量的增加,MC 碳化物中的 Hf 含量逐渐增加,Nb 和 Ti 含量逐渐减少,结果如图 8 所示。MC 碳化物的化学组成式分别为 $(Nb_{0.664}Ti_{0.336})C$,$(Nb_{0.654}Ti_{0.323}Hf_{0.023})C$,$(Nb_{0.642}Ti_{0.308}Hf_{0.050})C$,$(Nb_{0.619}Ti_{0.280}Hf_{0.101})C$ 和 $(Nb_{0.574}Ti_{0.253}Hf_{0.173})C$。

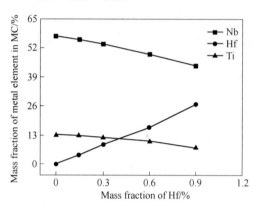

图 8　MC 碳化物中的金属元素含量随 FGH97 合金中 Hf 含量的变化

Fig. 8　Changes of mass fraction of metal elements in MC carbide with Hf content in FGH97 alloy

3　讨论

3.1　Hf 在相间分配行为

Hf 在 γ′ 和 MC 中的分配过程应是在凝固和固溶析出时合金元素相互作用的过程。当液态合金冷却至液固相线(约 1350~1280℃)附近时,液相、γ 相以及一次 MC 碳化物相同时存在,Hf 主要存在于液相中。Thermo-Calc 结果证明,在 1300℃下有 49%的 Hf 量进入液相,有 33%的 Hf 量进入 MC 相,余下 18%的 Hf 量进入 γ 相中。随着温度降低,液相完全转变成固相(γ 相),此时 Hf 主要保留在 γ 相中,部分在一次 MC 相中。当温度继续降低至 γ′相固溶温度线(约 1190℃)以下时脱溶析出 γ′相量增多,进入 γ′相中的 Hf 量也增多,而相对进入 MC 相中的 Hf 量减少,对于 Hf 含量为 0.30%的 FGH97 合金,计算得出 700℃时有 0.27% Hf 量进入 γ′相(约占总 Hf 含量的 90%)进入 γ′相,与实验测定的 0.255%大致相符。

Hf 主要是在 γ′相从过饱和 γ 相中脱溶析出时进入 γ′相。众所周知,合金中各种相的组成元素之间能够任意彼此以置换方式发生相互溶解必须满足如下条件:晶体结构相同,相中金属原子外层价电子结构相近(负电性),原子尺寸相差小于 10%。而 Hf 的原子半径与 Ni 和 Al 原子相比更接近 Al,Hf 的负电性远小于 Ni,而与 Al 较接近,晶体结构与 Al 近似。因此,Hf 进入 γ′相中可占据 Al 原子位置,从图 6 中实验结果可知,随着合金中 Hf 加入量的增加,γ′相中 Hf 含量逐渐增加,Al 含量逐渐减少,表明 Hf 以置换方式取代部分 Al 原子,这与 Ti,Nb 和 Ta 等元素易进入 γ′相置换部分 Al 原子的原理相同。Hf 在 Ni_3Al 中固溶度较大,最大可固溶 7%(摩尔分数)[16]。

碳化物在合金中相对稳定性取决于合金元素与 C 的亲和力,即合金元素与 C 之间形成共价键倾向的强弱。Hf 元素是过渡族元素，它与 C 的亲和力大小主要取决于其 d 层电子数。金属元素的 d 层电子数越少，它和 C 的亲和力就越大，形成的碳化物在合金中也就越稳定。Hf 是属第六周期元素中 5d 层电子数最少元素，所以 Hf 与 Ti 一样是强碳化物形成元素，形成稳定的 MC 型碳化物。在合金中如果多种碳化物形成元素同时存在，一般强碳化物形成元素优先与 C 结合形成其碳化物。

本文 FGH97 合金中由于 Nb 的添加量（2.6%）远大于 Hf 和 Ti 元素，所以在合金液态时优先形成以 Nb 为主的一次 NbC 碳化物。合金中添加 Hf 时，由于 HfC 的生成吉布斯自由能最低[17]，又能满足置换所需的所有条件，所以 Hf 可优先置换 Nb 和 Ti 形成复合 MC 型碳化物。由图 8 可知，Hf 质量分数为 0.89% 的 FGH97 合金中约有 17% 的 Ti 和 Nb 被 Hf 所置换，形成以 NbC 为主含 Hf 的 MC 型复合碳化物。

由上述分析可知，Hf 在相间分配行为决定于 Hf 进入析出相的自身稳定性和它与合金元素间的相互作用的强弱。

3.2 Hf 对 γ′ 相形态稳定性的影响

Hf 主要影响在冷却过程中形成的 γ′ 相形貌，在无 Hf 和含少量 Hf（0.16%）的 FGH97 合金中，γ′ 相主要为立方状 [图 5(a) 和 (b)]，但也有个别 γ′ 相颗粒为蝴蝶状；随着合金中 Hf 含量的增加，γ′ 相长大和分裂，含 0.3% Hf 的 FGH97 合金中，γ′ 相主要为八重小立方体状和蝴蝶状 [图 5(c)]；Hf 量增至 0.89% 时八重小立方体状 γ′ 相已大部分完成分裂，呈小立方体状 [图 5(e)]。

Doi[18] 等指出，共格析出的 γ′ 相的分裂过程是一个能量降低的自发过程，它是由于 γ′ 相之间产生的弹性交互作用能可以克服表面能的增加，故 γ′ 相可继续发生分裂。弹性交互作用能来自 γ′/γ 相间的错配度，即产生晶格错配应力场的重叠，对共格析出强化起作用的是错配度的绝对值。

根据微观弹性理论计算表明[18]，当立方状 γ′ 相尺寸较小时，立方状 γ′ 相的总能量比八重小立方体状来得低，立方状 γ′ 相尺寸稳定；随着 γ′ 相尺寸增大，八重小立方体状 γ′ 相的总能量比立方状要低，γ′ 相形态不稳定要发生分裂，γ′ 相呈现八重小立方体状。显然，γ′ 相形态稳定性取决于弹性交互作用能相对于表面能量值的大小，为了预测 γ′ 相形态受弹性交互作用能的支配，引入参数 F：

$$F = \delta/\sigma \tag{1}$$

式中，σ 为 γ′ 相的比表面能，$\delta = \dfrac{2(a_{\gamma'} - a_{\gamma})}{a_{\gamma'} + a_{\gamma}}$ 为 γ′/γ 相间的错配度（α_γ 和 $\alpha_{\gamma'}$ 为立方状 γ 和 γ′ 相的晶格常数）。F 的大小可反映 σ 和 δ 之间的差异，用于描述 γ′ 相的稳定性。

FGH97 合金中添加少量 Hf 对 γ′ 相比表面能的影响可以忽略不计，σ 取值为 0.0142J/m²[19]，通过 XRD 测算 γ′/γ 相间错配度 δ 以及采用 Imag-Pro Plus 6.0 计算软件统计出 γ′ 相颗粒发生分裂的临界尺寸（γ′ 相颗粒刚要发生分裂时蝴蝶状 γ′ 相颗粒的尺寸）和 γ′ 相平均尺寸，结果如表 2 所示。依据表 2 结果，绘制出 γ′ 相颗粒发生分裂的临界尺寸与参数 F 绝对值的对应关系如图 9 所示。由表 2 和图 9 可知，随着 Hf 含量的增加，Hf 进入 γ′ 相中增加其晶格常数，造成 γ′/γ 相间错配度绝对值 $|\delta|$ 减小，促使 γ′ 相尺寸增大，所以不同添加 Hf 量可以改变 γ′ 相的尺寸。同样，随着合金中 Hf 含量的增加，γ′/γ 错配度绝对值

|δ|逐渐变小,|F|值也逐渐减小,γ′相颗粒能够发生分裂的尺寸变大,γ′相颗粒长大到临界尺寸时,γ′相颗粒由立方状分裂为八重小立方体状,导致不同添加 Hf 含量的合金中γ′相尺寸发生变化。

表2 不同 Hf 含量 FGH97 合金中γ′/γ 错配度、γ′相颗粒发生分裂的临界尺寸和γ′相平均尺寸
Table 2 γ′/γ misfit, γ′ particle sizes at which the splitting occurs and the average γ′ particle sizes

Mass fraction of Hf/%	δ/%	D_C/μm	D_a/μm
0	-0.118	321	276
0.16	-0.095	371	284
0.30	-0.075	519	511
0.58	-0.060	547	411
0.89	-0.048	608	409

Note: D_C is critical splitting size of γ′ particle; D_a is average size of γ′ particles.

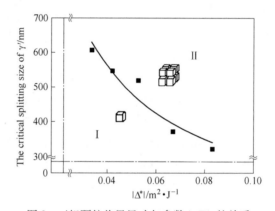

图9 γ′相颗粒临界尺寸与参数|F|的关系
Fig. 9 Relationship between the γ′particle size at which the splitting occurs and the absolute value of the parameter F

无 Hf 和 Hf 质量分数为 0.16% 的 FGH97 合金中绝大部分 γ′ 相尺寸没有达到临界尺寸,所以不发生分裂,仍为立方状 [图5(a)]。随着 Hf 加入量的增大,γ′ 相尺寸增大,如 H-3 合金中 γ′ 相长大到临界尺寸,立方状 γ′ 相颗粒发生分裂。由图5(b)可见,很多 γ′ 相颗粒的组合是由 4 个立方体 {100} 晶面组成,通过高倍场发射扫描电镜能清晰观察到它是由 8 个小立方体组成[20]。在 H-4 和 H-5 合金中由于 Hf 的添加量较高,γ′ 相尺寸长大到远超过分裂的临界尺寸,大部分 γ′ 相已完成分裂,γ′ 相尺寸变小。这种近似于 Wulff net 结构的立方 γ′ 相近似平衡形状,有着最小的界面能是 γ′ 相较稳定的组织形态。

4 结论

(1)不同 Hf 含量的 FGH97 合金中除含有基体 γ 相以外,还存在微量的 M_6C 碳化物和 M_3B_2 硼化物,而 γ′ 相和 MC 碳化物为组织主要组成相。Hf 主要进入 γ′ 相和 MC 碳化物,微量的 Hf 进入 M_3B_2 硼化物,M_6C 碳化物中未观测到 Hf。

(2)Hf 的加入量不同,其在相间的分配不同。随着合金中 Hf 含量的增加,Hf 进入 γ′

相的比例基本不变,进入 MC 相的比例逐渐增大,进入 γ 相的比例逐渐减小,即 Hf 在 γ′ 和 MC 相的分配比 R_1 逐渐减小,在 γ′ 和 γ 相的分配比 R_2 逐渐增大,R_1 和 R_2 的平均值分别为 1∶0.1 和 1∶0.05,这表明 Hf 主要分配在 γ′ 相中,其次分配在 MC 相中。

(3) Hf 进入 γ′ 相,置换 Al 原子,使 γ′ 相变为 (Ni, Co)$_3$(Al, Ti, Nb, Hf)。Hf 进入 MC 相,置换 Ti 和 Nb 原子,使 MC 碳化物变为 (Nb, Ti, Hf) C。

(4) 随着合金中 Hf 加入量的升高,促进 γ′ 相和 MC 相数量增加。合金中添加 Hf 不影响 MC 碳化物的尺寸和形貌,却强烈地影响 γ′ 相的尺寸和形态,促进立方状 γ′ 相发生分裂。

参 考 文 献

[1] Duhl D N, Sulivan C P. JOM, 1971; 23: 38.
[2] Kotval P S, Venables J D, Calder R W. Metall Trans, 1972; 3: 453.
[3] Wang L B, Chen R Z, Wang Y P. Aero Mater, 1982; 2: 1.
王罗宝,陈荣章,王玉屏. 航空材料,1982;2:1.
[4] Zheng Y R, Cai Y L Ruan Z C, Ma S W. J Aero Mater, 2006; 26: 25.
郑运荣,蔡玉林,阮中慈,马书伟. 航空材料学报,2006;26:25.
[5] Belov A F, Anoshkin N F, Fatkullin O S. Heat resistant steel and nickel base high temperature alloy. Moscow: Science Press, 1984: 31.
[6] Radavich J, Carneiro T, Furrer D. In: Reed R C, Green K A, Caron P eds., Superalloys 2008. Pennsylvania: TMS, 2008: 63.
[7] Hardy M C, Zirbel B, Shen G. In: Green K A, Pollock T M, Haradra H eds., Superalloys 2004. Pennsylvania: TMS, 2004: 83.
[8] Zhen B L, Zhang S J. Central Iron Steel Res Inst Technol Bull, 1981; 1(1): 65.
甄宝林,张绍津. 钢铁研究总院学报,1981;1(1):65.
[9] Maslekov S B, Burova N N, Makulov O V. Met Sci Heat Treat, 1980; 22(4): 283.
[10] Zimina L N, Burova N N, Makushok O V. Met Sci Heat Treat, 1986; 28(2): 130.
[11] Amouyal Y, Seidman D N. Acta Mater, 2011; 59: 3321.
[12] Miner R V. Metall Trans, 1977; 8A: 259.
[13] Flageolet B, Villechaise P, Jouiad M. In: Green K A, Pollock T M, Haradra H eds., Superalloys 2004. Pennsylvania: TMS, 2004: 371.
[14] Starink M J, Reed P A. Mater Sci Eng, 2008; A491: 279.
[15] Department of chemical analysis, Central Iron and Steel Research Institute. New Metall Mater, 1977; (5): 60.
钢铁研究总院化学分析室. 新金属材料,1977;(5):60.
[16] Markiv V Y, Burnashova V V. IZV Akad Nauk SSSR Met, 1969; (6): 113.
[17] Samsonov G V, Vinickji I M. Refractory compound, 2nd Ed., Moscow: Metallurgy Industry Press, 1976: 150.
[18] Doi M, Miyazaki T, Wakatsuki T. Mater Sci Eng, 1984; 67: 247.
[19] Ardell A J. Acta Metall, 1968; 16: 511.
[20] Xia P C, Yu J J, Sun X F, Guan H R, Hu Z Q. J Shandong Univ Sci Technol (Nat Sci), 2009; 28: 51.
夏鹏成,于金江,孙晓峰,管恒荣,胡壮麒. 山东科技大学学报(自然科学版),2009;28:51.

(原文发表在《金属学报》,2012,48(2):187-193.)

金属包套与镍基粉末冶金高温合金之间连接区的研究

孙志坤　张莹　张义文　刘明东　赵惊剑

（钢铁研究总院高温材料研究所，北京　100081）

摘　要　本文通过观察金属包套与粉末冶金高温合金之间连接区形貌，分析了在镍基粉末冶金高温合金毛坯表面发现明显原始颗粒形貌的原因，重点研究了不锈钢包套与镍基粉末冶金高温合金之间的连接区。结果表明：连接区内在不锈钢和粉末冶金高温合金之间存在明显的界面，界面两侧存在扩散层，距离界面最近的镍基高温合金粉末仍保持原始粉末颗粒形貌；毛坯表面发现原始颗粒形貌是靠近粉末冶金高温合金一侧的界面没有完全去除造成的；界面、界面附近粉末原始颗粒形貌的形成与 C 扩散及镍基高温合金粉末元素偏析有关，连接区 I 厚度不小于 167μm，连接区 II 厚度不小于 716μm；

关键词　镍基粉末冶金高温合金　不锈钢包套　连接区形貌　原始颗粒形貌

Study of Bonding Areas between Metal Capsule and Nickel-Based PM Superalloy

Sun Zhikun, Zhang Ying, Zhang Yiwen, Liu Mingdong, Zhao Jingjian

(High Temperature Materials Research Institute, CISRI, Beijing 100081, China)

Abstract: The reason that the particle morphology occurs on the surface of nickel-based PM superalloy blanks was analyzed by observing the microstructures of the bonding areas, focusing on the bonding areas between the stainless steel capsule and PM superalloy. The results show that there is apparent interface between stainless steel and PM superalloy in the bonding areas, and there are diffusion layers on the both sides of the interface. The nickel-based PM superalloy powders nearest to the interface still remain the original particle morphology. The formation of interface and the original particle morphology near to the interface in bonding areas is due to C diffusion and element segregation. The thickness of bonding area I is more than 167μm, and the thickness of bonding area II is more than 716μm.

Keywords: nickel-based PM superalloy, stainless steel capsule, bonding area morphology, prior particle morphology

粉末冶金高温合金制件在低倍检验过程中，偶尔在表面局部区域发现明显的原始颗粒形貌，初步分析认为出现上述现象的原因可能是热等静压（HIP）成形后金属包套没有完全去除引起的。镍基高温合金粉末在 HIP 之前先装于不锈钢或优质低碳钢包套中进行脱气封焊然后放入热等静压机中进行固结成形，在 HIP 过程中镍基高温合金粉末与包套材料之间形成连接区，由于两种材料化学成分不同，元素发生扩散，该区域的组织比较复杂。

本文主要通过观察 HIP 后金属包套和镍基粉末冶金高温合金之间连接区的形貌，分析产生上述现象的原因，同时确定连接区的厚度，为去除包套皮机加工尺寸控制提供依据。

1 材料及方法

包套的结构示意图如图 1 所示，为方便取样和观察，本试验从 HIP 后带包套的毛坯上取下包套嘴部分来观察包套皮与粉末冶金高温合金之间连接区的形貌、组织，然后确定连接区宽度。利用光学和扫描电子显微镜观察连接区形貌，利用电子能谱分析连接区的成分。

本文中镍基粉末冶金高温合金的主要成分（质量分数）为：C 0.04%，Co 15.8%，Cr 9.0%，Mo 3.8%，W 5.5%，Al 5.0%，Ti 1.8%，Nb 2.6%，Hf 0.3%，Ni 基。包套嘴材料不锈钢的主要成分（质量分数）为：C 0.08%，Si 1.00%，Mn 2.0%，Cr 19.0%，Ni 9.0%，Fe 基。热等静压制度为 1170~1200℃/130MPa/2~5h。

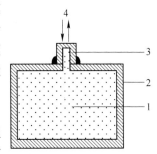

图 1　包套的结构示意图
1—粉末；2—不锈钢包套；
3—不锈钢包套嘴；
4—装粉或抽真空脱气口

2 结果及讨论

2.1 连接区的形貌

图 2(a) 为 HIP 后不锈钢与镍基粉末冶金高温合金之间连接区的形貌，称为连接区 I，发现连接区内两种材料之间存在明显的界面，局部地方还发现粉末颗粒似乎已经"扩散进入"不锈钢中，在此区域内粉末颗粒仍保留原始颗粒形貌，图 2(b) 所示，称为连接区 II，该区域所占比例很小，其中图 2(a) 和 (b) 中界面的上部为不锈钢，下部为镍基粉末冶金高温合金。连接区内界面的形貌与低倍检验过程中毛坯表面发现的原始颗粒形貌类似，毛坯表面发现的原始颗粒形貌如图 2(c) 所示。图 3 为电解抛光后连接区的形貌，其中图 3(a) 中上部为不锈钢，下部为镍基粉末冶金高温合金。图 3(b) 中左侧为不锈钢，右侧为镍基粉末冶金高温合金。从图 3(a) 中可以看出界面附近靠近镍基粉末冶金高温合金一侧，保持粉末颗粒形貌，界面上有大尺寸且连续分布的析出相；靠近界面的粉末颗粒内部也发现大量析出相。从图 3(b) 中可以看出，靠近界面的镍基粉末冶金高温合金中 A 处存在明显的原始颗粒边界（PPB），包套嘴处远离界面的粉末冶金高温合金中 B 处也存在 PPB，但前者较比后者严重。

表 1 中给出了连接区内界面及粉末颗粒内部析出相的能谱分析结果。从表中 4(a)-pt1 和 4(b)-pt1 的能谱分析结果可以看出不管是连接区 I 还是连接区 II，界面上及靠近界面的镍基粉末冶金高温合金粉末颗粒内部的析出相均为碳化物，其中 Ti、Nb 和 Hf 含量较高。表 2 也给出了连接区内不同区域的能谱分析结果，可以看出，图 4(c) 中 1 点（靠近不锈钢包套）和 2 点（靠近镍基粉末冶金高温合金）成分相差不大，与 2 点相比，1 点处含有少量的 Si 和 S，Fe 含量较高，Ni 含量较低，这说明不锈钢和镍基粉末冶金高温合金发生元素扩散，连接区内界面两侧存在扩散层。

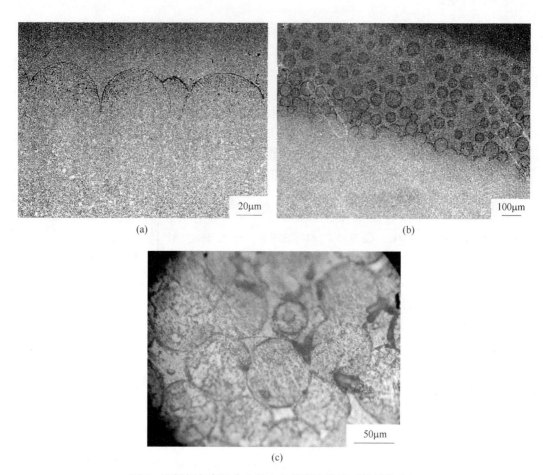

图 2 不锈钢与高温合金粉末之间的连接区（机械抛光）
及毛坯表面发现的原始颗粒形貌
(a) 连接区Ⅰ；(b) 连接区Ⅱ；(c) 毛坯表面发现的原始颗粒形貌

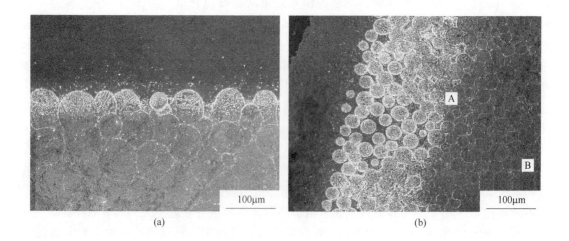

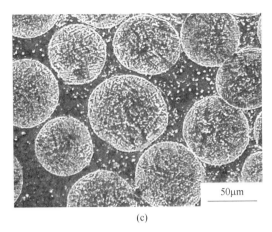

(c)

图 3　不锈钢与高温合金粉末之间的连接区（电解抛光）
（a）连接区 Ⅰ；（b）连接区 Ⅱ；（c）连接区 Ⅲ

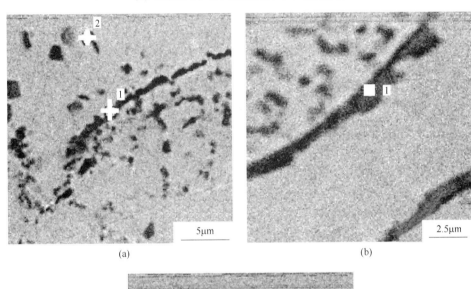

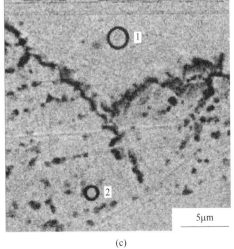

图 4　连接区内的析出相
（a）连接区 Ⅰ；（b）连接区 Ⅱ；（c）界面两侧

表1 图4（a）及（b）中析出相的能谱分析（质量分数）（%）

检测点	C	Mg	Al	Ti	Cr	Fe	Co	Ni	Nb	Hf
图4（a）-pt1	5.66	0.80	2.20	39.25	3.74	9.09	5.09	12.93	12.41	8.84
图4（a）-pt2	6.35	—	—	36.18	5.99	10.93	4.96	13.52	17.22	4.86
图4（b）-pt1	3.52	—	—	54.70	2.24	4.86	—	8.06	30.44	6.18

表2 图4（c）中不同区域的能谱分析（质量分数）（%）

检测点	Al	Si	S	Cr	Mn	Fe	Co	Ni	W
图4c-pt1	2.26	0.05	1.08	10.81	4.55	32.34	10.89	34.58	3.44
图4c-pt2	3.03	—	—	9.72	4.83	24.62	10.80	42.03	4.97

在连接区内发现大量碳化物析出相，说明连接区内 C 和碳化物形成元素含量高，易形成碳化物析出。比较文中给出的镍基粉末冶金高温合金和不锈钢包套的成分可知，镍基粉末冶金高温合金中含有大量的强碳化物形成元素 Ti、Nb、Hf 等，由于在 HIP 温度下 C 元素在不锈钢和镍基粉末冶金高温合金中的存在形式可能不同，因而造成两种材料中 C 元素存在浓度差，发生扩散。

根据这两种材料的成分利用 Thermo-Calc 软件计算平衡条件下 HIP 过程中 C 元素在两种材料中的存在形式。图5 给出了 C 在两种材料基体中的含量随温度的变化。

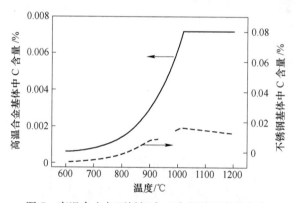

图5 高温合金与不锈钢中 C 含量随温度的变化

从图5中可以明显看出，1200℃时，C 完全固溶于不锈钢中，在粉末冶金高温合金中固溶态 C 的质量分数约为 0.00146%，大部分的 C 以 MC 的形式存在，由此可以看出在 1200℃ HIP 过程中不锈钢中固溶的 C 含量远高于粉末冶金高温合金中固溶的 C 含量，因此在高温下不锈钢中的 C 元素会向镍基高温合金粉末中扩散，形成碳化物；同时，镍基粉末冶金高温合金中的 Ti、Nb 也会向不锈钢中扩散。但是在 1200℃高温下，镍基粉末冶金高温合金和不锈钢均为固相，不同元素在两种材料中的扩散速率不同，根据文献 [1] 给出的数据，利用公式 $D = A\exp(-Q/RT)$[1] 计算出 1200℃元素 C、Ti、Nb 分别在镍基高温合金和不锈钢中的扩散系数。表3 为 1200℃不同元素在 Ni 和 Fe 中的扩散系数[1]。从表3 中可以看出，与其他元素相比，C 原子的扩散系数高出 10^4 倍，显然，C 的扩散速率要明显高于 Ti、Nb 等强碳化物形成元素，容易在强碳化物形成元素偏聚处生成碳化物。

表3 1200℃不同元素在 Ni 和 Fe 中的扩散系数

基体金属	γ-Fe	γ-Fe	γ-Fe	γ-Fe	γ-Fe
扩散元素	Fe	Ni	Ti	C	Nb
扩散系数 $D/m^2 \cdot s^{-1}$	4.0×10^{-14}	2.2×10^{-15}	1.9×10^{-14}	1.1×10^{-10}	3.2×10^{-14}
基体金属	Ni	Ni	Ni	Ni	Ni
扩散元素	Ni	Fe	Ti	C	Nb
扩散系数 $D/m^2 \cdot s^{-1}$	1.4×10^{-14}	2.4×10^{-14}	$*6.6 \times 10^{-14}$	1.9×10^{-10}	1.1×10^{-14}

注：*Ti 在 Ni 中的扩散系数是估算值。

文献[2]研究指出等离子旋转电极（PREP）法制备的 FGH95 粉末中 Mo、Nb、Ti 元素在枝晶间聚集，而 Co、W 元素在枝晶轴上聚集。PREP 制备的 FGH95 粉末颗粒表面存在 C、O、S、Ti、Cr、Al 的偏析，即贫 Cr 而富 C、O、S、Ti、Al[3,4]。由此推断，连接区内界面及靠近镍基粉末冶金高温合金附近存在原始颗粒形貌及 PPB 是由于 C 元素扩散及 Ti、Nb、Hf 在镍基粉末冶金高温合金颗粒表面和内部偏析造成的，而远离界面的镍基粉末冶金高温合金中出现的 PPB 的原因尚待研究，可能是由于包套嘴处气体含量高引起的。

2.2 连接区宽度

图 6 给出了连接区内 Ni 和 Fe 含量随着距不锈钢距离的变化，连接区 I 的宽度不小于 167μm，连接区 II 的宽度不小于 716μm。

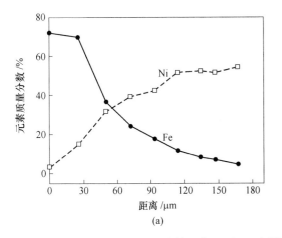
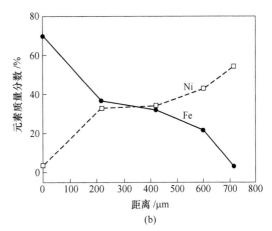

图6 连接区内 Ni 和 Fe 含量随着距不锈钢材料距离的变化
（其中两图中距离"0"点指靠近不锈钢的扩散层边界）
（a）连接区 I；（b）连接区 II

利用光学显微镜观察腐蚀后的试样并进行能谱分析，腐蚀剂选用 5g 氯化铜+100mL 盐酸+100mL 酒精。图 7（a）和（b）给出连接区 I 和连接区 II 腐蚀后的金相图片。从图 7（a）和（b）看出，不锈钢与粉末冶金高温合金之间形成连接区，该区域的能谱分析结果（见表4）说明了不锈钢和粉末冶金高温合金已经形成扩散层，并且中间靠近不锈钢的扩散层内 Fe 含量较高，含有部分 Ni；Fe 元素也扩散到镍基粉末合金中；连接区内界面较早形成，这是由于 C 扩散速率远远高于 Fe、Ni 等其他元素，C 扩散到富强碳化物形成元素的区域形成稳定化合物所致。需要指出的是，Fe、Ni 与其他元素相比扩散较快可能是浓度梯度大造成的。

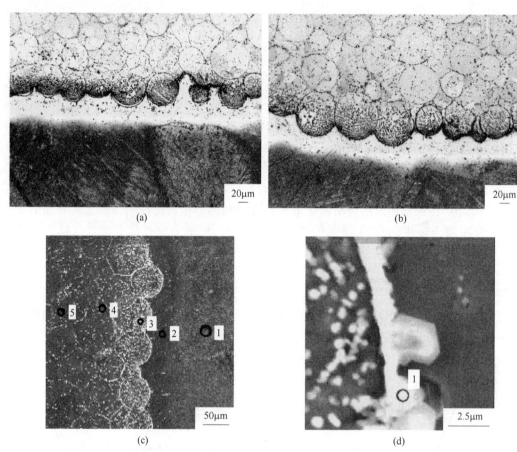

图 7 腐蚀后连接区的形貌，两图中黑色区域为不锈钢
(a) 连接区 I；(b) 连接区 II；(c) 连接区 I 成分分析；(d) 连接区 II 内距离不锈钢最近界面上的析出相

从图 7（a）和（b）还可以看出，重新制样后连接区 II 形貌发生变化，接近于连接区 I，但是在连接区 II 内发现界面上的析出相成分与界面及其他部位析出相成分存在差异，连接区 II 内界面上的析出相成分示于表 4。析出相中含有较高的 Al 和 N，形成连接区 II 的原因可能是包套嘴在观察界面上方的不锈钢去除不干净或封焊前粉末颗粒分布不均匀造成的。可以推断，在对 HIP 态的组织进行热处理后，由于元素进一步扩散，连接区内原始颗粒形貌会更严重，扩散层厚度会增加。

表 4 图 7 中不同连接区的能谱分析（质量分数） （%）

检测点	N	Al	Ti	Cr	Fe	Co	Ni	Nb	Mo	W
图 7(c) -pt1	—	—	—	16.01	80.77	—	3.22	—	—	—
图 7(c) -pt2	—	0.65	—	15.45	75.97	—	7.93	—	—	—
图 7(c) -pt3	—	2.64	5.96	12.24	33.92	—	35.78	4.35	1.64	3.46

续表4

检测点	N	Al	Ti	Cr	Fe	Co	Ni	Nb	Mo	W
图7(c)-pt4	—	5.08	1.19	10.26	9.87	13.32	54.36	—	2.47	3.45
图7(c)-pt5	—	5.58	1.22	9.45	4.73	15.54	55.61	—	2.70	5.16
图7(d)-pt1	12.70	49.92	—	4.78	17.95	2.89	10.16	1.60	—	

为了节约成本,镍基粉末冶金高温合金制件在生产过程中常用的金属包套为优质低碳钢。分析优质低碳钢成分可知,与不锈钢相比,其成分中 C 质量分数为 0.14%~0.24%,更高,Cr、Ni 含量低,由此推断优质低碳钢与镍基粉末冶金高温合金之间连接区的厚度与不锈钢与镍基粉末冶金高温合金之间的连接区相比会更大。但是镍基高温合金粉末在 HIP 过程中发生再结晶,降低了元素偏析,使之分布逐渐均匀,因而当 C 元素扩散至粉末冶金高温合金中时,强碳化物形成元素可能已分布均匀,因而在靠近连接区的粉末冶金高温合金内可能出现大量碳化物,但粉末冶金高温合金内部却不存在原始颗粒形貌。

3 结论

(1)在不锈钢和粉末冶金高温合金之间连接区扩散层内存在明显的界面;界面两侧存在扩散层,距离界面最近的镍基高温合金粉末仍保持原始粉末颗粒形貌。

(2)连接区界面上主要为碳化物,Ti 含量很高,含少量的 Nb 和 Hf;界面附近靠近镍基粉末冶金高温合金的原始颗粒内部及 PPB 上的析出相也为碳化物,成分与界面上的析出相类似。

(3)连接区 I 的厚度大于 167μm,连接区 II 的厚度大于 716μm,为去除包套皮,净化 HIP 粉末冶金高温合金材料机加工提供了依据。

参 考 文 献

[1] Brandes E A. Smithells metals Reference Book(B). 6th Edition, London: Butterworths, 1983.
[2] 陈焕铭,胡本芙,宋铎,等. 快速凝固 FGH95 合金粉末中的碳化物及其稳定性[J]. 兰州大学学报(自然科学版),2006,42(3):71-75.
[3] 牛连奎,张英才,李世魁,等. 粉末预热处理对 FGH95 合金组织和性能的影响[J]. 粉末冶金工业,1999,9(3):23-27.
[4] 胡本芙,陈焕铭,宋铎,等. 预热处理对 FGH95 高温合金粉末中碳化物的影响[J]. 金属学报,2003,39(5):470-475.

(原文发表在《粉末冶金工业》,2012,22(2):33-38.)

预处理过程中FGH96合金粉末中的碳化物演变

刘建涛　张义文　陶宇　张莹　迟悦

（钢铁研究总院高温材料研究所，北京　100081）

摘　要　采用扫描电镜、透射电镜等多种手段研究了预处理前后粉末颗粒中的碳化物演变，结果表明：粉末在快速凝固过程中会析出不同形貌的MC′型亚稳态碳化物，MC′碳化物中含有较多的弱碳化物形成元素，不同形貌的MC′型碳化物的化学组成与点阵常数具有一定的差异。在粉末预处理过程中，粉末颗粒内部形成的亚稳态MC′型碳化物逐渐转变为稳定MC型碳化物，同时可形成$M_{23}C_6$和M_6C碳化物；转变后的MC型碳化物形态以规则块状为主，成分上以强碳化物形成元素Ti，Nb，Zr为主。

关键词　FGH96合金　粉末颗粒　预处理　碳化物

Carbides Evolution of FGH96 PM Superalloy Powders during Pre-heat Treatment Process

Liu Jiantao, Zhang Yiwen, Tao Yu, Zhang Ying, Chi Yue

(High Temperature Materials Research Institute, Central Iron & Steel Research Institute, Beijing 100081, China)

Abstract: The carbides evolution of FGH96 PM superalloy powders during pre-heat treatment were studied by means of SEM and TEM. The results show that MC′ metastable carbide precipitate during rapid solidification process, and compositions of MC′ carbide contain more weak carbide formation elements. MC′ carbide shows different morphologies, compositions and lattice parameters. During pre-heat treatment, MC′ metastable carbide transform to stable MC carbide, also $M_{23}C_6$ and M_6C carbides precipitate. After pre-heat treatment, stable MC carbides morphologies are mainly regular cubic, and compositions are mainly Ti, Nb and Zr strong carbide formation elements.

Keywords: FGH96 PM superalloy, powder particle, pre-heat treatment, carbide

原始颗粒边界（Prior Particle Boundary，PPB）是粉末高温合金容易出现的缺陷之一，PPB阻碍了粉末颗粒间的扩散和冶金结合，并且一旦形成就很难在随后的热处理过程中消除。严重的PPB会显著降低合金的塑性和疲劳寿命，甚至造成制件在使用过程中发生断裂等恶性事故[1,2]。

对于粉末高温合金，减轻或者消除PPB始终是粉末高温合金研究的核心问题之一，在粉末高温的发展过程中，提出了很多减轻或者消除PPB的方法和措施，粉末预热处理（Pre-Heat Treatment，PHT）是有效的方法之一[3-5]。粉末预处理是把松散粉末预先在

$M_{23}C_6$ 转变成 MC 温度区间或者 $M_{23}C_6$ 形成温度区间进行热处理,使碳及碳化物形成元素在颗粒内部形成 MC 或者 $M_{23}C_6$ 碳化物,随后在 MC 相形成温度区间进行热等静压成形,从而减少热等静压期间碳化物在颗粒边界的优先形核。在粉末预处理时,由于粉末处于松散状态,颗粒间只是烧结而无烧结颈长大,而且基本不受外力作用,因此粉末表面处不完全具备碳化物优先形核的能量条件和动力学条件。

FGH96 合金属于第二代损伤容限型粉末高温合金,使用温度高达 750℃,是我国制造先进航空发动涡轮盘等转动件的关键材料[6]。本文针对 FGH96 合金粉末,研究了预处理前后粉末颗粒中的碳化物演变行为,本文的工作可为粉末预处理工艺的制定提供理论依据。

1 试验材料及方法

1.1 试验材料

FGH96 合金为镍基 γ' 相沉淀强化型粉末冶金高温合金,基体为 γ 相,主要强化相 γ' 的质量分数约占 35% 左右,合金主要成分如表 1 所示。FGH96 合金采用真空感应熔炼铸造成棒料,棒料经过机加工后采用等离子旋转电极雾化工艺(Plasma Rotating Electrode Process,PREP)制备成粉末,粉末经过筛分处理可获得不同粒度,本文中的粉末粒度为 50~150μm。

表 1 FGH96 合金的主要化学成分
Table 1 Main chemical compositions of FGH96 PM super alloy (%)

元素	Cr	Co	W	Mo	Nb	Al	Ti	C	B	Zr	Ni
质量分数/%	15.8	13	4.1	4.3	0.80	2.30	3.8	0.03	0.01	0.03	Bal.

通过热力学计算软件 Thermo-Calc 和相应的 Ni 基高温合金数据库(数据库共包含 17 种元素:B、C、N、Co、Cr、Ti、Al、Nb、Hf、Ta、W、Mo、Re、Mn、Si、Fe、Ni)可获得平衡态下合金中所有析出相的组成、含量、温度区间等信息。图 1 为 Thermo-Calc 软件计算出的 FGH96 合金中平衡态下的相组成图,表 2 为各平衡相及相存在所对应的温度区间。

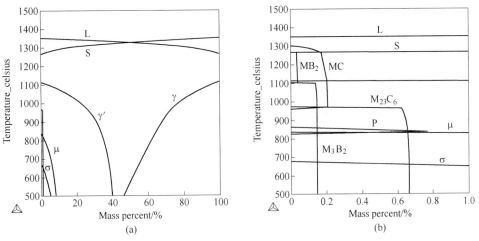

图 1 FGH96 合金热力学计算平衡相图
Fig. 1 Calculated results of equilibrium phases and their mass fraction of FGH96 PM superalloy

表2 FGH96合金各相的存在温度区间
Table 2 Equilibrium phases and corresponding temperature range of FGH96 PM superalloy

Phases	L+S	γ′	MC	$M_{23}C_6$	MB_2	M_3B_2	μ	σ	P
Temperature range /℃	1266~1350	~1114	969~1303	~969	1100~1270	~1102	~835	~673	827~858

1.2 试验方法

粉末预处理前需真空封装处理，将50~150μm粒度的粉末装入玻璃管内，在300℃进行加热，加热的同时抽真空，真空度 10^{-2}Pa，然后将粉末封焊于玻璃管中。封装好的玻璃管在热处理炉中进行预热处理，预热处理后进行水淬（WQ）。根据图1和表2中的MC和$M_{23}C_6$碳化物的析出温度范围，选定如下预处理制度：850℃，5h，WQ；900℃，5h，WQ；1000℃，5h，WQ；1050℃，5h，WQ；1100℃，5h，WQ。预处理前后粉末颗粒中的碳化物采用一级碳萃取复型制备透射电镜（TEM）试样，TEM观察和分析在JMS-2100透射电子显微镜（Oxford能谱）进行。

2 试验结果与分析

2.1 预备处理前的FGH96合金粉末颗粒的显微组织

2.1.1 FGH96合金粉末的表面凝固组织

图2为预备处理前的FGH96合金粉末颗粒（50~100μm）表面的显微组织，显然，粉末颗粒表面的凝固组织为树枝晶和胞状晶的混合组织。

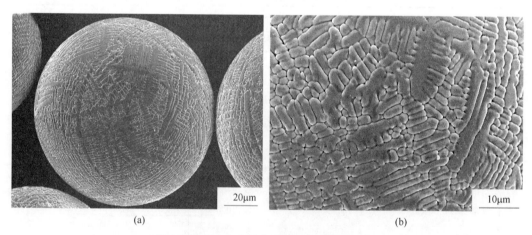

图2 FGH96合金粉末颗粒的表面凝固组织
Fig. 2 Surface morphologies of FGH96 powders particles

2.1.2 预处理前FGH96合金粉末颗粒中的碳化物相

在FGH96粉末快速凝固过程中，大部分γ′相析出被抑制，而碳化物却能在枝晶间和胞壁大量析出。粉末颗粒中碳化物析出相的形态、类型和组成成分如图3和表3所示。粉末颗粒碳化物分布在枝晶间，形态有规则块状（Regular）和蝶状（Butterfly）。对这些碳化物进行结构分析和成分分析表明，碳化物的类型为MC型，但是与最终热处理态的MC

碳化物相比,这些碳化物中往往富含 Cr+Mo+W 等元素,这在蝶状碳化物中尤其明显,为了与最终热处理态的 MC 碳化物相区别,将快速凝固形成的碳化物称为亚稳态的 MC′型碳化物[7]。

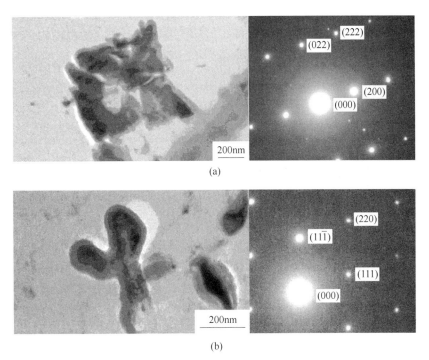

图 3 FGH96 合金粉末颗粒中亚稳碳化物形貌及衍射斑点
(a)块状;(b)蝶状
Fig. 3 Morphologies and diffraction pattern of extracted carbides in FGH96 powders
(a)regular;(b)butterfly

由表 3 中碳化物化学成分的 EDAX 分析可知,在快速凝固过程中,液相中元素的扩散并不能保证固-液界面上溶质平衡的需要,导致非碳化物形成元素 Ni,Co 和 Al 不能及时扩散出去,强碳化物形成元素 Nb,Ti 和 Zr 不能及时扩散补充,碳化物形貌的几何完整度减弱,形态趋于复杂多样。

表 3 FGH96 合金粉末中的萃取 MC′型碳化物的化学组成和点阵常数
Table 3 Chemical compositions and lattice parameter of extracted MC′ type carbides in FGH96 powders

Morphology	w(Ti+Nb+Zr)	w(Cr+Mo+W)	w(Ni+Co+Al)	Type	Lattice parameter/nm
Regular	87.27	12.73	trance	MC′	0.4330
Butterfly	58.10	34.03	7.88	MC′	0.4392

在 PREP 工艺制备粉末过程中,冷却速率高达 $10^3 \sim 10^4$ K·s^{-1},该冷却速率远远高于普通的铸造(如砂型铸造和定向凝固)的冷却速率。在粉末颗粒快速凝固过程中,固溶体的过饱和度加大,固/液界面处的液态薄层很容易形成溶质元素的富集,如果在凝固过程

中液相变得溶质富集,凝固温度下降,析出相不能按照平衡条件形成,在种类、成分以及形貌上将变得复杂[8]。

快速凝固粉末与普通铸锭的最大区别在于由表及里组织上是一致的,而在普通铸锭中,锭坯的表面和芯部的显微组织和第二相的大小和分布有着明显的不同,因此,可以认为粉末颗粒消除了普通锭坯中的宏观偏析。但是快速凝固粉末颗粒中仍然存在枝晶偏析,偏析使得 Cr、Al、W、Co 等元素富集在枝晶干上,而枝晶间区域则富集 Nb、Ti、Mo 和 Zr 等元素,雾化时的熔体小液滴可能首先在表面形核,也可能首先在内部形核,但是不论哪种形核方式,最后凝固的熔体都富集偏析元素,形成碳化物 MC′。

亚稳态的 MC′型碳化物是急冷凝固粉末颗粒组织中特有的析出相,亚稳态 MC′型碳化物存在对粉末颗粒预热处理工艺的制定具有重要理论和实践意义。

2.2 预处理后 FGH96 合金粉末颗粒中的碳化物相

图 4 为不同制度预处理后粉末颗粒内部析出相形态与分布,可以看到,随着预热处理温度升高,粉末中的碳化物逐渐析出,在热处理温度为 1150℃时,大部分碳化物溶解。这是因为,在 850~1100℃热处理过程中,伴随着 MC′型碳化物的转变成更加稳定的 MC 碳化物,析出了 $M_{23}C_6$ 和 M_6C 型碳化物。随着预处理温度接近 $M_{23}C_6$ 和 M_6C 型碳化物的溶解温度,该两类碳化物逐渐减少。在热处理温度达到 1150℃时,粉末中仅剩少量稳定的 MC 型碳化物。

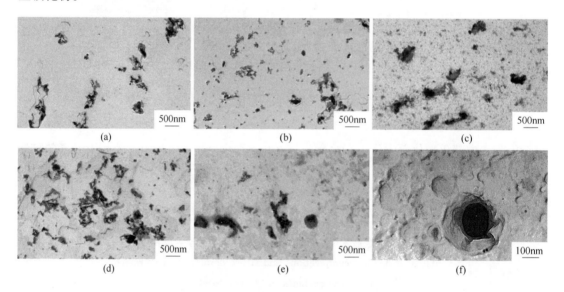

图 4 FGH96 合金不同温度预处理后粉末中的碳化物分布

Fig. 4 Distribution of extracted metastable carbides in FGH96 powders after PHT

(a) 850℃, 5h; (b) 900℃, 5h; (c) 950℃, 5h; (d) 1050℃, 5h; (e) 1100℃, 5h; (f) 1150℃, 5h

图 5 为 FGH96 合金不同温度热处理后粉末中的 $M_{23}C_6$ 碳化物的形貌和衍射斑点图,显然,热处理过程中在粉末中析出的 $M_{23}C_6$ 型碳化物均呈现较为规则的块状,结合能谱分析发现,850℃、900℃和 950℃析出的 $M_{23}C_6$ 碳化物的 Cr 平均(质量分数)分别为

74.97%、73.24%和70.69%，可见，随着热处理温度的升高，析出的 $M_{23}C_6$ 碳化物中 Cr 含量逐渐降低。

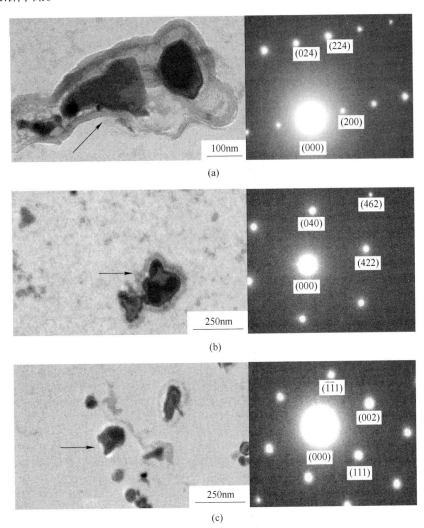

图5　FGH96 合金不同温度热处理后粉末中的 $M_{23}C_6$ 碳化物

Fig. 5　$M_{23}C_6$ carbides in FGH96 powders after PHT

(a) 850℃, 5h; (b) 900℃, 5h; (c) 950℃, 5h

需要说明的是，在预处理温度为1050℃的粉末中观察到了 M_6C 碳化物颗粒。能谱分析表明其碳化物形成元素主要为 W、Mo、Cr，质量分数分别为 W 38.03%，Mo 34.36%，Cr 21.13%，结合衍射斑点标定为 M_6C 碳化物，如图6所示。

图7为 FGH96 合金不同温度热处理后 MC 碳化物的形貌和衍射斑点图。能谱分析表明，经过预处理后，粉末中的强碳化物元素含量升高了，强碳化物形成元素（Ti，Nb，Zr）的含量在850~1050℃的质量分数分别为46.01%、50.24%、54.71%和54.9%。这表明，随着热处理温度升高，粉末中的 MC′型碳化物的成分发生了一定的转变，转变成强碳化形成元素为主的 MC 型碳化物。

通过对FGH96合金粉末颗粒进行不同温度预处理可得出：热处理过程中粉末颗粒内部急冷凝固形成的亚稳态MC′型碳化物可发生分解，逐渐转变为稳定MC型碳化物，同时可形成少量的$M_{23}C_6$和M_6C碳化物；MC′型碳化物分解后的碳化物形态，由复杂形状为主转变为规则块状为主，成分上变成以强碳化物形成元素为主的MC型碳化物。

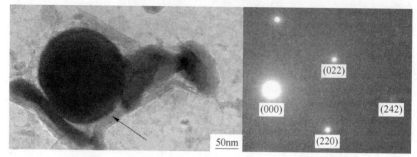

图6　FGH96合金1050℃热处理粉末中的M_6C碳化物
Fig. 6　M_6C carbides in FGH96 powders after PHT (1050℃, 5h)

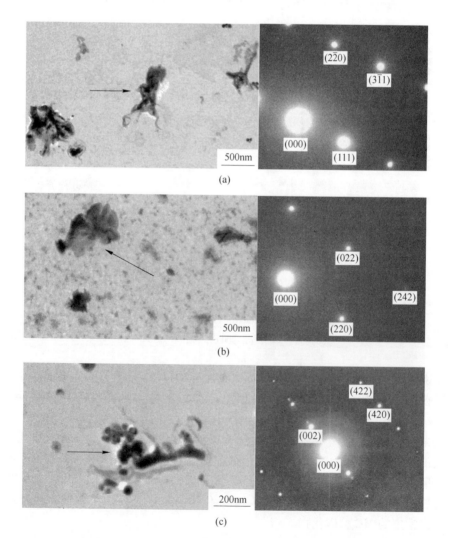

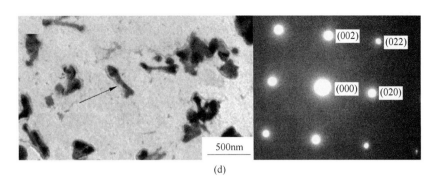

图 7 FGH96 合金不同温度热处理后粉末中的 MC 型碳化物

Fig. 7 MC carbides in FGH96 powders after PHT

(a)850℃,5h; (b)900℃,5h; (c)950℃,5h; (d)1050℃,5h

在粉末凝固过程中,快速凝固的粉末颗粒处于过饱和状态,粉末雾化过程中形成的亚稳态碳化物 MC′会发生如下转变反应（1）和（2）,形成更加稳定的 MC,同时也可能析出新的碳化物 M_6C 或者 $M_{23}C_6^{[6]}$。

$$MC' \longrightarrow MC + \gamma[Cr、Mo、W] \tag{1}$$

$$MC + \gamma \longrightarrow M_{23}C_6(M_6C) + \gamma' \tag{2}$$

同时,过饱和的 γ 基体还会析出大量的 γ′相和 MC,如反应（3）所示。

$$\gamma(过饱和) \longrightarrow \gamma(平衡) + \gamma' + MC \tag{3}$$

根据 FGH96 合金平衡态下相组成计算结果（如表 2 所示）,FGH96 合金中存在的碳化物包括:MC 和 $M_{23}C_6$。在 MC 和 $M_{23}C_6$ 的相存在温度区间,亚稳态的 MC′会发生分解和转变,形成 MC 和 $M_{23}C_6$,这一点在本文中已经得到证实。但是,在 1050℃,5h 预处理后,发现了 M_6C 碳化物颗粒。对于这一点,作者认为有两种可能性,一种可能性是:MC′在转变成稳定的 MC 后,由于扩散作用,在 MC 周围的 γ 基体中形成了富含 Cr、Mo、W 的小区域,这种小区域在一定的热力学条件下发生析出反应,形成 M_6C 碳化物,如反应（1）和（2）所示。另外一种可能性是:当粉末颗粒某区域中的 W、Mo 含量较高时,发生了 $M_{23}C_6$ 向 M_6C 的转变[9],反应式为:

$$M_{23}C_6 + \gamma[Mo、W] \longrightarrow M_6C + \gamma[贫化] \tag{4}$$

在预处理过程中,粉末颗粒表面富集的元素有向内部扩散的趋势,同时粉末颗粒表面要富集一定量的元素以降低表面能,当表面能与内部空位能平衡时,元素不再扩散,从而在热等静压之前就在粉末颗粒的表面和内部形成大量的稳定的碳化质点（如 MC）,降低了碳化物在颗粒边界析出长大的概率。对于粉末颗粒表面已经形成的析出物颗粒,预处理是不可能彻底消除的,但是,在粉末预处理过程中,松散粉末颗粒的表面析出物颗粒会发生粗化,增加了析出物颗粒间的距离,减轻了热等静压过程中 PPB 的形成[10]。

3 结论

（1）在 PREP 工艺制备 FGH96 合金粉末过程中,快速凝固的粉末中会析出 MC′型亚稳碳化物。亚稳态 MC′型碳化物形态具有多样性,主要分布在枝晶间;MC′型碳化物富含弱碳化物形成元素,不同形貌的 MC′型碳化物的化学组成和点阵常数具有一定的差异。

（2）在对 FGH96 合金粉末颗粒进行预处理过程中：粉末颗粒内部急冷凝固形成的亚稳态 MC′型碳化物可发生分解，逐渐转变为稳定 MC 型碳化物，同时可形成少量的 $M_{23}C_6$ 和 M_6C 碳化物；MC′型碳化物分解后的碳化物形态，由复杂形状为主转变为规则块状为主，成分上变成以强碳化物形成元素为主的 MC 型碳化物（Ti，Nb，Zr）C。

参 考 文 献

[1] Gessinger G H, Bomford M J. Powder metallurgy of superalloy [J]. International Metallurgical Reviews, 1974, 19: 51-76.

[2] 毛健, 杨万宏, 汪武祥, 等. 粉末高温合金颗粒界面及断裂研究 [J]. 金属学报, 1993, 29(4): A187-192.
Mao Jian, Yang Wanhong, Wang Wuxiang, et al. partical bouderary and fracture of powder metallurgy superalloys [J]. Acta Metallurgica Sinica, 1993, 29(4): A187-192.

[3] Dahlén M, Ingesten N G, Fischmeister H. Parameters influencing particle boundary precipitation in superalloy powders [C]. Modern Developments in Powder Metallurgy, Metal Powder Industries Federation American Powder Metallurgy Institute, 1981, 14: 3-14.

[4] Warren R, Ingesten N G, etal, Particle surface and particle boundaries in Hf modified PM Astroloy [J]. Powder Metallurgy, 1984, 27(3): 141-146.

[5] Ingesten N G, Warren R, Winberg L. The nature and orgin of previous particle biundary precipitates in PM superalloys [C] //High temperature alloys for gas turbines, proceeding of a conference helding in Liege, Belgium, 1982, 1013-1029.

[6] 刘建涛, 刘国权, 胡本芙, 等. FGH96 合金静态再结晶行为的研究 [J]. 材料热处理学报, 2005, 26(6): 12-15.
Liu Jiantao, Liu Guoquan, Hu Benfu, et al. Study on the static recrystallization of FGH96 super alloy [J] Transcations of Materials and Heat Treatment, 2005, 26(6): 12-15

[7] Domingue J A, Boeshe W J, Radvich J F. Phases relationship in René95 [C] //Superalloys 1980, Seven Springs City: ASM, 334-344.

[8] 李慧英, 胡本芙, 章守华. 镍基高温合金氩气雾化粉末颗粒中相的研究 [J]. 北京钢铁学院学报：粉末高温合金专辑, 1987, 2: 29-39.
Li Huiying, Hu Benfu, Zhang Shouhua. Precipitation in Ar-atomized nickel-base superalloy powders [J]. Journal of Beijing University of Iron and Steel Technology: Special issue, 1987, 2: 29-39.

[9] 高温合金金相图谱编写组. 高温合金金相图谱 [M]. 北京：冶金工业出版社, 1977: 32-33.

[10] 牛连奎, 张英才, 李世魁. 粉末预热处理对 FGH95 合金组织和性能的影响 [J]. 粉末冶金工业, 1999, 9(3): 23-27.
Niu Liankui, Zhang Yincai, Li Shikui. The influence of powders pre-heating on microstructure and properties of FGH95 alloys [J]. Powder Metallurgy Industry, 1999, 9(3): 23-27.

（原文发表在《材料热处理学报》, 2012, 33(5): 53-58.）

Hf 含量对 FGH97 合金 γ/γ′ 晶格错配度的影响

张义文[1,2]　王福明[1]　胡本芙[1]

(1. 北京科技大学，北京　100083；
2. 钢铁研究总院，北京　100081)

摘　要　采用 X 射线衍射（XRD）方法测算粉末冶金镍基高温合金 FGH97 中 γ 和 γ′ 相的晶格常数，计算出 γ/γ′ 晶格错配度。结果表明：γ′ 相的晶格常数比 γ 相的小，错配度为负值。Hf 主要存在于 γ′ 相中，随着合金中 Hf 加入量的增加，进入 γ′ 相中 Hf 的数量增加，使 γ′ 相的晶格常数逐渐增大，错配度的绝对值逐渐减小。

关键词　粉末冶金高温合金 FGH97　Hf　X 射线衍射　晶格常数　错配度

Effects of Hafnium Content on γ/γ′ Misfit in FGH97 PM Superalloy

Zhang Yiwen[1,2], Wang Fuming[1], Hu Benfu[1]

(1. University of Science & Technology Beijing, Beijing 100083, China;
2. Central Iron & Steel Research Institute, Beijing 100081, China)

Abstract: By means of X-ray diffraction, γ′ phase and γ matrix lattice parameters and γ/γ′ misfit were measured in FGH97 PM superalloy with different hafnium contents. The results show that the lattice parameter of γ′ phase is smaller than that of γ matrix, and also the value of γ/γ′ misfit is negative. Hafnium mainly exists in γ′ phase, the content of hafnium partitioning to γ′ phase increases with increasing of hafnium contents in FGH97 PM superalloy, resulting in lattice parameter increasing and decreasing of the absolute value of γ/γ′ misfit.

Keywords: FGH97 PM superalloy; hafnium; XRD; lattice parameter; misfit

镍基高温合金主要是通过 γ′ 相来进行强化的，其原因是 γ′ 相为 $L1_2$ 长程有序结构，以共格方式在 γ 基体中弥散析出，γ 基体和 γ′ 相都是面心立方晶体结构，但是在晶格常数上有差别，从而在 γ/γ′ 相界面上产生晶格错配，导致共格应变强化。晶格错配度是表征镍基高温合金中 γ/γ′ 两相共格界面应变状态的参数，它影响 γ′ 相的形态、合金组织稳定性和性能。

当温度在 650~700℃（约为 $0.6T_m$，T_m 为合金熔点）以下时，较大的晶格错配度会增强 γ′ 相造成的弹性应变场，产生较高的共格应变强化作用，可提高合金的强度；当温度高于 $0.6T_m$ 时，由于元素的扩散过程加剧，晶格错配度大的 γ′ 相易于集聚长大，使组织不稳定性增加，同时改变位错型界面结构而松弛弹性应力，使共格应变强化效果减弱。一般认为，在高温下较低晶格错配度使γ/γ′的共格界面能降低，组织稳定性增强，合金具有较高的蠕变和持久性能。

镍基高温合金中γ′相的形态及转变都与错配度有直接的关系，如：随着错配度增大，γ′相形状由球形可变为方形和片状[1-3]，又如：在γ′相粗化过程中，γ′相发生由球形到方形，直至树枝状转变，以及出现γ′相分裂现象，单个方形γ′相分裂成二重体（doublet）或八重体（octet/ogdoad）形态。由于γ′相发生分裂导致其在粗化过程中，尺寸变化不符合经典的LSW粗化理论[4,5]，出现"反粗化"现象[5-7]，将对合金性能产生影响。

镍基高温合金中γ/γ′晶格错配度的测算以及合金元素对其影响已有大量报道[8-13]。结果表明，不同合金具有不同的晶格错配度，通过影响γ相和γ′相的晶格常数，合金元素含量不同导致γ/γ′错配度不同。文献[9]报道了在镍基高温合金GH150中γ/γ′晶格错配度为负值，随着Al加入量的增加，进入γ′相中的Al量增加，Ti和Nb量相对减少，导致γ′相的晶格常数逐渐减小，γ/γ′晶格错配度的绝对值增大。文献[13]研究了Re对单晶镍基高温合金中γ/γ′晶格错配度的影响，随着Re含量的增加，γ相和γ′相的晶格常数增大，γ′相的晶格常数增幅较大，γ/γ′晶格错配度的绝对值减小。

已经报道了Hf可有效提高镍基高温合金的拉伸强度和塑性，高温持久寿命和持久塑性，高温蠕变性能[14-16]，但是Hf对γ/γ′晶格错配度的影响则鲜见文献报道，γ′和γ两相晶格常数及错配度与Hf含量的关系仍不清楚。本实验采用XRD方法测算了镍基高温合金FGH97中γ′相和γ相的晶格常数，讨论了Hf含量对γ′和γ两相晶格常数和错配度的影响。

1 实验

Hf作为微合金化元素强化镍基高温合金，在粉末冶金高温合金中Hf含量一般不大于1%（质量分数，下同）[14]，实验用FGH97粉末冶金镍基合金中Hf的设计含量分别为：0%，0.3%和0.9%，除元素Ni外，其他元素的含量相同，合金实际成分见表1。

表1 FGH97合金成分
Table 1 Composition of FGH97 superalloys (w) (%)

Element	C	Cr	Co	W	Mo	Al	Ti	Nb	Zr	B	Hf
Alloy-1	0.04	8.9	16.0	5.5	3.8	4.9	1.8	2.6	0.011	0.012	0
Alloy-2	0.04	8.8	16.1	5.5	3.8	5.0	1.8	2.7	0.011	0.012	0.3
Alloy-3	0.04	8.8	16.1	5.6	3.9	5.0	1.8	2.7	0.011	0.012	0.9

最终时效制度为700℃，15~20h，AC。对3种不同Hf含量的FGH97合金用物理化学方法进行相分析，用JSM-6480LV型扫描电子显微镜（SEM）进行组织观察，用JEM2010F型高分辨透射电镜（HRTEM）进行γ′相与γ基体的相界面观察，对合金块状试样和从合金中萃取的γ′相粉末，分别用D/max2500H和TTR3型X射线衍射仪进行XRD图谱测定，采用Cu靶，$CuK_{α1}$的波长为0.1541nm。块状试样尺寸为φ10mm×1mm，试样

用砂纸磨至1000#,不需要进行抛光和腐蚀。γ′相的电解萃取方法:1%硫酸铵+1%柠檬酸水溶液,$T=5℃$,$I=0.025 \sim 0.03 A/cm^2$,γ′相粉末质量为0.4g。利用Origin8.0软件自带的PFM模块对合金中γ′和γ两相的合成衍射峰进行峰分离,测算出γ′和γ两相的晶格常数,用公式:

$$\delta = \frac{2(a_{\gamma'} - a_{\gamma})}{a_{\gamma'} + a_{\gamma}}$$

计算晶格错配度,式中$a_{\gamma'}$和a_{γ}分别为γ′和γ相的晶格常数,δ为晶格错配度[8]。

2 实验结果

2.1 FGH97合金中的γ′相及组成

3种不同Hf含量的FGH97合金的相分析结果表明,合金中含有γ′相、微量的MC型碳化物和M_6C型碳化物以及M_3B_2型硼化物等析出相,主要由γ基体和γ′相组成(见表2),Hf主要存在于γ′相中,其余元素存在于γ相和碳化物中,Hf在γ′相和γ相中的含量见表3,γ相中元素占合金的质量分数见表4。

表2 3种不同Hf含量的FGH97合金中相含量($w/\%$)
Table 2 Contents of the phases with differential contents of hafnium in three FGH97 alloys ($w/\%$)

Alloy	γ	γ′	MC	$M_6C+M_3B_2$
Alloy-1	37.68	61.93	0.26	0.13
Alloy-2	37.38	62.18	0.27	0.17
Alloy-3	36.76	62.69	0.34	0.21

表3 γ和γ′相中Hf的含量
Table 3 Contents of hafnium in γ and γ′ phase

Content	Alloy-2		Alloy-3	
	γ	γ′	γ	γ′
Hf content, $w/\%$	0.015	0.255	0.028	0.76
Percent of Hf in total Hf content /%	5	85	3.15	85.39

表4 γ相中元素占合金的含量($w/\%$)
Table 4 γ phase elements contents in alloys ($w/\%$)

Element	Alloy-1	Alloy-2	Alloy-3
Cr	7.43	7.37	7.40
W	2.16	2.22	2.26
Mo	2.46	2.51	2.55
Total	12.05	12.1	12.21

不同Hf含量的FGH97合金中γ′相形状和尺寸略有差异。γ′相主要分布在晶内，晶内大尺寸的γ′相质量分数占80%以上，尺寸为0.2~0.35μm，细小的γ′相分布在大尺寸γ′相之间，尺寸为10~20 nm。随着Hf含量的增加，大尺寸γ′相的尺寸逐渐增大。在Alloy-1中，晶内大尺寸的γ′相主要为方块状，在Alloy-2中，晶内大尺寸的γ′相主要为八瓣状或蝴蝶状，在Alloy-3中，晶内大尺寸的γ′相主要为蝴蝶状。在3种合金中细小的γ′相均为球形（见图1）。随着Hf含量的增加，γ′相形貌由方块状变为八瓣状或蝴蝶状，晶内大尺寸γ′相增大与γ/γ′晶格错配度减小有关[3]。

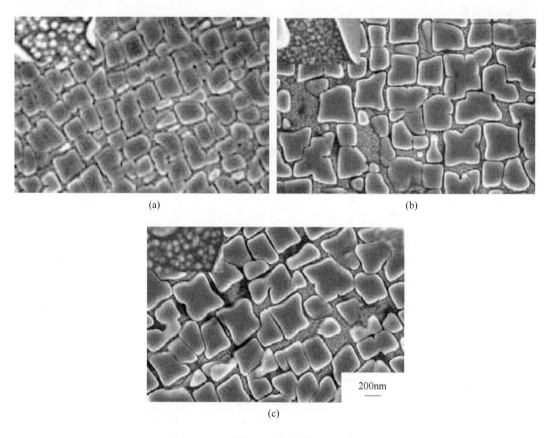

图1 γ′相形貌

Fig. 1 γ′ phase morphology

(a)alloy-1; (b)alloy-2; (c)alloy-3

2.2 γ′相与γ基体的相界面

当γ′相与γ基体保持共格或半共格时，测算γ′/γ错配度才有意义。用HRTEM得到的晶格像表明，3种不同Hf含量的合金中γ′与γ基体两相的晶格常数非常接近，γ′/γ相界面保持共格（见图2）。图2(a)中暗色的块状为γ′相，γ′相之间浅色的为γ基体，图2(b)中明亮区为γ基体晶格像，灰暗区为γ′相晶格像。

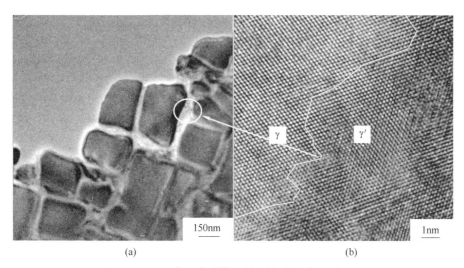

图 2 Alloy-2 合金高分辨透射电镜 [110] 取向照片

Fig. 2 HRTEM image of [110] orientation from the interface of γ and γ′ phase in alloy-2

2.3 Hf 对 γ′相和 γ 相晶格错配度的影响

由表 2 可见，FGH97 合金中碳化物和硼化物总量不超过 0.6%，因此可以认为 FGH97 合金主要由 γ 和 γ′两相组成。由于 γ 和 γ′两相具有相近的晶格常数，因此在谱线中的衍射峰为 γ 和 γ′两相衍射峰的叠加。不同 Hf 含量的 FGH97 合金中 85% 以上的 Hf 存在于 γ′相中，γ 相中的 Hf 质量分数不超过 5%（见表 3），γ 相的主要强化元素 Cr、Mo 和 W 是影响 γ 相晶格常数主要元素，但其总量基本相同（见表 4），所以 Hf 的加入主要影响 γ′相的晶格常数。若假定 3 种不同 Hf 含量的 FGH97 合金中 γ 相的晶格常数基本不变，分峰后所得 γ 相衍射峰的 2θ 值为定值。由图 3 可以看出，叠加衍射峰的形状并不完全对称，曲线的右侧斜率较大，曲线左侧的斜率较小。由表 2 可知，合金中 γ 和 γ′两相具有不同的含量，因此在衍射峰中 γ 和 γ′两相会产生不同的衍射强度，合金中 γ′相质量分数较高（大于 61%），致使衍射峰中 γ′相的衍射强度较高，γ 基体质量分数较小（小于 38%），故衍射强度较弱。由此可以推断，具有较高强度的 γ′相衍射峰位于曲线的右侧，具有较弱强度的 γ 相衍射峰位于曲线的左侧，这表明 γ 相具有较大的晶格常数，γ′相具有较小的晶格常数，因此 FGH97 合金中 γ′和 γ 两相具有负的晶格错配度。

对 Hf 含量分别为 0%、0.3% 和 0.9%（质量分数）的 FGH97 合金块状试样进行 X 射线衍射谱线测定，并对衍射峰进行分离（见图 3）。可以看出，无 Hf 的合金中 γ′和 γ 两相的合成衍射峰较宽，表明 γ′和 γ 两相的晶格常数差别较大。加入 0.3% 的 Hf 后，合金中 γ′和 γ 两相的合成衍射峰变窄，表明 γ′和 γ 两相的晶格常数差别减小。随着元素 Hf 含量增加到 0.9%，合成衍射峰的宽度进一步变窄，γ′和 γ 两相的晶格常数相差更小。与无 Hf 合金中 γ′相的衍射峰相比较，Hf 含量为 0.3% 的合金中 γ′相的衍射峰略有左移，即衍射角度变小，表明 γ′相晶格常数略有增大，随着 Hf 增加到 0.9%，γ′相的衍射峰进一步左移，γ′相晶格常数进一步增大。根据不同 Hf 含量合金 XRD 谱线的分离衍射峰值，计算出 γ′和 γ 两相的晶格常数及晶格错配度。Hf 质量分数由 0% 增加到 0.3% 和 0.9%，γ′相的晶格常数

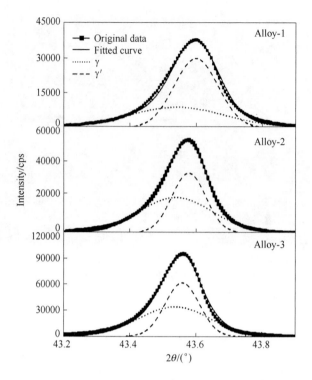

图 3 3 种 Hf 含量 FGH97 合金中 γ 和 γ′相的分离峰及拟合曲线

Fig. 3 Separated peaks and fitting curves of γ and γ′ phase of three FGH97 alloys with varying contents of hafnium

值由 0.35928nm 增加到 0.35944nm 和 0.35953nm。即随着 Hf 含量的增加，γ′相的晶格常数不断增加，γ/γ′相错配度绝对值逐渐变小，计算结果如图 4 所示。

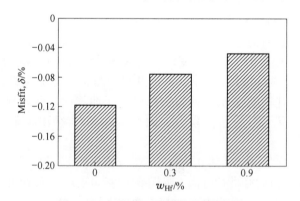

图 4 Hf 含量对 γ/γ′相错配度的影响

Fig. 4 Effect of hafnium on γ/γ′ misfit

2.4 Hf 对 γ′相晶格常数的影响

为验证上述方法测算 γ′相晶格常数的可靠性，对从 3 种 Hf 含量 FGH97 合金中萃取得到的 γ′相粉末进行 XRD 分析。根据所得到的 XRD 特征图谱，用图解外推法计算得到的粉

末状 γ′相的晶格常数和块状试样的 γ′相晶格常数一同列于表5。可以看出，随着 Hf 含量的增加，γ′相的晶格常数不断增加，这与块状试样是一致的。粉末状 γ′相的晶格常数均稍小于块状试样中的 γ′相晶格常数，但总体接近，表明块状试样的 γ′相晶格常数的测算是可靠的。

表 5 γ′相晶格常数
Table 5 Lattice constant of γ′ phase of alloys (nm)

State	Alloy-1	Alloy-2	Alloy-3
Block	0.35928	0.35944	0.35953
Powder	0.35890	0.35901	0.35922

3 讨论

γ 相是以 Ni 为基的 fcc 结构的固溶体，γ′(Ni_3Al) 相是 $L1_2$ 型有序固溶体。Hf 主要进入 γ′相中，可以从元素的电负性和原子半径这两个因素来解释。与 Ni 和 Al 原子相比，Hf 的原子半径更接近 Al 原子，另外从电负性角度看，Hf 的电负性远小于 Ni，与 Al 较接近，所以 Hf 不容易进入 Ni 中，在 Ni 中溶解度较小，最大溶解度为1%（摩尔分数）[17]，Hf 容易进入 Ni_3Al 中，在 Ni_3Al 中溶解度较大，最大溶解度为7%（摩尔分数）[18]。

相分析结果表明，γ 相中合金元素包括 Co、Cr、Mo、W、Al、Nb、Ti、Zr 和 Hf，由于 Hf、Zr、Nb、Ti、Mo、W 和 Al 的原子半径比 Ni 的大，使 Ni 的晶格膨胀，造成 γ 相晶格常数增大，而 Co 和 Cr 的原子半径与 Ni 的相当，相比较而言，Hf、Zr、Nb、Ti、Mo、W 和 Al 这7种元素对 γ 相晶格常数的影响比 Co 和 Cr 的大［见图5(a)］[19]。由相分析结果可知（见表6），γ 相中 Nb、Ti、Zr 和 Hf 含量很少，且在3种合金中含量相当，Co 对 γ 相的晶格常数影响很小，所以 Nb、Ti、Zr、Hf 和 Co 对 γ 相的晶格常数影响可以不计。Mo、W、Al 和 Cr 这4种元素在3种合金中的含量相差不大，因此可以认为，FGH97 合金中加入微量的 Hf 对 γ 相晶格常数的影响很小。相分析结果表明，γ′相中合金元素包括 Ti、Nb、Zr、Hf、Cr、W、Mo 和 Co，这8种元素与 Ni_3Al 形成置换固溶体，其含量对 γ′相晶格常数的影响见图5(b)[19]。大原子半径的 Hf、Zr、Nb 和 Ti 置换 Ni_3Al 中的 Al 原子，使 γ′相的晶格常数增大。小原子半径的 Co 置换 Ni_3Al 中的 Ni 原子，Cr 既可置换 Ni_3Al 中的 Ni 原子，又可置换 Al 原子，这两种元素的原子半径与 Ni 的相当，比 Al 的小，对 γ′相的晶格常数几乎没有影响。中等原子半径的 W 和 Mo 既可置换 Ni_3Al 中的 Ni 原子，又可置换 Al 原子，大部分置换 Al 原子，故对 γ′相晶格常数的影响居中［见图5(b)］[19]。由相分析结果可知（见表7），γ′相中 W 和 Mo 含量很少，且在3种合金的 γ′相中含量相当，所以对 γ′相的晶格常数影响可以不计。在3种合金的 γ′相中 Nb、Ti 和 Zr 含量没有变化，故 γ′相晶格常数的变化是由 Hf 引起的。Hf 的原子半径大于 Al，所以随着 Hf 含量的增加，γ′相中 Hf 含量增加，使 γ′相的晶格常数增加，γ/γ′相错配度绝对值逐渐变小（见图4），γ′相含量增加（见表2）。相分析表明，加入 Hf 使 γ′相的组成由 $(Ni, Co)_3(Al, Ti, Nb)$ 变为 $(Ni, Co)_3(Al, Ti, Nb, Hf)$。

在块状试样中 γ′相的晶格常数小于 γ 基体，形成负错配[20]，因此 γ′相受到 γ 基体的拉应力作用,使 γ′相原子间距增大,晶格常数增大。当 γ′相从合金中萃取出来后,受到的这种拉应力消失,γ′相处于无约束状态,因此粉末 γ′相晶格常数小于在块状试样中 γ′相的晶格常数(见表5)。

750℃,637 MPa 的持久性能测试结果表明,添加0.3%(质量分数)Hf 的 Alloy-2 合金的持久性能大幅提高,持久寿命由不含 Hf 的 430h 提高到 754h,提高了 75.3%。这表明高温下较低的晶格错配度使合金具有较高的持久性能。

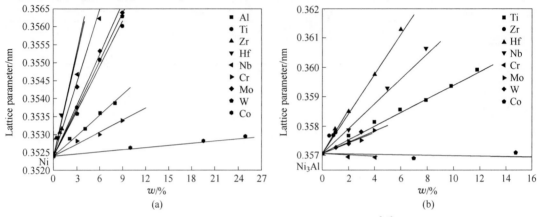

图5 合金元素对 Ni 和 Ni_3Al 晶格常数的影响[19]

Fig. 5 Effect of element contents on the lattice parameters of Ni and Ni_3Al

(a) Ni; (b) Ni_3Al

表6 γ相中元素的含量($w/\%$)

Table 6 Elements contents in γ phase ($w/\%$)

Alloy	Cr	Mo	W	Al	Nb	Ti	Zr	Hf
Alloy-1	22.8	4.1	1.9	3.0	0.38	0.36	0.01	0.00
Alloy-2	22.9	4.2	2.0	3.0	0.47	0.33	0.01	0.01
Alloy-3	23.4	4.4	2.0	3.3	0.50	0.30	0.01	0.03

表7 γ′相中元素的含量($w/\%$)

Table 7 Elements contents in γ′ phase ($w/\%$)

Alloy	Mo	W	Nb	Ti	Zr	Hf
Alloy-1	1.2	1.7	2.2	3.2	0.01	0.00
Alloy-2	1.2	1.6	2.2	3.2	0.01	0.13
Alloy-3	1.2	1.6	2.2	3.2	0.01	0.39

4 结论

(1) FGH97 合金中 γ′相和 γ 基体相界面保持共格,γ/γ′具有较小的负晶格错配。

(2) Hf 主要存在于 γ′相中,使 γ′相的组成由 $(Ni,Co)_3(Al,Ti,Nb)$ 变为 $(Ni,Co)_3(Al,Ti,Nb,Hf)$,提高了 γ′相含量,增大了 γ′相的晶格常数。随着 Hf 加入量

的增加，进入 γ′ 相中 Hf 的量增加，γ/γ′ 晶格错配度的绝对值逐渐减小，当 Hf 质量分数由 0%增加到 0.9%时，错配度的绝对值由 0.118%减小到 0.048%。

（3）添加适量的 Hf 降低了 γ/γ′ 晶格错配度，有利于提高合金的高温持久寿命。

参 考 文 献

[1] Havalda A. Transactions of the ASM [J]. 1969, 62(2): 447.
[2] Loomis W T, Freeman J W, Sponseller D L. Metallurgical Transactions [J]. 1972, 3(4): 989.
[3] Doi M, Miyazaki T, Wakatsuki T. Materials Science and Engineering [J]. 1984, 67: 247.
[4] Lifshitz I M, Slyozov V V. The Physics and Chemistry of Solids [J]. 1961, 19: 35.
[5] Miyazaki T, Imamura H, Kozakai T. Materials Science and Engineering [J]. 1982, 54(1): 9.
[6] Qiu Y Y. Journal of Alloys and Compounds [J]. 1998, 270: 145.
[7] Banerjee D, B Banerjee R, Wang Y. Scripta Materialia [J]. 1999, 41(9): 1023.
[8] Gilles R, Mukherji D, Többens D M, et al. Applied Physics [J]. 2002, A74(S): S1446.
[9] Zhang Xuyao（张旭瑶）, Wang Yanqing（王延庆）, Fu Hongzhen（付宏镇）, et al. Acta Metallurgica Sinica（金属学报）[J]. 1999, 35（S2）: S91.
[10] Mitchell R J, Preuss M, Hardy M C, et al. Materials Science and Engineering [J]. 2006, A423: 82.
[11] Tian Sugui（田素贵）, Xia Dan（夏丹）, Li Tang（李唐）, et al. Journal of Aeronautical Material（航空材料学报）[J]. 2008, 28（4）: 12.
[12] Protasova N A, Svetlov I L, Bronfin M B, et al. The Physics of Metals and Metallography [J]. 2008, 106(5): 495.
[13] Tian Sugui, Wang Minggang, Yu Huichen, et al. Materials Science and Engineering A [J]. 2010, 527: 4458.
[14] Duhl D N, Sullivan C P. Journal of Metals [J]. 1971, 23(7): 38.
[15] Belov A F, Anoshkin N F, Fatkullin O Sh, et al. Heat Resistant Steel and Nickel Base High Temperature Alloy [C]. Moscow: Science Press, 1984: 31.
[16] Radavich J, Furrer D, Carneiro T, et al. Superalloys 2008 [C]. Pennsylvania: TMS, 2008: 63.
[17] Massalski T B. Binary Alloy Phase Diagrams [M]. 2nd ed. Materials Park, Ohio: ASM International, 1990: 2094.
[18] Markiv V J A, Burnashova V V. Metally [J]. 1969(6): 181.
[19] Mishina Y, Shouichi O, Tomoo S. Acta Materialia [J]. 1985, 33(6): 1161.
[20] Hornbogen E, Roth M. International Journal of Materials Research [J]. 1967, 58(11): 842.

（原文发表在《稀有金属材料与工程》, 2012: 41(6): 989-993.）

Hf 含量对镍基粉末高温合金中 γ′相形态的影响

张义文[1,2]　王福明[1]　胡本芙[3]

(1. 北京科技大学冶金与生态工程学院，北京　100083；
2. 钢铁研究总院高温材料研究所，北京　100081；
3. 北京科技大学材料科学与工程学院，北京　100083)

摘　要　研究了含 Hf 镍基粉末高温合金长期时效处理过程中 γ′相形态的演化过程。结果表明：合金在高温长期处理过程中立方状 γ′相发生分裂，呈现出二重平行状和八重小立方体组态，八重小立方体组态作为择优形态不再发生分裂，处于低能稳定状态。不同 Hf 含量合金的错配度发生明显变化，γ′相的长大或粗化过程可以粗略地分为"界面控制"和"应变控制"2 个阶段，γ′相间弹性相互作用能对合金中析出相的形态变化起着重要作用。
关键词　粉末高温合金　$Ni_3(Al, Ti)$　γ′相形态稳定性

Effect of Hafnium Content on Morphology Evolution of γ′ Precipitates in PM Ni-based Superalloy

Zhang Yiwen[1,2], Wang Fuming[1], Hu Benfu[3]

(1. School of Metallurgical and Ecological Engineering, University of Science and Technology Beijing, Beijing 100083, China; 2. High Temperature Materials Research Institute, Central Iron and Steel Research Institute, Beijing 100081, China; 3. School of Materials Science and Engineering, University of Science and Technology Beijing, Beijing 100083, China)

Abstract: The cubic γ′ particle morphology evolution was studied during long time aging process in a powder metallurgy (PM) Ni-based superalloy with Hf addition. The results show that, during long time aging process, the cubic γ′ particle splits into a doublet of plantes or into an octet of cubes. The octet of cubes with low energy is a preferred shape, it splits no longer. The γ/γ′ lattice misfit varies with different Hf contents. The growth or coarsening process of γ′ precipitate can be roughly divided into interface controlling and strain controlling stages, the γ′ precipitate morphology is greatly influenced by the elastic interaction energy between γ′ particles.
Keywords: powder metallurgy superalloy, $Ni_3(Al, Ti)$, γ′ phase morphology stability

镍基粉末高温合金中的主要强化相为金属间化合物 $Ni_3(Al, Ti)$-γ′相，经过热处理从 γ 相中脱溶析出 γ′相，使合金具有优异的高温强度。γ′析出相的体积分数、尺寸、分布以

及形态对合金力学性能有重要的影响,因此,研究 γ′相形态及其发生转化的相关机理,对控制 γ′相的析出行为以提高合金性能有重要意义,也一直是材料研究者研究热点问题之一[1-3]。

早在 20 世纪 70 年代末,研究[4-7]表明,在镍基高温合金中添加微量元素 Hf 对 γ′相和碳化物有很大影响。在铸造和变形镍基高温合金 B-1900 Alloy,713-LC,Udimet700 和 MM246 中添加 1.3%~2.0%(质量分数,下同)的 Hf 主要存在于 MC 碳化物中,Hf 在碳化物的边缘的含量要高于碳化物内部,同时,合金中添加 Hf 可把草书状 MC 碳化物形态变成不连续块状细小 MC 碳化物,有助于消除和延缓裂纹的萌生和扩展,从而提高合金中温强度和塑性[4,5]。

近年来,在镍基粉末高温合金中添加 0.2%~0.8%Hf 后,发现大部分 Hf 进入 γ′相而使 γ′相强化,并提高了 γ′相的完全溶解温度,显著改变了合金元素在 γ/γ′相间分配[8]。还发现在弹性应变场作用下,合金中单独的立方状 γ′相可分裂为二重平行状(doublet of plantes)和八重小立方体组态(octet of cubes),γ′相尺寸不但不长大,反而变成尺寸更小的立方状 γ′相[9-11]。

本文研究不同 Hf 含量高温合金在高温长期时效过程中 γ′相尺寸发生长大时的形态不稳定性,并从微观扩散动力学和弹性相互作用能的能量学角度予以合理解释。

1 实验方法

实验用合金为 FGH97 镍基粉末高温合金,其成分(质量分数)为:Co15.75%,Cr9.0%,W5.55%,Mo3.85%,Al5.05%,Ti1.8%,Nb2.6%,C0.04%,B0.012%,Zr0.015%;合金中添加 Hf 含量分别为 0,0.16%,0.3%,0.58%,0.89%,Ni 余量。

采用等离子旋转电极法制备合金粉末,粒度为 50~150μm,5 种合金制粉参数相同。采用相同热等静压(HIP)固结工艺成形,合金热处理制度为 1200℃,4h,AC+三级时效处理,最终时效制度为 700℃,15~20h,AC。高温长期时效制度为:时效温度分别为 550℃,650℃,750℃和 850℃,时效时间分别为 500h,1000h 和 5000h。

不同 Hf 含量的 FGH97 合金试样(尺寸为直径 8mm,长 8mm)先经过 1200℃,2h,AC 固溶处理。冷却处理试验时,试样加热到 1200℃,保温 10min,然后分别以 0.01℃/s 和 3℃/s 的冷却速率冷却到 500℃后空冷至室温。

利用 JSM-6480Lu 型扫描电镜(SEM)和 ZEISS Sup RA 55 型热场发射扫描(FEG-SEM)观察合金显微组织。SEM 试样采用电解抛光后电解浸蚀制备,电解抛光制度为:20%H_2SO_4+80%CH_3OH(体积分数)的电解液,电压为 25~30V,时间为 15~20s;电解浸蚀制度为 170mL H_3PO_4+10mL H_2SO_4+15g CrO_3 的电解液,电压为 3~5V,时间为 3~5s。γ′相尺寸采用 Image-pro Plus 6.0 软件统计处理。采用电化学萃取 γ′相后,用化学分析方法确定不同 Hf 含量 FGH97 合金中的 γ′相的组成,γ′相的萃取参数为 1%硫酸铵+1%柠檬酸水溶液,温度为 5℃,电流密度为 0.025~0.03A/cm^2。

对合金块状试样(尺寸为直径 10mm,长 1mm),利用 D/max 2500H 型 X 射线衍射仪(XRD)进行图谱测定。利用 Origin8.0 软件自带的 PEM 模块对合金中 γ′和 γ 相的合成衍射峰进行峰分离,测算出 γ′和 γ 相的晶格常数,采用公式 $\delta = \dfrac{2(a_{\gamma'} - a_{\gamma})}{a_{\gamma'} + a_{\gamma}}$,计算出晶格错配度(其中,$\delta$ 为错配度,$a_{\gamma'}$ 和 a_{γ} 分别为 γ′和 γ 相的晶格常数)。

2 实验结果

2.1 合金固溶处理后的显微组织

图 1 给出质量分数为 0.3%Hf 的 FGH97 合金经 1200℃,4h,AC 固溶处理后的 γ′相形貌。可以看出,经过固溶处理后,在晶内析出大量形状不规则的块状 γ′相(尺寸为 100~200nm)。

图 1 质量分数为 0.3%Hf 的 FGH97 合金经固溶处理后的 γ′相形貌
Fig. 1 Morphology of γ′ precipitates in the FGH97 alloy with 0.3%Hf after solution treatment

2.2 冷却速率对不同 Hf 含量 FGH97 合金 γ′相形貌的影响

图 2 给出了不同冷却速度下不同 Hf 含量 FGH97 合金的 γ′相形貌。可见,在 3℃/s 冷速下,在不含 Hf 合金中观察到高密度 γ′相,呈似立方状 [图 2(a)];在添加 0.3%(质量分数)Hf 的合金中,γ′相也呈规则立方状排列,但尺寸稍大 [图 2(c)];在含 0.89%(质量分数)Hf 的合金中,按方向排列的立方状 γ′相更加明显,尺寸也有所增大 [图 2(e)]。这表明 3℃/s 冷速下,不同 Hf 含量合金 γ′相形态无明显改变,这是因为合金中绝大部分 γ′相尺寸没达到临界尺寸,不发生分裂,仍保持立方形状所致。

当冷却速率为 0.01℃/s 时,合金中 γ′相形貌发生了显著变化。不含 Hf 的合金中立方状 γ′相尺寸增大,形状很不规则,边缘处凸凹不平,三次 γ′相在其间析出 [图 2(b)];与 0%Hf 合金相比,含 0.3%(质量分数)Hf 的合金 γ′相分裂十分明显 [图 2(d)],由于立方状 γ′相在分裂过程中受三次 γ′相长大的干扰,分裂源的位置不规则,不过可明显看出分裂是从立方状 γ′相 {100} 的 4 个边棱处开始的;Hf 含量为 0.89%合金,大尺寸 γ′相已完成分裂,呈现出方形排列的八重小立方体 γ′相组态,γ′

相的分裂不再进行［图2(f)］。可见,当冷却速率较低时,随 Hf 含量的增大,合金中 γ′ 相长大到临界分裂尺寸时,立方状 γ′ 相颗粒很快发生分裂成为八重小立方体的优先形态。

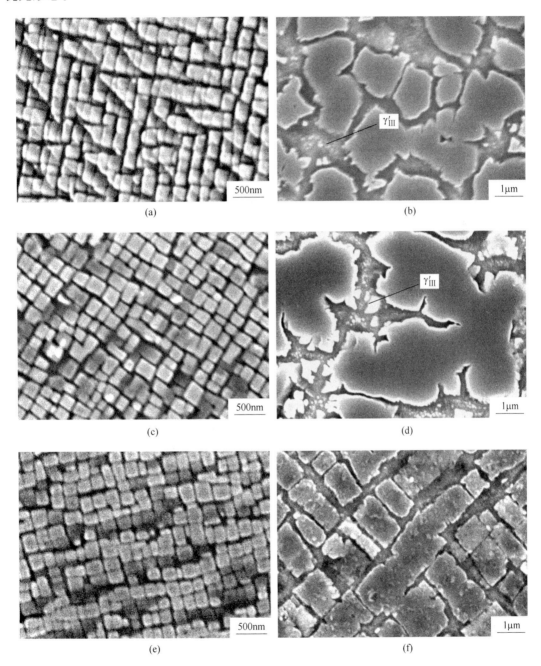

图2　不同 Hf 含量 FGH97 合金在不同冷却速率下的 γ′ 相的形貌

Fig. 2　Morphologies of γ′ precipitates in the FGH97 alloys with different Hf contents at different cooling rates

(a)0%Hf, 3℃/s; (b)0%Hf, 0.01℃/s; (c)0.3%Hf, 3℃/s;
(d)0.3%Hf, 0.01℃/s; (e)0.89%Hf, 3℃/s; (f)0.89%Hf, 0.01℃/s

2.3 不同 Hf 含量 FGH97 合金 γ′相化学组成和形貌

经固溶+三次时效后，Hf 含量（质量分数）为 0、0.3% 和 0.89% 的 FGH97 合金中，γ′相的化学成分为 $(Ni_{0.852}Co_{0.148})_3(Al_{0.783}Ti_{0.129}Nb_{0.088})$、$(Ni_{0.855}Co_{0.145})_3(Al_{0.778}Ti_{0.129}Nb_{0.088}Hf_{0.005})$ 和 $(Ni_{0.857}Co_{0.143})_3(Al_{0.767}Ti_{0.129}Nb_{0.088}Hf_{0.016})$。3 种合金的 γ′相中 Nb 和 Ti 含量没有变化，Co 原子半径与 Ni 相当，可以置换 Ni_3Al 中的 Ni。随着合金中 Hf 含量增加，进入 γ′相中 Hf 含量增加，Al 含量减少，表明 Hf 可置换 Al，Hf 元素主要进入到 γ′相中。

图 3 给出不同 Hf 含量 FGH97 合金经固溶处理和三次时效后的 γ′相形貌。可以看出，不同 Hf 含量的合金 γ′相形貌有明显不同。无 Hf 合金中，γ′相以规则立方状为主，如图 3(a) 所示，γ′相显示出按一定方向排列的趋势，γ′相密度大，尺寸较小，约 250nm。当合金中 Hf 质量分数为 0.3% 时，γ′相尺寸较大，约 450nm，并观察到大尺寸立方状 γ′四边出现凹陷，开始发生分裂或部分完成分裂，并出现二重排列立方状和八重小立方体 γ′相 [图 3(b)]。而含 0.89%Hf 量合金中，γ′相尺寸明显减小，立方状 γ′相四边并未出现明显的凹陷和弓弯，显然，这说明 γ′相完成分裂并呈小立方体状，文献[12]也说明了这一点。尽管随 Hf 量由 0 增加至 0.89%，γ′相质量分数由 61.9% 增至 62.7%，但 γ′相质量分数的增

图 3 不同 Hf 含量 FGH97 合金经标准热处理后的 γ′相形貌

Fig. 3 Morphologies of γ′ precipitates in the FGH97 alloys with different Hf content after solution and aging treatment
(a) $w(Hf) = 0$; (b) $w(Hf) = 0.3\%$; (c) $w(Hf) = 0.89\%$

加并不明显,即 γ′相分裂过程并不显著影响 γ′相质量分数。

上述结果表明,微量元素 Hf 的添加明显促进 γ′相形态不稳定性,进而改变 γ′相的空间分布状态。

2.4 含 0.3%(质量分数)Hf 的 FGH97 合金经不同温度长期时效后的 γ′相形态

上述实验表明,大尺寸立方状 γ′相要发生分裂,为了研究不同时效温度下 γ′相分裂后存在的形态特征,选用含 0.3%(质量分数)Hf 合金进行 550℃、650℃、750℃ 下长期时效处理。图 4 给出不同温度下 5000h 长期时效的 γ′相形貌。

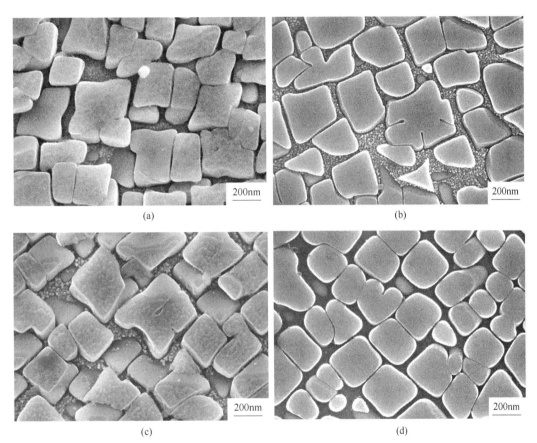

图 4 含 0.3%(质量分数)Hf 的 FGH97 合金长期时效后的 γ′相形貌

Fig. 4 Morphologies of γ′ precipitates in the FGH97 alloy with 0.3% Hf after solution and tertiary aging treatment(a), and after 5000h aging at 550℃(b), 650℃(c) and 750℃(d)

图 4(a) 为含 0.3%Hf 的合金固溶+三级时效后 γ′相的形态。如前所述,此时 γ′相形状不规则,立方状 γ′相的棱边出现明显弓弯形状,γ′相正在发生分裂,部分已完成分裂的 γ′相呈二重排列立方状。而经 550℃ 长期时效后,大尺寸立方状 γ′相沿 {１００} 面分裂,分裂后的 γ′相形态更不规则,受到周边三次 γ′相的大量析出的影响,分裂后的 γ′相呈多样形态 [图 4(b)]。650℃ 时效后不规则 γ′相明显长大,γ′相不再发生分裂,二重排列和八重小立方体组态的 γ′相 {１００} 晶面四边角明显变圆 [图 4(c)]。750℃ 时效后 γ′相完

成分裂，γ′相组态的优先形态（preferred shape）即紧凑八重小立方体组态开始进入 LSW（Lifshitz-Slyozov-Wagher）粗化过程，γ′相边缘变圆，尺寸明显变小，个别三次 γ′相也明显粗化［图4(d)］。

2.5 不同 Hf 含量 FGH97 合金长期时效后的显微组织

图 5 给出 850℃不同 Hf 含量 FGH97 合金经 850℃，1000h 长期时效后的 γ′相形貌。可见，无 Hf 合金［图5(a)］中的 γ′相已完成分裂过程，呈八重小立方体组态，按{１００}方向趋向筏形排列［图5(a)］；含 0.3%（质量分数）Hf 的合金中的 γ′相组态明显粗化［图5(b)］，这表明与无 Hf 合金相比，γ′相发生分裂时间更早些，进入符合 LSW 粗化理论阶段[13]；当 Hf 质量分数增加至 0.89%，合金中立方组态 γ′相已趋向球化或椭圆状，这表明 γ′相开始发生小尺寸 γ′相溶解、大尺寸 γ′相长大的过程，γ′相尺寸减小，并发现 γ′相的整体连接形态，三次 γ′相已明显粗化［图5(c)］。由上述结果可知：在850℃长期时效过程中，不同 Hf 含量合金的 γ′相完成分裂过程的时间不同，随 Hf 量增加可较早的进入 LSW 粗化理论的支配过程。

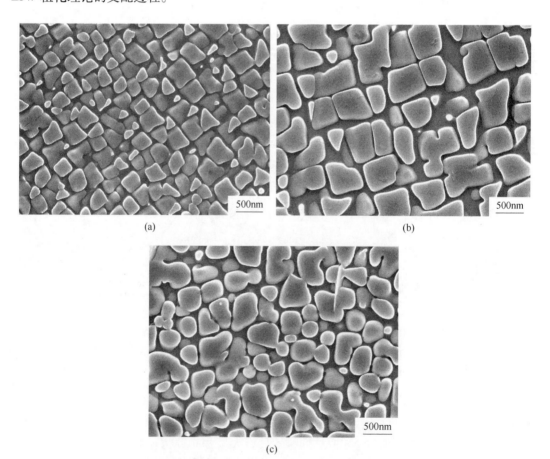

图 5　不同 Hf 含量 FGH97 合金经 850℃，1000h 时效后的 γ′相形貌
Fig. 5　Morphologies of γ′ precipitates in the FGH97 alloys with different Hf content after 1000h aging at 850℃
(a)w(Hf)= 0；(b)w(Hf)= 0.3%；(c)w(Hf)= 0.89%

表1给出850℃，1000h时效前后，不同Hf含量FGH97合金中γ和γ′点阵错配度。可见，时效前随合金中Hf量增加，Hf进入γ′相中，晶格常数增加，造成γ′/γ错配度绝对值逐渐减少，而经850℃高温时效后，错配度绝对值变化规律性不明显，这一方面源于γ′/γ点阵错配度主要是由两相化学成分决定的，另外，也由时效过程中TCP或三次γ′相析出造成共格应变的增大，最终造成γ′相的点阵常数增大。

表1 不同Hf含量FGH97合金850℃，1000h前后γ和γ′相及γ′/γ点阵错配度

Table 1 Lattice constants of γ′ and γ (α_γ and $\alpha_{\gamma'}$) and Lattice mismatch of γ′ and γ (δ) in the alloys with different Hf contents before and after /1000h aging at 850℃

w(Hf)/%	Condition	a_γ/nm	$a_{\gamma'}$/nm	δ/%
0	Before 1000h aging	0.359706	0.359281	−0.118
0.3		0.359706	0.359438	−0.075
0.89		0.359706	0.359533	−0.048
0	After 1000h aging	0.359290	0.358962	−0.092
0.3		0.359380	0.359053	−0.091
0.89		0.359610	0.359325	−0.080

3 讨论

从上述实验结果可知，对于不同Hf含量的FGH97合金，当γ′相粗化过程中达到某一临界尺寸时，γ′相要发生分裂。不同Hf含量的合金，γ′相发生分裂的开始时间不同。当γ′相完成分裂过程后，γ′相呈现出八重小立方体组态的择优形态。随长期时效时间的延长，低能态的择优形态不再发生分裂，而析出相长大进入受"界面控制"阶段。在此阶段，紧凑的八重小立方体γ′相组态作为整体参与热处理，γ′相长大规律符合LSW粗化理论。

3.1 γ′相的分裂形态（splitting）

高温长期时效使γ′相要发生分裂，而且随着FGH97合金含Hf量的增加，γ′相分裂明显。γ′相的分裂与合金错配度密切相关，随着Hf含量增加，错配度的绝对值|δ|降低，如含0.89%（质量分数）Hf的合金由于γ′相点阵常数增大，与0.3%（质量分数）Hf合金相比|δ|值减小（表1），因此，含0.89%（质量分数）Hf合金就更易发生分裂[12]。

关于立方状γ′相发生分裂现象，许多文献[14-16]已有论述，但至今还没有提出业界共同接受的合理的解释和相应的机理，如有的文献认为γ′相分裂是从析出相的中心开始发展的。近年来，大量实验证明立方状的γ′相分裂源是立方体γ′相｛100｝晶面的四个棱边中心处，在弹性应力集中最大处开始形成γ基体的"核"，所以分裂经常是从边棱中间开始[17]。Qiu[18]和Cha等[19]根据各向异性弹性介质中共格错配度的大小，并结合会聚束电子衍射技术和相场仿真计算得出：立方状γ′相｛100｝晶面的棱边中间处的弹性应变场集中最强，而立方形状析出相，｛110｝晶向的化学驱动力较大，其长大速度相对其他晶向长大速度更快，结果造成立方状γ′相｛100｝晶面长成具有负曲率半径的曲面（或凹陷），并导致在立方形γ′相｛100｝晶向棱边中间出现的凹形周围，弹性应力集中分布，

进而促进凹陷的 γ′ 相发生溶解，沿 {100} 方向逐渐浸入 γ′ 相。随着曲率半径的增大，形成的 γ′ 相凹槽继续发展，引发 γ′ 相不断发生分裂，形成 2、4 或 8 个立方状平行排列的 γ′ 相组态。此理论否定了 γ′ 相分裂发生在析出相中心而形成分裂起始点的说法。

本实验发现：Hf 含量对立方状 γ′ 相 {100} 晶面的四个 {100} 晶向的棱边中间处出现的局部凹陷深度有明显影响，而出现凹陷是 γ′ 相分裂的起点。随着合金中 Hf 量的增加，γ′ 相凹陷的曲率半径增大，凹陷周边的应变场也增强，与溶质原子相互作用增大，凹陷向深度发展快，γ′ 相分裂速度加快。由此可知，随合金中 Hf 含量增加，γ′ 相的点阵常数增大造成的点阵畸变应力场增强，加速捕陷溶质原子进入 γ′ 相，导致 γ′ 相继续分裂，这可能是合金中添加 Hf 促进立方形状 γ′ 强化相分裂，使它更快地进入择优形态的主要原因。

3.2 γ′ 相的择优形态（preferred shape）

Miyazaki 等[20] 和 Doi 等[21] 研究指出，随着析出相的粗化，析出相形态变化存在一个优先形态的演化过程。本工作观察到 γ′ 相的组态是由 8 个立方体 {100} 晶面组成，即它是由 8 个小立方体组成 [图 3(b)]。且随着合金 Hf 含量的增加，促进了合金择优形态的演化过程 [图 3(b) 和 (c)]。

从实验结果可知，时效初期 γ′ 相为规则排列的立方状，并与基体保持共格关系，弹性应变能较小。随着高温长期时效时间延长，大尺寸立方状 γ′ 相发生分裂，最后成为八重小立方体 γ′ 相组态，分裂后的小立方状 γ′ 相与基体错配度降低，弹性能减少。若继续长期时效，小立方状 γ′ 相粗化速度变得很缓慢，处在不再发生分裂的稳定状态。根据文献 [14] 计算不同形态 γ′ 相的弹性应变能 ΔE 的结果：圆形为 0.709，立方状为 0.558，二重排列立方体为 0.483，八重小立方体为 0.438。由上述计算结果可知：γ′ 相从圆形向立方形、二重排列立方体以及八重小立方体变化，弹性应变能是下降的，而其表面能量按同顺序是增加的，所以最择优形态应是弹性应变能和表面能之和最低时的稳定形态。本工作中，合金高温长期时效后，没有观察到八面体组态进一步分裂，因此，八重小立方体组态是经过不同亚稳阶段后形成的最终稳定的形态，在文献 [9] 中认为择优形态可减少基体的点阵畸变。呈现紧密排列八重小立方形状 γ′ 相组态是一个整体形态，区别于析出物的单独形态，是单独析出相长大过程中分裂的产物。

3.3 立方状 γ′ 相尺寸粗化（coarsening）

对于具有一定错配度的粉末高温合金，γ′ 相的形态决定于表面能和弹性应变能的竞争和协调。固态脱溶的析出相通常遵循传统经典的 LSW 粗化理论，在高温长期时效时，随温度升高和时间的延长，析出相会进一步发生聚集长大（粗化），以降低其总界面能。粗化过程是小粒子发生溶解大粒子长大，而析出相总的体积分数保持不变，共格析出相粒子的粗化会导致合金强度降低。

本实验发现，在立方状 γ′ 相分裂之前，当 γ′ 相未达到一定尺寸时，随着时效温度的升高和时间的延长，γ′ 相尺寸增加，密度减小。但当立方状 γ′ 相达到某一临界尺寸后，发生分裂后变成 γ′ 相八重小立方体组态时，这种择优形态随高温时效时间延长，立方形状 γ′ 相尺寸的增加非常缓慢，并且符合 LSW 粗化理论。所以，在应用 LSW 粗化模型时，要考虑析出相颗粒尺寸在一定范围内，而且呈单一稳定形状才能成立，即 LSW 粗化理论没有预测到当一个大尺寸单独析出相发生分裂后出现二、四或八重小立方体组态的反粗化（reverse coarsening）过程。实际上粗化过程可分为两个不同阶段[14]，当析出相尺寸很小时（$a \ll r_0$，$r_0 = \sigma/E_1$ 为材料的特征长度，其中 σ 为 γ/γ' 界面能，E_1 为材料的弹性常数），粗化是由表面张力主导其能量大小，起支配作用的是表面能，即由"内界面控制"阶段的各向同性的表面能导致析出相具有圆形形态，LSW 理论能够应用。但当析出相颗粒尺寸超过材料的特征长度时（$a \gg r_0$），弹性应变能超过内界面能而起主导作用时，粗化进入"应变控制"阶段，析出相不但不粗化反而发生分裂成为更紧凑立方形组态（二、四立方状或八重小立方体组态），分裂后的择优形态处在热弹性准平衡（quasi-equilibrium）低能状态，析出相粗化异常缓慢，增加了合金强化相的稳定性，这对进一步发展新型高温合金具有重要指导意义。

4 结论

（1）随着 FGH97 合金中 Hf 含量增加，促进单独大尺寸立方形 γ' 相发生分裂，成为低能态八重小立方体 γ' 相组态，它作为一种 γ' 相的择优形态不再发生分裂，粗化过程非常缓慢。

（2）随着合金中 Hf 含量增加，γ' 相的点阵常数增大，造成点阵畸变应力场增强，有利于加速捕捉溶质原子富集于 γ' 相凹陷处，使 γ' 相分裂，这是合金中添加 Hf 可以促进立方形状 γ' 相呈现低能的择优形态的主要原因。

（3）随着合金中 Hf 含量增加，加速 γ' 相粗化进入"应变控制"阶段，促进 γ' 相反粗化过程。

参 考 文 献

[1] Maniar G N, Bridge J E. Metall Trans, 1971; 2: 95.
[2] Muzyka D R. Met Eng Q, 1971; 11: 12.
[3] Hu B F, Liu G Q, Wu K, Tian G F. Acta Metall Sin, 2012; 48: 257.
胡本芙, 刘国权, 吴凯, 田高峰. 金属学报, 2012; 48: 257.
[4] Kotval P S, Venables J D, Calder R W. Metall. Trans, 1972; 3: 453.
[5] Duhl D N, Sullivan C P. J Met, 1971; 23: 38.
[6] Dahl J M, Danesi W F, Dunn R G. Metall. Trans, 1973; 4: 1087.
[7] Maslenkov S B, Burova N N, Khangulov V V. Met Sci Heat Treat, 1980; 22: 283.
[8] Miner R V. Metall Trans, 1977; 8A: 259.
[9] Khachaturyan A G, Airapetyan V M. Phys status solidi, 1974; 26: 611.
[10] Qiu Y Y. Acta Mater, 1996; 44: 4969.
[11] Yoo Y S. Scr Mater, 2005; 53: 81.
[12] Zhang Y W, Wang F M, Hu B F. Acta Metall Sin, 2012; 48: 187.
张义文, 王福明, 胡本芙. 金属学报, 2012; 48: 187.
[13] Lifshit Z I M, Slyozov V V. J Phys and Chem Solids, 1961; 19: 35.
[14] Khachaturyan A G, Semenovskaya S V, Morrisjr J W. Acta Metall, 1988; 33: 1563.
[15] Kaufman M J, Voorhees P W, Johnson W C, et al. Metall Mater Tran, 1989; 20A: 2171.
[16] Grosdidier T, Hazotte A, Simon A. Mater Sci Eng, 1998; A256: 183.

[17] Banerjee D, Banerjee R, Wang Y. Scr Mater, 1999; 41: 1023.
[18] Qiu Y Y. J Alloys Compd, 1998; 270: 145.
[19] Cha P R, Yeon D H, Chung S H. Scr Mater, 2005; 52: 1241.
[20] Miyazaki T, Imamura H, Kozakai T. Mater Sci and Eng, 1982; 54: 9.
[21] Doi M, Miyazaki T, Wakatsuki T, et al. Mate Sci and Eng, 1984; 67: 247.

(原文发表在《金属学报》,2012, 48(8): 1011-1017.)

FGH96合金粉末颗粒的俄歇分析与预热处理

刘建涛　张义文

（钢铁研究总院高温材料研究所，北京　100081）

摘　要　针对等离子旋转电极工艺制备的FGH96合金粉末颗粒，采用俄歇电子能谱对粉末颗粒表面进行了成分分析，并利用透射电镜对预热处理后粉末中的碳化物演变进行了研究。结果表明：FGH96粉末颗粒表面存在较明显O、C、Ti元素的偏聚，原始粉末颗粒表面是由O、C原子吸附层和富含Ti元素的碳-氧化物层组成；经过预热处理，粉末颗粒中MC′亚稳碳化物转变成稳定的MC碳化物，并析出$M_{23}C_6$碳化物，明显改变粉末颗粒内碳化物的稳定性和分布状态。

关键词　FGH96合金　粉末颗粒　俄歇分析　预热处理　碳化物

Study on AES Analysis and Pre-heat Treatment for FGH96 Superalloy Powders

Liu Jiantao, Zhang Yiwen

(High Temperature Materials Research Institute, Central Iron & Steel Research Institute, Beijing 100081, China)

Abstract: The chemical compositions of FGH96 superalloy powder particle surface were analysed by means of AES, and the carbide evolution after pre-heat treatment was also analysed by TEM. The results show that elements O, C and Ti segregated on the powder particle surface, the powder surface are composed of absorption layer and oxy-carbides layer. The absorption layer is mainly composed of O and C atoms, while the oxy-carbides layer is characterized as Ti oxide and carbide. MC′ metastable carbide precipitated during quick solidification process of atomization, during pre-heat treatment, Metastable Carbide MC′ changes into stable MC carbide, also $M_{23}C_6$ precipitates.

Keywords: FGH96 superalloy, powder particle, AES, pre-heat treatment, carbide

等离子旋转电极雾化工艺（Plasma Rotating Electrode Process, PREP）是制备高温合金粉末的重要工艺。在PREP雾化制备粉末过程中，等离子弧连续熔化高速旋转的电极棒料，高速旋转棒料端面区域被熔化的液滴在离心力的作用下飞出，在冷却介质（氦气和氩气的混合气体）中快速凝固成细小的球形粉末颗粒。PREP工艺制备的粉末具有空心粉少、纯净度高、球形度好、气体含量低等优点，采用该工艺制备的粉末高温合金已经获得了广泛的应用[1-4]。

原始颗粒边界（Prior Particle Boundary, PPB）是粉末高温合金的主要缺陷之一，它是在粉末制备阶段和热等静压（Hot Isostatic Pressing，HIP）过程中形成的。制粉期间，粉末在冷却过程中会出现不同程度的元素偏析，同时还会生成一定数量的氧化物质点；热等静压期间，快凝粉末颗粒中的亚稳相组织向稳态转变，粉末表面富集的元素会形成稳定的第二相颗粒，表面存在的氧化物质点一般会加速这一过程的进行，在粉末颗粒边界处迅速析出大量第二相颗粒，严重时可形成一层连续网膜，勾勒出了粉末的边界，最终使合金锭坯中保留有原始的粉末颗粒形貌，表现为所谓的原始颗粒边界（PPB）。PPB阻碍了粉末颗粒间的扩散和冶金结合，并且一旦形成就很难在随后的热处理过程中消除。严重的PPB会显著降低合金的塑性和疲劳寿命，甚至造成制件在使用过程中发生断裂等恶性事故[5,6]。针对PPB的形成机理有很多论述[7-9]，普遍认为PPB的形成离不开粉末颗粒表面、碳、氧三个因素，即原始颗粒边界上碳和氧的共存和相互作用；合金的化学成分对PPB的形成以及组成有着重要的影响。

对于粉末高温合金，减轻或者消除PPB始终是粉末高温合金研究的核心问题之一。在粉末高温的发展过程中，提出了很多减轻或者消除PPB的方法和措施，粉末预热处理（Pre-Heat Treatment，PHT）是有效的方法之一[10-12]。粉末预处理是把松散粉末预先在$M_{23}C_6$转变成MC温度区间或者$M_{23}C_6$形成温度区间进行热处理，使碳及碳化物形成元素在颗粒内部形成MC或者$M_{23}C_6$碳化物，随后在MC相形成温度区间进行热等静压成形，从而减少热等静压期间碳化物在颗粒边界的优先形核。

FGH95合金属于第一代高强型粉末高温合金，在650℃下可用于航空发动机的涡轮盘等关键材料。国内对PREP工艺制备的FGH95合金粉末颗粒的显微组织以及预热处理进行了系统的研究[13-16]，研究认为，快速凝固的粉末中会形成亚稳态碳化物，对粉末颗粒采用预处理可促使亚稳态的碳化物发生转变，在粉末颗粒内部形成稳定的碳化物，起到减轻消除PPB的作用，上述的研究结果对后续FGH95合金制件的研制起到了很好的指导作用。

FGH96合金属于第二代损伤容限型粉末高温合金，与第一代FGH95合金相比，合金成分做了较大的调整，降低了C、Al、Nb、W、Mo的含量，提高了Ti、Co、Cr的含量。合金成分调整后的FGH96合金强度稍有降低，但裂纹扩展抗力显著提高，使用温度高达750℃，是我国制造先进航空发动涡轮盘等转动件的关键材料[17]。已有的工作表明[17]，对未经过预处理的FGH96合金粉末热等静压后，在坯料上容易形成较严重的PPB。

本文针对PREP工艺制备的FGH96合金粉末，利用俄歇能谱和电子显微技术分析了粉末颗粒中的元素分布情况和预处理前后的碳化物演变情况。本文目的是研究FGH96合金粉末颗粒表面组织结构和化学成分并结合粉末颗粒热处理中析出碳化物相的转变行为，使PPB的影响最小化，为制定合理的粉末预处理工艺提供理论依据。

1 实验材料和方法

1.1 实验材料

FGH96合金为镍基γ'相沉淀强化型粉末冶金高温合金，基体为γ相，主要强化相γ'的质量分数约为35%左右，合金的主要成分如表1所示。FGH96合金采用真空感应熔炼铸造成棒料，经过机加工后的棒料采用PREP工艺制成粉末，经过筛分处理可获得不同粒度粉末，粉末粒度范围为50~300μm。

表1 FGH96合金的主要化学成分（质量分数）
Table 1 Main chemical compositions of FGH96 PM Superalloy（mass fraction）（%）

Cr	Co	W	Mo	Nb	Al	Ti	C	B	O	S	Zr	Ni
15.8	13.0	4.1	4.3	0.80	2.30	3.8	0.03	0.01	0.004	0.001	0.03	Bal

通过热力学计算软件Thermo-Calc和相应的Ni基高温合金数据库可获得平衡态下合金中所有析出相的组成、含量、温度区间等信息。图1为Thermo-Calc软件计算出的FGH96合金中平衡态下的相组成图，表2为各平衡相及所对应的存在温度区间。

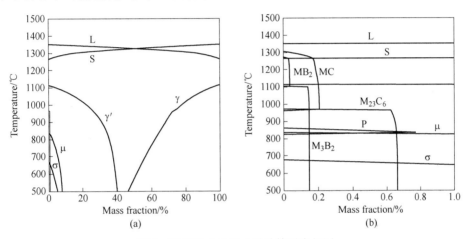

图1 FGH96合金热力学计算平衡相图
Fig. 1 Calculated results of equilibrium phases and their mass fraction of FGH96 PM superalloy

表2 FGH96合金中的相及存在温度区间
Table 2 Equilibrium phases and corresponding temperature range of FGH96 PM superalloy

Phases	L+S	γ'	MC	$M_{23}C_6$	MB_2	M_3B_2	μ	σ	P
Temperature range/℃	1266~1350	~1114	969~1303	~969	1100~1270	~1102	~835	~673	827~858

1.2 实验方法

粉末颗粒表面及近表面的微区成分分析在PERKIN-EIMER PHI 700型纳米扫描俄歇系统进行，该系统真空度为$1.36×10^{-6}$Pa，加速电压5000V。在扫描俄歇系统中，为了表征粉末颗粒表面一定深度方向的成分分布，采用对粉末颗粒进行溅射的方法，本文采用的溅射速度33Å/min（以SiO_2为标准），溅射时间3~5min。在溅射过程中，300μm、150μm、50μm粉末颗粒的束斑照射区域依次为40×50μm、20×30μm、8×15μm。

粉末预处理前需真空封装处理，将50~300μm粒度的粉末装入玻璃管内，在300℃，真空度为10^{-3}Pa的条件下进行封焊。封装好的玻璃管在热处理炉中进行热处理，预热处理后进行水淬（WQ）。根据图1和表2中的 $M_{23}C_6$ 和 MC 碳化物的析出温度范围，预热处理制度选择如下：950℃，5h，WQ；1050℃，5h，WQ。预热处理前后粉末颗粒中的碳化物采用一级碳萃取复型制备透射电镜（TEM）试样，TEM 观察和分析在 JMS-2100 透射电子显微镜上（Oxford 能谱仪）进行。

2 实验结果与分析

2.1 FGH96 合金粉末颗粒的显微组织

图2为 PREP 工艺制备的不同粒度 FGH96 合金粉末的低倍显微组织。显然，不同粒度的粉末颗粒都具有良好的球形度和表面光洁度。图3为不同粒度粉末颗粒表面的显微组织，显微组织为快速凝固形成的树枝晶和胞状晶的混合组织，随着粉末颗粒尺寸减小，胞状晶比例增大，表面凝固组织明显细化。

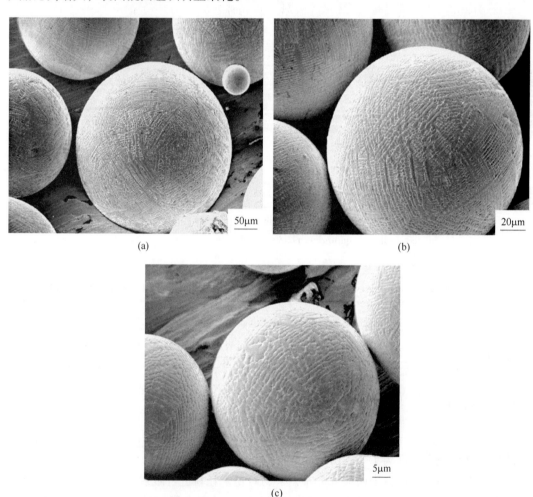

图2 FGH96 合金粉末颗粒的形貌

Fig. 2 Morphologies of FGH96 powders particles with different sizes

(a) 200~300μm；(b) 50~150μm；(c) ~50μm

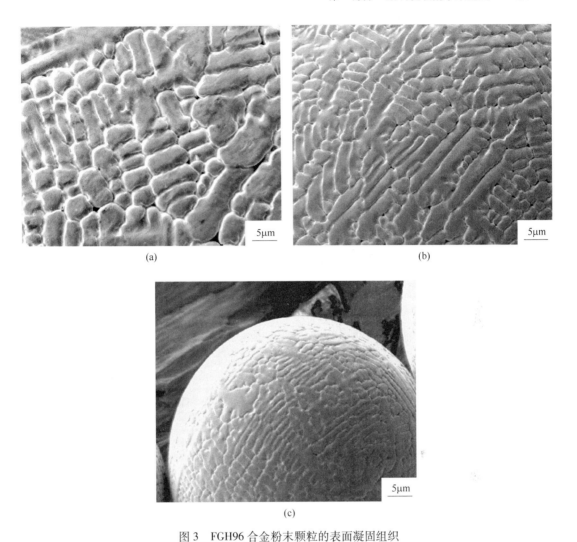

图 3　FGH96 合金粉末颗粒的表面凝固组织

Fig. 3　Surface microstructure of FGH96 powders particles with different sizes

(a) 200~300μm；(b) 50~150μm；(c) ~50μm

2.2　FGH96 合金粉末颗粒表面的成分分析

图 4(a)~(c) 分别为 300μm、150μm、50μm 粒度原始粉末颗粒表面层的 AES 的能谱成分分析。显然，不同粒度粉末颗粒表面均存在 S、C、O、Ti、Ni 等元素富集现象。在不同粒度的粉末颗粒表面，各个元素浓度富集变化规律不同：随着粉末颗粒尺寸减小，O 元素的表面富集程度增加，S、Ti 元素的表面富集程度降低，C 元素的表面富集浓度变化不明显。

在 PREP 工艺制粉过程中，液态金属过热度低和凝固时间短暂，不同粒度的粉末颗粒凝固速率存在一定的差异，即使是同一粉末颗粒的表面和内部的凝固条件也存在一定的差异。为了更好地了解粉末颗粒中的元素浓度分布情况，对粉末颗粒进行溅射，沿着颗粒表面依次向粉末中心逐层测定元素浓度变化并绘制出剖面浓度分布图。图 5(a)~(c) 分别

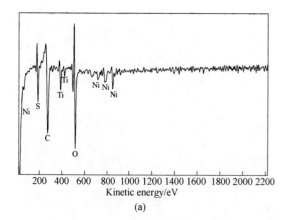
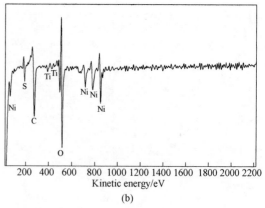

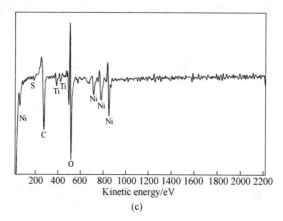

图 4　FGH96 合金粉末表面俄歇能谱
Fig. 4　AES analysis of FGH96 powder particles suface with different sizes
(a) 300μm；(b) 150μm；(c) 50μm

为 300μm、150μm、50μm 粒度粉末沿着粉末颗粒表面到内部一定深度的合金元素浓度变化曲线。

由图 5 可知，粉末颗粒表层区域的元素浓度（原子百分数）随着溅射深度的不同而不同，这一点对于不同粒度的粉末都是一样的。其中，C、O、Ti 元素随着溅射深度增加变化显著，Mo、Al、Nb、Zr 的变化则平缓得多。

粉末颗粒表层区域（小于 10nm）的 O、C、Ti 的浓度最高，随着溅射深度增加，浓度显著降低。O、C、Ti 元素浓度沿着粉末颗粒由表及里的变化表明，粉末颗粒表面存在较明显 O、C、Ti 元素的偏聚现象。需要说明的是，粉末颗粒中 O、C 的浓度变化随着溅射深度增加呈降低趋势，直至达到稳态，而 Ti 元素浓度则是呈现先升高到一个峰值，然后再降低直至稳态。

在粉末颗粒表层约 0~2nm 厚度范围内，如图 5 中的虚线 Line1 以左区域，O、C 含量很高，这是粉末外表面存在一薄层呈游离态的 O-C 原子吸附层造成的。表 3 给出不同尺寸粉末颗粒表面溅射前吸附层中的 O、C、Ti 及其他元素的浓度结果（图 5 中溅射时间为 0 时的元素含量）。显然，颗粒表面吸附层中的 O 和 C 含量超过 65%，随着粉末颗粒尺寸减小，O 和 C 的浓度呈增加趋势，这表明，更小尺寸的粉末颗粒表面吸附能力更强。

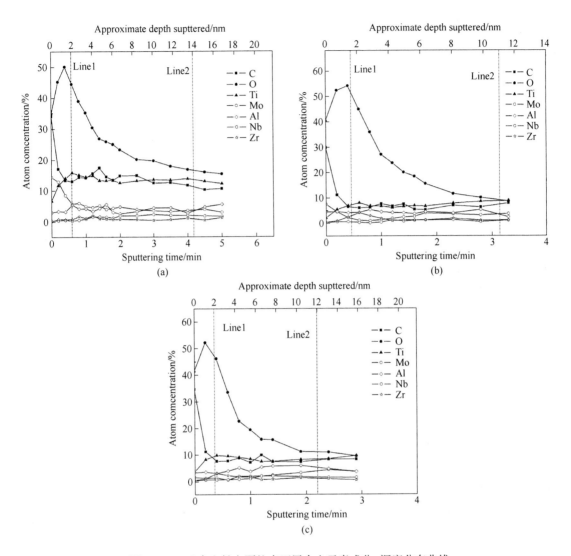

图 5 FGH96 合金粉末颗粒表面层合金元素成分-深度分布曲线

Fig. 5 Composition-depth profiles of alloying elements through surface layer of different diameter particles of FGH96 superalloy

(a) 300μm; (b) 150μm; (c) 50μm

表 3 不同粒度原始粉末溅射前表面的化学成分（摩尔分数）

Table 3 Chemical compositions of surface layer of PREP FGH96 powders (mole fraction)(%)

Powder size	C	O	C+O	Ti	Mo+Al+Nb+Zr
200~300μm	34.02	34.62	68.64	6.72	19.99
50~150μm	29.86	40.40	70.26	2.19	12.74
<50μm	34.58	41.30	75.88	3.66	5.83

随着溅射深度增加，Ti 的浓度增加到峰值，此时 C、O 的浓度仍然很高，这表明存在一个 Ti 与 C、O 强烈相互作用的层区域，不同粒度粉末的层区域厚度存在一定差异（厚度 2~14nm），如图 5 中的虚线 Line1 和 Line2 中间的区域所示。

在该层区域中，随着溅射深度的增加，C、O、Ti 元素的浓度呈减小趋势，当达到一定深度后，趋于平缓并达到一定值。Davidson 和 Aubin 通过 AES 对 Astroloy 合金粉末颗粒表面研究后认为[18]，粉末颗粒的表面层区域是由吸附层和碳-氧化物层构成的，最外层的吸附层主要是由 O、C 组成的，其中还含有少量的 Ti。紧挨吸附层的是碳-氧化物层，碳-氧化物层主要是由以 TiO_2 为形核核心形成的碳化物组成，组成可用 $Ti(C_{1-x}O_x)$ 描述。对于 FGH96 合金粉末颗粒表面的 Ti 与 C、O 强烈相互作用的层区域，C、O 和 Ti 元素也是以一种化合态（碳-氧化物）存在，形成了碳-氧化物层。

前文提及 FGH96 合金粉末颗粒表面的 Ti 元素浓度变化呈现先升高到一个峰值，然后再降低直至稳态。本文认为，这正好体现了 Ti 元素在不同区域的分布特点：对于吸附层，O、C 含量占据绝大多数，Ti 含量占少数，浓度偏低；对于碳-氧化物层，Ti 与 O 和 C 形成了 $Ti(C_{1-x}O_x)$，Ti 的浓度较吸附层高。

通常情况下，雾化粉末在存放及处理过程中都会吸附气体，形成吸附层和氧化层而造成表面污染，粉末颗粒表面吸附的氧、碳以及表面氧化被认为是 PPB 形成的重要原因之一[8,9]。真空动态脱气处理虽然可有效去除粉末表面的吸附气体，降低颗粒表面的氧浓度[19]，但是不能消除粉末颗粒表面的碳-氧化物 $M(C_{1-x}O_x)$。在粉末 HIP 成形过程中，颗粒表面的碳-氧化物是形成 PPB 的根源。为了减少热等静压过程中，与 C、O 亲和力较大的元素在粉末颗粒表面形成碳氧化物，往往对粉末颗粒采用热处理，促使强碳化物元素在颗粒内部形成碳化物，减少这些元素向表面扩散而形成化合物，达到减少热等静压过程中 PPB 的形成的目的。

2.3 FGH96 合金粉末颗粒中的碳化物相

在 FGH96 粉末快速凝固过程中，大部分 γ′ 相析出被抑制，而碳化物却能在枝晶间和胞壁大量析出。对这些碳化物进行结构分析和成分分析表明，碳化物的类型为 MC 型，组成中除了 Ti 元素外，还富含 Cr+Mo+W 等弱碳化物形成元素，这种碳化物称为亚稳态 MC′ 型碳化物。亚稳态 MC′ 型碳化物存在对粉末颗粒预热处理工艺的制定具有重要理论和实践意义。

快速凝固的粉末与普通铸锭的最大区别在于由表及里组织上是一致的，而在普通铸锭中，锭坯的表面和心部的显微组织和第二相的大小和分布有着明显的不同，因此，可以认为粉末颗粒消除了普通锭坯中的宏观偏析。但是快速凝固粉末颗粒中仍然存在枝晶偏析，偏析使得 Cr、Al、W、Co 等元素富集在枝晶干上，而枝晶间区域则富集 Nb、Ti、Mo、Zr 和 Hf 等元素，雾化时的熔体小液滴可能首先在表面形核，也可能首先在内部形核，但是不论哪种形核方式，最后凝固的熔体都富集偏析元素，促使 MC′ 碳化物的形成。

与通常铸锭中稳定的 MC 碳化物不同，亚稳态 MC′ 型碳化物仅仅存在于松散的粉末当中，在一定的温度条件下，会转化成更加稳定的 MC 碳化物[19]。图 6 为快速凝固后原始粉末颗粒中的 MC′ 亚稳态碳化物形貌和衍射斑点。

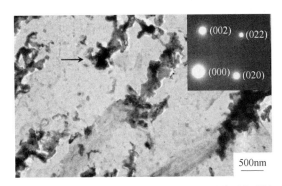

图 6 FGH96 合金粉末颗粒中亚稳碳化物形貌及衍射斑点

Fig. 6 Morphologies and diffraction pattern of extracted metastable carbides in FGH96 powders

2.4 预处理后 FGH96 合金粉末颗粒中的碳化物相

图 7 给出 FGH96 合金粉末经过 950℃ 和 1050℃ 保温 5h 预热处理后，碳复型萃取碳化物的形貌及衍射图谱。950℃/5h 热处理后，粉末中亚稳 MC′型碳化物并未完全分解，但尺寸变小，在 MC 碳化物周围出现 $M_{23}C_6$ 碳化物 [图 7(a) 的衍射斑点左为 $M_{23}C_6$，右为 MC]，MC 和 $M_{23}C$ 的位置如图中箭头所示，对箭头所指的 $M_{23}C_6$ 碳化物能谱分析表明，Cr 的质量分数高达 73.24%，点阵常数为 1.034nm。和预处理前相比，1050℃/5h 热处理后，粉末中的亚稳 MC′型碳化物已经转变成稳定的 MC 碳化物 [衍射斑点见图 7(b) 右上角]，碳化物的尺寸减小，形貌更加规则。

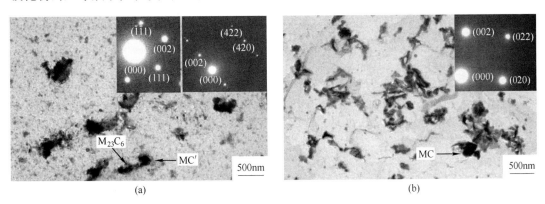

图 7 FGH96 合金不同温度热处理后粉末内部碳化物形貌及衍射花样

Fig. 7 Carbide morphologies and their diffraction patterns of FGH96 powders
after pre-heat treatment at different temperatures
(a) 950℃/5h, $M_{23}C_6$, MC; (b) 1050℃/5h, MC

预热处理过程中，FGH96 合金原始粉末颗粒凝固过程中形成的亚稳 MC′型碳化物的成分会发生很大变化。经 950℃/5h 热处理，MC′碳化物发生分解，非碳化物形成元素 Co、Ni 及弱碳化物形成元素 Cr、Mo、W 通过基体扩散从 MC′中离去，强碳化物元素 Ti、Nb、Zr 通过基体扩散补充到 MC′碳化物，使 MC′碳化物向 MC 碳化物转变，造成 MC 碳化物周围 Cr、W、Mo 元素富集，形成富 Cr 的 $M_{23}C_6$ 碳化物析出的有利条件，在 MC 碳化物周围

析出 $M_{23}C_6$ 碳化物。经 1050℃/5h 热处理，MC′碳化物分解更彻底，形成稳定的 MC 碳化物。

在镍基高温合金中，MC 的析出温度在固/液相线温度附近，$M_{23}C_6$ 的析出温度区间一般为 760~980℃，$M_{23}C_6$ 碳化物可以从基体直接析出，也可以由 MC 碳化物发生退化反应生成[20]。结合表 2 中的 FGH96 合金热力学计算结果，本文中所选定的 950℃ 和 1050℃ 分别位于 $M_{23}C_6$ 和 MC 的析出温度范围内。

在 950℃ 预处理过程中，会发生式（1）和式（2）的转变反应[20]，形成更加稳定的 MC 并生成 $M_{23}C_6$，同时将形成 γ 和 γ′。

$$MC' \longrightarrow MC + \gamma[Cr, Mo, W] \tag{1}$$

$$MC + \gamma \longrightarrow M_{23}C_6 + \gamma' \tag{2}$$

在 1050℃ 预处理过程中，除发生式（1）中的反应形成更加稳定的 MC 外，过饱和的基体将发生式（3）中的转变，析出更多的 γ′ 和 MC。

$$\gamma(过饱和) \longrightarrow \gamma(平衡) + \gamma' + MC \tag{3}$$

一方面，急冷凝固过程中的冷却速度很快（$10^4 \sim 10^5$ K/s），粉末颗粒固溶体合金中元素的过饱和度很大，将元素偏析限制在极小范围内。另一方面，也应看到急冷凝固过程中，固-液相界面前沿的液相中形成溶质元素不均匀分布，使析出相形态和成分复杂化并形成 MC′亚稳碳化物。因此，在粉末热处理时，发生了碳化物的分解、转变反应和过饱和基体中合金元素相互扩散反应，导致合金元素发生再分配，改变了碳化物类型和成分及分布。采用预热处理促使颗粒中的 MC′分解和转化，提供足够碳源，促使强碳化物形成元素从颗粒表面扩散至内部，形成稳定的碳化物，消除和抑制了在热等静压过程中，粉末颗粒表面 PPB 碳化物的形成，这正是预热处理减轻 PPB 的理论依据。

在预处理过程中，粉末颗粒表面富集的元素有向内部扩散的趋势，同时粉末颗粒表面要富集一定量的元素以降低表面能，当表面能与内部空位能平衡时，元素不再扩散，从而在热等静压之前就在粉末颗粒的表面和内部形成大量的稳定的碳化质点（如 MC），降低了碳化物在颗粒边界析出长大的概率。对于粉末颗粒表面已经形成的析出物颗粒，预处理是不可能彻底消除的，但是，在粉末预处理过程中，松散粉末颗粒的表面析出物颗粒会发生粗化，增加了析出物颗粒间的距离，减轻了热等静压过程中 PPB 的形成[21]。

3 结论

（1）快速凝固的 FGH96 合金原始粉末颗粒表面存在 O、C、Ti 等元素的偏聚，原始粉末颗粒表面是由 O、C 原子吸附层和富含 Ti 元素的碳-氧化物层组成。吸附层厚度约为 0~2nm，碳-氧化层的厚度约为 2~14nm，粉末颗粒表面碳-氧化层的存在是形成 PPB 的根源。

（2）快速凝固的 FGH96 合金粉末颗粒中会形成亚稳态的 MC′型碳化物。FGH96 合金粉末在 $M_{23}C_6$ 温度区间和 MC 形成温度区间进行预处理，粉末颗粒中 MC′型亚稳碳化物发生分解和转变，转变成更加稳定的 MC 和析出 $M_{23}C_6$，同时，碳化物的类型和分布状态也得到改变。

参 考 文 献

[1] 张义文. 俄罗斯粉末冶金高温合金 [J]. 钢铁研究学报, 1998, 10 (3): 74-76.

ZHANG Yiwen. Powder metallurgy super alloy in Russian [J]. Journal of Iron and Steel Research, 1998, 10(3): 74-76.

[2] 田世藩, 张国庆, 李周. 先进航空发动机涡轮盘合金及涡轮盘制造 [J]. 航空材料学报, 2003, 23 (增刊): 233-238.
TIAN Shifan, ZHANG Guoqing, LI Zhou. The disk super alloys and disk manufacturing technology for advanced aero engine [J]. Journal of Aeronautical Material, 2003, 23(suppel): 233-238.

[3] 张义文, 上官永恒. 粉末高温合金的研究与发展 [J]. 粉末冶金工业, 2004, 14(6): 30-43.
ZHANG Yiwen, SHANGGUAN Yongheng. Research and development in PM superalloy [J]. Powder Metallurgy Industry, 2004, 14(6): 30-43.

[4] GARIBOV G S, KAZBEROVICH A M. Hot isostatic pressing of Ni-based super alloy discs is a main development of new materials for production of critical gas turbine engine components [C] //KHOVANOV A N, Proceeding of International Conference on Hot Isostatic Pressing 2002, Moscow, Russia: JSC "All-Russian Institute of Light Alloys" (VILS), 2003: 21-32.

[5] GESSINGER G H, BOMFORD M J. Powder Metallurgy of Superalloy [J]. International Metallurgical Reviews, 1974, 19: 51-76.

[6] 毛健, 杨万宏, 汪武祥, 等. 粉末高温合金颗粒界面及断裂研究 [J]. 金属学报, 1993, 29(4): A187-192.
MAO Jian, YANG Wanhong, WANG Wuxiang, et al. Particle bouderary and fracture of powder metallurgy superalloys [J]. Acta Metallurgica Sinica 1993, 29(4): A187-192.

[7] WATERS R E, CHARLES J A, LEA C. Prior Particle Boundaries in Hot Isostatically Pressed Nickel Based Superalloy, Studied by Auger Electron Spectroscopy [J]. Metals Technology, 1981, 8(5): 194-200.

[8] RAO G A, SRINIVAS M, SARMA D S. Effect of Oxygen content of powder on microstructure and mechanical properties of hot isotatically pressed superalloy Inconel 718 [J]. Materials Science and Engineering A, 2006, 435-436: 83-99.

[9] GESSINGER G H. Powder Metallurgy of Superally [M]. London: Butterworth, 1984: 139-141.

[10] DAHLEN M, INGESTEN N G, FISCHMEISTER H. Parameters influencing particle boundary precipitation in superalloy powders [C] // HAUSNER H H, ANTES H W. Modern Developments in Powder Metallurgy. Princeton, New Jersey: Metal Powder Industries Federation American Powder Metallurgy Institute, 1980, 14: 3-14.

[11] WARREN R, INGESTEN N G, WINBERG L, RONNHULT T. Particle surfaces and prior particle boundaries in Hf modified PM Astroloy [J]. Powder Metallurgy, 1984, 27(3): 141-146.

[12] INGESTEN N G, WARREN R, WINBERG L. The nature and origin of previous particle boundary precipitates in PM superalloys [C] //BRUNETAUD R, High Temperature Alloys for Gas Turbine 1982, Liège, Belgium. Holland, Boston, London : D Reidel Publishing Compsany, 1982: 1013-1029.

[13] 陈焕铭, 胡本芙, 李慧英. 等离子旋转电极雾化FGH95高温合金粉末凝固组织特征 [J]. 金属学报, 2003, 39(1): 30-34.
CHEN Huanming, HU Benfu, LI Huiying. Microstructure characteristics of FGH95 superalloy powders prepared by PREP [J]. Acta Metallurgica Sinica, 2003, 39(1): 30-34.

[14] 陈焕铭, 胡本芙, 李慧英, 等. 等离子旋转电极雾化FGH95高温合金粉末的预热处理 [J]. 中国有色金属学报, 2003, 13(3): 554-559.
CHEN Huanming, HU Benfu, LI Huiying, et al. Microstructure characteristics of FGH95 super alloy powders prepared by PREP [J]. The Chinese Journal of Nonferrous Metals, 2003, 13(3): 554-559.

[15] 陈焕铭, 胡本芙, 宋铎. 预热处理对FGH95高温合金粉末中碳化物的影响 [J]. 金属学报, 2003,

39(5): 470-475.

CHEN Huanming, HU Benfu, SONG Duo. The effect of pre-heating on carbide precipitates in FGH95 super alloy powders prepared by PREP [J]. Acta Metallurgica Sinica, 2003, 39(5): 470-475.

[16] 胡本芙, 陈焕铭, 宋铎. 镍基高温合金快速凝固粉末颗粒中 MC 型碳化物相的研究 [J]. 金属学报, 2005, 41(10): 1042-1046.

HU Benfu, CHEN Huanming, SONG Duo. Research on MC type carbide in nickel-based super alloy powder during rapid solidification [J]. Acta Metallurgica Sinica, 2005, 41(10): 1042-1046.

[17] 刘建涛. 航空发动机双重组织涡轮盘用 FGH96 合金热加工行为的研究 [D]. 北京: 北京科技大学, 2005: 6-38.

LIU Jiantao. Investigation on hot working behavior of FGH96 PM super alloy for dual microstructure turbine disc of advanced aeroengine [D]. Beijing: University of Science & Technology Beijing, 2005: 6-38.

[18] DAVID J H, AUBIN C. The relationship between structure, properties and processing in powder metallurgy superalloys [C] //BRUNETAUD R, High Temperature Alloys for Gas Turbine 1982, Liège, Belgium. Holland, Boston, London: D Reidel Publishing Compsany, 1982: 853-887.

[19] DOMINGUE J A, BOESCH W J, RADVICH J F. Phase relationship in rené95 [C] //. TIEN J K et al. Superalloys 1980. Ohio: Metals Park, 1980: 335-344.

[20] SIMS C T, HAGEL W C. The superalloys-vital high temperature gas turbine materials for aerospace and industrial power [M]. New York. London. Sydney, Toronto: John Wiley & Sons Inc, 1972: 54-58.

[21] 牛连奎, 张英才, 李世魁. 粉末预热处理对 FGH95 合金组织和性能的影响 [J]. 粉末冶金工业, 1999, 9(3): 23-27.

NIU Liankui, ZHANG Yingcai, LI Shikui. The influence of powders pre-heating on microstructure and properties of FGH95 alloys [J]. Powder Metallurgy Industry, 1999, 9(3): 23-27.

(原文发表在《中国有色金属学报》, 2012, 22 (10): 2797-2804.)

FGH95 合金长期时效过程中二次 γ′ 相的"反粗化"行为

贾建 陶宇 张义文 张莹

(钢铁研究总院,北京 100081)

摘 要 本文利用场发射扫描电镜研究了粉末冶金高温合金 FGH95 在 750℃长期时效过程中二次 γ′相的尺寸、分布和形貌变化,为其在新型航空发动机中的应用提供理论依据。结果表明,随着时效时间增加,二次 γ′相形态不稳定,其尺寸变化不符合体扩散控制的 LSW 规律。二次 γ′相在 0~500h 发生"反粗化"的分裂,由碟状分裂为块状。在 500~1000h 阶段分裂的细小 γ′相进行粗化,1000h 粗化到一定程度后又开始分裂,2000h 后随着时效时间延长又逐渐粗化,椭球状二次 γ′相逐渐增多。研究证明 γ′相粒子之间的弹性交互作用是导致其形态变化的主要原因,它属于降低界面能与弹性交互作用能总量的形貌转变机制。

关键词 粉末冶金高温合金 长期时效 γ′相 粗化 分裂

Changes Behavior of the Secondary γ′ in Superalloy FGH95 During Long-term Aging

Jia Jian, Tao Yu, Zhang Yiwen, Zhang Ying

(Central Iron & Steel Research Institute, Beijing 100081, China)

Abstract: The size, distribution and shapeof secondary γ′ in powder metallurgysuperalloy FGH95 are researched by field emission scanning electron microscopy, which was long-term aged at 750℃ for 5000h, in order to provide a theoretical basis for its application in newly aero-engines. The results showed that with the aging time increases, the morphological character of secondary γ′ is unstable, and its size does not follow the law of LSW theory. During 0~500h it occurs reverse coarsening, which is the splitting of a single butterfly percipitate into a group of eight cuboids. In 500~1000h, the splitted γ′ coarsen to a certain extent and then start to split after 1000h. With the aging time, they are gradually extended grown after 2000h, ellipsoidal secondary γ′ phase become more and more. With regard to the wide range of morphologies reported in the literature, it appears that the shape evolution strongly depends on the elastic interaction between γ′ precipitates. The morphology of the secondary γ′in FGH95 evolves from the mechanism: shape changes in order to minimize the sum of interfacial and elastic interaction energies.

Keywords: powder metallurgy superalloy, long-term aging, gamma prime, coarsening, splitting

FGH95 合金是我国研制的能在 650℃长时间使用的第一代粉末冶金高温合金,具有高的屈服强度、优异的低周疲劳性能，但抗裂纹扩展能力弱，已用于制造航空发动机的涡轮盘、导流盘和涡轮盘挡板等[1,2]。随着航空发动机×××和涡轮前燃气温度、压气机增压比的不断提高，压气机和涡轮级数逐渐减少，单级负荷不断增大，零件的应力水平越来越高，工作状况越趋恶劣，涡轮盘及挡板等热端关键部件的工作温度越来越高。新型高×××发动机对涡轮盘及挡板的使用温度要求高达750℃[3,4]，故有必要研究FGH95合金在750℃长期时效过程中的组织结构变化趋势，为该合金在新型航空发动机中的使用提供评价依据。

FGH95合金主要通过在γ基体中析出γ′相（$Ni_3(Al, Ti, Nb)$）进行强化，γ′相是Cu_3Au型面心立方有序结构，点阵常数与γ基体相近，长程有序且与γ基体共格。FGH95合金的γ′强化相质量分数50%，γ′相完全溶解温度为1160℃，γ′相的数量、形貌、尺寸和分布对合金性能具有决定作用。文献[5-11]分别报道了热等静压成形FGH95合金热处理后基体中γ′相的形貌、分布和稳定性，热等静压温度、固溶温度、淬火冷却速度、时效制度与FGH95合金组织和性能的关系等，但尚未研究FGH95合金在750℃长期时效过程中的组织和性能变化。本文主要研究FGH95合金在750℃长期时效过程中主要强化相γ′的变化特征，为FGH95合金的应用提供理论依据。

1 实验方法

FGH95合金的化学成分（质量分数）为：C0.035%，B0.01%，Zr0.05%，Cr13.0%，Co8.0%，Mo3.5%，W3.5%，Al3.5%，Ti2.5%，Nb3.5%，其余Ni。采用等离子旋转电极（PREP）法制取合金粉末，粉末经筛分、静电去除夹杂物后在УЗГК-2K设备中脱气、装入低碳钢包套，再电子束封焊，选用粉末的粒度范围为50~150μm。将封焊好的包套在1180℃/130MPa/4h下热等静压成形，去除包套后进行标准热处理：1140~1160℃固溶1~2h后盐浴淬火，再进行两级时效处理（800~900℃/1~5h/AC+600~700℃/16~30h/AC）。将标准热处理的试样进行750℃长期时效处理，时效时间分别为500h、1000h、2000h、3000h和5000h。

长期时效处理的试样用金相砂纸磨至800#后电解抛光，抛光液为20%硫酸+80%无水甲醇，电压25~30V，时间15~30s；抛光后用85mL磷酸+8gCrO_3+5mL硫酸溶液电解腐蚀，电压2~5V，时间2~5s。采用Zeiss Supra 55型场发射扫描电镜（FE-SEM）观察腐蚀后的试样，利用图像分析软件Image-Pro Plus 6.0直接在图像上统计分析γ′相的尺寸。由于γ′相形状复杂、不规则，本文采用等效直径（等效直径指与所测量的γ′相面积等效的圆的直径）表征γ′相尺寸以有效减少统计误差。

2 实验结果

2.1 标准热处理态的γ′相

FGH95合金经过标准热处理后组织中存在三种γ′相[12]（如图1所示）：一次γ′相，它们是热等静压过程中形成而亚固溶处理时未完全溶解而保留下来的，分别存在于晶界和晶内，晶界处主要呈长条状，晶内则是不规则的块状，尺寸比较粗大，约占γ′相总量的10%；二次γ′相是淬火时析出的，它们的尺寸、分布、体积分数取决于固溶温度和淬火冷却速度,主要为碟状,尺寸明显小于一次 γ′ 相,约占 γ′ 相总量的 85%;三次 γ′ 相是在两级时效处理过程中析出的,弥散分布于基体,尺寸最小,数量最少,主要呈球状。

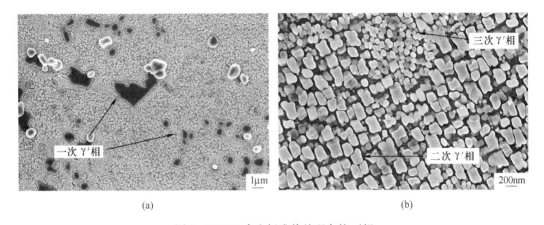

图 1　FGH95 合金标准热处理态的 γ′ 相

Fig. 1　γ′ precipitates in FGH95 after standard heat treated

(a) 一次 γ′ 相;(b) 二次和三次 γ′ 相

(a) Primary γ′;(b) Secondary and tertiary γ′

通常,这三种 γ′ 之间恰当配合保证 FGH95 合金具有优异的综合性能,其中二次 γ′ 相的析出强化效果最明显,有助于提高合金的抗疲劳裂纹扩展性能、屈服强度和蠕变性能,对合金最终的性能具有决定性作用。

2.2　长期时效处理后的二次 γ′ 相

随着时效时间增加,晶内二次碟状 γ′ 相形态不稳定,如图 2 所示,图 2(a) 为标准热处理后的二次 γ′ 相。在长期时效初期发生"反粗化"的分裂,由碟状分裂为细小的块状,见图 2(b)。由图 2(d)、(e)、(f) 可知,500h 后随着时效时间延长分裂的细小 γ′ 相又发生粗化,1000h 时粗化到一定程度的二次 γ′ 相又开始分裂,2000h 后分裂的 γ′ 相又逐渐粗化,后续长期时效过程中椭球状二次 γ′ 相逐渐增多,形态趋于稳定。二次 γ′ 相粒子等效直径与时效时间的变化关系见图 3。

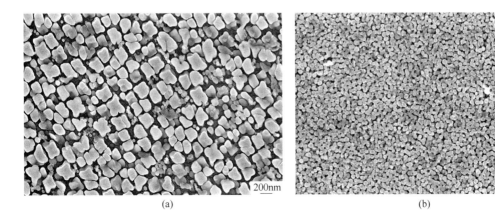

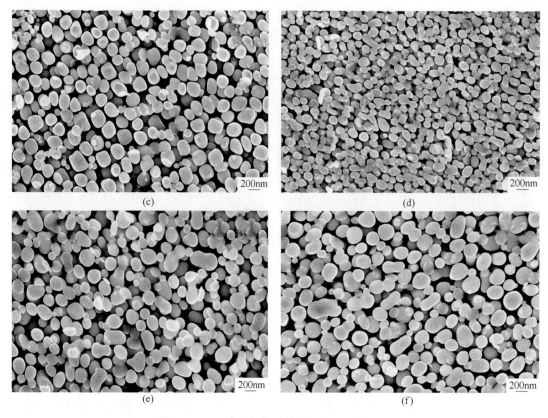

图 2 FGH95 合金长期时效处理后的二次 γ′相

Fig. 2 Secondary γ′ of FGH95 after long-term aging

(a)0h；(b)500h；(c)1000h；(d)2000h；(e)3000h；(f)5000h

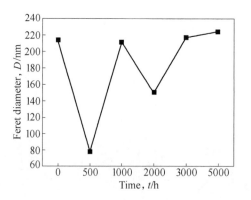

图 3 二次 γ′相粒子等效直径与时效时间的变化关系

Fig. 3 The relationship between feret diameter and aging time of secondary γ′

3 分析与讨论

影响镍基高温合金 γ′相形貌的因素有弹性能、γ′相体积分数、弹性各向异性、错配度、塑性变形、应力和晶体取向等。镍基高温合金在高温长期时效过程中 γ′相形貌发生转变，主要有两种形貌转变机制，一种是减小 γ-γ′相界面的 Ostwald 熟化机制，另外一种是为了降低界面能与弹性交互作用能总量的形貌转变机制[13]。

镍基高温合金在等温过程中 γ′相发生体积扩散控制的粗化，在一定温度下长时间保温较小的 γ′相粒子趋向溶解，较大的粒子逐渐长大，减小了 γ-γ′相界面以降低界面能，这一过程称为 Ostwald 熟化过程[14]。根据 Ostwald 熟化机制中的经典 LSW（Lifshitz-Slyozov-Wagner）理论，γ′相粒子粗化动力学有如下规律：

$$D_t^3 - D_0^3 = kt \tag{1}$$

式中，D_t 为粗化后 γ′相直径；D_0 为粗化前 γ′相直径；t 为时间；k 为粗化常数。

由图 3 可知，FGH95 合金中二次 γ′相在 0~5000h 这个长期时效过程中尺寸变化不符合经典的 LSW 规律。

LSW 理论的适用条件为假定析出相体积分数很小接近于零，相邻粒子的扩散场不相互重叠；析出相为球状；基体和析出相之间无弹性应变[15,16]。FGH95 合金的 γ′相体积分数约 50%，是高析出相的沉淀强化型镍基高温合金，不符合 LSW 理论的适用条件。但有研究[17-26]发现在较高 γ′相体积分数（40%~60%）的镍基高温合金中非球状 γ′相的粗化过程符合扩散控制的粒子粗化模型，即 LSW 理论，γ′相形貌按照球状（sphere）→ 块状（cube）→ 树枝状（dendrite）进行转变以减小 γ-γ′相界面。R. S. Moshtaghin 和 S. Asgari 在高 γ′相含量的 IN738LC 合金 850℃长期时效过程中发现二次 γ′相的粗化过程也偏离了 LSW 理论，认为体系中 γ′相间距很小，γ′粒子周围的应变场与附近其他粒子的弹性应变场发生弹性交互作用，导致弹性交互作用能在时效后期起主要作用，从而使粗化动力减小[27]。

通常认为，镍基高温合金中 γ′相的形貌取决于 γ′相与 γ 基体的界面能（E_{surf}）和由于 γ′相与 γ 基体错配产生的弹性应变能（E_m）这两种能量和的最小值状态[28-30]，其中随着错配度增大，γ′相逐渐由球状、块状向树枝状转变。FGH95 合金中 γ′相体积分数较大且 γ′粒子间距小，导致 γ′相周围的弹性应变场相互重叠，从而产生了弹性交互作用能，弹性交互作用能对 γ′相形貌转变也具有重要作用。此时，合金中单个 γ′相粒子的总能量可以表示为：

$$E_{total} = E_{surf} + E_m + E_{int} \tag{2}$$

式中，E_{surf} 为 γ′析出相与 γ 基体的界面能；E_m 为 γ′析出相与 γ 基体错配产生的弹性应变能，与错配度成正比；E_{int} 为 γ′析出相之间的弹性交互作用能，当两个相邻 γ′粒子沿 {100} 取向排列时 E_{int} 达到最小值，处于最稳定状态。

$$E_{surf} = \gamma_s S(P) \tag{3}$$

式中，γ_s 为 γ′粒子的界面能密度；$S(P)$ 为 γ′粒子的表面积。

$$E_m = V E_{incl}(P) \tag{4}$$

式中，V 为 γ′粒子的体积，$E_{incl}(P)$ 为应变能密度，取决于 γ′粒子的纵横比 $P\left(P \equiv \dfrac{c}{a}\right)$。

利用微弹性力学的基本理论计算单个块状 γ′相分裂成 2 个或 8 个相同的块状 γ′粒子前后能量的变化。假定在弹性各向异性的无限大 γ 基体中仅存在一个体积为 V 的 γ′粒子，分裂前后粒子的总体积不变，且分裂前后粒子形状不变。由于块状粒子之间的弹性交互作用能无法计算，每个块状 γ′粒子在无限大的 γ 基体中可认为是球状（$P = 1.0$）粒子。单

个 γ′粒子分裂前后的总能量可以分别表示为 $E^{(1)}$、$E^{(2)}$、$E^{(8)}$：

$$E^{(1)} = VE_{\text{incl}}(P) + S(P)\gamma_s \tag{5}$$

$$E^{(2)} = 2\frac{V}{2}E_{\text{incl}}(P) + 2S'(P)\gamma_s + E_{\text{INT}}^{(2)} \tag{6}$$

$$E^{(8)} = 8\frac{V}{8}E_{\text{incl}}(P) + 8S''(P)\gamma_s + E_{\text{INT}}^{(8)} \tag{7}$$

式中，$S'(P)$ 和 $S''(P)$ 为分裂后每个 γ′粒子的表面积；$E_{\text{INT}}^{(2)}$ 为分裂后形成的两个小 γ′粒子之间的弹性交互作用能；$E_{\text{INT}}^{(8)}$ 为分裂后形成的八个小 γ′粒子之间的弹性交互作用能[31,32]。

图 4 为合金中单个 γ′粒子分裂前后能量的变化情况[28]。当粒子尺寸较小时，$E^{(1)}$ 值最小，粒子可以以单个粒子的形式稳定存在；当粒子长大尺寸超过 D_2^* 时，$E^{(2)}$ 值最小，粒子分裂成对偶状（doublet）；当粒子进一步长大超过临界尺寸 D_8^* 时，$E^{(8)}$ 值最低，粒子分裂成八瓣状（octet）。临界尺寸与合金的成分、热处理工艺和温度有关。FGH95 合金在长期时效过程中，二次 γ′粒子的尺寸变化无规律，是由于 γ′粒子之间弹性交互作用占主导地位引起的，它属于降低界面能与弹性交互作用能总量的形貌转变机制。二次 γ′粒子发生分裂使之尺寸大大减小，分裂后 E_{surf} 有所增加，但远远小于分裂过程中 E_{int} 的减少，体系的总能量降低。文献［33］也观察到镍基高温合金中块状 γ′相的分裂现象，当 γ′相粒子尺寸达到一定的临界尺寸后发生分裂。

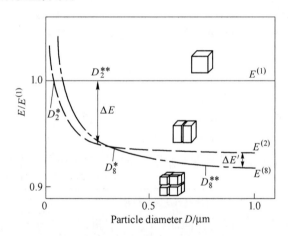

图 4 合金中单个 γ′粒子分裂前后的总能量

Fig. 4 Comparison between the total energies of a γ′ particle before and after splitting

单个 γ′粒子分裂后除了能量降低之外，还有一定的化学驱动力。研究[34-36]表明，由于 γ 基体对 γ′析出相的抑制作用，块状 γ′相在每个表面的心部即 {１００} 晶面上的弹性应变场最强，并且与富集的溶质原子之间的相互作用最强烈，这将成为 γ′相发生分裂的起点。在 γ′相 〈１１０〉 晶向具有更高的化学驱动力，长大速度较慢，结果 γ′相 {１００} 晶面变为具有负曲率半径的曲面，导致弹性应变能围绕 γ′相 〈１１０〉 晶向的四个边中心附近的应力集中分布，而促使附近 γ′相发生局部溶解，并逐渐形成凹状沟槽。随着曲率半径的增大，γ 相在凹槽沿 〈１００〉 方向逐渐浸入 γ′相，使 γ′相发生分裂，从而释放弹性应力。

3 结论

（1）随着时效时间增加，二次 γ′ 相形态不稳定，其尺寸变化不符合体扩散控制的 LSW 规律。二次 γ′ 相在 0~500h 发生"反粗化"的分裂，在 500~1000h 阶段分裂的细小球状 γ′ 相进行粗化，1000h 粗化到一定程度后又开始分裂，随着时效时间延长 2000h 后分裂的 γ′ 相又逐渐粗化，椭球状二次 γ′ 相逐渐增多。

（2）γ′ 相粒子之间的弹性交互作用是导致 FGH95 合金中二次 γ′ 相形态转变的主要原因，它属于降低界面能与弹性交互作用能总量的形貌转变机制。

参 考 文 献

[1] ZHANG Yiwen（张义文），TAO Yu（陶宇）. Fifty Years of Chinese Superalloys（中国高温合金五十年）[C]. Beijing：Metallurgical Industry Press，2006：110.

[2] ZOU Jinwen（邹金文），WANG Wuxiang（汪武祥）. Journal of Aeronautical Materials（航空材料学报）[J]，2006，26（3）：244.

[3] FU Hengzhi（傅恒志）. Journal of Aeronautical Materials（航空材料学报）[J]，1998，18（4）：52.

[4] JIANG Hepu（江和甫）. Gas Turbine Experiment and Research（燃气涡轮试验与研究）[J]，2002，15（4）：1.

[5] LI Hongyu（李红宇），SONG Xiping（宋西平），WANG Yanli（王艳丽）. Rare Metal Materials and Engineering（稀有金属材料与工程）[J]，2009，38（1）：64.

[6] HU He（呼和）. Recent Research Development of Mechanical Engineering and Materials（机械工程材料研究进展）[C]. Beijing：Metallurgical Industry Press，1998：62.

[7] ZHANG Yiwen（张义文），ZHANG Ying（张莹），ZHANG Fengge（张凤戈）. Transactions of Materials and Heat Treatment（材料热处理学报）[J]，2002，23(3)：72.

[8] JIA Chengchang（贾成厂），YIN Fazhang（尹法章），HU Benfu（胡本芙）. Materials Science and Engineering of Powder Metallurgy（粉末冶金材料科学与工程）[J]，2006，11（3）：176.

[9] ZOU Jinwen（邹金文），GUO Shuping（郭淑平）. Journal of Iron and Steel Research International（钢铁研究学报）[J]，2003，15(7)：528.

[10] HU Benfu（胡本芙），YIN Fazhang（尹法章），JIA Chengchang（贾成厂）. Journal of University of Science and Technology Beijing（北京科技大学学报）[J]，2006，28(12)：1121.

[11] JIA Jian（贾建），TAO Yu（陶宇），ZHANG Yiwen（张义文）. Powder Metallurgy Industry（粉末冶金工业）[J]，2010，20(1)：25.

[12] P. R. Bhowal，E. F. Wright，E. L. Raymond. Metallurgical and Materials Transactions A [J]，1990，21(6)：1709.

[13] H. T. Kim，S. S. Chun，X. X. Yao. Journal of Materials Science [J]，1997，32(18)：4917.

[14] GUO Shiwen（郭士文），ZHANG Yusuo（张玉锁），TONG Kaifeng（童开峰）. Journal of Northeastern University（东北大学学报）[J]，2003，24(6)：576.

[15] A. Baldan. Journal of Materials Science [J]，2002，37(11)：2171.

[16] A. Baldan. Journal of Materials Science [J]，2002，37(12)：2379.

[17] HOU Jieshan（侯介山），GUO Jianting（郭建亭），ZHOU Lanzhang（周兰章）. Acta Metallurgica Sinica（金属学报）[J]，2006，42(5)：481.

[18] BI Zhongnan（毕中南），DONG Jianxin（董建新），ZHANG Maicang（张麦仓）. Acta Aeronautica et Astronautica Sinica（航空学报）[J]，2010，31(3)：643.

[19] A. M. Ges, O. Fornaro, H. A. Palacio. Materials Science and Engineering A [J], 2007, 458(1-2): 96.
[20] Hou J. S., Guo J. T. Journal of Materials Engineering and Performance [J], 2006, 15(1): 67.
[21] H. Monajati, M. Jahazi, R. Bahrami. Materials Science and EngineeringA [J], 2004, 373: 286.
[22] Baig Gyu Choi, In Soo Kim, Doo Hyun Kim. Materials Science and Engineering A [J], 2008, 478(1-2): 329.
[23] J. Tiley, G. B. Viswanathan, R. Srinivasan. Acta Materialia [J], 2009, 57(8): 2538.
[24] K. Bhanu Sankara Rao, V. Seetharaman. Materials Science and Engineering [J], 1983, 58(1): 93.
[25] Zhao Shuangqun, Xie Xishan, Smith Gaylord D. Materials Letters [J], 2004, 58(11): 1784.
[26] E. H. Van Der Molem, J. M. Oblak, O. H. Kriege. Metallurgical Transactions [J], 1971, 2(6): 1627.
[27] R. S. Moshtaghin, S. Asgari. Materials and Design [J], 2003, 24: 325.
[28] Minoru Doi, Toru Miyazaki and Teruyuki Wakatsuki. Materials Science and Engineering [J], 1985, 74(18): 139.
[29] Safari, J., Nategh, S., Mc Lean. Materials Science and Technology [J], 2006, 22(8): 888.
[30] Minoru Doi and Toru Miyazaki. Proceedings of the Fifth International Symposium on Superalloys [C]. Seven Springs Mountain Resort, Champion, Pennsylvania, USA: The Metallurgical Society of AIME, 1984: 543.
[31] Toru Miyazaki, Hiroshi Imamura and Takao Kozakai. Materials Science and Engineering [J], 1982, 54(1): 9.
[32] Minoru Doi, Toru Miyazaki and Teruyuki Wakatsuki. Materials Science and Engineering [J], 1984, 67(1): 247.
[33] D. Banerjee, R. Banerjee, Y. Wang. Scripta Materialia [J], 1999, 41(9): 1023.
[34] Cha P. R, Yeon D. H, Chung S. H. Scripta Materialia [J], 2005, 52(12): 1241.
[35] A. G. Khachaturyan, S. V. Semenovskaya, J. W. Morris Jr. Acta Metallurgy [J], 1988, 36(6): 1563.
[36] Qiu Y. Y. Acta Materialia [J], 1996, 44(12): 4969.

（原文发表在《稀有金属材料与工程》，2012，41(7)：1156-1160.）

颗粒间断裂在一种 PM 镍基高温合金低周疲劳断口上的特征

张莹 刘明东 孙志坤 张义文

(钢铁研究总院高温材料研究所,北京 100081)

摘 要 粉末冶金(PM)合金中由于原始颗粒边界(PPB)的存在,在力学性能试样断口上呈现颗粒间断裂。通过 SEM、TEM、AES 等手段对采用等离子旋转电极(PREP)制粉+直接热等静压(HIP)成形工艺的一种 PM 镍基高温合金低周疲劳(LCF)断口上颗粒间断裂的形貌表征和类型进行了分析,讨论了 PPB 的起因及其与疲劳裂纹在颗粒间萌生、扩展断裂机制的关系和颗粒间断裂对疲劳寿命的影响。结果表明:PREP+HIP 工艺成形的镍基合金中的 PPB 是由多种综合因素造成;PPB 降低了合金的断裂韧性,直接影响颗粒间断裂的程度;在 LCF 断口上单颗粒成为裂纹源的占颗粒间断裂断口总数的 67%,多颗粒裂纹源占 17%,其他占 16%;颗粒间断裂在 LCF 断口上的分布表征分为四级;颗粒间断裂越严重对合金疲劳寿命影响越大。

关键词 粉末冶金高温合金 原始颗粒边界 颗粒间断裂 低周疲劳断口

Characteristics of Inter-particle Rupture on LCF Fractograph of a PM Nickel-based Superalloy

Zhang Ying, Liu Mingdong, Sun Zhikun, Zhang Yiwen

(High Temperature Materials Research Institute, Central Iron and Steel Research Institute, Beijing 100081, China)

Abstract: The mechanical property of sample fractures shows inter-particle ruptures due to the existence of prior particle boundary (PPB) in PM superalloys. The inter-particle rupture morphological characterization and type on low cycle fatigue (LCF) fracture of a Nickel-based PM superalloys by plasma rotating electrode process (PREP) plus hot isostatic press (as-HIP) were analysed by SEM, TEM and AES. The causes of PPB formation and relationships between PPB and mechanism of fatigue crack initiation and crack propagation at inter-particle, as well as the effect of inter-particle rupture on LCF life, were discussed. The results show that PPB in PM Nickel-based superalloys processed by PREP +HIP is caused by many composite factors, PPB reduces fracture toughness, and directly affects the degree of inter-particle rupture, a single particle to be the crack origin on LCF fracture accounts for 67% of the total fractures, multi-particle 17%, other 16%. The distribution characterization of inter-particle fracture on LCF fractograph can be divided into four grades, the more serious inter-particle fractures affects fatigue lives more.

Keywords: PM superalloy, prior particle boundary, inter-particle rupture, low cycle fatigue fracture

随着现代高推重比航空发动机的发展，PM 高温合金以具备晶粒细小、组织均匀、屈服强度高、疲劳性能好等优于其他合金的特点逐渐成为制造涡轮盘等关键部件的首选材料，同时对 PM 高温合金零部件的性能指标提出更加严格的要求[1,2]。PM 高温合金由于其独特的生产工艺，合金中往往存在 PPB，在力学性能试样断口上呈现颗粒间断裂[3]。关于 PPB 的产生及其对组织性能影响的研究国内外都有相关的报导[4-13]。研究表明，PPB 与成形前粉末表面的状态有直接关系。一般认为 PPB 上的沉淀物主要是：雾化粉末凝固过程中表面析出亚稳态的碳化物，HIP 时发生 MC′→MC；粉末表面吸附有 C、O，富集着 Al、Mg、Cr、Hf、Zr 等元素的氧化物，在 HIP 时生成复杂的碳氧化物。随着冶金技术的不断发展，母合金中的碳、氧含量得到了较好的控制，从而明显减少了形成 PPB 的碳化物质点。但粉末表面的氧仍是造成 PM 高温合金缺陷的主要因素之一。雾化合金粉末中，氧主要是以氧化物的形式集中在颗粒表面[4]，在 PM 高温合金中的 PPB 上依然存在氧化物。文献报道，在氩气雾化制粉、HIP 成形的 René95 合金中 PPB 析出有 ZrO_2[5,6]；旋转电极雾化制粉、HIP 成形的 Astroloy 合金中发现 PPB 析出有微量元素 Hf 的氧化物[7]。PM 高温合金中的 PPB 的主要组成有碳化物、氧化物以及大尺寸的 γ′相。碳化物、氧化物形成的 PPB 降低材料的塑性、高温持久、冲击韧性和疲劳强度等性能。

采用 PREP 制粉+直接 HIP 成形工艺是目前我国生产 PM 高温合金的主要方法之一。对于采用该工艺制造的 PM 镍基高温合金中原始颗粒边界的形成机理及对颗粒间断裂和性能的影响尚未做系统的探讨和归纳。工作温度下的抗低周疲劳性能是镍基 PM 高温合金的重要特征之一。文献［14］研究结果表明，在 PM 镍基高温合金 FGH97 低周疲劳试验中，裂纹源为颗粒间断裂的占 15%。可见，研究颗粒间断裂对 PM 高温合金抗低周疲劳性能的影响是不可忽略的问题。本文主要从分析采用 PREP 制粉、直接 HIP 成形的一种镍基高温合金中颗粒间断裂在 LCF 断口上的形貌特征入手，讨论各类 PPB 的形成以及疲劳裂纹在颗粒间萌生、扩展断裂机制的关系和颗粒间断裂对疲劳寿命的影响。

1 实验

本实验镍基合金的化学成分（质量分数）主要含：C 0.04%，Cr 8.9%，Co 16.0%，Mo 3.8%，W 5.5%，Al 5.0%，Ti 1.8%，Nb 2.6%，Hf 0.3%，Mg 0.004%。采用 PREP 制粉，等离子枪工作功率为 75kW，以高纯的氩、氦混合气体作为工作介质，雾化合金液滴冷却速度为 $1×10^4℃/s$。将筛分、静电去除夹杂物处理的粒度为 50~150μm 的粉末经真空脱气、装套、封焊后直接 HIP 成形。在经热处理后密度值约为 $8.3g/cm^3$、孔隙率小于 0.3% 的 100 多个毛坯试样环上随机截取材料，加工成工作部位直径为 5mm 的光滑低周疲劳试样。低周疲劳实验用 MTS NEW801 试验机在 650℃、$\sigma_{max}=980MPa$、$\sigma_{min}=30MPa$、频率 $f=1Hz$ 条件下在大气中进行。通过 LEICAMZ6 实体显微镜（OM）和 JSM-6480LV 型扫描电镜观察低周疲劳试样断口形貌，挑选出存在颗粒间断裂的断口进行研究。通过 TECNAI F20 透射电镜测定析出相衍射花样，PHI595 俄歇分析仪做溅射试验。主要采用 EDS 能谱和 AES 俄歇能谱等手段进行分析。

2 结果及分析

2.1 颗粒间断裂在 LCF 断口上的表征

研究结果得出颗粒间断裂在 LCF 断口上的存在形式,由图 1 表示。LCF 断口分为 0、Ⅰ、Ⅱ、Ⅲ四个区域,如图 1(a) 所示。0 区裂纹源由单颗粒、多颗粒或滑移带形成的平台、聚集的碳、氧化物萌生。单颗粒裂纹源的表面主要析出碳化物和碳氧化物粒子[图 1(b)],吸附生成或粘连氧化物[图 1(c)]。多颗粒裂纹源主要由颗粒间粘连氧化物或外来夹杂物生成[图 1(d)]。实验统计,裂纹源为单颗粒的占颗粒间断裂断口总数的 67%,多颗粒的占 17%,其他占 16%。

裂纹源周围形成半径 1mm 左右的裂纹扩展Ⅰ区[图 1(e)],源的萌生处发现沿晶裂纹和放射状的扩展棱[图 1(f)],随之出现与源垂直的疲劳条带。Ⅰ区的大小范围与试样的断裂韧性、裂纹源的尺寸、位置有关。

Ⅱ区是裂纹扩展Ⅰ区和瞬断Ⅲ区的过渡,也可称为快速裂纹扩展区。随着裂纹扩展的加速,疲劳条带变宽,在Ⅰ和Ⅱ区的交界产生二次裂纹并开始出现颗粒间断裂[图 1(g)]。在 PPB 严重的试样断口上发现,过渡Ⅱ区的颗粒间断裂数量逐渐增多[图 1(h)],直至发生瞬断。试样中 PPB 越多,在Ⅱ区裂纹沿颗粒间扩展的数量和范围也增大,瞬断Ⅲ区越小。

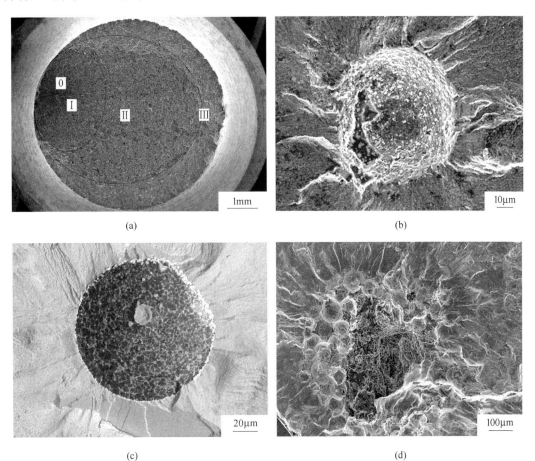

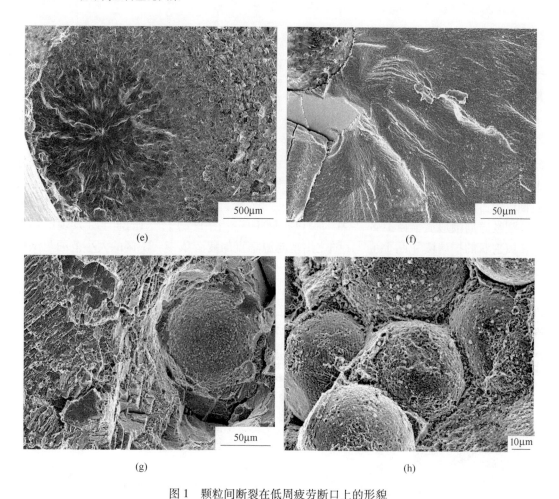

图 1 颗粒间断裂在低周疲劳断口上的形貌

Fig. 1 Morphologies of inter-particle rupture on the LCF fractures surfaces

(a) macroscopic; (b), (c) single particle in the failure origin; (d) several particles in the failure origin;
(e) crack propagation in zone Ⅰ; (f) radial spread edges around failure origin;
(g) inter-particle rupture between zones Ⅰ and Ⅱ; (h) inter-particle rupture in zone Ⅱ

颗粒间断裂在 LCF 断口上的分布表征可以归纳为 4 级：（1）裂纹源区为单颗粒或平台，快速裂纹扩展阶段有个别沿颗粒间断裂；（2）单颗粒或多颗粒或其他萌生裂纹源，快速裂纹扩展阶段有少量单独存在的沿颗粒间断裂；（3）单颗粒或多颗粒或其他萌生裂纹源，快速裂纹扩展阶段有较多沿颗粒间断裂；（4）单颗粒或多颗粒或其他萌生裂纹源，快速裂纹扩展阶段有严重沿颗粒间断裂。图 2 所示为快速裂纹扩展阶段不同程度的颗粒间断裂形貌。

2.2 LCF 断口上颗粒表面的成分分析

实验结果分析，裂纹源的颗粒表面成分主要分为 3 类：（1）颗粒表面析出含 Ti、Nb、Hf 的碳化物 [图 3(a) 和 (b)]，以 Ti、Nb 含量为主的碳氧化物粒子 [图 3(c) 和 (d)]；（2）颗粒表面吸附生成或粘连含 Mg、Al 的黑色氧化物、含 Hf 的白色氧化物 [图

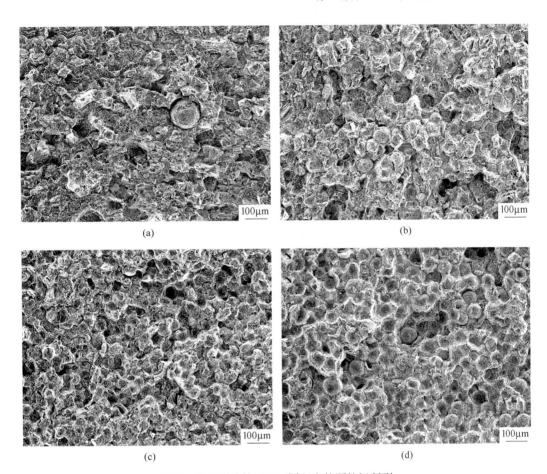

图 2 快速裂纹扩展区不同程度的颗粒间断裂

Fig. 2 Inter-particle rupture with different degrees in rapid crack propagation zone

(a) single particle rupture; (b) several particles rupture; (c) more particles rupture; (d) severe inter-particle rupture

3(e) 和 (f)];(3) 颗粒表面粘连外来夹杂物,并与基体形成反应区 [图 3(g) 和 (h)]。在裂纹快速扩展Ⅱ区,沿颗粒间断裂的颗粒上主要析出含 Ti、Nb、Hf 为主的碳化物和碳氧化物粒子 [图 1(h)],成分同图 3 (a) 和 (c) 所示。

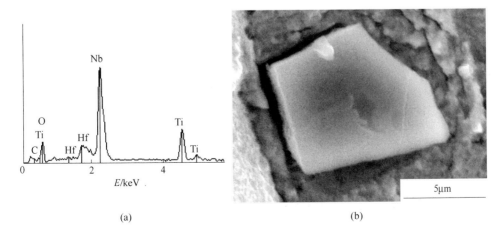

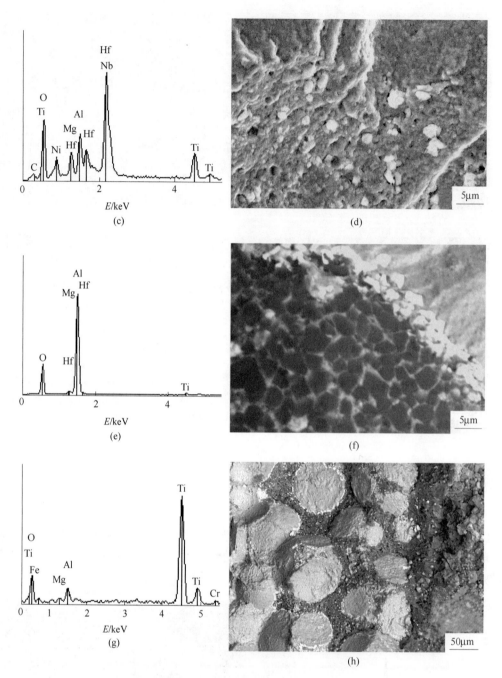

图 3　颗粒表面和间隙的形貌及 EDS 能谱

Fig. 3　Morphologies and EDS results of particle surfaces and inter-particles
(a), (b) (Ti, Nb, Hf)C; (c), (d) Carbon-oxides; (e), (f) Oxidative particle;
(g), (h) Reaction zone of capsule welding slag between particles

图 4 所示为 PPB 上 MC 型碳化物的形貌及电子衍射谱。由图 4 得出 PPB 上的主要析出相为 MC，其 EDS 能谱主要成分（质量分数）为：C 10%，Ti 13%，Nb 49%，Hf 12%，

与图 3（a）中断口上颗粒表面析出相的成分吻合，因此可以判断，断口沿颗粒断裂的界面上析出的含 C、Nb、Ti、Hf 的粒子是 MC 型碳化物。

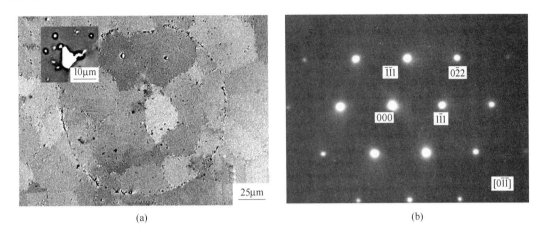

图 4　PPB 上的 MC 型碳化物的形貌及电子衍射谱
Fig. 4　Morphologies and electron diffraction pattern of MC Phase on PPB
（a）Microstructure；（b）Electron diffraction pattern TEM

2.3　原始颗粒边界的形成

由以上实验结果得知，在 LCF 断口上存在不同形式的颗粒间断裂，这与合金成分及制粉、密实成形工艺有着直接的关系。PREP 粉末表面复杂的成分主要由以下几种原因造成。

本试验合金中含有与氧亲和力强的 Al、Mg 等元素，在雾化制粉凝固中的颗粒表面形成氧化物；同时在有碳的氛围中快速凝固的颗粒表面 Nb、Ti 等元素极易形成亚稳态的 M′C 型碳化物。

PREP 制粉过程中，等离子流使合金棒端部达到熔化的温度，合金中 Mg、Al 等元素的饱和蒸气压较高，极易蒸发。Mg、Al 等元素的升华物有可能撒落在离心飞射凝固中的粉末表面，当制粉气氛中含有氧时，便会生成 Mg、Al 氧化物吸附在粉末表面。特别是合金棒料中缩孔残存气体氧，在雾化过程中释放出来使熔融状态的金属液滴表面发生氧化反应，生成氧化黑粉。

此外，在 PREP 雾化制粉过程中液滴的分离和结晶是在合金熔体缺乏明显过热度的条件下进行[4]，因此合金中少量稳定的杂质有可能进入凝固中的合金粉末颗粒或黏连在表面。

本试验合金粉末在 HIP 成形过程中在压力和温度同时作用下发生变形，颗粒表面的变形抗力与材料的本质特性及其颗粒表面的成分有关。当外力达到、超过界面的变形抗力时，界面随同粉末颗粒发生变形。应力的施加首先使颗粒接触区发生屈服，而后通过蠕变机制进行物质迁移[15]，达到最终密实。由于热等静压制件是在三维受力下致密化，粉末在整个热等静压过程中是各向等轴受力变形，因此不利于颗粒表面氧化膜的破碎。在 HIP 过程中粉末表面的氧化物质点促使了复杂的碳氧化物生成。在俄歇分析仪中含 PPB 试样的断口进行测试分析，结果表明（图 5），颗粒表面深达 20nm 处的 C、O 含量明显高于内部。粉末表面的生成物阻碍了颗粒间的原子扩散,特别是其中少量的氧化黑粉,在 HIP 成形和热处理后仍存在 Al、Mg、Hf 等稳定的氧化物,使原始颗粒边界较完整地保留在制件中 [图 1 (c)]。图 3 (e) EDS 能谱分析颗粒表面析出有氧化铪,这可能是在 HIP 过程中发生如下扩散反应生成 [图 3(f)]:

$$Al_2O_3 + Ni + Hf \longrightarrow HfO_2 + \gamma' \tag{1}$$

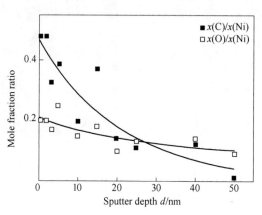

图 5　俄歇试样断口上颗粒表层 C、O 含量的分布

Fig. 5　Distributions of C and O contents at particle surface layer of AES fracture

与粉末黏连常见的熔渣是 Al_2O_3 及少量 MgO、HfO_2 混合物,静电分离处理不能被去除,具有高硬度、高稳定性。在 HIP 过程中细小的氧化物也许起到促使 MC 生成的形核作用,而大尺寸的渣类氧化物却保留下来。它们与基体机械结合没有过渡反应区,但由于它存在粉末表面,使合金颗粒间的界面原子扩散受到阻碍,从而导致颗粒边界留有孔隙。这些遗传杂质的数量、尺寸与合金的冶炼质量及棒料直径有关。

图 1(d) 中的多颗粒疲劳源是非合金遗传的外来夹杂物造成。由图 3(g) EDS 分析,该断口上的夹杂物主要是由 Ti、Fe 元素生成的混合氧化物。在 HIP 高温高压作用下聚集的夹杂物被破碎并向四周的粉末颗粒间隙扩散,与颗粒界面基体中的 Al、Mg、Hf 等元素发生如下化学反应:

$$4[Al] + 3TiO_2 \longrightarrow 2Al_2O_3 + 3[Ti] \tag{2}$$

$$2[Mg] + TiO_2 \longrightarrow 2MgO + [Ti] \tag{3}$$

$$[Hf] + TiO_2 \longrightarrow HfO_2 + [Ti] \tag{4}$$

$$4[Al] + 2Fe_2O_3 \longrightarrow 2Al_2O_3 + 4[Fe] \tag{5}$$

$$3[Mg] + Fe_2O_3 \longrightarrow 3MgO + 2[Fe] \tag{6}$$

$$3[Hf] + 2Fe_2O_3 \longrightarrow 3HfO_2 + 4[Fe] \tag{7}$$

对该断口裂纹源进行面扫描结果如图 6 所示,生成的 Al_2O_3 及微量 MgO、HfO_2 偏聚在颗粒边界的形态清晰可见,反应生成物改变了界面的正常结合,在 HIP 制件中形成类似于孔隙的薄弱区[16]。同时,由于 Al 是该合金中 γ' 强化相的主导元素,当基体中的 Al 在边界被置换反应偏聚,自然影响该区域基体 γ' 强化相的析出,形成贫 γ' 相薄弱区,导致合金的强度下降。

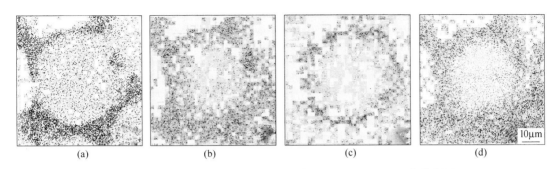

图 6 图 3（h）断口裂纹源上颗粒间隙 Al、Mg、Hf、O 元素分布图
Fig. 6 Element distribution maps between particles on the fracture failure origin in Fig. 3(h)
(a)Al；(b)Mg；(c)Hf；(d)O

2.4 颗粒间断裂

由以上分析得知，PREP 粉末表面成分较为复杂，直接 HIP 成形制件中 PPB 形成往往是多种综合因素造成，很难区分。实验结果得出，本实验用合金中由理论上定义的碳化物"PPB"在 LCF 断口上成为疲劳源的数量较少；氧化黑粉在 PREP 制粉中常有出现，虽然数量很少，一旦存在不易去除，是 PM 合金中产生 PPB、成为裂纹源的潜在因素之一。

低周疲劳试样中成为裂纹源的颗粒表面上聚集着各类碳、氧化物，在疲劳实验过程中由于与基体有着不同的弹性模量引起变形率的差异而造成应力集中成为裂纹的起源[14]。由材料断裂韧性公式[16] $K_{Ic} \approx (2\sigma_s E \lambda_c)^{1/2}$ 得出，材料断裂韧性 K_{Ic} 取决于合金的屈服应力 σ_s 和弹性模量 E，以及杂质之间的间距 λ_c。可见颗粒边界上的碳、氧化物越密集，K_{Ic} 值降低，越易在颗粒界面处产生裂纹。

低周疲劳试样在设定的温度和应力实验条件下产生上述裂纹源，在循环应力的作用下发生裂纹扩展，当裂纹尖端由于应力集中达到合金的断裂强度 σ_b 时，裂纹发生快速扩展瞬时断裂[17]。由图 1（g）发现，在断口的裂纹快速扩展过渡区存在沿颗粒间断裂，其表面析出含 Nb、Ti、Hf 碳化物和碳氧化物。它们在颗粒表面的数量未造成应力集中成为裂纹源，但是这些析出相降低了颗粒界面断裂韧性，从而容易沿颗粒边界产生裂纹。试样中的 PPB 越多，沿颗粒间断裂数量增多。

2.5 颗粒间断裂和低周疲劳寿命的关系

根据颗粒间断裂在 LCF 断口上的分布和数量可以判断其对疲劳寿命的影响。图 1(a) 所示的 I 区是疲劳裂纹扩展的主要阶段，是决定疲劳裂纹扩展寿命的主要部分[17]，裂纹源的位置、尺寸、类型是疲劳寿命的主要影响因素[14]。研究结果表明，在裂纹快速扩展过渡区存在少量颗粒间断裂时，未发现其对疲劳寿命有影响，当过渡区的颗粒间断裂达到如图 2 所示的 3、4 级的程度时，对疲劳寿命有一定影响。

本试验用合金粉末的粒度范围为 50～150μm，裂纹源上单个的粉末颗粒尺寸均在 100μm 左右。因此，对比单颗粉末裂纹源对疲劳寿命的影响主要取决于其在试样的位置和颗粒表面的状况。试验统计结果表明（图 7），单颗粉末裂纹源在试样表面的疲劳寿命为

5000~10000 周次，在亚表面时疲劳寿命在 30000 周次左右，离表面大于 1mm 部位的疲劳寿命在 60000 周次以上。试验结果表明，单个颗粒裂纹源表面的析出或粘连物的密集度对疲劳寿命有一定影响。

当粉末被熔渣或外来夹杂物粘连包裹形成大于 200μm 的表面裂纹源时，疲劳寿命均低于 5000 周次。如图 1(d) 中疲劳源距试样表面 100μm，源的尺寸约 600μm，疲劳寿命为 2125 周次。由 2.3 节中分析可知，该断口裂纹源的夹杂物导致在 HIP 过程中形成了较大范围的 PPB 组织。颗粒界面的反应区和贫 γ' 相范围的大小直接影响试样的抗疲劳性能。局部的应力集中加速了疲劳裂纹从该区域萌生和扩展，使低周疲劳寿命降低。

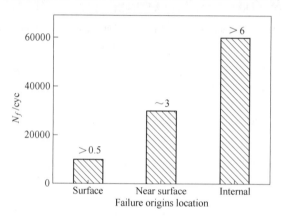

图 7　单个颗粒疲劳源位置与疲劳寿命关系图

Fig. 7　Relationship between location of single powder at failure origins and LCF life

图 8 对比裂纹源都是一颗粉在表面的两种试样 G 和 D [图 8(a) 和 (b)]，试样 G 的疲劳寿命为 6762 周次，试样 D 为 5026 周次。SEM 观察，在裂纹扩展的初始阶段两种断口上没有发现差异 [图 8(c) 和 (d)]。颗粒间断裂开始出现在图 1 所示的 I 区和 II 区的交界，在试样 G 断口上发现个别颗粒间断裂，在快速裂纹扩展阶段是以穿晶和沿晶为主的混合断裂模式 [图 8(e)]。而试样 D 的快速裂纹扩展阶段出现较多的颗粒间断裂 [图 8(f)]。

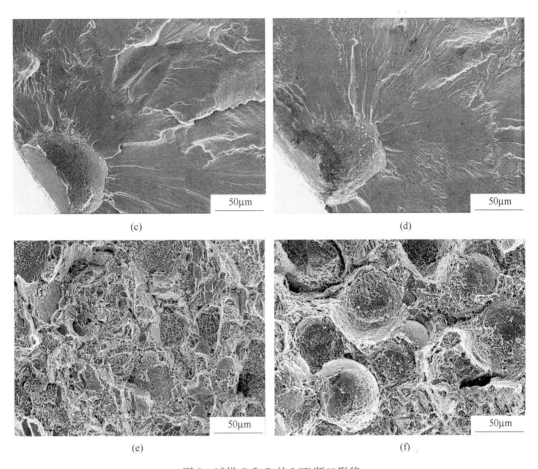

图 8 试样 G 和 D 的 LCF 断口形貌

Fig. 8 Morphologies on the LCF fractures surfaces of samples G and D

(a) Macroscopic of sample G; (b) Macroscopic of sample D; (c) Single particle in the failure origin of sample G; (d) Single particle in the failure origin of sample D; (e) Intergranular and transgranular rupture at rapid crack propagation zones of sample G; (f) Inter-particle rupture at rapid crack propagation zones of sample D

文献 [17, 18] 指出，材料的断裂韧性、疲劳强度都随其抗张强度的提高而增大。图 9 所示为试样在 650℃ 下的拉伸强度与低周疲劳寿命的关系。结果表明，合金材料的强度

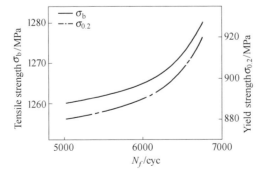

图 9 650℃拉伸强度与低周疲劳寿命的关系

Fig. 9 Relationship between tensile strength and LCF life at 650℃

与疲劳寿命呈正比关系,试样 D 的抗拉强度和疲劳寿命均低于试样 G。本疲劳试验中,平均循环应力小于所用材料的屈服强度,所以在裂纹萌生后扩展初期两种试样都没有出现沿颗粒间断裂。由于试样 D 中 PPB 较多,断裂韧性相对低,加快了裂纹扩展。当裂纹尖端的应力集中达到颗粒界面的断裂强度时,便发生瞬时断裂,在断口上呈现大范围的颗粒间断裂。

3 结论

(1)颗粒间断裂在所研究的 PM 高温合金 LCF 断口上的表现形式主要有一颗或多颗粉粒成为裂纹源,经统计,裂纹源为单颗粒的占颗粒间断裂断口总数的 67%,裂纹源为多颗粒的占 17%,其他的占 16%;裂纹快速扩展阶段存在不同程度的颗粒间断裂;根据颗粒间断裂在 LCF 断口上的分布和数量,分为 4 级。

(2)裂纹源的粉末颗粒表面主要存在(Nb、Ti、Hf)C 型碳化物、以 Nb、Ti 为主的碳氧化物以及含 Al、Mg、Hf 等元素的氧化物;裂纹快速扩展阶段的颗粒表面主要聚集有碳化物和碳氧化物。

(3)PM 高温合金中的 PPB 是由合金材料和制粉及热成形工艺等多种综合因素造成。PREP 工艺出现的黑粉是 HIP 制件中产生 PPB、成为裂纹源的根源之一。与粉末黏连的少量遗传熔渣及外来夹杂物在 HIP 中形成了类似于 PPB 的组织。PPB 导致合金断裂韧性降低,使裂纹沿颗粒萌生、扩展。

(4)本实验疲劳源为单颗粒的试样疲劳寿命均大于 5000 周次。颗粒间断裂形成裂纹源的尺寸、位置和颗粒表面杂质的密集度及其与基体形成的反应区对疲劳寿命产生主要的影响。当裂纹快速扩展阶段出现较多的颗粒间断裂时,对疲劳寿命有影响。

参 考 文 献

[1] 胡本芙,田高峰,贾成厂,刘国权.涡轮盘用高性能粉末高温合金的优化设计探讨[J].粉末冶金技术,2009,27(4):292-300.
  Hu Benfu, Tian Gaofeng, Jia Chengchang, Liu Guoquan. Optinization design of the high performance powder metallurgy for turbine disk [J]. Powder Metallurgy Technology, 2009, 27(4):292-300.

[2] GARIBOV G S, VOSTRIKOV A V, GRIST N M, FEDORENKO Y A. Development of new PM Ni-base superalloys for production of discs and shafts for aircraft engines [J]. Light Alloy Technology, 2010(2):34-43.(in Russian)

[3] 张莹,张义文,刘明东,张娜.粉末冶金高温合金中粉末颗粒间断裂的形貌特征[C]//中国金属学会高温材料分会编.第十一届高温合金年会论文集.北京:冶金工业出版社,2007:545-549.
  Zhang Ying, Zhang Yiwen, Liu Mingdong, Zhang Na. Morphology characteristic of inter-particle rupture in PM superalloy [C] // Chinese Society for Superalloy eds. Proce 11th Symp on Superalloys. Beijing: Metallurgical Industry Press, 2007:545-549.

[4] BELOV A F, ANOSHIKIN N F, FATKULLIN O H. Microstructure and Properties of Nickel-base PM Superalloy [M]. Moscow: Metallurgical Press, 1984:39-83.(in Russian)

[5] CAROL M, GILLELS L E, ASHOK K K. Prior particle boundary precipitation in Ni-base superalloys [J]. The International Journal of Powder Metallurgy, 1989, 25(4):301-308.

[6] 毛健,杨万宏,汪武祥,邹金文,周瑞发.粉末高温合金颗粒界面及断裂研究[J].金属学报,

1993, 29(4): 187-191.

Mao Jian, Yang Wanhong, Wang Wuxiang, Zou Jinwen, Zhou Ruifa. Particle boundary and fracture of powder metallurgy superalloy [J]. Acta Metallugica Sinica, 1993, 29(4): 187-191.

[7] WARREN R, INGESTEN N G, WINBERG L, RONNHULT T. Particle surfaces and prior particle boundaries in Hf modified PM Astroloy [J]. Powder Metallurgy, 1984, 27(3): 141-146.

[8] MAURER G E, CASTLEDINE W, SCHWEIZER F A, MANCUSO S. Development of HIP consolidated PM superalloys for conventional forging to gas turbine engine componets [C]//KISSINGER R D, DEYE D J, ANTON D L, CETEL A D, NATHAL M V, POLLOCK T M, WOODFORD D A. Superalloys 1996. Pennsylvania: TMS Press, 1996: 645-652.

[9] ELEMENKO V I, ANOSHIKIN N F, FATKULLIN O H. Microstructure and Mechanical Properties of Nickel-base PM Superalloy [J]. Metallurgy and metal heat treatment, 1991, (12): 8-12. (in Russian)

[10] JOHN R, DAVID F. Assessment of Russian PM superalloy EP741NP [C]//GREEN K A, POLLOCK T M, HARADA H, POLLOCK T M, REED R C, SCHIRRA J J, WALSTON S. Superalloys 2004. Pennsylvania: TMS Press, 2004: 381-390.

[11] 刘明东, 张莹, 刘培英, 张义文. FGH95粉末高温合金原始颗粒边界及其对性能的影响 [J]. 粉末冶金工业, 2006, 16(3): 1-4.

Liu Mingdong, Zhang Ying, Liu Peiying, Zhang Yiwen. Study on the PPB defect of PM superalloy FGH95 [J]. Powder Metallurgy Industry, 2006, 16(3): 1-4.

[12] 赵军普, 陶宇, 袁守谦, 贾建, 韩寿波. 粉末冶金高温合金中的原始颗粒边界（PPB）问题 [J]. 粉末冶金工业, 2010, 20(4): 43-49.

Zhao Junpu, Tao Yu, Yuan Shouqian, Jia Jian, Han Shoubo. The problem of prior particle boundary precipitation in PM superalloys [J]. Powder Metallurgy Industry, 2010, 20(4): 43-49.

[13] FATKULLIN O H, STLOGANOV G B, ILIN A A, SHULIGA A V, MARTENOV V N. Metallurgy and Technology of Rapidly Quenched Alloys [M]. Moscow: MAI Press, 2009: 501-511. (in Russian)

[14] 张莹, 张义文, 张娜, 刘明东, 刘建涛. 粉末冶金高温合金FGH97的低周疲劳断裂特征 [J]. 金属学报, 2010, 46(4): 444-450.

Zhang Ying, Zhang Yiwen, Zhang Na, Liu Mingdong, Liu Jiantao. Fracture character of low cycle fatigue of PM superalloy FGH97 [J]. Acta Metallugica Sinica, 2010, 46(4): 444-450.

[15] 韩凤麟. 粉末冶金基础教程——基本原理与应用 [M]. 广州: 华南理工大学出版社, 2005: 125-135.

Han Fenglin Powder metallurgy foundation-basic principles and applications [M]. Guangzhou: South China University of Technology Press, 2005: 125-135.

[16] 黄培云. 粉末冶金原理 [M]. 北京: 冶金工业出版社, 2004: 380-382.

Huang Peiyun. Powder metallurgy principle [M]. Beijing: Metallurgical Industry Press, 2004: 380-382.

[17] 束德林. 工程材料力学性能 [M]. 北京: 机械工业出版社, 2007: 98-119.

Shu Delin. Mechanical properties of engineering materials [M]. Beijing: Mechanical Industry Press, 2007: 98-119.

[18] 赖祖涵. 金属的晶体缺陷与力学性质 [M]. 北京: 冶金工业出版社, 1988: 286-327.

Lai Zuhan. Crystal defect and mechanical properties of metals [M]. Beijing: Metallurgy Industry Press, 1988: 286-327.

（原文发表在《中国有色金属学报》, 2013, 23(4): 987-995.）

微量元素 Hf 消除 FGH96 合金中原始粉末颗粒边界组织机制的探讨

张义文[1,2]　刘建涛[1,2]　韩寿波[1,2]　迟 悦[1,2]

(1. 钢铁研究总院高温材料研究所，北京　100081；
2. 高温合金新材料北京市重点实验室，北京　100081)

摘　要　粉末冶金高温合金中原始粉末颗粒边界组织（PPBS）由碳化物和少量碳氧化物组成。采用 SEM、TEM 以及 AES 等手段研究了粉末颗粒内、表面上以及合金中 PPB 上碳化物的结构和组成，依据热力学和扩散理论分析了 Hf 消除原始粉末颗粒边界组织（PPBS）的微观机制。结果表明：快速凝固粉末颗粒表面形成含有 Ti、Nb、Cr、Mo、W 的 MC 型亚稳定碳化物 MC′，在 HIP 过程中粉末颗粒表面上的 MC′相转变成稳定的 MC 相，以及粉末颗粒内的 Ti、C 元素向烧结颈处扩散，HIP 后在粉末颗粒边界上形成富 Ti 和 Nb 的 MC 型碳化物（Ti，Nb）C。Hf 在粉末颗粒内形成了更多更稳定的含 Hf 的 MC 型碳化物（Ti，Nb，Hf）C，C、Ti 被"绑定"在碳化物（Ti，Nb，Hf）C 中，抑制了 C、Ti 向烧结颈处扩散，从而抑制了 MC 型碳化物在粉末颗粒边界上的析出。

关键词　粉末冶金高温合金　FGH96　Hf　原始粉末颗粒边界组织　机制

Discussion on the Mechanism of Micro-element Hf Eliminating PPBS in Powder Metallurgy Superalloy FGH96

Zhang Yiwen[1,2], Liu Jiantao[1,2], Han Shoubo[1,2], Chi Yue[1,2]

(1. High Temperature Materials Research Institute, Central Iron and Steel Research Institute, Beijing 100081, China; 2. Beijing Key Laboratory of Advanced High Temperature Materials, Beijing 100081, China)

Abstract: The precipitates at prior particle boundary (PPB) are composed of carbide and small amount oxycarbide or oxide in PM superalloys. The composition and structure of carbide inside the powder, the powder surface and on the PPB were investigated by SEM, TEM, AES techniques, etc. The mechanism of eliminating prior particle boundary structure (PPBS) was discussed according to thermodynamics and diffusion theory. The results show that metastable MC type carbide MC′ rich in Ti, Nb, Cr, Mo, W elements forms on powder surface during atomization, the metastable MC′ carbide on powder surface will transform into stable MC carbide during hot isostatic pressing (HIP) process, Ti and C inside powder particles will diffuse to sintering neck during HIP process, then stable MC carbide (Ti, Nb)C will form on powder particle boundaries. When micro-element Hf is added in, more and more stable MC type carbides containing Hf precipitate within powder particles, which means C and Ti elements are bound in (Ti, Nb, Hf)C carbides, suppressing the diffusion of C and Ti to sintering neck, and finally the precipitation of MC type carbides at sintering is inhibited.

Keywords: PM superalloy, FGH96, Hf, prior particle boundary structure, mechanism

在粉末冶金高温合金热等静压（HIP）固结成形过程中，在粉末颗粒表面形成碳化物和碳氧化物，以 MC 型碳化物为主。HIP 固结后，这些碳化物和碳氧化物勾勒出原始粉末颗粒边界（prior particle boundary, PPB），原始粉末颗粒边界上的碳化物和碳氧化物形成原始粉末颗粒边界组织（prior particle boundary structure, PPBS）。严重的 PPBS 阻碍了粉末颗粒之间的扩散，很难在随后的热处理过程中消除，成为裂纹的发源地和扩展通道，导致沿颗粒间断裂，对合金性能不利，突出表现为降低合金塑性、韧性、持久寿命和低周疲劳寿命[1-6]。国内外大量文献报道了在消除 PPBS 方面的研究工作[2,7-15]，减轻或消除 PPBS 的有效措施包括：（1）降低合金中 C 含量，以尽量减少碳化物含量，粉末冶金高温合金中 C 含量一般控制在 0.07%（质量分数）以下。（2）降低合金中 Ti 含量，添加 Hf、Ta 等强碳化物形成元素。比如：俄罗斯的 EP741NP 中 Ti 的质量分数控制在 1.8% 左右，比美国的 René95（约 2.5%Ti）和 René88DT（约 3.7%Ti）合金中的 Ti 含量低；EP741NP 合金中加入了约 0.3%Hf[9]，美国的 MERL76 合金中加入了约 0.4%Hf[8]、René104 合金中加入了约 2.3%Ta、Alloy10 合金中加入了约 0.9%Ta，英国的 RR1000 合金中加入了约 0.75%Hf 和 1.5%Ta[13]，中国的 FGH97 合金加入了 0.3%Hf[12]、FGH98 合金加入了 2.5%Ta[11]，基本上消除了 HIP 态合金中的 PPBS。（3）合金在高温下固溶处理。（4）采用热挤压工艺，对 HIP 锭坯进行热挤压可以有效地破碎 PPBS。

目前，大量的研究工作集中于添加微量元素 Hf 对粉末冶金高温合金性能的影响方面，但在消除 PPBS 的机制方面并没有研究清楚。一般认为，合金中添加微量元素 Hf，在粉末颗粒内形成了稳定的含 Hf 的 MC 型碳化物，抑制了 C 元素向粉末颗粒表面的扩散，从而减少了 MC 型碳化物在粉末颗粒边界上的析出。

本文从快速凝固粉末颗粒表面成分偏析、烧结理论和界面反应角度，探讨了微量元素 Hf 抑制碳化物在粉末颗粒边界上析出的微观机制。

1 实验

实验材料为镍基粉末冶金高温合金 FGH96，该合金含有固溶强化元素 Co、Cr、Mo、W，γ′相沉淀强化元素 Al、Ti、Nb 及少量的晶界强化元素 B、Zr，主要化学成分（质量分数）为：Co13.0%、Cr16.0%、W4.0%、Mo4.0%、Al2.2%、Ti3.7%、Nb0.8%、C0.04%、Ni 余量。在 FGH96 合金中加入质量分数分别为 0、0.3%、0.6% 的 Hf。使用等离子旋转电极法（plasma rotating electrode process, PREP）制备的合金粉末，粒度为 50~150μm，合金粉末采用热等静压于 1180℃ 固结成形，最终得到 3 种 Hf 含量 HIP 态的 FGH96 合金。粉末试样采用一级碳萃取复型，利用透射电镜（TEM）结合能谱仪（EDS）对萃取碳化物进行观察和结构、成分分析。用扫描电镜（SEM）观察合金的显微组织；用 TEM 对合金中的碳化物进行结构和成分分析；用俄歇能谱仪（AES）分析粉末颗粒表面及表面以下约

15~20nm 深度区域的元素分布，判断元素在粉末颗粒表面的偏析倾向；采用物理化学相分析方法对 3 种 Hf 含量的 FGH96 合金进行相分析，用恒电流法电解提取第二相 γ′ 和 (MC+M_3B_2)，然后用电化学法分离 γ′ 相和微量相 (MC+M_3B_2)，用化学法分离 MC 相和 M_3B_2 相，用 X 射线衍射 (XRD) 确定相的类型，最后用化学分析方法定量测定相的组成和含量。

2 实验结果

实验结果表明，标准热处理后 3 种 Hf 含量的 FGH96 合金均由基体 γ 相、γ′ 相、MC 型碳化物以及微量 M_3B_2 型硼化物组成，γ′ 相和 MC 型碳化物为主要第二相。随着合金中 Hf 含量的增加，γ′ 相量略有增加，碳化物 MC 相量增加。γ′ 相含量为 39.00%（质量分数）左右，MC 型碳化物和 M_3B_2 型硼化物总量不超过 0.23%。由此可见，添加 Hf 没有改变 FGH96 合金组成相的种类和出现新相，γ′ 相的组成由 (Ni, Co)$_3$(Al, Ti) 变为 (Ni, Co)$_3$(Al, Ti, Hf)，MC 型碳化物的组成由 (Ti, Nb)C 变为 (Ti, Nb, Hf)C。

图 1 给出了不同 Hf 含量的 FGH96 合金 HIP 态的显微组织。可见，不含 Hf 和含 0.3% Hf 的 FGH96 合金中存在较明显的 PPBS，当 Hf 质量分数达到 0.6% 时，FGH96 合金中几乎不存在 PPBS。

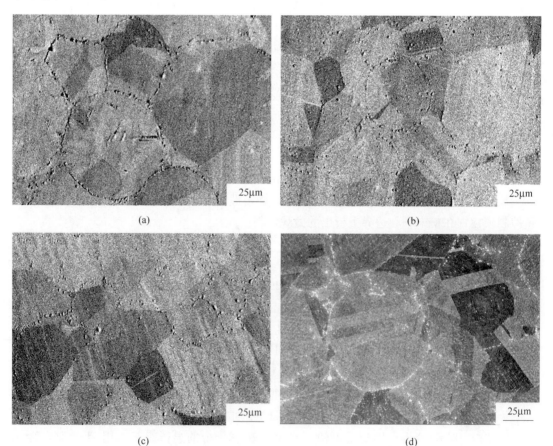

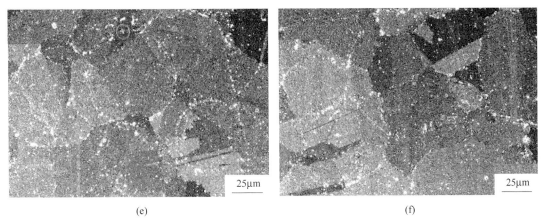

图 1 不同 Hf 含量的 FGH96 合金 HIP 态的显微组织

(a),(d)0;(b),(e)0.3%;(c),(f)0.6%

用 TEM 和 EDS 对不含 Hf 的 HIP 态 FGH96 合金 PPB 上的析出相进行分析,结果如图 2 所示。从图 2(a)中的 SAD 谱的标定结果可以判定颗粒状析出物为 MC 相,并从图 2(b)所示的 EDS 结果可知,MC 相中富含 Ti 和 Nb,即 PPB 上的析出相主要是 MC 型碳化物 (Ti,Nb)C。

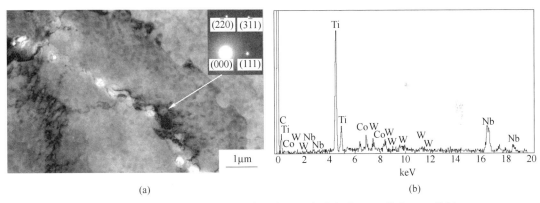

图 2 不含 Hf 的 HIP 态 FGH96 合金中 PPB 析出相的 TEM 像和 EDS 分析

(a)TEM 照片和 $[11\bar{2}]$ 晶带轴的 SAD 谱;(b) EDS 分析结果

图 3 是不含 Hf 的 FGH96 合金粉末颗粒表面萃取碳化物的分析结果。从图 3(a)中的 SAD 谱的标定结果可以判定碳化物属于 MC 型,从图 3(b)所示的 EDS 结果可知,碳化物为含有强碳化物形成元素 Ti、Nb 和弱碳化物形成元素 Mo、W 的 MC 型一次碳化物,称为 MC′相[16,17]。PREP 法制备的粉末在高速冷却($10^3 \sim 10^5$K/s)下凝固,属于快速非平衡凝固,故 MC′属于非平衡相或亚稳定相。实验结果表明,粉末颗粒内也存在碳化物,结构与表面碳化物相同,成分与之相近。这是因为粉末颗粒在快速非平衡凝固过程中发生偏析,无论是在粉末颗粒内,还是在粉末颗粒表面,MC′相均位于树枝晶间。

图 4 给出了不含 Hf 的 FGH96 合金粉末颗粒表面 AES 分析结果。由图 4 可知,粉末颗粒表面富集元素 Ti 和 C,结合上述结果可以判断出粉末颗粒内和表面的碳化物均为富含 Ti 的 MC′相。

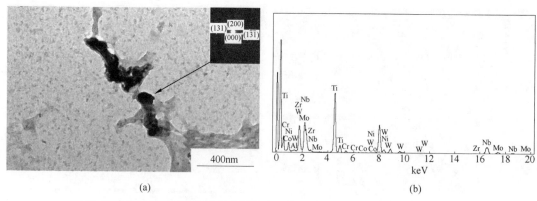

图 3 不含 Hf 的 FGH96 合金粉末颗粒表面萃取碳化物的 TEM 照片和 EDS 分析

(a)TEM 照片和 [01$\bar{3}$] 晶带轴的 SAD 谱;(b)EDS 分析结果

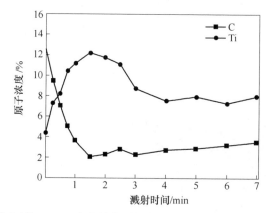

图 4 不含 Hf 的 FGH96 合金粉末颗粒表层 C、Ti 元素成分深度分布曲线

用 TEM 和 EDS 对含 0.6%Hf 的 FGH96 合金粉末颗粒内萃取的碳化物进行分析,结果如图 5 所示。从图 5(a) 中的 SAD 谱的标定结果可以判定,粉末颗粒内块状碳化物属于 MC 型,从图 5(b) 所示的 EDS 结果可知,碳化物为含有 Ti、Nb、Hf、Cr、Mo、W 的 MC 型亚稳相 MC′。粉末颗粒表面碳化物的结构与内部的相同,成分亦与之相近。

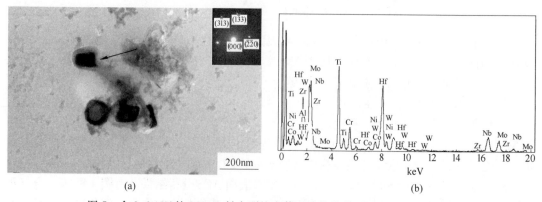

图 5 含 0.6%Hf 的 FGH96 粉末颗粒内萃取碳化物的 TEM 照片 EDS 分析

(a)TEM 照片和 [$\bar{3}$34] 晶带轴的 SAD 谱;(b)EDS 分析结果

用 TEM 和 EDS 对 HIP 态 FGH96 合金中萃取的碳化物进行分析，结果如图 6、图 7 所示。从图 6（a）和图 7（a）中的 SAD 谱的标定结果可以判定，无 Hf 的和含 0.6%Hf 的 FGH96 合金中碳化物属于 MC 型，从图 6（b）所示的 EDS 结果可知，无 Hf 的 FGH96 合金中碳化物为富含 Ti、Nb 的碳化物（Ti，Nb）C。从图 7（b）所示的 EDS 结果可知，含 0.6%Hf 的 FGH96 合金中碳化物为富含 Ti、Nb、Hf 的碳化物（Ti，Nb，Hf）C。由此得出，在 HIP 过程中不含 Hf 的 FGH96 合金粉末颗粒内和表面上的 MC′相发生了分解，形成富含 Ti 和 Nb 的二次碳化物（Ti，Nb）C；在 HIP 过程中含 0.6%Hf 的 FGH96 合金粉末颗粒内和表面上的 MC′相分解为富含 Ti、Nb、Hf 的稳定的二次碳化物（Ti，Nb，Hf）C。

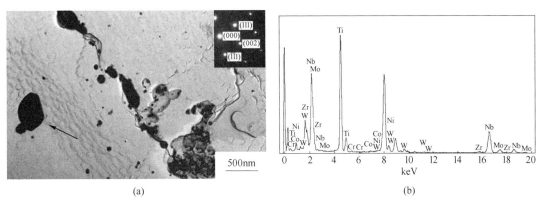

图 6　不含 Hf 的 HIP 态 FGH96 合金萃取碳化物的 TEM 照片和 EDS 分析

(a)TEM 照片和 [$\bar{1}10$] 晶带轴的 SAD 谱；(b)EDS 分析结果

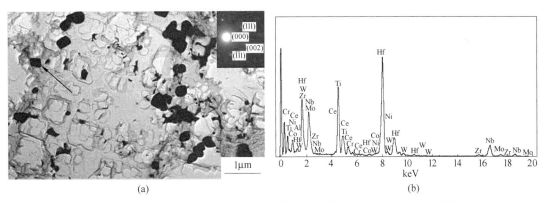

图 7　含 0.6%Hf 的 HIP 态 FGH96 合金萃取碳化物的 TEM 照片和 EDS 分析

(a)TEM 照片和 [$\bar{1}10$] 晶带轴的 SAD 谱；(b)EDS 分析结果

3　讨论

HIP 固结的微观机制为[18]：接触的粉末颗粒发生塑性屈服，形成烧结颈，之后粉末颗粒产生蠕变及在烧结颈处发生晶格扩散和界面扩散。HIP 固结的驱动力来源于粉末颗粒烧结颈处的表面张力和热等静压气体介质作用于粉末颗粒的外力。

文献 [19] 中对 HIP 过程中二次碳化物在晶内、界面（包括晶界和烧结颈）及粉末颗粒表面等不同位置析出时的形核功进行了计算，结果表明碳化物最容易在界面处形核。

由于表面张力在烧结颈处产生热力学上过剩的高浓度空位使二次碳化物优先在烧结颈处形核。

制粉过程中在粉末颗粒表面会生成一定数量的氧化物质点[20]，这些氧化物可以作为MC′碳化物形成的核心，促进 MC′相在粉末颗粒表面形成。

HIP 过程中，在粉末颗粒之间形成的烧结颈处亚稳定的 MC′相按反应式（1）向平衡相转变，形成富 Ti 和 Nb 的二次碳化物（Ti, Nb)C：

$$MC'[(Ti, Nb, Cr, Mo, W)C]（烧结颈）\longrightarrow$$
$$MC[(Ti, Nb)C]（烧结颈）+\gamma[Cr, Mo, W]（烧结颈） \quad (1)$$

在 HIP 过程中粉末颗粒内亚稳定的 MC′相发生分解，由于元素 C、Ti、Nb 具有较高的扩散系数（见表1)[21,22]，C、Ti、Nb 向烧结颈扩散，Cr、Mo、W 扩散到基体 γ 相中，在烧结颈处按反应式（2）形成富 Ti 和 Nb 的二次碳化物（Ti, Nb)C：

$$MC'[(Ti, Nb, Cr, Mo, W)C]（颗粒内）\longrightarrow$$
$$MC[(Ti, Nb)C]（烧结颈）+\gamma[Cr, Mo, W]（颗粒内） \quad (2)$$

在 HIP 过程中，过饱和固溶体 γ 发生分解，由于元素 C、Ti 具有较高的扩散系数（表1)，C、Ti 倾向于向烧结颈扩散，在烧结颈处按反应式（3）形成富 Ti 的二次碳化物 TiC：

$$\gamma[过饱和]（颗粒内）+C（颗粒内）\longrightarrow \gamma[平衡]（颗粒内）+MC[TiC]（烧结颈） \quad (3)$$

由反应式（1）、（2）和（3）控制的3个过程在烧结颈处形成富含 Ti 和 Nb 的二次碳化物（Ti, Nb)C，如图8（a）所示。

表1　元素在 Ni 中的扩散系数

元素	$D_0/\mathrm{m^2 \cdot s^{-1}}$	$Q/\mathrm{J \cdot mol^{-1}}$	在1180℃下的 $D/\mathrm{m^2 \cdot s^{-1}}$
C	1.2×10^{-5}	1.37×10^{5}	1.4×10^{-10}
Ti	8.0×10^{-5}	2.57×10^{5}	4.6×10^{-14}
Nb	5.6×10^{-4}	2.86×10^{5}	2.9×10^{-14}
Mo	3.0×10^{-4}	2.88×10^{5}	1.3×10^{-14}
W	2.9×10^{-4}	3.08×10^{5}	2.5×10^{-15}
Hf	9.0	4.73×10^{5}	8.9×10^{-17}

注：1. 元素 Hf 和 Nb 为在 γ-Fe 中的扩散系数；2. 扩散系数计算公式为 $D=D_0\exp[-Q/(RT)]$，其中 R 为气体常数，取值 8.314 J/(mol·K)，T 为绝对温度，Q 为激活能。

FGH96 合金中加入微量 Hf，在制粉过程中在粉末颗粒内形成了含 Hf 的 MC′相，由于 Hf 的扩散系数很低，比 Ti 约低3个数量级（见表1），因此不易扩散；其次，从热力学分析，由于 Hf 与 C 有很强的亲和力，HfC 非常稳定[23]，在 HIP 过程中粉末颗粒内的 MC′相按反应式（4）在原位向平衡相转变，形成富 Ti、Nb 和 Hf 的更加稳定的二次碳化物（Ti, Nb, Hf)C，如图8（b）所示。

$$MC'[(Ti, Nb, Hf, Cr, Mo, W)C]（颗粒内）\longrightarrow$$
$$MC[(Ti, Nb, Hf)C]（颗粒内）+\gamma[Cr, Mo, W]（颗粒内） \quad (4)$$

在 HIP 过程中，加入 Hf 的 FGH96 合金粉末颗粒的过饱和固溶体 γ 分解出的 C 与粉末颗粒内 MC′相中的 Hf 反应形成 HfC，按反应式（5）最终形成（Ti, Nb, Hf)C。

$$MC'[(Ti, Nb, Hf, Cr, Mo, W)C]（颗粒内）+C[过饱和固溶体 \gamma 分解]$$

（颗粒内）$\longrightarrow$ MC[（Ti，Nb，Hf）C]（颗粒内）+γ[Cr，Mo，W]（颗粒内）（5）

由反应式（4）和式（5）控制的 2 个过程在粉末颗粒内形成富含 Ti、Nb 和 Hf 的二次碳化物（Ti，Nb，Hf）C。

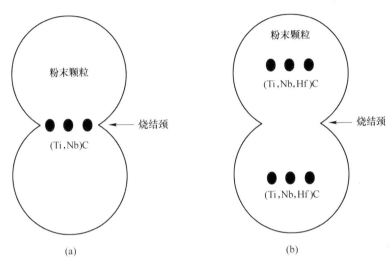

图 8　HIP 过程中 MC 型碳化物的形成

（a）在烧结颈处形成二次碳化物（Ti，Nb）C；（b）在粉末颗粒内形成二次碳化物（Nb，Ti，Hf）C

由上述分析可以得出，在 HIP 过程中粉末颗粒内的 C、Ti 被"绑定"在 MC 型碳化物（Ti，Nb，Hf）C 中，抑制了 C、Ti 向烧结颈处扩散，从而抑制了 MC 型碳化物在烧结颈处的形成，阻碍了 HIP 固结后在粉末颗粒边界上 MC 型碳化物的形成。

4　结论

（1）FGH96 合金中添加微量元素 Hf 没有改变合金组成相的种类，也没有新相出现，γ′相和 MC 型碳化物为主要第二相，γ′相的组成由（Ni，Co)$_3$(Al，Ti）变为（Ni，Co)$_3$(Al，Ti，Hf），MC 型碳化物的组成由（Ti，Nb）C 变为（Ti，Nb，Hf）C。

（2）粉末制备过程中元素 C、Ti 在粉末颗粒表面的偏析造成了 PPBS 的形成。FGH96 合金中 PPB 上的析出相主要是 MC 型碳化物（Ti，Nb）C。

（3）FGH96 合金中添加微量元素 Hf 消除 PPBS 的微观机制概括为：① 制粉过程中在粉末颗粒内形成了含 Hf 的亚稳定的 MC 型碳化物 MC′相；② HIP 过程中粉末颗粒内的 MC′相在原位处向平衡相转变，形成含 Hf 的稳定的 MC 型碳化物（Ti，Nb，Hf）C，C、Ti 被"绑定"在 MC 型碳化物（Ti，Nb，Hf）C 中，抑制了 C、Ti 向烧结颈处扩散，从而抑制了 MC 型碳化物在烧结颈处的形成。

参 考 文 献

［1］Wallace W, Wiebe W, Whelan E P, et al. The effect of grain-boundary structure on the tensile fracture behavior of hot-isostatically pressed 713LC alloy compacts ［J］. Powder Metallurgy, 1973, 16(32): 416-436.

［2］Thamburaj R, Wallace W, Chari Y N, et al. Influence of processing variableson prior particle boundary precipitation and mechanical behaviour in PM superalloy APK1 ［J］. Powder Metallurgy, 1984, 27(3):

169-180.

[3] 毛健, 杨万宏, 汪武祥, 等. 粉末高温合金颗粒界面及断裂研究 [J]. 金属学报 A, 1993, 29(4): 187-192.

[4] Rao G A, Kumar M, Sarma D S. Effect of standard heat treatment on the microstructure and properties of hot isostatically pressed superalloys Inconel 718 [J]. Materials Science and Engineering A, 2003, 355: 114-125.

[5] Rao G A, Srinivas M, Sarma D S. Effect of oxygen of powder on microstructure and mechanical properties of hot isostatically pressed superalloy Inconel 718 [J]. Materials Science and Engineering A, 2006, 435/436: 84-99.

[6] 夏天, 张义文, 迟悦. Hf 和 Zr 对 FGH96 合金 PPB 及力学性能的作用研究 [J]. 粉末冶金技术, 2013, 31(1): 53-61, 68.

[7] Allen R E, Bartos J L, Aldred P. Elimination of cabinde segrea to prior particle boundaries: US, 3890816 [P]. 1975-06-24.

[8] Evans D J, Eng R D. Development of a high strength hot isostatically pressed (HIP) disk alloy, MERL76 [C] // Hausner H H, Antes H W, Smith G D. Modern Developments in Powder Metallurgy, Vol. 14. Princeton: MPIF and APMI. 1981: 51-63.

[9] Белов А Ф, Аношкин Н Ф, Фаткуллин О Х, и др. Особенности легирования жаропрочных сплавов, получаемых методом металлургии гранул [M]// Банных О А. Жаропрочные и Жаростойские Стали и Сплавы на Никелевой Основе. Москва: Наука, 1984: 31-40.

[10] Marquez C, L'Esperance G, Koul A K. Prior particle boundary precipitation in Ni-base superalloys [J]. International Journal of Powder Metallurgy, 1989, 25(4): 301-308.

[11] Jia Jian, Tao Yu, Zhang Yiwen. Microstructures and mechanical properties of as-HIP PM superalloy FGH98 [J]. Rare Metals, 2009, 28(Spec. Issue): 136-140.

[12] 刘建涛, 张义文, 陶宇, 等. FGH97 合金的显微组织 [J]. 材料热处理学报, 2011, 32(3): 47-51.

[13] May J R, Hardy M C, Bache M R, et al. Microstructure and mechanical properties of an advanced nickel-based superalloy in the as-HIP form [J]. Advanced Materials Research, 2011, 278: 265-270.

[14] 张义文, 张凤戈, 张莹, 等. 一种消除粉末高温合金中 PPB 的有效方法 [J]. 钢铁研究学报, 2003, 15(7): 513-518.

[15] Rao G A, Srinivas M, Sarma D S. Influence of modified processing on structure and properties of hot isostatically pressed superalloy Inconel 718 [J]. Materials Science and Engineering A, 2006, 418: 282-291.

[16] Domingue J A, Boesch W J, Radavich J F. Phase relationship in René95 [C] // Tien J K, Wlodek S T, Morrow H III, et al. Superalloys 1980. Metals Park, Ohio: ASM, 1980: 335-344.

[17] 胡本芙, 陈焕铭, 宋铎, 等. 镍基高温合金快速凝固粉末颗粒中 MC 型碳化物相的研究 [J]. 金属学报, 2005, 41(10): 1042-1046.

[18] Eisen W B, Hebeisen J C. Principles and process modeling of higher-density consolidation [M]// Powder Metal Technologies and Applications, ASM Handbook. ASM International: Materials Park, 2006, 7: 590-604.

[19] 杨万宏, 俞克兰, 赖和怡, 等. 一种高温合金粉末预处理后表面的分析 [J]. 航空材料学报, 1993, 13(1): 22-29.

[20] 赵军普. FGH96 粉末高温合金原始粉末颗粒边界 (PPB) 问题的研究 [D]. 西安: 西安建筑科技大学, 2010.

[21] Gale W F, Totemeier T C. Smithells Metals Reference Book [M]. 8th ed. New York: Elsevier Butterworth-Heinemann, 2004.

[22] Burachynsky V, Cahoon J R. A theory for solute impurity diffusion, which considers engel-brewer valences, balancing the fermi energy levels of solvent and solute, and differences in zero point energy [J]. Metallurgy and Materials Transaction A, 1997, 28: 563-582.

[23] Kubaschewski O, Alcock C B, Spencer P J. Materials thermochemistry [M]. 6th ed. New York: Pergamon Press, 1993.

(原文发表在《粉末冶金工业》, 2014, 24(5): 1-7.)

制粉方式对粉末高温合金 FGH98 热变形特性的影响

张国星[1]　贾建[1,2]　陶宇[1]

(1. 钢铁研究总院高温材料研究所，北京　100081；
2. 高温合金新材料北京市重点实验室，北京　100081)

摘　要　通过等温恒应变速率压缩试验，研究了 2 种 FGH98 合金粉末热等静压锭坯在 1050～1150℃/0.005～1.000s^{-1}的变形行为。基于动态材料模型，建立了 2 种粉末锭坯的热加工图。结果表明，2 种粉末锭坯的流变曲线特征相似，同种变形条件下，氩气雾化（AA）粉末锭坯的峰值应力小于等离子旋转电极（PREP）粉末锭坯。AA 粉末锭坯的最佳变形窗口为 1088～1108℃/0.005～0.016 s^{-1}，η 大于 42%；PREP 粉末锭坯的最佳变形窗口为 1098～1120℃/0.010～0.016 s^{-1}，η 大于 40%。

关键词　粉末高温合金　FGH98　热变形行为　热加工图

Effect of Atomization Method on the Hot Deformation Behavior of PM Superalloy FGH98

Zhang Guoxing[1], Jia Jian[1,2], Tao Yu[1]

(1. High Temperature Materials Research Institute, Central Iron & Steel Research Institute, Beijing 100081, China; 2. Beijing Key Laboratory of Advanced High Temperature Materials, Beijing 100081, China)

Abstract: The hot deformation behavior of as-HIPed PM superalloy FGH98 in the temperature range of 1050~1150℃ and strain rate range of 0.005~1.000s^{-1} was investigated by using isothermal constant strain rate compressing tests. The powder was prepared with different atomization methods. On the basis of dynamic material modeling, processing maps for the two atomized billet were established. The results show that the rheological curves of the two kinds of billets are similar. Under the same deformation condition, the peak stress of argon gas atomization (AA) powder billet is lower than that of plasma rotating electrode process (PREP) powder billet. The optimum deformation window for AA powder billet is 1088~1108℃/0.005~0.016s^{-1}, η is higher than 42%. But the optimum deformation window for PREP powder billet is 1098~1120℃/0.010~0.016s^{-1}, η is higher than 40%.

Keywords: PM superalloy, FGH98, hot deformation behavior, processing map

粉末高温合金是 20 世纪 60 年代诞生的新型高温合金，具有无宏观偏析、晶粒细小、组织均匀和热加工性能好等优点，是高推重比航空发动机涡轮盘、高压压气机盘、涡轮挡板等关键热端部件的首选材料。根据航空发动机中粉末高温合金制件的应用部位以及性能要求，主要有2种工艺生产粉末高温合金制品：粉末制备→直接热等静压成形、粉末制备→粉末固结（热等静压、热挤压）→等温锻造成形[1-3]。

目前，工业化应用的粉末制备方法有2种：等离子旋转电极（Plasma rotating electrode process，PREP）法、氩气雾化（Argon atomization，AA）法。常用的AA粉末粒度范围为，小于75μm（-200目）、小于53μm（-270目）或小于45μm（-325目）[4]；PREP粉末粒度范围为50~100μm（150~300目）或50~150μm（100~300目）[5]。FGH98是我国新近研制的第3代粉末高温合金，根据国内生产设备条件、技术水平等，目前，主要通过粉末制备→热等静压→等温锻造成形的方法制备，采用AA法或PREP法制粉。由于2种粉末的制备原理、粒度范围、粉末特征不同，热等静压后的热变形特性也不同。

加工图（Processing map）是由基于动态材料模型建立的能量耗散效率图和加工失稳图叠加而成，它通过微观组织演变描述材料对变形工艺参数的动态响应[6,7]。加工图能够反映在各种变形温度和应变速率下，材料高温变形时内部微观组织的变化，并且能对材料的可加工性进行评估，在实际生产中对热加工工艺的制定和优化具有指导意义。本文主要研究了制粉方式对FGH98合金热等静压态锭坯热加工图的影响，为后续等温锻造工艺的制定和优化提供参考。

1 试验

采用真空感应熔炼制备FGH98母合金，然后分别采用AA法和PREP法制备粉末，粉末处理后装入包套、脱气、封焊，再经1180℃/4h/130MPa热等静压成形，获得致密化的FGH98合金锭坯。AA锭坯中粉末粒度为-75μm（200目），PREP锭坯中粉末粒度为50~150μm（100~300目）。

在热等静压态锭坯中切取试样进行单向恒温等应变速率压缩试验，根据真应力-应变曲线数据，以及热加工图理论，建立2种粉末锭坯的热加工图。试样尺寸φ8mm×12mm，升温速率10℃/s，保温5min，变形结束后迅速水淬。变形温度1050~1150℃，应变速率为0.005~1.000s^{-1}，压缩率40%。

2 结果与分析

2.1 真应力-应变曲线

2种粉末锭坯热压缩试验的真应力-应变曲线如图1、图2所示。由图可知，不同应变速率和变形温度下，2种粉末的流变曲线特征相似。变形开始阶段，流变应力随应变量的增加而迅速上升，此时为加工硬化阶段，这是由于随着形变量增大，位错不断增殖，位错间的交互作用又增大了位错运动的阻力，从而呈现加工硬化现象。当应变达到峰值应变（峰值应力对应应变量）后，随着应变的增加，流变应力开始下降，而且变形温度越低、应变速率越大，应力下降得越快，此时流变曲线呈现明显的动态再结晶特征。动态再结晶使得流变应力呈软化状态，随着动态再结晶的进行，软化速率大于硬化速率，应力逐渐下降；当发生完全动态再结晶后，流变应力不随形变量变化，即进入稳态阶段。同一温度下，随着应变速率的增加，真应力明显增加。同一应变速率下，真应力随着温度的升高大幅度降低。同种变形程度下，流变应力随变形温度的升高而减小，随应变速率的增加而增加。同种变形条件下，AA 粉末锭坯的峰值应力小于 PREP 粉末锭坯（见表 1）。

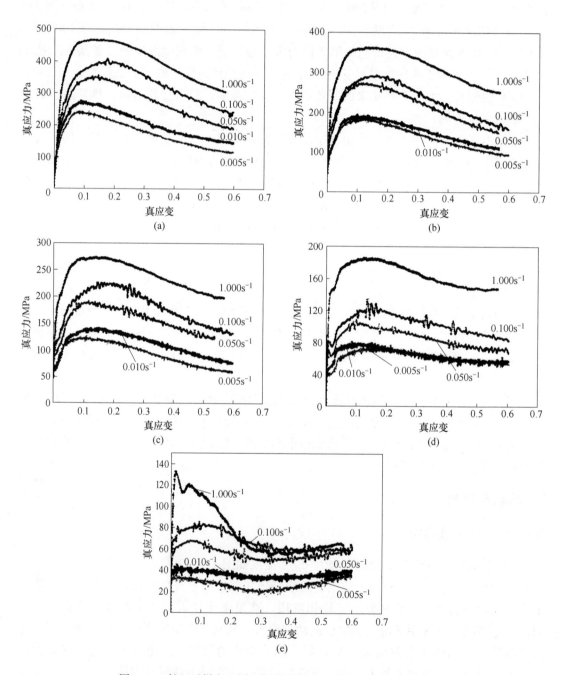

图 1　AA 锭坯试样在不同温度和应变速率下的真应力-应变曲线
(a) 1050℃；(b) 1075℃；(c) 1100℃；(d) 1125℃；(e) 1150℃

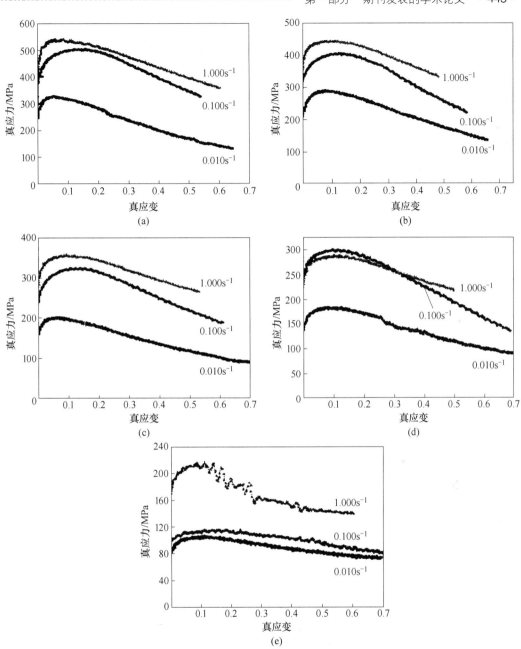

图 2　PREP 锭坯试样在不同温度和应变速率下的真应力-应变曲线
(a)1050℃；(b)1075℃；(c)1100℃；(d)1125℃；(e)1150℃

表1　粉末锭坯试样在不同温度和应变速率下等温恒应变速率压缩时的峰值应力

温度/℃	峰值应力/ MPa					
	1.000 s^{-1}		0.100 s^{-1}		0.010 s^{-1}	
	AA	PREP	AA	PREP	AA	PREP
1050	462.42	544.92	403.84	492.19	274.59	375.49
1075	360.69	507.81	291.05	418.46	194.28	313.48

续表1

温度/℃	峰值应力/ MPa					
	1.000 s^{-1}		0.100 s^{-1}		0.010 s^{-1}	
	AA	PREP	AA	PREP	AA	PREP
1100	272.05	405.76	224.87	336.43	140.82	229.00
1125	184.69	231.45	129.81	237.79	79.36	166.02
1150	132.59	294.43	85.65	139.16	45.51	95.21

2.2 热加工图

根据动态材料模型（Dynamic material modeling, DMM）理论，变形体的能量耗散可用式（1）表示。

$$P = \sigma \cdot \dot{\varepsilon} = G + J = \int_0^{\dot{\varepsilon}} \sigma d\dot{\varepsilon} + \int_0^{\sigma} \dot{\varepsilon} d\sigma \tag{1}$$

式中，G 为塑性变形产生的粘塑性热；J 为变形过程中因组织变化而耗散的能量；σ 为应力；$\dot{\varepsilon}$ 为应变。

材料加工过程中，定义了一个反映材料功率耗散特征的参数 η，为功率耗散效率（Efficiency of power dissipation），其表达式为：

$$\eta = \frac{2m}{m+1} = \frac{2 \times \dfrac{d\ln\sigma}{d\ln\dot{\varepsilon}}}{\dfrac{d\ln\sigma}{d\ln\dot{\varepsilon}} + 1} \tag{2}$$

式中，m 为应变速率敏感性指数；$\dot{\varepsilon}$ 为应变速率。

η 是一个关于温度、应变和应变速率的三元变量。在一定应变下，就其与温度和应变速率的关系作图，可以得到功率耗散图。一般功率耗散图是在 $T-\dot{\varepsilon}$ 平面上绘制功率耗散效率 η 的等值轮廓曲线图。图3为2种粉末锭坯在真应变0.4的功率耗散图。

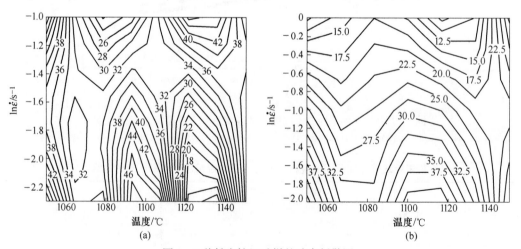

图3 2种粉末锭坯试样的功率耗散图
(a) AA; (b) PREP

在功率耗散图中，并不是功率耗散效率越大，材料的内在加工性能越好，因为功率耗散效率在加工失稳区也可能较高，所以有必要判断出合金的加工失稳区。根据不可逆热动力学的极大值原理，Ziegler 提出了在一定温度和应变下微观组织保持稳定的条件，见式（3）。

$$\xi(\dot{\varepsilon}) = \frac{\partial \ln\left(\frac{m}{m+1}\right)}{\partial \ln \dot{\varepsilon}} + m > 0 \tag{3}$$

式（3）的物理意义是：当一个系统的熵产生率小于施加于系统上的应变速率时，塑性流变将会局部化，从而发生流变失稳。在 T-$\dot{\varepsilon}$ 的二维平面上标出参数 $\xi(\dot{\varepsilon})$ 为负的区域就得到加工失稳图。图 4 为 2 种粉末锭坯在真应变 0.4 的加工失稳图。

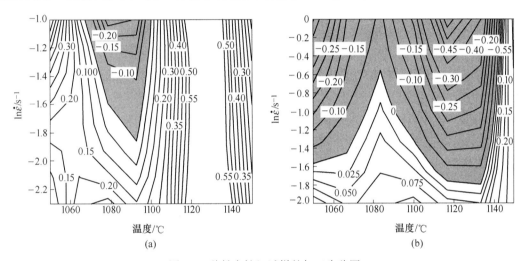

图 4　2 种粉末锭坯试样的加工失稳图
(a) AA；(b) PREP

将功率耗散图和加工失稳图叠加即为热加工图，如图 5 所示。图中的等值线代表功率耗散效率 η，阴影部分表示非稳定变形区域，其余为稳定区域。如果在非稳定区域对应的

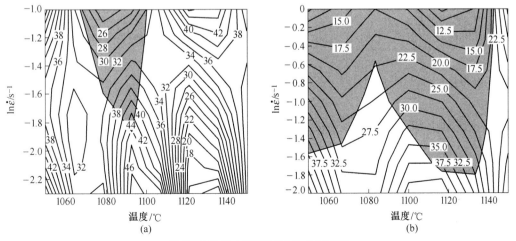

图 5　2 种粉末锭坯试样的热加工图
(a) AA；(b) PREP

工艺参数下进行塑性变形，可能会出现对微观组织不利的各种缺陷，应避免在非稳定区进行热加工。粉末高温合金的合金化程度高、难变形，结合实际生产条件，热加工窗口温度范围不小于20℃。选取功率耗散效率 η 较大且稳定的区域为合适的变形窗口，由图可知，AA粉末锭坯的最佳变形窗口为1088~1108℃/0.005~0.016s^{-1}，η 大于42%；PREP粉末锭坯的最佳变形窗口为1098~1120℃/0.010~0.016s^{-1}，η 大于40%。

2.3 分析与讨论

2种粉末锭坯的热加工图不同，最佳变形窗口略有差异，与变形前锭坯的显微组织有关。镍基粉末高温合金主要靠 γ' 相沉淀强化，还含有少量的碳化物（主要是MC）、硼化物，影响变形特性的组织因素为晶粒度、γ' 相的形态及分布。2种粉末锭坯的金相组织如图6所示，都是比较均匀的再结晶组织，AA锭坯的平均晶粒尺寸约30μm，晶粒度为7级；PREP锭坯的平均晶粒尺寸约40μm，晶粒度为6级。AA锭坯的晶粒尺寸比PREP锭坯小，这是因为AA粉末粒度小于PREP粉末。研究表明[8]，粉末粒度越细，热等静压成形后获得的再结晶晶粒尺寸越小，合金热变形抗力越低。图7为2种粉末锭坯热等静压成形后的 γ' 相分布情况，晶界都存在一次不规则长条状 γ' 相，晶内均为花朵状二次 γ' 相，AA锭坯中二次 γ' 相的尺寸略小于PREP锭坯。2种粉末锭坯中MC的分布情况如图8所示，与PREP锭坯相比，AA锭坯中MC的尺寸更小、分布更为均匀，粉末原始颗粒边界（Prior particle boundary，PPB）更加显著。

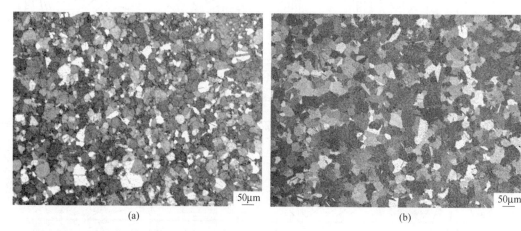

图6 2种粉末锭坯热等静压后的金相组织
(a)AA；(b)PREP

2种粉末热等静压成形后的 γ' 相和碳化物形态分布略有差异，这是由于它们的粉末特性不同造成的。AA法和PREP法的制粉原理如图9所示，AA法是将母合金二次重熔后利用高压氩气吹喷完全熔化的合金流使其破碎而制成粉末，粉末粒度较细；PREP法是将合金棒料制成电极并在惰性气体保护下高速旋转，利用等离子弧使其端面局部熔化，金属液滴在离心力作用下飞出并冷却形成粉末，粉末粒度较粗。此外，由于2种方式制粉时合金的过热度不同，粉末的显微组织略有差异。AA粉末是以胞状晶为主，树枝晶为辅的混合组织；PREP粉末则以树枝晶为主，胞状晶为辅[3]。粉末尺寸愈大，枝晶间距愈大，二次枝晶密度愈小；粉末尺寸越小，胞状晶越多，组织均匀化程度越高[9,10]。锭坯中AA粉末

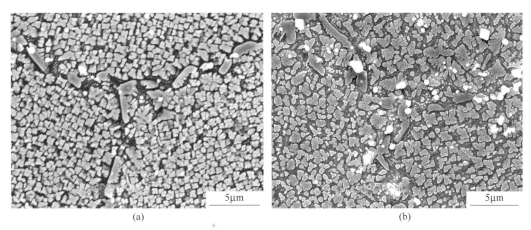

图 7 2 种粉末锭坯热等静压后的 γ′ 相形态
(a) AA；(b) PREP

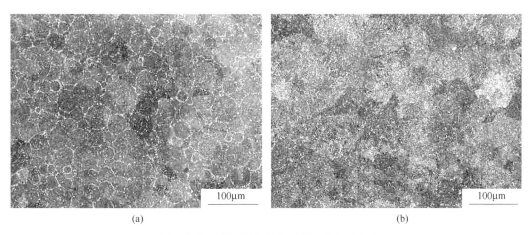

图 8 2 种粉末锭坯热等静压后的碳化物分布
(a) AA；(b) PREP

粒度比 PREP 粉末小得多，故 AA 锭坯的组织均匀化程度更高。粉末尺寸愈小，制粉过程中粉末液滴的冷却速率愈快，粉末中 γ′ 相尺寸越小，经过同种工艺热等静压成形后的 γ′ 相尺寸越小，所以 AA 锭坯中 γ′ 相尺寸更小。PREP 锭坯中存在较大的块状 MC 型碳化物，这是因为制粉时，合金棒料中铸态的大尺寸 MC 在电极熔解过程中未完全熔解而在离心力的作用下飞出并冷却形成粉末的缘故，合金中 MC 相富 Ta、Ti、Nb，具有良好的热稳定性，其在高温下长期暴露才会发生蜕化转变，导致铸态的大尺寸 MC 保留在 PREP 锭坯中，使其 MC 的分布均匀性低于 AA 锭坯[11,12]。

研究表明，PPB 是粉末颗粒表面碳、氧、部分强碳化物形成元素（如 Ti、Nb、Cr 等）偏聚并相互作用引起的，主要由碳化物、氧化物或大尺寸 γ′ 勾勒而成[13-17]。AA 锭坯中的 PPB 比 PREP 锭坯中显著，这是因为 AA 粉末的尺寸比 PREP 小得多，在粉末制备、处理过程中，小尺寸粉末与周围气氛接触的界面更多，更易与气氛中的碳、氧发生化学反应或物理吸附，增加了 AA 粉末锭坯的 PPB 形成倾向。

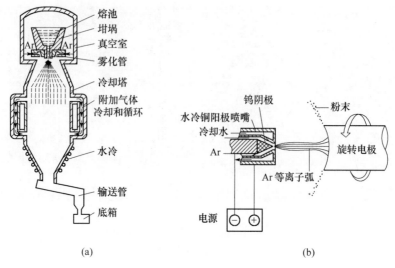

图 9 高温合金粉末制备原理图
(a) AA; (b) PREP

3 结论

(1) 经同种工艺参数热等静压成形后,AA 粉末锭坯与 PREP 粉末锭坯的晶粒度相近、γ′相形态分布相当;AA 粉末锭坯中碳化物分布的均匀性优于 PREP 粉末锭坯,但 PPB 比 PREP 粉末锭坯的显著。

(2) 不同应变速率和变形温度下,AA 粉末锭坯与 PREP 粉末锭坯的流变曲线特征相似。相同变形条件下,AA 粉末锭坯的峰值应力小于 PREP 粉末锭坯。

(3) AA 粉末锭坯的最佳变形窗口为 1088~1108℃/0.005~0.016s^{-1},η 大于 42%;PREP 粉末锭坯的最佳变形窗口为 1098~1120℃/0.010~0.016s^{-1},η 大于 40%。

参 考 文 献

[1] Gessinger G H. Powder metallurgy of superalloys [M]. London: Butterworths & Company, 1984.

[2] 张义文,刘建涛. 粉末高温合金研究进展 [J]. 中国材料进展,2013,32 (1):1-11.

[3] 邹金文,汪武祥. 粉末高温合金研究进展与应用 [J]. 航空材料学报,2006,26(3):244-250.

[4] Willam B E. PM superalloys: a current perspective [J]. The International Journal of Powder Metallurgy, 1997, 33(8): 62-66.

[5] 张义文,迟悦. 俄罗斯粉末冶金高温合金研制新进展 [J]. 粉末冶金工业,2012,22(5):37-44.

[6] 李庆波,周海涛,蒋永峰. 加工图的理论研究现状与展望 [J]. 有色冶金设计与研究,2009,30(4):1-6.

[7] 黄有林,王建波,凌学士. 热加工图理论的研究进展 [J]. 材料导报,2006,22:173-176.

[8] 张莹,张义文,张凤戈. 不同粒度的镍基高温合金粉末及其对 PM 成形件组织性能影响的研究 [J]. 兵器材料科学与工程,2002,25(6):34-40.

[9] 胡文波,贾成厂,胡本芙. 氩气雾化法制备 FGH96 高温合金粉末颗粒的凝固组织 [J]. 粉末冶金材料科学与工程,2011,16(5):671-677.

[10] 陈焕铭,胡本芙,李慧英. 等离子旋转电极雾化 FGH95 高温合金粉末颗粒凝固组织特征 [J]. 金属

学报, 2003, 39(1): 30-34.

[11] Benjamin J S, Larson J M. Powder metallurgy techniques applied to superalloys [J]. Journal of Aircraft, 1977, 14(7): 613-623.

[12] Hans Fecht, David Furrer. Processing of nickel-base superalloys for turbine engine disc applications [J]. Advanced Engineering Materials, 2000, 12(2): 777-787.

[13] Thamburaj R, Koul A K, Wallace W. Prior particle boundary precipitation in PM superalloys [C] // Aquaen, Whitman C I. Modern Developments in Powder Metallurgy. Princeton: MPMI and APMI, 1985, 16: 635-673.

[14] Marquez C, Esperance G, Koul A K. Prior particle boundary precipitation in Ni-base superalloys [J]. International Journal of Powder Metallurgy, 1989, 25(4): 301-308.

[15] 高正江, 张国庆, 李周. 粉末粒度和氧含量对 HIP 态 FGH96 合金组织的影响 [J]. 稀有金属, 2012, 36(4): 665-670.

[16] 李慧英, 胡本芙, 章守华. 原粉末颗粒边界碳化物的研究 [J]. 金属学报: B, 1987, 23(2): 90-94.

[17] 毛健, 杨万宏, 汪武祥. 粉末高温合金颗粒界面及断裂研究 [J]. 金属学报: A, 1993, 29(4): 187-192.

(原文发表在《粉末冶金工业》, 2014, 24(6): 16-22.)

700℃长时时效对 FGH97 合金组织与力学性能的影响

刘建涛[1,2]　张义文[1,2]　陶宇[1,2]　韩寿波[1]　贾建[1]

(1. 钢铁研究总院高温材料研究所，北京　100081；
2. 高温合金新材料北京市重点实验室，北京　100081)

摘　要　针对涡轮盘的使用温度，研究了 FGH97 合金在 700℃下长时时效过程中的显微组织和力学性能变化。利用扫描电镜、物理化学相分析、热力学计算等方法研究了长时时效处理过程中析出相的演变，结果表明，合金中的一次和二次 γ′相组织稳定性良好，三次 γ′相发生了较明显的粗化，合金中未发现明显的 TCP 相析出。对合金 2000h 和 5000h 长时时效处理后的力学性能测试表明，长时时效后合金的综合力学性能优异。

关键词　FGH97 合金　700℃长时时效　γ′相　组织稳定性　力学性能

Influence of Long-term Aging at 700℃ on Microstructure Stability and Mechanical Property in FGH97 PM Superalloy

Liu Jiantao[1,2], Zhang Yiwen[1,2], Tao Yu[1,2], Han Shoubo[1], Jia Jian[1]

(1. High Temperature Materials Research Institute, Central Iron & Steel Research Institute, Beijing 100081, China; 2. Beijing Key Laboratory of Advanced High Temperature Materials, Beijing 100081, China)

Abstract: Microstructure and mechanical properties of FGH97 PM superalloy during long-term aging at 700℃ were studied by means of FEG-SEM, physiochemical phase analysis and thermodynamics. The results show that primary and secondary γ′ phase morphology of the alloy keeps stable during long time aging process, while tertiary γ′ particles coarsen because of Oswald ripening; and no apparent TCP precipitate during long time aging process. Mechanical testing results show that tensile properties and stress rupture properties of combination smooth-notch specimen maintain stable during long-term aging process.

Keywords: FGH97 PM superalloy, long-term aging at 700℃, γ′ phase, microstructure stability, mechanical property

粉末高温合金（Powder metallurgy superalloy）消除了常规铸造合金中的宏观偏析，同时快速凝固后的粉末具有组织均匀和晶粒细小的突出优点，显著提高了合金的热工艺性能和力学性能。粉末高温合金是现代高性能航空发动机涡轮盘等关键部件的首选材料，粉末涡轮盘的使用是先进航空发动机的重要标志。作为热端关键承力部件，涡轮盘在服役温度区间的组织与性能稳定性始终是研究的热点和关注的焦点。

FGH97（FGH4097）合金是我国研制的新型粉末高温合金，在650~750℃温度区间，该合金具有的优异的综合力学性能，可广泛用于先进航空发动机的涡轮盘等关键热端部件[1]。最近几年，针对标准热处理态FGH97合金，多篇文章对其合金化特点、热处理工艺、组织以及性能都有研究[1-6]。针对FGH97合金长时时效试验，张义文等人[7]对550、650和750℃长时时效过程中（最长5000h）的组织演变和性能变化进行了研究，同时，张丽娜等人[8]对上述长时时效温度下的γ′相演化进行了分析和讨论。

由于700℃属于FGH97合金涡轮盘的典型工作温度范围，因此，在上述工作的基础上，本文进行了700℃长时时效热处理试验，对长时时效处理后的组织和性能进行了分析和讨论，本文的工作对进一步深入了解FGH97合金具有重要的意义。

1 试验材料及方法

FGH97合金为镍基γ′相沉淀强化型粉末冶金高温合金，基体为γ相，主要强化相γ′的质量分数约占60%左右，γ′相完全固溶温度为1180~1190℃，合金的主要成分如表1所示。

表1 FGH97合金的主要化学成分（质量分数）
Table 1 Main chemical compositions of FGH97 PM superalloy (mass fraction) (%)

元素	C	Cr	Co	W	Mo	Al+Ti	Nb+Hf+B+Zr	Ni
含量	0.04	8.8	16.2	5.0	3.8	6.7	3.2	Bal

FGH97合金的主要制备工艺流程如下：真空感应冶炼母合金→等离子旋转电极工艺制备粉末→粉末处理→粉末装套→热等静压成形→热处理。其中，粉末粒度为50~150μm，热等静压（Hot Isostatic Pressing，HIP）制度为：$T=1180~1210℃$，$P>120MPa$，$t>2h$。热等静压后坯料采用固溶处理+三级时效处理的标准热处理工艺：固溶处理制度为1200℃/(3~6)h/AC，三级时效处理制度为(910~700℃)/(3~20)h/AC。

700℃长时时效试验用料均取自标准热处理态FGH97盘件，时效时间分别为500h，1000h，2000h，3000h，5000h。将机械抛光后的FGH97合金试样进行化学侵蚀以观察晶粒组织，侵蚀剂组成为：10g $CuSO_4$+50mL HCl+50mL H_2O。对合金试样采用电解抛光+电解浸蚀后观察γ′相形貌，电解抛光制度为：20% H_2SO_4+80% CH_3OH 的电解抛光液，电压25~30V，时间15~20s；电解浸蚀制度为：170mL H_3PO_4+10mL H_2SO_4+15g CrO_3 的电解浸蚀液，电压3~5V，时间3~5s，γ′相形貌观察在场发射扫描电镜上完成。合金相组成采用物理化学相分析法获得。时效前和时效后的力学性能测试（室温冲击、室温拉伸、高温拉伸）试样均采用国家标准试样，高温持久试样为光滑-缺口复合试样（$R=0.15mm$）。

2 试验结果及分析

2.1 显微组织分析

2.1.1 标准热处理态（As-HT）的显微组织

图1为长时时效处理前（标准热处理态，As-HT）的显微组织，其中图1(a)为晶粒组织，图1(b)和1(c)为晶内γ′相形貌。显然，标准热处理态晶粒度为6~7级，未

发现 TCP 相析出。晶内 γ′ 相主要是块状的二次 γ′ 相（γ'_{II}）和细小球状的三次 γ′ 相（γ'_{III}）。其中二次 γ′ 相的尺寸（块状边长）约 100~500nm 不等，三次 γ′ 相的尺寸小于 100nm。

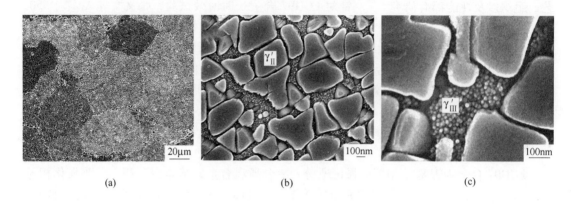

图 1　标准热处理态的显微组织
(a) 晶粒组织；(b)，(c) 二次和三次 γ′ 相
Fig. 1　As-HT microstructure of FGH97 PM superalloy
(a) grain structure；(b)，(c) secondary and tertiary gamma prime

2.1.2　长时时效后的显微组织

图 2 为 700℃长时时效处理不同时间段（2000h，3000h，5000h）的晶粒组织。显然，在长时时效过程中，FGH97 合金的晶粒组织保持稳定，且未发现明显 TCP 相析出。

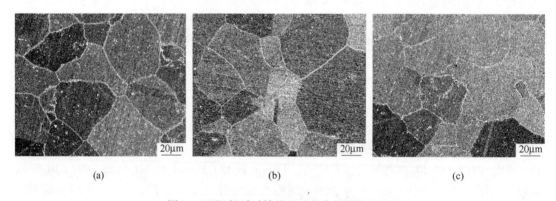

图 2　700℃长时时效处理过程中的晶粒组织
Fig. 2　Grain structure of FGH97 PM superalloy after aging at 700℃ for long time
(a) 2000h；(b) 3000h；(c) 5000h

图 3 中箭头所指为长时时效过程中不同时间段的三次 γ′ 相（γ'_{III}）。与标准热处理态相比 [图 1(c)]，长时时效过程中的三次 γ′ 相发生了明显的粗化，如图 3 所示。随着时效时间的延长，三次 γ′ 相尺寸逐渐增加，700℃/2000h 后的三次 γ′ 相尺寸长大到 40nm，随着时效时间延长到 3000h 和 5000h 后，粗化的多个三次 γ′ 相出现了明显的"粘连"，这种"粘连"后的 γ′ 相尺寸约为 100nm 左右，如图 3(c)，(d) 所示。

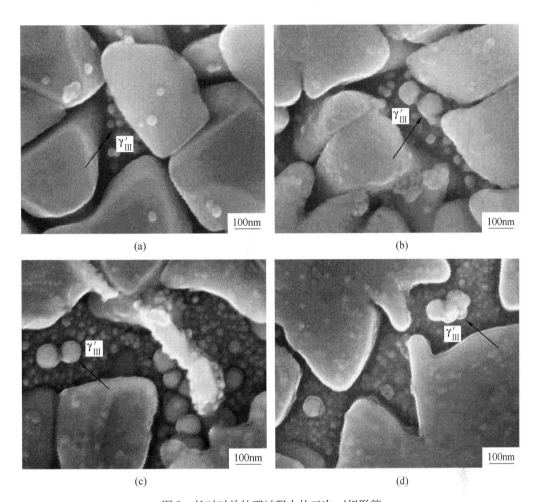

图 3 长时时效处理过程中的三次 γ′ 相形貌

Fig. 3 Tertiary γ′ morphology of FGH97 PM super alloy after aging at 700℃ for long time
(a)1000h；(b)2000h；(c)3000h；(d)5000h

2.2 力学性能

图 4 为不同时效制度处理后的力学性能和标准热处理态的性能对比柱图。拉伸性能比较结果表明，在 700℃ 长时时效处理过程中，合金的拉伸强度较标准热处理态略有降低，但是拉伸塑性要较标准热处理态提高，如图 4(a)~(c) 所示。持久性能比较结果表明，在 700℃ 长时时效过程中，持久寿命和持久塑性不低于标准热处理态，且无缺口敏感性。

2.3 讨论

FGH97 合金为镍基 γ′ 相沉淀强化高温合金，在 700℃ 长时时效处理过程中，组织稳定性主要包含两个方面：一是相的析出与转变（包含碳化物的转变反应和有害相的析出），二是 γ′ 相稳定性（数量以及形貌的变化）。

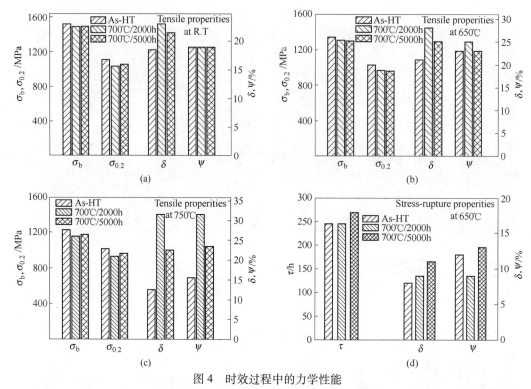

图 4 时效过程中的力学性能

(a) 室温拉伸；(b) 650℃拉伸；(c) 750℃拉伸；(d) 650℃/980MPa复合持久（$R=0.15$mm）

Fig. 4 Mechanical properties of FGH97 PM superalloy after aging at 700℃ for long time

(a) tensile properties at R.T；(b) tensile properties at 650℃；(c) tensile properties at 750℃；

(d) stress rupture properties of combination smooth-notch specimen（$R=0.15$ mm）

图 5 为通过热力学计算软件 Thermo-Calc 和相应的 Ni 基高温合金数据库所得到的 FGH97 合金平衡相组成图（其中（b）图为（a）图局部区域放大图），表 2 为图 5 中析出的平衡相及对应的析出温度区间以及析出相在 700℃ 时对应的含量。显然，在 700℃ 时，除过 γ 基体外，相应的析出相还包括 γ' 相、MC 相、$M_{23}C_6$ 相、M_3B_2 相以及 μ 相。

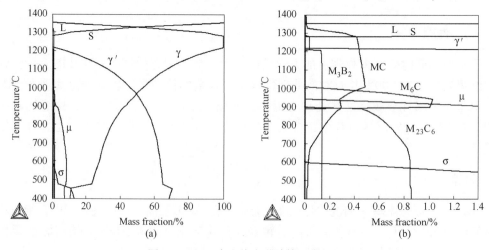

图 5 FGH97 合金热力学计算平衡相图

Fig. 5 Calculated results of equilibrium phases and their mass fraction of FGH97 PM superalloy

表2 FGH97合金中析出的平衡相与存在的温度区间以及析出相在700℃的含量
Table 2 Equilibtium phases and corresponding precipitation temperature range, phases content at 700℃ of FGH97 PM superalloy

Phase	γ'	MC	M_6C	$M_{23}C_6$	MB_2	M_3B_2	μ	σ
Temperature range/℃	~1219	650~1325	890~1006	~896	1207~1288	~1209	~937	~593
Mass fraction at 700℃/%	61.9	0.05	—	0.73	—	0.15	7.1	—

2.3.1 长时时效处理过程中碳化物转变反应及μ相的析出

对标准热处理态和700℃/5000h长时时效处理的FGH97合金试样进行物理化学相分析,结果如表3所示。

表3 FGH97合金标准热处理态与长时时效后的相组成分析结果（质量分数）
Table 3 Phases and phases content in FGH97 PM super alloy by physiochemical phase analysis for as-HT and long-term aging state (mass fraction) (%)

Phase	γ'	MC	$M_{23}C_6$	$M_3B_2+\mu+M_6C$
As-HT state	62.782	0.296	—	0.133
700℃/5000h aging state	63.761	0.182	0.045	0.295

显然,与标准热处理态相比,经过700℃/5000h时效后,合金中的γ′相总量增加,MC型碳化物含量减少,$M_{23}C_6$型碳化物以及$M_3B_2+\mu+M_6C$的析出量增加。

长时时效后γ′相含量要高于标准热处理态,这是因为在长时时效过程中发生了γ′相（主要是三次γ′相）的补充析出,这种补充析出现象在650℃和750℃长时时效过程中也发生过[7]。同样的,在长时时效过程中,MC型碳化物含量较标准热处理态要少,但是$M_{23}C_6$的含量较标准热处理态要多（700℃/5000h时效后,$M_{23}C_6$质量分数约0.045%）,这表明在长时时效过程中MC碳化物发生转变,发生了如下反应[9],生成了$M_{23}C_6$。

$$MC+\gamma \longrightarrow M_{23}C_6+\gamma' \tag{1}$$

比较表3（热力学计算结果）与表2（物理化学相分析结果）的相组成,差异主要体现在两个方面:一是热力学计算的合金中含有较多μ相（700℃对应的μ相质量分数约为7.1%）,而物理化学相分析中μ相含量很少（标准热处理态和长时时效热处理后的组织中（$M_3B_2+\mu+M_6C$）的总质量分数分别为0.133%和0.295%）。二是热力学计算表明,在890℃以下合金中不存在M_6C相,但物理化学相分析表明,合金中存在少量的M_6C相。

μ相作为高温合金的主要有害相之一,其组成为Ⅵ族和Ⅷ族形成的B_7A_6型化合物,μ相在结构上属于菱形六面体。对于镍基高温合金,μ相的形成往往离不开W元素和Mo元素。根据电子空位理论预测结果,当镍基合金的临界电子空位数$\overline{N}_v \geq 2.45~2.50$时,合金会析出TCP相,如σ相、μ相等。其中,析出μ相的$\overline{N}_v$值要低于析出σ相的[10]。根据文献提供的公式计算表明[11],FGH97合金的$\overline{N}_v$值为2.70,显然,FGH97合金有析出TCP相的倾向。通过对FGH97合金750℃/5000h后的相组成分析表明,合金中析出了较多的针状μ相,而且这种μ相的组成为Co_7W_6[12],显然,FGH97合金中的μ相是在长期时效过程中逐渐析出的。表2中的μ相为热力学平衡态下计算结果,而试验合金为非平衡态,

合金中的 μ 相含量往往要比平衡态含量低得多，可以推测，如果在 700℃ 时效更长的时间（如 10000h），FGH97 合金中会析出更多的 μ 相。

同样的道理，对于试验合金中存在的 M_6C 型碳化物的来源，作者认为有两种可能，一是 MC 型碳化物在转变成 $M_{23}C_6$ 碳化物过程中的中间产物，即发生了如下反应：

$$MC \longrightarrow M_6C \longrightarrow M_{23}C_6 \tag{2}$$

另一种是在固溶处理后的空冷过程中形成的 M_6C 碳化物稳定性较高，在随后的时效处理过程中未发生完全转变，残留了部分 M_6C。

2.3.2 长时时效处理过程中的 γ′ 相稳定性

从合金化角度考虑，合金组成中的 Ti/Al 比（Ti 与 Al 含量的原子百分比）对 γ′ 相在高温下的稳定性有着重要的影响[13]，高的 Ti/Al 比有助于增加 γ′ 相反相畴界能，提高合金强度，但是会降低合金中 γ′ 相的高温稳定性。因此，高温下使用的镍基高温合金（如铸造类高温合金）往往采用低的 Ti/Al 比。FGH97 合金的 Ti/Al 比较低，约为 0.2，这保证了 FGH97 合金高体积含量的 γ′ 相的高温稳定性。Radavich 等人对与 FGH97 合金类似的 EP741NP 合金的显微组织及力学性能进行了系统的研究，认为该合金显微组织中的 γ′ 相含量很高，尺寸较大，形貌以块状居多，类似于铸造高温合金，这种类型的 γ′ 相非常稳定，对合金的热强性能非常有利。并认为该合金的显微组织特点以及制备工艺特点使得合金可以采用不同的热处理工艺来获得更加优异的力学性能，从而可以在更高温度下获得应用[14,15]。

在 700℃ 长时时效处理过程中，FGH97 合金中的一次 γ′ 相形貌保持稳定。图 6 为标准热处理态与 700℃/2000h，700℃/5000h 的晶内二次 γ′ 相形貌，显然，在长时时效过程中，二次 γ′ 相形貌也保持稳定。

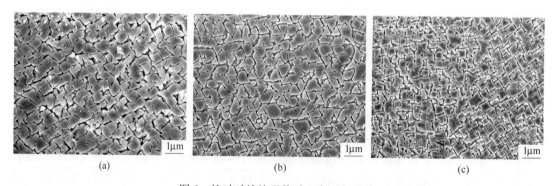

图 6 长时时效处理前后二次 γ′ 相形貌

Fig. 6 Secondary γ′ morphology of FGH97 PM super alloy after aging at 700℃ for long time
(a) As-H; (b) 2000h; (c) 5000h

如前文图 3 所示，在 700℃ 长时时效处理过程中，FGH97 合金中的三次 γ′ 相发生了粗化，甚至发生了多个三次 γ′ 相颗粒的"粘连"现象，合金中三次 γ′ 相的粗化和"粘连"本质为奥斯瓦尔德熟化（Oswald ripening）过程。经过标准热处理后，FGH97 合金中存在数量众多的固溶处理后期以及时效处理阶段析出的小尺寸 γ′ 相（$γ'_{III}$）颗粒 [如图 1(c) 所示]，由于小尺寸颗粒具有高的比表面积，数量众多的三次 γ′ 相颗粒使得系统具有很高的总界面能，为了减小总的界面能，三次 γ′ 相颗粒将以大颗粒长大，小颗粒溶解的方式粗化，即发生奥斯瓦尔德熟化。在三次 γ′ 相颗粒熟化过程中，整个过程受到扩散机制控制，根据吉布斯-汤姆逊效应，与γ′相颗粒相邻接的基体中溶质浓度随着颗粒曲率半径的不同而不同，大的γ′相颗粒周围的溶质溶解度要比小γ′相颗粒的溶质溶解度低，这样就会在大的γ′相颗粒与小的γ′相颗粒之间的基体中产生浓度梯度，溶质原子从小γ′相颗粒边缘扩散到大γ′相颗粒边缘，促使大γ′相颗粒长大，小粒子收缩溶解[16]。采用X射线小角度衍射，对标准热处理态和700℃/5000h长时时效后的FGH97合金中的小尺寸γ′相（10～100nm）粒度分布进行统计，结果如表4所示，显然，该结果证明了长时时效过程中三次γ′相发生了熟化。

表4 长时时效处理前后FGH97合金中的小尺寸γ′相分布统计结果（质量分数）
Table 4 Tertiary γ′ particles size interval in FGH97 PM super alloy for
as-HT and long-term aging state (mass fraction)

Size interval/nm	10~18	18~36	36~60	60~96
As-HT state/%	0.7	1.9	5.1	8.1
700℃/5000h aging state/%	0.1	0.6	5.8	11.2

长时时效后力学性能的变化是组织变化的体现，700℃长时时效后合金的屈服强度要较标准热处理态降低，同时塑性升高。对此现象，作者认为这主要是由于对强度贡献显著的三次γ′相数量大量减少造成的，三次γ′相在长时时效过程中发生粗化，数量显著减少，减弱了位错切割强化效果。虽然长时时效后的γ′相总体积分数较标准热处理态增加1%（如表3所示），但是在长时时效过程中因Oswald熟化造成三次γ′相颗粒数量显著减少。与大量减少的三次γ′相颗粒对降低强度的效果相比，γ′相体积分数的微量增加不足以弥补强度下降。同样道理，由于强度降低，塑性增加，进一步降低了合金的缺口敏感倾向，导致700℃长时时效后合金的复合持久寿命较标准热处理态更长，持久塑性更好。

综上所述，FGH97合金经过700℃/5000h长时时效处理，合金的组织稳定性以及性能稳定性非常出色。

3 结论

（1）在长时时效处理过程中，FGH97合金具有优异的组织稳定性。长时时效过程中晶粒组织稳定、一次和二次γ′相形貌稳定，三次γ′发生了较明显的粗化，合金中未发现明显的TCP相析出。

（2）长时时效处理后的力学性能未发生恶化。与标准热处理态相比，FGH97合金经过2000h和5000h长时时效后的拉伸强度略有降低，拉伸塑性更优，长时时效后的复合持久性能与时效前相当。

参 考 文 献

[1] 刘建涛，张义文，陶宇，等．FGH97合金的显微组织研究［J］．材料热处理学报，2011，32(3)：47-51.
Liu Jian tao, Zhang Yiwen, Tao Yu, et al. Study on microstructure of FGH97 PM superalloy [J]. Transactions of Materials and Heat Treatment, 2011, 32(3): 47-51.
[2] 张义文，王福明，胡本芙．铪对FGH97合金平衡相影响的评估［J］．北京科技大学学报，2011，33(8)：978-985.

Zhang Yiwen, Wang Fuming, Hu Benfu. Estimation of effects of Hafnium on equilibrium phases in FGH97 PM superalloy [J]. Journal of University of Science and Technology Beijing, 2011, 33(8): 978-985.

[3] 张义文, 王福明, 胡本芙. Hf 在粉末冶金高温合金中的相间分配及对析出相的影响 [J]. 金属学报, 2012, 48(2): 187-193.
Zhang Yiwen, Wang Fuming, Hu Benfu. Behaviour of element hafnium partitionde to phase and precipitated in phases in FGH97 superalloy [J]. Acta Metallurgica Sinica, 2012, 48(2): 187-193.

[4] 张莹, 张义文, 张娜, 等. 粉末高温合金 FGH97 合金低周疲劳断裂特征 [J]. 金属学报, 2010, 46(4): 445-450.
Zhang Ying, Zhang Yiwen, Zhang Na, et al. Fracture character of low cycle fatigue of PM superaloy FGH97 [J]. Acta Metallurgica Sinica, 2010, 46(4): 445-450.

[5] 张莹, 张义文, 张娜, 等. FGH97 粉末冶金高温合金热处理工艺和组织性能的研究 [J]. 航空材料学报, 2008, 28(6): 5-9.
Zhang Ying, Zhang Yiwen, Zhang Na, et al. Heat treatment processes and microstructure and properties research on PM Superalloy FGH97 [J]. Journal of Aeronautical Materials, 2008, 28(6): 5-9.

[6] 张莹, 刘明东, 张国星, 等. FGH4097 合金大型盘件的组织性能研究 [J]. 钢铁研究学报, 2011, 23(S2): 506-509.
Zhang Ying, Liu Mingdong, Zhang Guoxing, et al. Structure and properties of FGH4097 alloy large disc [J]. Journal of Iron and Steel Research, 2011, 23(S2): 506-509.

[7] 张义文, 韩寿波, 张国星, 等. 长时时效后 FGH97 合金的组织稳定性与力学性能 [J]. 钢铁研究学报, 2011, 23(S2): 494-497.
Zhang Yiwen, Han Shoubo, Zhang Guoxing, et al. Effect of long-term aging on microstructure stability and mechanical property in FGH97 PM super alloy [J]. Journal of Iron and Steel Research, 2011, 23(S2): 494-497.

[8] 张丽娜, 王璞, 董建新, 等. 长期时效对 FGH97 合金 γ′相演化的影响 [J]. 材料热处理学报, 2012, 33(12): 30-35.
Zhang Lina, Wang Pu, Dong Jianxin, et al. Influence of long-term aging treatment on γ′ phase evolution in FGH97 PM alloy [J]. Transactions of Materials and Heat Treatment, 2012, 33(12): 30-35.

[9] 高温合金金相图谱编写组. 高温合金金相图谱 [M]. 北京: 冶金工业出版社, 1979: 32-34.

[10] Chester T Sims. The Occurrence of TCP phases [M]. Chester T Sims, William C Hagel. The superalloys, New York: John Wiley & Sons, 1972: 275-276.

[11] Mihalisin J R, Bieber C G, Sigama-its occurrence, effect, and control in nickel-base superalloy [J]. Trans of Metallurgical Society of AIME, 1968(2): 2399-2414.

[12] 张义文. 微量元素 Hf 对粉末高温合金 FGH97 组织与性能影响的研究 [D]. 北京科技大学, 2012: 143.

[13] 陈国良. 高温合金学 [M]. 北京: 冶金工业出版社, 1988: 18-19.

[14] Radavich J, Furrer D. Assessment of Russian PM Super alloy EP741NP [C]. Superalloys 2004, Pennsylvania: TMS, 2004: 381-390.

[15] Radavich J, Carneiro T, Furrer D. The effect of Hafnium, niobium and heat treatment on advanced powder metallurgy superaloys [C]. Proceeding of the eleventh international symposium on advanced superalloys-production and application, Shanghai 2007: 114-124.

[16] 余永宁. 金属学原理 [M]. 北京: 冶金工业出版社, 2000: 498-499.

(原文发表在《材料热处理学报》, 2014, 35(7): 107-113.)

热诱导孔洞对粉末冶金高温合金性能的影响

张国星[1,2]　韩寿波[1,2]　孙志坤[1,2]

(1. 钢铁研究总院高温材料研究所，北京　100081；
2. 高温合金新材料北京市重点实验室，北京　100081)

摘　要　热诱导孔洞(TIP)是粉末高温合金中的3种主要缺陷之一，对合金的性能有不利影响。对生产中存在TIP的工件进行了分析，观察了合金的显微组织，并研究了不同气孔率对合金性能的影响。结果表明：对大尺寸、形状复杂的合金制件而言，在热等静压时包套内部有残留气体是TIP形成的原因。随着气孔率的增加，合金的室温拉伸性能和冲击韧性明显降低。当气孔率从0.072%增加到1.744%时，抗拉强度和屈服强度分别降低了28.37%和17.39%，伸长率和断面收缩率分别降低了62.0%和62.5%，同时冲击功降低了58.18%。热处理时TIP会成为裂纹源，导致合金制件出现裂纹甚至开裂。

关键词　热诱导孔洞　粉末冶金高温合金　力学性能　开裂

Effects of Thermal Induced Porosity on Mechanical Properties of PM Superalloy

Zhang Guoxing[1,2], Han Shoubo[1,2], Sun Zhikun[1,2]

(1. High Temperature Materials Research Institute, CISRI, Beijing 100081, China;
2. Beijing Key Laboratory of Advanced High Temperature Materials, Beijing 100081, China)

Abstract: Thermal induced porosity (TIP) is one of the three major defects in PM superalloy, which has a significant adverse effect on the alloy performance. PM superalloy parts with TIP were analyzed. The microstructure was observed and the effects of porosity on mechanical properties of the alloy were also studied. The results show that the main cause of TIP is residual gas in hot isostatic pressing canning for the PM superalloy parts with large size and complex shape. The tensile properties under room temperature and impact toughness are greatly reduced with the increase of porosity. When the porosity increases from 0.072% to 1.744%, the tensile strength and yield strength decrease by 28.37% and 17.39%, respectively, while the elongation and reduction of area decrease by 62.0% and 62.5%, respectively. At the same time, impact energy decreases by 58.18%. TIP will become the source of crack during heat treatment, causing the alloy cracks or cracking.

Keywords: thermal induced porosity, PM superalloy, mechanical property, cracking

粉末高温合金制备过程中，如果在热等静压时包套内有残留气体，成形后合金制件中的残留气体在后续热处理过程中会发生热膨胀，在合金的显微组织中产生不连续的孔洞，即所谓的热诱导孔洞（TIP）。不同制粉工艺中，粉末中残留气体的来源有所不同。采用氩气雾化法（AA）制粉时，残留气体主要有以下几种来源：（1）粉末中卷入的起冷却作用的惰性气体，或者是空心粉中的氩气；（2）制粉和粉末处理过程中，粉末颗粒表面吸附的氩气在装套时未完全去除；（3）包套密封不严，在热等静压期间渗入了高压氩气[1,2]。采用等离子旋转电极法（PREP）制备的粉末，空心粉数量较少，该工艺制备的合金中 TIP 的形成主要是由于粉末吸附的气体或包套密封不严造成的。

在热等静压的高压作用下，虽然可以压实粉末，但在随后的热处理过程中，这些残留的气体受热膨胀，从而在合金中形成孔洞。处理温度越高，孔洞数量就越多，孔洞尺寸也越大。针对 TIP 产生的原因，应在装包套之前把空心粉去除，选择合适的脱气温度和时间对粉末进行真空脱气预处理，在热等静压之前检查包套是否存在微漏，从而尽可能减少或杜绝粉末中的残留气体。

TIP 的形成会使工件发生翘曲，而且会显著降低合金的拉伸、持久、蠕变、塑性及低周疲劳等性能，甚至会引起合金热处理中的开裂[3-6]。本文针对存在 TIP 缺陷的一种粉末冶金镍基高温合金制件进行了检测分析，观察合金的显微组织，研究了不同气孔率对合金力学性能的影响。

1 试验

对存在 TIP 缺陷的一种粉末冶金镍基高温合金工件不同位置取样，带中心孔合金制件形状及取样位置如图 1 所示。合金采用"真空感应熔炼→PREP 法制粉→装套、脱气及封焊→热等静压成形→固溶处理和时效处理"工艺制备而成。试样经砂纸研磨及机械抛光后，进行浸蚀（浸蚀试剂：$0.5g\ CuCl_2+10mL\ HCl+10mL\ C_2H_5OH$），用光学显微镜观察合金的组织形貌。检测了热处理后合金制件不同位置的实际密度与热密度（1200℃保温 4h，空冷），根据二者的差异计算出合金中的气孔率。测定了含有不同气孔率的试样的拉伸性能以及冲击韧性。

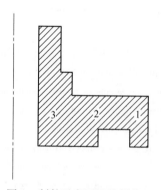

图 1 制件示意图及取样位置

2 结果与讨论

2.1 显微组织

图 2 是出现开裂的合金制件不同位置的显微组织。可以看出，合金中各部位的晶粒组

织没有明显变化，但出现了不同程度的 TIP，这是热处理过程中合金制件出现开裂的主要原因之一。合金制件中 TIP 的分布并不均匀，从制件边缘到中心，TIP 逐渐变得严重。考虑到不同合金制件中均存在此情况，所以造成 TIP 的原因不是包套漏气造成的，而很可能是由于脱气不足而造成的。因此，在脱气处理时应保证足够的真空度和足够的脱气时间，当合金制件尺寸较大、形状复杂时尤为如此。

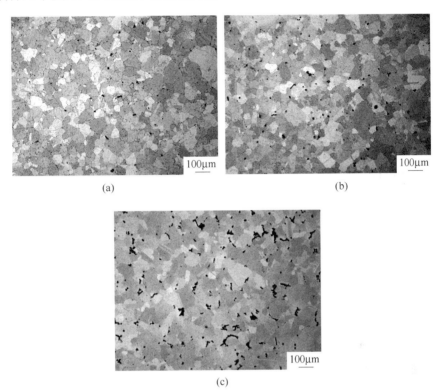

图 2　合金制件不同位置处的显微组织
(a) 位置 1；(b) 位置 2；(c) 位置 3

图 3 是带中心孔环形制件包套在热等静压炉内的受力示意图。在热等静压过程中，包套内径处的受力 F_1 如式（1）所示。

$$F_1 = P_1 S_1 \tag{1}$$

式中，S_1 为包套内径处面积；P_1 为包套内径处受到的气体压强。

包套外径处的受力 F_0 如式（2）所示。

$$F_0 = P_0 S_0 \tag{2}$$

式中，S_0 为包套外径处面积；P_0 为包套外径处受到的气体压强。

由于包套内径处面积比外径处面积小，即 $S_0 > S_1$，而 $P_1 = P_0 = P$（P 为热等静压机内气体压强），由此可得出，$F_0 > F_1$，因此在热等静压过程中包套发生收缩变形。在包套收缩的过程中，由于温度和力的作用，残留气体沿着力的梯度的相反的方向发生扩散，即包套外径处的残留气体向包套内径处聚集，因而制件中心处的 TIP 比边缘处严重。如图 3 所示，沿着径向方向由外向内，合金组织中的 TIP 逐渐严重，尺寸和数量均逐渐增加。

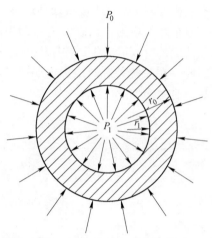

图 3　热等静压过程中带中心孔制件包套内外径处受力示意图

2.2　TIP 对合金性能的影响

在合金制件不同位置取样检测其热密度与实际密度的差异，由此确定不同位置的气孔率。图 2(a) ~ (c) 对应的气孔率分别为 0.072%、0.218% 和 1.744%。在相应位置取样测定其力学性能，分析气孔率对力学性能的影响。

图 4 是气孔率对合金室温拉伸性能的影响。由图可知，随着气孔率的增加，合金的抗拉强度和塑性都显著降低。气孔率从 0.072% 增加到 1.744% 时，抗拉强度从 1452MPa 降低到了 1040MPa，屈服强度从 995MPa 降低到了 822MPa，分别降低了 28.37% 和 17.39%；伸长率从 25.0% 降低到了 9.5%，断面收缩率从 24.0% 降低到了 9.0%，分别降低了 62.0% 和 62.5%。

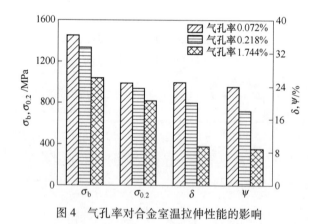

图 4　气孔率对合金室温拉伸性能的影响

图 5 是气孔率对合金冲击韧性的影响。由图可知，当合金显微组织中气孔率从 0.072% 增加到 1.744% 时，合金的冲击功从 37.3 J 降低到了 15.6 J，降低了 58.18%。

由于合金显微组织中存在 TIP，导致合金组织不连续，在受到外力冲击作用时，应力集中在 TIP 处，此处成为裂纹源，并进一步发展为裂纹扩展通道。因此，TIP 的存在显著降低了合金的冲击韧性。

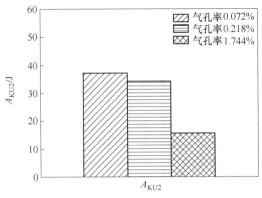

图 5 气孔率对合金冲击功的影响

2.3 TIP 对热处理裂纹的影响

TIP 的存在易导致合金在热处理过程中产生裂纹,严重时甚至造成合金制件开裂,如图 6 所示。图中的合金制件由于存在 TIP,在热处理过程中出现了严重的开裂现象。热处理过程中,合金及残留气体受热膨胀,但气体的膨胀系数远大于金属,造成热等静压压实的合金组织中出现显微孔洞,即 TIP。热处理后的快速冷却过程中,在 TIP 处会出现应力集中,此处成为裂纹源并可能进一步扩展,与周围的 TIP 连接,形成裂纹。当 TIP 非常严重时,在热处理加热期间这些显微孔洞即连接起来,进而导致裂纹甚至开裂。

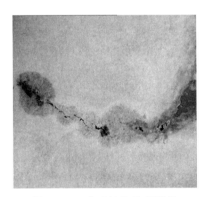

图 6 TIP 造成的热处理裂纹

3 结论

(1) 热等静压时包套内有残留气体是粉末冶金镍基高温合金制件出现 TIP 的原因。

(2) 制件中存在的 TIP 显著地降低了合金的力学性能。当气孔率从 0.072% 增加到 1.744% 时,合金强度明显降低,抗拉强度从 1452MPa 降低到了 1040MPa,屈服强度从 995MPa 降低到了 822MPa;同时合金塑、韧性也明显变差,伸长率从 25.0% 降低到了 9.5%,断面收缩率从 24.0% 降低到了 9.0%,冲击功从 37.3J 降低到了 15.6J。

(3) 热处理过程中合金受到急冷急热作用,组织中的 TIP 会成为裂纹源,TIP 严重时孔洞连接,形成裂纹甚至造成开裂。

参 考 文 献

[1] 张义文,上官永恒. 粉末高温合金的研究与发展 [J]. 粉末冶金工业, 2004, 14(6): 30-43.
[2] 张义文. 高温合金粉末内部孔洞的研究概况 [J]. 钢铁研究学报, 2002, 14(3): 73-76.
[3] 郭建亭. 高温合金材料学(中册)——制备工艺 [M]. 北京: 科学出版社, 2008.
[4] Shahid B, Plippe T, Stephen D A. Low cycle fatigue of as-HIP and HIP+forged René95 [J]. Metallurgical Transactions A, 1979, 10(10): 1481-1490.
[5] Miner R V, Dreshfield R L. Effects of fine porosity on the fatigue behavier of a powder metallurgy superalloy [J]. Metallurgical Transactions A, 1981, 12(2): 261-267.
[6] Dreshfield R L, Miner R V. Effects of thermal induced porosity on an as-HIP powder metallurgy superalloy [J]. PMI, 1980, 12(2): 83-87.

(原文发表在《粉末冶金工业》, 2015, 25(1): 42-45.)

镍基粉末高温合金中微量元素 Hf 的作用

张义文[1,2]　胡本芙[3]

（1. 钢铁研究总院高温材料研究所，北京　100081；
2. 高温合金新材料北京市重点实验室，北京　100081；
3. 北京科技大学材料科学与工程学院，北京　100083）

摘　要　利用 FEG-SEM，TEM，AES 和 EDS 分析技术以及物理化学相分析等方法，系统地研究了微量元素 Hf 在镍基粉末高温合金中的作用。结果表明：Hf 以固溶态分布在枝晶间 γ 固溶体内，有助于减少原始粉末颗粒边界组织。Hf 促进 γ′ 相形态失稳，导致大尺寸立方状 γ′ 相发生分裂，更快地进入 γ′ 相低能稳定的择优形态。Hf 主要分布在 γ′ 相和 MC 型碳化物中，改变 γ′ 相和 MC 型碳化物及 γ 固溶体相间合金元素的再分配，有利于消除合金的缺口敏感性，改善合金综合力学性能。

关键词　粉末高温合金　元素 Hf　MC 型碳化物　γ′ 相的形态稳定性　原始粉末颗粒边界

Function of Microelement Hf in Powder Metallurgy Nickel-based Superallys

Zhang Yiwen[1,2], Hu Benfu[3]

(1. High Temperature Materials Research Institute, Central Iron and Steel Research Institute, Beijing 100081, China; 2. Beijing Key Laboratory of Advanced High Temperature Materials, Central Iron and Steel Research Institute, Beijing 100081, China; 3. School of Materials Science and Engineering, University of Science and Technology Beijing, Beijing 100083, China)

Abstract: Hafnium (Hf) is one of the most important microelements in PM superalloy. Hf modifies the microstructure and drastically improve mechanical properties in PM superalloy. The effect of microelement Hf in a nickel-based PM superalloy was systematically studied by means of FEG-SEM, TEM, AES, EDS and physical and chemical phase analysis. Hf mainly distributes at interdendritic region of the solidification powder in form of solid solution, which is helpful to reduce prior particle boundary (PPB). Hf facilitates morphology of γ′ phase to be unstable and enhances the large cubic γ′ phase to split into smaller ones, so the γ′ phase turns into a stable state with a lower energy faster. Hf is mainly distributed in γ′ phase and MC carbides, which changes the distribution of element between the γ′ phase, MC carbide and γ solid solution, which is beneficial to eliminate notch sensitivity and improves overall mechanical properties of the alloy.

Keywords: PM superalloy, Hf, MC carbide, γ′ phase morphology stability, prior particle boundary structure (PPB)

在 20 世纪 50 年代末就有关于 Hf 加入变形高温合金中的作用的报道[1]，但并没在工业上得到应用。直到 60 年代末期，国外开始研究 Hf 加入铸造高温合金中的作用，并取得很多研究成果，截至目前，已统计研究了至少 42 种铸造高温合金中加入 Hf，在工业上使用的铸造高温合金至少有 20 余种[2]。

然而，在镍基粉末高温合金加入微量元素 Hf 的研究起步较晚。直到 20 世纪 70 年代才开始在粉末高温合金 PA101、AF115、MERL76、NASA Ⅱ B-11、Astroloy 以及 EP741NP 中加入 Hf[3-9]。进入 90 年代，在发展新型高性能粉末高温合金时，如 SR3、N18、N19、NR3、NR6 以及 RR1000，添加了 0.2%~0.75%（质量分数）的 Hf[10-14]，研究结果表明，在粉末高温合金中加入微量元素 Hf 可以明显改善高温持久塑性，有利于消除高温缺口敏感性，增加 γ′相数量和提高 MC 型碳化物的稳定性，以及提高疲劳裂纹扩展抗力，对消除原颗粒边界（Prior Particle Boundary Structure, PPB）组织也有良好的作用。目前得到广泛应用的镍基粉末高温合金主要有 EP741NP、N18 和 RR1000。

然而，到目前为止，对微量元素 Hf 在粉末高温合金中起到良好作用的实质和机理的研究还很少。特别是随着高性能粉末高温合金研究的进展，还需进一步研究微量元素 Hf 对合金析出相的动力学的影响，成分、组织、性能之间的关系以及相间合金元素分配规律等。

本工作研究结果表明，Hf 可进入 γ′相和 MC 型碳化物中，改变合金元素在 γ 固溶体中的分配，促使 γ′相的形态失稳，可尽早达到低能稳定的 γ′相择优组织状态；同时，Hf 能增强 MC 型碳化物稳定性，进而抑制 γ 固溶体中 C 的扩散进程，有利于消除热等静压过程中形成的 PPB 组织。这有助于进一步全面认识微量元素 Hf 对合金成分、组织、性能之间关系和相应的相变规律的影响，为开发性能优良、质量稳定的 FGH97 合金涡轮盘件提供新的实验结果和理论依据。

1 实验方法

实验材料为 Hf 含量不同的 FGH97 镍基粉末高温合金，FGH97 合金的主要成分（质量分数）为：C 0.02%~0.06%，Co 15%~16.5%，Cr 8.0%~10.0%，W 5.2%~5.9%，Mo 3.5%~4.2%，Al 4.8%~5.3%，Ti 1.6%~2.0%，Nb 2.4%~2.8%，Hf 0~0.89%，B，Zr 微量，Ni 余量。本工作中采用的 5 种 Hf 质量分数分别为 0，0.16%，0.30%，0.58% 和 0.89%。使用等离子旋转电极法制备的颗粒尺寸为 50~150μm 的粉末，采用热等静压 (hot isostatic pressing, HIP) 固结成形，HIP 温度为 1200℃。将固结成形的 FGH97 合金试样进行标准热处理，标准热处理制度为在 1180~1220℃ 保温 2~4h 后空冷，而后进行 3 级时效处理，终时效为在 700℃ 保温 15~20h 后空冷。对标准热处理后的 3 种 Hf 质量分数（0，0.30% 和 0.89%）的 FGH97 合金进行时效处理：时效温度分别为 750℃，800℃，850℃ 和 900℃，在每个温度下分别保温 100h，200h，500h 和 1000h 后空冷。固溶冷却速率实验在 Gleeble-1500 热模拟试验机上进行，试样尺寸为直径 8mm×8mm。将标准热处理后的试样加热至 1200℃，保温 2h，然后以 4 种冷却速率（10℃/s，3℃/s，0.1℃/s 和 0.01℃/s）冷却至 500℃，最后水冷。

采用物理化学相分析方法确定 5 种 Hf 含量 FGH97 合金中 γ′相、MC 型碳化物以及 M_3B_2 型硼化物的含量和组成。利用带能谱（EDS）的 JEOL-2100 型透射电镜（TEM）确定粉末颗粒中碳化物的类型及组成，采用二次碳萃取复型制备 TEM 试样。利用 LEICA MEF4A 型金相显微镜（OM）、SUPRA 55 型热场发射扫描电镜（FEG-SEM）和 JSM-6480LV 型扫描电镜（SEM）观察合金的显微组织、γ′相的形貌及断口形貌。γ′相尺寸采用 Image-pro Plus 6.0 软件统计处理。

将试样加工成工作段直径为 5mm 的标准试样，测定 5 种 Hf 含量 FGH97 合金的 650℃ 拉伸、650℃ 持久（光滑试样和缺口光滑试样，缺口半径 0.15mm）和 750℃ 蠕变性能。采用紧凑拉伸（CT）试样（试样尺寸为 25mm×25mm×10mm），用高温蠕变-疲劳裂纹扩展速率试验机测定 5 种 Hf 含量 FGH97 合金的 650℃ 疲劳裂纹扩展速率，实验条件为应力比 0.05，无保载，加载频率 10~30 次/min。

2 实验结果

2.1 含 Hf 急冷凝固粉末颗粒中亚稳态 MC′型碳化物

图 1 给出了含 0.30% Hf 的 FGH97 合金粉末颗粒内萃取碳化物的 TEM 像、选区电子衍射（SAED）谱和 EDS 分析结果。由图 1(a) 中的 SAED 谱（插图）的标定结果可以判定碳化物为 MC 型。从图 1(b) 所示的 EDS 结果可知，MC 型碳化物中含有 Nb、Ti、Mo、W、Cr 等元素。故粉末颗粒内的 MC 型碳化物被称为亚稳态 MC′型碳化物[15,16]。

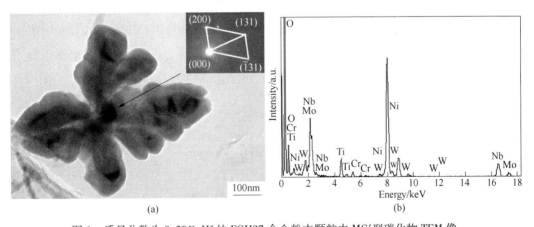

图 1 质量分数为 0.30% Hf 的 FGH97 合金粉末颗粒内 MC′型碳化物 TEM 像、
[0 $\bar{1}$ 3] 晶带轴的 SAED 谱和 EDS

Fig. 1 TEM image (a) and indexed SAD of MC′ (inset) and its EDS result (b) in FGH97 powder with 0.3%Hf

在 Hf 质量分数分别为 0.16%、0.30% 和 0.58% 的 FGH97 合金中，在 MC′型碳化物中均未发现 Hf 元素，仅在含 0.89%Hf 合金粉末颗粒内的枝晶间 MC′型碳化物中发现了 Hf，即在急冷凝固粉末颗粒中 Hf 进入 MC′型碳化物的几率很低。在快速凝固粉末颗粒中，γ′相析出几乎被完全抑制，没有观察到 γ′相。由此可知，元素 Hf 以固溶态存在于粉末颗粒枝晶间。

2.2 PPB 组织

粉末高温合金在 HIP 过程中常出现 PPB 组织。图 2 给出了 HIP 态无 Hf 和质量分数为 0.30%Hf 的 FGH97 合金显微组织的 OM 像。可见，无 Hf 合金中存在较明显的 PPB 组织，而含 0.30%Hf 合金中 PPB 组织已被消除，其余添加不同含量 Hf 的 3 种合金中均未观察到 PPB 组织。

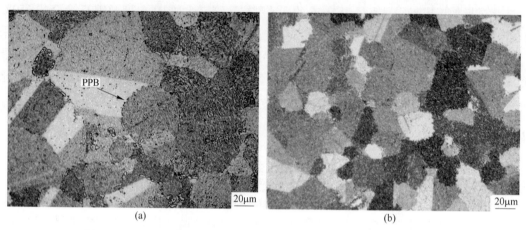

图 2　无 Hf 和质量分数为 0.30%Hf 的 FGH97 合金热等静压态显微组织

Fig. 2　OM images of FGH97 alloys without (a) and with 0.30% Hf (b) after hot isostatic pressing (PPB——prior particle boundary)

用 TEM 和 EDS 对 HIP 态无 Hf 的 FGH97 合金 PPB 上的析出相进行了分析，结果如图 3 所示。从图 3(a) 中的 SAD 谱（插图）的标定结果可以判定析出物为 MC 型碳化物，从图 3(b) 所示的 EDS 结果可知，MC 型碳化物为 (Nb, Ti)C。

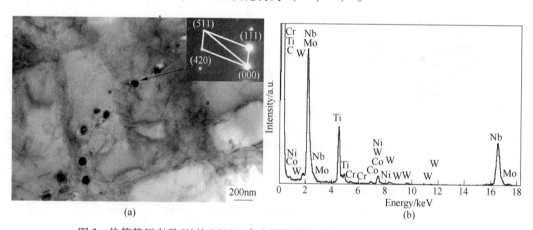

图 3　热等静压态无 Hf 的 FGH97 合金原始颗粒边界（PPB）组织中 MC 型碳化物的 TEM 像、[$\bar{1}$23] 晶带轴的 SAD 谱和 EDS

Fig. 3　TEM image (a) and indexed SAD of MC (inset) and its EDS result (b) in FGH97 alloy with 0.3%Hf after hot isostatic pressing

2.3 Hf 在合金中相间分配行为

表 1 和表 2 分别给出了标准热处理态不同 Hf 含量的 FGH97 合金中 Hf 在各相中的分配量（Hf 在对应相中的质量占合金的质量分数，下同）及其在 γ′ 相与 MC 型碳化物中的分配比 R_1（γ′ 相中的 Hf 量与 MC 型碳化物中的 Hf 量之比）和 γ′ 相与 γ 相中的分配比 R_2（γ′ 相中的 Hf 量与 γ 相中的 Hf 量之比）。可见，随着合金中 Hf 质量分数的增加，Hf 进入 γ′ 相的相对量基本不变，进入 MC 相的比例逐渐增大，进入 γ 相的比例逐渐减小，即 R_1 逐渐减小，R_2 逐渐增大，平均有 85.5% Hf 进入 γ′ 相，有 8.5% Hf 进入 MC 相，只有 4.5% Hf 进入 γ 相，余下 1.5% Hf 进入 M_3B_2 相，R_1 和 R_2 的平均值分别为 1:0.1 和 1:0.05。表明 γ′ 相是接纳元素 Hf 的主要析出相。

表 1 标准热处理态 FGH97 合金中 Hf 在各相中的分配量
Table 1 Distribution of Hf in different phases of standard heat treated FGH97 alloy

$w(\text{Hf})/\%$	γ′	MC	γ	M_3B_2
0.16	84.4	7.5	6.9	1.2
0.30	85.0	8.0	5.0	2.0
0.58	87.1	8.3	3.3	1.3
0.89	85.4	10.1	3.0	1.5
Average	85.5	8.5	4.5	1.5

表 2 标准热处理态 FGH97 合金中 Hf 在 γ′ 相与 MC 型碳化物中及在 γ′ 相与 γ 相中的分配比
Table 2 Partition ratios of Hf content in γ′ to that in MC carbide and to that in γ of standard heat treated FGH97 alloy

Mass fraction of Hf/%	R_1	R_2
0.16	1:0.089	1:0.081
0.30	1:0.094	1:0.059
0.58	1:0.095	1:0.038
0.89	1:0.118	1:0.036
Average	1:0.1	1:0.05

Note: R_1 is partition ratio of Hf content in γ′ to it in MC; R_2 is partition ratio of Hf content in γ′ to it in γ。

物理化学相分析结果表明：随着 Hf 加入量的增加，γ′ 相的量略有增加（由 61.9% 增至 62.7%），进入 γ′ 相中的 Hf 量逐渐增加，而 Al 量逐渐减少，Hf 主要置换 γ′ 相的 Al；MC 型碳化物的量增加（由 0.264% 增至 0.338%），MC 型碳化物中的 Hf 含量增加，Nb 和 Ti 含量减少，Hf 置换了 MC 型碳化物中的 Nb 和 Ti，如含 0.89%Hf 的 FGH97 合金中均有 17% 的 Ti 和 Nb 被 Hf 所置换。上述实验结果说明，合金中添加微量元素 Hf 可强烈引发 γ′ 相、MC 型碳化物以及 γ 固溶体中合金元素再分配。

2.4 γ′ 相的形态失稳

图 4 给出了不同 Hf 含量的 FGH97 合金标准热处理后 γ′ 相形貌的 SEM 像。可见，Hf 含量明显影响 γ′ 相的尺寸和形貌。无 Hf 和含 0.16%Hf 的合金中 γ′ 相主要为立方状，尺寸大致相同 [图 4(a) 和 (b)]。随合金中 Hf 含量的增加，γ′ 相尺寸增加，含 0.30% Hf 的

合金中 γ′ 相开始分裂为八重小立方体状（即单个 γ′ 颗粒由 8 个立方体组成[17]）[图4(c)]，而含 0.58% Hf 的合金 γ′ 相分裂大部分完成，呈现八重小立方体状 [图4(d)]，含 0.89% Hf 的合金中 γ′ 相已完成分裂，尺寸明显变小，γ′ 相呈典型择优形态的立方状 [图4(e)]。特别指出的是，在 γ′ 相分裂之前立方状 γ′ 相的〈１００〉晶向棱边中间出现凹陷 [图4(c) 和 (d) 中箭头所示]，并且，随着 Hf 含量的增加，γ′ 相的尺寸有增大的趋势。

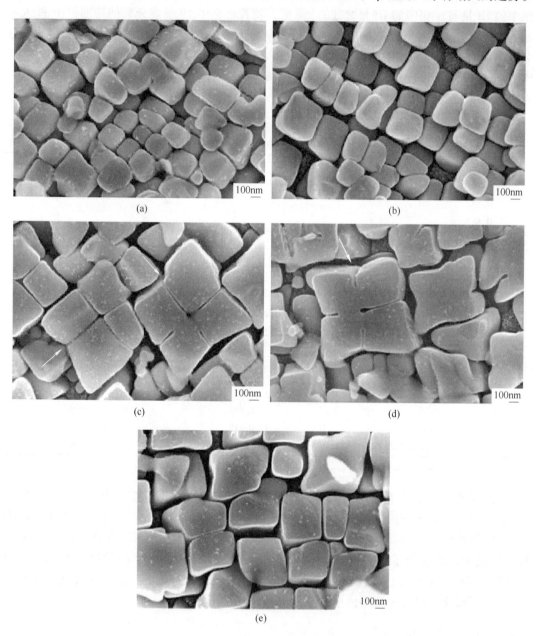

图 4　标准热处理态不同 Hf 含量 FGH97 合金中 γ′ 相形貌的 SEM 像

Fig. 4　SEM images of γ′ precipitates in standard heat treated FGH97 alloys with Hf contents of 0(a), 0.16% (b), 0.30% (c), 0.58% (d) and 0.89% (e) (Arrows in Fig.4(c) and (d) indicate the caves in the center of edge along <100> of γ′ phase before γ′ split)

当冷却速率为10℃/s时，不同 Hf 含量的 FGH97 合金中 γ′相均为立方状，随 Hf 含量增加，γ′相尺寸明显长大。当冷却速率为 0.1℃/s 时，不同 Hf 含量的 FGH97 合金中 γ′相也均为立方形，随 Hf 含量的增加，γ′相尺寸无明显变化。图 5 给出了 3℃/s 和 0.01℃/s 固溶冷却速率条件下不同 Hf 含量 FGH97 合金的 γ′相形貌的 SEM 像。可见，在 3℃/s 冷却速率，无 Hf、含 0.30% Hf 和含 0.89% Hf 的合金中 γ′相的形貌无明显改变，为立方状，随 Hf 含量增加，γ′相尺寸略有长大 [图 5(a)，(c) 和 (e)]。当冷却速率为 0.01℃/s 时，γ′相形貌发生显著变化 [图 5(b)，(d) 和 (f)]，每个不规则 γ′相颗粒边缘均出现

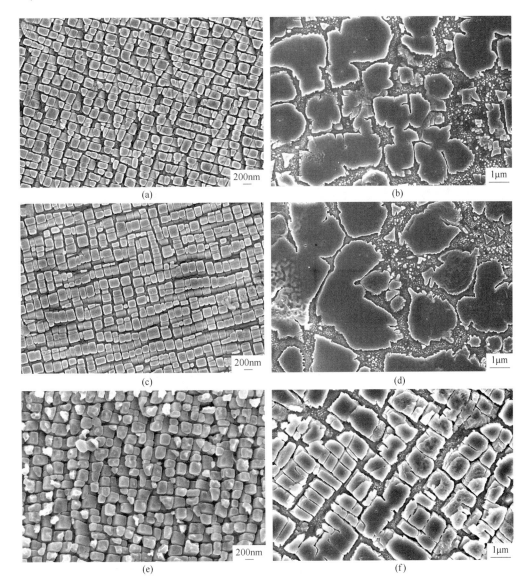

图 5 不同 Hf 含量 FGH97 合金在不同冷却速率下 γ′相形貌的 SEM 像

Fig. 5 SEM images of γ′ precipitates in the FGH97 alloys with different Hf contents and cooling rates
(a)w(Hf)=0%，3℃/s；(b)w(Hf)=0%，0.01℃/s；(c)w(Hf)=0.30%，3℃/s；
(d)w(Hf)=0.30%，0.01℃/s；(e)w(Hf)=0.89%，3℃/s；(f)w(Hf)=0.89%，0.01℃/s

缺口，表明 γ′相发生了分裂。与无 Hf 的合金相比［图 5(b)］，含 0.30% Hf 的合金中 γ′相的分裂十分明显［图 5(d)］。由于立方状 γ′相在分裂过程中受三次 γ′相长大干扰，γ′相分裂源的位置不规则，但仍可以明显地观察到分裂是从立方状 γ′相｛１００｝的 4 个边棱处开始。含 0.89% Hf 的合金中大尺寸 γ′相已完成分裂，呈八重小立方体 γ′相组态［图 5(f)］。由此可见，当冷却速率较低时，Hf 含量的增加促进立方状 γ′相颗粒发生分裂，尽早地成为八重小立方体的择优形态。

图 6 给出了含 0.30% Hf 的 FGH97 合金经 750℃时效后 γ′相形貌的 SEM 像。可见，时效 100h 后 γ′相有的已达到临界分裂尺寸，开始发生分裂；时效 500h 后大部分 γ′相达到临界分裂尺寸，发生分裂；时效 1000h 后 γ′相完成分裂，尺寸变小。表明合金在时效过程中 γ′相发生分裂后呈稳定形态。

图 6 含 0.30% Hf 的 FGH97 合金在 750℃时效过程中 γ′相形貌的 SEM 像
Fig. 6 SEM images of γ′ precipitates in the FGH97 alloys with 0.30% Hf aging at 750℃
(a)100h；(b)500h；(c)1000h

含 0.30% Hf 的 FGH97 合金在不同温度下时效 100h 后 γ′相形貌的 SEM 像如图 7 所示。可见，750℃时效 100h 后 γ′相有的已达到临界分裂尺寸，开始发生分裂；800℃时效 100h 后 γ′相已完成分裂；900℃时效 100h 后 γ′相处于分裂后的稳定择优形态。在合金时效过程中，由于 γ′相形态的不稳定性，造成 γ′相的粗化速率不符合经典 LSW（Lifshitz-Slyozov-Wagner）熟化理论[18,19]。

图 7 含 0.30% Hf 的 FGH97 合金在不同温度下时效 100h 后 γ′ 相形貌的 SEM 像

Fig. 7 SEM images of γ′ precipitates in FGH97 alloy with 0.30% Hf after aging for 100h

(a) 750℃; (b) 800℃; (c) 900℃

2.5 Hf 含量对 FGH97 合金高温力学性能的影响

图 8 示出了标准热处理态不同 Hf 质量分数的 FGH97 合金在 650℃ 的拉伸性能。可见，Hf 质量分数对高温拉伸强度无明显影响，但对拉伸塑性影响较大。含 0.30% Hf 的合金塑性明显提高，与不含 Hf 的合金相比，其伸长率和断面收缩率分别提高了 31% 和 18%。

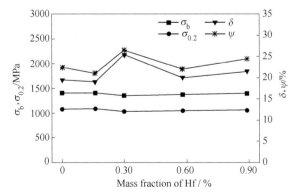

图 8 标准热处理态不同 Hf 含量的 FGH97 合金在 650℃ 时的拉伸性能

Fig. 8 Tensile properties of standard heat treated FGH97 alloy with different Hf contents at 650℃

σ_b—tensile strength; $\sigma_{0.2}$—yield strength; δ—elongation; ψ—reduction of cross sectional area

图 9 给出了标准热处理态不同 Hf 含量的 FGH97 合金在 650℃，1020MPa 条件下光滑试样和缺口试样的持久性能。可以看出，随着 Hf 含量的增加，缺口试样的持久寿命呈增加趋势，无 Hf 合金缺口试样的持久寿命低于光滑试样的持久寿命，合金存在缺口敏感性；当 Hf 质量分数高于 0.16% 时，缺口试样的持久寿命高于光滑试样，并且消除了合金缺口敏感性。含 0.30% Hf 合金的缺口试样的持久寿命最长。

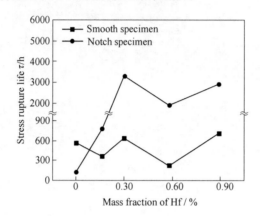

图 9 标准热处理态不同 Hf 含量的 FGH97 合金在 650℃、1020MPa
条件下光滑试样和缺口试样的持久寿命

Fig. 9 Stress rupture properties of smooth and notched specimen of standard heat treated FGH97 alloy at 650℃, 1020MPa with different Hf contents (notch radius R = 0.15mm)

标准热处理态不同 Hf 含量的 FGH97 合金在 750℃ 和 460 MPa 条件下不同时间的蠕变伸长率如图 10 所示。可见，随着 Hf 含量的增加，无论是 100h 还是 500h，蠕变伸长率呈降低趋势，Hf 含量高于 0.30% 的合金均具有良好的抗蠕变性能。

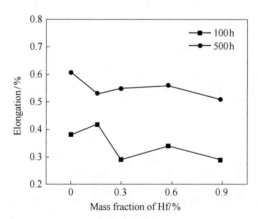

图 10 标准热处理态不同 Hf 含量的 FGH97 合金在 750℃、460MPa 条件下不同时间的蠕变伸长率

Fig. 10 Elongation after creeping of standard heat treated FGH97 alloy at 750℃,
460 MPa with different Hf contents and aging times

图 11 给出了标准热处理态不同 Hf 含量的 FGH97 合金在 650℃ 无保载实验条件下疲劳裂纹扩展速率 da/dN 与应力强度因子范围 ΔK 的关系。可见，随着 Hf 含量的增加，疲劳裂纹扩展速率呈现先降低后增加的变化趋势，含 0.30% Hf 合金的疲劳裂纹扩展速率最低。

在 $\Delta K=30\text{MPa}\cdot\text{m}^{1/2}$ 条件下，含 0.30%Hf FGH97 合金的疲劳裂纹扩展速率是不含 Hf 合金的 1/5。

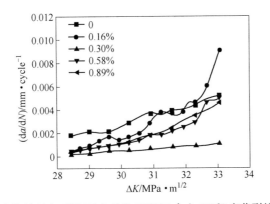

图 11 标准热处理态不同 Hf 含量的 FGH97 合金 650℃疲劳裂纹扩展速率
Fig. 11 Fatigue crack propagation rate （da/dN） of standard heat treated FGH97 alloy at 650℃ with different Hf contents （ΔK—stress intensity factor range）

图 12 给出了标准热处理态含 0.30% Hf 的 FGH97 合金 650℃疲劳裂纹扩展断口在起始区及扩展区的形貌。可见，起始裂纹扩展棱较长，扩展区的疲劳条带二次裂纹相对较少，而且扩展区裂纹扩展缓慢，呈现穿晶和沿晶混合断裂。

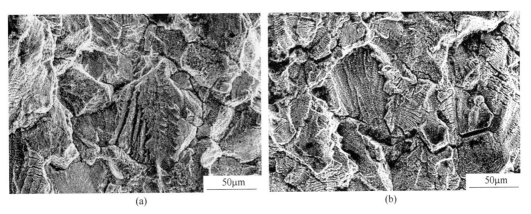

图 12 标准热处理态含 0.30% Hf 的 FGH97 合金 650℃疲劳裂纹扩展速率试样断口起始区及扩展区形貌
Fig. 12 Fracture morphologies of fatigue crack growth at initiation region （a） and propagation region （b） for standard heat treated FGH97 alloy at 650℃ with 0.30% Hf

3 分析与讨论

3.1 Hf 可明显消除 PPB 组织

关于粉末高温合金中添加 Hf 是否可明显消除 PPB 组织，迄今为止仍存在不同结论和看法[20,21]。从已报道的实验结果看，主要的问题是添加在合金中的 Hf 所处场所以及存在状态不清楚，导致得出的结论不同。

本工作利用二次碳萃取复型技术并结合 EDS 分析，发现在急冷凝固粉末颗粒组织中存在一种亚稳 MC′型碳化物，其成分以富 Nb 和 Ti 为主，还含有一定量的 W 和 Mo 等低扩散系数过渡族元素。在热等静压过程中，急冷凝固粉末颗粒内枝晶间亚稳 MC′型碳化物可发生分解，碳化物形成元素 Ti 和 Nb 通过扩散生成稳定碳化物（Nb，Ti)C，弱碳化物形成元素 W、Mo 等通过扩散进入 γ 固溶体。

实验还发现，粉末颗粒表层不存在 Hf 的偏析层。粉末颗粒内枝晶间 MC′型碳化物中 Hf 含量很低，而在粉末颗粒内枝晶间 γ 固溶体中富 Hf，所以在 MC′型碳化物发生分解释放的部分 C 与粉末颗粒内枝晶间过饱和的 γ 固溶体中的 Hf 结合，优先生成 HfC 碳化物。这种在粉末颗粒内原位发生选择性化学反应 γ(Hf)+C → HfC，生成稳定碳化物的效应被称为"内生反应效应"（internal reaction effect）。所以，在热等静压过程中，Hf 在粉末颗粒内枝晶间发生内生反应效应，夺去 MC′型碳化物分解释放的碳源，原地与粉末颗粒内枝晶间 γ 固溶体中的 Hf 发生反应，生成稳定的碳化物，减少 C 向活性粉末颗粒的表面扩散，有效地消除了 PPB 组织。

3.2 Hf 促进 γ′相形态失稳，尽早进入低能择优稳定形态

Doi 等[22]和 Miyazaki[23]等研究指出，合金中随着析出相的长大，析出相的形态变化存在一个择优形态形成的演变过程。本工作发现，在不同 Hf 含量的 FGH97 合金中，Hf 含量的增加促进了 γ′相择优形态尽早的形成。如：含 0.16% Hf 的 FGH97 合金经标准热处理后 γ′相与基体保持共格关系，弹性应变能小，γ′相仍为立方形排列［图 4(b)］。当 Hf 质量分数增加到 0.30%时，大尺寸立方状 γ′相长大到分裂临界尺寸，开始发生分裂，出现八重小立方状 γ′相组态［图 4(c)］，而含 0.58%Hf 和 0.89%Hf 的 FGH97 合金，γ′相分裂过程大部分完成或已经完成分裂，形成择优形态的立方状 γ′相组态［图 4(d) 和 (e)］。

立方状 γ′相发生分裂是 γ′相形态失稳的一种常见现象[24]。Qiu[25]利用会聚束电子衍射技术，Kaufman 等[26]利用 TEM 技术均证明，在大尺寸立方状 γ′相 {１００} 晶面的 4 个棱边中间处，弹性应变场以及它与富集的溶质原子之间的相互作用最强烈，可成为立方状 γ′相分裂起始点，而立方状 γ′相在择优取向 ⟨１１０⟩ 晶向的化学驱动力较大，该取向的长大速度相对 ⟨１００⟩ 晶向更快，因此在立方状 γ′相 ⟨１００⟩ 晶向棱边中间出现凹陷（图 4 中箭头所示），造成立方状 γ′相 {１００} 晶面曲率半径为负值。

随着 Hf 含量的增加，γ′相的点阵常数增大，造成点阵畸变应力场增强，改变立方状 γ′相长大过程中表面能和弹性应变能之间的竞争和协调，而出现 γ′相凹陷周围弹性应力集中，加速捕陷溶质原子，使 γ′相凹陷曲率半径增大并向凹陷深度方向加快发展，导致 γ′相分裂形成 2，4 或 8 个立方状排列组态。这正是合金中添加微量元素 Hf 促进立方状 γ′相发生分裂，使 γ′相更快进入低能择优稳定形态的主要原因。

3.3 Hf 明显改善合金高温缺口敏感性

由图 12 可以看出，疲劳断口上主源区裂纹扩展区的宽化以及二次裂纹的扩展缓慢，表明添加微量元素 Hf 的合金具有较高的塑性，特别是含 0.30%Hf 的合金，其高温力学性能均得到明显改善。

Miner[6]指出，在多元多相合金中，显微组织对性能的影响应考虑多种组元的相互作用。本工作实验结果表明，由于 Hf 是强碳化物形成元素，FGH97 合金中加入的微量元素

Hf 不仅进入 MC 型碳化物中，也进入 γ′相中，改变 γ′相、MC 相以及 γ 相中的合金元素组成，造成 Nb，Ti，Cr，Mo，W 等元素在 γ′相、MC 相以及 γ 相中的再分配。

0.30% 的 Hf 可有效地置换（Nb，Ti）C 相中的 Nb 和 Ti，形成（Nb，Ti，Hf）C 相。强碳化物形成元素 Nb 和 Ti 进入 γ 固溶体后，优先形成 NbC 和 TiC，γ 固溶体内 C 浓度降低，使 γ 固溶体的高温强度有所弱化，有利于消除高温持久缺口敏感性，实现合金的强度和塑性良好地匹配。若合金中 Hf 的添加量减少，则置换 MC 相中 Nb 和 Ti 的 Hf 量降低，弱化 γ 固溶体强度效果不明显；而添加过量的 Hf 会直接形成大量的 HfC、HfO_2 以及进入 MC′型碳化物，不利于 Hf 有效地置换 MC 相中 Nb，Ti 等元素，同时过量的 Hf 会明显降低固相线温度[27,28]，升高 γ′相完全溶解温度，不利于合金固溶热处理工艺技术控制。所以合金中加入微量元素 Hf 也应当有最佳的含量。

4　结论

（1）在热等静压态 FGH97 合金粉末颗粒内，固溶于枝晶间的 Hf 发生原位内生反应，生成稳定的 MC 型碳化物 HfC 和（Nb，Ti，Hf）C，消耗 γ 固溶体中 C 源，减少原始粉末颗粒边界上碳化物的形成，对消除原始粉末颗粒边界组织有明显效果。

（2）在加入微量元素 Hf 的 FGH97 合金中，Hf 进入 γ′相，改变 γ′相在长大过程中弹性应变能分布状态，促进立方状 γ′相分裂成为八重小立方体，使 γ′相更快地进入低能稳定的立方状择优组态。

（3）FGH97 合金中加入适量的 Hf，可有效地改变合金元素在析出相和 γ 固溶体间的再分配，有利于改善合金的高温持久塑性。

参 考 文 献

[1] Cochardt A W, Township W, County A. US Pat, 3005705, 1961.
[2] Academic Committee of the Superalloys CSM. China Superalloys Handbook, Beijing: China Zhijian Publishing House, 2012.
中国金属学会高温材料分会. 中国高温合金手册［上］. 北京：中国质检出版社，2012.
[3] Davis J R. ASM Specialty Handbook: Nickel, Cobalt, and Their Alloys, Materials Park: ASM International, 2000: 203.
[4] Evans D J, Eng R D. In: Hausner H H, Antes H W, Smith G D, eds., Modern Developments in Powder Metallurgy Vol. 14, Princeton: MPIF and APMI, 1981: 51.
[5] Chang M, Koul A K, Cooper C. In: Kissinger R D, Deye D J, Anton D L, Cetel A D, Nathal M V, Pollock T M, Woodford D A, eds., Procing 8th International Symposium on Superalloy, Pennsylvania: TMS, 1996: 677.
[6] Miner R V. Metall Trans A, 1977; 8(2): 259.
[7] Larson J M, Volin T E, Larson F G. In: Braun J D, Arrowsmith H W, Mccall J L, eds., Microstructural Science, Vol. 5, New York: American Elsevier Pub., 1977: 209.
[8] Warren R, Ingesten N G, Winberg L, Rönnhult T. Powder Metall, 1984; 27(3): 141.
[9] Radavich J, Furrer D, Carneiro T, Lemsky J. In: Reed R C, Green K A, Caron P, Gabb T P, Fahrmann M G, Huron E S, Woodard S A, eds., Procing 11th International Symposium on Superalloy, Pennsylvania: TMS, 2008: 63.

[10] Schirra J J, Reynolds P L, Huron E S, Bain K R, David P, Mourer D P. In: Green K A, Pollock T M, Harada H, Howson T E, Reed R C, Schirra J J, Walston S, eds., Procing 10th International Symposium on Superalloy. Warrendale: TMS, 2004: 341.

[11] Wlodek S T, Kelly M, Alden D. In: Antolovich S D, Stusrud R W, Mackay R A, Anton D L, Khan T, Sissinger R D, Klarstrom D L, eds., Procing 7th International Symposium on Superalloy, Pennsylvania: TMS, 1992: 467.

[12] Locq D, Caron P. Journal Aerospace Lab, 2011; 3: 1.

[13] Hardy M C, Zirbel B, Shen G, Shankar R. In: Green K A, Pollock T M, Harada H, Howson T E, Reed R C, Schirra J J, Walston S, eds., Procing 10th International Symposium on Superalloy. Warrendale: TMS, 2004: 83.

[14] Starink M J, Reed P A. Mater Sci Eng A, 2008; 491(2): 279.

[15] Domingue J A, Boeseh W J, Radavich J F. In: Tien J K, Wlodek S T, Morrow H III, eds., Procing 4th International Symposium on Superalloy. Ohio: ASM, 1980: 335.

[16] Hu B F, Chen H M, Song D. Acta Metall Sin 2005; 41(10): 1042.
胡本芙, 陈焕铭, 宋铎. 金属学报, 2005; 41(10): 1042.

[17] Xia P C, Yu J J, Sun X F, Guan H R, Hu Z Q. J Shandong Univ Sci Technol (Nat Sci), 2009; 28: 51.
夏鹏成, 于金江, 孙晓峰, 管恒荣, 胡壮麒. 山东科技大学学报（自然科学版）, 2009; 28: 51.

[18] Lifshitz I M, Slyzov V V. J Phys Chem Solids, 1961, 19: 35.

[19] Wagner C. Z. Elektrochem, 1961; 65: 581.

[20] Menzies R G, Bricknell R H, Craven A J. Philosophical Magazine A, 1980; 41(4): 493.

[21] Qiu C L, Attallah M M, Wu X H, Andrews P. Mater Sci Eng A, 2013; 564: 176.

[22] Doi M, Miyazaki T, Wakatsuki T. Mater Sci Eng, 1985; 74: 139.

[23] Miyazaki T, Imamura H, Mori H, Kozakai T. J Mater Sci, 1981; 16: 1197.

[24] Qiu Y Y. J Alloys Compd, 1998; 270: 145.

[25] Qiu Y Y. Acta Mater, 1996; 44: 4969.

[26] Kaufman M J, Voorhees P W, Johnson W C, Biancaniello F S. Metall Trans A, 1989; 20: 2171.

[27] Kotval P S, Venables J D, Calder R W. Metall Trans, 1972; 3(2): 453.

[28] Zhen B L, Zhang S J. Central Iron Steel Res Inst Technol Bull, 1981; 1(1): 65.
甄宝林, 张绍津. 钢铁研究总院学报, 1981; 1(1): 65.

（原文发表在《金属学报》, 2015, 51(8): 967-975.）

微量元素 Hf 对镍基粉末高温合金 FGH97 显微组织的影响

张义文[1,2]　韩寿波[1,2]　贾建[1,2]　刘建涛[1,2]　胡本芙[3]

(1. 钢铁研究总院高温材料研究所，北京　100081；
2. 钢铁研究总院高温合金新材料北京市重点实验室，北京　100081；
3. 北京科技大学材料科学与工程学院，北京　100083)

摘　要　利用 SEM 和物理化学相分析方法研究了 5 种 Hf 含量的 FGH97 粉末高温合金中 γ′ 相和 MC 型碳化物形貌、化学组成及含量。结果表明：Hf 促进 γ′ 相和 MC 相析出，改变 γ′ 相和 MC 相的化学组成，对 MC 相的尺寸和形貌影响不大，显著影响 γ′ 相的尺寸和形貌，促使 γ′ 相的形态失稳，导致立方状 γ′ 相发生分裂，使 γ′ 相更快地进入稳定的立方状择优形态。在 FGH97 合金中添加 Hf，可通过改变错配度 δ，从而改变 γ′ 相发生分裂的临界尺寸 D_c。建立了 D_c 与 Hf 含量 $w(Hf)$ 的关系式：$D_c = 315.4 + 640.2w(Hf) - 358.2[w(Hf)]^2$。随着 Hf 含量的增加，$|\delta|$ 逐渐变小，D_c 增大。γ′ 相长大到临界尺寸时，γ′ 相由立方状分裂为八重小立方体状。

关键词　粉末高温合金　FGH97　Hf　γ′ 相形态稳定性　MC 型碳化物

Effect of Microelement Hf on the Micro-structure of Powder Metallurgy Superalloy FGH97

Zhang Yiwen[1,2], Han Shoubo[1,2], Jia Jian[1,2], Liu Jiantao[1,2], Hu Benfu[3]

(1. High Temperature Materials Research Institute, Central Iron and Steel Research Institute, Beijing 100081, China; 2. Beijing Key Laboratory of Advanced High Temperature Materials, Central Iron and Steel Research Institute, Beijing 100081, China; 3. School of Materials Science and Engineering, University of Science and Technology Beijing, Beijing 100083, China)

Abstract: Microelement Hf added in Ni-based powder metallurgy (PM) superalloy can modify microstructure and improve mechanical properties, such as stress-rupture life, creep resistance and crack growth resistance, and also benefit to eliminate notch sensitivity. So systematically studying the effect of microelement Hf on PM superalloy microstructure will help to comprehend its corresponding mechanism. The effects of microelement Hf on the morphologies, chemical compositions and content of γ′ phase and MC carbide in FGH97 PM Superalloy were investigated by means of SEM and physiochemical phase analysis. The results showed that Hf facilitated the precipitations of γ′ phase and MC carbide, and changed chemical compositions of γ′ phase and MC carbide, the effect of Hf on the size and morphology of MC carbide was not obvious, while Hf greatly affected the size and morphology of γ′ phase and accelerated the splitting of γ′ phase from one instable cubic γ′ particle to stable octet of cubes. As Hf effected the lattice misfit of γ′/γ phase (δ), modifying Hf content changed the critical splitting size of γ′ phase (D_c). The relationship between D_c and Hf content was found to be $D_c = 315.4 + 640.2 w(Hf) - 358.2[w(Hf)]^2$. With Hf content increased, the absolute value of δ decreased and D_c increased. Cubic γ′ particle split into an octet of cubes when γ′ phase grew up to the critical splitting size.

Keywords: powder metallurgy superalloy, FGH97, Hf, γ′ phase morphology stability, MC carbide

在镍基粉末高温合金中添加微量元素 Hf，可通过改善显微组织提高合金的持久寿命、蠕变抗力和裂纹扩展抗力，消除缺口敏感性[1-4]。微量元素 Hf 促进 γ′ 相和 MC 型碳化物的析出，Hf 进入 γ′ 相和 MC 型碳化物，形成了含 Hf 的 γ′ 相和 MC 型碳化物，并改变了 γ′ 相和 MC 型碳化物的化学组成，增加了 γ′ 相和 MC 型碳化物的晶格常数[5,6]。

已有研究表明，在镍基粉末高温合金中添加 Hf 改变了 γ′ 相的形态，例如：在镍基粉末高温合金 IN100 中添加 Hf，可促使 γ′ 相长大，与含 0.40%Hf（质量分数，下同）的合金相比，含 1.05%Hf 的合金中块状 γ′ 相变得更粗大，对合金强化作用不明显[1]；在镍基粉末高温合金 NASA ⅡB-11 中添加 Hf，可促使 γ′ 相以网格状析出[5]；文献[6]报道了在镍基粉末高温合金 Astroloy 中添加 0.25%~1.7% 的 Hf 对 γ′ 相形貌有重大的影响，随着 Hf 含量的增加，从合金中析出大量的扇形排列的 γ′ 相，这种形貌可以解释为一个或多个 γ′ 相在晶界上形核，随后长大到基体中，消耗的元素不断从基体扩散至 γ′ 相，促使 γ′ 相形成分支，呈现放射状长大，最终形成了扇形排列的 γ′ 相。研究[1,2,6]表明，镍基粉末高温合金中添加适量的 Hf 使 MC 型碳化物呈弥散分布。可见，在不同镍基粉末高温合金中添加 Hf，会使 γ′ 相呈现不同的形态。另外研究[7-10]表明，在弹性应变场作用下镍基高温合金中单独的立方状 γ′ 相可分裂为二重平行状（doublet of plantes）和八重小立方体组态（octet of cubes），γ′ 相尺寸不但不长大，反而变成尺寸更小的立方状 γ′ 相。

在镍基粉末高温合金中添加过量的 Hf 对改善合金综合力学性能作用不大[2]。目前，正在使用的含 Hf 的镍基粉末高温合金中，比如 N18、RR1000、EP741NP 和 FGH97 等，Hf 质量分数控制在 0.8% 以下[4,11-13]。为此，本工作研究了 Hf 含量对 FGH97 镍基粉末高温合金中 γ′ 相和 MC 型碳化物的化学组成、形貌、尺寸以及含量的影响，有助于认识微量元素 Hf 对粉末高温合金组织与性能之间关系的影响。

1 实验方法

实验选用不同 Hf 含量的 FGH97 镍基粉末高温合金。FGH97 合金中含有 Co、Cr、W 和 Mo 固溶强化元素，以及 Al、Ti、Nb、Zr 和 Hf 等 γ′ 相和 MC 型碳化物形成元素。FGH97 合金的主要成分（质量分数）为：C 0.04%，Co 15.75%，Cr 9.0%，W 5.55%，Mo 3.85%，Al 5.05%，Ti 1.8%，Nb 2.6%，Hf 0~0.89%，B、Zr 微量，Ni 余量。本工作采用的 5 种 Hf 含量（质量分数，下同）分别为 0、0.16%、0.30%、0.58% 和 0.89%。使用等离子旋转

电极法制备合金粉末,颗粒尺寸为50~150μm,采用热等静压固结成形,热等静压温度为1200℃。将固结成形的试样在1200℃保温4h后空冷,而后进行3级时效处理,终时效为在700℃保温15~20h后空冷。

采用物理化学相分析方法确定γ'相和MC型碳化物的化学组成和含量,用JSM-6480LV型扫描电镜(SEM)观察合金中碳化物的形貌,用图像分析仪统计碳化物颗粒的尺寸,500倍下统计10个视场。用JSM-6480LV型扫描电镜SEM和SUPRA 55型热场发射扫描电镜(FEG-SEM)观察γ'相形貌。SEM试样采用电解抛光后电解浸蚀制备,电解抛光制度为20%H_2SO_4+80%CH_3OH(体积分数)的电解液,电压为30V,时间为15~20s;电解浸蚀制度为85mLH_3PO_4+5mLH_2SO_4+8gCrO_3的电解液,电压为5V,时间为3~6s。用Image-Pro Plus 6.0软件统计γ'相尺寸。用D/max 2500H型X射线衍射仪(XRD)测算合金块状试样中γ'相的晶格常数和γ'/γ相间错配度,用TTR3型X射线衍射仪测算从合金中萃取的γ'相粉末的晶格常数,采用Cu靶,Cu $K_{\alpha 1}$的波长为0.15406nm,测算方法见文献[14]。

2 实验结果

2.1 合金的相组成

实验结果表明,5种Hf含量的FGH97合金由基体γ相、γ'相、MC型碳化物以及微量的M_6C型碳化物和M_3B_2型硼化物组成,γ'相和MC型碳化物为主要析出相。表1给出了不同Hf含量FGH97合金中相含量的物理化学相分析结果。由表1可知,随着合金中Hf含量的增加,MC型碳化物含量增加,γ'相含量也略有增加。γ'相质量占62%左右,MC型碳化物不超过0.34%,M_6C型碳化物和M_3B_2型硼化物总量不超过0.21%。由此可见,添加不同Hf含量的FGH97合金中没有发现新相。从不含Hf到含0.89%Hf的FGH97合金,晶粒形状较规则,尺寸变化不大,晶粒尺寸为30~40μm。

表1 不同Hf含量FGH97合金中的相含量(质量分数)
Table 1 Phases contents in FGH97 alloys with different Hf contents (mass fraction)(%)

w(Hf)	γ	γ'	MC	$M_6C+M_3B_2$
0	37.678	61.930	0.264	0.128
0.16	37.503	62.080	0.266	0.151
0.30	37.378	62.180	0.270	0.172
0.58	37.062	62.450	0.293	0.195
0.89	36.762	62.690	0.338	0.210

2.2 γ'相的形貌和组成

5种Hf含量的FGH97合金中,γ'相分布在晶内和晶界,存在3种形态的γ'相:在固溶冷却过程中从γ固溶体中析出的晶界大尺寸γ'相称为晶界γ'相,在固溶冷却过程

中从过饱和 γ 固溶体中析出的晶内方形 γ′相称为二次 γ′相，在时效过程中从过饱和 γ 固溶体二次析出的细小 γ′相称为三次 γ′相。图 1 给出了 Hf 质量分数为 0.30% 的 FGH97 合金中 γ′相的形貌。可见，晶界 γ′相和二次 γ′相为块状 [图 1(a)]，三次 γ′相为颗粒状 [图 1(b)]。

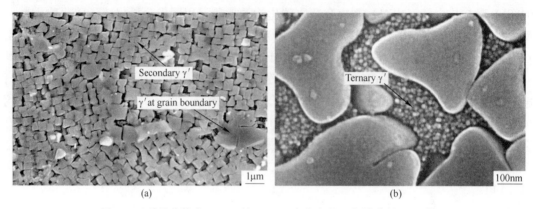

图 1　Hf 质量分数为 0.30% 的 FGH97 合金中的 γ′相形貌的 SEM 像
Fig. 1　Low(a) and high(b) magnified SEM images of γ′ phase in FGH97 alloy with 0.30% Hf

实验结果表明，FGH97 合金中添加微量 Hf 不改变晶界 γ′相和三次 γ′相的形貌，但对二次 γ′相形貌影响较大。图 2 给出了不同 Hf 含量的 FGH97 合金中的二次 γ′相形貌的 SEM 像。可见，在不含 Hf 和含 0.16%Hf 的合金中二次 γ′相主要为立方状 [图 2(a) 和 (b)]；随着合金中 Hf 添加量的增加，二次 γ′相发生长大和分裂，在含 0.30%Hf 的 FGH97 合金中二次 γ′相主要为八重小立方体状和蝴蝶状 [图 2(c)]；在含 0.58%Hf 的合金中二次 γ′相主要为立方状和八重小立方体状 [图 2(d)]；在含 0.89%Hf 的合金中二次 γ′相主要为立方状 [图 2(e)]。

表 2 给出了不同 Hf 含量的 FGH97 合金中 γ′相的含量。由表 2 可知，随着合金中 Hf 添加量的增加，γ′相含量略有增加，由不含 Hf 合金的 61.9% 增加到含 0.89%Hf 合金的 62.7%；晶界 γ′相含量占 5% 以下，二次 γ′相含量占 50% 以上，三次 γ′相含量占 7% 以下，3 种 γ′相量的比例变化也不大。FGH97 合金中加入 Hf，γ′相为主要含 Ni、Co、Al、Ti、Nb 和 Hf 的 (Ni, Co)$_3$(Al, Ti, Nb, Hf)，Hf 置换了 Al，其他元素变化不明显。图 3 给出了不同 Hf 含量的 FGH97 合金 γ′相中 Al 和 Hf 的含量。可见，随着合金中 Hf 含量的增加，γ′相中 Hf 含量逐渐增加，Al 含量逐渐减少，Al 被 Hf 置换量增大。Hf 质量分数为 0、0.16%、0.30%、0.58% 和 0.89% 时，γ′相的化学组成式分别为 $(Ni_{0.852}Co_{0.148})_3(Al_{0.783}Ti_{0.129}Nb_{0.088})$、$(Ni_{0.854}Co_{0.146})_3(Al_{0.781}Ti_{0.129}Nb_{0.088}Hf_{0.002})$、$(Ni_{0.855}Co_{0.145})_3(Al_{0.778}Ti_{0.129}Nb_{0.088}Hf_{0.005})$、$(Ni_{0.856}Co_{0.144})_3(Al_{0.773}Ti_{0.129}Nb_{0.088}Hf_{0.010})$ 和 $(Ni_{0.857}Co_{0.143})_3(Al_{0.767}Ti_{0.129}Nb_{0.088}Hf_{0.016})$，γ′相中 Al 被 Hf 置换的量分别为 0、0.2%、0.5%、1.0% 和 1.6%。表 3 给出了不同 Hf 含量的 FGH97 合金中 γ′相的平均尺寸。由表 3 可知，随着合金中 Hf 含量的增加，三次 γ′相的尺寸变化不大，平均尺寸在 14～18nm 之间；晶界 γ′相和二次 γ′相的尺寸先增大随后又逐渐减小，晶界 γ′相的平均尺寸在 820～1450nm 之间，二次 γ′相的平均尺寸在 276～511nm 之间；含 0.30%Hf 的合金中晶界 γ′相和二次 γ′相的尺寸最大，平均尺寸分别为 1450nm 和 551nm。不同 Hf 含量的 FGH97 合金中二次 γ′相尺寸均呈正态分布。由

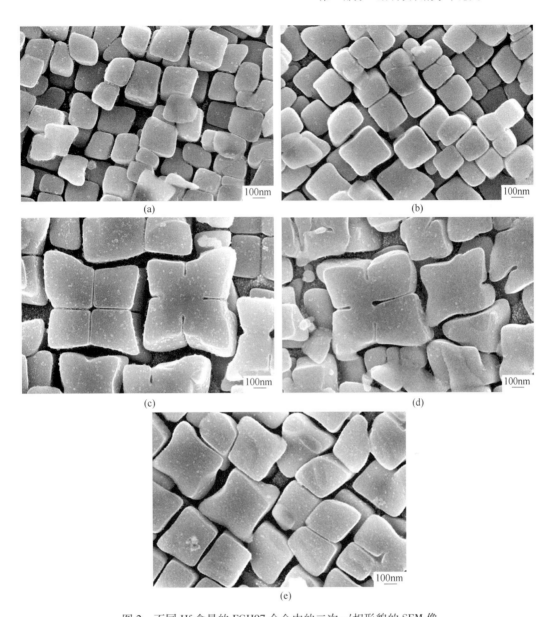

图 2 不同 Hf 含量的 FGH97 合金中的二次 γ′ 相形貌的 SEM 像
Fig. 2 SEM images of secondary γ′ phase in FGH97 alloys with different Hf content
(a)0；(b)0.16%；(c)0.30%；(d)0.58%；(e)0.89%

于 Hf 的原子半径比 Al 的大，所以合金中添加 Hf 后 γ′ 相的晶格常数增大。块状合金试样和萃取的 γ′ 相粉末的 XRD 分析结果表明，不同 Hf 含量的 FGH97 合金中 γ′ 相的晶格常数由不含 Hf 合金的 0.35928nm 增加到含 0.89%Hf 合金的 0.35953nm，粉末状 γ′ 相的晶格常数由不含 Hf 合金的 0.35890nm 增加到 0.89%Hf 合金的 0.35922nm。在块状合金试样中 γ′ 相的晶格常数小于 γ 基体相，形成负错配，因此 γ′ 相受到 γ 基体相的拉应力作用，使 γ′ 相原子间距增大，晶格常数增大。当 γ′ 相从合金中萃取出来后，受到的这种拉应力消失，γ′ 相处于无约束状态，因此粉末状 γ′ 相晶格常数小于在块状试样中 γ′ 相的晶格常数。

表2 不同Hf含量的FGH97合金中γ′相的含量（质量分数）
Table 2 γ′ phase content in FGH97 alloys with different Hf contents（mass fraction）（%）

w(Hf)	γ′ phase at grain boundary	Secondary γ′ phase	Ternary γ′ phase	Total
0	3.0	54.2	4.7	61.9
0.16	3.6	53.0	5.5	62.1
0.30	4.6	50.9	6.7	62.2
0.58	4.4	51.7	6.4	62.5
0.89	4.3	52.0	6.4	62.7

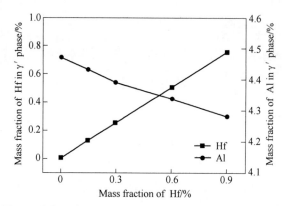

图3 不同Hf含量的FGH97合金γ′相中Al和Hf的含量
Fig. 3 Changes of Al and Hf amounts in γ′ phase with different Hf contents in FGH97 alloys

表3 不同Hf含量的FGH97合金中γ′相的平均尺寸
Table 3 Average γ′ particle sizes in FGH97 alloys with different Hf contents （nm）

w(Hf)/%	γ′ phase at grain boundary	Secondary γ′ phase	Ternary γ′ phase
0	820	276	14
0.16	890	284	16
0.30	1450	511	18
0.58	1240	411	16
0.89	1340	409	16

2.3 MC型碳化物的形貌和组成

FGH97合金中添加不同含量的Hf没有改变MC型碳化物的形貌，颗粒状MC型碳化物弥散分布在晶内和晶界处，晶界上的MC型碳化物尺寸较大。随着FGH97合金中Hf添加量的增加，MC型碳化物尺寸变化不大，平均尺寸在0.878~1.064μm之间。图4给出了Hf质量分数为0.30%的FGH97合金中MC型碳化物形貌的SEM像。

在FGH97合金中加入Hf，形成的MC型碳化物为主要含Nb，Ti和Hf的复合碳化物(Nb，Ti，Hf)C。图5示出了MC型碳化物含量以及MC型碳化物中Nb，Ti和Hf含量与合金中Hf含量的关系。可见，随着合金中Hf添加量的增加，MC型碳化物形成元素Nb，

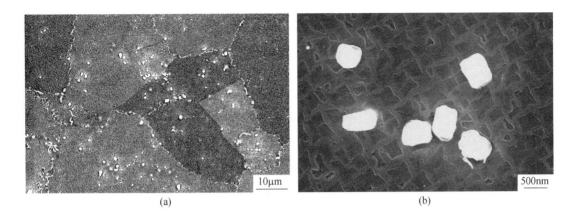

图 4 Hf 质量分数为 0.30%的 FGH97 合金中 MC 型碳化物形貌的 SEM 像

Fig. 4 Low (a) and high (b) magnified SEM images of MC carbide of FGH97 alloy with 0.30% Hf

Ti 和 Hf 含量的总量增加,因此 MC 型碳化物的含量增加,由不含 Hf 合金的 0.264%增加到 0.89%Hf 合金的 0.338%。图 6 给出了 MC 型碳化物中的 Nb,Ti 和 Hf 含量随合金中 Hf 含量的变化。可见,随着合金中 Hf 含量的增加,MC 型碳化物中 Hf 含量逐渐增加,Nb 和 Ti 含量逐渐减少,表明 Hf 置换了 Nb 和 Ti。同时,随着合金中 Hf 含量的增加,MC 型碳化物中更多的 Ti 和 Nb 被置换,Ti 和 Nb 被置换比例基本相同,约为 1∶1,与合金中 Hf 含量无关,结果如表 4 所示。Hf 质量分数为 0,0.16%,0.30%,0.58%和 0.89%时,MC 型碳化物简化的化学组成式分别为 $(Nb_{0.664}Ti_{0.336})C$,$(Nb_{0.654}Ti_{0.323}Hf_{0.023})C$,$(Nb_{0.642}Ti_{0.308}Hf_{0.050})C$,$(Nb_{0.619}Ti_{0.280}Hf_{0.101})C$ 和 $(Nb_{0.574}Ti_{0.253}Hf_{0.173})C$。由于 Hf 的原子半径比 Nb 和 Ti 大,所以合金中添加 Hf 后 MC 型碳化物的晶格常数稍有增大。萃取碳化物粉末的 XRD 结果表明,MC 型碳化物的晶格常数由不含 Hf 合金的 0.442nm 增加到含 0.89% Hf 合金的 0.447nm。

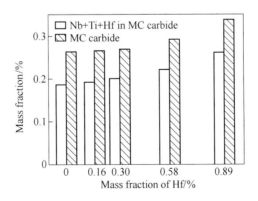

图 5 MC 型碳化物含量以及 MC 型碳化物中 Nb,Ti 和
Hf 含量与 FGH97 合金中 Hf 含量的关系

Fig. 5 Relationship between mass fraction of MC carbide, metal
elements in MC carbide and Hf content in FGH97 alloy

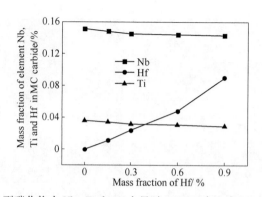

图 6 MC 型碳化物中 Nb，Ti 和 Hf 含量随 FGH97 合金中 Hf 含量的变化
Fig. 6 Changes of mass fraction of Nb, Ti and Hf in MC carbide with Hf contents in FGH97 alloy

表 4 不同 Hf 含量的 FGH97 合金中 MC 型碳化物中 Ti 和 Nb 被 Hf 所置换的量
Table 4 Amounts of Ti and Nb substituted by Hf in MC carbide of FGH97 alloys with different Hf contents (%)

$w(Hf)$	Ni substituted by Hf	Ti substituted by Hf	Ni+Ti substituted by Hf
0.16	1.0	1.3	2.3
0.30	2.2	2.8	5.0
0.58	4.5	5.6	10.1
0.89	9.0	8.3	17.3

3 分析讨论

由上述实验结果可知，FGH97 合金中 Hf 含量低时，γ′相为规则排列的立方状，随着合金中 Hf 含量增加，立方状 γ′相发生分裂。这表明，Hf 促进立方状 γ′相的长大和分裂，立方状 γ′相分裂成八重小立方体，使 γ′相更快地进入低能稳定的立方状择优形态[15]。

弹性应变能理论是基于弹性应变能与界面能总和最小的原则，决定析出相的析出特性和择优形态。γ′相的择优形态是由弹性应变能与界面能的总和的最低值决定的。然而，γ′相颗粒之间弹性应力场发生重叠，γ′相颗粒之间产生弹性交互作用。研究[16-19]表明：γ′相颗粒之间的弹性交互作用不仅影响 γ′相的排列，还影响单个 γ′相的形貌，γ′相颗粒之间的弹性交互作用对 γ′相的形态起主导作用。共格析出的 γ′相的分裂过程是一个能量降低的过程。在 γ′相分裂过程中，γ′相界面能增加，由于分裂后 γ′相颗粒之间的弹性交互作用能可以克服表面能的增加，使系统的总能量降低，故 γ′相发生分裂时，弹性交互作用能是 γ′相分裂的驱动力。共格析出的单个 γ′相的总能量 E 可用下式表示[16]：

$$E = E_e + E_s + E_i \tag{1}$$

式中，E_e 为由 γ/γ′错配度引起的弹性应变能；E_s 为 γ′相的界面能；E_i 为 γ′相之间的弹性交互作用能。E_i 为负值，E_i 与错配度的绝对值 $|\delta|$ 成正比，即 E_i 来自 γ/γ′错配度 δ，即产生晶格错配应力场的重叠。

微观弹性理论计算[16]表明，当立方状 γ′相尺寸较小时，立方状 γ′相的总能量比八重小立方体状低，立方状 γ′相尺寸稳定；随着 γ′相尺寸增大，八重小立方体状 γ′相的总能

量比立方状 γ′ 相低，γ′ 相形态不稳定，发生分裂，γ′ 相呈现八重小立方体状。显然，γ′ 相的形态稳定性取决于弹性交互作用能相对于表面能量的大小。

通过 XRD 测算出 δ，并采用 Image-Pro Plus 6.0 计算软件统计出 γ′ 相颗粒发生分裂的临界尺寸 D_c（γ′ 相颗粒刚要发生分裂时大尺寸立方状 γ′ 相颗粒的尺寸）和 γ′ 相的平均尺寸 D_a，结果如表 5 所示。依据表 5 结果，绘制出 D_c 与 Hf 含量的对应关系如图 7 所示。D_c 与 Hf 含量 $w(\text{Hf})$ 的关系可用下式表示：

$$D_c = 315.4 + 640.2w(\text{Hf}) - 358.2[w(\text{Hf})]^2 \tag{2}$$

表 5 不同 Hf 含量的 FGH97 合金中 γ′/γ 错配度 δ、γ′ 相颗粒发生分裂的临界尺寸 D_c 和 γ′ 相的平均尺寸 D_a

Table 5 γ′/γ misfit δ, critical splitting sizes of γ′ particle D_c and average γ′ particle sizes D_a of FGH97 alloys with different Hf contents

$w(\text{Hf})/\%$	$\delta/\%$	D_c/nm	D_a/nm
0	-0.118	321	276
0.16	-0.095	371	284
0.30	-0.075	519	511
0.58	-0.060	547	411
0.89	-0.048	608	409

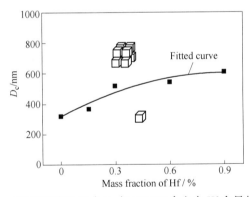

图 7 γ′ 相颗粒临界尺寸 D_c 与 FGH97 合金中 Hf 含量的关系

Fig. 7 Relationship between the critical splitting size of γ′ particle and Hf content in FGH97 alloy

由表 5 和图 7 可知，随着合金中 Hf 含量的增加，$|\delta|$ 逐渐变小，D_c 逐渐增大。当 γ′ 相颗粒尺寸超过 D_c 时，γ′ 相颗粒由立方状分裂为八重小立方状，导致 γ′ 相尺寸发生变化。

文献 [20] 指出，γ′ 相长大到某一临界尺寸时发生分裂，并推导出 γ′ 相由立方状分裂成八重小立方状的临界尺寸表达式：

$$D_c = 50 r_0 \tag{3}$$

式中，$r_0 = \sigma/E_1$ 材料的特征长度，其中 σ 为 γ′ 相的比表面能，E_1 为材料常数，且 $E_1 = -0.5\beta^2 \Delta \delta^2/[c_{11}(2c_{11}-\Delta)]$，$\beta = c_{11} + 2c_{12}$，$\Delta = c_{11} - c_{12} - 2c_{44}$，$\beta$ 为 γ′ 相的体积模量，Δ 为 γ′ 相的各向异性因子，c_{11}、c_{12}、c_{44} 为 γ′ 相不同晶向的弹性常数。

假定 FGH97 合金中添加少量的 Hf 对 σ 及其他参数的影响忽略不计，只影响 δ，由式

(3) 可以得出 D_c 与 δ 的关系式：

$$D_c = 50K/\delta^2 \quad (4)$$

式中，$K = -\sigma c_{11}(2c_{11}-\Delta)/(0.5\beta^2\Delta)$。

由式（4）可知，$|\delta|$ 越小，D_c 越大，这证实了表 5 中 D_c 实测结果的规律性是正确的。

FGH97 合金中添加 Hf 促进立方状 γ' 相长大，不含 Hf 和含 0.16%Hf 的 FGH97 合金中绝大部分 γ' 相尺寸没有达到临界尺寸，所以不发生分裂，仍为立方状［图 2(a) 和 (b)］。随着 Hf 添加量的增大，γ' 相尺寸继续增大，当 Hf 质量分数为 0.30%时，γ' 相长大到临界尺寸，立方状 γ' 相颗粒开始分裂为低能的八重小立方状的择优形态［图 2(c)］。由图 2(c) 可见，很多 γ' 相颗粒是由 4 个立方体组成，利用 FEG-SEM 能清晰观察到它是由 8 个小立方体组成[21]。当 Hf 质量分数达到 0.89%时，γ' 相尺寸长大到远超过分裂的临界尺寸，大部分 γ' 相已完成分裂，变为立方状，尺寸变小［图 2(d)］。

4 结论

（1）不同 Hf 含量的 FGH97 合金的主要析出相为 γ' 相和 MC 型碳化物，并含有少量的 M_6C 型碳化物和 M_3B_2 型硼化物。

（2）FGH97 合金中加入 Hf，部分 Hf 进入 γ' 相，占据 Al 亚点阵位置，置换 Al 原子，γ' 相的组成变为 (Ni, Co)$_3$(Al, Ti, Nb, Hf)；部分 Hf 进入 MC 型碳化物中，置换 Ti 和 Nb 原子，使 MC 型碳化物的组成变为 (Nb, Ti, Hf)C。随着合金中 Hf 质量分数的增加，γ' 相的质量分数略有增加，MC 型碳化物的质量分数增加。

（3）FGH97 合金中添加 Hf 不影响 MC 型碳化物的尺寸和形貌，却强烈地影响 γ' 相的尺寸和形态。Hf 进入 γ' 相，改变 γ' 相在长大过程中弹性交互作用能的分布状态，促进立方状 γ' 相分裂成为八重小立方体，使 γ' 相更快地进入稳定的立方状择优形态。

（4）FGH97 合金中添加 Hf 通过改变错配度 δ，改变 γ' 相发生分裂的临界尺寸 D_c。D_c 与 Hf 含量 $w(\mathrm{Hf})$ 的关系式为 $D_c = 315.4 + 640.2w(\mathrm{Hf}) - 358.2[w(\mathrm{Hf})]^2$。随着 Hf 质量分数的增加，错配度的绝对值 $|\delta|$ 逐渐变小，D_c 增大。γ' 相长大到临界尺寸时，γ' 相由立方状分裂为八重小立方状。

参 考 文 献

[1] Evans D J, Eng R D. In: Hausner H H, Antes H W, Smith G D. Modern Developments in Powder Metallurgy, Princeton: MPIF and APMI. 1982; 14: 51.

[2] Белов А Ф, Аношкин Н Ф, Фаткуллин О Х. In: Банных О А. Жаропрочные и Жаростойкие Стали и Сплавы на Никелевой Основе, Москва: Наука, 1984: 31.

[3] Radavich J, Carneiro T, Furrer D, Lemsky J, Banik A. Chin J Aeronau, 2007; 20: 97.

[4] Radavich J, Furrer D, Carneiro T, Lemsky J. In: Reed R C, Green K A, eds., Superalloys 2008, Pennsylvania: TMS, 2008: 63.

[5] Miner R V. Metall Trans A, 1977; 8 (2): 259.

[6] Larson J M, Volin T E, Larson F G. In: Braun J D, Arrowsmith H W, McCall J L. Microstructural Science, New York: American Elsevier Pub, 1977: 209.

[7] Wang Y, Chen L Q, Khachaturyan A G. Acta Metall Mater, 1993; 41 (1): 279.

[8] Qiu Y Y. Acta Mater, 1996; 44: 4969.
[9] Yoo Y S, Yoon D Y, Henry M F. Met Mater, 1995; 1 (1): 47.
[10] Qiu Y Y. J Alloys Compd, 1998; 270: 145.
[11] Flageolet B, Villechaise P, Jouiad M. In: Green K A, Pollock T M, Haradra H eds., Superalloys 2004. Pennsylvania: TMS, 2004: 371.
[12] Starink M J, Reed P A S. Mater Sci Eng A, 2008; 491 (2): 279.
[13] Zhang Y W, Liu J T. Mater Chin, 2013; 32 (1): 1.
张义文, 刘建涛. 中国材料进展, 2013; 32 (1): 1.
[14] Zhang Y W, Wang F M, Hu B F. Rare Met Mater Eng, 2012; 41 (6): 989.
张义文, 王福明, 胡本芙. 稀有金属材料与工程, 2012; 41 (6): 989.
[15] Zhang Y W, Hu B F. Acta Metall Sin, 2015; 51: 967.
张义文, 胡本芙. 金属学报, 2015; 51: 967.
[16] Doi M, Miyazaki T, Wakatsuki T. Mater Sci Eng, 1984; 67: 247.
[17] Doi M, Miyazaki T, Wakatsuki T. Mater Sci Eng, 1985; 74 (2): 139.
[18] Miyazaki T, Imamura H, Mori H, Kozakal T. J Mater Sci, 1981; 16: 1197.
[19] Miyazaki T, Imamura H, Kozakai T. Mater Sci Eng, 1982; 54: 9.
[20] Khachaturyan A G, Semenovskaya S V, Morris J R J W. Acta Metall, 1988; 36 (6): 1563.
[21] Xia P C, Yu J J, Sun X F, Guan H R, Hu Z Q. J Shandong Univ Sci Tech (Nat Sci), 2009; 28: 51.
夏鹏成, 于金江, 孙晓峰, 管恒荣, 胡壮麒. 山东科技大学学报 (自然科学版), 2009; 28: 51.

(原文发表在《金属学报》, 2015, 51(10): 1219-1226.)

拓扑密堆 μ 相对含 Hf 的镍基粉末高温合金组织和性能的影响

张义文[1,2]　胡本芙[3]

(1. 钢铁研究总院高温材料研究所，北京　100081；
2. 钢铁研究总院高温合金新材料北京市重点实验室，北京　100081；
3. 北京科技大学材料科学与工程学院，北京　100083)

摘　要　研究了含 Hf（0~0.89%）的 FGH4097 粉末高温合金中拓扑密排 μ 相的析出动力学、组织形态以及 μ 相对 Hf 质量分数为 0.30% 的合金盘坯力学性能的影响。结果表明：Hf 质量分数为 0.30% 和 0.89% 的合金，经 750~900℃ 长期时效后 μ 相已明显析出。随着时效温度的升高、时效时间的延长以及 Hf 添加量的增加，μ 相析出量增加和尺寸长大。μ 相主要在晶内以长条片状形态析出。FGH4097 合金盘坯（Hf 质量分数为 0.30%）在 550~650℃ 长期时效后未出现 μ 相，高温拉伸性能和高温持久性能没有降低，组织稳定性良好。750℃ 长期时效后，盘坯中析出了 μ 相，析出的 μ 相对高温拉伸强度无明显影响，有助于提高高温拉伸塑性，降低了高温持久寿命，高温持久塑性提高约 30%。详细讨论了 μ 相的析出行为、γ 固溶体中合金元素的再分配以及合金断口特征。解释了 μ 相对力学性能影响的脆-韧双重作用机理，并提出控制和避免 μ 相大量析出造成性能劣化的措施和方法。

关键词　粉末高温合金　FGH4097　Hf　μ 相　力学性能

Effects of Topologically Close Packed μ Phase on Microstructure and Properties in Powder Metallurgy Ni-based Superalloy with Hf

Zhang Yiwen[1,2], Hu Benfu[3]

(1. High Temperature Materials Research Institute, Central Iron and Steel Research Institute, Beijing 100081, China; 2. Beijing Key Laboratory of Advanced High Temperature Materials, Central Iron and Steel Research Institute, Beijing 100081, China; 3. School of Materials Science and Engineering, University of Science and Technology Beijing, Beijing 100083, China)

Abstract: It is widely acknowledged that topologically close packed (TCP) phases are detrimental to comprehensive properties of superalloys, as TCP phases deplete strengthening elements from matrix and easily become crack initiations. In this work, the precipitation kinetics and morphology of topologically close packed μ phase in FGH4097 powder metallurgy (PM) superalloy with (0~0.89%) Hf and the effect of μ phase on the mechanical properties of FGH4097 PM superalloy billet with 0.30% Hf has been investigated. The results showed that μ phase precipitated obviously in the alloys with 0.30% and 0.89% Hf after long-term aging at 750~900℃, the amount and size of μ phase increased as the aging temperature, aging time and Hf content increasing. μ phase mainly precipitated in grains with strip and flake shapes. After long-term aging at 550~650℃, no μ phase precipitated in FGH4097 PM superalloy billet with 0.30% Hf and the tensile properties and stress-rupture properties at high temperature were not decreased, which showed excellent microstructure stability. After long-term aging at 750℃, precipitated μ phase had little effect on tensile strength at high temperature, however, the tensile ductility increased and high temperature stress rupture life reduced, and the stress rupture ductility increased by about 20%. In this work, the precipitation behavior of μ phase, the redistribution of elements in γ solid solution and the FGH4097 PM superalloy fracture morphology characteristics have been discussed in detail. The mechanism of the brittle and ductile dual effect of μ phase on the mechanical properties has been explained. The methods of controlling and avoiding excessive μ phase precipitation which leaded to performance deterioration have been proposed.

Keywords: powder metallurgy superalloy, FGH4097, Hf, μ phase, mechanical property

粉末高温合金中加入元素 Hf 可有效地改善合金的力学性能，提高合金的持久寿命[1-3]。但发现含 Hf 的粉末高温合金在高温长期服役过程中会促进拓扑密排（topologically close packed, TCP）相析出，降低制件的使用寿命，甚至会引发严重的工程事故。努力寻找控制和避免 TCP 相生成的方法和对策，一直是冶金材料学者关注的课题[4-6]。

早期建立的电子空位理论和在 d-电子理论基础上建立的相计算（PHACOMP）和新相计算（New PHACOMP）方法可以预测高温合金中 TCP 相的出现。镍基铸造高温合金采用人工神经网络和 d-电子理论预测微量元素 C，B 和 Hf 对合金性能的影响，进而调整微量元素含量，改善合金组织稳定性的研究也在进行尝试[7-10]。这些预测计算方法常常因对 TCP 相的固态脱溶析出行为缺乏大量的科学实验数据，假设条件太多，往往在工程上难以得到有效的采用。

众所周知，铸造高温合金加入元素 Hf 作为合金强化手段应用是最多的。一般铸造高温合金 C 含量很高，合金中加入 Hf 优先进入 MC 型碳化物，强烈改变 MC 型碳化物形态，由长条状或骨架状 MC 变成块状 MC，同时，铸造高温合金中加入的 Hf 大量地进入粗大 γ′ 相和花朵状（γ+γ′）共晶相中，使合金组织发生很大变化，并随着 Hf 量的增加（γ+γ′）共晶数量增多，组织变化更加明显。所以，铸造高温合金固有的铸造组织不均匀性，必然导致加入合金元素会发生严重宏观偏析，合金元素分布不均匀[11]。而粉末高温合金是由快速凝固的合金粉末制备而成，无宏观偏析，晶粒尺寸小，γ 固溶体化学成分均匀性好。与铸造和变形高温合金相比，研究粉末高温合金中 TCP 相的析出特征和析出动力学更为有利。

Hf 在合金中相间分配行为与 TCP 相形成之间的相关性目前还鲜有文献报道。本工作选用粉末冶金法制备的 γ′ 相强化的镍基高温合金 FGH4097 为研究对象，在获取大量的实验数据的基础上，分析和讨论了长期时效过程中析出的 μ 相的特征和形态以及与碳化物、γ 固溶体的相关性，以及 μ 相对合金力学性能的影响。以期为合金优化与合金成分设计积累新数据，同时从实验结果中找出控制和避免 μ 相生成和发展的方法。

1 实验方法

实验材料为不同 Hf 含量的 FGH4097 镍基粉末高温合金，FGH4097 合金的主要化学成分（质量分数）为：C 0.04%，Co 15.75%，Cr 9.0%，W 5.55%，Mo 3.85%，Al 5.05%，Ti 1.8%，Nb 2.60%，Hf 0~0.89%，B、Zr 微量，Ni 余量。本工作采用的 5 种 Hf 含量（质量分数）分别为 0，0.16%，0.30%，0.58% 和 0.89%。使用等离子旋转电极法（plasma rotating electrode process, PREP）制备的合金粉末粒度为 50~150μm，采用热等静压（hot isostatic pressing, HIP）固结成形，HIP 温度为 1200℃。将固结成形的 FGH4097 合金试样进行标准热处理，标准热处理制度为在 1180~1220℃ 保温 2~4h 后空冷，而后进行 3 级时效处理，终时效为在 700℃ 保温 15~20h 后空冷。对标准热处理态 Hf 质量分数为 0，0.30% 和 0.89% 的 FGH4097 合金进行时效处理，时效温度分别为 750℃，800℃，850℃ 和 900℃，在每个温度下分别保温 100h，200h，500h 和 1000h 后空冷。

采用 PREP 制粉+HIP 成形工艺制备 Hf 质量分数为 0.30% 的直径 630mm 的 FGH4097 合金盘坯，进行标准热处理（同上）后，从盘坯上切取实验料，然后在 550℃，650℃，700℃ 和 750℃ 下分别保温 1000h，2000h，5000h 后空冷，以考察 FGH4097 合金盘坯长期时效后组织和性能的稳定性。将实验料加工成工作段直径为 5mm 的标准试样，测试热处理态和经长期时效后的力学性能，包括：750℃ 拉伸性能、650℃ 持久性能（缺口光滑组合试样，缺口半径 0.15mm）、750℃ 持久性能（光滑试样）。采用物理化学相分析方法确定 FGH4097 合金中析出相的含量和组成，方法见文献 [12]。利用 JSM-6480LV 型扫描电镜（SEM）和 SUPRA55 型热场发射扫描电镜（FEG-SEM）观察碳化物、μ 相、γ′ 相和断口形貌，利用 JEM-2100 型透射电镜（TEM）观察显微组织和对析出相作选区电子衍射（SAED）鉴定析出相结构，并使用其附配的能谱仪（EDS）进行成分分析，用 JXA-8100 型电子探针（EPMA）分析元素在合金中的分布。

2 实验结果

2.1 标准热处理态合金的显微组织

实验结果表明，标准热处理（HT）态不同 Hf 含量的 FGH4097 合金的析出相由 γ′ 相、MC 型碳化物以及微量的 M_6C 型碳化物和 M_3B_2 型硼化物组成。随着合金中 Hf 含量的增加，Hf 置换 γ′ 相中的 Al 而进入 γ′ 相，导致 γ′ 相数量稍有增加，γ′ 相的化学组成为 $(Ni, Co)_3(Al, Ti, Nb, Hf)$[12]；Hf 置换 MC 型碳化物中的 Ti 和 Nb，导致 MC 型碳化物数量也增加[13]，MC 型碳化物的化学组成为 (Nb, Ti, Hf)C。经标准热处理后合金中没有发现析出 μ 相。图 1 给出了不同 Hf 含量的 FGH4097 合金标准热处理态的显微组织。可见，合金中主要析出相为 γ′ 相，呈方形高密度分布在晶内或晶界，Hf 含量对 MC 型碳化物的尺寸影响不大，MC 型碳化物呈规则的块状析出在晶内和晶界上。

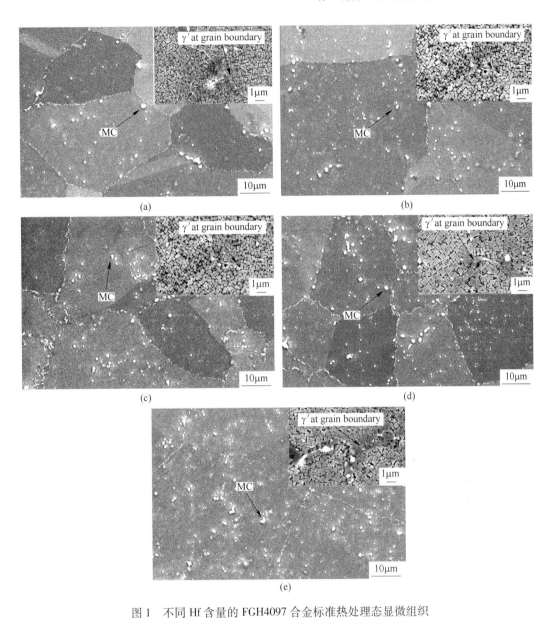

图 1 不同 Hf 含量的 FGH4097 合金标准热处理态显微组织

Fig. 1 γ′ precipitates and carbides in heat treated FGH4097 alloys with Hf content

(Insets show morphologies of γ′ precipitates)

(a)0；(b)0.16%；(c)0.30%；(d)0.58%；(e)0.89%

2.2 长期时效后合金的显微组织

图 2 给出了 Hf 质量分数为 0.89% 的 FGH4097 合金在 850℃ 和 900℃ 时效 1000h 后的显微组织。可见，晶内有片状相析出。用 TEM 和 EDS 对 Hf 含量为 0.89% 的 FGH4097 合金在 900℃ 时效 1000h 后片状析出相进行分析，结果如图 3 所示。从图 3(a) 中的 SAED 谱（插图）的标定结果可以判定，片状相为 μ 相，从图 3(b) 和表 1 的 EDS 分析结果可知，

μ相含有Co，Ni，Mo，W和Cr等元素，属于(Co, Ni)$_7$(Mo, W)$_6$型。

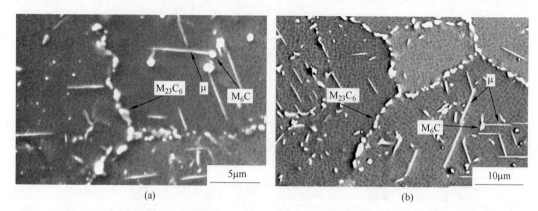

图 2 Hf 质量分数为 0.89% 的 FGH4097 合金在不同温度下时效 1000h 后的 SEM 像

Fig. 2 SEM images of FGH4097 with 0.89% Hf after ageing treated for 1000h

(a) 850℃；(b) 900℃

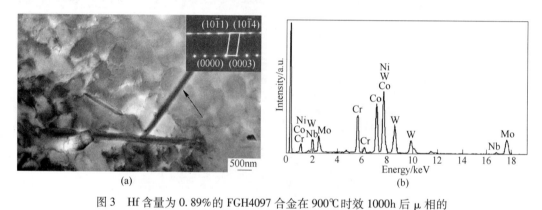

图 3 Hf 含量为 0.89% 的 FGH4097 合金在 900℃ 时效 1000h 后 μ 相的

TEM 像及 [01$\bar{1}$0] 晶带轴的 SAED 谱和 EDS 分析结果

Fig. 3 TEM image and indexed SAED pattern (inset) of μ phase (a) and its EDS result

(b) in FGH4097 alloy with 0.89%Hf after ageing at 900℃ for 1000h

表 1 μ 相化学成分的 EDS 分析结果

Table 1 Compositions of μ phase measured by EDS

Element	Mass fraction / %	Atom fraction / %
Al	0.26	0.78
Ti	0.33	0.56
Cr	10.65	16.55
Co	16.88	23.13
Ni	20.57	28.30
Nb	1.55	1.35
Mo	18.58	15.64
W	31.18	13.70

EPMA 分析结果表明：Hf 质量分数为 0 的 FGH4097 合金在 800℃时效 1000h 后，Hf 质量分数为 0.30% 和 0.89% 的 FGH4097 合金在 750℃时效 1000h 后，在晶内发现有小片状 μ 相析出。EPMA 分析结果还表明：Hf 质量分数为 0，0.30% 和 0.89% 的 FGH4097 合金在 750℃时效 100h 后，发现有 M_6C 型碳化物析出；在 750℃时效 1000h 后，发现有 $M_{23}C_6$ 型碳化物析出。

用 TEM 和 EDS 对 Hf 质量分数为 0.89% 的 FGH4097 合金在 850℃时效 1000h 后 μ 相近旁的块状析出相［图 2(a)］进行分析，结果如图 4 所示。从图 4(a) 中的 SAED 谱（插图）的标定结果可以判定，块状析出相为 M_6C 型碳化物，从图 4(b) 和表 2 中的 EDS 分析结果可知，M_6C 型碳化物含有 Mo，W 和 Cr 等元素，属于 $(Mo, W)_6C$ 型。

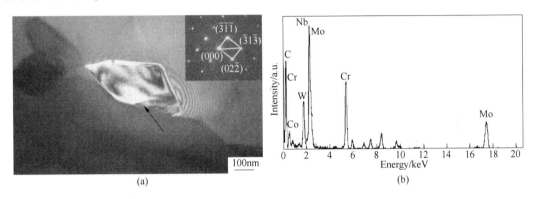

图 4 Hf 质量分数为 0.89% 的 FGH4097 合金在 850℃时效 1000h 后 M_6C 相的 TEM 像及 $[\bar{2}33]$ 晶带轴的 SAED 谱和 EDS 分析结果

Fig. 4 TEM image and indexed SAED pattern (inset) (a) and EDS result (b) of M_6C in FGH4097 alloy with 0.89%Hf after ageing at 850℃ for 1000h

表 2 M_6C 相化学成分的 EDS 分析结果
Table 2 Compositions of M_6C measured by EDS

Element	Mass fraction / %	Atom fraction / %
C	26.13	71.51
Cr	17.11	10.81
Co	1.67	0.93
Ni	2.96	1.65
Nb	1.99	0.70
Mo	33.14	11.35
W	17.00	3.04

用 TEM 和 EDS 对 Hf 质量分数为 0.89% 的 FGH4097 合金在 850℃时效 1000h 后晶界上的析出相进行［图 2(a)］分析，结果如图 5 所示。从图 5(a) 中的 SAED 谱（插图）的标定结果可以判定，块状析出相为 $M_{23}C_6$ 型碳化物，从图 5(b) 和表 3 中的 EDS 分析结果可知，$M_{23}C_6$ 型碳化物含有 Cr，Mo，W，Co 和 Ni 等元素，属于 $(Cr, Mo, W)_{23}C_6$ 型。

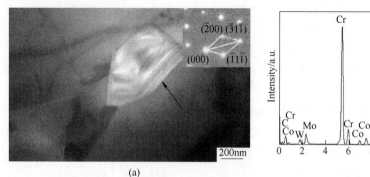

图 5 Hf 含量为 0.89%（质量分数）的合金在 800℃时效 1000h 析出的 $M_{23}C_6$ 型碳化物的 TEM 像及 [011] 晶带轴的 SAED 谱和 EDS 分析结果

Fig. 5 TEM image and indexed SAED pattern inset (a) and its EDS (b) result of $M_{23}C_6$ in FGH4097 alloy with 0.89%Hf after aging treated at 800℃ for 1000h

表 3 $M_{23}C_6$ 相化学成分的 EDS 分析结果

Table 3 Compositions of $M_{23}C_6$ estimated by EDS

Element	Mass fraction / %	Atom fraction / %
C	1.82	8.21
Cr	73.99	76.93
Co	3.20	2.93
Ni	5.19	4.77
Mo	9.33	5.26
W	6.47	1.90

图 6 给出了不同 Hf 含量的合金在 900℃不同时效时间前后的显微组织。可见，标准热处理态的不含 Hf 的合金中晶内没观察到 μ 相析出 [图 6(a)]，经 200h 时效后，断续状 $M_{23}C_6$ 型碳化物在晶界上析出，M_6C 型碳化物在晶内析出，并观察到晶内 M_6C 型碳化物周围有细小片状 μ 相析出 [图 6(b)]。时效 1000h 后析出的 μ 相有的与 M_6C 型碳化物相连，晶界上的 $M_{23}C_6$ 型碳化物尺寸变大（4~5μm），但数量很少 [图 6(c)]。标准热处理态 Hf 质量分数为 0.30% 的合金中晶内没观察到 μ 相析出 [图 6(d)]。时效 200h 后在晶内 M_6C 型碳化物周围发现有小尺寸 μ 相析出，晶界上的 $M_{23}C_6$ 型碳化物呈细链状分布，但数量增加不多 [图 6(e)]。时效 1000h 后 μ 相尺寸明显长大，数量增多 [图 6(f)]。标准热处理态 Hf 质量分数高（0.89%）的合金中晶内没有发现 μ 相析出 [图 6(g)]，但经 200h 时效后在晶内 M_6C 型碳化物周围有大量片状 μ 相析出，晶界上 $M_{23}C_6$ 型碳化物尺寸变大 [图 6(h)]。而时效 1000h 后晶内析出的 μ 相尺寸长大，数量增多，其近旁 M_6C 型碳化物数量减少，μ 相沿着一定结晶位向生长，$M_{23}C_6$ 型碳化物变成颗粒状，呈链状分布在晶界上 [图 6(i)]。可见，随着时效温度、时效时间以及合金中 Hf 含量的增加，μ 相析出量增多，尺寸也逐渐变大，M_6C 型碳化物在晶内和 $M_{23}C_6$ 型碳化物在晶界上的数量、尺寸和形态也发生变化。

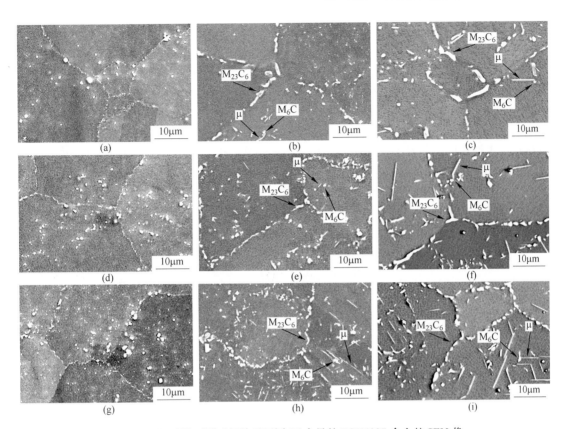

图 6 900℃时效不同时间前后不同 Hf 含量的 FGH4097 合金的 SEM 像

Fig. 6 SEM images of FGH4097 alloy without (a~c) and with 0.30% Hf (d~f) and 0.89% Hf (g~i) heat treated (a, d, g) and after ageing at 900℃ for 200h (b, e, h) and 1000h (c, f, i)

(a)0; (b)0, 200h; (c)0, 1000h; (d)0.30%; (e)0.30%, 200h; (f)0.30%, 1000h;
(g)0.89%; (h)0.89%, 200h; (i)0.89%, 1000h

2.3 FGH4097 合金盘坯长期时效后的显微组织和力学性能

表 4 给出了 FGH4097 合金盘坯在 650℃，700℃和 750℃时效 5000h 后相含量的分析结果。由于 M_6C，M_3B_2 和 μ 相的化学和电化学性质非常接近，无法用物理化学相分析将三者分离，并且在时效过程中 M_3B_2 相含量变化不大。因此，由表 4 可知，随着时效温度升高，γ′相数量逐渐增多，MC 型碳化物数量逐渐减少，M_6C 型碳化物和 μ 相析出量逐渐增多，700℃时效 5000h 后开始有明显的 $M_{23}C_6$ 型碳化物析出。

表 4 长期时效前后 FGH4097 合金盘坯的相组成

Table 4 Compositions of precipitations in FGH4097 alloy disk billet before and after long-term ageing treatment (mass fraction) (%)

Status	γ′	MC	$M_3B_2+M_6C+μ$	$M_{23}C_6$
Heat treated	62.78	0.296	0.133 (no μ phase)	
Aged at 650℃ for 5000h	64.04	0.281	0.186	

续表4

Status	γ'	MC	$M_3B_2+M_6C+\mu$	$M_{23}C_6$
Aged at 700℃ for 5000h	64.12	0.254	0.206	0.045
Aged at 750℃ for 5000h	64.21	0.214	1.234	0.158

图7给出了在750℃时效不同时间后FGH4097合金盘坯的显微组织。可见，当时效1000h后盘坯试样中晶界上析出$M_{23}C_6$型碳化物和晶内析出块状M_6C型碳化物，并已明显地观察到μ相在晶内和M_6C型碳化物周边析出［图7(a)］。而时效2000h后发现μ相明显地在晶内M_6C型碳化物近旁析出，尺寸很小，为1~2μm，晶内析出的M_6C型碳化物尺寸减小，晶界上$M_{23}C_6$型碳化物数量增多［图7(b)］。时效5000h后，在M_6C型碳化物周围析出尺寸较大的μ相，晶界上$M_{23}C_6$型碳化物呈颗粒状断续分布［图7(c)］。

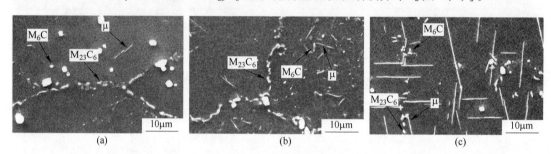

图7 750℃时效不同时间后FGH4097合金盘坯的SEM像
Fig. 7 SEM images of FGH4097 alloy disk billet after ageing at 750℃
(a)1000h；(b)2000h；(c)5000h

表5给出了FGH4097合金盘坯长期时效前后750℃的拉伸性能和650℃的持久寿命。可见，与标准热处理态相比，不同温度时效后750℃的拉伸强度变化不大，而延伸率和断面收缩率均高于标准热处理态，但塑性指标波动较大。断口形貌观察结果表明，在550℃，650℃和700℃时效后750℃拉伸试样的断裂模式主要为穿晶断裂，而在750℃时效5000h后750℃拉伸试样的断裂模式属于沿晶和穿晶混合断裂。在650℃和980 MPa实验条件下，缺口光滑组合试样的持久寿命并无明显降低（表5），试样均断在光滑处，不存在缺口敏感性。从试样断口形貌可知，裂纹源区具有明显的沿晶断裂特征，沿晶断口上分布大量韧窝（图8），表明合金具有良好的持久塑性。

表5 FGH4097合金盘坯长期时效前后750℃的拉伸性能和650℃的持久寿命
Table 5 Tensile property at 750℃ and stress rupture life at 650℃ of FGH4097 alloy disk billet before and after ageing treatment

Ageing temperature /℃	Ageing time/h	σ_b/ MPa	$\sigma_{0.2}$/ MPa	δ / %	Ψ / %	τ /h
550	2000	1190	975	17.5	19.5	264
	5000	1190	980	22.0	21.0	281
650	2000	1190	980	23.0	24.0	285
	5000	1240	1040	15.0	14.5	260

续表 5

Ageing temperature /℃	Ageing time/h	σ_b/ MPa	$\sigma_{0.2}$/ MPa	δ / %	Ψ / %	τ /h
700	2000	1150	930	31.5	31.5	245
	5000	1180	960	22.5	23.5	269
750	2000	1140	975	23.0	24.5	248
	5000	1160	985	11.0	15.0	253
Heat treated		1220	1020	12.5	15.5	243

Note: σ_b—tensile strength at 750℃, $\sigma_{0.2}$—yield strength at 750℃, δ—elongation at 750℃, Ψ—reduction of cross section area at 750℃, τ—stress rupture life at 650℃ and 980 MPa of smooth-notched composite specimen; notch radius, $R=0.15$mm.

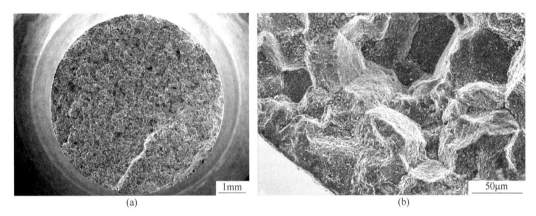

图 8 FGH4097 合金盘坯 650℃时效 5000h 后 650℃持久试样断口全貌及源区形貌

Fig. 8 Complete morphology (a) and image of fracture source (b) of rupture specimen tested at 650℃ for FGH4097 alloy disk billet after ageing at 650℃ for 5000h

表 6 为 FGH4097 合金盘坯长期时效前后试样在 750℃ 和 637 MPa 试验条件下的持久寿命。值得注意的是，700℃ 和 750℃ 时效 5000h 后持久寿命明显降低，而持久塑性比热处理态有所升高。从试样断口形貌可知，断口呈穿晶和沿晶混合断裂特征（图 9）。断裂前塑性变形很小，伴随出现细密的韧窝。由于连续交替滑移，使晶内析出 μ 相发生扭折，在其周边产生微裂纹，使变形速度增大，呈现穿晶断口形貌，降低合金的高温持久寿命。

表 6 FGH4097 合金盘坯长期时效前后 750℃的持久性能（光滑试样）

Table 6 Stress rupture life (τ) and elongation (δ) at 750℃ and 637 MPa of FGH4097 alloy disk billet before and after ageing at different temperatures for 5000h (smooth specimen)

Ageing temperature /℃	τ/h	δ/%
550	757	9.0
650	962	8.0
700	263	12.0
750	430	12.0
Heat treated	754	9.0

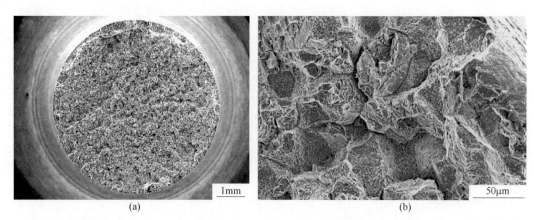

图 9　FGH4097 合金盘坯 750℃ 时效 5000h 后在 750℃、637 MPa 条件下持久试样断口全貌及源区形貌

Fig. 9　Complete morphology (a) and image of fracture source (b) of rupture specimen tested at 750℃ for FGH4097 alloy disk billet after ageing at 750℃ for 5000h

3　讨论

3.1　μ 相析出特征和动力学行为

上述实验结果可知，不同 Hf 含量的 FGH4097 合金中出现的 μ 相均富 Co，Ni，Mo 和 W 元素，符合元素周期表ⅥB 族元素（Mo 和 W）和Ⅷ族元素（Co 和 Ni）所组成的 B_7A_6 型 $(CoNi)_7(MoW)_6$ 金属间化合物，属典型的 TCP 相[14,15]。

合金中 μ 相析出形态呈长条形的片状，按一定的结晶方向在晶内析出。μ 相的析出形态不随合金中 Hf 含量而改变，也不随时效温度、时效时间的增加而变化，但 μ 相的数量和尺寸会随时效时间延长而不断增多和长大。相分析结果表明：合金中加入的 Hf 不进入 μ 相，随着 Hf 添加量的增加，μ 相中主要组成元素 Co 和 Ni 含量不变，而 W 和 Cr 含量升高，Mo 含量略有降低，所以 μ 相中主要组成元素可以在较宽范围内变化。不添加 Hf 的合金在 700℃ 时效 1000h 和在 800℃ 时效 500h 后均没发现 μ 相析出，而 Hf 质量分数为 0.30% 和 0.89%Hf 的合金，在 750℃ 时效 1000h 后有 μ 相出现。所以合金中添加 Hf 促进 μ 相析出。

从实验观察可知，μ 相早期的析出速度很慢，它是从低能的富 Mo，W 和 Cr 的 γ 固溶体晶内沿着一定的结晶方向形成的稳定相，相分析结果表明[11]：Hf 不进入 M_6C 型碳化物，观察到 μ 相析出的地点是与其晶体结构和化学成分相近的 M_6C 型碳化物近旁形成的，甚至有的 μ 相的形成是以 M_6C 型碳化物为靠背（图 6 和图 7），μ 相的一端有明显的 M_6C 型碳化物存在。

Miner[16] 指出，在多元多相合金中应考虑组元间相互作用，Hf 既是强碳化物形成元素，优先参与 MC 型碳化物的形成，又是进入 γ′相的元素。添加 Hf 的合金在长期时效过程中，引发合金元素在相间再分配，合金中各相要发生析出和转化，如表 4 所示。在合金长期时效过程中，Hf 作为强碳化物形成元素进入 MC 型碳化物中，置换 MC 型碳化物中的 Nb 和 Ti，并进入 γ 固溶体，从 γ 固溶体内拖出部分 C，优先形成 (Nb，Ti)C 碳化物，从

而造成其周围 γ 固溶体中出现局部 Mo 和 W 富集，有利于 μ 相的形成。其次，分析结果表明，Hf 进入 γ′相，改变 γ′相的化学组成，促进 γ′相析出，增加合金中 γ′相的数量，相应减少 γ 相数量，提高 γ 相中 Co、Mo、W 和 Cr 浓度，间接地促进 μ 相的形成，因此，μ 相在晶内析出。由于 Hf 影响合金中各相的析出行为，进而改变合金元素相间分配，促使 μ 相的形成。这就是添加 Hf 的 FGH4097 合金中 μ 相形成的重要特征。

3.2　μ 相析出的脆化和韧化作用的双重效应

经不同温度长期时效后合金力学性能测定结果表明，合金中析出的 μ 相对高温拉伸强度无明显影响，但对拉伸塑性有较大影响，明显地高于合金标准热处理后的拉伸塑性（表5）。高温拉伸塑性的高低取决于晶界强化效果。由于 Hf 改善了晶界碳化物的密集程度，使其断续地分布在晶界上，有效地强化晶界的同时，也提高晶界塑性[17]。从 750℃ 时效 5000h 后 750℃ 的拉伸断口形貌可知（图9），断口呈沿晶和穿晶混合断裂特征，而沿晶断裂之前要发生一定的塑性变形，导致拉伸时塑性变形速度加快。所以，此时晶界上析出的颗粒状 $M_{23}C_6$ 型碳化物和 MC 型碳化物周围的粗大 γ′相，可以通过滑移减小晶界空洞和裂纹的形成，使裂纹钝化而进行塑性调节，延迟发生断裂。这就表明颗粒状碳化物是阻止中温晶界滑移而不降低塑性的原因。由表 5 和表 6 可知：在 650℃ 和 980MPa 实验条件下，时效后的持久寿命与标准热处理态相比没有明显降低，反而有所提高，这主要是 γ′相补充析出的结果。而在 750℃ 和 637MPa 实验条件下，在 700 和 750℃ 时效 5000h 后与标准热处理态相比，高温持久寿命降低 43%~65%，但持久塑性不但没降低，反而升高约 30%。这一结果说明 μ 相的析出既能造成合金脆化，又可能发生韧化效应。穿晶断口的裂纹源往往在晶内出现（图9），按 Stroh[18,19] 理论解释，当运动位错塞积在与滑移面（111）成一定角度（约 70.5°）的晶面上，会产生最大的周向拉应力，而 μ 相与基体的相界面的法线方向是处于位错塞积而引起的最大拉应力作用的位置。因此，弱结合的相界面就成为裂纹形核地点。裂纹沿着相界面扩展，形成裂纹连通而断裂。这就是 μ 相界面导致断裂的脆化机理。所以，FGH4097 合金盘坯在 750℃ 长期时效过程中析出大量的 μ 相，造成合金的脆化效应，严重地降低持久寿命。而持久塑性的升高是由于 μ 相析出带来的合金韧化效应导致的。因为 μ 相中含有较多 Mo、W 和 Co 等固溶强化元素，μ 相的大量析出，造成 μ 相近旁的 γ 固溶体中固溶强化元素贫化，使这一区域固溶强化效应减弱，形成区域塑性增加。同时在高温下原子扩散能力增强，长时间时效给原子扩散迁移提供条件，使塞积在 μ 相前的位错，通过攀移到另一个滑移面，而继续滑移。这样，裂纹在 μ 相界面萌生、扩展之前获得较高的持久伸长率。这就是 μ 相析出引发的韧化效应。FGH4097 合金中析出的 μ 相导致脆化和韧化的双重作用决定于服役温度。低温下 μ 相脆化作用起主导作用，而在较高温度下 μ 相的韧化作用起主要作用。

3.3　μ 相析出的控制

3.3.1　通过合理调整合金成分减少 μ 相的析出

基于 d-电子理论而发展的新相计算法（New PHACOMP）[7-10] 预测高温合金中 TCP 相的出现，对镍基高温合金应用效果较好。此理论指出，为了保证合金长期时效组织稳定和无 TCP 相析出，要求 d-轨道能级参数[合金基体 γ 相中所有元素 d-轨道能级（M_d）的平均值]$\overline{M}_d \leq 0.930$。本工作采用物理化学相分析方法测定不同 Hf 含量 FGH4097 合金基体 γ 相的组成元素含量,以及计算出 FGH4097 合金中 γ 相的 $\overline{M}_d = 0.938$。显然 FGH4097 合金会有 μ 相析出,上述合金长期时效处理实验结果也已得到证明。由于 Mo 对 $\overline{M}_d$ 增加速度远大于 W,为了减少或改善 μ 相析出倾向,在 FGH4097 合金标准成分范围内,W 控制在上限,Mo 控制在下限,将 $\overline{M}_d$ 控制在 0.925,可有效地减少 FGH4097 合金长期时效过程中 μ 相大量析出。

3.3.2 通过合理调整 Hf 的添加量减少 μ 相的析出

从实验结果可知,FGH4097 合金中添加的 Hf 与 μ 相的形成之间的关系是很复杂的。因为 Hf 为强碳化物形成元素,它的加入涉及合金元素在相间的再分配问题。一方面合金中加入 Hf 促进 μ 相的形成,同时也改善 $M_{23}C_6$ 等碳化物的均匀分布和提高碳化物稳定性。早在 1977 年 Miner[16] 报道了镍基粉末高温合金中添加 Hf 时要有效地调整合金中 C 含量,即合金中添加 Hf 时要正确选择 C 含量,因为 γ′ 相的数量仅仅是固溶体内 C 浓度的函数。添加 Hf 增加合金中 MC 型碳化物形成数量,伴随 γ 固溶体中 C 浓度的降低,促使更多 Ti 和 Nb 形成 γ′ 相,导致 γ′ 相数量增多;其次 Hf 进入 MC 型碳化物或 γ′ 相中,置换出的 Ti、Nb 和 Al 进入 γ 固溶体,降低 γ 固溶体中 Co, W 和 Mo 等元素的固溶度,促使 μ 相的形成。因此,在添加 Hf 时要适当提高 C 含量。其次,由于 Hf 的扩散系数要比 W, Mo 和 Cr 等元素高 1~2 数量级,优先形成热稳定性高的 HfC[20],Hf 不进入 γ′ 相和 MC 型碳化物,使 W, Mo 和 Cr 有更多的机会形成 M_6C 型碳化物和 $M_{23}C_6$ 型碳化物,消耗 γ 固溶体中的 W, Mo 和 Cr,抑制 μ 相大量析出。同样,适当提高元素 B 的含量,长期时效过程中在晶界上形成部分硼化物,由于硼化物中溶有一定 Mo, W 和 Cr,降低 γ 固溶体中 Mo, W 和 Cr 固溶度[21],减少 μ 相的析出量。

正如文献 [14] 报道,数量较少且呈颗粒状析出的 μ 相对合金力学性能无明显影响,如 René41 合金在服役条件下允许 μ 相存在,IN625 合金在 540~650℃ 的温度范围内析出的 μ 相可起到有效的强化作用。FGH4097 合金在 650℃ 以下时效 5000h 后不存在 μ 相析出,合金具有良好的组织稳定性,力学性能指标保持较高水平。所以,Hf 加入 FGH4097 合金,可平衡合金力学性能和组织稳定性,对力学性能不构成明显的有害作用。

4 结论

(1) 含 Hf 的 FGH4097 合金中 μ 相早期析出的速率缓慢,μ 相的析出与合金中碳化物的析出密切相关。Hf 不进入 μ 相,不改变 μ 相的主要组成元素,但主要组成元素可以在较宽范围内变化。

(2) 加入 Hf 可有效地影响合金中各相的化学组成,改变 γ 固溶体中合金元素再分配行为,进而促进 μ 相在 γ 固溶体晶内沿一定结晶方向成片状析出。

(3) μ 相的析出具有脆化-韧化双重效应。μ 相的析出不降低合金的高温拉伸强度,提高高温拉伸塑性,降低高温持久寿命,提高高温持久塑性。

(4) FGH4097 合金盘件在 650℃ 长期时效,合金晶内不存在无 Hf 的 M_6C 型碳化物析出和 μ 相析出,组织稳定性良好。

(5) 合理调整 FGH4097 合金中固溶强化元素 Mo 和 W 含量和提高 C 和 B 元素含量,

减少 μ 相的析出量,可有效地平衡力学性能和组织稳定性,对力学性能不构成明显的有害作用。

参 考 文 献

[1] Kotval P S, Venables J D, Calder R W. Metall Trans, 1972; 3: 457.
[2] Radavich J, Furrer D, Carneiro T, Lemsky J. In: Reed R C, Green K A, Caron P, Gabb T P, Fahrmann M G, Huron E S, Woodard S A, eds., Superalloys 2008, Warrendale, PA: TMS, 2008: 63.
[3] Amouyal Y, Seidman D N. Acta Mater, 2011; 59: 3321.
[4] Zhao S Q, Dong J X, Xie X S, Smith G D, Patel S J. In: Green K A, Pollock T M, Harada H, Howson T E, Reed R C, Schirra J J, Walston S eds., Superalloys 2004, Warrendale, PA: TMS, 2004: 63.
[5] Warren R, Ingesten N G, Winberg L, Rönnhult T. Powder Metall, 1984; 27(3): 141.
[6] Williams J C, Starke E A. Acta Mater, 2003; 51: 5773.
[7] Ezaki H, Morinaga M, Yukawa N. Philos Mag, 1986; 53A: 709.
[8] Yukawa N, Morinaga M, Ezaki H, Murata Y. In: Betz W, Brunetaud R, Coutsouradis D, Fischmeister H, Gibbons T B, Kvernes I, Lindblom Y, Marriott J B, Meadowcroft D B eds., High Temperature Alloys for Gas Turbines and Other Applications 1986, Dordrecht: D. Riedel Publishing Company, 1986: 935.
[9] Morinaga M, Yukawa N, Adachi H, Ezaki H. In: Gell M, Kortovic C S, Bricknell R H, Kent W B, Radavich J F eds., Superalloys 1984, Warrendale, PA: TMS, 1984: 523.
[10] Guo J T, Hou J H, Zhou L H. Metall Trans, 2006; 47(1): 198.
[11] Qiu Y M, Zhu Y X. Acta Metall Sin, 1989; 25(1): 78.
邱一鸣, 朱耀霄. 金属学报, 1989; 25(1): 78.
[12] Zhang Y W, Wang F M, Hu B F. Acta Metall. Sin, 2012; 48: 187.
张义文, 王福明, 胡本芙. 金属学报, 2012; 48: 187.
[13] Zhang Y W, Wang F M, Hu B F. Acta Metall Sin, 2012; 48: 1011.
张义文, 王福明, 胡本芙. 金属学报, 2012; 48: 1011.
[14] Simas C T, Stoloff N S, Hagel W C. Superalloy Ⅱ. New York: Joha Wiley & Sons, 1987: 143.
[15] Beattie H J, Hagel W C. Trans Metall Soc AIME, 1961; 221(1): 28.
[16] Miner R V. Metall Trans, 1977; 8A: 259.
[17] Chen G L. Superalloy. Beijing: Metallurgical Industry Press, 1988: 70.
陈国良. 高温合金. 北京: 冶金工业出版社, 1988: 70.
[18] Stroh A N. Proceedings of the Royal Society, Series A: Mathematical and Physical Sciences, 1954; 223: 404.
[19] Stroh A N. Proceedings of the Royal Society of London, Series A: Mathematical and Physical Sciences, 1955; 232: 548.
[20] Yoshinori M, Kiyoshi S, Natsuo Y. J Mater Sci, 1986; 21: 3653.
[21] Boesch W J, Canada H B. J Met, 1968; 20: 46.

(原文发表在《金属学报》, 2016, 52(4): 445-454.)

Hf 在 FGH4097 粉末高温合金中相间分配行为

张义文[1,2]　韩寿波[1,2]　刘建涛[1,2]　胡本芙[3]

(1. 钢铁研究总院高温材料研究所，北京 100081；
2. 高温合金新材料北京市重点实验室，北京 100081；
3. 北京科技大学材料科学与工程学院，北京 100083)

摘　要　采用 3DAP, FEG-SEM, TEM 以及物理化学相分析方法研究 5 种 Hf 含量的 FGH4097 粉末高温合金中 Hf 在 γ' 相、MC 型碳化物和 γ 相中的分配，以及 Hf 对 γ' 和 MC 析出相组成的影响。结果表明：随着合金中 Hf 含量的增加，进入各相的 Hf 量增多，Hf 进入 γ' 相的比例基本不变，进入 MC 型碳化物的比例增大，进入 γ 相的比例减小，即 Hf 在 γ' 相和 MC 型碳化物的分配比逐渐减小，Hf 在 γ' 相和 γ 相的分配比逐渐增大；Hf 主要分配在 γ' 相中，其次分配在 MC 型碳化物中，Hf 在 MC 型碳化物中的质量浓度大约是 Hf 在 γ' 相中的 20 倍。
关键词　粉末高温合金　FGH4097　铪　γ' 相　MC 型碳化物　分配

Partition Behavior of Hf among the Phases in Nickel-based Powder Metallurgy Superalloy FGH4097

Zhang Yiwen[1,2], Han Shoubo[1,2], Liu Jiantao[1,2], Hu Benfu[3]

(1. High Temperature Materials Research Institute, Central Iron and Steel Research Institute, Beijing 100081, China; 2. Beijing Key Laboratory of Advanced High Temperature Materials, Beijing 100081, China; 3. School of Materials Science and Engineering, University of Science and Technology Beijing, Beijing 100083, China)

Abstract: The partition behavior of hafnium (Hf) among different phases in FGH4097 powder metallurgy (PM) superalloy with different Hf additions and its effects on the precipitation behavior of γ' phase, MC carbide and γ phase were studied by means of 3DAP, FEG-SEM, TEM and physiochemical phase analysis. The results show that with increasing Hf addition, the contents of Hf in different phases increase, mass fraction of Hf in γ' phase almost keeps unchanged, mass fraction of Hf in MC carbide increases and that in γ matrix decreases, which means that the partition ratio of Hf between γ' phase and MC carbide decreases while the ratio between γ' phase and γ matrix increases. Mass content of Hf partitioned to γ' phase is much more than that partitioned to MC carbide, while mass concentration of Hf in carbide is as much as 20 times of that in γ' phase.
Keywords: powder metallurgy superalloy, FGH4097, hafnium, γ' phase, MC carbide, partition

已报道的 Hf 元素在高温合金中作用的研究几乎都是集中在普通铸造及定向凝固

镍基高温合金中。镍基铸造高温合金中 Hf 的作用主要表现在对 γ′相和 MC 型碳化物的数量和形态的影响，Hf 进入 MC 型碳化物中，增加了 MC 型碳化物的数量，使汉字草书状一次碳化物 MC 转变成块状，有效地减缓了裂纹萌生和扩展；Hf 分配在 γ′相中，增加了 γ′/γ 共晶数量，促使晶界附近的立方形 γ′相变为树枝状，形成弯曲晶界，从而改善合金的中温强度和塑性、持久寿命以及低周疲劳寿命[1-6]。少量文献报道[7-13]，镍基粉末高温合金中加入的 Hf 进入 MC 型碳化物中，形成富 Hf 的 MC 型碳化物，提高了 MC 碳化物的稳定性，HfC 碳化物在粉末颗粒内析出，抑制了碳化物在粉末颗粒表面析出，有利于消除原始粉末颗粒边界组织（Powder particle boundary structure，PPBS），改善了 $M_{23}C_6$、M_6C 和 γ′相在晶界的分布；Hf 进入 γ′相中，增加了 γ′相数量；从而提高了合金的持久寿命、持久塑性和裂纹扩展抗力，有助于消除缺口敏感性。

综上所述，适量的 Hf 无论是对铸造还是粉末镍基高温合金来说，都会通过影响相变行为而改善合金的力学性能。因此，为了更好地揭示其对相变行为的影响规律，有必要首先弄清 Hf 如何在各相中分配。多数文献报道 Hf 主要进入 γ′相，比如：含有 1.5%Hf（质量分数，下同）的镍基铸造高温合金中 Hf 约有 90% 进入 γ′相，10%Hf 进入 MC 型碳化物，而在 γ 相中溶入的 Hf 量很小[14]；定向凝固镍基铸造高温合金 TRW ⅥA 中加入 0.1%~2%（质量分数）的 Hf，约有 70%~75% 进入 γ′相，剩余的 Hf 进入 MC 型碳化物和硼化物[15]。也有的文献报道 Hf 主要进入 γ 相，如在镍基变形高温合金 KHN67MVTJU 中加入 0.35% 的 Hf，约有 43%Hf 进入 γ 相，29%Hf 进入 γ′相，28%Hf 进入 MC 型碳化物[16]，镍基单晶合金中加入 0.05% 的 Hf 主要分配在 γ 相中[17]。粉末高温合金 NASA ⅡB-11 中的 Hf 主要分配在 γ′相中，余下 Hf 大致等量地分配在 MC 型碳化物和 γ 相中[18]。由此可见，不同 Hf 含量的合金中 Hf 在各相间的分配不同。这主要与合金中 Hf 含量以及合金中 γ′相和 MC 型碳化物含量有关。

铸造高温合金中固有的组织不均匀性导致元素偏析严重，进而影响微量元素的相间分配。而粉末高温合金是通过快速凝固合金粉末获得的，组织均匀，研究微量元素的相间分配规律更为有利。在粉末高温合金中，添加 Hf 可以提高持久寿命，比如：在 EP741NP 合金中 Hf 的添加量由 0.07% 增加到 0.3%，750℃ 和 650MPa 条件下光滑试样的持久寿命由 141h 提高到 286h，缺口试样的持久寿命由 200h 提高到 298h，Hf 含量过高对改善 PPB 和消除缺口敏感性作用不大[7]。目前，在使用的含 Hf 的镍基粉末高温合金中，比如 EP741NP、N18、RR1000 和 FGH4097 等，Hf 含量控制在 0.3%~0.75% 之间[8-10,19-22]。

为此，本文利用 TEM、EDS、三维原子探针（3DAP）以及物理化学相分析等方法，对 5 种 Hf 含量（质量分数为 0、0.16%、0.30%、0.58% 和 0.89%）的 FGH4097 镍基粉末高温合金中元素 Hf 在合金相间分配进行系统研究，确定 Hf 在各合金相中的含量和分配比率，找出不同含量的 Hf 在相间的分配规律。

1 实验

实验材料为不同 Hf 含量的镍基粉末高温合金 FGH4097，该合金含有固溶强化元素 Co、Cr、W、Mo，γ′相沉淀强化元素 Al、Nb、Ti，少量的晶界强化元素 B、Zr，以及微量的 C 和一定量的 Hf，其主要成分（质量分数）为：Co 15.75%，Cr 9.0%，W 5.55%，Mo 3.85%，Al 5.05%，Ti 1.8%，Nb 2.6%，C 0.04%，Hf 0~0.89%，B 和 Zr 微量，Ni 余

量。本工作采用的5种Hf含量（质量分数，下同）分别为0，0.16%，0.30%，0.58%和0.89%。使用等离子旋转电极法制备的合金粉末粒度为50~150μm，采用热等静压（Hot isostatic pressing, HIP）固结成形，HIP温度为1200℃。将固结成形的试样在1200℃保温4h后空冷，而后进行3级时效处理，最终时效为在700℃保温15~20h后空冷。采用物理化学相分析方法对5种Hf含量的FGH4097合金进行相分析，用恒电流法电解提取第二相γ'和（MC+M_6C+M_3B_2），然后用电化学法分离γ'相和微量相（MC+M_6C+M_3B_2），用化学法分离MC型碳化物和（M_6C+M_3B_2）相，再后用X射线衍射（APD-10型X射线衍射仪）确定相的类型，最后用化学分析方法定量测定相的组成和含量。用IMAGO LEAP 3000 HR™型三维原子探针（3DAP）分析Hf元素在合金中的分布，用JEOL-2100型透射电镜（TEM）对析出相作选区电子衍射（SAD），并采用其附配的能谱仪（EDS）进行成分分析，利用ZEISS SUPRA 55型场发射扫描电镜（FEG-SEM）观察γ'相形貌。

2 实验结果

2.1 合金中的相组成

5种Hf含量FGH4097合金中相含量的物理化学相分析结果如表1所列。由表1可知，5种Hf含量的FGH4097合金均由基体γ相、γ'相、MC型碳化物以及微量的M_6C型碳化物和M_3B_2型硼化物组成，γ'相和MC型碳化物为主要第二相。随着合金中Hf含量的增加，γ'相含量略有增加，MC型碳化物含量增加。γ'占62%左右，MC型碳化物不超过0.34%，M_6C型碳化物和M_3B_2型硼化物总量不超过0.21%。由此可见，添加不同Hf含量没有改变FGH4097合金组成相的种类。

表1 不同Hf含量FGH4097合金中的相含量
Table 1 Mass fraction of the phases in FGH4097 with different Hf additions

Hf mass fraction in alloy/%	Mass fraction of phase in alloy/%			
	γ	γ'	MC	M_6C+M_3B_2
0	37.68	61.93	0.264	0.128
0.16	37.50	62.08	0.266	0.151
0.30	37.38	62.18	0.270	0.172
0.58	37.06	62.45	0.293	0.195
0.89	36.77	62.69	0.338	0.210

图1所示为经热处理后的0.30%Hf合金中γ'相的形貌。由图1可见，FGH4097合金中存在3种尺寸的γ'相：晶界处大尺寸长条状γ'相为一次γ'相（$γ'_I$），晶内方形γ'相为二次γ'相（$γ'_{II}$），主要是在冷却过程中形成的。在二次γ'相之间的细小球状γ'相为三次γ'相（$γ'_{III}$），主要为时效过程补充析出而形成的。

2.2 Hf在不同相中的定性分析

用物理化学相分析方法对Hf在相间分配进行了定量分析。结果表明，在γ相、γ'相、

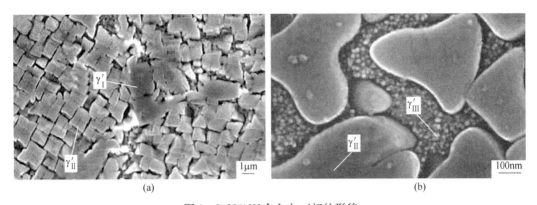

图 1　0.30%Hf 合金中 γ′相的形貌

Fig. 1　Morphologies of γ′ phase in FGH4097 with 0.30%Hf

MC 型碳化物和（$M_6C+M_3B_2$）相中都含有 Hf。由于 M_6C 和 M_3B_2 化学和电化学性质非常接近，无法用物理化学相分析方法将二者分离，因此不能判定 Hf 是进入 M_6C 相还是 M_3B_2 相。

用 TEM 和 EDS 对 MC 型碳化物进行了分析，结果如图 2 所示。从图 2(b) 中的 SAD 谱的标定结果可以判定方块状析出物为 MC 型碳化物，并从图 2(c) 所示的 EDS 结果可知，MC 型碳化物中含有 Hf。

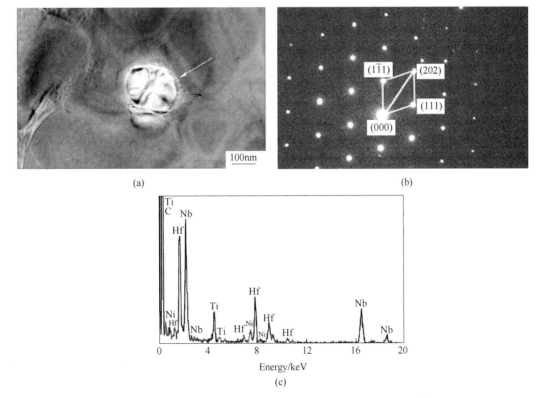

图 2　0.89%Hf 合金中 MC 型碳化物形貌、SAD 谱和 EDS 谱

Fig. 2　MC phase in FGH4097 alloy with 0.89%Hf:
(a) TEM image; (b) indexed SAD pattern of MC; (c) EDS pattern

采用 TEM 和 EDS 对 M_6C 相也进行了分析,结果如图 3 所示。从图 3(b) 中的 SAD 谱的标定结果可以判定方块状析出物为 M_6C 相,从图 3(c) 所示的 EDS 结果可知,M_6C 相中不含 Hf。

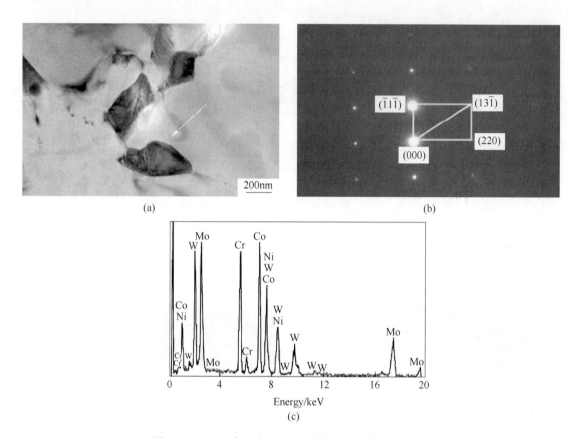

图 3　0.89%Hf 合金中 M_6C 相形貌及 SAD 谱和 EDS 谱

Fig. 3　TEM image (a), indexed SAD pattern of M_6C (b) and EDS pattern (c) of M_6C phase in FGH4097 alloy with 0.89%Hf

由上述分析结果可以得出,MC 型碳化物中含有 Hf,M_6C 相中不含 Hf,M_3B_2 相中存在微量的 Hf,这与文献 [15] 报道的结果一致。

对含 0.89%Hf 合金中的一次 γ′相和二次 γ′相进行了 EDS 分析,结果如图 4 所示。可见,一次 γ′相和二次 γ′相中除富含 Ni、Al、Co、Ti、Nb 外,还含有 Hf。

FGH4097 合金中 γ′相质量分数在 60%以上,由图 1(b) 可知,三次 γ′相间距约为 20nm,在 EPMA 和 TEM 中使用的 EDS 的空间分辨率分别为约 1μm 和 30nm,均大于三次 γ′相间距。为分析 γ′相和基体 γ 相中的 Hf 元素,采用 3DAP 分析方法。3DAP 探测的区域大小为 78nm×77nm×227nm,Al、Ti、Hf、Cr 和 Co 原子的三维空间分布如图 5 所示。由富集 Al、Ti 和 Hf 原子的区域可以确定为 γ′相,由富集 Cr 和 Co 原子的区域可以确定为基体 γ 相。可见,γ′相和基体 γ 相中均含有 Hf,Hf 主要存在于 γ′相中,γ 相中 Hf 含量很少。

综合上述分析结果表明,Hf 主要分布在 γ′相和 MC 型碳化物中。

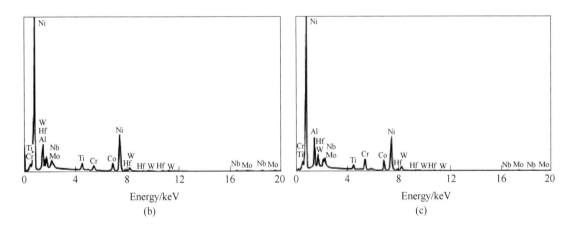

图 4　0.89%Hf 合金中 γ′相显微组织和 EDS 结果

Fig. 4　Microstructure of the FGH4097 alloy with 0.89% Hf and its EDS patterns

(a) microstructure; (b) EDS spectrum of primary γ'_I; (c) EDS spectrum of secondary γ'_{II}

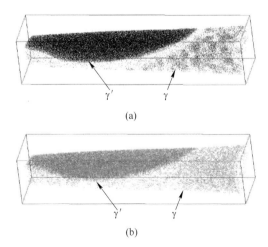

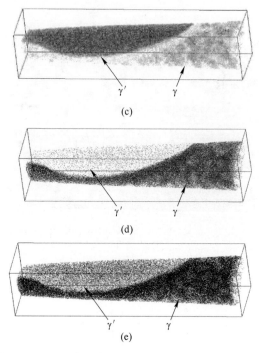

图 5 0.89%Hf 合金中 Ti、Hf、Al、Cr 和 Co 原子分布
Fig. 5 3DAP distribution of atoms in FGH4097 alloy with 0.89% Hf
(a)Ti; (b)Hf; (c)Al; (d)Cr; (e)Co

2.3 各合金相中 Hf 含量的定量分析

表 2 和表 3 分别给出了分别为不同 Hf 含量 FGH4097 合金中 γ′ 相和 MC 型碳化物的化学组成。由表 2 和表 3 可知，FGH4097 合金中加入 Hf，γ′ 相的组成由 (Ni, Co)$_3$(Al, Ti, Nb) 变为 (Ni, Co)$_3$(Al, Ti, Nb, Hf)，MC 型碳化物的组成由 (Nb, Ti)C 变为 (Nb, Ti, Hf)C；随着合金中 Hf 添加量的提高，γ′ 相中 Hf 含量随之升高，但 Al 含量随之减少，Ti、Nb 含量保持不变；MC 型碳化物中 Hf 含量也随之升高，Nb、Ti 含量随之减少。

表 2 γ′ 相的化学组成
Table 2 Constitutions of γ′ phase in FGH4097 alloys with different Hf additions

Hf mass fraction in alloy/%	Composition of γ′ phase
0	$(Ni_{0.852}Co_{0.148})_3(Al_{0.783}Ti_{0.129}Nb_{0.088})$
0.16	$(Ni_{0.854}Co_{0.146})_3(Al_{0.781}Ti_{0.129}Nb_{0.088}Hf_{0.002})$
0.30	$(Ni_{0.855}Co_{0.145})_3(Al_{0.778}Ti_{0.129}Nb_{0.088}Hf_{0.005})$
0.58	$(Ni_{0.856}Co_{0.144})_3(Al_{0.773}Ti_{0.129}Nb_{0.088}Hf_{0.010})$
0.89	$(Ni_{0.857}Co_{0.143})_3(Al_{0.767}Ti_{0.129}Nb_{0.088}Hf_{0.016})$

表3 MC型碳化物的化学组成
Table 3　Constitutions of MC carbide in FGH4097 alloys with different Hf additions

Hf mass fraction in alloy/%	Composition of MC carbide
0	$(Nb_{0.664}Ti_{0.336})C$
0.16	$(Nb_{0.654}Ti_{0.323}Hf_{0.023})C$
0.30	$(Nb_{0.642}Ti_{0.308}Hf_{0.050})C$
0.58	$(Nb_{0.619}Ti_{0.280}Hf_{0.101})C$
0.89	$(Nb_{0.574}Ti_{0.253}Hf_{0.173})C$

表4所列为4种Hf含量的FGH4097合金中Hf在各相中的分配量（Hf在对应相中的质量占合金的质量分数，下同）和Hf进入各相的比例（进入各相的Hf量占添加Hf总量的分数，下同）的物理化学相分析结果。由表4可知，随着合金中Hf含量的增加，进入各相的Hf量增多，Hf进入γ'相的比例基本不变，进入MC型碳化物的比例增大，进入γ相的比例减小。

表4　Hf在FGH4097合金各相中的分配量和进入各相的比例
Table 4　Mass content of Hf partitioned to different phases corresponding partition ratio

Hf mass fraction in alloy/%	Hf mass fraction in phases/%				Hf proportion in phases/%			
	γ'	MC carbide	γ	M_3B_2 boride	γ'	MC carbide	γ	M_3B_2 boride
0.16	0.135	0.012	0.011	0.002	84.4	7.5	6.9	1.2
0.30	0.255	0.024	0.015	0.006	85.0	8.0	5.0	2.0
0.58	0.505	0.048	0.019	0.008	87.1	8.3	3.3	1.3
0.89	0.760	0.090	0.027	0.013	85.4	10.1	3.0	1.5

3　讨论

3.1　Hf在MC型碳化物及γ'相中的分配

众所周知，合金中各种相的组成元素之间能够任意彼此以置换方式发生相互溶解必须满足如下条件：点阵结构相同，相中金属原子外层价电子结构（电负性）相近，原子尺寸相差小于10%。与Ni原子相比Hf的原子半径更接近Al的，Hf的电负性远小于Ni，而与Al的较接近，晶体结构与Al的近似。因此，Hf进入γ'相中可占据Al原子位置。实验结果表明，随着合金中Hf加入量的增加，γ'相中Hf含量逐渐增加，Al含量逐渐减少，表明Hf以置换方式取代部分Al原子，而Ti、Nb含量保持不变。由表2可计算出，Hf质量分数为0.16%，0.30%，0.58%和0.89%时，γ'相中Al被Hf置换的量分别为0.2%，0.5%，1.0%和1.6%。

碳化物在合金中相对稳定性取决于合金元素与C的亲和力，即合金元素与C之间形成共价键倾向的强弱。Hf元素是过渡族元素，它与碳的亲和力大小主要取决于其d层电子数。金属元素的d层电子数越少，它和C的亲和力就越大，形成的碳化物在合金中也就越稳定。Hf是属第六周期元素中$5d$层电子数最少元素，所以Hf与Ti一样是强碳化物形成元素，能够形成稳定的MC型碳化物。在合金中如果多种碳化物形成元素同时存在，一般强碳化物形成元素优先与 C 结合形成其碳化物。FGH4097 合金中由于 Nb 的添加量（2.6%）远大于 Hf 和 Ti 元素的，所以在合金液态时优先形成以 Nb 为主的一次碳化物 NbC。合金中添加 Hf 时，与 NbC 和 TiC 相比，HfC 的生成吉布斯自由能最低[23]，又能满足置换所需的所有条件，所以 Hf 可置换 Nb 和 Ti 形成复合 MC 型碳化物。实验结果表明，随着 Hf 加入量的增加，MC 型碳化物中 Ti 和 Nb 被置换量增大，形成以 NbC 为主含 Hf 的 MC 型碳化物。由表 3 可计算出，MC 型碳化物中 Ti 和 Nb 分别被 Hf 置换的比例基本相同，约为 1∶1，与合金中 Hf 含量关系不大；Hf 质量分数为 0.16%、0.30%、0.58% 和 0.89% 时，MC 型碳化物中 Nb 和 Ti 被 Hf 置换的量分别为 1.0% 和 1.3%，2.2% 和 2.8%，4.5% 和 5.6%，9.0% 和 8.3%。

3.2 Hf 在相间的分配比

由表 4 可知，随着合金中 Hf 含量的增加，Hf 进入 γ' 相的比例基本不变，进入 MC 型碳化物的比例逐渐增大，进入 γ 相的比例逐渐减小，即 Hf 在 γ' 相和 MC 型碳化物的分配比 R_1 逐渐减小，在 γ' 相和 γ 相的分配比 R_2 逐渐增大。由表 4 中的数据可以计算出 R_1 和 R_2 值，结果如表 5 所示。R_1 和 R_2 值与文献 [14, 24] 报道的是一致的。这表明 Hf 主要分配在 γ' 相中，其次分配在 MC 型碳化物。

表 5 Hf 在 γ' 相和 MC 型碳化物的分配比 R_1 和 Hf 在 γ' 相和 γ 相的分配比 R_2
Table 5 Partition ratios R_1 and R_2 in FGH4097 alloys with different Hf additions

Hf mass fraction in alloy/%	R_1	R_2
0.16	1∶0.089	1∶0.081
0.30	1∶0.094	1∶0.059
0.58	1∶0.095	1∶0.038
0.89	1∶0.118	1∶0.036

通常认为 Hf 主要进入 γ' 相，其次进入 MC 型碳化物，是指 Hf 的质量分配。这在铸造高温合金已有的研究工作和本研究工作结果中已经得到证实。如果从热力学上讲，Hf 应该全部分配在 MC 型碳化物中，而实际上，高温合金中的 C 含量不足以接纳全部 Hf，剩余的 Hf 会进入 γ' 相。虽然 γ' 相中 Hf 的质量含量远高于 MC 型碳化物中 Hf 的质量含量，但是，由于 FGH4097 合金中 γ' 相含量高于 MC 型碳化物，实际上 γ' 相中 Hf 的浓度远低于 MC 型碳化物中 Hf 的浓度。实验用的 5 种 Hf 含量 FGH4097 合金的密度取值为 8.30g/cm^3，Nb、Ti、Hf 和 C 的摩尔质量分别取 92.9g/mol、47.9g/mol、178.5g/mol 和 12.0g/mol，NbC、TiC 和 HfC 的密度分别取 7.82、4.92 和 12.67g/cm^3[23]，合金中 γ' 相的体积分数是质量分数的 1.04 倍[25]。利用表 1、表 3、表 4 中的相关数据，可以计算出 Hf 在 γ' 相和 MC 型碳化物中的质量浓度（单位体积合金中 Hf 的质量），结果如表 6 所示。由表 1、表 4 和表 6 可知，随着合金中 Hf 含量的增加，γ' 相和 MC 型碳化物量增加，Hf 进入 γ' 相和 MC 型碳化物的量也增多，而 γ' 相中 Hf 的质量浓度远低于 MC 型碳化物中的质量浓度，但 γ' 相的量远高于 MC 型碳化物的量，故大部分 Hf 进入 γ' 相。Hf 在 MC 型碳化物和 γ' 相中的质量浓度比与合金中 Hf 含量关系不大，Hf 在 MC 型碳化物中的质量浓度大约是 Hf 在 γ' 相中的 20 倍。

表6 Hf 在 γ′相和 MC 型碳化物中的质量浓度
Table 6 Mass concentration of Hf in γ′ phase and carbide in FGH4097 alloys with different Hf additions

Hf mass fraction in alloy/%	Mass concentration of Hf in γ′ phase/kg·m^{-3}	Mass concentration of Hf in MC carbide/kg·m^{-3}	Ratio of Hf mass concentration in γ′ phase and MC carbide
0.16	17	318	1:19
0.30	33	645	1:20
0.58	68	1249	1:18
0.89	97	2147	1:22

3.3 Hf 在相间的分配对相组成的影响

Hf 进入 γ′相和 MC 型碳化物，不仅改变 γ′相和 MC 型碳化物的组成（表2、表3），同时也影响 γ 相的组成。物理化学相分析结果表明，随着合金中 Hf 含量的增加，γ 相中 Co、Cr、W 和 Mo 的含量增加（表7）。这是由于随着合金中 Hf 含量的增加，γ′相和 MC 型碳化物量增加，γ 相中 Al、Ti、Nb、Hf 和 C 含量减少，导致 Co、Cr、W 和 Mo 在 γ 相的浓度增大。

表7 不同 Hf 含量 FGH4097 合金中 γ 相中几种元素的含量
Table 7 Element content in γ phases of FGH4097 alloys with different Hf additions

Hf mass fraction in alloy/%	Mole fraction/%			
	Co	Cr	Mo	W
0	0.256	0.227	0.041	0.018
0.16	0.258	0.227	0.042	0.019
0.30	0.260	0.228	0.042	0.019
0.58	0.261	0.229	0.042	0.019
0.89	0.265	0.231	0.043	0.019

3.4 在不同温度下 Hf 在相间的分配

JMatPro 计算结果表明（图6）：在含 0.3%Hf 的合金中，当液态合金冷却至液固相线区间（约 1351~1281℃）时，液相（L）、固相（γ 相）以及一次 MC 型碳化物同时存在，其中 γ 相在约 1351℃时开始形成，MC 型碳化物在约 1322℃时开始形成，此时 Hf 主要存在于液相中，少量 Hf 进入 MC 型碳化物和 γ 相。在 1300℃下有 48%的 Hf 进入液相，有 17%的 Hf 进入 MC 型碳化物，余下 35%的 Hf 进入 γ 相中。随着凝固温度降低，在 1281℃时，液相完全转变成 γ 相，此时 Hf 主要保留在 γ 相中，部分在 MC 型碳化物中；在 1250℃下有 57%的 Hf 进入 γ 相，43%的 Hf 进入了 MC 型碳化物。当温度降低至 γ′相固溶温度线（1200℃）以下时，从合金中析出 γ′相，Hf 开始进入 γ′相中，主要存在于 MC 中，如在 1190℃下有 48%的 Hf 进入 MC 型碳化物中，48%的 Hf 进入 γ 相中，4%的 Hf 进入 γ′相中，在 950℃下则有 72%的 Hf 进入 MC 型碳化物中，24%的 Hf 进入 γ′相中，4%的 Hf 进入 γ 相中。当温度继续降低，析出 γ′相量增多，进入 γ′相中的 Hf 也增多，而 MC 型碳化物由于发生转变而不断减少，相对进入 MC 型碳化物中的 Hf 相应减少，在 700℃下有 16% 的 Hf 进入 MC 型碳化物中，83% 的 Hf 进入 γ' 相中，只有 1% 的 Hf 进入 γ 相中（表 8）。在 700℃下 γ' 相中的 Hf 明显增多，达到 0.248%Hf（约 83%），与实验测定的 0.255%Hf（85%）进入 γ' 相大致相符（表 4）。

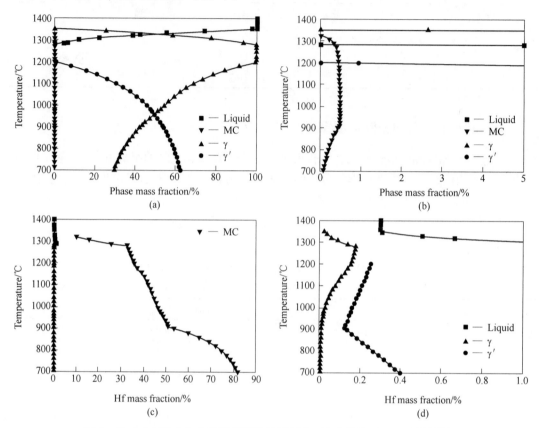

图 6　含 0.3%Hf 合金中平衡相图及不同相中 pH 含量的 JMatPro 计算结果

Fig. 6　Equilibrium phase diagram ((a), (b)) and Hf mass fraction in different phases ((c), (d)) at various temperatures calculated by JMatPro

以 700℃ 为例计算说明如下。由图 6（a）和（b）可知，在 700℃下合金中存在 γ' 相、γ 相和 MC 型碳化物，三种相的质量分数分别为 61.9%、29.8% 和 0.06%。由图 6（c）和（d）可知，在 700℃下在 γ' 相、γ 相和 MC 型碳化物中 Hf 质量分数分别为 0.4%、0.01% 和 81.7%，由此计算出 Hf 进入 γ' 相、γ 相和 MC 型碳化物中的量占合金中 Hf 含量的百分数分别为 83%、1% 和 16%。

综合上述计算结果表明，在高温固态下 Hf 主要分配在 γ 相中，其次分配在 MC 型碳化物中。随着温度降低，从 γ 相开始析出 γ' 相时，Hf 开始分配在 γ' 相中，Hf 分配在 γ 相中的量减少，分配在 MC 型碳化物中的量增加，Hf 主要分配在 γ 相中；从 1190℃ 开始，Hf 分配在 γ' 相中的量增加，分配在 γ 相中的量进一步减少，Hf 主要分配在 MC 型碳化物中；从 810℃ 开始，Hf 主要分配在 γ' 相中，其次分配在 MC 型碳化物中。

由上述分析可知，Hf 元素在相间分配是在合金凝固过程和后续热处理过程中进行的。

表8 0.30%Hf 的 FGH4097 合金中不同相中 Hf 含量随温度的变化
Table 8 Hf content in precipitations of FGH4097 with 0.30% Hf addition at different temperatures

Temperature/℃	Phase	Hf Proportion in phases/%			
		L	γ	MC	γ'
1330	L+γ	93	7	—	—
1300	L+γ+MC	48	35	17	—
1250	γ+MC	—	57	43	—
1190	γ+MC+γ'	—	48	48	4
950	γ+MC+γ'	—	4	72	24
810	γ+MC+γ'	—	2	49	49
700	γ+MC+γ'	—	1	16	83

3.5 C 含量对 Hf 在相间的分配的影响

由于 Hf 和 C 的亲和力很大，HfC 的生成吉布斯自由能很低，Hf 和 C 结合生成 HfC 使合金体系的吉布斯自由能降低。由于 Hf 的原子半径比 Ni 和 Al 的大，Hf 进入 γ 相和 γ'相，占据 γ 相中 Ni 原子位置和 γ'相中 Al 原子位置，造成 γ 相和 γ'相产生晶格畸变，使合金体系的吉布斯自由能升高。如果合金中 C 含量很高，所有的 Hf 首先与 C 结合生成 HfC，进入 MC 型碳化物，除非合金中添加的 Hf 足够多，以至于 Hf 消耗掉合金中所有的 C，多余的 Hf 才会进入 γ'相。在普通铸造及定向凝固镍基高温合金中 C 含量较高，大都在 0.13%（质量分数）以上，镍基粉末高温合金中 C 含量较低，一般控制在 0.02%~0.05%（质量分数）之间[8-10,19-20]。可以预测，与 C 含量较高的镍基铸造高温合金相比，镍基粉末高温合金中 Hf 在 MC 型碳化物中的质量分配要低，Hf 在 γ'相中的质量分配要高。比如：对于含 0.13%C 的镍基铸造高温合金 TRW ⅥA，当 Hf 质量分数为 0.4%时，有 18%的 Hf 进入 MC 型碳化物，有 75%的 Hf 进入 γ'相[15]，而含 0.04%C 的 FGH4097 合金，当 Hf 质量分数为 0.3%时，只有 8%的 Hf 进入 MC 型碳化物，有 85%的 Hf 进入 γ'相（表4）。

本研究工作发现，FGH4097 合金中 Hf 含量不同时，Hf 在 MC 型碳化物、γ'相、γ 相中的分配比不同。Hf 主要分配在 γ'相中，其次分配在 MC 型碳化物中；Hf 在 MC 型碳化物中的质量浓度大约是 Hf 在 γ'相中的 20 倍。这一研究结果在已有的研究工作中未见报道。

4 结论

(1) 不同 Hf 含量的 FGH4097 合金中除含有基体 γ 相以外，γ'相和 MC 型碳化物为主要组成相，还存在微量的 M_6C 型碳化物和 M_3B_2 型硼化物。Hf 促进 γ'相和 MC 型碳化物析出，Hf 主要进入 γ'相和 MC 型碳化物，微量的 Hf 进入 M_3B_2 型硼化物，M_6C 型碳化物中未观测到 Hf。

(2) Hf 的加入量不同，其在相间的分配比不同。随着合金中 Hf 含量的增加，进入各相的 Hf 量增多，Hf 进入 γ'相的比例基本不变，进入 MC 型碳化物的比例增大，进入 γ 相的比例减小，即 Hf 在 γ'相和 MC 型碳化物的分配比 R_1 逐渐减小，Hf 在 γ'相和 γ 相的分配

比 R_2 逐渐增大。

（3）从质量上看，Hf 主要分配在 γ′相中，其次分配在 MC 型碳化物中。从浓度上看，γ′相中 Hf 的浓度远低于 MC 型碳化物中 Hf 的浓度，在 0.16%～0.89% Hf 范围内，Hf 在 MC 型碳化物和 γ′相中的质量浓度比与合金中 Hf 含量关系较小，Hf 在 MC 型碳化物中的质量浓度大约是 Hf 在 γ′相中的 20 倍。这表明，从单位体积合金中 Hf 的质量分配上看，Hf 主要分配在 MC 型碳化物中，其次分配在 γ′相中。

（4）Hf 进入 γ′相，置换 Al 原子，改变 γ′相的元素组成，使 γ′相变为（Ni，Co）$_3$（Al，Ti，Nb，Hf）。Hf 进入 MC 型碳化物，置换 Ti 和 Nb 原子，也改变 MC 型碳化物的元素组成，使 MC 型碳化物变为（Nb，Ti，Hf）C。

参 考 文 献

[1] DUHL D N, SULLIVAN C P. Some effects of hafnium additions on the mechanical properties of a columnar-grained nickel-based superalloy [J]. Journal of Metals, 1971, 23(7): 38-40.

[2] KOTVAL P S, VENABLES J D, CALDER R W. The role of hafnium in modifying the microstructure of cast nickel-base superalloys [J]. Metallurgical Transactions, 1972, 3(2): 453-458.

[3] 王罗宝，陈荣章，王玉屏. 定向工艺和铪含量对一种镍基高温合金的影响 [J]. 航空材料，1982，2(2): 1-7.
Wang Luobao, Chen Rongzhang, Wang Yuping. Influences of directionally solidified techniques and Hf content on a nickel base supealloy [J]. Aeronautical Materials, 1982, 2(2): 1-7.

[4] 郑运荣，蔡玉林，阮中慈，马书伟. Hf 和 Zr 在高温材料中作用机理研究 [J]. 航空材料学报，2006，26(3): 25-34.
Zheng Yunrong, Cai Yulin, Ruan Zhongci, Ma Shuwei. Investigation of effect mechanism of Hafnium and Zirconium in high temperature materials [J]. Journal of Aeronautical Materials, 2006, 26(3): 25-34.

[5] DAHL J M, DANESI W F, DUNN R G. The partitioning of refractory metal elements in hafnium-modified cast nickel-base superalloys [J]. Metallurgical Transactions, 1973, 4(4): 1087-1096.

[6] DOHERTY J E, KEAR B H, GIAMEI A F. On the origin of the ductility enhancement in Hf-doped Mar-M200 [J]. Journal of Metals, 1971, 23(11): 59-62.

[7] BELOV A F, ANOSHKIN N F, FATKULLIN O Sh. Alloying character of powder metallurgy superalllloy [M]. BANNYKH O A. Heat resistant steel and nickel base high temperature alloy. Moscow: Science Press, 1984: 31-40. (in Russian)

[8] RADAVICH J, CARNEIRO T, FURRER D. The microstructure and mechanical properties of EP741NP powder metallurgy disc material [C] // REED R C, GREEN K A, CARON P. Superalloys 2008. Pennsylvania: TMS, 2008: 63-72.

[9] HARDY M C, ZIRBEL B, SHEN G.. Developing damage tolerance and creep resistance in a high strength nickel alloy for disc applications [C] // GREEN K A, POLLOCK T M, HARADA H. Superalloys 2004. Pennsylvania: TMS, 2004: 83-90.

[10] STARINK M J, REED P A S. Thermal activation of fatigue crack growth: Analysing the mechanisms of fatigue crack propagation in superalloys [J]. Materials Science and Engineering A, 2008, 491 (2): 279-289.

[11] EVANS D J, ENG R D. Development of a high strength hot isostatically pressed (HIP) dick alloy, MERL76 [C] // HAUSNER H H, ANTES H W, SMITH G D. Modern developments in powder metallurgy. Washington: MPIF and APMI. 1982, 14, 51-63.

[12] BLACKBURN N J, SPRAGUE R A. Production of components by hot isostatic pressing of nickel-base superalloy powders [J]. Metals Technology, 1977, 4(8): 388-395.

[13] EVERITT S, STARINK M J, PANG H Tl. A comparison of high temperature fatigue crack propagation in various subsolvus heat treated turbine disc alloys [J]. Material Science and Technology, 2007, (23): 1419-1423.

[14] 甄宝林, 张绍津. 加 Hf 镍基合金相的组成和析出规律 [J]. 钢铁研究总院学报, 1981(1): 65-70.
Zhen Baolin, Zhang Shaojin. The phase composition and the rules of the phase precipitation in Hf-bearing nickel base supealloy [J]. Central Iron and Steel Research Institute Technical Bulletin, 1981(1): 65-70.

[15] MASLEKOV S B, BUROVA N N, MAKULOV O V. Effect of hafnium on the structure and properties of nickel-base alloys [J]. Metal Science and Heat Treatment, 1980(4): 45-46. (in Russian)

[16] ZIMINA L N, BUROVA N N, MAKUSHOK O V. Effect of hafnium on the structure and properties of wrought nickel-base alloys [J]. Metal Science and Heat Treatment, 1986(2): 39-43. (in Russian)

[17] AMOUYAL Y, SEIDMAN D N. The role of hafnium in the formation of misoriented defects in Ni-based superalloys [J]. Acta Materialia, 2011, 59: 3321-3333.

[18] MINER R V. Effects of C and Hf concentration on phase relations and microstructure of a wrought powder-metallurgy superalloy [J]. Metallurgical Transactions A, 1977, 8(2): 259-263.

[19] FLAGEOLET B, VILLECHAISE P, JOUIAD M. Ageing characterization of the powder metallurgy superalloy N18 [C]//GREEN K A, POLLOCK T M, HARADA H. Superalloys 2004. Pennsylvania: TMS, 2004: 371-379.

[20] WLODEK S T, KELLY M, ALDEN D. The structure of N18 [C] // ANTOLOVICH S D, STUSRUD R W, MACKAY R A. Superalloys 1992. Pennsylvania: TMS, 1992: 467-476.

[21] BOITTIN G, LOCQ D, RAFRAY A. Influence of γ′ precipitate size and distribution on LCF behavior of a PM disk superalloy [C] // HURON E S, REED R C, HARDY M C. Superalloys 2012. Hoboken, New Jersey: John Wiley & Sons, Inc., 2012: 167-176.

[22] ROLPH J, PREUSS M, IQBAL N. Residual stress evolution during the manufacture of aerospace forgings [C] //HURON E S, REED R C, HARDY M C. Superalloys 2012. Hoboken, New Jersey: John Wiley & Sons, Inc., 2012: 881-891.

[23] SAMSONOV G V, VINICKJI I M. Refractory compound [M]. 2nd ed. Moscow: Metallurgy Industry Press, 1976: 150. (in Russian)

[24] 钢铁研究总院化学分析室. 高温合金的 γ′ 相分析 [J]. 新金属材料, 1977(5): 60-69.
Department of chemical analysis, Central Iron and Steel Research Institute. γ′ phase analyse of superalloys [J]. New Metallic Material, 1977(5): 60-69.

[25] 叶锐增, 孙金贵, 葛占英. 某些计算公式在 GH220 合金中的应用 [J]. 北京钢铁学院学报, 1998(6): 45-50.
Ye Ruizeng, Sun Jingui, Ge Zhanying. Application of some calculating formula to superalloy GH220 [J]. Journal of Beijing University of Iron and Steel Technology, 1998(6): 45-50.

(原文发表在《中国有色金属学报》, 2016, 26(3): 535-543.)

预变形对 FGH97 粉末高温合金热处理组织的影响

韩寿波[1,2]　吕日红[3]　张莹[1,2]　孙志坤[1,2]
李科敏[1,2]　黄虎豹[1,2]　刘明东[1,2]　张义文[1,2]

(1. 北京钢研高纳科技股份有限公司，北京　100081；
2. 钢铁研究总院高温材料研究所，北京　100081；
3. 贵州黎阳航空动力有限公司，贵州 贵阳　561102)

摘　要　FGH97 粉末高温合金制品在生产加工过程中由于操作不当会出现局部表面凹坑，对存在该缺陷的合金制品进行检测分析，发现受外力影响的区域经热处理后晶粒异常粗大；采用热模拟实验验证了局部变形对 FGH97 合金热处理组织的影响。结果表明：FGH97 合金在受外力作用后的合金变形量达到临界变形量时，热处理过程中会发生晶粒异常长大，造成组织不均匀，进而影响合金的性能与应用。合金在制备过程应严格遵守操作规程，避免局部发生变形。

关键词　FGH97 粉末高温合金　预变形　热处理　晶粒长大

Effect of Pre-deformation on Heat Treatment Microstructure of FGH97 PM Superalloy

Han Shoubo[1,2], Lü Rihong[3], Zhang Ying[1,2], Sun Zhikun[1,2], Li Kemin[1,2], Huang Hubao[1,2], Liu Mingdong[1,2], Zhang Yiwen[1,2]

(1. Beijing CISRI-Gaona Materials & Technology Co., Ltd., Beijing 100081, China;
2. High Temperature Materials Research Institute, CISRI, Beijing 100081, China;
3. Guizhou Liyang Aviation Dynamic Co., Ltd., Aviation Industry of China, Guiyang 561102, Guizhou, China)

Abstract: During the production and processing process, local surface pits usually occur on FGH97 PM superalloy products due to improper operation. An FGH97 alloy product with this kind of defects was tested and analyzed. The abnormal grain coarsening was found at the deformation zone caused by external force. Thermal simulation experiments were carried out to verify the effect of pre-deformation on heat treatment microstructure of FGH97 alloy. Results show that abnormal grain growth appears during heat treatment when the deformation of FGH97 alloy reaches the critical deformation, resulting in non-homogeneous microstructure, thereby affecting the performance and application of the alloy. It is advised that operation specification should be strictly abided to avoid local deformation.

Keywords: FGH97 PM superalloy, pre-deformation, heat treatment, grain growth

粉末高温合金是采用粉末冶金工艺生产的高温合金。在制粉过程中粉末颗粒由微量液体快速凝固形成，成分偏析被限制在粉末颗粒尺寸以内，消除了常规铸造中的宏观偏析，同时快速凝固后的粉末具有组织均匀和晶粒细小的突出优点[1,2]。粉末高温合金相较于铸造和变形高温合金显著提高了热工艺性能和力学性能，是制造高性能航空发动机涡轮盘等转动部件的优选材料。中国于20世纪70年代末开始研究粉末高温合金，主要采用直接热等静压（HIP）、热等静压+包套模锻或热等静压+等温锻造等成形工艺生产粉末高温合金。FGH97合金是中国近年来研发的一种新型镍基粉末高温合金，采用直接热等静压成形+热处理工艺，生产工艺简单，产品组织均匀[3]。随着采用该合金制备的先进发动机涡轮盘等零部件的投产和应用，对产品的质量提出了更高的要求。在实际生产对热等静压态的合金制品的质量检验过程中，偶有发现制品表面存在凹坑，在随后的热处理过程中，凹坑变形区域晶粒异常长大。本文对出现该缺陷的试样进行检测与分析，并通过热模拟实验验证了FGH97合金的临界变形量和异常晶粒长大之间的必然联系，给出了消除该冶金缺陷的方法和措施。

1 实验

实验材料为FGH97合金制品，其主要化学成分见表1。制备工艺如下：母合金冶炼→等离子旋转电极制粉→粉末处理→粉末装套及封焊→热等静压→热处理。热处理制度为：1200℃×8h固溶处理+870℃×32h时效处理。

表1 FGH97合金主要化学成分（质量分数） （%）

元素	C	Cr	Co	W	Mo	Al+Ti	Nb+Hf+B+Zr	Ni
含量	0.04	8.80	16.20	5.00	3.80	6.70	3.20	余量

具体实验方法如下：

（1）热处理组织缺陷检测。采用水浸超声波探伤对出现缺陷的制品进行检测，确定缺陷的尺寸及形貌。在缺陷部位和正常部位取金相试样，经砂纸研磨、机械抛光后，采用Kalling's试剂（0.5g $CuCl_2$+10mL HCl+10mL C_2H_5OH）浸蚀，用光学显微镜比较二者显微组织的差异。

（2）热模拟实验。为研究局部变形对后续高温热处理显微组织的影响，取3块正常工艺制备的热等静压态试样，分别做如下预变形，随后进行标准热处理，再制成金相试样进行观察分析。（1）在试样上打钢印，观察钢印附近合金的显微组织。（2）测布氏硬度（压头直径ϕ5 mm），观察压坑处的显微组织。（3）将一根ϕ30 mm工具钢棍平放在热等静压态FGH97合金锭（ϕ84 mm×132 mm）上，局部敲击形成压痕，观察压痕附近显微组织。

2 结果与分析

2.1 缺陷试样的显微组织分析

对热等静压+热处理态的FGH97合金制品进行水浸超声波探伤，结果如图1所示。超声探伤结果分析表明，该制品2处底波显示异常，端面存在2条约30mm×10mm的异常条纹，深度约3mm。

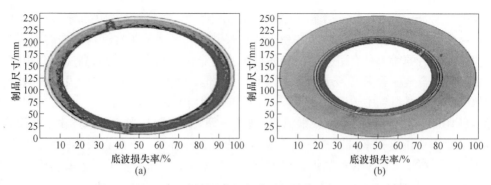

图 1　FGH97 合金制品的水浸超声波探伤底波损失 C 扫描图

图 2 为上述底波显示异常区域的宏观照片。可以看出，缺陷处与正常组织有明显差别，晶粒尺寸粗大，肉眼可见。图 3 为合金缺陷处和正常处的显微组织变化。可以看出，与正常组织相比，缺陷处晶粒异常长大。采用截线法测量晶粒尺寸，缺陷处晶粒平均尺寸约为 380μm（晶粒度相当于 ASTM0 级）；正常基体晶粒尺寸相对细小，平均尺寸约为 64μm（相当于晶粒度 ASTM5.0 级）。晶粒粗大会导致合金强度降低，而同时组织不均匀将造成合金性能的不均匀，严重影响合金的使用。

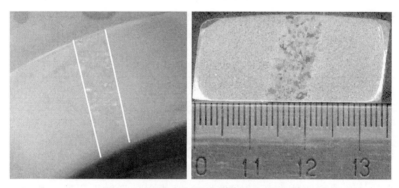

图 2　FGH97 合金缺陷部位的宏观照片

图 3　FGH97 合金不同部位的显微组织
（a）缺陷处；（b）交界处；（c）正常基体

2.2　热模拟结果

由于合金采用粉末冶金热等静压工艺成形，无宏观偏析，且各向同性，合金制件中出现的宏观组织不均匀性与合金成分无关,且在实际生产对热等静压态的合金制品的质量检验过程中,偶有发现制品表面局部存在凹坑,因此推测缺陷与热处理前局部受力变形有关。为此采用人为预变形,检测了打钢印、测硬度及局部敲击等不同方式造成的预变形对后续热处理组织的影响。图 4 为不同方式预变形后合金的热处理显微组织。

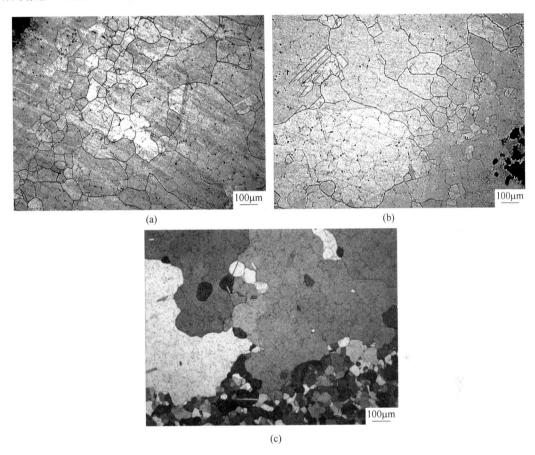

图 4　不同方式预变形对 FGH97 合金热处理组织影响的热模拟结果
(a) 打钢印;(b) 硬度压坑;(c) 局部敲击

从图 4 可以看出,采用不同方式预变形后,合金变形部位的显微组织均出现明显异常,晶粒显著粗化,打钢印处的晶粒尺寸约为 430μm,硬度压坑处的晶粒尺寸达到 520μm,而合金局部受到敲击后的热处理晶粒尺寸达到 720μm。此外,在变形区域与正常组织过渡处还存在晶粒尺寸不均匀现象,即存在类似混晶的组织。由此可见,热等静压态 FGH97 合金在受力变形后,热处理过程中变形区域晶粒尺寸极易长大,合金制品中出现的晶粒异常粗大问题确实是由于在生产中操作不当引起小变形,而后在热处理时晶粒显著长大造成的。

3　讨论

3.1　局部晶粒异常长大的机理

有研究表明,晶粒异常长大需要一个临界的最小应变量,当变形量达到这一临界变形量时，变形处晶粒会发生异常长大。对一般金属而言，临界变形量通常只有 2%～10%。据文献［4］报道，一些合金经历小变形后会产生临界变形粗晶，通过压制楔形试验观察粉末高温合金 René88DT 的晶粒尺寸随变形量的变化规律，得出该合金在变形量约 5% 时，晶粒大小发生突变。文献［5］研究表明，高温合金临界变形粗晶形成的机理是原始晶粒的一次异常长大。晶粒长大本质上是晶界的迁移，原子通过晶界向另一个晶粒移动，从而实现晶粒的长大。临界变形区晶粒异常长大的最初驱动力是晶界两侧的畸变能差，它促使晶界在较高的固溶温度下迅速迁移，使晶粒相互吞并和长大。合金预变形实际上是增加了晶界的畸变能，使晶界处稳定性变差，也就是增加了晶粒长大的驱动力，因此，与正常未变形的组织相比，变形区域的晶粒更容易长大，造成局部晶粒异常粗化。热等静压态 FGH97 合金局部在受外力作用后，会造成热处理时晶粒异常长大，表明其晶粒异常长大所需的临界变形量较小。

3.2 晶粒异常粗化对合金性能的影响

晶粒尺寸是影响材料性能的一个重要因素，Hall-Petch 公式［见式（1）］给出了屈服强度 σ_S 和平均晶粒尺寸 d 之间的关系[6]。可以看出，随着晶粒尺寸 d 的增大，合金的屈服强度减小。因此，FGH97 合金的晶粒异常粗化将会显著降低其屈服强度，影响该合金的使用。

$$\sigma_S = \sigma_0 + kd^{-1/2} \tag{1}$$

式中，σ_0 和 k 为与晶体类型有关的常数。

合金在受力作用下充分应力集中时，位错堆积附近的原子间结合会受到破坏，从而形成裂纹。Zener-Stroh 理论给出了裂纹形核临界切应力 τ_c 与晶粒直径 d 之间的关系［见式（2）］[7]。可以看出，晶粒异常长大区域由于晶粒直径 d 显著增大，裂纹的形核所需的临界切应力 τ_c 将明显减小，易于裂纹的产生，从而降低合金的寿命。

$$\tau_c = \tau_i + \frac{E\sqrt{3b}}{10} \cdot \frac{1}{\sqrt{d}} \tag{2}$$

式中，τ_i 为位错线上的摩擦阻力；E 为杨氏模量；b 为柏氏矢量的模。

在异常粗大晶粒组织与正常组织交界处的晶粒尺寸不均匀，即存在类似混晶的组织。这种由细小晶粒和粗大晶粒组成的混晶组织对合金的性能有着重要的影响，通常认为混晶会降低合金的强度、塑性和韧性[8]。换言之，局部晶粒异常粗化区域与正常组织交界处合金的性能会变差，是造成合金零件失效的薄弱区域。

4 结论

（1）研究了 FGH97 合金制品中存在的晶粒异常粗化缺陷，并采用热模拟实验进行了验证，表明合金中的粗大晶粒是由于热处理之前操作不当，合金表面局部发生变形，从而在后续高温热处理过程中引起晶粒异常长大的缘故。

（2）晶粒粗大会显著降低合金的屈服强度，并易产生裂纹，同时在局部粗大晶粒附近晶粒尺寸不均匀，降低合金的性能，影响合金的应用。

（3）热处理前合金发生小变形是晶粒异常长大的原因。当合金的变形达到临界变形量时，晶界两侧的畸变能差使晶界在较高的固溶温度下迅速迁移，晶粒相互吞并和长大。热等静压态 FGH97 合金临界变形较小，在制备过程中应加强质量管理和控制，严格遵守生产操作规程，避免局部变形。

参 考 文 献

[1] 张义文，刘建涛. 粉末高温合金研究进展［J］. 中国材料进展，2013，32(1)：1-11.
[2] 胡本芙，田高峰，贾成厂，等. 涡轮盘用高性能粉末高温合金的优化设计探讨［J］. 粉末冶金技术，2009，27(4)：292-300.
[3] 刘建涛，张义文，陶宇，等. FGH97 合金的显微组织［J］. 材料热处理学报，2011，32(3)：47-51.
[4] 郭婧，姚志浩，董建新，等. 高温合金中晶粒异常长大及临界变形量研究进展［J］. 世界钢铁，2011，11(4)：38-45，67.
[5] 吕炎，曲万贵，陈宗霖，等. 临界变形粗晶形成机理的探讨［J］. 金属学报，1986，22(6)：A489-A493.
[6] Shen Yu, Yu Huping, Ruan Xueyu, et al. Discussion and prediction on decreasing flow stress scale effect［J］. Transactions of Nonferrous Metals Society of China，2006，16(1)：132-136.
[7] 王从曾. 材料性能学［M］. 北京：北京工业大学出版社，2007.
[8] 刘天佑. 奥氏体混晶对钢的力学性能的影响［J］. 本溪冶金高等专科学校学报，2003，5(3)：1-5.

（原文发表在《粉末冶金工业》，2016，26(6)：50-54.）

1.3 工艺研究

用等离子旋转电极法制取镍基高温合金粉末

张莹 李世魁 陈生大

(钢铁研究总院,北京 100081)

摘 要 文章介绍了等离子旋转电极法制粉的装备、原理、工艺参数,以及所制取的镍基高温合金粉末的特征,同时阐述了工艺参数的优化设计。
关键词 粉末冶金 等离子旋转电极法 高温合金粉末

Production of Nickel-based Superalloy Powder by the Plasma Rotation Electrode Process

Zhang Ying, Li Shikui, Chen Shengda

(Central Iron & Steel Research Institute, Beijing 100081)

Abstract: In this paper the equipment, theory, processing parameters of the plasma rotation electrode process (PREP) and the properties of nickel-based superalloy powder produced by the PREP are introduced in detail and the optimization of processing parameters is discussed.
Keywords: powder metallurgy, plasma rotation electrode process, superalloy powder

前言

由粉末冶金工艺所制取的无偏析、组织均匀、性能优异的高温合金是当前理想的盘件材料。由于粉末高温合金在飞机发动机涡轮盘上的应用,促使制粉工艺有了许多新的发展。等离子旋转电极制粉法以它独特的设备结构和先进的工艺技术,为生产高质量的合金粉末开辟了一条宽广的道路。

1 等离子旋转电极制粉设备的结构及工艺原理

等离子旋转电极制粉设备由一系列相互联接的部件、装置和系统组成,并利用真空密封件将其连接在一起。该设备主要包括制粉部分、等离子发生器、供电、供气、供水及真空系统。

制粉主体结构如图1所示,分为雾化室、机械传动室和装料箱三部分。

雾化室是设备的主要机构,与其相通的是使合金棒料旋转并沿轴向移动的机械传动室。等离子枪通过雾化室的门插入其内。

与机械传动室密封联接的装料箱每炉能装 500~1400kg 合金棒料。根据设备不同,作为电极的合金棒料尺寸有 φ50mm×700mm 和 φ75mm×900mm 两种。通过分配机构将棒料逐根送到机械传动室。在压紧辊轴、鼓轮和推杆的作用下,合金棒料被压紧、旋转并沿轴向逐渐推进雾化室。

在密封的雾化室中与合金棒料相对安装、可沿轴向前后移动的等离子枪产生的等离子流使高速旋转的合金棒料电极端部熔化。在离心力的作用下薄层液态金属雾化成极小的液滴飞射出去,同时在惰性气体介质中以 $10^4℃/s$ 的速度冷却。由于表面张力的作用,液滴凝固成球形的粉末颗粒。

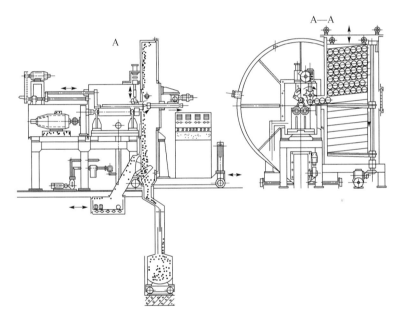

图1 等离子旋转电极制粉设备结构示意图

2 等离子旋转电极制粉的主要工艺参数

制粉工艺的参数是以保证粉末中的成分和组织的高度均匀性以及氧和其他气体的含量在允许值范围内为依据进行设计。

粉末高温合金的重要组织特征是晶粒尺寸,它直接影响合金的强度、塑性和高温性能。粉体中晶粒尺寸随粉末尺寸的增大而增加。因此,通过制粉工艺控制粉末粒度以调整晶粒尺寸和成品件的性能是极为重要的[1]。

在等离子旋转电极制粉中,粉末粒度主要由电极棒的转速和等离子枪的功率控制。在功率基本稳定的情况下,当镍基高温合金电极棒的直径为50mm时,粉末粒度与电极棒转速的关系如表1所示。

表 1　粉末粒度与电极棒转速的关系

粉末粒度/mm	电极棒转速/r·min^{-1}
1.2~0.6	2500±500
0.6~0.4	4500±500
0.315~0.05	10500±500
0.2~0.05	14500±500

等离子旋转电极制粉的另一个重要参数是惰性气体介质。惰性气体的组成及其纯度直接影响等离子弧的稳定性和粉末中的气体含量。

为了保证制得的镍基高温合金粉末中的氧含量在 0.003%~0.006%范围以内，必须使设备中的真空度达到 0.133Pa 后，快速充入高纯的氩和氦的混合气体，使雾化室内惰性气体的工作压力达到 0.113~0.132MPa，氩气和氦气以 1∶4 配制。

加入一定量的氩气是为了使等离子弧能够产生。向等离子枪供惰性气体的流量必须达到 2.5~8.0m³/h，以保证等离子弧的稳定性。当然，等离子枪的工作参数还包括功率、起弧电流和电压。当电极棒尺寸加大时，也可采用双等离子枪。

惰性气体作为冷却介质对粉末的冷却速度产生一定影响，但粉末的冷却速度主要取决于粉末颗粒的尺寸[1]。粉末冷却速度的确定主要按枝晶的参数来估算。直径为 300μm 的粉末临界冷却速度为 2×10^4℃/s，冷却速度为 2×10^5℃/s 的粉末直径约为 50μm[2]。

3　用等离子旋转电极法制取的镍基高温合金粉末的特征

3.1　粉末粒度分布

用等离子旋转电极法所制得的镍基高温合金粉末具有较窄的粒度分布。图 2 为电极棒转速和粉末粒度组成的关系图[3]。

将等离子旋转电极（DX）和氩气雾化（YW）两种制粉方法所得到的镍基高温合金粉末的粒度分布进行比较，见图 3 和表 2。

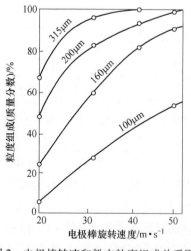

图 2　电极棒转速和粉末粒度组成关系图

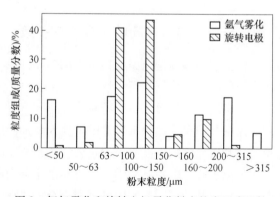

图 3　氩气雾化和旋转电极雾化粉末粒度组成比较

表2 两种制粉方法所得镍基高温合金粉末的粒度分布对比

制粉工艺	粉末粒度分布/μm								
	>315	315~200	200~160	160~150	150~100	100~63	63~50	<50	50~150
YW(质量分数)/%	4.8	16.9	11.2	4.0	22.0	17.3	7.3	16.5	46.6
DX(质量分数)/%	0.1	0.4	9.5	4.3	42.8	40.5	2.0	0.4	85.3

由图3和表2可知,氩气雾化获得的粉末粒度范围较宽,而且粗粉和细粉较多。相比之下等离子旋转电极法可以根据使用要求将粒度控制在较窄的范围。从表2中看到,在150~50μm粒度范围内,氩气雾化法收得率为46.6%,而等离子旋转电极法收得率为85.3%。

3.2 粉末中的气体含量

由化学分析结果(表3)得知,镍基高温合金粉末中的氧、氢、氮气体含量高于母合金中的含量,但等离子旋转电极法制得的粉末中的气体含量比氩气雾化粉末低得多。这是由于等离子旋转电极法在制粉过程中使用工作室内循环的惰性气体,平均每千克粉末消耗气体0.01m³左右。而氩气雾化用气量很大,不能当炉循环,平均每千克粉末耗气体约0.3~0.5m³,因而粉末的氧含量相应较高。

表3 粉末中气体含量的对比

粉末	气体含量(质量分数)/%		
	N	H	O
氩气雾化粉	0.0036	0.00028	0.0079
等离子旋转电极粉	0.0013	0.00026	0.0040
母合金	0.0013	0.00012	0.0017
美国标准	<0.0050	<0.001	<0.01

3.3 粉末中的非金属夹杂

从对电极棒以41.2m/s的转速得到的40批粉末的研究分析中得到表4所示的结果(平均值)[3]。

表4 1kg粉末中的非金属夹杂含量

夹杂类别	夹杂尺寸/μm						夹杂数量/个·kg^{-1}
	50~100	100~150	150~200	200~250	250~300	>300	
陶瓷	25	17	9	2	1	-	54
熔渣	14	21	15	7	2	1	60
合计							114

等离子旋转电极法制得的粉末中的非金属夹杂主要来自母合金的陶瓷和熔渣,每千克粉末中达到114个。经随后的筛分、静电分离去除夹杂处理,每千克成品粉中的夹杂约少

于20个,达到目前国外的指标要求。

而氩气雾化制得的粉末,除了母合金带来的夹杂外,在雾化过程中又带进耐火材料颗粒夹杂。据检测统计,每千克粉末中约有230颗夹杂,远高于用等离子旋转电极法生产的粉末中的夹杂数量。

3.4 粉末的形貌、结构和物理工艺性能

用等离子旋转电极法和氩气雾化法制得的粉末的形貌和组织结构如图4所示,并将两种方法制得粒度为150~50μm粉末的主要物理工艺性能作对比,结果示于表5。

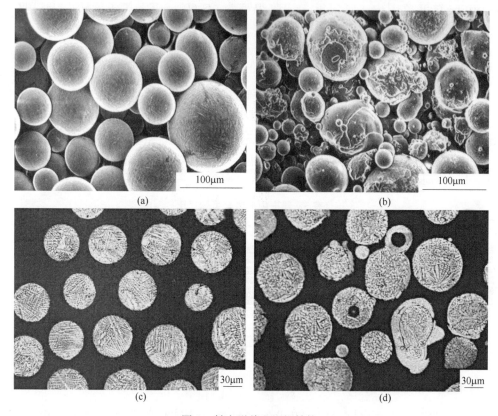

图4 粉末形貌和组织结构
(a) 等离子旋转电极雾化粉末形貌;(b) 氩气雾化粉末形貌
(c) 等离子旋转电极雾化粉末金相组织;(d) 氩气雾化粉末金相组织

表5 粉末的物理工艺性能

制粉工艺	流动性/s·(50g)$^{-1}$	松装密度/g·cm^{-3}	振实密度/g·cm^{-3}
YW	15	4.500	5.110
XD	13	5.014	5.348

由图4及表5可以看到,氩气雾化粉末由于存在较多的片状、空心和黏接粉,以及椭圆形和泪滴状粉,致使物理性能较差。而等离子旋转电极法制得的球形粉末表面光亮、洁净且组织均匀。其形貌决定它有较好的物理工艺性能,有利于充填包套的密实和压实盘件

性能的提高。

4 优化等离子旋转电极制粉工艺的讨论

任何一种制粉工艺,其重要指标均是保证粉末的质量和提高生产效率。对等离子旋转电极制粉法而言,要提高这一指标,必须优化它的工艺参数。下面给出粉末尺寸的计算公式[4]:

$$d = \frac{\sqrt{12}}{\omega}\left(\frac{\sigma}{\rho D}\right)^{1/2}$$

式中,d 为粉末粒度;ω 为电极棒转速;ρ 为密度;D 为电极棒直径,σ 为电极棒熔化液滴的表面张力。

由公式得知,粉末的粒度与电极棒的密度、直径、转速及液滴的表面张力有着相互的关系,可以根据工艺的不同要求进行匹配。如将 $\phi50mm$、重 10kg 的电极棒改成 $\phi75mm$、重 22.5kg,则每炉的装炉量将由 500kg 增至 1127kg。同时将等离子枪功率由 40~45kW 增至 90~100kW,使等离子弧电流提高(减少液滴表面张力)[4]。当等离子弧电流由 1200A 增至 1800~2000A 时,电极棒的雾化速度将由 0.7~0.8kg/min 提高到 1.8~2.0kg/min[5]。可见,在增加电极棒直径的同时加大等离子枪功率,制粉的生产效率将明显提高。

此外,在增加电极棒直径和等离子枪功率的同时,如果粉末的粒度尺寸要求不变,则电极棒的转速可以适当减小。例如生产粒度小于 150μm 的镍基高温合金粉末,电极棒尺寸由 $\phi50mm$ 增至 $\phi75mm$,电极棒转速将可由 12500~13500r/min 降低至 10000~13500 r/min,从而减小设备中机械零部件的磨损,延长使用寿命。

增加电极棒尺寸是提高生产效率的重要途径。但必须指出,电极棒的极限尺寸设计取决于母合金中碳化物的尺寸和等离子枪的功率。因为旋转电极雾化过程中液滴的分离和结晶是在熔体缺乏明显过热度的条件下进行,电极棒中稳定的碳化物和金属间化合物杂质有落入粉末中的可能[1]。

粉末的质量主要由控制粉末粒度,减少夹杂和降低气体含量来保证。

由粉末尺寸的计算公式清楚看出,电极棒的转速 ω 与粉末粒度 d 成反比的关系,即增加电极棒的转速,就能将粉末粒度和夹杂控制在较小的尺寸范围之内。

镍基高温合金粉末中的非金属夹杂主要来自于母合金中的陶瓷和熔渣。粉末中夹杂的数量和尺寸的增加将严重影响盘件的低周疲劳性能。要减少粉末中的非金属夹杂,一方面是改进母合金的冶炼工艺,提高电极棒的质量;另一方面,通过增加电极棒的转速和提高等离子弧电流强度,以减小粉末尺寸。粉末中夹杂的最大尺寸与粉末的最大粒度基本一致。例如,当电极棒直径为 75mm,转速为 10000r/min,等离子弧为 2000A 时,得到粒度为 200~50μm 的粉末占 93%~96%,粉末中相应熔渣尺寸为 315~200μm[4]。由此看来,调整工艺参数,降低粉末粒度,非金属夹杂尺寸随之减小,并可在随后的筛分、静电分离夹杂工序中予以去除,这是等离子旋转电极法保证粉末质量的重要环节。

在等离子旋转电极制粉工艺中,惰性气体的纯净度也是保证粉末质量不可忽略的重要因素。为了将粉末中的气体含量降到最低限度,除了降低设备的漏气率外,还需将准备充入工作室的惰性气体进行净化,使其中的氧、氢含量达到低于 4×10^{-6} 的指标。

5 结论

（1）等离子旋转电极制粉设备设计独特，结构简单，通过调节电极棒的旋转速度即可得到所需的粉末粒度并可将其控制在较窄的粒度范围内，且粉末收得率高。该方法不仅适用于制造镍基高温合金粉末，而且适用于生产钢、钛、钴、铬等合金粉末。

（2）与氩气雾化粉末相比，用等离子旋转电极法制得的镍基高温合金粉末气体含量低、夹杂少、片粉、空心粉、黏接粉少，粉末呈球形、表面光亮、洁净，物理工艺性能好。

（3）增加电极棒直径和等离子弧电流，不仅能提高生产效率，而且可以保证所需粉末的粒度，降低电极棒的转速，减少设备磨损，延长设备的使用寿命。

（4）优化工艺参数，控制粉末粒度，减少夹杂物数量和尺寸，以及降低气体含量，是提高粉末质量的根本保证。

参 考 文 献

[1] Белов АФ. Москва металлургия, 1984：43-51.

[2] Мусиенко ВТ. Порошковая металлургия, 1979, (8)：86-92.

[3] Мусиенко ВТ. Металлургия гранул ВИЛСа Удк 621, 66924, 1987：86-92.

[4] Аношкин НФ. Москва II Всесоюзная коференция по металлургии гранул тезисы докладов, 1987：227-228.

[5] Гарибов Г С. Москва II Всесоюзная коференция по металлургии гранул тезисы докладов, 1987：218-219.

（原文发表在《粉末冶金工业》, 1998, 8(6)：17-22.）

用两种方法制造的镍基高温合金粉末

张 莹

（钢铁研究总院，北京 100081）

摘 要 文章介绍了用氩气雾化（AA）和等离子旋转电极法（PREP）制造镍基高温合金粉末的工艺原理，并就粉末的主要特征（粒度分布、空心粉、非金属夹杂物、氧含量等）进行了探讨。简述了目前用这两种工艺生产的镍基高温合金粉末制造粉末涡轮盘所采用的成形工艺。

关键词 粉末冶金 粉末高温合金

The Nickel-Based Superalloy Powder Obtaining by Two Methods

Zhang Ying

（Central Iron and Steel Research Institute，Beijing 100081）

Abstract：In this paper the theories of the argon atomizing (AA) and the plasma rotation electrode process (PREP) are introduced, and the principal properties of nickel-based superalloy powder (powder particle size distribution, hollow powder, nonmetal inclusions, oxygen content etc) are discussed. The forming processes of nickel-based superalloy powder by AA and PREP for PM disk are investigated.

Keywords：powder metallugy，powder superalloy

1 前言

采用粉末冶金方法生产组织均匀、无偏析、晶粒细小、屈服强度高、疲劳性能好的粉末高温合金是制造高推重比飞机发动机涡轮盘及其他重要零部件的理想材料。制造镍基高温合金粉末的方法主要有：（1）氩气雾化法（AA），（2）等离子旋转电极法（PREP）。目前，美国主要用氩气雾化法，而俄罗斯主要用等离子旋转电极法。无论采用哪种制粉工艺，其目的都是为生产出高质量的粉末，使成形件中可能出现的孔洞、PPB（Previous Powder-Particle Boundary）、夹杂物等缺陷降低到最少程度。本文主要介绍用氩气雾化法和等离子旋转电极法制造镍基高温合金粉末的原理及粉末的主要特征和成形工艺。

2 氩气雾化制粉

2.1 工艺原理

如图 1 所示，母合金在真空感应炉中熔化，通过雾化器进入充满惰性气体的雾化室。

熔融的金属液体在雾化室内被高速的氩气气流粉碎成液滴并冷却成球形或碎片状颗粒。

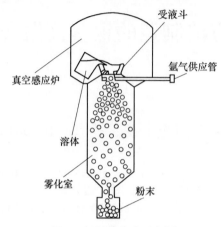

图 1　氩气雾化法示意图

2.2　AA 粉的主要特征

（1）粉末粒度。氩气雾化制得的粉末粒度较宽，粉末粒度与控制气流速度的喷嘴类型有关，由图 2 可见，当使用亚声速喷嘴时，粒度较粗，当使用气动声频喷嘴时，能获得较细的粉末粒度[1]。

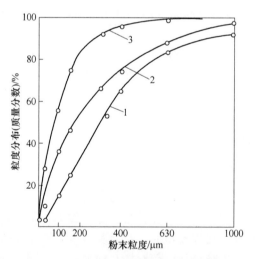

图 2　粉末粒度组成和喷嘴类型关系图
1—亚声速；2—超声速；3—气动声频

（2）空心粉末。氩气雾化粉末中空心粉较多。据文献［1］介绍，在一炉批粉中检测 1000 颗粉，发现 400~600 颗空心粉，平均空心直径占粉球直径的 30%~50%。氩气雾化粉中空心体积可由下式[1]进行计算。

$$n = \frac{\sum_{i=1}^{n} d_{空心}^2}{\sum_{i=1}^{n} d_{粉末}^2} \cdot 100 \tag{1}$$

氩气雾化粉末中空心粉的空心体积分数和粉末粒度与使用的喷嘴类型有关。由图 3 看出,当使用气动声频喷嘴时,细粉多,相对空心粉的空心体积分数小得多[1]。

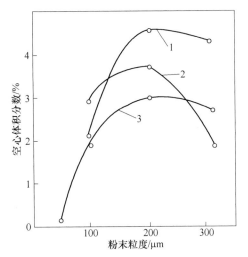

图 3 粉末空心体积分数与雾化喷嘴的关系图
1—亚声速;2—超声速;3—气动声频

(3) 非金属夹杂物。1kg 氩气雾化粉末中的夹杂物[1]统计见表 1。

表 1 1kg AA 原粉中的夹杂物

粉末粒度/μm	夹杂物类型	夹杂物尺寸/μm				夹杂物总数/个·kg^{-1}
		50~100	100~150	150~200	200~315	
200~315	熔渣	—	—	—	6	6
	陶瓷	—	—	—	—	
100~200	熔渣	4	—	—		18
	陶瓷	7	5	2		
<100	熔渣	24	14	6	—	90
	陶瓷	26	10	8	2	总 114

由以上结果可以看出,AA 粉中夹杂物集中在细粉,随粉末粒度的减小夹杂物尺寸变小。这些夹杂物主要来自母合金和雾化喷嘴,主要成分为 Al、Si、Mg、Zr[2]。

(4) 氧含量。AA 粉中氧含量远远高于母合金,一般在 100×10^{-6} 左右。这是由于雾化过程中惰性气体不能当炉循环使用,熔融的金属液流被高速氩气流碎化成液滴并凝固和冷却时,与雾化介质中残留的氧起作用,在粉末颗粒表面形成了氧化物层。粉末越细,氧含量越高,小于 50μm 成品粉中氧含量高达 200×10^{-6}。

2.3 美国的 U720 合金粉末

由于 AA 法细粉的收得率比较高,并且细粉中相对夹杂物尺寸小,空心粉数量少,所以目前美国普遍用 AA 法生产镍基高温合金粉末,并达到了较高的水平。母合金采用真空感应+电渣重熔冶炼,AA 雾化的生产效率为 50~70Ibs/min,粉末粒度在 106μm 以下,小于 50μm 的粉占全粉的 60%[2]，见表 2。

表 2　U720 合金粉末的粒度分布

U720 合金炉号	粒度分布/%		
	>106μm	44~106μm	<44μm
31B	0	41.0	59.0
36B	0	43.7	59.3
42B	0	47.0	53

美国的技术标准要求成品粉末夹杂物的数量每千克不多于 66 颗，目前已达到每千克少于 11 颗，尺寸小于 100μm。图 4 和图 5 是用来做粉末涡轮盘的 U720 合金成品粉末形貌和粒度分布。它们的成形工艺是[2]：细粉采用挤压（6∶1 挤压比）+锻造，中粗粉采用热等静压+挤压（3∶1 挤压比）+锻造。挤压目的除细化均匀组织外，主要为消除原始颗粒边界 PPB，碎化夹杂物，提高盘件的性能。

图 4　U720 合金粉末形貌

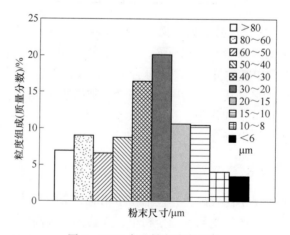

图 5　U720 合金粉末粒度分布

3 等离子旋转电极制粉

3.1 工艺原理

图 6 为 PREP 制粉工艺示意图。雾化室中高速旋转的母合金电极棒在等离子弧的作用下端部熔化,靠离心力的作用薄层液态金属雾化成极小的液滴飞射出去,同时在惰性气体介质中以约 10^4℃/s 的速度冷却。由于表面张力的作用,液滴凝固成球状颗粒。

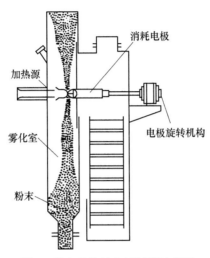

图 6 等离子旋转电极制粉示意图

3.2 PREP 粉末主要特征

(1) PREP 粉末有较窄的粒度分布,主要由电极棒转速来控制粉末粒度[3],见图 7。

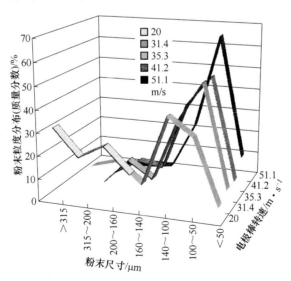

图 7 粉末粒度分布和电极棒转速关系图

(2) PREP 粉末中的空心粉相对 AA 粉要少得多,但依然存在,它的产生主要取决于电极棒转速，见表3。

表3 空心粉和电极棒转速与粉末粒度的关系

电极棒转速/m·s^{-1}	粉末平均尺寸/μm	孔洞平均尺寸/μm	1000颗粉中空心粉数量/个	空洞体积分数/%
19.6	331	109.2	0	0
31.4	154	50.8	1	0.011
41.2	140	46.2	10	0.11
47.9	129	42.6	15	0.16

PREP空心粉的尺寸可由下式[1]得出：

$$d_{空心粉} = \sum_{i=1}^{n} \bar{x}_i p_i = \sum_{i=1}^{n} \bar{x}_i f(x) \tag{2}$$

式中，x_i为粒度范围的平均值；p_i为平均值的概率；$f(x)$为平均值的分配密度。

由表3和式（2）可以看出，随着电极棒转速提高，空心粉尺寸变小，但数量增加，空心体积分数增大。这是由于在电极棒转速提高，雾化端熔化液态金属飞射的线速度随之增加的情况下，小尺寸的液滴极易卷入惰性气体而产生空心粉。

（3）由于PREP法是在高纯的氩和氦气混合循环气体介质中雾化粉末，所以，粉末中的氧含量较低，一般在（30~70）×10^{-6}之间。

（4）PREP粉中夹杂物如表4所示。

表4 1kg PREP原粉中夹杂物

夹杂物类型	夹杂物尺寸/μm						夹杂物总数/个·kg^{-1}
	50~100	100~150	150~200	200~250	250~300	<300	
陶瓷	25	17	9	2	1	-	114
熔渣	14	21	15	7	2	1	

为减少夹杂物，俄罗斯采用真空感应+真空电弧重熔双联工艺代替真空感应冶炼，并在浇注时通过一个泡沫陶瓷过滤器，使每公斤原粉中夹杂物数量减为78颗。

2.3 用PREP法生产的镍基高温合金粉末

采用PREP生产的粉末光亮洁净、球形度好、空心粉少、枝晶细小、粉末粒度集中、物理性能好、氧含量较低，但细粉收得率低[3]。图8、图9为我国生产的FGH95合金成品粉末的形貌和粒度分布。

为减小粉中夹杂物的尺寸，俄罗斯将制造粉末涡轮盘的ЭП741НП合金成品粉的粒度由50~200μm改为50~140μm，PREP法生产率每炉（一昼夜）1200kg，成品粉收得率85%，夹杂物每千克少于17颗，（技术标准每千克不多于20颗）。俄罗斯采用PREP法制粉，直接热等静压成形生产粉末涡轮盘已是一条比较成熟的工艺。按这条工艺生产的粉末涡轮盘已超过了25000个，短寿命的工作时间已达到1500h，长寿命的工作时间大于10000h[4]。

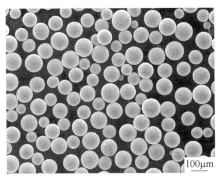
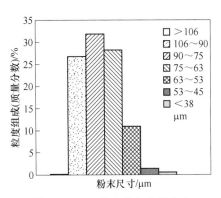

图 8　FGH95 合金粉末形貌　　　　图 9　FGH95 合金粉末粒度分布

目前我国用 PREP 法生产的 FGH95 合金粉末使用粒度为 50~100μm，收得率为全粉的 65%。夹杂物数量每千克 20 颗，主要成分有 Al、Si、Ca、Fe 等元素。夹杂物主要来自母合金中的陶瓷和熔渣，此外还有设备中带进的有机物和杂质。所以，要彻底减少粉末中的夹杂物必须从源头抓起，改进冶炼工艺、提高母合金的质量。此外，要进一步减小粉末尺寸，又不影响粉末收得率，必须提高电极棒转速，要将其由每分钟的一万多转增加到几万转以上，这尚是一个有待研究和解决的问题。

目前，我国已用 PREP 法生产的粉末通过直接热等静压工艺制造高推比发动机涡轮挡板，并已投入批量生产。粉末涡轮盘采用热等静压+锻造工艺的研制工作已卓有成效。

3　结语

综上所述得出以下结论：

（1）氩气雾化法细粉收得率高，氧含量也高。美国通过 AA 法生产小于 50μm 的细粉并采用挤压+锻造工艺制造涡轮盘，消除了由于氧含量高造成的 PPB 等缺陷，并进一步碎化了夹杂物。

（2）等离子旋转电极制粉粒度范围较窄，电极棒转速直接控制粉末粒度，粉末表面光亮洁净，物理性能好，氧含量较低。利用 50~140μm 的粉末，采用直接热等静压成形工艺制造粉末涡轮盘在俄罗斯已比较成熟，并在进一步努力降低粉末粒度。PREP 法细粉收得率低，要通过提高电极棒转速来生产小于 50μm 的粉末是一个尚未解决的问题。

参 考 文 献

[1] Мусиенко В. Т. Металлургия гранул ВИЛС М Удк 621.66924 1987：86-92.
[2] Lherbier L. W. Powder Metallurgy U720 Sino-America symposium on advanced superalloy and processing. 1998.05.26.
[3] 张莹，陈生大，李世魁．金属学报［J］．1999，10，35(10)，增刊2：S343-S347.
[4] Аношкин Н. Ф. Металлургия гранул М. ВИЛС 1993，(6)：15-29.

（原文发表在《粉末冶金技术》，2000，18(增刊)：1-5.）

静电分离去除高温合金粉末中陶瓷夹杂的研究

张义文　陈生大　张宏　冯涤

（钢铁研究总院高温材料研究所，北京　100081）

摘　要　用人工方法把粒度范围为 50~100μm 的 Al_2O_3 颗粒掺入到粒度范围为 50~100μm 的高温合金粉末中，对混合粉末进行静电分离（ESS）后，用体视显微镜检测 Al_2O_3 颗粒的去除效果。研究表明，ESS 去除 Al_2O_3 颗粒的效果显著，工艺参数不同，ESS 去除效果也不同。当辊筒转速一定时，随着电晕极电压的升高，去除效果增强；电晕极电压一定时，随着辊筒转速降低，去除效果也增强，实验结果与理论分析相吻合。在本实验条件下，ESS 的最佳工艺参数为：电晕极电压 40kV，辊筒转速 50r/min。

关键词　静电分离　高温合金粉末　陶瓷夹杂物

Electrostatic Separation Removing Ceramic Inclusion from Superalloy Powder

Zhang Yiwen　Chen Shengda　Zhang Hong　Feng Di

(High Temperature Materials Research Institute, Central Iron & Steel Research Institute, Beijing 100081, China)

Abstract: Mixed powder was prepared by adding 50~100μm size Al_2O_3 particles into superalloy powder in the range of 50~100μm in diameter. Such mixed powder was treated with electrostatic separation (ESS) method and the resulted powder was observed under stereoscope to determine inclusions removing effect. It's shown that ESS method has a obvious effect on removing Al_2O_3 inclusions and the removing effect is different with the processing parameters. The removing effect increases with the increase of electrical corona electrode voltage and the decrease of rotating rates of drum. The result in this paper is correspond with the theoretical analysis. In the above experiment conditions, the best operation parameters are as follows: corona electrode voltage is 40kV, rotation rate of the drum is 50r/min.

Keywords: electrostatic separation (ESS), superalloy powder, ceramic inclusions

1　前言

高温合金粉末中夹杂物的数量和尺寸直接影响着其制品的强度和使用寿命。所以，获取高纯净的高温合金粉末十分必要。等离子旋转电极工艺（PREP）制取的高温合金粉末中的夹杂物主要来源于母合金棒料，即夹杂物主要是陶瓷夹杂物和熔渣。因此，欲得到高纯净的 PREP 粉末，可以通过完善冶炼工艺来降低夹杂物含量[1,2]。然而，就目前的冶炼技术状况而言，要生产出不含夹杂物的棒料是不可能的[3]。所以，还需要通过对粉末进行再处理以去除粉末中的夹杂物。目前，去除高温合金粉末中非金属夹杂物主要是采用静电分离法（ESS）[4]。

有关用 ESS 法去除高温合金粉末中非金属夹杂物的实验数据报道甚少[4,5]。本文通过用不同的电晕极电压和滚筒转速对 ESS 去除高温合金粉末中陶瓷夹杂物 Al_2O_3 效果进行了研究并作了初步的理论分析。

2 实验方法

2.1 实验原理

静电分离是利用电晕放电现象以及金属粉末和非金属夹杂物电性质不同而进行分离的。目前广泛使用的高压静电分离原理见图 1。静电分离装置主要由两个电极组成，细金属丝为一极，接地并有一定转速的大直径金属辊筒作为另一极。当两极间的电位差达到某一数值时，细金属丝发生电晕放电现象（此极称为电晕极），从而在两极间产生了电晕电场。该电场很不均匀，电晕极附近的电场强度非常大，其附近的空气将发生碰撞电离，产生了电子和正离子，某些电子又附着在中性分子上形成负离子。电子、正离子和负离子分别向与各自极性相反的电极运动，于是形成了电晕电流。电晕极可以是负极，也可以是正极。当电晕极为负极时，空气被击穿所需要的电压要比为正极时高得多。静电分离是利用电晕放电现象，因此必须防止空气被击穿而产生火花放电，因为火花放电破坏分离过程的正常进行。

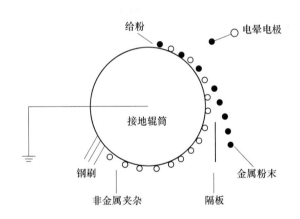

图 1 静电分离原理示意图

若电晕极为负极，金属粉末经给料器落到辊筒表面进入电晕极所产生的高压电晕电场后，金属粉末和非金属夹杂物与飞向正极辊筒的电子和负离子相遇，这些电子和负离子便附着在金属粉末和非金属夹杂物上，使其带上负电荷，由于金属粉末导电率高，获得的负电荷立即被接地的金属辊筒传走（约 1/40～1/1000s）[6]，在离心力和重力的共同作用下从辊筒前方落下，进入成品粉罐；而非金属夹杂物导电率低，不易失去电荷，在电晕电场的库仑力和镜面吸引力的作用下被吸附在辊筒上，随着辊筒的转动而被带到其后下方，被钢刷刷下。

2.2 实验方法和参数

实验在进口的德国海拉斯高压电晕静电分离器上进行。其主要参数为：金属辊筒 $\phi 320mm \times 250mm$，电晕极电压最高为 40kV，电晕极为 $\phi 1mm$ 的不锈钢丝，电晕极与辊筒垂直轴截面的夹角为 $15°$，与辊筒表面距离为 80mm。实验参数为：电晕极电压分别为 20kV、40kV，辊筒转速分别为 25 r/min、50 r/min、80 r/min，隔板与辊筒表面间隙 5mm。实验用粒度范围为 $50\sim 100\mu m$ 的 PREP 高温合金粉末，用人工方法在每 100g 纯净粉末中掺入粒度范围为 $50\sim 100\mu m$ 的着成红色的纯 Al_2O_3 颗粒 10 颗。ESS 处理后用体视显微镜检测粉末中 Al_2O_3 颗粒剩余个数，计算出去除率。

3 实验结果与理论分析

从表 1 中可以看出，实验参数不同，静电分离去除效果也不同。当辊筒转速一定时，随着电晕极电压的升高，Al_2O_3 颗粒去除率升高；当电晕极电压一定时，降低辊筒转速，去除率升高。从去除效果和实际生产角度考虑，本实验所用高压电晕静电分离器去除 Al_2O_3 颗粒的最佳工艺参数为：电晕极电压 40kV，辊筒转速 50r/min。

表 1 静电分离去除 Al_2O_3 颗粒的效果

辊筒转速 $n/r \cdot min^{-1}$	电晕极电压/kV					
	0			40		
	剩余个数	平均值	去除率/%	剩余个数	平均值	去除率/%
25	- 2 3	2.50	75.0	2 2 3	2.33	76.7
50	4 6 5	5.50	50.0	4 1 2	2.33	76.7
80	10 4 5	6.33	36.7	3 4 2	3.00	70.0

文献 [4，6，7] 认为，在静电分离过程中非金属夹杂物相对静止在辊筒上受到 5 种力的作用，作者认为还应考虑夹杂物与金属辊筒表面的摩擦力，见图 2。假设非金属夹杂物为球形颗粒，6 种力可以表达为：

电晕电场的库仑力

$$f_1 = \left(1 + 2\frac{\varepsilon - 1}{\varepsilon + 2}\right) r^2 E^2 M f(R)$$

非均匀电晕电场引起的力

$$f_2 = \frac{\varepsilon - 1}{\varepsilon + 2} r^3 E \mathrm{grad}(E)$$

其大小与 f_1 相比非常小，可以忽略不计。

带电非金属夹杂物与辊筒表面的镜面吸引力

$$f_3 = \left(1 + 2\frac{\varepsilon - 1}{\varepsilon + 2}\right)^2 r^2 E^2 M^2 f^2(R)$$

此外，还有重力 $f_4 = mg$；惯性离心力 $f_5 = 5.5 \times 10^{-3} mn^2 D$；摩擦力 $f_6 = \mu(f_1 + f_3 - f_5)$。在辊筒表面 E 点处在竖直方向上非金属夹杂物受的合力为 $f = f_6 - f_4 = (f_1 + f_3 - f_5)\mu - f_4$。把 f_1、f_3、f_4 和 f_5 带入 f 得出：

$$f = \left[1 + \left(1 + 2\frac{\varepsilon - 1}{\varepsilon + 2}\right)Mf(R)\right]\left(1 + 2\frac{\varepsilon - 1}{\varepsilon + 2}\right)\mu E^2 Mf(R)r^2 - (2.3 \times 10^{-2}Dn^2\mu + 4.2g)\rho r^3$$

式中,E 为非金属夹杂物所在位置的电晕电场强度,V/cm;ε 为非金属夹杂物的介电常数;ρ 为非金属夹杂物的密度,g/cm³;r 为非金属夹杂物的半径,cm;μ 为非金属夹杂物与金属辊筒之间的最大摩擦系数;$Mf(R)$ 为非金属夹杂物界面电阻的函数,接近于1;D 为辊筒直径,cm;n 为辊筒转速,r/min;g 为重力加速度,其大小为980cm/s²。

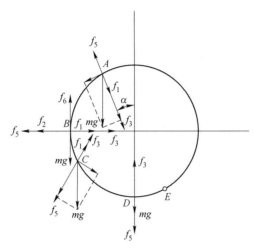

图 2 非金属夹杂物在辊筒表面上受力示意

由于在静电分离过程中非金属夹杂物受到流动金属粉末的碰撞和冲击作用,受力 f 小的非金属夹杂物可能在 E 点以前从辊筒表面上脱落,随金属粉末落到辊筒前方,所以用静电分离法不可能完全去除金属粉末中非金属夹杂物,在该实验条件下 Al_2O_3 颗粒去除率最高为76.7%(见表1)。可以说 f 值越大,非金属夹杂物越不易脱离金属辊筒表面,去除效果越好。

电晕极电压越高,电晕电场强度 E 也越高,电晕电场的库仑力 f_1 也越大,f 值也越大,即非金属夹杂物的去除效果也越好;辊筒转速 n 越低,非金属夹杂物的惯性离心力 f_5 越小,f 值也越大,即非金属夹杂物的去除效果也越好。在实际生产中,辊筒转速 n 不能无限低。其原因,一是生产效率低;二是非金属夹杂物与辊筒接触时间过长,部分非金属夹杂物有可能失去电荷,无法被吸附在辊筒表面上而随金属粉末一同流出。从而,不能完成从金属粉末中分离出非金属夹杂物这一过程。

4 结论

(1)工艺参数不同,静电分离去除效果也不同。当辊筒转速一定时,随着电晕极电压的升高,Al_2O_3 颗粒去除率升高;当电晕极电压一定时,降低辊筒转速,去除率升高,但是当辊筒转速很低时,夹杂物放电时间延长,去除率反而降低;其次,当辊筒转速很低时,生产效率降低。

(2)在本实验条件下,静电分离去除粒度范围为 $50\sim100\mu m$ 的高温合金粉末中 Al_2O_3 陶瓷夹杂物的最佳工艺参数为:电晕极电压40kV,辊筒转速50r/min。

(3)本研究的实验结果的规律性与理论分析相吻合。

参 考 文 献

[1] 李为缪. 钢中非金属夹杂物 [M]. 北京：冶金工业出版社, 1998. 461-462.
[2] Sims C T, Hagel W C. The superalloys [M]. New York：Wiley, 1972. 373-401.
[3] 李为缪. 钢中非金属夹杂物 [M]. 北京：冶金工业出版社, 1988. 1-7.
[4] Мешилин В С, Кошелев В Я, Месеня ин А И. Очистка Массы Гр-анул Жаропрочных Никелевых Сплавов от Неметаллических Включений Электростатической Сепарацией [A]. В кн.：Металлургия Гранул [C]. М：ВИЛС, 1993. 246-251.
[5] Gessinger G H. Powder Metallurgy of Superalloys [M]. London：Butterworths, 1984. 47-51.
[6] 张家骏, 霍旭红. 物理选矿 [M]. 北京：煤炭工业出版社, 1992. 390-398.
[7] 赵志英. 磁电选矿 [M]. 北京：冶金工业出版社, 1989. 250-258.

（原文发表在《粉末冶金工业》, 2000, 10（4）：23-26.）

PREP 制取高温合金粉末的特点

张义文 张莹 陈生大 冯涤

（钢铁研究总院高温材料研究所，北京 100081）

摘 要 介绍了等离子旋转电极工艺（PREP）制粉设备、主要工艺参数和粉末形成机理。研究了制粉工艺参数对粉末粒度、粒度分布以及粒度分布类型的影响，并对粉末粒度进行了理论计算。结果表明，随着棒料转速的增大，粉末粒度减小，粒度分布类型也发生了改变；粉末粒度的理论计算值与实验结果相吻合。

关键词 PREP 高温合金粉末 粉末粒度 粒度分布

Characteristics of PREP in Preparing Superalloy Powder

Zhang Yiwen Zhang Ying Chen Shengda Feng Di

(High Temperature Materials Research Institute, Central Iron & Steel Research Institute, Beijing, 100081, China)

Abstract: Introduction is made on the plasma rotation electrode process (PREP) equipment, processing parameters and powder forming mechanism. Effects of processing parameters on the powder size and the powder size distribution were studied. And theoretical calculations were taken for powder size. The result shows that, powder size decreases with the rotate rate of the rotation electrode increases, and the powder size distribution type also changes. Theoretical calculations of powder size is very accordance with the experimental data.

Keywords: PREP, superalloy powder, powder size, powder size distribution

1 前言

高温合金粉末冶金是 20 世纪 60 年代末发展起来的用于制造航空发动机重要部件（涡轮盘和压气机盘等）的一项先进技术。制取高质量的合金粉末是制造无偏析、组织均匀和高性能部件的首要工序。目前，工业生产中制取高温合金粉末主要有氩气雾化法和等离子旋转电极法（PREP）。PREP 制粉工艺具有设备结构紧凑、工艺参数控制简单、粉末粒度范围窄、粉末颗粒表面光滑洁净和生产效率高等优点。

本文介绍了 PREP 制粉设备的结构、主要工艺参数和粉末颗粒形成机理。研究了在不同电极棒料转速下的粉末粒度和粒度分布，并且通过理论分析计算出了不同转速下的粉末粒度。

2 实验方法

2.1 实验设备和主要工艺技术参数

实验在从俄罗斯引进的 PREP 制粉设备 ПУР-1 上进行，其结构如图 1 所示。ПУР-1 制粉设备主要由以下部分和系统组成：（1）雾化室，等离子弧将高速旋转的棒料端面熔化，在离心力的作用下形成的液态金属薄膜并雾化成小液滴，在飞射过程中冷却并在惰性气体介质中凝固成粉末颗粒；（2）棒料旋转和轴向移动机械装置室，其中装有两个支撑棒料的空心辊、一个棒料压紧辊、棒料推进器、控制器和分配棒料的机械装置；（3）电动机室，装有测速器、齿轮箱和电动机，用于旋转棒料；（4）真空系统，由机械泵、扩散泵、检测仪表等组成，为设备工作室和粉罐抽真空；（5）等离子体发生器，含有细棒状钨阴极和水冷铜阳极，用于熔化棒料；（6）气体系统，由两部分组成，一是氩气和氦气汇流排，用于向设备充混合惰性气体，二是惰性气体循环系统，在制粉过程中向等离子发生器中供应形成等离子体的惰性气体；（7）盛粉罐，罐中充有惰性气体用于收集粉末，使其不与空气接触，罐上装有真空阀和真空压力表；（8）料头收集罐；（9）冷热水供给系统；（10）废粉收集罐，用于装净化雾化室气氛的废粉；（11）粉末取样瓶，用于检测粉末的质量和粒度等；（12）粉末分配器，用于分离废粉、提取粉末试样进行质量检测和把粉末收集到盛粉罐；（13）装料机构室，由盛料箱和机械机构组成；（14）磁性分离器，用来去除在制粉过程中旋转棒料与辊子表面摩擦产生的磁性颗粒；（15）操作台；（16）供电系统。

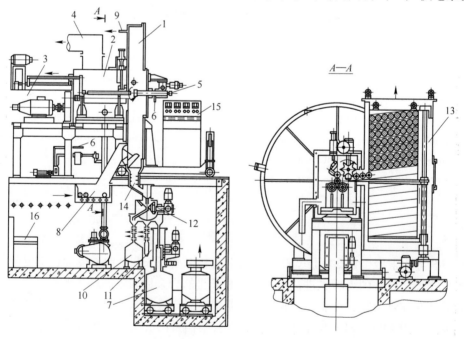

图 1 PREP 制粉设备 ПУР-1 结构示意图

1—雾化室；2—料旋转和轴向移动机械装置室；3—电动机室；4—真空系统；5—等离子体发生器；6—气体系统；7—盛粉罐；8—料头收集罐；9—冷热水供给系统；10—废粉收集罐；11—粉末取样瓶；12—粉末分配器；13—装料机构室；14—磁性分离器；15—操作台；16—供电系统

ПУР-1 制粉设备主要工艺技术参数为：雾化室的直径 2m，雾化室内惰性气体的工作压力为 0.115~0.135MPa，设备工作体积 4m³；设备功率 120kW；棒料尺寸 φ50mm×(500~710)mm，其最大转速 15000r/min；装炉量 50 根；惰性气体消耗量 0.01m³/kg 粉末；等离子弧最大电流 1500A，电压 50V；制粉粒度 50~500μm；生产率 60kg/h。

2.2 粉末颗粒形成机理

等离子弧将高速旋转的棒料端面熔化，在离心力的作用下，熔化的液态金属薄膜流向棒料端面的边缘，由于表面张力的作用，液膜并不能立即从棒料端面甩出去，而是在端面形成了"冠"。金属熔体沿螺旋曲线不断地进入"冠"中，最后形成了"露头"，如图 2、图 3 所示。当"露头"中金属的质量增加到其离心力超过表面张力时，"露头"便从"冠"中飞射出去，形成了小液滴。在惰性气体中液滴以很高的速度冷却，凝固成球形粉末颗粒[1]。棒料转速越大，棒料端面熔膜变得越薄，"露头"也就越细小，因此粉末粒度越小。

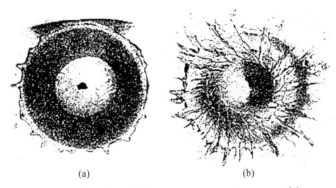

图 2 旋转棒料端面"冠"和"露头"形成照片[1]
(a)"冠"; (b)"露头"

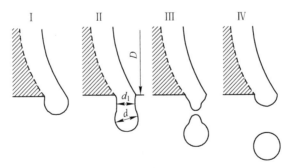

图 3 粉末颗粒形成过程示意图
d_1—"露头"的直径, d—液滴的直径, D—棒料直径

2.3 实验参数

制粉工艺参数主要是依据粉末粒度、粉末质量和生产率所制定的。实验用镍基高温合金棒料 φ50mm×700mm，为了研究棒料在不同转速下粉末粒度和粒度分布的特点，其转速

分别为7500r/min、10500r/min、15500r/min。ПУР-1设备所用惰性气体为氩气和氦气的混合气体,氩气产生等离子弧,用于熔化棒料端面,氦气主要起冷却作用。混合惰性气体的组成、压力和纯度直接影响粉末颗粒的组织、粉末的质量(气体含量和空心粉含量等)以及等离子弧的稳定性等。所以,实验用高纯氩气和氦气,其混合比例为30%Ar+70%He,工作压力为0.12MPa,等离子弧电流1000A,电压45V。制粉工艺流程如图4所示。

图4 PREP制粉工艺流程

3 实验结果

在不同棒料转速下所制取的全粉的粒度组成见表1。

由图5可知,PREP粉末具有较窄的粒度分布,随着棒料转速 n 的增大,粒度分布曲线向小尺寸方向移动,说明粒度减小,并且随着棒料转速 n 的增大,粒度分布曲线的类型也发生变化,由正态分布变为对数正态分布。

表1 粉末粒度组成(质量分数) (%)

转速 /r·min^{-1}	粒度范围/μm						
	<50	50~100	100~140	140~200	200~300	300~400	400~630
7500	–	2.4	6.2	10.4	50.2	25.8	5.0
10500	1.3	6.3	10.6	41.1	36.6	2.5	1.6
15500	4.0	12.0	71.2	9.7	1.8	0.7	0.4

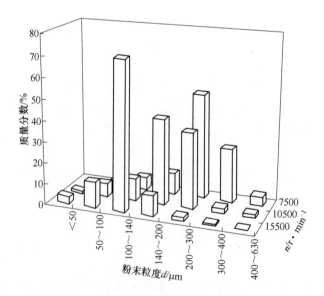

图5 粉末粒度分布直方图

4 讨论

由图3可知,粉末颗粒形成分为Ⅰ、Ⅱ、Ⅲ、Ⅳ四个阶段,当"露头"所受的离心力超过其表面张力时,便从"冠"中飞射出去,形成了小液滴。"露头"所受的离心力大小为 $m\omega^2 D/2$,其表面张力大小为 $\sigma\pi d_1$,于是得出关系式:

$$m\omega^2 D/2 \geqslant \sigma\pi d_1 \tag{1}$$

式中,m 为液滴的质量;D 为棒料的直径;ω 为棒料旋转的角速度;d_1 为"露头"的直径;σ 为金属熔滴表面张力。

"露头"的直径 d_1 可以用液滴的直径 d 表示,即 $d_1=\eta d$,其中 $\eta\leqslant 1$。在这种条件下,由式(1)可以得出形成液滴的临界条件表达式,即 $m\omega^2 D/2 = \sigma\pi d\eta$,式中 $\omega = 2\pi n/60$,$m = \pi d^3 \rho/6$。对于镍基高温合金取 $\sigma = 1778\mathrm{dyn/cm}$,$\rho = 7.77\mathrm{g/cm^3}$[2],$\eta = 0.8$ 代入上述关系式中得出

$$d = 1.42\times 10^7 \times n^{-1} D^{-1/2} \tag{2}$$

式中,D 为棒料直径,mm;d 为液滴直径(粉末颗粒的理论直径),μm;n 为棒料转速,r/min。

实际上,粉末颗粒的大小在理论尺寸附近波动。由于不可能制造出理想的平衡旋转机构和不存在椭圆度、具有理想光洁表面、均匀体密度等的棒料,棒料的振动可能使液滴在小于相应的在离心力作用下所脱离的质量的条件下脱离棒料端面,使得粉末颗粒尺寸小于理论计算值,或者在端面两个相邻的"露头"合并在一起,所得到的粉末颗粒尺寸大于理论计算值。棒料振动越小,粒度范围越小[3]。

由式(2)可知,在棒料直径一定时粉末粒度仅由棒料转速所决定。转速越高,粉末粒度越小。还可以计算出转速为 7500r/min、10500r/min、15500r/min 时制取的粉末颗粒的理论尺寸分别为 268μm、191μm、130μm。试验结果分别为 260μm、185μm、120μm。从图6可以求出粉末的中位直径 d_{50},可以看出,粉末粒度的理论计算值与实验结果非常吻合。

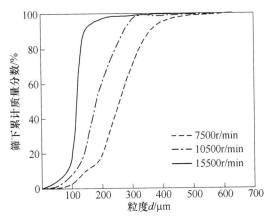

图6 粉末粒度分布的积分曲线

5 结论

（1）PREP 制粉设备结构紧凑，工艺参数控制简单，粉末粒度范围窄。

（2）在棒料直径一定时粉末粒度和粒度分布主要由棒料转速所决定。棒料转速增大，粉末粒度变小时，粒度分布峰变窄并且向小粒度方向移动，粒度分布的类型也发生变化。

（3）对于镍基高温合金，粉末粒度的平均值与棒料直径和转速之间的关系由 $d = 1.42 \times 10^7 \times n^{-1} D^{-1/2}$ 表示。

（4）在不同的棒料转速下，粉末粒度的理论计算值与实验结果相吻合。

参 考 文 献

[1] Мусиенко В. Т. Некоторые закономерности фор-мирования гранул при цент робежном распылен-ии вращающеся зл готовки. Поро шковая металлур-гия. 1979, (8): 1-7.

[2] 胡汉起. 金属凝固 [M]. 北京：冶金工业出版社，1985，31.

[3] Мусиенко В. Т. Ко шелев В. Я. Проблемы получения гранул жаропрочных нике-левых сплавов для из-готовления узлов газотурбинных силовых уста новок. В кн. : Металловедение и обработка титан-вых и жаропрочных и сплавов. М. : ВИЛС, 1991: 300-312.

（原文发表在《粉末冶金技术》，2001，19(1)：12-15.）

镍基高温合金粉末筛分工艺的研究

张莹[1]　张锡[2]　张义文[1]　陶宇[1]　张宏[1]

(1. 钢铁研究总院高温材料研究所，北京　100081；
2. 南京理工大学，南京　210094)

摘　要　介绍了粉末筛分设备及其主要工艺参数，并围绕筛分处理的生产效率及粉末质量的影响因素展开了讨论。

关键词　镍基高温合金粉末　筛分工艺

Study on Screen Classification of Nickel Superalloy Powder

Zhang Ying[1], Zhang Xi[2], Zhang Yiwen[1], Tao Yu[1], Zhang Hong[1]

(1. High Temperature Materials Research Institute, Central Iron & Steel Research Institute, Beijing 100081, China; 2. Nanjing University of Science and Technology, Nanjing 210094, China)

Abstract: The screen classification equipment and principal parameters are introduced. The factors, which effect the productivity of screen classification treatment and the quality of powder particles are discussed.

Keywords: nickel superalloy powder, screen classification processing

随着粉末高温合金冶金技术在高推重比飞机发动机零部件制造业上的应用，对制粉及粉末处理工艺提出了更高的要求。用 PREP 法生产的镍基高温合金粉末球形度好、表面光亮洁净、粒度集中、气体含量低[1]，通过筛分可以去除尺寸超过要求的粉末颗粒、粉黏渣和夹杂物等，更进一步地提高粉末的质量。

1　筛分设备及其主要工艺参数

筛分设备示意图由图 1 所示。它主要由真空、电气和工艺 3 大系统组成，通过管道将其密封连为一体。主体工艺部分是一个密封的不锈钢圆柱体，其中的振动器上装有一套三层直径为 425mm 的筛子。上层筛网孔尺寸为 $315\mu m \times 315\mu m$，用于挡住粗大的粒子，中、下层筛网孔径根据成品粉所需粒度来选择。筛上、筛下和中间的粉末沿各自的管道分别流入下方的粗粉、细粉及成品粉罐中。

筛分的主要工艺参数有：惰性气体介质、下粉流量、振动振幅和频率。

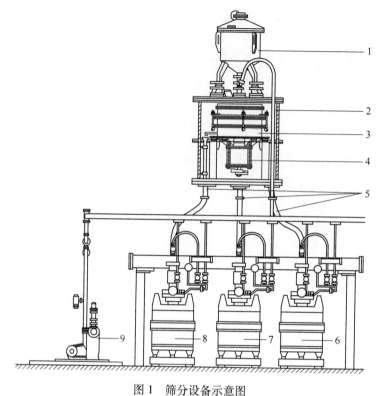

图 1　筛分设备示意图

1—原始粉罐；2—工艺室；3—振动筛；4—振动器；5—下粉管道；
6—粗粉罐；7—细粉罐；8—成品粉罐；9—真空泵

2　实验结果及讨论

2.1　生产效率

2.1.1　振动振幅及频率对生产效率的影响

在筛分过程中，原始粉末以一定的流量从上粉罐流入振动筛中心部位并以螺旋方式向圆周移动。随着时间的延长，筛网孔逐渐被粉末堵塞，筛粉量逐渐减少。图 2 表示筛粉时间和生产效率（粒度范围 50~200μm）的关系。

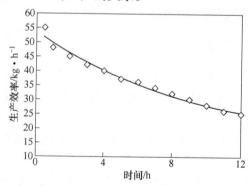

图 2　筛粉时间和生产效率的关系

为使设备在运转中保持稳定的工作效率、防止粉末在筛网上滞留、堆积,通过调节振动筛的振幅,同时在筛网上放置 0.5kg、ϕ7mm 的不锈钢球。钢球随筛网振动而跳动,清除了堵塞网孔的粉末,加快了粉末的流动速度。

振动频率的变化对筛分的效率也有直接的影响[2]。图 3 表示振幅在 2mm 以下、频率为 25Hz 和 50Hz 时的生产效率(粒度范围 50~200μm)。在相同的振幅下,增大频率产量随之提高,当振幅为 1.6~2.0mm 时更为明显。但大的振幅易对零部件造成磨损,降低使用寿命。

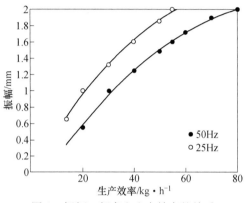

图 3 振幅、频率和生产效率的关系

2.1.2 原始粉末粒度及下粉流量对生产效率的影响

筛分过程中下粉流量是一个不可忽略的参数。流量太小,效率低;流量太大,筛上粉从中心移动到边缘来不及分级便流入粗粉管道,降低了收得率。原粉的粒度直接影响到筛分的产量,只有在制粉时设计好原始粉末的粒度组成,才能通过筛分处理获得较高的收得率。PREP 法制粉是靠电极棒转速和等离子枪功率来控制粉末粒度的[1]。镍基高温合金粉末的制粉工艺、原始粉末的粒度分布及筛分时的下粉流量与成品粉的收得率由表 1 和图 4 来表示。

表 1 制粉工艺、筛粉流量对成品粉收得率的影响

制粉工艺			筛粉流量	成品粉收得率(质量分数)/%	
ϕ50mm 电极棒转速/r·min^{-1}	等离子弧电流/A	等离子弧电压/V	/kg·h^{-1}	50~100μm	50~150μm
13000~14500	1200~1400	40~50	10~20	65~70	80~87
			20~50	55~65	73~80

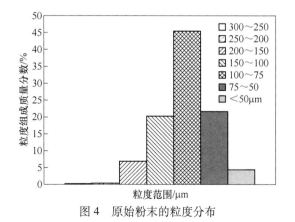

图 4 原始粉末的粒度分布

2.2 筛分处理后粉末的质量

2.2.1 气体含量

为避免粉末被大气污染，必须使设备在真空度达到 0.133Pa 后充入高纯的惰性气体，筛分在气体保护下进行，工作压力为 0.11~0.13MPa。对 20 炉在高纯的惰性气体介质中筛分的粉末进行化学分析，结果表明，其中的气体含量完全符合标准（见表 2）。

表 2 粉末中的气体含量（质量分数） （%）

元素	筛分后的粉末	美国技术标准
O	0.0030~0.0070	≤0.01
N	0.0013~0.0050	≤0.005
H	0.0002~0.0004	≤0.001

2.2.2 夹杂物数量

通过筛分，原始粉末中超过要求的异形粉、粉黏渣等异常颗粒[3]及夹杂物被去除，表 3 列出了 1kg 原始粉末和筛分后粉末中异常颗粒及夹杂物的数量。

表 3 1kg 粉末中的异常颗粒和夹杂物数量

炉号		异常颗粒、夹杂物数量/个					合计 /个·kg^{-1}	平均值/个·kg^{-1}	
		>250μm	250~150μm	150~100μm	100~50μm	<50μm		原始	筛后
014	原始	4	19	24	142	>33	222	237	42
	筛后	—	—	10	22	—	32		
015	原始	5	16	54	138	>127	340		
	筛后	—	—	7	21	—	28		
016	原始	20	30	40	20	>50	160		
	筛后	—	—	14	10	—	24		
017	原始	6	36	68	26	>100	230		
	筛后	—	—	40	18	—	58		
018	原始	7	39	64	22	>100	232		
	筛后	—	—	50	18	—	68		

经统计，用 PREP 法生产的镍基高温合金粉末的夹杂物和异常颗粒平均数量为 237 个/kg，筛分处理后 50~150μm 粉末中减为 42 个/kg。其中的非金属夹杂物将在下一道静电分离工序中予以去除。

粉末中的夹杂物及异常颗粒数量与每炉批母合金的质量、制粉工艺参数和制粉设备系统的洁净度有着直接的关系。原始粉末中的夹杂物少，筛分处理后粉末中的夹杂物自然更少。所以，要提高粉末质量必须从源头抓起，并且在每道工序上严格把关。为避免粉末在筛分系统中被污染，要求工作室及管道内壁光滑洁净，操作中防止真空油挥发物、橡胶等有机物接触粉末。

3 结论

(1) 在高纯的惰性气体介质中进行筛分，避免了粉末被大气污染。用 PREP 法生产的镍基高温合金粉末经筛分处理后，在 50~150μm 粒度范围内夹杂物和异常颗粒平均由 237 个/kg 减为 42 个/kg。

(2) 原始粉末的粒度分布、筛分的下粉流量、振动频率和振幅决定了筛分的生产效率。目前，用 PREP 法生产的镍基高温合金粉末的收得率为：50~100μm 55%~70%，50~150μm 73%~87%。

参 考 文 献

[1] 张莹, 陈生大, 李世魁. 用等离子旋转电极法制取镍基高温合金粉末工艺的研究 [J], 金属学报, 1999, 35 (10) 增刊2: S343-347.

[2] КОШЕЛЕВ В Я, ГОЛУБЕВА Е А, ДУРМАНОВА Г Я. Рассев гранул жаропрочных никелевых сплавов на виброситах [A]. Металлургия Гранул [C]. Москва: ВИЛС 1993, (6): 239-246.

[3] 张莹, 董毅, 张义文. 等离子旋转电极法所制取镍基高温合金粉末中异常颗粒的研究 [J], 粉末冶金工业, 2000, 10 (6): 7-13.

(原文发表在《粉末冶金工业》, 2002, 12 (5): 24-27.)

优化等离子旋转电极工艺提高 FGH95 合金粉末的收得率

陶宇　冯涤　张义文　国为民　张莹　张凤戈　陈生大

（钢铁研究总院高温材料研究所，北京　100081）

摘　要　本文研究了采用等离子旋转电极工艺制取 FGH95 合金粉末时，棒料转速、等离子弧电流强度、工作气体流量等制粉工艺参数对粉末收得率的影响。在此基础上，对这些参数进行了优化，使 FGH95 合金的 <100~>50μm 成品粉收得率提高了近 12%。

关键词　等离子旋转电极工艺　FGH95 合金　粉末收得率

Study on Improving the Yield of FGH95 Alloy Powder in Plasma-rotating-electrode Process

Tao Yu, Feng Di, Zhang Yiwen, Guo Weimin, Zhang Ying, Zhang Fengge, Chen Shengda

(Central Iron and Steel Research Institute, Beijing 100081, China)

Abstract: The influence of parameters of plasma-rotating-electrode process, such as bar rotating speed, plasma current, flowrate of plasma gas etc, on FGH95 powder yield was studied and optimal parameterswere obtained. The <100~>50μm powder yield was increased by about 12%.

Keywords: PREP, FGH95alloy, powder yield

　　FGH95 是在我国得到实际应用的第一种粉末高温合金。主要用于生产高性能航空发动机的高压涡轮盘、涡轮工作叶片挡板等高温承力部件。目前我国采用的是真空感应炉熔炼母合金，等离子旋转电极（PREP）制粉，热等静压（HIP）成形，最后根据需要进行包套锻造的生产工艺路线。

　　高温合金粉末中存在的各种夹杂物会在粉末制成品中产生缺陷，这些缺陷的存在破坏了合金基体的连续性，造成应力集中，促进疲劳裂纹的萌生，并在一定条件下加速裂纹的扩展。因此，高温合金粉末中的夹杂物，尤其是大块夹杂物，会严重地影响合金的疲劳性能。为了保证粉末高温合金产品的性能，对高温合金粉末中存在的各类夹杂物的数量和大小都有着极其严格的限制。我国规定，对用于生产粉末涡轮盘和粉末涡轮盘挡板的 FGH95 合金粉末，其中不允许含有尺寸大于 150μm 的夹杂物，尺寸小于 150μm 的夹杂物总量不得超过 20 粒/kg 粉。因不能直接生产出满足上述夹杂物含量标准的 FGH95 合金粉末，必须对粉末进行去除夹杂物的后续处理。目前采用的是静电分离法+筛分法。研究表明，静电分离法只是对合金粉末中颗粒尺寸在 50~100μm 之间的夹杂物有较好的去除效果[1]，合金粉末中的大块夹杂物主要靠筛分法去除。基于上述原因，将用于制造粉末涡轮盘和涡轮盘挡板的 FGH95 合金粉末的粒度范围，由 50~150μm 改为 50~100μm。该项措施虽然有效地去除了 FGH95 合金粉末中大块夹杂物，但成品粉的收得率却大大下降。

根据 1997 年生产统计数据，从棒料到粒度范围为 53~106μm 的成品粉收得率平均仅为 40%。粉末收得率的下降直接导致了粉末涡轮盘和粉末涡轮工作叶片挡板研制成本的大幅度上升。本文讨论了棒料转速、等离子弧电流强度、工作气体流量等制粉工艺参数对粉末收得率的影响，从优化这些参数入手，探索了提高 50~100μm 成品粉收得率的途径。

1 实验方法及过程

实验使用的 FGH95 合金棒料采用真空感应炉冶炼，在真空条件下浇入无缝钢管制作的钢锭模中形成 $\phi 53mm \times 940mm$ 的钢锭，切除缩孔后经车床、磨床加工最终得到 $\phi 50mm \times 710mm$ 的母合金棒料。棒料化学成分见表 1。

实验在 ПУР-1 型 PREP 制粉设备上进行。棒料被装入 ПУР-1 制粉装置后，关闭设备抽真空。当真空度达到 1.33×10^{-1} Pa 后，向设备充入 80%He 和 20%Ar 的混合气体。启动惰性气体循环泵，使装置内的气体成分达到均匀。启动冷却系统，等离子枪点弧，启动电极旋转电机，将电极转速和等离子弧电流调至希望值，将等离子枪移至棒料前，在等离子束的作用下，棒料端部开始熔化。形成的液体受离心力和液体表面张力双重作用，被破碎成液滴飞离电极棒，在飞行过程中冷凝成球形粉末颗粒，最后落入粉末收集系统。启动棒料推进装置，使棒料推进速度与棒料熔化速度相等，以维持等离子枪至棒料端部的距离不变。试验所得粉末经由取样器取出，每次试验约取样 1kg 左右。用 XSBP-200 型拍击式标准震筛机筛分粉末试样，所用试验筛组合的筛孔尺寸如下：0.045mm，0.053mm，0.063mm，0.071mm，0.1mm，0.125mm，0.15mm，0.18mm，0.2mm，0.25mm，0.3mm，0.355mm，0.4mm，0.45mm，0.5mm，0.8mm。

表 1 实验用 FGH95 合金棒料的化学成分（质量分数） （%）

C	Si	Mn	P	S	Cr	Mo	Fe	W	Al
0.056	0.074	0.005	<0.010	<0.002	13.0	3.50	0.063	3.43	3.47
Co	Nb	Ti	Zr	B	Ta	O	N	H	Ni
7.87	3.42	2.56	0.48	0.0082	<0.05	0.0010	0.0014	0.0001	余

2 实验结果与讨论

2.1 影响 <100~>50μm 粉末收得率的因素

2.1.1 棒料转速的影响

图 1 为棒料转速对 <100~>50μm 粉末收得率影响的实验结果。从中可以看出，对于 ПУР-1 型 PREP 制粉装置所能达到的转速范围内，<100~>50μm 粉末的收得率随转速的提高而增大。实验数据呈现出的较大的离散度表明，除棒料转速外，其他工艺参数对 <100~>50μm 粉末收得率的影响也很大。

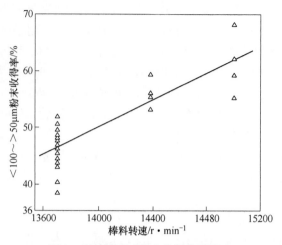

图 1 棒料转速对粉末收得率的影响

2.1.2 等离子弧电流强度、等离子工作气体流量及等离子枪与棒料端部距离的影响

图 2、图 3 给出了棒料转速为 13700r/min 时，等离子弧电流强度、等离子工作气体流量及等离子枪与棒料端部距离对<100~>50μm 粉末收得率的影响。可见，随着等离子弧电流强度的增大，<100~>50μm 粉末的收得率明显下降。对比图 2 和图 3，等离子枪与棒料端部距离保持在 10mm 左右时，<100~>50μm 粉末的收得率总体上较高。当棒料转速提高到 14380r/min 及 15000r/min 时，等离子弧电流强度对<100~>50μm 粉末收得率的影响与 13700r/min 时相同，但影响程度似乎更大，如图 4 所示。从图 2、图 3 还可看出，等离子工作气体流量与<100~>50μm 粉末的收得率之间，不存在明显的相关关系。

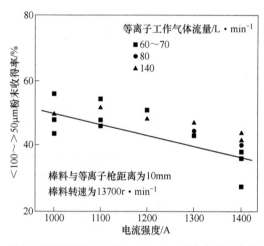

图 2 棒料转速为 13700r/min 时，粉末收得率与等离子弧电流强度和等离子工作气体流量间的关系（等离子枪与棒料端部距离为 10mm）

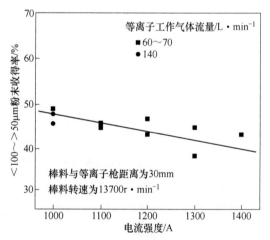

图 3 棒料转速为 13700r/min 时，粉末收得率与等离子弧电流强度和等离子工作气体流量间的关系（等离子枪与棒料端部距离为 30mm）

3 ПУР-1 型 PREP 装置制取 FGH95 合金粉末工艺参数的优化

要求粉末在某个粒度区间有高的收得率，即要求所制粉末粒度分布应集中于该区间之

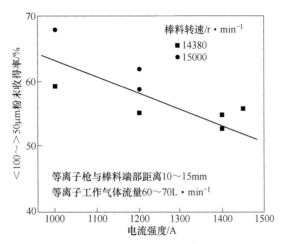

图 4 提高棒料转速后，粉末收得率与等离子弧电流强度的关系

内。因粉末粒度分布密度基本上以平均粒度为轴心左右对称，从理论上讲，影响粉末在某区间内收得率的因素有两个，其一是轴心的位置，亦即粉末平均粒度，其二是粉末粒度分布曲线的形状（瘦高或矮胖）。实验中发现，粉末的平均粒度取决于棒料的转速，其他工艺参数对其影响不大。而一定平均粒度粉末的粒度分布曲线的形状则受等离子弧电流强度、等离子枪与棒料端部的距离、等离子工作气体流量等工艺参数的影响。下面将根据上述原理，以提高<100~>50μm FGH95合金粉末的收得率为目的，综合考虑其他因素，来确定合适的制粉工艺参数。

3.1 棒料转速的确定

若粉末平均粒度能位于50~100μm区间的中点，即75μm处，则有可能获得最高的<100~>50μm粉末收得率。根据ПУР-1型PREP装置制取FGH95合金粉末时棒料转速与粉末粒度的关系[2]，要得到平均粒度为75μm的粉末，要求棒料转速必须达到17000r/min左右，或者说17000r/min是制取<100~>50μm FGH95合金粉末的最佳转速。因ПУР-1型PREP装置的最高许用转速只有15000r/min，从尽可能地提高<100~>50μm粉末收得率出发，应将棒料转速定在设备的最高转速。考虑到设备长期在最高转速下运行，会影响设备的使用寿命，可将棒料转速略为下调，但不能低于13700r/min。在实际操作时，应将棒料转速控制在13700~14500r/min之间。

3.2 等离子弧电流强度的确定

当棒料转速一定时，随着等离子弧电流强度的减小，粉末粒度分布范围变窄，分布曲线的形状变得瘦高。在所确定的棒料转速下，<100~>50μm粉末收得率随着等离子弧电流强度的减小而增大。但是，等离子弧电流强度与ПУР-1型PREP制粉装置的生产效率有直接的关系，制定工艺参数时必须考虑这点。据测定，对于一根φ50mm×710mm的标准FGH95棒料，当等离子弧电流强度为1400A时，制粉周期（从下料到料头落入料头收集箱）约8min；当电流强度降至1200A和1000A时，相应的制粉周期分别为大约10min及12min。若以等离子弧电流强度为1400A时设备的生产效率为1计，则与1200A和1000A

对应的设备生产效率分别为 0.8 和 0.678。兼顾粉末收得率和设备生产效率，将等离子弧电流强度定在 1200A 左右比较适宜。

3.3 等离子枪与棒料端部距离及等离子工作气体流量的确定

这两个工艺参数对粉末收得率的影响是相互关联的。当等离子工作气体流量为 80L/min 左右时（只开一台压缩机），应将等离子枪与棒料端部的距离控制在 10mm 左右。

3.4 工艺参数优化后的实际生产效果

按上面优化后的工艺参数共制取了 5 炉 FGH95 合金粉末，其 <100～>50μm 粉末收得率平均值为 51.91。与工艺参数优化前相比，<100～>50μm FGH95 粉末收得率平均提高了约 12%，效果十分明显。上述的 5 炉 FGH95 合金粉末全部用于生产某型发动机用涡轮工作叶片挡板，共装 5 个包套，经热等静压、机加工、热处理等工序后，加工出 33 片挡板坯料，成品率达 100%。

4 结论

采用 ПУР-1 型 PREP 制粉装置生产 FGH95 及成分类似的镍基高温合金粉末时，<100～>50μm 粉末的收得率随棒料转速的提高而增大，最佳转速预计在 17000r/min 左右。在棒料转速一定时，随着等离子弧电流强度的增大，<100～>50μm 粉末的收得率明显下降。

兼顾设备特性与生产效率，采用下列工艺参数制取 FGH95 合金粉末，可获得较高的 <100～>50μm 粉末的收得率：

（1）棒料转速应控制在 14000r/min 左右，不得低于 13700r/min。

（2）等离子弧电流强度应控制在 1200A 左右，不宜过大。

（3）当等离子工作气体流量为 80L/min 左右时（只开一台压缩机），应将等离子枪与棒料端部的距离控制在 10mm 左右。

参 考 文 献

[1] 张义文，陈生大，等. 静电分离去除高温合金粉末中陶瓷夹杂物的研究 [J]. 金属学报，1999，35 (Suppl. 2).

[2] 陶宇. ПУР-1 型等离子旋转电极制粉设备及其生产工艺优化研究 [R]. 钢铁研究总院博士后研究报告，2001.

（原文发表在《粉末冶金工业》，2003，13（2）：33-36.）

特殊用途球形镍基高温合金粉末生产工艺研究

陶宇 冯涤 张义文 张莹 张凤戈 陈生大

（钢铁研究总院高温材料研究所，北京 100081）

摘 要 球形镍基高温合金粉末被用于某型号航空发动机高压涡轮叶片内腔清洁度X射线检查及榫头喷丸强化。本文对采用等离子旋转电极工艺（PREP）生产该种类型粉末进行了研究，探讨了棒料转速、等离子电流强度等对粉末收得率的影响，获得了最佳的生产工艺参数。此外，还对所生产的球形镍基高温合金粉末的性能进行了检测。

关键词 等离子旋转电极工艺 喷丸强化 球形粉末

Study on the Production Process of Spherical Ni-based Superalloy Powder for Special Applications

Tao Yu, Feng Di, Zhang Yiwen, Zhang Ying, Zhang Fengge, Chen Shengda

(Central Iron and Steel Research Institute, Beijing 100081)

Abstract: The spherical Ni-based superalloy powder is used for X-ray interior cleanness inspection and shot peening of turbine blades. The production of this powder by Plasma-Rotating-Electrode-Process (PREP) has been Studied. The influence of bar rotating speed and plasma current on the powder yield was researched and optimal process parameters were obtained. Furthermore, the powder properties were also measured.

Keywords: PREP, shot-peening, spherical powder

球形镍基高温合金粉末被用于某型航空发动机高压涡轮叶片内腔清洁度X射线检查及榫头喷丸强化。为确保涡轮叶片工作时得到良好的冷却，必须对其内腔进行X射线照相检查，确保无杂物堵塞叶片冷却气流通道。进行X射线检查时，充入叶片内腔的镍基高温合金粉末可使叶片内腔中残留的杂物在胶片上留下清晰的影像。检查工艺要求使用的粉末具有良好的充填性和流动性，能均匀地充满叶片内腔而不留空隙，检查结束后易于倾倒而不会有残粉滞留在叶片内腔。因此，球形粉末是该种用途的理想材料。喷丸处理是提高航空发动机涡轮叶片疲劳强度的表面强化措施之一，它利用喷丸机或压缩空气将特制的弹丸高速喷射到叶片的表面，使叶片表面产生塑性变形和建立有益的压缩残余应力，从而提高叶片的疲劳强度。为保证喷丸处理的效果，要求所用弹丸用镍基高温合金制造并具有球形外貌，此外对其粒度分布范围和硬度也有严格的要求。本文对采用等离子旋转电极工艺（PREP）生产上述用途的球形镍基高温合金粉末进行了研究，探讨了棒料转速、等离子电流强度等对粉末收得率的影响,获得了最佳的生产工艺参数。此外,还对所生产的球形镍基高温合金粉末的性能进行了检测。

1 实验方法及过程

实验使用的镍基高温合金材料采用真空感应炉冶炼,在真空条件下浇入无缝钢管制作的钢锭模中形成 $\phi 53mm \times 940mm$ 的钢锭,切除缩孔后经车削、磨床加工最终得到 $\phi 50mm \times 700mm$ 的合金棒。合金棒化学成分见表1。

表1 实验用材料的化学成分(质量分数) (%)

C	Cr	Mo	W	Al	Co	Nb	Ti	Hf	Ni
0.044	8.93	3.96	5.23	5.02	16.02	2.56	1.79	0.28	余

制粉实验在ПУР-1型PREP设备上进行。棒料被装入ПУР-1制粉装置后,关闭设备抽真空。当真空度达到 1.33×10^{-1} Pa后,向设备充入80%He和20%Ar的混合气体。启动惰性气体循环泵,使装置内的气体成分达到均匀。启动冷却系统,等离子枪点弧,启动电极旋转电机,将电极转速和等离子弧电流调至希望值,将等离子枪移至棒料前,在等离子束的作用下,棒料端部开始熔化。形成的液体受离心力和液体表面张力双重作用,被破碎成液滴飞离电极棒,在飞行过程中冷凝成球形粉末颗粒,最后落入粉末收集系统。启动棒料推进装置,使棒料推进速度与棒料熔化速度相等,以维持等离子枪至棒料端部的距离不变。实验所得粉末经由取样器取出,每次实验约取样1kg左右。用XSBP-φ200型拍击式标准筛震筛机筛分实验所得粉末试样。

根据X射线检查及喷丸处理的工艺要求,合金粉末形貌为球形,粒度分布集中在0.1~0.3mm,且要求粒度范围在0.18~0.3mm的粉末不小于全粉的50%,粉末颗粒的显微硬度应大于350HV。因此,实验的关键在于制定合适的工艺参数,以获得球形的粉末颗粒,并且成品粉收得率应尽可能的高。

对于ПУР-1型等离子旋转电极装置来讲,影响粉末形貌、颗粒度大小及其分布的主要工艺参数有:(1)棒料转速;(2)等离子枪输出功率(电流);(3)等离子枪与棒料之间的距离;(4)等离子气体流量等[1]。根据制取FGH95高温合金粉末的经验,等离子工作气体流量控制在80L/min左右,等离子枪与棒料端部距离保持在10~15mm,所得粉末的粒度分布较为集中[2]。因此,实验的着重点在于探索棒料转速和等离子弧电流强度对粉末形貌及收得率的影响,从中得到合适的工艺参数。

2 结果与讨论

2.1 影响粉末颗粒形貌的因素

PREP属于旋转雾化法的一种。旋转雾化法的原理是利用使液体旋转而产生的离心力将液体粉碎,即利用旋转产生的机械能提供给因液体粉碎而形成新的表面所需的能量。Champagne等人[3]的研究表明,在用PREP法制备金属粉末时,存在3种不同的雾化机理,即直接液滴形成机理(Direct Drop Formation-DDF),液线破碎机理(Ligament Disintegration-LD),以及液膜破碎机理(Film Disintegration-FD)。粉末颗粒的形貌与雾化机理密切相关。在 DDF 机理下，粉末颗粒为球形；在 LD 机理下，液线破碎后会产生一些椭球形颗粒；而在 FD 机理下，因液膜极不稳定，其破碎后易形成不规则的片状粉。

按 X 射线检查及喷丸处理工艺的要求，应将制粉时的雾化机理控制为直接液滴形成（DDF）较为合理，这样才能使获得的颗粒外貌为球形。对于 ПУР-1 型 PREP 制粉装置而言，影响雾化机理的主要因素为棒料的旋转速度和等离子弧电流强度。由于棒料的旋转速度主要根据所要求的粉末粒度大小来确定（详见 2.2），这里主要考察等离子弧电流强度对粉末颗粒形貌的影响。实验结果表明，在实验选定的棒料转速范围内，当等离子弧电流强度小于 1200A 时，其雾化机理都为 DDF，所得粉末颗粒具有球形的外貌。图 1 为实验所得粉末的扫描电镜照片，粉末颗粒表面光滑、洁净、球形度非常好，高倍下可见颗粒表面的细小枝晶组织。

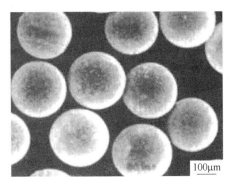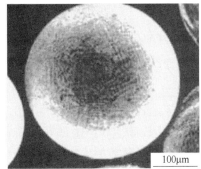

图 1 球形镍基高温合金粉末颗粒的形貌

2.2 棒料转速对粉末收得率的影响

要求粉末在某个粒度区间有高的收得率，即要求所制粉末粒度分布应集中于该区间之内。对 PREP 工艺来讲，粉末粒度分布密度基本上以平均粒度为轴心左右对称[4]。所以影响粉末在某区间内收得率的因素有两个，其一是轴心的位置，亦即粉末平均粒度，其二是粉末粒度分布曲线的形状（尖窄和平宽）。在 ПУР-1 型 PREP 制粉装置上，粉末的平均粒度取决于棒料的转速，其他工艺参数对其影响不大。而一定平均粒度粉末的粒度分布曲线的形状则受等离子弧电流强度、等离子枪与棒料端部的距离、等离子工作气体流量等工艺参数的影响[1]。实验结果表明，电极棒转速在 7500~8000r/min 左右时，粉末收得率较高，如图 2 所示。若转速超出此范围（如 9000r/min），虽然落入 0.1~0.3mm 范围内的粉末数量有所增加，但其中粒度范围在 0.18~0.3mm 的粉末数量将达不到要求。若转速小于 7500r/min（如 7000r/min），则因大于 0.3mm 粗粉数量的增加，而使粉末收得率下降。

2.3 等离子弧电流强度对粉末收得率的影响

在满足对粉末颗粒外形要求的前提下，如何提高成品粉的收得率，是选择等离子弧电流强度时需要考虑的。图 3 为等离子弧电流强度对粉末收得率影响的实验结果。可见，随着等离子弧电流强度的逐步下降，粉末粒度分布范围也逐渐变小，因而粉末收得率不断提高。但是，当等离子弧电流强度小于 600A 时，由于熔化功率不足将会造成片状粉增多，从而使粉末收得率下降。

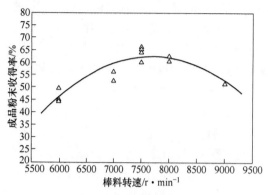

图 2 棒料转速对球形镍基高温合金粉末收得率的影响

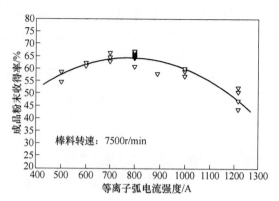

图 3 等离子弧电流强度对球形镍基高温合金粉末收得率的影响

2.4 粉末粒度分布及物理性能

对按上述实验所得最佳工艺参数制取的球形镍基高温合金粉末进行筛分后,取其中粒度分布在 0.1~0.3mm 的成品粉,进行了粒度分析和松装密度、粉末流动性及显微硬度测定,结果如表 2 及表 3 所示。

检测结果表明,用 ПУР-1 型等离子旋转电极装置生产的球形镍基高温合金粉末的粒度分布及物理性能完全满足某些航空发动机高压涡轮叶片内腔清洁度 X 射线检查及榫头喷丸强化工艺的要求。

实际使用结果表明,所生产的球形镍基高温合金粉末用于叶片清洁度检查时,充填叶片内腔手感光滑,便于填充和倾倒,透照结束后不会滞留在内腔内形成新的外来物,能够满足使用要求。所生产的球形镍基高温合金粉末用于叶片榫头喷丸强化工艺时,其喷丸效果也完全满足要求。

表 2 球形镍基高温合金粉末粒度分布 (%)

试样号	≥280μm	<280~250μm	<250~200μm	<200~180μm	<180~150μm	<150~106μm	<106μm
1	13.90	15.25	15.45	9.54	32.29	10.88	2.69
2	22.31	8.97	14.70	5.20	34.80	10.53	3.49
3	26.70	8.80	14.75	4.43	33.10	9.56	2.66

表 3 球形镍基高温合金粉末的物理性能

松装密度/g·cm⁻³	粉末流动性/s·(50g)⁻¹	显微硬度 HV
4.86	16.8	392

3 结论

用 ПУР-1 型等离子旋转电极制粉设备生产某型航空发动机高压涡轮叶片内腔清洁度 X 射线检查及榫头喷丸强化用球形镍基高温合金粉末的最佳工艺参数为:棒料转速控制在 7500r/min,等离子弧电流强度控制在 700~800A,等离子工作气体流量控制在 80L/min 左右，等离子枪与棒料端部距离保持在 10~15mm。

所生产的球形镍基高温合金粉末的粒度分布、粉末形貌及物理性能都满足某型号航空发动机高压涡轮叶片内腔清洁度 X 射线检查工艺及榫头喷丸强化工艺的要求。

参 考 文 献

[1] 陶宇．ПУР-1 型等离子旋转电极制粉设备及其生产工艺优化研究［R］．钢铁研究总院博士后研究报告，2001 年．

[2] 陶宇，冯涤，张义文，等．PREP 工艺参数对 FGH95 高温合金粉末特性的影响［J］．钢铁研究学报，待发表．

[3] Champagne B. and Angers R. REP Atomization mechanisms［J］. Powder Metall. Int.．, 1984, 16 (3): 125-128.

[4] Tao Y, T. El Gammal. High nitrogen steel powder for near net shape products［J］. Steel Research, 1999, 70 (4+5): 135-140.

（原文发表在《粉末冶金工业》，2003，13（5）：12-15.）

PREP 工艺参数对 FGH95 高温合金粉末特性的影响

陶宇 冯涤 张义文 国为民 张莹 张凤戈 陈生大

(钢铁研究总院高温材料研究所，北京 100081)

摘 要 研究了采用等离子旋转电极工艺制取 FGH95 高温合金粉末时各主要工艺参数对粉末平均粒度及其分布的影响。粉末的平均粒度主要取决于棒料的转速，且随棒料转速的增加而减小。粉末粒度的分布则与棒料转速、等离子弧电流强度以及等离子枪与棒料端部的距离等工艺参数有关。提高棒料转速、减小等离子弧电流强度或等离子枪与棒料端部的距离，均可使粉末粒度的分布范围变窄。
关键词 等离子旋转电极工艺 FGH95 高温合金 粉末特性

Effect of PREP Process Parameters on Powder Properties for FGH95 Superalloy

Tao Yu, Feng Di, Zhang Yiwen, Guo Weimin, Zhang Ying, Zhang Fengge, Chen Shengda

(Central Iron and Steel Research Institute, Beijing 100081, China)

Abstract: The effect of process parameters for plasma rotating electrode process on FGH95 superalloy powder properties was studied. The results show that the average particle size of FGH95 superalloy powder is inversely proportional to the rotating rate of electrode. The particle size distribution band widens as the plasma current increases. With increasing the distance between torch and electrode, the width of the particle size distribution band increases.
Keywords: PREP, FGH95, superalloy, powder property

FGH95 是我国实际应用的第一种粉末高温合金，它主要用于生产高性能航空发动机的高压涡轮盘、涡轮工作叶片挡板等高温承力部件。目前，我国采用的是真空感应炉熔炼母合金+等离子旋转电极（PREP）制粉+热等静压（HIP）成形，包套锻造（最后根据需要）的生产工艺路线。其中 PREP 制粉是一个非常关键的环节。粉末的特性，如粒度大小和分布、粉末颗粒的形状、气体（氧、氮、氢）及夹杂物含量等，对粉末高温合金产品的性能有着非常大的影响。本文重点探讨 PREP 工艺参数对 FGH95 合金粉末粒度及其分布的影响。

1 实验方法

实验使用的 FGH95 合金棒料采用真空感应炉冶炼，在真空条件下浇入用无缝钢管制

作的钢锭模中形成 $\phi 53mm \times 940mm$ 的钢锭。切除缩孔后经车床、磨床加工，最终得到 $\phi 50mm \times 710mm$ 的母合金棒料。棒料的化学成分见表1。

表1 实验用FGH95合金棒料的化学成分（质量分数）
Table1 Composition of experimental FGH95 alloy bar（mass fraction） （%）

C	Si	Mn	P	S	Cr	Mo	Fe	W	Al
0.056	0.074	0.005	<0.010	<0.002	13.0	3.50	0.063	3.43	3.47
Co	Nb	Ti	Zr	B	Ta	O	N	H	Ni
7.87	3.42	2.56	0.48	0.0082	<0.05	0.0010	0.0014	0.0001	余

实验在ПУР-1型PREP制粉设备上进行，其结构如图1所示。棒料被装入ПУР-1制粉装置后，关闭设备抽真空。当真空度达到 1.33×10^{-1} Pa后，向设备充入氦（80%）与氩（20%）的混合气体。启动惰性气体循环泵，使装置内的气体成分均匀。启动冷却系统，等离子枪点弧。启动电极旋转电机，将电极转速和等离子弧电流调至期望值。将等离子枪移至棒料前，在等离子束的作用下，棒料端部开始熔化，形成的液体受到离心力和液体表面张力的双重作用被破碎成液滴飞离电极棒，并在飞行过程中冷凝成球形粉末颗粒，最后落入粉末收集系统。启动棒料推进装置，使棒料的推进速度与棒料的熔化速度相等，以保持等离子枪至棒料端部的距离不变。实验所得粉末经由取样器取出，每次实验取样1kg左右。

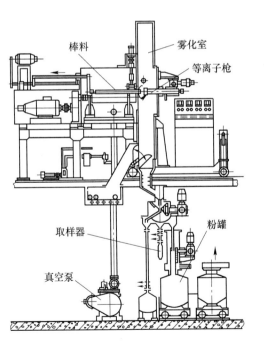
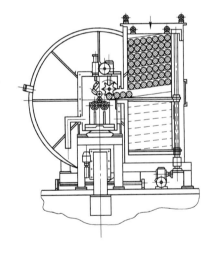

图1 ПУР-1型PREP制粉设备的结构
Fig. 1 Scheme of ПУР-1PREP equipment

用XSBP-ϕ200型拍击式标准筛震筛机筛分粉末试样，所用实验筛组合的筛孔尺寸

（mm）如下：0.045，0.053，0.063，0.071，0.1，0.125，0.15，0.18，0.2，0.25，0.3，0.355，0.4，0.45，0.5，0.8。

2 实验结果与分析

2.1 影响粉末平均粒度的因素

2.1.1 棒料转速

图 2 为粉末平均粒度与棒料转速的关系。由图可见，粉末的平均粒度明显表现出与棒料转速的反比关系，即随着棒料转速的增加，粉末的平均粒度不断减小。为找出粉末平均粒度与棒料转速间关系的近似表达式，对 46 组实验数据进行了回归分析，得到如下结果：

$$d_m = -0.063 + \frac{2378}{N} \quad (1)$$

式中，d_m 为粉末的平均粒度，mm；N 为棒料转速，r/min。

式（1）的相关指数 R 为 0.995，预测精度（剩余标准差）χ 为 0.0182。单从 R、χ 的数值来判断，实验数据的规律性很好。

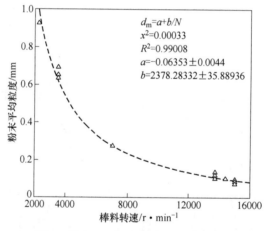

图 2 粉末平均粒度与棒料转速的关系
Fig. 2 Influence of electrode rotating rate on powder size

2.1.2 等离子弧电流强度、等离子工作气体流量及等离子枪与棒料端部的距离

等离子枪的输出功率为等离子弧电流强度与电压的乘积。对于 ПУР-1 型 PREP 制粉装置而言，因等离子枪采用非转移弧工作模式，等离子弧电压主要取决于等离子工作气体的成分（即开始实验前充入装置的惰性混合气体中氦与氩的比例）。由于每次实验充入装置的惰性混合气体中的氦与氩的比例基本相同，故在整个实验中等离子弧电压的变化不大，等离子弧电流强度的变化基本上反映了等离子枪输出功率的变化。图 3 为棒料转速恒定在 13700r/min、等离子弧电流强度和等离子工作气体流量取不同值时在等离子枪与棒料端部距离为 10mm 及 30mm 处测得的数据。由图可见，等离子弧电流强度、等离子工作气体流量及等离子枪与棒料端部的距离这 3 个工艺参数与粉末的平均粒度关系不大。也就是说，在本实验条件下，FGH95 合金粉末的平均粒度基本上由棒料的转速所决定。

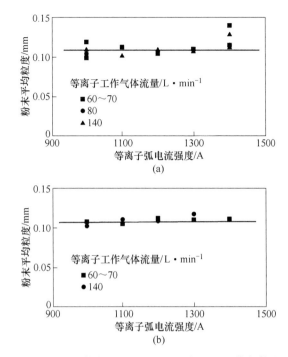

图 3 粉末平均粒度与等离子弧电流强度和等离子工作气体流量的关系

Fig. 3 Relationship between powder size and plasma current as well as plasma gas flow

(a) 等离子枪与棒料断部的距离为 10mm；(b) 等离子枪与棒料断部的距离为 30mm

2.2 影响粉末粒度分布的因素

2.2.1 棒料转速

棒料转速对粉末粒度分布的影响见图 4(a)。如图所示，随着棒料转速的提高，粉末粒度的分布范围变窄。转速较低时，粉末粒度的分布曲线为典型的双峰模式；棒料转速高时，粉末粒度的分布曲线为单峰型。

2.2.2 等离子弧电流强度

图 4(b) 为等离子弧电流强度对粉末粒度分布的影响。粉末粒度的分布范围随等离子弧电流强度的增大而变宽的趋势十分明显。

2.2.3 等离子枪与棒料端部的距离

有关研究表明[1]，对于以非转移弧模式工作的等离子枪而言，其等离子束的有效热功率与其距喷嘴的距离有关。而等离子工作气体流量则会对有效热功率的分布产生影响。实验中发现，对于电流强度和电压保持一定的等离子枪，其等离子束的形状和长度受等离子工作气体流量的影响。在上述工艺参数都确定的情况下，等离子枪与棒料端部的距离除了影响棒料的熔化速度外，还影响棒料端部熔池的形状。而粉末粒度的分布与这两者都有关系。因此，等离子枪与棒料端部的距离和等离子工作气体流量对粉末粒度分布的影响是相互关联的。

图 4(c) 为在常用的等离子工作气体流量下，等离子枪与棒料端部的距离对粉末粒度分布的影响。由图可见，当等离子工作气体流量为 70L/min 时，等离子枪与棒料端部的距

离由 10mm 变为 30mm，粉末粒度的分布范围有增宽的趋势。

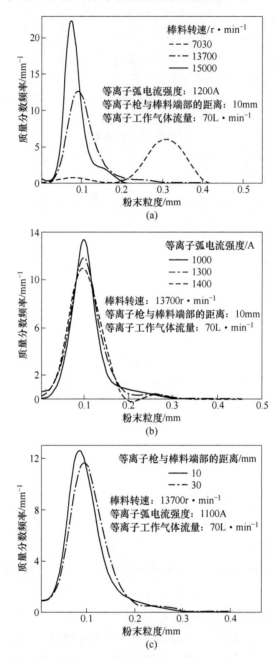

图 4 棒料转速（a）、等离子弧电流强度（b）、等离子枪与棒料端部的距离（c）对粉末粒度分布的影响

Fig. 4 Influence of electrode rotating rate(a), plasma current(b), distance(c) between torch and electrode on powder size distribution

3 讨论

PREP 属于旋转雾化法的一种。旋转雾化法的原理是利用液体旋转产生的离心力将其

破碎。即，将旋转产生的机械能提供给液体作为使其破碎并形成新的表面所需要的能量。从 20 世纪 30 年代起，人们对使用旋转雾化法破碎水、有机溶剂等低熔点液体进行了大量的研究，发现在不同的条件下，液体在旋转元件上存在 3 种不同的雾化机理，即：（1）直接液滴形成机理（Direct Drop Formation，DDF）；（2）液线破碎机理（Ligament Disintegration，LD）；（3）液膜破碎机理（Film Disintegration，FD）。

20 世纪 80 年代，Champagne B 等[2]利用高速摄影机证实，在用 PREP（REP）法制备不锈钢等金属粉末时也存在上述 3 种雾化机理，如图 5 所示。DDF 出现在熔化速率较小的情况下。熔化的电极材料在离心力的作用下，向电极棒边缘流动，先在电极棒的边缘形成一个液珥，进而在液珥上产生液滴，最后液滴脱离液珥被甩出，形成所谓的一次颗粒。在一次颗粒与液珥的分离过程中，它们之间粘连的液体则形成直径较一次颗粒小得多的二次颗粒。在 DDF 机理下，所得粉末的粒度分布曲线呈典型的双峰型。若其他条件保持不变，随熔化速率的增加，雾化机理将由 DDF 转为 LD。在 LD 机理下，电极棒上的液珥向外扩展，并在其边缘形成液线，液线破碎后形成一串大小不等的颗粒。此种情况下，粉末粒度的分布曲线呈单峰型，分布区间较 DDF 要宽。若熔化速率继续增大，电极棒边缘的液珥进一步向外扩展而形成液膜，雾化机理转变为 FD。

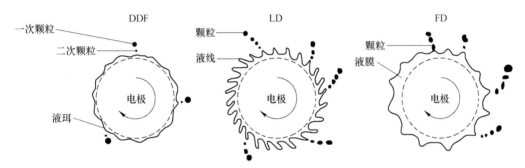

图 5　PREP(REP) 过程的雾化机理
Fig. 5　Atomization mechanism of PREP(REP)

上述 3 种雾化机理下形成的粉末颗粒的外貌也有所不同。在 DDF 机理下，粉末颗粒为球形；在 LD 机理下，液线破碎后会产生一些椭圆形颗粒；而在 FD 机理下，因液膜极不稳定，其破碎后易形成不规则的片状粉末。

在 DDF 雾化机理下，粉末的平均粒度可用以下半经验公式计算：

$$d = \frac{C}{\omega}\sqrt{\frac{\sigma}{D\rho}} \tag{2}$$

式中，d 为粉末的平均粒度，m；σ 为液体的表面张力，N/m；ρ 为液体的密度，kg/m^3；D 为电极棒的直径，m；ω 为电极棒的角速度，s^{-1}；C 为经验常数（与电极棒材料及所采用的雾化工艺有关），通常在 2.67~6.55 之间[3]。

实验结果证明，用 PREP 法生产的 FGH95 镍基高温合金粉末，粉末平均粒度基本符合式（2）所描述的规律。另外，粉末平均粒度与等离子弧电流强度及等离子工作气体流量等工艺参数无关，粉末颗粒的外形也近似于完美的球形。这表明，用 PREP 法生产镍基高温合金粉末，其雾化机理基本属于 DDF 机理或 DDF 机理与 LD 机理之间的过渡段。

棒料转速、等离子弧电流强度等参数对粉末粒度分布的影响证明，随着棒料转速的提高或电流强度的增大，雾化机理逐渐由 DDF 转变为 LD。

4 结论

FGH95 合金粉末的平均粒度基本上由棒料转速决定，两者之间的关系可由如下回归方程式来表示：$d_\mathrm{m} = -0.063 + \dfrac{2378}{N}$，mm。等离子弧电流强度、等离子工作气体流量及等离子枪与棒料端部的距离等工艺参数对粉末平均粒度的影响不大。

随着棒料转速的提高，粉末粒度的分布范围变窄。较低转速时，粉末粒度的分布曲线呈现出双峰模式。高转速时，粉末粒度的分布曲线呈现出单峰模式。在棒料转速一定时，粉末粒度的分布范围随等离子弧电流强度的增大而变宽。等离子枪与棒料端部的距离和等离子工作气体流量对粉末粒度分布的影响是相互关联的。当等离子工作气体流量为 70L/min 时，随着等离子枪与棒料端部距离的增大，粉末粒度的分布范围有加宽的趋势。

参 考 文 献

[1] 德姆鲍夫斯基. 等离子冶金 [M]. 林彬，译. 北京: 冶金工业出版社, 1987.
[2] Champagne B, Angers R. REP Atomization Mechanisms [J]. Powder Metall Int., 1984, 16 (3): 125-128.
[3] Bauckhage K. Das Zerstaeuben Metallischer S chmelzen [J]. Chem Ing Tech, 1992, 64 (4): 322-332.

（原文发表在《钢铁研究学报》, 2003, 15(5): 46-50.）

用等离子旋转电极工艺生产高氮钢

陶宇[1] Tarek El Gammal[2]

(1. 钢铁研究总院高温材料研究所，北京 100081；
2. 亚琛工业大学钢铁冶金研究所，德国亚琛 52072)

摘 要 为了寻求高效、经济的高氮钢生产工艺，用等离子旋转电极工艺（PREP）生产高氮钢并测试了所生产的几种典型高氮钢的性能。结果表明，氮可显著地提高奥氏体不锈钢1.4301的室温及高温强度；氮可以提高马氏体不锈钢的强度。为保证高氮马氏体不锈钢的淬透性，应根据氮含量适当降低其碳含量或提高铬含量。对于铬质量分数为17%的马氏体不锈钢1.4122，其碳和氮的总质量分数不应超过0.65%；当氮质量分数达到0.24%时，铁素体不锈钢1.4016转变成为马氏体钢，其强度高于碳和氮的总含量与其相当的普通马氏体不锈钢1.4122。

关键词 等离子旋转电极工艺 高氮钢 粉末冶金

High Nitrogen Steels Produced by Plasma Rotating Electrode Process

Tao Yu[1], Tarek El Gammal[2]

(1. Central Iron and Steel Research Institute, Beijing 100081, China;
2. Institut Fuer Eisenhuetenkunde, RWTH Aachen 52072 Aachen, Germany)

Abstract: The high nitrogen steels (HNS) were produced by plasma rotating electrode process (PREP), and the properties of HNS specimens were examined. Nitrogen can markedly improve room temperature and high temperature strength of the austenitic steel 1.4301. Nitrogen can also increase the strength of the martensitic steel. Inorder to ensure the quenching properties of the martensitic steel with high nitrogen content, the carbon content in the steel should be reduced or the chromium content should be increased according to the nitrogen content. Forthe steel 1.4122 which contains about 17% chromium, the (C+N) content should not be higher than 0.65%. When the nitrogen content in the ferritic steel reaches 0.24%, the ferritic stainless steel 1.4016 is transformed into martensitic steel, of which strength is higher than that of normal martensitic steel 1.4122 which possesses the (C+N) content similar to that of the high nitrogen steel.

Keywords: PREP, high nitrogen steel, powder metallurgy

高氮钢是近年来随着冶金科技的进步而出现的一种新型工程材料。从广义上讲，所谓高氮钢是指合金元素氮的含量高于常压下（0.1MPa）氮在钢中平衡溶解度的所有钢种。

从狭义上讲,仅指氮含量较高的不锈钢。为了有别于普通含氮不锈钢,一般认为,只有奥氏体不锈钢中的氮质量分数大于0.4%或者铁素铁、马氏体不锈钢中的氮质量分数大于0.08%时,才可被称为高氮钢[1]。

由于常压下氮在钢中的溶解度极为有限,用常规冶炼工艺无法生产出高氮钢,因此寻找高效、经济的高氮钢生产工艺一直是人们追求的目标。笔者研究了采用等离子旋转电极工艺(PREP)生产的几种典型高氮钢的性能。

1 实验设备、材料及过程

1.1 PREP 设备

图1为德国亚琛工业大学用于生产高氮钢的半工业性试验 PREP 设备的结构示意图。反应室和电极驱动装置室的外壳用不锈钢制造,反应室内径为2m。实验时反应室可充入氮气或氩气,压力为0.1MPa。电极旋转速度为0~15000r/min(无级可调)。可应用的电极棒直径范围为10~50mm,长度为700mm。等离子枪的功率为37.5kW(I_{max} = 500A,U_{max} = 75V),具有非转移弧(NT)和转移弧(T)两种工作模式。等离子枪的工作气体可为氮气、氩气或两者的混合气体,流量为0~20L/min可调。选择混合气体作为工作气体时,氮质量分数可从0调至100%。

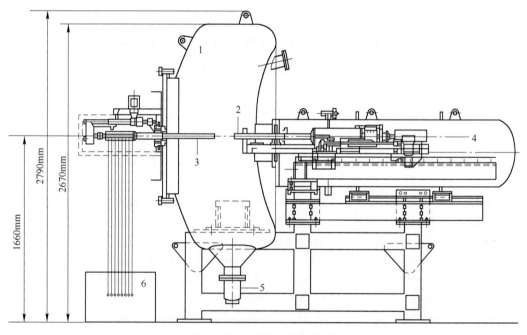

图1 PREP 设备结构示意图

Fig.1 Schematic structure of PREP equipment

1—反应室;2—电极棒;3—等离子枪;4—电极驱动装置室;5—粉末收集器;6—等离子枪的电源

1.2 实验材料

采用3种典型不锈钢,即奥氏体钢1.4301(X5CrNi1810)、马氏体钢1.4122

（X35CrMo17）和铁素体钢 1.4016（X6Cr17）作为实验材料，其成分（质量分数）示于表1。实验材料被机加工成满足 PREP 设备要求的电极棒，直径为 30mm（1.4301、1.4122）、36mm（1.4016）及 50mm（1.4301），长度为 700mm。

表1 实验钢的化学成分（质量分数）
Table 1 Composition of experimental steels（mass fraction） （%）

钢种	C	Si	Mn	P	S	Cr	Mo	Ni	V
1.4301	0.07	0.40	1.71	0.043	0.025	18.30	0.07	8.77	0.047
1.4122	0.35	0.33	0.57	0.025	0.010	16.56	0.92	0.17	0.091
1.4016	0.09	0.39	0.54	0.030	0.002	16.78	0.04	0.35	0.030
钢种	Co	W	Al	Cu	Nb	Ti	B	N	Ot
1.4301	0.163	0.013	0.004	0.170	0.019	<0.01	—	0.023	0.014
1.4122	0.030	—	0.001	0.095	0.017	<0.01	0.009	0.011	0.014
1.4016	0.020	—	0.030	0.090	—	<0.01	—	0.015	0.016

1.3 实验过程

1.3.1 粉末的制备

首先安装电极棒，关闭设备抽真空。当真空度达到要求后，按需要向设备充入氩气或氮气。启动电极旋转电机，将电极转速调至期望值，向等离子枪通入工作气体，点弧。将等离子枪移至电极棒前，在等离子束的作用下，电极棒端部开始熔化、吸氮。形成的高氮液体受离心力和液体表面张力的双重作用，被破碎成液滴飞离电极棒，并在飞行过程中冷凝成球形粉末颗粒，最后落入粉末收集器内。启动电极棒推进装置，使电极棒的推进速度与电极棒的熔化速度相等。当电极棒熔化完毕后（约剩 250mm 长的料头），结束实验。

1.3.2 热挤压成形

高氮不锈钢粉末的热挤压成形在德国曼内斯曼研究所进行。将用 PREP 工艺生产的不同氮含量的不锈钢粉末装入尺寸为 $\phi 60mm \times 120mm$ 的包套内，室温下用 140t 冷压机对粉末进行预压，使包套内粉末的密度达到 $6.2g/cm^3$（相当于理论密度的 78.5%）。然后在 250℃下进行脱气、封焊。封好的包套被加热至 1250℃后放入 400t 竖式热挤压机内挤压成 25mm 的棒状试样。挤出的试样棒立即淬入水中，以防止氮化物析出。挤压后的试样组织均匀，没有孔洞。

2 工艺参数对粉末的影响

用 PREP 工艺生产的高氮不锈钢粉末呈球形，表面光洁，高倍下可见树枝晶结构。

2.1 影响粉末粒度的因素

PREP 法属于旋转雾化法的一种，即利用使液体旋转而产生的离心力将液体粉碎，或者说将旋转产生的机械能作为因液体粉碎而形成新的表面所需的能量，故在此过程中起主要作用的除离心力外还有液体的表面张力，可从离心力与液体表面张力的平衡关系来估计

PREP 法生产的粉末粒度：

$$d = c\left(\frac{\sigma}{D\rho}\right)^{\frac{1}{2}} \frac{1}{2\pi n}$$

式中，d 为粉末平均粒度；c 为常数；D 为电极棒直径；σ 为钢液表面张力；ρ 为钢液密度；n 为电极棒转速。

图 2 给出了不同条件下粉末平均粒度与电极棒转速间的关系。可见，随电极棒转速的提高，粉末平均粒度基本上按 $1/n$ 的关系减小。电极棒直径对粉末粒度也产生影响，如电极棒直径为 50mm 时所得粉末粒度明显小于直径为 30mm 时所得粉末粒度。1.4016 钢和 1.4122 钢的实验曲线则表明了表面张力对粉末粒度的影响。因为铁素体不锈钢（1.4016）和马氏体不锈钢（1.4122）的表面张力比奥氏体不锈钢（1.4301）大，故在电极棒直径、转速相同的条件下，前两者所得粉末粒度大。实验还发现，电极棒熔化速度（等离子枪输出功率）对粉末粒度影响不大。

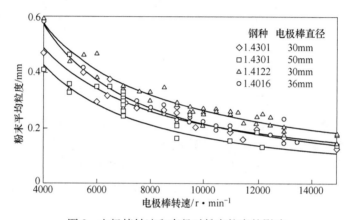

图 2　电极棒转速和直径对粉末粒度的影响
Fig. 2　Influence of bar rotating rate and diameter on powder size

2.2　影响粉末氮含量的因素

在 PREP 生产过程中，一方面等离子束中的氮被高度活化，氮与金属液的反应能力大大增强；另一方面，电极棒端部在等离子束和离心力的双重作用下，形成了一层很薄的液体金属，而且该液体金属的大部分被等离子束覆盖，它与等离子束中活化氮的反应面积很大。所以 PREP 生产过程非常有利于金属液的吸氮反应，使电极棒端部金属在熔化到雾化的短时间里吸收了大量的氮。雾化产生的高氮金属液滴在飞行过程中以很高的冷却速度（$10^4 \sim 10^6 ℃/s$）[2] 凝固，液体中的氮来不及析出而被强制留在钢中，从而形成了氮含量很高（远高于热力学平衡值）的高氮钢粉末。

实验中发现，钢种、等离子枪的工作模式、等离子枪工作气体中的氮分压、电极棒转速和电极棒熔化速度等多种因素对粉末中的氮含量有影响。从实验结果（图 3）可见，粉末中的氮含量远远高于按 Sievert 定律计算的热力学氮含量平衡值。

等离子枪的工作模式对粉末中的氮含量也有显著的影响，如在非转移弧模式下工作，有利于钢液吸氮（见图 3）。在实验条件相同的情况下，1.4301 钢粉末的氮含量最高，

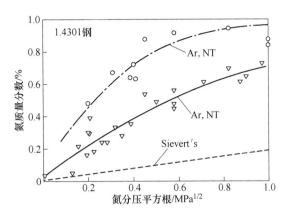

图 3 等离子枪工作气体中的氮分压对粉末中氮含量的影响

Fig. 3 Influence of nitrogen pressure in plasma gas on nitrogen content of powder

1.4122 钢次之，1.4016 钢最低。在本实验中，1.4301 钢粉末的最高氮质量分数可达 1.0%，1.4122 钢为 0.6%，1.4016 钢则为 0.4%。

各种因素对粉末氮含量的影响可用数学模型来描述[3]，即：

$$\omega_N = K \left(\frac{A_p}{A_r}\right)^{1/2} \left(\frac{\omega}{Q^2}\right)^{2/3} \left(1 + \sum K_i^{ad} a_i\right)^{1/2} p_{N_2}^{1/4}$$

式中，ω_N 为粉末中的氮含量；K 为与材料、等离子枪工作模式有关的常数；A_p，A_r 为电极棒端部被等离子束覆盖和未被覆盖的面积；ω 为电极棒转速；Q 为电极棒熔化速度；K_i^{ad} 为电极棒材料中所含活性元素 i 的吸附常数；a_i 为电极棒材料中所含活性元素 i 的活度；p_{N_2} 为等离子束的氮分压。

根据上式可知，粉末中的氮含量与等离子束氮分压的 1/4 次方成正比。而在非等离子条件下，粉末中氮含量与气相中氮分压的 1/2 次方成正比（Sievert 定律）。这一点已得到实验结果的证实（图 3）。

3 高氮钢的性能

为便于分析，下面将实验所得高氮钢按其原材料分别称为 1.4301+N、1.4122+N 及 1.4016+N。

3.1 1.4301+N 钢

实验中，1.4301+N 钢经过 1200℃，1h+水淬热处理。图 4 为不同氮含量的 1.4301+N 钢的室温力学性能。可见，其强度随氮含量的增加而基本呈线性提高。当氮质量分数达到 0.73%时，该钢的屈服强度 $\sigma_{0.2} = 612\mathrm{MPa}$，与原材料相比，提高近 2.4 倍。在材料强度得到明显增强的同时，塑性 δ_5 仅略微下降，其面缩率 $\psi = 64\%$，仅比原材料下降了 16%。

图 5 为温度对不同氮含量 1.4301+N 钢强度的影响。可以看出，氮能明显地提高钢的高温强度。氮含量为 0.490% 的 1.4301+N 钢在 600℃ 高温下的屈服强度值仍能达到 242.2MPa，与氮含量为 0.023% 的普通 1.4301 钢室温下的屈服强度（259.8MPa）相当。

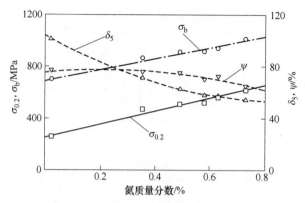

图 4　不同氮含量的 1.4301+N 钢的力学性能

Fig. 4　Effect of nitrogen content on strength and ductility of steel 1.4301

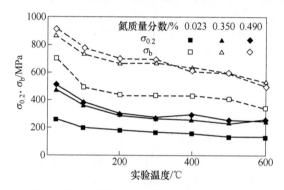

图 5　温度对不同氮含量 1.4301+N 钢强度的影响

Fig. 5　Proof stress and tensile strength of steel 1.4301 with different nitrogen content at different test temperature

3.2　1.4122+N 钢

实验发现，固溶温度、淬火介质及氮含量均对 1.4122+N 钢的硬度有影响［见图 6 (a)］。固溶温度为 1000℃时，钢中存在大量未溶解的氮化物及碳化物，并在晶界形成网状结构。随着固溶温度的升高，这些未溶解的氮化物、碳化物的数量不断下降，1150℃时已构不成网状。当固溶温度达到 1200℃后，氮、碳化物基本上全部溶解。由于氮和碳都是很强的奥氏体稳定元素，随固溶温度的升高，1.4122+N 钢淬火后残余奥氏体含量不断增加，对钢的强度会有影响。当固溶温度为 1200℃时，1.4122+N 钢水淬后的基体基本上为奥氏体。用液氮作为高氮马氏体不锈钢的淬火介质时，钢中马氏体含量显著增加，强度也有所提高，但残余奥氏体的含量仍然相当高，如氮质量分数为 0.462% 的 1.4122+N 钢（1200℃，1h+液氮淬火），其残余奥氏体质量分数可达 55%。尽管如此，氮的强化作用仍很明显。氮质量分数为 0.370% 的 1.4122+N 钢（1200℃，1h+液氮淬火）硬度为 HV648，而普通 1.4122 钢（氮质量分数为 0.011%，1200℃，1h+油淬）硬度为 HV435。从保证氮对含铬马氏体不锈钢的强化作用出发，应根据氮含量适当降低钢的碳含量或提高铬含量。对于本实验中铬质量分数为 17% 的马氏体不锈钢 1.4122，在用液氮作为淬火介质的情况下，其碳和氮的总质量分数不应超过 0.65%。

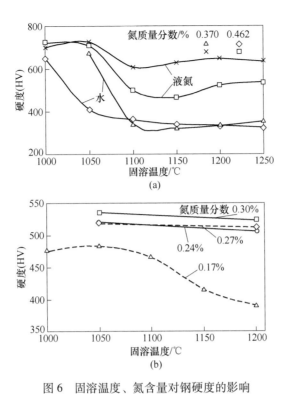

图 6　固溶温度、氮含量对钢硬度的影响

Fig. 6　Hardness of specimen with different nitrogen content at different solution temperature
(a) 1.4122+N 钢；(b) 1.4016+N 钢

3.3　1.4016+N 钢

图 6(b) 示出以油作为淬火介质时，固溶温度、氮含量对 1.4016+N 钢硬度的影响。因为氮有扩大奥氏体区的作用，氮质量分数为 0.17% 的 1.4016+N 钢在所选择的固溶温度范围内已处于奥氏体+铁素体两相区，淬火后的组织为马氏体+铁素体。因奥氏体区随固溶温度升高而缩小，钢中的铁素体含量随固溶温度的升高而增加，故其硬度随之降低。当氮质量分数达到或超过 0.24% 时，该钢在实验选择的固溶温度范围内，已处于奥氏体单相区，淬火后的组织为单一马氏体。这表明 1.4016+N 钢已转变成为马氏体钢。固溶温度为 1050℃ 时，该钢中仍存在少量未溶解的氮、碳化物。固溶温度达到 1200℃ 时，钢中的氮、碳化物完全溶解，淬火后钢的硬度略有降低。在相同的热处理制度下（1200℃，1h+油淬），[C(0.09%) +N(0.27%)] 的高氮马氏体不锈钢 1.4016+N 的硬度为 HV512.5，而铬含量与之相近的 [C(0.35%) +N(0.011%)] 的普通马氏体不锈钢 1.4122 的硬度为 HV435。这表明，氮的强化作用比碳强，在马氏体不锈钢中以氮代替碳后，钢的强度得到进一步提高。

4　结论

(1) 等离子旋转电极工艺综合了等离子冶金和粉末冶金的优点，可用于生产高氮钢粉末。制得的粉末球形度高、表面光洁。结合粉末冶金的成形技术可以制造各种近终形高氮钢产品。

（2）奥氏体不锈钢1.4301的强度随氮含量的增加而提高，而塑性仅略微下降。氮可以显著提高1.4301钢的高温强度。

（3）氮可提高马氏体不锈钢的强度。为保证高氮马氏体不锈钢的淬透性，应根据氮含量适当降低其碳含量或提高铬含量。对于铬质量分数为17%的马氏体不锈钢1.4122，其碳和氮的总质量分数不应超过0.65%。

（4）当氮质量分数达到0.24%时，铁素体不锈钢1.4016+N实际上已转变成为高氮马氏体钢，其强度高于碳和氮的总含量与其相当的普通含铬马氏体不锈钢。

参 考 文 献

[1] Speidel M O. Properties and Applications of High Nitrogen Steels [A]. Foct J, Hendry A, eds. High Nitrogen Steels [C]. London: Inst Metals, 1989: 92-96.

[2] Wosch E, Prikhodovski A, Feldhaus S, et al. Investigation on the Rapid Solidification of Steel Droplets in the Plasma-Rotating-Electrode-Process [J]. Steel Research, 1997, 68 (9): 239-246.

[3] Tao Y, Gammal T El. High Nitrogen Steel Powder for Near Net Shape Products [J]. Steel Research, 1999, 70 (4, 5): 135-140.

（原文发表在《钢铁研究学报》，2004，16(1)：15-20.）

静电分离去除高温合金粉末中非金属夹杂物

张义文[1,2]　李科敏[1,2]

(1. 高温材料研究所 钢铁研究总院，北京　100081；
2. 高温合金新材料北京市重点实验室，北京　100081)

摘　要　用人工方法把不同粒度的 Al_2O_3 颗粒掺入到粉末粒度为 50~100μm 的洁净镍基高温合金粉末中，采用静电分离（ESS）方法去除粉末中的 Al_2O_3 颗粒，研究了 ESS 工艺参数对 Al_2O_3 颗粒去除效果的影响以及在最佳工艺参数条件下去除不同粒度的 Al_2O_3 颗粒的效果。结果表明，电晕电极电压和金属辊筒的转速影响 Al_2O_3 颗粒的去除效果。ESS 最佳工艺参数为：电晕电极电压 40kV，金属辊筒转速 50r/min。在该工艺参数条件下，不同粒度的 Al_2O_3 颗粒的去除效果不同，粒度为 100~150μm 的 Al_2O_3 颗粒的去除效果最佳，去除率为 83.3%，去除 Al_2O_3 颗粒的最大尺寸为 200μm。对单个非金属夹杂物颗粒的受力分析表明，去除非金属夹杂物的最佳尺寸 d_c 与最大尺寸 d_{max} 之间存在 $d_c = 2/3 d_{max}$ 的关系，计算值与实验结果相吻合。

关键词　高温合金粉末　静电分离　夹杂物　去除　粉末净化

Removing Non-metallic Inclusion from Superalloy Powder during Electrostatic Separation Process

Zhang Yiwen[1,2], Li Kemin[1,2]

(1. High Temperature Materials Research Institute, Central Iron and Steel
Research Institute, Beijing 100081, China;
2. Beijing Key Laboratory of Advanced High Temperature
Materials, Beijing 100081, China)

Abstract: Mixed powder was prepared by adding Al_2O_3 particles with different size into high temperature alloy powder sized 50~100μm in diameter. Such mixed powder was treated by electrostatic separation (ESS) with different processing parameters and the treated powder was observed under stereoscope to determine removing effects of Al_2O_3 particles. The results show that the removing effect is enhanced with increasing electrical corona electrode voltage and decreasing rotating rates of drum. The ideal removing effect is obtained under electrical corona electrode voltage of 40 kV and drum rotating rates of 50r/min, which shows that ESS can effectively remove 76% of Al_2O_3 particles under 200μm and 83.3% of Al_2O_3 particles in the range of 100~150μm in diameter. Mechanical analysis of single Al_2O_3 particle shows that ESS has different removing effects on Al_2O_3 particles with different size. There exists an optimum Al_2O_3 particles size d_c, and the maximum Al_2O_3 particles size of 200μm for the removing effect. It is confirmed by the calculation and experiment that the relationship between dc and d_{max} is $d_c = 2/3 d_{max}$.

Keywords: superalloy powder, electrostatic separation, inclusion, remove, powder cleaning

粉末高温合金是主要用于制造现代高性能航空发动机涡轮盘等关键热端部件的结构材料。粉末高温合金涡轮盘的低周疲劳寿命和可靠性取决于夹杂物的数量、尺寸和分布。所以，制备高洁净的高温合金粉末十分重要。等离子旋转电极工艺（PREP）制备的高温合金粉末中的夹杂物主要来源于制粉用的合金棒料。因此，欲得到高纯净的 PREP 粉末，可以通过双联或三联冶炼工艺（如 VIM+VAR，VIM+ESR，VIM+VAR+ESR 等）净化合金棒料[1,2]，降低粉末中夹杂物含量。然而，就目前的冶炼技术而言，要生产出不含夹杂物的棒料是不可能的[3]。用 VIM 工艺制备的合金棒料中非金属夹杂物的含量约为 90 颗/kg，尺寸为 80~300μm。所以，还必须对粉末进行再处理，进一步去除粉末中的夹杂物。目前，静电分离（ESS）是去除高温合金粉末中非金属夹杂物的一种有效方法[4-6]。

ESS 属于电力选矿的一种方法，国内外学者对电力选矿开展了大量的研究工作，使得 ESS 作为一种成熟的技术在电力选矿中得到广泛使用。有关用 ESS 去除高温合金粉末中不同尺寸的非金属夹杂物的实验数据和去除效果的报道很少。文献［5］报道了电晕电极电压、金属辊筒转速对非金属夹杂物去除效果的影响，但没有给出具体实验数据。

PREP 高温合金粉末中非金属夹杂物主要为制粉过程中由合金棒料带来的 Al_2O_3 和 SiO_2 氧化物、复杂成分的熔渣，以及粉末制备系统中软连接橡胶与金属粉末摩擦产生的有机物[7]。据此，本工作对 PREP 高温合金粉末中不同尺寸的非金属夹杂物 Al_2O_3 的 ESS 去除效果进行了实验研究和分析。希望本工作的研究成果对 ESS 去除非金属夹杂物的认识，以及对实际生产中 ESS 工艺参数的制定具有借鉴价值和指导意义。

1 实验

1.1 ESS 原理

ESS 是利用电晕放电以及金属粉末和非金属夹杂物的电性质不同而进行分离的一种技术。目前广泛使用的高压静电分离原理如图 1 所示。高压静电分离装置主要由正负两个电极组成，细金属丝的电晕电极为一极，接地并旋转的大直径金属辊筒作为另一极，两极相互平行。当两极间的电压达到某一数值时，电晕电极发生电晕放电，从而在两极间产生了电晕电场。电晕电场是很不均匀的，电晕电极附近的电场强度非常大，其附近的空气将发生碰撞电离，产生电子和正离子，某些电子又附着在中性分子上形成了负离子。电子、正离子和负离子分别向与各自符号相反的电极运动，于是形成了电晕电流。电晕电极可以是负极，也可以是正极。当电晕电极为负极时，空气被击穿所需要的电压比为正极时高得多。若电晕电极为负极，金属粉末落到金属辊筒表面进入高压电晕电场后，金属粉末和粉末中的非金属夹杂物与飞向正极金属辊筒的电子和负离子相遇，这些电子和负离子便附着在金属粉末和非金属夹杂物上，使其带上了负电荷。由于金属粉末导电率高，获得的负电荷立即被接地的金属辊筒传走（约 0.01~0.25s）[8]，在离心力和重力的共同作用下从金属辊筒的前方落入成品粉罐。而非金属夹杂物导电率低，不易失去电荷，在电晕电场的电场力和非金属夹杂物与金属辊筒表面的电镜像力的作用下被吸附在金属辊筒表面上。随着辊筒的转动，吸附在金属辊筒表面上的大尺寸的非金属夹杂物，在离心力和重力的共同作用下，摆脱电场力和电镜像力的束缚，从金属辊筒的前方落入中间粉罐，吸附在金属辊筒表面上的小尺寸非金属夹杂物，从金属辊筒下方落入中间粉罐或废粉罐，或在金属辊筒的后下方被钢刷刷下，落入废粉罐。

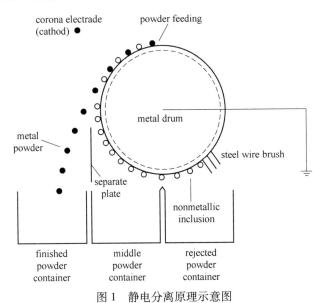

图 1　静电分离原理示意图
Fig. 1　Principal sketch of ESS

1.2　实验方法

实验所用高压电晕静电分离器的主要参数为：金属辊筒尺寸 φ320mm×250mm，电晕电极电压最高 40kV，电晕电极为直径 1mm 的不锈钢丝，电晕电极的位置角（电晕电极与金属辊筒轴的垂直线与竖直线的夹角）15°，与辊筒表面距离 80mm，隔板与辊筒表面间隙 5mm。实验参数：电晕电极电压分别为 20kV、40kV，金属辊筒转速分别为 25，50 和 80r/min。PREP 法制备的高温合金粉末的粒度一般为 50～200μm，由于夹杂物形状不规则，夹杂物最大尺寸可达到 1300μm，为研究 ESS 去除不同尺寸夹杂物的效果，用人工方法在粉末粒度为 50～100μm 的 100g 纯净粉末中分别掺入粒度为 50～100μm、100～150μm、150～200μm、200～300μm 的着成红色的纯 Al_2O_3 颗粒 10 颗。将 Al_2O_3 颗粒与粉末混合均匀，然后对混合后的粉末进行 ESS 处理，用体视显微镜检测成品粉罐中 Al_2O_3 颗粒的剩余个数，取 3 次实验检测结果的平均值计算去除率。

2　结果

2.1　ESS 工艺参数对 Al_2O_3 颗粒去除效果的影响

在粉末粒度为 50～100μm 的 100g 纯净粉末中掺入粒度为 50～100μm 的着成红色的纯 Al_2O_3 颗粒 10 颗，然后在不同的电晕电极电压和金属辊筒转速下进行 ESS 处理，结果如表 1 所示。由表 1 可知，电晕电极电压和金属辊筒转速不同，Al_2O_3 颗粒的去除效果不同。当金属辊筒转速一定时，随着电晕电极电压的升高，Al_2O_3 颗粒去除率升高；当电晕电极电压一定时，随金属辊筒转速降低，去除率升高。从去除效果和实际生产角度考虑，本实验所用高压电晕静电分离器去除 Al_2O_3 颗粒的最佳工艺参数为：电晕电极电压 40kV，金属辊筒转速 50r/min。

表1 ESS工艺参数对去除粒度为 50~100μm 的 Al_2O_3 颗粒效果的影响
Table 1 Removing effects of Al_2O_3 particles in the range of 50~100μm in diameter under different ESS parameters

Revolving speed of metal drum /r·min^{-1}	Electrical corona electrode voltage/kV			
	20		40	
	Average number of residual Al_2O_3 particulars	Removal rate/%	Average number of residual Al_2O_3 particles	Removal rate/%
25	2.50	75.0	2.33	76.7
50	3.50	65.0	2.33	76.7
80	6.33	36.7	5.00	50.0

2.2 不同粒度 Al_2O_3 颗粒的去除效果

在粉末粒度为 50~100μm 的 100g 纯净粉末中分别掺入粒度为 50~100μm、100~150μm、150~200μm、200~300μm 的纯 Al_2O_3 颗粒 10 颗，在最佳工艺参数下进行 ESS 处理，结果如表 2 所示。由表 2 可知，Al_2O_3 颗粒粒度不同，去除效果也不同。随着 Al_2O_3 颗粒粒度的增大，去除率出现最大值。对于粒度小于 200μm 的 Al_2O_3 颗粒去除效果明显，去除率在 67.5% 以上；大于 200μm 的去除率非常低，几乎无法去除；粒度为 100~150μm 的去除效果最佳，去除率高达 83.3%。

表2 不同粒度的 Al_2O_3 颗粒的去除效果
Table 2 Removing effects of Al_2O_3 particles with different size during ESS

Al_2O_3 particle size/μm	Average number of residual Al_2O_3 particles	Removal rate/%
50~100	2.33	76.7
100~150	1.67	83.3
150~200	3.25	67.5
200~300	9.67	3.3

3 分析与讨论

3.1 非金属夹杂物所受吸附力分析

在 ESS 过程中，一般认为非金属夹杂物在金属辊筒表面上受到 5 种力的作用，包括电晕电场力电镜像力，非均匀电晕电场力，重力和惯性离心力[6,8-15]。本研究认为还应考虑非金属夹杂物与金属辊筒表面的摩擦力和金属辊筒对非金属夹杂物的支持力，非金属夹杂物在金属辊筒表面上受力分析如图 2 所示。假设非金属夹杂物为球形颗粒，以转动的金属辊筒为参考系，在空气介质中作用在球形非金属夹杂物的 7 种力为：电晕电场

力 $f_1 = \left(1 + 2\dfrac{\varepsilon-1}{\varepsilon+2}\right)E^2r^2\mu(R)$ [9,13,15]，非金属夹杂物与金属辊筒表面的电镜像力在多数文献中认为 $f_2 = \left(1 + 2\dfrac{\varepsilon-1}{\varepsilon+2}\right)^2 E^2 r^2 \mu^2(R)$ [8-15]，作者认为电镜像力应该为 $f_2 = \dfrac{1}{4}\left(1 + 2\dfrac{\varepsilon-1}{\varepsilon+2}\right)^2 E^2 r^2 \mu^2(R)$ [16-22]，非均匀电晕电场力（梯度力）$f_3 = \dfrac{\varepsilon-1}{\varepsilon+2}Er^3 \mathrm{grad}(E)$ [8,13-15]，其大小与 f_1 相比非常小，可以忽略不计 [8,9,15]，重力 $mg = \dfrac{4}{3}\pi r^3 \rho g = 4.2\rho g r^3$，惯性离心力 $f_4 = 0.5m\omega^2 D = 2.3\times 10^{-2}\rho D n^2 r^3$，金属辊筒表面对电非金属夹杂物的支持力 N，非金属夹杂物与金属辊筒表面的摩擦力 f_5，其中最大静摩擦力 $f_s = \mu_s N = \mu_s(f_1 + f_2 + mg\cos\alpha - f_4)$。

式中，E 为非金属夹杂物所在位置的电晕电场强度，V/cm；ε 为非金属夹杂物的介电常数；ρ 为非金属夹杂物的密度，g/cm³；r 为非金属夹杂物的半径，cm；μ_s 为非金属夹杂物与金属辊筒表面之间的最大静摩擦因数；R 为非金属夹杂物的电阻；$\mu(R)$ 为与非金属夹杂物电阻有关的系数，当 $R\to\infty$ 时，其值接近于 1；D 为金属辊筒直径，cm；n 为金属辊筒转速，r/min；g 为重力加速度，其大小为 980 cm/s²；α 为非金属夹杂物处金属辊筒表面的法线与竖直方向的夹角。

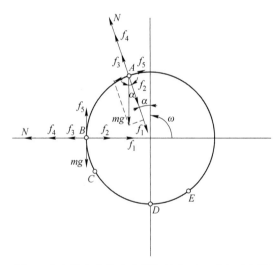

图 2　非金属夹杂物在金属辊筒表面上受力示意图

Fig. 2　Force analysis of nonmetallic inclusion on the metal drum

在金属辊筒表面 AC 段，如果非金属夹杂物在法线方向上静止不动，则非金属夹杂物在金属辊筒表面法线方向上受的合力为零，即 $f_1 + f_2 + mg\cos\alpha - f_4 - N = 0$，非金属夹杂物与金属辊筒表面的吸附力 f_{xfAC} 的大小等于 N，带入 f_1、f_2、f_4 和 mg，得到

$$f_{xfAC} = \dfrac{1}{4}\left(1 + 2\dfrac{\varepsilon-1}{\varepsilon+2}\right)\left[4 + \left(1 + 2\dfrac{\varepsilon-1}{\varepsilon+2}\right)\mu(R)\right] \cdot$$
$$E^2\mu(R)r^2 - (2.3\times 10^{-2}Dn^2 - 4.2g\cos\alpha)\rho r^3 \qquad (1)$$

要使非金属夹杂物吸附在金属辊筒表面上，必须保证 $f_{xfAC}\geq 0$，当 $f_x = 0$ 时，r 取得最大值 $r_{\max f_1}$。

$$r_{\max f_1} = \frac{\left(1 + 2\frac{\varepsilon - 1}{\varepsilon + 2}\right)\left[4 + \left(1 + 2\frac{\varepsilon - 1}{\varepsilon + 2}\right)\mu(R)\right]E^2\mu(R)}{4(2.3 \times 10^{-2}Dn^2 - 4.2g\cos\alpha)\rho} \tag{2}$$

在金属辊筒表面 AC 段，非金属夹杂物在金属辊筒表面切线方向上受的合力为 $f_{qAC} = f_s - mg\sin\alpha = \mu_s(f_1 + f_2 + mg\cos\alpha - f_4) - mg\sin\alpha$，代入 f_1、f_2 和 mg，得到

$$f_{qAC} = \frac{1}{4}\left(1 + 2\frac{\varepsilon - 1}{\varepsilon + 2}\right)\left[4 + \left(1 + 2\frac{\varepsilon - 1}{\varepsilon + 2}\right)\mu(R)\right]E^2\mu_s\mu(R)r^2 - (2.3 \times 10^{-2}Dn^2\mu_s - 4.2g\mu_s\cos\alpha + 4.2g\sin\alpha)\rho r^3 \tag{3}$$

如果 $mg\sin\alpha$ 不大于最大静摩擦力 f_s，则 $f_{qAC} \geq 0$，非金属夹杂物在切线方向上保持静止不动，如果 $mg\sin\alpha$ 大于最大静摩擦力 f_s，则 $f_{qAC} < 0$，非金属夹杂物在切线方向上滑动。要使非金属夹杂物在金属辊筒表面上不滑动，必须保证 $f_{qAC} \geq 0$，当 $f_{qAC} = 0$ 时，r 取得最大值 $r_{\max q_1}$。

$$r_{\max q_1} = \frac{\left(1 + 2\frac{\varepsilon - 1}{\varepsilon + 2}\right)\left[4 + \left(1 + 2\frac{\varepsilon - 1}{\varepsilon + 2}\right)\mu(R)\right]E^2\mu(R)}{4(2.3 \times 10^{-2}Dn^2 - 4.2g\cos\alpha + 4.2g\sin\alpha/\mu_s)\rho} \tag{4}$$

比较式（2）和式（4），得出 $r_{\max q_1} < r_{\max f_1}$。由关系式（1）和式（3）可以得出：当 $r \leq r_{\max q_1}$ 时，$f_{qAC} \geq 0$，$f_{xfAC} > 0$，即非金属夹杂物在金属辊筒表面上不滑动，并且吸附在金属辊筒表面上。当 $r_{\max q_1} < r < r_{\max f_1}$ 时，$f_{qAC} < 0$，$f_{xfAC} > 0$，即非金属夹杂物在金属辊筒表面滑动，但是非金属夹杂物仍然吸附在金属辊筒表面上。当 $r \geq r_{\max f_1}$ 时，$f_{qAC} < 0$，$f_{xfAC} \leq 0$，即非金属夹杂物脱离金属辊筒表面，从而无法去除半径大于 $r_{\max f_1}$ 的非金属夹杂物。因此，可以用式（1）来表示在金属辊筒表面 AC 段非金属夹杂物与金属辊筒表面的吸附力 f_x。

在金属辊筒表面 CE 段，由于电晕电场强度 E 很小，所以 f_1 也很小，可以忽略不计[9]。如果非金属夹杂物在金属辊筒表面法线方向上静止不动，则非金属夹杂物在法线方向上受的合力为零，即 $f_2 + mg\cos\alpha - f_4 - N = 0$，代入 f_2、f_4 和 mg，得到

$$f_{xfCE} = \frac{1}{4}\left(1 + 2\frac{\varepsilon - 1}{\varepsilon + 2}\right)^2 E^2\mu^2(R)r^2 - (2.3 \times 10^{-2}Dn^2\mu_s - 4.2g\mu_s\cos\alpha + 4.2g\sin\alpha)\rho r^3 \tag{5}$$

同理，可得到

$$r_{\max f_2} = \frac{\left(1 + 2\frac{\varepsilon - 1}{\varepsilon + 2}\right)^2 E^2\mu^2(R)}{4(2.3 \times 10^{-2}Dn^2 - 4.2g\cos\alpha)\rho} \tag{6}$$

在金属辊筒表面 CE 段，非金属夹杂物在切线方向上受的合力为 $f_{qCE} = f_s - mg\sin\alpha = \mu_s(f_2 + mg\cos\alpha - f_4) - mg\sin\alpha$，代入 f_2 和 mg，得到

$$f_{qCE} = \frac{1}{4}\left(1 + 2\frac{\varepsilon - 1}{\varepsilon + 2}\right)^2 E^2\mu_s\mu^2(R)r^2 - (2.3 \times 10^{-2}Dn^2\mu_s - 4.2g\mu_s\cos\alpha + 4.2g\sin\alpha)\rho r^3 \tag{7}$$

同理，可得到

$$r_{\max q_2} = \frac{\left(1 + 2\frac{\varepsilon - 1}{\varepsilon + 2}\right)^2 E^2\mu^2(R)}{4(2.3 \times 10^{-2}Dn^2 - 4.2g\cos\alpha + 4.2g\sin\alpha/\mu_s)\rho} \tag{8}$$

同样的分析得出,可以用关系式(5)来表示在金属辊筒表面 DE 段非金属夹杂物与金属辊筒表面的吸附力 f_x。

式(1)和式(5)所表示的非金属夹杂物所受的吸附力 f_x 与其半径 r 的关系如图3所示。式(2)和式(6)所表示的去除非金属夹杂物的最大半径 r_{rmax} 与其在金属滚筒表面位置的关系如图4所示。

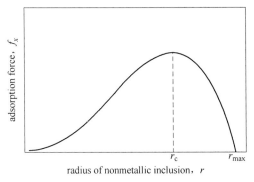

图 3 非金属夹杂物所受的吸附力 f_x
与其半径 r 的关系示意图

Fig. 3 Relationship between force exerted on nonmetallic inclusion and its radius

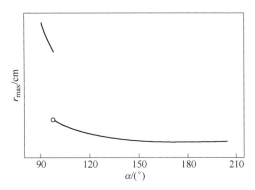

图 4 去除非金属夹杂物的最大半径 r_{rmax}
与其在金属滚筒表面位置的关系示意图

Fig. 4 Relationship between the maximum nonmetallic inclusion radius and its positions on metal drum

3.2 非金属夹杂物 Al_2O_3 的去除效果

由于在 ESS 过程中非金属夹杂物受到流动金属粉末的碰撞和冲击作用,某些形状不规则的受力小的非金属夹杂物,在金属辊筒表面 B 点以前随金属粉末从金属辊筒表面上脱落,落入成品粉罐。当非金属夹杂物黏结在金属粉末颗粒表面上或金属粉末不是单一层,非金属夹杂物被若干个金属粉末包裹着,这些非金属夹杂物无法去除。因此,用 ESS 法不可能完全去除金属粉末中非金属夹杂物。

电晕电极电压越高,电晕电场强度 E 越高,非金属夹杂物带电量越高,电场力 f_1 和电镜像力 f_2 越大,金属辊筒转速 n 越低,惯性离心力 f_4 越小,由关系式(1)可知,吸附力 f_x 越大。结合表1中的数据可以得出,吸附力 f_x 的大小可以定性表征非金属夹杂物的去除效果,吸附力 f_x 越大,去除效果越好。

当电晕电极电压达到一定值时,空气被击穿,产生火花放电,电晕电场遭到破坏。本实验所用高压电晕静电分离器的电晕电极电压高于40kV,产生火花放电,所以实验选用电晕电极电压为40kV。金属辊筒的转速 n 不能过低,其原因,一是非金属夹杂物与金属辊筒接触时间过长,延长了非金属夹杂物的放电时间,使得非金属夹杂物的剩余电荷减少,减弱了非金属夹杂物与金属辊筒表面的吸附作用,即吸附力 f_x 反而越小;二是在实际生产中生产效率降低。

由图(3)可知,非金属夹杂物尺寸不同,吸附力 f_x 不同,随着非金属夹杂物尺寸的增大,吸附力 f_x 逐渐增大,当非金属夹杂物尺寸达到某一值时,吸附力 f_x 达到最大值,此非金属夹杂物的尺寸称为最佳尺寸(直径)d_c,当非金属夹杂物尺寸超过最佳尺寸 d_c 时,随着非金属夹杂物尺寸的增大，吸附力 f_x 反而逐渐减小，吸附力 $f_x = 0$ 时，非金属夹杂物的尺寸称为最大尺寸（直径）d_{max}。由图（4）可知，非金属夹杂物在金属滚筒表面上的位置不同，去除非金属夹杂物的最大尺寸不同。由于在金属辊筒表面 BC 段非金属夹杂物所受的吸附力大于在 CE 段所受的吸附力［式（1）和式（5）］，所以，在 BC 段去除非金属夹杂物的最大尺寸大于在 CE 段去除的最大尺寸。

当式（1）和式（5）取得最大值时，求出去除非金属夹杂物的最佳尺寸 d_c，与式（2）和式（6）对比，得出最佳尺寸 d_c 与最大尺寸 d_{max} 的关系式

$$d_c = \frac{2}{3} d_{max} \tag{9}$$

实验结果表明，对于 Al_2O_3 颗粒检测点在金属辊筒表面 B 点（$\alpha = 90°$）时，$d_{max} = 200\mu m$。将 $d_{max} = 200\mu m$ 代入关系式（9），计算得出 $d_c = 133.3\mu m$。由表 2 可知，粒度为 $100 \sim 150\mu m$ 的 Al_2O_3 颗粒去除效果最佳，这表明理论计算值与实验结果相吻合。取 Al_2O_3 颗粒的介电常数 $\varepsilon = 6$，密度 $\rho = 4.0 g/cm^3$[23]，$\mu(R) = 1$，Al_2O_3 颗粒与金属辊筒表面之间的最大静摩擦系数 $\mu_s = 0.15$[24]。设定金属辊筒表面 C 点 $\alpha = 90° + \arctan(\mu_s) = \arctan(0.15) = 98.5°$，D 点 $\alpha = 180°$，E 点 $\alpha = 205°$。由式（2）、式（6）和式（9）可以计算出在金属辊筒表面 C 点、D 点、E 点去除 Al_2O_3 颗粒的最大尺寸 d_{max} 和最佳尺寸 d_c，结果如表 3 所示。

表 3　在金属辊筒表面上不同位置去除 Al_2O_3 颗粒的最大尺寸 d_{max} 和最佳尺寸 d_c
Table 3　d_{max} and d_c for removing Al_2O_3 particle at different positions of metal drum surface

Surface position on metal drum	Maximum size of removing Al_2O_3 particle, $d_{max}/\mu m$	Optimum size of removing Al_2O_3 particle, $d_c/\mu m$
B point	200	133.3
C point	150.3	100.2
D point	22.2	14.8
E point	23.8	15.9

3.3　其他非金属夹杂物去除效果预测

由关系式（1）可知，在一定的 ESS 参数条件下，对于一定尺寸的非金属夹杂物，其去除效果只与非金属夹杂物的介电常数和密度有关。所以，利用关系式（1）可以预测不同类型非金属夹杂物的去除效果。比如，对 SiO_2 而言，取介电常数 $\varepsilon = 4.5$，密度 $\rho = 2.6 g/cm^3$[23]，$\mu(R) = 1$，SiO_2 与金属辊筒表面之间的最大静摩擦系数 $\mu_s = 0.13$[24]。设定金属辊筒表面 C 点 $\alpha = 90° + \arctan(\mu_s) = \arctan(0.13) = 97.4°$，D 点 $\alpha = 180°$，E 点 $\alpha = 205°$。对于 Al_2O_3 颗粒检测点在金属辊筒 B 点（$\alpha = 90°$）时，$d_{max} = 200\mu m$，利用式（2）计算出去除 SiO_2 颗粒的最大尺寸 $d_{max} = 276.0\mu m$。将 $d_{max} = 276.0\mu m$ 代入式（9），计算出 $d_c = 184.0\mu m$。利用式（2）、式（6）和式（9），可以计算出在金属辊筒表面 C 点、D 点和 E 点去除 SiO_2 颗粒的最大尺寸 d_{max} 和最佳尺寸 d_c，结果如表 4 所列。由式（1）、式（2）和式（9）可知，非金属夹杂物的介电常数越大、密度越小，吸附力越大，去除非金

属夹杂物 d_{max} 和 d_c 越大。由于 SiO_2 的介电常数比 Al_2O_3 相差不大，而 SiO_2 的密度比 Al_2O_3 小很多，所以去除 SiO_2 颗粒的 d_{max} 和 d_c 比 Al_2O_3 颗粒的大。

在棒料中形成的以及在粉末制备过程中熔融的金属包裹着金属氧化物形成的复杂成分的熔渣，其介电常数小于金属氧化物 Al_2O_3 和 SiO_2，而密度大于金属氧化物 Al_2O_3 和 SiO_2，所以，ESS法去除熔渣的效果不如去除金属氧化物 Al_2O_3 和 SiO_2。由于有机物易黏附在粉末颗粒上，在ESS过程中随粉末落入成品粉罐，所以，ESS法不易去除有机物。

表4 在金属辊筒表面上不同位置去除 SiO_2 颗粒的最大尺寸 d_{max} 和最佳尺寸
Table 4 d_{max} and d_c for removing SiO_2 particle at different positions of metal drum surface

Surface position of metal drum	Maximum size of removing SiO_2 particle, $d_{max}/\mu m$	Optimum size of removing SiO_2 particle, $d_c/\mu m$
B point	276.0	184.0
C point	214.2	142.7
D point	29.3	19.5
E point	31.2	20.8

4 结论

（1）ESS工艺参数不同，Al_2O_3 颗粒的去除效果不同。本工作实验所用高压电晕静电分离器去除 Al_2O_3 颗粒的最佳工艺参数为：电晕电极电压40kV，辊筒转速50r/min。在最佳工艺参数条件下，粒度小于200μm的 Al_2O_3 颗粒的去除效果明显，去除率大于76%，粒度为100~150μm的 Al_2O_3 颗粒的去除效果最佳，去除率达83.3%；去除 Al_2O_3 颗粒的最大尺寸为200μm。

（2）非金属夹杂物与金属辊筒表面的吸附力的大小可以定性表征非金属夹杂物的去除效果，吸附力越大，去除效果越好。非金属夹杂物尺寸不同，吸附力不同，随着非金属夹杂物尺寸的增大，吸附力逐渐增大，当非金属夹杂物尺寸超过最佳尺寸时，随着非金属夹杂物尺寸的逐渐增大，吸附力反而逐渐减小。去除非金属夹杂物的最佳尺寸 d_c 与最大尺寸 d_{max} 之间存在 $d_c=2/3 d_{max}$ 的关系，计算值与实验结果相吻合。

（3）在一定的ESS参数条件下，对于一定尺寸的非金属夹杂物，其去除效果只与非金属夹杂物的介电常数和密度有关，介电常数越大、密度越小，去除效果越好。

参 考 文 献

[1] CREMISIO R S. Melting [M]//SIMS C T, HAGEL W C. The superalloys. New York: John Wiley & Sons, 1972: 373-401.
[2] 李为镠. 钢中非金属夹杂物 [M]. 北京: 冶金工业出版社, 1988: 435-485.
    LI Weiliu. Non-metallic inclusion in steel [M]. Beijing: Metallurgical Industry Press, 1988: 435-485.
[3] 李为镠. 钢中非金属夹杂物 [M]. 北京: 冶金工业出版社. 1988: 1-23.
    LI Weiliu. Non-metallic inclusion in steel [M]. Beijing: Metallurgical Industry Press, 1988: 1-23.
[4] GESSINGER G H. Powder metallurgy of superalloys [M]. London: Butterworths, 1984: 19-58.
[5] ХОДКИН В И, МЕШАЛИН В С, МЕСЕНЯШИН А И и др. Отделение неметаллических частиц от

массы гранул жаропрочных никелевых сплавов методов электрической сепарации [M] // Металлургия гранул. Москва: ВИЛС, 1983: 89-96.

[6] МЕШАЛИН В С, КОШЕЛЕВ В Я, МЕСЕНЯШИН А И. Очистка массы гранул жаропрочных никелевых сплавов от неметаллических включенийэлектрической сепараций [M] //Металлургия гранул. Москва: ВИЛС, 1993: 246-251.

[7] 张莹, 张义文, 宋璞生, 等. 镍基粉末高温合金中的夹杂物 [J]. 钢铁研究学报, 2003, 15 (6): 71-76.
ZHANG Ying, ZHANG Yiwen, SONG Pusheng, et al. Inclusion in PM nickel based superalloy [J]. Journal of Iron and Steel Research, 2003, 15 (6): 71-76.

[8] 魏德洲. 固体物料分选学 [M]. 北京: 冶金工业出版社, 2001: 184-202.
WEI Dezhou. Solid material separation [M]. Beijing: Metallurgical Industry Press, 2000: 184-200.

[9] ОЛОФИНСКИЙ Н Ф. Электрические методы обогащения [M]. 7-е изд. Москва: Недра, 1977: 166-221.

[10] 王常任. 磁电选矿 [M]. 北京: 冶金工业出版社, 1986: 253-263.
WANG Changren. Megnetoelectry Oredressing [M]. Beijing: Metallurgical Industry Press, 1986: 253-263.

[11] 丘继存. 选矿学 [M]. 北京: 冶金工业出版社, 1987: 201-218.
QIU Jicun. Oredressing [M]. Beijing: Metallurgical Industry Press, 1987: 201-218.

[12] 张家骏, 霍旭红. 物理选矿 [M]. 北京: 煤炭工业出版社, 1992: 381-395.
ZHANG Jiajun, HUO Xuhong. Physical oredressing [M]. Beijing: China Coal Industry Publishing House, 1992: 381-395.

[13] 刘树贻. 磁电选矿学 [M]. 长沙: 中南工业大学出版社, 1994, 261-293.
LIU Shuyi. Megnetoelectry Oredressing [M]. Changsha: Central South University of Technology press, 1994, 261-293.

[14] 谢广元. 选矿学 [M]. 2版. 徐州: 中国矿业大学出版社, 2010, 366-373.
XIE Guangyuan. Oredressing [M]. 2nd ed. Xuzhou: China University of Mining & Technology Press, 2010, 366-373.

[15] 袁致涛, 王常任. 磁电选矿 [M]. 北京: 冶金工业出版社, 2011: 255-265.
YUAN Zhitao, WANG Changren. Megnetoelectry Oredressing [M]. Beijing: Metallurgical Industry Press, 2011: 255-265.

[16] Lawyer J E, Dyrenforth W P. Electrostatic Separation [M] //Moore A D. Electrostatics and Its Applications. New York: John Wiley & Sons, 1973: 221-249.

[17] МЕСЕНЯШИН А И. Электрическая сепарация в сильных Полях [M]. Москва: Недра, 1978: 47-70.

[18] William P Dyrentorth. Electrostatic separation [M] //Andrew L. Mular, Roshan B. Bhappu. Mineral processing plant design, 2d ed. New York: Society of Mining Engineers of the American Institute of Mining, Metallurgical, and Petroleum Engineers, 1980: 479-489.

[19] 卢寿慈. 矿物颗粒分选工程 [M]. 北京: 冶金工业出版社, 1990: 130-195.
LU Shouci. Mineral Particle Separation Engineering [M]. Beijing: Metallurgical Industry Press, 1990: 130-195.

[20] 鲍重光. 静电技术原理 [M]. 北京: 北京理工大学出版社, 1993: 88-90.
BAO Zhongguang. Principle of Electrostatic Technology [M]. Beijing: Beijing Institute of Technology Press, 1993: 77-149.

[21] Dascalescu L, Mizuno A, Tobazéon R, et al. Charges and forces on conductive particles in roll-type

corona-electrostatic separators [J]. IEE Transactions on Industry Applications, 1995, 31 (5): 947-956.

[22] LU Hongzhou, LI Jia, GUO Jie, XU Zhen-ming. Movement behavior in electrostatic separation: Recycling of metal materials from waste printed circuit board [J]. Journal of Materials Processing Technology, 2008, 197: 101-108.

[23] 袁致涛, 王常任. 磁电选矿 [M]. 北京: 冶金工业出版社, 2011: 290-298.
YUAN Zhitao, WANG Changren. Megnetoelectry Oredressing [M]. Beijing: Metallurgical Industry Press, 2011: 290-298.

[24] 方荣生, 方德寿. 科技人员常用公式与数表手册 [M]. 北京: 机械工业出版社, 1991: 314-335.
FANG Rongsheng, FANG Deshou. Handbook of Common Formulas and Numerical Tables for Scientific and Technological Personnels [M]. Beijing: Mechanical Industry Press, 1991: 314-335.

（原文发表在《粉末冶金材料科学与工程》, 2016, 21(6): 885-891.）

第二部分 会议论文和论文集收录的论文

2.1 综述

高温合金粉末的热等静压

张义文 张莹 张凤戈 国为民 杨士仲 张英才 冯涤

（钢铁研究总院高温材料研究所，北京 100081）

摘 要 本文研究了 FGH95 高温合金粉末热等静压（HIP）固结成形以及在不同温度下 HIP 固结后合金组织的变化。采用等离子旋转电极工艺（PREP）制取合金粉末，选用粒度范围为 50~150μm 的粉末装入包套中，然后在 1120℃、1140℃、1160℃ 和 1180℃ 温度下进行 HIP 固结处理。研究表明，在低于 γ′ 相完全固溶温度（γ′ 相完全固溶温度 $T_{s\gamma'}$ = 1160℃）下 HIP 固结时，合金组织为树枝晶和再结晶的混合组织。随着 HIP 温度的升高树枝晶减少，再结晶量增多，晶粒度变化不大。当 HIP 温度高于 $T_{s\gamma'}$ 时，合金具有均匀的完全再结晶组织。

关键词 PREP 工艺 粉末高温合金 HIP 组织

1 前言

高温合金粉末冶金是 20 世纪 60 年代末出现的制造高温合金的一项先进技术。可以说高温合金粉末冶金是高温合金领域中继真空感应冶炼技术之后的第二次革命。现代高推重比航空发动机的发展，对高温合金性能的要求越来越高。为了满足性能的要求，不断提高合金化程度，这就使得传统的铸锻高温合金铸锭偏析严重，压力加工性能差，并且锻造组织的不均匀性加大，锻造组织很难控制。采用粉末冶金工艺，由于粉末颗粒细小，凝固速度快，从而成分均匀，无宏观偏析，而且晶粒细小，热加工性能好，尤其是合金的屈服强度和疲劳性能有较大的提高。

粉末高温合金主要用于制造航空发动机的压气机盘、涡轮盘、涡轮盘挡板、套筒以及涡轮轴等高温承力部件。

采用直接 HIP 工艺制造零件可以减少加工工序和降低原材料的消耗，从而降低了生产成本。有关 HIP 工艺参数对氩气雾化粉末高温合金组织和性能的影响国内外进行了大量的研究工作，并取得了一定的成果[1-3]。但是，对等离子旋转电极工艺（PREP）雾化粉末高温合金研究报道较少。由于 HIP 工艺参数中压力和时间的影响很小[1]，所以本文研究了 HIP 温度对 PREP 粉末高温合金组织的影响。

2 实验材料和实验方法

实验所用 FGH95 粉末高温合金是 γ′ 相沉淀强化型镍基高温合金。合金中 γ′ 含量约

50%左右。该合金经真空感应熔炼浇铸成棒坯，经机加工和磨光后得到 $\phi50mm \times 700mm$ 圆棒，采用 PREP 方法制取合金粉末，其化学成分见表1。粉末经过筛分，选用粒度范围为 $50 \sim 150 \mu m$ 的粉末再用静电分离法去除非金属夹杂，然后在450℃和1.33×10^{-2}Pa 压力条件下脱气，最后把粉末装入不锈钢圆筒包套中。包套封焊后进行 HIP 固结处理。HIP 工艺参数：压力 150MPa，时间 3h，温度分别为 1120℃、1140℃、1160℃和 1180℃。

表1 FGH95 粉末化学成分（质量分数） （%）

C	Cr	Co	Al	Ti	W	Mo	Nb	Ni
0.05	8.97	15.70	4.76	1.69	5.26	3.96	2.45	基

测量了不同温度下 HIP 压坯的密度，用金相法观察了 HIP 固结后合金组织的变化并且测量了晶粒度，用劳埃法测量了合金中再结晶组织的含量。

3 实验结果与讨论

HIP 固结后从压坯中切取试样测量密度。结果表明，所有压坯都达到了全密度，完全密实。图1给出了不同温度 HIP 固结后合金的金相组织。由图1可以看出，在1120℃、1140℃和1160℃HIP 固结后，合金组织为树枝晶和再结晶的混合组织。小粉末颗粒发生再结晶，大粉末晶粒未发生再结晶，仍然保留原有的树枝晶组织。在1180℃下 HIP，一次 γ' 相完全溶解（γ' 相完全固溶温度 $T_{s\gamma'} = 1160℃$），产生了完全再结晶组织。随着 HIP 温度的升高，树枝晶减少，再结晶量增加，晶粒趋向均匀，晶粒度为 ASTM6.5~8级。图2给出了 HIP 温度与合金中再结晶组织含量的关系。

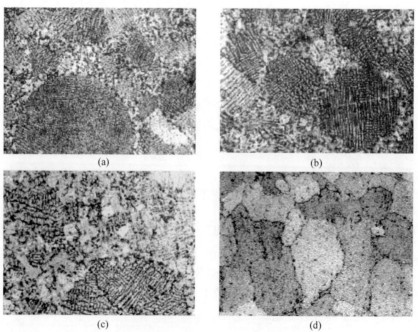

图1 不同温度 HIP 固结后合金的金相组织（×500）
(a) 1120℃；(b) 1140℃；(c) 1160℃；(d) 1180℃

在 PREP 制粉过程中，小粉末颗粒以较快的速度凝固，其固溶体具有较高的过饱和度和较低的强度。所以在 HIP 固结过程中，由于温度和压力的作用，小粉末颗粒产生塑性变形并发生动态再结晶，大粉末颗粒实际上没有改变本身的形状，即没有发生塑性变形［图1(a) ~ (c)］。

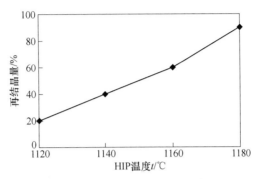

图 2 HIP 温度与再结晶量的关系

在再结晶区观察到了大 γ' 颗粒的聚集，其原因是在 HIP 加热过程中发生了粉末颗粒均匀化，并伴随着比较弥散的 γ' 颗粒溶解。由于增大凝固速度和变形量能促进均匀化过程和第二相溶解的进行[4]。所以在双相区 HIP（低于 $T_{s\gamma'}$ 温度 HIP）时，在热等静压机中以 3~5℃/s 的速度冷却时，过饱和度较大的小粉末颗粒固溶体的分解进行得更强烈，这样促使在小粉末颗粒表面上形成了比较大的 γ' 颗粒。此外，在塑性变形区发生再结晶时，大角度晶界的移动伴随着第二相颗粒的粗化。

这样，在镍基高温合金粉末 HIP 时同时发生两个过程。一是在变形量大的小粉末颗粒区发生再结晶，同时伴随着晶粒的长大和 γ' 颗粒的粗化。二是在大粉末颗粒区，伴随着铸态组织向等轴晶的转变进行均匀化。

4 结论

(1) FGH95 镍基高温合金粉末在 1120~1180℃ 温度下 HIP 固结后均能得到完全密实的压坯。

(2) 在 1120℃、1140℃ 和 1160℃ HIP 固结，小粉末颗粒产生塑性变形并发生动态再结晶，大粉末颗粒实际上没有发生塑性变形，合金组织为树枝晶和再结晶的混合组织。在 1180℃ 下 HIP 固结，一次 γ' 相完全溶解，合金具有均匀的完全再结晶组织。

(3) 随着 HIP 温度的升高，树枝晶减少，再结晶量增加，晶粒趋向均匀，晶粒没有长大，晶粒度为 ASTM6.5~8 级。

参 考 文 献

[1] Bartos J L, Mathur P S. Development of Hot Isostatically Pressed (As-HIP) Powder Metallurgy René95 Turbine Hardware. In: Kear B H et al. Superalloys: Metallurgy and Manufacture. Baton Rouge, Louisiana: Claitor, 1976: 495-501.

[2] Blacburn M J, Sprague R A. The Production of Components by Hot Isostatic Pressing of Nickel Base Superalloy Powders. In: Alexander J D et al. Forging and Properties of Aerospace Materials. London: The Metals So-

ciety, 1977: 350-363.
[3] 王慧芳, 俞淑延. 热等静压温度对粉末冶金合金成形态材料的影响的初步研究 [J]. 钢铁研究院报, 1985, 5 (3): 281-287.
[4] Ерёменко В И и др Структура и механические свойства жаропрочных гранулируемых нике-левых сплавов. МиТОМ, 1991, (12): 8-11.

(原文发表在《高温合金粉末的热等静压.2000年材料科学与工程新进展（下）》.北京：2000：1275-1277.)

我国粉末冶金高温合金研究成果及进展

张义文 陶宇

（钢铁研究总院高温材料研究所，北京 100081）

粉末冶金高温合金是现代高性能航空发动机的关键材料，主要用于制造航空发动机的盘、轴、环形件等核心热端部件。近10年来，随着高推重比航空发动机的需求牵引，我国粉末高温合金得到了实际应用，取得一批成果和重大进展。

FGH4095合金涡轮盘挡板已用于某发动机并已批量生产，FGH4096合金涡轮盘、挡板已开始在某高推重比发动机核心机上装机考核试验，为XX13发动机研制了FGH4097合金高压涡轮盘和鼓筒轴等9种部件，性能达到了国外同类产品的水平，通过了超温超转试验。通过计算机数值模拟和优化处理，并采用细晶锻造+梯度热处理工艺研制了具有双显微组织的双性能涡轮盘模拟盘件，取得一定进展。确定了粉末中夹杂物遗传性规律，确定盘件中夹杂物类型与粉末、母合金棒料中的基本一致，主要是陶瓷和熔渣类。在高纯净粉末制备技术方面取得突破性进展。

从1995年至2006年6月，采用等离子旋转电极工艺（PREP）生产了总计40t高温合金粉末，满足了航空发动机粉末盘等部件试制的需求。目前，PREP粉末中试线具备了工程化技术条件，可以提供粉末盘热等静压（HIP）坯料和热等静压粉末盘用高温合金粉末。

1 粉末冶金高温合金研究成果

1.1 FGH4095合金

FGH4095是属于高强型第一代粉末高温合金，相当于美国的René95合金，最高使用温度为650℃。

（1）FGH4095合金涡轮盘：研究并确定了盘件的热处理工艺，攻克了包套锻造开裂以及淬火裂纹等技术关键。于1995年4月在西南铝加工厂的30000t水压机上，使用粒度为50~150μm的PREP粉末，采用HIP成形+包套锻造工艺，试制了某发动机用直径为ϕ630mm的FGH4095粉末涡轮盘，其主要性能基本上达到了暂定技术条件的要求。1997年以后使用粒度为50~100μm的PREP粉末。从1995年4月至2000年9月，锻造了5批粉末盘，共计17件。由于存在超标的探伤缺陷，FGH4095粉末涡轮盘在某发动机上没有得到使用。

（2）FGH4095合金大尺寸涡轮盘挡板：使用50~150μm的PREP粉末，采用直接HIP成形工艺生产挡板。在目前我国最大尺寸为ϕ690mm的热等静压机上，要压制出外径尺寸为ϕ635mm的挡板坯料，在通常情况下是无法实现的。为此在装粉包套设计方面采取了措施，限制包套在 HIP 过程中的径向收缩，满足了挡板坯料的尺寸要求。突破了热等静压后挡板坯料翘曲变形和淬火开裂等技术关键，研制出了满足技术条件要求的挡板坯料（见图1）。截至 2006 年 4 月，已提供 FGH4095 合金前后挡板坯料总计 139 件。FGH4095 合金涡轮盘挡板材料于 2000 年 7 月通过了某发动机首飞前材料及工艺评审。2001 年 6 月涡轮盘挡板通过了科研试飞考核。2005 年 9 月通过了材料研究评审，材料性能满足了某发动机设计要求。目前，我国已具备了小批量生产粉末涡轮盘挡板坯料的能力。

图 1　FGH4095 合金挡板
(a) 挡板毛坯；(b) 挡板零件

1.2　FGH4096 合金

FGH4096 是损伤容限型第二代粉末高温合金，相当于美国的 René88DT，最高使用温度为 750℃。与 FGH4095 合金相比，FGH4096 合金的拉伸强度略有降低，其使用温度、蠕变强度、裂纹扩展抗力等有较大幅度的提高。

"九五"和"十五"期间，在 FGH4096 合金的成分、基本组织结构、热等静压工艺、变形特性、再结晶规律、热处理工艺、力学性能等方面进行了大量的研究。在此基础上开展了 FGH4096 合金涡轮盘、挡板、双性能涡轮盘等研制工作，取得了丰硕的成果。

(1) FGH4096 合金的性能：FGH4096 合金的性能与成形工艺及组织有关。图 2 为直接热等静压、热等静压+锻造（粗晶，晶粒度 7~8 级）及热等静压+锻造（细晶，晶粒度 10~11 级）的性能对比。在室温下，热等静压+锻造（细晶）FGH4096 合金的拉伸强度和塑性明显高于热等静压+锻造（粗晶）及直接热等静压 FGH4096 合金，但随温度升高它们的下降幅度较大。热等静压+锻造（粗晶）FGH4096 合金的拉伸强度与直接热等静压 FGH4096 合金相仿，室温及 650℃ 塑性略好。与经锻造的 FGH4096 合金不同，直接热等静压 FGH4096 合金的塑性在 650℃ 时最差。热等静压+锻造（粗晶）及直接热等静压 FGH4096 合金的 750℃ 持久性能明显好于热等静压+锻造（细晶）FGH4096 合金。

(2) FGH4096 合金双性能涡轮盘：根据涡轮盘的工况，希望在较高温度下工作的轮缘部位具有粗晶组织而获得较高的持久、蠕变强度，而在较低温度但较高离心力下工作的轮毂部位具有细晶组织而获得较高的屈服强度和低周疲劳性能。具有上述特性的涡轮盘就是双性能涡轮盘。采用双性能涡轮盘可以充分发挥材料的潜力，有利于涡轮盘的优化设

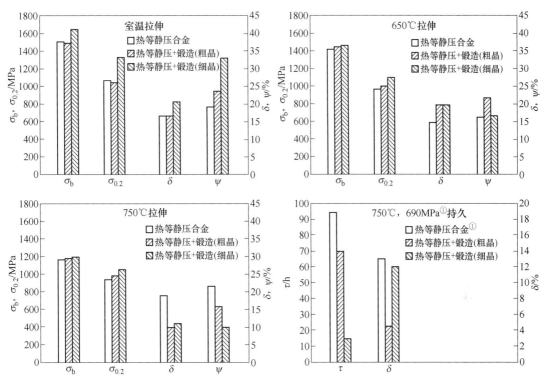

图 2 不同成形工艺 FGH4096 合金性能对比
(①热等静压合金的 750℃持久应力为 650MPa)

计，减轻盘体的质量，提高发动机的推重比。

"十五"期间开展了双性能粉末盘的研究工作，在细晶锻造技术方面取得了突破，锻造出了组织均匀、晶粒度为 10~11 级的细晶盘坯，通过计算机数值模拟、优化处理（见图 3），采用梯度热处理工艺获得了轮缘晶粒度为 5~6 级、轮毂晶粒度为 10~11 级的双显微组织模拟盘坯，晶粒度变化由轮缘到轮毂沿直径方向由粗至细均匀平稳过渡，不存在界面层（见图 4）。

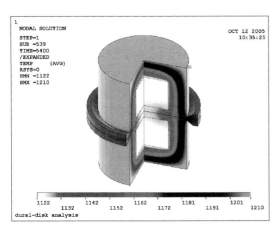
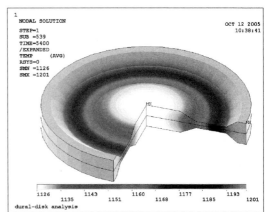

图 3 FGH4096 合金双显微组织热处理的有限元计算结果

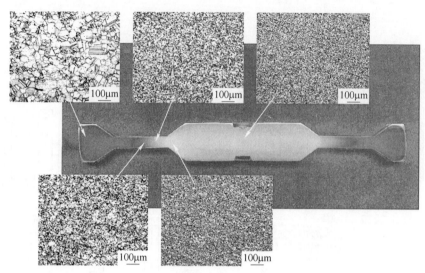

图 4 FGH4096 合金双显微组织双性能模拟盘坯

（3）FGH4096 合金涡轮盘挡板：从 2003 年开始研制某高推重比发动机用 FGH4096 合金前后挡板坯料。通过对 C、B、Zr 等微量元素优化并结合合适的热处理工艺，突破了 FGH4096 合金挡板高温持久寿命低的瓶颈。通过调整合金的固溶、淬火及时效工艺参数，解决了残余应力问题。使用 50~150μm 的 PREP 粉末，采用直接 HIP 成形工艺，研制出了挡板坯料，性能达到了技术条件要求，目前正在进行核心机装机考核试验。

（4）FGH4096 合金涡轮盘：从 2001 年开始，使用 50~100μm 的 PREP 粉末，采用直接 HIP+等温锻造工艺，突破了粉末纯净度等技术关键，研制出了某高推重比发动机用 FGH4096 合金涡轮盘。从 2002 年至 2005 年共计研制了 10 件，其中亚尺寸盘 3 件，全尺寸盘 7 件，目前正在进行核心机装机考核试验。

1.3 FGH4097 合金

FGH4097 是高持久强度型粉末高温合金，相当于俄罗斯的 ЭП741НП，最高使用温度为 750℃。

（1）FGH4097 合金涡轮盘：从 2003 年 5 月开始研制 FGH4097 合金，对 FGH4097 合金的成分、基本组织结构、热等静压工艺、热处理工艺、力学性能等方面进行了大量的研究。突破了近终形包套设计、热处理工艺及高温持久缺口敏感性三大技术关键。采用 PREP 制粉+直接 HIP 工艺，研制出了 XX13 发动机用高压涡轮盘、压气机盘、鼓筒轴等 9 种粉末部件，性能达到了国外同类产品的水平，已通过了超温超转试验。图 5 给出了高压涡轮盘、鼓筒轴包套和粗加工后的毛坯。

（2）FGH4097 合金性能：与 FGH4095、FGH4096 合金相比较，FGH4097 合金的拉伸塑性、高温持久强度和持久塑性高，抗氧化性能好，抗热腐蚀性能好，疲劳裂纹扩展速率比 FGH4096 合金略低或相当。FGH4095、FGH4096 合金有持久缺口敏感性。总之，FGH4097 合金具有优异的综合性能。在 HIP+HT 条件下，FGH4097 与 FGH4095、FGH4096 合金性能对比见表 1、表 2。

图 5 包套和毛坯照片

(a) 高压涡轮盘包套;(b) 高压涡轮盘毛坯;(c) 鼓筒轴包套;(d) 鼓筒轴毛坯

表 1 缺口-光滑组合持久性能

合金	650℃,990MPa(缺口-光滑组合持久 $r=0.15\text{mm}$)		
	τ/h	$\delta/\%$	断裂
FGH4095	87.3	—	断在缺口处
FGH4096	45.5	—	断在缺口处
FGH4097	389[①]	9.3[①]	断在光滑处

① 40 组试验的平均值。

表 2 疲劳裂纹扩展速率

合金	无保载	保载 90s
	650℃,应力比 $R=0.05$,加载频率 0.17~0.50Hz 650℃,$\Delta K=30\text{MPa}\cdot\sqrt{m}$	应力比 $R=0.05$,采用 1.5s-90s-1.5s 梯形波加载,$\Delta K=30\text{MPa}\cdot\sqrt{m}$
	$\dfrac{da}{dN}/\text{mm}\cdot\text{周}^{-1}$	
FGH4095	3.9×10^{-3}、7.7×10^{-3}	1.2×10^{-3}
FGH4096	2.6×10^{-3}、2.2×10^{-3}	9.1×10^{-4}、8.6×10^{-4}
FGH4097	1.5×10^{-3}、2.1×10^{-3}	8.3×10^{-4}、6.8×10^{-4}

2 夹杂物遗传性及形态变化研究进展

对母合金棒料、粉末以及盘坯中的夹杂物进行了分析,夹杂物可分为三类:陶瓷、熔渣、有机物。夹杂物具有遗传性，盘件、粉末中的夹杂物与棒料中的夹杂物基本一致，主要是陶瓷和熔渣。

2.1 母合金棒料中的夹杂物

在 PREP 制粉工艺中，真空感应熔炼的母合金棒料中夹杂物主要是陶瓷和熔渣。分析结果表明，棒料中非金属夹杂物含量为（质量分数）$0.45 \times 10^{-4}\%$，最大尺寸为 $600\mu m$（见图6），大颗粒陶瓷夹杂是 Al_2O_3、SiO_2、CaO 和 MgO 等氧化物，这些氧化物类夹杂大部分为外来夹杂物，颗粒大，形貌不规则；也有部分内生夹杂物，主要是 Al 和 Si 类氧化物及其复合氧化物，形状也较规则，尺寸相对较小。熔渣的主要成分为 O、Al、Ca、Ti、Cr 和 C，为氧化物和少量碳化物组成的混合物。

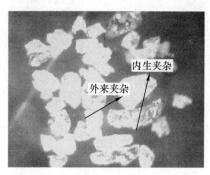

图6 真空感应熔炼后棒料中夹杂物

2.2 粉末颗粒内部及粉末中的夹杂物

PREP 粉末内部夹杂物主要是陶瓷，形状多为较规则的颗粒，其尺寸为 $3\sim20\mu m$。粉末中的夹杂物有陶瓷、熔渣、有机物和异金属，主要是熔渣和陶瓷，其形状多为不规则，其尺寸较大。陶瓷的成分与棒料中的类似，主要是由母合金棒料中陶瓷遗传带来的。熔渣主要是由 PREP 制粉过程和母合金棒料带来的，其成分和类型与棒料中相同。有机物是由粉末处理设备软连接系统带来的，其主要成分为 C、O、Ca 和 Al 等，有机物在粉末中很少。异金属来源于棒料支撑辊的磨损和等离子枪的铜阳极烧损，在粉末中很难发现。

2.3 盘件中的夹杂物

盘件中的夹杂物类型与粉末中的基本一致，主要是陶瓷和熔渣类，有机物很难发现。HIP 态盘件中夹杂物形状基本没发生变化，锻造盘件中夹杂物的形状是不规则的，有的破碎，呈扁平状，尺寸较大，在 $200\sim600\mu m$ 之间，绝大多数小于 $400\mu m$（粉末粒度小于 $100\mu m$）。这说明盘件中的夹杂物在锻造过程中发生了变形，在垂直盘件轴向的方向变扁，尺寸变大。

由于在盘件中很难发现有机夹杂物，为了搞清楚夹杂物在盘件中的变化，做了人工掺有机物实验研究。在粉末中人工掺入夹杂物，包括4种有机类夹杂物（黑真空橡胶、白真空橡胶、聚四氟乙烯和设备上的漆片），5种陶瓷类夹杂物（包括镁砂，其主要成分为 MgO、SiO_2、Al_2O_3 和漏包材料，漏包材料的主要成分为硅酸铝和焊渣）。将以上两类夹杂物破碎成不同尺寸，同一类型和粒度的夹杂物分别以 2000 颗/kg（陶瓷类每种 400 颗/kg，有机类每种 500 颗/kg）的比例掺入到粒度为 50~100μm 的 FGH4095 合金粉末中，夹杂物与粉末混合均匀，然后将粉末装套进行锻造试验。

结果表明，在 HIP 态合金中，MgO、SiO_2 和 Al_2O_3 没发生形状改变，保持原貌，周围未发现明显的反应区［见图 7(a)］。而漏包材料和焊渣类形态特征是由若干粉末颗粒包围的一个区域，原始的外表面已不存在，夹杂物本体变为多孔的烧结物，周围出现较多小尺寸（10~50μm）分散的反应区［见图 7(b)］。有机物在 HIP 过程中发生分解和扩散，C 和 O 与粉末表面的 Al、Ti 和 Cr 等元素发生反应，生成氧化物、碳化物和碳氧化物，形成了"反应 PPB"。部分未能扩散的生成物残渣分布在粉末颗粒之间，阻碍着粉末的结合［见图 7(c)］。有机物尺寸越大，PPB 越明显。

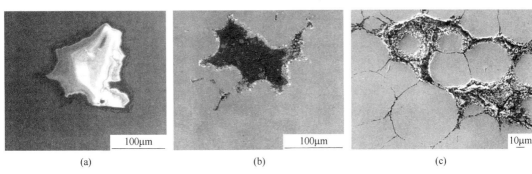

图 7 HIP 态 FGH4095 合金中夹杂物形貌
(a) 镁砂、SiO_2 和 Al_2O_3；(b) 漏包材料和焊渣；(c) 橡胶、聚四氟乙烯

在锻造态合金中，Al_2O_3、SiO_2 和 MgO 形态基本保持不变，但出现裂纹和断裂。漏包材料和焊渣类夹杂物发生变形，被破碎成分散状，边缘形成团絮状的不规则边界，尺寸明显增大。除镁砂和 Al_2O_3 外，其他陶瓷类夹杂物与基体中的 Al 等合金元素发生化学反应，出现了明显的贫 γ′ 区，宽度为 30~70μm，反应区加大了这些夹杂物的影响范围。锻造后有机物发生严重变形，在 HIP 过程中产生的 PPB 没有完全消失。

3 低周疲劳（LCF）寿命与夹杂物特性的关系

夹杂物降低了合金的力学性能，尤其是低周疲劳寿命。LCF 不仅与夹杂物的尺寸、位置和数量有关，还与夹杂物的类型有关。采用超声探伤对锻造盘件中夹杂物进行定位，然后分别沿盘件的轴向和径向取样。总共做了 72 根试样的 LCF 试验，其中轴向 26 根（无机物类），径向 46 根（有机物类 11 根、无机物类 35 根）。实验条件：温度 650℃，应变比 0.95，最大应变量 0.0078，f=0.17~0.50Hz。

结果表明，无机物类对 LCF 寿命影响较大，有机物类影响较小；夹杂物对盘件轴向试样的 LCF 寿命影响很大，对盘件径向试样影响很小。夹杂物尺寸越大，距试样表面越近，LCF 寿命越低。对于盘件轴向试样，表面无机物类夹杂物尺寸小于 50μm，LCF 寿命大于 5000 周，心部无机物类夹杂物尺寸小于 200μm，LCF 寿命大于 5000 周。对于盘件径向试样，有机物类夹杂物尺寸小于 500μm 的 11 根试样的 LCF 寿命都大于 5000 周，无机物类夹杂物尺寸小于 400μm 的 33 根试样的 LCF 寿命都大于 5000 周，其中 70% 以上试样的

LCF寿命都大于10000周。对数据处理后，建立了夹杂物类型、尺寸、位置与LCF寿命关系曲线（见图8）。

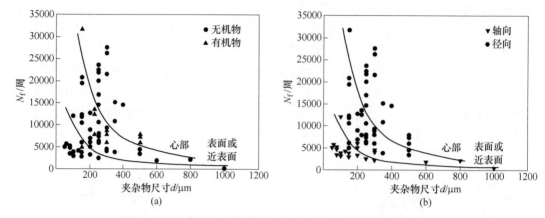

图8　LCF寿命与夹杂物类型、尺寸、位置和取样方向的关系
(a) 夹杂物类型；(b) 取样方向

4　粉末纯净度取得重大突破

1kg原始粉末中的夹杂物数量为114个，熔渣和陶瓷分别占53%和47%。筛分后50~100μm粉末中的夹杂物数量为42个（见表3）。

表3　1kg粉末中的夹杂物

粉末粒度/μm	50~100	100~150	150~200	200~250	250~300	>300	合计
原始粉末							
陶瓷/个	25	17	9	2	1	—	54
熔渣/个	14	21	15	7	2	1	60
合计/个	39	39	24	9	3	1	114
筛分后粉末							
夹杂物/个	18	24	—	—	—	—	42

通过静电分离工艺参数的优化，粉末纯净度取得重大突破。目前1kg粒度范围为50~150μm粉末中的夹杂物数量少于20个，1kg粒度范围为50~100μm粉末中的夹杂物数量少于10个，达到了世界先进水平。

5　快速电渣技术

夹杂物遗传性分析表明，粉末中的夹杂物主要来源于母合金棒料，所以制备高纯净母合金棒料是解决粉末纯净度问题关键技术之一。电渣重熔可以降低非金属夹杂物含量，提高母合金棒料纯净度。我国在2002年自行研制的超小断面快速电渣重熔设备见图9。

该设备的三项关键技术具有完全自主知识产权。关键技术之一是超小断面导电T形结晶器，可生产直径53mm的重熔锭，据文献报道，国外导电T形结晶器可生产的钢锭直径都大于100mm。关键技术之二是结晶器电流回路控制系统，该系统可在很大的范围内任意

图 9 超小断面快速电渣重熔设备
(a) 设备;(b) 抽锭过程

控制结晶器回路的电流大小,而不受自耗电极与结晶器导电元件间距离的影响,而文献报道的快速电渣炉的结晶器侧回路的电流大小是通过调节自耗电极与结晶器导电元件的距离来实现的。关键技术之三是通过控制结晶器、重熔锭侧回路电流大小和分配比例实现结晶器内钢液液面位置控制,此方法尚未见文献报道,国外快速电渣炉是利用放射性测位仪来控制结晶器内钢液液面位置的。

经电渣重熔后 FGH4095 母合金中的夹杂物数量和尺寸大幅度下降。经电渣重熔工艺精炼后,非金属夹杂物含量(质量分数)由 $0.45×10^{-4}\%$ 降低到 $0.15×10^{-4}\%$,降低了 67%,所有夹杂物尺寸都小于 $50\mu m$(见图 10)。分析结果表明,夹杂都是氧化物类夹杂物,这些氧化物类夹杂大部分是在凝固过程中形成的新生夹杂,主要是 Al 和 Si 类氧化物及其复合氧化物,形状也较规则,尺寸较小。另外也有少量的外来夹杂,与电渣重熔精炼前的类似,尺寸相对较大。

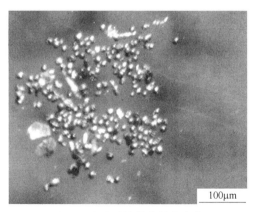

图 10 电渣重熔锭中的夹杂物

6 结束语

(1)夹杂物具有遗传特性。盘件中夹杂物与粉末、母合金棒料中的基本一致。主要是陶瓷和熔渣类。盘件中的夹杂物在锻造过程中发生了变形,在垂直盘件的轴向的方向变扁,尺寸变大。无机物类对 LCF 寿命影响较大,有机物类影响较小,夹杂物对盘件轴向试样的 LCF 寿命影响很大,对盘件径向试样影响很小,夹杂物尺寸越大,距离试样表面越近,LCF 寿命越低。

(2) 高纯净粉末制备技术取得突破性进展。2002 年自行研制、开发了世界上首台超小断面电渣重熔设备。经电渣重熔后母合金的夹杂物数量降低了 67%,夹杂物尺寸小于 50μm。

(3) 我国研制的××发动机用 FGH4095 合金涡轮盘挡板已定型,进入批量生产。FGH4096 合金涡轮盘、挡板已在核心机装机考核试验。

(4) 我国从 2003 年五月开始研制高持久强度型 FGH4097 粉末镍基高温合金。该合金的最高使用温度为 750℃,其最大特点是高温持久强度和蠕变性能好,抗氧化性能好,抗热腐蚀性能好,与 FGH4095、FGH4096 合金相比较,FGH4097 有优异的综合性能。采用直接 HIP 工艺研制出了某发动机高压涡轮盘和鼓筒轴等 9 种粉末部件,性能达到了国外同类产品的水平,已通过了超温超转试验。FGH4097 粉末盘生产工艺流程短,成本低,具有高的性价比。

(5) 通过计算机数值模拟和优化处理,采用细晶锻造+梯度热处理工艺研制的具有双显微组织的双性能模拟盘件,轮缘晶粒度为 5~6 级,轮毂晶粒度为 10~11 级。使用双性能粉末盘是我国未来高推重比发动机的发展方向。

(6) 高温高损伤容限型第三代粉末高温合金国家已立项,开始预研。

(原文发表在《中国高温合金五十周年》. 北京:冶金工业出版社,2006:110-117.)

粉末高温合金产业发展状况

陶 宇

1 粉末高温合金产业的国内外现状

1.1 概述

粉末高温合金是代表一个国家工业现代化水平的新材料，由于具有成分、组织均匀，合金化程度高，高温综合性能远优于同类变形合金，已成为先进航空发动机热端核心部件（如涡轮盘、压气机盘、轴等部件）的必选材料。同时，由于工艺简单、成本低，近十年来开始广泛用于车用、舰用及地面燃机，在石化、核能等领域，粉末高温合金材料也展现出广阔的应用前景。国内先进航空发动机迫切需要批量供应的、高质量和低成本的粉末高温合金盘、轴件。此外，民用发动机、地面燃机（包括烟气轮机）制造业（包括转包生产）的迅速发展，为粉末高温合金提供了很大的市场空间。目前我国粉末高温合金生产仍处于中试阶段，无法满足军品市场的急需和民品巨大的市场需求，迫切要求尽快实现粉末高温合金材料及其产品的工程化，"粉末高温合金材料及制品产业化项目"的完成对我国的国防建设和经济发展都将会有非常重要的意义。

1.2 国外产业发展现状

对于涡轮喷气发动机，包括由其演变出来的各种其他航空燃气轮机，在过去半个多世纪的发展过程中，主要是围绕提高涡轮前燃气温度及压气机增压比这两个过程参数而发展的。上述两个过程参数的提高，意味着发动机涡轮工作温度和转速的提高，因而对用于制造涡轮盘等发动机部件的高温合金的工作温度和性能提出了更高的要求。为了满足这些要求，高温合金中强化元素的种类与含量也在不断地增加，使合金的成分越来越复杂，由此带来了两个严重的问题：其一是高含量合金元素在铸锭中造成了非常严重的宏观偏析，导致组织和性能极不均匀，特别是对于涡轮盘等大型部件，更为严重；其二是高强度致使合金难以热加工变形，只能在铸态下使用。为了解决这两个关键问题，从20世纪60年代初起，美国首先开始研究用粉末冶金工艺来制备高性能的镍基高温合金材料，并获得成功。采用粉末冶金工艺可以得到无宏观偏析、组织均匀、晶粒细小、热加工性能良好的高温合金材料，并可使材料的屈服强度和抗疲劳性能大大提高。目前，已有多个牌号的粉末高温合金在美国、俄罗斯、英国、法国、德国等发达国家被用于生产高性能航空发动机的压气机盘、涡轮盘、涡轮轴、涡轮工作叶片挡板等重要部件。

美国P&W公司首先于1972年研制成功了IN100粉末高温合金，并将其用于制造F100发动机的涡轮盘、压气机盘等十一个关键部件，该发动机被装在F15和F16战斗机上，得到大量使用。20世纪80年代初，P&W公司又将MERL76粉末高温合金涡轮盘用于JT9D

和 JT10D 发动机上。美国 GE 公司则于 1972 年开始研制 René95 粉末高温合金盘件，首先成功用于军用直升机的 T700 涡轴发动机上，1978 年之后又用于 F101、F404、CF6-80 及 CFM56 等发动机上。1983 年 GE 公司开始研制 René88DT 粉末高温合金，1988 年研制成功后用于 CF6-80E、CFM56-5C2、GE90、F414、F110 等发动机上。目前，美国粉末高温合金的年产量已超过 2000t。前苏联于 20 世纪 70 年代中研制成功了 EP741NP 合金粉末盘，使用粉末盘的 RD33、AL31-F 发动机大量装配在米格-29、米格-31 及苏-27、苏-30 系列等战斗机上。80 年代以后又研制出 EP962P、EP975P、EI698P 和 EP962NP 等粉末高温合金。俄罗斯具有年产 6 万个粉末盘的生产能力。此外，英国的 R&R 公司，德国的 MTU 公司，法国的 SNECMA 公司等也先后研制出了如 APK-1、APK-6、AP-1 及 N18 等牌号的粉末高温合金，生产的粉末涡轮盘被用于 TRENT 系列、RB211、RB199 和 M88 等先进发动机上。

粉末高温合金发展至今，按其出现年代及性能可划分为三代。第一代粉末高温合金以 René95 为代表，出现于 20 世纪 70 年代。第一代粉末高温合金的特点是拉伸强度非常高，但抗裂纹扩展能力低。第二代粉末高温合金从提高发动机的安全性和可靠性出发，根据损伤容限设计原则，在第一代粉末高温合金的基础上，调整合金成分，略微降低了合金的强度，却使合金的抗裂纹扩展能力和使用温度有了较大幅度的提高。第二代粉末高温合金出现于 80 年代末期，其代表是 René88DT。该合金的抗裂纹扩展能力比 René95 合金提高了 1 倍，使用温度由 650℃ 提高到 750℃。美国、英国已研制出第三代粉末高温合金，其性能结合了第一代、第二代粉末高温合金的优点，即同时具有高强度、高的使用温度及高的抗裂纹扩展能力。GEAE 与 PWA 为 A380 联合开发的最新型发动机 GP7000 就使用了第三代粉末高温合金 René104（ME3）粉末盘。而英国的 R&R 公司也将其第三代粉末高温合金 RR1000 应用于和 GP7200 抗衡的 Trent900 发动机上。

1.3 我国该领域近几年的产业发展现状

为了开发我国高推重比、高性能航空发动机及跟踪世界高温合金材料发展前沿，我国于 1977 年在钢铁研究总院成立了粉末高温合金材料研究课题组，从德国引进了部分研究设备，包括 65kg 氩气雾化制粉装置，粉末筛分机，静电去除夹杂装置，脱气、装套、封焊设备等。同时，钢铁研究总院还自行设计和制造了一台有效直径为 690mm 的热等静压机。

1994 年在国家有关领导部门的大力支持下，从俄罗斯引进了先进的 ПУР-1 型等离子旋转电极（PREP）制粉设备。之后，又陆续引进了与其配套的粉末高温合金生产关键设备，包括粉末筛分、静电去除夹杂、脱气、装套、封焊，气体净化站，真空退火炉，粉末检测仪、检漏仪，水浸超声探伤仪等，国内配套设备有大型热处理炉、盐浴炉以及相关机加工设备等。形成了一条完整的粉末高温合金生产中试线。粉末高温合金生产中试线的建立对我国粉末高温合金材料的研制工作起到了积极的促进作用，奠定了粉末高温合金今后发展的基础。

"八五"、"九五"期间，我国研究人员在等离子旋转电极制粉工艺、粉末检测、粉末筛分、静电分离、热等静压包套设计、粉末装套脱气封焊、热等静压工艺参数、包套锻造工艺参数、盘件热处理工艺、FGH95 合金组织、性能等方面进行了大量的研究工作。摸索并确定了盘坯的成形工艺，初步确定了盘件的热处理工艺，攻克了包套锻造开裂及淬火裂纹等关键问题，于1995年8月在西南铝加工厂的三万吨水压机上用包套锻造工艺成功地模锻出 ϕ630mm 的涡轮盘坯料。在盘件的热等静压成形、锻造及热处理工艺方面取得了一些很有价值的成果，积累了大量数据和很多宝贵的经验。

为配合某型发动机的研制，钢铁研究总院研制成功了 FGH95 粉末涡轮盘前后挡板。涡轮盘前后挡板安装在发动机涡轮盘的外缘，起防止涡轮叶片从榫槽中滑落以及减小叶片工作时颤动的作用。发动机工作时，挡板与涡轮盘同步旋转，其工作温度约为 650℃。因此，对用于制造挡板的材料要求很高。国外先进发动机使用的挡板都是用粉末高温合金材料制造的。我国采取了等离子旋转电极（PREP）制粉+热等静压（HIP）直接成形的工艺路线来生产挡板坯料，挡板坯料的尺寸为 $\phi_{外}$635mm×$\phi_{内}$525mm×$H_{厚}$25mm。目前，钢铁研究总院已具备了小批量生产粉末涡轮盘挡板坯料的能力。

从"九五"开始，我国开始了第二代粉末高温合金 FGH96（与美国的 René88DT 合金相当）的研制、开发工作。"十五"期间，为配合某涡扇发动机核心机的研制，钢铁研究总院承担了高压涡轮盘用高洁净度 FGH96 合金热等静压坯料以及 FGH96 合金涡轮盘前后挡板的研制工作。

为了配合我国高推重比航空发动机技术的研究计划，跟踪世界涡轮盘材料发展的前沿技术，"十五"期间国家对双性能粉末涡轮盘的研究予以立项。该项目的实施将缩短我国在高性能高推重比航空发动机关键技术方面与世界先进水平的差距，为我国未来的高推重比航空发动机的设计作好材料技术储备。

2003年4月钢铁研究总院开始了直接热等静压成形 FGH97 粉末高温合金部件的研制。目前已为某型发动机研制成功了包括高压涡轮盘、低压涡轮盘、鼓筒轴、高压8级盘、高压9级盘、篦齿盘、旋转导风轮、封严篦齿环、篦齿环9个粉末高温合金部件。

为彻底解决粉末高温合金材料中的非金属夹杂问题，2002年钢铁研究总院投资150余万元，自行设计、建造了世界上首台超小断面（ϕ50mm）真空/惰性气体保护快速电渣炉，2004年11月成功地用 ϕ100mm 的 FGH95 合金自耗电极抽出 ϕ53mm 的电渣锭。

经过二十多年的科研攻关，钢铁研究总院已经掌握了工业化生产粉末高温合金材料的技术，具备采用 PREP+HIP+包套模锻工艺生产 FGH95 合金涡轮盘坯料、采用 PREP+HIP 工艺生产 FGH95 合金高压涡轮叶片前后挡板及 FGH97 合金涡轮盘、鼓筒轴等部件坯料的能力。

2 粉末高温合金产业及技术发展趋势分析

除用做航空发动机外，燃气轮机还被广泛应用于发电、船舶动力、机械驱动等方面。用于发电的轻型燃机和用作船舶、车辆动力的燃机直接由航空燃机发展而来，也被称作航改型燃气轮机，如 GE 公司的船用燃机 LM1600、LM6000 分别源自 F404 和 CF6-80C2，用于美国主战坦克 M1 的最新型1500匹马力大功率车辆动力燃机 LV100-5 源自 T700。在母型机上得到应用的粉末高温合金材料也自然被移到这些发动机上。

主要用于大型电站的重型燃气轮机虽然主要是遵循传统的蒸汽轮机理念发展起来的，但其核心技术的大部分还是来源于航空发动机。与航空燃气轮机的发展历程相似，重型燃机的发展也是围绕着提高涡轮前燃气温度及压气机增压比进行的。美国 GE 公司生产的重型燃气轮机在四五十年时间里，压气机增压比由 10 左右（PA 型）增加到 23（H 型），涡轮前燃气温度由 960℃（PA 型）提高到 1430℃（H 型），单机效率从 26%（PA 型）提高到 37%（F 型），H 型机组的联合循环热效率达 60%。上述进展与高温合金材料的使用密切相关，在 F 型燃机之前开发的 RA 型、PA 型、B 型、E 型燃机的涡轮前燃气温度在 900~1100℃ 之间，压气机增压比 7~12，轮盘都使用 Cr-Mo-V 合金钢材料。20 世纪 80 年代后期开发的 F 型燃机的涡轮前燃气温度达到了 1316℃，压气机增压比 15，首次采用 Ni-Fe 基高温合金 706 制造涡轮盘，高、低压压气机盘仍使用钢质材料。90 年代后期开发的 H 型燃机涡轮前燃气温度高达 1430℃，压气机增压比增至 23，采用了高温性能更好的 Ni 基高温合金 718 制造涡轮盘，高压压气机盘则采用 706 合金。重型燃气轮机的另一个发展方向是大型化，单机功率已从 20MW 提高到 256MW，最新开发的 9H 型机组，联合循环出力达 480MW，热效率 60%。重型燃机的大型化直接导致轮盘尺寸的增大，其质量达到 6000~15000kg。锻造这样的盘件要求钢锭直径达到 685~915mm。为解决大锭型出现的严重偏析问题，美国开始研究采用粉末冶金技术生产大型燃机用 718、706 合金锭，其中所生产的地面燃机用 706 合金盘件的最大质量达 8170kg。在美国，重型燃机已成为粉末高温合金材料应用的一个新的领域，并有望超过航空发动机成为粉末高温合金材料的最大用户。

俄罗斯的粉末高温合金在地面燃气轮机上的应用也很广泛，直接热等静压地面燃机用 EI698P 粉末盘直径达 1100mm。目前俄罗斯轻合金研究院（VILS）全年粉末高温合金产量达 400 多吨，月产粉末高温合金盘、轴件 100 套以上，其中一半用于地面燃机。英国、德国、法国等国也将粉末高温合金广泛应用于各种燃气轮机上。

粉末高温合金材料的另一个新的应用领域在核能发电。高温气冷堆（HTGR）是一种新型的、具有良好安全特性的先进核反应堆，它的安全性好，发电效率可达 48% 左右。HTGR 利用反应堆加热氦气，再利用高温氦气推动气轮机发电。HTGR 氦气轮机的高压涡轮前氦气温度为 850℃，由于其涡轮盘不能使用冷却技术，工况达到了当前最先进的航空发动机的水平，只能选择 U720、René88DT 等粉末高温合金材料。目前多国合作研制的单个模块功率达 280MW 的 HTGR 型装置 GT-MHR（Gas Turbine Modular Helium Reactor）就选粉末高温合金 U720LI 作为其涡轮盘材料，GT-MHR 的原型机计划 2009 年在俄罗斯建成。

目前，在世界上有 420 座轻水反应堆（LWR）核电站，总容量近 50000MW，满足 22% 的世界电力需要。但是，由于来自其他燃料特别是天然气的竞争，许多 LWR 核电站很可能过早地关闭。事实上，比 LWR 先进的沸水堆（BWR）和压水堆（PWR）核电站的发电效率在 33%~35% 之间。而现今世界上燃气轮联合循环的发电效率已达到 56%~60%。这种发电效率再加上低廉的天然气价格，使得燃气轮机联合循环成为一个极具吸引力的选择。因此，提高核电工业的竞争力的关键在于提高核电效率。美国太平洋西北实验室贝特尔研究所开发出用燃气轮机联合循环与一个轻水堆（LWR）结合起来的发电技术，也被称为 TD 循环，能产生 41%~42% 的发电效率。对 1~1.3GW 的核电站进行 TD 循环改造，一般需要总容量达 300~600MW 的燃气轮机。因此，对大量 LWR 核电站的改造，为重型燃机乃至粉末高温合金又开辟了一个新的应用领域。

俄罗斯还将 EP741NP 粉末高温合金用于制造大型液体运载火箭发动机的氧化剂叶轮和涡轮叶轮。

3 钢铁研究总院粉末高温合金材料及制品专项进展总结

3.1 项目背景、概况和意义

我国出于打破西方的技术封锁和军事、经济战略的需要，对先进航空发动机及地面燃机产业非常重视，从"八五"起××发动机一直是国家重大科研项目，国家通过科技部"863"项目和计委"打捆招标"项目对地面燃机产业也给予积极的政策支持。粉末高温合金作为先进航空发动机及地面燃机生产的关键材料，也一直得到国家有关部门的重点扶持。国家发展改革委在2005年立项支持的"高性能镍基高温合金粉末和部件实现年产百吨级产业化示范工程"项目的实施，将促进我国具有自主知识产权的科研成果转化为生产力，使我国先进航空动力装置及大型燃气轮机生产中长期存在的瓶颈问题得以解决。

3.2 项目和企业在行业中的地位

钢铁研究总院创建于1952年，原直属冶金工业部，1999年7月转制为中央直属大型科技型企业，2000年3月27日在国家工商行政管理总局注册，是目前我国冶金行业最大的综合性研究开发机构。

目前，钢铁研究总院有从业人员2964人（在职职工1855人），其中专业技术人员1583人，中国科学院和工程院院士6人，拥有高级技术职称人员479人，中青年专家22人，博士生导师32人，享受国务院政府特殊津贴专家227人。离退休职工1840人。

到2004年底，全院资产总额33.46亿元，2004年共实现销售收入19.25亿元，实现利润总额1.28亿元。2001年以来连续获得工商银行信用等级评定"AAA"资格；2002年以来连续荣获中国技术市场金桥奖集体一等奖。目前钢铁研究总院已通过ISO 9001（GB/T 19001）2000版质量管理体系认证。

建院50余年来，钢铁研究总院在材料科学、冶金工艺与工程、分析测试等领域共取得了4000余项科研成果，包括国家级奖励252项、省部级科技进步奖892项、授权专利622项。为"两弹一星"、"长征系列运载火箭"和"神舟号"飞船等诸多国家重点工程研制生产了大量的关键材料，为我国的国民经济建设和国防建设做出了重大贡献。

钢铁研究总院致力于技术创新，设有先进钢铁材料技术国家工程研究中心、国家冶金精细品种工业性试验基地、连铸技术国家工程研究中心、国家非晶微晶合金工程技术研究中心、国家钢铁材料分析测试中心等9个国家级中心。

钢铁研究总院以产业规模化、工程大型化、产品国际化为目标，1998年以来陆续发起设立或组建了以安泰科技股份有限公司、新冶高科技集团有限公司、北京钢研高纳科技有限公司、北京纳克分析仪器有限公司等为代表的一批具有较强经济实力、高成长性的高新技术企业，正在逐步建立符合现代企业制度的一流科技企业集团。目前，钢研集团（包括下属公司）建设了具有国际先进水平、国内最大的非晶微晶生产基地、国内最大的药芯焊丝生产基地和具有国际先进水平的高温母合金及CA精铸生产线。科研和产业基地占地面积达1235亩。

钢铁研究总院对本项目极其重视，钢铁研究总院院长干勇院士教授亲自担任项目负责人。

3.3 项目对产业发展的作用与影响

粉末高温合金是先进航空燃机、工业燃机核心部件上必用的关键材料，是体现一个国家金属材料科学发展水平的高科技产品。目前世界上只有美国、俄罗斯、英国、法国具备粉末高温合金的开发与生产技术。由于粉末高温合金材料的重要战略地位，美国等西方国家一直禁止将粉末高温合金材料及其生产技术向我国出口。为打破西方的技术封锁，开发我国自己的高性能航空发动机和工业燃气轮机，我国研究人员在近 30 年的时间里，对粉末高温合金制粉工艺、粉末检测、粉末筛分、静电分离、热等静压包套设计、粉末装套脱气封焊、热等静压工艺参数、包套（等温）锻造工艺参数、盘件热处理工艺、粉末高温合金组织、性能等方面进行了大量的研究工作。从实验室研究、小规模试验到中试生产线的小批量供货，逐步掌握了粉末高温合金的工程化生产技术，形成了适合我国国情、具有中国特色的粉末高温合金生产工艺路线。"粉末高温合金材料及制品产业化项目"的实施就是为了将研究成果转化为生产力，实现高性能粉末高温合金材料的工程化生产，向我国先进航空动力装置及各类大型燃气轮机大批量提供高质量、低成本的粉末高温合金部件，解决我国先进航空动力装置及大型燃气轮机生产中长期存在的瓶颈问题。

3.4 产业关联度分析及项目和企业在产业链中的地位

燃气轮机是航空、电力、船舶、化工、石油诸多领域的核心装备，代表一个国家的综合装备技术水平，它关系到国防、能源、交通、环保等国计民生，有巨大的发展前景，西方国家把它作为"国防安全、能源安全和保持工业竞争能力"的战略装备而列入国家的关键产业之中。粉末高温合金材料是目前最先进的各种燃气轮机热端旋转部件的必选材料，属于先进燃气轮机的关键技术之一。粉末高温合金材料及制品的产业化将对机械、航空、兵器、船舶、航天、石化等工业部门的发展产生积极推进作用。

3.5 项目市场分析及产业化前景

目前我国有多个型号的先进航空发动机应用粉末高温合金制造高压涡轮盘等关键部件，有的已经定型进入批产，有的尚在研制中。初步估计，"十一五"期间我国先进航空发动机研制、生产用粉末高温合金部件将形成 1 亿元的年产值。

由于燃气轮机电站技术先进、效率高、污染少等特点，发达国家 20 世纪 80 年代以来大力发展大功率燃气轮机-蒸汽轮机联合循环电厂。航改型燃气轮机由于建设周期短、收效快、机动性和灵活性好，广泛用于工业发电、城市调峰发电和公共事业用电等中小型电厂。预计到 2020 年全世界的燃气轮机发电将占到 50% 左右。随着中国能源需求迅猛增长以及天然气资源进入大规模开发利用阶段，燃气轮机正在形成一个"爆发性增长"的市场。根据国家发改委规划，到 2020 年，全国燃气轮机联合循环装机容量将达到 55000MW，是 2000 年之前的 50 年里已建成的同类装机容量的 25 倍。

机械驱动燃气轮机在车辆方面的市场还是军用为主，主要是军用坦克和装甲车辆。机械驱动用燃气轮机民用市场主要是石油和天然气化工工业领域。在石油、天然气开采、运输和化工流程中燃气轮机作为油田注水、注气、气举采油、输油和输气管道增压等的机械驱动动力。"西气东输"工程，预计年输气量达到 200 亿立方米时需要 113 套 1×10^4kW 机组。陕-京输气管线，需要 2000~5000kW 功率级燃压机组 6~10 套。涩—宁—兰输气管道，需要 2000~5000kW 功率级燃压机组 6~8 套。俄—中—韩输油、输气管线，也需要用 $(1.5~2.5)\times 10^4$kW 级航改型燃气轮机增压。

在军民用船舶中，燃气轮机首先用于军用舰艇。据统计，到 1998 年全球 56 个国家和地区共有 948 艘军用船舶使用了 2510 台燃气轮机作为动力。20 世纪 80 年代以来，燃气轮机也广泛用于高性能商用船舶，如豪华客轮、豪华游艇等。军用舰艇和民用船舶对燃气轮机的需求为我国燃气轮机产业提供了极大的机遇，需求的功率等级主要是 7MW、10MW、15MW、20MW、30MW 等几种型号。

烟气轮机是催化裂化装置中重要的能量回收设备。20 世纪 70 年代，我国研制完成了首台催化裂化装置 YL3000 型烟气轮机；1982 年，我国又研制出双级烟气轮机，使烟机效率由 74% 提高到 82% 以上；1987 年，我国研制出 YLⅡ6000 型大功率双级烟气轮机。目前，我国已生产 YL 型单、双级烟气轮机 80 余台，其输出功率范围为 2~19.2MW，生产烟气轮机总台数在世界排名第二，其中生产双级烟气轮机总台数名列首位。2003 年我国又研制了输出功率达 33MW 的特大型烟气轮机，在兰州石化公司 300 万吨/年重油催化裂化装置一次投运成功，并通过专家组鉴定验收。但是，该烟气轮机的涡轮盘材料仍需进口。

以上分析表明，我国的地面燃机市场空间非常巨大，对燃机的需求量超过俄罗斯当前状况。按目前俄罗斯地面燃机生产对粉末高温合金材料需求量推算，我国地面燃机行业对粉末高温合金材料需求量每年应大于 200t。本项目实施后可为其中的轻型燃机提供高质量、低成本的直接热等静压粉末涡轮盘等部件，为其中的重型燃机涡轮盘提供无宏观偏析、锻造性能优越的热等静压锭坯，彻底解决我国先进地面燃机制造中的涡轮盘材料问题。

随着我国载人航天计划和"嫦娥"奔月计划的实施，我国对大型液体火箭发动机的研制步伐加快，预计我国未来的大型液氧-煤油火箭发动机将会使用粉末高温合金部件。

2002 年 863 计划重点项目"10MW 高温气冷实验堆"通过国家鉴定，它的建成运行，是我国自主研究和开发先进核电技术取得的一项重大成果，标志着我国在高温气冷堆技术领域已达到世界先进水平。我国高温气冷堆技术的产业化要求开发、建造大型氦气轮机，其涡轮盘必须使用粉末高温合金材料制造。

3.6 项目的成果来源及知识产权情况

钢铁研究总院从 20 世纪 70 年代起开始研究粉末高温合金，在借鉴国外先进经验的基础上，开发出具有中国特色的 PREP 制粉+HIP 成形+包套模锻（或等温锻）的粉末高温合金生产工艺，获得国家专利 6 项。先后研制出了 FGH95 和 FGH96 两个牌号的粉末高温合金。"九五"期间完成国家军工重大攻关项目"某型航空发动机用 FGH95 粉末高温合金涡轮盘的研制"及"某型航空发动机用 René88DT 粉末涡轮盘的研制"，并于 2001 年 9 月通过国家验收。完成"某型航空发动机用 FGH95 粉末涡轮盘前后挡板的研制"项目，于 2000 年 7 月通过了某型航空发动机首飞前材料及工艺的评审。完成某型航空发动机大修用 B 类材料国产化项目"某合金粉末材料研制"，于 2002 年 9 月通过国家验收。"十五"期间又承担了总装重点项目"涡轮盘合金材料研制"及科工委重点项目"高推重比发动机用粉末高温合金双性能涡轮盘研究"。

3.7 产品技术路线、工艺特点及产品优势

与传统的铸锻工艺相比，采用粉末冶金工艺可以得到无宏观偏析、组织均匀、晶粒细小、热加工性能良好的高温合金材料，并可使材料的屈服强度和抗疲劳性能大大提高，目前许多高性能高温合金材料只能用粉末冶金工艺生产。对于一些变形合金如718（GH4169）、706（GH706），随着锭型的增大偏析问题越来越严重，采用传统铸锻工艺生产，不但工艺复杂、材料浪费大、成本高，而且质量难以保证，而采用粉末冶金+近终形成形技术则可解决上述问题，获得高质量、低成本的产品。

3.8 项目重大关键技术的突破对行业技术进步的重要意义和作用

我国仅建成一条粉末高温合金中试生产线，该中试线采用了俄罗斯 PUR-1 型等离子旋转电极制粉装置及配套设备，电极棒尺寸为 $\phi50mm \times 700mm$，严重失衡的直径/长度比致使冶炼、浇铸时进入钢液的耐火材料夹杂无法上浮而留在棒料中，这些夹杂物往往导致了目前我国粉末盘超声探伤超标。"十五"期间开发了快速电渣工艺制取电极棒，拟从根本上解决粉末中夹杂数超标问题，已取得重大进展。但由于电极棒直径（50mm）过小，造成生产成本过高，不适合于大批量生产。由于中试线不能连续作业，造成产品质量不稳定，成本高。目前整条中试生产线的生产能力仅为年产 13t 50~100μm 高温合金粉末，无法满足当前我国先进航空发动机及地面燃机研制、生产的需求。

本项目的实施，可实现粉末高温合金材料的工程化生产，达到 200t/a 50~100μm 高温合金粉末的产业化目标，向我国先进航空动力装置及各类大型燃气轮机大批量提供高质量、低成本的粉末高温合金零部件，解决我国先进航空动力装置及大型燃气轮机生产中长期存在的瓶颈问题。

3.9 项目经济效益分析

本项目为粉末高温合金材料及产品项目，项目利用总院多年来在高温合金领域内的研究开发成果及新技术，进行产业化。

经初步估算，项目总投资为 18671.76 万元，其中固定资产投资 17291.75 万元，铺底流动资金 1380.11 万元，见表1。

表1 项目经济效益分析表

项 目	指标	项 目	指标
正常年销售总收入（含税）/万元	23600	静态投资回收期/年	7.0
年平均净利润/万元	3297.7	投资利润率/%	15.06
全投资财务内部收益率（税后）/%	17	贷款偿还期/年	2.86
财务净现值/万元	6648	盈亏平衡点/%	40
资本金收益率/%	32		

项目总投资 18671.76 万元，其中申请国家专项匹配资金 4000 万元，企业自有资金 9671.76 万元，申请银行固定资产贷款 5000 万元，贷款以固定资产折旧、可分配利润等企

业盈余偿还。

项目通过建设形成一条年生产能力达到200t 50~100μm高温合金粉末及其制品的生产线项目,计算期取12年,其中建设期为2年,生产期取10年。

3.10 项目社会效益分析

本项目实施后,可使我国先进航空发动机、燃气轮机研制、生产中急需的关键材料——粉末高温合金实现批量生产,打破国外封锁,提升我国在国防、交通、能源等领域核心装备制造的竞争力,对机械、航空、兵器、船舶、航天、石化等工业部门的发展产生积极推进作用。

3.11 项目存在的问题和解决措施

目前项目存在的最大问题是国家专项匹配资金较少、资金缺口较大,为解决此问题,一方面钢铁研究总院正积极通过其他渠道筹措资金,另一方面也对原方案进行了适当的调整。

3.12 前景展望

我国经济发展和国防建设的需要为粉末高温合金材料提供了广阔的市场空间,粉末高温合金将被广泛地应用于航空发动机、火箭发动机、舰船燃机、地面车辆燃机等与国防建设密切相关的领域及发电、油气开采和输送、核能等关键的国民经济部门。

(原文发表在《中国新材料产业发展报告(2006)——航空航天材料专辑》,北京:化学工业出版社,161-171.)

粉末冶金高温合金的现状及发展趋势

张义文

用粉末冶金方法生产高温合金，主要是镍基高温合金。粉末冶金法是20世纪60年代出现的一项技术。随着航空工业的发展，燃气涡轮发动机正向推力大、油耗低、推重比高和使用寿命长的方向发展，而这一发展需要通过压气机增压比和涡轮进口温度的不断提高，以及采用更新的设计来实现。现代高推重比航空发动机的发展，对用于制造涡轮盘等发动机热端关键部件的高温合金工作温度和性能要求越来越高。为了满足发动机对性能的要求，传统的铸锻高温合金的合金化程度不断提高，使得铸锭偏析严重、热加工性能差、成形困难，难以满足要求。采用粉末冶金工艺，可以得到无宏观偏析、组织均匀、晶粒细小、热加工性能良好的高温合金材料，大幅度提高了材料的屈服强度和抗疲劳性能，在先进航空发动机中得到了广泛应用和迅速发展。目前，粉末高温合金主要用于传统方法难于或无法锻造成形的高强涡轮盘合金，已经成为先进航空发动机压气机盘、涡轮盘、鼓筒轴及涡轮挡板等关键热端部件的必选材料。

1 粉末冶金高温合金优点

1.1 消除偏析

雾化制粉时每一个细小的粉末颗粒以高达 $10^2 \sim 10^5 K/s$ 的速度冷却，每颗粉末相当于一个显微锭坯，消除了宏观偏析，显微偏析被限制在 $1.5\mu m$ 的枝晶间，用这样的粉末压制成的涡轮盘毛坯具有均匀的显微组织，避免了常规铸锭中由于偏析造成的低倍缺陷。

1.2 细化晶粒

由于粉末颗粒是超细晶粒的多晶体，沉淀强化相以极为细小分散的方式存在，这使得成形后的毛坯具有均匀的细晶组织，从而可以提高盘件的强度和低周疲劳寿命，降低力学性能的分散性。

1.3 改善工艺性能

由于粉末高温合金压坯具有比传统的铸锻高温合金更加均匀的细晶组织，这样的压坯具有超塑性，大大改善了合金的冷热加工性能。

1.4 降低成本

利用超塑性锻造和热等静压近终形成形技术，与传统的铸锻高温合金相比，可以提高材料利用率，降低昂贵的材料消耗，并可简化工序，减少后续机加工量，因而可使盘件生产成本大为降低。

1.5 减轻质量

由于粉末高温合金力学性能分散度相对于传统的铸锻高温合金大大减小，提高了材料的最低设计应力，减轻了盘件质量，有助于提高发动机推重比。例如美国 P & W 公司由于在 F100 发动机上使用粉末高温合金，仅盘件就使每台发动机减轻质量 58.5kg。

1.6 提高燃油效率

先进的高性能涡扇发动机 PW2037 采用了 5 个 MERL76 粉末高温合金盘，减少油耗 30%，相当于每年每架飞机节省 100 万美元。新型粉末高温合金 René104 应用于先进的 GP7200 发动机上，可以在较高燃烧温度下使用，有助于综合提高发动机的燃料利用效率，减少燃料的消耗，还能使排放物减少 5%。

总之，粉末高温合金在技术和工艺上，充分显示了新材料、新工艺和新的零件结构三者融为一体的巨大力量，粉末高温合金已经成为了制造高推重比新型发动机涡轮盘的最佳材料之一。

2 粉末冶金高温合金的生产工艺

粉末高温合金的生产工艺步骤主要有：

（1）粉末制备。主要采用氩气雾化法、真空雾化法、旋转电极雾化法等制备低氧含量的纯净粉末。

（2）粉末处理。在氩气保护或真空下进行粉末的筛分、混料、去除夹杂，筛分可以得到所需尺寸的粉末，还能减小最终零件中所含夹杂的最大尺寸。通常粉末尺寸越小，可能含有夹杂的最大尺寸也越小。

（3）装套和脱气、封焊。真空下将粉末装入碳钢或不锈钢包套中，然后进行热动态脱气、封焊，热动态脱气是为了去除粉末中的气体和水分。

（4）固结成形和热加工。主要采用热等静压、热压或热挤压固结成形，也可再进行热模锻或超塑性等温锻造。

（5）热处理和机械加工。

（6）无损检测。

粉末高温合金的生产工艺特点是采用全惰性工艺，即雾化制粉和粉末处理均在惰性气氛保护下或真空中进行，以免受到污染。粉末高温合金有不同的生产工艺路线，根据零件形状和使用寿命的要求、生产成本、工艺技术水平以及现有条件等综合因素来确定。目前，美国、英国、德国等西方国家主要采用氩气雾化法（AA）制粉+热挤压（HEX）+等温锻造（ITF）工艺生产压气机盘和涡轮盘等，采用 AA 制粉+As-HIP 工艺生产小型涡轮盘、鼓筒轴、涡轮盘挡板以及封严环等。俄罗斯采用等离子旋转电极法（PREP）制粉+直接热等静压（As-HIP）工艺生产压气机盘、涡轮盘、鼓筒轴及封严环等高温承力转动件。

2.1 粉末制备工艺

粉末制备是粉末高温合金生产过程中的关键环节，粉末质量直接关系到零件的性能，所以在粉末制备工艺方面开展了大量的研究工作，试验了多种工艺方法。目前，生产中主要采用氩气雾化法（AA）、等离子旋转电极法（PREP）和溶氢雾化法（SHA），三种制粉方法的设备图如图1所示，特性比较见表1，粉末形貌见图2。

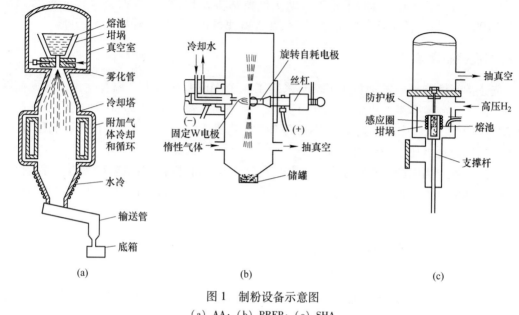

图 1　制粉设备示意图
(a) AA；(b) PREP；(c) SHA

表 1　三种制粉工艺特性比较

生产工艺	AA	PREP	SHA
粉末形状及特征	粉末主要为球形，空心粉较多	粉末为球形，表面光洁，空心粉少	粉末形状最不规则，呈球形和片状，表面粗糙，有疏松
粉末粒度	粒度分布范围宽，平均粒度较细	粒度分布范围较窄，平均粒度较粗，一般大于 $50\mu m$	粒度分布范围宽，平均粒度较粗
粉末纯度	纯度较差，有坩埚等污染	纯度较高，基本保持母合金棒料的水平，无坩埚污染	纯度较差，有坩埚污染
氧含量	较高	较低，与母合金棒料相当，小于 70×10^{-6}	较高
粒度控制因素	喷嘴设计，氩气压力，金属流大小	主要是棒料的转速和直径	金属溶液过热温度，导管孔径，真空室压力
生产效率	最高	最低	中等

（1）氩气雾化法。真空熔炼的母合金，在雾化设备的真空室中重熔，熔液经漏嘴流下，用高压氩气将其雾化成粉末，液态粉末的冷却速度约 $1.8\times10^{2} K/s$。粉末最大尺寸取决于熔体的表面张力、黏度和密度，以及雾化气体的流速。这种制粉方法美欧使用最多。该方法制粉，因钢液和耐火材料接触，粉末中的陶瓷夹杂含量高，而且在高压气流下会形成片状粉、空心粉，粉末的尺寸差别很大。

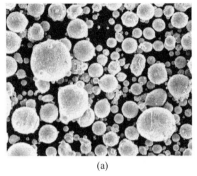 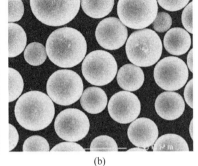 

图 2 粉末形貌
(a) AA; (b) PREP; (c) SHA

（2）旋转电极法。用固定的钨电极产生的电弧或用等离子弧连续熔化高速旋转的电极，旋转电极端面被熔化的液滴在离心力的作用下飞出，形成粉末，液态粉末的冷却速度约 10^5 K/s。粉末尺寸约为气体雾化法所制粉末的两倍。俄罗斯采用这种方法制粉。美国的 Wittaker Nuclear 公司也采用这种方法。这种制粉方法的优点是，制粉过程中不会产生新的陶瓷夹杂，粉末中的陶瓷夹杂少，且粉末中气体含量与母合金相当，绝大部分粉末为球形，片状粉、空心粉极少，粉末收得率高。

（3）溶氢雾化法。合金在真空下熔炼并过热，然后在钢液中通入可溶性气体氢，并达到饱和状态，此后将钢液通过导管引入上部的膨胀室中，使溶解的氢突然逸出，将钢液雾化成粉末，液态粉末的冷却速度约 1.8×10^3 K/s。美国 Homogeneous Metals 用此法生产粉末，但批量小，粉末中氢含量高，而且易于引起氢爆炸。

目前，俄罗斯和我国主要采用 PREP 法，美国、英国、德国等主要采用 AA 法生产高温合金粉末。

2.2 成形工艺

由于粉末是球形的且在冷态下粉末本身的硬度和强度高，室温下难于压制成形，所以高温合金粉末的固结成形采用热成形工艺，主要有 HIP、热压（hot compacted）、HEX，除此之外，还有真空烧结、压力烧结、金属注射成形（MIM）以及喷射成形（Osprey）。Osprey 不需要进行粉末处理、装套和预压实，成本低，但由于其晶粒粗大和无法控制夹杂尺寸，目前在粉末高温合金制造中还没得到应用。根据不同机种的性能要求，选择合适的制造工艺，如 As-HIP、HIP+热模锻、HIP+ITF、HEX+ITF、热压+HEX+ITF、HIP+HEX+ITF 等。生产工艺对合金盘件的室温和高温拉伸强度影响不大，但锻造后合金的持久强度、低周疲劳寿命（LCF）得到了明显改善。表 2 为粉末高温合金盘件不同生产工艺特性的比较。

表 2 粉末高温合金盘件不同生产工艺特性的比较

工艺	优点	缺点	组织特点	应用
As-HIP	适应性强，工艺最简单，成本最低	危险性大，不能完全消除缺陷	接近理论密度，各向同性	美国、俄罗斯使用

续表 2

工艺	优点	缺点	组织特点	应用
HIP+热模锻	工艺较简单，成本较低	变形不均匀，存在部分缺陷	组织细化	美国等国以前使用
HIP+ITF	变形均匀，工艺较简单	存在部分缺陷	组织细化	美国等国使用
HEX+ITF	变形均匀，消除缺陷	工艺较复杂，成本较高	组织细化	美国等国使用
热压+HEX+ITF	变形均匀，消除缺陷	工艺复杂，成本高	组织均匀细化	美国等国使用
HIP+HEX+ITF	变形均匀，消除缺陷	工艺最复杂，成本最高	组织均匀细化	美国等国使用

3 粉末冶金高温合金的发展

美国于 20 世纪 60 年代初制定了一项先进涡轮发动机材料研究计划（简称 MATE 计划），美国国家宇航局研究中心根据该项计划与发动机制造厂、金属生产和制造厂签订了合同，共同研制粉末高温合金。

美国 P&WA 公司首先于 1972 年，采用氩气雾化（AA）制粉+热挤压（HEX）+等温锻造（ITF）工艺（称为 Gaterezing 工艺）研制成功了 IN100 粉末高温合金，用作 F100 发动机的压气机盘和涡轮盘等 11 个部件，装在 F15 和 F16 飞机上。该公司又于 1976 年采用直接热等静压（As-HIP）工艺研制出了 LC Astroloy（低碳 Astroloy）粉末涡轮盘，以取代原来的 Waspaloy 合金变形涡轮盘，1977 年用于 JT8D-17R 和 TF-30 发动机上。1979 年该公司又研制成功了 MERL76 粉末涡轮盘，用于 JT9D、JT10D（PW2073）等发动机，其中 JT9D-17R 发动机于 1983 年装配在 B747-300 飞机上。美国 GEAE 公司于 1972 年采用 AA 制粉+As-HIP 工艺研制成功了 René95 粉末涡轮盘，于 1973 年首先用于军用直升机的 T-700 发动机上，采用 As-HIP 工艺于 1978 年又完成了 F404 发动机的压气机盘、涡轮盘和涡轮轴的研制，装配在 TF/A-18 飞机上，之后 As-HIP René95 粉末盘应用于 CF6-80C2、CFM56 和 F101 发动机上。美国 Special Metals 公司研制的 U720 粉末盘也已在发动机上使用。

1980 年美国一架装有 F404 发动机的 F-18 战斗机由于低压涡轮盘破裂在英国法恩巴勒航展失事之后，GE 公司对 René95 粉末盘的制造工艺进行了调整，粉末粒度由-75 目（-250μm）改为-150 目（-100μm），盘件生产工艺改为挤压（HEX）+等温锻造（ITF）。调整后的 René95 粉末盘用于 F404、F101 和 F110 发动机上。T700 发动机用粉末部件的生产工艺仍然为 As-HIP，到 1993 年早期也改为 HEX+ITF。目前民用飞机发动机用粉末部件大都使用-270 目（-50μm）粉末，但 As-HIP René95 挡板仍然使用-150 目粉末。截至 2007 年 12 月 31 日在役的 CFM56 发动机总数达到了 17532 台，装备飞机 7150 架。在 APU 和某些小型发动机上使用多种 As-HIP 粉末部件。HEX+ITF 仍然是生产大型涡轮盘的主流工艺，但是用 HIP+锻造工艺制造大型部件正在引起人们的兴趣。目前美国的 APU 使用了 as-HIP 的 LC Astroloy 和 U720 小型带轴的涡轮盘和调节环，与通常使用的 IN718 合金和 Waspalloy 涡轮盘相比，LC Astroloy 和 U720 粉末涡轮盘性能更高，可以使 APU 的涡轮盘在更高的使用温度和转速下工作。

为了提高发动机的安全可靠性和使用寿命，GEAE 公司根据空军的要求，采用 AA 制粉+热压成形+HEX+ITF 工艺，于 1988 年研制出了 René88DT 粉末盘，用于 GE80E1、CFM56-5C2 和 GE90 发动机上，其中 GE90 发动机首先装配在波音 777 民航机上。美国在军机和民机上都在使用 René88DT 粉末盘。

美国从 20 世纪 70 年代末开始对双性能粉末盘开展了大量的研究工作，于 1997 年将双性能粉末盘用在了第四代战斗机 F22 的发动机 F119 上。

俄罗斯粉末高温合金的研究始于 20 世纪 60 年代末。全俄轻合金研究院（ВИЛС）于 1973 年建立了粉末高温合金研发实验室，开始研制粉末盘，其生产工艺为等离子旋转电极工艺（PREP）制粉+As-HIP 成形，于 1974 年研制出了第一个 φ560mm 的 ЖС6У 和 ЭП741П 粉末涡轮盘，并于 1975 年生产出了第一个工业批生产的大尺寸军机用 ЖС6У 和 ЭП741П 合金粉末涡轮盘和压气机盘，并提供给了用户。ВИЛС 从 1981 年开始工业批生产和提供军机用 ЭП741НП 粉末盘和轴，从 1984 年开始批生产民机用粉末盘。80 年代以后又研制出 ЭП962П、ЭП975П、ЭИ698П 和 ЭП962НП 粉末高温合金。在航空、航天上使用最多的是 ЭП741НП 合金，主要用于制造航空发动机的各类盘件、轴和环形件等，包括涡轮盘、压气机盘、鼓筒轴、封严环、旋转导风轮、封严篦齿盘、封严圈、支撑环、导流板以及喷嘴等，盘件尺寸为 φ400~600mm，使用的航空发动机主要有 Д30Ф6、РД-33、ПС90А、АЛ-31Ф、АЛ-31ФП 等。ЭП741НП 合金还用于制造运载液体火箭发动机的氧化剂泵叶轮和涡轮叶轮（带轴）等，叶轮尺寸为 φ300~450mm，使用的发动机有 РД170、РД180、РД190 等。截至目前俄罗斯生产并提供了约 500 种规格，近 6 万件粉末盘和轴，在二十年间粉末盘没有发生任何事故。ЭП741НП 粉末合金已被列入美国航空材料手册，被推荐为用做各类宇航，包括民用发动机关键部件的材料。从 80 年代初开始，采用 As-HIP 工艺对双性能粉末盘开展了研究工作，但未实际应用。

20 世纪 90 年代初俄罗斯又研制出中等合金化的 ЭИ698П 粉末高温合金，拓宽了粉末高温合金的领域。ЭИ698П 合金主要用于地面燃气传输动力装置 ГТУ-10、ГТУ-12、ГТУ-16、ГТЭ-25 的盘件，其尺寸为 φ500~700mm。

ЭП741НП 合金是俄罗斯航空、航天上使用最多的合金，主要用于制造航空发动机的各类盘件、轴和环形件等。

英国 Wiggin Alloys 公司（原为 Henry Wiggin 公司）在 1975 年装备了一条具有年产 1000t 高温合金粉末的生产线，配备了热等静压机和等温锻造机。Wiggin Alloys 公司与 Rolls Royce 公司合作研制成功了 AP1（原为 APK-1）粉末高温合金涡轮盘，用在 RB211 发动机上。德国 MTU 公司的 RB199 发动机使用了 AP1 粉末高温合金涡轮盘。法国研制出 N18 粉末高温合金涡轮盘，用在 M88 发动机上。

日本神户制钢公司于 1984 年建立了一条粉末高温合金生产线，具有年产 100t 粉末的能力，还装备了热等静压机和等温锻造机，对 IN100、MERL76、René95、AF115 等粉末高温合金以及双性能粉末盘开展了研究工作，但未得到实际应用。

美国、俄罗斯、英国、法国、德国、加拿大、瑞典、中国、日本、意大利以及印度等在粉末高温合金方面开展了研究工作，但是只有美国、俄罗斯、英国、法国、德国等掌握了粉末高温合金的工业生产工艺。目前，只有美国、俄罗斯、法国、英国能研发粉末高温合金并建立了自己的合金牌号，将粉末高温合金主要用于制造航空发动机的涡轮盘、压气机盘、鼓筒轴、封严盘、封严环、导风轮及涡轮盘高压挡板等高温承力转动部件。

经过四十多年的发展，按照粉末高温合金问世的年代、成分和性能，可以分为四代：以René95为代表的第一代粉末高温合金和以René88DT为代表的第二代粉末高温合金，以René104和Alloy10为代表的第三代粉末高温合金及在第三代合金基础上，通过调整合金成分和生产工艺来获得更高使用温度（815℃左右）的第四代粉末高温合金。

目前先进的航空发动机普遍采用了IN100、René95、LC Astroloy、MERL 76、N18、René88DT、U720Li、ЭП741НП、RR1000、René104等粉末涡轮盘和压气机盘。英国、法国、德国等已将粉末盘用于先进的飞机发动机上，各国典型的粉末高温合金涡轮盘应用情况见表3。美国于1997年将双性能粉末盘用于第四代高性能发动机。此外，粉末盘还用于航天火箭发动机以及地面燃气、燃气涡轮动力装置。

表3 典型粉末高温合金的应用及生产工艺

国家、单位	发动机	推重比	合金	部件、数量	生产工艺	使用情况
美国 GEAE	T-700	—	René95	涡轮盘等6件	As-HIP	军用直升机 AH-64
	F101	7.7	René95	涡轮盘等4件	HIP+ITF	军用飞机 B-1A、B-1B
	F110	7.3~9.5	René95	涡轮盘	HEX+ITF	军用飞机 F-14、F-15、F-16
	F404	7.5	René95	涡轮盘等7件	HIP+ITF	军用飞机 F/A-18、F-117A
	CF6-80C2	—	René95	涡轮盘等	HIP+ITF	民用飞机 A300、B767等
	CFM56	—	René95	涡轮盘等9件	HIP+ITF	民用飞机 B737、A300、A320等
	F414	9~10	René88DT	涡轮盘等	HEX+ITF	军用飞机 F/A-18E/F
	CF6-80E1	—	René88DT	涡轮盘等	HEX+ITF	民用飞机 A330、B767
	CFM56-5C2	—	René88DT	涡轮盘等	HEX+ITF	民用飞机 A340
	GE90	—	René88DT	涡轮盘等6件	HEX+ITF	民用飞机 B777、A330
	GEnx	—	René88DT/René104	涡轮盘等	HEX+ITF	民用飞机 B7877
美国 P&WA	F100	7.4~9.5	IN100	涡轮盘等11件	HEX+Gatorizing	军用飞机 F15、F16
	TF-30	5.0	LC Astroloy	涡轮盘1件	As-HIP	军用飞机 F-14
	JT8D-17R	—	LC Astroloy	涡轮盘1件	As-HIP	民用飞机 B727
	JT9D-7R4G	—	MERL76	涡轮盘2件	HIP+ITF	民用飞机 B747、B767A300等
	PW2037	—	MERL76	涡轮盘等5件	HIP+ITF	民用飞机 B757
	PW4084	—	MERL76	涡轮盘等	HIP+ITF	民用飞机 B777
	F119	10	DTP IN100	涡轮盘等2件	HEX+Gatorizing	军用飞机 F-22

续表3

国家、单位	发动机	推重比	合金	部件、数量	生产工艺	使用情况
GE 和 P&WA	GP7200	—	René104	涡轮盘等	HEX+Gatorizing	民用飞机 A380、B787
英国 RR	RB199	8.0	AP-1	涡轮盘等	HIP+ITF	军用飞机"狂风"
	RB211	—	AP-1	涡轮盘等	HIP+ITF	民用飞机 B747、B757、B767 等
	Trent882	—	Waspaloy	涡轮盘等	HIP+ITF	民用飞机 B777
	Trent900	—	U720	涡轮盘等	HIP+ITF	民用飞机 A380
	Trent100	—	RR1000	涡轮盘等	HEX+ITF	民用飞机 B787
法国 SNECMA	M88-II	8.0	N18	涡轮盘等	HEX+ITF	军用飞机"阵风"
	M88-III	9.0	N18	涡轮盘等	HEX+ITF	军用飞机"阵风"
欧洲喷气公司	EJ200	10	U720	涡轮盘等	HIP+ITF	军用飞机 EF-2000
国际航空 IAE	V2500	—	MERL76	涡轮盘等 5 件	HIP+ITF	民用飞机 A320、MD-90
俄罗斯 ПДК	D-30F6	6.4	EP741P	涡轮盘等 21 件	As-HIP	军用飞机 MiG-31
	D-30KP	—	EP741NP	涡轮盘等 4 件	As-HIP	运输机 IL-76 等
	PS-90A	—	EP741NP	涡轮盘等 4 件	As-HIP	民用飞机 IL-96、IL-76、TU-204 等
俄罗斯 ВПК "МАПО"	RD-33	7.8	EP741NP	涡轮盘等 9 件	As-HIP	军用飞机 MiG-29
	TV7-117	—	EP741NP	涡轮盘等 4 件	As-HIP	运输机 IL-114
俄罗斯 НПО "Сатурн"	AL-31F	7.2	EP741NP	涡轮盘等 13 件	As-HIP	军用飞机 SU-27、SU-30
	AL-31FP	8.2	EP741NP	涡轮盘等 13 件	As-HIP	军用飞机 SU-30、SU-35
中国	某发动机	—	FGH4095	涡轮盘等 4 件	As-HIP	军用直升机
	某发动机	7.8	FGH4095	涡轮盘等 2 件	As-HIP	军用飞机
	某发动机	7.8	FGH4097	涡轮盘等 9 件	As-HIP	军用飞机
	某发动机	8.0	FGH4097	涡轮盘等 2 件	As-HIP	军用飞机
	某发动机	9.8	FGH4096	涡轮盘等 6 件	As-HIP	军用飞机
	某发动机	9.8	FGH4096	涡轮盘等 2 件	HIP+ITF	军用飞机

注：As-HIP 为直接热等静压，HIP 为热等静压，ITF 为等温锻造，HEX 为热挤压，Gatorizing 为超塑性等温锻造。

3.1 第一代粉末冶金高温合金

第一代粉末高温合金出现于 20 世纪 70 年代，其抗拉强度高，但抗裂纹扩展能力弱，沉淀强化相 $\gamma'(Ni_3[Al, Ti, Nb])$ 质量分数高（通常大于 45%），一般在低于 γ' 相固溶温度以下固溶处理，最高工作温度约为 650℃，典型的合金有 René95、IN100、MERL76 等。它们都是在变形盘件合金或铸造叶片合金的基础上略加调整发展而来的。第一代典型粉末高温合金成分和主要特性分别见表 4 和表 5。

表 4　第一代典型粉末高温合金成分（质量分数）　　　　　　　　　　　　（%）

合金	Co	Cr	Mo	W	Al	Ti	Nb	Hf	C	B	Zr	其他
René95	8.0	13.0	3.5	3.5	3.5	2.5	3.5	—	0.06	0.01	0.05	—
IN100	18.5	12.5	3.2	—	5.0	4.3	—	—	0.07	0.02	0.04	0.75V
MERL76	18.5	12.4	3.2	—	5.0	4.3	1.4	0.4	0.02	0.02	0.06	—
LC Astroloy(AP1)	17.0	15.0	5.0	—	4.0	3.5	—	—	0.04	0.025	0.04	—

表 5　第一代典型粉末高温合金主要特性

合金	γ′质量分数/%	γ′完全固溶温度/℃	固相线温度/℃	密度/g·cm^{-3}
René95	50	1160	1260	8.30
IN100	61	1185	1260	7.88
MERL76	64	1190	1200	7.83
LC Astroloy (AP1)	45	1145	1220	8.02

René95 粉末高温合金是 GEAE 公司在变形 René95 合金的基础上降低碳含量研制而成的，该合金是目前 650℃ 下抗拉强度最高的粉末高温合金。René95 是一种高合金化的 γ′ 相沉淀强化型镍基高温合金，γ′ 相质量分数达 50%～55%。变形 René95 合金最初是 GE 公司在美国空军赞助下进行研究，用以取代 IN718 材料的盘件合金。1972 年 GE 公司将变形 René95 用于 F101 发动机的高压压气机盘和涡轮盘，但存在偏析严重、碳化物聚集以及残留铸锭组织等问题。为了解决这些问题，GE 公司适当降低了 René95 中碳和铬含量后制成粉末，经 HIP+热模锻、As-HIP、HIP+ITF 这三条工艺路线制成盘坯。从力学性能对比来看，René95 合金具有其他盘件合金无法比拟的高屈服强度、高低周疲劳性能。因此，René95 粉末盘件在 F101、F110、GE37 等各类高性能发动机上相继得到了使用。

IN100 是 P&WA 公司研制的粉末高温合金，该合金原为用于叶片的铸造合金，碳含量高达 0.18%，热等静压后存在严重的 PPB 问题，必须进行 HEX。HEX 可以使原始粉末颗粒发生剪切变形，有利于破碎形成 PPB 的碳化物和氧化物膜，促进原始粉末颗粒之间的扩散和固结，消除 PPB，得到高密度（100%）的压实坯料。

MERL76 合金是由 P&WA 公司材料工程和研究实验室（MERL）研制的高强粉末高温合金。它将 IN100 合金的成分加以调整，添加了 Nb 和少量的 Hf，降低了碳以避免形成 PPB，提高了塑性并进一步强化了合金，去除了 V 以提高抗腐蚀性能。

AP1 合金（原为 APK-1）是英国 Wiggin Alloy 公司研制成功的粉末高温合金，其成分与 Astroloy 合金基本相同，只是更进一步降低了碳含量（与 LC Astroloy 相同），以消除 PPB。

3.2　第二代粉末冶金高温合金

第二代粉末高温合金是 20 世纪 80 年代末期发展起来的新型粉末高温合金，采用了损伤容限设计原则，其特点是晶粒较粗大，抗拉强度比第一代略有降低，但抗裂纹扩展能力、蠕变强度有了较大幅度的提高。它们的 γ′ 相含量通常在 45% 以下，一般在 γ′ 相完全溶解温度以上固溶处理，最高使用温度 700～750℃，典型的合金有美国的 René88DT、法国的 N18 等。第二代典型粉末高温合金的成分和主要特性分别见表6和表7。

表6 第二代典型粉末高温合金的成分（质量分数） （%）

合金	Co	Cr	Mo	W	Al	Ti	Nb	Hf	C	B	Zr
René88DT	13.0	16.0	4.0	4.0	2.1	3.7	0.7	—	0.03	0.015	0.03
N18	15.5	11.5	6.5	—	4.3	4.3	—	0.5	0.02	0.015	—
U720LI	14.7	16.0	3.0	1.25	2.5	5.0	—	—	0.024	0.025	0.03

表7 第二代典型粉末高温合金的特性

合金	γ'质量分数/%	γ'完全固溶温度/℃	固相线温度/℃	密度/g·cm^{-3}
René88DT	42	1130	1250	8.36
N18	55	1190	1210	8.00
U720LI	37	1140	1245	8.10

根据1982年USAF提出的ENSIP要求，需要提高疲劳抗力和使用温度，降低成本、提高发动机寿命和安全可靠性，美国GEAE公司于1983年开始研制新型合金。GEAE公司根据损伤容限设计原则，在René95合金的基础上，降低了Al、Nb含量，从而减少了γ'相；提高了W、Mo、Co和Ti含量，加强了固溶强化效果，弥补了由于γ'相含量低引起的强度下降；增加了Cr含量，提高了抗氧化性，于1988年研制成功了称之为第二代的粉末高温合金，被命名为René88DT（DT-Damage Tolerant 损伤容限）。René88DT合金的化学成分和特性分别见表6和表7。René88DT合金具有良好的蠕变、拉伸和损伤容限性能，与第一代René95合金相比，该合金的抗拉强度虽然降低了10%，但疲劳裂纹扩展速率却降低了50%，使用温度由650℃提高到750℃。René88DT合金用于制造高压涡轮盘和封严环等，主要采用热压实+HEX+ITF工艺，其中挤压比为7∶1。René88DT粉末盘首先用于PW4084和GE90发动机上，装配在B777民航机上。目前，美国在军用和民用发动机上大量使用René88DT粉末盘。

N18是法国专门为M88发动机设计的第二代粉末高温合金。1980年建立了研究计划，由SNECMA联合ONERA和EMP在Astroloy合金的基础上，通过调整成分提高γ'相含量研制而成。N18的抗拉强度较Astroloy高，裂纹扩展速率低，长时使用温度为700℃，短时使用温度为750℃。使用AA粉，粒度为-270目（≤50μm），采用HEX+ITF工艺，用于M88发动机的高压涡轮盘和压气机盘。最近SNECMA、ONERA和Ecole des Mines（巴黎矿冶大学）在N18合金的基础上研制出了一种新合金N19。N19合金在750℃具有长时组织稳定性，700℃蠕变和疲劳性能高于N18合金，便于热机械处理达到细晶组织。

3.3 第三代粉末冶金高温合金

美国于20世纪90年代开始新一代航空发动机的研制，实施的项目有HSCT（High Speed Civil Transport）、IHPTET（Integrated High Performance Turbine Engine Technology）等，要求新一代航空发动机具有超音速巡航的能力。新一代先进发动机的工况与现役机相比，有较大改变。表8显示了HSCT发动机与现役发动机在不同工作状况时几个典型部位的温度变化。

表 8 HSCT 发动机与现役发动机典型部位的工作温度

状态	巡航 T_{T2}/℃	最高 T_{T3}/℃	巡航 T_{T3}/℃	最高 T_{T4}/℃	巡航 T_{T4}/℃
现役发动机	−26~5	650	466	1650	1170
HSCT 发动机	193	650	650	1650	1630

虽然 HSCT 发动机的压气机出口 T_{T3} 和高压涡轮入口处温度 T_{T4} 的最高值与第三代发动机相同，但 HSCT 发动机要进行超音速巡航，此时的 T_{T3}、T_{T4} 值远高于第三代发动机。新一代发动机因为要进行超音速巡航，其压气机、涡轮等部件在高温/高应力状态下工作的时间比第三代发动机长的多，由此提出了盘件热时寿命（Hot Hour Life，即涡轮盘寿命期内在高温/高应力状态下飞行的累积时间）的概念。表 9 为现役民用、军用发动机及 HSCT 发动机对涡轮盘热时寿命的要求。

表 9 对涡轮盘热时寿命的要求

	现役民机	现役军机	HSCT 发动机
累积高温/高应力飞行时间/h	<300	<400	9000
每次飞行的高温/高应力时间/h	0.03	0.15	2~4

可见，HSCT 发动机涡轮盘的热时寿命是现役三代发动机的 20~30 倍。由于第一、二代粉末高温合金都无法满足如此高的要求，美国国家航空航天局（NASA）在其 HSR-EPM（High Speed Research-Enabling Propulsion Materials）、AST（Advanced Subsonic Technology）等项目中资助 NASA Glenn 研究中心以及 GEAE、P&W、Honeywell、Allison、Allied Signal 等公司研制第三代粉末高温合金，以提高发动机涡轮盘的热时寿命。这些公司共同开发出了 René104、Alloy10、CH98 和 LSHR 等牌号的第三代粉末高温合金。另外，英国的 Rolls-Royce 公司也开发了自己的第三代粉末高温合金 RR1000。第三代典型粉末高温合金的成分和主要特性分别见表 10 和表 11。

表 10 第三代典型粉末高温合金的成分（质量分数）　　　（%）

合金	Co	Cr	Mo	W	Al	Ti	Nb	Ta	C	B	Zr	Hf
René104	20.6	13.0	3.8	2.1	3.4	3.7	0.9	2.4	0.05	0.025	0.05	—
Alloy10	15.0	11.0	2.5	5.7	3.8	3.8	1.8	0.9	0.04	0.03	0.10	—
LSHR	20.8	12.7	2.74	4.37	3.48	3.47	1.45	1.65	0.024	0.028	0.049	
CH98	18.0	12.0	4.0	—	4.0	4.0	—	3.8	0.03	0.03	0.03	
RR1000	15.0	14.5	4.5	—	3.0	4.0	—	1.5	0.027	0.015	0.06	0.75

表 11 第三代典型粉末高温合金的特性

合金	γ′质量分数/%	γ′完全固溶温度/℃	使用温度/℃
René104	51	1157	700
Alloy10	55	1170~1190	700
LSHR	—	1160	700
CH98	55	1190	700
RR1000	46	1160	725

从表 10 可以看出，第三代粉末高温合金均有较高含量的 Ta，Ta 是第三代粉末高温合金中提高合金裂纹扩展抗力的关键元素；Co 含量较高，有助于提高合金的持久性能，Nb 含量较低而 W、Mo 含量中等，其 γ′ 相质量分数为 45%～55%。从性能上看，第三代粉末高温合金的蠕变强度、抗裂纹扩展能力在第二代的基础上又有了较大幅度的提高，强度也达到了第一代的水平。其中 René104 盘件的热时寿命已达到 9000h，满足了新一代发动机设计的要求，比第二代粉末高温合金提高了 20～30 倍。

第三代粉末高温合金的许多优异性能只能在双显微组织合金盘件上体现出来，可通过特殊的冶金工艺获得双性能盘，如 Pratt & Whitney 的 DPHT(Dual Property Heat Treatment) 专利技术、美国航空航天局（NASA）的 DMHT(Dual Microstructure Heat Treatment) 专利技术。双性能盘是指经过一系列热处理后，最终在轮缘部位获得较粗大的晶粒组织，而轮毂部位则得到细晶组织，并且从轮毂到轮缘晶粒大小均匀过渡。这样，在较高温度下工作的轮缘具有高的持久、蠕变强度，而在较低温度但较高离心力下工作的轮毂具有高的屈服强度和优异的低周疲劳性能。ME3、Alloy10、LSHR 和 RR1000 盘件 DMHT 后的轮缘部位与传统过固溶处理后合金的性能相当，轮毂部位也达到了传统亚固溶处理后合金的性能，DMHT 已成为第三代粉末高温合金的标准热处理工艺。

3.3.1　双性能盘的制造工艺

涡轮盘是发动机热端的关键部件，根据其工作状况，希望在较高温度下工作的轮缘部位具有高的持久、蠕变强度，而在较低温度但较高离心力下工作的轮毂部位具有高的屈服强度和优异的低周疲劳性能，这就是双性能涡轮盘。采用双性能盘还可以充分发挥材料的潜力，有利于涡轮盘的优化设计，减轻盘件质量，提高发动机的推重比。

美国虽然于 1977 年实施了双性能粉末盘的研究计划，但是直到 1997 年才将 IN100 双性能涡轮盘应用到发动机上。英国、俄罗斯、日本以及中国等也开展了双性能粉末盘的研究工作，但尚处于研究阶段，未得到实际应用。

双性能盘包括单合金双重组织和双合金双重组织两大类型，其制造工艺包括以下工艺或组合：（1）热机械处理（TMP）；（2）As-HIP 成形；（3）HIP 或扩散连接；（4）超塑性锻造；（5）锻造增强连接（FEB）；（6）DMHT；（7）DPHT。

3.3.1.1　单合金双性能粉末盘

采用一种合金通过特殊的热处理使盘件的轮缘部分获得粗晶组织，轮毂部分获得细晶组织，获得双重组织，从而使盘件具有双性能。制造单合金双性能粉末盘的工艺关键就是使盘件在热处理时各部位处于不同的温度范围，轮毂部分温度保持在低于 γ′ 相完全溶解温度附近，而轮缘部分温度则高于 γ′ 相完全溶解温度。这样在轮缘部位得到较粗大的组织，而轮毂部位则是细晶组织，并且轮缘和轮毂间组织均匀过渡。图 3 为单合金涡轮盘经双组织热处理后的显微组织示意图。另外，在后续淬火处理时，还需要严格控制盘件各部位的冷却速度，以获取所要求的组织并减小热应力，避免盘件开裂。

美国对 AF115、U720、DTP IN100、Alloy10、ME3 及 LSHR 等单合金双性能粉末盘进行了大量的研究。其中 P & WA 公司用 DTP IN100 合金进行双组织热处理工艺制造出了双性能粉末盘，于 1997 年装配在第四代战斗机 F22 的 F119 发动机上。

目前，制造单合金双性能粉末盘的热处理工艺主要有以下四种。

（1）直接加热法（又叫 Ladish Method）。处理时盘件沿中心轴连续旋转冷却，通过感

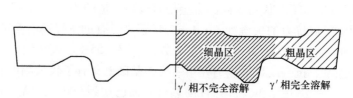

图 3 单合金涡轮盘经双组织热处理后的组织示意图

应圈直接加热轮缘，从而使轮缘至轮毂部位保持在各自适宜温度范围内，实现双组织处理，如图 4 所示。这种方法设计和处理简单，具有较强的适应性且切实可行，成本适中但存在热控制问题。

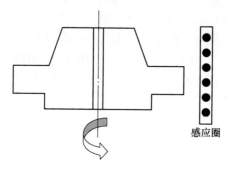

图 4 直接感应加热法

（2）控制冷却法。将盘件置于热处理炉内，风吹冷却轮毂，通过控制风的流量和速度使轮缘和轮毂部位处于各自适宜的温度范围内，进行 DMHT 处理。在处理时轮毂、轮缘可维持较大的温度梯度，且可长时间保持，易进行热控制，但装置拆卸时间长，影响盘件的性能，也不易实现批量生产，成本高，设计和处理复杂。图 5 为控制冷却法及在处理时盘件的热梯度。

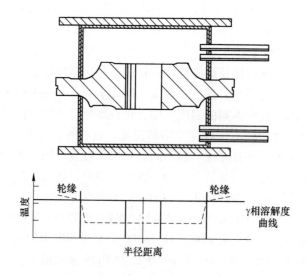

图 5 控制冷却法及处理时盘件的热梯度

（3）间接感应加热法。由 Pratt&Whitney 公司开发的 DPHT（Dual Properties Heat Treat）工艺，将盘件先置于密封装置中，然后整体放在感应圈加热炉中加热，通过控制轮毂中心附近的冷却线圈使轮缘和轮毂处于各自适宜的温度范围内，实现双性能处理，如图 6 所示。这种方法热控制性好且产品处理性好，但设计和处理复杂，只能单件生产，成本高。

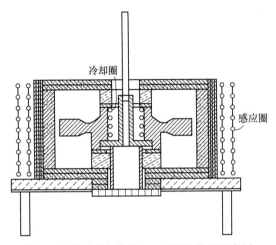

图 6　间接感应加热法——DPHT 装置示意图

（4）蓄热体法。NASA 在工艺（2）的基础上开发出了结构简单，易于实现批量生产的双组织热处理工艺，如图 7 所示。它通过蓄热体来控制轮毂的温度，成本低，处理性好，但处理时轮毂、轮缘可维持的温度梯度和保持时间都受限制，处理 γ' 完全溶解温度高的合金时有困难。

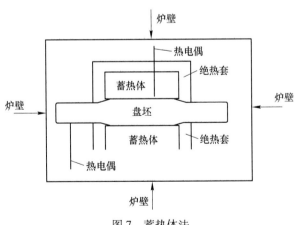

图 7　蓄热体法

3.3.1.2　双合金双性能粉末盘

双合金双性能粉末盘由两种合金制造而成，要求轮缘部分合金具有良好的高温性能，轮毂部分具有高的屈服强度。轮缘和轮毂两部分的连接是双合金双性能粉末盘技术的关键，也是影响应用的主要原因。美国在双合金双性能粉末盘方面开展了大量的研究工作，见表 12。

表 12 双合金双性能粉末盘

部件	粉末盘						
轮缘	AF115	LC Astroloy	PA101	LC Astroloy	AF115	KM4	René88DT
轮毂	René95	MERL76	MERL76	René95	IN100	SR3	HK44

美国 Honeywell（以前为 AlliedSignal）公司从 1979 年开始研发用于飞机辅助动力装置（APU）小型涡轮发动机的双合金叶轮，这种双合金叶轮可以提高使用温度和寿命。叶轮的轮毂部位使用具有细晶组织的 As-HIP 的 LC Astroloy 合金，而叶轮的外圆使用具有粗晶组织和优良蠕变性能的 MAR-M-247 铸造叶片环，用 HIP 将两部分连接成整体叶轮。这种双合金的叶轮已经使用了 10 多年。表 13 给出了叶片和盘采用 HIP 扩散连接工艺制造的几种双性能叶轮。

表 13 几种双性能叶轮

叶片	盘
IN713LC 合金	HIP 成形 LC Astroloy 粉末盘
MAR-M247 合金	HIP 成形 U720 粉末盘
MAR-M246 合金	HIP 成形 U720 粉末盘
MAR-M246 合金	HIP 成形 PA101 粉末盘
DS C-103 合金	HIP 成形 PA101 粉末盘
DS MAR-M247 合金	HIP 成形 PA101 粉末盘
DS MAR-M247 合金	HIP 成形 LC Astroloy 粉末盘
SC MAR-M247 合金	HIP 成形 René95 粉末盘
SC MAR-M247 合金	HIP 成形 LC Astroloy 粉末盘

俄罗斯采用 HIP 扩散连接工艺制造双合金双性能粉末盘。日本采用 HIP+超塑性锻造工艺制造双合金双性能粉末盘。比如轮毂采用 TMP-3 合金，轮缘采用 AF115 合金，轮毂和轮缘分别 HIP 成形，然后两部分同时进行超塑性等温锻造，得到直径为 400mm 的双性能粉末盘。

3.3.2 几种典型的第三代粉末高温合金

René104（又叫 ME3）是 20 世纪 90 年代，在美国国家航空航天局（NASA）HSR/EPM（High Speed Research/Enabling Propulsion Materials）项目中资助 NASA Glenn 研究中心、GEAE 和 P&W 研制的先进大盘件用粉末高温合金，是典型的第三代粉末高温合金，其在 600~700℃具有优异的持久性能，可在 700℃以上使用。用 René104 制作的发动机盘件的热时寿命是当前正在使用的第二代粉末高温合金的三十倍，它的研制成功在 2004 年 10 月获得了美国 R&D 杂志评选的"最佳科技产品奖"。René104 可以承受更高的燃烧温度，这不仅能提高发动机效率，延长涡轮盘和压气机盘的寿命，还能提高燃油效率，降低油料消耗和气体排放。René104 可用于长时间飞行或高速巡航的航空器，比如正在设计中的先进大型喷气式客机、高速民航客机、超音速商业喷气机和一些先进的军用航空航天器，它已在 GP7200 发动机上得到了应用。

Alloy10 是 Honeywell 公司通过对早期的 AF115 合金改进而开发出来的小盘件用先进粉末高温合金。它的使用温度为 700℃，有高含量的难熔元素，γ'相质量分数在 55%左右，通过亚固溶处理后快速冷却，可使其具有最大的抗拉强度和蠕变强度。

LSHR（low-solvus, high-refractory）合金的 γ'完全溶解温度比较低与 René104（ME3）类似，含有和 Alloy10 相当的高含量难熔元素，热处理后 LSHR 具有很高的抗拉强度，良好的蠕变和疲劳性能。当 LSHR 进行亚固溶处理时，可得到晶粒尺寸约 10μm 的细晶组织，使其在 650℃以上不仅具有很好的抗拉强度，而且具有良好的蠕变性能和疲劳性能；当进行过固溶处理时，可得到晶粒尺寸约 50μm 左右的粗晶组织，使其在 700℃以上具有高的抗拉强度，优异的蠕变性能和抗裂纹扩展性。

RR1000 合金是英国 Rolls-Royce 公司于 20 世纪 90 年代所研制的新一代粉末高温合金，和众多粉末高温合金研究思路不同的是，该合金是第一个通过相图热力学计算而设计的粉末高温合金。它的设计使用温度在 725℃以上，具有良好的高温性能（蠕变和合金稳定性）和优异的抗裂纹扩展性能，最高使用温度为 750℃。

3.4 第四代粉末高温合金

从 1999 年起，美国国防部在 IHPTET、NASA 在 UEET（Ultra-efficient Engine Technology）等计划中资助开展第四代粉末高温合金的研究，应用目标是推重比达到 20 的第五代航空发动机。第四代粉末高温合金是在第三代合金 René104、Alloy10 的基础上，通过调整合金成分和生产工艺来获得更高的合金使用温度。第四代合金盘轮缘部分的最高使用温度为 815℃，在此温度下的热时寿命要求达到 100h。从 2005 年起，对第四代粉末高温合金的研究转入 VAATE（Versatile Affordable Advanced Turbine Engine）研制计划。

4 我国粉末高温合金的现状

我国从 1977 年开始研制粉末冶金高温合金，但大量的研制工作是在 1994 年以后进行的。1994 年，钢铁研究总院在河北涿州基地建立了 PREP 制粉粉末高温合金生产线，结合新研制和新设计发动机型号的需求，开展了 FGH95（仿美 René95）和 FGH96（仿美 René88DT）的研制工作。由于我国没有大吨位挤压设备和大吨位全封闭等温锻造设备等，热挤压+超塑性等温锻造工艺无法实施，美国的方法目前很难实现，根据我们的实际生产条件，开辟出了符合我国国情的粉末高温合金工艺路线。目前已成功研制了两代粉末高温合金，第一代是以 FGH95 合金为代表的使用温度为 650℃的高强型合金，该合金以 γ 奥氏体为基体，γ'强化相质量分数 50~55%，采用低于 γ'固溶线温度热处理后两级时效，得到各种 γ'尺寸相匹配的细晶组织；第二代是以 FGH96 合金为代表的使用温度为 750℃的损伤容限型粉末高温合金，γ'强化相质量分数 35%左右，采用高于 γ'固溶线温度热处理，可以获得具有锯齿形晶界的粗晶组织，该合金具有良好的抗疲劳裂纹扩展性能。

FGH95 合金盘件的制造工艺路线是采用真空感应熔炼制取母合金，然后用 PREP 法制取合金粉末，进而通过热等静压、热模锻、热处理等工序制成零件毛坯。与同类铸、锻高温合金相比，它具有组织均匀、晶粒细小、屈服强度高和疲劳性能好等优点，是当前 650℃工作条件下强度水平最高的一种高温合金。该种高温合金主要用于高性能发动机的转动部件，如涡轮盘和承力环等。经 PREP 制粉+HIP+热处理的 FGH95 合金挡板，已在研制的新型航空发动机中通过了台架试车、飞行考核及材料验收，并进行了批量生产。FGH95 合金粉末直接热等静压成形的小型涡轮盘，也通过了新型涡轮发动机的试车考核。

FGH96 是损伤容限型第二代粉末高温合金，与 FGH95 合金相比，FGH96 合金的拉伸强度略有降低，其使用温度、蠕变强度、裂纹扩展抗力等有了较大幅度的提高。FGH96 合金的性能与成形工艺、组织有关。经 PREP 制粉+HIP+热处理的 FGH96 合金挡板，已在新型航空发动机核心机装机考核；采用 PREP 制粉+HIP+ITF+热处理工艺研制出的先进涡扇航空发动机用高压涡轮盘，已进行了初步的低周及超转结构试验考核和核心机装机试验。为了满足新型航空发动机发展对材料的需要，利用梯度热处理工艺对 FGH96 进行双组织热处理，获得了轮缘晶粒度为 5~6 级、轮毂晶粒度为 10~11 级的双显微组织盘坯，晶粒度由轮缘到轮毂沿直径方向均匀平稳过渡，不存在界面层，具有典型的双组织双性能。

此外，仿照俄罗斯 ЭП741НП 合金，采用 PREP 粉末+HIP+热处理制造的 FGH97 粉末涡轮盘的研制也取得了很大进展，已在新试制的发动机中进行使用考核。FGH97 合金的拉伸塑性、高温持久强度和持久塑性好，抗氧化性能和热腐蚀性能优异，裂纹扩展速率比 FGH96 合金略低或相当，具有优异的综合性能。

5 粉末高温合金的缺陷

粉末高温合金的缺陷与传统的铸锻高温合金有所不同，它主要是由粉末冶金工艺过程造成的，主要有热诱导孔洞（TIP）、粉末原始颗粒边界（PPB）、夹杂物等。

5.1 热诱导孔洞

热诱导孔洞是由不溶于合金的残留氩气或氦气引起的。在热成形加热或热处理过程中，这些残留气体在粉末颗粒间聚集、膨胀，而形成了不连续的孔洞，一般孔洞直径小于 $50\mu m$。如果冷却后没有施加其他变形工艺，孔洞将滞留在合金中。合金中 TIP 来源：首先是雾化制粉过程中，惰性气体被包覆在粉末颗粒内部形成了空心粉；第二是粉末装套前脱气不完全，粉末颗粒表面存在着吸附的氩气或氦气；第三是包套有细微泄漏，在粉末固结成形过程中，高压的氩气压入包套中，而在热处理过程中聚集、膨胀，形成了热诱导孔洞。热诱导孔洞成为合金的裂纹源，导致合金抗拉强度和屈服强度下降，尤其是低周疲劳性能严重降低。

目前，可以通过控制粉末空心度，提高粉末质量；粉末装套封焊前进行热动态除气，使吸附在粉末颗粒表面的惰性气体充分解析；包套在固结成形前，进行高真空检漏来避免产生热诱导孔洞。美国 Crucible 公司进行了孔洞对合金力学性能影响的研究，用合金在 1200℃ 加热 4h 引起的密度变化来度量 TIP 的量值，并确定了合金密度变化不大于 0.3% 作为 TIP 的容限和检验标准。

5.2 原始颗粒边界

高温合金粉末成形时，沿原始颗粒边界会形成脆性的析出物，这种析出物主要是十分稳定的碳化物和氧化物。一般来说碳化物和氧化物的固溶线温度比成形时的温度要高得多，阻碍着金属颗粒间的扩散和连接，且一旦形成很难在随后的热处理中消除，导致沿原始颗粒边界断裂，降低合金的塑性和疲劳寿命。

原始颗粒边界（PPB）来源于制粉、粉末处理等工艺过程。粉末在快速凝固时，MC型碳化物优先在颗粒表面形核，其成分取决于合金的成分，但通常富集 Ti。在粉末固结成形过程中碳化物的成分、组织发生变化，但位置不变，在粉末颗粒边界形成了连续 MC 型碳化物。这样粉末在固结成形过程中，与粉末内部迁移的 C 一起在粉末颗粒边界产生了 $(Ti, Nb)C_{1-x}O_x$ 和大尺寸 γ' 的聚集，形成了 PPB。

目前，可以通过粉末预处理、调整合金元素、降低含 C 量、粉末装套前热动态脱气、改变 HIP 工艺，加入 Nb、Hf 等强碳化物形成元素等在一定程度上改善或消除 PPB 的影响。瑞典的 Ingesten 等人在总结和归纳的基础上，提出了 PPB 的评级方法，PPB 的评级分为四级，第四级最为严重。

5.3 夹杂物

夹杂物一直是粉末高温合金材料中的主要缺陷之一。它的存在破坏了基体的连续性，造成应力集中，促进疲劳裂纹的萌生，并在一定条件下加速裂纹的扩展。特别是当夹杂物在材料中以不利的形态、尺寸、位置等出现时，对材料疲劳性能、塑性及抗裂纹扩展性能的影响就更加严重。粉末高温合金材料中以脆性夹杂物为主，它与基体材料的变形率、热膨胀系数、弹性系数等差异最大，在材料变形过程中或使用状态下与基体界面易产生微裂纹或夹杂本身破碎开裂，成为疲劳裂纹源。母合金、粉末及合金盘件中的夹杂可分为三类：陶瓷、熔渣和有机物。夹杂物具有遗传性，盘件、粉末中的夹杂物与母合金中的夹杂物基本一致，主要是陶瓷和熔渣。

为了降低夹杂物对材料疲劳断裂性能的危害，最主要的是控制母合金的纯净度，采用细粉及改善盘件制备工艺过程（如进行大变形量的挤压）来控制夹杂物的尺寸和数量。因为夹杂物的最大尺寸是由粉末粒度决定的，所以要减少夹杂物尺寸，必须降低粉末粒度，这也是目前解决夹杂物问题的最有效的办法。比如，美国和英国使用的 AA 粉，粒度由最初的-60 目（小于 $250\mu m$）降到-150 目（小于 $150\mu m$），现在使用粒度为-270 目（小于 $50\mu m$）和-325 目（小于 $40\mu m$）的细粉。俄罗斯使用的 PREP 粉，粒度由 $400\mu m$ 降到 $315\mu m$、$200\mu m$，正在使用粒度为 $50\sim140\mu m$ 粉末，准备使用粒度为 $50\sim100\mu m$ 的粉末。同时还应采用喷丸强化工艺改善材料表面状态，建立可靠的超声无损检测等 NDT 分析技术及手段，严格控制质量。

6 粉末高温合金盘件的检验

先进发动机的设计具有高温、高压、高转速、轻质量（"三高一轻"）的特点，从单纯追求高性能转变为致力于"四高"指标：高性能、高耐久性、高可靠性、高维修性。无损检测是高可靠性的重要保证。粉末高温合金盘件的全面检验包括化学成分、力学性能、显微组织及断口、低倍、荧光以及超声波检验等。

7 粉末冶金高温合金的发展趋势

粉末高温合金经历了 20 世纪 70 年代和 80 年代的两个快速发展阶段，生产工艺已经成熟，在航空发动机上得到了大量使用。进入 20 世纪 90 年代以后，在合金的设计、研发以及新工艺应用方面都取得了重大进展，第二代粉末盘和双性能盘得到了应用。为了提高合金盘件的使用温度、安全可靠性、使用寿命以及发动机的推重比，为了使粉末高温合金得到推广使用，今后的发展方向可分为以下几个方面。

(1) 粉末制备。粉末的制备包括制粉和粉末处理。目前，主要制粉工艺如 AA 法和 PREP 法都在积极改进，以尽量降低粉末粒度和夹杂含量。沿着制造超纯净细粉方向发展。另外，对粉末进行真空脱气和双韧化处理，提高压实盘坯的致密度，改善材料的强度和塑性，也是一个重要的研究内容。

(2) 热处理工艺。热处理工艺是制备高性能粉末高温合金的关键技术之一。由于在淬火过程中开裂问题经常发生，因此，如何选择合适的淬火介质或合理的冷却曲线降低淬火开裂几率是热处理过程中的重要技术环节。如可以选择比水、油或盐浴更佳冷却速度的喷射液体或气体快冷，以及采用两种匹配的冷却介质形成高温区冷却速度慢低温区冷却速度快的冷却曲线，还可以采用二级盐浴冷却等，希望从根本上解决淬火开裂问题，得到低变形、无开裂的高性能粉末高温合金。

(3) 计算机模拟技术。计算机模拟技术现在逐渐成为粉末高温合金工艺中非常重要的研究内容。目前，在欧美等国，计算机模拟技术在粉末高温合金盘件生产的全过程中都得到了应用，如相图计算优化设计合金成分、包套设计、锻造用模具的设计及锻造过程中组织与应力场分布、预测淬火过程中的应力及温度场分布情况等。随着粉末高温合金技术的不断发展，计算机模拟技术的应用将越来越广。

(4) 双性能粉末涡轮盘。双性能粉末盘的特点，可以充分发挥材料性能潜力，满足涡轮盘的实际工况需要，优化涡轮盘结构设计，减轻盘件质量，大大提高涡轮盘使用寿命。所以使用双性能粉末盘是研制高推重比航空发动机必备的关键技术之一，比如第三代粉末高温合金 Alloy10、ME3 和 LSHR 采用 DMHT 工艺用于制造双性能粉末盘。今后需要加强研究和完善双性能粉末盘的制造工艺，降低成本，推广应用。

(5) 加强寿命预测方法研究。为了提高发动机的安全可靠性，必须提高粉末盘寿命预测的准确性。由于夹杂物的存在导致了粉末高温合金低周疲劳失效机制的特殊性，需要开发新的寿命预测方法。美国 GEAE 公司在 1997 年正式公开了粉末高温合金 LCF 的预测方法，目前还处于研究之中。夹杂物的尺寸及位置对 LCF 的影响明显，现在从理论上还无法根据载荷形式、夹杂物特征准确地预测合金的 LCF，需要进一步加强 LCF 与夹杂物特性间关系的理论研究。

(6) 无损检测技术。加强定量关系的研究，比如晶粒尺寸与杂波之间的定量关系。对于粗晶组织虽然有文献报道，可以采用多区探伤的方法，多个水浸聚焦探头可以提高检测精度，但还需要加强应用研究。进一步开发和应用自动跟踪零件外形的超声探伤技术。

(7) 低成本工艺的研究与应用。成本是影响粉末高温合金广泛使用的一大因素，因此有必要开展低成本工艺的研究与应用。采用 As-HIP 近终成形制造粉末盘，可以简化工艺，降低成本；利用 SS-HIP+ITF 成形工艺，即在接近合金固相线温度以下 HIP (Sub Solidus-HIP) 成形后 ITF，虽然晶粒有所长大，但是基本消除了 PPB，可以提供锻造所需的塑性，省去了 HEX，简化了工序，降低了成本，是具有实用价值和前途的粉末盘的制造工艺。大气下准等温锻造代替传统的惰性气体保护下等温锻造，可降低成本。

(原文见《粉末冶金手册 (下册)》. 北京：冶金工业出版社，2012：48-65.)

2.2 组织与性能研究

热等静压温度对 PREP 粉末高温合金组织和性能的影响

张义文[1] 上官永恒[2] 苗玉来[3]

(1. 钢铁研究总院高温材料研究所，北京 100081；
2. 北京有色金属研究总院，北京 100088；
3. 哈尔滨开发区工发贸易有限公司，哈尔滨 150036)

摘 要 研究了热等静压(HIP)温度对 René95 粉末高温合金的组织和拉伸、高温持久性能的影响。采用等离子旋转电极工艺(PREP)制取合金粉末，选用-150μm+50μm 粒度的粉末装入包套中，然后在 1120℃、1140℃、1160℃和 1180℃温度下进行 HIP 密实处理。随着 HIP 温度的升高，树枝晶减少，强度略有降低，当 HIP 温度接近 $T_{s\gamma'}$（γ′相完全固溶温度 1165℃）时，合金表现为缺口敏感性；当 HIP 温度高于 $T_{s\gamma'}$ 时，合金具有几乎完全再结晶组织，提高了持久寿命，尤其是持久塑性得到了很大的改善。

关键词 PREP 粉末高温合金 HIP 组织 缺口敏感性

The Effect of HIP Temperature on Microstructure and Characteristic of PM Superalloy Manufactured by PREP

Zhang Yiwen[1], Shangguan Yongheng[2], Miao Yulai[3]

(1. High Temperature Materials Research Institute, Central Iron & Steel Research Institute, Beijing 100081, China;
2. General Research Institute of Non-ferrous Metals, Beijing 100088, China;
3. Industry Development Trade Co., Ltd. Harbin Development Zone, Harbin 150036, China)

Abstract: This artide has researched the effect of HIP temperature on microstructure, yield strength and 650℃ Stress-rupture of PM René95superalloy. The size of powders which manufactured by plasma rotating-electrode process (PREP), is between 50μm to 150μm. The powders are canned, then HIP at 1120℃, 1140℃, 1160℃ and 1180℃ respectively. The result shows: with the HIP temperature improving, the dynamic crystal reduces, the alloy's strength drops a little. When HIP temperature close to $T_{s\gamma'}$ (full solid solution temperature of γ′ phase is 1165℃), the alloy has notch sensitivity. When HIP temperature is higher then $T_{s\gamma'}$, the alloy shows almost fully recrystallizing structure, the stress rupture life improves, ductility improves greatly, especially.

Keywords: PREP, PM Superalloy, HIP, microstructure, notch sensitivity

粉末高温合金是20世纪60年代随着航空发动机向着大功率、高推重比的发展而产生的一种新型高级高温材料，主要用于制造航空发动机压气机盘、涡轮盘和轴等承受高温大载荷零部件。随着合金成分的复杂和合金化程度的提高，传统铸锻工艺生产的盘件偏析严重和力学性能不稳定[1]。采用粉末冶金（PM）工艺可以解决这些问题，并且PM盘件具有组织均匀、晶粒细小和疲劳性能好等优点。

目前，PM生产盘件的工艺方法有直接HIP、HIP+锻造和挤压+锻造等。采用直接HIP工艺制造盘件可以减少加工工序和降低原材料的消耗，从而降低了生产成本。有关HIP工艺参数对合金组织和性能的影响国内外进行了大量的研究工作。文献［2-5］报道了HIP工艺参数对氩气雾化（AA）粉末高温合金组织和性能的影响，并取得了一定的成果。但是，对PREP粉末高温合金研究报道较少。由于HIP工艺参数中压力和时间的影响很小[2]，所以以本文研究了HIP温度对PREP粉末高温合金组织和性能的影响，为采用直接HIP工艺生产PREP粉末高温合金盘件制定工艺参数提供数据。

1 试验材料和方法

试验用René95镍基高温合金经真空感应熔炼浇铸成棒坯，经机加工和磨光后得到φ50mm×700mm圆棒，采用PREP方法制取合金粉末，成分见表1。粉末经过筛分，选用-150μm+50μm粒度的粉末再用静电分离法去除非金属夹杂，然后在400℃和10^{-2}Pa压力条件下脱气，最后把粉末装入φ70mm×90mm不锈钢圆筒包套中，装粉量约1kg。包套封焊后进行HIP密实处理。HIP工艺参数：压力150MPa，时间3h，温度分别为1120℃、1140℃、1160℃和1180℃。HIP处理后的锭子经扒皮去套后进行热处理。热处理（HT）制度：1140℃，1h，540℃，SQ（盐淬）+870℃，1h，AC（空冷）+650℃，24h，AC。用金相法观察组织的变化并测试了室温和650℃的拉伸性能以及650℃光滑持久和缺口持久性能。

表1 René95粉末化学成分（质量分数） (%)

C	Cr	Co	Al	Ti	W	Mo	Nb	Ni
0.049	8.97	15.69	4.76	1.69	5.26	3.96	2.45	基

2 结果与分析

2.1 HIP温度对组织影响

HIP处理后密度测量结果表明，所有压坯都达到了全密度，完全密实。在HIP过程中由于温度和压力的作用，粉末颗粒产生塑性变形并发生动态再结晶和晶粒长大过程。金相观察表明，热处理制度（HT）对消除树枝晶没有产生影响，再结晶组织没有发生变化。从图1可见，在1120℃、1140℃和1160℃HIP处理后组织发生部分再结晶，较小的粉末颗粒先发生再结晶，较大的粉末颗粒未再结晶，仍保留了粉末中原有的树枝状晶组织，形成了不均匀的组织。随着 HIP 温度的升高，大粉末颗粒才开始再结晶，再结晶量增加，见图 2。在 1180℃ 下 HIP 处理，则产生了几乎完全再结晶组织。

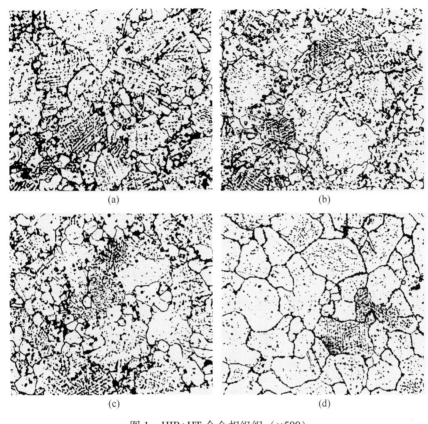

图 1　HIP+HT 合金相组织（×500）
(a) 1120℃；(b) 1140℃；(c) 1160℃；(d) 1180℃

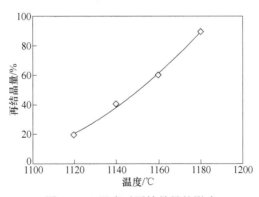

图 2　HIP 温度对再结晶量的影响

在 PREP 制粉过程中，较小粉末颗粒凝固速度快，产生较大相变应力，HIP 处理时具有较大再结晶驱动力，再结晶温度低，所以在较低的温度下发生再结晶。而较大粉末颗粒则相反，需要在较高温度下才能发生再结晶。

随着 HIP 温度升高晶粒略有长大，在 1180℃ 为 ASTM8 级，γ' 相 [Ni_3(Al,Ti)] 尺寸

增大,量逐渐减少,大部分集中在晶界上。在1180℃(高于$T_{s\gamma'}$)HIP时,γ'相完全固溶。

2.2 HIP温度对力学性能的影响

从表2中可以看出,在室温和650℃拉伸试验中,当HIP温度低于$T_{s\gamma'}$时,塑性变化不大,$\sigma_{0.2}$几乎没有变化,而σ_b随着HIP温度升高略有降低。这是由于HIP温度升高晶粒尺寸变化不大,γ'相尺寸增大,量减少,在拉伸变形过程中位错运动阻力减少造成的;当HIP温度高于$T_{s\gamma'}$时,塑性没有明显变化,$\sigma_{0.2}$和σ_b有所降低,这是由于γ'相完全溶解到γ相基体中和晶粒长大引起的。

表2 拉伸试验结果

HIP温度/℃	室温拉伸				650℃拉伸			
	σ_b/MPa	$\sigma_{0.2}$/MPa	δ/%	ψ/%	σ_b/MPa	$\sigma_{0.2}$/MPa	δ/%	ψ/%
1120	1645	1330	11.5	12.5	1580	1245	9.0	9.9
1140	1640	1325	9.5	11.2	1550	1240	7.5	10.1
1160	1620	1325	12.2	13.1	1545	1240	8.0	12.2
1180	1570	1285	10.0	12.2	1535	1220	8.8	10.3

在低于$T_{s\gamma'}$下HIP处理,持久塑性较低,见表3。在HIP温度接近$T_{s\gamma'}$时,合金表现为缺口敏感性,其持久寿命和持久塑性都比较低。在高于$T_{s\gamma'}$下处理,持久寿命和持久塑性得到了很大的提高,尤其是持久塑性提高1倍左右。这主要是由于在$T_{s\gamma'}$以上进行HIP时,出现了广泛的边界移动和晶粒长大以及碳化物重新分布[4]。这些结果表明,对于René95高温合金,欲得到合适的性能平衡,必须在$T_{s\gamma'}$以上进行HIP处理。

表3 650℃,1035MPa持久性能

HIP温度/℃	光滑持久寿命 τ/h	δ/%	缺口持久寿命 τ/h①
1120	302	1.4	>302
1140	398	1.8	>398
1160	295	1.4	210
1180	432	3.0	>432

① $R=0.2$mm。

3 结论

HIP处理后得到完全密实的压坯。低于$T_{s\gamma'}$HIP时,随着HIP温度的升高,树枝晶减少,晶粒略有长大,拉伸强度略微降低,塑性变化不大。接近$T_{s\gamma'}$HIP时,合金具有缺口敏感性。高于$T_{s\gamma'}$HIP时树枝晶已基本消除,得到几乎完全再结晶组织,拉伸强度降低不大,650℃持久寿命提高,尤其是持久塑性得到很大改善。在$T_{s\gamma'}$以上进行HIP处理,可得到较好的综合力学性能。

参 考 文 献

[1] Sczerxenie F et al. Developments in Disc Materias. Mater. Sci. Tech, 1987, 3 (9): 733-742.
[2] Bartos J L, Mathur P S. Development of Hot Isostatically Pressed (As-HIP) Powder Metallurgy René95Turbine Hardware. In: Kear B H et al. Superalloys: Metallurgy and Manufacture. Baton Rouge, Louisiana: Claitor, 1976: 495-501. (热等静压粉末冶金 René95 涡轮部件的发展)
[3] Raisson G, Honnorat Y. PM Superalloy For High Temperature Components. In: Kear B H et al. Superalloys: Metallurgy and Manufacture. Baton Rouge, Louisiana: Claitor, 1976: 473-478. (高温部件用粉末冶金高温合金)
[4] Blacburn M J, Sprague R A. The Production of Components by Hot Isostatic Pressing of Nickel Base Superalloy Powders. In: Alexander J D et al. Forging and Properties of Aerospace Materials. London: The Metals Society, 1977: 350-363. (镍基高温合金粉末热等静压部件的生产)
[5] 王慧芳, 俞淑延. 热等静压温度对粉末冶金合金成形态材料的影响的初步研究 [J]. 钢铁研究院报, 1985, 5 (3): 281-287.

(原文发表在《稀有金属》, 1999, 23, 增刊, 60-62.)

镍基粉末高温合金中缺陷的分析研究

张莹[1]　张义文[1]　张凤戈[1]　董毅[2]　林清英[2]

（1. 钢铁研究总院高温材料所；2. 钢铁研究总院测试所）

摘　要　文章描述并分析了用等离子旋转电极法（PREP）生产的镍基高温合金粉末中的夹杂物、空心粉、包裹式粉、氧化粉等异常颗粒及其对热加工成形后的粉末高温合金的组织缺陷和性能的影响，讨论了缺陷形成的原因及消除和控制的办法。
关键词　等离子旋转电极法制粉　异常颗粒　粉末高温合金　缺陷

用粉末冶金方法生产的高温合金具有晶粒细小、偏析少、屈服强度高、疲劳性能好等特征，但同时存在着夹杂物、孔洞、粉末原始颗粒边界（PPB）这些致命的缺陷。在研究用等离子旋转电极法（PREP）制造的镍基高温合金粉末过程中发现一些异常颗粒，它们对成形合金中产生缺陷及其性能的降低都有着直接的影响。本文从分析研究缺陷入手，从而找出根源，提出改进工艺和措施，以达到消除和控制缺陷、提高产品质量的目的。

1　实验方法

通过粉末检测仪、体视、金相显微镜、超声波探伤仪、扫描电镜、俄歇能谱仪，对用PREP法制造的镍基高温合金成品粉末及其热加工成形的高温合金进行检验，并做了力学性能测试，将常见的缺陷逐类加以分析。

2　实验结果和分析

2.1　粉末中的异常颗粒

2.1.1　夹杂物

用PREP法生产的粉末经过筛分和静电分离处理后，其中大尺寸和非金属夹杂物基本去除，但与粉末尺寸接近、不属于非金属的熔渣类及粉粘各类夹杂物等仍存在于成品粉末中，粉末粒度越小夹杂物数量越多。经扫描电镜（EDS）半定量分析主要有陶瓷、熔渣和有机物。图1为典型的粉末粘夹杂物形貌。

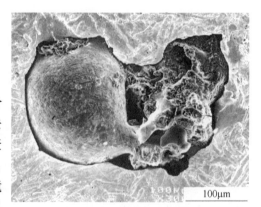

图1　粉末粘夹杂物形貌

2.1.2　空心和包裹粉

在PREP法制造的粉末中发现有疏松、空心（图2）和包裹式（图3）粉末。在电极棒转速为48m/s时，从一批粉末中统计出空心粉数量如下：200~150μm的为1~2个/100颗，150~100μm的为1~2个/100颗，小于100μm的为0~1个/100颗。

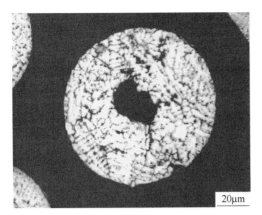 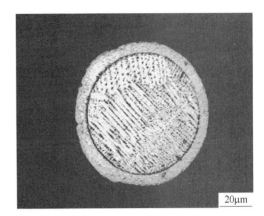

图 2　空心粉形貌　　　　　　　　　　　图 3　包裹粉形貌

2.1.3　氧化粉和粘连团粉

在粉末检测中发现极少量黑粉，其形貌有单个也有双连球，堆团细粉和块状，表面黑暗色，无光泽。通过 EDS 半定量分析比较：正常粉末表面氧质量分数为 0.136%，各类黑粉表面氧质量分数高达 4.536%～7.433%。

对粘连团粉进行分析，粉球之间 C、O、Ca、S 含量高，通过俄歇能谱测试得到溅射时间和峰高比曲线（图 4）可以判断出粉表面被污染的程度。

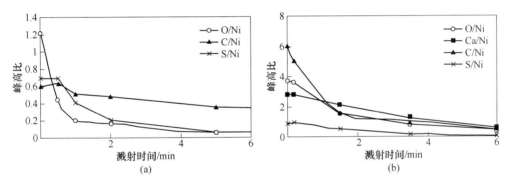

图 4　FGH95 粉末表面俄歇能谱溅射时间-峰高比曲线
(a) 正常粉；(b) 异常粉

2.2　合金的异常组织及对性能的影响

2.2.1　夹杂物

图 5 为用 PREP 法生产的粉末经热等静压和锻造后合金中夹杂物的形貌。经 EDS 半定量分析，合金中发现的夹杂物有 Cr、Ti、W 等合金元素含量高的熔渣类和 Al、Mg、Si 含量高的陶瓷类，与粉末中的夹杂物成分基本吻合。某些夹杂物周围存在晶粒粗大的贫 γ' 区，这是由于夹杂物与金属基体之间在热等静压及锻造和热处理过程中发生了合金元素的相互扩散而形成。

夹杂物的存在对合金的性能，特别是低周疲劳性能有着明显的影响。夹杂物尺寸愈大，离试样表面愈近，对其性能的影响愈大。试验结果表明，当夹杂物尺寸大于 $\phi 200\mu m$

时将对试样的疲劳寿命造成威胁。现行的技术标准要求试样的低周疲劳寿命 N_f 大于 5000 周次，位于试样表面的夹杂物尺寸超过 $50\mu m \times 50\mu m$，N_f 将小于 5000 周次。图 6 表示位于试样近表面不同尺寸夹杂物与低周疲劳寿命的关系。

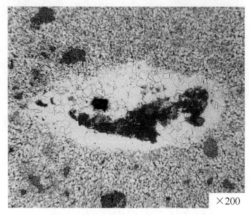 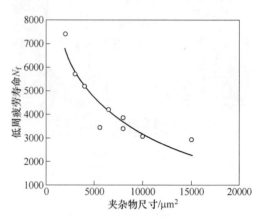

图 5 粉末高温合金中的夹杂物　　　　图 6 近表面的夹杂物对低周疲劳寿命的影响

2.2.2 孔洞

对热等静压（HIP）和热等静压+热处理（HIP+HT）态的粉末高温合金进行声速测定，其结果列于表 1。

表 1 镍基粉末高温合金中的声速

试样号	声速/$m \cdot s^{-1}$	
	HIP 态	HIP+HT 态
A	6044~8018	6000~6005
B	4620~5440	
C	5770~6066	5123~5625

由声速可以判断出粉末成形后的致密度。现行的技术标准要求粉末高温合金中的声速大于 5900m/s 为合格产品，将声速不合格的盘件解剖，发现存在孔洞，如图 7 所示。

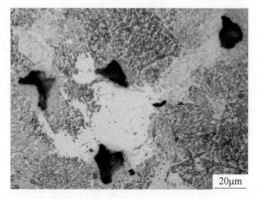

图 7 粉末高温合金中的孔洞

孔洞的存在对合金的缺口持久寿命影响较大，见表2。

表2 孔洞对合金缺口持久寿命的影响

试样号	孔洞	缺口持久寿命（$r=0.2$mm，650℃，1035MPa）
A	无	>260h
C	有	7h21min

2.2.3 粉末颗粒边界（PPB）

图8为粉末高温合金中PPB的典型形貌特征。由于PPB的存在破坏或减弱粉末间的结合，明显影响了合金的性能，特别是强度、塑性和抗疲劳寿命，见表3。

图8 PPB的形貌特征

表3 PPB对HIP+HT态镍基粉末高温合金的高温持久性能的影响

试样号	光滑高温持久性能				技术标准
	650℃，1035MPa		750℃，650MPa		
	h	δ/%	h	δ/%	
R-1	31.55	2	—	—	$\sigma_{50}^{650}>1035$MPa
R-2	13.15	2	—	—	$\delta>3$%
D-3	—	—	46.52	4	$\sigma_{100}^{750}>650$MPa
D-4	—	—	27.20	2.2	$\delta>10$%

3 讨论

综上结果表明，粉末中存在异常颗粒是造成合金缺陷的重要隐患。当然，它们的形成因素并不是孤立的，对合金组织性能也有着综合的影响。为控制缺陷的产生，有必要展开深入的探讨。

3.1 关于夹杂物

由实验结果分析得知，合金与粉末中夹杂物的成分基本吻合，它们主要是母合金带进的陶瓷和熔渣。虽然采取了筛分和静电分离手段，但仍有一定数量的夹杂物存在于成品粉中，特别是不属于非金属的熔渣和粉黏夹杂物。所以，要减少夹杂物必须改进母合金的冶炼工艺。图9[1]表示采用真空感应（ВИ）+真空电弧重熔（ВД）双联冶炼母合金代替ВИ工艺后夹杂物明显减少，用PREP法制取的原始粉末每千克中夹杂物由453个减为65个。此外，在浇注时采用一种泡沫陶瓷过滤器挡渣，使母合金中的杂质数量进一步减少。

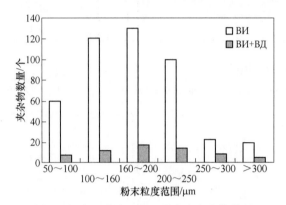

图9 母合金冶炼工艺和粉末中夹杂物数量

粉末处理是去除成品粉中夹杂物的重要措施。为了减小成品粉中夹杂物尺寸，一方面在制粉时通过提高母合金棒转速以减小粉末和夹杂物尺寸，另一方面在筛分时增加筛网密度，以筛去大尺寸夹杂物。静电分离是去除粉末中非金属夹杂物的主要手段。由公式[1] $d_{MAX}=\left(1+2\dfrac{\varepsilon-1}{\varepsilon+2}\right)E^2\mu(R)\left[1+\left(1+2\dfrac{\varepsilon+2}{\varepsilon-1}\right)\mu(R)\right](2.3\cdot10^{-3}\pi^3\gamma Dn^2)^{-1}$ 得知，静电分离出的夹杂物尺寸 d_{MAX} 与沉淀极转速 n、粒子的介电常数 ε、电场强度 E、粒子阻力函数 $\mu(R)$、粒子的密度 π、粒子和电极之间的阻力 γ 以及沉淀极的直径 D 都有着直接的关系。所以，要使静电分离去除夹杂物达到最佳效果，必须通过试验调配好各参数值。

3.2 孔洞的形成及控制

粉末高温合金中形成孔洞的主要原因是粉末中残留着不溶于基体的惰性气体。HIP时在高压下气体处于压缩状态，在HIP后的热处理加热过程中气体压力升高发生膨胀，并沿着晶界和颗粒边界扩展聚集。通过声速的测定结果看出，有孔洞、不致密的试样在HIP后声速较低，经HIP+HT后声速进一步降低。这正说明了残留的气体对合金中形成孔洞的影响。

粉末中的空心、包裹式粉是卷入惰性气体的来源之一。用PREP法生产的镍基高温合金粉末中形成空心粉的几率与电极棒的转速有关。在电极棒转速提高、雾化端熔化的液态金属线速度随之增大的情况下，小尺寸的液滴极易卷入惰性气体而产生空心粉，因而粉末粒度越小，相对孔洞体积百分数随之增大[2]。形成空心粉的另一个原因是，在惰性气体介质中进行雾化时高速喷射的等离子束破坏了熔化的母合金液滴，使气体进入液滴内部而形成空洞。等离子束破坏液滴的能量公式[1]为 $W_k=\rho_2 dV^2/\sigma$，当气流密度 ρ_2、合金液滴直径 d、气流速度 V、液滴表面张力 σ 的计算值与能量达到平衡或超过时，便会使液滴遭到破坏卷入气体而形成空心粉。在雾化的过程中当液滴与已凝固的粉末颗粒相碰撞便形成了包裹粉。液滴在已凝固颗粒上铺开的程度决定于其质量和甩出时离心力的大小。包裹粉在形成时不可避免地会卷入惰性气体，并存留在粉末球和表面壳体的夹层之间。为避免和减少这类粉末的产生，在制粉时必须设计好惰性气体的混合比值、工作室的气体压力、气体流量、等离子枪功率、等离子弧电流、电压、电极棒转速、枪和棒的间距等参数的匹配。

由于雾化粉末及其处理过程是在惰性气体介质中进行，所以粉末在装套前必须进行充分的流动脱气，以保证粉末表面及其间隙的气体完全排出。此外，包套在装粉前要进行真空退火、清洗并检漏，防止 HIP 时热等静压机内高压的氩气渗入包套内。控制好 HIP 的工艺参数是保证成形件致密的重要因素。

3.3 PPB 的形成根源及消除措施

关于粉末高温合金中 PPB 形成机理的研究在国内外[2]已有不少报道，归结到一点是由于粉末表面碳、氧含量较高而给 HIP 过程中 PPB 的形成提供了条件。而那些碳、氧等杂质含量高的异常粉末的存在更加重了产生 PPB 的严重程度。所以，防止这类异常粉的产生必须引起我们的高度重视。

氧化粉的形成主要有如下几个原因：（1）母合金棒缩孔中残存的氧在雾化过程中释放出来污染了熔融态的金属液滴表面，氧与富集表面的 Al、Cr 等生成氧化物和碳氧化物；（2）制粉和粉末处理过程中惰性气体介质纯度不够，其中 O、H 等含量超标。

避免这类氧化粉的办法是提高电极棒的质量，不允许有缩孔，保证制粉设备的真空度（小于等于 0.133Pa）和漏气率，惰性气体中的 O、H 等杂质质量分数小于 0.0004%。

C、O、Ca 高的粘连团粉是粉末在处理系统中被真空油、扩散泵油挥发物等有机杂质污染造成。所以一定要避免粉末接触有机物，系统管道要经常清理。

减少 PPB 析出的有效可行办法是：粉末在使用前通过真空热处理，以降低表面吸附的杂质和氧化物数量[3]；改进 HIP 工艺制度，在 HIP 过程中采取两级加热法，即在较低的 $M_{23}C_6$ 形成温度下停留一段时间，使碳化物在颗粒内部析出长大到一定尺寸，然后再在 MC 形成温度下成形，避免碳化物在颗粒边界生成。此外，可以通过挤压或等温锻消除 HIP 中形成的 PPB。

3 结论

（1）用 PREP 法生产的镍基高温合金粉末中的夹杂物、空心、包裹粉、氧化污染粉等异常颗粒是成形后合金中缺陷的隐患，对其组织性能带来极大的影响。

（2）减少夹杂物的根本办法是改进冶炼工艺提高母合金质量，此外降低粉末使用粒度，改进粉末处理工艺同样是不可忽略的问题。

（3）调配好制粉工艺参数，减少空心、包裹粉末形成，保证粉末使用前充分脱气，包套真空热处理并检漏，避免惰性气体残留于成形的合金中而产生孔洞。

（4）在制粉和粉末处理中被氧化和污染的粉末加重了成形合金中 PPB 的析出。必须保证母合金棒中没有缩孔，惰性气体的纯度，制粉和粉末处理系统的洁净，以避免粉末被氧化污染。粉末的真空预处理和 HIP 过程中的二级加热法是减少 PPB 形成的有效措施。

参 考 文 献

[1] 张莹. 俄罗斯粉末高温合金涡轮盘生产工艺 [J]. 钢铁研究学报, 2000, 6 第 12 卷 第 3 期: 63-69.
[2] Carol Marquez, Gillels l. Esperance, Ashok K. koul. Prior Particle Boundary Precipitation in Ni-Base Superalloys, The international Journal of Powder Metallurgy, 1989, Volume 25, No. 4: 301-308.
[3] Белов. А. Ф, Аношкин. Н. Ф, Фаткуллин. О. Х, Структура и Свойства Гранулируемых Нике-левых Сплавов, Москва, Металлургия, 1984.

(原文发表在《2000 年材料科学与工程新进展》. 北京: 冶金工业出版社, 2001: 1982-1987.)

镍基粉末高温合金中的缺陷及其控制

张莹　张义文　张凤戈　董毅　林清英

（钢铁研究总院，北京　100081）

摘　要　分析了用等离子旋转电极法（PREP）生产的镍基高温合金粉末中的夹杂物、空心粉、包裹式粉、氧化粉等异常颗粒及其对热加工成形后合金的组织缺陷和性能的影响，讨论缺陷形成的原因及消除和控制的办法。

关键词　等离子旋转电极法制粉　异常颗粒　粉末高温合金　缺陷

Analysis and Control of Defects in Nickel Based Powder Superalloy

Zhang Ying, Zhang Yiwen, Zhang Fengge, Dong Yi, Lin Qingying

(Central Iron and Steel Research Institute, Beijing 100081, China)

Abstract: In this paper the defects (inclusions、cavity、coated and oxidative powder particles and so on) in powder of Ni-base superalloy by PREP were described, and their effects on structure and properties of powder superalloy were expounded. The forming causes and eliminating and controlling ways of those defects were discussed.

Keywords: powder by PREP, abnormal powder particle, powder superalloy, defects

用粉末冶金方法生产的高温合金晶粒细小、偏析少、屈服强度高、疲劳性能好。用等离子旋转电极法（PREP）制造的镍基高温合金粉末具有粒度分布集中、光亮、洁净、球形度好，黏结粉、空心粉少，物理性能良好，气体含量低等特征。它为下一步的成形工艺奠定了良好的基础。但在成形的工件中仍然存在着夹杂物、孔洞、PPB（粉末原始颗粒边界）。本文从分析研究缺陷入手，从而找出根源，提出改进工艺和措施，以达到消除和控制缺陷、提高产品质量的目的。

1　实验与结果分析

对用 PREP 法制造的镍基高温合金粉末及其通过热加工成形的合金通过体视、金相显微镜、超声波探伤仪、扫描电镜、俄歇能谱仪进行检测，并做了力学性能测试，将常见的缺陷分类如下。

1.1 夹杂物

1.1.1 粉末中的夹杂物

原始粉末经筛分和静电分离处理后，其中大尺寸和非金属夹杂物基本去除，但不属于非金属的熔渣类、异金属及粉粘夹杂物等仍存在于粉末中。粉末粒度越细夹杂物数量越多。经体视显微镜观察和扫描电镜（EDS）半定量分析，粉末中夹杂物主要有陶瓷、熔渣、有机物，图1为粉末中典型夹杂物的形貌。表1列出了经处理后几种粒度范围的1kg粉末中夹杂物的数量和类型。

表 1　不同粒度范围 1kg 粉末中的夹杂物
Table 1　The inclusions in 1kg powder particles of different particle ranges

夹杂物类型	颗/kg ~50	粉末粒度范围/μm 50~100	50~150	50~200
陶瓷	5	1	1	0
熔渣、异金属	64	13	10	8
黑粉团粉有机物	13	6	7	8
合计/颗·kg^{-1}	82	20	18	16

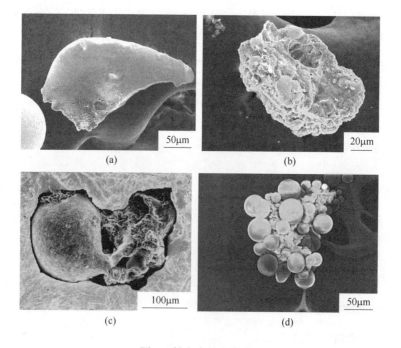

图 1　粉末中的夹杂物

Fig. 1　Inclusions in powder particles

(a) 陶瓷；(b) 熔渣；(c) 粉连夹杂物；(d) 有机物粘团粉

(a) ceramics；(b) slag；(c) particle with inclusion；(d) adhered particles

1.1.2 粉末高温合金中的夹杂物及其对组织性能的影响

图 2 为粉末经热等静压和锻造后合金中所发现的夹杂物。经 EDS 半定量分析，合金中的夹杂物有 Cr、Ti、W 等合金元素含量高的熔渣类和 Al、Mg、Si 含量高的陶瓷类，与粉末中的夹杂物成分基本吻合。某些夹杂物周围存在晶粒粗大的贫 γ' 区，这是由于夹杂物与金属基体之间在热等静压及锻造和热处理过程中发生了合金元素的相互扩散而形成。

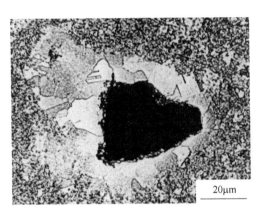

图 2　粉末高温合金中的夹杂物（×300）

Fig. 2　Inclusion in powder superalloy

夹杂物的存在对合金的性能特别是低周疲劳性能有着明显的影响。夹杂物尺寸愈大，离试样表面愈近，对其性能的影响愈大。图 3 列出了位于试样近表面不同尺寸夹杂物与低周疲劳寿命的关系。

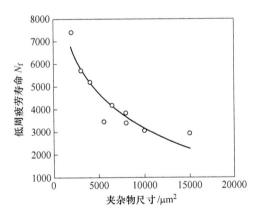

图 3　近表面的夹杂物对低周疲劳寿命的影响

Fig. 3　Effect of inclusions in near surface on LCF life

1.2　孔洞

在用 PREP 制造的粉末中发现有空心粉和包裹式粉形貌如图 4 所示。当电极棒转速为 48m/s 时，统计出一批粉末中产生空心粉的数量如下：粒度范围为 200~250μm 为 1~2 个/100 颗，150~200μm 为 1~2 个/100 颗，小于 100μm 为 0~1 个/100 颗。

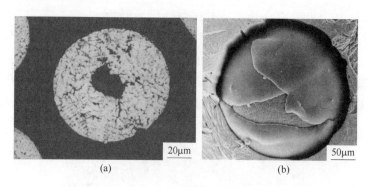

图 4　异常粉末形貌
Fig. 4　Abnormal powder particles
（a）空心粉；（b）包裹式粉
(a) cavity particle; (b) coated particle

对热等静压（HIP）和热等静压+热处理（HIP+HT）态的粉末高温合金进行声速测定结果见表 2。

表 2　镍基粉末高温合金中的声速
Table 2　Velocity of sound in nickel based powder superalloy

试样号	声速/m·s^{-1}	
	HIP 态	HIP+HT 态
A	6044~8018	6000~6005
B	4620~5440	—
C	5770~6066	5123~5625

由声速可以判断出粉末成形后的致密度。现行的技术标准要求粉末高温合金中的声速大于 5900m/s 为合格产品，将声速不合格的盘件解剖，发现存在孔洞，如图 5 所示。

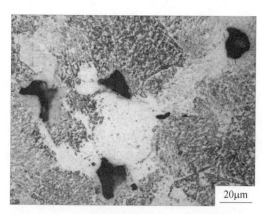

图 5　粉末高温合金中的孔洞（×300）
Fig. 5　The hole in powder superalloy

孔洞的存在对合金的缺口持久寿命影响较大，如表 3 所列。

表3 孔洞对合金缺口持久寿命的影响
Table 3 The effect of holes on life of notch creep

试样号	孔洞	缺口持久寿命（$r=0.2$，650℃，1035MPa）
A	无	>260h
C	有	7h21min

1.3 氧化、污染粉与粉末颗粒边界（PPB）

在粉末检测中发现少量黑粉和被粘连的团粉。通过 EDS 半定量成分分析，正常粉末表面氧质量分数为 0.136%，而黑粉氧质量分数高达 4.536%~7.433%。如图 1(d) 所示的粘连团粉，通过 EDS 测其表面成分，C、O、Ca 高。将该类型颗粒与正常粉末的表面俄歇能谱作了对比，并通过图 6 的溅射时间和峰高比曲线判断出粉末表面被污染的程度。

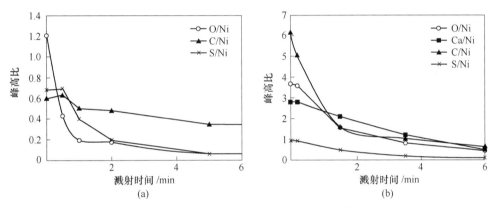

图 6 粉末表面俄歇能谱溅射时间-峰高比曲线

Fig. 6 Auger sputter time and peak to peak value

(a) 正常粉；(b) 异常粉

(a) normal；(b) abnormal

图 7 为粉末高温合金中 PPB 在金相组织及断口上的形貌。

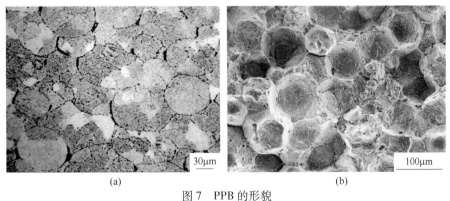

图 7 PPB 的形貌

Fig. 7 The morphology of PPB

(a) 金相组织；(b) 断口

(a) microstructure；(b) fracture

PPB 的存在破坏或减弱粉末间的结合，明显影响了合金的性能，特别是强度、塑性和抗疲劳寿命。

表4 PPB 对 HIP+HT 态镍基粉末高温合金的高温持久性能的影响
Table 4 Effect of PPB on creep properties of nickel based powder superalloy by HIP+HT

试样号	光滑高温持久性能				技术标准
	650℃，1035MPa		750℃，650MPa		
	N/h	δ/%	N/h	δ/%	
R-1	31.55	2	—	—	$\sigma_{50}^{650} > 1035 \text{MPa}$
R-2	13.15	2	—	—	$\delta > 3\%$
D-3	—	—	46.52	4	$\sigma_{100}^{750} > 650 \text{MPa}$
D-4	—	—	27.20	2.2	$\delta > 10\%$

2 讨论

综上结果分析，粉末中的异常颗粒是造成合金中缺陷的重要隐患。当然，它们的形成因素并不是孤立的，对组织和性能有着综合性的影响。为消除和控制缺陷，有必要进行深入的探讨。

2.1 关于夹杂物

从试验检测分析结果看，夹杂物主要是母合金带进的陶瓷和熔渣。虽然采取了筛分和静电分离手段，但仍有一定数量的夹杂物存在。所以，要减少粉末中的夹杂物必须从源头抓起——改进母合金的冶炼工艺。图8列出了[1]采用真空感应（ВИ）+真空电弧重熔（ВД）双联冶炼母合金代替 ВИ 工艺后夹杂物明显减少，用 PREP 法制取的 1kg 原始粉末中的夹杂物由 453 个减为 65 个。此外，在浇注时使用一种泡沫陶瓷过滤器以过滤熔渣，使母合金中的杂质进一步减少。

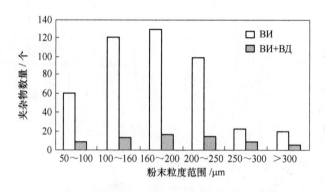

图8 母合金冶炼工艺和粉末中夹杂物数量
Fig. 8 Smelting technology of mother alloy and numbers of inclusions

粉末处理是去除成品粉中夹杂物的重要措施。为了减小成品粉中夹杂物尺寸，一方面在制粉时通过提高母合金棒转速以减小粉末和夹杂物尺寸，另一方面在筛分时增加筛网密

度，以筛去大尺寸夹杂物。静电分离是去除粉末中非金属夹杂物的主要手段。由公式[2]

$$d_{MAX} = \frac{\left(1 + 2\frac{\varepsilon - 1}{\varepsilon + 2}\right) E^2 \mu(R) \left[1 + \left(1 + 2\frac{\varepsilon - 1}{\varepsilon + 2}\right) \mu(R)\right]}{2.3 \times 10^{-3} \pi^3 \gamma D n^2}$$

得知，静电分离出的夹杂物尺寸 d_{MAX} 与沉淀极转速 n、粒子的介电常数 ε、电场强度 E、粒子阻力函数 $\mu(R)$、粒子的密度 π、粒子和电极之间的阻力 γ 以及沉淀极的直径 D 都有着直接的关系。所以，要使静电分离去除夹杂物达到最佳效果，必须通过试验调配好各参数值。

粉末中的有机夹杂物是在制粉和和粉末处理系统中带进。所以，在系统及管道连接中尽量少用橡胶、塑料等有机材料，保持车间洁净，防止灰尘掉入粉中。

2.2 孔洞的产生及控制

粉末高温合金中的孔洞是由于粉末中残留的不溶于基体的惰性气体在粉末经热等静压后的热处理加热过程中膨胀、聚集而形成。通过声速的测定结果看出，有孔洞、不致密的试样在 HIP 后声速较低，经 HIP+HT 后声速进一步降低。这正说明了残留的气体对合金中形成孔洞的影响。

粉末中的空心粉、包裹式粉是卷入惰性气体的来源之一。用 PREP 法生产的镍基高温合金粉末中形成空心粉的几率与电极棒的转速有关。在电极棒转速提高、雾化端熔化的液态金属线速度随之增大的情况下，小尺寸的液滴极易卷入惰性气体而产生空心粉，因而粉末粒度越小，相对孔洞体积百分数随之增大[1]。形成空心粉的另一个原因是，在惰性气体介质中进行雾化时高速喷射的等离子束破坏了熔化的母合金液滴，使气体进入液滴内部而形成空洞。等离子束破坏液滴的能量公式[1]为 $W_k = \rho_2 d V^2 / \sigma$，当气流密度 ρ_2、合金液滴直径 d、气流速度 V、液滴表面张力 σ 的计算值与能量达到平衡或超过时，便会使液滴遭到破坏卷入气体而形成空心粉。在雾化的过程中当液滴与已凝固的粉末颗粒相碰撞便形成了包裹粉。液滴在粉末颗粒上的铺开程度决定于其质量和甩出时离心力的大小。包裹粉在形成时不可避免地会卷入惰性气体，并存留在粉末球和表面壳体的夹层之间。

为避免和减少空心粉和包裹粉末的产生，在制粉过程中必须设计好惰性气体的混合比值、工作室的气体压力、气体流量、等离子枪功率与喷嘴直径、等离子弧电流、电压、电极棒转速、枪和棒的间距等参数的匹配。

由于雾化粉末及其处理过程是在惰性气体介质中进行，所以粉末在装套前必须在 1.33×10^{-2} Pa 和 400℃下进行充分的流动脱气，以保证粉末表面及其间隙的气体完全排出。此外，包套在装粉前要进行 1050℃真空退火、清洗并检漏，防止 HIP 时热等静压机内高压的氩气渗入包套内；设计好 HIP 工艺参数是保证成形件致密度的重要因素。

2.3 PPB 的形成根源及消除措施

关于粉末高温合金中 PPB 形成机理的研究在国内外[2]已有不少报道，归结到一点是由于粉末表面碳、氧含量较高而给 HIP 过程中 PPB 的形成提供了条件。而那些碳、氧等杂质含量高的异常粉末的存在更加重了产生 PPB 的严重程度。所以，防止这类异常粉的产生必须引起我们的高度重视。

分析氧化粉的形成主要有如下几个原因：（1）母合金棒缩孔中残存的氧气在雾化过程中释放出来污染了熔融态的金属液滴表面，氧与富集表面的 Al、Cr 等生成氧化物和碳氧化物；（2）制粉和粉末处理过程中惰性气体介质纯度不够，其中 O、H 等含量超标。

避免这类氧化粉的办法是提高电极棒的质量，不允许有缩孔，保证制粉设备的真空度（小于等于 0.133Pa）和漏气率，惰性气体中的 O、H 等杂质质量分数小于 0.0004%。

C、O、Ca 含量高的粘连团粉是粉末在处理系统中被真空油、扩散泵油挥发物等有机杂质污染造成。所以一定要避免粉末接触有机物，系统管道要经常清理。

此外减少 PPB 析出的有效可行办法是：粉末在使用前进行 400~750℃ 真空热处理，可以明显降低吸附在粉末表面的杂质和氧化物数量[3]；在 HIP 过程中采取两级加热法，即在较低的 $M_{23}C_6$ 形成温度下停留一段时间，使碳化物在颗粒内部析出长大到一定尺寸，然后再在 MC 形成温度下成形，避免碳化物在颗粒边界生成。实践证明这是减少 PPB 的有效措施。此外，可以通过挤压或等温锻消除 HIP 中形成的 PPB。

3 结论

（1）用 PREP 法生产的镍基高温合金粉末中的夹杂物、空心、包裹粉、氧化污染粉是成形后合金中缺陷的根源，对其组织性能带来极大的影响。

（2）减少夹杂物的根本办法是改进冶炼工艺提高母合金质量，此外降低粉末使用粒度、改进粉末处理工艺同样是不可忽略的问题。

（3）调配好制粉工艺参数，减少空心、包裹粉末形成，保证粉末使用前充分脱气，包套真空热处理并检漏，避免惰性气体残留于成形的合金中而产生空洞。

（4）在制粉和粉末处理中被氧化和污染的粉末加重了成形合金中 PPB 的析出。必须保证母合金棒中没有缩孔，惰性气体的纯度，制粉和粉末处理系统的洁净，以避免粉末被氧化污染。粉末的预处理及 HIP 过程中的二级加热法是减少 PPB 形成的有效措施。

参 考 文 献

[1] 张莹，俄罗斯粉末高温合金涡轮盘生产工艺，钢铁研究学报 [J]. 2000, 6 第 12 卷 第 3 期：63-69.
[2] Carol Marquez, Gillels l Esperance, Ashok K koul. Prior Particle Boundary Precipitation in Ni - Base. Superalloys, The international Journal of Powder Metallurgy, 1989, Volume 25, No. 4：301-308.
[3] Белов А Ф, Аношкин Н Ф, Фаткуллин О Х. Структура и Свойства Гранулируемых Никелевых Сплавов, Москва, Металлургия, 1984.

（原文发表在《第五届先进材料技术研讨会论文集
（材料工程 2001，增刊）》：160-164.）

PREP 高温合金粉末中的孔洞

张义文　张凤戈　张莹　陈生大　冯涤

（钢铁研究总院高温材料研究所，北京　100081）

摘　要　阐述了等离子旋转电极工艺（PREP）制取的镍基高温合金粉末内部孔洞形成机理，概述了孔洞形成的影响因素。结果表明，孔洞的大小随着粉末粒度的减小而减小。在相同雾化制粉工艺参数条件下，粗粉中孔洞的数量多于细粉。随着棒料转速的提高，空心粉量增加。雾化室内混合惰性气体压力降低和混合惰性气体中氩气含量提高，均能使空心粉量降低。

关键词　等离子旋转电极工艺　高温合金粉末　孔洞

Porosity in Superalloy Powder Produced by PREP

Zhang Yiwen, Zhang Fengge, Zhang Ying, Chen Shengda, Feng Di

(High Temperature Materials Research Institute, Central Iron & Steel Research Institute, Beijing 100081, China)

Abstract: Mechanism and some factors of porosity forming in Ni-base superaloy powder produced with PREP process is stated. It is showed that the porosity size decreases with the powder size decreasing. With the same atomized parameters, porosity amount in large size powder is more than that of the small size powder. The porosity powder amount increases with the rod rotate increasing. Experiment shows that the porosity powder amount can be decreased by decreasing the pressure of the inner gas mixture in atomizing chamber and increasing the argon content in the inner gas mixture.

Keywords: PREP, superalloy powder, porosity

　　目前，粉末高温合金的生产工艺已经相当成熟，粉末质量控制不断完善和严格。粉末高温合金不仅用于制作航空发动机的压气机盘、涡轮盘、涡轮轴、套筒以及涡轮盘挡板等高温承力部件，而且目前还用于制作地面燃汽轮机的涡轮盘等重要部件。

　　工业生产中广泛地采用氩气雾化法（AA）和等离子旋转电极法（PREP）制取镍基高温合金粉末。AA 法的优点在于细粉的收得率高，其缺点是大量粉末内含有闭合的充满氩气的孔洞，这种粉末称为空心粉。而 PREP 法制取一定粒度的粉末，工艺参数控制简单，粉末粒度范围窄，空心粉相对较少，粉末中气体和非金属夹杂物的含量低。

　　粉末中的孔洞被雾化惰性气体所充满，而惰性气体实际上不溶于金属，粉末密实成形（热等静压或热挤压固结成形）后孔洞变小，在热处理时由于气体膨胀，孔洞变大。这样在密实材料中产生了热诱导孔洞。在密实材料中大量孔洞的存在导致拉伸强度和屈服强度下降，尤其是缺口持久寿命严重降低[1,2]。

本文试图对PREP镍基高温合金粉末内部孔洞形成机理以及影响因素进行简要的分析和研究。

1 材料和实验方法

实验用等离子旋转电极工艺（PREP）制取的镍基高温合金粉末，其制粉工艺参数为：工作介质为高纯氩气和氦气的混合惰性气体，雾化室内混合惰性气体的工作压力为0.115~0.135MPa，棒料尺寸φ50mm×700mm，其转速分别为 7500r/min、10500r/min 和 15500r/min。粉末粒度分布见图1。从图1可见，随着棒料转速的升高，粉末平均粒度减小，细粉含量增多。

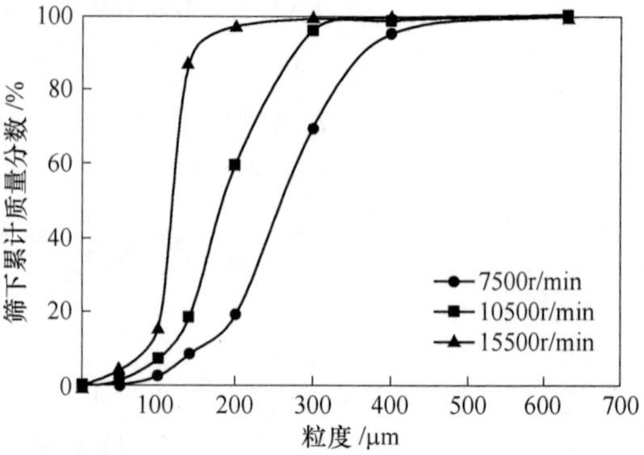

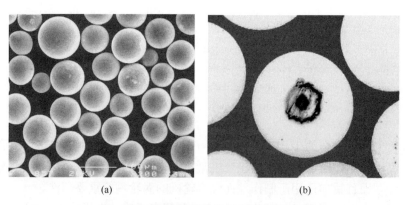

图 1　粒度累计分布
Fig. 1　Particle size distrubtion

将粉末筛分成粒度范围分别为 50~100μm、100~200μm、200~300μm 的3组粉末，然后分别进行镶样压实、磨光和抛光，最后用金相显微镜观察粉末内部孔洞的数量和尺寸。

2 实验结果与讨论

2.1 粉末内部孔洞

粉末形貌及粉末中的孔洞见图2。从图2可以看出，PREP粉末颗粒为球形，其表面光滑洁净。粉末中的孔洞为球形。

图 2　粉末形貌及粉末中的孔洞
Fig. 2　PREP powder morphology and porosity in powder
（a）PREP 高温合金粉末的形貌；（b）粉末中的孔洞
（a）PREP Powder morphology；（b）porosity in powder

在其他制粉工艺一定时，随着棒料转速的提高，空心粉量增加，并且细粉中空心粉量相对提高。在相同制粉工艺参数条件下，粗粉中孔洞的数量比较多，而在细粉中孔洞的数量比较少。孔洞的大小实际上不取决于棒料转速，而是与粉末的粒度有关，即随着粉末粒度的减小而减小。

2.2 孔洞形成机理

可以将 PREP 粉末形成过程分为四个阶段来描述（见图3），Ⅰ——在棒料端面"冠"的形成；Ⅱ——球形"露头"的形成；Ⅲ——液滴的形成；Ⅳ——液滴球形化和粉末颗粒的形成。等离子弧将高速旋转的棒料端面熔化，形成了熔体薄膜。在离心力的作用下，熔膜趋向棒料端面的边缘。在熔体层与固液底层之间摩擦力以及离心力的作用下，熔体流沿螺旋线运动（图4）。由于表面张力的作用，液膜流向棒料端面的边缘时，在端面形成了"冠"。离心力越小，"冠"的半径越大。随着熔体不断地进入"冠"中，在搅拌的影响和表面张力的作用下，液"冠"的某些部位开始聚集成球形"露头"（图5）。当"露头"中金属的质量增加到其离心力超过表面张力时，"露头"便从"冠"中飞射出去，形成了小液滴。在惰性气体中液滴以很高的速度冷却，凝固成球形粉末颗粒[3]。棒料转速越大，棒料端面熔膜变得越薄，"露头"也就越细小，因此粉末粒度越小。

棒料在高速旋转时，在"冠"的中心形成了负压区，因此液态金属薄膜在沿棒料端面流动时被其包裹的气体扩散到"冠"的内部，并积聚在负压区的中心，这样从"冠"中飞射出去的"露头"所形成的液滴便包裹着气体，因此液滴凝固后在粉末内部形成了孔洞。

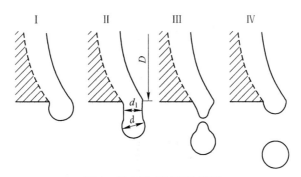

图3 粉末形成过程示意图

Fig. 3 Schematic of powder forming process

d_1——"露头"的直径；d——液滴的直径；D——棒料直径

d_1—diameter of the embryonic droplet；d—diameter of the droplet；D—diameter of the electrode rod

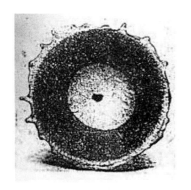 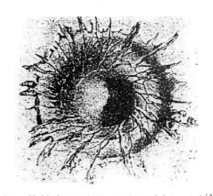

图4 熔体流沿螺旋线运动　　　　图5 棒料端面"冠"以及"露头"照片[3]

Fig. 4 Photograph of the melt-flow moving in spiral　　Fig. 5 the liquid cover and the embryonic droplets

2.3 孔洞形成的影响因素

从上述分析可知，孔洞的形成与以下制粉工艺参数有关：（1）棒料转速；（2）雾化室内混合惰性气体的压力；（3）混合惰性气体的组成；（4）雾化中心到等离心枪喷嘴的距离；（5）坯料旋转轴与等离心枪轴的偏距；（6）等离子弧电流强度；（7）等离子枪中等离子形成气体的消耗量。研究表明，孔洞的形成主要取决于棒料转速、雾化室内混合惰性气体的压力以及混合惰性气体的组成[4,5]。

随着棒料转速的提高，负压区的压力越小，气体扩散到"冠"中的量越大，因此空心粉量越多。雾化室内混合惰性气体压力降低时，气体扩散到"冠"中的量减少，因此空心粉量减少，同时降低了孔洞内气体的压力，并且在粉末密实后热处理时减小了孔洞的尺寸。

由于氩气的黏滞性大于氦气，所以氩气含量的提高使得混合惰性气体的黏滞性增大，于是降低了气体被液态金属薄膜在沿棒料端面流动时吸附的可能性。同时由于氩气的热导率小于氦气，氩气含量的提高降低了混合惰性气体的热导率，从而延长了金属液滴在液态的滞留时间，这样就使被包裹的气体有更多的机会从金属液滴中逸出。因此混合惰性气体中氩气含量的提高使空心粉量减少。

2.4 减少孔洞采取的措施

从上述分析影响孔洞形成因素可以得出，适当控制制粉工艺参数是减少孔洞的有效措施。降低棒料转速，孔洞减少，但是粗粉含量高，细粉收得率低，孔洞尺寸也相应增大。相反，提高棒料转速，孔洞增多，但是细粉收得率高，孔洞尺寸也相应减小。在实际应用中从综合因素考虑，使用小于 $150\mu m$ 或小于 $100\mu m$ 的细粉，所以从成本方面考虑，细粉收得率高是有利的。混合惰性气体中氩气含量的提高，孔洞减少，但是降低了粉末的凝固速度，使得粉末凝固组织变得粗大。

在实际生产中通过控制以下工艺参数可减少粉末中的孔洞：（1）棒料转速控制在 11000~13000 r/min 范围内。（2）混合惰性气体中氦气和氩气的混合比例为 4∶1。（3）雾化室内混合惰性气体的压力为 0.115~0.125MPa。

3 结论

（1）棒料在高速旋转时，熔膜在沿棒料端面流动时包裹着气体，当熔膜从棒料端面飞溅出去成为小液滴时，液滴凝固后便在粉末内部形成了孔洞。

（2）棒料转速、雾化室内混合惰性气体的压力以及混合惰性气体的组成是影响孔洞形成的主要因素。随着棒料转速的提高，空心粉量增多。雾化室内混合惰性气体压力降低，空心粉量减少。混合惰性气体中氩气含量提高，空心粉量减少。

（3）选用合适的制粉工艺参数可以减少粉末颗粒内部孔洞。

参 考 文 献

[1] Белов А. Ф. Аношкин Н. Ф. и Фаткуллин О. Н. Структура и сво-йства гранулируемых никелевых сплавов. М: Металлург-ия, 1984, 70-71.

[2] Аношкин Н. Ф. и др. В кн.: Металловедение и Обработка Титановых и Жаропрочных Сплавов. М.: ВИЛС, 1991, 313-323.

[3] Мусиенко В. Т. Некоторые закономерности формирования гранул при центробежном распылении вращающейся заг-отовки. Порошковая металлургия. 1979, (8): 1-7.

[4] АношкинН. Ф. и др. В кн.: Проблемы металлургии легких и специальных сплавов. М: ВИЛС, 1991, 470-485.

[5] Мусиенко В. Т. Кошелев В. Я. В кн.: Металловедение и Обработка Титановых и Жаропрочных Сплавов. М.: ВИЛС, 1991, 300-312.

(原文发表在《第五届先进材料技术研讨会论文集（材料工程，2001，增刊）》：168-170.)

The Effect of Cooling Media on Properties of FGH95 PM Superalloy Manufactured with PREP

Zhang Yiwen, Zhang Ying, Zhang Fengge, Yang Shizhong

(High Temperature Materials Research Institute, Central Iron & Steel Research Institute, Beijing 100081, China)

Abstract: The FGH95 powder was produced with the plasma rotating electrode process (PREP). After treating with vibrating screen and static separator the powder was encased into a stainless steel capsule under 1.33×10^{-2} Pa and 400℃. The consolidation was achieved by hot isostatic processing (HIP) under 1180℃. After solid-solution treatment at 1120℃ the test samples were treated respectively with furnace cooling, air cooling, salt-bath cooling, oil cooling and then two times aging. The effects of cooling media on the properties of the PREP FGH95 powder superalloy were investigated. The experimental results showed that the cooling speeds of the media are arranged from high to slow in following order: oil cooling, salt-bath cooling, air cooling, and furnace cooling. With increasing cooling speed the room temperature and 650℃ tensile strength, and stress rupture life under 650℃ increase, but the tensile and stress rupture ductility decrease. But the salt-bath cooling the lasting strength reached the maximum, but the lasting ductility was at minimum. When cooling speed is increased to the oil cooling level, the tensile and lasting properties correspond to those with salt-bath cooling.

Keywords: PREP, PM Superalloy, cooling media, mechanical properties

1 Introduction

Superalloys produced by powder metallurgy processing can get desired microstructures with non-macro-segregation, uniform composition and fine grains, as well as high strength and good hot workability due to fine powder and rapid consolidation rate. Therefore, PM superalloy is considered as an ideal material for producing compressor and turbine disk of aerospace engine.

FGH95, usually used to produce aero-engine turbine disk, is a nickel-based PM superalloy strengthened by γ′precipitates (~50%) (mass fraction). Its application temperature is about 650℃.

The effect of cooling rate on microstructures and properties of AA PM superalloys is reported in references [1-4]. In this paper, the effect of the different cooling conditions, such as furnace cooling, air cooling, salt quenching and oil quenching process after 1120℃ solid solution treatment, on microstructures and the properties of PREP FGH95was investigated.

2 Experimental materials and methods

After vacuum induction melting (VIM), the FGH95 ingot was followed with machine and grind process, and was produced into round bar with φ50mm×700mm dimension. FGH95 powders were produced by the plasma rotating electrode process (PREP). The chemical compositions of the powder are listed in Table 1. After treating with vibrating screen, the powder particles with size about 50μm ~ 150μm were cleaned by static separator. Then the powder was deaerated under 1.33 ×10^{-2}Pa pressure, and encased into a stainless steel capsule. The consolidation was achieved by hot isostatic processing (HIP). The processing parameter is 1180℃, 150MPa for 3h. Then the HIP ingot was cut to prepare the specimens with φ15mm×80mm dimension. After solid-solution treatment at 1140℃, the specimens were treated with furnace cooling, air cooling, salt-bath cooling (540℃) and oil cooling respectively, and then two times aging. The detail experimental parameters are showed in Table 2.

Table 1 Chemical compositions of the tested alloy (mass fraction) (%)

C	Co	Cr	Al	Ti	W	Mo	Nb	Zr	B
0.06	8.55	12.69	3.46	2.69	3.36	3.58	3.45	0.05	0.01

Table 2 Heat treatment processing of FGH95 alloy

No.	Heat treatment processing
1	1140℃, 1h, LC+870℃, 1h, AC+650℃, 24h, AC
2	1140℃, 1h, AC+870℃, 1h, AC+650℃, 24h, AC
3	1140℃, 1h, 540℃SC+870℃, 1h, AC+650℃, 24h, AC
4	1140℃, 1h, OC+870℃, 1h, AC+650℃, 24h, AC

Note: LC—slow cooling, AC—air cooling, SC—salt cooling, OC—oil cooling.

The microstructure changes of these specimens were observed by SEM, and the tensile properties at room temperature and 650℃, and the smooth stress rupture property under 650℃ were examined.

3 Experimental results and discussions

The average cooling rates of the specimen center part with different cooling media from 1120℃ to 600℃ were measured. Results show that the cooling rates of the media are arranged from high to slow in following order: oil cooling (22.6℃/s), salt-bath cooling (10.8℃/s), air cooling (4.3℃/s), and furnace cooling (1.4℃/s).

Figure 1 shows the effect of the different cooling media on the mechanical properties of FGH95. According to the results, after solid solution treatment, the effect of cooling rate on the properties of FGH95 is obvious. With increasing cooling rate, the tensile strength at room temperature and 650℃, and the rupture life at 650℃ increase, however, the tensile and rupture ductility decrease. When salt quenching is taken, the rupture strength of the specimen reaches peak value while the rupture ductility is at minimum value. When cooling rate is increased to the oil cooling level, the tensile strength at room temperature and 650℃ does not change, and the rupture life decreases, the rupture ductility increases.

The solid solution temperature, which γ' phase completely solutes into matrix of FGH95, is 1160℃. After solid solution treatment at 1120℃, there are uncompleted solved primary γ' particles. SEM observation shows that, with the increasing of cooling rate, the secondary γ' phase which precipitates during cooling process after solid solution becomes fine and dispersion. This is why the tensile strength enhances but the ductility decreases.

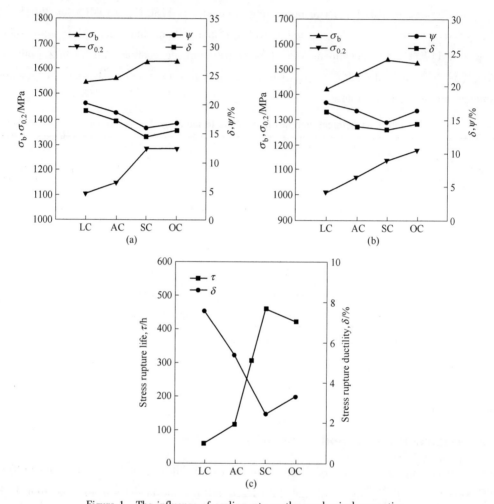

Figure 1 The influence of cooling rate on the mechanical properties
(a) tensile property at room temperature; (b) 650℃ tensile property; (c) stress rupture life and ductility

According to the above-mentioned, the yield and tensile strength of FGH95 are of low level when furnace cooling or air cooling is taken due to the low cooling rate. The oil quenching is the ideal cooling mode, because the tensile strength, rupture strength and rupture ductility is suitable.

4 Conclusions

(1) The oil cooling rate is the highest, then followed with salt and air cooling, the furnace cooling rate is the slowest.

(2) With increasing of the cooling rate, the tensile strength of FGH95 is improved under room temperature and 650℃, and tensile and stress rupture ductility decrease. When salt quenching is taken, the rupture strength reach peak value, but the rupture ductility value is the lowest. When cooling rate increases to the oil quenching rate level, the tensile strength and rupture strength of FGH95 is as same as that of salt cooling treatment.

References

[1] R. Thamburaj et al. Influence of Processing Variables on Prior Particle Boundary Precipitation and Mechanical Behaviour in PM Superalloy APK1 [J]. PM, 1984, 27 (3): 169-180.

[2] P. R. Bhowal, E. F. Wright and E. L. Raymonal. Effects of Cooling Rate and γ′ Morphology on Creep and Stress-Rupture Properties of Powder Metallurgy Superalloy [J]. Metall. Trans. A, 1990, 21A (6): 1709-1717.

[3] D. J. Evans, R. D. Eug. Development of A High Strength Hot Isostatically Pressed (HIP) Disk Alloy, Merl76 [A]. Modern Developments in Powder Metallurgy [C], 1980, Vol. 14, 51-63.

[4] J. R. Groh. Effect of Cooling Rate From Solution Heat Treatment on Waspaloy Microstructure and Properties [A]. Superalloys 1996 [C], 1996, 621-626.

(原文发表在《New Materials and Technologies in 21stCentury》, 2001, October, Beijing, China, 445-447.)

FGH96粉末高温合金的组织演变

张莹 张义文 陶宇 张凤戈 冯涤

(钢铁研究总院高温材料研究所,北京 100081)

摘 要 通过金相图像分析仪、扫描、透射电镜、物理化学相分析等手段对FGH96合金粉末及经不同制度热等静压和热处理后成形件的组织形貌、析出相进行了分析探讨,并摸索了该合金的热等静压、热处理工艺。为对该合金下一步的研制提供了重要的参考依据。

关键词 FGH96粉末高温合金 组织形貌 析出相

Microstructural Evolution of FGH96 Powder Superalloy

Zhang Ying, Zhang Yiwen, Tao Yu, Zhang Fengge, Feng Di

(High Temperature Materials Research Institute, Central Iron and Steel Research Institute, Beijing 100081, China)

Abstract: The microstructures of FGH96 powder and PM compact were investigated by metalloscopy, TEM and SEM, the precipitated phase was analyzed by physicochemical method. The processes of hot isostatic pressing and heat treatment was explored. This result provided important basis for further research.

Keywords: FGH96 powder superalloy, microstructure, precipitated phase

FGH96合金是我国继FGH95合金之后正在研究的第二代PM镍基高温合金,其抗裂纹扩展能力将比FGH95提高1倍多,强度降低10%,使用温度由650℃提高到750℃。为了使该合金的组织性能达到最佳匹配水平,有必要对该合金的组织演变进行深入细致的研究。本文主要对该合金的粉末、热等静压、热处理后的组织形貌及析出相进行了初步的探讨。

1 试验方法

FGH96合金的化学成分如表1所示。

表1 FGH96合金的化学成分(质量分数)
Table 1 Chemical composition of alloy FGH96 (mass fraction)   (%)

Cr	Co	W	Mo	Nb	Al	Ti	Zr	N	O	C	P	B	Ni
16.04	12.70	3.98	3.84	0.72	2.18	3.71	0.04	0.0022	≤0.07	0.028	<0.005	0.0095	基体

将用 PREP 法制取的 50~100μm FGH96 合金粉末装入石英管，抽真空并密封。分别在 1000~1180℃×1h，AC 制度下进行处理，取出粉末，制样后在金相显微镜和扫描电镜下观察。

50~100μm 的粉末经真空脱气装入 φ80×110mm 的包套中并封焊，然后进行热等静压。HIP 制度：1030℃×1h，120MPa +(1100~1190)℃×2h，130MPa。将不同热等静压制度成形的毛坯加工成试样，在金相显微镜和透射电镜下进行观察。

将在 1030℃×1h，120MPa +1170℃×2h，130MPa 制度下密实的成形件加工成小试样，分别在 1100~1200℃下保温 1h，然后水淬，观察 γ′相析出和晶粒长大情况。

在设定的固溶温度下将试样加热保温 1h，分别放入空气、油和水中冷却，并时效。进行显微观察和硬度测试。

用差热法测定该合金的熔点；用金相法测定该合金 γ′相完全溶解温度；采用电化学提取和定量分析方法对热处理态试样进行相测定。

2 试验结果与分析讨论

2.1 粉末经不同温度处理后的金相和电镜观察

由图 1 观察，原始状态的粉末为枝晶组织，1000℃下枝晶间析出 γ′相，随着温度升高枝晶间析出的 γ′相增多并长大。γ′相在 1130℃开始回溶，1150℃基本回溶，枝晶消失，晶界清晰，晶界上存在大 γ′相。1180℃晶界上大 γ′相基本回溶，晶粒有所长大。

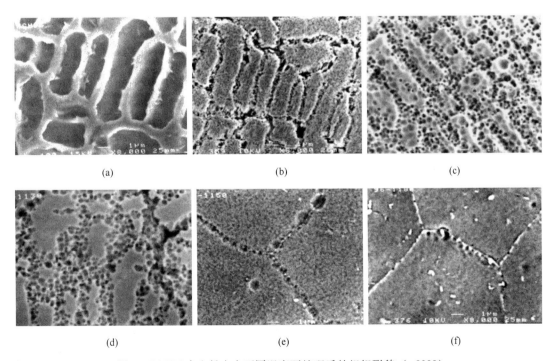

图 1 FGH96 合金粉末在不同温度下处理后的组织形貌 (×8000)

Fig. 1 Microstructure of powder FGH96 after treatment in different temperature

(a) 原始；(b) 1000℃；(c) 1100℃；(d) 1130℃；(e) 1150℃；(f) 1180℃

2.2 热等静压（HIP）后的组织观察

由试验结果得知，在 1100℃ 热等静压，少数小尺寸粉末占据的区域发生了再结晶，大部分仍保持粉末原始枝晶形貌。透射电镜下清晰地看到，在 HIP 升温过程中析出长大的 γ′相和冷却中析出的小 γ′相沿枝晶方向排列。1130℃ HIP 后，再结晶晶粒增多，大 γ′相逐渐回溶，冷却中析出的小 γ′相增多。1150℃以上 HIP，再结晶基本完成，晶内均匀分布着方形 γ′相，晶界上分布着长条 γ′相和碳化物，晶界边缘析出细小的 γ′相，晶粒度 7~8 级。1170~1190℃ HIP 后晶粒长大不明显。随着 HIP 温度的升高，显著加快粉末接触面上的扩散，不仅有利于粉体内的再结晶，而且还有利于合金整体的再结晶，提高了粉末边界的强度。[1] 由试验结果分析，在 1170~1190℃下 HIP 获得的组织较为理想。图 2 所示为不同 HIP 制度后的组织形貌。

图 2　不同 HIP 制度后的组织形貌
Fig. 2　Microstructure after HIP
(a),(c) 1100℃；(b),(d) 1170℃

2.3 热处理后的金相观察

2.3.1 不同固溶温度处理

固溶温度直接影响着合金的晶粒尺寸和一次 γ′相的含量。本试验将经 1170℃ HIP 后的试样在 1100~1200℃固溶进行水淬，结果如下：1110℃水淬后一次 γ′相占视场的 30%。随着固溶温度的升高一次 γ′相不断回溶，1140℃γ′相基本回溶，与粉末热处理后观察的结果基本吻合，初步判断该合金的 γ′相完全溶解温度为 1130~1140℃之间。1130~1190℃能见到残留枝晶及晶界和颗粒边界上的析出物,随温度升高晶粒稍有长大,1200℃晶粒明显长大,残留枝晶基本消失。图 3 为不同固溶温度下的晶粒尺寸。

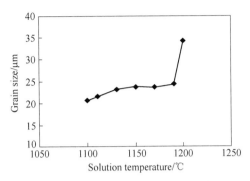

图 3 不同固溶温度下的晶粒尺寸

Fig. 3 Grain size after solution treatment at different temperature

2.3.2 不同冷却介质的影响

固溶后的冷却速度决定了析出的二次 γ′ 相尺寸及其间距,直接影响合金的蠕变和持久寿命。本试验将在 1150℃ 固溶后的金相试样分别放入空气、油、水三种不同的冷却介质中处理,结果如下:三种冷速下获得的 γ′ 相均为球形,冷速越快,γ′ 相尺寸越细小,硬度越高,水冷试样中出现淬火沿晶裂纹。通过金相法测量和回归方程 $\log Dr' = 0.178 - 0.551(\lg ℃/dt)$[2] 推导,在空气、油、水三种介质中处理的冷却速度如表 2 所示。

表 2 不同冷却速度析出的 γ′ 相尺寸及显微硬度值

Table 2 The size of secondary γ′ phase and HV

冷却方式	冷却速度/℃·min^{-1}	二次 γ′ 相尺寸/nm	HV/kg·mm^{-2}
空冷	483	45~50	476
油冷	586	30~45	486
水冷	2553	14~20	509

2.3.3 热处理后的组织形貌

热处理后合金中的 γ′ 尺寸和分布决定了最终的综合性能。根据对该合金性能的要求,为使一次 γ′ 相回溶,得到粗晶组织,将固溶温度设在 γ′ 相完全溶解温度以上。由差热法测得该合金熔点为 1355℃,根据关系式[3] $T_α = (0.5 \sim 0.6) T_熔$ 及该合金的使用温度定出最佳时效温度为 760℃。

对热处理后的试样进行相分析:γ′ 相质量分数为 34.6%,γ′ 相尺寸集中在 18~60nm,其中二次 γ′ 相占 68%,三次 γ′ 相为 32%。$a_0(γ') = 0.359$nm,γ′ 相组成结构式为:$(Ni_{0.923}Co_{0.046}Fe_{0.003}Cr_{0.020})_3(Cr_{0.060}W_{0.040}Mo_{0.027}Ti_{0.461}Al_{0.368}Nb_{0.041}Zr_{0.002})$。经图像分析仪、扫描电镜和透射电镜的观察测试及相分析,合金中存在着 0.2%TiC($a_0 = 0.433$nm)和 M_3B_2($a_0 = 0.580$nm,$c_0 = 0.313$nm)。图 4 为合金经过 1150℃×1h,AC+760℃×8h,AC 处理后的组织形貌,平均晶粒尺寸 24μm,ASTM7~8 级。晶内均匀分布着球形二次和三次 γ′ 相,晶界上析出长条状 γ′ 相和小尺寸(0.1~0.5μm)的 TiC、M_3B_2。虽然晶界上析出相的含量很少,

但它们足以在一定程度上阻碍晶粒长大[2]。图5为不同尺寸γ'相的分布曲线。

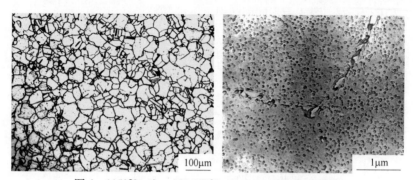

图4　1150℃×1h, AC+760℃×8h, AC后的组织形貌
Fig. 4　Microstructure after heat treatment

3　结论

通过对FGH96合金粉末及热等静压成形件组织形貌的初步摸索，得出如下结论。

（1）该合金的γ'相溶解温度为1130～1140℃。

（2）该合金中存在0.2%小尺寸的TiC、M_3B_2，在晶界上阻碍晶粒长大。在γ'相完全溶解温度以上1190℃以下热等静压和进行固溶处理，晶粒长大不明显。

（3）在1170～1190℃下HIP获得较为理想的组织。

（4）热处理后合金中γ'相的质量分数为34.6%，其中固溶冷却γ'相占68%，时效γ'占32%。

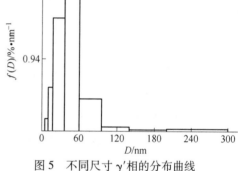

图5　不同尺寸γ'相的分布曲线
Fig. 5　Histogram of Particle Size Distribution

参 考 文 献

[1] Белов А Ф, Аношкин Н Ф, Фаткуллин О Х, Структура и Свойства Гранулируемых Никелевых Сплавов [M]. Москва Металлургия, 1984.

[2] Wlodek S T, Kelly M, Alden D, The Structure of Rene 88DT [J]. Superalloys, The Minerals Metals. & Materials Society USA 1996：129-136.

[3] 刘国勋. 金属学原理 [M]. 北京：冶金工业出版社, 1980.

（原文发表在《第六届先进材料技术研讨会论文集
（材料工程，2002，增刊）》：62-64.）

用等离子旋转电极工艺制取人体植入物表面多孔涂层用球型 Co-Cr-Mo 和 Ti-6Al-4V 合金粉末

陶宇　冯涤　张义文　国为民　张莹　张凤戈　陈生大

（钢铁研究总院高温材料研究所，北京　100081）

摘　要　在ПУР-1型等离子旋转电极制粉设备上制备用于人体植入物表面多孔涂层的球型 Co-Cr-Mo 和 Ti-6Al-4V 合金粉末。研究了制取球型 Co-Cr-Mo 和 Ti-6Al-4V 合金粉末的主要工艺参数。

关键词　等离子旋转电极工艺　人体植入物表面多孔涂层　Co-Cr-Mo　Ti-6Al-4V　球型合金粉末

Production of Spherical Co-Cr-Mo and Ti-6Al-4V Alloy Powders Applied in Porous Coating for Implant Fixation with PREP

Tao Yu, Feng Di, Zhang Yiwen, Guo Weimin, Zhang Ying, Zhang Fengge, Chen Shengda

(Central Iron and Steel Research Institute, Beijing 100081, China)

Abstract: The spherical Co-Cr-Mo and Ti-6Al-4V alloy powders applied in porous coatings for implant fixation by bony ingrowth were produced with the ПУР-1 PREP equipment. The process parameters for producing spherical Co-Cr-Mo and Ti-6A1-4V alloy powders were studied.

Keywords: PREP, porous coatings for implant fixation, Co-Cr-Mo, Ti-6Al-4V, spherical alloy powders

人体植入物包括各种人工关节（如髋关节、膝关节、肩关节、肘关节、指关节等）、整形外科和牙科植入件等，它们主要用 Co-Cr-Mo 合金或 Ti 合金来制造。人体植入物的固定非常重要，一旦发生松动，轻者造成病人的痛苦，重者就必须重新手术。过去人体植入物是用骨水泥粘接在骨骼上的，这种固定不是很牢靠，容易发生松动。从20世纪70年代开始，人们利用与植入物本体合金成分相同的球型粉末，在植入物与骨骼的结合面上制造一层多孔的涂层，当植入物植入人体后，骨组织长入多孔涂层中，从而使植入物与人体骨骼连成一个整体。采用这种方法后，植入物的松动率大大下降。到目前为止，在人体植入物的表面制造多孔涂层的方法仍在发达国家广泛应用。

为使骨组织能顺利地长入植入物的多孔涂层中，必须严格控制孔隙度大小。如果孔隙过大，人体软组织易于长入而阻碍骨组织的生长；孔隙过小，骨组织则无法长入。对于不负重的植入物，要求其表面多孔涂层的孔隙度大约为 50μm；对于负重的植入物，如髋关节、膝关节，则要求其表面多孔涂层的孔隙度大约为 100~150μm[1]。

对植入物表面多孔涂层孔隙度的控制是通过选取合适的粉末粒度来实现的。粉末的粒度分布范围越窄，球型度越高，越有利于孔隙度的控制。由于人体植入物表面的多孔涂层是通过烧结法制造的，在烧结过程中植入物本体因晶粒长大而使得其力学性能下降。所以，在不影响烧结质量的前提下，烧结温度越低越好。这就要求粉末颗粒的表面光洁、气体含量低等。所有这些要求，使得这类用途的粉末非常适合用等离子旋转电极（PREP）工艺来生产。

本文研究了采用 ПУР-1 型等离子旋转电极设备制取人体植入物表面多孔涂层用球型 Co-Cr-Mo 和 Ti-6Al-4V 合金粉末的主要工艺参数。

1 ПУР-1 型 PREP 装置及制粉过程

ПУР-1 型 PREP 制粉装置是由俄罗斯全俄轻合金研究院（ВИЛС）设计、制造的。该设备主要用于制取镍基高温合金粉末，也可用于铁基、钛基、钴基等其他合金粉末的生产，其结构如图 1 所示。

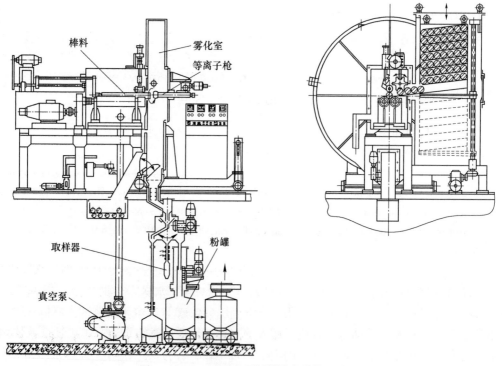

图 1 ПУР-1 型 PREP 制粉设备结构示意图
Fig. 1 Schematic structure of the ПУР-1 PREP equipment

首先将要制粉末的母合金棒料装入 ПУР-1 制粉装置，关闭设备抽真空。当真空度达到 $1.33×10^{-1}$Pa 后，向设备充入 80%He 和 20%Ar 的混合气体。启动惰性气体循环泵，使装置内的气体成分达到均匀。启动冷却系统，等离子枪点弧，启动电极旋转电机，将电极转速和等离子弧电流调至希望值，将等离子枪移至棒料前，在等离子束的作用下，棒料端部开始熔化。形成的液体受离心力和液体表面张力双重作用,被破碎成液滴飞离电极棒,在飞行过程中冷凝成球形粉末颗粒。启动棒料推进装置,使棒料推进速度与棒料熔化速度相等,以维持等离子枪至棒料端部的距离不变。随着棒料的不断熔化,形成的粉末经粉末收集系统最后落入粉罐。

2 PREP 工艺制粉原理

PREP 属于旋转雾化法的一种。旋转雾化法的原理是利用使液体旋转而产生的离心力将液体粉碎,即利用旋转产生的机械能提供给因液体粉碎而形成新的表面所需的能量。从20 世纪 30 年代起,人们对使用旋转雾化法粉碎水、有机溶剂等低熔点液体进行了大量的研究,发现在不同的条件下,液体在旋转元件上存在三种不同的雾化机理,即(1)直接液滴形成机理(Direct Drop Formation-DDF);(2)液线破碎机理(Ligament Disintegration-LD);以及(3)液膜破碎机理(Film Disintegration-FD)。

20 世纪 80 年代 Champagne 等人[2]利用高速摄影机证实,在用 PREP(REP)法制备不锈钢等金属粉末时,也存在上述三种雾化机理,如图 2 所示。DDF 出现在熔化功率较小的情况下,熔化的电极材料在离心力的作用下,向电极棒边缘流动,先在电极棒的边缘形成一个液珥,进而在液珥上产生出液滴,最后液滴脱离液珥被甩出,形成所谓的一次颗粒。在一次颗粒与液珥的分离过程中,它们之间的粘连液体则形成直径较一次颗粒小得多的二次颗粒。若其他条件保持不变,随熔化速率的增加,雾化机理将由 DDF 转至 LD。与 DDF 相比,电极棒上的液珥向外扩展并在其边缘上形成液线,液线破碎后产生一串大小不等的颗粒,见图 2(b)。LD 机理下,分布区间较 DDF 要宽。若熔化速率继续增大,电极棒边缘的液珥进一步向外扩展而形成液膜,雾化机理转变为 FD[图 2(c)]。

上述三种雾化机理下产生的粉末颗粒的外貌也有所区别。在 DDF 机理下,粉末颗粒为球形;在 LD 机理下,液线破碎后会产生一些椭球形颗粒;而在 FD 机理下,因液膜极不稳定,其破碎后易形成不规则的片状粉。

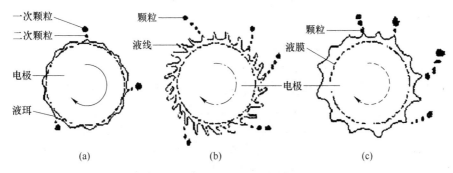

图 2 PREP(REP)过程的雾化机理

Fig. 2 Atomization mechanisms of the PREP(REP)

(a) DDF;(b) LD;(c) FD

3 制取球形粉末工艺参数的确定

因对人体植入物表面多孔涂层用粉末颗粒的球型度要求很高,故生产时应将雾化控制为DDF机理。在满足对粉末颗粒外形要求的前提下，如何提高成品粉的收得率，是选择工艺参数时需要考虑的。要求粉末在某个粒度区间有高的收得率，即要求所制粉末粒度分布应集中于该区间之内。对PREP工艺来讲，粉末粒度分布密度基本上以平均粒度为轴心左右对称[3]。所以影响粉末在某区间内收得率的因素有两个，其一是轴心的位置，亦即粉末平均粒度，其二是粉末粒度分布曲线的形状（瘦高或矮胖）。在ПУР-1型PREP制粉装置上，粉末的平均粒度取决于棒料的转速，其他工艺参数对其影响不大。而一定平均粒度粉末的粒度分布曲线的形状则受等离子弧电流强度、等离子枪与棒料端部的距离、等离子工作气体流量等工艺参数的影响[4]。下面将分别介绍制取Co-Cr-Mo合金粉末和Ti-6Al-4V合金粉末时，对ПУР-1型PREP装置主要工艺参数的确定。

3.1 制取Co-Cr-Mo合金粉末时的工艺参数

试制的合金牌号为ASTM F75，其成分标准见表1。客户对粉末的粒度要求为-25+35mesh（-707+500μm）及-45+60mesh（-354+250μm）两种。母合金采用真空感应炉冶炼，在真空条件下浇入无缝钢管制作的钢锭模中形成小ϕ53mm×940mm的钢锭，切除缩孔后经车床、磨床加工最终得到ϕ50mm×710mm的制粉用棒料。

表1 ASTM F75合金化学成分标准（质量分数）

Table 1　Chemical composition of the ASTM F75 alloy（mass fraction）　（%）

Cr	Mo	Ni	Si	Mn	Fe	C	Co
27.0~30.5	5.0~7.0	≤1.0	≤1.0	≤1.0	≤0.75	≤0.35	余

用ПУР-1型PREP制粉装置制取FGH95合金粉末时，粉末平均粒度与棒料转速间的关系可用下式表达[4]：

$$d_m = -0.063 + 2378/N \tag{1}$$

式中，d_m为粉末平均粒度，mm；N为棒料转速，r/min。

考虑到F75合金的密度为8.34g/cm³[5]，与FGH95合金相近；液态金属Co在其熔点附近的表面张力为1873mN/m[6]，与液态金属Ni相近（1778mN/m），按照式（1）和所要制取粉末的粒度范围来选择制取Co-Cr-Mo合金粉末时的棒料转速。当制取粒度范围为-707+500μm的粉末时，选取棒料转速为3500r/min；当制取粒度范围为-354+250μm的粉末时，选取棒料转速为6500r/min。采用ПУР-1型PREP装置制取Ni-基高温合金粉末时，等离子弧电流强度小于1400A时，雾化机理基本上属于DDF。从提高成品粉收得率的角度出发，参考制取某Ni-基合金粉末时的参数[4]，将等离子弧电流强度控制在700~800A。等离子工作气体流量控制在80L/min左右，等离子枪与棒料端部距离保持在10~15mm。

所制粉末的化学成分分析结果示于表2。图3为ASTM F75 Co-Cr-Mo合金粉末（粒度范围-707+500μm）的扫描电镜照片，可见粉末颗粒呈近乎完美的球形，且具有光滑、洁净的表面，颗粒表面的枝晶组织显得比Ni-基合金更为细小。通过极其严格的检验后，所制球形Co-Cr-Mo合金粉末已出口到美国。

表2 球形 Co-Cr-Mo 合金粉末化学成分（质量分数）

Table 2　Chemical composition of the produced spherical Co-Cr-Mo alloy powder（mass fraction） （%）

Cr	Mo	Ni	Si	Mn	Fe	C	Ti	W	S	Zr	N	O	Co
28.68	5.86	0.84	0.50	0.50	0.52	0.23	≤0.0005	≤0.03	0.001	0.01	≤0.005	≤0.005	余

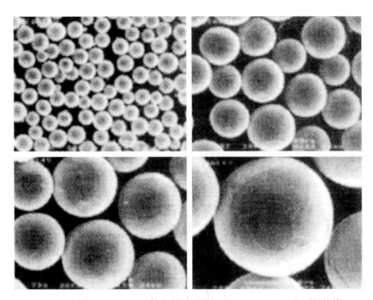

图3　球形 Co-Cr-Mo 合金粉末颗粒（-707+500μm）的形貌

Fig. 3　Particle shape of the produced spherical Co-Cr-Mo alloy powder（-707+500μm）

3.2　制取 Ti-6Al-4V 合金粉末时的工艺参数

试制的合金牌号为 ASTM F136，其成分标准见表3。客户要求粉末的粒度范围为-45+60mesh（-354+250μm）。棒料采用 φ50mm 的 Ti-6Al-4V 合金棒材。

表3　ASTM F136 合金化学成分标准（质量分数）

Table 3　Chemical composition of the alloy ASTM F136（mass fraction） （%）

Al	V	Fe	O	C	N	H	Ti
5.5~6.5	3.5~4.5	≤0.25	≤0.13	≤0.08	≤0.05	≤0.0125	余

Ti 合金在物理特性上与 Ni-基、Co-基合金存在较大的差别，特别是在合金的密度上，Ti-6Al-4V 合金仅为 4.43g/cm^3[7]，约为 FGH95 合金的 53.4%。由于缺乏液态合金的表面张力的数据，假定 Ti-6Al-4V 合金的表面张力与 FGH95 合金相差不大，仅根据合金的密度差由式（1）简单地推算出，制取相同粒度的 Ti-6Al-4V 合金粉末时，棒料的转速应比制取 FGH95 合金粉末时高 1.4 倍。由所要制取的粉末粒度（-354+250μm）及式（1），初步确定棒料的转速为 9100r/min。图4为棒料转速对-354+250μm Ti-6Al-4V 合金粉末收得率影响的实验结果。由图可见，棒料的最佳转速在 10000r/min 左右，比预计值要大。这个结果说明，有可能 Ti-6Al-4V 合金的表面张力也要大于 FGH95 合金的表面张力。

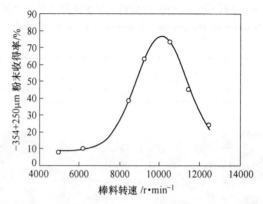

图 4 棒料转速对 Ti-6Al-4V 合金粉末收得率的影响
Fig. 4 Influence of the bar rotating rate on the Ti-6Al-4V alloy powder yield

实验中发现，等离子弧电流强度对 Ti-6Al-4V 合金粉末收得率的影响非常大。当棒料转速为 10000r/min、等离子弧电流强度为 1200A 时，粉末中出现大量的片状粉，表明此时雾化机理已属于液膜破碎（FD）；等离子弧电流强度降到 800A 时，雾化机理转为 DDF-LD。由实验结果可以判定，当等离子枪的输出功率相同时，Ti-6Al-4V 合金棒料的熔化速率（体积）比 Ni-基合金和 Co-基合金大的多。因此，使用 ПУР-1 型 PREP 制粉装置制取 Ti 合金粉末时，等离子弧电流强度不宜过大。当棒料转速为 10000r/min 时，等离子弧电流强度对 -354+250μm Ti-6Al-4V 合金影响的实验结果示于图 5。可见，等离子弧电流强度为 600A 时，粉末收得率较高。实验过程中，等离子工作气体流量控制在 80L/min 左右，等离子枪与棒料端部距离保持在 20~30mm。

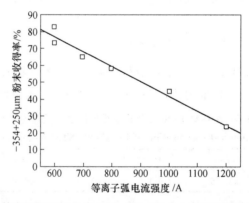

图 5 等离子弧电流强度对 Ti-6Al-4V 合金粉末收得率的影响
Fig. 5 Influence of the plasma current on the Ti-6Al-4V alloy powder yield

所制粉末的化学成分分析结果示于表 4。图 6 为 ASTM F136 Ti-6Al-4V 合金粉末（粒度范围 -354+250μm）的扫描电镜照片，粉末颗粒呈球形，部分颗粒上沾结有卫星粉，光学显微镜下用镊子可将其分离，说明沾结的不牢。粉末颗粒与雾化室内壁碰撞形成的痕迹清晰可辨。Ti-6Al-4V 合金粉末颗粒表面呈现出一种板块结构，而不是 Ni-基、Co-基合金粉末颗粒表面的枝晶结构。美国某公司对试制的球形 Ti-6Al-4V 合金粉末样品进行了检验，结果认为其质量达到了美国标准。

表4 球形 Ti-6Al-4V 合金粉末化学成分（质量分数）
Table 4 Chemical composition of the produced spherical Ti-6Al-4V alloy powder (mass fraction)

(%)

Al	V	Fe	O	C	N	H	B	Cu	Y	Si	Ti
6.1	4.0	0.16	0.10	0.01	0.01	0.001	≤0.003	≤0.01	<0.03	<0.04	余

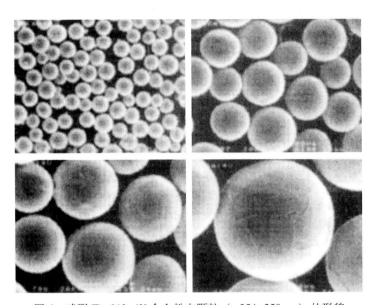

图6 球形 Ti-6Al-4V 合金粉末颗粒（-354+250μm）的形貌
Fig. 6 Particle shape of the produced spherical Ti-6Al-4V alloy powder (-354+250μm)

4 结论

在ПУР-1型等离子旋转电极制粉设备上成功地开发出用于人体植入物表面多孔涂层的球型 Co-Cr-Mo，Ti-6Al-4V 合金粉末，产品质量达到了美国医用材料标准。

制取 Co-Cr-Mo 合金粉末时，等离子弧电流强度应控制在 700~800A，等离子工作气体流量控制在 80L/min 左右，等离子枪与棒料端部距离保持在 10~15mm。制取粒度范围-707+500μm 的粉末时，选取棒料转速为 3500r/min；制取粒度范围为 -354+250μm 的粉末时，选取棒料转速为 6500r/min。

制取粒度范围为 -354+250μm 的 Ti-6Al-4V 合金粉末时，选取棒料转速为 10000r/min，等离子弧电流强度应控制在 600A，等离子工作气体流量控制在 80L/min 左右，等离子枪与棒料端部距离保持在 20~30mm。

参 考 文 献

[1] P J Andersen. Medical and Dental Applications [M]. In Metals Handbook 9th Ed., Vol. 7, Powder Metallurgy, ASM, Metals Park, OH., 1984: 657-663.

[2] B Champagne and R Angers. REP Atomization mechanisms [J]. Powder Metall Int, 1984, 16 (3): 125-128.

[3] Y Tao, et al. High nitrogen steel powder for near net shape products [J]. Steel research, 1999, 70 (4+5): 135-140.
[4] 陶宇. ПУР-1型等离子旋转电极制粉设备及其生产工艺优化研究 [R]. 钢铁研究总院博士后研究报告, 2001.
[5] ASM Handbook, Vol 2, Properties and Selection: Nonferrous Alloys and Special-Purpose Materials [M]. The Materials Information Society, 1992.
[6] E T Turkdogan. Physical Chemistry of High Temperature Technology [M]. Academic Press, New York, 1980.
[7] H E Boyer and T L Gall (editors). Metals Handbook, Desk Edition [M]. American Society for Metals, 1985.

(原文发表在《第六届先进材料技术研讨会（材料工程，2002，增刊）》：266-277.)

The Effect of HIP Temperature on Microstructure and Property of PM Superalloy

Zhang Yiwen, Zhang Ying, Zhang Fengge, Zhang Yingcai,
Yang Shizhong, Feng Di

(High Temperature Materials Research Institute, Central Iron & Steel Research Institute)

Abstract: FGH95 superalloy powders were manufactured by Plasma Rotating Electrode Process (PREP). The powder which size ranges between 50μm to 150μm was input into capsule, then were compacted by HIP at 1120℃, 1140℃, 1160℃ and 1180℃ respectively. The effect of HIP temperature on microstructure, yield strength and 650℃ stress-rupture of PM superalloy was investigated in this paper. It shows that the quantity of dynamic crystal reduces with improvement of HIP temperature, and strength drops a little. The alloy is notch sensitive when HIP temperature is approaching to $T_{sγ'}$ (full solid solution temperature of γ' phase is 1160℃). When HIP temperature is higher than $T_{sγ'}$, almost fully recrystallizing microstructure is observed and the stress-rupture life is improved, especially the ductility is improved greatly.

Keywords: PREP, PM Superalloy, HIP, microstructure; notch sensitivity

1 Introduction

PM nickel-based superalloys are mainly used to manufacture stress-enduring parts in the aero-engine working at high temperature, such as the compressor disk, turbine disk, turbine disk baffle and bearing etc. At present, the disk producing processes by using PM nickel-based supperalloy are: Hot Isostatic Pressing (HIP) directly, HIP + Isothermal Forging and Extruding + Isothermal Forging etc. The HIP directly process can shorten working procedures and reduce raw material consumption, accordingly, decrease the production costs. The influences of HIP parameters such as pressure and time are relatively low.[1] In order to optimize the process parameters for manufacturing PM superalloy large-scale workpieces by direct HIP process, the effect of HIP temperature on the microstructure and performance of PM nickel-based superalloy manufactured by Plasma Rotating Electrode Process (PREP) was investigated in this paper.

2 Experimental material and method

The experimental FGH95 nickel-based superalloy bars (φ50mm×700mm) were obtained by vacuum induction melting (VIM), and then FGH95 superalloy powders were produced by PREP process. Its' composition are shown as Table 1. After sieving, the powder which size ranges between 50μm to 150μm was cleaned by electrostatic separating method to remove non-metallic inclusions, afterward, input into stainless steel round capsule (ϕ70mm×90mm). The powders in the capsule weight about 1.8kg, then treated by HIP after degassed under 400℃, 1.33×10⁻² Pa and sealing welded. The parameters of HIP were: pressure 150MPa, time 3h, temperature 1120℃, 1140℃, 1160℃ and 1180℃ respectively. Subsequently, the HIP ingots were heat treated at 1140℃, 1h, 540℃, SQ +870℃, 1h, AC +650℃, 24h, AC. The varieties of microstructures were observed by metallographic analysis, the room temperature, 650℃ yield strength, 650℃ smooth and notch stress-rupture life were tested.

Table 1 Chemical composition of FGH95 powder (mass fraction) (%)

C	Cr	Co	Al	Ti	W	Mo	Nb	Ni
0.05	8.97	15.70	4.76	1.69	5.26	3.96	2.45	Bal.

3 Results and discussion

3.1 The effect of HIP temperature on the microstructure

The density tests show that all HIP ingots are compacted entirely. Seen form Fig. 1, the crystal grain size of FGH95 by HIP at 1120~1180℃ changed little, between ASTM7~8. The microstructures of FGH95 superalloy by HIP at 1120℃, 1140℃ and 1160℃ are mixed dendrite and recrystallization structure, while fully recrystallized microstructures are observed at 1180℃ (Fig. 1). During PREP process, small powder particles are solidified quickly, which have relatively high degree of supersaturation and low strength. Therefore, plastic deform and dynamic recrystallization of small powder particles are occurred as under the effect of temperature and pressure by HIP. On the contrary, large powder particles haven't deformed and dynamic recrystallization didn't take place. The dendrite microstructures are still remained [Fig. 2(a) ~ (c)]. The cast structure transformed into equiaxed grain by HIP at 1180℃, showed as Fig. 2(d).

The relationship of HIP temperature and recrystallization microstructure was analyzed quantitatively, illustrated in Fig. 3. With the increasing of the HIP temperature, dendrite structure decreased and recrystallization structure increased. The quantity recrystallization microstructure is high to more than 90% when the HIP temperature is 1180℃.

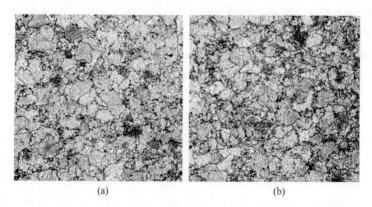

(a)　　　　　　　　　　(b)

Fig. 1 Microstructure of FGH95 by HIP at different temperature (×100)
(a) 1120℃; (b) 1140℃; (c) 1160℃; (d) 1180℃

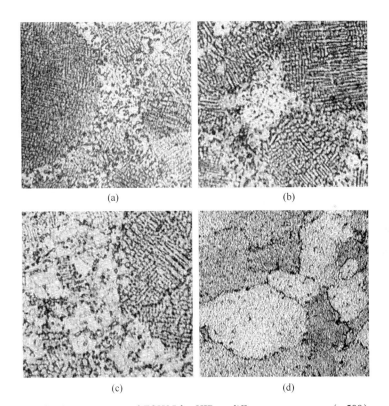

Fig. 2 Microstructure of FGH95 by HIP at different temperature (×500)
(a) 1120℃; (b) 1140℃; (c) 1160℃; (d) 1180℃

The dendrite microstructure can be avoided partially by solution treatment at 1140℃ after HIP. Moreover, such treatment influenced the degree of crystal grain little (Fig. 4).

In this way, there are two processes taking place during HIP of PM nickel – based superalloy. The first one is that the small powder particles deformed and the microstructures recrystallized dynamically. The other is that the cast structures are transforming into equiaxed grain in the large powder particles area.

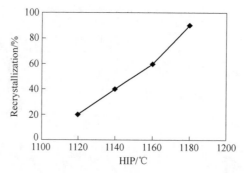

Fig. 3   Effect of HIP temperature on quantity of recrystallization

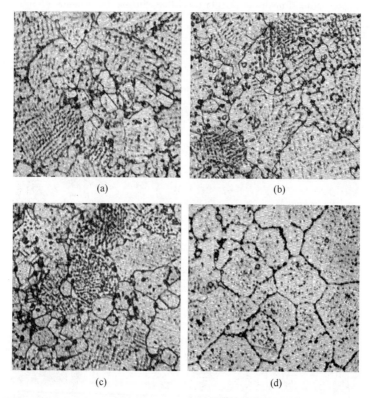

Fig. 4   Microstructure of FGH95 by HIP+HT at different temperature (×500)
(a) 1120℃; (b) 1140℃; (c) 1160℃; (d) 1180℃

3.2 The effect of HIP temperature on the performance

From Table 2, it is showed that the ductility changed a little and $\sigma_{0.2}$ almost didn't varied, σ_b drops appreciably when the HIP temperature lowed than $T_{s\gamma'}$ in the room temperature and 650℃ tensile tests. A reasonable explain is that with the increasing of HIP temperature, the degree of crystal grain changed a little, the quantity of primary γ′ phase reduced and the resisting force of dislocation motion decreased during tension deforming. When the HIP temperature is high than $T_{s\gamma'}$, as a result of the primary γ′ phase dissolved into the γ phase matrix and the degree of crystal grain raised a little, the ductility didn't changed obviously and the $\sigma_{0.2}$, σ_b all dropped.

Table 2 Tensile test results

HIP/℃	20℃				650℃			
	σ_b/MPa	$\sigma_{0.2}$/MPa	δ/%	ψ/%	σ_b/MPa	$\sigma_{0.2}$/MPa	δ/%	ψ/%
1120	1645	1330	11.5	12.5	1580	1245	9.0	9.9
1140	1640	1325	9.5	11.2	1550	1240	7.5	10.1
1160	1620	1325	12.2	13.1	1545	1240	8.0	12.2
1180	1570	1285	10.0	12.2	1535	1220	8.8	10.3

When the HIP temperature lows than $T_{s\gamma'}$, the stress-rupture ductility is low comparatively. The alloy is notch sensitive when HIP temperature is approaching to $T_{s\gamma'}$, and the stress-rupture ductility and life are also low. when the HIP temperature is higher than $T_{s\gamma'}$, the stress-rupture ductility and life improved greatly, especially, the stress-rupture ductility is about twice than before. The main reasons for that are the boundary moved widely, grain grown and carbides redistributed.[2] From the test results, it is concluded that the HIP temperature must be higher than $T_{s\gamma'}$ for the interest of obtaining the appropriate and balance property of FGH95 superalloy.

Table 3 650℃, 1035MPa stress-rupture test results

HIP/℃	τ/h	δ/%	τ/h①
1120	302	1.4	>302
1140	398	1.8	>398
1160	295	1.4	210
1180	432	3.0	>432

①$R=0.2$mm.

4 Conclusions

(1) FGH95 nickel-based superalloy powder can be compacted fully by HIP at 1120℃~1180℃.

(2) When the HIP temperatures are 1120℃, 1140℃, 1160℃ (lower than $T_{s\gamma'}$), plastic deform and dynamic recrystallization of small powder particles are occurred, and large powder particles haven't deformed. The microstructures are mixed with dendrite and recrystallization structures. When the HIP temperature is 1180℃ (higher than $T_{s\gamma'}$), the alloy has even recrystallized microstructure. With the increasing of the HIP temperature, dendrite structure decreased and recrystallized structure increased. The grains tend to homogenized and grow little, between ASTM 7~8.

(3) With the increasing of HIP temperature, the strength decreased a little, and the ductility almost didn't varied. The alloy is notch sensitive when HIP temperature is approaching to $T_{s\gamma'}$. When the HIP temperature is higher than $T_{s\gamma'}$, the 650℃ stress-rupture life improved companied with a little reducing of tensile strength, especially, the stress-rupture ductility improved greatly. Therefore, when the HIP temperature is higher than $T_{s\gamma'}$, high combination property of FGH95 superalloy can be acquired.

References

[1] Bartos J L, Mathur P S. Development of Hot Isostatically Pressed (As-HIP) Powder Metallurgy Rene95 Turbine Hardware. In: Kear B H et al. Superalloys: Metallurgy and Manufacture. Baton Rouge, Louisiana: Claitor, 1976. 495-501.

[2] Blacburn M J, Sprague R A. The Production of Components by Hot Isostatic Pressing of Nickel Base Superalloy Powders. In: Alexander J D et al. Forging and Properties of Aerospace Materials. London: The Metals Society, 1977: 350-363.

(原文发表在《Proceedings of International Conference on Hot Isostatic Pressing HIP'02》. Moscow Russia, May 20-22, 2002: 84-88.)

一种消除粉末高温合金中 PPB 的方法

张义文 张凤戈 张莹 陶宇

(钢铁研究总院高温材料研究所,北京 100081)

摘 要 采用等离子旋转电极工艺(PREP)制备的镍基高温合金粉末,经过1170℃热等静压(HIP)固结和热处理后,组织中存在原始颗粒边界(PPB)。PPB 上析出物主要由 γ′ 相和少量 NbC、TiC 碳化物组成。采用高温固溶处理工艺,结果表明,经过1160℃,4h,空冷固溶处理,可以消除 PPB,炉冷效果比空冷差。

关键词 粉末高温合金 原始颗粒边界 高温固溶处理工艺

A Method of Elimination PPB in PM Superalloy

Zhang Yiwen, Zhang Fengge, Zhang Ying, Tao Yu

(High Temperature Materials Research Institute, Central Iron & Steel Research Institute, Beijing 100081, China)

Abstract: The powder of Ni-based superalloy was produced by the plasma rotated electrode process. After consolidation by hot isostatic process (HIP) at 1170℃ and heat treatment as follow, the microstructure shows the presence of the prior particle boundary (PPB) precipitates identified as γ′ precipitate and a certain of NbC and TiC carbides. It was shown that the PPB precipitates can be removed after high temperature solution treatment of 1160℃, 4h and air cooling as follow. The effect of air cooling is better than furnace cooling.

Keywords: PM superalloy, PPB, High temperature solution treatment process

高温合金粉末在热等静压(HIP)固结过程中,在粉末颗粒表面发生碳化物择优沉淀和氧化,固结后在部分原始颗粒边界形成连续网,这就是原始颗粒边界(PPB)现象。PPB 的形成阻碍了粉末颗粒之间的扩散和冶金结合,成为潜在的裂纹源,降低了合金的塑性和力学性能,同时阻碍了晶粒的长大,使得合金的显微组织难以控制。

国内外学者在 PPB 形成机理以及消除措施方面做了大量的研究工作[1-13]。发现,凝固过程中粉末颗粒表面形成 MC 型碳化物,同时颗粒表面还存在氧化物,成为碳化物在 HIP 过程中形核的核心,促使碳化物在 PPB 上沉淀析出。MC 型碳化物和氧化物的组成取决于合金的成分。预防 PPB 形成或予以消除的措施可以概括为:(1) 调整合金化学成分,降低碳含量,加入 Hf、Nb 等强碳化物形成元素,在粉末颗粒内部形成 MC 型碳化物,以降低在 PPB 析出倾向;(2) 采用粉末预热处理工艺,将松散粉末先在较低的 $M_{23}C_6$ 型碳化物稳定温度范围内进行预热处理,使粉末颗粒内部形成 $M_{23}C_6$ 型碳化物,再升至较高的

MC 型碳化物稳定温度范围进行 HIP 压实，以减少 HIP 时在粉末颗粒表面析出稳定的 MC 型碳化物；(3) 采用两步法 HIP 工艺，在加热过程中先在较低温度下（一般低于 1050℃）保温，然后再升高到 HIP 温度压实；(4) 先在略低于固相线的高温下进行 HIP 处理，然后再进行热变形获得所需晶粒组织；(5) 采用热塑性加工工艺，使颗粒表面氧化物膜破碎，而且在低于 MC 型碳化物形成温度下进行 HIP；(6) 采用热挤压工艺破碎 PPB。

对于不同的粉末高温合金及制造工艺，以上措施都有其局限性和选择性。为解决粉末高温合金部件直接 HIP 成形中存在的 PPB 问题，本文探讨了一种消除 PPB 的高温固溶处理工艺并研究了高温固溶处理温度、保温时间和冷却方式对消除 PPB 的影响，目的是希望能找出一种热处理工艺，既能消除了 PPB，又能控制晶粒度，并满足对材料力学性能的要求。

1 试验方法

采用等离子旋转电极工艺（PREP）制备镍基高温合金粉末。粉末经过处理后，将粒度为 50～150μm 的粉末装入碳钢包套中，然后在 400℃、1.33×10^{-2} Pa 压力条件下真空脱气，于 1170℃温度下 HIP 固结处理，最后进行 1140℃，1h，AC（空冷）+870℃，1h，AC+650℃，24h，AC 热处理。从截面为 50mm×15mm 试料上切取 10mm×10mm×15mm 试样进行高温固溶处理试验。用金相显微镜和透射电镜进行组织观察和分析，切取 ϕ12.2mm×67mm 试样热处理后测试力学性能。合金主要成分（质量分数）为：C 0.06%，Cr 13%，Co 8%，W 3.5%，Mo 3.6%，Nb 3.54%，Al 3.4%，Ti 2.62%，Zr 0.045%，B 0.01%，Ni 基。试验方案见表 1。

表 1 试验方案
Table 1 Test plan

固溶处理温度/℃		1140	1160	1180	1200	1220	1240	1260
空冷	保温时间/h	2	2	2	—	—	—	—
		4	4	4	4	4	4	4
炉冷	保温时间/h	—	—	4	4	—	—	—
		—	—	8	—	—	—	—

2 试验结果

2.1 原始组织

经过 1170℃ HIP 固结处理和 1140℃，1h，AC+870℃，1h，AC+650℃，24h，AC 热处理（HT）后，合金为再结晶和树枝晶的混合组织，晶粒度为 7～7.5 级，存在 PPB 现象（见图 1）。

2.2 高温固溶处理后的组织

固溶处理温度分别为 1160℃、1180℃、1200℃、1220℃、1240℃、1260℃，保温时间分别为 2h、4h、8h，冷却方式为空冷和炉冷（FC）。

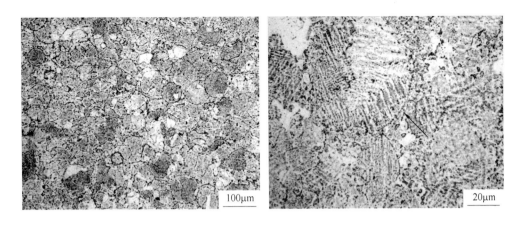

图 1　HIP+HT 原始组织

Fig. 1　The initial microstructure of sample for HIP+HT

2.2.1　温度的影响

经过 1140℃，4h，AC 热处理后，试样为再结晶和树枝晶的混合组织，有 PPB 现象存在。经过 4h，AC，1160℃ 以上热处理后，试样为完全再结晶组织，PPB 消失（见图 2），到 1260℃ 时出现初熔现象。随着温度升高，晶粒长大。表 2 给出了高温固溶处理后的 PPB 和晶粒度情况。

表 2　高温固溶处理后试样中的 PPB 和晶粒度

Table 2　PPB and grain size in sample after high temperature solution treatment

固溶处理温度/℃	1140	1160	1180	1200	1220	1240	1260
PPB	存在	消失	消失	消失	消失	消失	消失
平均晶粒度/级	7~7.5	7	6~6.5	6	4.5~5	3.5~4	2.5~3

2.2.2　保温时间和冷却方式的影响

1160℃，2h，AC 热处理后，试样主要为再结晶组织，仍有少量的树枝晶和 PPB 存在。经过 1180℃，2h，AC 后，试样为完全再结晶组织，PPB 消失。1180℃，4h、8h，FC、1200℃，4h，FC 和 1240℃，4h，FC 热处理后，试样为完全再结晶组织，PPB 仍然存

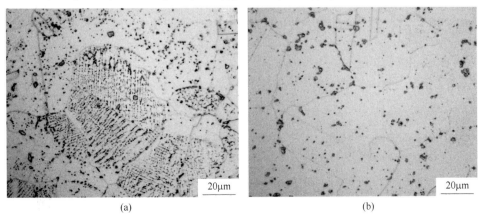

(a)　　　　　　　　　　　　　　(b)

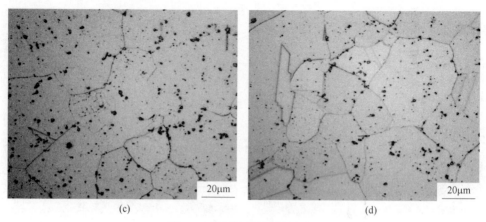

图 2 高温固溶处理后的组织
Fig. 2 Microstructure of sample after high temperature solution treatment
(a) 1140℃, 4h, AC; (b) 1160℃, 4h, AC; (c) 1180℃, 4h, AC; (d) 1200℃, 4h, AC

在,但随着温度升高,PPB 的数量逐渐减少(见图3)。延长保温时间,晶粒长大。温度越高,长大越明显(见表3)。

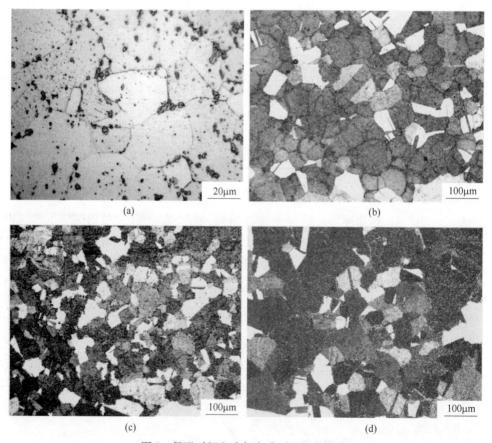

图 3 保温时间和冷却方式对组织的影响
Fig. 3 Effect of both solution time and cooling method on microstructure of sample
(a) 1180℃, 2h, AC; (b) 1180℃, 8h, FC; (c) 1200℃, 4h, FC; (d) 1240℃, 4h, FC

表3 保温时间和冷却方式对消除PPB和晶粒度的影响

Table 3 The effect of solution time and cooling method on removing PPB and grain size

	固溶处理温度/℃		1140	1160	1180	1200	1240
AC	2h	晶粒度/级	7	7~7.5	7	—	—
		PPB	存在	少量存在	消失	—	—
	4h	晶粒度/级	7~7.5	7	6~6.5	6	3.5~4
		PPB	存在	消失	消失	消失	消失
FC	4h	晶粒度/级	—	—	6.5	6~6.5	4~4.5
		PPB	—	—	少量存在	少量存在	少量存在
	8h	晶粒度/级	—	—	5.5	—	—
		PPB	—	—	存在	—	—

2.3 力学性能

试样经过1140℃, 1h, AC+870℃, 1h, AC+650℃, 24h, AC（编号1-SHT）、1180℃, 1h, AC+870℃, 1h, AC+650℃, 24h, AC（编号2-AHT）热处理后，测试力学性能，结果见表4。从中可以看出，2-AHT热处理后试样的室温和650℃拉伸性能与1-SHT热处理相当，但持久强度提高了近2倍。

表4 试样的力学性能

Table 4 Mechanical properties of sample

性能指标	试样号	σ_b/MPa	$\sigma_{0.2}$/MPa	δ/%	断裂时间 τ	持久塑性 δ/%
室温拉伸	1-SHT	1590	1190	18.0		
	2-AHT	1590	1190	16.0		
650℃拉伸	1-SHT	1510	1070	9.5		
	2-AHT	1520	1080	12.0		
光滑持久 650℃, 1035MPa	1-SHT				79h40min	2.96
	2-AHT				209h10min	2.92

3 分析和讨论

3.1 PPB上析出物

在原始组织的PPB上（图1箭头位置），获取TEM像（见图4），在图4(b)箭头位置做了电子探针分析，在图4(a)、(b)箭头位置分别做了衍射花样（见图5）。分析衍射花样表明，图4(a)箭头位置析出物为γ'相，其晶格常数$a=0.358$nm；图4(b)箭头位置析出物为NbC，其晶格常数$a=0.456$nm。电子探针分析表明，图4(b)箭头位置析出物主要含有C、Nb和Ti等元素，这说明在PPB上除了存在少量NbC外，还有存在少量的TiC碳化物。

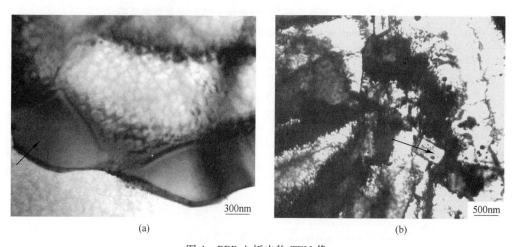

图 4 PPB 上析出物 TEM 像

Fig. 4 The TEM photograph of PPB precipitate

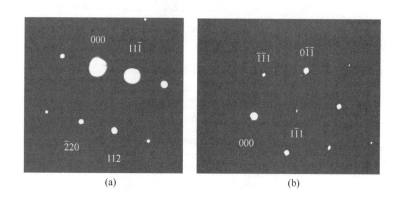

图 5 PPB 上析出物衍射花样

Fig. 5 Diffraction spectrum of PPB precipitate

(a) γ′相 [图4(a) 箭头位置衍射花样]；(b) NbC [图4(b) 箭头位置衍射花样]

3.2 高温固溶处理

由于该合金的 γ′ 相完全固溶温度为 1160℃，所以超过 1160℃ 高温固溶处理后，γ′ 相完全溶解。又因小试样空冷速度较快，冷却过程中弥散析出的 γ′ 相不会在 PPB 上长大。低于 1160℃ 热处理后，原始 PPB 上的 γ′ 相未能完全溶解，仍然保留在 PPB 上。至于 1160℃，2h，AC 热处理，由于时间短，扩散进行得不充分，γ′ 相未完全溶解，仍有少量细小 γ′ 相存在 PPB 上。

高温固溶后炉冷处理时，由于冷速慢，固溶处理过程溶解的 γ′ 相在冷却过程中优先在 PPB 上析出，所以炉冷消除 PPB 效果比空冷差。关于 PPB 上 MC 型碳化物的消失，需要进一步研究才能给出正确的解释。

经过 2-AHT 热处理后，PPB 消失，试样为完全再结晶组织，其晶粒度与 1-SHT 热处理后相当，为 7~7.5 级（见图6）。室温拉伸性能和 650℃ 拉伸性能与 1-SHT 热处理后相当，持久强度提高了近 2 倍。

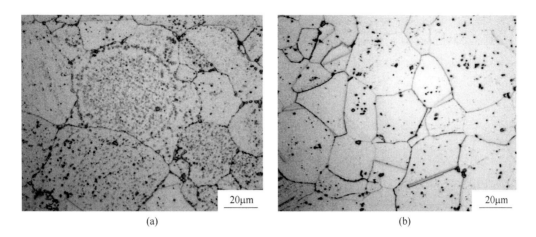

图 6　试样的显微组织
Fig. 6　Microstructure of samples
(a) 1-SHT 试样；(b) 2-AHT 试样

4　结论

(1) 该合金经过 1170℃ HIP 固结和 1140℃，1h，AC+870℃，1h，AC+650℃，24h，AC 热处理后，形成再结晶和树枝晶的混合组织，晶粒度为 7~7.5 级，有 PPB 现象存在。PPB 上析出物主要是 γ′ 相和少量的 NbC、TiC 碳化物。

(2) 经过 4h，AC，1160℃ 以上高温固溶处理后，合金中形成完全再结晶组织，PPB 消失。随着温度升高，保温时间延长，晶粒长大。经过 1200℃，4h，AC 热处理后，晶粒度仍然可以达到 6 级。炉冷消除 PPB 效果比空冷差。

(3) 经过 1180℃，1h，AC+870℃，1h，AC+650℃，24h，AC（2-AHT）热处理后，合金为完全再结晶组织，PPB 消失。与标准热处理制度（1-SHT）相比，其室温拉伸性能和 650℃ 拉伸性能相当，持久强度提高了近 2 倍。

参 考 文 献

[1] Allen R E, Bartos J L, Aldred P. Elimination of Carbide Segregation to Prior Particle Boundaries. Generd Eiectric Compang, US patent: 3, 890, 816, June 24, 1975.
[2] Dahlén M, Winberg L. Met. Sience, 1979, (3-4): 163-169.
[3] Dahlén M, Ingesten N-G, Fischmeister H. Mod. Dev. Powder Metall., 1981, 3-14.
[4] Dahlén M, Fischmeister H. Superaloys 1980, 449-454.
[5] Davidson J H, Aubin C. High Temperature Alloy for Gas Tubine. 1982, 853-886.
[6] Ingesten N G, Warren R, Winberg L. High Temperature Alloy for Gas Tubine. 1982, 1013-1027.
[7] Warren R, Ingcsten N G, Winberg L et al. PM, 1984, 27 (3): 141-146.
[8] Marguez C, Esperance G, Koul A K. International Journal of Powder Metallurgy, 1989, 25 (4): 301-308.
[9] Maurer G E, Castledine W. Superaloys 1996, 645-652.

[10] Pierron X, . Banik A, Maurer G E. et al. Superalloys 2000, 425-433.
[11] Белов А Ф, Аношкин Н Ф, Фаткуллин О Н и др. Жаропрочные и жаростойские стали и сплавы на никелевой основе. М.: наука, 1984, 31-41.
[12] Ерёменко В И, Аношкин Н Ф, Фаткуллин О Н. МиТОМ, 1991, (12): 8-11.
[13] 李慧英, 胡本芙, 章守华, 等. 金属学报, 1987, 23B(2): 90-94.

(原文发表在《第十届中国高温合金年会论文集》
（钢铁研究学报，2003，15(7)）：513-518.)

Microstructure of Nickel-base PM Superalloy at Different HIP Temperature

Zhang Ying, Zhang Yiwen, Tao Yu

(Central Iron & Steel Research Institute, Beijing, China)

Abstract: The microstructure of a Nickel-base PM superalloy by hot isostatic pressing (HIP) at different temperature was studied. The effects of precipitates in this HIP-ed alloy on grain size, prior particle boundary (PPB) and remnant dendrite were analyzed. The ways to eliminate PPB and remnant dendrite were also discussed.

1 Introduction

PM superalloy is a kind of new materials for advanced aircraft engine in the world today. With the development of service condition for aircraft engine, it's necessary to improve creep strength and fatigue crack growth resistance of PM alloy. In order to meet the needs of the developing aero techniques, the transformation of microstructure during each technique process, which can make the microstructure and the property of this alloy match perfectly, should be investigated carefully. HIP is an important stage in producing PM superalloy. The selection of HIP process parameters plays a key role in its structure and mechanical property. In this paper, the microstructure and the transformation of precipitates in the as-received Nickel-base PM superalloy at different HIP temperature are observed and described. The methods of eliminating PPB and remnant dendrite as well as improving microstructure are discussed.

2 Experimental method

In a special equipment, the as-received pure Nickel-base superalloy powder (particle size ranged from +50μm to 150μm) produced by plasma rotation electrode process (PREP) was vacuum-degassed and placed into the ϕ90mm×190mm capsule then sealed with electron beam process. According to thermography method and metallographic analysis, the γ' phase solvus temperature of this alloy was between 1130~1140℃[1]. The HIP temperature was set in the range from 1100℃ to 1190℃ in this experiment. The specimens HIP-ed at different temperatures and water-quenched at 1150℃×1h subsequently were observed and analyzed by using the light optical microscope, SEM and TEM analyses.

3 Results and Discussion

3.1 Microstructure Characterization

Fig. 1 shows the microstructure at different HIP temperature of this alloy.

Fig. 1 Microstructure after HIP
(a) below γ′ solvus temperature; (b) above γ′ solvus temperature

The partial recrystallized microstructure was obtained after HIP below γ′ solvus temperature. When HIP-ed at 1100~1110℃, the recrystallization that occupied 30% of the visual field was occurred in the area where the finer powder existed. And the dendrite microstructure of prior particles was retained in majority. During heating process of HIP, the γ′ precipitation and its dissolution occurred in the powder particles[2]. At this time, the finer powder with greater deformation was recrystallized firstly, the crystallization speed and the degree of plastic deformation resulted in homogenization and dissolution of the second phase. While the recrystallization of coarse powder was much slower, which hindered the homogenization and dissolution of carbide and γ′ phase. With rising of HIP temperature, the recrystallization structure increased, the dendrite structure decreased and the microstructure tended to uniformization.

The recrystallization was accomplished after HIP at 1150℃ essentially and achieved completely at 1170~1190℃. With HIP temperature increased, the diffusion occurring between particles interface speeded up remarkably, which was helpful to the recrystallization of both the powder and the whole alloy, therefore, enhances the strength of powder boundary[3]. According to the results, the optimal HIP-ed microstructure was obtained at 1170~1190℃.

3.2 γ′ phase

The morphology, size and distribution of γ′ phase have a close relation with HIP temperature. The precipitation conditions of the γ′ phase were very different when HIP-ed below to above the γ′ solvus temperature[4]. Below γ′ solvus temperature, the primary γ′ phase and the secondary γ′ phase can be attained. The primary γ′ phase which precipitated with temperature increasing during HIP process but not dissolved completely grows up along with precipitation of the secondary γ′

phase during the cooling process. SEM observing showed that the γ′ particles of large and fine size were arrayed alternately along the direction of dendrite in the no-completely recrystallized area [see Fig. 2(a)], i.e. the primary γ′ particles precipitated on the stems of dendrite and grew up during heating and cooling process, and the secondary γ′ particles precipitated between the dendrites during cooling process. With HIP temperature increasing, the primary γ′ phase grew up, then dissolved gradually, and the dendrite disappeared slowly, at last homogenized microstructure was achieved. As HIP at 1100~1130℃, the shape of the most γ′ phase precipitated in the recrystallization field was polygonal (200~400nm). With HIP temperature increasing, the γ′ shape will be cuboidal (300~400nm) and linked as flowers (400~700nm). The strip-shaped γ′ phase (500~3000nm) was formed on the grain boundaries. During the cooling process, the size of precipitated spherical γ′ phase was 100~150nm, the fine γ′ particle was 15~30nm.

When HIP above the γ′ phase solvus temperature, with full dissolution of the primary γ′ phase during the heating process, the secondary γ′ phase precipitated and grew up slowly from high temperature until at the end of the HIP cycle. HIP was performed at 1170~1190℃, the majority shape of γ′ phase were cuboidal and polygonal, the size was 300~400nm. And the spherical γ′ phase was 100~150nm, the fine γ′ particle was 30~40nm, and the strip-shaped γ′ precipitated on the grain boundaries was about 1000nm.

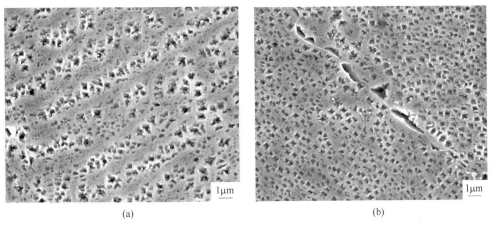

Fig. 2 Photomicrograph of the γ′ phase
(a) in the no-completely recrystallized area; (b) in the recrystallized field

3.3 Grain size and prior particle boundary (PPB)

The results showed that the size of recrystallized grain did not change obviously and was in the range of ASTM 7 to 8 when HIP-ed at 1100~1190℃. AS HIP-ed below γ′ solvus temperature, the grain growth was restrained by the large γ′ precipitates and carbide particles on the PPB. When HIP-ed above γ′ phase solvus temperature, the grains started to coarsen as a result of primary γ′ solution, but the carbides particles still pinned the PPB and restricted grain growth.

In order to fully understand the essential of PPB, the HIP-ed samples were solution treated just above γ' phase solvus temperature so as to remove most of the primary γ' precipitates which masked the fine PPB particles. The analyses results (Fig. 3, Fig. 4) showed that the particles on the PPB which distributed discretely included majority of Ti, Nb-rich MC carbide ($a = 0.434 \sim 0.438$nm) and minority of M_6C ($a = 1.118$nm) and M_3B_2 ($a = 0.580$nm, $c = 0.313$nm), and the size was smaller than 500nm. In the range of temperature from 1100℃ to 1190℃, as HIP temperatures increased, the PPB networks were reduced due to the dissolve of the particle, however, the SEM and TEM graphs showed that there's no obvious difference both the type and size of carbides on the PPB.

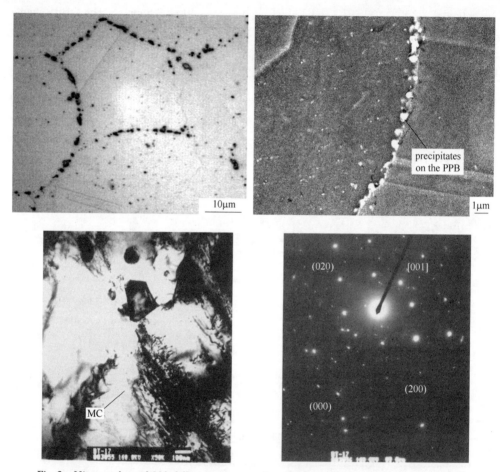

Fig. 3 Micrographs and MC diffraction pattern of precipitates on the prior particle boundary

The existence of PPB interface made the micro fracture property to deteriorate in partial area around the PPB. The stress increment of PPB particle and matrix boundary caused by piling up of dislocation could be expressed as[5]:

$$\Delta\sigma \propto \varepsilon \cdot \rho/\lambda$$

ε is additional strain; ρ is particle diameter; λ is distance between particles。

ρ/λ is considered as characteristic parameter of PPB. The amount of carbides on the particle boundary was related not only to the chemical composition of this alloy but also to the production

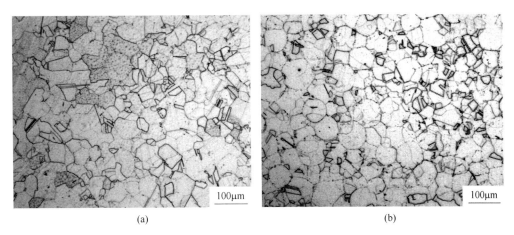

Fig. 4 Microstructure of HIP above γ′ phase solvus temperature plus solution treat process
(a) two stage HIP; (b) one stage HIP

processes. In order to control the PPB by reducing the ρ/λ value, it took two-step compaction cycle during HIP and the result was improved greatly (Fig. 4). The two-step compaction cycle was considered beneficially for reducing PPB MC type because the first step (below γ′ phase's solvus temperature) involved a hold time in the $M_{23}C_6$ precipitation range of an alloy that is said to precipitate the free C as $M_{23}C_6$ precipitates inside the powder particles. It is argued that if these carbides are allowed to become large enough during the first step of the HIP cycle, they would dissolve very slowly as the compaction temperature is raised in the second step of the HIP cycle (above γ′ phase's solvus temperature) for achieving full densification[6]. It was said according to document[4] that HIP below solidus temperature plus forging process can fine the grain and eliminate PPB.

3.4 Remnant dendrite

The samples HIP-ed above γ′ phase solvus temperature, even up to 1190℃, there was still remained the dendrite structure in a few powder particles (Fig. 5). The reason related the segregation of element. On one hand, the high content of C, Ti, Nb made MC carbides stable. On the other hand, the high melting alloy element increased the solvus temperature of γ′ phase[7]. Fig. 6 and Table 1 showed the results of energy spectrum analysis of the remnant dendrite, prior particle boundary and the matrix. And the comparison indicated that the content of Ti, Nb, and C were higher in remnant dendrite and particle boundary than in matrix, the content of W was little higher. The remnant dendrite could be broken

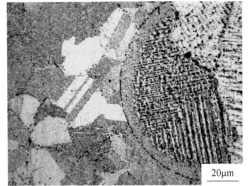

Fig. 5 Photomicrograph of 'remnant dendrite'

down by continuous forging processes after HIP[8].

Table 1 Principal compositions (mass fraction) of remnant dendrite, PPB and matrix (%)

element	Al	Ti	Cr	Co	Ni	Nb	Mo	W
remnant dendrite	0.93	6.65	16.36	11.83	53.86	2.78	3.53	4.06
PPB	0.76	9.37	15.90	11.79	49.75	3.84	4.10	4.49
Matrix	0.63	3.91	16.49	14.04	57.13	0.41	3.65	3.75

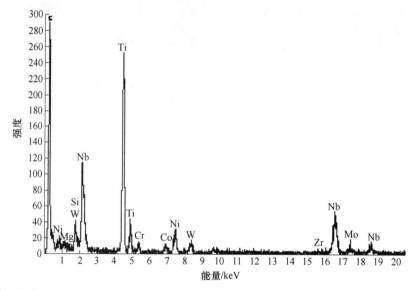

Fig. 6 Energy spectrum of precipitates on the prior particle boundary and remnant dendrite

4 Conclusion

(1) The optimal recrystallized microstructure of this alloy was obtained when HIP-ed at 1170~1190℃.

(2) The morphology, size and distribution of the γ' strengthening phase are mainly correlated with HIP temperature. The γ' phase and carbide precipitated on the prior particle boundary had great effect on grain size.

(3) After HIP-ed at 1100~1190℃, the precipitates on the particle boundary were mainly Ti, Nb-rich MC and minority of M_6C and M_3B_2. With HIP temperature increasing, the PPB network decreased, but the type and size of particles were changed a little. The two stage HIP cycle could reduce the precipitates on the PPB effectively.

(4) The remnant dendrite that still existed in the case of HIP-ed above the γ' phase solvus temperature was mainly caused by stable Ti, Nb-rich MC and could be eliminated by subsequent forging process.

References

[1] Zhang Ying, Zhang Yiwen, Tao Yu, J. Materials Engineering Suppl, 2002, 62-64.

[2] Zhang Ying, Zhang Yiwen. J Iron & Steel Res., Int. 10 (3) 2003: 71-74.
[3] A. F. Belov, N. F. Anoshikin and O. H. Fatkulin Structure and property of Nickel Powder Alloy Moscow 1984.
[4] X. . Pierron, A. Banik, G. E. Maurer, Sub-Solidus. Superalloys. 2000: 425-433.
[5] Wanhong Yang and Jian Mao, Acta Metallurgica Sinica, 31(Suppl), 1995: 266-269.
[6] Carol Marquez, Gilles L Esperance, Ashok k. Koul. Int. J. of Powder Metallugy 1989, 25 (4): 301-308.
[7] N. I. Vinogladova, G. V. Mahahekand N. V. Nikolaeva Powder Metallurgy, VILS Moscow, 1989: 297-304.
[8] Benfu Hu, Hueiying Li, Acta Metallurgica Sinica 35 (Suppl), 1999: S363-370.

(原文发表在《Proceedings of International Conference on Hot Isostatic Pressing HIP'05》. France, 2005: 259-263.)

粉末冶金高温合金的组织和性能研究

张义文　陶宇　张莹　刘建涛　张国星　张娜

（钢铁研究总院高温材料研究所，北京　100081）

摘　要　研究和对比了热等静压+热处理态 FGH4095、FGH4096 和 FGH4097 三种合金的组织、相组成、力学性能、抗氧化性能及抗热腐蚀性能。结果表明，三种合金均由 γ 相、γ′相、碳化物和硼化物组成；FGH4095 合金的室温强度和硬度最高，FGH4097 合金的高温持久和蠕变性能最好，FGH4096 合金的性能居于二者之间；在 650℃ 和应力强度因子范围（ΔK）小于 50MPa·$\sqrt{m}$ 时，FGH4097 合金的疲劳裂纹扩展速率（da/dN）最低，在 800℃ 以下抗氧化性能和 870℃ 抗热腐蚀性能 FGH4097 合金优于 FGH4095 和 FGH4096 合金。

关键词　粉末冶金高温合金　组织　力学性能　抗氧化性能　抗热腐蚀性能

Study on Microstructure and Properties of Different Powder Metallurgy Superalloys

Zhang Yiwen, Tao Yu, Zhang Ying, Liu Jiantao, Zhang Guoxing, Zhang Na

(High Temperature Materials Research Institute, CISRI, Beijing 100081, China)

Abstract: The microstructure, mechanical properties, oxidation resistance and corrosion resistance are systematically investigated and compared for FGH4095, FGH4096 and FGH4097 powder metallurgy superalloys under different heat treatment conditions. The experiment results indicate that the phases of FGH4095, FGH4096 and FGH4097 powder metallurgy superalloys are gamma matrix, gamma prime, carbide and borides. Among FGH4095, FGH4096 and FGH4097, the tensile strength and hardness value of FGH4095 superalloy are the highest at room temperature. The elevated temperature stress rupture property and creep property of FGH4097 superalloy are the best. When the stress-intensity factor range (ΔK) is less than 50MPa·$\sqrt{m}$, the fatigue crack propagation rate of FGH4097 superalloy is the lowest at 650℃. The oxidation resistance below 800℃ and corrosion resistance of FGH4097 superalloy at 870℃ are much better than those of FGH4095 and FGH4096 superalloy.

Keywords: powder metallurgy superalloy, microstructure, mechanical property, oxidation resistance property, corrosion resistance property

1　前言

粉末冶金高温合金用于高性能航空发动机的涡轮盘、压气机盘、鼓筒轴和环形件等热端转动部件。目前我国研制的 FGH4095、FGH4096 和 FGH4097 三种镍基粉末冶金高温合金，均属于 γ′ 相沉淀强化型高温合金。FGH4095 属于高强型合金，最高使用温度为 650℃。FGH4096 具有高的裂纹扩展抗力，属于损伤容限型合金，最高使用温度为 750℃。FGH4097 具有高的高温持久和蠕变性能，属于高持久强度型合金，最高使用温度为 750℃。本文对直接热等静压（HIP）成形的三种合金的组织和性能进行了对比研究。

2 试验材料和试验方法

试验用三种合金均采用等离子旋转电极工艺制粉、HIP 成形，并经热处理。HIP 温度在 γ′ 相完全固溶温度以上 20~30℃。粉末粒度为 50~150μm。FGH4095 环形件热处理制度为（1120~1160）℃×1h/（580~620）℃盐浴+870℃×1h/AC+650℃×24h/AC；FGH4096 环形件热处理制度为（1130~1170）℃×1h/（580~620）℃盐浴+760℃×8h/AC；FGH4097 轴件热处理制度为（1190~1210）℃×8h/炉冷→（1120~1170）℃/AC+870℃×24h/AC。试验料的化学成分见表 1。

表 1 三种合金的化学成分（质量分数）
Table 1 Chemical compositions of FGH4095, FGH4096 and FGH4097 superalloy (mass fraction) (%)

合金	C	Cr	Co	W	Mo	Al	Ti	Nb	B	Zr	Hf	Ce	Mg	Ni
FGH4095	0.06	13.1	8.1	3.6	3.6	3.5	2.6	3.4	0.010	0.045	—	—	—	余
FGH4096	0.03	15.8	12.9	4.0	4.0	2.2	3.7	0.8	0.011	0.036	—	0.009	—	余
FGH4097	0.04	8.8	16.2	5.3	3.8	5.0	1.8	2.7	微量	微量	微量	微量	微量	余

用金相显微镜、SEM、TEM 观察和分析合金的显微组织和相结构，用化学相分析方法分析相组成。分别测试三种合金的力学性能。在 600~900℃ 之间进行三种合金的等温静态氧化实验[1]，用 SEM 观察氧化膜的形貌，X 射线物分析氧化产物。做了三种合金的 870℃ 燃气热腐蚀实验[2]，20h、40h、60h、80h 和 100h 后试样称重，结果取 5 个试样的平均值。

3 试验结果

3.1 相组成

从化学相分析结果可见（表 2）γ′、MC、M_6C、$M_{23}C_6$ 和 M_3B_2 相组成比较复杂。γ′ 相主要由 Ni、Co、Cr、Al、Ti、Nb 和 Hf 合金元素组成，Co 和 Cr 置换 Ni、Ti、Nb，Hf 置换 Al。MC 型碳化物主要由 Nb、Ti、Hf 和 C 合金元素组成。Zr 主要进入 MC 型碳化物中，在 γ′ 相中含量非常少。

表 2 3 种合金中相组成
Table 2 Composition of phases in FGH4095, FGH4096 and FGH4097 superalloys

合金	FGH4095	FGH4096	FGH4097
合金中相组成	γ, γ′, MC, M_3B_2(痕)	γ, γ′, MC, $M_{23}C_6$(痕), M_3B_2(痕)	γ, γ′, MC, M_6C, $M_{23}C_6$(痕), M_3B_2(痕)

续表2

合金		FGH4095	FGH4096	FGH4097
w（相质量分数）/%		γ'-50、MC-0.46、M_3B_2-0.005	γ'-36、MC-0.11、$M_{23}C_6$-0.03	γ'-64、MC-0.27、$M_6C+M_{23}C_6+M_3B_2$-0.40
相结构式	γ'相	$(Ni0.94,Co0.05,Cr0.01)_3$ $(Al0.57,Ti0.24,Nb0.14,Cr0.05)$	$(Ni0.92,Co0.06,Cr0.02)_3$ $(Ti0.45,Al0.44,Cr0.07,Nb0.04)$	$(Ni0.85,Co0.13,Cr0.02)_3$ $(Al0.68,Ti0.14,Nb0.10,Cr0.07,Hf0.006)$
	MC	$(Nb0.62,Ti0.38)C$	$(Ti0.77,Nb0.23)C$	$(Nb0.67,Ti0.27,Hf0.06)C$

3.2 显微组织

FGH4095组织均匀，6~7级晶粒度［图1(a)］，存在三种 γ' 相，一次 γ' 相呈方形主要分布在晶界上，尺寸为 $0.5\sim1.5\mu m$［图1(b)］；二次 γ' 相呈方形和蝶形主要分布在晶内，尺寸为 $0.1\sim0.3\mu m$［图1(c)］；三次 γ' 相呈球形分布在晶内，尺寸为 $0.02\sim0.08\mu m$。MC型碳化物分布在晶内和晶界上，M_3B_2 型硼化物分布在晶界上。

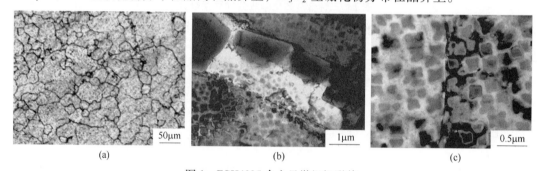

图1 FGH4095合金显微组织形貌
Fig. 1 Microstructure of superalloy FGH4095
(a) 金相；(b), (c) TEM

FGH4096组织均匀，6~7级晶粒度［图2(a)］，没有一次大 γ' 相。二次 γ' 相呈球形主要分布在晶内，尺寸为 $0.06\sim0.2\mu m$［图2(b)］；三次 γ' 相分布在晶内，尺寸小于 $0.04\mu m$。MC型碳化物分布在晶内和晶界上。

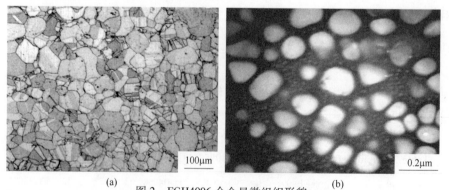

图2 FGH4096合金显微组织形貌
Fig. 2 Microstructure of superalloy FGH4096
(a) 金相；(b) TEM

FGH4097 组织均匀，6~7 级晶粒度 [图 3(a)]，存在三种 γ′相。一次 γ′相呈方形分布在晶界上，尺寸为 0.8~1.3μm；二次 γ′相呈方形和蝶形主要分布在晶内，尺寸为 0.2~0.6μm [图 3(b)]；三次 γ′相分布在晶内，尺寸为 0.04~0.1μm。MC 碳化物分布在晶内和晶界上，M_6C、$M_{23}C_6$ 碳化物和 M_3B_2 硼化物分布在晶界上。

图 3 FGH4097 合金显微组织形貌

Fig. 3 Microstructure of superalloy FGH4097

(a) 金相；(b) SEM

3.3 合金性能

3.3.1 室温拉伸性能

FGH4095 的室温拉伸强度分别比 FGH4096 和 FGH4097 高 11% 和 21%，FGH4097 的拉伸塑性最好，FGH4096 介于二者之间（图 4）。从屈强比（$\sigma_{0.2}/\sigma_b$）看，FGH4097 为 0.68，FGH4096 为 0.72，FGH4095 为 0.75。

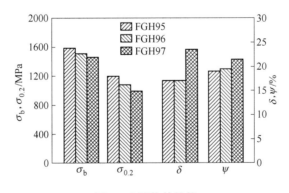

图 4 室温拉伸性能

Fig. 4 Tensile strength properties of the superalloys at room temperature

3.3.2 室温硬度和室温冲击韧性

从表 3 可见，FGH4095 室温硬度分别比 FGH4096 和 FGH4097 合金高 10% 和 21%，FGH4095 室温冲击韧性最差，FGH4096 与 FGH4097 比 FGH4095 高约 60%。

表 3　硬度和冲击韧性
Table 3　Hardness and impact ductility of the alloys at room temperature

合金	硬度 HBW	冲击吸收功 A_{kU2}/J
FGH4095	443	24
FGH4096	403	40
FGH4097	365	39

从冲击断口微观形貌看，三种合金均表现为粉末颗粒间、晶内和晶间混合断裂模式（图 5）。

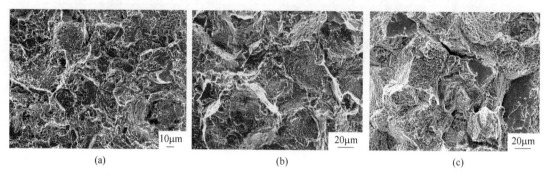

图 5　三种合金的室温冲击断口显微形貌
Fig. 5　Fractographs of impact ductility of the alloys at room temperature
(a) FGH4095; (b) FGH4096; (c) FGH4097

3.3.3　高温持久性能

从表 4 可以看出，光滑试样 650℃持久，FGH4095 和 FGH4097 具有较高的持久性能，FGH4096 的持久寿命较低，相比之下 FGH4097 具有较高的持久塑性。光滑-缺口复合试样 650℃持久，FGH4095 和 FGH4096 的持久寿命较低，持久塑性差，试样断在缺口处，表现为缺口敏感性；而 FGH4097 具有优异的持久性能，持久塑性好，试样断在光滑处，表现出缺口强化。

表 4　三种合金 650℃持久性能
Table 4　High temperature stress rupture property of the alloys at 650℃

合金	1000MPa（光滑试样）		1030MPa（光滑试样）		1035MPa（光滑试样）		990MPa（光滑-缺口复合试样，R=0.15mm）	
	τ/h	δ/%	τ/h	δ/%	τ/h	δ/%	τ/h	δ/%
FGH4095	521	3	250	5	182	6	87	断在缺口处
FGH4096	124	2	63	3	56	3	46	断在缺口处
FGH4097	536	7	168	8	482	13	1009	8（断在光滑处）

从表 5 可以看出，FGH4097 具有好的光滑试样持久性能；FGH4095 和 FGH4096 光滑-缺口复合试样的持久寿命较低，FGH4095 的持久塑性差，试样断在缺口处，表现为缺口敏感性。FGH4096 的持久塑性好，试样断在光滑处，表现为缺口强化。而 FGH4097 具有优

异的持久性能，试样断在光滑处，表现为缺口强化。

表5 三种合金750℃持久性能
Table 5　High temperature stress rupture property of the alloys at 750℃

合金	650MPa（光滑试样）		690MPa（光滑试样）		637MPa（光滑-缺口复合试样，$R=0.15\mathrm{mm}$）	
	τ/h	$\delta/\%$	τ/h	$\delta/\%$	τ/h	$\delta/\%$
FGH4095	65	2	96	6	36	断在缺口处
FGH4096	94	13	63	8	96	12（断在光滑处）
FGH4097	207	10	115	6	343	5（断在光滑处）

3.3.4　高温蠕变性能

从表6可以看出，FGH4095在595～750℃具有优良的蠕变性能，FGH4097在650～750℃具有优良的蠕变性能。在595℃、1035MPa下，FGH4095的蠕变性能最好，FGH4097最差，FGH4096介于二者之间。在650℃、870MPa和750℃、450MPa下，三种合金的蠕变性能相当。而在750℃、560MPa下，FGH4097与FGH4095的蠕变性能相当，优于FGH4096合金。

表6　三种合金的蠕变性能（ε_p）
Table 6　High temperature creep property of the alloys (ε_p)　　（%）

合金	595℃，1035MPa，50h	650℃，870MPa，100h	750℃，450MPa，100h	750℃，560MPa，100h
FGH4095	0.04	0.03	0.06	0.37
FGH4096	1.23	0.04	0.03	1.03
FGH4097	3.46	0.06	0.04	0.22

3.3.5　高温疲劳裂纹扩展速率

在650℃、$R=0.05$、1.5s—90s—1.5s梯形波加载下，三种合金的疲劳裂纹扩展速率（da/dN）结果见表7。可以看出，FGH4097和FGH4096的da/dN明显低于FGH4095，在应力强度因子范围（ΔK）小于$50\mathrm{MPa}\sqrt{m}$时，FGH4097的da/dN最低，FGH4095最高，FGH4096的da/dN值约是FGH4095的1/2；在$\Delta K=60\sim100\mathrm{MPa}\sqrt{m}$时，FGH4096的$da/dN$约是FGH4095的1/3～1/4。在$\Delta K$大于$60\mathrm{MPa}\sqrt{m}$时，FGH4097试样断裂。

表7　650℃疲劳裂纹扩展速率（da/dN）
Table 7　Fatigue crack propagation rates of the alloys at 650℃（da/dN）

　　　　　　　　　　　　　　　　　　　　　　　　　　　　　　　　　　　　　（mm/cycle）

合金	$\Delta K/\mathrm{MPa}\sqrt{m}$							
	30	40	50	60	70	80	90	100
FGH4095	7.7×10^{-3}	3.6×10^{-2}	5.3×10^{-2}	9.5×10^{-2}	1.3×10^{-1}	1.7×10^{-1}	2.2×10^{-1}	2.8×10^{-1}
FGH4096	4.3×10^{-3}	1.6×10^{-2}	2.3×10^{-2}	2.9×10^{-2}	3.8×10^{-2}	4.6×10^{-2}	5.5×10^{-2}	6.5×10^{-2}
FGH4097	3.6×10^{-4}	2.8×10^{-3}	7.8×10^{-3}	—	—	—	—	—

3.3.6 抗氧化性能

在600~900℃之间,合金表面生成了具有保护性的致密氧化膜,氧化动力学曲线符合抛物线规律,三种合金的平均氧化速率均小于0.1g/(m²·h)（表8）,抗氧化性能级别为1级,属于完全抗氧化级[1]。X射线物相分析结果表明,在600~900℃之间,100h氧化产物是Cr_2O_3和TiO_2。

表8 平均氧化速率
Table 8 Average oxidation rate [g/(m²·h)]

温度/℃	FGH4095	FGH4096	FGH4097
600	0.010	0.010	0.012
700	0.026	0.018	0.012
800	0.038	0.012	0.010
900	0.040	0.070	0.048

3.3.7 抗热腐蚀性能

试验选择870℃,燃油和人造海水介质。燃油成分见文献[3],燃油流量为0.17L/h,人造海水浓度为20×10⁻⁶,海水流量为0.2L/h,空气流量为5.8m³/h,油气比为1/45,旋转台转速为40r/min。结果表明,在870℃三种合金具有良好的抗热腐蚀性能,氧化皮致密均匀。从100h热腐蚀增重看（图6）,FGH4097增重值最低,FGH4096增重值最高,FGH4095增重值介于二者之间。表明在870℃时,FGH4097具有更优异的抗热腐蚀性能。

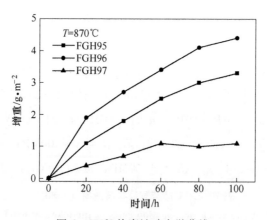

图6 870℃热腐蚀动力学曲线
Fig.6 Curves of hot corrosion kinetics

4 讨论

从三种合金的合金化特点可见（表9）,FGH4096和FGH4095中固溶强化元素含量分别比FGH4097高33.0%和13.4%;FGH4097中晶界强化元素B、Zr、Ce、Hf和Mg含量最高;FGH4095中Nb、Ti和Hf含量最高。

表9 合金化特点
Table 9　Character of alloying

合金	w(合金化元素)/%	w[∑(W+Mo+Cr)]/%	w[∑(Al+Ti+Nb+Hf)]/%	Al/Ti
FGH4095	38	20.3	9.5	1.35
FGH4096	43	23.8	6.7	0.59
FGH4097	44	17.9	9.8	2.78

合金	w[∑(Nb+Ti+Hf)]/%	Nb/Ti	w[∑(B+Zr+Ce+Hf+Mg)]/%	w[∑(W+Mo)]/%
FGH4095	6.0	1.31	0.055	7.2
FGH4096	4.5	0.22	0.056	8.0
FGH4097	4.8	1.50	0.309	9.1

FGH4095 中 W+Mo 和 Co 含量最低，但 B+Zr 含量最高，有利于提高持久和蠕变性能。FGH4096 中固溶强化元素 W、Mo 和 Cr 含量最高，固溶强化效果最好。γ′相含量最少，尺寸最小，γ/γ′错配度低，有利于提高合金的室温拉伸强度。FGH4097 中加入了 Hf，HfC 生成自由能较低，且稳定，在粉末颗粒内优先形成，降低了碳化物在粉末颗粒表面形成倾向，减弱了 PPB 现象（图5），另合金中 W+Mo 和 Co 含量最高，加入了 Mg 和 Ce（见表1、表9），因此合金表现出优良的高温持久寿命、持久塑性和蠕变性能，消除了持久缺口敏感性。

FGH4095 和 FGH4096 中 $w(Cr)$ 大于 10%，优先形成 Cr_2O_3 氧化膜。FGH4097 中 $w(Cr)$ 只有 8.8%，但 $w(Al)$ 为 5.0%，铝促进了 Cr_2O_3 氧化膜的形成。FGH4097 在 800℃ 以下具有优异的抗氧化性能和在 870℃ 时具有优异的抗热腐蚀性能，与合金表面生成致密的 Cr_2O_3 氧化膜及微量元素 Hf、Ce 和 Mg 提高 Cr_2O_3 氧化膜的附着力有关。

5　结论

（1）三种合金的晶粒度均为 6~7 级，均由 γ 相、γ′相、碳化物相和硼化物相组成。在 FGH4095 和 FGH4097 合金中存在三种形态和尺寸的 γ′相，FGH4096 存在两种形态和尺寸的 γ′相。

（2）FGH4095 合金的室温强度和硬度最高，FGH4097 合金的高温持久和蠕变性能最好，FGH4096 合金的性能居于二者之间；在 650℃ 和应力强度因子范围（ΔK）小于 $50MPa\sqrt{m}$ 时，FGH4097 合金的疲劳裂纹扩展速率（da/dN）最低，在 800℃ 以下抗氧化性能和 870℃ 抗热腐蚀性能 FGH4097 合金优于 FGH4095 和 FGH4096 合金。

参 考 文 献

[1] HB 5258—2000，钢及高温合金的抗氧化性能测定试验方法.
[2] HB 7740—2000，燃气热腐蚀试验方法.
[3] GB 1788—79，2号喷气燃料.

（原文发表在《第十一届中国高温合金年会论文集》.
北京：冶金工业出版社，2007：501-506.）

晶粒度对 FGH4096 合金性能的影响

陶宇 刘建涛 张国星 张义文 张莹 张娜

(钢铁研究总院高温材料研究所，北京 100081)

摘 要 本研究分别测试了晶粒度为 11 级和 6 级的 FGH4096 粉末冶金高温合金试样的力学性能。结果表明，晶粒细化可显著提高 FGH4096 合金在较低温度下的性能。至 650℃，细晶试样的力学性能全面优于粗晶试样。但在 750℃ 时，粗晶试样具有更长的持久寿命和更高的蠕变强度。

关键词 FGH4096 粉末高温合金 晶粒度 性能

Effects of Grain Size on Properties of FGH4096 Alloy

Tao Yu, Liu Jiantao, Zhang Guoxing, Zhang Yiwen, Zhang Ying, Zhang Na

(High Temperature Materials Research Institute, CISRI, Beijing 100081, China)

Abstract: In this study, mechanical property tests were conducted on specimens of the PM superalloy FGH4096 with fine grain size (ASTM 11) and coarse grain size (ASTM 6) respectively. Grain refining can remarkably increase properties of the FGH4096 alloy at lower temperature. Specimens with fine grain size have better mechanical properties than that of specimens with coarse grain size until 650℃. But specimens with coarse grain size have better stress-rupture and creep properties at 750℃.

Keywords: FGH4096, PM superalloy, grain size, mechanical properties

涡轮盘是航空发动机上最重要的核心部件之一，根据涡轮盘的工况，希望在较高温度下工作的轮缘部位具有高的持久、蠕变强度，而在较低温度但较高离心力下工作的轮毂部位具有高的屈服强度和低周疲劳性能。具有上述特性的涡轮盘就是双性能涡轮盘。采用双性能涡轮盘可以充分发挥材料的潜力，有利于涡轮盘的优化设计，减轻盘体的质量，提高发动机的推重比。利用镍基高温合金在不同晶粒度下的性能特征，制造单一合金、双组织（即轮缘部位为粗晶组织、轮毂部位为细晶组织）涡轮盘是双性能盘制造技术的主要发展方向[1-3]。

FGH4096 是我国研制的第二代盘件用粉末冶金高温合金，其标准生产工艺为 PREP 制粉+热等静压+等温锻造，采用过固溶线（supersolvus）温度热处理，晶粒度为 7~8 级，$w(\gamma')$ 相在 35% 左右。为探索采用 FGH4096 合金制造双组织、双性能涡轮盘，本研究首次测试了细晶（晶粒度 11 级）合金试样的力学性能，并与粗晶（晶粒度 6 级）试样性能进行了对比。

1 实验材料及过程

1.1 实验材料

采用 PREP 工艺制取的合金粉末，粒度范围为 50~150μm。粉末经脱气、装套、封焊后进行热等静压成形，热等静压温度 1150~1190℃，压力大于 120MPa，保持时间 4h。得到的热等静压锭坯尺寸为 ϕ85mm×125mm，其化学成分如表 1 所示。

表1 实验用合金化学成分（质量分数）
Table 1 Chemical composition of the experimental FGH4096alloy (mass fraction) (%)

Cr	Co	W	Mo	Ti	Al	Nb	C	Zr	B	Ce
15.78	12.82	4.20	4.01	3.8	2.18	0.83	0.028	0.033	0.0086	0.0055
Ta	Fe	Si	Mn	P	S	N	O	H	Ni	
<0.01	0.093	0.055	<0.005	<0.005	0.002	0.0007	0.0053	0.0002	余	

1.2 实验过程

1.2.1 锻造

在 500 吨等温锻机上将热等静压锭坯锻成 ϕ200mm 的圆饼，锻造时模具温度 1050℃，工件温度 1070~1150℃，总变形量 80%。

1.2.2 热处理

本研究中细晶组织试样热处理的固溶温度选择在 1060~1110℃，粗晶组织试样热处理的固溶温度选择在 1160~1210℃×2h/盐浴等温淬火（600℃）。时效：860℃×16h/空冷。

1.2.3 组织与性能检测

在显微镜下观察了不同状态下合金的显微组织特征，测试了细晶和粗晶试样的力学性能。

2 结果与讨论

2.1 合金的显微组织

如图 1 所示，热等静压后锭坯的晶粒度在 7 级左右，经大变形量（总变形量80%）的锻造后，获得了均匀的细晶组织，晶粒度达到 11 级。

经测定，合金 γ' 的完全溶解温度为 1130~1140℃。当固溶温度低于 γ' 的完全溶解温度即进行所谓的亚固溶线（subsolvus）温度热处理时，晶界上未溶的大尺寸 γ' 相阻碍了晶粒的长大，试样保持了锻造后获得的细晶组织，晶粒度为 11 级，如图 2(a) 所示。当固溶温度高于 γ' 的完全溶解温度即进行所谓的过固溶线（supersolvus）温度热处理时，因 γ' 相完全溶解晶粒显著长大，平均晶粒度 6 级，其中最大晶粒（ALA）尺寸达到了 100μm 左右，此外还可见大量孪晶组织，如图 2(b) 所示。为讨论方便，下面将晶粒度为 11 级的试样称为细晶试样，粒度为 6 级的试样称为粗晶试样。

图 1 合金的显微组织形貌
Fig. 1 Microstructure of the alloy
（a）热等静压；（b）锻造

图 2 热处理后合金的显微组织
Fig. 2 Microstructure of the alloy after heat treatment
（a）亚固溶线处理；（b）过固溶线处理

2.2 合金的力学性能

2.2.1 拉伸性能

图 3 给出了细晶与粗晶试样从室温至 750℃ 的拉伸试验结果。由图可见，从室温至 550℃，细晶试样的 σ_b 比粗晶试样高 100MPa 左右，但在 650℃ 和 750℃，两者水平相当。在整个测试温度范围，细晶试样均有较高的 $\sigma_{0.2}$ 值，在室温时要比粗晶试样高 200MPa 左右，在 750℃ 时也要高至少 50MPa。当温度从 650℃ 升至 750℃ 时，FGH4096 合金的 σ_b 值有较大幅度的下降。相对于强度数据，试验得到的塑性数据离散度较大。总体来讲，从室温至 550℃，细晶试样的塑性比粗晶试样好，在 650℃ 和 750℃，两者的塑性无明显差异。

2.2.2 持久性能

表 2 为细晶与粗晶试样 550℃、1150MPa，650℃、1035MPa 及 750℃、690MPa 持久寿命试验结果。550℃ 时，细晶试样的持久寿命是粗晶试样的 3 倍以上。650℃ 时，细晶试样的持久寿命仍然比粗晶试样长，但差别已缩小到几十小时。750℃ 时，粗晶试样的持久寿

命明显较长，比细晶试样高一倍左右。

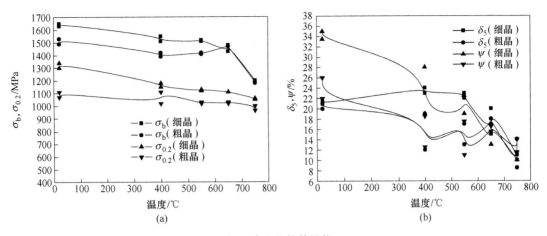

图 3　合金的拉伸性能
Fig. 3　Tensile properties of the alloy
（a）强度；（b）塑性

表 2　合金的持久性能
Table 2　Stress-rupture properties of the alloy

试样	550℃，1150MPa 持久			650℃，1035MPa 持久			750℃，690MPa 持久		
	τ/h	δ/%	ψ/%	τ/h	δ/%	ψ/%	τ/h	δ/%	ψ/%
细晶	1564.3①	5	8	102.5	4	3	14.7	12	14
	1626.8②	4	8	112.4	3	6	17.6	8	16
粗晶	407.8	6	12	64.5	3	4	48.5	4	7
	495.5	8	10	77	4	8	30.8	6	7

① τ = 1000，1250，1390，1535h 各加载荷 50MPa，断裂时载荷 1350MPa；
② τ = 1000，1225，1365，1510h 各加载荷 50MPa，断裂时载荷 1350MPa。

2.2.3　蠕变性能

表 3 给出了细晶与粗晶试样 550℃、1100MPa、100h 及 750℃、450MPa、100h 蠕变性能试验结果。结果表明，550℃时，细晶试样具有较高的蠕变抗力。而 750℃时，粗晶试样的蠕变抗力则明显高于细晶试样。

表 3　合金的蠕变性能
Table 3　Creep properties of the alloy

试样	550℃，1100MPa，100h	750℃，450MPa，100h
	ε_p/%	ε_p/%
细晶	0.13	2.20
	0.06	2.60
粗晶	1.89	0.028
	0.59	0.068

2.2.4 低周疲劳性能

表 4 为细晶与粗晶试样在 400℃ 及 750℃ 时低周疲劳性能的试验结果。结果显示，400℃ 时细晶试样的循环周次比粗晶试样高得多，但 750℃ 时两者的差距不大。

表 4 合金的低周疲劳性能
Table 4 Low-cycle fatigue properties of the alloy

试样	$R=0.95\pm0.5$，$\varepsilon_{max}=0.0085$mm/mm，循环速率：10~30mm/min	
	400℃，N[①]/周次	750℃，N[①]/周次
细晶	12463	2493
粗晶	4979	2106

①稳定载荷下降 10% 时的循环周次。

2.3 讨论

虽然镍基高温合金主要依赖第二相析出强化，但在较低温度下，其晶界强化作用仍然十分重要。在低温时，由于晶界部位的自由能较高，而且存在着大量的缺陷和空穴，晶界区域晶格畸变程度大，所以晶界强度高于晶粒本身。另外，晶界在低温形变条件下可阻碍位错运动。按照位错塞积模型，由于晶界两侧晶粒的取向不同，所以在某一个晶粒中滑移的位错不能穿越晶界进入相邻晶粒，只有在晶界处塞积了大量位错后引起应力集中，才可能激发相邻晶粒中的位错运动，产生滑移。所以晶粒越细、晶界越多，材料的强度就越高。低温时，金属材料的强度与晶粒尺寸的负二分之一次方成正比，此即为著名的 Hall-Petch 关系。在塑性变形中，晶界还起着协调相邻晶粒变形的作用，所以晶粒细，晶界多，塑性也有改善。在所有金属强化方法中，细化晶粒是目前唯一可以做到既提高强度，又改善塑性和韧性的方法。

但在高温时，沿晶界的扩散速度比晶内扩散速度大得多，在外力作用下晶界会出现扩散形变及晶界的滑动与迁移，晶界强度显著降低。随着温度的升高，载荷作用时间加长，晶界对位错的阻碍作用易被恢复，晶界区的塞积位错容易与缺陷交互作用而消失并产生晶界滑动与迁移。这样，在高温形变条件下晶界成为了材料的薄弱环节。因此，在高温下，粗晶材料具有比细晶材料更高的持久寿命和蠕变强度。

与第一代粉末高温合金 FGH4095 相比，FGH4096 合金的强化相 γ' 的含量要低许多。因此，在低温时细晶强化作用在 FGH4096 合金上的体现更为明显，并且这一作用一直保持到 650℃ 左右。当温度升至 750℃ 左右时，粗晶组织才体现出其在持久和蠕变性能方面的优越性。

3 结论

对于 FGH4096 合金，晶粒细化可全面提高材料性能。至 650℃，细晶合金在强度、塑性、持久、蠕变、低周疲劳等方面的性能都较粗晶合金好。750℃ 时，粗晶合金具有更长的持久寿命和更高的蠕变强度。采用 FGH4096 合金可以制造出性能更为优异的双组织涡轮盘，这种双组织、双性能涡轮盘适合用于轮缘工作温度在 750℃ 左右的先进航空发动机。

参 考 文 献

[1] J. Gayda. NASA/TM—2001-211168, Glenn Research Center, Cleveland, Ohio.
[2] J. Gayda, D. Furrer. Advanced Materials & Processes, July 2003: 36-39.
[3] J. Lemsky. NASA/CR—2004-212950, Glenn Research Center, Cleveland, Ohio.

(原文发表在《第十一届中国高温合金年会论文集》.
北京: 冶金工业出版社, 2007: 524-527.)

FGH4096合金在控制冷却过程中 γ′相析出行为的研究

刘建涛[1]　刘国权[2]　胡本芙[2]　张义文[1]　陶宇[1]

(1. 钢铁研究总院高温材料研究所，北京　100081；
2. 北京科技大学材料科学与工程学院，北京　100083)

摘　要　本文利用热模拟和场发射扫描电镜等方法对FGH4096合金在控制冷却过程中γ′相的析出行为进行了研究，研究结果表明：γ′相的析出行为受到冷却速率和温度的控制，冷却速率对γ′相的形貌影响更为显著，冷却速率为0.4~10.8℃/s时，γ′相会在冷却过程中发生二次析出；二次析出的γ′相呈细密球状分布在初次析出的大γ′相周围，同时在初次析出γ′相周围形成贫γ′相区，二次析出的γ′相在冷却过程中会发生一定程度的长大。

关键词　FGH4096合金　γ′相析出　控制冷却　冷却速率

Investigation on γ′ Behavior during in Controlled Cooling Process of FGH4096 Powder Metallurgy Superalloy

Liu Jiantao[1], Liu Guoquan[2], Hu Benfu[2], Zhang Yiwen[1], Tao Yu[1]

(1. High Temperature Materials Research Institute, Central Iron &
Steel Research Institue, Beijing 100081, China;
2. School of Material Science and Engineering, University of science &
Technology Beijing, Beijing 100083, China)

Abstract: Hot simulator and Field Emission Gun SEM were employed to investigate gamma prime precipitation behavior of FGH4096 superalloy during the controlled cooling process. The results show that gamma prime precipitation behavior are determined by cooling rate and temperature, the morphology of gamma prime precipitation is strongly affected by cooling rate. The cooling precipitation kinetics of FGH4096 superalloy showed that multiple nucleation of gamma prime occurred at the cooling rate of 0.4~10.8℃/s, secondary burst gamma prime precipitates are much smaller than the first burst particles. Secondary burst gamma prime precipitates surround the first burst particles, and gamma prime precipitates scarcity zone appeared around the first burst gamma prime precipitates, to some degree, the secondary burst gamma prime precipitates will coarsen during the cooling process.

Keywords: FGH4096 superalloys, γ′ precipitation behavior, controlled cooling process, cooling rate

FGH4096合金是新一代涡轮盘用镍基粉末冶金高温合金，基体为γ固溶体，基体中主

要强化相 γ′的质量分数约占 33%～36%，γ′相完全溶解温度为 1120～1130℃，除此外还有少量的碳化物相和硼化物相[1]。通过热处理来控制 γ′析出是获得满足涡轮盘使用性能的重要途径，在热处理过程中 γ′相的数量、形貌与热处理温度、冷却介质（冷速）、时间等密切相关，选择何种冷却介质和温度对于获得满足使用要求的 γ′相至关重要。本文借助热模拟实验和场发射扫描电镜等手段，研究了 FGH4096 合金在不同冷却条件下 γ′相的析出行为，分析讨论了 γ′相的析出规律。

1 实验材料和方法

实验用合金的主要成分为（质量分数）：Cr 16.00%、Co 12.70%、W 4.00%、Al 2.20%、Ti 3.70%、C 0.03%、Ni 余。母合金采用真空感应熔炼，等离子旋转电极（PREP）方法制粉，粉末经过真空脱气后装入包套并封焊后进行热等静压成形（HIP），并通过等温锻造（ITF）获得盘坯。实验中所需试样取自锻造盘坯，规格为 $\phi8mm\times10mm$。

试样在 1150℃×5min 下固溶处理，得到过饱和的单相固溶体，再以不同冷却速率冷却到不同温度。选取四种冷却速率：$v_1 = 0.4℃/s$、$v_2 = 1.4℃/s$、$v_3 = 4.3℃/s$、$v_4 = 10.8℃/s$。每种冷速选取 4 个温度点：$T_1 = 1050℃$、$T_2 = 950℃$、$T_3 = 850℃$、$T_4 = 750℃$，冷却到温度点时水淬。控制冷却实验在 Gleeble-1500 热模拟机上进行。γ′相观察用 XL30S-FEG-SEM。γ′相尺寸统计用 Image Tool 软件。

2 实验结果与分析

2.1 不同冷却速率下 γ′相的析出行为

图 1 为不同冷速时，冷却到 750℃时的 γ′相形貌。由图 1 可知，随着冷却速率的增加，γ′析出相的形貌由蝶形→方形→球形的转变，尺寸随着冷速的增加而减少，单位面积内析出 γ′相数量增加。值得指出的是，γ′析出相以不同尺寸配比析出，较大 γ′相周围有细小 γ′相，随着冷却速率的增加，在较大 γ′相周围的细小 γ′相的数量随之增加，如图 1(d) 所示，在较大的 γ′析出相（尺寸 100～200nm）周围有大量球状的细密小 γ′相（$d\leqslant40nm$）。

冷却到 750℃下实际测量到的 γ′相尺寸统计分布规律如图 2 所示。由统计结果可知，当冷却速率较低时，小尺寸 γ′相（$d<40nm$）颗粒所占比例很小，γ′相以中等尺寸和大尺寸为主，如图 2(a) 所示，随着冷却速率的增加，小尺寸 γ′相大量析出，中小尺寸 γ′相所占比例增加，如图 2(b) 所示，较低冷速下的 γ′相尺寸分布具有正态分布特征；当冷却速率较高时，中小尺寸 γ′相占据主导地位，如图 2(c) 与图 2(d) 所示。

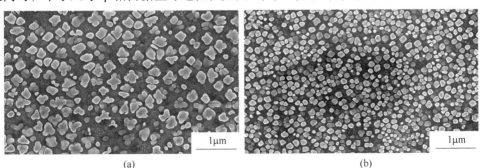

(a)　　　　　　　　　　　　(b)

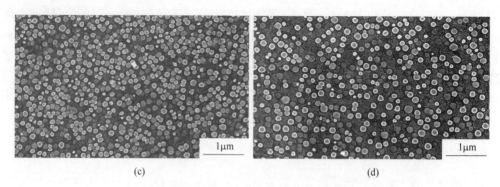

(c)　　　　　　　　　　　　　　(d)

图 1　不同冷速下，冷却到 750℃ 时的 γ′ 析出相形貌

Fig. 1　The morphology of gamma prime precipitates at 750℃ for different cooling rates

(a) v_1 = 0.4℃/s；(b) v_2 = 1.4℃/s；(c) v_3 = 4.3℃/s；(d) v_4 = 10.8℃/s

在冷却过程中，析出 γ′ 的尺寸随着冷速的不同而异，γ′ 相平均尺寸与冷速的关系可用下式描述为[2]：

$$d^n = \frac{A}{v_c} \tag{1}$$

式中，d 为 γ′ 相平均尺寸，μm；v_c 为冷速，℃/min；n、A 为系数。

测量不同冷速下冷却到 750℃ 时的 γ′ 相平均直径，由式（1）拟合得到：n = 2.56、A = 0.259。

2.2　不同冷却温度下 γ′ 相的析出行为

由图 3 可见，在冷速 v_c = 10.8℃/s 的析出过程中，γ′ 相以大小两种尺寸析出，大量细小的 γ′ 析出相聚集在较大 γ′ 析出相周围。随着冷却温度的降低，细小 γ′ 析出相尺寸增加，这表明在冷却过程中，析出的细小 γ′ 相发生长大。

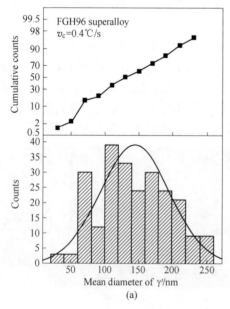
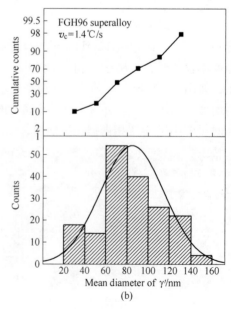

(a)　　　　　　　　　　　　　　(b)

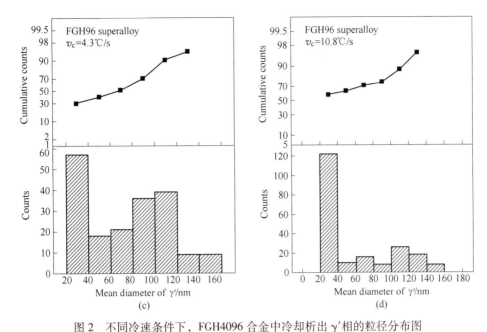

图 2　不同冷速条件下，FGH4096 合金中冷却析出 γ′相的粒径分布图

Fig. 2　Size distribution of cooling gamma prime precipitates at different cooling rates

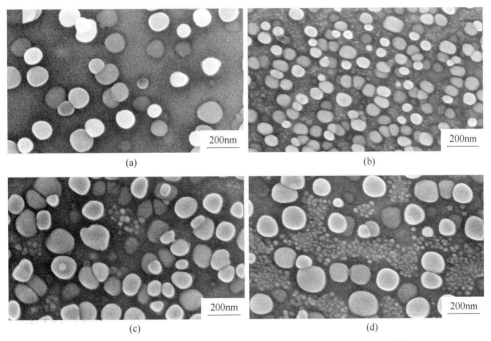

图 3　冷速 $v_c = 10.8℃/s$ 时，冷却到不同温度时 γ′析出相形貌

Fig. 3　The morphology of gamma prime precipitates at $v_c = 10.8℃/s$ for different temperature

(a) $T = 1050℃$；(b) $T = 950℃$；(c) $T = 850℃$；(d) $T = 750℃$

冷却到不同间隔温度下实际测量到的 γ′相尺寸统计分布规律如图 4 所示。由统计结果可知，当冷却温度高于 850℃时，γ′析出相尺寸分布均呈正态分布，以中等尺寸 γ′相居多，而

当冷却到温度 750℃时，统计结果表明，尺寸 $d=20\sim40$nm 的小 γ' 相占据绝大多数。值得指出的是，限于场发射扫描电镜的分辨率，所统计的 γ' 相颗粒的尺寸 $d \geqslant 20$nm，统计结果中的 γ' 相并不包括所有析出的 γ' 相，实际上，在冷速为 $v_c=10.8$℃/s 时，即使冷却到温度 1050℃时，也已经有细密的 γ' 相析出，由于尺寸太小（$d<20$nm）而无法统计，如图3(a)所示。

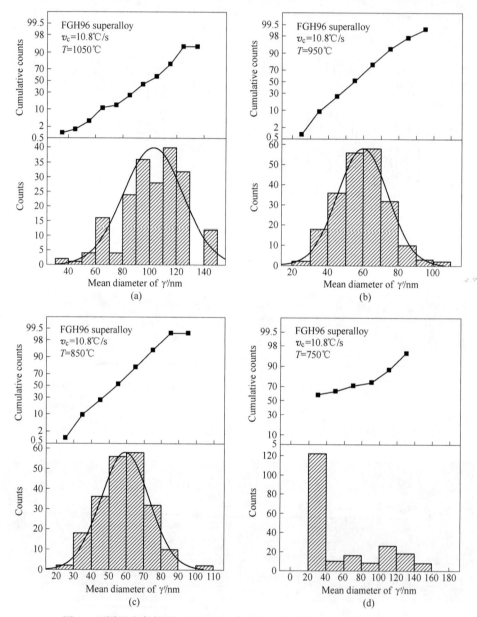

图 4　不同温度条件下，FGH4096 合金中冷却析出 γ' 相的粒径分布图

Fig. 4　Size distribution of cooling gamma prime precipitates at $v_c = 10.8$℃/s for different temperature

2.3　讨论

由上面分析可知，在冷却过程中，冷却速率和温度对合金中 γ' 相的析出行为均有影

响。γ′析出相的形状和大小随冷却速率和温度的变化而变化，但冷却速率对γ′相的形貌影响更为显著，随着冷速增加，γ′相的形貌经历了蝶形→方形→球形的转变；在一定的冷速和温度下，γ′相以大小两种尺寸析出。Wlodek S T 等对 N18 合金在不同冷速下γ′相析出行为研究表明[3]：随着冷速的增加，初次析出γ′相形貌随冷速变化呈现如图5中变化规律，但二次析出的细小γ′相的形貌并不随着冷速不同而显著改变。

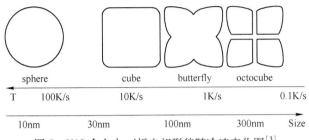

图 5 N18 合金中 γ′析出相形貌随冷速变化图[3]

Fig. 5 Morphology transition of cooling gamma prime precipitates from rapid to slow cooling rates: spherical, cuboidal butterfly distortion and octocuboidal[3]

图 6 为 FGH4096 合金在不同冷速下 γ′析出相的形貌。低冷速下，初次析出 γ′相形貌以四角状和不规则形状为主，二次析出 γ′相为细密的球状，如图 6(a) 所示；高冷速下，γ′析出相的形貌以圆球状为主，在初次析出的大 γ′相周围有细小的二次球状 γ′相存在，如图 6(b) 所示。

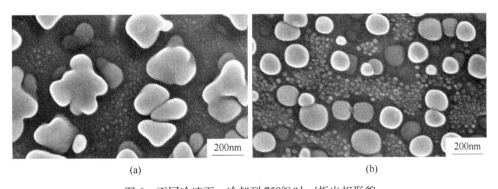

图 6 不同冷速下，冷却到 750℃时 γ′析出相形貌

Fig. 6 The morphology of gamma prime precipitates 750℃ for different cooling rates

(a) $v_1 = 0.4$℃/s; (b) $v_4 = 10.8$℃/s

沉淀相的形状取决于界面能和弹性应变能的竞争和协调[4]。对于γ′相强化的高温合金，在沉淀析出过程中，由于溶质间的原子尺寸不同，γ′析出相和母相虽然共格，但由于成分的差异会产生一定的弹性畸变，产生弹性应变能，此时的应变能较小，γ′/γ之间的界面能趋于各向同性，因此刚刚析出的γ′相呈细小的球状。冷速越高，溶质元素扩散被抑制，应变能降低，γ′/γ之间的界面能对γ′相生长起到主要作用，因此在高冷速下γ′相形貌为球状。冷却速率越低，溶质元素发生扩散越有利，γ′与γ相之间的成分差异越大，γ′相越容易发生粗化长大，随着γ′相的长大，畸变随之增加，共格关系被破坏，共格界面成

为半共格或非共格,相应的应变能增加,为降低应变能,γ'相的形状发生变化,由球状→方块状→蝶状变化,这种趋势在低冷却速率下尤为明显。在冷却过程中,γ'相经历了形核、长大、粗化三个阶段。由于γ'相具有很强的析出倾向[5],只有在很高的冷却速率下才会抑制γ'相的析出,在本文的冷却速率范围内,γ'相析出始终存在。根据经典的形核理论[6,7],非均匀形核的临界晶核半径R^*可以表述为:

$$R^* = \frac{2\sigma}{\Delta G_p} \quad (2)$$

式中,σ为单位面积的界面能,对于γ'/γ界面来说,σ取决于形成γ'/γ界面的化学能σ_c; ΔG_p为形成γ'相的自由能变化。

其中ΔG_p可以表述为:

$$\Delta G_p = \Delta G_v - \Delta G_e \quad (3)$$

式中,ΔG_v为γ'相形核的化学自由能变化;ΔG_e为γ'/γ的应变能变化。

由式(2)和式(3)易知:γ'相形核取决于三个因素,一为γ'/γ的界面能σ_c,二为由过饱和基体提供的化学自由能变化ΔG_v,ΔG_v是形核的驱动力,过饱和度越大,ΔG_v越大;三为应变能变化ΔG_e,ΔG_e是由γ'相与γ基体间的晶格错配而产生的弹性应变能。过饱和度越高,化学自由能越大,要求临界晶核半径R^*越小。在时效和等温析出过程中,固溶处理后急冷可使基体获得高饱和度,高过饱和度会抑制γ'析出相的长大,但是在间断冷却过程中,过饱和度的变化比较复杂,一方面随着冷却过程中温度降低,过饱和度增加;另一方面,冷却过程中随着γ'相的析出会降低基体的过饱和度。因此,在冷却过程中,合金的过饱和度并不单纯呈现减少或增加趋势,γ'相的形核和长大受上述两个过程竞争控制,图7为γ'相在冷却过程中析出示意图[6]。

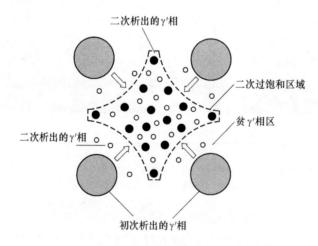

图7 FGH4096合金中γ'相析出示意图

Fig.7 gamma prime precipitates scheme of FGH4096 superalloys

冷却过程中,当温度低于γ'相溶解温度时,γ'相立刻形核。冷却速率越高,过冷度越大,基体的过饱和度越高,则γ'相形核的临界半径越小;同时高冷却速率抑制了扩散控制

的 γ′ 相的长大，造成高的 γ′ 相形核密度，使 γ′ 相以细密方式析出。随着冷却速率降低，过冷度减少，基体的过饱和度降低，γ′ 相析出的摩尔自由能 ΔG_p 减少，临界形核半径增加，首先析出的 γ′ 相尺寸较大，γ′ 相颗粒之间的距离较大。尽管低冷速有利于扩散进行而形成较大 γ′ 相颗粒，但 γ′ 相颗粒的长大为长程扩散过程所控制，冷却过程中不断降低的温度在某种程度上阻碍长程扩散进行。随着温度降低，在初次析出的 γ′ 相颗粒周围有可能再次形成基体过饱和区域，即产生二次过饱和，当二次过饱和度聚集到足够大时，基体中的化学自由能增大到足以克服新一轮形核所需的能量时，便会发生 γ′ 相二次析出，二次析出 γ′ 相形核是继续冷却所产生的过饱和度和初次析出 γ′ 相长大所消耗的过饱和度二者竞争的结果。

FGH4096 合金在一定的冷却条件下会有大小两种尺寸的 γ′ 相析出，较早析出的二次 γ′ 相在冷却过程中会发生一定程度长大，但是由于二次 γ′ 相析出的温度较低，抑制了溶质组元扩散，二次 γ′ 相的长大受到一定程度的抑制，导致二次 γ′ 相的尺寸要比初次析出 γ′ 相的尺寸小得多，并围绕在初次 γ′ 相周边，同时在初次析出 γ′ 相周围形成贫 γ′ 相区。相应的，冷却速率越高，则单位时间内的过冷度越大，基体越容易达到过饱和，γ′ 相二次析出的所需温度则越高。

3 结论

（1）在冷却过程中，γ′ 相的析出受到冷却速率和温度的影响；γ′ 的形状和大小随冷却速率和温度的变化而变化，但冷却速率对 γ′ 相的形貌影响更为显著，随着冷速增加，γ′ 相的形貌经历了蝶形→方形→球形的转变。

（2）冷却速率为 0.4~10.8℃/s 时，γ′ 相会在冷却过程中发生二次析出；二次析出的 γ′ 相呈细密球状分布在初次析出的大 γ′ 相周围，在初次析出 γ′ 相周围形成贫 γ′ 相区，二次析出的 γ′ 相在冷却过程中会发生一定程度的长大；控制不同的冷速和温度可以获得不同尺寸配比的 γ′ 相。

（3）冷却速率为 0.4~10.8℃/s 时，冷却到 750℃ 时的 γ′ 相尺寸与冷却速率满足式（1）。

参 考 文 献

[1] 中国航空材料手册，第5卷 [M]．北京：中国标准出版社，2002：46-49.
　　The handbook of Chinese aerial materials, Vol, 5, Beijing: China standard Publication Co, 2002: 46-49.
[2] 何峰，汪武祥，邹金文，等．FGH95 合金连续冷却条件下 γ′ 相析出过程研究．航空材料学报，vol. 20, No. 1, 2000: 22-27.
　　He Feng, Wang Wuxiang, Zou Jinwen, et al. Precipitation study of gamma prime in continuous cooling process of FGH95 superalloys [J]. Journal of aeronautical materials vol. 20, No. 1, 2000: 22-27.
[3] Wlodek S T, Kelly M and Alden D A, The structure of N18 [M], Superalloy 1996, R. D. Kissinger. eds, 467-476.
[4] 肖纪美．合金相与相变 [M]．北京：冶金工业出版社，2004.
　　Xiao Jimei. Phases in alloys and transformation [M]. Beijing: Metallurgical Industry Press, 2004.

[5] Wendt H and Hassen P, Nucleation and growth of γ′ precipitates in Ni-14at%Al [J], Acta Metall. Vol. 31, No. 10, 1983: 1649-1659.

[6] Jian Mao, Keh-Minn Chang, et al. Cooling precipitation and strengthening study in power metallurgy superalloys Rene 88DT [J]. Materials Science and Engineering A322 (2002): 318-329.

(原文发表在《第十一届中国高温合金年会论文集》.
北京：冶金工业出版社，2007：528-533.）

粉末冶金高温合金中粉末颗粒间断裂的形貌特征

张莹 张义文 刘明东 张娜

（钢铁研究总院高温材料研究所，北京 100081）

摘 要 通过对直接热等静压成形的粉末冶金高温合金力学试验断口的观察分析，阐述了粉末颗粒间断裂的形貌特征及对力学性能的影响。讨论了 PM 合金中原始粉末颗粒边界（PPB）的成因和微观机理以及与颗粒间断裂的关系。

关键词 PM 高温合金 颗粒间断裂 PPB

Morphology and Characteristic of Inter-particle Rupture in PM Superalloy

Zhang Ying, Zhang Yiwen, Liu Mingdong, Zhang Na

(High Temperature Materials Research Institute, CISRI, Beijing 100081, China)

Abstract: The morphology and characteristic of inter-particle rupture as well as its influence on mechanical properties were studied by observation and analysis the fractographs of As-HIP and heat treated powder superalloy. The forming reason and micromechanism of prior particle boundary (PPB) were discussed. The result show that, the PPB is a direct factor to form inter-particle rupture.

Keywords: PM Superalloy, Inter-particle rupture, PPB

PM 高温合金由于其独特的成形工艺，在力学试验的断裂模式上除与铸造、变形等其他合金一样具有穿晶和沿晶特征外，还具有粉末颗粒间和颗粒内断裂的特征。合金的断裂特征与其组织性能有着密切的联系。因此，展开粉末高温合金断裂形貌特征的研究，对于改善生产工艺，提高该合金的力学性能具有直接的指导意义。本文通过对直接热等静压成形的粉末高温合金进行力学性能试验，分析并阐述了断口上粉末颗粒间断裂的形貌特征及其对性能的影响和造成颗粒间断裂的因素，并针对 PM 合金中原始粉末颗粒边界（PPB）的成因和微观机理以及与颗粒间断裂的关系展开了讨论。

1 试验方法

从直接热等静压成形并经过热处理的粉末高温合金锭坯上取样，测试冲击、持久、拉伸、疲劳等力学性能，通过实体显微镜、扫描电镜并采用金相方法观察该类力学试验的断口，对存在颗粒间断裂的断口进行微观形貌分析和成分能谱测试，利用透射电镜进行电子衍射分析。

2 试验结果和分析

2.1 粉末颗粒间断裂的形貌

通过对粉末高温合金的冲击、持久、拉伸、疲劳等力学性能试验断口的观察,存在颗粒间断裂特征的断口形貌大致分为以下三类:第一类为沿单个粉末颗粒断裂。如图1(a)和图1(b),分别为单个粉末颗粒在低周疲劳试验断口表面断裂源区和冲击试验断口放射区上的沿颗粒断裂形貌;第二类为沿局部粉末颗粒间断裂。如图2(a)、图2(b)各自表示低周疲劳和光滑持久试验断口上近表面处局部的颗粒间断裂。图2(c)则表示冲击试验断口中心局部的颗粒间断裂;第三类为整个断口沿颗粒间断裂;图3(a)显示了冲击试验断口沿粉末颗粒间断裂的纤维和放射区形貌,图3(b)是该断口剖面的金相形貌。

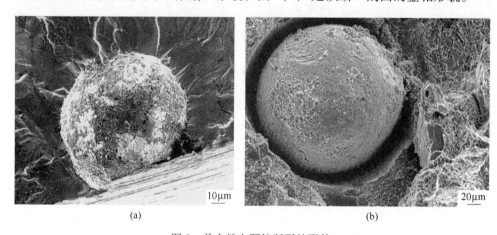

图1 单个粉末颗粒断裂的形貌

Fig. 1 Morphology of single inter-particle fracture

(a)低周疲劳断口;(b)冲击断口

2.2 能谱分析

将以上各类存在颗粒断裂的断口进行扫描能谱分析。归纳结果如下:(1)单个或若干聚集的黑粉颗粒表面C、O、Al等元素含量明显高于基体[见图1(a)和图4];(2)断口

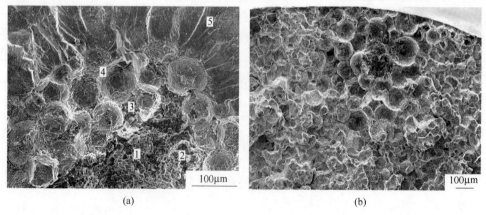

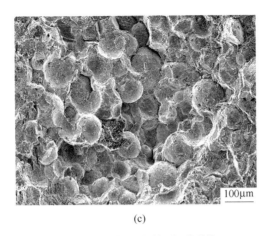

(c)

图 2 局部粉末颗粒间断裂形貌

Fig. 2 Morphology of partial inter-particle fracture

(a) 低周疲劳断口；(b) 持久断口；(c) 冲击断口

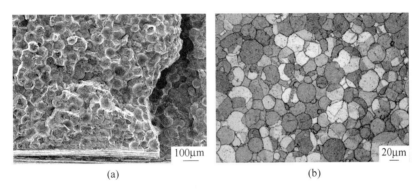

(a)　　　　　　　　　(b)

图 3 整个断口粉末颗粒间断裂形貌

Fig. 3 Morphology of whole inter-particle fracture

(a) 冲击断口；(b) 断口剖面金相

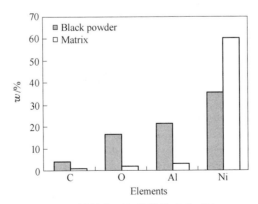

图 4 黑粉表面与基体的成分对比

Fig. 4 Chemical compositions of black powder and matrix

上局部颗粒间断裂处，存在熔渣和焊渣类夹杂物（图3），扫描能谱分析其主要成分为 O、Mg、Al、Ti、Fe、Hf。表1列出了图3中夹杂物以及影响区、周边基体的成分对比；（3）单个、若干聚集的粉末或整个断口截面较多的粉末颗粒边界上 C、O、Nb、Ti、Mo、W 含量高于基体（表2）。在电镜下可以清晰地看到（图5），沿粉末颗粒边界断续析出灰色方形 Nb、Ti 含量高的碳化物和白色长条形含 W、Cr、Mo 高的碳化物。电子衍射分析，这些析出相分别为 MC（$a=0.43$nm）和 M_6C（$a=1.16$nm）。

表1　夹杂物、影响区和基体的成分对比（质量分数）
Table 1　Chemical compositions of inclusion, affected area and matrix（mass fraction）

（%）

位置	C	O	Mg	Al	K	Ti	Cr	Fe	Co	Ni	Nb	Mo	Hf	W
1		3.94				23.07	5.37	67.45						
2	7.52	33.26	2.39	38.42	5.94	2.37	0.78	4.93		4.22				
3		25.31		27.29	4.17					2.79			40.26	
4	5.06	6.32		3.69		2.20	8.29		14.34	49.85	2.95	2.96		4.16
5	1.93	2.01		1.12		0.79	8.11		15.45	60.90	0.19	0.75		8.58

表2　颗粒边界析出相与基体的能谱成分对比（质量分数）
Table 2　Chemical compositions of precipitates on particle boundary and matrix（mass fraction）

（%）

位置	C	Ti	Cr	Nb	Mo	W
晶界 M_6C	10.19	1.93	8.64	2.85	8.67	16.59
晶界 MC	7.91	9.45	4.46	20.91		
基体	1.00	1.69	9.56	2.05	3.40	5.39

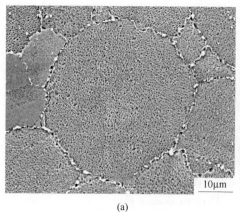

(a)

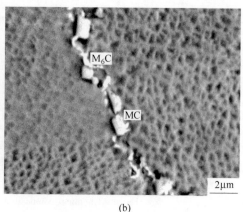

(b)

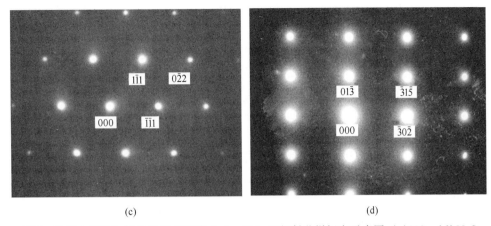

(c)   (d)

图 5 沿粉末颗粒边界析出相的形貌（a），(b) 和衍射花样标定示意图 (c)MC，(d)M_6C

Fig. 5 Micrograph of precipitates along particle boundary(a),
(b) and corresponding diffraction pattern (c)MC, (d)M_6C

2.3 粉末颗粒间断裂对性能的影响

如图 1 所示，单个存在于低周疲劳试样表面、直径约 120μm 的黑粉成为断裂源（在 538℃，$\varepsilon=0.02\%\sim0.78\%$，0.33Hz 试验条件下，$N_f=6181$ 次）。图 2(a) 中，试样近表面约 300μm 处由尺寸为 100μm×500μm 的夹杂物造成 600μm×800μm 范围的颗粒间断裂，使 650℃，870MPa，1Hz 试验条件下的疲劳寿命 N_f 降低为 2153 次。图 2(b) 中，尺寸约 150μm×200μm 的夹杂物使持久试样近表面 200μm 处形成 600μm×700μm 局部的粉末颗粒间断裂，造成了持久性能下降（在 750℃，680MPa 试验条件下 26h 断，且存在缺口敏感）。然而，在室温冲击断口中心放射区由 180μm×200μm 大小的夹杂物造成 700μm×700μm 范围局部聚集的颗粒间断裂 [图 2(c)]，并未对性能带来影响（$a_k=48J/cm^2$）。

在粉末高温合金中冲击性能对颗粒边界的状态最为敏感[1]，室温冲击试验断口截面上颗粒间断裂所占面积百分数与冲击值的对应关系统计如图 6 所示。

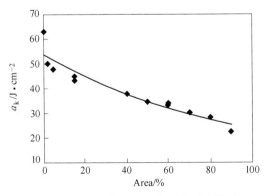

图 6 冲击韧性与颗粒间断裂的对应关系

Fig. 6 The correlogram of impact toughness and inter-particle fracture

由统计结果得出，当该合金的室温冲击韧性低于 $25J/cm^2$ 时，其断口截面上颗粒间断裂占总面积90%以上；当颗粒间断裂占断口截面总面积15%以下，该合金具有较高的冲击韧性值。

由试验结果得知，在断口上产生单独、局部或整个截面的颗粒间断裂对合金性能的影响，与其在断口的位置和范围有着直接的关系。粉末颗粒间断裂离试样表面（或缺口）越近，范围越大，对性能的影响越严重。

3 讨论

上述试验结果分析可以得出，造成颗粒间断裂与PM成形件中存在的缺陷有着密切的关系。成品粉中存在极少量的黑粉，氧化粉、夹杂物是导致形成PPB（原始粉末颗粒边界）组织的直接原因。

关于等离子旋转电极制粉工艺过程中产生黑粉的原因，在文献[2]中已作了阐述。在雾化过程中，母合金中低熔点的Al、Mg、Cr等元素易蒸发，附着在雾化室内壁和离心飞射的粉末表面。当雾化室内C、O含量超标时，极易与蒸发的Al、Mg、Cr等元素生成碳、氧化物附着在粉末表面。在随后的HIP成形工艺中，这些表面吸附着碳、氧化物的少数黑粉不能正常地扩散渗透，影响致密度[1]。最终在PM件中形成单独或局部的PPB。

此外，在雾化制粉和随后的粉末处理过程中，由于除气不佳使粉末表面产生氧化物，在HIP加热过程中将促使粉末中碳的过饱和固溶体沿晶界和颗粒边界析出碳化物[1,3]。在镍基高温合金中，MC型碳化物的稳定温度高达1300℃，M_6C的析出高峰温度为750～950℃[1]。因此，在稍高γ′溶解温度下进行热等静压，主要析出以NbC和TiC为主的MC碳化物，并保留在PM成形件内。在随后的固溶热处理中，MC相未能完全溶入基体，时效过程中沿晶界和颗粒边界析出含有W、Mo和Cr的M_6C。呈断续状沿粉末边界分布的MC和M_6C，形成了PPB。

由原材料和后序加工过程中带入成品粉末的夹杂物，在HIP过程中随着温度的升高，沿着粉末间隙发生分解、扩散或与基体发生反应[4,5]，这些附着在粉末间隙的夹杂物或粉末表面的反应物阻碍了周围粉末的密实[1]，形成局部的PPB区域。

在PM合金中由夹杂物或第二相质点等原因造成的PPB周围都存在大量的位错[6,7]，在没有外力时，这些位错处于平衡状态。当所施加的外力足够大时，PPB周围被塞积的位错引起应力集中，微裂纹首先在PPB与基体的界面上萌生，从而造成沿颗粒间断裂。粒子和基体界面塞积位错引起的应力增加可由关系式[8] $\Delta\sigma \propto \varepsilon\rho/\lambda$ 表示（其中ε为外加应力，ρ为颗粒边界上吸附或析出粒子的直径，λ为粒子的间距）。ρ/λ值与应力增加成正比，颗粒边界上吸附或析出粒子的直径愈大，分布愈密集，相应的界面应力就大，易导致界面开裂。

由上述对PPB成因和微观机理的分析可以得出，PPB是造成颗粒间断裂的直接因素。PPB在合金中的分布范围和形态以及ρ/λ值对该材料的颗粒间断裂特征有着重要的影响。

4 结论

（1）在PM高温合金力学试验断口上出现的颗粒间断裂呈单个、局部和整个截面三种形式。

（2）由黑粉、夹杂物、粉末表面析出相而形成的PPB缺陷是造成颗粒间断裂的直接原因。颗粒间断裂在断口上的形貌取决于所存在的 PPB 的形态。PPB 缺陷的范围越大，颗粒边界上吸附或析出物的尺寸越大，分布越密集，越易导致颗粒间断裂。

（3）试样中颗粒间断裂的范围和位置与力学性能有直接对应的关系。颗粒间断裂的范围越大，离试样表面距离越近，对性能影响越严重。

参 考 文 献

[1] Белов А Ф，Аношкин Н Ф，Фаткуллин О Х，Структура и Свойства Гранулируемых Никелевых Сплавов. 1984.
[2] 张莹，刘明东，张义文. 粉末冶金工业，2006，(6).
[3] В. И. Ерёменко，Н. Ф. Аношкин，О. Х. Фаткуллин，Металоведение и Термическая Обработка Металлов 1991（12）：8-12.
[4] 张莹，张义文，宋璞生，等. 钢铁研究学报，2003，15（6）：71-75.
[5] 张莹，张义文，宋璞生，粉末冶金工业，2004，14（2）：1-6.
[6] 肖纪美，合金相与相变，2004.
[7] 钟群鹏，田永江，失效分析基础知识，1990.
[8] Ying Zhang, Yiwen Zhang, Yu Tao, Proceedings of The 2005 International Conference on Hot Isostatic Pressing. 2005：259-263.

（原文发表在《第十一届中国高温合金年会论文集》.
北京：冶金工业出版社，2007：545-549.）

一种粉末冶金镍基高温合金中的缺陷分析

刘明东　张莹　张义文　陶宇

（钢铁研究总院高温材料研究所，北京　100081）

摘　要　本文研究了镍基粉末高温合金个别制件中出现的异常大尺寸夹杂物缺陷，分析了它的成分、形成原因。结果表明：这种异常大尺寸夹杂物的成分主要是 O、Al、Ti、Si 等元素，还含有 Na、K 等元素，是包套焊渣，必须严格予以避免。

关键词　粉末高温合金　夹杂物　焊渣

The Defect Analyse of Nickel-based Powder Metallurgy Superalloy

Liu Mingdong, Zhang Ying, Zhang Yiwen, Tao Yu

(High Temperature Materials Research Institute, CISRI, Beijing 100081, China)

Abstract: The abnormal large-volume inclusion defect existing in certain PM superalloy product was researched and its institution, forming reason was also analyzed. The results show that abnormal large-volume inclusion defect contains O、Al、Mg、Ti、Si and Na、K element, it is welding slag and must be avoided strictly in the production.

Keywords: PM supealloy, inclusion, welding slag

　　粉末冶金高温合金因其特殊的优势而成为在航空、航天等工业在高温复杂载荷和环境下应用的关键材料，所以对其工艺控制十分严格。在对粉末冶金高温合金制件进行超声波和 X 光检验的过程中，发现个别制件中存在大尺寸夹杂物缺陷，本文对制件中存在缺陷的部位进行解剖并且联系粉末冶金高温合金的生产工艺，对制件中发现的异常大尺寸夹杂物缺陷做一定的探讨。

1　试验方法

　　将制件中含有缺陷的部位制成试样腐蚀后，通过金相显微镜，MET-4A 型定量显微图像仪，JSM-6480LV 型扫描电镜对其组织形貌进行观察，通过 SYSTEMSIX NSS300 型能谱仪对成分进行分析。

2　试验结果

　　对制件中存在大尺寸夹杂物缺陷的部位解剖后制成金相试样，其形貌如图 1 所示。在

图 1(a) 中，夹杂物 1 长约 3mm，宽约 1mm，夹杂物 1 和基体之间存在反应区，在图 1(b) 中夹杂物 2 长度约有 500μm，宽度约有 200μm。在图 1(c) 中可以发现夹杂物 1 的反应区存在很多鸡爪样式的裂纹，这些裂纹多起源于团状夹杂物，并且在裂纹中也发现有夹杂物存在。在图 1(d) 中发现夹杂物 2 与基体之间存在一个明显的白色边界，并且夹杂物 2 和基体之间也存在明显的反应区。

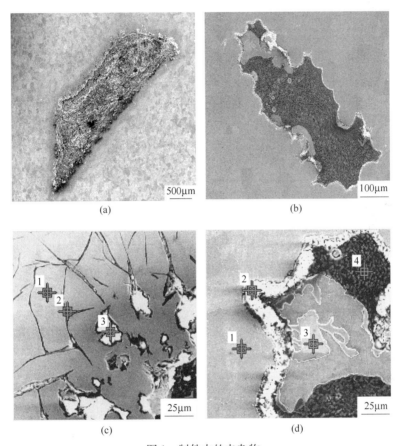

图 1　制件中的夹杂物
Fig. 1　inclusion of component
(a)、(c) 夹杂物 1；(b)、(d) 夹杂物 2

表 1 是该镍基粉末高温合金的主要化学成分。表 2 是图 1(c)、(d) 中夹杂物区域的 EDS 能谱测试结果。在表 2 中，图 1(c) -1 代表制件中基体的成分；图 1(c) -2 代表了该夹杂物中鸡爪式裂纹中的成分，可以发现其中含有大量的 O、Al 元素，在裂纹中还发现了 K 元素的存在；图 1(c) -3 代表了夹杂物的成分，可以看出夹杂物中含有大量的 O、Mg、Al 等元素。从表 2 中可以看出，在图 1(c) 中，从反应区到夹杂物，O、Al 元素的含量明显上升，在夹杂物中含有一定量的 Mg 元素，裂纹中也存在夹杂物，并且在裂纹处的夹杂物中探测到了 K 元素。表 2 中的图 1(d) -1 是基体成分；图 1(d) -2 是白色边界的成分，其中含有大量的 O、Al 元素；图 1(d) -4 是夹杂物成分，其中含有大量的 O、Al、Si、Ti 等元素，在边界聚集了大量的 Al 元素，夹杂物中含有 Na、K 等元素。

表1 某镍基粉末高温合金的主要成分（质量分数）
Table 1 Composition of the PM superalloy (mass fraction) (%)

C	Cr	Co	Mo	Nb	Ti	Al	W	Mg	Si	Mn	O	Ni
0.06	10.00	16.50	4.20	2.80	2.00	5.30	5.90	0.02	0.50	0.50	<0.007	Bal

表2 制件中的夹杂物化学成分（质量分数）
Table 2 Chemical composition of inclusion in component (mass fraction) (%)

	O	Mg	Al	Si	Ti	Na	K	Ni
图1(c)-1	1.1	—	—	1.11	1.67	—	—	52.04
图1(c)-2	28.69	—	23.54	—	2.29	—	5.01	36.26
图1(c)-3	40.44	14.89	38.28	—	0.69	—	—	—
图1(d)-1	0.28	—	1.72	—	1.66	—	—	51.04
图1(d)-2	29.58	—	46.48	2.51	1.73	—	—	11
图1(d)-4	35.71	—	9.76	13.65	24.08	3.43	4.20	—

3 讨论

镍基粉末高温合金的生产过程如图2所示。可见粉末高温合金生产步骤较多，所以对其工艺要求十分严格，在母合金熔炼、等离子旋转电极制粉和包套的制作等过程中都有可能混入各种夹杂物。夹杂物的种类目前主要有陶瓷、熔渣和有机物等几类。其中，陶瓷、熔渣类夹杂主要是由于母合金熔炼过程中耐火材料的脱落造成的，这类夹杂的主要化学成分为Al、Ca、Ti、Mg等元素，主要含有Al_2O_3、MgO等物质；有机物类夹杂物主要来自等离子旋转电极制粉设备中的油脂和密封件的分解物，这类夹杂中H、O、C等元素的含量很高。粉末在经过等离子旋转电极法制得后必须经过筛分和静电分离去夹杂物，而制件所用的粉末的粒度范围为50~150μm，在静电分离过程中可以去除大部分得非金属夹杂，所以静电后的粉末中含有的夹杂物的尺寸不应该超过150μm。但是，所分析的这两个夹杂物尺寸大大超过了150μm。可见，在尺寸上，该夹杂物不属于常规的陶瓷、熔渣和有机物类夹杂物，不是在母合金熔炼得过程中产生的；在成分上，这种夹杂物含有大量的O，Al、Si、Ti、Mg等元素，还含有Na、K等粉末高温合金成分中没有的元素，所以，这种夹杂物不属于常规的陶瓷、熔渣类夹杂物，也不是在母合金熔炼过程中产生的。

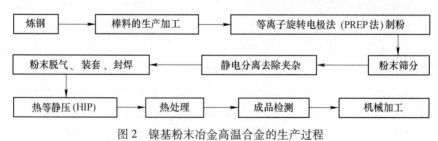

图2 镍基粉末冶金高温合金的生产过程
Fig. 2 Production process of PM superalloy

粉末在经过筛分和静电分离夹杂以后装入包套。包套的质量十分关键。包套选材为钢材，通过焊接结合在一起，焊接工艺为手工电弧焊，焊条为 J422 酸性焊条。包套在装粉之前必须经过真空退火和清洗，在对包套清洗的过程中，发现部分包套中存在黑色的渣子。对包套渣子进行 EDS 能谱分析，并与焊渣的成分进行对比，结果如表 3 所示，发现在黑色的渣子中含有大量的 O、Al、Si、Ti 等元素，同时也含有 Na、K 等元素[8]。所以判断包套中的黑色渣子为焊渣，在粉末脱气、装套封焊过程中焊渣混入了成品粉末。

包套的真空退火很重要，包套真空退火的目的主要是去除包套内外表面上的铁的氧化物，油污等，J422 焊条的焊渣中，存在大量的 O、Al、Si、Ti、Mg 等元素，同时也存在 Na、K 等元素。在焊渣中存在大量氧化物，其中 TiO_2、SiO_2、MnO 的含量占据前三位，还含有少量的 Na_2O、K_2O。根据金属氧化物标准生成吉布斯自由能与温度关系图[10]，氧化物的稳定性随温度而变，氧化物的标准生成吉布斯自由能的绝对值越大稳定性越高，Ca、Mg、Al、Ti、Si、Mn 等元素的标准生成吉布斯自由能都大于 Fe 元素的，所以在真空退火的过程中，它们的氧化物都是比较稳定的，所以焊渣在高温真空退火的过程中不会完全分解掉，而会继续留在包套中。

如表 3 所示，夹杂物和焊渣中均含有大量的 O 元素，且都含有 K 元素。夹杂物 2 的成分与焊渣的成分比较吻合，而在夹杂物 1 种，含有大量的 Al 元素，这可能是由于焊渣的成分不均匀性造成的。

所以，包套在焊接的过程中有很少量的焊渣落入了包套内部，而真空退火无法使焊渣完全分解，包套清洗没有将焊渣完全洗净，在装粉的时候焊渣就跟成品粉末混合在一起，焊渣在与高温合金粉末混合后进行热等静压得过程中，在高温高压的作用下，焊渣与基体发生了反应，基体及 γ′ 相中的 Al、Ti 等元素向夹杂物处偏聚，并形成了稳定 Al, Ti 的氧化物构成了基体和夹杂物之间的反应区，同时夹杂物周围也形成了贫 γ′ 区。

表 3 包套渣子和焊渣的成分（质量分数）
Table 3 Composition of impurity in container and welding slag (mass fraction) (%)

成分	O	Mg	Al	Si	Ti	Na	K
包套渣子	31.74	0.37	6.53	11.64	23.17	1.24	5.13
焊渣	37.74	3.12	1.85	11.71	18.12	1.26	1.91
夹杂物 1	28.69	—	23.54	—	2.29	—	5.01
夹杂物 2	35.71	—	9.76	13.65	24.08	3.43	4.20

4 结论

（1）制件中发现的大尺寸夹杂物为焊渣，是在包套的制作过程中采用手工电弧焊的焊接方法而造成的。

（2）对包套的制作过程要严格控制和改进，焊接包套时通过氩弧焊取代手工电弧焊会基本上消除焊渣。

参 考 文 献

[1] 周晓明，汪武祥等，航空材料学报，2006，26（4）：1-6.

[2] 张莹, 张义文等, 材料工程, 2001, 增刊: 160-164.
[3] Kissinger. R. D., Nair. S. R., Tien. J. K., Proceedings of the Fifth International Symposium of Superalloys [C], the Metallurgical Society of AIME, 1984: 287-296.
[4] 国为民, 吴剑涛等, 材料工程, 2002, 增刊: 54-57.
[5] 张莹, 张义文等, 粉末冶金工业, 2004, 14 (2): 1-6.
[6] D. R. Chang. D. D. Krueger. R. A. Sprague. Superalloys, 1984: 245-271.
[7] Chang. W. H., Green. H. M., Sprague, R. A. Proceedings of the Third Conference on Rapid Solidification Processing [C], Rapid Solidification Processing Principles and Technology Ⅲ, 1982: 500-509.
[8] 张子荣, 等. 简明焊接材料选用手册. 1997.
[9] 吴树雄, 等. 电焊条选用指南. 1989.
[10] 梁英教, 等. 物理化学. 1988.

(原文发表在《第十一届中国高温合金年会论文集》.
北京: 冶金工业出版社, 2007: 542-544.)

Effect of Cooling Rate after Hot Isostatic Processing on PM Superalloy

Zhang Y. W. , Liu J. T. , Zhang Y. , Zhang G. X. , Chi Y. , Tao Y.

(High Temperature Materials Research Institute Central Iron & Steel Research Institute (CISRI), Beijing 100081, China)

Abstract: The influence of cooling rate on γ' morphology, size and mechanical property in PM superalloy based on HIP different cooling rates by simulating experimental test was investigated. The experimental results show that the γ' particle size during cooling in grain is big, even separate due to low cooling rate. This evolvement of γ' produces octocube shape, octocube-dendritic and dendritic morphology of γ'. The lower cooling rate is, the more γ' morphology tendency to dendritic shape. In comparison with as-HIP, γ' size and morphology after heat treatment have a few changes, grain γ' phase becomes regular small cube particles because of higher cooling rate after heat treatment. At different cooling rates then same heat treatment, the microstructure and mechanical properties have no more changes.

Keywords: PM superalloy, FGH95, HIP, cooling rate, γ' morphology, mechanical property

1 Introduction

PM superalloy is widely used for high performance aviation engine disk, ring etc. Recently two working procedures for PM superalloy are hot isostatic processing (HIP) + hot extrusion + isostatic forging, the other is direct as-HIP. The later processing has more advancements which can be made various complex components, while the processing parameter can significantly affect PM superalloy mechanical properties, such as cooling rate, temperature, pressure and hold time etc. Actually, the influences of temperature, pressure and hold time have been investigated [1-6], however the effect of cooling rate on PM superalloy has little reported, and the relationship and consistency of mechanical property with microstructure after different HIPs are also little investigated. Thus, the understanding of the influence of cooling rate on mechanical property and microstructure is focused in this paper.

2 Experimental Methods

FGH95 PM powder was produced with the plasma rotating electrode process (PREP), powder particle diameter is about 50~150μm, then HIP of 1180℃, 120MPa, 3h. The chemical composition is given in Table Ⅰ. The experimental cooling rate parameters are 1180℃/4h as V_{c1} (average cooling rate of 3.4℃/min) and V_{c2} (average cooling rate of 1.9℃/min) basing on the actual cooling rate from the ϕ1200mm×2600mm and ϕ690mm×1100mm HIP furnaces (as shown in Figure 1). Table II shows the cooling rate conditions from HIP furnace. The heat treatment is sub-solution treatment (lower γ' completed solve temperature 1160℃) plus two aging treatment of 1130~1150℃, 1.5h, 580~620℃ salt quenching + 870℃, 1.5h, AC + 650℃, 24h, AC. The specimens were cut from the ingot and prepared for the mechanical property tests and microstructure analyses.

Table I Compositions of the tested alloy (mass fraction)　　　　(%)

Element	C	Cr	Co	W	Mo	Al	Ti	Nb	Zr	B	Ni
Content	0.06	13.1	8.1	3.6	3.6	3.5	2.6	3.4	0.045	0.01	Bal

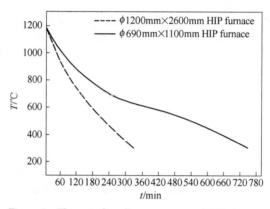

Figure 1 The actual cooling rate curve of HIP furnace

Table II Experimental cooling rate conditions

Based on ϕ1200mm×2600mm HIP furnace V_{c1}		Based on ϕ690mm×1100mm HIP furnace V_{c2}	
Temperature/℃	Cooling rate/℃·min^{-1}	Temperature/℃	Cooling rate/℃·min^{-1}
1180~924	4.26	1180~1004	2.93
924~732	3.2	1004~883	2.02
732~700	2.0	883~781	1.70
700~300	1.0	781~700	1.37
1180~650	3.4 (average)	700~300	1.00
		1180~650	1.9 (average)

3　Experimental Results

3.1　Microstructure

Figure 2 shows the OM observations revealing no difference in grain size (30~40μm) after V_{c1} and V_{c2} cooling rates. With holding 4h at 1180℃, γ' completely solved into γ matrix, the solubility of γ' phase reduces with decreasing temperature, while during cooling γ' phase precipitates again. From Figure 3(a) and (b) we can see that the microstructures of as-HIP are consisted on the large γ' particles in grain boundary and small γ' within grain producing more complex morphologies. The lower cooling rate is, the more complex γ' feature. It can been found in Figure 3 that the γ' morphology after V_{c1} cooling is like octocube shape, with V_{c2} as dendritic shape same as metal solidification characterization. These morphologies also can be seen in various superalloys[8-11].

Figure 2　OM observations as-HIP after different cooling rates

(a) V_{c1}; (b) V_{c2}

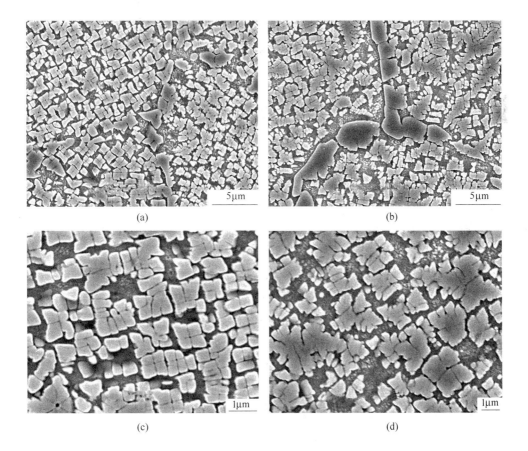

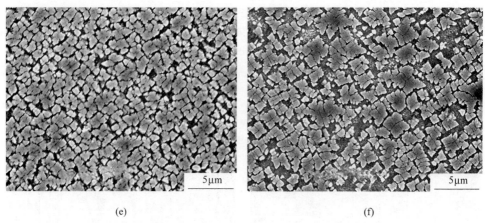

(e)   (f)

Figure 3   SEM images of γ' as-HIP after different cooling rates
(a), (c), (e) V_{c1}; (b), (d), (f) V_{c2}

γ' precipitate transformation is a heterogeneous nucleation course, the nucleation power at grain boundary is lower than within grain resulting in preferentially nucleates at grain boundary getting large γ' particle (showing in Figure 3). In comparison with as-HIP, the gain size (30~40μm) and their microstructures after heat treatment for the two cooling rate specimens have little change. Figure 4(a) and (b) shows the large grain boundary γ' particles and small gain γ' phases (0.1~0.2μm) after heat treatment [Figure 4(c), 4(d)], also observed the non-dissolve γ' leftover due to the solution temperature as lower than γ' completed solve temperature. It is noted that two aging treatments almost have no effect on γ' size and morphology, only can accelerate to produce a few carbides and very small γ' phase which can't be observed by conventional SEM.

In continual cooling condition, the relationship of grain γ' precipitate size with cooling rate is as following[12]:

$$d^n = \frac{A}{V_c} \quad (1)$$

Where n, A are parameters; d is γ' phase diameter, μm; V_c is cooling rate, ℃/min. From the equation it can be seen that the quicker cooling rate is, the smaller γ' phase size. Because of the higher cooling rate when salt isostatic quench (~84℃/min) at 580~620℃ than HIP cooling

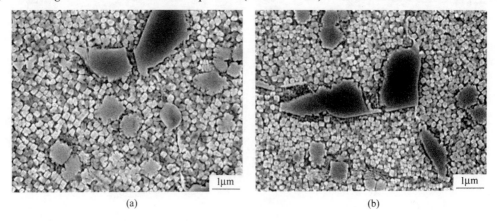

(a)   (b)

Figure 4 SEM microstructures after heat treatment at different cooling rates
(a), (c) V_{c1}; (b), (d) V_{c2}

rate, the grain γ′ phase size is smaller than the one of as-HIP as showing in Figure 3(e)、(f) and Figure 4(c)、(d).

3.2 Mechanical Property

γ′phase size and morphology are different after HIP at different cooling rates, however, there existed litter change after heat treatment resulting in no more difference for their mechanical properties. The favorable match among large, medium and small sizes of γ′particle produces perfect tensile strength, high temperature stress rupture life and creep property. Figure 5 shows the tensile properties at room and 650℃ temperature. Stress rupture life is listed in Table Ⅲ and 595℃ creep test result given in Table Ⅳ.

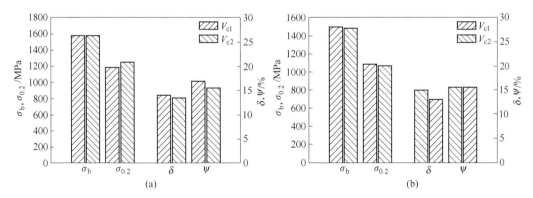

Figure 5 Tensile strength
(a) room temperature; (b) 650℃

Table Ⅲ 650℃ stress rupture test

Cooling rate	σ/MPa	τ/h	δ/%	note
V_{c1}	1035	72	3.5	Over 50h, load up to 1050MP, then per 5h load up 10MPa, total re-load up 5times
V_{c2}	1035	67	2.2	Over 50h, load up to 1050MP, then per 5h load up 10MPa, total re-load up 4times

Table IV 595℃ creep test

Cooling rate	σ/MPa	τ/h	Remnant plastic deformation ε_p/%
V_{c1}	1035	50	0.11
V_{c2}	1035	50	0.06

4 Discussion

Due to very close lattice parameter for γ′ phase and γ matrix (~0.359nm FGH95 alloy), small crystal mis-match and low elastic strain energy, γ′/γ interface energy becomes priority nucleation control issue. γ′ nuclei are of sphere and coherent with γ matrix.

According to classic nucleation theory, γ′ stable morphology bases on the minimum of interface energy and elastic strain energy. In the condition of higher γ′ volume fraction, the stress field around γ′ phase overlaps. System enhance energy when γ′ growth is expressed as equation (2) in consideration of inter-elastic energy among γ′ phases[9]:

$$E = E_{str} + E_{\gamma'/\gamma} + E_{int} \quad (2)$$

Where E is total energy; E_{str} is elastic strain energy, the greater the mis-match of γ′ with γ phase is, the bigger E_{str}; $E_{\gamma'/\gamma}$ is γ′/γ interface energy, when γ′ with γ is coherent, $E_{\gamma'/\gamma}$ is minimum, γ′ with γ is non-coherent, $E_{\gamma'/\gamma}$ is maximun; E_{int} is inter-elastic energy among γ′, the smaller γ′ paticle's distance is, the bigger E_{int}. When E is colse to minmun, γ′ phase tends to stable morphology.

Higher cooling rate restrains element diffusion resulting in γ′coherent nuclei difficult to grow, the lattice parameters of γ′ and γ have little change, mis-match is also small, E_{str} value is small, thus, γ′ phase morphology is controlled by $E_{\gamma'/\gamma}$ value, while the morpholoyg of γ′ is sphere shape, this can make $E_{\gamma'/\gamma}$ as minmun.

Low cooling rate promote element diffusion resulting in γ′coherent nuclei easy to grow, the mis-match of γ′ with γ increases, and E_{str} increases with increaseing mis-match and γ′ growth getting rise to γ′ phase instabality. Once $E_{str} > E_{\gamma'/\gamma}$, E_{str} becomes the priority controlling fact, the morphology of γ′ turns sphere to cube shape increasing E_{str} value as an equilibrium shape close to Wulff structure showing in Figure 4(c) and (d). Therefore, with cooling rate decreasing and γ′growth, the morpholoyg of γ′ phase will change. According to ref.[13], the evolvement of γ′ morphology can be illustrated in Figure 6.

The evolvement of the cube shape of γ′ phase is decided by two interaction facts. According to elastic theory, centralizing elastic stress near {1 0 0} plane middle makes precipitate dissolve. When low cooling rate, basing on micro-diffusion theory. The growth rate is more quick along <1 1 1> direction. Therefore, γ′ phase tends to develop butterfly shape[14].

When lower cooling rate, with mis-match increasing and γ′ growth, E_{str} becomes bigger, in order to reduce E_{str}, γ′ phase will separate. Y. Y. Qin[10] study demonstrated that the elastic stress near {1 0 0} plane middle is up to maximum, this should get rise to γ′ instability, when γ′ growth to a favorable size, γ′ particle should separate along <1 1 1> direction, even separating as octocube particle [show in Figure 7(a)].

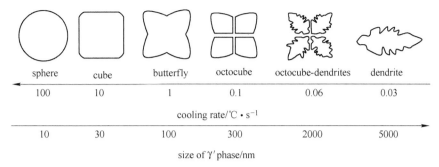

Figure 6   Sketch map of γ′ morphology changes with cooling rate

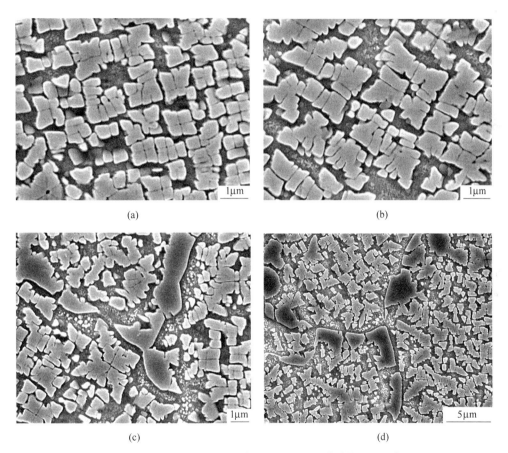

Figure 7   SEM microstructures after heat treatment with different cooling rates
(a), (c) V_{c1}; (b), (d) V_{c2}

According to Doherty[11] indicating the four growth conditions of solid dendritic precipitates: (1) the interface energy between precipitate and matrix should be isotropy; (2) diffusion parameter within precipitate should be small; (3) mis-match should be small; (4) the distance among these particles should be large. For FGH95 alloy, the both lattice of γ′ and γ are FCC structure, their mis-match is small. These meet above three conditions. When low cooling rate, super-cooling degree is low, the nucleation rate is low, the density of γ′ precipitate is also low, therefore, γ′

has more opportunity to develop as dendritic shape, even octocube shape [Figure 7(c)]. FGH95 γ' volume fraction up to 50%, some dendritic γ' particles separate into small block [Figure 7(d)] due to elastic energy between γ' phases. With reducing cooling rate, γ' phase tends to develop as dendritic morphology [Figure 7(b) and (d)].

Through above mentioned discussions, under different cooling rates, the γ' morphology evolvement is a very complex procedure, their mechanism need further study.

5 Conclusions

(1) FGH95 microstructures are made up of the large γ' particles at grain boundaries and the small γ' phases within grain at different cooling rate conditions. Due to low cooling rate, the γ' phase during cooling in grain is big, even separate. This evolvement of γ' produces octocube shape, octocube-dendritic and dendritic morphology of γ'. The lower cooling rate is, the more γ' morphology tendency to dendritic shape.

(2) In comparison with as-HIP, γ' size and morphology after heat treatment have a few changes, non-complete dissolved γ' phase at grain boundary turns to grow. Grain γ' phase becomes regular small cube particles.

(3) At different cooling rates then same heat treatment, the microstructure and mechanical properties have no more changes.

References

[1] Bartos J. L. and Mathur P. S., "Development of Hot Isostatically Pressed (As-HIP) Powder Metallurgy René95 Turbine Hardware", Superalloys: Metallurgy and Manufacture, compiled by Kear B. H. et al, Baton Rouge, Louisiana, Claitor, 1976, pp. 495-501.

[2] Hark T. Podob, "Effect of Heat Treatment and Slight Chemistry Variations on The Physical Metallurgy of Hot Isostatically Pressed Low Carbon Astroloy powder", Modern Developments in Powder Metallurgy, compiled by Henry H. Hausner and Pierre W. Taubenblat, Metal Powder Industries Federation and American Powder Metallurgy Institute, 1977, vol. 11, pp. 25-44.

[3] P. E. Price, R. Widmer and J. C. Runkle, "Effect of Hot Isostatic Pressing process Variables on Properties of Consolidated Superalloy Powders", Modern Developments in Powder Metallurgy, compiled by Henry H. Hausner and Pierre W. Taubenblat, Metal Powder Industries Federation and American Powder Metallurgy Institute, 1977, vol. 11, pp. 45-62.

[4] T. L. Prakash et al., "Microstructures and Mechanical Properties of Hot Isostatically Pressed Powder Metallurgy Alloy APK-1", Metallurgical Transactions A, 1983, vol. 14A, no. 4, pp. 733-742.

[5] R. Thamburaj et al., "Influence of Processing variables on Prior Particle Boundary Precipitation and mechanical behaviour in PM Superalloy APK1", Powder Metallurgy, 1984, vol. 27, no. 3, pp. 169-180.

[6] R. D. Kissinger, S. V. Nair and J. K. Tien, "Influence of Powder Particle Size Distribution and Pressure on The Kinetics of Hot Isostatic Pressing (HIP) Consolidation of PM Superalloy René95", Superalloys 1984, compiled by Maurice Gell et al, The Metallurgical Society of AIME, 1984, pp. 285-294.

[7] Hu He, "Hot Isostatic Pressing Treatment of Cast Ni-Base Superalloy", Acta Metallurgica SINICA (in Chinese), 2002, vol. 38, no. 11, pp. 1199-1202.

[8] R. A. Ricks, A. J. Porter and R. C. Ecob, "The Growte of γ' Precipitates in Nickel-Base Superalloy", Acta

Metallurgica, 1983, vol. 38, pp. 43-53.
[9] Minoru Doi, Toru Miyazaki and Teruyuki Wakatsuki, "The Effect of Elastic Interaction Energy on the Morphology of Precipitates in Nickel-Based Superalloys", Materials Science and Engineering, 1984, vol. 67, pp. 247-253.
[10] Y. Y. Qiu, "Retarded Coarsening Phenomenon of γ′ Particles in Ni-Based Alloy", Acta Materialia, 1996, vol. 44, no. 12, pp. 4969-4980.
[11] R. D. Doherty, "Role of Interfaces in Kinetics of Internal Shape Changes", Metal Science, 1982, Vol. 16, no. 1, pp. 1-13.
[12] He Feng, Wang Wuxiang and Yang Wanhong, "Precipitation study of Gamma prime in Continuous cooling Process of FGH95 Superalloy", Journal of Aeronautical Materials (in Chinese), 1995, Vol. 20, no. 1, pp. 22-26.
[13] Jian Mao, "Gamma Prime Precipitation modeling and Strength Responses in Powder Metallurgy Superalloys", 2002, Ph. D. Thesis, West Virginia University, Morgantown.
[14] Tian Gaofeng, Hu Benfu and Jia Chengchang, "Effect of Cooling Rate on Cooling γ′ Particles Morphology in Alloy FGH96", High Temperature Structure Materials for Power and Energy Application — Proceedings of the Eleventh International Symposium on Advanced Superalloys (in Chinese), compiled by High Temperature Materials Committee of CSM, Metallurgical Industry Press, Beijing, 2007, pp. 534-537.

(原文发表在《Proceedings of the 2008 International Conference on Hot Isostatic Pressing》,
May 6-9, 2008, Huntington Beach, California, USA. California: IHC,
The International HIP Committee, 2008: 237-244.)

时效处理对 FGH4096 合金的显微组织和拉伸性能的影响

刘建涛　张国星　张义文　陶宇　张莹　迟悦　陈琨

(钢铁研究总院高温材料研究所，北京　100081)

摘　要：研究了不同时效温度和时效时间对 FGH4096 合金显微组织和力学性能的影响，结果表明：在时效温度为 760℃时，随着时效时间从 16h 延长到 24h，合金中的 γ' 相尺寸基本保持不变，合金的强度保持稳定，随着时效时间进一步延长到 32h，合金的强度呈现降低趋势；在时效温度升高到 780℃和 800℃时，合金中的 γ' 相发生了较明显的粗化，合金的拉伸强度表现出较明显的下降。

关键词　FGH4096 合金　时效处理　显微组织　γ' 相　拉伸性能

Effect of Aging Treatment on Microstructure and Tensile Property of FGH4096 PM Super Alloy

Liu Jiantao, Zhang Guoxing, Zhang Yiwen, Tao Yu,
Zhang Ying, Chi Yue, Chen Kun

(High Temperature Materials Research Institute, Central Iron & Steel Research Institute, Beijing 100081, China)

Abstract: Effect of aging treatment on microstructure and tensile property of FGH4096 PM superalloy was investigated and analyzed. The result showed that γ'-phase size and tensile strength maintain stable with aging time holding from 16 hours to 24 hours at 760℃ aging temperature, while as aging time delayed to 32h at 760℃, γ'-phase coarsened and tensile strength decreased notably. At 780℃ and 800℃ aging temperature, γ'-phase coarsened and tensile strength decreased apparently during aging treatment process.

Keywords: FGH4096 PM superalloy, aging treatment, microstructure, γ'-phase, tensile property

FGH4096 合金属于损伤容限型粉末高温合金，与高强型 FGH4095 合金相比，强度稍有降低，但裂纹扩展抗力显著提高，使用温度高达 750℃，是制造先进航空发动机涡轮盘、挡板等热端部件的关键材料[1]。FGH4096 合金的热处理制度为固溶处理+时效处理，时效处理制度（温度和时间）的选择对合金组织和性能有着重要的影响。

本文通过热处理试验和显微组织观察，研究对比了 FGH4096 合金在 750～800℃时效处理过程中的 γ' 相组织变化以及拉伸性能变化，本文的工作旨在为 FGH4096 合金热处理工艺的制定提供理论依据和技术参考。

1 试验材料及方法

FGH4096 合金为镍基 γ′相沉淀强化型粉末冶金高温合金,强化相 γ′相含量(质量分数)约 40% 左右,γ′相的完全溶解温度为 1120~1130℃。合金主要成分为(质量分数):Cr 16.00%、Co 12.70%、W 4.00%、Al 2.20%、Ti 3.70%、C 0.03%,Ni 为基体。

试验用母合金采用真空感应熔炼,等离子旋转电极(Plasma Rotating Electrode Process, PREP)方法制粉,粉末经过筛分、静电处理后获得 50~100μm 的成品粉末,经过真空脱气后装入包套并封焊后进行热等静压成形(Hot Isostatic Pressing, HIP),热等静压后的制件通过固溶淬火(固溶后入盐浴淬火)+时效处理工艺获得不同的组织和性能。

晶粒组织试样采用化学方法浸蚀,浸蚀剂为:$HCl+H_2O+CuSO_4$,晶粒组织观察在光学显微镜下进行。γ′相形貌试样采用电化学抛光+电解浸蚀:用 20% H_2SO_4+80% CH_3OH 电解抛光(电压 25~30V,时间 15~20s),然后用 170mL H_3PO_4+10mL H_2SO_4+15g CrO_3 电解浸蚀(电压 2~5V,时间 2~5s),该方法可以清楚显示 γ′相,γ′相观察在扫描电镜下进行。

拉伸试样及拉伸试验均按照国家标准(GB/T 228—2202)执行。

2 试验结果及分析

2.1 时效处理前的组织

图 1 为 FGH4096 时效处理前的显微组织,在时效处理前,合金须经过 1150℃,2h 固溶+600℃盐浴淬火处理。图 1(a)为淬火处理后的晶粒组织,晶粒度约为 6~7 级,图 1(b)为淬火处理后的 γ′相形貌。显然在淬火过程中,发生了大量的 γ′相析出,由于盐浴冷却速率较快的原因,析出的 γ′相形貌呈细密球状。

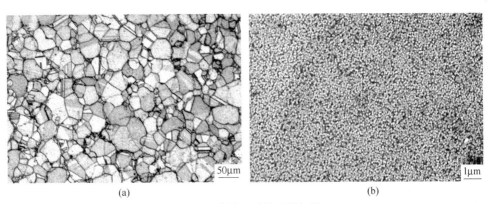

图 1 固溶处理后的显微组织

Fig. 1 Microstructure after solution treatment

(a) 晶粒组织;(b) γ′相形貌

2.2 时效处理后的 γ′相形貌

图 2 为时效时间 16h 时,时效温度 760℃、780℃、800℃对应的 γ′相形貌。显然,随

着时效温度的升高，合金中的 γ′ 相尺寸（晶内和晶界）呈增加趋势，这在 800℃，16h 时效后的组织中更加明显。

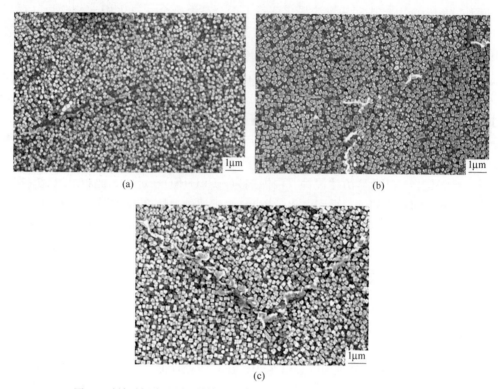

图 2　时效时间为 16h，时效温度 760℃/780℃/800℃ 对应的 γ′ 相形貌
Fig. 2　Morphology of γ′ at different aging temperature for aging time 16 hours
(a) 760℃，16h 时效；(b) 780℃，16h 时效；(c) 800℃，16h 时效

图 3 为时效温度 760℃ 时，时效时间 16h、24h、32h 对应的 γ′ 相形貌。显然，随着时效时间的延长，合金中的 γ′ 相尺寸呈增加趋势，这在 760℃，32h 时效后的组织中更加明显。

2.3　时效后的拉伸性能

γ′ 相为 FGH4096 合金的主要强化相，不同时效处理后 γ′ 相的差异也同样体现在力学

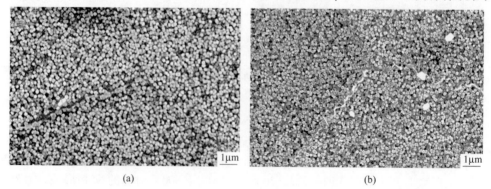

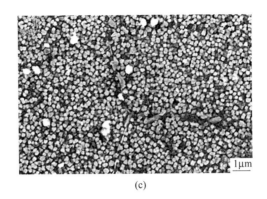

图 3 时效温度为760℃,16h/24h/32h对应的γ′相形貌

Fig. 3 Morphology of γ′ for different aging time at 760℃ aging temperature

(a) 760℃,16h 时效；(b) 760℃,24h 时效后；(c) 760℃,32h 时效

性能上。图4和图5分别为不同时效制度下的拉伸性能比较。显然，在时效时间为16h，随着时效温度增加，合金的强度呈较明显的降低趋势；在时效温度760℃时，随着时效时间延长到24h，合金的强度变化不大，但当时间延长到32h后，强度呈降低趋势。相比较时效温度和时间对强度的影响的规律而言，时效温度和时间对拉伸塑性的影响的规律性要差一些，但是需要指出的是，对于750℃的拉伸塑性，高时效温度（800℃）和长时效时间（32h）对塑性提高更加显著，如图4(c)和图5(c)所示。

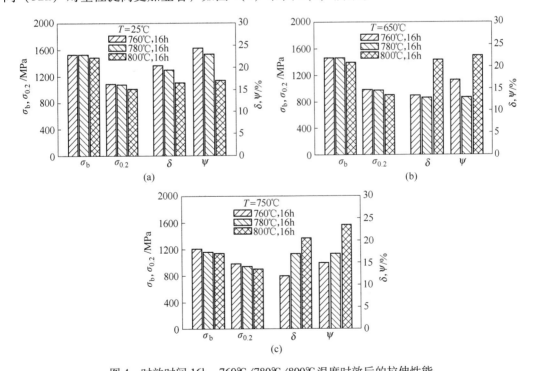

图 4 时效时间16h，760℃/780℃/800℃温度时效后的拉伸性能

Fig. 4 Tensile properties at different aging temperature for aging time 16 hours

(a) 室温拉伸；(b) 650℃拉伸；(c) 750℃拉伸

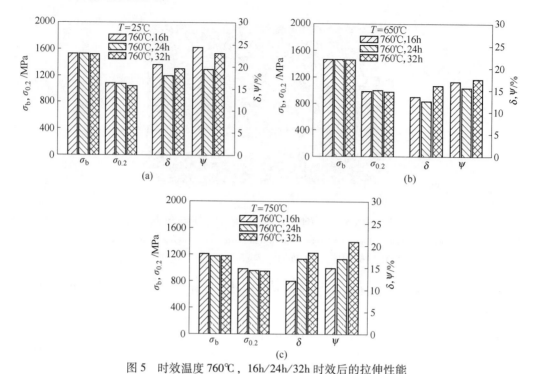

图 5　时效温度 760℃，16h/24h/32h 时效后的拉伸性能

Fig. 5　Tensile properties for different aging time at 760℃ aging temperature

（a）室温拉伸；（b）650℃拉伸；（c）750℃拉伸

2.4　分析讨论

对于高 γ′ 相含量的 FGH4096 合金，时效处理的目的主要有两个，一是降低固溶淬火处理所产生的热应力，二是调整合金中的 γ′ 相组成，形成更好的强度和韧性配比。

FGH4096 合金在不同时效制度后 γ′ 相形貌的变化表明，在时效温度 760~800℃ 和时间 16~32h 内，γ′ 相发生了 Ostwald 熟化，表现在随着时效温度升高和时效时间延长，晶内和晶界上的 γ′ 相发生粗化长大（如图 2，图 3 所示）。γ′ 相本身具有很强的析出倾向，固溶淬火态的 γ′ 相在数量上已经接近平衡态的数量，淬火析出的大量细小的 γ′ 相颗粒使得系统具有很高的总界面能，此时系统仍然处于不稳定状态，为了减小总界面能，析出的 γ′ 相颗粒将会以大颗粒长大，小颗粒溶解的方式粗化[2]。

根据 γ′ 相强化理论，FGH4096 合金中主要存在两种 γ′ 相强化机制（固溶强化和晶界强化不在本文加以讨论）：共格应变强化以及位错切割有序沉淀相强化。共格应变强化所引起的合金屈服强度增加可由式（1）描述[3]，位错切割有序沉淀相强化所增加的屈服强度可由式（2）描述[4]。

当颗粒尺寸满足：$b/4|\varepsilon| < r < 2b/3|\varepsilon|$ 时，

$$\tau \cong 0.7Gf^{1/2}\left(\frac{|\varepsilon|b^3}{r^3}\right)^{1/4} \tag{1}$$

式中，G 为剪切模量；ε 为相间错配度；r 为 γ′ 相颗粒平均半径；f 为沉淀相的体积分数；b 为柏氏矢量长度。

$$\tau \cong A\gamma_0^{3/2}r_s^{1/2}f^{1/2}T^{-1/2}b^{-1} - f\gamma_0/2b \tag{2}$$

式中，A 为常数（一般为 0.5）；γ_0 为反相畴界能；f 为 γ' 相体积分数；r_s 为与位错线相交的颗粒平均尺寸，$r_s = \left(\dfrac{2}{3}\right)^{1/2} r_0$（$r_0$ 是平均颗粒尺寸）；T 为位错的线张力，$T \approx \dfrac{1}{2} Gb^2$；$b$ 为柏氏矢量长度。

由式（1）可知，γ' 颗粒尺寸越小，共格应变强化所增加的强度越高。由式（2）可知，γ' 颗粒尺寸越大，位错切割有序沉淀相强化所增加的强度越高。显然，在上述两种强化机制中，γ' 颗粒尺寸对强度的影响并不一致。对于 FGH4096 合金，当时效温度一定时，随着时效时间的增加，γ' 颗粒尺寸呈粗化趋势，合金的强度亦呈降低趋势，这表明，此时的合金强度降低主要是由共格应变强化机制所决定的。当时效时间一定，随着时效温度增加，合金的强度呈降低趋势，这可以归结为两个原因，一方面，随着时效温度的升高，合金中的 γ' 相体积分数减少，另一方面，更高温度下的 γ' 颗粒尺寸粗化，根据共格应变强化机制［见式（1）］，合金的强度降低。综合上述分析，可以推断：在时效处理过程中，FGH4096 合金的强度变化很可能是由共格应变强化机制所主导的。

通常认为，γ' 相的长大主要受 Al 和 Ti 元素的扩散控制，一般来说，Ti/Al 高者容易长大[5]。FGH4096 合金为高 Ti/Al 值合金（Ti/Al 的摩尔比为 0.93∶1），高的 Ti/Al 值可显著增加合金的反相畴界（APB）能，增加 γ'/γ 之间的点阵错配度来增强共格析出物造成的应力场，起到增强 γ' 相的效果，达到提高合金强度的目的。但是，高的 Ti/Al 值对 γ' 相的稳定性有一定的影响，尤其是在高温情况下（$T > 0.6 T_m$），过高的共格应力场会使得共格关系破坏，使 γ' 失稳，造成 γ' 显著粗化，导致合金性能恶化[4]。FGH4096 合金为涡轮盘用合金，其最高使用温度为 750℃，该温度在 $0.6 T_m$ 附近。因此，在 FGH4096 合金时效温度的选择上，时效温度要以不引起 γ' 相粗化为前提，考虑到 FGH4096 合金的最高使用温度，时效温度选择 760℃ 是合理的，考虑到时间对 γ' 相粗化的影响，时效时间以不超过 24h 为好。

3 结论

（1）在 760℃ 时效处理过程中，随着时效时间从 16h 延长到 24h，时效后的 γ' 相形貌与尺寸保持稳定，时效后的室温和高温伸力学性能保持稳定，随着时效时间延长到 32h，合金的强度呈现较明显的下降趋势。

（2）随着时效温度从 760℃ 升高到 780℃ 和 800℃，合金中的 γ' 相发生了一定程度的粗化，时效后的室温和高温拉伸强度下降明显。

参 考 文 献

[1] 刘建涛. 航空发动机双重组织涡轮盘用 FGH4096 合金热加工行为的研究［D］. 北京：北京科技大学，2005：6-38.
[2] 余永宁. 金属学原理［M］. 北京：冶金工业出版社，2000：498-499.
[3] L M Brown, R K Ham. Strengthing methods in crystals［M］. Elsevier, London, 1971：59-60.
[4] H. Gleiter, E Hornbogen［J］. Mater Sci Eng. 1968（2）：285-302.

（原文发表在《第十二届中国高温合金年会论文集》
（钢铁研究学报，2011，23，增刊2）：474-477.）

第三代粉末冶金高温合金 FGH4098 的热力学行为研究

贾建 陶宇 张义文

（钢铁研究总院高温材料研究所，北京 100081）

摘 要 利用金属材料相图计算软件 JMatPro 5.0 及相应的镍基高温合金数据库，结合热加工工艺过程，研究了 FGH4098 合金及其热处理过程中的相平衡情况，并利用扫描电子显微镜和物理化学相分析进行验证。结果表明，FGH4098 合金的热力学平衡相为 γ、γ′、μ、σ、$M_{23}C_6$ 和 M_3B_2，γ′相完全溶解温度与实测值一致；实际热处理态合金的相组成为 γ、γ′、MC 和 M_3B_2，相组成、γ′相含量与逐步平衡模拟计算结果相近，两者之间差异可能与实际合金处于亚稳态、合金相的动力学行为有关。

关键词 粉末冶金高温合金 FGH4098 热力学 逐步平衡

The Thermodynamic Behavior of PM Superalloy FGH4098

Jia Jian, Tao Yu, Zhang Yiwen

(High Temperature Materials Research Institute, Central Iron & Steel Research Institute, Beijing 100081, China)

Abstract: Utilizing a metal materials phase equilibria calculation software JMatPro 5.0 and relevant Ni-based superalloy database, combined with processing history, equilibrium phases of FGH4098 and heat treated alloy are studied. Simulations are verified by scanning electron microscopy and physiochemical phase analysis. The results show that the equilibrium phases are γ, γ′, μ, σ, $M_{23}C_6$ and M_3B_2, the solvus temperature of γ′ is consistent with measurement. Actual phases are γ, γ′, MC and M_3B_2 in aged FGH4098, the type of phases and content of γ′ are similar with sequential equilibrium calculation. The difference between calculated and measured may be caused by that the aged alloy is metastable or the kinetics behavior of phases.

Keywords: PM superalloy, FGH4098, thermodynamic, sequential equilibrium

粉末冶金高温合金是 20 世纪 60 年代诞生的新型高温合金，具有无宏观偏析、晶粒细小、组织均匀和热加工性能好等优点，是高推重比航空发动机涡轮盘等关键热端部件的首选材料。FGH4098 是钢铁研究总院研制的第三代粉末冶金高温合金，与前两代合金相比，具有更高的蠕变强度和抗裂纹扩展能力，热时寿命是第二代的 20～30 倍[1]。

热力学是研究热现象中物质系统在平衡时的性质和建立能量的平衡关系，以及状态发生变化时系统与外界相互作用（包括能量传递和转换）的学科。20 世纪 70 年代以来，随着热力学、统计力学、溶液理论和计算机技术的发展，出现了介于热化学、相平衡和溶液理论与计算技术之间的交叉学科-相图计算（CALPHAD，Calculation of phase diagram）[2]。目前，国际上出现了一系列成熟的 CALPHAD 软件，如 Thermal-Calc、JMatPro、Pandat、FactSage，都在不断地升级以采用更精确的热力学模型和算法更新现有数据库，预测多元合金的相平衡，并与实验结果接近[3]。CALPHAD 通过建立热力学模型计算体系的相图和热力学性质，将二元和三元等低组元系的实验数据为主建立的热力学模型与多元系的少量关键实验数据相结合，来预测复杂体系多组元合金的相平衡性质、热力学性质、组元的活度等，为过程优化和材料设计提供有力的工具[4]。

CALPHAD 已成为镍基高温合金研究设计的有效手段，但实际合金很难完全达到热力学平衡状态，需根据具体情况调整计算参数以提高模拟结果的实用性。本文利用金属材料相图计算与材料性能模拟软件 JMatPro 5.0 及相应的镍基高温合金数据库，结合热加工工艺过程，采用逐步平衡法研究 FGH4098 合金的相平衡情况[5]；并通过扫描电子显微镜和物理化学相分析验证模拟运算的可靠性，以进一步了解合金的显微组织特征。

1 试验材料及方法

试验用 FGH4098 合金的化学成分（质量分数）为：B 0.021%，Zr 0.05%，C 0.054%，Al 3.45%，W 2.18%，Ti 3.70%，Ta 2.31%，Nb 0.90%，Cr 12.65%，Co 20.20%，Mo 3.83%，其余 Ni。采用等离子旋转电极法制备 FGH4098 合金粉末（粒度范围 $50\sim150\mu m$），粉末静电去除夹杂物后装入 $\phi108mm\times170mm$ 的低碳钢包套，然后进行真空脱气、电子束封焊。将封焊好的包套热等静压（1180℃/130MPa/4h）成形，去除包套后进行热处理：1180℃固溶 1~2h 后盐浴淬火，然后时效处理（815℃/8h/空冷）。采用日本电子 JSM 6480LV 型扫描电子显微镜和 Zeiss Supra 55 型场发射扫描电子显微镜观察合金的显微组织。

2 试验结果及分析

2.1 热力学模拟计算

合金计算体系总量为 100，各元素按质量分数输入，数据库中可能存在的平衡相不加任何限制条件，FGH4098 合金的平衡相析出量与温度关系如图 1 所示。合金可能存在的平衡相有基体 γ、强化相 γ'、碳化物 $M_{23}C_6$ 和 MC、硼化物 M_3B_2 和 MB_2、拓扑密排相 μ 和 δ 等。γ 在 1336℃以上为液相，固液两相共存的温度区间为 1251~1336℃。γ'、μ 和 δ 开始析出温度分别为 1164℃、911℃和 844℃，随着温度降低含量逐渐增大。MB_2 为亚稳相，在 1266℃开始析出，当温度降至 1115℃时转变为 M_3B_2，整个过程中硼化物的析出量基本不变。MC 开始析出温度为 1314℃，在 885℃析出量达到最大，然后逐渐减小，转变为 $M_{23}C_6$，发生的转变为 $MC+\gamma\rightarrow M_{23}C_6+\gamma'$。

2.2 合金的显微组织

FGH4098 是典型的 γ' 相沉淀强化型镍基高温合金，主要组成相为 γ 和 γ'，还含有微量的碳化物和硼化物等。金相法分析 FGH4098 合金中 γ' 相完全溶解温度为 1160~1170℃，

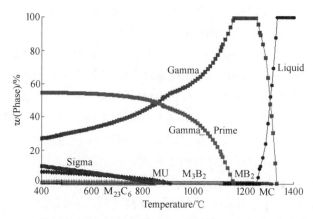

图 1　FGH4098 合金的平衡相析出量与温度关系
Fig. 1　Relationship between precipitation amount and temperature of equilibrium phase in FGH4098

与模拟计算结果一致。1180℃固溶处理时，合金中初始 γ′ 相基本完全回溶，淬火时快速析出均匀的块状二次 γ′，后续时效处理过程中又在二次 γ′ 之间析出大量细小的球状三次 γ′，γ′ 相呈双模态分布，如图 2 所示。FGH4098 合金时效处理后的碳化物如图 3 所示，利用能谱仪分析可知主要是富 Ta、Ti、Nb 的 MC 型碳化物。

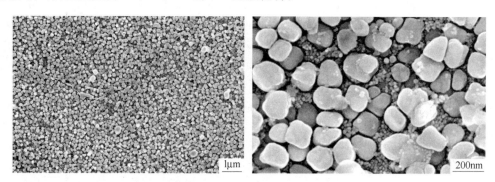

图 2　时效处理后 FGH4098 合金的 γ′ 相形貌
Fig. 2　Morphology of γ′ precipitate in aged FGH4098

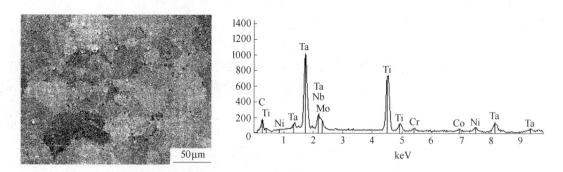

图 3　时效处理后 FGH4098 合金的碳化物及能谱分析图
Fig. 3　Carbide distribution and EDS analysis diagram in aged FGH4098

FGH4098 合金在 1180℃时的平衡相为 γ、MC 和 MB_2，各相的析出量及组成见表 1。

由于实际合金中碳化物的稳定性顺序为 $MC>M_6C>M_{23}C_6>M_7C_3>M_3C$，MC 在高温下长期暴露才会发生蜕化转变，富 Ta、Ti、Nb 的 MC 具有更好的热稳定性，故可以认为固溶处理过程中析出的 MC 始终处于稳定状态，在后续热处理过程中不发生转变[6]，本文将其定义为一次 MC。MB_2 淬火过程中转变为 M_3B_2，过饱和的 γ 后续热处理过程中会析出大量的 γ′、MC 等，都处于亚稳态。将合金计算体系扣除一次 MC 后进行热力学模拟计算，研究剩余合金体系在 815℃时效处理后的相平衡情况，将该过程中析出的 MC 定义为二次 MC，计算结果见表2。

表1 FGH4098 合金 1180℃的平衡相含量及组成（质量分数）
Table 1 Content and composition of equilibrium phases in FGH4098 at 1180℃ (mass fraction)

(%)

相	Ni	Al	Co	Cr	Fe	Mo	Nb	Ta	Ti	W	Zr	B	C	含量
γ	50.78	3.47	20.31	12.72	0.14	3.85	0.84	2.14	3.54	2.19	0.0424	<0.01	<0.01	99.48
一次 MC	—	—	—	0.19	—	0.45	14.52	40.66	29.95	1.23	1.62	—	11.37	0.45
MB_2	—	<0.01	—	<0.01	—	<0.01	<0.01	<0.01	68.22	—	0.77	31.0	—	0.06

表2 FGH4098 剩余合金体系在 815℃的平衡相含量及组成（质量分数）
Table 2 Content and composition of equilibrium phases in remaining FGH4098 at 815℃ (mass fraction)

(%)

相	Ni	Al	Co	Cr	Fe	Mo	Nb	Ta	Ti	W	Zr	B	C	含量
γ	38.25	0.99	29.28	23.4	0.26	4.76	0.0454	0.15	0.25	2.6	0.0104	<0.01	<0.01	45.87
γ′	66.16	6.1	11.61	1.65	0.0339	0.36	1.65	4.17	7.02	1.2	0.054	—	—	49.38
δ	11.98	<0.01	27.51	40.67	0.14	17.97	—	—	—	1.72	—	—	—	1.84
μ	11.85	—	23.67	13.48	0.0336	37.05	0.0166	0.12	—	13.79	—	—	—	2.63
二次 MC	—	—	—	0.0333	—	0.13	8.16	37.04	0.7	0.13	44.39	—	9.42	0.03
M_3B_2	0.1	—	0.28	20.13	<0.01	70.45	<0.01	<0.01	—	0.87	—	8.16	—	0.26

2.3 物理化学相分析

采用物理化学相分析的方法对时效处理后 FGH4098 合金进行定性、定量分析。FGH4098 合金的主要析出相为 γ、γ′、MC 和 M_3B_2，其中 γ′相质量分数为 49.558%，MC+M_3B_2 相质量分数为 0.470%。将相分析结果与模拟计算值进行对照，见表3。γ′相含量计算值与实测值非常接近，γ 相含量实测值略高于计算值，MC+M_3B_2 相计算值比实测值高，实际合金中无拓扑密排相，表明模拟计算可以比较准确的预测热处理过程中合金的析出相及相含量，特别是主要强化相 γ′。

表3 时效处理后 FGH4098 合金的析出相及相含量对比（质量分数）
Table 3 Contrast of precipitate type and content in aged FGH4098 (mass fraction)

项目	γ	γ′	MC	M_3B_2	δ	μ
计算值/%	45.664	49.158	0.480	0.259	1.831	2.618
实测值/%	49.972	49.558	0.470		—	—

合金实际析出相与热力学模拟结果略有差异，可能因为热力学计算显示的是平衡态，而实际合金总是处于亚稳态。热力学计算结果仅提供析出相的可能性，合金中 MC 相长期时效过程中会发生向拓扑密排相的转变：

$$MC+M \longrightarrow M_{23}C_6+TCP(\delta,\mu)$$

此外，模拟计算以热力学为核心技术和计算基础，而合金热加工工艺过程经历了一系列非平衡态，合金体系的热力学和动力学行为密切相关，必须考虑各合金相的动力学行为，才能更加准确地预测相平衡情况，但动力学更为复杂，有待于深入研究[7,8]。

3 结论

（1）FGH4098 合金的热力学平衡相主要有 γ、γ'、$M_{23}C_6$、MC、M_3B_2、μ、δ 等，γ' 相完全溶解温度为 1164℃，与金相法测定的 γ' 相完全溶解温度一致。

（2）根据 FGH4098 合金的热加工工艺过程进行逐步平衡热力学模拟，析出相类型、数量与实际分析结果相近，模拟可以准确预测热处理态合金的 γ' 相含量。

（3）热处理态合金热力学模拟与实际分析值之间存在差异，可能由于实际合金处于亚稳态造成的，还可能与合金相的动力学行为有关。

参 考 文 献

[1] Jia Jian, Tao Yu, Zhang Yiwen. Microstructures and mechanical properties of as-HIP PM superalloy FGH98 [J]. Rare Metals, 28 (Special Issue), 2009：136-140.

[2] 乔芝郁，郝士明. 相图计算研究的进展 [J]. 材料与冶金学报, 2005, 4(2)：83-90.

[3] J. C. Zhao, Michael F. Henry. 多元高温合金相稳定性的热力学预测 [J]. 上海钢研, 2003, 3：38-43.

[4] N. Saunders. Phase diagram calculations for Ni-based superalloys [A]. R. D. Kissinger, D. J. Deye, D. L. Anton. Superalloys 1996 [C], Warrendale：TMS, 1996. 101-110.

[5] Wusatowska-Sarnek A. M., Ghosh G. and Olson G. B.. Characterization of the microstructure and phase equilibria calculations for the powder metallurgy superalloyIN100 [J]. Journal of Materials Research, 18 (11), 2003：2653-2663.

[6] 陈国良. 高温合金学 [M]. 北京：冶金工业出版社, 1988.

[7] 徐瑞，荆天辅. 材料热力学与动力学 [M]. 哈尔滨：哈尔滨工业大学出版社, 2003.

[8] N. Saunders, Z. Guo, X. Li. Using JMatPro to model materials properties and behavior [J]. JOM (Journal of the Minerals, Metals and Materials Society), 55 (12), 2003：60-65.

（原文发表在《第十二届中国高温合金年会论文集》
（钢铁研究学报, 2011, 23, 增刊2)：482-485.）

Zr含量对FGH4096合金组织和性能的影响

迟悦 张国星 张义文 陶宇 张莹 刘建涛

（钢铁研究总院高温材料研究所，北京 100081）

摘 要 本文研究了Zr含量对FGH4096合金显微组织和力学性能的影响。研究发现随着Zr含量的增加，合金显微组织中的原始粉末颗粒边界减少，冲击断口也由沿颗粒边界断裂为主，转变为沿晶、穿晶和沿颗粒边界的混合断裂模式。Zr质量分数为0.06%时，合金具有最佳的综合力学性能。

关键词 粉末高温合金 Zr 显微组织 力学性能 PPB

The Influence of Zr Content on Microstructure and Properties of FGH4096

Chi Yue, Zhang Guoxing, Zhang Yiwen, Tao Yu, Zhang Ying, Liu Jiantao

(High Temperature Materials Research Institute, Central Iron & Steel Research Institue, Beijing 100081, China)

Abstract: Influnce of Zr content on microstructure and properties of FGH4096 was investigated. As the Zr content increased, prior particle boundary (PPB) decreased, pattern of impact fracture changed from PPB to intercrystalline cracking and transcrystalline fracture and PPB mixture fracture. When Zr content is 0.06%, alloy have acceptability properties.

Keywords: PM superalloy, Zr, microstructure, properties, PPB

1 引言

粉末高温合金是先进航空发动机热端转动部件的首选材料，直接热等静压（as-HIP）因其相对低廉的成本和优异的性能而成为其重要的制备工艺。20世纪70年代中期美国采用as-HIP工艺制备的René95涡轮盘、挡板等部件得以成功应用。英国也探索其新型合金RR1000在as-HIP状态下在航空发动机中的应用[1]。俄罗斯则始终坚持使用as-HIP工艺制造涡轮盘、轴等部件。

俄罗斯为其第五代战机研制的新型盘件用粉末高温合金VV751P等仍采用as-HIP工艺制备[2]。我国钢铁研究总院使用as-HIP工艺制备FGH97合金成功应用于涡轮盘、轴等热端转动件，as-HIP工艺制备FGH4096合金挡板已应用于某先进航空发动机。但as-HIP制备的FGH4096合金若控制不当，显微组织中容易出现较为明显的原始颗粒边界

（PPB），因此有必要改善合金显微组织，进一步提高合金的力学性能，以扩大 as-HIP 的 FGH4096 合金的应用范围。

Zr 对高温合金显微组织和力学性能的影响，已经进行过深入的研究[3]，但 Zr 对于 FGH4096 合金的影响未见报道。

本文通过调整 FGH4096 合金中的 Zr 含量，对其显微组织进行评价，并对冲击、拉伸和持久等力学性能进行测试，以期明确 Zr 含量对 FGH4096 合金组织和力学性能的影响。

2 实验材料和方法

FGH4096 合金的主要化学成分为（质量分数）：Cr 16.21%、Co 12.95%、W 3.93%、Mo 4.00%、Al 2.23%、Ti 3.69%、Nb 0.7%、C 0.04%，基体为 Ni。实验采用真空感应熔炼母合金棒料，等离子旋转电极法制粉，粉末粒度为 50~150μm，粉末经过真空脱气后装入包套进行热等静压。为研究微量元素 Zr 的作用，选择了 3 种 Zr 含量的 FGH4096 合金。这 3 个合金 Zr 质量分数分别为：1#0.025%、2#0.04% 和 3#0.06%，其余元素含量基本相同。热处理制度均为：1140℃，1.5h 盐淬，750℃，20h 空冷。

经固溶、时效处理后，利用光学显微镜对合金的 PPB 进行评价，显微组织分析所用腐蚀剂为：5g $CuCl_2$ + 100mL HCl + 100mL C_2H_5OH，γ' 相形貌观察所用腐蚀剂为：85mL H_3PO_4 + 8g CrO_3 + 5mL H_2SO_4；测试了合金的室温冲击和拉伸性能，利用扫描电子显微镜观察 γ' 相形貌和冲击断口。利用相分析确定 Zr 在 FGH4096 合金中的分布。

3 实验结果

3.1 显微组织

图 1 为不同 Zr 含量合金的显微组织，1#试样的 Zr 质量分数为 0.025%，PPB 较为严重，形成网络，布满整个视场。但大多数再结晶晶粒的生长穿过了 PPB，可见 PPB 并没有完全阻隔原子的扩散。因为热等静压过程中粉末颗粒变形程度不同，再结晶发生的程度也不一样，因此某些粉末再结晶发生的不充分，仍保留了铸态枝晶组织。2#的 Zr 质量分数为 0.04%，PPB 较 1#明显减少。再结晶发生充分，没有了铸态的枝晶组织。3#的 Zr 质量分数为 0.06%，PPB 完全消除，碳化物均匀分布在晶内和晶界处，为完全再结晶组织。

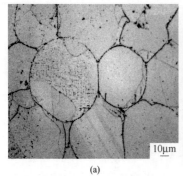 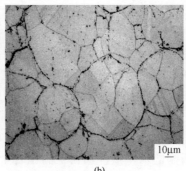 

(a) （b） (c)

图 1 不同 Zr 含量合金的显微组织

Fig. 1 Microstructure of superalloy FGH4096

(a) 1#试样；(b) 2#试样；(c) 3#试样

冲击断口放射区形貌如图2所示,断口中颗粒间断裂数量从1#到3#依次减少,与图1的显微组织图相一致。

断裂方式也由1#的沿原始颗粒表面为主,变为3#的沿晶和穿晶为主。

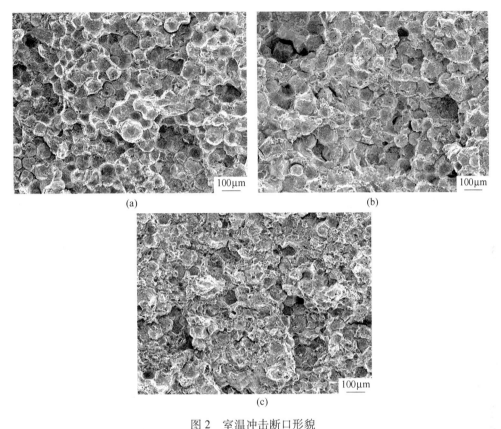

图2 室温冲击断口形貌

Fig. 2 Fractographs of impact at room temperature

(a) 1#试样;(b) 2#试样;(c) 3#试样

3.2 力学性能

室温冲击的冲击吸收功由1#的33J增加到2#的36J和3#的39J。3种试样的室温拉伸性能如图3(a)所示,随着Zr含量的增加合金的抗拉、屈服强度和塑性都相应提高。

Zr质量分数为0.06%时,室温抗拉强度达到1530MPa、屈服强度1100MPa、延伸率为18%。图3(b)和图3(c)为1#和3#高温拉伸性能,可见随Zr增加高温拉伸强度和塑性均有所提高。图3(d)为1#和3#的650℃持久性能,可见Zr质量分数为0.06%的3#试样持久寿命达到较高的616h。

4 分析和讨论

粉末高温合金中PPB主要受合金自身的化学成分、合金制备工艺和粉末清洁程度的影响。影响PPB的化学元素主要有C、碳化物形成元素和O。目前粉末高温合金中C含量都处于较低的水平,进一步降低C含量会改善PPB,但也会造成合金持久、蠕变等性能的

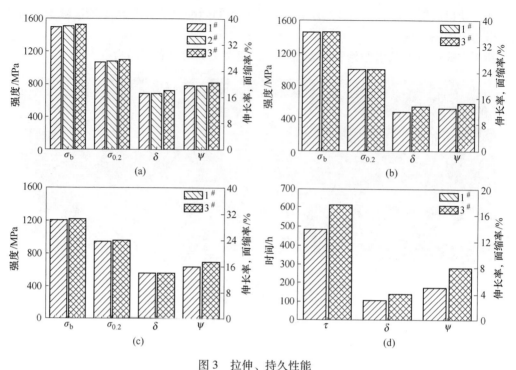

图 3 拉伸、持久性能

Fig. 3 Tensile strength of the FGH4096

(a) 室温拉伸；(b) 650℃拉伸；(c) 750℃拉伸；(d) 650℃, 970MPa 持久

恶化。O 是影响合金 PPB 的最重要因素。Warren[4] 经研究得到 PPB 与 C、O 的关系：

$$N_c = 0.2X_O + 0.02X_C \tag{1}$$

式中，N_c 为 PPB 上碳化物数量；X_O 为 O 含量，10^{-6}；X_C 为 C 含量，10^{-6}。可见 O 对 PPB 的贡献是非常大的。O 对 PPB 的影响是因其会在粉末表面形成细小的氧化物，热等静压升温过程中碳化物在粉末自由表面形核、长大是困难的[5]，这些氧化物恰好能作为碳化物形核的核心，使得碳化物在粉末表面的析出易于进行，形成 PPB。

对于本实验中的 3 个试样的 C、O 及碳化物形成元素 Ti、Nb 含量基本一致，且其制备、粉末情况完全相同，因此其不同的 PPB 情况源于其不同的化学成分，即 Zr 含量的不同。

Zr 是强碳化物形成元素，增加 Zr 会降低 C 在粉末颗粒中的过饱和度，从而降低了 HIP 过程中 C 向缺陷浓度高的颗粒边界的扩散趋势，降低了合金的 PPB 程度。同时，随着 Zr 含量的增加，粉末凝固过程中稳定的 MC 型碳化物也会增加，抑制次生碳化物 $M_{23}C_6$ 和 M_6C 的形成。这些 MC 型碳化物均匀分布在粉末颗粒内部，合金的 PPB 程度也得以降低。如图 4 所示，随 Zr 含量的增加碳化物由连续、密集的偏聚于 PPB 处，改变为相距一定距离，均匀分布在晶内和晶界。

图 4 中 3# 试样中碳化物颗粒间具有一定的间距，当合金受到外力作用时，位错运动至碳化物颗粒附近时会发生弯曲，因其颗粒间有一定的间距，位错线能够围绕碳化物颗粒发生弓出，以弗兰克-里德源的形式绕过碳化物颗粒，当位错线相遇后，正负号位错相互抵消，在碳化物上留下一个位错环，其余部分的位错线恢复直线继续前进。此时，合金产生

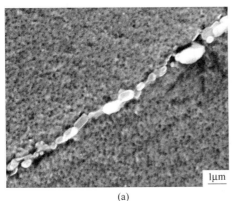 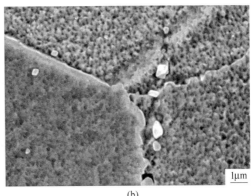

图 4　不同 Zr 含量合金的碳化物分布

Fig. 4　Distribution of carbides in superalloys

(a) 1# 试样；(b) 3# 试样

了应变，随着外力的继续增加，颗粒上的位错环越来越多，应变进一步加大，直至相邻碳化物颗粒上的位错环发生接触。此时合金已经产生了一定的应变，表现为合金具有较好的塑性。1# 试样中碳化物颗粒间距较小，外力作用下，位错难以绕过，产生应力集中，表现为较低的塑性。

相分析结果表明，Zr 部分进入 γ′ 相取代 Al、Ti，部分与 C 形成稳定的 MC 型碳化物，部分固溶于基体中。固溶于基体中的 Zr 因其原子半径较大，富集于晶界，能够改善晶界处原子间结合力，使得晶界得以强化。同时，由于晶界强度提高，在外加应力下，在晶界开裂之前，晶内的塑性变形可以充分进行，从而同时提高了强度和塑性。

Zr 进入 γ′ 相中取代部分 Al、Ti 原子，Zr 的原子半径大于 Al、Ti。FGH4096 合金错配度为正[6]，Zr 的加入将增加合金的错配度，加大共格强化效果。因此，随 Zr 含量的增加，进入 γ′ 相的数量也增加，强化效果加大，合金的强度也相应提高。

5　结论

（1）在一定范围内增加 Zr 含量能改变碳化物的分布情况，降低了显微组织和冲击断口中的 PPB 程度，提高合金塑性。

（2）随 Zr 添加量增加，能加大合金的错配度，从而提高合金强度。

（3）经调整 Zr 含量后，as-HIP 的 FGH4096 合金具有满意的显微组织和力学性能。

参 考 文 献

[1] May J, Hardy M, Bache M. Microstructure and Mechanical Properties of an Advanced Nickel-Based Superalloy in the as-HIP Form [J]. Advanced Materials Research, 2011 (278): 265-270.

[2] Гарибов Г С, Востриков А В. Гриц Н М. Разработка Новыıх Гранулированных Жаропрочных Никелевых Сплавов для Производства Дисков и Валов Авиационных Двигателей [J]. Технология Лёгких Сплавов, 2010, 2: 34-43.

[3] 李玉清，陈国胜，张家福. 高温合金中微量元素对晶界的作用 [J]. 自然科学进展，1999 (12)：1173-1182.

[4] Warren R, Ingesten N G, Winberg L. Particle Surface and Prior Particle Boundaries in Hf Modifid PM Astroloy [J]. Powder Metallurgy, 1984, 27 (3): 141-146.
[5] Dahlen M, Ingesten N G, Fichemister H, Parameters Influ- encing Particle Boundary Precipitation in Superalloy Powder [J]. Modern Developments in Powder Metallurgy, 1980, 14: 3-14.
[6] Wlodek S T, Kelly M, Alden D A. The Structure of René88DT. [C] //Kissinger R. D, Superalloys1996, New York: TMS, 1996: 129-136.

(原文发表在《第十二届中国高温合金年会论文集
（钢铁研究学报》, 2011, 23, 增刊2): 478-481.)

长时效后 FGH4097 合金的组织稳定性与力学性能

张义文　韩寿波　张国星　贾建　刘建涛

（钢铁研究总院高温材料研究所，北京　100081）

摘　要　研究了 FGH4097 合金在 550℃、650℃、750℃温度下 5000h 长时效过程中的显微组织变化和力学性能变化。结果表明：在 550℃和 650℃时效温度下的 5000h 时效过程中 FGH4097 合金的组织和力学性能稳定；在 750℃时效过程中，1000h 时效以前的合金组织和力学性能稳定，2000h 时效以后，合金开始析出 μ 相，三次 γ′发生了较明显的粗化，合金的室温冲击韧性明显下降。在长时效过程中，合金的复合持久性能和时效前相当。

关键词　FGH97 合金　长时效　组织稳定性　力学性能

Effect of Long-term Aging on Microstructure Stability and Mechanical Property in FGH4097 PM Superalloy

Zhang Yiwen, Han Shoubo, Zhang Guoxing, Jia Jian, Liu Jiantao

（High Temperature Materials Research Institute, Central Iron & Steel Research Institute, Beijing 100081, China）

Abstract：Microstructure and mechanical properties of FGH4097 PM superalloy after long-term aging are studied. The results showed that microstructure and mechanical properties maintained stable for 5000 hours aging at 550℃ and 650℃. Microstructure and mechanical properties maintained stable for 1000 hours aging at 750℃. After 2000 hours or longer time aging at 750℃, TCP phases such as μ phase precipitated, tertiary γ′ coarsened and impact ductility deteriorated. Stress Rupture properties of combination smooth-notch specimen maintain stable during long term aging process.

Keywords：FGH97 PM superalloy, long-term aging, microstructure stability, mechanical property

FGH4097 合金是我国研制的新型粉末高温合金，在 650~750℃温度区间，该合金具有的优异的综合力学性能，可广泛用于先进航空发动机的涡轮盘、鼓筒轴、篦齿环等关键热端部件[1]。对于上述部件而言，在服役环境下的组织稳定性和力学性能变化规律是人们所关心的。本文通过对 FGH4097 合金进行高温长时效试验，分析比较不同时效阶段的显微组织和力学性能特点，本文的工作对全面了解 FGH4097 合金的具有重要的意义。

1　试验材料及方法

FGH4097 合金为镍基 γ′相沉淀强化型粉末冶金高温合金，基体为 γ 相，主要强化相

γ′的质量分数约占 60% 左右，γ′相完全固溶温度为 1180~1190℃，合金的主要成分如表 1 所示。

表 1 FGH4097 合金的主要化学成分（质量分数）
Table 1 Main chemical compositions of FGH4097 PM Superalloy（mass fraction）（%）

C	Cr	Co	W	Mo	Al+Ti	Nb+Hf+B+Zr	Ni
0.04	8.8	16.2	5.0	3.8	6.7	3.2	基体

FGH4097 合金的主要制备工艺流程如下：母合金冶炼→等离子旋转电极工艺制备粉末→粉末处理→粉末装套→热等静压成形→热处理。热等静压后锭坯的热处理制度为：1200℃，(3~6)h，AC+(910~700℃)，(3~20) h，AC 三级时效处理。时效试验用料均取自热处理态 FGH4097 盘件，时效温度为 550℃，650℃，750℃；时效时间分别为 500h，1000h，2000h，3000h，5000h 等。

合金显微组织观察采用光学显微镜和场发射扫描电镜。光学金相所用的浸蚀剂组成为：10g $CuSO_4$+50mL HCl+50mL H_2O。扫描电镜试样采用电解抛光后电解浸蚀，电解抛光制度为：20% H_2SO_4+80% CH_3OH 的电解抛光液，电压 25~30V，时间 15~20s；电解浸蚀制度为：170mL H_3PO_4+10mL H_2SO_4+15g CrO_3 的电解浸蚀液，电压 3~5V，时间 3~5s。合金相组成采用化学分析法完成。时效前和时效后的力学性能测试（室温硬度、室温冲击、室温拉伸、高温拉伸）试样均采用国家标准试样，高温持久试样为光滑缺口复合试样（R=0.15mm）。

2 试验结果及分析

2.1 显微组织分析

2.1.1 时效前的显微组织

图 1 为时效前的显微组织，其中图 1(a) 为光学金相组织，图 1(b) 和 (c) 为晶内 γ′相形貌。显然，时效前晶粒度为 6~7 级，合金中无 TCP 相析出。晶内 γ′相主要是块状的二次 γ′相（$γ'_{II}$）和细小球状的三次 γ′相（$γ'_{III}$）。其中二次 γ′相的尺寸（块状边长）约 100~500nm 不等，三次 γ′相的尺寸（球状直径）约小于 15nm。

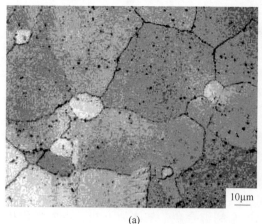

(a)

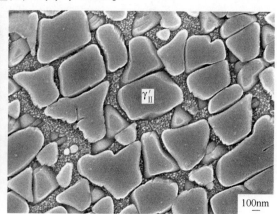

(b)

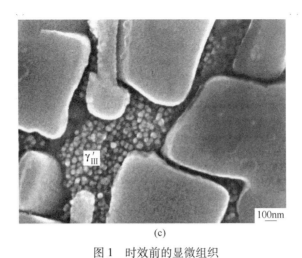

(c)

图 1 时效前的显微组织

Fig. 1 As-HT Microstructure of FGH4097 PM superalloy

2.1.2 长时效后的显微组织

图 2 为不同温度长时效后的显微组织，图 2(a)、(d)、(g) 为光学金相组织，图 2(b)、(c)、(e)、(f)、(h)、(i) 为晶内 γ' 相形貌。显然，在时效温度为 550℃ 和 650℃ 时，即使时效时间延长到 5000h，合金组织仍然保持稳定，无 TCP 相析出，如图 2(a)、(d) 所示；在时效温度为 750℃，时效时间 5000h 时，合金中出现了 TCP 相，如图 2(g) 所示。

同样的，在 550℃ 时效处理过程中，和时效前相比，合金中的 γ' 相形貌保持稳定；在 650℃ 时效处理过程中，随着时效时间延长，块状二次 γ' 相形貌和时效前相当，当时效时间延长到 5000h 时，球状三次 γ' 相尺寸约为 15~20nm，和时效前相比，三次 γ' 相发生了一定程度的长大；在 750℃ 时效处理过程中，随着时效时间的延长，块状二次 γ' 形貌更加

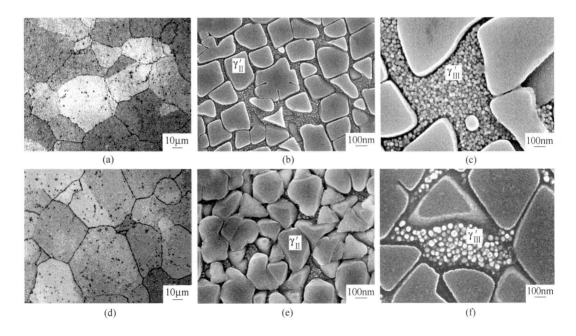

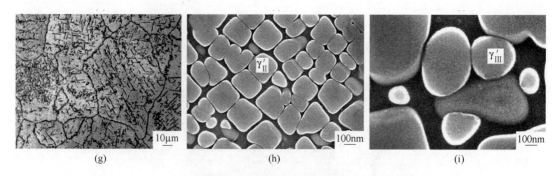

图 2 时效过程中的显微组织

Fig. 2 Microstructure of FGH4097 PM superalloy after aging treatment

(a), (b), (c) 550℃×5000h 时效处理后的显微组织;(d), (e), (f) 650℃×5000h 时效处理后的显微组织;
(g), (h), (i) 750℃×5000h 时效处理后的显微组织

规整，尺寸分布更窄，约为 200~500nm，当时效时间延长到 5000h 时，球状三次 γ′ 相尺寸约为 50~100nm，和时效前相比，三次 γ′ 发生了较明显长大。

2.2 力学性能分析

图 3 为不同时效制度处理后的力学性能和时效前性能对比柱图。在 550℃ 时效处理过程中，当时效时间长达 5000h 时，和时效前相比，室温冲击功没有降低；在 650℃ 时效处理过程中，当时效时间长达 3000h 时，室温冲击功也和时效前相当，5000h 后的冲击功有所下降；在 750℃ 时效过程中，随着时效时间的延长，冲击功呈下降趋势，当时效时间延长至 1000h 后，冲击功下降较为明显。在不同温度长时效过程中，布氏硬度变化不大。

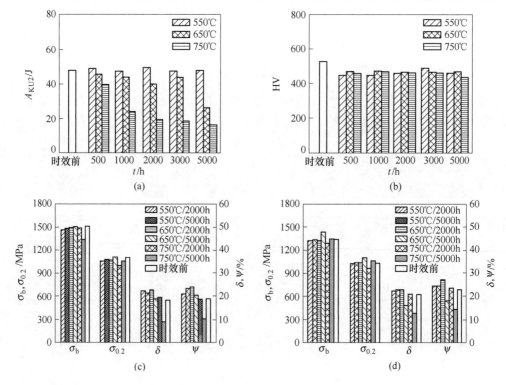

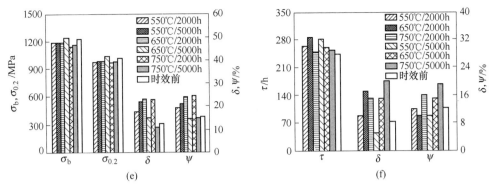

图 3 时效过程中的力学性能
Fig. 3 Mechanical properties of FGH4097 PM superalloy after aging treatment
（a）室温冲击功；（b）室温硬度；（c）室温拉伸；（d）650℃拉伸；（e）750℃拉伸；（f）650℃/980MPa复合持久

在550℃和650℃长时效过程中，随着时效温度提高和时效时间延长，室温和高温拉伸强度和时效前相当，650℃/5000h时效后的高温拉伸塑性稍有降低。在750℃长时效过程中，随着时效时间的延长到5000h，合金的拉伸塑性有所降低，拉伸强度变化不大。随着时效温度提高和时效时间延长，复合持久寿命和时效前相当，且无缺口敏感。

2.3 讨论

对于涡轮盘用粉末冶金高温合金，要求盘件在650~750℃使用条件下具备优异的高温综合力学性能，这要求合金中的大、中、小γ′相呈现一定的配比分布，晶界上的大γ′相对降低裂纹扩展速率，提高高温持久寿命和塑性有着重要的影响，晶内的中小尺寸γ′相对合金的瞬时强度则影响较大[2]。

热处理态FGH4097合金相分析表明：合金中γ′相质量分数高达62%左右，γ′相由大γ′相（晶界上的一次γ′相），中等尺寸块状γ′相（晶内的二次γ′相），以及小球状的γ′相（晶内和晶界上的三次γ′相）组成，这种大、中、小尺寸γ′相的配比是FGH4097合金具有优异高温综合力学性能的保证。

在650℃和750℃时效过程中，随着时效时间的延长，合金相组成出现一定的变化，具体如表2所示。显然，与时效前的热处理态相比，经过5000h时效后，650℃和750℃时效后的γ′相总量增加，碳化物含量减少，$M_3B_2+\mu+M_6C$的含量增加（由于M_6C和μ相的组成和结构非常相似，目前的化学相分析法分离二者还存在一定的困难）。

表2 FGH4097合金时效前与时效后的相组成分析（质量分数）
Table 2 Composition of the phases in FGH4097 PM superalloy for as-HT and long term aging state (mass fraction) (%)

状态	γ′相	MC	$M_{23}C_6$	$M_3B_2+\mu+M_6C$	备注
时效前的热处理态	62.782	0.296	—	0.133	无μ相
650℃/5000h时效后	64.041	0.281	—	0.186	μ相痕量
750℃/5000h时效后	64.213	0.214	0.158	1.234	微量μ相

在长时效过程中，MC 型碳化物含量较时效前减少，在 750℃ 长时效过程中，析出了 $M_{23}C_6$（750℃/5000h 时效后的相组成中，$M_{23}C_6$ 质量分数约占 0.158%），这表明在长时效过程中 MC 碳化物发生转变，生成了 $M_{23}C_6$(或 M_6C)。

在 750℃ 长时效过程中，相组成的另一个显著变化是：随着时效时间延长，合金中析出了针状的 μ 相 [如图 2(g) 所示]。

根据相计算结果，当镍基合金的临界电子空位数 $\overline{N}_v \geqslant 2.45 \sim 2.50$ 时，合金会析出 TCP 相，如 σ 相、μ 相等[4]。根据文献提供的公式计算表明[5]，FGH4097 合金的 $\overline{N}_v$ 值为 2.70，显然，FGH4097 合金有析出 μ 相的倾向。

在高温合金中，μ 相对力学性能的影响非常复杂[6]，这在 FGH4097 合金长时效后的性能测试中已经有所体现，围绕 μ 相对性能的影响还需要更加深入的研究。需要指出的是，经过在 650℃、750℃ 长时效试验，FGH4097 合金的复合持久寿命仍然和时效前相当，而且无缺口敏感，这表明 FGH4097 合金在高温条件下具有稳定的持久性能。

3 结论

（1）在 550℃ 和 650℃ 长时效实验过程中，合金的组织稳定，无有害相析出；在 750℃ 长时效实验过程中，随着时效时间延长到 2000h，合金中开始析出针状的 μ 相，合金中的三次 γ′ 发生了粗化。

（2）在 550℃ 和 650℃ 长时效实验过程中，合金的力学性能和时效前相当；在 750℃ 长时效试验过程中，1000h 以前的力学性能和时效前相当，随着时效时间延长到 2000h 和 5000h，合金的室温冲击韧性明显下降；在 550℃、650℃、750℃ 长时效过程中，随着时效温度提高和时效时间延长，复合持久寿命和时效前相当，且无缺口敏感。

参 考 文 献

[1] 刘建涛，张义文，陶宇，等. FGH97 合金的显微组织研究 [J]. 材料热处理学报，2011，32（3）：47-51.

[2] 郭建亭. 高温合金材料学（下册）[M]. 北京：科学出版社，2010：670-672.

[3] 高温合金金相图谱编写组. 高温合金金相图谱 [M]. 北京：冶金工业出版社，1979：32-34.

[4] Chester T Sims. The Occurrence of TCP phases [M]. Chester T Sims., William C Hagel. The superalloys, New York：John Wiley & Sons, 1972：275-276.

[5] J R Mihalisin, C G Bieber, Sigama - its occurrence, effect, and control in nickel-base superalloy [J]. Trans of Metallurgical Society of AIME, 1968 (2)：399-2414.

[6] 蔡玉林，郑运荣. μ 相的形成及其对力学性能的影响 [J]. 金属学报，1982，18（2）：30-37.

（原文发表在《第十二届中国高温合金年会论文集》
（钢铁研究学报，2011，23，增刊 2）：494-497.）

不同淬火冷却方式对 PM FGH4097
合金组织和性能的影响

孙志坤 张莹 张义文 刘明东 陈琨 赵惊剑

(钢铁研究总院高温材料研究所,北京 100081)

摘 要 观察了FGH4097合金经两种淬火方式冷却后及完全热处理后(固溶+时效)金相试样的微观组织,并且比较了经完全热处理后试样的力学性能。研究结果表明:固溶处理后直接空冷和炉冷至1170℃再空冷的两种组织中均存在两种尺寸的γ′,其中晶内较大尺寸的γ′形貌存在明显的差异,晶内小尺寸的γ′形貌相似;固溶处理后直接空冷的试样经时效处理后组织中大γ′与固溶态的相比变化不明显,而炉冷至1170℃再空冷的试样经时效处理后组织中的大γ′发生变化。两种处理的室温冲击、拉伸和持久性能相当,少量不同形貌的大γ′对FGH4097合金的性能影响不明显。

关键词 FGH4097 淬火冷却方式 γ′形貌

Effect of Different Quenching Cooling Methods on Microstructure and Mechanical properties of PM FGH4097 Alloy

Sun Zhikun, Zhang Ying, Zhang Yiwen, Liu Mingdong, Chen Kun, Zhao Jingjian

(High Temperature Materials Research Institute, Central Iron and Steel Research Institute, Beijing 100081, China)

Abstract: The microstructures after different quenching cooling methods and then completely heat treatment of FGH4097 alloy were observed, and the mechanical properties of the alloy after completely heat treatment were compared. The results show that there are two kinds of γ′ both in the direct air cooling and furnace cooling to 1170℃ and then air cooling to ambient temperature microstructures. The morphology of the larger is different, but the morphology of the smaller γ′ is almost the same. After aging heat treatment, the morphology of the larger γ′ in direct air cooling microstructure changes little, but that in furnace cooling to 1170℃ and then air cooling to ambient temperature microstructure changes. The mechanical properties of the two heat treatment are equivalent. The effect of the different morphology of larger γ′ on the mechanical properties of FGH4097 alloy is little.

Keywords: FGH4097, quenching cooling method, γ′ morphology

FGH4097是一种γ′沉淀强化型镍基粉末冶金高温合金,合金中γ′相质量分数约61%[1],γ′相的数量、尺寸分布影响合金的强化效应,因此通过热处理来控制γ′相的析出很重要。由于FGH4097合金过饱和度大,快速水冷也抑制不住γ′的析出[2],因而研究固溶处理后不同冷却方式对合金中 γ′相析出和合金性能的影响有很大的意义。

许多学者研究了固溶处理后冷却速率对 γ′相析出长大的影响，但实验过程中冷速转变点温度远低于合金中 γ′的完全固溶温度，或在略低于 γ′完全固溶温度下进行时效处理，对缓冷终止温度略低于 γ′完全固溶温度的研究较少。FGH4097 合金中 γ′的固溶温度为 1180~1190℃[1]，FGH4097 合金常用固溶处理制度有两种[3]，一种 1200℃，空冷（一步冷却）；另一种 1200℃，炉冷至 1170℃空冷至室温（两步冷却），因而有必要研究固溶处理后上述两种不同冷却方式对 FGH4097 合金组织性能的影响。

本文通过观察两种淬火方式冷却后及完全热处理后的微观组织及比较完全热处理后的力学性能，来研究不同淬火冷却方式对 FGH4097 合金组织性能的影响。

1 实验材料及方法

实验用合金为镍基 FGH4097 合金，主要成分（质量分数）为：C 0.05%，Cr 9.0%，Co 15.8%，Mo 3.8%，W 3.8%，Al 5.0%，Ti 1.8%，Nb 2.60%。粉末热等静压（HIP）成形后的小锭子（$\phi80mm \times 130mm$）一分为二进行固溶处理，HIP 温度为 1200℃，固溶处理温度也为 1200℃，保温 4h，然后分别经一步冷却和两步冷却，然后均在 650~910℃进行三级时效热处理。在 HIP、固溶处理及完全热处理的小锭子上取金相试样，进行化学和电解腐蚀，用光学和扫描电子显微镜进行观察，在经过完全热处理的小锭子上取力学性能试样，其中热处理制度：1200℃×4h/一步冷却+三级时效称为制度Ⅰ，1200℃×4h/两步冷却+三级时效称为制度Ⅱ。

2 实验结果

2.1 固溶处理后的组织

图 1 为 HIP 和固溶处理后的组织。HIP 态晶粒度为 6.5~7 级，晶粒不均匀[图 1(a)]，固溶处理后晶界均存在少量的大 γ′[图 1(b)、(c)]；HIP 态的组织中晶内 γ′尺寸均匀，约为 3μm，形状不规则，存在少量的枝晶状 γ′[图 1(d) 中 A]，晶界和晶内大 γ′周围析出大量细小的 γ′，同时还发现晶内和晶界大尺寸 γ′相的边缘出现凸起[图 1(d) 中 B]；经一步冷却和两步冷却的组织中，均存在两种尺寸的 γ′，一种尺寸小，为冷却过程中析出的，称二次 γ′，一种尺寸较大，称一次 γ′；一步冷却的组织中二次 γ′呈花瓣状，尺寸约为 350nm，一次 γ′形状呈方形，但边角圆滑，呈四个一组出现[图 1(e) 中 C]，边缘也出现很多凸起；经二步冷却的组织中，小 γ′大多呈方形，尺寸与一步冷却的相比略小，大 γ′形状不规则，有的呈枝晶状[图 1(f) 中 D]。

图 2 给出了完全热处理后的组织。经时效处理后，两种制度处理后晶粒度仍为 6.5~7 级[图 2(a)、(d)]，稍微长大，均得到弯曲晶界[图 2(b)、(e)]。制度Ⅰ中 γ′形貌与固溶处理后的相比，变化不明显，仍存在大量的一次大 γ′[图 2(c)]，二次 γ′尺寸变小；而制度Ⅱ中几乎不存在枝晶状的一次大 γ′[图 2(f)]，二次 γ′长大，变成蝶形；制度Ⅰ中的二次 γ′尺寸略小于制度Ⅱ中二次 γ′的尺寸。

2.2 力学性能

制度Ⅰ和制度Ⅱ试样的室温冲击功 A_{KU2} 分别为 39 和 38J，布氏硬度分别为 408 和

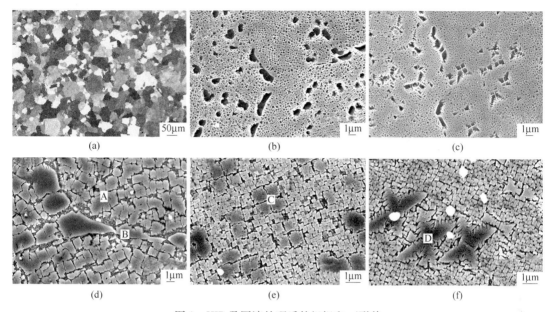

图 1 HIP 及固溶处理后的组织和 γ′ 形貌

Fig. 1 The microstructures and γ′ morphologies after HIP and solid solution

(a),(d) HIP;(b),(e) 一步冷却;(c),(f) 两步冷却

(a),(d) HIP;(b),(e) air cooling;(c),(f) furnace cooling to 1170℃ and then air cooling

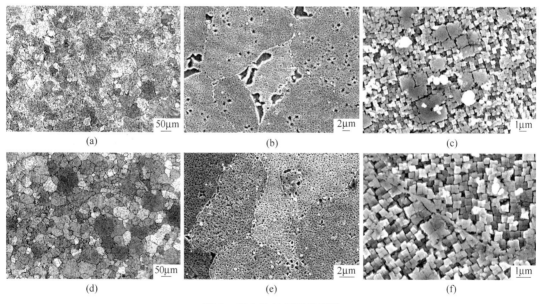

图 2 完全热处理后的组织

Fig. 2 The microstructures after aging heat treatment

(a),(b),(c) 制度 I;(d),(e),(f) 制度 II;

(a),(b),(c) heat treatment I;(d),(e),(f) heat treatment II

407HBW5/750,两者的室温冲击和硬度相当。

图 3 给出了室温和高温拉伸性能。从图中可以看出，两者的拉伸性能相当，但制度 I 的强度略高于制度 II，塑性稍差。表 1 给出经两种热处理制度处理后试样的高温持久和疲劳性能。从表中可以看出，两种制度的持久蠕变和疲劳性能相当，但是制度 II 的塑性优于制度 I。

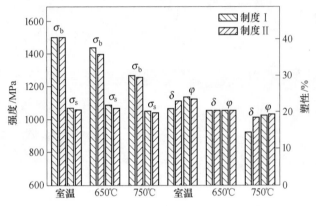

图 3 经不同热处理制度处理后的拉伸性能
Fig. 3 The tensile properties after different heat treatments

表 1 持久和疲劳性能
Table 1 Properties of creep rupture and low Cycle fatigue

试验条件	650℃/980MPa		750℃/980MPa/100h	650℃/980MPa/1Hz
参数	τ/h	δ/%	ε_p/%	N_f/周次
制度 I	278	12	0.084	78149
制度 II	262	15	0.098	74928

3 讨论

本文中固溶处理温度为 1200℃，略高于该合金的 γ′完全固溶温度，观察发现固溶处理后经不同冷却方式冷却后晶界仍存在尺寸较大的 γ′，因而限制了晶粒长大。固溶处理后选择两步冷却的目的一是为了降低大尺寸盘件的残余应力，二是为了调整二次大 γ′的尺寸和分布，使二次 γ′长大均匀析出[4]。文献 [5] 认为越过 γ′固溶温度缓冷是为了得到弯曲晶界。对于 FGH4097 合金采用缓冷越过 γ′固溶温度这种冷却方式的目的尚不明确，但观察两种制度处理后的组织中均得到弯曲晶界。

图 4(a) 和 (b) 为 FGH4097 合金平衡条件下 γ′析出百分比和析出量变化与温度的关系，图 4(c) 为用于解释 γ′形貌不稳定的示意图[6]。本文中 HIP 后随炉冷却过程中，由于冷却速率慢，过饱和度低，发生失稳需要的形核半径大，γ′稳定长大；固溶处理后直接空冷，冷速快，过饱和度高，发生失稳长大的临界半径很小，一次 γ′很容易发生失稳长大，但生长时间短，未长成枝晶状，仅造成大 γ′周围出现凸起；高温缓冷过程中，过饱和度高，扩散充分，在失稳区的时间长，一次 γ′长成枝晶状。文献 [7] 在研究 FGH95 合金 γ′稳定性时也观察到与本文中固溶处理后一步冷却的组织中大 γ′相类似的形貌，作者认为这种形貌的 γ′是由固溶冷却过程中所形成的单个高温 γ′相分裂而形成的，颗粒表面形成的凸

起是由于高温析出的大 γ′颗粒中的 Al、Ti 元素向低温析出的细小 γ′颗粒做短距离扩散形成的。至于本文中固溶处理后晶内出现大 γ′的原因还不清楚,有可能是 HIP 未完全溶解的大 γ′或者冷却过程中析出的大 γ′。

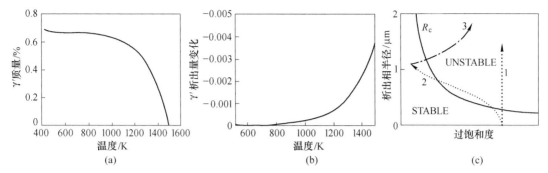

图 4　FGH4097 合金平衡条件下 γ′相析出百分比和析出量变化与温度的关系及稳定和不稳定区简图

Fig. 4　Percent and variation of γ′ precipitation vs temperature and shematic stability diagrams

本试验 FGH4097 合金试样中一次 γ′影响二次 γ′的析出,使热处理过程很难控制,但其对力学性能影响不明显。制度Ⅰ中二次 γ′尺寸小于制度Ⅱ,这就是其强度略高的原因。

4　结论

(1) 一步冷却后晶内大 γ′多呈四个一组存在,两步冷却后晶内大 γ′已长成枝晶状,晶内小 γ′差别不明显。

(2) 完全热处理后,制度Ⅰ组织中存在大 γ′,制度Ⅱ组织中几乎不存在大 γ′;制度Ⅰ组织中二次 γ′尺寸略小于制度Ⅱ的。

(3) 完全热处理后,晶内存在少量的大 γ′对合金的力学性能影响不明显。

参 考 文 献

[1] 张莹, 张义文, 陶宇. 俄罗斯 EP741NP 粉末高温合金的研究 [J]. 钢铁研究学报, 2006, 18 (8): 62.

[2] 黄乾尧, 李汉康, 等. 高温合金 [M]. 北京: 冶金工业出版社, 2002: 134.

[3] 张莹, 张义文, 张娜, 等. FGH4097 粉末冶金高温合金热处理工艺和组织性能的研究 [J]. 航空材料学报, 2008, 28 (6): 5.

[4] John Radavich, David Furrer. Assessment of Russian PM Superalloy EP741NP [A]. In Kenneth A. Green etc. Superalloys 2004 [C]. Champion: TMS. 2004. pp. 388.

[5] 谭菊芬, 姜淑荣, 田世藩. GH220 合金弯曲晶界热处理的研究 [J]. 航空材料, 1982, 2 (1): 19-24.

[6] Y. S. Yoo. Morphological instability of spherical γ′ precipitates in a nickel base superalloy [J]. Scripta Materialia, 2005, 53: 81-85.

[7] 李红宇, 宋西平, 王艳丽, 等. FGH95 合金中 γ′相稳定性研究 [J]. 稀有金属材料与工程, 2009, 38 (1): 66-67.

(原文发表在《第十二届中国高温合金年会论文集》
(钢铁研究学报, 2011, 23, 增刊 2): 498-501.)

Hf 含量对 FGH4097 粉末冶金高温合金 PPB 的影响

韩寿波　张义文　刘明东

（钢铁研究总院高温材料研究所，北京　100081）

摘　要　研究了 Hf 含量分别为 0、0.3% 和 0.9% 的 FGH4097 粉末冶金高温合金的显微组织，重点分析了 Hf 含量的变化对 FGH4097 合金原始颗粒边界（PPB）的影响。结果表明：随着 Hf 含量的增加，FGH4097 合金析出的 MC 型碳化物中 HfC 显著增多，且碳化物主要在基体内部均匀析出，显微组织中 PPB 明显减少。

关键词　Hf 含量　PPB　FGH4097 合金　碳化物

Effects of Hafnium Content on Prior Particle Boundary Precipitation in PM Superalloy FGH4097

Han Shoubo, Zhang Yiwen, Liu Mingdong

(High Temperature Materials Research Institute, CISRI, Beijing 100081, China)

Abstract: The microstructure of HIPed PM superalloy FGH4097 with varied hafnium contents of 0, 0.3% and 0.9% were studied. The effects of hafnium content on prior particle boundaries and mechanical properties of alloy FGH4097 were described. The results of present study show that PPB precipitation was significantly reduced with the increasing of hafnium content, and MC carbides enriched with hafnium were found to be precipitated more uniformly in the matrix of alloys with higher hafnium content instead of precipitated at PPBs of alloy with no hafnium.

Keywords: hafnium content, prior particle boundary (PPB), PM superalloy FGH4097, carbides

粉末冶金高温合金具有晶粒细小、组织均匀、无宏观偏析、热加工性能和力学性能良好等优异特性，在航空航天领域先进发动机涡轮盘等热端部件中有着广泛应用[1]。然而，PPB 一般会存在于直接热等静压（As-HIP）成形的粉末冶金高温合金中，对合金的塑性和持久性能不利，影响了合金的应用[2~5]。目前，预防和消除 PPB 的措施主要是通过调整合金成分[6~8]、粉末除气处理和预热处理[6,9~11]等工艺来实现。

通过调整 FGH4097 合金中 Hf 的含量，研究了不同 Hf 含量对直接热等静压成形 FGH4097 合金组织的影响。

1　试验及研究方法

1.1　热力学分析

采用 Thermo-Calc 相平衡计算和热力学评估软件及相应的 Ni 基数据库模拟计算不同

Hf 含量的 FGH4097 合金中 MC 型碳化物的平衡析出行为。计算用 FGH4097 合金成分如表 1 所示。

表 1　计算用 FGH4097 合金化学成分（质量分数）
Table 1　Composition of alloy FGH4097 for calculation（mass fraction）　（%）

C	Cr	Co	W	Mo	Al	Ti	Nb	Zr	B	Hf	Ni
0.04	9.0	16.0	5.55	3.85	5.0	1.8	2.6	0.015	0.012	0/0.3/0.9	Bal.

1.2　试验材料及方法

试验用材料为热处理态的直接热等静压成形 FGH4097 合金锭坯。母合金采用真空感应熔炼，等离子旋转电极工艺（PREP）制备成合金粉末，经静电去除夹杂物装入低碳钢包套中并进行真空脱气、电子束封焊后，在 1230℃/130MPa/3h 条件下 HIP 成形，最后进行固溶处理和两级时效处理。

金相试样采用 Kalling 试剂（0.5g $CuCl_2$+10mL HCl+10mL C_2H_5OH）浸蚀，用光学显微镜观察合金组织中的 PPB；采用 80mL CH_3OH+20mL H_2SO_4 溶液对试样进行电解抛光，并根据合金组织中的 PPB 形成情况，用扫描电子显微镜/能量色散谱（SEM/EDS）观察和分析 Hf 含量分别为 0、0.3% 和 0.9% 的 FGH4097 合金中析出的碳化物的形貌、分布及主要组成。

2　试验结果

2.1　热力学计算结果

由于 FGH4097 合金中的 PPB 与 MC 型碳化物形成的热力学因素有关，图 1 是用 Thermo-Calc 软件模拟计算出的不同 Hf 含量对 FGH4097 合金中 MC 型碳化物析出行为的影响规律。热力学计算结果表明，随着 Hf 含量的增加，MC 型碳化物的开始析出温度及其在高温下的析出量没有明显变化，但低温稳定性显著提高。当 Hf 含量提高至 0.9% 时，MC 型碳化物在低温下也可稳定存在。表 2 是三种成分合金在平衡态下 MC 型碳化物的主要组

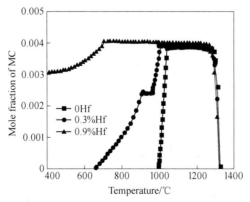

图 1　Hf 含量对 FGH4097 合金中 MC 析出行为的影响
Fig. 1　Effect of hafnium content on the precipitation behavior of MC carbides in alloy FGH4097

成。从该表中可以看出，Hf 含量的增加使得 MC 中 HfC 显著增多，MC 的组成由 NbC、TiC 为主转变为以 HfC 为主。当合金中 Hf 含量为 0.3%时，在 1000℃下 MC 碳化物中约有一半（摩尔分数，下同）为 HfC；Hf 含量提高至 0.9%时，1000℃时 MC 碳化物中 HfC 增至 80% 左右，而且随着温度降低 MC 中 HfC 含量增多，到 650℃时 HfC 可达 90%以上。

表 2 三种 Hf 含量 FGH4097 合金中 MC 的主要组成（摩尔分数）
Table 2 Calculated compositions of MC carbides in three different alloys FGH4097(mole fraction)

(%)

Hf content	Temperature/℃	Hf	Nb	Ti	C	Zr	W	Mo	Cr
0	1000	—	0.3191	0.1459	0.4810	0.0365	0.0058	0.0087	0.0030
0.3%	1000	0.2359	0.2040	0.0443	0.4812	0.0233	0.0035	0.0060	0.0017
0.9%	1000	0.4143	0.0770	0.0118	0.4785	0.0140	0.0016	0.0002	0.0006
	650	0.4818	0.0190	0.0004	0.4794	0.0186	0.0003	0.0002	0.0001

2.2 组织形貌

不同 Hf 含量 FGH4097 合金的显微组织如图 2 所示。从图 2(a) 可以看出，不含 Hf 的合金中存在较多的 PPB。PPB 的存在使得热等静压过程中粉末颗粒的变形受到限制，导致颗粒内部再结晶不充分，从图中可以看到个别粉末颗粒内部仍保留有类似原始枝晶形貌的组织。添加 Hf 元素后，合金中的 PPB 显著减少。在 Hf 含量为 0.3%和 0.9%的合金的显微组织中没有发现 PPB［图 2(b)、(c)］，合金也已完全发生再结晶，显微组织中未发现枝晶形貌的组织。

(a)　　　　　　　　　　　(b)　　　　　　　　　　　(c)

图 2　Hf 含量对 FGH4097 合金的显微组织的影响

Fig. 2　Effect of hafnium content on the microstructure of alloy FGH4097

(a) 0 Hf；(b) 0.3% Hf；(c) 0.9% Hf

三种成分 FGH4097 合金的扫描电镜照片（右上角处为背散射照片）和能谱分析结果分别如图 3 和图 4 所示。能谱分析表明 FGH4097 合金析出的碳化物主要为颗粒状的 MC。不含 Hf 的合金析出的碳化物主要为富 Nb 和 Ti 的 MC，如图 4(a) 所示；随着 Hf 含量的提高，MC 型碳化物中 HfC 逐渐增多［见图 4(b)、(c)］。扫描电镜观察结果表明，当合金中不含 Hf 时，碳化物主要分布在颗粒边界和晶界析出；随着 Hf 含量的增加，碳化物以细小弥散颗粒的形式在基体内均匀析出，而当 Hf 含量增加至 0.9%时，碳化物数量有所减少,但尺寸明显增大,而且在局部出现偏聚现象。

图 3 三种成分 FGH4097 合金中碳化物的形貌与分布

Fig. 3 SEM micrographs of carbides in three different alloys FGH4097

(a) 0 Hf; (b) 0.3% Hf; (c) 0.9% Hf

3 讨论

不同 Hf 含量的 FGH4097 合金的显微组织分析表明,不含 Hf 的合金中碳化物主要在 PPB 处析出,随着 Hf 含量的增加,碳化物主要在基体内部均匀析出。这是因为 FGH4097 合金中添加了强碳化物形成元素 Hf 之后,由于 Hf 在基体内部会优先与碳结合形成稳定的 HfC,从而使雾化制粉中及热等静压过程中向粉末颗粒表面扩散的碳减少,有效地减少了 PPB。不含 Hf 的合金由于脆性的碳化物主要在颗粒边界析出,这些碳化物具有较高的高

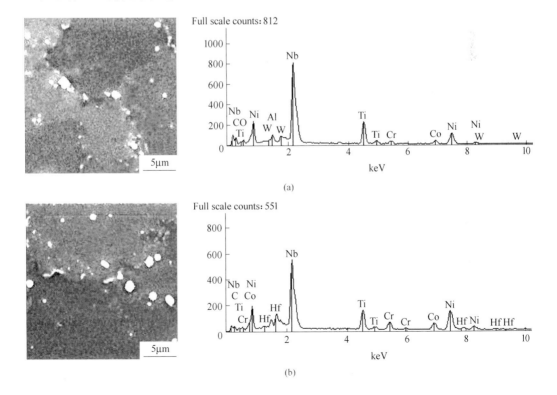

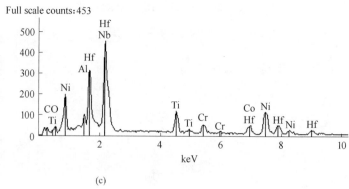

图 4 不同 Hf 含量 FGH4097 合金中碳化物的组成

Fig. 4 The compositions of carbides in three different alloys FGH4097

(a) 0 Hf; (b) 0.3% Hf; (c) 0.9% Hf

温强度,限制了粉末颗粒在热等静压过程中的变形,导致粉末颗粒内部的再结晶不充分。从图 2(a) 中可以看到,个别粉末颗粒内部还保留有类似枝晶形貌的组织,这可能是由于粉末颗粒再结晶不充分使得合金中的 γ' 相沿原始的枝晶方向优先形核析出所致。添加 Hf 元素后,合金显微组织中几乎看不到 PPB,合金再结晶完全。

4 结论

(1) 热力学计算和 EDS 分析结果表明,FGH4097 合金中添加 Hf 元素后,合金中析出的碳化物从富 Nb 和 Ti 的 MC 转变为稳定的富 Hf 的 MC,且析出温度范围显著增大。

(2) 不含 Hf 的合金碳化物主要在颗粒边界析出,显微组织中具有较多的 PPB。

(3) 随着 Hf 含量的增加,合金中的碳化物在基体内部均匀析出,PPB 基本消除,但当 Hf 含量过高时,碳化物会明显长大,并出现偏聚现象。

参 考 文 献

[1] 张义文,上官永恒. 粉末高温合金的研究与发展 [J]. 粉末冶金工业,2004,14 (6):30-43.

[2] 刘明东,张莹,刘培英,张义文. FGH95 粉末高温合金原始颗粒边界及其对性能的影响 [J]. 粉末冶金工业,2006,16(3):1-5.

[3] G Appa Rao, M Srinivas, D S Sarma. Effect of solution treatment temperature on microstructure and mechanical properties of hot isostatically pressed superalloy Inconel* 718 [J]. Materials Science and Technology,2004,20 (9):1161-1170.

[4] G Appa Rao, Mahendra Kumar, M Srinivas, D S Sarma. Effect of standard heat treatment on the microstructure and properties of hot isostatically pressed superalloy Inconel 718 [J]. Materials Science and Engineering A,355 (2003):114-125.

[5] 张莹,张义文,张凤戈,陶宇,冯涤. 不同粒度的镍基高温合金粉末及其对 PM 成形件组织性能影响的研究 [J]. 兵器材料科学与工程,2002,25 (60):34-36,40.

[6] T L Prakash, S N Tewari, P Ramakrishnan. Prior Particle Boundary (PPB) Precipitates and The Fractographic Features of Hot Isostatically Pressed (HIP) Nimonic AP-1 PM Superalloy [A]. P Ramakrishnan. Powder Metallurgy and Related High Temperature Materials [C]. Trans Tech Publications,1985:

402-420.
- [7] R Warren, N G Ingesten, L Winberg, T Ronnhult. Particle Surfaces and Prior Particle Boundaries in Hafnium Modified PM Astroloy [J]. Powder Metall, 1984, 27 (3): 141-146.
- [8] K K Sharma, T V Balasubramanian, R D K Misra. Effect of Boron on Particle Surfaces and Prior Particle Boundaries in a PM Nickel-Based Superalloy [J]. Scripta Metallurgica, 1989, 23 (4): 573-577.
- [9] 邹金文, 汪武祥. 粉末高温合金研究进展与应用 [J]. 航空材料学报, 2006, 26 (3): 244-250.
- [10] 毛健, 俞克兰, 周瑞发. 粉末预热处理对 HIP René 95 粉末高温合金组织的影响 [J]. 粉末冶金技术, 1989, 7 (4): 213-219.
- [11] Yang Wanhong, Mao Jian, Wang Wuxiang, Zou Jinwen, Zhou Ruifa. Effects of Heat Treatment on Prior Particle Boundary Precipitation in a Powder Metallurgy Nickel Base Superalloy [J]. Advanced Performance Materials, 1995, 2 (3): 269-279.

(原文发表在《第十二届中国高温合金年会论文集》
(钢铁研究学报, 2011, 23, 增刊 2): 502-505.)

FGH4097合金大型盘件的组织性能研究

张莹 刘明东 张国星 孙志坤 刘建涛
张娜 陈琨 张义文

(钢铁研究总院高温材料研究所,北京 100081)

摘 要 研究了直接热等静压成形、两种制度热处理的FGH4097全尺寸大型盘件的组织性能,并结合EP741NP合金进行了对比分析。结果表明,淬火冷却速度和时效方式影响γ'相、二次碳、硼化物的形貌、尺寸和分布。从盘的边缘到中心γ'相形貌、尺寸存在差别;对室温冲击性能影响不大;拉伸强度边缘稍大于中心,但中心塑性高于边缘;650℃下的持久性能心部高于边缘。两种制度热处理盘中γ'相和间隙相的不同匹配决定其各自达到所需的综合力学性能。

关键词 FGH4097盘件 热处理 冷却速度 γ'相和间隙相 力学性能

Study of Structure and Properties of FGH4097 Alloy Large Disc

Zhang Ying, Liu Mingdong, Zhang Guoxing, Sun Zhikun,
Liu Jiantao, Zhang Na, Chen Kun, Zhang Yiwen

(High Temperature Materials Research Institute, Central
Iron and Steel Research Institute, Beijing 100081, China)

Abstract: The microstructures and properties of FGH4097 alloy full-size large discs, taking as-HIP and two kinds of heat treatment process were studied and compared with EP741NP alloy. The results show that, the quenching cooling rate and aging processes influence the precipitation morphology, size and distribution of γ' phase, secondary carbides and borides The morphology and size of γ' phase are different from the rim to the hub of discs, but the effect on the impact properties at room temperature is little. The tensile strength of the rim is higher than that of the wheel hub, but the ductility of the hub is higher. The creep rupture at 650℃ of the wheel hub is higher than that of the rim. The good comprehensive mechanical properties are depended by different match between γ' phase and interstitial phase in the discs subject to these two kinds of heat treatment process.

Keywords: FGH4097 disc, heat treatment, cooling rate, γ' phase and interstitial phase, mechanical property

FGH4097是我国近十年来研制的与EP741NP牌号相近的合金[1]。该类型合金采用粉末冶金直接热等静压工艺成形,使盘坯获得均匀的组织性能,在工作温度下具有稳定的强度、塑性、冲击韧性、高温持久和疲劳强度。

根据在研制和应用中产品对性能的综合要求,制定了不同的热处理制度。

本研究主要针对采用两种制度热处理的 FGH4097 全尺寸大型盘坯,将其不同部位的组织形貌、γ′相和碳、硼化物特征及性能进行全面系统的分析,并与俄罗斯 EP741NP 盘进行了对比研究。

1 试验材料及方法

试验用镍基 FGH4097 合金[1]采用等离子旋转电极工艺制粉,直接热等静压成形。盘坯分别采取两种制度进行热处理。

制度Ⅰ:1200℃×8h/AC + 800~900℃一级时效

制度Ⅱ:1200℃×4h/AC + 三级时效

在热处理后盘坯的轮缘、轮辐、轮毂部位截取试样,用光学和电子显微镜观察分析;电化学法萃取析出相,做定量分析;进行力学性能试验。采用制度Ⅰ和制度Ⅱ处理的 FGH4097 盘试样编号分别为 97-Ⅰ和 97-Ⅱ,EP741NP 盘试样以及引用文献数据[2~4]相应的编号分别为 741-Ⅰ和 741-Ⅱ。

2 试验结果和分析

2.1 析出相

表1为 FGH4097 和 EP741NP 合金中析出相的分析结果。

表1 碳、硼含量和析出相(质量分数)

Table 1 The quantity of C, B and precipitated phases in alloy FGH4097 and EP741NP (mass fraction)

(%)

编号	C	B	γ′	MC	$M_6C+M_3B_2$	碳、硼化物总量
97-Ⅰ	0.04	0.012	62.4	0.274	0.398	0.682
97-Ⅱ	0.04	0.010	62.8	0.296	0.133	0.429
741-Ⅰ	0.05	0.012	61.0	0.251	0.207	0.458
741-Ⅱ	0.06	0.017	63.8	0.469	0.232	0.701

由表1得知,两种热处理制度对该类合金中的 γ′ 相的总量影响不大;碳、硼含量对间隙相的析出量有明显影响。97-Ⅰ和97-Ⅱ中的 MC 含量基本相当,97-Ⅰ中的 M_6C 量要高于 97-Ⅱ。电镜观察,同一盘件中碳化物类型、尺寸和分布没有明显的区别,但热处理工艺对二次碳、硼化物析出的影响较为突出。文献[1]和[5]对 FGH4097 和 EP741NP 合金中的碳、硼化物进行了定性分析,得出制度Ⅰ中的间隙相尺寸普遍比制度Ⅱ中的粗大;EP741NP 中 M_3B_2 含量多于 FGH4097,而 M_6C 相对较少。

2.2 晶粒度和 γ′ 相

两种制度均在高于 γ′ 相完全溶解温度固溶处理,以获得过饱和固溶体及适当的晶粒度。结果表明[1,5],97-Ⅰ晶粒度为6.5级;97-Ⅱ晶粒度为6.5~7.0级。盘件各区域的晶粒度没有明显的差异。

图1、图2分别给出了97-Ⅰ和97-Ⅱ盘各部位的γ′相形貌及其不同尺寸的数量百分数。经电镜观察分析和统计得出,97-Ⅰ轮缘的γ′相尺寸主要集中在0.4~1.4μm范围,多数为田字形,其余方形、多边形,间隙中析出球状小γ′相;轮辐集中在0.6~1.4μm。97-Ⅱ轮缘主要集中在0.4~1.0μm,多数为方形和多边形,少量田字形;轮辐主要集中在0.4~1.4μm。轮毂部位由于淬火冷速相对较慢,导致γ′相长大,不同形状的γ′相尺寸较边缘的大,田字形γ′相中心多于边缘,其形貌呈十字花瓣状;两种轮毂试样的γ′相尺寸均集中在0.6~1.8μm,97-Ⅰ中1.8μm以上的γ′相多于97-Ⅱ。

应用ANSYS软件对FGH4097全尺寸盘坯淬火过程的温度场进行模拟计算,将两种制度固溶处理后各部位的冷却曲线进行微分处理,得到冷却速度曲线如图3所示。显然,淬火过程中从盘的中心到边缘冷速有明显的区别,轮缘最快,轮毂较慢;随着温度的降低,各部位的冷速差逐渐变小;制度Ⅱ冷速基本大于制度Ⅰ。

由此分析,淬火冷却速度影响γ′相的形核率和大小,生核率与过冷度成正比,长大线速度与过冷度成反比[6]。盘轮缘的冷速大于心部,因而有利于γ′相析出,但尺寸比心部的小。制度Ⅱ冷速大于制度Ⅰ,因此97-Ⅱ盘中的γ′相普遍小于97-Ⅰ。

制度Ⅰ固溶后以1~2℃/min的速度缓冷到γ+γ′区,这时γ′相析出并长大,然后空冷析出小尺寸γ′相。在时效中有3%~4%的γ′相析出,少量弥散γ′相发生聚集,使γ′相的最终尺寸得到稳定。

制度Ⅱ固溶后直接空冷析出小尺寸γ′相,然后进行三级时效,补充析出不同尺寸的γ′相。在时效中发生细小γ′相聚集或被大γ′相并吞,以降低合金中的界面能,稳定组织[7]。

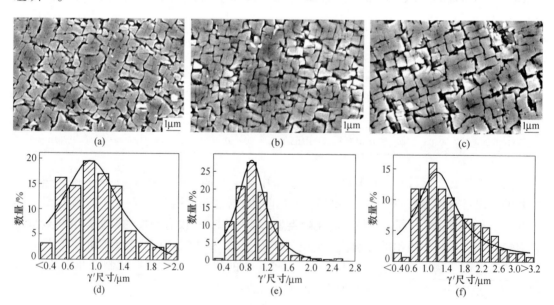

图1 97-Ⅰ盘件不同部位的γ′相形貌及其尺寸分布

Fig. 1 The morphology and size distribution of γ′ phase at different positions of 97-Ⅰ disc

(a), (d) 轮缘; (b), (e) 轮辐; (c), (f) 轮毂

(a), (d) rim; (b), (e) spoke; (c), (f) hub

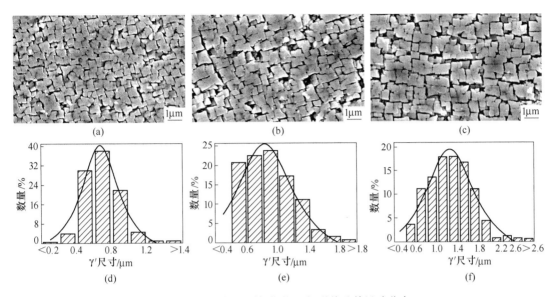

图 2 97-Ⅱ盘件不同部位的γ′相形貌及其尺寸分布

Fig. 2 The morphology and size distribution of γ′ phase at different positions of 97-Ⅱ disc

(a), (d) 轮缘；(b), (e) 轮辐；(c), (f) 轮毂

(a), (d) rim; (b), (e) spoke; (c), (f) hub

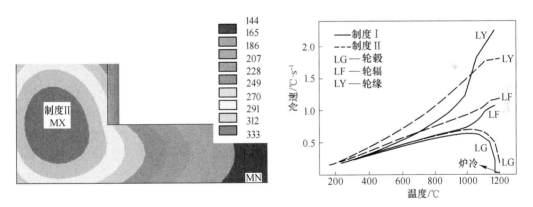

图 3 FGH4097 盘件淬火模拟及不同部位的冷却速度曲线

Fig. 3 Schematic diagram of quenching simulation and cooling rate on different positions

2.3 力学性能

2.3.1 冲击韧性

图 4 中室温冲击试验结果表明，该类合金的冲击功值均在 40J 以上，同一盘件各部位的冲击功值差别不大。两种合金中制度Ⅰ的冲击功均低于制度Ⅱ；相比之下 EP741NP 的冲击功高于 FGH4097。

PM 高温合金的冲击性能除了与γ′相、间隙相的尺寸分布有关之外，也不排除合金中存在 PPB 造成颗粒间断裂等因素。

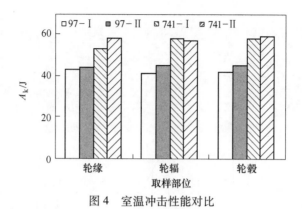

图 4 室温冲击性能对比

Fig. 4 Comparison of impact properties at room temperature

2.3.2 拉伸性能

进行室温、650℃和750℃下的拉伸试验，并与EP741NP合金试验数据对比。图5中结果表明，同一盘件中轮缘的强度稍高于中心，轮毂的塑性略高；室温和650℃下制度Ⅱ试样的σ_b和$\sigma_{0.2}$高于制度Ⅰ，塑性低于制度Ⅰ。750℃拉伸结果表明，97-Ⅱ试样的σ_b和$\sigma_{0.2}$以及塑性均高于97-Ⅰ，说明按制度Ⅱ热处理该合金，在750℃下能获得较好的拉伸性能。

与EP741NP合金相比，室温下FGH4097的σ_b低于EP741NP；750℃下97-Ⅰ的平均σ_b高于741-Ⅰ，但平均塑性稍低；97-Ⅱ的平均$\sigma_{0.2}$和塑性高于741-Ⅱ，但σ_b低于741-Ⅱ。

2.3.3 持久性能

FGH4097盘复合持久试验结果表明，在650℃，980MPa条件下两种制度各部位试样持久时间均大于240h，轮毂部位的持久强度高于其他部位，没有缺口敏感。741-Ⅱ光滑试样在相同条件下的结果为：轮缘249h，轮辐252h，轮毂330h。可见，两种合金的持久强度水平基本一致。

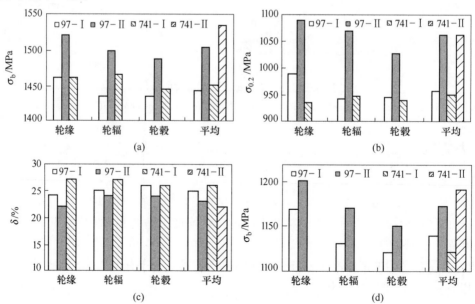

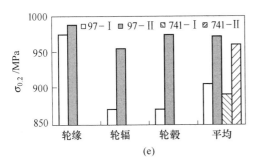
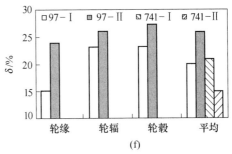

图 5　20℃ 和 750℃ 的拉伸性能对比

Fig. 5　Comparison of tensile properties at 20℃ and 750℃

(a) 20℃，σ_b；(b) 20℃，$\sigma_{0.2}$；(c) 20℃，δ；(d) 750℃，σ_b；(e) 750℃，$\sigma_{0.2}$；(f) 750℃，δ

2.3.4　低周疲劳寿命

在 650℃，980~30MPa，1Hz 条件下的低周疲劳试验结果表明，所有试样的疲劳寿命均超过了 10000 周次。97-Ⅱ 的疲劳寿命高于 97-Ⅰ。

由上述分析，小尺寸的 γ' 使合金强度提高，疲劳寿命增加，沿晶界析出的粗大 M_6C 会影响疲劳强度。文献［8］对 FGH4097 合金的低周疲劳研究表明，疲劳寿命还与裂纹源在试样中的位置及断裂起因有关。

3　结论

（1）不同淬火和时效方式及盘坯各部位的冷速影响 γ' 相尺寸和形貌。热处理工艺影响间隙相析出。

（2）盘坯边缘的拉伸强度稍高于中心，但塑性略低；中心的持久强度高于边缘；冲击韧性没有区别。

（3）EP741NP 盘的冲击韧性高于 FGH4097；两种合金的室温拉伸性能和持久强度水平相当；750℃ 下 FGH4097 的拉伸性能优于 EP741NP。

参 考 文 献

［1］张莹，张义文，张娜，等. FGH97 粉末冶金高温合金热处理工艺和组织性能的研究［J］. 航空材料学报，2008，28（6）.

［2］Garibov G S, Vostrikov A V, Current Trends of PM Superalloys Discs Production Technology for Gas Turbine Engines［A］Proceedings of The 2005 International Conference on Hot Isostatic Pressing, 2005：86.

［3］Гарибов Г С, Сизова Р Н, Ножницкий Ю А, и. т. д. Перспективы производства авиационно-космических материалов и процессы их обработки в начале ХХ1 века.［J］. Технология лёгких сплавов, 2002（4）：106.

［4］Гарибов Г С, Крупногабаритные диски и валы из новых российских гранулируемых жаропрочных никелевых сплавов для двигателей военных и гражданских самолетов.［J］. Технология лёгких сплавов，1997（2）：54.

［5］张莹，张义文，孙志坤，等. 热处理工艺对一种镍基 PM 高温合金组织性能的影响［J］. 材料热处

理学报,2011,32(7):37.
[6] 黄乾尧,李汉康,等.高温合金[M].北京:冶金工业出版社,2002.
[7] 程晓农,戴起勋,邵红红.材料固态相变与扩散[M].北京:化学工业出版社,2006.
[8] 张莹,张义文,张娜,等.粉末冶金高温合金FGH97的低周疲劳断裂特征[J].金属学报,2010,46(4):444.

(原文发表在《第十二届中国高温合金年会论文集》
(钢铁研究学报,2011,23,增刊2):506-509.)

异种镍基高温合金热等静压扩散连接性研究

贾建　陶宇　张义文

（钢铁研究总院高温材料研究所，北京　100081）

摘　要　研究了粉末冶金高温合金 FGH4091 与铸造高温合金 K418B 直接进行热等静压扩散连接的可行性，利用扫描电子显微镜和电子探针显微分析仪分析了固-固和粉-固扩散偶连接接头的组织。结果表明，FGH4091 与 K418B 合金具有较好的物理、化学性能相容性，适于直接扩散连接；扩散连接接头紧密完整、无夹杂物和连续的第二相析出物，扩散区宽度约 100μm；合金元素的扩散常数不同，导致 Co、Ni、Al、Cr、Ti、Nb、Mo 的扩散效果逐渐减弱。
关键词　粉末冶金高温合金　热等静压　扩散连接　可行性

Feasibility Study of Diffusion Bonding Dissimilar Ni-based Superalloys by HIP

Jia Jian, Tao Yu, Zhang Yiwen

(High Temperature Materials Research Institute, Central Iron & Steel Research Institute, Beijing 100081, China)

Abstract: Diffusion bonding of PM superalloy FGH4091 and cast superalloy K418B by hot isostatic pressing (HIP) was studied to assess its feasibility. Microstructures of joint in powder-solid and solid-solid diffusion couples were investigated by scanning electron microscopy (SEM) and electron probe micro-analyzer (EPMA). The results show that the compatibility of FGH4091 and K418B in physical and chemical properties is excellent, they are suitable to direct diffusion bonding. And the joint is integral without any defects, such as inclusions and continuous distribution of the second precipitates. The width of diffusion zone is about 100 micrometers. The diffusion of elements Co, Ni, Al, Cr, Ti, Nb, Mo is gradually weakened, which is caused by their vary diffusion constants.
Keywords: PM superalloy, HIP, diffusion bonding, feasibility

扩散连接是指相互接触的材料表面，在温度和压力作用下相互靠近，局部发生塑性变形，原子间产生相互扩散形成可靠结合，是一种先进的连接技术。扩散连接是异种材料、耐热合金等的主要连接方法之一，特别适于难以熔焊连接的材料，广泛用于航空、航天、电子等高科技领域[1]。

为了满足航空发动机高性能、长寿命和高可靠性要求，20 世纪 80 年代国外出现了双合金整体叶盘，并得到了大量应用[2,3]。双合金整体叶盘将叶片和涡轮盘扩散连接成一体，省去常规连接的榫头和榫槽，使结构大大简化，有利于减轻发动机结构重量、提高燃油效率和推重比[4-7]。由于镍基高温合金的蠕变强度高[8]，可通过热等静压实现扩散连接。

FGH4091是我国新研的涡轮盘用粉末冶金高温合金，与LC Astroloy相当，长期使用温度650℃；K418B铸造性能良好，900℃以下具有较高的蠕变强度、热疲劳和抗氧化性，大量用于900℃以下工作的燃气涡轮导向叶片和转子叶片及整体涡轮。

本文主要研究FGH4091与K418B合金直接热等静压扩散连接的可行性，分别进行FGH4091粉末、坯料与K418B坯料扩散偶连接试验，从接头显微组织和元素分布状况分析连接机理、影响因素等，为FGH4091涡轮盘与K418B叶片环双合金整体叶盘研制提供理论依据和技术支持。

1 试验材料及方法

FGH4091合金的化学成分（质量分数）为：C 0.03%，B 0.02%，Cr 15.00%，Mo 5.00%，Co 17.00%，Al 4.00%，Ti 3.50%，其余Ni。利用等离子旋转电极法制备FGH4091合金粉末（粒度50~150μm），粉末热等静压（1200℃/130MPa/4h）致密化后去除包套，获得扩散连接用FGH4091坯料。K418B合金的化学成分（质量分数）为：C 0.05%，B 0.01%，Zr 0.10%，Cr 12.00%，Mo 4.50%，Al 6.00%，Ti 0.70%，Nb 2.00%，其余Ni。K418B坯料采用等轴晶铸造成形。

将FGH4091与K418B坯料加工制备成$\phi20mm \times 50mm$的扩散偶，进行固-固热等静压扩散连接。将FGH4091粉末与K418B坯料组合成包套，高真空封焊后进行粉-固热等静压扩散连接。扩散连接工艺为1200℃/130MPa/4h。利用扫描电子显微镜和JEOL JXA-8100型电子探针显微分析仪（Electron Probe Micro-analyzer，EPMA）研究电解抛光的连接接头。

2 试验结果及分析

2.1 接头显微组织

FGH4091与K418B合金固-固和粉-固热等静压扩散连接后接头的显微组织如图1所示，细晶区为FGH4091合金，粗晶区为K418B合金。两种连接形式的原始界面都完全消失，部分晶粒长大越过了连接界面，表明扩散连接充分；接头无裂纹、显微孔洞、夹杂物和连续分布的第二相析出物等缺陷，存在明显的扩散带，界面紧密完整。

2.2 接头区域元素分布

根据FGH4091与K418B合金的化学成分特点，EPMA线扫描分析接头区域元素Al、Ti、Nb、Cr、Mo、Co、Ni垂直于连接线的分布情况，测定长度1.485mm，浓度曲线如图2所示。接头区域元素Co、Ni浓度梯度变化大，曲线较陡，相互扩散效果明显，形成了一个成分逐渐变化的互扩散区；元素Al、Cr、Ti浓度变化略趋平缓，元素Nb、Mo无明显的浓度变化。接头区域元素分布曲线中无平台，表明扩散区中未形成第二相析出物；Ti、Nb、Ni分布曲线中存在部分凸起峰，峰值代表富Ti、Nb的MC型碳化物；两种合金扩散区宽度80~120μm。表明扩散连接过程中，在加热温度、保温时间和压力的共同作用下，合金元素在界面附近进行不同程度的扩散，实现了界面成分的平稳过渡。

图 1 FGH4091 与 K418B 合金扩散连接接头的显微组织

Fig. 1 Microstructures of diffusion bonding joint between FGH4091 and K418B

(a) 固-固；(b) 粉-固

(a) solid to solid；(b) powder to solid

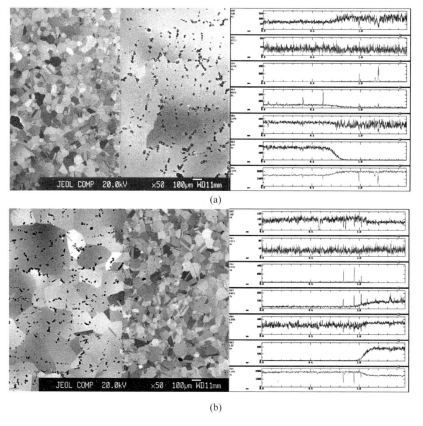

图 2 扩散连接接头元素分布曲线

Fig. 2 Elements distribution curves of diffusion bonding joint

(a) 固-固；(b) 粉-固

(a) solid to solid；(b) powder to solid

2.3 讨论

扩散连接是一种精密的固相连接方法，但异种材料之间物理、化学性能差异可能导致扩散连接存在以下问题[1]：（1）由于热膨胀系数不同而在结合面出现热应力，导致界面附近出现裂纹；（2）由于冶金反应在扩散结合面产生低熔点共晶或形成脆性金属间化合物，使界面处产生裂纹，甚至断裂；（3）因为两种材料扩散系数不同，可能导致扩散接头中形成扩散孔洞。

FGH4091 与 K418B 合金都是 γ' 相沉淀强化的镍基高温合金，化学成分和显微组织相近，利用金属材料相图计算及材料性能模拟软件 JMat Pro 5.0 研究两者的热膨胀系数相容性，以及两者扩散至平衡状态后的相组成。图 3 为 FGH4091 与 K418B 合金不同温度下的热膨胀系数，表明两种合金从室温至 1200℃ 的平均热膨胀系数相近，具有良好的物理相容性。假定扩散连接至平衡状态后的成分是两种合金的平均值，平衡态合金析出相含量随温度变化关系见图 4，其主要平衡相为 γ、γ'、$M_{23}C_6$、M_3B_2，表明两种合金具有良好的化学相容性。

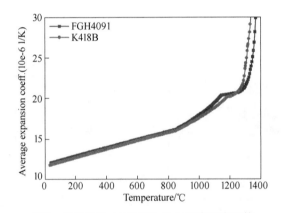

图 3　FGH4091 与 K418B 合金的热膨胀系数

Fig. 3　Coefficient of thermal expansion of FGH4091 and K418B

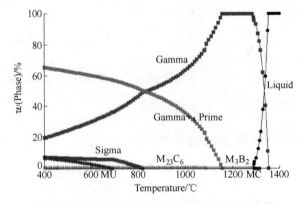

图 4　平衡态合金的析出相含量与温度关系曲线

Fig. 4　Relationship between precipitate and temperature in equilibrium alloy

扩散连接依靠相互接触的界面原子相互扩散，总是向着物质浓度减小的方向进行，使原子在其占有空间均匀分布。扩散系数 D 是扩散的基本参数，与温度 T 呈指数关系，服从阿累尼乌斯公式：

$$D = D_0 \exp\left(-\frac{Q}{RT}\right) \quad (1)$$

式中，D 为扩散系数，m^2/s；D_0 为扩散因子；R 为玻耳兹曼常数，$J/(K \cdot mol)$；Q 为扩散激活能，J/mol；T 为热力学温度，K。

扩散系数随着温度的提高而显著增加。原子一般从高浓度区向低浓度区扩散，对于两个理想接触面的圆柱形扩散偶（半无限体）来说，原子的平均扩散距离：

$$x = \sqrt{2Dt} \quad (2)$$

式中，x 为平均扩散距离，m；t 为时间，s。

扩散连接时，扩散系数不同，导致各元素的扩散距离不同。扩散连接工件的尺寸相对于元素在界面附近的扩散是足够大的，能够提供足够的扩散原子。扩散连接时原子从一侧越过界面向另一侧扩散，服从一维扩散规律。假定扩散连接过程中，各处的扩散组元浓度仅随扩散距离变化，各元素原子的扩散均为稳态扩散，则每种元素的扩散流量：

$$J_i = -D_i \frac{dC_i}{dx} \approx -D_i \frac{C_{i1} - C_{i2}}{\Delta x} = -D_i \frac{\Delta C_i}{\Delta x} = -\frac{K_i}{\Delta x} \quad (3)$$

式中，C_i 为扩散元素 i 的体积浓度；C_{i1}、C_{i2} 分别为元素 i 在扩散连接母材 1 和母材 2 的初始浓度；ΔC_i 为元素 i 在两种母材的浓度差；D_i 为元素 i 的扩散系数，假设 D_i 与浓度无关；Δx 为扩散距离；K_i 为元素 i 的扩散常数。

FGH4091 与 K418B 均为 γ' 相析出强化的镍基高温合金，Ni 元素的质量分数大于 50%，热等静压扩散连接过程中可以认为元素在纯 Ni 中扩散，1200℃时各元素在 Ni 中的扩散系数 D_i[9]、质量百分比浓度差 ΔC_i、扩散常数 K_i 见表1。由式（3）可知，元素的扩散流量与扩散常数 K_i 成正比，Co、Ni、Al、Cr、Ti、Nb、Mo 的扩散常数逐渐减小，扩散效果越来越不明显，与 EPMA 线扫描分析结果一致。

表1 FGH4091 与 K418B 扩散连接的相关常数
Table 1 Related constants of diffusion bonding FGH4091 and K418B

元素	Co	Ni	Al	Cr	Ti	Nb	Mo
扩散系数 $D_i(10^{-14})$	1.64058	1.35668	5.96128	2.40807	1.48315	1.14157	4.33107E-1
浓度差 $\Delta C_i(10^{-14})$	17.00	19.19	2.00	3.00	2.80	2.00	0.50
扩散常数 K_i	27.88986	26.03469	11.92256	7.22421	4.15282	2.28314	0.21655

3 结论

（1）粉末冶金高温合金 FGH4091 与铸造高温合金 K418B 具有良好的物理、化学性能相容性，可以直接进行热等静压扩散连接。

（2）FGH4091 与 K418B 合金进行粉-固和固-固热等静压扩散连接时，接头无裂纹、显微孔洞、夹杂物和连续分布的第二相析出物等，界面紧密完整，扩散带宽度约 100μm。由于合金元素的扩散常数不同，接头处 Co、Ni、Al、Cr、Ti、Nb、Mo 的扩散效果逐渐减弱。

参 考 文 献

[1] 李亚江. 特种连接技术 [M]. 北京：机械工业出版社，2007.

[2] G. S. Hoppin, III, and W. P. Danesi. Manufacturing processes for long-life gas turbines [J]. Journal of Metals. 1986：20-23.

[3] J. H. Moll, H. H. Schwertz and V. K. Chandhok. PM dual property wheels for small engines [J]. Metal Powder Report, 1983：547-552.

[4] Lance G. Peterson, Dave Hrencecin, Ann Ritter. HIP diffusion bonding of PM alloys for composite land-based gas turbine buckets [J]. Metal Powder Report, 1986：729-738.

[5] V. K. Chandhok. Custom designed micro and macrostructuresof near net shapes made by HIP [J]. Industrial Heating (USA), 1993, 60 (2)：36-37.

[6] M. C. Somani, N. C. Birla and A. Tekin. Solid-state diffusion welding of wrought AISI 304 stainless steel to Nimonic AP-1 superalloy powder by hot isostaticpressing [J]. Welding Journal, 1998, 77 (2)：59. s -65. s.

[7] S. B. Dunkerton. Diffusion bonding-an overview [C]. Diffusion Bonding 2, Edited by D. J. Stephenson, Proceedings of the 2 International Conference on Diffusion Bonding held at Cranfield Institute of Technology, UK, 28-29 March, 1990.

[8] 徐海江. 因康镍718合金的超塑性成形和扩散连接 [J]. 宇航材料工艺, 1997 年, 第4期：36-39.

[9] Brandes E. A. , Brook G. B. . Smithells Metals Reference Book (B). the 7th Edition, London, Butterworths, 1992.

（原文发表在《第十二届中国高温合金年会论文集》
（钢铁研究学报，2011，23，增刊2)：509-513.）

Microstructure and Properties of Powder Metallurgy Superalloys

Zhang Yiwen, Tao Yu, Zhang Ying, Liu Jiantao,
Zhang Guoxing, Zhang Na, Liu Mingdong

(High Temperature Materials Research Institute, CISRI, Beijing 100081, China)

Abstract: The microstructure, mechanical properties, oxidation resistance property and corrosion resistance property are systematically investigated and compared for FGH4095, FGH4096 and FGH4097 powder metallurgy superalloys under different heat treatment conditions. The experiment results indicate that phases of FGH4095, FGH4096 and FGH4097 powder metallurgy superalloys are gamma matrix, gamma prime, carbides and borides. Among FGH4095, FGH4096 and FGH4097, the tensile strength and hardness value of FGH4095 superalloy are the highest at room temperature. The elevated temperature stress rupture property and creep property of FGH4097 superalloy are the best. When the stress-intensity factor range (ΔK) is less than 50MPa·$\sqrt{m}$, the fatigue crack propagation rate (da/dN) of FGH4097 superalloy is the lowest at 650℃. The oxidation resistance property below 800℃ and corrosion resistance property at 870℃ of FGH4097 superalloy are much better than those of FGH4095 and FGH4096 superalloys.

Keywords: powder metallurgy superalloy, microstructure, mechanical property, oxidation resistance property, corrosion resistance property

1 Background

Powder metallurgy superalloys are being used in rotating parts such as high-performance aero-engine turbine disk, compressor disk, drum cylinder shaft, ring unit and so on. Powder metallurgy nickel-base superalloys, FGH4095, FGH4096, FGH4097, which have been manufactured in China currently, are all γ′ precipitation strengthened superalloys. FGH4095 is characterized as high strength, the maximum usage temperature is 650℃. FGH4096 with a high resistance to crack propagation, is a damage tolerance alloy, its maximum usage temperature is 750℃. FGH4097 has sound rupture and creep properties at high temperature, it is a high rupture strength alloy and its maximum usage temperature is 750℃.

In this paper, the microstructure and properties were compared and investigated for the three types of alloys which were shaped by direct hot isostatic pressing (HIP).

2 Methods and Materials

The three alloys in the study are processed via plasma rotating electrode processing (PREP),

HIP forming and heat treatment. HIP temperature for FGH4095 and FGH4096 is 1160~1180℃, and 1180~1220℃ for FGH4097. Range of Powder size is 50~15μm. The heat treatment process of FGH4095 ring was (1120~1160)℃×1h/(580~620)℃ salt bath+870℃×1h/AC+650℃×24h/AC. The heat treatment process of FGH4096 ring was (1130~1170)℃×1h/(580~620)℃ salt bath+760℃×8h/AC. The heat treatment process of FGH4097 shaft was (1190~1210)℃×8h/ furnace cooling to the temperature of 20~30℃ below γ′ phase solution temperature +870℃×24h/AC. Chemical compositions of experimental materials are shown in Table 1.

Table 1 Chemical compositions of FGH4095, FGH4096 and FGH4097 superalloy (mass fraction) (%)

alloy	C	Cr	Co	W	Mo	Al	Ti	Nb	B	Zr	Hf	Ce	Mg	Ni
FGH4095	0.06	13.1	8.1	3.6	3.6	3.5	2.6	3.4	0.010	0.045	—	—	—	Bal
FGH4096	0.03	15.8	12.9	4.0	4.0	2.2	3.7	0.8	0.011	0.036	—	0.009	—	Bal
FGH4097	0.04	8.8	16.2	5.3	3.8	5.0	1.8	2.7	<0.015	<0.015	micro-scale	micro-scale	micro-scale	Bal

OM, SEM and TEM were used to observe and analyze microstructure and phase structure, physical and chemical phase analysis method was used to analyze phase composition. Then test the mechanical property of the three alloys. Static isothermal oxidation experiments of these alloys were carried out between 600~900℃ [1], the morphology of oxide film was observed with SEM and the oxidation products were analyzed with X-ray. Hot gas corrosion tests at 870℃ of the three alloys were also carried out [2], then weigh the specimen after 20h, 40h, 60h, 80h and 100h, and the results were the average weight of five specimens.

3 Results and Discussion

3.1 Phase composition

physical and chemical phase analysis for three alloys are showed in Table 2. Phase compositions are γ matrix phase, γ′ phase, carbides and borides. The γ′ phase of FGH4095 mainly consists of Ni, Al, Ti, Co, Nb and Cr, MC carbide is mainly composed of Nb, Ti and C. The main compositions of γ′ phase of FGH4096 are Ni, Ti, Al, Co, Cr and Nb, MC carbide is mainly composed of Ti, Nb and C. The γ′ phase of FGH4097 mainly consists of Ni, Al, Co, Ti, Cr, Nb and Hf, MC carbide is mainly composed of Nb, Ti, Hf and C. Hf and Zr are mainly in the γ′ phase, and Hf and Zr content in MC carbide is very small.

Table 2 Phase composition of FGH4095, FGH4096 and FGH4097 superalloys

alloy	FGH4095	FGH4096	FGH4097
phase composition	γ, γ′, MC, M_3B_2(trace)	γ, γ′, MC, $M_{23}C_6$(trace), M_3B_2(trace)	γ, γ′, MC, M_6C, $M_{23}C_6$(trace), M_3B_2(trace)
w(phase content)%	γ′-50, MC-0.46, M_3B_2-0.005	γ′-36, MC-0.11, $M_{23}C_6$-0.03	γ′-62, MC-0.27, M_6C+$M_{23}C_6$+M_3B_2-0.40

Continued 2

alloy		FGH4095	FGH4096	FGH4097
phase constitution	γ′	(Ni0.94, Co0.05, Cr0.01)₃ (Al0.57, Ti0.24, Nb0.14, Cr0.05)	(Ni0.92, Co0.06, Cr0.02)₃ (Ti0.45, Al0.44, Cr0.07, Nb0.04)	(Ni0.85, Co0.13, Cr0.02)₃ (Al0.68, Ti0.14, Nb0.10, Cr0.07, Hf0.006)
	MC	(Nb0.62, Ti0.38)C	(Ti0.77, Nb0.23)C	(Nb0.67, Ti0.27, Hf0.06)C

3.2 Microstructure

The grain size of FGH4095 is uniform, and grain size is ASTM 6~7 [Figure 1(a)]. There are three kinds of γ′ phase: the primary γ′ phase, which is square, is mainly distributed on the grain boundary with the size of 0.5~1.5μm [Figure 1(b)]; the secondary γ′ phase is mainly distributed within grains, which is square and butterfly shape and their size is 0.1~0.3μm [Figure 1(c)]; the tertiary γ′ phase, which is spherical, is mainly distributed within grains, and its size is 0.02~0.08μm. MC carbides are distributed within grains and on grain boundary, and M_3B_2 boride is distributed on grain boundary.

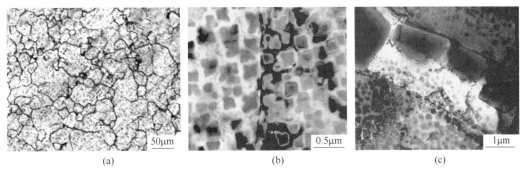

Figure 1 Microstructure of superalloy FGH4095
(a) grain structure; (b), (c) γ′ phase and carbide

The grain size of FGH4096 is uniform, and grain size is ASTM 6~7 [Figure 2(a)]. There is no primary γ′ phase. The secondary γ′ phase, which is spherical, is mainly distributed within grains with the size of 0.06~0.2μm [Figure 2(b)]. The tertiary γ′ phase is also distributed within grains. And its size is less than 0.04μm. MC carbides are distributed within grains and on grain boundary.

The grain size of FGH4097 is uniform, and grain size is ASTM 6~7 [Figure 3(a)]. There are three kinds of γ′ phase: the primary γ′ phase, which is square, is mainly distributed on grain boundary with the size of 0.8~1.3μm; the secondary γ′ phase is mainly distributed within grains, it is square and butterfly shape and their size is 0.2~0.6μm [Figure 3(b)]; the tertiary γ′ phase is mainly distributed within grains, and its size is 0.04~0.1μm. MC carbides are distributed within grains and on grain boundary, M_6C, $M_{23}C_6$ carbides and M_3B_2 boride are distributed on grain boundary.

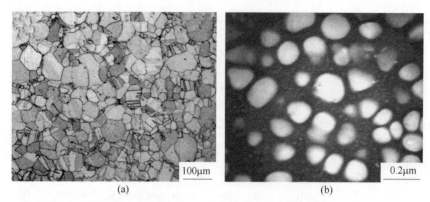

Figure 2 Microstructure of superalloy FGH4096
(a) grain structure; (b), (c) γ′ phase and carbide

Figure 3 Microstructure of superalloy FGH4097
(a) grain structure; (b) γ′ phase and carbide

3.3 Properties

3.3.1 Tensile property at room temperature

The tensile strength of FGH4095 at room temperature is higher than those of FGH4096 and FGH4097 by 11% and 21%, the tensile plasticity of FGH4097 is the best (Figure 4). The yield ultimate ratio ($\sigma_{0.2}/\sigma_b$) of FGH4097, FGH4096 and FGH4095 are 0.68, 0.72 and 0.75.

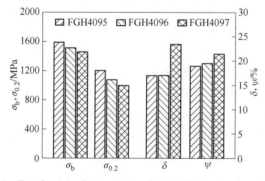

Figure 4 Tensile strength properties of superalloys at room temperature

3.3.2 Hardness and impact ductility at room temperature

Table 3 shows that the hardness value of FGH4095 at room temperature is higher than those of FGH4096 and FGH4097 by 10% and 21%. The impact ductility of FGH4095 at temperature is the worst, the impact ductility of FGH4096 and FGH4097 are both higher than FGH4095 by 60%.

Table 3 Hardness and impact ductility properties at room temperature

alloy	hardness/HBW	A_{KU2}/J
FGH4095	443	24
FGH4096	403	40
FGH4097	365	39

The morphology of impact fracture showed that the fracture mode is complex, which include inter powder particles, intragranular and intergranular (Figure 5).

Figure 5 Fractography of impact specimens at room temperature
(a) FGH4095; (b) FGH4096; (c) FGH4097

3.3.3 High temperature stress rupture property

Table 4 shows that, when the condition is smooth specimen at 650℃, stress rupture life and plasticity of FGH4095 and FGH4097 are better than those of FGH4096, stress rupture life of FGH4096 is shorter than that of FGH4095 and FGH4097 superalloy. By contrast, the plasticity of FGH4097 is better. When the condition is smooth-notched specimen at 650℃, stress rupture life and plasticity of FGH4095 and FGH4096 are worse than those of FGH4097, the specimen failured at notch region, showing notch sensitivity. FGH4097 has long stress rupture life and sound plasticity, the specimen failured at smooth region, suggesting notch strengthening.

Table 4 High temperature stress rupture property at 650℃

alloy	1000MPa (smooth specimen)		1030MPa (smooth specimen)		1035MPa (smooth specimen)		990MPa (smooth-notched composite specimen, R=0.15mm)	
	life/h	elongation/%	life/h	elongation/%	life/h	elongation/%	life/h	elongation/%
FGH4095	521	3	250	5	182	6	87	Failure at the notch
FGH4096	124	2	63	3	56	3	46	Failure at the notch
FGH4097	536	7	168	8	482	13	1009	8 (Failure at the smooth)

Table 5 shows that, the smooth specimen of FGH4097 has sound stress rupture property. The smooth-notched specimens rupture life of FGH4095 and FGH4096 is short. Plasticity of FGH4095 is low, the specimen failured at the notch region, suggesting notch sensitivity. Although plasticity of FGH4096 is sound, the specimen failured at the smooth which suggesting notch strengthening. FGH4097 has sound stress rupture property, the specimen failured at the smooth region, suggesting notch strengthening.

Table 5 High temperature stress rupture property at 750℃

alloy	650MPa (smooth specimen)		690MPa (smooth specimen)		637MPa (smooth-notched composite specimen, $R=0.15$mm)	
	life/h	elongation/%	life/h	elongation/%	life/h	elongation/%
FGH4095	65	2	96	6	36	Failure at the notch
FGH4096	94	13	63	8	96	12(Failure at the smooth)
FGH4097	207	10	115	6	343	5(Failure at the smooth)

3.3.4 High temperature creep property

Table 6 shows that, FGH4095 has an excellent creep property at 595~750℃, FGH4097 has an excellent creep property at 650~750℃. When the stress is 1035MPa and the test temperature is 595℃, the creep property of FGH4095 is the best, the creep property of FGH4097 is the worst, FGH4096 is between them. When the experimental conditions are 650℃, 870MPa and 750℃, 450MPa, the creep properties of the three alloys are almost the same. Under the condition of 750℃ and 560MPa, the creep properties of FGH4097 and FGH4095 are better than that of FGH4096.

Table 6 High temperature creep property (ε_p)   (%)

alloy	595℃, 1035MPa, 50h	650℃, 870MPa, 100h	750℃, 450MPa, 100h	750℃, 560MPa, 100h
FGH4095	0.04	0.03	0.06	0.37
FGH4096	1.23	0.04	0.03	1.03
FGH4097	3.46	0.06	0.04	0.22

3.3.5 Fatigue crack propagation rate at high temperature

When the test conditions are 650℃, $R=0.05$ and 1.5s—90s—1.5s trapezoidal wave, the fatigue crack propagation rates (da/dN) of the three alloys are showed in Table 7. The da/dN of FGH4097 and FGH4096 are significantly lower than that of FGH4095. When the stress-intensity factor range (ΔK) is less than 50MPa·$\sqrt{m}$, the fatigue crack propagation rate of FGH4097 is the lowest, that of FGH4095 is the highest, and the da/dN value of FGH4096 is about half of that of FGH4095. When $\Delta K=60~100$MPa, the da/dN value of FGH4096 is about one third to one quarter of that of FGH4095. When ΔK is more than 60MPa·$\sqrt{m}$, the FGH4097 specimens fracture.

Table 7 Fatigue crack propagation rates at 650℃ (da/dN) (mm/cycle)

alloy	ΔK (MPa·$\sqrt{m}$)							
	30	40	50	60	70	80	90	100
FGH4095	7.7×10⁻³	3.6×10⁻²	5.3×10⁻²	9.5×10⁻²	1.3×10⁻¹	1.7×10⁻¹	2.2×10⁻¹	2.8×10⁻¹
FGH4096	4.3×10⁻³	1.6×10⁻²	2.3×10⁻²	2.9×10⁻²	3.8×10⁻²	4.6×10⁻²	5.5×10⁻²	6.5×10⁻²
FGH4097	3.6×10⁻⁴	2.8×10⁻³	7.8×10⁻³	—	—	—	—	—

3.3.6 Oxidation resistance property

When the temperature range is 600~900℃, there is a layer of compact and protective oxide film on the surface of alloy. The oxidation kinetic curve coincides with the parabolic law. The average oxidation rates of the three alloys are all less than 0.1g/(m²·h) (Table 8), the oxidation resistance level is first level, which is completely anti-oxidation level[1]. The result of XRD indicates that, the oxidation products after 100h are Cr_2O_3 and TiO_2 when the temperature range is 600~900℃.

Table 8 Average oxidation rate (g/(m²·h))

temperature/℃	FGH4095	FGH4096	FGH4097
600	0.010	0.010	0.012
700	0.026	0.018	0.012
800	0.038	0.012	0.010
900	0.040	0.070	0.048

3.3.7 Corrosion resistance property

The experimental conditions are 870℃, fuel and artificial seawater mediator. Composition of fuel is showed in reference[3], fuel flow rate is 0.17L/h. Concentration of artificial seawater is 20×10⁻⁶, seawater flow rate is 0.2L/h. The air flow rate is 5.8 m³/h, ratio of fuel and gas is 1/45, and the speed of rotary table is 40r/min. The results show that, the three alloys have good corrosion resistance properties at 870℃ and the oxide film is compact and uniform. The weight gain after 100 hours shows (Figure 6), FGH4097 has the lowest weight gain and FGH4096 has the highest weight gain. It indicates that FGH4097 has better corrosion resistance property at 870℃.

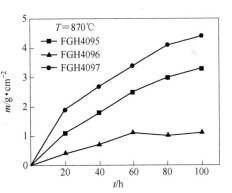

Figure 6 Curves of hot corrosion kinetics

3.4 Discussion

The alloying character of the three alloys shows that (Table 9), contents of solid solution strengthening elements in FGH4096 and FGH4095 are higher than that of in FGH4097 by 33.0% and 13.4%. Contents of the grain boundary strengthening elements B, Zr, Ce, Hf, and Mg are the highest in FGH4097, and contents of Nb, Ti and Hf are the highest in FGH4095.

Table 9   Character of alloying

alloy	w(Alloying elements)/%	wΣ(W+Mo+Cr)/%	wΣ(Al+Ti+Nb+Hf)/%	Al/Ti
FGH4095	38	20.3	9.5	1.35
FGH4096	43	23.8	6.7	0.59
FGH4097	44	17.9	9.8	2.78
alloy	wΣ(Nb+Ti+Hf)/%	Nb/Ti	wΣ(B+Zr+Ce+Hf+Mg)/%	wΣ(W+Mo)/%
FGH4095	6.0	1.31	0.055	7.2
FGH4096	4.5	0.22	0.056	8.0
FGH4097	4.8	1.50	0.309	9.1

Contents of W+Mo and Co in FGH4095 are the lowest, but content of B+Zr is the highest, which is helpful to improve the rupture and creep properties. Contents of solid solution strengthening elements W, Mo and Cr are the highest in FGH4096, and the effect of solid solution strengthening is the best. Content of γ′ phase in FGH4096 is the lowest, the size of it is the smallest, the mismatch of γ/γ′ is low, all of these will help to improve the tensile strength of the alloy at room temperature. Hf is added in FGH4097, the formation free energy of HfC is low, suggesting HfC is very stable[4]. HfC precipitation give priority formation in powders, reducing tendency of carbides formation on the surface of the powder and the phenomenon of PPB[5] (Figure 5). In addition, contents of W+Mo and Co are the highest in FGH4097, Mg and Ce are added in it too (Table 9). Therefore, it has long rupture life at high temperature, rupture plasticity and creep property, and the notch sensitivity is eliminated.

Cr content in FGH4095 and FGH4096 is more than 10%, which give priority to formation of Cr_2O_3 oxide film. Cr content in FGH4097 is only 8.8%, but Al content is 5.0%, Al is benefit to formation of Cr_2O_3 oxide film[6]. FGH4097 has excellent oxidation resistance property below 800℃, and it has excellent corrosion resistance property at 870℃. The compact Cr_2O_3 oxide film on the surface of alloy and the trace elements Hf, Ce and Mg enhance the adhesion of Cr_2O_3 oxide film, which help to improve the properties of FGH4097.

4   Conclusions

(1) The grain size of of the three alloys are all ASTM 6~7. Phase compositions are γ matrix phase, γ′ phase, carbides and borides in FGH4095 and FGH4097, there are three kinds of shape and size of γ′ phase, but there are two kinds of γ′ phase in FGH4096.

(2) The tensile strength and hardness value of FGH4095 superalloy are the highest at room temperature. The elevated temperature stress rupture property and creep property of FGH4097 superalloy are the best. When the stress-intensity factor range (ΔK) is less than 50MPa·$\sqrt{m}$, the fatigue crack propagation rate of FGH4097 superalloy is the lowest at 650℃. The oxidation resistance property below 800℃ and corrosion resistance property at 870℃ of FGH4097 superalloy are much

better than those of FGH4095 and FGH4096 superalloy.

(3) Composition contents of W + Mo and Co are the highest in FGH97, Mg and Ce are added in it too. Therefore, FGH97 shows long rupture life at high temperature, sound rupture plasticity and creep property.

(4) Hafnium is effective on eliminating notch sensitivity and resisting fatigue cracking propagation in FGH97 superalloy.

References

[1] HB 5258—2000, Experimental method of oxidation resistance for steel and super alloy.
[2] HB 7740—2000, Experimental method hot gas corrosion resistance.
[3] GB 1788—79, composition of No 2 fuel for jet.
[4] Sims C T, Stolof N S, Hagel W C. Superalloy II—High Temperature Materials for Aerospace and Industrial Power [M]. New York: John Wiley & Sons, 1987.
[5] Ghessinger G H. Powder Metallurgy of Super alloy [M]. Londom: BTTERWORTH, 1984.
[6] Chen Guoliang. Superalloys [M]. Beijing: Metallurgical Industruy Press, 1988.

(原文发表在《Proceedings of the 2011 International Conference on Hot Isostatic Pressing》, April 12-14, 2011, Kobe, Japan. Kobe: Japan Society of Powder and Powder Metallurgy, 2011: 283-291.)

Evaluation of Mechanical Properties of a Superalloy Disk with a Dual Microstructure

Tao Yu, Liu Jiantao, Zhang Yiwen

(Central Iron & Steel Research Institute, No. 76 Xueyuan Nanlu,
Beijing 100081, PR China)

Abstract: The main purpose of this paper is to evaluate the mechanical properties of a FGH96 alloy disk with a dual microstructure. FGH96 is a powder metallurgy (PM) processed disk alloy, which was developed in the 1990s in China. The manufacturing processes used to produce the FGH96 disk with a dual grain structure consisted of atomization by plasma rotating electrode process (PREP), hot isostatic pressing (HIP), isothermal forge, special heat treatment for obtaining dual grain structure and final heat treatment. The disk was cut up and completely evaluated. Mechanical properties, including tensile, stress rupture, plastic creep, low cycle fatigue, fatigue crack growth rate, fracture toughness, impact and hardness, were tested at room and higher temperatures. In addition, a detailed grain characterization of the disk, from rim to bore, was also presented.

Keywords: FGH96, PM superalloy, dual microstructure, mechanical property

1 Introduction

In recent years a new technology has been developed to manufacture turbine disks with dual microstructure. This kind of disks can meet the design requirements for that a much higher tensile strength and a low cycle fatigue (LCF) life for large centrifugal stress in the bore region, while superior high temperature creep and fatigue crack-growth properties are necessary in the rim region to withstand high temperatures as well as high thermal and centrifugal stress. Some methods for producing dual-microstructure components have been described in literatures [1-4]. All of them have the same principle. The disk is first prepared usually by isothermal forging to have a uniform fine grain microstructure. Then during a special heat treatment a temperature gradient is established from rim to bore of the disk. The rim region is held above the γ' solvus temperature to remove γ' precipitates, that allows grain growth to provide a coarse grain microstructure. While the bore region remains below the γ' solvus temperature, the grain growth is restricted by γ' precipitates, and that retains the initial fine grain microstructure.

FGH96 is a powder metallurgy (PM) processed nickel-base superalloy, which was developed in the 1990s in China and has been used for manufacturing the rotor components of aircraft engines. This alloy has a nominal composition in mass percent of 2.2Al-0.01B-0.025C-0.01Ce-

13Co-16Cr-4Mo-0.8Nb-3.7Ti-4W-0.038Zr Bal. Ni[5]. The mass fraction of γ′ in heat treated FGH96 alloy is about 34.6%[6]. In a previous paper the effects of grain size on mechanical properties of FGH96 alloy were studied[7]. It was found that specimens with fine grain size offer better tensile and fatigue properties while specimens with coarse grain size offer better stress-rupture and creep properties. On this base, a FGH96 disk was produced and treated to have a dual microstructure. This paper presented the characterization of the microstructure and mechanical properties in bore, web and rim regions of the disk.

2 Materials and Procedure

FGH96 disks were produced by a processing rout with hot isostatic pressing plus isothermal forge. In powder manufacture, vacuum induction melted rods were atomized by plasma rotating electrode process (PREP). The powder was canned in vacuum, hot isostatically pressed and then isothermally forged into a disk with dimensions of about 460 mm diameter and 80mm thick (Figure 1). The disk was firstly treated by a special process to acquire a dual grain structure. Subsequent final heat treatment included a subsolvus solution at 1100℃/1.5 h followed by a 600℃ salt quench and an aging treatment (860℃/8 h, air cool). The disk was machined and then cut into sections for microstructural features evaluating and mechanical properties testing.

Figure 1 The experimental disk during heat treatment

3 Microstructural Characterization

Grain sizes were determined on a transverse macro-section. Figure 2 shows the locations chosen for grain size assessment and the measuring results (in ASTM). Converting the measuring data to a matrix, a distribution contour plot of the average grain sizes in the transverse section of the disk can be created (Figure 3). The average grain size varies with radial distance in the disk. In the bore region grain size is about 9.5~11μm (ASTM 10.5~10). The grain size increases to about 45~55μm (ASTM 6~5.5) in the rim region. The transition zone is in web region and about 40mm in width, grain size varies from 16μm to 45μm (ASTM 9~6). Typical grain microstructures representative of different regions are shown in Figure 4. As shown in Figure 5, γ′ precipitates in different regions of the disk have also different distributions. A bimodal distribution of γ′

precipitates in bore region can be observed. But in web and rim regions, γ' precipitates appear to be a tri-model distribution.

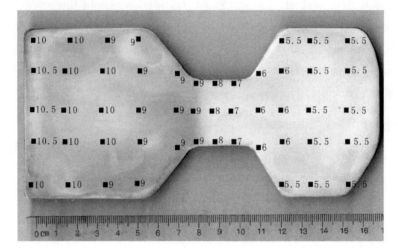

Figure 2   Measuring locations and results of the grain size (in ASTM) assessment on a transverse macro-section of the disk

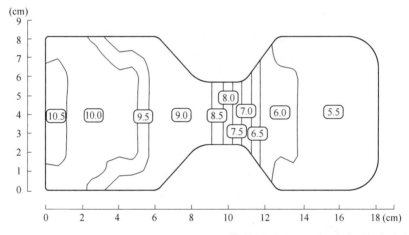

Figure 3   Average grain size (in ASTM) distribution of the disk

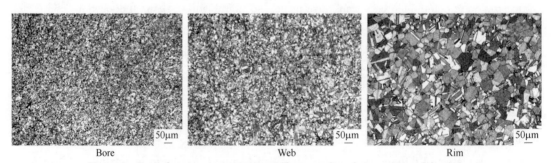

Figure 4   Typical grain microstructures in bore, web and rim regions of the disk

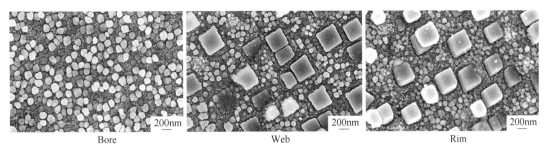

Figure 5 Morphologies and distributions of γ′ precipitates in bore, web and rim regions of the disk

4 Mechanical Properties

Mechanical properties, including tensile, stress rupture, plastic creep, low cycle fatigue, fatigue crack growth rate, fracture toughness, impact and hardness were tested on specimens from different regions of the disk. Tensile tests were conducted at room temperature, 650℃ and 750℃ on specimens from each different microstructural region. The results were shown in Table 1. The disk exhibit excellent strength at room and high temperature. The test data reveal obviously a variety correlated with corresponding grain size. Stress rupture properties were determined at 550℃/1150MPa, 650℃/1000MPa, 750℃/650/690MPa for bore region and 650℃/1000MPa, 750℃/650/690MPa for rim region. The results were shown in Table 2. At 550℃, the fine grain bore region of the disk has outstanding rupture life on high stress level. But at 650℃ and 750℃, the coarse grain rim region offers better stress rupture properties than the fine grain bore region. Creep specimens were examined at 550℃/1100MPa/100h for bore region and 750℃/450MPa/100h for rim region. The results were shown in Table 3. Both bore and rim regions of the disk display a good creep property. Low cycle fatigue tests were performed at 400℃, 538℃ on bore specimens and 650℃, 750℃ on rim specimens using a triangular wave form to a total strain range of 0.85 percent and a strain ratio of $R_\varepsilon = \varepsilon_{min}/\varepsilon_{max} = 0$, using a frequency of 0.33Hz. The LCF properties, both in bore and rim, are satisfactory as shown in Table 4. Fatigue crack growth tests were done at 650℃ using a maximum load of 4.165kN and load ratio of 0. All specimens from bore, web and rim regions had a rectangular gage section 25mm wide and 10mm thick, with a surface flaw about 0.1mm wide and 15mm deep produced by electro-discharge machining. Tests were performed with 5s and 90s dwells at maximum load. The results were illustrated in Figure 6. The resistance to dwell crack growth of the disk increases radially from bore to rim. Fracture toughness tests were conducted at room temperature. Test conditions and results were exhibited in Table 5. The value of provisional fracture toughness K_Q in rim region is higher than that in bore region. Impact and hardness were measured at room temperature. The results were shown in Table 6. The values of impact of the disk increase from bore, web to rim. The values of hardness vary inversely.

Table 1 Results of tensile tests

Location	Temp./℃	U.T.S./MPa	0.2% Y.S./MPa	Elongation/%	R.A./%
Bore	22	1590	1210	18.0	21.0
Bore	22	1610	1210	22.5	30.5

Continued 1

Location	Temp./℃	U.T.S./MPa	0.2% Y.S./MPa	Elongation/%	R.A./%
Web	26	1490	1050	22.5	27.0
Web	26	1570	1150	21.5	29.0
Rim	26	1480	1040	23.0	28.5
Rim	26	1480	1030	20.0	23.0
Bore	650	1500	1110	13	16.5
Bore	650	1460	1090	17	21.0
Web	650	1440	1050	16.0	17.5
Web	650	1480	1080	17.0	18.0
Rim	650	1420	985	15.0	19.0
Rim	650	1420	975	21.0	21.5
Bore	750	1160	1040	13	16.0
Bore	750	1190	1050	12	16.0
Web	750	1140	1010	13.0	15.5
Web	750	1170	940	15.0	17.0
Rim	750	1140	915	11.0	14.5
Rim	750	1170	930	13.0	15.5

Table 2　Results of stress rupture tests

Location	Temp./℃	Stress/MPa	Rupture life/h	Elongation/%
Bore	550	1150	418:25	5
Bore	650	1000	42:41	8
Rim	650	1000	71:47	3
Bore	750	690	12:25	13
Rim	750	690	32:53	12
Bore	750	650	18:12	14
Rim	750	650	69:55	14

Table 3　Results of creep tests

Location	Temp./℃	Stress/MPa	Time/h	Creep Elongation/%
Bore	550	1100	100	0.088
Rim	750	450	100	0.062

Table 4　Results of low cycle fatigue tests

Location	Temp./℃	Fatigue life/cycles
Bore	400	15463
Bore	538	15265
Rim	650	6750
Rim	750	4949

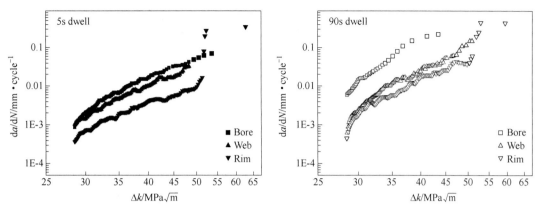

Figure 6 Dwell crack growth rates of the disk

Table 5 Conditions and results of fracture toughness tests

Location	Specimen thickness B/mm	Specimen width W/mm	Crack length a/mm	Condition Load P_q/kN	Maximum load P_{max}/kN	K_Q /MPa·m$^{1/2}$	Valid
Bore	25.08	50.02	26.71	83.125	108.438	158	No
Rim	25.14	50.17	26.97	89.375	104.688	172	No

Table 6 Results of impact and hardness tests

Location	Impact, A_{KU2}/J	Hardness(HB)
Bore	37	440
Web	50	411
Rim	51	409

5 Summary

A FGH96 superalloy disk with a dual microstructure was sectioned for microstructural features evaluating and mechanical properties testing. The disk has a fine grain structure (ASTM 10~10.5) in the bore region and a coarse grain structure (ASTM 5.5~6) in the rim region. The grain size transition zone locates in the web region of the disk and is about 40mm in width. The γ' precipitates in the disk appear to be a bimodal distribution for the bore region and a tri-model distribution for the web and rim regions. Mechanical testing displayed the fine grain bore region has a high tensile and rupture strength, exceptional LCF life and creep resistance at lower temperature. At higher temperature, the coarse grain rim region displays better properties in stress rupture, creep, fatigue crack growth, fracture toughness and impact than that of bore region. The properties of the grain transition web region are intervenient between bore and rim regions.

References

[1] K. M. Chang. Method of Making High Strength Superalloy Components with Graded Properties, US Patent 4,

820, 358, April 11, 1989.
[2] G. F. Mathey. Method of Making Superalloy Turbine Disks Having Graded Coarse and Fine Grains, US Patent 5, 312, 497, May 17, 1994.
[3] S. Ganesh, R. G. Tolbert. Differentially Heat Treated Article, and Apparatus and Process for the Manufacture thereof, US Patent 5, 527, 020, June 18, 1996.
[4] J. Gayda and D. Furrer. Dual-Microstructure Heat Treatment, Advanced Materials & Processes, July 2003, 36-39.
[5] M. G. Yan et al., eds., China Aeronautical Materials Handbook, vol. 5 (Beijing: Standards Press of China, 2001), 44-47.
[6] Y. Zhang, Y. W. Zhang, Y. Tao, et al. Microstructural Evolution of FGH96 Powder Superalloy [J] . Journal of Materials Engineering, Supplement 2002, 62-64.
[7] Y. Tao, J. T. Liu, Y. W. Zhang, et al. Effects of Grain Size on Properties of FGH4096 Alloy [J] . High Temperature Structure Materials in Power and Energy Industry, ed. Z. Y. Zhong, et al. (Beijing: Metallurgical Industry Press, 2007), 524-527.

(原文发表在《Euro Superalloys 2010》(Advanced Materials Research, 2011, 278): 381-386.)

Microstructure and Mechanical Properties of FGH97 PM Superalloy

Zhang Yiwen, Liu Jiantao, Han Shoubo, Jia Jian, Zhang Ying, Tao Yu

(High Temperature Materials Institute, China Iron and Steel Research Institute Group (CISRI), No. 76 Xue Yuan Nan Lu, Haidian District, Beijing, 100081, China)

Abstract: Microstructure and mechanical properties of FGH97 PM superalloy were systematically investigated. The results indicate that serration grain boundary is observed in FGH97 PM superalloy, and gamma prime in FGH97 PM superalloy shows different morphologies including irregular shape primary γ'-phase at grain boundaries, cubic secondary γ'-phase and fine tertiary γ'-phase mainly within grains. Mechanical properties including impact toughness, elevated temperature stress rupture, creep resistance, fatigue crack propagation resistance for FGH97 PM superalloy are superior than those of FGH95 and FGH96 superalloy.

Keywords: FGH97 PM superalloy, serration grain boundary, γ'-phase morphology, mechanical property

1 Introduction

Precipitation-hardening nickel-based superalloys have been widely used as high temperature structural materials in gas turbine engine applications fore more than 50years. Powder metallurgy (PM) technology was introduced as an innovative manufacture process to overcome the severe segregation and the poor workability of alloys with high alloying contents. PM process that produce a fine, homgogenous, and marcrosegregation-free structure through rapid cooling during powder atomization can greatly improve the workability and the mechanical properties of alloys. PM superalloys are widely applied as hot end rotating components.

The new developed FGH97 PM superalloy is γ' precipitation strengthened superalloys. which is characterized as superior mechanical properties including stress rupture properties and fatigue crack propagation at temperature up to 750℃. As structural material, FGH97 PM superalloy can be used as turbine disc, shaft and ring.

In this paper, the microstructure and mechanical properties of FGH97 superalloy were studied, also are compared as the other alloys (FGH95, FGH96) which were shaped by direct hot isostatic pressing (HIP).

2 Experiment and Results

2.1 Materials and Methods

The experimental alloys in the study are processed via plasma rotating electrode processing

(PREP) powder making, HIP forming and heat treatment.

Powder size range for FGH95, FGH96 and FGH97 is 50~150μm. HIP temperatures for FGH95 and FGH96 are 1160~1180℃, and 1180~1220℃ for FGH97. The heat treatment process of FGH95 component is solution at (1120~1160)℃×1h followed by 580~620℃ salt bath quenching+870℃×1h/AC aging+650℃×24h/AC aging. The heat treatment process of FGH96 component is solution at (1130~1170)℃×1h followed by 580~620℃ salt bath quenching + 760℃×8h/AC aging. The heat treatment process of FGH97 component is solution treatment +three stages aging treatment: 1190~1210℃, 4h, AC + 950~680℃, 3~20h, AC.

Chemical compositions of experimental alloys are shown in Table 1.

Table 1 Chemical compositions of FGH95, FGH96 and FGH97 superalloy (mass fraction) (%)

Alloy	C	Cr	Co	W	Mo	Al	Ti	Nb	B	Zr	Hf	Ce	Mg	Ni
FGH95	0.06	13.1	8.1	3.6	3.6	3.5	2.6	3.4	micro-scale	micro-scale	—	—	—	Bal
FGH96	0.03	15.8	12.9	4.0	4.0	2.2	3.7	0.8	micro-scale	micro-scale	—	trace	—	Bal
FGH97	0.04	8.8	16.2	5.3	3.8	5.0	1.8	2.7	micro-scale	micro-scale	micro-scale	trace	trace	Bal

OM and SEM were used to observe and analyze microstructure, physical and chemical phase analysis method was used to analyze γ' phase composition. Impact, tensile, creep, stress rupture, fatigue crack propagation mechanical property tests were run.

2.2 Results

2.2.1 Microstructure

2.2.1.1 Grain structure

The grain size of FGH97 PM superalloy is uniform, and the average grain size is 30~40μm (ASTM 6~7) [Fig.1(a)]. Serration grain boundary is the character of FGH97 superalloy microstructure, which is helpful for plasticity and ductility of FGH97 PM superalloy.

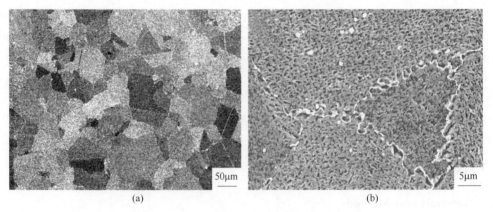

Fig. 1 Grain structure of FGH97 superalloy

2.2.1.2 γ′ phase and carbide morphology

There are three kinds of γ′ phase: the primary γ′ phase (γ'_I), which is big irregular blocky, is mainly distributed on grain boundary with the size of 0.8~1.3μm [Fig. 2(a)]; the secondary γ′ phase (γ'_{II}) is mainly distributed within grains, it is square and butterfly shape and their size is 0.2~0.6μm (Fig. 2); the tertiary γ′ phase (γ'_{III}) is mainly distributed within grains, and its size is about 20~40nm [Fig. 2(b)]. MC carbides are distributed within grains and on grain boundary, M_6C carbides are distributed on grain boundary [(Fig. 2(a)].

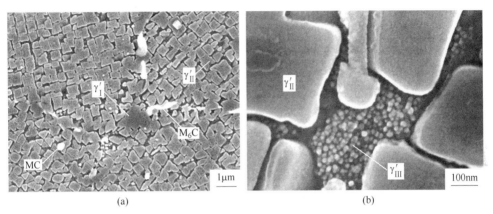

Fig. 2 γ′ phase and carbides in FGH97 superalloy

2.2.1.3 Phase composition

Physical and chemical phase analysis result for FGH97 superalloy is showed in Table 2. Phase compositions are γ matrix phase, γ′ phase, carbides and borides. The γ′ phase mainly consists of Ni, Al, Co, Ti, Cr, Nb and Hf, MC carbide is mainly composed of Nb, Ti, W, Hf and C. Hf mainly partition to the γ′ phase and MC carbides.

Table 2 Phases composition of FGH97 superalloy

Phases		γ, γ′, MC, M_6C, $M_{23}C_6$(trace), M_3B_2(trace)
w(phase content)/%		γ′-62.8, MC-0.30, $M_6C+M_{23}C_6+M_3B_2$-0.13
Phase constitution	γ′	$(Ni_{0.85}, Co_{0.13}, Cr_{0.02})_3(Al_{0.62}, Ti_{0.13}, Nb_{0.09}, W_{0.07}, Cr_{0.05}, Hf_{0.005})$
	MC	$(Nb_{0.61}, Ti_{0.26}, W_{0.05}, Mo_{0.03}, Hf_{0.05})$ C

2.2.2 Mechanical properties

2.2.2.1 Tensile properties

The tensile properties comparison of FGH95, FGH96, FGH97 superalloy are showed in Fig. 3. The tensile strength of FGH95 at room temperature is the highest among the three alloys, while the tensile plasticity of FGH97 is the best. At 650℃ and 750℃, the tensile strength of FGH95 is the highest, the proof strength of FGH97 is higher than FGH96 superalloy, the plasticity of FGH97 is superior than FGH95 and FGH96 superalloy.

It is worthing pointing out that plasticity of FGH97 superalloy is superior to FGH95 and FGH96 superalloy at elevated temperature. Which means that FGH97 superalloy is characterized good strength and plasticity.

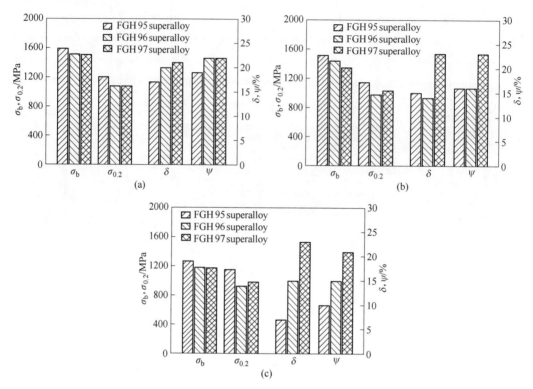

Fig. 3 Tensile properties of FGH95, FGH96 and FGH97 superalloys
(a) room temperature; (b) 650℃; (c) 750℃

2.2.2.2 Impact ductility and hardness at room temperature

Table 3 shows that the impact ductility of FGH97 at room temperature is the best, while FGH95 is the worst. The hardness value of FGH97 at room temperature is smaller than those of FGH95 and FGH96.

Table 3 Impact ductility and hardness properties at room temperature

Alloy	A_{KU2}/J	Hardness/HBW
FGH95	24	443
FGH96	40	403
FGH97	44	388

The morphology of impact fracture showed that the fracture mode is complex, which include intragranular, intergranular and inter powder particles (Fig. 4).

2.2.2.3 High temperature stress rupture properties

Table 4 shows that, the smooth specimen and smooth-notched composite specimen of FGH97 have sound stress rupture property at 650℃ and 750℃. Under the condition of 650℃/1030MPa for smooth specimen, rupture life of FGH95 superalloy is the longest, while that of FGH96

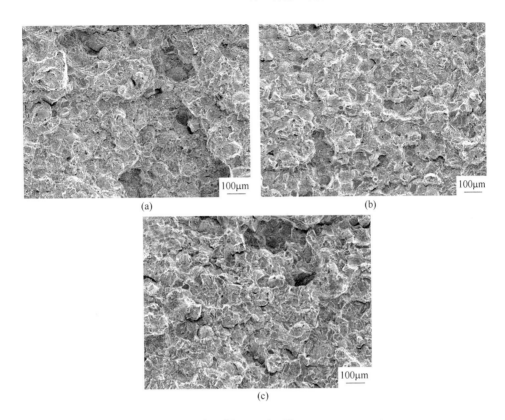

Fig. 4 Fractographs of impact ductility at room temperature
(a) FGH95 superalloy; (b) FGH96 superalloy; (c) FGH97 superalloy

superalloy is the shortest. Under the condition of 750℃/637MPa for smooth-notched composite specimen, rupture life of FGH97 superalloy is the longest, and the specimen failured at the smooth region, suggesting notch strengthening.

Table 4 Stress rupture property at elevated temperature

Alloy	650℃, 1030MPa (Smooth specimen)		750℃, 637MPa (Smooth-notched composite specimen, $R=0.15$mm)	
	Life/h	Elongation/%	Life/h	Elongation/%
FGH95	250	5	36	Failure at the notch
FGH96	63	3	96	12(Failure at the smooth)
FGH97	123	6	197	7(Failure at the smooth)

2.2.2.4 High temperature creep properties

Table 5 show that, creep properties of FGH95, FGH96, FGH97 superalloys are excellent under condition of 650℃/870MPa/100h and 750℃/450MPa/100h. when the stress is increasing to 560MPa at 750℃, the creep properties of FGH97 are much better than that of FGH96 and FGH95, which means that FGH97 superalloy can endure higher stress and temperature.

Table 5 Creep property (ε_p)   (%)

Alloy	650℃, 870MPa, 100h	750℃, 450MPa, 100h	750℃, 560MPa, 100h
FGH95	0.03	0.06	0.37
FGH96	0.04	0.03	1.03
FGH97	0.02	0.02	0.29

2.2.2.5 Fatigue crack propagation rate at high temperature

When the test conditions are 650℃, $R = 0.05$ and 1.5s—90s—1.5s trapezoidal wave, the fatigue crack propagation rates (da/dN) of the three alloys are showed in Table 6. When the stress-intensity factor range (ΔK) is less than 80MPa·$\sqrt{m}$, the fatigue crack propagation rate of FGH97 is the lowest, that of FGH95 is the highest, and the da/dN value of FGH96 is about half of that of FGH95. When ΔK is more than 80MPa·$\sqrt{m}$, the da/dN value of FGH96 is about one third to one quarter of that of FGH95. When ΔK is more than 80MPa·$\sqrt{m}$, the FGH97 specimens fail.

Table 6 Fatigue crack propagation rates at 650℃ (da/dN)   (mm/cycle)

Alloy	ΔK/MPa·$\sqrt{m}$							
	30	40	50	60	70	80	90	100
FGH95	7.7×10^{-3}	3.6×10^{-2}	5.3×10^{-2}	9.5×10^{-2}	1.3×10^{-1}	1.7×10^{-1}	2.2×10^{-1}	2.8×10^{-1}
FGH96	4.3×10^{-3}	1.6×10^{-2}	2.3×10^{-2}	2.9×10^{-2}	3.8×10^{-2}	4.6×10^{-2}	5.5×10^{-2}	6.5×10^{-2}
FGH97	4.7×10^{-4}	1.5×10^{-3}	3.2×10^{-3}	8.6×10^{-3}	1.3×10^{-2}	4.4×10^{-2}	—	—

3 Discussion

The mechanical results of three alloys showed that FGH97 superalloy has sound comprehensive mechanical performance. At 650℃ and 750℃ temperature, FGH97 superalloy has sound strength and plasticity, sound rupture strength and plasticity, sound creep strength, low notch sensitivity and fatigue crack propagation rates. Fundamentally, it is the alloy microstructure determine the mechanical properties.

In general, the strength of grain boundary at room temperature is stronger than that of within grains, as the temperature increasing, grain boundary strength decreased more until the temperature increased to equicohesive temperature where the intrgrain and intergrain strength is equal. As for PM Nickel-base superalloy applied to turbine disc, the operating temperature range is about 650 ~ 750℃, which is in the vicinity of this equicohesive temperature. The serration grain boundary is of great significance especially for those alloy with high γ' content, which will greatly affect alloys mechanical properties. It can been seen that the tensile ductility and impact toughness of FGH97 superalloy is much better than those of FGH95 and FGH96 superalloy, especially for ductility at intermediate temperature. Also, the serration grain boundary of FGH97 superalloy is faviourable to stress rupture, creep and fatigue crack propagation properties, which will extend rupture and creep life and retard crack propagation rate. It is reported that the key factor of serration grain boundary formation in alloy with high γ' content is the precipitation and growth of γ' at grain boundary during cooling process[1], It's important to note that serration grain boundary formation in FGH97 took place in the period of air cooling process after solid solution, which is unlike some alloy that serration grain boundary formation happened in the process of controlled cooling. Air cooling after solid solution means that serration grain boundary is very easy to form for FGH97 superalloy.

The γ' content (mass percent) in FGH97 superalloy is as high as 62.8% which means that alloy strength mainly aroses from high γ' content. Table 2 showed that compositions of γ' in FGH97 are mainly Al, Ti and Ni elements. Ti/Al ratio is a parameter applied in γ' precipitation strengthening Nickel-base superalloy. The higher Ti/Al ratio value, the more APB energy, which will increase the strength of γ' pahse. But high Ti/Al ratio will also deteriorate the stability of γ' phase[2].

Ti/Al ratio of FGH97 is the smallest among the three alloys (Table 1), which means that the stability of γ' phase in FGH97 is the highest among the three alloys, the stable γ' phase is the guarantee of mechanical properites at high temperature.

John Radvich[3-5] systematically studied EP741NP PM superalloy which is analogical to FGH97 superalloy, and regard that the processing of PM EP741NP superalloy is very unique. The chemistry and microstructure designed for the production EP741NP superalloy appears to be targeted at very high temperature. The elevated temperature creep strength and rupture life are superior to other comparable disc alloys such as U720.

4 Conclusions

(1) Grain boundaries of FGH97 superalloy are characterized as serration grain boundaries. Gamma prime in FGH97 superalloy shows different morphologies including irregular shape primary γ'-phase at grain boundaries, cubic secondary γ'-phase and fine tertiary γ'-phase mainly within grains. The serration grain boundaries and multi-mode γ'-phase distribution are favourable to mechanical properties at elevated temperature.

(2) FGH97 superalloy has sound comprehensive mechanical properties, which are sound impact ductility, good strength and plasticity combination, high rupture strength and creep resistance, low fatigue crack propagation rate and low notch sensitivity.

References

[1] Zhong Zengyong, Ma Peili, Chen Gansheng. A Study of zigzag grain boundary in high alloyed wrought nickle-base super-alloy [J]. Acta Metallurgica Sinica 1983, 19 (3): A214-A219.

[2] Cheng Guoliang. Physical metallurgy of superalloy [M]. Beijing: Metallurgy Industry press. 1988: 201-202.

[3] Radavich J, Carneiro T, Furrer D, Lemsky J, Banik A. The Effect of Hafnium, Niobium and Heat Treatment on Advanced Powder Metallurgy Superalloys [C]. Proceedings of the Eleventh International Symposium on Advanced Superalloys. Chinese Society for Metals. Shanghai, 2007: 114-124.

[4] Radavich J, Furrer D. Assessment of Russian PM superalloy EP741NP. Superalloys 2004. Green K A, Pollock T M, Harada H, et al., Pennsylvania: TMS, 2004: 381-390.

[5] Radavich J, Furrer D, Carneiro T, Lemsky J. The microstructure and mechanical properties of EP741NP powder metallurgy disc material. Superalloys 2008. Reed R C, Green K A, Caron P, et al. Pennsylvania: TMS, 2008: 63-72.

(原文发表在《2012 YOKOHAMA Powder Metallurgy World Congress & Exhibition》, P-T10-88. October 14-18, 2012.)

Discussion on the Mechanism of Micro-Element Hf Eliminating PPBs in Powder Metallurgy Superalloy

Zhang Yiwen, Liu Jiantao, Han Shoubo, Chi Yue

(High Temperature Materials Research Institute, CISRI, Beijing 100081, China)

Abstract: The precipitates at prior particle boundaries (PPBs) are composed of carbide and small amount oxycarbide or oxide in PM superalloys. This study mainly investigated the composition and structure of carbide inside the powder, the powder surface and on the PPBs by SEM, TEM, AES techniques, etc, and discussed the mechanism of eliminating PPBs, and the mechanism of Hf eliminating carbides on PPBs according thermodynamics and diffusion theory. The results showed that metastable MC type carbide MC′ rich in Ti, Nb, Cr, Mo, W elements formed on powder surface during atomization, the metastable MC′ carbide on powder surface will transform to stable MC carbide, and Ti and C inside powders will diffuse to sintering neck during hot isostatic pressing (HIP) process, then stable MC carbide (Ti, Nb)C will form on powder particle boudaries. More and stabler MC type carbides containing Hf precipitate within powder particles, which means C and Ti elements are bound in (Ti, Nb, Hf)C carbides, C and Ti diffusing to sintering neck is suppressed, and finally the precipitation of MC type carbides at sintering is inhibited.

Keywords: PM superalloy, Hf, PPBs, mechanism

1 Introduction

Carbide and oxide are formed on the superalloy powder surface during HIP process. With the developing of atomization technology, oxygen content in powder are controlled at low level, so carbides precipitate primarily on the powder surface. A well known phenomenon in PM superalloy is PPBs which is the formation of precipitates in the compacted material at powder-particle boundaries. Serious PPBs will hinder the elements diffusion among powders, and PPBs are hard to be eliminated by heat treatment process. As metallurgical defect, PPBs are harmful to mechanical properties, which will act as crack propagation origin and path resulting in fracture between powder particles. PPBs will deteriorate plasticity, toughness, rupture life and low cycle fatigue life[1-9]. Much previous research work on eliminating PPBs are done and methods of controlling and eliminating PPBs are summarized as following[2,3,10-21]: (1) low C content in alloy so as to reduce carbides precipitation in alloy, normally, C content in alloy are below 0.07% (mass fraction); (2) low Ti content in alloy, strong carbides elements Hf and Ta are added in alloy; (3) PPBs are broken and finally eliminate by hot exrusion process. For example, Ti content in EP741NP alloy (Russia alloy) is about 1.8%, which is lower than René95 (2.5% Ti) and

René88DT (3.7% Ti) alloys (America alloys), Hf content in EP741NP alloy is about 0.3%[14], Hf content in MERL76 is about 0.4%[12], Ta content in René104 and Alloy10 is about 2.4% and 0.9% respectively[21], Hf and Ta content in RR1000 superalloy are 0.75% and 1.5% respectively[20], Hf content in FGH97 (China alloy) is about 0.3%[19], Ta content in FGH98 alloy is about 2.5%[18]. With the addition of Hf and Ta elements, PPBs are almost completely eliminated.

It is widely believed that minor Hf content in alloy is help to lessen PPBs. With the Hf addition, more carbides are formed inside powder particles and C diffusion to powder surface is suppressed which will reduce carbides precipitation on powder surface. On the basis of thermodynamics and diffusion theory, the mechanism of Hf eliminating PPBs in PM superalloys is discussed in the paper.

2 Experimental material and methods

The experimental alloy in the study is FGH96 which is γ' precipitation PM superalloy. The chemical compositions in FGH96 include solution strengthening elements Co, Cr, Mo, W, γ' precipitation strengthening elements Al, Ti, Nb, minor grain boundaries strengthening elements B and Zr. The main chemical composition (mass fraction) is as follows: Co 13.0%, Cr 16.0%, W 4.0%, Mo 4.0%, Al 2.2%, Ti 3.7%, Nb 0.8%, C 0.04% and Ni balance. Minor Hf addition (mass fraction) in FGH96 are 0, 0.3% and 0.6%.

FGH96 superalloy are processed via plasma rotating electrode processing (PREP) powder making, HIP forming and heat treatment. Powder size range is 50~150μm, HIP temperature is 1180℃.

The carbides of powder were extracted from electrochemically etched samples and were made into carbon replica for TEM observation. The morphology, structure and composition analysis of extracted carbides were studied using TEM combined with EDS. For the as-HIP FGH96 superalloy, SEM and OM are used to observe microstructure, TEM is used to carbide structure and composition analysis. Elements distribution of powder surface and near surface are analysed by AES. Phases types and composition in different Hf content FGH96 superalloy are determined by physiochemical phases analysis method, constant current electrolysis was used for the extraction of γ' phase and ($MC+M_3B_2$). Electrochemical method was used for the separation of γ' phase and minor phases of ($MC+M_3B_2$). MC carbide and M_3B_2 phase were separated by chemical method. X-ray diffraction (XRD) was taken into use to determine type of phases. The composition and content of phases were ascertained by chemical analysis method.

3 Experimental result

It is showed that there are γ matrix, γ', MC and minor M_3B_2 in FGH96 superalloy with different Hf additions, and γ' and MC are the main second phases in FGH96 superalloy. With the increasing of Hf content, γ' content also increase slightly and MC content increase. There are about 39% (mass fraction) γ' and no more than 0.23% (mass fraction) $MC+M_3B_2$ in FGH96 superalloy. Hence one can see that addition Hf does not change phases types, while the composition of γ' varies from $(Ni, Co)_3(Al, Ti)$ to $(Ni, Co)_3(Al, Ti, Hf)$ and MC varies from $(Ti, Nb)C$ to $(Ti, Nb, Hf)C$.

The metallurgical microstructure of FGH96 superalloy with different Hf additions is shown in Figure 1. It is shown that there is obvious PPBs in FGH96 superalloy with 0Hf and 0.3Hf additions, while no apparent PPBs exist in FGH96 superalloy with 0.6Hf addition.

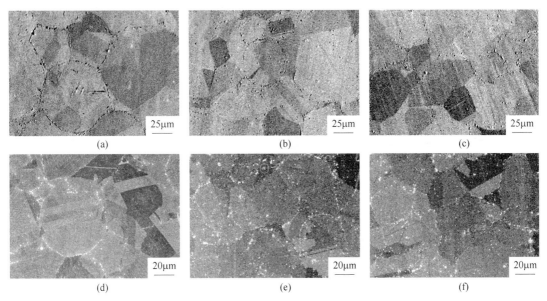

Figure 1 Microstructure of FGH96 superalloys
(a), (b), (c) OM; (d), (e), (f) SEM;
(a), (d) 0Hf; (b), (e) 0.3%Hf; (c), (f) 0.6%Hf

Figure 2 shows the TEM and EDS analysis results of precipitation on PPBs in FGH96 superalloy with 0Hf addition. The calibration of SAD pattern shows that the cubic precipitation [arrow in Figure 2(a)] is MC carbide. The EDS analysis in Figure 2(b) convinces that rich Ti and Nb in MC carbide, which means that the precipitation on PPBs is $(Ti, Nb)C$.

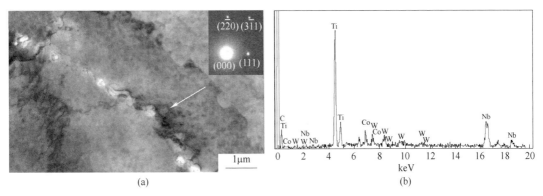

Figure 2 TEM image and indexed SAD of MC and its EDS result in FGH96 alloy with 0Hf

Figure 3 shows the TEM and EDS analysis results of the extracted carbide of powder surface in FGH96 superalloy with 0Hf addition. The calibration of SAD pattern shows that the cubic precipitation [arrow in Figure 3(a)] is MC carbide. The EDS analysis in Figure 3(b) convinces that the MC carbide are rich in strong carbide formation elements Ti, Nb and weak carbide formation elements Cr, Mo, W, the above MC carbide is named as MC′[22,23]. During the atomization by PREP, the melt solidified quickly at the rate of $10^3 \sim 10^5 K/s$, the PREP atomization belongs to rapid non-equilibrium solidification, so the MC′ is metastable carbide. The experimental analysis showed that there are MC′ inside the powders, which is similar to the MC′ on powder surface. Whether inside powder or on the powder surface, the metastable carbides formed during atomization are distributed at interdendritic regions.

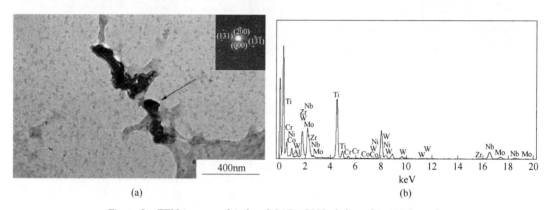

Figure 3 TEM image and indexed SAD of MC (a) and its EDS result
(b) on FGH96 alloy powder surface with 0Hf addition

Ti and C elements on particle surface by AES for FGH96 superalloy with 0Hf addition are shown in Figure 4. It is shown that Ti and C elements concentrate on particle surface for FGH96 superalloy. Based on the above results, we can judge that carbide both inside the powder and on the powder surface are MC′ rich in Ti element.

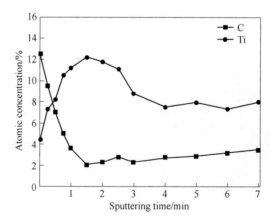

Figure 4 Composition-depth profiles of C and Ti elements
through surface layer of FGH96 powder with 0Hf addition

Figure 5 shows the TEM and EDS analysis results of the extracted carbide inside powder in FGH96 superalloy with 0. 6Hf addition. The calibration of SAD patterns show that the cubic precipitation (arrow in Figure 5(a)) are MC carbide. The EDS analysis in Figure 5(b) convinces that convinces that rich Ti, Nb, Hf, Cr, Mo, W in MC carbide, which means that MC carbide is the metastable MC′.

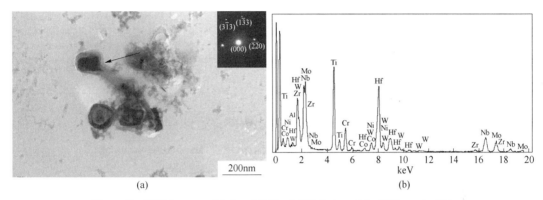

Figure 5　TEM image and indexed SAD of MC (a) and its EDS result (b) on FGH96 alloy powder surface with 0. 6Hf addition

Figure 6 and Figure 7 shows the TEM and EDS analysis results of the extracted carbide in FGH96 superalloy with 0Hf and 0. 6Hf additions. The calibration of SAD patterns show that the cubic precipitation [arrow in Figure 6(a) and Figure 7(a)] are MC carbide. The EDS analysis in Figure 6(b) convinces that rich Ti, Nb in MC carbide, which means that MC carbide is (Ti, Nb)C. The EDS analysis in Figure 7(b) convinces that rich Ti, Nb, Hf in MC carbide, which means that MC carbide is (Ti, Nb, Hf)C. We can judge that during HIP process, metastable MC′ on the surface and inside powder of FGH96 superalloy with 0Hf will decompose and form stable MC carbide (Ti, Nb)C, also metastable MC′ on the surface and inside powder of FGH96 superalloy with 0. 6Hf will decompose and form stable MC carbide (Ti, Nb, Hf)C.

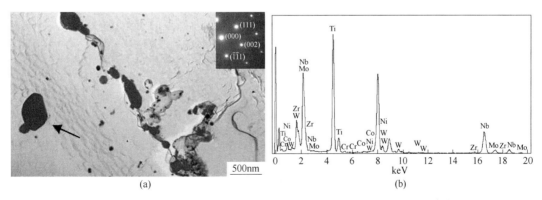

Figure 6　TEM image and indexed SAD of MC (a) and its EDS result (b) on FGH96 superalloy with 0Hf addition

The results in the literature [24] showed that, carbides content increase with Hf addition in

FGH96 superalloy, also intragranular carbides content will also increase and carbides content on PPBs reduce.

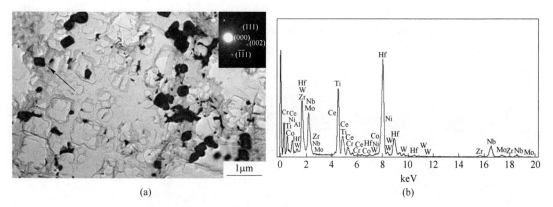

Figure 7 TEM image and indexed SAD of MC (a) and its EDS result (b) on FGH96 superalloy with 0.6Hf addition

4 Discussion

The powder consolidation process during HIP can be described as following[25]: Contact powders plastic yield and sintering neck formation; creep deformation, lattice diffusion and interface diffusion between sintering neck occur. The driving force of HIP is the surface tension forces and applied external pressure.

Documentation [26] calculated the critical nucleation work of carbide precipitation at different positions including intergranular, particle interfaces and particle surface, the results showed that the most easily nucleation position of carbide precipitation is the interface. Excess vacancies at sintering neck that caused by surface tension result in carbide nucleating preferentially at the sintering neck.

Considering a number of oxides precipitated on powder surface will act as nuclei of carbide precipitation[27], which will enhance MC′ precipitate on powder surface.

During HIP process, metastable MC′ will transform to equilibrium phase at sintering necks and form stable carbide (Ti, Nb)C, the phase transition obey the equation (1):

$$\text{MC}'[(\text{Ti, Nb, Cr, Mo, W})\text{C}](\text{at sintering neck}) \longrightarrow$$
$$\text{MC}[(\text{Ti, Nb})\text{C}](\text{at sintering neck}) + \gamma[\text{Cr, Mo, W}](\text{at sintering neck}) \quad (1)$$

During HIP process, metastable MC′ carbide inside powder will decompose and form stable MC carbide. Because of high diffusion coefficients of C, Ti and Nb (seen as in Table 1), these elements will diffuse to sintering neck, while elements Cr, Mo and W will diffuse to γ matrix, and secondary carbide (Ti, Nb)C will form at sintering neck according to equation (2):

$$\text{MC}'[(\text{Ti, Nb, Cr, Mo, W})\text{C}](\text{inside powder}) \longrightarrow$$
$$\text{MC}[(\text{Ti, Nb})\text{C}](\text{at sintering neck}) + \gamma[\text{Cr, Mo, W}](\text{inside powder}) \quad (2)$$

During HIP process, supersaturated solid solution γ will decompose, secondary carbide TiC will form at sintering neck according to equation (3) because of high diffusion coefficients of C and Ti (seen as in Table 1).

$$\gamma[\text{supersaturation}](\text{inside powder}) + C(\text{inside particle}) \longrightarrow$$
$$\gamma[\text{equilibrium}](\text{inside powder}) + MC[\text{TiC}](\text{at sintering neck}) \quad (3)$$

According to equation (1), (2) and (3), secondary carbide (Ti, Nb)C precipitates at sintering neck and form PPBs, as shown in Figure 8(a).

Table 1 Diffusion coefficients of elements[28,29]

Element	$D_0/\text{m}^2 \cdot \text{s}^{-1}$	$Q/\text{J} \cdot \text{mol}^{-1}$	D at $1180°C/\text{m}^2 \cdot \text{s}^{-1}$	Remark
C	1.2×10^{-5}	1.37×10^5	1.4×10^{-10}	in Ni
Ti	8.0×10^{-5}	2.57×10^5	4.6×10^{-14}	in Ni
Nb	5.6×10^{-4}	2.86×10^5	2.9×10^{-14}	in γ-Fe
Cr	1.1×10^{-4}	2.72×10^5	1.8×10^{-14}	in γ-Fe
Co	2.8×10^{-4}	2.85×10^5	1.6×10^{-14}	in Ni
Mo	3.0×10^{-4}	2.88×10^5	1.3×10^{-14}	in Ni
W	2.9×10^{-4}	3.08×10^5	2.5×10^{-15}	in Ni
Hf	9.0	4.73×10^5	8.9×10^{-17}	in Ni

Note: $D = D_0 \exp(-Q/RT)$; where, $R = 8.314 \text{J}/(\text{mol} \cdot \text{K})$; T is absolute temperature, K; Q is activity engery, J/(mol $\cdot$ K).

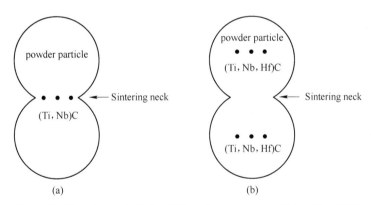

Figure 8 Sintering neck during HIP (a) secondary carbide (Ti, Nb)C formed at sintering neck; (b) secondary carbide (Ti, Nb, Hf)C formed inside the powder

In conclusion, C and Ti segregation at the surface of the powder particles during atomization process is the main reason for the formation of PPBs.

With the addition of minor Hf content in FGH96 superalloy, metastable MC' contain Hf formed inside the powder because diffusion coefficient of Hf is very low, diffusion coefficient of Hf is 3 orders of magnitude lower than Ti element (as shown in Table 1). Thermodynamically, because Hf and C have a strong affinity, MC type carbide HfC is very stable[30], the MC' transforms to the equilibrium phase in situ according to equation (4) during HIP process, and stable (Nb, Ti, Hf)C carbides are formed, as shown in Figure 8(b).

$$MC'[(\text{Ti, Nb, Hf, Cr, Mo, W})C](\text{inside powder}) \longrightarrow$$

$$MC[(Ti, Nb, Hf)C](inside\ powder) + \gamma[Cr, Mo, W](inside\ powder) \qquad (4)$$

On another way, in FGH96 superalloy with Hf addition, supersaturated γ will decompose and C will be released during HIP process, released C will react with Hf containing in MC′, finally stable (Ti, Nb, Hf)C carbides are formed according to equation (5).

$$MC'[(Ti, Nb, Hf, Cr, Mo, W)C](inside\ powder) +$$
$$C[decompsed\ from\ \gamma\ matrix](inside\ powder) \longrightarrow$$
$$MC[(Ti, Nb, Hf)C](inside\ powder) + \gamma[Cr, Mo, W](inside\ powder) \qquad (5)$$

According to equation (4) and (5), secondary carbide (Ti, Nb, Hf)C precipitates inside powders.

In conclusion, during the HIP process, C and Ti elements inside powder are bound in (Ti, Nb, Hf)C carbides, and suppress C and Ti diffusing to sintering neck, also the precipitation of MC type carbides at sintering are inhibited. Thus the precipitation of MC type carbides on PPBs is inhibited.

5 Conclusion

(1) Addition of minor Hf in FGH96 superalloy does not change phases types and form new phase, γ′ and MC carbide are main secondary phases, the composition of γ′ varies from $(Ni, Co)_3(Al, Ti)$ to $(Ni, Co)_3(Al, Ti, Hf)$ and MC varies from (Ti, Nb)C to (Ti, Nb, Hf)C.

(2) C and Ti segregation at the surface of the powder particles during atomization process is the main reason for the formation of PPBs, the main precipitations on PPBs are MC carbide (Ti, Nb)C in FGH96 superalloy.

(3) The mechanism of Hf eliminating PPBs in PM superalloys is summerised as following: 1) Metastable MC′ carbides contain Hf element precipitate inside powder during atomization; 2) During HIP process, the MC′ carbide transforms to the equilibrium phase in situ and stable carbide (Ti, Nb, Hf)C is formed, C and Ti elements are bound in (Ti, Nb, Hf)C carbides, C and Ti diffusing to sintering neck is suppressed, and finally the precipitation of MC type carbides at sintering is inhibited.

6 Acknowledgments

This research is partially funded by National Basic Research Program of China (Grant No. 2010CB631204).

References

[1] W. Wallace W. Wiebe E. P. Whelan, R. V. Dainty and T. Terada, Powder Met. 1973, 16 (32): pp. 416-436.

[2] T. L. Prakash, Y. N. Chari, E. S. Bhagiradha Rao and R. Thamburaj, Metall. Trans. A. 1983, 14A: pp. 733-742.

[3] R. Thamburaj, W. Wallace, Y. N. Chari and T. L. Prakash, Powder Met. 1984, 27 (3): pp. 169-180.

[4] D. R. Chang, D. D. Krueger and R. A. Sprague, *Superalloys* 1984, ed. by M. Gell, C. S. Kortovic, R. H. Bri-

cknell, W. B. Kent and J. F. Radavich, (The Metallurgical Society of AIME, Warrendale Pennsylvania, 1984) pp. 245-273.

[5] B. F. Hu, H. Y. Li and S. H. Zhang, Acta Metallurgica Sinica. 1987, 23 (2): pp. B95-B100.

[6] J. Mao, W. H. Yang, W. X. Wang, J. W. Zou and R. F. Zhou, Acta Metallurgica Sinica. 1993, 29 (4): pp. A187-A192.

[7] G. A. Rao, M. Kumar and D. S. Sarma, Mater. Sci. and Eng. A. 2003, 355: pp. 114-125.

[8] G. A. Rao, M. Srinivas and D. S. Sarma, Mater. Sci. and Eng. A. 2006, 435-436 (5): pp. 84-99.

[9] T. Xia, Y. W. Zhang and Y. Chi, Powder Metallurgy Technology. 2013, 31 (1): pp. 53-61, 68.

[10] R. E. Allen, J. L. Bartos and P. Aldred, US Patent, 3, 890, 816, Jun. 24, 1975.

[11] J. M. Larson, T. E. Volin and F. G. Larson. *Microstructural Science.* Vol. 5, ed. by J. D. Braun, H. W. Arrowsmith, J. L. McCall, (American Elsevier Pub., New York, 1977) pp. 209-217.

[12] D. J. Evans and R. D. Eng, *Modern Developments in Powder Metallurgy*, ed. by H. H. Hausner, H. W. Antes and G. D. Smith, (MPIF and APMI, Princeton, 1981, vol. 14) pp. 51-63.

[13] N. G. Ingesten, R. Warren and L. Winberg, *High Temperature Alloys for Gas Turbines* 1982, ed. by R. Brunetaud, D. Coutsouradis, T. B. Gibbons, Y. Lindblom, D. B. Meadowcroft and R. Stickler, (D Reidel Publishing Company, Dordrecht, 1982) pp. 1013-1027.

[14] А. Ф. Белов, Н. Ф. Аношкин, О. Х. Фаткуллин, Р. Ф. Бабикова и Н. М. Гриц, *Жаропрочные и жаростойкие стали и сплавы на никелевой основе*, ed. by О. А. Банных, (Наука, Москва, 1984) pp. 31-40.

[15] C. Marquez, G. L'Esperance and A. K. Koul, Int. Journal of Powder Met. 1989, 25 (4): pp. 301-308.

[16] G. E. Maurer, W. Castledine, F. A. Schweizer and S. Mancuso, *Superalloys* 1996, ed. by R. D. Kissinger, D. J. Deye, D. L. Anton, A. D. Cetel, M. V. Nathal, T. M. Pollock and D. A. Woodford, (TMS, Warrendale, Pennsylvania, 1996) pp. 645-652.

[17] X. Pierron, A. Banik, G. E. Maurer, J. Lemsky, D. U. Furrer and S. Jain, *Superalloys* 2000, ed. by T. M. Pollock, R. D. Kissinger, R. R. Bowman, K. A. Green, M. McLean, S. L. Olson and J. J. Schirra, (TMS, Warrendale, Pennsylvania, 2000) pp. 425-433.

[18] J. Jia, Y. Tao and Y. W. Zhang, Rare Metals. 2009, 28 (Spec. Issue): pp. 136-140.

[19] J. T. Liu, Y. W. Zhang, Y. Tao, Y. Zhang, G. X. Zhang, and Y. Chi, Transactions of Materials and Heat Treatment. 2011, 32(3): pp. 47-51.

[20] J. R. May, M. C. Hardy, M. R. Bache and D. D. Kaylor, Advanced Materials Research. 2011, 278: pp. 265-270.

[21] D. Rice, P. Kantzos, B. Hann, J. Neumann and R. Helmink, *Superalloys* 2008, ed. by R. C. Reed, K. A. Green, P. Caron, T. P. Gabb, M. G. Fahrmann, E. S. Huron and S. A. Woodard, (TMS, Warrendale, Pennsylvania, 2008) pp. 139-147.

[22] J. A. Domingue, W. J. Boesch and J. F. Radavich, *Superalloys* 1980, ed. by J. K. Tien, S. T. Wlodek, H. Morrow III, (ASM, Metals Park, Ohio, 1980) pp. 335-344.

[23] B. F. Hu, H. M. Chen, D. Song and H. Y. Li, Acta Metallurgica Sinica. 2005, 41 (10): pp. 1042-1046.

[24] W. B. Ma, G. Q. Liu, B. F. Hu, Y. W. Zhang and J. T. Liu, Mater. Sci. and Eng. A, http://dx.doi.org/10.1016/j.msea.2013.05.015.

[25] W. B. Eisen and J. C. Hebeisen, *Powder Metal Technologies and Applications*, ASM Handbook Vol. 7, (Materials Park, ASM International, 2006) pp. 590-604.

[26] W. H. Yang, K. L. Yu, H. Y. Lai and M. G. Yan, Journal of Aeronautical Materials, 1993, 13 (1): pp. 22-29.

[27] J. P. Zhao, Xi'an University of Architecture and Technology, (Xi'an, China, 2010) pp. 25-35.
[28] W. F. Gale and T. C. Totemeier, *Smithells Metals Reference Book*, 8*th ed*, (Elsevier Butterworth–Heinemann, New York, 2004) pp. 13-25.
[29] V. Burachynsky and J. R. Cahoon, Metall. and Mater. Trans. A, 1997, 28: pp. 563-582.
[30] O. Kubaschewski, C. B. Alcock and P. J. Spencer, *Materials thermochemistry*, 6*th ed*, (Pergamon Press, New York, 1993) pp. 258-323.

(原文发表在《Proceedings of the 11th International Conference on Hot Isostatic Pressing》, 9-13 June, 2014, Stockholm, Sweden. Stockholm: The Swedish Steel Producers' Association, 2014: 419-427.)

Effects of High Temperature Treatments on PPBs in a PM Superalloy

Tao Yu, Jia Jian, Zhao Junpu

(Central Iron & Steel Research Institute, No. 76 Xueyuan Nanlu, Beijing 100081, China)

Abstract: FGH96 components of aircraft engines were produced by a processing route of hot isostatic pressing plus heat treatment (as-HIP). The prior particle boundaries (PPBs) could be found in those articles in spite of the lower carbon content in the alloy. Attempts to eliminate or reduce PPBs in as-HIP FGH96 alloy have been carried out by either increasing the HIP temperature from 1180℃ to 1230℃ or taking an appended annealing treatment at 1230℃. Based on experimental results, a thermodynamic analysis by using Jmat Pro has been conducted to understand the effects of high temperature treatments on PPBs in FGH96 alloy. PPBs found in as-HIP FGH96 alloy were mainly constituted by MC carbides enriched in Ti and Nb. The results of a thermodynamic analysis presented that carbides precipitated on TiN nucleus and grew up to form PPBs. High temperature treatments, both increasing HIP temperature and taking a high temperature annealing treatment after HIP, could reduce the equilibrium amount of MC carbides and the surface segregation of Ti in powder particles, and turned the continuous precipitates into broken particles on PPBs. Although the PPBs could not be completely eliminated by high temperature treatments, an obvious improvement in rupture life of the material could be observed.

Keywords: FGH96, As-HIP, PM superalloy, PPBs

1 Introduction

FGH96 is a powder metallurgy (PM) processed nickel-base superalloy, which was developed in the 1990s in China and has been used for manufacturing the rotor components of aircraft engines. This alloy has a nominal composition in mass percent of 2.2Al-0.01B-0.025C-0.01Ce-13Co-16Cr-4Mo-0.8Nb-3.7Ti-4W-0.038Zr-Bal. Ni[1]. Some noncritical FGH96 components were produced by a processing route with hot isostatic pressing plus heat treatment (as-HIP). The vacuum induction melted rods were atomized by plasma rotating electrode process (PREP) to prepare the alloy powder. The HIP consolidation was conducted normally at 1180℃, 120MPa for 4 h. In spite of the lower level of the carbon content in the alloy, the prior particle boundaries (PPBs) could be still found in as-HIP FGH96 articles. According to the literatures the PPBs could be greatly reduced by HIPing articles at higher temperatures[2,3]. Attempts to eliminate or reduce PPBs in as-HIP FGH96 alloy have been carried out by either increasing the HIP temperature from 1180℃ to 1230℃ or taking an appended annealing treatment at 1230℃. Based on experimental results, a thermodynamic analysis with helping of Jmat Pro has been conducted to understand the effects of high temperature treatments on PPBs in FGH96 alloy.

2 Experimental Procedures

The FGH96 powder, which originated from the same batch of PREP to ensure chemistry, was canned in mild steel containers, sealed by electron beam welding after degassing in vacuum at 450℃ and then consolidated to billets by HIPing at a pressure of 120MPa for 4h at 1180℃ and 1230℃ respectively. Annealing treatment was conducted at 1230℃ for 8 h for some specimens HIPed at 1180℃. Heat treatments for all of the material investigated included a super-solvus solution at 1150℃/2 h followed by a 600℃ salt quench and an aging treatment (860℃/16h, air cool). Table 1 shows the chemical composition of the experimental alloy. Specimens from experimental material were examined by optical microscope, SEM/EDS and FE-EPMA. An X-ray diffraction (XRD) analysis for residual extraction of FGH96 alloy HIPed at 1180℃ was taken to determine the constitution of phases. Mechanical properties, including room temperature, 650℃ and 750℃ tensile, 650℃/970MPa and 750℃/620MPa stress rupture, 750℃/450MPa/100h plastic creep and room temperature impact toughness were tested on specimens from different treating conditions.

Table 1 Chemical composition of the experimental alloy (mass fraction) (%)

Al	B	C	Ce	Co	Cr	Mo	Nb	Ti	W	Zr
2.14	0.0092	0.028	0.007	13.02	15.71	4.06	0.85	3.68	4.06	0.036
Fe	Mn	Si	P	S	Ta	N	O	H	Ni	
0.08	<0.005	0.050	<0.005	0.001	<0.05	0.0031	0.004	0.0001	Bal.	

3 Results and Discussion

The PPBs could be observed clearly in the microstructure of specimens HIPed at 1180℃ without anneal, Fig. 1. The secondary phases precipitated continually on the powder particle surface and were identified by the SEM/EDS analysis, indicating that the carbides enriched in Ti and Nb, as shown in Fig. 2. The map analysis of FE-EPMA showed these results more directly and distinctly, as shown in Fig. 3. It can be observed from Fig. 3 that no continuous oxides were observed at the PPBs. The

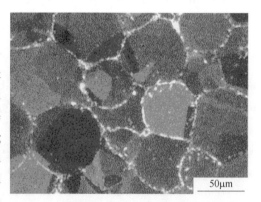

Fig. 1 PPBs found in a specimen HIPed at 1180℃ without anneal

phase analysis by electrolytic extraction and separation revealed that carbides in as-HIP FGH96 alloy were MC type with lattice parameters between 0.435~0.436nm and enriched in Ti and Nb. The mass fraction of MC carbides and M_3B_2 borides in the material was about 0.184%.

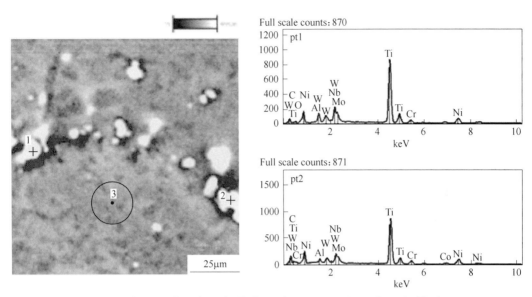

Fig. 2　SEM/EDS analysis for PPBs in the same specimen shown in Fig. 1

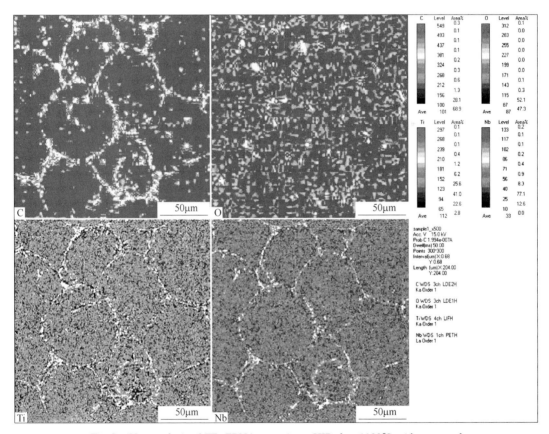

Fig. 3　Map analysis of FE-EPMA, specimen HIPed at 1180℃ without anneal

PPBs could be found still in the microstructure of the specimens HIPed or annealed at 1230℃, as shown in Fig. 4. However, the particle density on the PPBs was found to decrease and the continuous precipitates turned into broken particles when compared with Fig. 1. The samples HIPed at 1230℃ exhibited an average grain size of 32.98μm which was in the same level of that HIPed at 1180℃. The material annealed at 1230℃ had a little larger average grain size of 44.53μm.

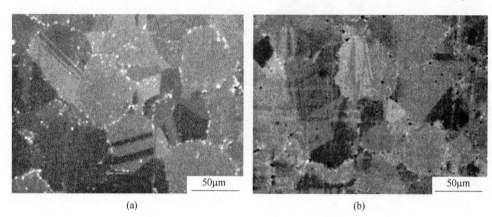

Fig. 4 PPBs found in specimens HIPed or annealed at 1230℃
(a) 1180℃ HIPing+1230℃ annealing; (b) 1230℃ HIPing

The results of mechanical property tests are shown in Table 2. Compared with the specimen HIPed at 1180℃, those HIPed or annealed at 1230℃ have a slight decrease in tensile strength, but the rupture life of the alloy HIPed or annealed at 1230℃ was improved clearly. No obvious difference was observed in creep elongation and impact energy for the tested specimens with varied treating conditions.

Table 2 Results of mechanical property tests

Tested Properties		1180℃ HIP+HT	1180℃ HIP+1230℃ Annealing+HT	1230℃ HIP+HT
R. T. Tensile	U. T. S. /MPa	1510	1480	1520
	0.2% Y. S. /MPa	1070	1060	1050
	Elongation/%	19.5	21.0	22.0
650℃ Tensile	U. T. S. /MPa	1460	1420	1440
	0.2% Y. S. /MPa	990	955	935
	Elongation/%	16	15.0	18.0
750℃ Tensile	U. T. S. /MPa	1190	1200	1180
	0.2% Y. S. /MPa	945	920	920
	Elongation/%	14	15.5	16.5
650℃/970MPa Rupture	Rupture Life/h	115	214.43	292.83
	Elongation/%	2.08	3	3
750℃/620MPa Rupture	Rupture Life/h	87.17	224.25	221.18
	Elongation/%	16.88	13	11
750℃/450MPa/100h Creep	Creep Elongation /%	0.096	0.088	0.076
R. T. Impact, A_{KU2}/J		43.1	44.4	44.9

It was reported that some stable oxides such as ZrO_2 precipitated in powder surfaces during atomization processes. These oxides became nucleation sites for MC carbides during HIP. So Ti and Nb rich MC carbides and Zr rich oxides were often found on the PPBs[4,5]. In this study, although MC carbides enriched in Ti and Nb were also observed on the PPBs, it still could not be proven that ZrO_2 or other oxides coexisted on the PPBs with MC carbides because of the lower oxygen content (40ppm) in investigated alloy. The form of MC carbides on the PPBs in FGH96 must have different mechanism. To understand this, a thermodynamic analysis was conducted by using JMat Pro to calculate the existence of stable precipitates such as MC carbides, oxides, nitrides and borides at investigated temperature range, as shown in Fig. 5. The results showed that oxides, nitrides existed in liquid metal as form of Al_2O_3 and TiN. It was found that Ti had strong tendency to segregate on the surface of molten alloys in Ni-Ti system and some real Ni-base superalloys[6,7]. It could be theorized that TiN precipitated first on the surface of the liquid powder particles. At about 1315℃ (Ti, Nb)(C, N) began to precipitate on TiN nucleus. It was more difficulty for carbides to nucleate on Al_2O_3 than on TiN because of the different type of the crystal lattice and less amount of the Al_2O_3 particles in liquid alloy. During the solidification, the amount of the carbides increased rapidly. In fact, the powder particles cooled so fast in PREP that carbides had no time to grow up on the surface of the powder. PPBs formed most probably during hot isostatic processing, the time of HIP was long enough to let carbon diffuse from inside to powder surface en-

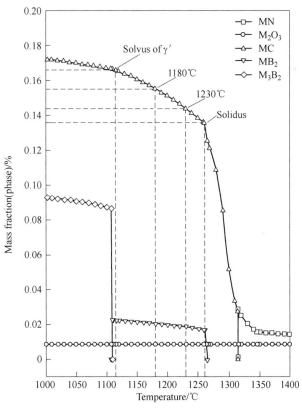

Fig. 5 Thermodynamic analysis by using JMat Pro

riched in Ti and TiN. Either increasing HIP temperature or taking an additional high temperature annealing treatment after HIP could reduce the equilibrium amount of MC carbides and the surface segregation of Ti element in the powder particle, resulted in decreasing the density of PPBs in the material and turned the continuous precipitates into broken particles on PPBs. The transformation occurred in PPBs affected cracks propagating form. After high temperature treatments, it was found that the quench cracks propagating routes in the alloy changed from along the PPBs to along the grain boundaries. Maybe this is the main reason for improvement in rupture life of the material. But it is impossible to eliminate PPBs completely in as-HIP FGH96 alloy by high temperature treatments.

4 Conclusions

The PPBs found in as-HIP FGH96 alloy made of PREP powder were mainly constituted by MC carbides enriched in Ti and Nb. The results of a thermodynamic analysis presented that carbides precipitated on TiN nucleus and grew up to form PPBs. High temperature treatments, both increasing HIP temperature and taking an additional high temperature annealing treatment after HIP could reduce the equilibrium amount of MC carbides and the surface segregation of Ti element in the powder particles, turned the continuous precipitates into broken particles on PPBs. Although the PPBs could not be completely eliminated by high temperature treatments, and an obvious improvement in rupture life of the material could be observed.

References

[1] M. G. Yan, et al., eds., China Aeronautical Materials Handbook, vol. 5 (Beijing: Standards Press of China, 2001), 44-47.

[2] G. E. Maurer, W. Castledine, F. A. Schweizer, et al. Development of HIP consolidated PM superalloys for conventional forging to gas turbine engine components. Superalloys 1996, ed. R. D. Kissinger, D. J., et al. (TMS, 1996), 645-652.

[3] X. Pierron, A. Banik, G. E. Maurer, et al. Sub-solidus HIP Process for PM Superalloy Conventional Billet Conversion. Superalloys 2000, ed. T. M. Pollock, R. D. Kissinger, et al. (TMS, 2000), 425-433.

[4] N. G. Ingesten, R. Warren and L. Winberg. Nature and Origin of Previous Particle Boundary Precipitates in PM Superalloys. High Temperature Alloys for Gas Turbines 1982, ed. R. Brunetaud, D. Coutsouradis, T. B. Gibbons, et al. D. Reidel Publishing Company, 1982, 1013-1027.

[5] G. Appa Rao, M. Srinivas and D. S. Sarma. Effect of oxygen content of powder on microstructure and mechanical properties of hot isotatically pressed superalloy Inconel 718 [J]. Materials Science and Engineering A, 435/436 (2006), 83-99.

[6] S. Sauerland, G. Lohofer and I. Egry. Surface tension measurements on levitated liquid metal drops. Journal of Non-Crystalline Solids, 156/158 (1993), 833-836.

[7] Z. Li, K. C. Mills, M. McLean, et al. Measurement of the density and surface tension of Ni-based superalloys in the liquid and mushy states. Metall. Mater. Trans. B, B36 (2005), 247-254.

（原文发表在《IUMRS-ICAM2013》(Materials Science Forum, 2014, 788): 525-530.）

微量元素 Hf 对 FGH4097 粉末高温合金力学性能的影响

张义文[1]　吕日红[2]　韩寿波[1]　张莹[1]
王鸣[3]　李晓欣[3]　胡本芙[4]

(1. 钢铁研究总院高温材料研究所，北京，100081；
2. 贵州黎阳航空动力有限公司工程技术部，贵州贵阳，561102；
3. 沈阳航空发动机设计研究所，辽宁沈阳，110015；
4. 北京科技大学材料科学与工程学院，北京，100083)

摘　要　研究了不同 Hf 含量对 FGH4097 合金的冲击韧性、拉伸性能、高温持久性能和疲劳裂纹扩展速率的影响。结果表明，适量的 Hf 提高合金的冲击韧性、拉伸塑性、高温持久寿命和疲劳裂纹扩展抗力，有利于消除合金的缺口敏感性，对 FGH4097 合金综合力学性能的改善起到有益作用。含 0.30%（质量分数）Hf 的 FGH4097 合金的综合力学性能最佳。

关键词　粉末高温合金　FGH4097　铪　力学性能

The Effects of Microelement Hafnium on the Mechanical Property of PM Superalloy

Zhang Yiwen[1], Lü Rihong[2], Han Shoubo[1], Zhang Ying[1],
Wang Ming[3], Li Xiaoxin[3], Hu Benfu[4]

(1. High Temperature Materials Research Institute, Central Iron & Steel Research Institute, Beijing 100081, China; 2. Guizhou Liyang Aviation Dynamic Co., Ltd., Aviation Industry of China, Guiyang Guizhou 561102, China; 3. Shenyang Aeroengine Research Institute, Aviation Industry of China, Shenyang Liaoning 110015, China; 4. School of Materials Science and Engineering, University of Science and Technology Beijing, Beijing 100083, China)

Abstract: The effects of different Hf content in FGH4097 PM superalllloy on impact ductility, tensile properties, stress rupture properties and fatigue crack propagation rate were investigated. The results showed that appropriate Hf content was helpful to improve mechanical properties, such as impact ductility, tensile plasticity, stress rupture life and fatigue crack propagation resistance. FGH4097 PM superalloy containing 0.30% Hf presented the best comprehensive mechanical properties.

Keywords: PM superalloy, FGH4097, Hafnium, mechanical property

20世纪70年代初，人们开始研究元素Hf在镍基粉末高温合金中的作用。镍基粉末高温合金中添加微量的Hf，提高了合金的持久寿命、蠕变抗力和裂纹扩展抗力，有助于消除缺口敏感[1~4]。文献［1］报道，在IN100合金中添加0.4%的Hf(MERL76合金)，采用氩气雾化法制粉+热等静压成形工艺制备合金，在732℃、655MPa条件下，MERL76合金的持久寿命比IN100合金提高了10倍以上，持久塑性也大为改善，并且消除了缺口敏感。文献［2~4］报道，在EP741合金中添加0.3%左右的Hf(EP741NP合金)，采用等离子旋转电极法制粉+热等静压成形工艺制备合金，提高了750℃持久寿命和持久塑性。由于形成了富Hf的MC型碳化物以及Hf改变了晶界碳化物的分布，含0.75%Hf的RR1000合金[5,6]、含0.5%Hf的N18合金[6,7]以及含0.25%Hf的N19合金，具有较高的蠕变抗力和裂纹扩展抗力[8]。关于不同Hf含量对粉末高温合金力学性能影响的系统研究尚未见报道。

为此，本文研究了不同Hf含量对镍基粉末高温合金FGH4097的室温冲击韧性、室温拉伸性能、650℃高温持久性能和650℃疲劳裂纹扩展速率的影响，阐述了Hf含量对力学性能的影响规律，在此基础上确定了最佳Hf含量。本文对全面认识微量元素Hf在粉末高温合金中的作用将起到有益的帮助，同时，为采用Hf微合金化技术设计新一代高强高损伤容限型粉末高温合金提供参考。

1 实验材料及方法

实验材料为不同Hf含量的FGH4097镍基粉末高温合金。FGH4097合金的主要成分（质量分数）为：C 0.04%，Co 15.75%，Cr 9.0%，W 5.55%，Mo 3.85%，Al 5.05%，Ti 1.8%，Nb 2.6%，Hf 0~0.89%，B，Zr微量，Ni余量。文中采用的5种Hf含量（质量分数）分别为0、0.16%、0.30%、0.58%和0.89%。使用等离子旋转电极法制备的合金粉末粒度为50~150μm，采用热等静压固结成形，热等静压温度为1200℃。将固结成形的试样在1200℃保温4h后空冷，而后进行3级时效处理，终时效为在700℃保温15~20h后空冷。测试了不同Hf含量的FGH4097合金的室温冲击吸收功、室温拉伸性能、650℃持久性能（应力1020MPa，光滑试样，缺口试样，缺口半径$R=0.15$mm）和650℃疲劳裂纹扩展速率（应力比$R=0.05$，加载频率10~30次/min）。

2 实验结果及分析

2.1 冲击韧性

冲击试验结果表明，Hf含量对FGH4097合金的室温冲击韧性影响较显著。图1给出了不同Hf含量的FGH4097合金的室温冲击吸收功。可见，随着Hf含量的增加，冲击吸收功先增加后减小。Hf质量分数小于0.30%合金的冲击吸收功较高，含0.89%Hf合金的冲击吸收功最低。与含0.30%Hf合金相比，含0.89%Hf合金的室温冲击吸收功的平均值降低了约25%，冲击韧性明显下降。

2.2 拉伸性能

不同Hf含量FGH4097合金的室温拉伸性能如图2所示。可见，Hf含量对室温抗拉强

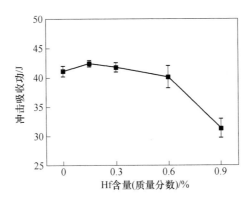

图 1 不同 Hf 含量 FGH4097 合金的室温冲击吸收功

Fig. 1 Impact absorbing energy of FGH4097 with different Hf content at room temperature

度和屈服强度影响不大；随着 Hf 含量的增加，拉伸塑性变化较明显，断后伸长率和断面收缩率先增加后减小，从不含 Hf 到含 0.30%Hf，合金的塑性明显提高，Hf 含量继续增加至 0.89%Hf 时，塑性下降，Hf 含量为 0.30%时塑性最好。与不含 Hf 合金相比，含 0.30% Hf 合金的室温断后伸长率和断面收缩率的平均值分别提高了约 27%和 18%。

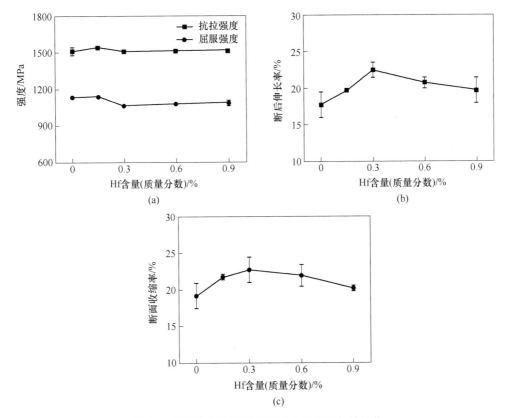

图 2 不同 Hf 含量 FGH4097 合金的室温拉伸性能

Fig. 2 Strength (a), elongation (b), reduction of cross sectional area (c) of FGH4097 alloy with different Hf content at room temperature

2.3 高温持久性能

在 650℃、1020MPa 试验条件下,不同 Hf 含量 FGH4097 合金的光滑试样和缺口试样($R=0.15$mm)的持久寿命如图 3 所示。可见,随着 Hf 含量的增加,缺口试样持久寿命呈增加趋势,含 0.30%Hf 合金的缺口试样持久寿命最长,不含 Hf 合金缺口试样持久寿命低于光滑试样持久寿命,存在缺口敏感性,Hf 质量分数高于 0.16% 后,缺口试样持久寿命高于光滑试样持久寿命,消除了缺口敏感性。含 0.30%Hf 和含 0.89%Hf 合金的光滑试样和缺口试样的持久寿命均高于含 0.16%Hf 和含 0.58%Hf 合金。

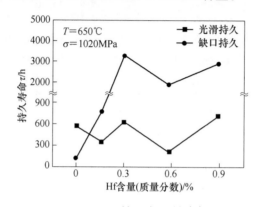

图 3 不同 Hf 含量 FGH4097 合金的 650℃ 持久寿命

Fig. 3 Stress rupture life of FGH4097 alloy with different Hf content at 650℃, 1020MPa

2.4 疲劳裂纹扩展速率

在无保载试验条件下(应力比 $R=0.05$,加载频率 10~30 次/min),不同 Hf 含量 FGH4097 合金 650℃ 疲劳裂纹扩展速率 da/dN 与应力强度因子范围 ΔK 的关系如图 4 所示。可见,在 ΔK 在 28.5~33.2 MPa·$\sqrt{m}$ 范围内,含 0.30%Hf 合金的疲劳裂纹扩展速率最低。在 $\Delta K=30$MPa·$\sqrt{m}$ 条件下,Hf 质量分数为 0,0.16%,0.30%,0.58% 和 0.89% 时,疲

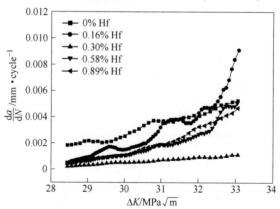

图 4 不同 Hf 含量 FGH4097 合金的 650℃ 疲劳裂纹扩展速率

Fig. 4 Fatigue crack propagation rate of FGH4097 with different Hf content at 650℃

劳裂纹扩展速率 da/dN 分别为 $2.50×10^{-3}$ mm/cycle, $1.47×10^{-3}$ mm/cycle, $4.85×10^{-4}$ mm/cycle, $1.04×10^{-3}$ mm/cycle, $1.04×10^{-3}$ mm/cycle, 含 0.30%Hf 合金的疲劳裂纹扩展速率是不含 Hf 合金的 1/5。

3 讨论

文献 [9] 报道, 由于元素 Hf 是强碳化物形成元素, FGH4097 合金中加入的微量元素 Hf 首先进入 MC 型碳化物中, 其次进入 γ′ 相中, 改变 MC 相和 γ′ 相中合金元素的组成, 进而也改变 γ 相中合金元素的组成, 造成 Ti, Nb, W, Mo, Cr 等元素在 MC 相、γ 相以及 γ′ 相中的再分配。0.30%Hf 有效地置换 (Nb,Ti)C 相中的 Nb 和 Ti, 被置换出的 Nb、Ti 进入 γ 固溶体后, 与 γ 固溶体内的 C 优先形成 NbC 和 TiC, 使 γ 固溶体内 C 浓度降低, 减弱了 γ 固溶体的强度, 提高了合金的塑性, 同时也略微降低了合金的拉伸强度, 实现了合金的强度和塑性达到良好的匹配, 改善了合金的冲击韧性, 有利于消除高温持久缺口敏感性。若合金中 Hf 的添加量少, 则置换 MC 中 Nb、Ti 的 Hf 量降低, 弱化 γ 固溶体强度效果不明显; 而添加过量的 Hf 会直接形成 HfC 或 HfO_2, 减弱 Hf 置换 MC 相中 Nb、Ti 的有效作用。图 5 给出了合金中基体 γ 相的纳米压痕实验结果 (MTS XP 型纳米压痕仪)。可见 Hf 质量分数为 0.30% 合金中基体 γ 相的硬度最低, 证明了 0.30%Hf 合金基体 γ 相的强度最低。

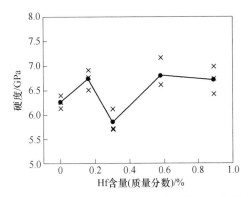

图 5　不同 Hf 含量 FGH4097 合金中基体 γ 相的硬度
Fig. 5　Hardness of γ matrix in FGH4097 with different Hf content

4 结论

(1) Hf 含量对 FGH4097 合金的拉伸强度影响不大, 对冲击韧性和拉伸塑性影响较明显, 适量的 Hf 提高合金的冲击韧性和拉伸塑性。

(2) 在 650℃、1020MPa 试验条件下, 不含 Hf 合金的缺口持久寿命低于光滑持久寿命, 添加 Hf 消除了缺口敏感性。在 750℃、460MPa 试验条件下, 随着 Hf 含量的增加, 合金的抗蠕变性能提高。加入适量 Hf 提高合金的疲劳裂纹扩展抗力。

(3) 从拉伸强度、持久性能、抗蠕变性能、塑性、韧性以及裂纹扩展抗力等考虑, 含 0.30%Hf 的 FGH4097 合金的综合力学性能最佳。

(4) FGH4097 合金中加入适量的元素 Hf, 可有效地改变合金元素在析出相和 γ 固溶体间的再分配，从而使合金的强度和塑性实现良好的匹配，有利于消除高温持久缺口敏感性，降低裂纹扩展速率。

参 考 文 献

[1] Evans D J, Eng R D. Development of a high strength hot isostatically pressed (HIP) dick alloy, MERL76 [C] //Hausner H H, Antes H W, Smith G D. Modern Developments in Powder Metallurgy. Washington: MPIF and APMI. 1982, 14, 51-63.

[2] Белов А Ф, Аношкин Н Ф, ипр. Особенности легирования жаропрочных сплавов, получаемых методом металлургии гранул [M] //Банных О А. Жаропрочные и Жаростойские Стали и Сплавы на Никелевой Основе. Москва: Наука, 1984: 31-40.

[3] Radavich J, Carneiro T, et al. Effect of processing and composition on the structure and properties of PM EP741NP type alloys [J]. Chinese Journal of Aeronautics, 2007 (20): 97-106.

[4] Radavich J, Furrer D, et al. The microstructure and mechanical properties of EP741NP powder metallurgy disc material [C] //Reed R C, Green K A, Caron P, et al. Superalloys 2008. Pennsylvania: TMS, 2008: 63-72.

[5] Hardy M C, Zirbel B, et al. Developing damage tolerance and creep resistance in a high strength nickel alloy for disc applications [C] //Green K A, Pollock T M, Haradra H, et al. Superalloys 2004. Pennsylvania: TMS, 2004: 83-90.

[6] Starink M J, Reed P A S. Thermal activation of fatigue crack growth: Analysing the mechanisms of fatigue crack propagation in superalloys [J]. Materials Science and Engineering A, 2008, 491 (2): 279-289.

[7] Wlodek S T, Kelly M, et al. The structure of N18 [C] //Antolovich S D, Stusrud R W, Mackay R A, et al. Superalloys 1992. Warrendale, Pennsylvania: TMS, 1992: 467-476.

[8] Guédou J Y, Augustins-Lecallier I, et al. Development of a new fatigue and creep resistant PM nickel-base superalloy for disk applications [C] //Reed R C, Green K A, Caron P, et al. Superalloys 2008. Pennsylvania: TMS, 2008: 21-30.

[9] 张义文. 微量元素 Hf 对粉末高温合金组织和性能影响的研究 [D]. 北京: 北京科技大学, 2012.

（原文发表在《第十三届中国高温合金年会论文集》.
北京：冶金工业出版社，2016：381-384.）

2.3 工艺研究

静电分离去除高温合金粉末中陶瓷夹杂物的研究

张义文　陈生大　张宏　冯涤

（钢铁研究总院高温材料研究所，北京　100081）

摘　要　用人工方法把不同尺寸的 Al_2O_3 颗粒加入 +50~100μm 高温合金粉末中，静电分离（ESS）后用体视显微镜检测去除效果。研究表明，ESS 去除小于 150μm Al_2O_3 颗粒有明显效果。Al_2O_3 颗粒尺寸不同去除效果不同，去除尺寸 +50~100μm 的效果最佳，去除率为 87%，小于或大于这一临界尺寸的去除效果有所降低，尺寸大于 200μm 的去除率只有 3%，几乎无法去除。这一实验结果与理论分析相吻合。

关键词　静电分离　高温合金粉末　陶瓷夹杂物

Study on Removing Ceramic in Clusion from Superalloy Powder with Electrostatic Separation

Zhang Yiwen, Chen Shengda, Zhang Hong, Feng Di

(High Temperature Materials Research Institute, Central Iron & Steel Research Institute, Beijing 100081, China)

Abstract: Mixed powder was prepared by adding different size Al_2O_3 particles into superalloy powder in the range of +50~100μm in diameter. Such mixed powder was treated with electrostatic separation (ESS) method and the resulted powder was observed under stereoscope to determine inclusion removing effect. It shows that ESS method has a obvious effect on removing Al_2O_3 inclusion smaller than 150μm in diameter. Removing effects depends on the size of Al_2O_3 inclusions. For inclusions in the range of +50~100μm in diameter ESS gets its best removing effects. For other size of Al_2O_3 inclusions removing rate decrees, and for those Al_2O_3 inclusions larger than 200μm in diameter, the removing rate is only 3%. This experiment result is consistent with theoretical analysis.

Keywords: electrostatic separation, superalloy powder, ceramic inclusion

1　前言

高温合金粉末中夹杂物的数量和尺寸直接影响着粉末制品的强度和使用寿命。所以，获得高纯净高温合金粉末是十分必要的。等离子旋转电极工艺（PREP）制取的高温合金粉末中的夹杂物主要来源于母合金棒料，即夹杂物主要是陶瓷夹杂物和熔渣。因此，欲得到高纯净的 PREP 粉末，可以通过双联或三联冶炼工艺（如 VIM+VAR，VIM+ESR，VIM+VAR+ESR 等）来降低夹杂物含量[1,2]。然而，就目前的冶炼技术状况而言，要生产出不含夹杂物的棒料是不可能的[3]。所以，还需要通过对粉末进行再处理去除粉末中的夹杂物。目前，去除高温合金粉末中非金属夹杂物主要是采用静电分离法（ESS）[4]。

有关用 ESS 法去除高温合金粉末中非金属夹杂物的实验数据和去除效果少见报道[4,5]。本文对 ESS 去除高温合金粉末中不同尺寸的陶瓷夹杂物 Al_2O_3 的效果进行了实验研究和初步理论分析。

2 实验方法

2.1 实验原理

ESS 是利用金属粉末和非金属夹杂物电性质不同而进行分离的。目前广泛使用的高压电晕静电分离原理见图 1。金属粉末经给料器落到辊筒表面进入电晕极所产生的高压电晕电场后，金属粉末和非金属夹杂物均获得负电荷，由于金属粉末导电率高，获得的负电荷立即被接地的金属辊筒传走（约 1/40~1/1000s）[6]，在离心力和重力的共同作用下从辊筒前方落下；而非金属夹杂物导电率低，不易失去电荷，于是被吸附在辊筒上，随着辊筒的转动而被带到辊筒后方，被钢刷刷下。

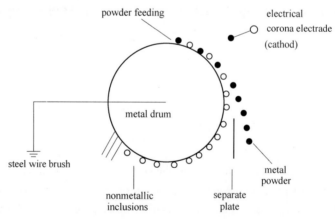

图 1　静电分离原理示意图
Fig. 1　principal sketch of ESS

2.2 实验方法和参数

实验在进口的德国海拉斯高压电晕静电分离器上进行。其主要参数为：金属辊筒 ϕ320mm×250mm，电晕电极为 ϕ1mm 的不锈钢丝，电极与辊筒垂直轴截面的夹角为 15°，与辊筒表面距离为 80mm。实验参数为，电晕电极电压 40kV，辊筒转速 50r/min，隔板与辊筒表面间隙 5mm。实验用 +50~100μm PREP 高温合金粉末，用人工方法每 100g 纯净粉末中分别加入 -50μm、+50~100μm、+100~150μm、+150~200μm、+200~300μm 等不同尺寸的着成红色的纯 Al_2O_3 颗粒 10 颗。用体视显微镜检测 ESS 处理后粉末中 Al_2O_3 颗粒剩余个数，计算出去除率。

3 实验结果与理论分析

3.1 实验结果

从表 1 中可以看出，Al_2O_3 颗粒大小不同，ESS 去除效果也不同。对于小于 150μm 的 Al_2O_3 颗粒去除效果明显，去除率在 83% 以上，尺寸介于 150~200μm 之间的去除率为 77%，大于 200μm 的去除率非常低（为 3%），几乎无法去除。ESS 去除效果并不是 Al_2O_3 颗粒尺寸越小，去除效果越好，尺寸介于 50~100μm 之间的去除效果最好，去除率高达 87%。

表 1　ESS 去除 Al_2O_3 颗粒效果
Table 1　Effects of ESS for removing Al_2O_3 particles

Size/μm	Number remained	Average value	Removing rate/%
−50	2, 1, 2	1.7	83
+50~100	1, 2, 1	1.3	87
+100~150	2, 2, 1	1.7	83
+150~200	2, 3, 2	2.3	77
+200~300	10, 9, 10	9.7	3

3.2 理论分析

文献 [4, 6, 7] 认为，在 ESS 过程中非金属夹杂物相对静止在辊筒上受到五种力的作用，作者认为还应考虑夹杂物与金属辊筒表面摩擦力，见图 2。假设非金属夹杂物为球形颗粒，六种力可以表达如下。

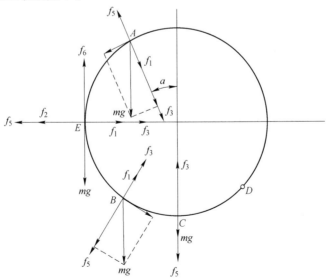

图 2　非金属夹杂物在辊筒表面上受力示意图
Fig. 2　Force analysis of nonmetallic inclusion on the steel drum

高压电晕电场的库仑力

$$f_1 = \left(1 + 2\frac{\varepsilon - 1}{\varepsilon + 2}\right) r^2 E^2 M f(R)$$

非均匀电晕电场引起的力

$$f_2 = \frac{\varepsilon - 1}{\varepsilon + 2} r^3 E \mathrm{grad}(E)$$

其大小与 f_1 相比非常小, 可以忽略不计; 带电非金属夹杂物与辊筒表面的镜面吸引力

$$f_3 = \left(1 + 2\frac{\varepsilon - 1}{\varepsilon + 2}\right)^2 r^2 E^2 M^2 f^2(R)$$

式中, 重力 $f_4 = mg$; 惯性离心力 $f_5 = 5.5 \times 10^{-3} mn^2 D$; 摩擦力 $f_6 = \mu(f_1 + f_3 - f_5)$。

在辊筒表面 E 点处在竖直方向上非属夹杂物受的合力为 $f = f_6 - f_4 = (f_1 + f_3 - f_5)\mu - f_4$。把 f_1、f_3、f_4 和 f_5 代入 f 得出

$$f_{ACq} = \left[1 + \left(1 + 2\frac{\varepsilon - 1}{\varepsilon + 2}\right) M f(R)\right] \left(1 + 2\frac{\varepsilon - 1}{\varepsilon + 2}\right) \mu E^2 M f(R) r^2 - (2.3 \times 10^{-2} D n^2 \mu + 4.2 g \sin\alpha - 4.2 g \mu \cos\alpha) \rho r^3 \quad (1)$$

式中, E 为非金属夹杂物所在位置的电晕电场强度, V/cm; ε 为非金属夹杂物的介电常数; ρ 为非金属夹杂物的密度, g/cm³; r 为非金属夹杂物的半径, cm; μ 为非金属夹杂物与金属辊筒之间的最大摩擦系数; $Mf(R)$ 为非金属夹杂物界面电阻的函数, 接近于 1; D 为辊筒直径, cm; n 为辊筒转速, r/min; g 为重力加速度, 其大小为 980cm/s²; 令 $f = 0$, 由式 (1) 可推导出 ESS 去除非金属夹杂物的最大尺寸

$$r_{\max} = \frac{\left[1 + \left(1 + 2\frac{\varepsilon - 1}{\varepsilon + 2}\right) M f(R)\right] \left(1 + 2\frac{\varepsilon - 1}{\varepsilon + 2}\right) \mu E^2 M f(R)}{2.3 \times 10^{-2} D n^2 \mu + 4.2 g} \quad (2)$$

当 f 取得最大值时, 由式 (1) 可以求出 ESS 去除非金属夹杂物的临界尺寸

$$r_c = \frac{2}{3} r_{\max} \quad (3)$$

在 A、B、C 三点作类似分析计算可得出, 只要满足关系式 $r \leq r_{\max}$, 就可以保证非金属夹杂物吸附在辊筒上, 直到 CD 段被刷下, 见图 2。

由于在 ESS 过程中非金属夹杂物受到流动金属粉末的碰撞和冲击作用, 吸附力小的非金属夹杂物可能在 E 点以前从辊筒表面上脱落, 随金属粉末落到辊筒前方。可以说 f 值越大, 去除效果越好。由于金属粉末的这种碰撞和冲击作用, 不可能完全去除非金属夹杂物。

式 (2) 表明, ESS 去除非金属夹杂物是有尺寸限制的, 存在最大尺寸。实验结果表明, 对于 Al_2O_3 颗粒 $r_{\max}$ 为 200μm。由图 3 可见, r 值不同 f 值也不同, 这说明不同尺寸的非金属夹杂物去除效果不同。随着 r 值增大 f 值也增大, 去除效果增加; 当 $r = r_c$ 时 f 达到最大值, 即去除效果最好; r 值再增大, f 值反而减小, 去除效果降低; 当 $r = r_{\max}$ 时 $f = 0$, 即尺寸大于 $r_{\max}$ 的非金属夹杂物无法去除。实验结果完全符合这一规律。

4 结论

(1) ESS 去除高温合金粉末中尺寸小于 150μm 的 Al_2O_3 颗粒有明显效果, 去除率在 83% 以上。

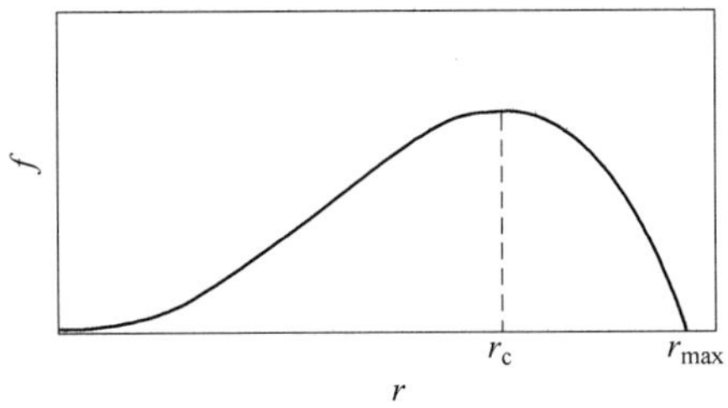

图 3　非金属夹杂物受力与半径 r 的关系示意图

Fig. 3　Relationship of the force exerted on nonmetallic inclusion and its radius

（2）EES 去除 Al_2O_3 颗粒的最大尺寸为 $200\mu m$，超过这一尺寸无法去除；去除 Al_2O_3 颗粒的临界尺寸在 $50\sim100\mu m$ 之间，去除效果最好，去除率高达 87%，大于或小于这一临界尺寸则去除率降低。

（3）实验结果与理论分析吻合。

参 考 文 献

[1] 李为镠. 钢中非金属夹杂物 [M]. 北京：冶金工业出版社，1998：461.
[2] Cremisio R S. In：Sims C T, Hagel W C. The Superalloys [M]. New York：Wiley, 1972：373.
[3] 李为镠. 钢中非金属夹杂物 [M]. 北京：冶金工业出版社，1988.
[4] Мешилин В С, Кошелев В Я, Месеняин А И. В кн.：ВИЛС. Металлургия Гранул（No. 6）[M]：ВИЛС，1993：246.
[5] Gessinger G H. Powder Metallurgy of Superalloys [M]. London：Butterworths, 1984：47.
[6] 张家骏，霍旭红. 物理选矿 [M]. 北京：煤炭工业出版社，1992：390.
[7] 赵志英. 磁电选矿 [M]. 北京：冶金工业出版社，1989：250.

（原文发表在《第九届全国高温合金年会论文集》
（金属学报，1999，35，增刊 2）：S331-333.）

用等离子旋转电极法制取镍基
高温合金粉末工艺的研究

张莹 陈生大 李世魁

(钢铁研究总院，北京 100081)

摘 要 本文阐述了等离子旋转电极制粉设备的结构特点、原理、主要工艺参数以及所制取的镍基高温合金粉末的特征，并围绕公式 $d = \sqrt{12/\omega}(\sigma/D\rho)^{1/2}$ 展开了优化工艺参数的讨论。

关键词 粉末冶金 等离子旋转电极法 粉末高温合金

Study on Production of Nickel Superalloy Powder
by Plasma Rotation Electrode

Zhang Ying, Chen Shengda, Li Shikui

(Central Iron and Steel Research Institute, Beijing 100081, China)

Abstract: Structure mechanism and processing parameters of the plasma rotation electrode process (PREP) as well as the properties of nickel-based superalloy powder prepared by the PREP are reviewed. Optimization of processing parameters is discussed under formula $d = \sqrt{12/\omega}(\sigma/D\rho)^{1/2}$.

Keywords: powder metallurgy, plasma rotation electrode process, powder superalloy

采用粉末冶金工艺制取无偏析、组织均匀、性能优异的高温合金是当今理想的盘件材料。随着粉末高温合金在飞机发动机涡轮盘上的应用，制粉工艺也有了许多新的发展。等离子旋转电极制粉法以它独特的结构设计、先进的工艺技术为生产高质量的合金粉末开辟了一条宽广的道路。

制粉工艺参数的设计直接影响着粉末及成形件的质量。所以，研究制粉工艺参数及其与粉末和成形件的组织结构性能的关系将有着极为重要的意义。

1 实验方法

1.1 等离子旋转电极制粉设备的结构特点及工艺原理

等离子旋转电极制粉设备的主体结构如图1所示。它由雾化室、机械传动室和装料箱三部分组成，通过真空密封件将其连为一体。

装料箱每炉一次装入几十根磨光的母合金圆棒。分配机构将母合金圆棒逐根送到机械传动室。在压紧辊轴、鼓轮和推杆的作用下，棒料被压紧、旋转，并沿轴向逐渐推进雾化室。

在密封的雾化室中，与合金棒料相对安装、并可沿轴向前后移动的等离子枪产生等离子流，使作为电极并高速旋转的合金棒端部熔化。在离心力的作用下，薄层液态金属雾化成极小的液滴飞射出去，同时在惰性气体介质中以约 $10^4℃/s$ 的速度冷却。由于表面张力的作用液滴凝固成球形的粉末颗粒。

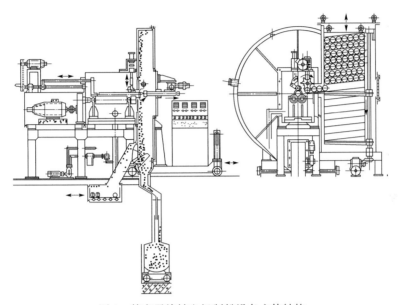

图 1　等离子旋转电极制粉设备主体结构

Fig. 1　Principal structure of the equipment PREP

1.2　等离子旋转电极制粉工艺的主要参数

等离子旋转电极制粉工艺参数是依据对粉末的粒度组成、成分和组织均匀性及氧和其他气体含量的要求而制定的。主要有以下三个工艺参数：

（1）电极棒转速。等离子旋转电极制粉法主要由电极棒转速来控制粉末粒度。在等离子枪功率基本稳定的情况下，直径为 50mm 的镍基高温合金电极棒的转速与粉末粒度的关系如下：

电极棒转速（$n/\min$）	粉末粒度（mm）
2500±500	1.2~0.6
4500±500	0.6~0.4
10500±500	0.315~0.05
14500±500	0.2~0.05

（2）惰性气体。惰性气体的纯度及其配比直接影响着等离子弧的稳定性和粉末中的气体含量。为保证粉末中的气体质量分数在 0.003%~0.0006% 范围内，必须使设备中的真空度达到 0.133Pa 之后，按适当的比例快速充入高纯的氩和氦混合气体，使雾化室内工作压力达到 0.113~0.132MPa。为保证等离子弧的稳定，向等离子枪供惰性气体的流量为 2.5~8.0m³/h。

惰性气体作为冷却介质对粉体的组织结构产生一定的影响,但粉末的冷却速度主要取决于本身的颗粒大小。

(3) 等离子枪功率。等离子枪功率对保证成品粉收得率、提高设备生产效率起着决定性的作用。只有在增大功率或保证功率稳定的条件下提高电极棒转速,才能降低粉末粒度,提高产量。

2 实验结果与分析

2.1 粉末的粒度分布

结果如图2和图3所示。与氩气雾化(AA)相比,等离子旋转电极制粉法(PREP)制得的镍基高温合金粉末具有较窄的粒度分布。可以根据使用要求,通过调节电极棒转速将粉末粒度控制在较窄的范围,提高成品粉的收得率。

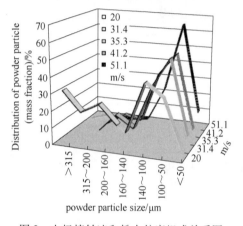

图2 电极棒转速和粉末粒度组成关系图
Fig. 2 Dependence of the fractional composition on the rotational rate of electrode

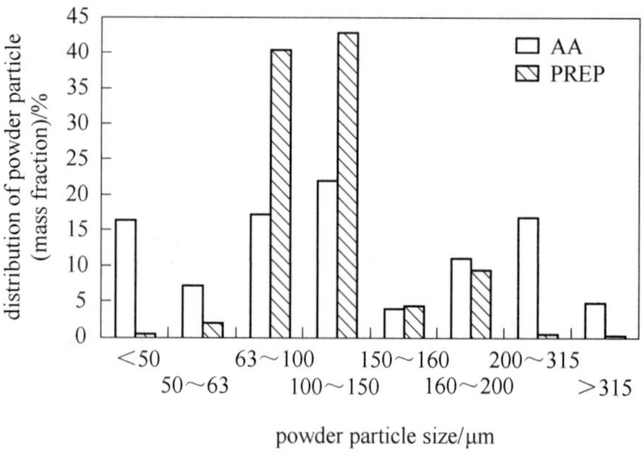

图3 氩气雾化和等离子旋转电极雾化粉的粒度分布
Fig. 3 Distribution of the powder particles by PREP and AA

2.2 粉末中的气体含量

由化学分析结果(表1)得知,镍基高温合金粉末中的O、N、H气体含量高于母合金中的含量。但等离子旋转电极雾化粉中的气体含量要比氩气雾化粉中的含量低得多。这是由于等离子旋转电极法在制粉过程中使用工作室内循环的惰性气体,每千克耗气 $0.01m^3$ 左右。而氩气雾化法用气量很大,不能循环,平均每千克耗气 $0.3 \sim 0.5 mm^3$。

表1 粉末中气体含量的比较(质量分数)
Table 1 Comparison of the gas content in powder particles (mass fraction) (%)

Material	N	H	O
AA powder	0.0036	0.00028	0.0079
PREP powder	0.0013	0.00026	0.0040
Original alloy	0.0013	0.00012	0.0017
USA standard	<0.0050	<0.001	<0.01

2.3 粉末中的非金属夹杂

将等离子旋转电极法制的粉末进行检测，平均每 100g 粉末中的非金属夹杂统计如表 2 所示。

表 2 100g 粉末中的夹杂物数量
Table 2 Inclusion numbers in 100g powder particles

State	Size/μm			
	50~100	100~150	150~200	>200
Original	4	4	2	2
Sived	4	<3	0	0
S. E. separated	<1	<1	0	0

等离子旋转电极法制的粉末中的非金属夹杂主要是母合金中带来的陶瓷、熔渣，经统计每千克中有 114 个。经随后的筛分、静电分离去除夹杂，每千克中将少于 20 个。

而氩气雾化的粉末除母合金中带来的夹杂外，在雾化过程中又带进了系统中耐火材料颗粒。检测结果每千克有 230 个，远高于等离子旋转电极法制的粉末中的夹杂数量。

2.4 粉末的形貌、组织结构及物理工艺性能

如图 4 所示，等离子旋转电极法制的粉末呈球状、光亮、洁净，颗粒较均匀，粒度在 50~150μm 时的流动性为 13s/50g，松装密度为 5.014g/cm^3，振实密度 5.348g/cm^3，表明

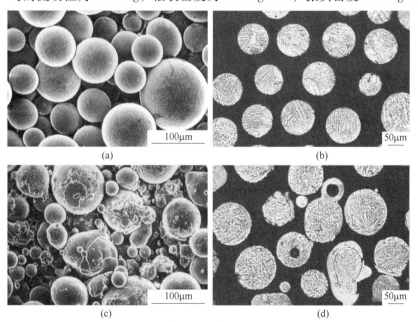

图 4 粉末的形貌和显微组织
Fig. 4 Morphology and microstructures of powder particle
(a) morphology of powder particle by PREP; (b) microstructure of powder by PREP;
(c) morphology of powder particle by AA; (d) microstructure of powder by AA

其物理工艺性能良好，有利于充填包套的密实及压实盘件性能的提高。而氩气雾化粉形状不规则，有较多的粘连粉、片粉、空心粉、椭圆形泪滴状粉，粒度分散，在上述粒度范围，流动性 15s/50g，松装密度 4.500g/cm³，振实密度 5.110 g/cm³，物理性能较差。

粉末的组织特征为枝晶胞结构，每一颗粉末由若干个枝晶组成，根据粉末中二次枝晶臂间距（λ）与冷却速度（T）的关系 $\lambda = KT^{-1}$[1]，用图像分析仪测量计算得出，等离子旋转电极法制得粒度为 300~30μm 的粉末其冷却速度为 $1.0 \times 10^3 \sim 3.0 \times 10^4$ ℃/s。由图 5、图 6 可见，粉末尺寸越小，冷却速度越快，二次晶臂间距越小，粉末中树枝晶减少，胞状晶增多，枝晶越不发达，球体表面越光滑，枝晶偏析量减少[1]。因而有利于粉末内部组织均匀性。将两种工艺相同尺寸的粉末进行比较（见图 4，图 5），氩气雾化粉体中枝晶比较粗大。这是由于冷却介质不同所致。混合惰性气体的冷却强度大于氩气的冷却强度[1]，因而影响了粉末的冷却速度和枝晶尺寸。

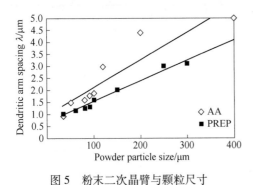

图 5 粉末二次晶臂与颗粒尺寸
Fig. 5 Dendritic arm spacing as a function of powder size

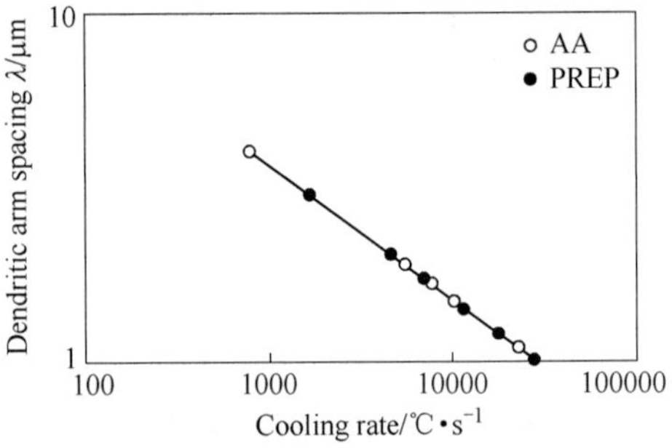

图 6 粉末二次晶臂与冷却速度
Fig. 6 Dendritic arm spacing as a function of cooling rate particle

3 优化等离子旋转电极制粉工艺的讨论

在任何一种制粉工艺中，保证粉末的质量和提高生产效率是最重要的指标。对 PREP 而言，要提高这一指标，必须优化它的工艺参数。由公式[2] $d = \sqrt{12/\omega}(\sigma/D\rho)^{1/2}$（式中，$d$ 为粉末粒度；ω 为电极棒转速；D 为电极棒直径；σ 为电极棒熔化液滴的表面张力；ρ 为密度）得知，粉末粒度与电极棒直径、转速及熔化液滴的表面张力有着相互的关系，可以根据不同的工艺要求进行匹配。

3.1 提高生产效率

如将 φ50mm 重 10kg 的电极棒改成 φ75mm 重 22.5kg，装炉量将由 500kg 增加到 1127kg。同时将等离子枪功率由 40~45kW 增至 90~100kW，使等离子弧电流提高（减小液滴表面张力[4]）。当等离子弧由 1200A 增至 1800~2000A 时，雾化速度将由 0.7~0.8kg/min 提高到 1.8~2.0kg/min。可见，在增加电极棒直径的同时加大等离子枪功率，制粉生产效率明显提高。

此外，在增加电极棒直径和等离子枪功率的同时，如果粉末的粒度要求不变，则电极棒转速适当减小，从而减少设备中机械零部件的磨损，延长使用寿命。显然，增加电极棒直径是提高生产效率的重要途径。但必须指出，电极棒的极限尺寸设计取决于母合金中碳化物的尺寸。因为电极棒在雾化过程中液滴的分离和结晶是熔体缺乏明显过冷度的条件下进行，电极棒中稳定的碳化物和金属间化合物杂质有落入粉末的可能。电极棒熔化时碳化物的"遗传"性转移现象限制着所用铸锭的尺寸[1]。

据文献[7]介绍，将电极棒直径由 ϕ75mm 增大到 ϕ100mm，对粉末的质量没有影响。但必须考虑改进母合金冶炼工艺，以保证大尺寸电极棒的质量。此外还有制粉设备的改造。

3.2 关于粉末质量

粉末质量主要由控制粉末粒度，减少夹杂和降低气体含量来保证。

粉末高温合金的重要组织特征是晶粒尺寸，它直接影响着合金的强度、塑性和高温性能。粉体内晶粒随粉末尺寸的增大而长大[1]。所以，通过制粉工艺控制粉末粒度来调整晶粒大小和成品的性能是极为重要的。由粉末尺寸的计算公式清楚地看到，电极棒转速 ω 和粉末粒度 d 成反比关系，增加电极棒转速，就能将粉末粒度及夹杂控制在较小的尺寸范围。

但应该考虑到，在电极棒转速提高且雾化端熔化的液态金属线速度随之增大的情况下，极易卷入惰性气体而产生空心粉。尽管这些小尺寸粉末中的气孔面积很小，但在热等静压后的热处理过程中由于这些未溶惰性气体的膨胀、聚集，在成形件中形成的孔洞体积百分比较大[6]。这一缺陷将严重地影响 650℃下的持久强度、低周疲劳性能以及低周和蠕变下的抗裂性，而导致成品报废[6]。所以，要提高细粉收得率，在提高电极棒转速的同时还必须考虑等离子弧电压、雾化室中惰性气体的压力、混合气体的配比、雾化时等离子枪和电极棒的间距等参数的匹配，以减少产生空心粉的几率。

镍基高温合金粉末中的非金属夹杂主要来源于母合金中的陶瓷和熔渣。粉末中夹杂的数量和尺寸的增加将严重地影响成品件的低周疲劳性能。要减少粉末中的夹杂，一方面改进母合金的冶炼工艺，提高电极棒质量；另一方面通过提高电极棒转速和等离子弧电流强度，以减小粉末和夹杂的尺寸。粉末中夹杂的最大尺寸与粉末的最大尺寸是基本一致的[4]。随后的筛分、静电分离去除非金属夹杂工序是保证粉末质量的重要环节。

在等离子旋转电极制粉工艺中，惰性气体的纯度也是一个不可忽略的重要因素。在电极棒被雾化和液滴冷却过程中，惰性气体介质中超标的氧会使粉末中氧含量升高。特别是在粉末颗粒表面富集的氧元素将形成氧化物和碳氧化物，在随后的热等静压过程中成为 PPB 的核心而影响成品件的组织性能。所以，为了使粉末中的气体含量降到最低限度，除了降低设备的漏气率外，还须将准备充入工作室的惰性气体进行净化，使其中的氧、氢含量达到 4ppm 以下。

4 结论

（1）等离子旋转电极制粉设备设计独特、结构简单，通过调节电极棒的转速即可得到所需的粉末粒度，并可将其控制在较窄的粒度范围，成品粉收得率高。

（2）用等离子旋转电极法生产的镍基高温合金粉末呈球形、表面光亮、洁净，气体含量低，夹杂少，片粉、空心粉、粘连粉少。粉体为枝晶胞结构。随着粉末尺寸减小，冷却速度加快，枝晶偏析量减少，晶粒越细小，组织越均匀。

（3）增加电极棒直径和等离子弧电流，不仅提高生产效率，而且保证所需粉末粒度组成，降低电极棒转速，减少设备磨损，延长使用寿命。

（4）通过优化工艺参数控制粉末粒度，减少夹杂数量和尺寸，降低气体含量是提高粉末及成形件质量的根本保证。

参 考 文 献

[1] Belov A F. Struccture and Property of Nickel-Based Powder Superalloy, 1984: 43.

（Белов А Ф. Стрктура и свойства гранулируемых никелевых сплавов, Металлургия, 1984: 43）

[2] Musienkco V T. Powder Metall, 1979, 8: 1.

（Мусиенко В Т. Порошковая металлургия, 1979, 8: 1）

[3] Musienkco V T. Symposium of the 2th Russian Conferenceon Powder Metallurgy, 1987: 86.

（Мусиенко В Т. Тезисы докладов II Всесоюзная конфере нция по металлургии гранул, 1987: 86）

[4] Anoshkin N F. Symposium of the 2th Russian Conference on Powder Metallurgy, 1987: 27.

（Аношкин Н Ф. Тезисы докладов II Всесоюзная конференция по металлургии гранул, 1987: 227）

[5] Garibov G S. Symposium of the 2th Russian Conference on Powder Metallurgy, 1987: 218.

（Гарибов С Г. Тезисы докладов II Всесоюзная конференция по металлургии гранул, 1987: 218）

[6] Anoshkin N F. Powder Metall, VILS, 1993, 6: 15.

（Аношкин Н Ф. Металлгия гранул, ВИЛС 1993, 6: 15）

[7] Garibov G S, Symposium of the 2th Russian Conference on Powder Metallurgy, 1987: 207.

（Гарибов С Г. Тезисы докладов II Всесоюзная конференция по металлургии гранул, 1987: 207）

（原文发表在《第九届全国高温合金年会论文集》

（金属学报，1999, 35, 增刊 2）：S343-S347.）

等离子旋转电极制粉工艺

张义文　张莹　陶宇　陈生大

（钢铁研究总院高温材料研究所，北京　100081）

摘　要　介绍了等离子旋转电极工艺（PREP）制粉原理、设备主要技术参数以及粉末形成机理。分析了PREP工艺特点。对粉末粒度进行了理论计算。用扫描电镜观察了高温合金以及奥氏体不锈钢粉末形貌。结果表明：PREP工艺具有控制简单、粒度范围窄、粉末表面光滑洁净、球性度高、流动性好、气体含量低等优点。

关键词　PREP工艺　合金粉末　粉末形貌

Preparation of Powders by PREP

Zhang Yiwen, Zhang Ying, Tao Yu, Chen Shengda

(High Temperature Materials Research Institute, Central Iron & Steel Research Institute, Beijing 100081, China)

Abstract: The plasma rotation electrode process (PREP) equipment, processing parameters and powder forming mechanism have been systematically introduced. The process characteristic of PREP is analyzed. The theoretical calculation were taken for powder size. The superalloy powders and austenitic stainless steel powders have been produced by PREP. The microstructures of these powders have been examined by SEM. The results indicate that the PREP can be easy to control and the distribution range of powder size is narrow, surface of powder is smooth and clean, and the gas content in the powder is low, and the powder has a good flowwability.

Keywords: PREP, alloy powder, powder morphology

1　引言

　　与氩气雾化工艺（AA）相比，等离子旋转电极制粉工艺（PREP）具有设备结构紧凑、工艺参数控制简单、粉末粒度范围窄、粉末表面光滑洁净、粉末球性度高、粉末流动性好、粉末中气体含量低（对于Ni基高温合金氧含量低于70×10^{-6}）以及粉末冷却速度快（$10^3 \sim 10^4$℃/s）[1]等优点。

　　PREP可以生产Fe、Co、Ni基高温合金、奥氏体不锈钢、高速钢以及钛合金等粉末。

　　本文介绍了PREP制粉设备的主要工艺参数和粉末形成机理。分析了PREP工艺特点，观察了粉末的形貌。

2 PREP 制粉原理及粉末形成机理

PREP 制粉原理如图 1 所示。等离子弧将高速旋转的棒料端面熔化，形成了熔体薄膜。在离心力的作用下，熔膜趋向棒料端面的边缘。在熔体层与固液底层之间摩擦力以及离心力的作用下，熔体流沿螺旋线运动。由于表面张力的作用，熔膜流向棒料端面的边缘时，在端面形成了"冠"。离心力越小，"冠"的半径越大。随着熔体不断地进入"冠"中，在搅拌的影响和表面张力的作用下，液"冠"的某些部位开始聚集成球形"露头"。当"露头"中金属的质量增加到其离心力超过表面张力时，"露头"便从"冠"中飞射出去，形成了小液滴。在惰性气体中液滴以很高的速度冷却，凝固成球形粉末颗粒[2,3]。棒料转速越大，棒料端面熔膜得越薄，"露头"也就越细小，因此粉末粒度越小。

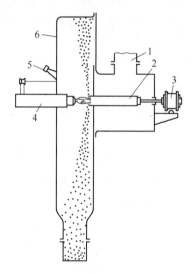

图 1　PREP 制粉原理

Fig. 1　Principal sketch of PREP

1—真空系统；2—雾化棒料；3—棒料旋转机构；4—等离子枪；5—观察窗口；6—雾化室

1—vacuum system；2—rod（electrode）；3—rod rotating system；
4—plasma torch；5—observation window；6—atomization chamber

3 PREP 制粉特点

根据粉末颗粒形成机理，当"露头"所受的离心力超过其表面张力时，便从"冠"中飞射出去，形成了小液滴。"露头"所受的离心力大小为 $m\omega^2 D/2$，其表面张力大小为 $\sigma\pi d_1$，于是得出关系式：

$$m\omega^2 D/2 \geqslant \sigma\pi d_1 \tag{1}$$

式中，m 为液滴的质量；D 为棒料的直径；ω 为棒料旋转的角速度；d_1 为"露头"的直径；σ 为金属熔滴表面张力。

"露头"的直径 d_1 可以用液滴的直径 d 表示，即 $d_1=\eta d$，其中 $\eta\leqslant 1$。在这种条件下，由式（1）可以得出形成液滴的临界条件表达式，即 $m\omega^2 D/2 = \sigma\pi d\eta$，式中 $\omega = 2\pi n/60$，$m=\pi d^3\rho/6$。对于 Fe 基、Co 基以及 Ni 基合金分别取 $\sigma = 1872\text{dyn/cm}$、1873dyn/cm 和

1778dyn/cm，ρ = 7.0g/cm³、7.67g/cm³ 和 7.77g/cm³[4]，η = 0.8 代入上述关系式中得出：

$$d_{Fe} = \frac{1.57 \times 10^7}{n} \frac{1}{\sqrt{D}} \qquad (2)$$

$$d_{Co} = \frac{1.46 \times 10^7}{n} \frac{1}{\sqrt{D}} \qquad (3)$$

$$d_{Ni} = \frac{1.42 \times 10^7}{n} \frac{1}{\sqrt{D}} \qquad (4)$$

式中，D 为棒料直径，mm；d_{Fe}、d_{Co}、d_{Ni} 分别为 Fe 基、Co 基以及 Ni 基合金液滴直径（粉末颗粒的理论直径），μm；n 为棒料转速，r/min。

由关系式（2）~式（4）可知，在棒料直径一定时粉末粒度仅由棒料转速所决定。转速越高，粉末粒度越小。

4 PREP 制粉设备主要技术参数

从俄罗斯引进的 PREP 制粉设备的主要技术参数为：雾化室直径 2m，工作介质为高纯氩气和氦气的混合惰性气体。雾化室内混合惰性气体的工作压力为 0.11~0.13MPa，设备工作体积 4m³，设备功率 120kV·A，棒料最大尺寸 ϕ50mm×710mm，其最大转速 15000r/min，最大装炉量 50 根，等离子弧最大电流 1400A，电压 50V，制粉粒度范围为 50~800μm，生产能力 40~60kg/h。

5 PREP 粉末形貌

PREP 粉末形貌见图 2。由图 2 可以看出，与氩气雾化粉末相比，PREP 粉末颗粒球形度高，表面光滑洁净。雾化介质一定时，粉末的显微组织取决于其粒度大小。粒度越小，冷却速度越快，二次枝晶臂间距小[1]。粒度为 300~30μm 粉末的冷却速度为 1.0×10^3 ~ 3.0×10^4℃/s[5]。

6 结论

（1）等离子弧将高速旋转的棒料端面熔化，在离心力的作用下，熔化的液态金属薄膜从棒料端面的边缘飞射出去，由于表面张力的作用，形成了球形小液滴，最后凝固成球形粉末。棒料转速越大，棒料端面熔膜变得越薄，粉末粒度越小。

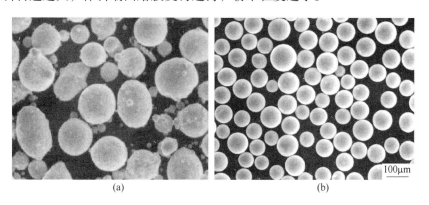

(a)　　　　　　　　(b)

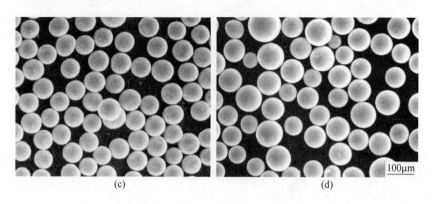

图 2　粉末形貌

Fig. 2　Morphology of powder particles

（a）AA Ni 基高温合金粉末；（b）PREP Ni 基高温合金粉末；
（c）PREP Co 基高温合金粉末；（d）PREP 奥氏体不锈钢粉末

(a) Ni-base Superalloy powder produced with argon atomization (AA); (b) Ni-base Superalloy powder produced with PREP;
(c) Co-base Superalloy powder produced with PREP; (d) austenitic stainless steel powder produced with PREP

（2）PREP 工艺具有设备结构紧凑、工艺参数控制简单、粉末粒度范围窄等优点。

（3）PREP 粉末表面光滑洁净、球性度高、流动性好、气体含量低以及粉末冷却速度快。

参 考 文 献

［1］Белов А. Ф. и др. Структура и свойства гранулируемых ни-келевых сплавов［M］. М.：Металлургия，1984，39-55.

［2］Мусиенко В. Т. Некоторые закономерности формирования гранул при центробежном распылении вращающеюся заго-товки［J］. ПМ. 1979（8）：1-7.

［3］Мусиенко В. Т. КошелевВ. Я. Проблемы получения гранул жаропрочных никелевых сплавов для изготовления узл-ов газотурбинных силовых установок//Металловедение и обработка титановых и жаропрочных сплавов［C］. М.：ВИЛС，1991，300-312.

［4］胡汉起. 金属凝固［M］. 北京：冶金工业出版社，1985，31.

［5］张莹，陈生大，李世魁. 金属学报［J］. 1999，Vol. 35，Suppl. 2，S343-347.

（原文发表在《材料科学与工艺》，2001，9(增刊)：688-690.）

用等离子旋转电极法生产球形金属粉末的工艺研究

陶宇　张义文　张莹　张凤戈　陈生大　冯涤

（钢铁研究总院高温材料研究所，北京　100081）

摘　要　通过分析电极棒端头液膜的流动状态及其影响因素，探讨了采用 PUR-1 等离子旋转电极设备生产球形金属粉末的工艺参数。选取工艺参数时，首先根据材料特性和要求的粉末粒度范围确定电极棒的转速，然后再根据转速确定等离子弧的电流强度。对于同一种材料，电极棒转速高时，可选取较大的电流。反之，电极棒转速较低时，应使用较小的电流。

关键词　等离子旋转电极工艺　工艺参数　球形粉末

Study on PREP Process for Producing Spherical Alloy Powder

Tao Yu, Zhang Yiwen, Zhang Ying, Zhang Fengge, Chen Shengda, Feng Di

（Central Iron and Steel Research Institute, Beijing 100081, China）

Abstract: By analyzing the motion of the liquid film on the electrode bar tip and the influence factors on the film, the process parameters of the PUR-1 PREP equipment were studied for producing spherical alloy powders. The rotating speed of the electrode bar should be first selected according to the physical properties of the bar material and the required powder size, and then the plasma current might be chosen referring to the rotating speed. With the same material, larger plasma current should be chosen at higher rotating speed, and smaller plasma current should be selected at lower rotating speed.

Keywords: PREP, process parameter, spherical powder

PUR-1 是我国第一套、也是目前唯一的一套等离子旋转电极工业化制粉设备。目前，我国研制粉末涡轮盘、粉末涡轮叶片挡板所用的高洁净度球形镍基高温合金粉末全部由该台设备生产。为充分挖掘 PUR-1 设备的潜力，在完成粉末涡轮盘、粉末涡轮叶片挡板科研、生产任务的前提下，近年来笔者开发了人体植入物表面多孔涂层用 Co-Cr-Mo、Ti-6Al-4V 合金球形粉末[1]以及某型航空发动机高压涡轮叶片内腔清洁度 X 射线检查及榫头喷丸强化用镍基高温合金球形粉末[2]等。用 PREP 法制取的粉末形状、粒度及其分布等与合金特性和选择的工艺参数有关。本文研究了 PREP 制粉时，电极棒端头液膜的流动状态及其影响因素，并在此基础上探讨了采用 PUR-1 设备生产球形金属粉末时，选取工艺参数的原则。

1　电极棒端头液膜的流动状态分析

PREP 法利用等离子束产生的热能将电极棒端头熔化，而高速旋转的电极棒所产生的离心力将熔化的金属液体粉碎形成了液滴。从原理上讲，PREP 属于旋转雾化法。电极棒端头液膜的流动状态对雾化机理有很大影响。

电极棒端头熔化后的形状与等离子束的位置有关。在理想状况下，电极棒端头为平面[3]。当进行匀速圆周运动的电极棒端头被等离子束熔化后，它所产生的液滴在惯性作用下继续作圆周运动。由于失去了向心力的约束，液滴在离心力的作用下产生了径向运动，由此形成的液膜如图 1 所示。

假定液膜的流动状态为层流，并忽略重力和液-气界面处液膜中的剪应力，可建立柱坐标系中液膜的流动方程（参见图1）：

$$-\gamma\rho\omega^2 = \mu\frac{\partial^2 v_r}{\partial z^2} \tag{1}$$

式中，ρ 为液膜密度，kg·m^{-3}，ω 为电极棒的旋转速度，rad·s^{-1}；μ 为液膜的黏度，Pa·s；v_r 为液膜的径向流动速度，m·s^{-1}。根据边界条件：（1）固-液界面处液体径向流速为 0，即 $z=0$ 时 $v_r=0$；（2）液-气界面处液膜中的剪应力为 0，即 $z=\delta$ 时，$\partial v_r/\partial z = 0$，求得式（1）的特解为：

$$v_r = \frac{\rho\omega^2 r}{\mu}\left(\delta z - \frac{1}{2}z^2\right) \tag{2}$$

式中，δ 为液膜厚度，m。可见，液膜的径向流动速度与 r、z 都有关系，其在径向呈线性分布，在轴向（液膜厚度方向）呈抛物线形分布。

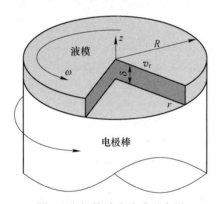

图 1　电极棒端头液膜示意图

Fig. 1　Schematic of liquid film on electrode bar tip

在 PREP 过程中，电极棒的熔化速度在其端面上是均匀分布的。过程处于稳态时，由质量守恒定律得到：

$$\frac{\rho Q}{\pi R^2}\pi r^2 = \rho 2\pi r\delta\frac{1}{\delta}\int_0^\delta v_r \mathrm{d}z \tag{3}$$

式中，Q 为电极棒的熔化速度，m^3·s^{-1}；R 为电极棒的半径，m。

将式（2）代入式（3），求解得到：

$$\delta = \frac{3\mu Q}{2\pi R^2\rho\omega^2} \tag{4}$$

液膜越薄，液膜的流动乃至雾化过程就越稳定。当液膜厚度超过某个临界值后，紊流将取代层流。当然，如果出现紊流，上述各式就不再成立。

2 讨论

Champagne 等人[4]利用高速摄影机对 PREP（REP）法制备的金属粉末进行了研究。发现转速一定时，在熔化速度较小的情况下，亦即液膜厚度较薄时，雾化机理为稳定的直接液滴形成机理（Direct Drop Formation，DDF）。熔化的电极材料在离心力的作用下，向电极棒边缘流动，先在电极棒的边缘形成一个液珥，进而在液珥上产生出液滴，最后液滴脱离液珥被甩出，形成所谓的一次颗粒。在一次颗粒与液珥的分离过程中，它们之间的粘连液体则形成直径较一次颗粒小得多的二次颗粒。DDF 机理下，所产生的粉末的粒度分布呈典型的双峰形，粉末颗粒为球形。随着熔化速度的增加，液膜厚度增大，雾化机理转为稳定性较差的液线破碎机理（Ligament Disintegration，LD）。与 DDF 相比，电极棒上的液珥向外扩展并在其边缘上形成液线，液线破碎后产生一串大小不等的颗粒。LD 机理下，粉末粒度分布曲线呈单峰形，分布区间较 DDF 时要宽。若熔化速度继续增大，电极棒端头的液膜向外扩展超出边缘，雾化机理转变为 FD，因电极棒外缘的液膜极不稳定，其破碎后形成大量不规则的粉末。

生产球形金属粉末时，应将雾化机理控制为 DDF 或 DDF-LD，亦即电极棒端头液膜的流动状态呈稳定的层流。对 PUR-1 来讲，粉末粒度分布密度基本上以平均粒度为轴心左右对称，而粉末的平均粒度取决于棒料的转速，其他工艺参数影响不大[5]。所以，生产粒度范围一定的金属粉末时，主要通过控制电极棒的熔化速度来控制液膜厚度，进而达到控制粉末颗粒形状及分布的目的。

由式（4）可知，选定电极棒的转速后，液膜厚度由电极棒的熔化速度决定。也就是说，电极棒的熔化速度决定了雾化机理。对于 PUR-1 装置，电极棒的熔化速度取决于等离子枪的输出功率、等离子枪与棒料端部之间的距离、等离子工作气体的流量以及电极棒材料的特性等因素。电极棒的熔化速度可由下式计算：

$$Q = \frac{\alpha IU}{\Delta H \rho} \quad (\text{m}^3/\text{s}) \tag{5}$$

式中，α 为等离子枪的热效率；I 为等离子弧电流强度，kA；U 为等离子弧电压，V；ΔH 为将单位质量电极棒材料由室温加热至熔化所需热量，kJ/kg。

PUR-1 的等离子枪采用非转移弧工作模式，其等离子工作气体成分为 80%He+20%Ar。等离子弧电压基本恒定在 45V 左右，实际操作时等离子枪的输出功率取决于等离子弧的电流强度。对于以非转移弧模式工作的等离子枪，其等离子束的有效热功率与距喷嘴口的距离有关。而等离子工作气体的流量则会对有效热功率的分布产生影响。当电流强度和电压一定时，等离子束的形状和长度受等离子工作气体流量的影响。因此，等离子枪与棒料端部之间的距离和等离子工作气体流量主要影响等离子枪的热效率。对于 PUR-1 装置，等离子工作气体的流量控制在 80L/min 左右、等离子枪与棒料端部之间的距离保持在 10~15mm 时，等离子枪的热效率较高。

将单位质量电极棒材料由室温加热至熔化所需要的热量可由下式计算：

$$\Delta H = \int_{2S}^{T_m} c_p \mathrm{d}T + \sum \Delta H_t + \Delta H_m \tag{6}$$

式中，T_m 为电极棒材料的熔点，℃；c_p 为电极棒材料从 25℃ 至熔点的平均热容，kJ/(kg·℃)；ΔH_t 为固态相变热，kJ/kg；ΔH_m 为熔化热，kJ/kg。

如果已知电极棒材料的物性参数，则等离子枪的热效率可通过实验测定。利用式（4）~式（6）可以计算特定工艺参数下电极棒的熔化速度和液膜厚度。在开发新的球形粉末产品时，通过上述方法并参考现有产品的工艺参数，可以减少试验次数。由于实际工程材料的物性参数比较缺乏，可以借助合金基体金属的纯物质参数作粗略估算。表 1 列出了几种纯金属的物性参数[6-10]。

表 1 Co、Ni 及 Ti 的物性参数
Table 1 Physical properties of Co, Ni and Ti

元素	25℃至熔点平均热熔/kJ·kg^{-1}·℃$^{-1}$	相变	相变温度/℃	相变热/kJ·kg^{-1}	熔点/℃	熔化热/kJ·kg^{-1}	熔点处密度/kg·m^{-3}	熔点处黏度/Pa·s
Co	0.562	α→β β→γ	440 1120	4.24 15.61	1495	263	7760	4.18×10^{-3}
Ni	0.469	α→β	358	9.88	1453	292.3	7905	4.90×10^{-3}
Ti	0.602	α→β	882	85	1670	292	4110	5.20×10^{-3}

按照上述方法及表 1 给出的参数，假定 PUR-1 装置中等离子枪的热效率为 0.35，对生产几种不同用途的球形镍基[1,11]、钴基和钛合金粉末[2]时相应的电极棒熔化速度及端头液膜厚度进行了估算，结果列于表 2。

表 2 几种球形金属粉末的生产工艺参数和估算的电极棒熔化速度及端头液膜厚度值
Table 2 Process parameters for producing several spherical alloy powders and corresponding estimated melting rates and film thicknesses of electrode bar

合金		要求粒度范围/μm	电极棒转速/rad·s^{-1}	电流强度/kA	Q 估算值/m^3·s^{-1}	δ 估算值/μm
镍基	FGH95	50~100	1466	1.2	2.46×10^{-6}	8.15
	FGH96	50~100	1466	1.2	2.46×10^{-6}	8.15
	FGH741	180~300	785	0.75	1.54×10^{-6}	10.58
钴基	F75	500~707	419	0.7	1.28×10^{-6}	14.42
		250~354	649	0.8	1.46×10^{-6}	11.27
钛合金	F136	250~354	1047	0.6	1.68×10^{-6}	11.40

选择球形粉末的生产工艺时，从控制电极棒端头液膜厚度的角度出发，应综合考虑电极棒的转速与等离子弧的电流强度的关系。由表 2 知，对于物性参数相近的镍基和钴基合金的球形粉末产品，电极棒转速高时（粉末粒度较细）可选用较大的电流，而电极棒转速低时（粉末粒度较粗）则必须选用较小的电流。

3 结论

用 PUR-1 设备生产金属粉末时，为获得球形颗粒和较高的粉末收得率，应控制电极

棒端头液膜厚度，使雾化处于稳定的 DDF 或 DDF-LD 机理下。选取工艺参数时，首先根据材料特性和要求的粉末粒度范围确定电极棒的转速，然后再根据转速确定等离子弧的电流强度。对于同一种材料，生产较细的粉末时（电极棒转速高），可选用较大的电流。反之，生产较粗的粉末时（电极棒转速较低），应选用较小的电流。

参 考 文 献

[1] 陶宇，冯涤，张义文，等. 材料工程，2002（增刊）：266-269.
[2] 陶宇，冯涤，张义文，等. 粉末冶金工业，2003，待发表.
[3] Tao Y. Verlag Mainz, Wissenschaftsverlag, Aachen, 1999.
[4] Champagne B, Angers R. Powder Metall Int, 1984, 16 (3)：125-128.
[5] 陶宇，冯涤，张义文，等. 钢铁研究学报，2003，15（4）：待发表.
[6] ASM Handbook, Vol. 2, Properties and Selection：Nonferrous Alloys and Special-Purpose Materials. Materials Information Society, 1992.
[7] Turkdogan E T. Physical Chemistry of High Temperature Technology. New York：Acadetnic Press, 1980.
[8] Bayer H E, Gall T L. Metals Handbook, Desk Edition. American Society for Metals, 1985.
[9] Bayer R, Welsch G, Callings E W. Materials Properties Handbook：Titanium Alloys. ASM International, 1994.
[10] Brandes E A. Smithells Metals Reference Book, 6th Edition. Butterworth & Co Ltd, 1983.
[11] 陶宇，冯涤，张义文，等. 粉末冶金工业，2003（2）：待发表.

（原文发表在《第十届中国高温合金年会论文集》
（钢铁研究学报，2003，15(7)：537-540.））

粉末涡轮盘温度梯度热处理工装设计研究

陶宇　张国星　刘建涛

(钢铁研究总院高温材料研究所，北京　100081)

摘　要　在设计用于粉末盘温度梯度热处理的工装时，需要考虑盘坯的形状、蓄热块的材质和尺寸以及绝热材料的材质及其厚薄、炉温等因素对温度梯度的大小和保持时间的影响。如果完全通过试验进行研究，不但需要较长的时间而且需要较高的经费支撑。本研究通过采用有限元数学计算的方法，对不同几何形状组合的盘坯与工装在处理过程中的温度梯度进行了模拟，对盘坯和工装的设计进行优化，最终获得了满足粉末盘温度梯度热处理要求的工艺方案。

关键词　FGH96　粉末高温合金　温度梯度热处理　有限元模拟

Study on Design of the Device for Thermal Gradient Heat-treatment Process of PM Superalloy Disks

Tao Yu, Zhang Guoxing, Liu Jiantao

(High Temperature Materials Research Institute, CISRI, Beijing 100081, China)

Abstract: By designing the device for thermal gradient heat-treatment process of PM superalloy disks, it is important to consider parameters such as shape and size of disk and heat sink, the thickness of the insulating material as well as furnace temperature etc., which affect the value and hold time of thermal gradient between the bore and rim of the disk. If those parameters were determined by experiment, it would expend much time and large sum of money. In this study, a finite element analysis was used to simulate the thermal gradient between the bore and rim of the disk for several disk-sink assemblies with different shapes and sizes. By this way, the design of the disk-sink assembly was optimized and parameters satisfied with the requirement of thermal gradient heat-treatment process were determined.

Keywords: FGH96, PM superalloy, thermal gradient heat - treatment process, finite element modeling

　　采用双性能涡轮盘可以充分发挥材料的潜力，有利于涡轮盘的优化设计，减轻盘体的质量，提高发动机的推重比。利用镍基高温合金在不同晶粒度下的性能特征，制造单一合金、双组织(即轮缘部位为粗晶组织、轮毂部位为细晶组织)涡轮盘是双性能盘制造技术的主要发展方向[1,2]。文献中报道了多种单一合金、双组织涡轮盘的制造方法[1,3,4,5]，但其原理都基本相同。亦即首先获得均匀细晶组织的盘坯，然后采用特殊的热处理装置对细晶盘坯进行热处理。热处理时，沿盘坯的径向从轮毂至轮缘产生了一个温度梯度，其中轮缘部位因温度超过了合金 γ′相的完全溶解温度而发生晶粒长大，形成了粗晶组织。而盘坯轮毂部位的温度则一直保持在合金 γ′相的完全溶解温度之下，因为 γ′相阻碍了晶粒长大，使盘坯轮毂部位仍保持原始的细晶组织。在各类双性能盘制造工艺中，在轮毂部位安放蓄热块使轮毂和轮缘产生温度梯度的方法具有简单易行，生产成本低的特点。

对细晶（晶粒度 10~11 级）FGH96 合金的晶粒长大规律研究表明，要在盘坯中实现双组织（轮毂晶粒度 10~11 级，轮缘 5~6 级），必须在热处理过程中使轮毂和轮缘稳定地保持 200℃以上的温度梯度至少 150min，并且要求轮缘温度在大于 1150℃下至少保持 120min。要满足上述工艺条件的要求，必须根据盘坯的几何形状以及加热炉的特性来设计工装（蓄热块）。本研究通过采用有限元数学模拟的方法，对不同几何形状组合的盘坯与工装在处理过程中的温度梯度进行了模拟，对盘坯和工装的设计进行优化，最终获得了满足粉末盘温度梯度热处理要求的工艺方案。

1 温度梯度热处理的原理和盘坯、工装设计时应考虑的因素

温度梯度热处理工艺原理如图 1 所示。在被处理盘坯的轮毂部位上下各放置一个金属蓄热块，再在金属蓄热块的外部包上绝热耐火材料，然后放入普通热处理炉。在热处理炉内，盘坯的轮缘受辐射、对流作用被加热，而轮毂和蓄热块则被绝热耐火材料所屏蔽。如此，轮缘温度快速上升，很快接近炉温，晶粒开始长大。而由轮缘经幅板传导给轮毂的热量的一部分又被传导给蓄热块，轮毂温度缓慢上升。整个处理过程必须在轮毂温度上升至 γ′相的完全溶解温度之前结束。

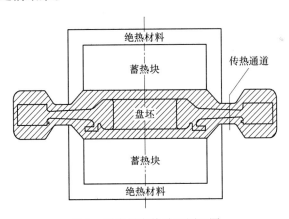

图 1 温度梯度热处理原理图

Fig. 1 Schematic diagram of the thermal gradient heat-treatment process

影响处理时的温度梯度及其保持时间的因素有：

（1）盘坯的形状。盘坯的形状主要是根据盘件来设计的，但在设计温度梯度热处理盘坯时，需考虑盘坯的对称性、轮缘受热面积、幅板传热通道、轮毂上下表面积等因素。盘坯的几何对称性会影响到其组织对称性，轮缘受热面积大小影响到轮缘温度的上升速度，幅板传热通道和轮毂上下表面积对温度梯度的大小和保持时间有较大影响。

（2）蓄热块的材质、尺寸。蓄热块的热容、导热系数等物理参数及质量对温度梯度的大小和保持时间影响较大，在选材时还应考虑其高温抗氧化性能，如因氧化使蓄热块和盘

坯界面的热阻增大，会影响蓄热能力。蓄热块尺寸直接决定了其质量，此外还影响与盘坯的接触面积及蓄热块本身的受热面积，进而对温度梯度的大小和保持时间产生影响。

（3）绝热材料的材质及其厚薄。选择绝热材料材料时主要考虑其在高温时的热导，对于耐火纤维类的材料来讲，密度较大的其高温导热系数小。在条件许可的情况下，较厚的绝热材料有利于温度梯度的保持。

2 盘坯和工装设计的有限元模拟

如前所述，在盘坯和工装的设计时应考虑的因素较多，如果用实验的方法来对设计方案进行验证的话，实验工作量和所需的资金支持都是十分巨大的。为加快试验进程、减少试验支出，采用大型商用有限元计算软件，在工装设计与盘坯几何形状匹配及过程控制上进行了数学模拟。

总共对 8 种不同的工装设计与盘坯几何形状匹配进行了模拟验证，图 2 为其中的一些模拟结果。可见，不同的工装和盘坯几何形状对温度梯度热处理时盘坯中的温度分布有非常大的影响。根据模拟结果，对工装和盘坯几何形状进行了优化，使之在进行温度梯度热处理时，盘坯中轮毂、轮缘部位的温度梯度及保持的时间可以满足产生双组织的要求。

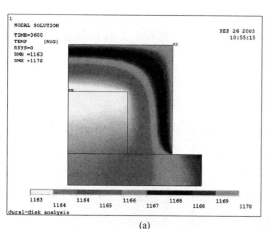

(a)

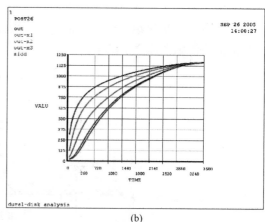

(b)

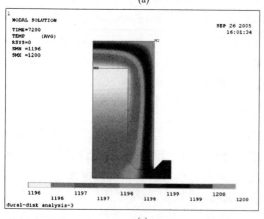

(c)

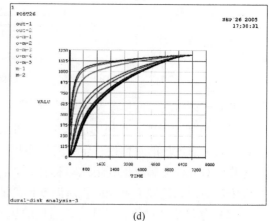

(d)

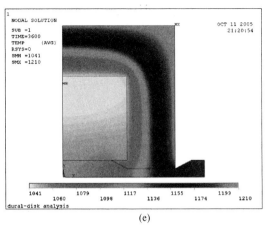 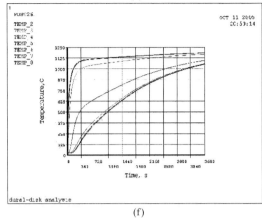

图 2 不同工装与盘坯几何形状设计方案时盘坯中各部分温度模拟结果

Fig. 2 Simulating results of different designs for small-size disk-sink assembly

(a) 方案 1 温度场云图；(b) 方案 1 盘坯温度分布；(c) 方案 2 温度场云图；
(d) 方案 2 盘坯温度分布；(e) 最终方案温度场云图；(f) 最终方案盘坯温度分布

3 对模拟结果的实验验证

图 3 为根据有限元计算结果设计的模拟盘坯、与之匹配的蓄热块及试验装置照片。在装置中安放了三支热电偶，用以监测实验过程中模拟盘坯轮毂和轮缘的温度变化。

图 3 温度梯度热处理试验装置

Fig. 3 Experimental assembly for thermal gradient heat-treatment process

(a) 模拟盘坯和蓄热块；(b) 组装好的试验装置

图 4 为梯度热处理过程中实测的模拟盘坯轮毂及轮缘部位温度与有限元计算值的比较。可见，数学模拟结果与实测值吻合的很好。

4 亚尺寸盘坯及其工装的设计

在成功地进行了模拟盘坯温度梯度热处理、获得双重组织的基础上，对直径达 464mm

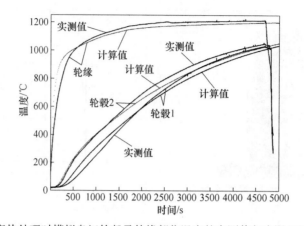

图 4　温度梯度热处理时模拟盘坯轮毂及轮缘部位温度的实测值与有限元计算结果的对比
Fig. 4　Comparison between predicted and measured evolution of temperatures in the experimental disk

的亚尺寸涡轮盘坯及其工装，按温度梯度热处理的要求进行了设计。首先根据模拟盘坯试验获得的数据，对有限元模型及参数进行了优化，然后对不同盘坯、工装组合进行了模拟验证，从中选择了较优组合，按其数据加工了用于温度梯度热处理的盘坯和工装。图 5 为对较优组合的模拟结果。图 6 为梯度热处理过程中实测的亚尺寸盘坯轮毂、轮辐及轮缘部位温度与有限元计算值的比较，两者的吻合程度较之模拟盘坯实验还要高。

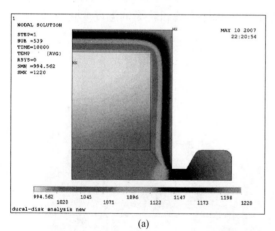
(a)

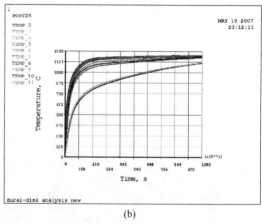
(b)

图 5　对亚尺寸盘坯、工装组合的有限元模拟结果
Fig. 5　Simulating result for sub-size disk-sink assembly
（a）盘坯、工装组合温度场云图；（b）盘坯中温度分布

5　结论

在设计用于温度梯度热处理的盘坯和工装时，需考虑盘坯的形状、蓄热块的材质和尺寸以及绝热材料的材质及其厚薄等因素对温度梯度的大小和保持时间的影响。本研究通过采用有限元数学模拟验证的方法，对盘坯和工装的设计进行优化，最终获得了满足温度梯度热处理要求的工艺方案。

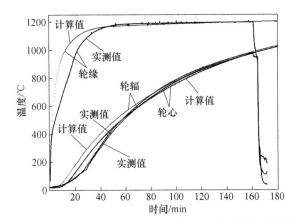

图 6 亚尺寸盘坯轮毂、轮辐及轮缘部位实测温度与有限元计算值的比较

Fig. 6 Comparison between predicted and measured evolution of temperatures in the sub-size disk

参 考 文 献

[1] J. Gayda, D. Furrer. Advanced Materials & Processes, July 2003: 36-39.
[2] J. Lemsky. NASA/CR-2004-212950, Glenn Research Center, Cleveland, Ohio.
[3] K. M. Chang. Method of Making High Strength Superalloy Components with Graded Properties. US Patent 4, 820, 358, April 11, 1989.
[4] G. F. Mathey. Method of Making Superalloy Turbine Disks Having Graded Coarse and Fine Grains. US Patent 5, 312, 497, May 17, 1994.
[5] S. Ganesh, R. G. Tolbert. Differentially Heat Treated Article, and Apparatus and Process for the Manufacture thereof. US Patent 5, 527, 020, June 18, 1996.

(原文发表在《第十二届中国高温合金年会论文集》
(钢铁研究学报, 2011, 23, 增刊 2): 486-489.)

FGH4096 合金盘件双组织热处理的数值模拟及试验验证

刘建涛[1,2]　陶宇[1,2]　张义文[1,2]
张国星[1]　刘明东[1]　钟燕[3]　董志国[4]

(1. 钢铁研究总院高温材料研究所，北京　100081；
2. 高温合金新材料北京市重点实验室，北京　100081；
3. 中国燃气涡轮研究院，四川成都　610500；
4. 沈阳发动机设计研究所，辽宁沈阳　110015)

摘　要：对 FGH4096 合金盘件的双组织热处理进行了数值模拟和试验验证：数值模拟结果表明，通过选定合适的工艺参数，可实现盘件不同部位的温度梯度。在数值模拟的基础上，进行了盘件双重组织热处理，获得了轮缘部位为 5~6 级晶粒度，轮毂部位为 10 级晶粒度，辐板区域组织平缓过渡的双晶粒组织涡轮盘件。

关键词　FGH4096 合金　双组织热处理　温度场　晶粒度

Numerical Simulation and Experimental Verification of DMHT Process for FGH4096 Superalloy Turbine Disk

Liu Jiantao[1,2], Tao Yu[1,2], Zhang Yiwen[1,2], Zhang GuoXing[1],
Liu Mingdong[1], Zhong Yan[3], Dong Zhiguo[4]

(1. High Temperature Materials Research Institute, Central Iron & Steel Research Institute, Beijing 100081, China; 2. Beijing Key Laboratory of Advanced High Temperature Materials, Beijing 100081, China; 3. China Gas Turbine Establishment, Chengdu Sichuan, 610500, China; 4. Shengyang Aeroengine Research Institute, Shenyang Liaoning, 110015, China)

Abstract: By means of numerical simulation and experiment, dual microstructure heat treatment (DMHT) process is simulated and corresponding experimental DMHT processes have been performed. The numerical simulation showed that DMHT processes is reasonable for dual microstructure turbine disk production. Under certain conditions, temperature gradient for different zones can be acquired for FGH4096 PM superalloys turbine disk. Based on the numerical simulation results, A experimental DMHT processes are performed, the experimental result showed that the pancake rim zone grain growth is noticeable, the bore zone grain size of pancake is still fine, the hub zone grain size is between rim zone and bore zone. The numerical simulation and experimental result proved that DMHT process is feasible for FGH4096 superalloy Dual microstructure turbine disk production.

Keywords: FGH4096 superalloy, DMHT, temperature field, grain size

1 引言

涡轮盘是航空发动机的热端关键核心部件,在工作状态下,涡轮盘轮缘、辐板、轮毂部位的承受温度不同,受力水平各异。双组织/双性能涡轮盘是指沿着轮盘半径方向具有不同的组织,在不同温度下具有不同力学性能的涡轮盘件,即轮缘部位为粗晶组织,在高温下具有高的持久、蠕变强度和裂纹扩展抗力,轮毂部位为细晶组织,在较低温度下具有高的屈服强度和低周疲劳性能。双性能盘件符合涡轮盘的工况特点,可以充分发挥材料的潜力,有利于涡轮盘的优化设计,减轻盘体的重量,提高发动机的推重比[1,2]。

通过对细晶组织的盘件进行热处理,分别在轮缘、辐板、轮毂部位获得不同的显微组织是制备双性能盘件的关键。目前,关于双组织热处理有很多的专利,其中双重组织热处理工艺(Dual Microstructure Heat Treatment,DMHT)已经在实际中获得了应用[3]。DMHT工艺是美国 NASA Glenn Research Center 所提出的工艺[3,4],在普通的热处理炉中即可进行双重组织热处理是 DMHT 工艺的最大优点,该工艺通过特定的工艺装备,建立起盘坯的轮缘到轮毂的温度梯度,在有限的时间内实现轮缘部位晶粒粗化,而轮毂部位晶粒仍然保持细晶的目的,最终得到双重晶粒组织。

FGH4096 合金为损伤容限型粉末高温合金,该合金最高使用温度 750℃,是制备先进航空发动机涡轮盘等关键热端转动部件的关键材料。本文以 FGH4096 合金为研究对象,采用数值模拟和试验结合的方法对盘件的双组织热处理工艺进行了研究,成功获得了轮缘部位为 5~7 级粗晶组织,轮毂部位 10 级细晶组织的双组织盘件,本文的研究工作对双性能盘件的制备具有重要的参考价值。

2 实验结果与分析

2.1 盘件双组织热处理原理

双组织热处理是制备双性能涡轮盘的关键,本文采用的双组织热处理原理如图 1 所示[4]。在图 1 所示的原理图中,在锻造后的细晶盘坯的轮毂部位上下各放置 1 个金属蓄热块(也称为导热模块),同时在蓄热块外部包覆绝热套(耐火材料制成),然后将整个工装放入热处理炉中进行双组织热处理。在热处理过程中,在热处理炉高温辐射和对流作用下,盘坯的轮缘部位温度迅速升高,由于受到蓄热块和绝热包套的"保护"作用,轮毂部位的温度相对较低,这样就建立了从轮毂到轮缘的温度梯度。

2.2 双组织热处理中的温度场模拟[5]

图 2 为 FGH4096 盘坯双重组织热处理的 1/4 平面几何模型,其中 A、B、C、点分别代表轮缘、辐板(过渡区域)、轮毂部位的温度检测点。

在双重组织热处理过程中,获得合理的温度场分布是关键。在本文的双组织热处理模型当中,影响温度场分布的主要因素有炉温、综合换热系数、保温时间、模型的尺寸等,

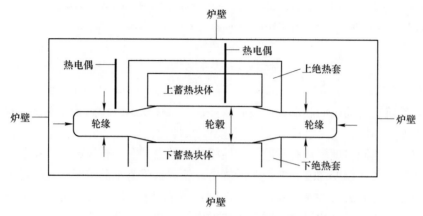

图 1　FGH4096 合金盘坯双重组织热处理原理图
Fig. 1　Schematic diagram of DMHT process of FGH4096 PM superalloy disk

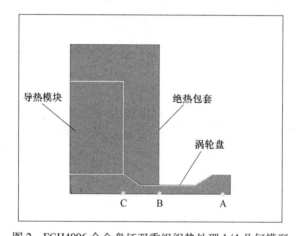

图 2　FGH4096 合金盘坯双重组织热处理 1/4 几何模型
Fig. 2　Geometric model of DMHT process for FGH4096 PM superalloy disc

在热处理炉功率和工件几何尺寸确定的前提下，影响盘坯中温度场分布的主要因素为炉温和时间。

FGH4096 合金的 γ′相完全溶解温度为 1130～1140℃，为保证轮缘部位获得粗晶组织，轮缘部位的温度须不低于 1140℃。

假设盘件初始温度为 25℃，炉温始终保持在 1170℃，热处理过程中的温度场变化如图 3 所示，其中，(a) 与 (b) 图为保温 10min 后的工装温度场云图与盘件温度场云图，(c) 图为温度监测点 A、B、C 三点温度随时间变化曲线，图中横坐标为时间 (s)，纵坐标为温度 (℃)。

由图 3 中可见，在炉温为 1170℃时，随着保温时间的延长，整个工装的温度场存在明显差异，其中温度最高的为绝热包套外表面，在保温 10min 后，包套外部最高温度已经高达 1169℃，和炉温几乎一致。温度最低部位为导热模块，在保温 10min 后，导热模块最低温度仅有 398℃，最高温度不超过 560℃。盘件不同部位的温度场存在显著差异，轮缘部位的温度最高，辐板次之，轮毂最低，轮缘部位温度增加速率要明显高于辐板和轮毂部

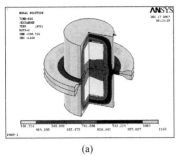 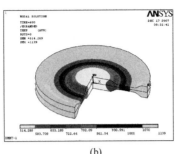 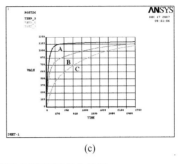

(a) (b) (c)

图 3 DMHT 工艺数值模拟过程中的温度场云图及温度观测点随时间变化曲线

Fig. 3 Simulation results of DMHT process

位,在保温 10min 后,轮缘部位 A 点温度为 1136℃,辐板 B 处温度为 917℃,轮毂部位 C 点温度为 650℃;随着保温时间延长,在保温 45min 后,轮缘部位 A 点温度为 1167℃,辐板 B 处温度为 1130℃,轮毂部位 C 点温度为 1090℃。可见在热处理过程中,建立了从轮缘到轮毂部位的温度梯度分布。

2.3 盘件双组织热处理的试验验证[6]

在数值模拟的基础上,进行了细晶盘件的双组织热处理,获得了双组织模拟盘件(ϕ460mm),通过对盘件不同部位的显微组织分析表明,盘件具有显著的双组织特征。

图 4 为双性能盘的 1/2 盘件,剖面经过打磨并腐蚀,低倍腐蚀后的显微组织观察表明:轮缘和轮毂不同部位具有不同的颜色差异,这种颜色差异是轮缘与轮毂部位具有不同显微组织的反映。

图 4 FGH4096 合金双性能盘 1/2 解剖件

Fig. 4 Cross sectional microstructure of FGH4096 superalloy dual property disk

对盘件不同部位切取的试样进行显微组织分析,其晶粒组织照片如图 5 所示。显而易见,盘件上不同部位获得了不同的晶粒组织,轮缘上获得了明显的粗晶组织,相当于晶粒度为 5~6 级,轮毂部位仍然保持细晶组织,相当于晶粒度为 10~11 级,辐板部位的晶粒度界于轮缘和轮毂之间。通过对整个端面上不同部位晶粒度评级结果表明,轮缘和轮毂部位之间的过渡区域晶粒组织过渡平缓,无明显分层现象,整个过渡区域晶粒组织没有明显突变。值得指出的是,通过对整个盘件的不同区域显微组织观察,未发现晶粒组织异常长大现象。

图 5 盘件不同部位的晶粒组织

Fig. 5 Optical microstructure in different region for FGH4096 superalloy dual property disk

(a) 轮缘部位（晶粒度 5~6 级）；(b) 过渡部位（晶粒度 7~8 级）；(c) 轮毂部位（晶粒度 10~11 级）

3 结论

（1）针对 FGH4096 合金盘坯，采用 DMHT 热处理工艺是可行的，采用合适的热处理工艺参数可实现从轮缘到轮毂部位的温度梯度分布。

（2）基于数值模拟试验结果，对 FGH4096 盘坯进行了双重组织热处理，获得了轮缘部位为 5~6 级晶粒度，轮毂部位保持为 10 级晶粒度，过渡区域组织平缓的双重晶粒组织涡轮盘件。

参 考 文 献

[1] Mourer D P, Raymond E, Ganesh S, et al. Dual alloy disc development. Superalloys 1996 [C]. Kissing R D, Deby D J, Anton D L, et al. TMS. 1996, 637−643.

[2] Gessinger G H, Bomford M J. Powder metallurgy of superalloys [J]. International Metallurgical Reviews, 1974, 19：51−76.

[3] Mathey G F. Method of making superalloy turbine discs having graded coarse and fine grains：US, 5312497 [P]. 1994−05−17.

[4] Gayda J, Furrer D. Dual-microstructure heat treatment [J]. Advanced Materials & Processes, 2003, 161 (7)：36−40.

[5] LIU Jiantao（刘建涛）. Study on Hot Working Process of Powder Metallurgy FGH96 Superalloy for Dual Microstructure Turbine Disc（FGH96 合金双性能粉末涡轮盘制备热加工工艺研究）[R]. Beijing：University of Science & Technology Beijing, 2008.

[6] LIU Jiantao（刘建涛）, TAO Yu（陶宇）, ZHANG Yiwen（张义文）, 等. FGH96 合金双性能盘的组织与力学性能研究 [J]. Transactions of Materials and Heat treatment（材料热处理学报）, 2010, 31 (5)：71−75.

（原文发表在《第十三届中国高温合金年会论文集》.
北京：冶金工业出版社，2016：377−380. ）

第三部分 附 录

FULU

附录1 本文集未录入全文的期刊发表的论文标题

1. 俞燮廷,胡云秀. 旋转电极法制造的合金粉末. 新金属材料,1972(4):78-81.
2. 牟科强,吕大铭. 用旋转电极(或坩埚)法制取高纯合金粉末. 新金属材料,1978(3):75-87.
3. 庄毅. 国外粉末高温合金涡轮盘材料的发展. 新金属材料,1978(6):22-37.
4. 李月珠,闫复原,曹永佳,王恩珂. IN100粉末的热塑性研究. 粉末冶金,1982(1):18-23.
5. 姜振春,强劲熙,田淑岩,徐顺泉,李碧君. 粉末IN-100合金的超塑性研究. 机械工程材料,1982,6(2):18-19,26.
6. 吴伯群. IN-100合金的高温蠕变裂纹长大. 钢铁研究总院学报,1983,3(1):123-128.
7. 卢海謌,朱维熊. 旋转电极制粉法中的电弧检测及控制研究. 钢铁研究总院学报,1983,3(3):503-510.
8. 刘紘魁,曹奇恒,朱维熊. 旋转自耗电极制粉的电弧功率检测法及调节装置的研究. 钢铁研究总院学报,1983,3(4):651-657.
9. 凌贤野,牟科强. 离心雾化制取高性能合金粉末. 粉末冶金,1983(1):67-73.
10. 庄毅. 粉末高温合金的最近发展. 机械工程材料,1983,7(3):1-6.
11. 王恩珂. 氩气雾化法制取高温合金粉末的研究. 粉末冶金技术,1984,2(4):64.
12. 强劲熙. 高温合金粉末的净化方法. 粉末冶金,1984(1):13-17.
13. 张英才. 镍基高温合金粉末的HIP成形综述. 粉末冶金,1984(2):26-31.
14. 万国岩,陈国祥,林青英. 氩气雾化FGH95高温合金粉末的分析研究. 钢铁研究学报,1994,6(4):55-63.
15. 陈国祥,葛立强. FGH95粉末冶金高温合金中的夹杂物. 钢铁研究学报,1995,7(3):34-39.
16. 涂干云,杨士仲,吴剑涛. 固溶处理对PM FGH95合金裂纹扩展速率的影响. 金属热处理学报,1997,18(3):23-27.
17. 国为民. -100μm FGH95粉末合金盘坯件的力学性能和热强性能. 材料科学与工艺,1998,6(3):109-112.
18. 国为民. 不同成形工艺对FGH95粉末高温合金毛坯件性能的影响. 哈尔滨理工大学学报,1998,3(2):23-27.
19. 国为民,陈生大. 用不同方法制取的镍基高温合金粉末性能. 航空工程与维修,1998(2):22-24.
20. 牛连奎,张英才. PREP法FGH95粉末的预热处理. 粉末冶金技术,1998,17(2):101-107.
21. 牛连奎,张英才. PREP法FGH95粉末中亚稳碳化物的稳定化处理. 粉末冶金工业,1998,8(5):17-20.
22. 牛连奎,张英才,李世魁. 粉末预热处理对FGH95合金的组织和性能的影响. 粉末冶金工业，1999，9（3）：23-27.
23. 国为民，陈生大，冯涤．等离子旋转电极法制取镍基高温合金粉末工艺的研究．航空工程与维修，1999（5）：44-46.
24. 国为民，宋璞生．粉末高温合金的研制与展望．粉末冶金工业，1999，9（2）：9-16.
25. 国为民，陈生大，冯涤．高温合金中非金属夹杂的静电分离工艺参数研究．哈尔滨理工大学学报，1999，4（4）：80-82.
26. 国为民，冯涤．俄罗斯粉末高温合金工艺的研究和发展．粉末冶金工业，2000，10（1）：20-27.
27. 国为民，陈淦生．直接 HIP 成形 FGH95 合金组织和性能的研究．材料科学与工艺，2000，8（1）：68-73.
28. 国为民，吴剑涛，张凤戈，陈淦生．FGH95 镍基高温合金粉末中的夹杂及其对合金疲劳性能的影响．粉末冶金工业，2000，10（3）：23-28.
29. 张凤戈，国为民，陈淦生．FGH95 粉末试验盘坯中夹杂物的超声无损评价．钢铁研究学报，2000，12（4）：51-54.
30. 张凤戈．NDE 技术在 FGH95 粉末材料中的应用．物理测试，2000，18（1）：23-27.
31. 国为民，吴剑涛，冯涤．镍基高温合金粉末中夹杂的研究．粉末冶金技术，2001，19（1）：3-6.
32. 国为民，张凤戈，冯涤，吴剑涛，张义文，陈淦生．不同生产工艺对 FGH95 粉末高温合金组织和性能的影响．粉末冶金工业，2001，11（5）：7-12.
33. 国为民，张凤戈，张义文．粉末高温合金制备工艺的研究和发展．粉末冶金工业，2002，12（6）：17-25.
34. 国为民，冯涤，吴剑涛，张凤戈，张莹，张义文．镍基粉末高温合金冶金工艺的研究与发展．材料工程，2002（3）：44-48.
35. 国为民，冯涤，张凤戈，吴剑涛，张莹，陶宇，陈生大，张宏，张义文，杨仕仲．盘件用 FGH95 镍基粉末高温合金．钢铁研究学报，2002，14（3）：30-34.
36. 国为民，吴剑涛，陈淦生，周波，赵明汉．真空脱气预处理工艺与 FGH95 合金热诱导孔洞的改善和性能提高的研究．航空材料学报，2003，23（增刊）：21-24.
37. 国为民，吴剑涛．大型粉末高温合金锻件热处理过程的数值模拟．材料科学与工艺，2003，11（1）：89-92.
38. 国为民，张凤戈，张莹，张义文．镍基粉末高温合金的组织、性能与成形和热处理工艺关系的研究．材料导报，2003，17（3）：11-15.
39. 国为民，吴剑涛，张凤戈，周波，赵明汉．粉末高温合金中夹杂物特性及与不同成形工艺的关系．材料导报，2004，18（11）：87-91.
40. 张凤戈，张义文，陶宇．镍基粉末高温合金的超声无损检测．粉末冶金工业，2004，14（3）：16-19.
41. 国为民，董建新，吴剑涛，张凤戈，陈淦生，陈生大．FGH96 镍基粉末高温合金的组织和性能．钢铁研究学报，2005，17（1）：59-63.
42. GUO Weimin, WU Jiantao, ZHANG Fengge, ZHAO Minghan. Microstructure, Properties and Heat Treatment Process of Powder Metallurgy Superalloy FGH95. Journal of Iron and Steel

Research,International. 2006,13(5):65-68.
43. 闫来成,燕平,赵京晨. 镍基高温合金 HIP 扩散连接的组织和性能. 钢铁研究学报,2012,43(1):48-53.
44. 国为民,赵明汉,董建新,曾强,张龙飞,燕平. FGH95 镍基粉末高温合金的研究和展望. 机械工程学报,2013,49(18):38-45.
45. 廖宗博,国为民,赵民汉,董建新,等. K418B 和 FGH91 双合金热等静压扩散连接的动力学模拟研究. 机械工程学报,2013,49(20):170-175.

附录 2　本文未录入全文的会议论文和论文集收录的论文标题

1. L Li, S Z Yang, J X Qiang, Microstructure and properties of HIP, HIP+Forged, and Hot Extruded PM Superalloy FGH95. PM aerospace materials: An international conference, Berne, Switzerland, November 12-14, 1984. Vol 1: 24.

2. 万国岩，葛立强，王恩珂，刘红．氩气雾化高温合金粉末中粘接粉末研究，第四届全国金属粉末学术会议论文集（内部发行），1985：128-134.

3. 丁福昌，陈生大，葛立强，王恩珂．Rene95 粉末中非金属夹杂物的初步分析，第四届全国金属粉末学术会议论文集（内部发行），1985：151-156.

4. 李力，杨仕仲．粉末冶金高温合金．中国高温合金四十年．北京：中国科学技术出版社，1996：65-72.

5. 牛连奎，张英才．PREP 法 FGH95 粉末在预热处理过程中碳化物的变化规律，第三届全国机械工程材料青年学术年会，1998：172-176.

6. 国为民，吴剑涛，张凤戈，陈淦生．FGH95 镍基粉末高温合金中夹杂物对低周疲劳性能的影响．第九届全国高温合金年会论文集（金属学报，1999，35，增刊 2）：S355-357.

7. 吴剑涛，国为民，牛连奎，涂干云．粉末高温合金 FGH95 裂纹扩展速率的研究．第九届全国高温合金年会论文集（金属学报，1999，35，增刊 2）：S368-370.

8. 牛连奎，吴剑涛，陈淦生．PREP 法 FGH95 粉末的预热处理对其合金性能的影响．第九届全国高温合金年会论文集（金属学报，1999，35，增刊 2）：S378-380.

9. 国为民，冯涤，张凤戈，陈淦生．FGH95 镍基粉末高温合金不同成形工艺的研究．材料科学与工程新进展（下）—2000 年中国材料研讨会论文集．2000：1988-1993.

10. 国为民，张凤戈，张义文，等．PREP 雾化法 René88DT 粉末高温合金的研究，第三届北京冶金年会，2002：814-820.

11. 国为民．镍基粉末高温合金的组织、性能和热处理工艺的研究和发展．新世纪高温合金的研究与发展（钢铁研究总院五十周年致贺论文集）．北京，2002：135-140.

12. 张凤戈．镍基粉末高温合金的超声无损评价．新世纪高温合金的研究与发展（钢铁研究总院五十周年致贺论文集）．北京，2002：147-150.

13. 陈希春，冯涤，陶宇．真空感应熔炼 FGH95 母合金中非金属夹杂物研究．第十届中国高温合金年会论文集（钢铁研究学报，2003，15（7）：327-331）．

14. 国为民，吴剑涛，张凤戈，张义文，等．FGH95 镍基粉末高温合金热等静压工艺的研究和发展．第十届中国高温合金年会论文集（钢铁研究学报，2003，15（7）：332-337）．

15. 张凤戈，张义文，陶宇，张莹，陈琨．镍基粉末高温合金热变形特性研究．第十届中国高温合金年会论文集（钢铁研究学报，2003，15（7）：519-522）．

16. 吴剑涛，国为民，冯涤，李俊涛，刘立文．FGH95 合金盘件热处理过程的数值模拟．

第十届中国高温合金年会论文集(钢铁研究学报,2003,15(7):639-642).
17. 冯涤. 粉末高温合金的质量控制. 中国材料研讨会论文摘要集. 2004:310.
18. 张娜,张莹,张义文,陶宇,刘建涛,张国星,刘明东,迟悦. 采用超声衰减系数法测量镍基粉末冶金高温合金中的孔洞. 第十一届中国高温合金年会论文集. 北京:冶金工业出版社,2007:673-676.

附录3 研究生在读期间发表的论文标题

1. 贾建,陶宇,张义文,张莹,刘建涛. 第三代粉末冶金高温合金René104的研究进展. 粉末冶金工业,2007,17(3):36-43.
2. 贾建,陶宇,张义文,张莹. 热等静压温度对新型粉末冶金高温合金显微组织的影响. 航空材料学报,2008,28(6):20-23.
3. 韩寿波,张义文. 铪在粉末高温合金中的作用研究概况. 粉末冶金工业,2009,19(5):48-55.
4. 韩寿波,张义文,迟悦,贾建,董建新. C和Hf对FGH97粉末冶金高温合金热力学平衡相析出的影响. 粉末冶金工业,2009,19(6):21-27.
5. 刘洋,陶宇,贾建. FGH98粉末冶金高温合金热变形过程中组织变化. 粉末冶金工业,2011,21(2):14-18.
6. 刘洋,陶宇,贾建. 镍基粉末高温合金FGH98流变曲线特性及本构方程. 航空材料学报,2011,31(6):12-18.
7. 夏天,张义文,迟悦. Hf和Zr对FGH96合金PPB及力学性能的作用研究. 粉末冶金技术,2013,31(1):53-61,68.
8. 夏天,张义文,迟悦,刘建涛,贾建,韩寿波. Hf和Zr含量对FGH96合金平衡相及PPB的影响. 材料热处理学报,2013,34(8):60-67.
9. Tian XIA, Yi-wen ZHANG, Yue CHI. Effect of Hafnium and Zirconium on 650℃/970MPa stress rupture property in FGH96. Journal of Iron and Steel Research International,2014,21(3):382-389.
10. 吴超杰,陶宇,贾建. 第四代粉末高温合金成分选取范围研究. 粉末冶金工业,2014,24(1):20-25.
11. Chaojie WU, Yu TAO, Jian JIA. Microstructure and properties of an Advanced Nickel-base PM Superalloy. Journal of Iron and Steel Research International,2014,21(12):1152-1157.
12. 谭黎明,张义文,贾建,刘建涛. 镍基粉末高温合金FGH97的强化设计. 材料热处理学报,2016,37(4):5-10.
13. Li-ming TAN, Yi-wen ZHANG, Jian JIA, Shou-bo HAN. Precipitation of μ Phase in Nickel-based Powder Metallurgy Superalloy FGH97. Journal of Iron and Steel Research International,2016,23(8):851-856.

附录4 研究生毕业论文标题

1. 《IN-100粉末高温合金中碳化物转变和PPB问题研究》冯涤，1978级硕士研究生。钢铁研究总院，1981。
2. 《固溶热处理对FGH95合金力学行为影响的研究》吴剑涛，1994级硕士研究生。钢铁研究总院，1997。
3. 《PREP法FGH95粉末的预热处理及其HIP致密化材料性能研究》牛连奎，1994级硕士研究生。钢铁研究总院，1997。
4. 《新一代粉末冶金高温合金的探索研究》贾建，2005级硕士研究生。钢铁研究总院，2008。
5. 《FGH97合金中微量元素铪的作用研究》韩寿波，2007级硕士研究生。钢铁研究总院，2010。
6. 《FGH98粉末高温合金细晶锻造工艺研究》刘洋，2008级硕士研究生。钢铁研究总院，2011。
7. 《微量元素Hf和Zr对FGH96合金组织和性能影响的研究》夏天，2010级硕士研究生。钢铁研究总院，2013。
8. 《第四代粉末高温合金探索研究》吴超杰，2011级硕士研究生。钢铁研究总院，2014。
9. 《Co、Cr、W、Mo和C元素对粉末高温合金FGH4097组织和性能的影响》谭黎明，2013级硕士研究生。钢铁研究总院，2016。
10. 《FGH4097合金热等静压成形数值模拟及试验研究》瞿宗宏，2014级硕士研究生。钢铁研究总院，2017。

附录 5　出站博士后报告标题

1. 《ПУР 型等离子旋转电极制粉设备及其生产工艺优化研究》陶宇，钢铁研究总院，2001。
2. 《真空/惰性气氛保护快速电渣重熔设备及工艺研究》陈希春，钢铁研究总院，2004。

附录6 著作

1. 张义文 编. 粉末冶金高温合金论文集. 北京：冶金工业出版社，2013.
2. 张义文 著. 微量元素 Hf 在粉末高温合金中的作用. 北京：冶金工业出版社，2014.
3. 格辛格（G. H. Gessinger）. 粉末高温合金. 张义文，等译. 北京：冶金工业出版社，2017.